W0301088

Lothar Sachs

Angewandte Statistik

Anwendung statistischer Methoden

Zehnte, überarbeitete und aktualisierte Auflage

Mit 91 Abbildungen, 317 Tabellen
und 99 Übersichten

Springer

Ausgeschieden
kiz Univ.-Ulm

QA 276/2002 S
Ex. 13

Prof. Dr. rer. nat. Lothar Sachs
Seebrooksberg 5
24147 Klausdorf
Deutschland

Von der 1. bis zur 3. Auflage als
„Statistische Auswertungsmethoden“
1968, 1969, 1972;
seit der 4. Auflage als
„Angewandte Statistik“
1974, 1978, 1992, 1997, 1999, 2002.

1976 Russische Übersetzung
1978 Spanische Übersetzung
1982 Englische Übersetzung

Mathematics Subject Classification (2000): 62-01

ISBN 3-540-42448-2 10. Auflage Springer-Verlag Berlin Heidelberg New York

ISBN 3-540-65371-6 9. Auflage Springer-Verlag Berlin Heidelberg New York Tokio

Die Deutsche Bibliothek – CIP-Einheitsaufnahme
Sachs, Lothar: Angewandte Statistik: Anwendung statistischer Methoden / Lothar Sachs. – 10. überarb. und aktualisierte Aufl. – Berlin; Heidelberg; New York; Barcelona; Hongkong; London; Mailand; Paris; Tokio: Springer, 2002
ISBN 3-540-42448-2

Dieses Werk ist urheberrechtlich geschützt. Die dadurch begründeten Rechte, insbesondere die der Übersetzung, des Nachdrucks, des Vortrags, der Entnahme von Abbildungen und Tabellen, der Funksendung, der Mikroverfilmung oder der Vervielfältigung auf anderen Wegen und der Speicherung in Datenverarbeitungsanlagen, bleiben, auch bei nur auszugsweiser Verwertung, vorbehalten. Eine Vervielfältigung dieses Werkes oder von Teilen dieses Werkes ist auch im Einzelfall nur in den Grenzen der gesetzlichen Bestimmungen des Urheberrechtsgesetzes der Bundesrepublik Deutschland vom 9. September 1965 in der jeweils geltenden Fassung zulässig. Sie ist grundsätzlich vergütungspflichtig. Zuwiderhandlungen unterliegen den Strafbestimmungen des Urheberrechtsgesetzes.

Springer-Verlag Berlin Heidelberg New York
Ein Unternehmen der BertelsmannSpringer Science + Business Media GmbH
http://www.springer.de

© Springer-Verlag Berlin Heidelberg 2002
Printed in Germany

Satz: Steingraeber Satztechnik GmbH, Dossenheim
SPIN 10764842
Gedruckt auf säurefreiem Papier – 40/3142ck-543210

8.5.25
Ausgeschieden
kiz Univ. Ulm
306945

Ausgewählte Schranken der Standardnormalverteilung und der χ^2-Verteilung (1 FG) für die einseitige und für die zweiseitige Fragestellung

P	z		χ^2 für einen Freiheitsgrad	
	einseitig	zweiseitig	einseitig	zweiseitig
0,001	3,090	3,291	9,550	10,828
0,01	2,326	2,576	5,412	6,635
0,05	1,645	1,960	2,706	3,841
0,10	1,282	1,645	1,642	2,706
0,20	0,842	1,282	0,708	1,642
0,50	0	0,674	0	0,455

Das griechische Alphabet

Griechischer Buchstabe	Name des Buchstabens	Griechischer Buchstabe	Name des Buchstabens
A α	Alpha	N ν	Ny
B β	Beta	Ξ ξ	Xi
Γ γ	Gamma	O o	Omikron
Δ δ	Delta	Π π	Pi
E ε	Epsilon	P ϱ	Rho
Z ζ	Zeta	Σ σ ς	Sigma
H η	Eta	T τ	Tau
Θ ϑ	Theta	Υ υ	Ypsilon
I ι	Jota	Φ φ	Phi
K $\varkappa$	Kappa	X χ	Chi
Λ λ	Lambda	Ψ ψ	Psi
M μ	My	Ω ω	Omega

Einige statistische Tafeln

Ein Verzeichnis wichtiger statistischer Tafeln befindet sich in Übersicht 7 (S. 9 und 10)

Vorwort zur zehnten Auflage

Ziele älterer Auflagen, die auch für diese Neubearbeitung gelten

Das Buch wendet sich an Interessierte, die ich im Einzelnen in meinen Vorworten zur 1., 7. bis 9. Auflage (vgl. S. VI–XI) charakterisiert habe und die „etwas"suchen, das dem LERNEN dient, die Grundlagen vermittelnd, einführend und vertiefend, auch anhand vieler durchgerechneter Beispiele, dem ANWENDEN mit zahlreichen Planungs- und Auswertungsempfehlungen aus der Praxis und dem NACHSCHLAGEN, um einen Überblick über ein weitgefaßtes Methodenspektrum zu gewinnen. Allen drei Zielen dient neben den Querverweisen und den weiterführenden Literatur-Hinweisen insbesondere das zum Nachschlagen und Wiederfinden durchstrukturierte sehr ausführliche Sachverzeichnis.

Kurz nach der 9. folgt jetzt die neu gesetzte und damit lesbarere 10. Auflage, weitreichend überarbeitet und aktualisiert. Im Text wurden Unstimmigkeiten und Druckfehler beseitigt, Präzisierungen vorgenommen, zahlreiche Ergänzungen und Hinweise sowie weitere Web-Sites aufgenommen. Manche Anregungen kamen von ehemaligen Teilnehmern an meinen Oberseminaren, einige aufgrund von Leserbriefen, herzlichen Dank! Auch das Sachverzeichnis und die Literatur habe ich auf den neuesten Stand gebracht, wobei dem Leser, der sich intensiver mit der Statistik beschäftigen möchte, auf S. 690 ein eleganter Weg aufgezeigt wird. Andere folgen hier weiter unten sowie auf S. XXXVI. Herrn Prof. Dr. Carsten Stick, Direktor des Instituts für Medizinische Klimatologie der Universität Kiel, danke ich für eine Liste häufiger Fehler in Dissertationsschriften (vgl. S. XXXVII).

Mein Dank gilt auch wieder den Damen und Herren der Kieler Universitätsbibliothek, vor allem Herrn Dr. Jürgen Aschenbach. Den Damen und Herren des Springer-Verlages danke ich für die ausgezeichnete Zusammenarbeit. Für Leserzuschriften bin ich weiterhin dankbar, insbesondere für jeden Verbesserungsvorschlag.

Klausdorf, im Januar 2002 *Lothar Sachs*

Bemerkung zur Statistik-Software mit zugehörigen Web-Sites

SAS: praxisbezogen für Mathematiker und Statistiker
http://www.sashelp.com

SPSS: für Anwender http://www.spss.com

S-Plus: theoriebezogen für Mathematiker und Statistiker
http://www.mathsoft.com/splus

Vorwort zur neunten Auflage

Diese Auflage enthält zahlreiche Ergänzungen, Präzisierungen sowie I und II aktualisierende Literaturangaben. Näheres zur Zielsetzung bitte ich den folgenden drei Seiten zu entnehmen, da sich am Grundkonzept des Buches nichts geändert hat.

Mein Dank gilt auch wieder den Damen und Herren der Kieler Universitätsbibliothek, vor allem Herrn Dr. Jürgen Aschenbach. Den Damen und Herren des Springer-Verlages danke ich für die ausgezeichnete Zusammenarbeit. Für Leserzuschriften bin ich weiterhin dankbar, insbesondere für jeden Verbesserungsvorschlag.

Klausdorf, im Januar 1999 *Lothar Sachs*

Vorwort zur achten Auflage

Auch die 8., völlig neu bearbeitete und erweiterte Auflage dient zum Lernen, Anwenden und Nachschlagen für anwendungsorientierte Leser mit unterschiedlichen Vorkenntnissen und breit gestreuten Interessen. Es ist ein ausführlich gefaßtes Lehrbuch und Nachschlagewerk, das dem Anfänger anhand zahlreicher Arbeitshilfen und vertiefender Wiederholungen, unterschiedlich akzentuiert, den Einstieg in die Anwendung statistischer Methoden ermöglicht und ihn unterstützt. Dem Fortgeschrittenen bietet es eine Fülle von Hinweisen und Berechnungsmethoden zu weiteren wichtigen, speziellen Verfahren der Statistik. Hierzu dienen auch die wesentlich erweiterten drei Verzeichnisse: das Literaturverzeichnis, das Namenverzeichnis und das Sachverzeichnis. Es ergänzt daher auch jedes Statistik-Software-Handbuch. Angesprochen werden in erster Linie Studenten und Praktiker aus den Bereichen der Naturwissenschaften, der Medizin und der Technik. Es eignet sich aber auch für Interessierte und Wissenschaftler anderer Disziplinen, die sich um Erkenntnisgewinnung durch statistische Ansätze bemühen und die hier Hinweise und Details zur Planung und Auswertung von Untersuchungen erhalten. Die Neubearbeitung habe ich zunächst auf Formulierungs-, Formel- und Druckfehler durchgesehen, wobei mir aufmerksame Leser Hinweise gegeben haben, für die ich herzlich danke. Weiter habe ich Anfragen von Lesern, Fachkollegen und Teilnehmern an meinen Oberseminaren berücksichtigt, denen ich ebenfalls herzlich danke. Da jetzt auf den Informationsstatistik-Ansatz nach Woolf und Kullback verzichtet werden kann, waren die Seiten 456/465 und 608/611 wieder frei verfügbar. Außerdem ist ein kleiner Anhang hinzugekommen. Generell habe ich zahlreiche Textstellen neu formuliert, Aussagen präzisiert und vieles ergänzt: Anwendungsschwerpunkte, Methoden, Formeln, Tabellen, Übersichten, Beispiele, Kommentare, Querverweise sowie Warnungen und Empfehlungen für die praktische Arbeit. Wichtige Abschnitte habe ich auch in dieser Auflage weitgehend „autark" belassen und eine Wiederholung nicht gescheut. Bevor ein bestimmtes Verfahren angewandt wird, ist ein Blick auf zugehörige Hinweise und Querverweise unerläßlich. Bewußt einfach gehaltene Beispiele bieten sich an, sie zur Übung in gering modifizierter Form durchzurechnen, etwa indem ein Meßwert variiert wird, so daß sich das erwartete Resultat abschätzen läßt. Die zahlreichen Ergänzungen hat zwar die Informationsdichte erhöht, die Seitenzahl des Textes konnte jedoch konstant bleiben. Manches Interessante ist jetzt als Kleingedrucktes etwas stiefmütterlich behandelt worden. Deutlich erweitert und vertieft habe ich das zum Nachschlagen und Wiederfinden besonders wichtige strukturierte Sachverzeichnis mit Übersichtscharakter sowie die nicht nur für den Praktiker unentbehrlichen Literaturangaben. Erstaunlich schnell gelangt man hier in unwegsames Gelände, was auch für andere reizvolle Fachgebiete gilt, sobald man ausgetretene Pfade verläßt. Den Damen und Herren des Springer-Verlages danke ich herzlich für die ausgezeichnete Zusammenarbeit. Für Leserzuschriften bin ich dankbar, insbesondere für jeden Verbesserungsvorschlag.

Klausdorf, im Herbst 1996 *Lothar Sachs*

Vorwort zur siebenten Auflage

Auch die 7., völlig neu bearbeitete Auflage mit wesentlich mehr mathematisch-statistischen Tabellen, Übersichten, Formeln und vollständig durchgerechneten Zahlenbeispielen dient zum LERNEN, daher die für das Selbststudium unerläßlichen vertiefenden Wiederholungen mit bewußt unterschiedlicher Akzentsetzung, zum ANWENDEN statistischer Verfahren in der praktischen Arbeit, daher der Handbuch-Charakter, und zum NACHSCHLAGEN, um genau das aufzuspüren, was dem Suchenden weiterhilft. Aus diesen Gründen war ein völlig neu bearbeitetes ausführliches Literaturverzeichnis notwendig. Hierzu dienen neben den 94 meist neuen Übersichten vier völlig neu bearbeitete ausführliche Verzeichnisse: das Inhaltsverzeichnis (20 Seiten), das Literaturverzeichnis (51 S.), das Namenverzeichnis (14 S.) und das Sachverzeichnis (79 S.).

Statistische Programmpakete sind weit verbreitet. So konnte manches wegfallen. Dafür habe ich mehr zur Planung einer Untersuchung ausgeführt, Zusammenhänge und Verweise stärker aktualisiert, die Zahl der Hinweise, Übersichten, Tabellen, Formeln und insbesondere der Beispiele deutlich vermehrt sowie zahlreiche Gebiete ausführlicher behandelt (z.B. die Kombinatorik) und neue Methoden (z.B. den Jonckheere Test) aufgenommen. Auf das rapide anwachsende und interessante Gebiet der multivariaten Statistik, das die im Buch behandelten Themen wesentlich ergänzt, habe ich an einigen Stellen hingewiesen und weiterführende Monographien genannt.
Da sich Wahrscheinlichkeitsrechnung und Kombinatorik mit interessanten Beispielen schmücken lassen, die weiterführende Ansätze enthalten, sind diese Beispiele im ersten Kapitel von B1 bis B172 durchnumeriert worden, so daß sich in späteren Kapiteln leicht auf sie zurückkommen läßt. Auch einige Bemerkungen zu Simulationen sind mit anderen Hinweisen in das 1. Kapitel integriert worden. Kapitel 2 enthält jetzt allgemein interessierende Bemerkungen zu epidemiologischen und ähnlichen Studien sowie drei vielseitig verwendbare geschlossene Folgetestpläne. Die restlichen fünf Kapitel sind ebenfalls neu bearbeitet worden. Details bietet das völlig neu und sehr ausführlich angelegte Inhaltsverzeichnis, das durch die Übersichten ergänzt wird. Teilweise gestaffelte schlagwortartige Untertitel zu den einzelnen Abschnitten erleichtern die Übersicht; das Thema selbst wird im Untertitel nur selten gegliedert oder noch einmal genannt.
Wiederholungen waren u.a. dort nicht zu vermeiden, wo wichtige Abschnitte weitgehend „autark" sein sollten; zusätzliche Querverweise sollte der Leser beachten, bevor ein bestimmtes Verfahren angewandt wird. Viele Beispiele sind bewußt einfach gehalten. Sie sollten zur Übung in gering modifizierter Form durchgerechnet werden, etwa einen Meßwert variieren, so daß sich das erwartete Resultat abschätzen läßt.
Wer tiefer in die statistische Methodik eindringen möchte, wird den im Literaturverzeichnis angeführten Arbeiten wesentlich mehr entnehmen als die knappen Hinweise im Text ahnen lassen. Erstaunlich schnell gelangt man hier in unwegsames Gelände, was auch für andere reizvolle Fachgebiete gilt, sobald man die ausgetretenen Pfade verläßt.

Der Biometric Society danke ich für die Erlaubnis aus der Arbeit von J.K. Haseman: Exact sample sizes for use with the Fisher-Irwin Test for 2 × 2 tables. Biometrics **34** (1978), 106–109 Tables 1 + 2, pages 107 und 108 übernehmen zu dürfen. Mein Dank gilt auch wieder den Damen und Herren der Kieler Universitätsbibliothek, insbesondere Frau Dr. Gudrun Otto und Herrn Dr. Jürgen Aschenbach.

In einem losen Zusammenhang mit dieser Neubearbeitung steht mein Oberseminar, das von der Abteilung, insbesondere von ihrem Direktor, Herrn Prof. Dr.-Ing. K. Sauter, stets nachhaltig gefördert worden ist. Herrn Prof. Sauter sowie Frau Katrin Anger und Frau Petra Neumann, die meine Kartei geführt und Entwürfe für das Oberseminar geschrieben haben, sei herzlich gedankt. Den Damen und Herren des Springer-Verlages danke ich für die ausgezeichnete Zusammenarbeit. Für Leserzuschriften bin ich dankbar, insbesondere für jeden Verbesserungsvorschlag.

Klausdorf, im Januar 1992 *Lothar Sachs*

Vorwort zur ersten Auflage

„Das kann kein Zufall sein“, sagte sich im Jahre 1710 der Arzt der Königin Anne, John Arbuthnot (1667–1735), Wissenschaftler und Satiriker (er erfand „John Bull“), Freund und Mitarbeiter von Jonathan Swift, Alexander Pope und John Gay, außerordentlich geschätzt von Dr. Samuel Johnson, als er in den Geburtsregistern von 82 Jahrgängen (1629–1710) ausnahmslos die Knabengeburten häufiger vertreten fand als die Mädchengeburten. Dieser Stichprobenumfang bot ihm eine ausreichende Sicherheit für seinen Schluß. Er konnte hinter die Zahl der Knabengeburten jedesmal ein Pluszeichen setzen (größer als die Anzahl der Mädchengeburten), und schuf so den Vorzeichentest. Bei großen Stichproben genügt Zweidrittelmehrheit des einen Vorzeichens. Bei kleinen Stichproben ist eine 4/5- oder sogar eine 9/10-Mehrheit für den Nachweis eines verläßlichen Stichprobenunterschiedes notwendig.

Charakteristisch für unsere Zeit ist die stürmische Entwicklung von Wahrscheinlichkeitsrechnung, mathematischer Statistik und ihrer Anwendungen in Wissenschaft, Technik, Wirtschaft und Politik.

Dieses Buch ist auf Anregung von Herrn Prof. Dr. H.-J. Staemmler, jetzt Chefarzt der Städtischen Frauenklinik in Ludwigshafen am Rhein, geschrieben worden. Ihm bin ich für die geleistete vielfältige Unterstützung zu großem Dank verpflichtet!

Bei der Beschaffung von Literatur waren mir Herr Prof. Dr. W. Wetzel, Direktor des Seminars für Statistik der Universität Kiel, jetzt Direktor des Institutes für angewandte Statistik der F.U. Berlin, Frau Brunhilde Memmer, Bibliothek des Wirtschaftswissenschaftlichen Seminars der Universität Kiel, Herr Priv. Doz. Dr. E. Weber, Landwirtschaftliche Fakultät der Universität Kiel, Variationsstatistik, sowie die Herren Dr. J. Neumann und Dr. M. Reichel von der hiesigen Universitäts-Bibliothek behilflich. Nicht unerwähnt lassen möchte ich die wertvolle Mitarbeit bei der Abfassung des Manuskriptes, insbesondere durch Frau W. Schröder, Kiel, durch Fräulein Christa Diercks, Kiel, und durch den medizinisch-technischen Assistenten Herrn F. Niklewicz, Kiel, dem ich die Anfertigung der graphischen Darstellungen verdanke.

Herrn Prof. Dr. S. Koller, Direktor des Institutes für Medizinische Statistik und Dokumentation der Universität Mainz und besonders Herrn Prof. Dr. E. Walter, Direktor des Institutes für Medizinische Statistik und Dokumentation der Universität Freiburg i. Br. verdanke ich viele wertvolle Anregungen.

Beim Lesen der Korrekturen haben mich die Herren Dipl. Math. J. Schimmler und Oberstudienrat Dr. K. Fuchs unterstützt. Ihnen sei herzlich gedankt!

Weiter danke ich den zahlreichen Autoren, Herausgebern und Verlagen, die den Abdruck der Tafeln und Abbildungen ohne Vorbehalt gestattet haben.

Zu Dank verpflichtet bin ich insbesondere dem literarischen Vollstrecker des verstorbenen Sir Ronald A. Fisher, F.R.S., Cambridge, Herrn Prof. Frank Yates, Rothamsted und den Herren der Oliver und Boyd Ltd., Edinburgh, für die Erlaubnis, Tafel II 1, Tafel III, Tafel IV, Tafel V und Tafel VII 1 ihres Buches „Statistical Tables for Biological, Agricultural and Medical Research“ zu reproduzieren; Herrn Prof. O.L. Davies, Alderley Park, und den Herren des Verlages von Oliver und Boyd Ltd., Edinburgh, für die Erlaubnis, einen Teil der Tafel *H* aus dem Buch „The Design and Analysis of Industrial Experiments“ von O.L. Davies übernehmen zu dürfen; den Herren des Verlages C. Griffin and Co. Ltd., London,

sowie ihren Autoren, den Herren Prof. M.G. Kendall und Prof. M.H. Quenouille, für die Erlaubnis, aus dem Buch von Kendall und Stuart „The Advanced Theory of Statistics“, Vol. II, die Tafeln 4a und 4b, aus dem Büchlein von Quenouille „Rapid Statistical Calculations“, die Abbildungen auf den Seiten 28 und 29 sowie Tafel 6 reproduzieren zu dürfen; den Herren Prof. E.S. Pearson und H.O. Hartley, Herausgeber der „Biometrika Tables for Statisticians“, Vol. 1, 2nd ed., Cambridge 1958, für die Erlaubnis, Kurzfassungen der Tafeln 18, 24 und 31 übernehmen zu dürfen. Mein Dank gilt weiter Mrs. Marjorie Mitchell, der McGrawHill Bock Company, New York, und Herrn Prof. W.J. Dixon für die Erlaubnis, aus dem Buch von W.J. Dixon und F.J. Massey Jr.: „Introduction to Statistical Analysis“ Tafel A-12 c und Tafel A-29 reproduzieren zu dürfen (Copyright vom 13. April 1965, 1. März 1966 und 21. April 1966) sowie Herrn Prof. C. Eisenhart für die Genehmigung, aus „Techniques of Statistical Analysis“, herausgegeben von C. Eisenhart, M.W. Hastay und W.A. Wallis, die Tafel der Toleranzfaktoren für die Normalverteilung entnehmen zu dürfen. Herrn Prof. F. Wilcoxon, Lederle Laboratories, a Division of American Cyanamid Company, Pearl River, danke ich für die Erlaubnis, aus „Some Rapid Approximate Statistical Procedures“ von F. Wilcoxon und Roberta A. Wilcox, die Tafeln 2, 3 und 5 zu reproduzieren. Herrn Prof. W. Wetzel, Berlin-Dahlem, und den Herren des de Gruyter-Verlages, Berlin W 35, danke ich für die Erlaubnis, aus den Elementaren Statistischen Tabellen von W. Wetzel die Tafel auf S. 31 übernehmen zu dürfen. Besonderen Dank schulde ich Herrn Prof. Dr. K. Diem, Redaktion des Documenta Geigy, Basel, für die freundliche Überlassung einer verbesserten Tafel der oberen Signifikanzschranken des studentisierten Extrembereiches, die für die 7. Auflage der „Wissenschaftlichen Tabellen“ vorgesehen ist.
Den Herren des Springer-Verlages danke ich für die sehr erfreuliche Zusammenarbeit.

Kiel, November 1967 *Lothar Sachs*

Inhalt

Die sieben Kapitel

1 **Statistische Entscheidungstechnik:** Wissenschaftliche Methodik, Beschreibende und Beurteilende Statistik, Wahrscheinlichkeitsrechnung, Kombinatorik, Zufallsvariablen, Parameter, Statistiken, Vertrauensbereiche, Tests, Normal-, Lognormal- und 7 weitere Verteilungen. Seite 798 bietet den Zugang zu wichtigen **Definitionen**.

2 **Notizen zur Epidemiologie:** Medizinische Statistik, Fall-Kontroll-Studie, Kohortenstudie, Relatives Risiko und Odds-Ratio mit Vertrauensbereichen, Population Attributable Risk, Filteruntersuchung, geschlossene Folgetestpläne.

3 **Der Vergleich unabhängiger Stichproben gemessener Werte:** Stichprobenverfahren, Vertrauensbereiche für einige Lage- und Streuungsparameter, Fallzahlabschätzungen, parametrische und nichtparametrische Ein- und Zweistichprobentests, Toleranzgrenzen, H-und Jonckheere-Test.

4 **Weitere Prüfverfahren:** Paardifferenzentests, Anpassungstests, Vergleich absoluter und relativer Häufigkeiten mit zugehörigen Vertrauensbereichen, Vierfeldertests: minimale Fallzahl, mehrfache Anwendung, Kombination mehrerer Vierfeldertafeln.

5 **Abhängigkeitsmaße: Korrelation und Regression:** Punktwolke, Korrelationskoeffizienten r und r_S, Kovarianz, Bestimmtheitsmaß, Bartlett- und Kerrich-Ansatz, Tests und Vertrauensbereiche zur Korrelations- und zur linearen Regressionsanalyse, nichtlineare Regression.

6 **Die Auswertung von Mehrfeldertafeln:** Prüfung zweidimensonaler Tafeln vom Typ $k \cdot 2$, $r \cdot c$ und $r \cdot r$ auf Unabhängigkeit oder Homogenität, Trend, Stärke des Zusammenhangs und Symmetrie; H-Test- und Friedman-Test-Vergleiche eines Standards mit mehreren Behandlungen.

7 **Varianzanalytische Methoden:** Voraussetzungen, ein-, zwei-, und dreifache Varianzanalyse, Multiple Vergleiche nach Scheffé, Tukey-Kramer, Games-Howell und Link-Wallis; Friedman-Test mit Vergleichen nach Wilcoxon-Wilcox, Page-Test, Prinzipien der Versuchsplanung.

Knappe Inhaltsangaben enthält die Übersicht 2.

Sehr ausführliche Inhaltsangaben enthält das folgende Inhaltsverzeichnis

Einige Tests für den Vergleich

von Verteilungsfunktionen, Medianen bzw. Erwartungswerten:
es liegen $k = 1, 2$ bzw. 3 und mehr (3+)
unabhängige (u) bzw. verbundene (v) Stichproben vor

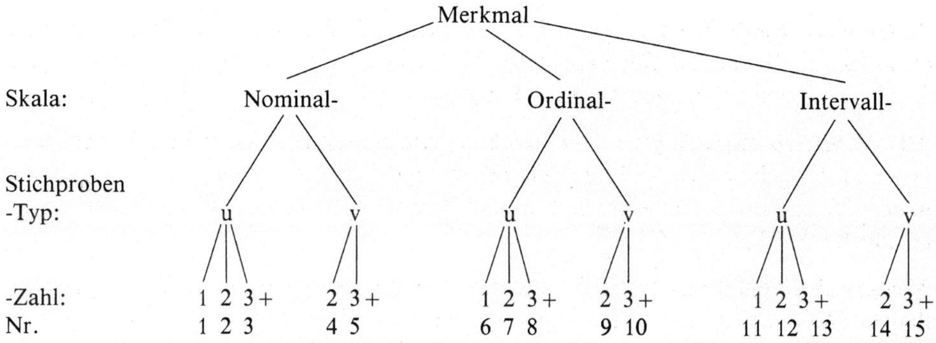

Der Erfassung eines Effektes anhand eines Tests sollte die Schätzung der Größe des Effektes anhand eines Vertrauensbereiches folgen.

Kapitel-Übersicht auf Seite XII

Inhaltsverzeichnis

Einige Symbole

Erklärung einiger wichtiger Zeichen in der Reihenfolge ihres Auftretens

$\sum$	(Sigma) Summenzeichen	18
x_i	i-te Beobachtung	18
$\log_a$	Logarithmus zur Basis a	20
lg	Logarithmus zur Basis 10	20
ln	natürlicher Logarithmus	21
e	Basis der natürlichen Logarithmen	21
P	Wahrscheinlichkeit	34
E	Ereignis	36
$P(E)$	Wahrscheinlichkeit des Ereignisses E	39
$P(B\|A)$	Wahrscheinlichkeit von B unter der Bedingung A, eine bedingte Wahrscheinlichkeit	45
F	Verteilungsfunktion	68
$X; x$	Zufallsvariable X, die den Wert x angenommen hat	89
$\int_a^b f(x)dx$	Integral über f von a bis b, das bestimmte Integral einer Funktion f zwischen a und b ist die Fläche unter der Kurve zwischen a und b	(91), 92
$E(X)$	Erwartungswert (Mittelwert) der Zufallsvariablen X [$\mu = E(X)$]	95
$\mathrm{Var}(X)$	Varianz der Zufallsvariablen X	95
π	(pi) Relative Häufigkeit in der Grundgesamtheit	98
μ	(my) Erwartungswert [$E(X) = \mu$] einer Grundgesamtheit	(91), 98
σ	(sigma) Standardabweichung der Grundgesamtheit	(95), 98
$\hat{p}$	Relative Häufigkeit in der Stichprobe [durch $\hat{p}$ wird π geschätzt; Schätzwerte erhalten häufig ein Hütchen (ˆ)]	98
$\bar{x}$	Arithmetisches Mittel (der Variablen X) einer Stichprobe	98
s	Standardabweichung der Stichprobe Das Quadrat der Standardabweichung (s^2 bzw. σ^2) wird Varianz genannt	98
n	Stichprobenumfang	(18), 100
N	Umfang der Grundgesamtheit	100
k	Zahl der Klassen einer Häufigkeitsverteilung	107
z	Standardnormalvariable (genauer: ein bestimmter Wert derselben, die zugrundeliegende Zufallsvariable wird mit Z bezeichnet), Prüfgröße des z-Tests; der z-Test ist die Anwendung der standardisierten Normalverteilung zur Prüfung von Hypothesen an umfangreichen Stichproben	110–113
$N(\mu, \sigma^2)$	Normalverteilung mit Erwartungswert μ und Varianz σ^2	111
$N(0, 1)$	Standardnormalverteilung mit $\mu = 0$ und $\sigma = 1$	111
$F(z)$	Verteilungsfunktion der Standardnormalverteilung	111
f	Häufigkeit, Frequenz, Besetzungszahl	134
k	Zahl der Stichproben, Zahl der Mittelwerte	139
V	Variationskoeffizient	140
$\tilde{x}$	Medianwert (der Variablen X) [der zugehörige Parameter ist $\tilde{\mu}$ (125)]	155
$s_{\bar{x}}$	Standardfehler des Mittelwertes (genauer: geschätzter Standardfehler des Mittelwertes)	159
$s_{\tilde{x}}$	Standardfehler des Medianwertes (genauer: geschätzter Standardfehler des Medianwertes)	160
$x_{\max}$	größter Wert einer Stichprobe	163
$x_{\min}$	kleinster Wert einer Stichprobe	163
R	Spannweite, Extrembereich, Variationsbreite [engl. Range]	163

α	(alpha) Irrtumswahrscheinlichkeit, die kleine Wahrscheinlichkeit, eine gültige Nullhypothese abzulehnen	(178), 185
β	(beta) Die Wahrscheinlichkeit, eine falsche Nullhypothese beizubehalten	185
H_0	Nullhypothese	(180), 185
H_A	Alternativhypothese	(181), 185
t	Prüfgröße des t-Tests; der t-Test prüft anhand der t-Verteilung oder Student-Verteilung (das Verteilungsgesetz kleiner Stichproben) z. B. die Gleichheit zweier Erwartungswerte	208
ν	(ny) oder FG, der Freiheitsgrad (einer Verteilung)	209
χ^2	(Chi-Quadrat) Prüfgröße des χ^2-Tests; der χ^2-Test prüft anhand der χ^2-Verteilung z. B. den Unterschied zwischen einer beobachteten und einer theoretischen Häufigkeitsverteilung	211
F	Varianzverhältnis, Prüfgröße des F-Tests; der F-Test prüft anhand der F-Verteilung (einer theoretischen Verteilung von Quotienten aus Varianzen) den Unterschied zweier Varianzen	216
!	Fakultätszeichen	(19), 234
${}_nC_x$	oder $\binom{n}{x}$ Binomialkoeffizient: Die Anzahl der Kombinationen von n Elementen in Klassen zu je x	236
λ	(lambda) Parameter der Poisson-Verteilung	285
MA	Mittlere absolute Abweichung vom Mittelwert	336
$MA_{\tilde{x}}$	Mittlere absolute Abweichung vom Medianwert	338
$\tilde{D}$	Median-Deviation (median absolute deviation, MAD)	338
Q	Summe der Abweichungsquadrate [z. B. $Q_x = \Sigma(x - \bar{x})^2$]	352
$x_{(i)}$	i-ter Anordnungswert einer Stichprobe	375
U	Prüfgröße des Wilcoxon-Mann-Whitney-Tests: Vergleich zweier unabhängiger Stichproben	383
H	Prüfgröße des Kruskal-Wallis-Tests: Vergleich mehrerer unabhängiger Stichproben	394
k	Zahl der Stichproben	394
B	Beobachtete Häufigkeit, Besetzungszahl	422
E	Erwartete Häufigkeit, Erwartungshäufigkeit	422
a, b, c, d	Häufigkeiten (Besetzungszahlen) einer Vierfeldertafel	451
ϱ	(rho) Korrelationskoeffizient der Grundgesamtheit	493
r	Korrelationskoeffizient der Stichprobe	493
$\mathrm{Cov}(X, Y)$	Kovarianz der Zufallsvariablen X und Y	497
b	Regressionskoeffizient der Stichprobe: Gibt die Richtung der Regressionsgeraden an; von den gewöhnlich mitgeschriebenen beiden Indizes beispielsweise b_{xy} bezeichnet der erste die vorausgesagte und der zweite die zur Voraussage dienende Variable	(495), 502
β	(beta) Regressionskoeffizient der Grundgesamtheit (z. B. β_{yx})	(494), 508
$s_{y \cdot x}$	Standardfehler der Schätzung von Y aus X (einer Stichprobe) Das Quadrat ($s^2_{y.x}$) heißt empirische Restvarianz	504
r_S	Rangkorrelationskoeffizient nach Spearman (einer Stichprobe)	(511), 512
s_{xy}	Empirische Kovarianz	525
$\dot{z}$	Korrelationsziffer zur Prüfung der Verläßlichkeit eines Korrelationskoeffizienten	542
E_{yx}	Korrelationsverhältnis (einer Stichprobe) von Y auf X: wichtig für die Prüfung der Linearität einer Regression	550
$r_{12.3}$	Partieller Korrelationskoeffizient	572
$R_{1.23}$	Multipler Korrelationskoeffizient	573
χ^2_R	Prüfgröße der Rangvarianzanalyse nach Friedman	667

Verzeichnis wichtiger Übersichten

Herr Dr. Hanns Ackermann aus der Abteilung für Biomathematik des Klinikums der Universität Frankfurt/M. hat in den letzten Jahren das **Programmpaket „BiAS**. Biometrische Analyse von Stichproben, Version 7“ (Epsilon-Verlag, Hochheim Darmstadt 1998) entwickelt, das eine weite Verbreitung gewonnen hat und sehr viele Verfahren nicht nur aus diesem Buch enthält. Ich empfehle es allen PC-Freunden, die einen Hinweis dieser Art erwarten, exemplarisch als preiswerten Zugang zur computerunterstützten Bearbeitung ihrer statistischen Fragestellungen. [vgl. auch die auf den Seiten V: SAS, SPSS, S-Plus; 451: Martin Andrés; 716: CIS und ISI; 726: Hair; 728: Hollander; 749: Stat. Bundesamt genannten **Websites**].

Eine sehr umfassende aktuelle Übersicht zur
Statistik-Software bieten im **Internet:**

(I) der Arbeitskreis um Julian L. Simon unter http://www.statistics.com/

(II) die Universität Glasgow unter
http://www.stats.gla.ac.uk/cti/links-stats/index.html

(III) das Department of Statistics at Carnegie Mellon University, Pittsburg, Penns. unter
http://lib.stat.cmu.edu/

(IV) ProGAMMA unter http://www.gamma.rug.nl

Unter http://www.nist.gov/itl/div898/handbook/dtoc.htm bietet das National Institute of Standards and Technology, Gaithersburgh, MD 20899-0001, ein Handbuch der “Engineering Statistics”.

Eine hervorragende Einführung und Übersicht zum Thema **„Statistical Computing: Numerical Computation“** bieten Thisted (1988) [vgl. auch Rao 1993 sowie die Springer-Bücher von J. E. Gentle und K. Lange, beide 1998 in New York erschienen] und das alle Gebiete der Mathematik und des wissenschaftlichen Rechnens behandelnde Teubner-Taschenbuch der Mathematik (1996; 2128 S.).
Biographisches zur Mathematik ist Gottwald und Mitarbeitern (1990) zu entnehmen; ergänzt durch die Web-Site http://history.math.csusb.edu/ [The MacTutor History of Mathematics Archive].

Fehlervermeidende Aktivitäten

Fehler, die bei der Anwendung statistischer Methoden auftreten, hat *Koller (1964)* systematisch erfaßt. Vier Jahre später erschien die erste Auflage dieses Buches – wie andere auch – mit dem Vorsatz, in unserem Fachgebiet fehlerhafte Anwendungen zu verringern. Heute, 37 Jahre nach dem Aufsatz von Koller, ist das Thema aktueller denn je, wie z. B. ein Brief belegt, in dem mir Herr Kollege C. Stick (siehe das Vorwort) freundlicherweise häufige Fehler in Dissertationsschriften genannt hat. Ich habe sie ergänzt und in vier Punkten zusammengefaßt. Details lassen sich anhand des Sachverzeichnisses in der erwünschten Ausführlichkeit erarbeiten. Vorausgesetzt wird bei jedem, der statistische Methoden anwendet, ein hinreichendes Spezialwissen auf dem zu bearbeitenden Sachgebiet, klare Fragestellungen und plausible Fallzahlabschätzungen.

1. Es ist zu überlegen, ob die gewonnenen Daten (wie gewonnen?) neben der Beschreibung, die stets sinnvoll und mitunter ausreichend sein wird, auch Ansätze der Beurteilenden Statistik gestatten. Falls ja, sind Grundgesamtheit und Hypothesenpaare anzugeben.
2. Relative Häufigkeiten werden in Abhängigkeit von der Größe des Nenners angegeben. Auch hier wie bei der Angabe von Resultaten ist auf die geeignete Zahl signifikanter Ziffern zu achten.
3. Mittelwerte sind stets mit dem zugehörigen Stichprobenumfang und einem angemessenen Streuungsmaß anzugeben, wobei der Typ der vorliegenden Verteilung entscheidend ist, der auch – falls zulässig – andeutet, welche Vertrauensbereiche und Tests berechnet werden dürfen.
4. Aussagen, die die Irrtumswahrscheinlichkeit α oder den P-Wert betreffen – bedingte (!) Wahrscheinlichkeiten – sagen nichts aus über die praktische Bedeutung der Befunde. Auf dem $\alpha\%$-Niveau statistisch signifikante Befunde sind nur bei sinnvoller Anwendung und bei Gültigkeit der Voraussetzungen als Wahrscheinlichkeitsaussagen (!) interpretierbar. Erst wenn sich diese Befunde wiederholen lassen, kann ihnen vorläufig vertraut werden. Bei Mehrfachtestung ist die Irrtumswahrscheinlichkeit zu korrigieren. Statistisch signifikante Korrelationen werden häufig überinterpretiert.

Einleitung

- Für wen ist das Buch bestimmt?
- Was enthält es?
- Formel-Numerierung
- Abschnitts-Numerierung
- Codierung meiner Bücher
- Zweiteiliges Literaturverzeichnis
- Übersichten/Strukturelles

Diese 10. Auflage ist ein ausführlich gefaßtes Lehrbuch und Nachschlagewerk **für anwendungsorientierte Leser mit unterschiedlichen Vorkenntnissen und breit gestreuten Interessen,** das dem Anfänger den Einstieg in die Anwendung statistischer Methoden ermöglicht und ihn unterstützt; dem Fortgeschrittenen bietet es zahlreiche Hinweise und Berechnungsmethoden zu weiteren wichtigen, speziellen Verfahren der Statistik. Generell ergänzt es Statistik-Software-Handbücher.

Mit diesem **Grundriß der Statistik als Entscheidungshilfe** wird dem mathematisch nicht vorgebildeten Leser eine fächerübergreifende Einführung in wichtige Methoden der Statistik gegeben. **Angewandte Statistik** ist zugleich der Methodenkörper anwendbarer Statistik und die Anwendung dieses Methodenkörpers auf gemessene und/oder gezählte Beobachtungen. Abstrakte mathematische Überlegungen und Ableitungen werden deshalb weitgehend vermieden. Wert gelegt wird auf das Grundsätzliche der statistischen Denkansätze, auf die Darstellung der Voraussetzungen, die erfüllt sein müssen, bevor man eine bestimmte Formel oder einen bestimmten Test anwenden darf. Berücksichtigt werden insbesondere die Analyse von Stichproben kleiner Umfänge und verteilungsunabhängige Methoden. Angesprochen werden in diesem **Lehr- und Nachschlagebuch** Nichtmathematiker, insbesondere **Praktiker in Technik und Wissenschaft, Ingenieure, Mediziner sowie Studierende und Wissenschaftler dieser und anderer Bereiche.** Dem an der praktischen statistischen Arbeit interessierten Mathematiker gibt es einen Überblick.
Im Vordergrund steht die **praktische Anwendung.** Dies kommt auch in den folgenden Übersichten 4 und 5 zum Ausdruck. Daher bilden zahlreiche teilweise besonders einfach gehaltene, vollständig durchgerechnete Zahlenbeispiele, einige Übungsaufgaben mit Lösungen sowie eine Reihe unterschiedlicher **Arbeitshilfen** – einschließlich einiger Websites, einer umfangreichen Bibliographie und eines sehr ausführlichen Sachverzeichnisses – einen wesentlichen Teil des Buches. Insbesondere dient eine Sammlung von Tabellen (vgl. Übersicht 7) zur Vereinfachung der Berechnungen.
Einige Worte noch zu seinem **Aufbau:** Nach elementaren mathematischen Vorbemerkungen wird im 1. Kapitel die statistische Entscheidungstechnik behandelt. Kapitel 2 enthält Notizen zur Epidemiologie sowie drei geschlossene Folgetestpläne. In Kapitel 3 und 4 werden Stichproben von Meßwerten und Häufigkeitsdaten verglichen. Die folgenden drei Kapitel behandeln Abhängigkeitsmaße, die Analyse von Kontingenztafeln sowie die Varianzanalyse. Ein erster Blick auf Abschnitt 77 (knapp [77]) sollte schon jetzt riskiert werden. Näheres über den Inhalt des Buches ist den folgenden Übersichten 2 und 3 zu entnehmen. Den Abschluß bilden Literaturhinweise, Übungsaufgaben, eine Auswahl englischer Fachausdrücke sowie Namenverzeichnis und Sachverzeichnis (vgl. auch das Vorwort).
Die an vielen Stellen in den Text eingefügten Hinweise auf andere Seiten im Buch zeigen **Querverbindungen** auf. Ein **Serendipity-Erlebnis** ist möglich, d. h. man zieht los, um etwas zu suchen und macht einen anderen Fund von größerer Bedeutung. „Serendip" war früher der Name von Sri Lanka (Ceylon). Horace Walpole betonte, daß die drei Prinzen aus Serendip ungewöhnlich häufig und unbeabsichtigt Entdeckungen machten.

Zur weiteren Orientierung

Beachten Sie bitte die auf dem ausschneidbaren Lesezeichen am Ende des Buches sowie weiter unten gegebenen Lektürehinweise. Zur Übung sollte versucht werden, jedem Beispiel einen neuen Text, einen **anderen Realitätsbezug** zuzuordnen (vgl. auch S. 10 und S. 326).

1. Numerierung der Formeln

Formelnummern, in runde Klammern gesetzt, enthalten die Kapitelnummer und nach einem Punkt die laufende Nummer der Formel innerhalb des Kapitels, etwa (1.1).

2. Querverweis-Symbolik

Für Hinweise auf andere Stellen in diesem Buch mit ähnlicher Thematik setze ich die Nummern der betreffenden Abschnitte (zwei- bis vierstellig) oder Kapitel (einstellig: 1 bis 7) in eckige Klammern. So verweist ein „[11]" auf den Abschnitt „Statistik und wissenschaftliche Methode" im 1. Kapitel und ein „[761]" auf den Abschnitt „Friedman-Test: Doppelte Zerlegung mit einer Beobachtung pro Zelle" im 7. Kapitel.
A: Ein auf den Rand gesetztes A3 verweist auf den Anhang, Punkt 3; der Anhang folgt auf das Sachverzeichnis.

3. Symbolik für meine Bücher

E: Applied Statistics
G: Guide/Literatur
M: Statistische Methoden
M2: Statistische Methoden, Band 2
(vgl. S. 746)

Ein „M 2" verweist auf das Sachverzeichnis des zweiten Bandes der „Statistischen Methoden", ein „M2:21" auf Seite 21 und die dort gegebene Übersicht. Der Inhalt von M und M2 ist in Übersicht 1 zusammengefaßt. M ist ein knapp gefaßter Methodenratgeber mit zahlreichen Einzelheiten zur Planung, Durchführung und Auswertung von Studien aus der Sicht der Statistik. M 2 ergänzt und vertieft M, wobei insbesondere der Vergleich mehrerer Stichprobengruppen ausführlich behandelt wird.

4. Das zweiteilige Literaturverzeichnis

Das Literaturverzeichnis enthält einige aktualisierte ältere Arbeiten aus der 1. bis 6. Auflage, im Text durch Kursivdruck kenntlich gemacht, etwa „(*Alluisi 1965*)"; es folgt dann der für die 7. bis 10. Auflage charakteristische Teil, der – völlig neubearbeitet – Quellen und Weiterführendes enthält, das dem Leser anhand zahlreicher Hinweise im Text hilft, bemerkenswertes Neuland zu erschließen (vgl. S. 689 und 690).

5. Sieben Übersichten

1 Einige allgemeinere Themen, die in beiden Bänden meiner „Statistischen Methoden" (M und M2) behandelt werden
2 Themen der sieben Kapitel
3 Zusammenhang zwischen den 7 Kapiteln
4 Wichtiges aus der Statistik
5 Wichtige Vertrauensbereiche und Tests
6 Interessantes aus Wahrscheinlichkeitsrechnung und Kombinatorik
7 Wichtige Tabellen

Zur Lektüre: Wichtig ist die „Einführung in die Statistik" und Abschnitt 11, kurz [11]. Von [12] ist nur [121] unerläßlich, das andere sollte vom Anfänger nicht durchgearbeitet werden, vieles läßt sich später bei Bedarf nachschlagen. Wichtiger sind die meisten Abschnitte von [13] und [14] sowie insbesondere [77]. Für [15] und [16] sowie Kapitel 2 gilt, daß sie zunächst eher diagonal zu lesen sind. Kapitel 3 bis 7 enthält die wichtigsten Methoden und vieles zum Nachschlagen.

Übersicht 1. Einige allgemeinere Themen, die in beiden Bänden meiner „Statistischen Methoden“ (M1 und M2) behandelt werden

Themen	Seiten M	Seiten M2
1. Grundlagen	XXI, XXII, 2–40	11–57
Aufgaben der Statistik	2–4, 141–153	15–24
Merkmale und Skalen	10, 11, 154–160	–
Datenbeschreibung	141–160	34–47, 59–85
2. Studienplanung		
Studienarten	165–169	25–33
Planungsprinzipien	12–22, 70–73, 141–160, 310	11–57, 127–136
3. Wahrscheinlichkeitsverteilung		
Zufallsvariable	8, 23, 51–54	48–57, 63, 64
Normalverteilung	41–51, 311, 312	63, 64, 81–85, 164, 165
Zur Binomialverteilung	62–66, 92–108	141–144
u.a. diskreten Verteilungen	197–218	147–160
4. Statistisches Schätzen		
Zufallsstichprobe	12–22, 142–145	48, 53, 54, 129, 130
Schätzwert	51, 52	52, 53
Vertrauensbereich (VB)	55–60, 66, 308	89, 90
Beispiele zum VB	60–66, 200–202, 218–221	67–71, 75, 76, 89, 90, 97, 107–116, 120
5. Statistisches Testen		
Testtheorie	67–73, 173–186	(127–145)
Einige Tests	(XXII), 73–108 (187–192)	122–125, 149–154
Mehrfachtestung	186, 212, 213, 308–310	89–98, 122–125
6. Zusammenhänge		
Stochastische Unabhängigkeit	9, 10, 53, 54	149–151, 155–160
Korrelation	53, 54, 118–131	–
Regression	118–123, 128–138	–
7. Benötigte Stichprobenumfänge		
Meßwerte	109–113, 117	107, 167
Häufigkeiten	100, 101, 114–117	33
8. Vergleich mehrerer Stichproben mit paarweisen multiplen Vergleichen		
Unabhängige Stichproben	84–91, 187–192	87–125
Verbundene Stichproben	(87, 88, 188–192)	–
9. Spezielle statistische Verfahren		
Meßwerte	196, 197, 218–221	87–125, 163–167
Häufigkeiten	197–218	147–160

Übersicht 2. Themen der sieben Kapitel

1	Grundlagen und Aufgaben der Statistik. Wahrscheinlichkeitsrechnung mit zahlreichen Beispielen. Beschreibende Statistik und Normalverteilung. Statistisches Schätzen und Testen: Schätzfunktion, Vertrauensbereich und statistischer Test. Die drei Prüfgrößen t_ν, χ^2_ν und $F_{\nu_1;\nu_2}$: Definition, Anwendung und empirische Berechnung anhand von Simulationen. Kombinatorik mit zahlreichen Beispielen. Einige diskrete Verteilungen.
2	Notizen zur Epidemiologie. Drei geschlossene Folgetestpläne.
3	Vertrauensbereiche für μ, $\tilde{\mu}$ und σ^2. Tests für (1), 2 und k unabhängige Stichproben. Ausreißerproblem und Toleranzgrenzen.
4	Tests für zwei verbundene Stichproben. Anpassungstests. Vertrauensbereiche für Wahrscheinlichkeiten und seltene Ereignisse. Auswertung von Vierfeldertafeln. Prüfung, ob Daten zufallsgemäß verteilt sind.
5.	Korrelationsanalyse: r, r_S. Lineare Regressionsanalyse. Weiterführende Hinweise.
6	Analyse von Zweiwegtafeln der Typen $k \cdot 2$, $r \cdot c$ und $r \cdot r$: Unabhängigkeit, Homogenität, Symmetrie; Kontingenzkoeffizient, Prüfung auf Trend.
7.	Prüfung, ob mehrere Varianzen gleich sind. Ein- und Zweifachklassifikation der Varianzanalyse (Vergleich von Erwartungswerten). Rangblockvarianzanalyse nach Friedman und Page. Prinzipien der Versuchsplanung.

Einen schnellen Zugang zu den Themen
Aufgaben der } Statistik bieten { S. 790
Definitionen zur } Statistik bieten { S. 798

6. Strukturelles

Die in Lehrbüchern der Statistik übliche lineare Darstellung für anwendungsorientierte Leser mit unterschiedlichen Vorkenntnissen und breit gestreuten Interessen kann die enge Verflechtung der einzelnen Ansätze und Methoden nur unzulänglich wiedergeben. Die Übersichten 3 bis 5 und die im Text z. B. durch „(vgl. auch . . .)" angedeuteten vielfältigen **Verknüpfungen** helfen hier weiter.

Wen diese Verknüpfungen noch nicht interessieren, der wird nach der Tätigkeit eines Statistikers fragen, etwa im für die Amtliche Statistik zuständigen Statistischen Bundesamt in Wiesbaden oder in einer Forschungseinrichtung: es werden Daten und Informationen ERHOBEN (1A) bzw. experimentell GEWONNEN (1B), AUSGEWERTET (2), INTERPRETIERT (3) und VERÖFFENTLICHT (4). Den Sachkundigen irritierende Befunde, widersprüchliche Resultate oder Unklarheiten über das weitere Vorgehen (1 bis 4) führen dazu, **statistischen Beistand** zu suchen. Hier werden dann Fragen gestellt, etwa wie die auf S. 15 oben, die Problemlage wird diskutiert, ... Sobald beide Partner eine "gemeinsame Sprache" gefunden haben, wird sich eine Lösung des Problems anbahnen. Andere Aspekte dieser Zusammenarbeit enthalten die Seiten 10, 326 und 578.

Übersicht 3. Zusammenhang zwischen den sieben Kapiteln

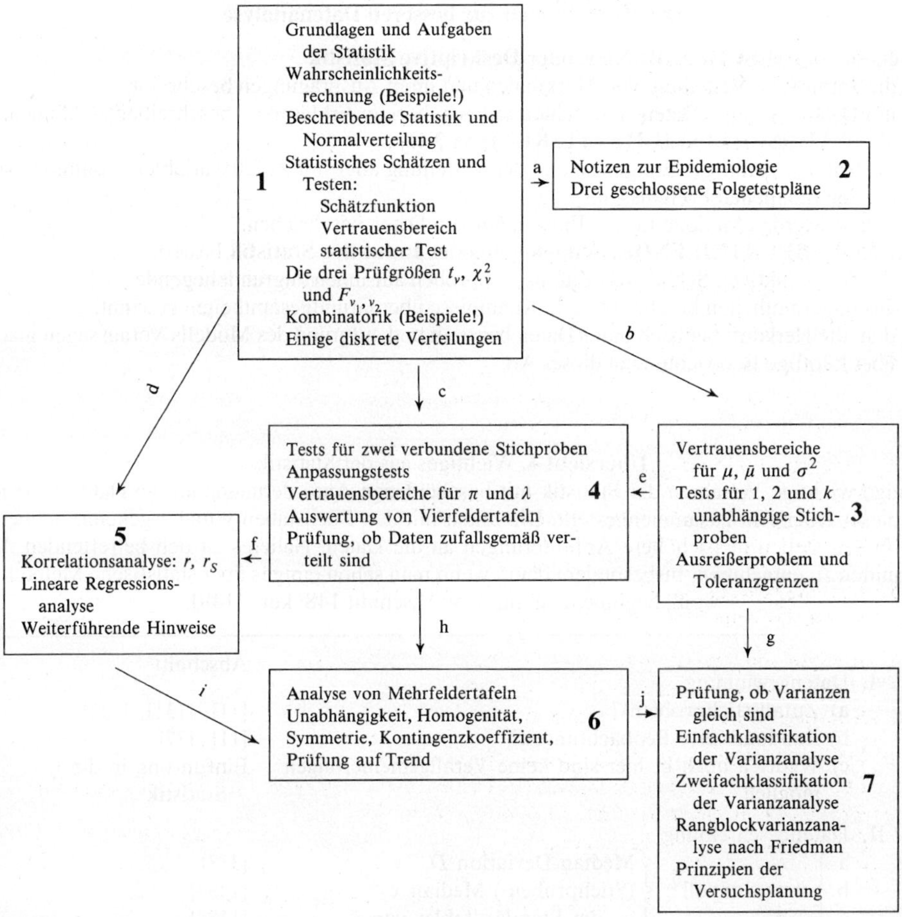

Brücken

a: Vertiefung von Beispielen aus Wahrscheinlichkeitsrechnung und Kombinatorik mit medizinischen Inhalten. Folgetestpläne als besonders einfache statistische Test- und Entscheidungsverfahren.

b: Weitere Vertrauensbereiche und Tests für unabhängige Stichproben. Näheres zum Toleranzbereich.

c: Verbundene gegenüber unabhängigen Stichproben. Tests für Paardifferenzen. Vertiefung des Vierfeldermodells der stochastischen Unabhängigkeit aus der Wahrscheinlichkeitsrechnung.

d: Vertiefung zur stochastischen Abhängigkeit.

e: Verbundene Stichproben weisen gegenüber unabhängigen gewisse Vorteile auf. Ist eine Stichprobenverteilung als zumindest angenähert normalverteilt aufzufassen?

f: Der Kontingenzkoeffizient als Zusammenhangsmaß. Sind Daten zufallsgemäß verteilt oder liegt eine stochastische Abhängigkeit vor?

g: Verallgemeinerung des t-Tests auf k Stichproben.

h: Verallgemeinerung des Vierfelder-χ^2-Tests auf den $r \cdot c$-Felder-χ^2-Test.

i: Zusammenhangsanalysen in Kontingenztafeln.

j: Besetzungszahlen einer auf Homogenität zu prüfenden $r \cdot c$-Tabelle lassen sich nach einer geeigneten Transformation varianzanalytisch auswerten.

Einzelheiten sind den Übersichten 4 und 5, dem Inhaltsverzeichnis sowie dem sehr ausführlichen Sachverzeichnis zu entnehmen.

Drei Definitionen zur besseren Datenanalyse

Während die **BESCHREIBENDE oder Deskriptive Statistik**
die empirische Verteilung von Merkmalen und ihren Ausprägungen beschreibt,
um Datenmengen – Daten sind Zahlen mit zugehöriger Erklärung – beschreiben zu können,
ist die **WAHRSCHEINLICHKEITSRECHNUNG**
die Theorie zufälliger Ereignisse und der Verteilung aller mit Zufallsvariablen zusammenhängenden möglichen Ereignissen,
d. h. es werden Modelle für die Entstehung von Daten beschrieben,
auf der die **BEURTEILENDE, Schließende oder Induktive Statistik** basiert,
die den induktiven Schluß von Zufallsstichproben auf ihnen zugrundeliegende Grundgesamtheiten beschreibt, d. h. Kenntnisse über Grundgesamtheiten gewinnt,
d. h. die Herkunft beobachtbarer Daten beurteilt und aufgrund des Modells Voraussagen macht über künftige Beobachtungen dieser Art.

Übersicht 4. Wichtiges aus der Statistik

Einige wichtige Verfahren der Statistik mit bescheidenen Anforderungen an die Daten habe ich in dieser Übersicht zusammengestellt. Die unten mit den Buchstaben y und z gekennzeichneten Verfahren stellen meist höhere Anforderungen an die Daten. Näheres ist den betreffenden Abschnitten zu entnehmen. Insbesondere dann, wenn man schon einiges über statistische Methoden weiß, beginne man mit dem Abschnitt 148, kurz [148].

	Abschnitt
I. Datengewinnung	
a) Zufallsstichprobe(n)?	[11], [131], [132]
b) Randomisierte Beobachtungen?	[11], [77]
c) Weder a noch b: hier sind keine Verallgemeinerungen möglich	Einführung in die Statistik
II. Datenbeschreibung	
a, b, c stets sinnvoll[x]: Median-Deviation $\tilde{D}$	[313]
a, b, c stets sinnvoll[x]: (Stichproben-) Median $\tilde{x}$	[1383]
a, b, c stets sinnvoll[x]: $s_{\tilde{x}}$, der Standardfehler von $\tilde{x}$	[1384]
a, b stets sinnvoll: 95%-Vertrauensbereich für den Median $\tilde{\mu}$	[314]
III. Vergleiche: nur für a und b	
1. Unabhängige Stichproben[y]	
H-Test und U-Test	[395], [394]
$r \cdot c$-, $k \cdot 2$-, $2 \cdot 2$-Felder-χ^2-Homogenitätstest	[621], [61], [461], [462]
2. Verbundene Stichproben[z]	
Friedman-Test und Wilcoxon-Test	[761], [422]
Bowker-Test und McNemar-Test	[624], [463]
IV. Zusammenhänge? Nur für a und b	
Rangkorrelation nach Spearman	[53], [531]
$r \cdot c$- und $2 \cdot 2$-Felder-χ^2-Unabhängigkeitstest, u. U. mit Kontingenzkoeffizient	[621], [622], [461], [466]

[x] Mitunter ist auch der Korrelationskoeffizient r (sogar für c) zur Beschreibung zweidimensionaler Daten geeignet ([5])
[y] Ohne Einstichprobentests (H_0: $\sigma^2 = \sigma_0^2$ oder $\mu = \mu_0$ oder $\tilde{\mu} = \tilde{\mu}_0$ oder $F = F_0$) ([33], [32], [394], [43], [44]) und ohne parametrische Verfahren ([14], [35], [36], [72], [73])
[z] Ohne parametrische Verfahren ([41], [421], [74])

Übersicht 5. Wichtige Vertrauensbereiche und Tests
Diese Übersicht informiert auch über das in anderen Übersichten und Tabellen zum Thema detaillierte Material

1. Zunächst ist **Übersicht 4** wichtig. Der Vertrauensbereich für den **Median** wird in Abschnitt 314 (knapp [314]) angegeben. Formel (3.29) gestattet die Angabe angenäherter Vertrauensbereiche für **nicht zu extreme Quantile.** Mitunter interessiert die ergänzende Angabe des 95%-Vertrauensbereiches für die **Verteilungsfunktion** einer stetigen Zufallsvariablen, in [44].
2. Vertrauensbereiche insgesamt:
   - Relatives Risiko und Chancen-Verhältnis (Odds Ratio) [234]
   - Erwartungswert [311] und Differenz zweier Erwartungswerte [36]
   - Median [314]
   - Varianz, Standardabweichung und Variationskoeffizient [34]
   - Erwartungswert der Paardifferenzen [4211]
   - Median der Paardifferenzen [422]
   - Verteilungsfunktion einer stetigen Zufallsvariablen [44]
   - Wahrscheinlichkeit einer dichotomen Grundgesamtheit [451]
   - Erwartungswert einer Poisson-Verteilung [454; 164]
   - Korrelationskoeffizient [545; 551]
   - Regressionskoeffizient, Achsenabschnitt, Restvarianz [557]
   - Regressionsgerade [559]
   - Differenz zweier Erwartungswerte bei mindestens drei Erwartungswerten [742]
3. Die Prüfung einer **Vierfeldertabelle** anhand eines $\hat{\chi}^2$-Tests ([461], [462]) bzw. bei sehr kleinen Besetzungszahlen ($n_1 < 6$ oder/und $n_2 < 6$) anhand der Approximation nach Gart ([467]). Wird bei hinreichend großem Stichprobenumfang n die Unabhängigkeitshypothese abgelehnt, dann ist nach (2.9, 2.10) in [234] die Angabe eines Vertrauensbereiches möglich. Eine häufig wichtige Alternative zum U- oder H-Test, wenn deren Voraussetzung (Gleichheit der Verteilungsformen) nicht erfüllt ist, bietet der **Median-Quartile-Test,** Tabelle 114 in [394].
4. Die Übersichten 51 bis 53 in [148] enthalten **verteilungsunabhängige Verfahren,** die in der Mehrzahl der Fälle eine größere praktische Bedeutung aufweisen als die entsprechenden parametrischen Methoden. Dem Einstichproben-Gauß-Test [145] und dem Einstichproben-t-Test [32] entspricht der verteilungsunabhängige Einstichproben-Median-Test nach Wilcoxon [394].
5. Übersicht 65 in [42] enthält neun wichtige **Zweistichprobentests,** geordnet nach dem Skalentyp, wobei zumindest angenähert normalverteilte Meßwerte ([36]) bzw. Meßwertdifferenzen ([421]) voraussetzende Verfahren die größte Power aufweisen.
6. Tabelle 237 in [71] gibt eine Übersicht über wichtige Tests für den verteilungsunabhängigen **Vergleich mehrerer Stichproben.** Sind die Bedingungen der Varianzanalyse erfüllt, wird man in [742] nach Übersicht 91 Mittelwerte paarweise vergleichen oder Vertrauensbereiche für alle Paare $\mu_i - \mu_j$ nach Tukey-Kramer bzw. nach Games-Howell angeben.

Einige der genannten und **weitere Tests** sind in einer Übersicht (Baumdiagramm) auf Seite XIII zusammengestellt.
Außerdem enthalten die Seiten:

- 609 bis 612 **Vergleiche eines Standards mit mehreren Behandlungen,**
- 443, 449, 457, 458, 460, 465, 584 weitere **Vertrauensbereiche,**
- 463 bis 465 einige **Standardisierungen** wie die IDR und die SMR.

Übersicht 6. Interessantes aus Wahrscheinlichkeitsrechnung und Kombinatorik

Übersicht 15: Einige Verknüpfungen, S. 38
Statistik, Wahrscheinlichkeit und Wettchancen, S. 33–35
Tabelle 5: Zum relativen Risiko; Beispiel 16, S. 47/48
Die Tabellen 6 bis 11: Überlebenswahrscheinlichkeiten; Beispiele 17 bis 23, S. 48–55
Formeln (1.7a) bis (1.7c): Ungleichungen nach C. E. Bonferroni, S. 39 und 60
Tabelle 12: Wahrscheinlichkeit für wenigstens einen Erfolg in n unabhängigen Versuchen, jeweils mit der Erfolgswahrscheinlichkeit p; Beispiel 30, S. 62
Tabelle 14: Kleine Übersichtstafel für Wahrscheinlichkeiten einiger Verknüpfungen, S. 73
Die Tabellen 15 und 16: Wahrscheinlichkeiten einer Vierfeldertafel; Beispiele 64 und 65
Übersicht 20: Pfadregeln mit totaler Wahrscheinlichkeit und Bayesschem Theorem, S. 79
Übersicht 23: Die Verteilungsfunktion, S. 93
Übersicht 24: Rechenregeln zur Verteilungsfunktion, S. 94
Tabelle 19A: Zufällige neue Maxima in Folgen von n unabhängigen Beobachtungen, S. 96
Tabelle 57: Nichtgleichverteilung der ersten Ziffer einer aus mehreren Ziffern bestehenden Zahl, das Paradoxon der ersten Ziffer, S. 243
Formeln (1.204) und (1.205): Zerlegung einer Menge in Teilmengen; Beispiele 101 bis 104
Identitäten zum Pascalschen Dreieck, S. 247–249
Bemerkungen zur Wahrscheinlichkeit bestimmter Nachbarschaftssituationen in zufälligen Reihenfolgen: Beispiele 108 bis 110, S. 249/250
Formeln (1.210) bis (1.212): Zum Permutationstest: Beispiel 113, S. 251
Formel (1.202a): Zahl unterschiedlicher $r \cdot c$-Felder-Tabellen, S. 251
Formeln (1.216) bis (1.223) und Tabelle 58: Das Geburtstagsproblem; Beispiele 127 bis 131
Die Tabellen 61 und 62: Einsparungen durch Prüfung in Gruppen; Beispiel 133, S. 260
Tabelle 63: Wahrscheinlichkeiten für das Poker-Spiel mit 5 Karten, S. 261
Übersicht 58: Hobby und Stochastik, Literaturhinweise, S. 262
Formel (1.225) und Tabelle 64: Das Sekretärinnen-Problem; Beispiel 135, S. 262/263
Formel (1.226): Problem der vertauschten Briefe; Beispiel 136, S. 263
Formeln (1.227) bis (1.234): Einfache Urnenmodelle; Beispiel 137, S. 263–266
Übersicht 59: Spezielle Summen, S. 265 und 267
Übersicht 59A: Gelbe Tulpenzwiebeln und Binomialtest, S. 279/280
Formel (1.268): Höchstens-Drei"-Regel, S. 292

Würfel und Münze: Wer sie wirft, der spielt mit wichtigen Modellen

Würfel:	Beispiele in [121] bis [123], insbesondere B25, B28, B38 bis B51; B82 in [125], B83 und zu Übersicht 25 in [126]: Verteilungsfunktion; Beispiel zur diskreten Gleich– oder Rechteckverteilung: (1.80) bis (1.83) in [137]; B114 bis B117 in [161], Beispiel nach (1.236), B141– B143 und B147 in [162], B169 in [167], B171 in [168] und Tabelle 133 in [432] sowie Beispiel 2 in [44].
Münze:	Beispiele B52 und B53 in [123]: Wahrscheinlichkeitsfunktion und Verteilungsfunktion mit den Abbildungen 11 und 12 und den Hinweisen (1) zum Erwartungswert, (2) zu den beiden Gesetzen der großen Zahlen nach De Moivre und (3) zur „reinen Folge" nach Erdös und Renyi; weitere Beispiele bieten u.a. Tabelle 48 in [142], Tausend Münzwürfe in [143], um eine Entscheidung herbeizuführen; B118 bis B120 in [161] und B139 in [162].
Würfel und Münze:	Zentraler Grenzwertsatz, Formel (1.33) in [134].

Übersicht 7. Wichtige Tabellen mit Seitenzahlen

Übersicht 7 (Fortsetzung)

Bemerkung zum Erklärungswert eines statistischen Verfahrens

Der Erklärungswert eines statistischen Verfahrens läßt sich nur an ausführlich dargestellten fachgebietsspezifischen Fallbeispielen aufzeigen. Hierbei sind Umfeld, Fragestellung sowie alle weiteren Details bis zur Interpretation und möglichen Anwendung oder Nutzung der Resultate zu würdigen. Am besten in Form eines möglichst viele Aspekte umfassenden ehrlichen Dialogs, wie er sich bei einer über einen längeren Zeitraum sich erstreckenden Folge von statistischen Beratungen mit den notwendigen Vertiefungen und Präzisierungen ergibt, die dem Fachgebiet und der Statistik zugute kommen. Zur Zusammenarbeit von Ratsuchenden und Statistikern gibt Hyams (vgl. S. 54) aufschlußreiche Typologien beider und beherzigungswerte Empfehlungen. Um eine nachhaltige Wirkung zu erzielen, sollte das Thema möglichst interessant sein und zu aufschlußreichen und endgültigen Resultaten führen. Keine leichte Aufgabe. Aber z. B. von Polasek (1987) gut gelöst.

Einführung in die Statistik

- Definition und Aufgaben
- Daten und Entscheidungen
- Beschreibende und Beurteilende Statistik
- Zufallsstichproben
- Zufällige und systematische Fehler
- Modelle und Kreisprozesse
- Datenanalyse
- Zur Planung von Untersuchungen

Grundaufgaben der Statistik:
Beschreiben, Schätzen, Entscheiden
Der Schluß auf die Grundgesamtheit

Statistik ist die Kunst, Daten zu gewinnen, darzustellen, zu analysieren und zu interpretieren, um zu neuem Wissen zu gelangen.

Jeder von uns hat es erlebt, daß er wie der eingebildete Kranke und der eingebildete Gesunde echte Zusammenhänge oder echte Unterschiede nicht erkennt bzw. daß er nicht existente Unterschiede oder Zusammenhänge zu erkennen glaubt.
Im Alltag erfassen wir einen Zusammenhang oder einen Unterschied mit Hilfe von Sachkenntnis und nach dem sogenannten „Eindruck". Der Wissenschaftler, der gewisse neue Erscheinungen, Abhängigkeiten, Trends, Effekte vieler Art entdeckt und darauf eine Arbeitshypothese gründet, sichert diese ab gegen die Hypothese: die festgestellten Effekte sind allein durch den Zufall bedingt. **Die Frage, ob beobachtete Erscheinungen nur als Zufallsergebnisse gelten können oder typisch sind, beantwortet die Beurteilende Statistik.** Mit Hilfe statistischer Verfahren lassen sich **Fragen beantworten und Behauptungen überprüfen.** Beispielsweise: Wie viele Personen sollte man vor einer Wahl befragen, um ein ungefähres Bild vom Wahlergebnis zu erhalten? Hat der zweistündige Schulsport in der Woche einen Trainingseffekt auf Herz und Kreislauf? Welche von mehreren Zahnpasten ist für die Kariesprophylaxe zu empfehlen? Wie hängt die Stahlqualität von der Zusammensetzung des Stahles ab? Die neue Verkäuferin hat den Tagesumsatz um DM 1000 erhöht. Die für eine bestimmte Krankheit charakteristische Überlebensrate (60%) wird durch Heilmittel A auf 90% erhöht. Die Kunstdünger K1, K2 und K3 zeigen bei Hafer keine unterschiedliche Wirkung.
Zur Beantwortung dieser und anderer Fragen und Behauptungen benötigt man Daten. **DATEN SIND WICHTIG, UM ANNAHMEN ZU BEWERTEN UND NEUES WISSEN ZU ENTDECKEN.**
Statistische Methoden befassen sich mit Daten aus unserer Umwelt, mit ihrer Gewinnung und Aufbereitung: Beschreibung, Auswertung und Beurteilung; das **Ziel ist die Vorbereitung von Entscheidungen.** Als Vorläufer der Statistik gelten (1) von Herrschern benötigte Daten über die Bevölkerung wie die Zahl wehrfähiger Männer und (2) durch den Spieltrieb angeregte Überlegungen über Wettchancen beim Würfelspiel. „Statistik" war im 18. Jahrhundert die „Lehre von der Zustandsbeschreibung der Staaten", wobei auch Daten über Bevölkerung, Heer und Gewerbe gesammelt wurden. Hieraus entwickelte sich die **Beschreibende Statistik** mit der Aufgabe, Zustände und Vorgänge zu beschreiben; hierzu dienen Tabellen, graphische Darstellungen, Verhältniszahlen, Indexzahlen und typische

Kenngrößen, wie Lagemaße (z. B. arithmetischer Mittelwert) und Streuungsmaße (z. B. Varianz oder Standardabweichung).
Die **Beurteilende Statistik schließt** anhand geeigneter Daten **auf allgemeine Gesetzmäßigkeiten, die über den Beobachtungsraum hinaus gültig sind.** Sie entwickelte sich aus der „Politischen Arithmetik", die sich hauptsächlich mit Tauf-, Heirats- und Sterberegistern beschäftigte, um Geschlechtsverhältnis, Fruchtbarkeit, Altersaufbau und Sterblichkeit der Bevölkerung abzuschätzen. Die Beurteilende Statistik basiert auf der **Wahrscheinlichkeitsrechnung,** die mathematische Methoden zur Erfassung zufallsbedingter oder stochastischer Experimente beschreibt. Beispiele für stochastische Experimente oder Zufallsexperimente sind: das Werfen eines Würfels, Glücksspiele und Lotterien aller Art, das Geschlecht eines Neugeborenen, Tagestemperaturen, Ernteerträge, die Brenndauer einer Glühlampe, die Zeigerstellung eines Meßinstrumentes bei einem Versuch, kurz jede Beoachtung und jeder Versuch, bei denen die Ergebnisse durch Zufallsschwankungen oder Meßfehler beeinflußt sind. **Fast stets interessieren hierbei weniger die Beobachtungen oder Meßergebnisse selbst, sondern die übergeordnete Gesamtheit, der die Beobachtungen oder Meßergebnisse entstammen.** Beispielsweise die Wahrscheinlichkeit, mit einem intakten Würfel eine 4 zu werfen, oder der Anteil der Zwillingsgeburten in Deutschland. Bei vielen, **WIEDERHOLBARE ERFAHRUNGEN** betreffenden Fragestellungen wird man nicht die zu untersuchende Menge aller möglichen Erfahrungen oder Beobachtungen, die sogenannte Grundgesamtheit, vollständig erfassen können, sondern nur einen geeignet auszuwählenden Teil. Um einen Wein zu beurteilen, entnimmt der Kellermeister einem großen Faß mit dem Stechheber eine kleine Probe.

Diese *Stichprobe* gibt dann Aufschluß über die Häufigkeit und Zusammensetzung der interessierenden Merkmale der zu beurteilenden **Grundgesamtheit,** die man aus finanziellen, zeitlichen oder prinzipiellen Gründen nicht als Ganzes untersuchen kann. Vorausgesetzt wird das Vorliegen von **ZUFALLSSTICHPROBEN,** bei denen jedes Element der Grundgesamtheit die gleiche Chance hat, ausgewählt zu werden. Enthält die Grundgesamtheit unterschiedliche Teilgesamtheiten, dann wird man **geschichtete Zufallsstichproben** wählen. Sinnvolle und repräsentative Teilmenge einer Tortensendung ist weder der Tortenboden, noch die Füllung, noch die Garnierung, sondern allenfalls ein Stück Torte. Besser noch sind **mehreren Torten entnommene Proben** von Boden, Füllung und Garnierung.

Zufallstichproben gewinnt man im Zahlenlotto mit Hilfe einer mechanischen Vorrichtung. Im allgemeinen bedient man sich zur Gewinnung von Zufallsstichproben einer Tabelle von Zufallszahlen: Die Elemente werden numeriert, ein Element gilt als ausgewählt, sobald seine Nummer in der Tabelle erscheint. Nach einem Zufallsverfahren entnommene Stichproben haben den Vorzug, daß die aus ihnen ermittelten statistischen Kenngrößen gegenüber denen der Grundgesamtheit im allgemeinen nur die unvermeidlichen **Zufallsfehler [symmetrisch und meist klein]** aufweisen, die, da sie das Resultat nicht verzerren – bei mehrfachen Wiederholungen gleichen sich zufällige Fehler im Mittel aus – abgeschätzt werden können, während bei den Verfahren ohne Zufallsauswahl noch sogenannte methodische oder **systematische Fehler** [vermeidbar!] hinzukommen können, über deren Größe sich in der Regel keine Angaben machen lassen. Weitere Motive und **Argumente zur Gewinnung aussagekräftiger Daten** enthält Abschnitt 77 (knapp [77]; vgl. z. B. auch M:20–22, 72 und 161–164). Insbesondere die Abschätzung des Zufallsfehlers und die Prüfung, ob beobachtete Erscheinungen auch für die Grundgesamtheiten charakteristisch sind oder lediglich als Zufallsergebnisse gelten können, die sogenannte **PRÜFUNG VON HYPOTHESEN ÜBER DIE GRUNDGESAMTHEIT ODER ÜBER PROZESSE** stehen im Vordergrund.

Bei der Übertragung eines Problems in **statistisch prüfbare Hypothesen** sollte auf die Auswahl und Definition geeigneter problemnaher und aussagekräftiger, möglichst meßbarer Merkmale, auf die Präzisierung und Konstanz der Untersuchungsbedingungen sowie auf die Verwendung kostenoptimaler Stichproben- bzw. Versuchspläne Wert gelegt werden. Wir konzentrieren unser Augenmerk auf uns wesentlich erscheinende Teile des Sachverhalts und versuchen, diese stark **vereinfachte Nachbildung als Modell** zu formulieren, wobei einige Annahmen notwendig sind. [Ohne Annahmen kommt man aus, wenn lediglich eine **Beschreibung** geplant ist, oder wenn nur Hypothesen gewonnen aber nicht geprüft werden sollen.]

Daten und Modelle

Der Wissenschaftler stellt Fragen und bemüht sich, sie zu beantworten. Hierbei helfen statistische Methoden, indem sie Planung und Auswertung wissenschaftlicher Studien präzisieren. Dies erfordert Sachkenntnis, Umsicht und Grundkenntnisse der Sprache der Statistik. Insbesondere ist zu kontrollieren, ob die Voraussetzungen der hierbei genutzten statistischen Modelle seitens der gewonnenen Daten erfüllt sind (vgl. S. 420/421).

Statistische Modelle sind Annahmen über Entstehung und Struktur der zu analysierenden Daten in der Sprache des Statistikers.

Wichtig ist der Vergleich der beobachteten Datenstruktur mit der im Modell formalisierten Datenstruktur, formuliert aufgrund des **Vorwissens** des Untersuchers über den **die Daten erzeugenden Prozeß (1) und die zu prüfenden Hypothesen** (2), die durch Ziel und Zweck der Untersuchung bestimmt sind.
Meist wird ein Standardmodell genutzt, seine Brauchbarkeit überprüft und gegebenenfalls ein anderes statistisches Modell gewählt, das den Daten angemessener ist und die gewünschten bzw. modifizierten Hypothesen effizienter zu prüfen gestattet.

Modelle sind wichtige Entscheidungshilfen. Modelle **beschreiben und ERKLÄREN,** außerdem ermöglichen sie **Voraussagen.** Die wissenschaftliche Arbeitsweise ist eine Strategie, die darauf abzielt, allgemeine Gesetzmäßigkeiten zu finden und sie mit Hilfe prüfbarer und ablehnbarer (falsifizierbarer) Aussagen zu einer logisch-mathematisch strukturierten **Theorie** zu entwickeln. Hierbei resultiert eine angenäherte Beschreibung der erfaßbaren Wirklichkeit. Diese angenäherte Beschreibung ist revidierbar und komplettierbar. Typisch für die wissenschaftliche Methodik ist der **Kreisprozeß oder Iterationszyklus:** Mutmaßungen (Ideen) → Plan → Beobachtungen → Analyse → Ergebnisse → Neue Mutmaßungen (Neue Ideen) → ...; hierbei (vgl. die Übersichten 8 und 9) werden Widersprüche und Unverträglichkeiten ausgeschaltet sowie die Modelle und Theorien verbessert. **Die bessere Theorie ist die, die uns erlaubt, mehr zu erklären und bessere Voraussagen zu machen.**

Die Wissenschaft ist ein Kreisprozeß, ein Prozeß von Wechselwirkungen zwischen
(Erwartung und Erfahrung) Theorienbildung UND empirischer Forschung.
dieser Prozeß unterliegt der Selbstkorrektur.

Für uns ist wichtig: Aufgrund der problemspezifischen Fragestellung werden **Annahmen** gemacht hinsichtlich der Struktur des zugrunde liegenden Modells und des entsprechenden statistischen Modells. Nach Prüfung der Verträglichkeit von Beobachtungen und statistischem Modell werden Kenngrößen zur statistischen Beschreibung einer Grundgesamtheit, sogenannte **Parameter,**

– feste Zahlen, die Modelleigenschaften beschreiben –

geschätzt und Hypothesen über die Parameter geprüft. In beiden Fällen resultieren **WAHRSCHEINLICHKEITSAUSSAGEN.** Aufgabe der Statistik ist es somit, der Fragestellung und den Daten angemessene statistische Modelle zu finden und zu schaffen und durch sie

Übersicht 8.
Kreisprozesse

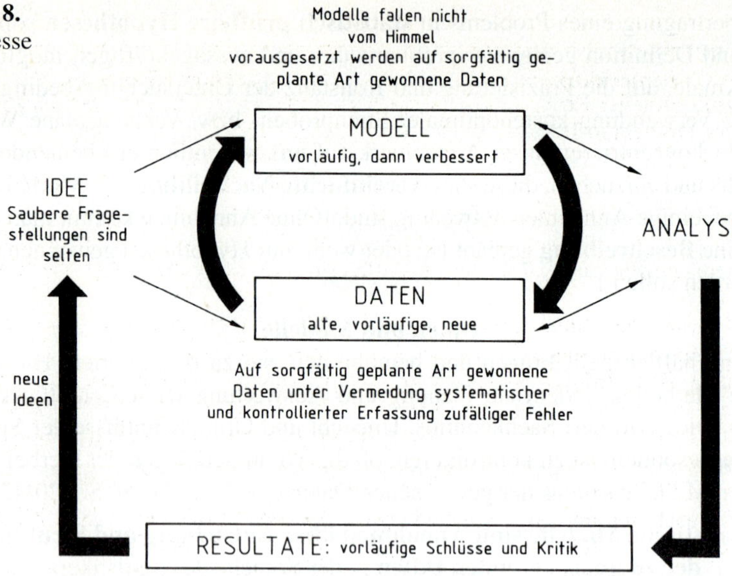

die in den Daten steckende wesentliche Information herauszuschälen, d. h. **die Statistik liefert Modelle für die Informationsreduktion.**

Diese und andere Verfahren bilden den Kern einer auf die **kritische Gewinnung und Beurteilung von Meßwerten und Häufigkeiten** ausgerichteten **DATENANALYSE,** wie sie für viele Bereiche in Technik, Wirtschaft, Politik und Wissenschaft notwendig ist. **Datenanalyse** ist die systematische Suche nach aufschlußreichen Informationen über Erscheinungen, Strukturen und Vorgänge anhand von Datenkörpern und **graphischen, mathematischen** sowie insbesondere **statistischen Verfahren** ohne oder mit Wahrscheinlichkeitskonzept. Hierbei geht es weniger darum, Daten zu Wahrscheinlichkeiten zu „vermahlen" und statistisch signifikante Befunde zu erzielen, die ja bedeutungslos oder unwichtig sein können. Nicht die statistische Signifikanz, sondern die praktische Relevanz zählt. **Eine Bewertung von Befunden hängt von vielen Faktoren ab, etwa von der fachspezifischen Bedeutung, von der Verträglichkeit mit anderen Resultaten oder von den Voraussagen, die sie ermöglichen.** Diese Evidenz kann kaum statistisch bewertet werden. Daten haben viele Wirkungen auf uns, die über eine Entscheidung hinausgehen. Sie geben uns Verständnis, Einsicht, Anregungen und überraschende Ideen.

Einiges zur **PLANUNG VON UNTERSUCHUNGEN** ist bereits angedeutet worden; Übersicht 9 gibt erste Hinweise. Sehr viel mehr enthalten M: 141–169 und M 2: 13–57. Dies kommt ja auch im Untertitel beider Bücher zum Ausdruck. Außerdem werfe man auch einen Blick auf Abschnitt [77] am Ende dieses Buches (vgl. auch [132] und [41]).

Planen heißt überlegen, wie, mit welchen Ressourcen und in welchem Zeitraum ein angestrebtes Ziel erreicht werden kann. Dabei sollte man Alternativen und Konsequenzen aufzeigen und damit künftige Entscheidungen rationalisieren, möglichst flexibel und unter vorausschauender Begegnung möglicher zusätzlicher Schwierigkeiten. Unvorhersehbare Umstände können zur Revision des Gesamtplans führen.

Übersicht 9

Bemerkungen zur Behandlung wissenschaftlicher Probleme

1. **Formulierung der Fragestellung,** der Wünsche und Ziele: Häufig ist es zweckmäßig, das gesamte Problem in Teilprobleme zu zerlegen und einige Fragen zu stellen:
   a) Anlaß und Zweck der Studie? Nahziel(e) und Fernziel(e)?
   b) Skizzierung der Ausgangssituation anhand von Standardfragen: was? wie? wo? wann? wieviel? was ist unbekannt? was wird vorausgesetzt?
   c) Problemtyp: Schätzungen? Standardisierungen? Vergleiche? Aufsuchen von Optimalbedingungen? Bedeutsamkeit von Änderungen? Zusammenhänge zwischen Variablen?
   d) Angestrebter Gültigkeitsereich und erforderliche Genauigkeit der Aussagen?
   e) Konsequenzen sowie Interessenten der möglichen Resultate?
2. **Prüfung aller Informationsquellen:** Hauptsächlich Erkundigungen und Literatur-Recherchen: was ist mit welchen Methoden bereits erkundet worden? Sind diese Befunde zuverlässig [begründete Annahmen oder Tatsachen („woher wissen Sie das?)]? Welche Alternativen existieren?
3. **Wahl der Strategie:**
   a) **Entwicklung des problemspezifischen Modells.** Anzahl der zu berücksichtigenden Variablen. Einführung vereinfachender Annahmen. Prüfung, ob eine Möglichkeit besteht, das Problem durch Transformation weiter zu vereinfachen, z. B. Untersuchungen an Zellkulturen oder an isolierten Organen anstatt am Menschen.
   b) **Entwicklung der Untersuchungstechnik.** Die Methode sollte problemnahe Meßwerte (bzw. Häufigkeiten) liefern, gewonnen ohne systematische Fehler!
   c) **Entwicklung des statistischen Modells.** Plan der statistischen Analyse. Klare Formulierung: des Modells, der Voraussetzungen des Modells, der Parameter und Vertrauensbereiche, der Hypothesenpaare sowie weiterer Details, etwa Art der Randomisierung.
4. **Prüfung der Strategie:** Anhand von Probe-Erhebungen und Vorversuchen. Überprüfung der Untersuchungstechnik und der Verträglichkeit der Beobachtungswerte mit dem statistischen Modell.
5. **Festlegung und Realisierung der Strategie:** Aufgrund jetzt vorliegender Erfahrungen.
   a) **Endgültige Festlegung aller wesentlichen Punkte,** z. B. der Untersuchungsmethode, der Versuchsobjekte, der Merkmalsträger, der Merkmale und Einflußgrößen, der Kontrollen, der Bezugsbasis; Berücksichtigung des Nulleffektes, Ausschaltung der unkontrollierbaren Variablen; Stichprobenumfang bzw. Zahl der Wiederholungen, Berücksichtigung des Aufwandes an Arbeitskräften, Geräten, Material, Zeit u. a.; Umfang des gesamten Programmes; endgültige Formulierung des Modells der statistischen Analyse; Vorbereitung und Kontrolle der Datenerfassung, Strukturierung der geplanten Tabellen und Formulierung der zu prüfenden Hyphothesen mit α-Vorgabe.
   b) **Durchführung der Untersuchung,** möglichst ohne Modifikation. Datenanalyse, Angabe von Vertrauensbereichen und Prüfung weniger Hypothesen.
6. **Entscheidungen und Schlußfolgerungen:**
   a) **Ergebnis:** Kontrolle der Berechnungen. Darlegung der Resultate (Vertrauensbereiche!) in Form von Tabellen und/oder graphischen Darstellungen.
   b) **Interpretation:** Hinweise auf Plausibilität, praktische Bedeutung, Überprüfbarkeit und Gültigkeitsbereich der Untersuchungen. Unter Berücksichtigung der vereinfachenden Annahmen wird das Ergebnis der Hypothesenprüfung kritisch gewürdigt und, wenn möglich und sinnvoll, mit den Befunden anderer Autoren verglichen. Ist eine Wiederholung der Untersuchung mit weniger vereinfachenden Annahmen, mit verbesserten Modellen, neuer Untersuchungstechnik usw. erforderlich? Ergeben sich neue, aus den Daten gewonnene Hypothesen, die durch unabhängige neue Untersuchungen nach Art der Übersicht 8 überprüft werden müssen?
   c) **Bericht:** Beschreibung wesentlicher Details der gesamten Untersuchung, einschließlich der negativen Befunde und wünschenswerter neuer Ansätze.

0 Vorbemerkungen

[0]

Im folgenden werden einige *mathematische Elementarkenntnisse* wiederholt. Sie bilden mit wenigen Ausnahmen einen Teil des für die mittlere Reife geforderten Wissens. Diese Kenntnisse reichen vollauf für das Verständnis der im Text behandelten Probleme.

01 Mathematische Abkürzungen

[01] Die Sprache der Mathematik verwendet Symbole, z. B. Buchstaben oder andere Zeichen, um bestimmte Sachverhalte präzise und kurz darzustellen. Zahlen werden im allgemeinen mit kleinen lateinischen Buchstaben $(a, b, c, d, ...)$ oder, wenn sehr viele unterschieden werden sollen, mit $a_1, a_2, a_3, ..., a_n$ bezeichnet. Einige weitere wichtige Symbole enthält Tabelle 1.

Tabelle 1. Einige mathematische Relationen

Beziehung	Bedeutung	Beispiel
$a = b$	a ist gleich b	$8 = 12 - 4$
$a < b$	a ist kleiner als b	$4 < 5$
$a > b$	a ist größer als b	$6 > 5;\ -5 > -6$
$a \leqq b$	a ist gleich oder kleiner als b	Verdienst a beträgt höchstens b DM
$a \geqq b$	a ist gleich oder größer als b	Verdienst a beträgt mindestens b DM
$a \simeq b$	a ist angenähert, nahezu	$109{,}8 \simeq 110$
$a \approx b$	gleich, ungefähr gleich b	$109{,}8 \approx 110$
$a \neq b$	a ist nicht gleich b	$4 \neq 6$

Für „x ist größer als a und kleiner oder gleich b" schreibt man: $a < x \leqq b$
Für „x ist wesentlich größer als a" schreibt man: $x >> a$
Aus der Ungleichung $a > b$ folgt $-a < -b$ und (für $b > 0$) $1/a < 1/b$.

02 Rechenoperationen und Rundungen

[02] Die Beherrschung der **4 Grundrechenarten:** Addition, Subtraktion, Multiplikation und Division wird vorausgesetzt. Trotzdem seien die folgenden Vereinbarungen getroffen. Eine **Rechenoperation** ist eine Vorschrift, aus zwei Zahlen eindeutig eine neue Zahl, z. B. die Summe, zu bilden.

1. Addition: Summand + Summand = Ausgerechnete Summe $[5 + 8 = 13]$

Übersicht 10. Verbindungen der vier Grundrechenarten

[02]

Rechnen heißt, aus 2 oder mehreren Zahlen eine neue zu finden. Jedes der vier üblichen Rechenzeichen (+; −; −; :) stellt eine Rechenvorschrift dar:

+	plus, Additionszeichen
−	minus, Subtraktionszeichen
·	mal, Multiplikationszeichen
:	geteilt durch, Divisionszeichen

Das Ergebnis jeder Rechnung sollte zu Beginn der Rechnung geschätzt, danach zweimal gerechnet und **anhand einer Probe kontrolliert** werden. Beispielsweise ist $4{,}8 + 16{,}1$ etwa gleich 21, genau 20,9; Probe $20{,}9 - 4{,}8 = 16{,}1$ oder 15,6:3 ist etwa gleich 5, genau 5,2; Probe $5{,}2 \cdot 3 = 15{,}6$.

Für die **Reihenfolge der vier Grundrechenarten** gelten zwei Regeln:

1. Punktrechnung *(Multiplikation und Division) geht vor Strichrechnung (Addition und Subtraktion).*

Beispiele: $2 + 3 \cdot 8 = 2 + 24 = 26$
$6 \cdot 2 + 8 : 4 = 12 + 2 = 14$

Die positiven Zahlen (+1, +2, +3, +...), die Null und die negativen Zahlen (−1, −2, −3, −...) bilden die *ganzen Zahlen,* einen Zahlenbereich, in dem jede Subtraktionsaufgabe eine Lösung hat (z. B.: $8 - 12 = -4$). Bei der Punktrechnung sind folgende etwas salopp formulierte *Vorzeichenregeln zu* beachten:

$+\cdot+=+$	*Gleiche Vorzeichen*	$+\cdot-=-$	*Ungleiche Vorzeichen*
$+:+=+$	*ergeben plus*	$+:-=-$	*ergeben minus*
$-\cdot-=+$	$(-8):(-2)=+4=4$	$-\cdot+=-$	$(-8):(+2)=-4$
$-:-=+$	\	$-:+=-$	\	/
	Rechenzeichen		Vorzeichen

Der Wert einer reellen Zahl a (siehe S. 89) unabhängig von ihrem Vorzeichen wird ihr *absoluter Betrag* genannt und $|a|$ geschrieben, z. B. $|-4| = |+4| = 4$ (siehe S. 191).

2. *Was in der* **Klammer** *steht, wird zuerst berechnet.* Stecken mehrere Klammern ineinander, so ist mit der innersten Klammer zu beginnen. Vor einer Klammer verzichtet man im allgemeinen auf das Multiplikationszeichen, z. B.:

$$4(3+9) = 4(12) = 4 \cdot 12 = 48; \quad 9-(7-3) = \left\{ \begin{array}{c} 9-7+3 \\ 9-4 \end{array} \right\} = 5$$

Die Division wird häufig als Bruch dargestellt, z. B.:

$$\tfrac{3}{4} = 3/4 = 3:4 = 0.75 \qquad \tfrac{1}{a} + \tfrac{1}{b} = \tfrac{a+b}{a \cdot b}$$

$$4[12-(8\cdot 2+18)] = 4[12-(16+18)] = 4(12-34) = 4(-22) = -88$$

$$12\left[\frac{(9-3)}{2} - 1\right] = 12\left[\frac{6}{2} - 1\right] = 12(3-1) = 12(2) = 24$$

Große Zahlen anschaulich gemacht (vgl. S. 19, Punkt 5):

$$\begin{array}{l} \text{1 Jahr} = \\ \quad 8760 \\ \text{Stunden} \end{array} \left[\begin{array}{l} 10^3 = \\ 10^6 = \\ 10^9 = \end{array} \right] \left. \begin{array}{l} \text{1000 Sekunden} \\ \text{1 Millionen Sekunden} \\ \text{1 Milliarde Sekunden} \end{array} \right\} \text{sind rund} \left\{ \begin{array}{l} \text{17 Minuten} \\ 11\tfrac{1}{2}\ \text{Tage} \\ \text{32 Jahre} \end{array} \right.$$

[vgl. Billion: 10^{12} und Trillion: 10^{18}, Beispiel S. 182]

Soll die **Summe** der Zahlen $x_1, x_2, \ldots, x_n$ gebildet werden, so wird für diese Operation das folgende Symbol $\sum_{i=1}^{n}$ eingeführt. $\sum$ ist der große griechische Buchstabe **Sigma**, das Zeichen für
[02] „Summe von". Gelesen wird diese Operation: die Summe aller Zahlen x_i von $i = 1$ bis $i = n$. Der Index der ersten zu addierenden Größe wird dabei unter das **Summenzeichen** gesetzt, der Index der letzten Größe darüber. Allgemein wird die Summation vom **Index 1 bis zum Index** n geführt. Für die Summe von x_1 bis x_n sind also folgende Schreibweisen gleichwertig:

$$x_1 + x_2 + x_3 + \ldots + x_n = \sum_{i=1}^{i=n} x_i = \sum_{i=1}^{n} x_i = \sum_{i} x_i = \sum x \qquad (0.1)$$

$$\sum_{i=3}^{5} x_i = x_3 + x_4 + x_5, \quad \text{d.h. } 5 - 3 + 1 = 3 \text{ Summanden}$$

Diese **Wertesumme** ist häufig sachlich anschaulich, mitunter lediglich eine rechnerische Durchgangsgröße [vgl. (1.35), S. 126, 130, 153].
In der Sprache der Statistik: **Merkmalswerte** x_i sind **Ausprägungen** des **Merkmals** X beim i-ten **Merkmalsträger** ($i = 1, 2, ..., n$) der **Stichprobe** des **Umfangs** n. Für die Summe der n **Merkmalswerte** x_i schreibt man $x_1 + x_2 + \ldots + x_n = \sum_{i=1}^{i=n} x_i = \sum_{i=1}^{n} x_i$ oder einfach $\sum x$. Jede aus Merkmals- oder **Beobachtungswerten** x_i berechnete **summarische Größe** ist eine **statistische Maßzahl**, eine **Stichprobenfunktion**, auch **„Statistik"** genannt: basiert sie auf einer Zufallsstichprobe, dann schätzt sie einen **Parameter.** Um Ausdrücke wie $\sum_{i=1}^{n} = (3+2x_i+x_i^2) = 3n + 2\sum_{i=1}^{n} x_i + \sum_{i=1}^{n} x_i^2$ berechnen zu können, 3 und 2 sind hier konstante Werte (k), seien drei Beziehungen genannt:

$$(1) \sum_{i=1}^{n}(x_i+y_i) = (x_1+y_1)+(x_2+y_2)+\ldots = (x_1+x_2+\ldots)+(y_1+y_2+\ldots) = \sum_{i=1}^{n} x_i + \sum_{i=1}^{n} y_i \qquad (0.2)$$

$$(2) \sum_{i=1}^{n} kx_i = kx_1 + kx_2 + \ldots = k\sum_{i=1}^{n} x_i, \qquad \sum_{i=1}^{n} k = nk \qquad (0.3)$$

$$(3) \sum_{i=1}^{n}(k + x_i) = (k + x_1) + (k + x_2) + \ldots = nk\sum_{i=1}^{n} x_i, \left[\sum_{i=m}^{n} k = (n - m + 1)k, (m < n)\right]. \qquad (0.4)$$

Sind a und b reelle Zahlen [vgl. S. 89 sowie die Ungleichung nach A.-L. Cauchy: $(\sum ab)^2 \leq \sum a^2 \sum b^2$] so gilt:

$$\sum_{i=1}^{n}(ax_i - b)^2 = a^2\sum_{i=1}^{n} x_i^2 - 2ab\sum_{i=1}^{n} x_i + nb^2 \qquad (0.5)$$

Beispiel: $a = 2, b = 3, x_i = 4$ und 5, d. h. $n = 2$

$$(2 \cdot 4 - 3)^2 + (2 \cdot 5 - 3)^2 = 4(16 + 25) - 2 \cdot 2 \cdot 3(4 + 5) + 2 \cdot 9$$
$$25 + 49 = 74 = 164 - 108 + 18$$

Weiter gilt [vgl. auch (0.6a) und S. 266] :

$$(\sum x_i)^2 = \sum x_i^2 + 2\sum_{i<j} x_i x_j \quad \text{mit} \quad 1 \leq i < j \leq n \qquad (0.6)$$

Beispiel: $x_i = 1, 2, 3$; $(1 + 2 + 3)^2 = 36 = (1^2 + 2^2 + 3^2) + 2(1 \cdot 2 + 1 \cdot 3 + 2 \cdot 3)$.

$$\left(\sum_{i=1}^{n} i\right)^2 = \sum_{i=1}^{n} i^3 \quad \left(\sum_{i=1}^{n} i\right)^3 = \frac{1}{4}\sum_{i=1}^{n} i^3 + \frac{3}{4}\sum_{i=1}^{n} i^5 \quad \left(\sum_{i=1}^{n} i\right)^4 = \frac{1}{2}\sum_{i=1}^{n} i^5 + \frac{1}{2}\sum_{i=1}^{n} i^7 \qquad (0.6a)$$

Beispiel: $i = 1, 2, 3$; $(1 + 2 + 3)^2 = 36 = 1 + 8 + 27 = 1^3 + 2^3 + 3^3$.

[02]

Für großes n gilt: $\sum_{i=1}^{n} \frac{1}{i} \approx 0{,}5772156649 + \ln n$ (0.7)

Eulersche Konstante — $\ln n$ ist der natürliche Logarithmus von n

$\sum_{i=1}^{\infty} \frac{1}{i^2} \approx \pi^2/6$ [Euler 1736] Die entsprechende Summe für $1/i^3$ ist unbekannt, für $1/i^4$ lautet sie $\pi^4/90$. (0.8)

Das Symbol „∞" steht für „unendlich".

$$\sum_{n=1}^{\infty} \frac{1}{n} = +\infty; \sum_{1}^{\infty} \frac{n-1}{n!} = 2\sum_{1}^{\infty} \frac{1}{4n^2-1} = 1 \qquad (0.9)$$

Erwähnt sei auch: $n! = [n(n-1) \cdot \ldots \cdot 3 \cdot 2 \cdot 1]$, gelesen: ***n*-Fakultät**

2. Subtraktion: Minuend − Subtrahend = Ausgerechnete Differenz $[13 - 8 = 5]$

3. Multiplikation: Faktor × Faktor = Ausgerechnetes Produkt $[2 \times 3 = 6]$
Das Produkt zweier Zahlen wird nur selten durch das Zeichen × zwischen den beiden Faktoren charakterisiert, da eine Verwechslung mit dem Buchstaben x möglich ist; im allgemeinen deuten wir die Multiplikation durch einen hochgestellten Punkt an oder setzen die Faktoren ohne jedes Zeichen direkt nebeneinander, beispielsweise $5 \cdot 6$ oder pq. Die Aufgabe $1{,}23 \cdot 4{,}56$ schreibt man in den USA $1.23 \cdot 4.56$ oder $(1.23)(4.56)$, in England und Kanada 1·23 . 4·56 oder 1·23 × 4·56. Ein Komma wird in diesen Ländern zur übersichtlicheren Darstellung großer Zahlen verwendet (z. B. 5,837·43 bzw. 5,837.43 anstatt 5837,43).
Das **Produktzeichen** $\prod$ ist wie folgt definiert: $\prod_{i=1}^{n} x_i = x_1 \cdot x_2 \cdot \ldots \cdot x_n$ [„Produkt über i"], d.h. auch $n! = \prod_{n=1}^{n} n$; [vgl. (0.9) und Seite 234].

4. Division: Dividend/Divisor = Ausgerechneter Quotient $[6/3 = 2]$ (Divisor $\neq 0$)

5. Potenzrechnung (Potenzieren): Ein Produkt gleicher Faktoren a ist eine Potenz a^n, gesprochen „a hoch n" oder „n-te Potenz von a". Hierbei ist a die Basis und n der Exponent der Potenz ($a^1 = a$).

$\text{Basis}^{\text{Exponent}} = \text{Potenzwert}$ $\qquad 2 \cdot 2 \cdot 2 = 2^3 = 8$

Die zweiten Potenzen a^2 werden Quadratzahlen genannt, denn a^2 gibt den Flächeninhalt eines Quadrates mit der Seite a an, daher liest man a^2 auch „a Quadrat". Die dritten Potenzen werden **Kubikzahlen** genannt; a^3 gibt den Rauminhalt eines Würfels mit der Kante a an. Eine besondere Bedeutung haben die **Zehnerpotenzen.** Man benutzt sie bei Überschlagsrechnungen, um sich einen Überblick über die Größenordnung zu verschaffen, sowie um **sehr große** und sehr kleine Zahlen abgekürzt und übersichtlich zu schreiben: $1\,000 = 10 \cdot 10 \cdot 10 = 10^3$, $1\,000\,000 = 10^6$. Hierauf kommen wir in Übersicht 12 zurück ($10^3 - 10^2$) ist nicht 10^1 sondern $900 = 0{,}9 \cdot 10^3$). Zunächst einige Potenzgesetze mit Beispielen (m und n seien **natürliche Zahlen:** $1, 2, 3, \ldots$): vgl. S. 17 unten

$a^m \cdot a^n = a^{m+n}$	$2^4 \cdot 2^3 = 2^{4+3} = 2^7 = 128$
$a^m : a^n = a^{m-n}$	$2^4 : 2^3 = 2^{4-3} = 2^1 = 2$
$a^n \cdot b^n = (ab)^n$	$6^2 \cdot 3^2 = 6 \cdot 6 \cdot 3 \cdot 3 = 6 \cdot 3 \cdot 6 \cdot 3 = (6 \cdot 3)^2 = 18^2 = 324$
$a^m : b^m = \left(\frac{a}{b}\right)^m$	der Leser bilde ein Beispiel

vgl. aber (5.31) auf S. 500

$(a^m)^n = a^{m\cdot n} = (a^n)^m$	$(5^2)^3 = 5^2 \cdot 5^2 \cdot 5^2 = 5^{2\cdot 3} = 5^6 = 15625$
[02] $a^{-n} = \frac{1}{a^n}$	$10^{-3} = \frac{1}{10^3} = \frac{1}{1000} = 0{,}001;\ 2^{-6} = \frac{1}{2^6} = \frac{1}{64} = 15{,}625 \cdot 10^{-3}$
$a^0 = 1 \quad \text{für} \quad a \neq 0$	$\frac{a^5}{a^5} = a^{5-5} = a^0 = 1$ (vgl. auch: $0^a = 0$ für $a > 0$)

Diese Potenzgesetze gelten auch, wenn m und n keine ganzen Zahlen sind; das heißt, wenn $a \neq 0$, gelten die angegebenen Potenzgesetze auch für gebrochene Exponenten $(m = p/q, n = r/s)$.

6. Wurzelrechnung (Radizieren): Statt $a^{(1/n)}$ schreibt man auch $\sqrt[n]{a^1} = \sqrt[n]{a}$ und liest n-te Wurzel aus a. Für $n = 2$ (Quadratwurzel) schreibt man kurz $\sqrt{a}$. $\sqrt[n]{a}$ ist die Zahl, die, in die n-te Potenz erhoben, den Radikanden a ergibt: $[\sqrt[n]{a}]^n = a$. Folgende Bezeichnung ist üblich:

$$\sqrt[\text{Wurzelexponent}]{\text{Radikand}} = \text{Wurzelwert}$$

$$\sqrt[2]{25} = \sqrt{25} = 5, \quad \text{denn} \quad 5^2 = 25$$

Man radiziert (das Zeichen $\sqrt{\ }$ ist ein stilisiertes r von lat. radix = Wurzel) mit Hilfe eines Taschenrechners. Einige Formeln und Beispiele für das Rechnen mit Wurzeln:

$\sqrt[n]{a} \cdot \sqrt[n]{b} = \sqrt[n]{ab}$	$\frac{\sqrt[n]{a}}{\sqrt[n]{b}} = \sqrt[n]{\frac{a}{b}}$	$a^{m/n} = \sqrt[n]{a^m}$	$\left[\sqrt[n]{a}\right]^m = \sqrt[n]{a^m}$	$\sqrt[m]{\sqrt[n]{a}} = \sqrt[m\cdot n]{a}$

$$\sqrt{50} = \sqrt{25 \cdot 2} = 5\sqrt{2}, \quad \sqrt{50}/\sqrt{2} = \sqrt{50/2} = \sqrt{25} = 5, \quad \sqrt[4]{3^{12}} = 3^{12/4} = 3^3 = 27$$

$$\left(\sqrt[3]{8}\right)^2 = 4 = \sqrt[3]{8^2}; \quad \sqrt[3]{\sqrt{64}} = 2 = \sqrt[3\cdot 2]{64}.$$

7. Das Rechnen mit Logarithmen (Logarithmieren):. Logarithmen sind Exponenten. Wenn a eine positive Zahl ist, und y eine beliebige Zahl (> 0), dann gibt es eine eindeutig bestimmte Zahl x, so daß $a^x = y$ ist. Diese Zahl x heißt Logarithmus von y zur Basis a, geschrieben:

$$x = {}^a\log y \quad \text{oder} \log_a y \qquad\qquad \text{Mit } a^0 = 1 \text{ gilt } \log_a 1 = 0$$

Die Zahl y heißt *Numerus* des Logarithmus zur Basis a. Meist werden Logarithmen zur Basis 10 verwendet, geschrieben ${}^{10}\log x$, $\log_{10} x$ oder einfach $\lg x$. Andere Logarithmensysteme werden weiter unten erwähnt. Nehmen wir $a = 10$ und $y = 3$, dann ergibt sich mit den Logarithmen zur Basis 10 (Briggssche, dekadische oder Zehnerlogarithmen) $x = 0{,}4771$ und $10^{0{,}4771} = 3$. Weitere Beispiele mit vierstelligen Logarithmen:

$5 = 10^{0{,}6990}$	oder	$\lg 5 = 0{,}6990$
$1 = 10^0$	oder	**$\lg 1 = 0$**
$10 = 10^1$	oder	**$\lg 10 = 1$**
$1000 = 10^3$	oder	$\lg 1000 = 3$
$0{,}01 = 10^{-2}$	oder	$\lg 0{,}01 = -2$

Da Logarithmen Exponenten sind, gelten also die Potenzgesetze, z. B.:

$$2 \cdot 4 = 10^{0{,}3010} \cdot 10^{0{,}6021} = 10^{0{,}3010+0{,}6021} = 10^{0{,}9031} = 8.$$

Die Multiplikation von Zahlen wird zurückgeführt auf Addition der Logarithmen der Zahlen. Entsprechend gilt: Division wird zu Subtraktion, Potenzieren wird zu Multiplikation, Radizieren wird zu Division – allgemein: **[02]**

$\left.\begin{array}{l} 1.\ \lg(ab) = \lg a + \lg b \\ 2.\ \lg\frac{a}{b} = \lg a - \lg b \end{array}\right\}(a > 0, b > 0$	$\left.\begin{array}{l} 3.\ \lg a^n = n \lg a \\ 4.\ \lg \sqrt[n]{a} = \lg a^{1/n} = \frac{1}{n}\lg a \end{array}\right\}$ ($a > 0$, $n =$ Dezimalzahl)

$$\lg\left[\frac{1}{c}\right] \begin{array}{l} = \lg 1 - \lg c = 0 - \lg c = \\ = \lg c^{-1} = (-1)\lg c = \end{array} -\lg c$$

$$[\text{vgl.}\quad \begin{array}{l} \lg 630 = \lg(10 \cdot 63) = \lg 10 + \lg 63 = 1 + 1{,}7993 = 2{,}7993; \\ \lg 6{,}3 = \lg(63/10) = \lg 63 - \lg 10 = 1{,}7993 - 1 = 0{,}7993] \end{array}$$

BEACHTE:

(1) **Effekt**: multiplikativ $\longrightarrow$ additiv
$y = ab \quad \lg y = \lg a + \lg b$

(2) **Symmetrie:** nein $\longrightarrow$ ja
$a/b \neq b/a \quad \lg(a/b) = -\lg(b/a)$

Zum 1. Absatz im Vorwort der 1. Auflage sei angemerkt, daß $(1/2)^{82}$ eine sehr kleine Wahrscheinlichkeit ist, die Arbuthnot mit Hilfe von Logarithmen berechnet hat (vgl. Eisenhart und Birnbaum 1967, Bellhouse 1989 sowie Hald 1990: Chapter 17).

Die sogenannten **natürlichen Logarithmen** (ln) (vgl. Tabelle 51 [152] und Tabelle 71 [164]) haben als Basis die Konstante $e \approx 2{,}718281828459\ldots$ $\left(\text{Grenzwert der Reihe } e = 1 + [1/1] + [1/(1\cdot 2)] + [1/(1\cdot 2\cdot 3)] + [1/(1\cdot 2\cdot 3\cdot 4)] + \ldots = \sum_{i=0}^{\infty}\frac{1}{i!}\right)$. Die Umrechnungsformeln lauten mit gerundeten Werten (vgl. Tabelle 2)

$\ln x = \ln 10 \cdot \lg x \simeq 2{,}302585 \cdot \lg x$ $\lg x = \lg e \cdot \ln x \simeq 0{,}4342945 \ln x$	(vgl. $\ln 1 = 0, \ln e = 1$, $\ln 10^k \simeq k \cdot 2{,}302585$)

Anstatt „$\ln x$“ findet man auch „${}^e\log x$“ und „$\log_e x$“ [vgl. auch $\ln e^x = x$, $e^{\ln x} = x$ und insbesondere $a^x = e^{x\cdot\ln a} (a > 0)$]. Den **Logarithmus zur Basis 2**, Logarithmus dualis, ld (bzw. mit lb [binär, aus zwei Einheiten bestehend] bezeichnet), erhält man nach

$\mathrm{ld}x = \dfrac{\lg x}{\lg 2} \simeq 3{,}321928 \lg \cdot x$ $\mathrm{ld}x = \dfrac{\ln x}{\ln 2} \simeq 1{,}442695 \cdot \ln x$	(z.B. $\mathrm{ld}\, 5 = 2{,}322$ $= 3{,}322 \cdot 0{,}699$ $= 1{,}1443 \cdot 1{,}609$)	Sonderfälle: $\log_a a = 1$ $\log_a 1 = 0$ $\log_a(a^x) = x$

oder aus der Tafel (z.B. *Alluisi 1965*).

Übersicht 11. Rangordnung von Werten

1. Zugeteilt: Bewertungsnoten (subjektive Zuordnung)
2. Gezählt: Äpfel, Blutkörperchen, Pulsfrequenz
3. Gemessen: Körperlänge, Zeit, Lichtgeschwindigkeit
4. Berechnet: π, e (auf beliebig viele Stellen genau, z. B. $\pi = 3{,}141592653\ldots$)

Tabelle 2.

[02]

Wichtige Konstanten	
π^{a}	3,141592654
$(2\pi)^{-1/2}$	0,398942280
Eulersche Zahl e	2,718281828
lg e	0,434294482
ln 10	2,302585093
Eulersche Konstante[b]	0,577215665

[a] vgl. Übersicht 11, Nr. 4; [b] vgl. Formel (0.7)
Web-Site für mathematische Konstanten: http://www.mathsoft.com/asolve/constant/pstscrpt.html sowie für auch andere häufig gestellte Fragen in der Mathematik: http://www.cs.unb.ca/~alopez-o/math-faq/node1.html

Auf **René Descartes** (1596–1650) geht ein Teil der mathematischen Symbolik zurück: die Zeichen $+$, $-$ und $\sqrt{\ }$, die Potenzschreibweise sowie die Verwendung der Buchstaben $a, b, c, \ldots$ als bekannte und $\ldots x, y, z$ als unbekannte Größen. Im 18. Jahrhundert führte **Leonhard Euler** (1707-1783) das Funktionssymbol $f(x)$ ein, den Buchstaben e für die Basis der natürlichen Logarithmen, das Symbol π für die Kreiszahl und das Summenzeichen.

Für jede Rechnung **von Hand** sei an das folgende altväterliche Rezept erinnert:

Übersicht 12.

1. **Anlage eines Rechenschemas:** Aufeinanderfolgende Rechenschritte in allen Einzelheiten festlegen. Eine umfangreiche Berechnung sollte so gut durchdacht und vorbereitet sein, daß ihre Durchführung angelernten Hilfskräften überlassen werden kann. Übersichtliche Rechenschemata, die die gesamte Zahlenrechnung enthalten und nach denen die Rechnung plangemäß-schematisch abläuft, helfen auch Fehler zu vermeiden.
2. *Bogen einseitig beschreiben;* **Ziffern deutlich schreiben;** *breite Randspalte* für Nebenrechnungen frei lassen; Übertragungen vermeiden; falsche Zahlen durchstreichen, die richtigen darüberschreiben.
3. **Überschlagsrechnungen** *zur Vermeidung von Kommafehlern* einschalten; Kontrolle der Rechnung!
   Jeder Rechenoperation hat eine Überschlagsrechnung voranzugehen oder zu folgen, wobei zumindest die Kommastellung im Ergebnis sicher entschieden wird. Hierbei ist die *Schreibweise mit Zehnerpotenzen zu* empfehlen:
   $\frac{0{,}00904}{0{,}167} = \frac{9{,}04 \cdot 10^{-3}}{1{,}67 \cdot 10^{-1}} \simeq 5 \cdot 10^{-2}$, auf 3 Stellen genau: $5{,}413 \cdot 10^{-2}$.
4. Wenn möglich, sollte die Aufgabe **zur besseren Kontrolle noch nach einer anderen Methode** gelöst werden. Mitunter ist es besser, wenn 2 Mitarbeiter die Berechnungen unabhängig voneinander ausführen und ihre Resultate vergleichen.
5. Je nach den zur Verfügung stehenden **Rechenhilfsmitteln** sind diese Empfehlungen und die im Buch angeführten Rechenkontrollen zu modifizieren und durch optimalere zu ersetzen (vgl. auch S. XXXVII oben).

Rundungsfehler bzw. sichere Ergebnisse auf Rechenanlagen
[vgl. S. XXXVII oben] behandeln z. B. Meis (1987) und Rump (1986).

Sollen die Werte 14,6, 13,8, 19,3, 83,5 und 14,5 auf die jeweils nächste ganze Zahl gerundet werden, so bereitet dies bei den ersten drei Werten keine Schwierigkeit; sie werden zu 15, 14 und 19. Bei den folgenden Werten kämen die Zahlen 83 und 84 bzw. 14 und 15 in Betracht. [02]
Es hat sich als zweckmäßig erwiesen, **jeweils zu der nächsten geraden Zahl auf- oder abzurunden,** so daß 83,5 in 84 und 14,5 in 14 übergeht. Die Null wird hierbei als gerade Zahl gewertet. Je mehr Werte auf diese Weise gerundet und zur Summe zusammengefaßt werden, um so schneller gleichen sich die Rundungsfehler aus. Man runde: (1) ab bei Endziffern (E) bis 4, (2) auf bei E über 5, (3) zur nächsten geraden Zahl bei der E = 5: 2,45 $\rightarrow$ 2,4 oder, falls nötig $2{,}4^+$ bzw. 3,55 $\rightarrow$ 3,6 oder $3{,}6^-$.

Wichtig ist auch der Begriff der **signifikanten Ziffern.** Unter den signifikanten Ziffern einer Zahl versteht man die Ziffernfolge der Zahl ohne Berücksichtigung des evtl. vorhandenen Kommas und bei Zahlen kleiner als 1 ohne die Null vor dem Komma und ohne die dann noch folgenden Nullen. Tabelle 3 vergleicht drei gerundete Resultate, die Anzahl der signifikanten Ziffern und die hiermit zum Ausdruck gebrachte Genauigkeit: die im Ergebnis mit einbegriffenen Genauigkeitsgrenzen sowie ihren maximalen Rundungsfehler.
Werden zwei Zahlen, jede mit x genauen oder signifikanten Ziffern multipliziert, dann sind höchstens $(x - 1)$ Ziffern des Produktes als verläßlich anzusehen. Für die Division gilt Entsprechendes.

Tabelle 3. Signifikante Ziffern

Resultat R	Anzahl signifikanter Ziffern	Grenzwerte des Fehlerbereiches	Differenz $\|D\|$	Größter Fehler (± %) $= \frac{0{,}5 \cdot \|D\|}{R} 100$
4	1	3,5 – 4,5	1	0,5·1·100/4 = 12,5
4,4	2	4,35 – 4,45	0,1	1,14
4,44	3	4,435 – 4,445	0,01	0,113

Beispiel

Berechne die Fläche eines Rechtecks aus den gemessenen Seitenlängen 38,22 cm und 16,49 cm. Die Antwort als $38{,}22 \cdot 16{,}49 = 630{,}2478\,\text{cm}^2$ zu formulieren wäre falsch, da die Fläche jeden Wert zwischen $38{,}216 \cdot 16{,}486 = 630{,}02898$ und $38{,}224 \cdot 16{,}494 = 630{,}46666$ annehmen kann. Dieses Gebiet wird charakterisiert durch $630{,}2\,\text{cm}^2 \pm 0{,}3\,\text{cm}^2$. Der Wert kann nur durch drei signifikante Ziffern dargestellt werden ($630\,\text{cm}^2$).

Resultate sind auf eine **sinnvolle Zahl** signifikanter Ziffern zu runden, **die selten die der Originaldaten (die am wenigsten genaue oder kleinste Zahl) übersteigt,** was dann methodisch bedingt bzw. zu begründen ist. !

03 Rechnen mit fehlerbehafteten Zahlen

[03]

Werden fehlerbehaftete Zahlen durch Rechenoperationen verbunden, dann läßt sich die sogenannte **Fehlerfortpflanzung** abschätzen. Hierzu können zwei parallele Rechnungen durchgeführt werden, einmal mit den Fehlerschranken, die im Endergebnis zu einem **Minimum** führen, und ein zweites Mal mit den Fehlerschranken, die im Ergebnis zu einem **Maximum** führen.

Beispiel: 30 ± 3 Bereich: von 27 bis 33
20 ± 1 Bereich: von 19 bis 21

1. *Addition:* Die wahre Summe beider Zahlen liegt zwischen $27+19=46$ und $33+21=54$. Der relative Fehler der Summe beträgt $(54-46)/(54+46)=8/100=0{,}08$; er
[03] liegt in den Grenzen von $\pm 8\%$.
2. *Subtraktion:* Die wahre Differenz liegt zwischen $27-21=6$ und $33-19=14$ (Subtraktion „überkreuz", d. h. der obere Grenzwert einer Zahl wird von dem unteren Grenzwert der anderen Zahl abgezogen, der untere Grenzwert einer Zahl wird von dem oberen der anderen Zahl abgezogen). Der relative Fehler der Differenz beträgt: $(14-6)/(14+6)=8/20=0{,}40$, $\pm 40\%$!
3. *Multiplikation:* Das wahre Produkt liegt in den Grenzen von $27\cdot 19=513$ bis $33\cdot 21=693$. Der relative Fehler des Produktes beträgt
$$\frac{513-30\cdot 20}{30\cdot 20}=\frac{513-600}{600}=\frac{-87}{600}=-0{,}145 \quad -14{,}5\% \text{ bzw.}$$
$$\frac{693-30\cdot 20}{30\cdot 20}=\frac{693-600}{600}=\frac{93}{600}=0{,}155 \quad +15{,}5\%$$
4. *Division:* Der wahre Quotient liegt zwischen $27/21=1{,}286$ und $33/19=1{,}737$ (Division „überkreuz"). Den relativen Fehler des Quotienten erhält man zu
$$\frac{1{,}286-30/20}{30/20}=\frac{0{,}214}{1{,}500}=-0{,}143 \quad -14{,}3\% \text{ bzw.}$$
$$\frac{1{,}737-30/20}{30/20}=\frac{0{,}237}{1{,}500}=0{,}158 \quad +15{,}8\%$$

Von allen vier Grundrechenoperationen ist die **Subtraktion** bei fehlerbehafteten Zahlen besonders gefährlich, der Endfehler liegt mitunter wesentlich höher als bei den anderen Rechenoperationen (vgl. auch S. 161).

Ein grundsätzlich vermeidbarer Fehler, der ein Resultat bedingt, das vom wahren Befund oder Wert systematisch [und nicht-zufällig] abweicht, wird **systematischer Fehler** oder **Bias** genannt. Etwa eine falsch gestellte aber exakt gehende Uhr sowie die auf den Seiten 98, 99, 100, 187–189, 200, 204–206, 308–311, 321, 358, 456, 499, 510, 597, 613, 677, 681, 683 genannten Beispiele. **Er bedroht alle Stufen einer wissenschaftlichen Untersuchung,** etwa die Auswahl der Untersuchungseinheiten, die Durchführung der Experimente oder Beobachtungen, die Datenanalyse bis zur Interpretation der Resultate.

04 Sinnvolle Quotienten: Verhältniszahlen

[04] **Verhältniszahlen** sind Quotienten zweier Zahlen, zwischen denen sachlogisch eine Beziehung besteht oder zu vermuten ist. Eine typische Verhältniszahl ist die **relative Häufigkeit** bzw. die prozentuale Häufigkeit. So betrug der Anteil der Knabengeburten an der Gesamtzahl der Mädchen- und Knabengeburten in der Bundesrepublik Deutschland (BRD) in den Jahren 1965, 1969 und 1978 0,514 oder 51,4%. In den letzten 20 Jahren wurden bei uns jeweils 5% bis 6% mehr Knaben als Mädchen geboren. Dieser **Knabenüberschuß** wird nach etwa **55 Jahren** ausgeglichen; danach folgt (vgl. S. 48–50) ein Frauenüberschuß.

Der Anteil der Knabengeburten ist eine typische **Gliederungszahl.** Sie entsteht, wenn das zahlenmäßige Verhältnis einer Teilmenge zur zugehörigen Gesamtmenge ausgedrückt wird. Gliederungszahlen dienen zur Darstellung der inneren Struktur einer Gesamtmenge und zum Vergleich mehrerer Gesamtmengen. Erwähnt sei z. B. die Aufgliederung der Erwerbstätigen mehrerer Länder nach Wirtschaftsbereichen, wobei deren Vergleichbarkeit gegeben ist bzw. durch Korrekturen ermöglicht wird. Man unterscheidet mindestens drei Arten von Verhältniszahlen (vgl. Tabelle 4 [andere Verhältniszahlen und Standardisierungen werden auf den Seiten 463 und 464 vorgestellt]): [04]

1. GLIEDERUNGSZAHLEN („Anteil" für eine endliche Grundgesamtheit) die das zahlenmäßige Verhältnis einer Teilmenge zur zugehörigen Gesamtmenge ausdrücken; z. B. den Anteil der Lebendgeborenen an der Gesamtzahl der Geburten (Lebend- und Totgeborene):

$$\frac{\text{Zahl der Lebendgeborenen}}{\text{Gesamtzahl der Geburten}}$$

2. BEZIEHUNGSZAHLEN („Dichte"; mit Maßeinheit und umkehrbar) die das zahlenmäßige Verhältnis zweier verschiedenartiger Mengen, die logisch miteinander verknüpft sind, ausdrücken;
   z. B. die Zahl der Lebendgeborenen zur Zahl der Frauen im gebärfähigen Alter (15–45 J.):

$$\frac{\text{Zahl der Lebendgeburten}}{\text{Zahl der Frauen im gebärfähigen Alter (15–45 J.)}}$$

   Bei **Beziehungszahlen** bezieht man Ereignisse direkt auf den zugehörigen Bestand (**„Verursachungszahlen"** wie im Beispiel) oder nicht, etwa km/Std., PKW/Einwohner, Schüler/Lehrer, Niederschlagsmenge/Quadratmeter (**„Entsprechungszahlen").** Den richtigen Bezugs-Nenner zu finden ist mitunter schwierig. Wichtige Beziehungszahlen werden wir später z. B. als arithmetisches Mittel und als Varianz kennenlernen.
   Bei **Verursachungszahlen** bezieht man Ereignismassen auf die zugehörigen Bestandsmassen (vgl. den weiter unten gegebenen Hinweis): z. B. Zahl der Eheschließungen pro 1000 Einwohner (BRD, 1950: 10,7; 1960: 9,4; 1970: 7,3; 1980: 5,9; 1988: 6,5; 1990: 6,5; 1993: 5,5; 1995: 5,3; 1997: 5,2) oder die Zahl der Lebendgeborenen pro 1000 Einwohner (BRD, 1950: 16,2; 1960: 17,4; 1970: 13,4; 1980: 10,1; 1988: 11,0; D, 1990: 11,4; 1993: 9,8; 1995: 9,4; 1997: 9,9. Quelle: Stat. Jahrbuch 1999 für die Bundesrepublik Deutschland. Hrsg.: Stat. Bundesamt, Wiesbaden).

3. MESSZAHLEN („Teil zum anderen Teil"; um Vergleiche zu ermöglichen) die das zahlenmäßige Verhältnis einer Menge zu einer gleichartigen nebengeordneten Menge - beide sind logisch miteinander verknüpft - ausdrücken; z. B. das Verhältnis der Lebendgeborenen (Stat. Jb. 1999):

   $\frac{\text{Zahl der Knabengeburten}}{\text{Zahl der Mädchengeburten}}$ (BRD, 1973, 1974, 1976, 1980: 1,054; 1986: 1,054; 1987: 1,062; 1988: 1,058; 1989: 1,051; D, 1990: 1,057; 1991: 1,055; 1992: 1,052; 1993: 1,056; 1995: 1,054; 1996: 1,058; 1997: 1,055).

   Wird eine Reihe von Werten auf eine gemeinsame Basis bezogen, so heißen diese Verhältniszahlen **Meßzahlen,** etwa die prozentuale monatliche Abweichung der Arbeitslosenziffer vom Jahresdurchschnitt. Man setzt auch den Umsatz für ein bestimmtes Jahr gleich 100 und berechnet für die Umsatzzahlen der folgenden Jahre entsprechende Meßzahlen. Ein aus Meßzahlen derselben Berichtsperiode oder Basisperiode gebildeter Mittelwert heißt **Indexzahl** oder **Index.**

Näheres über **Verhältniszahlen** ist z. B. *Pfanzagl* (1967) zu entnehmen; insbesondere **Indexzahlen** behandeln *Crowe* (1965) und *Craig* (1969) (vgl. auch Bamberg und Baur 1998:
[04] S. 53–62, Dörsam 1999, Hochstädter 1991, Pinnekamp und Siegmann 1988 sowie Polasek 1994). Eine Übersicht: Verhältnis- und Indexzahlen gibt Voß (2000, Kap. 6).

Hinweis: Bestandsmassen und Ereignismassen

Bestimmte interessierende Sachverhalte, z. B. Daten der Wirtschaft, werden nicht einmalig, sondern periodisch (etwa täglich, monatlich, jährlich, ...) erhoben. Die Ergebnisse dieser Erhebungen in der Zeit bilden eine **Zeitreihe.** Man unterscheidet Zeitreihen von gemessenen Bestandsmassen und von gezählten Ereignismassen.

Bestandsmassen wie Bevölkerung, Lagerbestand und Hotel-Belegung sind durch eine mittlere **Verweildauer** charakterisiert. Der Bestand ändert sich durch Zu- und Abgänge.

Ereignismassen sind Ereignisse, die zu bestimmten **Zeitpunkten** auftreten: Zu- und Abgänge (Ereignismassen werden daher auch Bewegungsmassen genannt) innerhalb eines Zeitraumes: Geburten, Todesfälle; Empfangenes, Ausgegebenes; Anmeldung neuer Gäste, Abmeldung von Gästen.

Eine **Bestandsmasse,** gewonnen durch **Erhebung eines Bestandes** am Stichtag, **BEZIEHT SICH AUF DIESEN ZEITPUNKT,** z. B. Lagerbestand am 1. jeden Monats. Andere Beispiele sind Bevölkerung (a), Spareinlagenbestand (b), Betriebe (c), Anbaufläche (d).

Eine **Ereignis- (oder Bewegungs)masse**, gewonnen durch laufende **Registrierung isolierter Ereignisse in der Zeit, BEZIEHT SICH AUF EINEN ZEITRAUM,** z. B. monatliche Geburtenzahlen einer Klinik und jährliche Steuereinnahmen eines Landes. Den oben genannten Bestandsmassen (a–d) entsprechen die folgenden Ereignismassen: Geburten und Todesfälle (a), Ein- und Auszahlungen (b), Lohnsummen (c), Ernteertrag (d). Näheres ist z. B. Hochstädter (1991) zu entnehmen.

Tabelle 4.

Relativzahlen	Verhältnis	Beispiel
1. Gliederungs-zahlen	Unterordnung: *Menge und Teilmenge*	Altersaufgliederung der Bevölkerung
2. Beziehungs-zahlen	Nebenordnung: *verschiedenartige Mengen*	Bevölkerungszahl je km^2 der Fläche
3. Meßzahlen	Nebenordnung: *gleichartige Mengen*	Vergleich der Zahl der Betriebsangehörigen zweier Werke eines Industriezweiges an einem Stichtag

Verhältniszahlen haben den Nachteil, daß die tatsächlichen Zahlen nicht erkennbar sind. Dafür sind sie diesen gegenüber jedoch **leichter erfaßbar und besser vergleichbar.**

Zur **graphischen Darstellung** benutzt man z. B. für
Gliederungszahlen: Histogramme und Kreissektorendiagramme,
Beziehungszahlen: Linien- oder Stabdiagramme und Kurvendiagramme,
Meßzahlen: Histogramme und Box-Plots.

Näheres zur **Amtlichen Statistik, zur Bevölkerungs-, Wirtschafts- und Sozialstatistik** enthalten z. B. Anderson u. Mitarb. (1983, 1988), Bamberg und Baur (1998), Bohley (1989), Bortz (1999), Esenwein-Rothe (1982), Krug und Nourney (1987), Lancaster (1990), Mason und Fienberg (1985), Newell (1988), Rüger (1996), Statistisches Bundesamt (1999), von der Lippe (1996) sowie Zwer (1986).

Dörsam (1999) gibt eine sehr anschauliche und knappe Einführung in die **Wirtschaftsstatistik.** [04]

05 Einige graphische Darstellungen [05]

Graphische Darstellungen im weiteren Sinne sind besonders aus der Werbung bekannt. Man unterscheidet Linien-, Stab-, Flächen- und Körperdiagramme (Abb. 1):

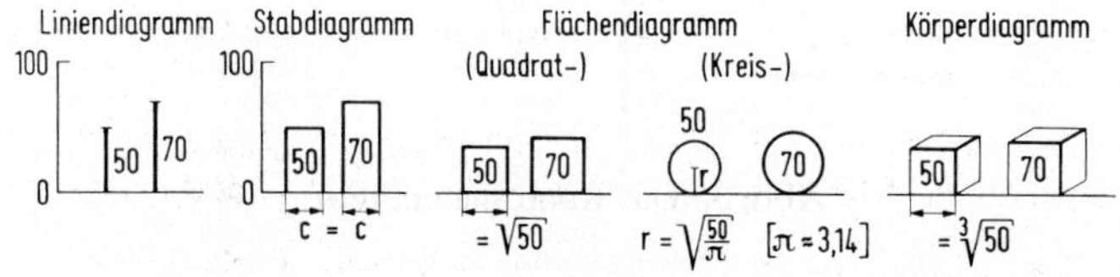

Abb. 1. Diagrammformen

Das Stab- oder Säulendiagramm ist durch konstante Breite ausgezeichnet. Beim Flächendiagramm bevorzugt man Quadrate (Fläche $= a^2$) oder Kreise (Fläche $= \pi r^2$), beim Körperdiagramm Würfel (Inhalt $= a^3$). Da Flächen und Körper in ihren Größenverhältnissen leicht falsch beurteilt werden können, sind **Linien- und Stabdiagramme** allen anderen Diagrammen an Klarheit überlegen. Ergänzen sich unterschiedliche Elemente einer Häufigkeitsverteilung zu 100%, dann vermittelt das 100%-Stab- bzw. Rechteckdiagramm (Abb. 2) eine gute Übersicht. Hierbei – wie bei allen Prozentangaben – muß die 100%

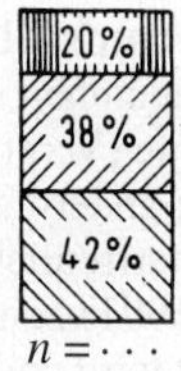

Aufwendigere Diagramme enthalten z.B. die Seiten 106 und 149.

Abb. 2. Rechteckdiagramm mit einzelnen sich zu 100% ergänzenden Abschnitten (deren Bedeutung in der Legende zu erläutern ist)

entsprechende Anzahl der Gesamt-Stichprobenelemente, der Umfang der Stichprobe, im Diagramm selbst oder in der Unterschrift vermerkt sein. Graphischen Darstellungen im engeren Sinne liegt ein *Koordinaten-System* zugrunde: Zwei im rechten Winkel zueinander stehende Geraden (Abb. 3 auf S. 28):
Die Waagrechte heißt „*x-Achse*" oder „*Abszisse*", die Senkrechte nennt man „*y-Achse*" oder „*Ordinate*". Von dem Schnittpunkt der Geraden, dem Koordinatenanfangspunkt oder Nullpunkt ausgehend, werden auf den Geraden in allen 4 Richtungen Maßeinheiten abgetragen und bezeichnet, wobei nach rechts und oben positive Werte, nach links und unten negative Werte verwendet werden. Man kann nun innerhalb des Systems beliebige Punkte festlegen, Punkt $x = 2$ und $y = 3$, abgekürzt (2, 3) ist in Abb. 3 dargestellt. Im allgemeinen begnügt man sich mit dem positiven Teil des Koordinatensystems, mit dem 1. Quadranten („rechts oben") (vgl. z. B. S. 492 und 502).

Ein **Punktdiagramm** entsteht, sobald oberhalb einer Skala jeder Meßwert als Punkt eingezeichnet wird, gleiche Meßwerte werden als getrennte Punkte übereinander dargestellt (vgl. z. B. Moses 1987). Näheres über **Dot Plots** bieten Schnell (1994) und L. Wilkinson (1999, The American Statistician **53**, 276–281).

[05]

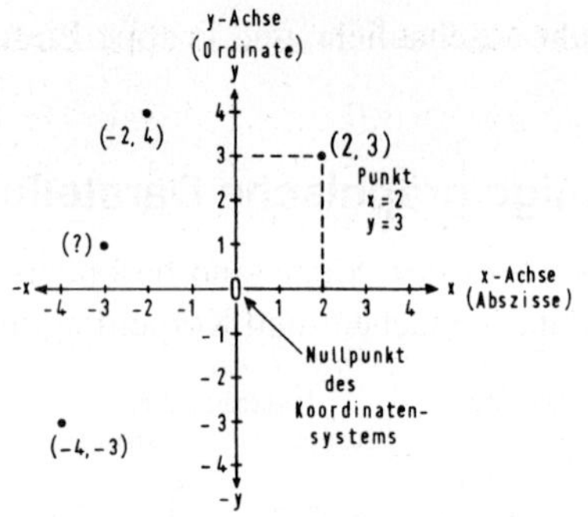

Abb. 3. Das Koordinatenkreuz

Abschätzung der Fläche unter einer Kurve anhand der Trapezregel

$$\text{Fläche} = \frac{1}{2}\sum_{i=0}^{n-1}(t_{i+1} - t_i)(y_i + y_{i+1}) \qquad (0.10)$$

Anhand der Tabelle [$n + 1$ Beobachtungen y_i zu den Zeiten t_i $(i = 0, 1, \ldots, n)$]

t_i	0	5	10	20	...	80	90
y_i	0	9,8	15,3	26,7	...	10,1	0

erhält man die Fläche= $\frac{1}{2}[(5-0)(0+9{,}8)+(10-5)(9{,}8+15{,}3)+\ldots+(90-80)(10{,}1+0)]$.

Graphische Darstellungen sind besonders aufschlußreich, wenn sie uns zwingen, Dinge zu sehen, die wir niemals erwartet hätten. Maßeinheit und Basis sind meist vorgegeben. Falls nicht, vermeide man es, zum Vergleich extrem kleine (Vergrößerungseffekt) oder extrem große (Verkleinerungseffekt) Vergleichszahlen anzugeben; andernfalls wird gemogelt. So beginnen **Leistungsdiagramme** gern im Tal, und abzubauende unerfreuliche Erscheinungen läßt man dementsprechend von einem hohen Wert absteigen. Krämer (1991) zeigt an einer Fülle aufschlußreicher Beispiele, wie mit graphischen Darstellungen gemogelt wird und wie auch sonst **Daten manipuliert** werden.

Graphische Darstellungen und Tabellen müssen in der Regel für sich allein betrachtet, verständlich sein. Hierzu dienen eine den Inhalt kennzeichnende Überschrift und eine nicht zu knappe insbesondere auch die Zeichen erläuternde Legende. Mitunter wird auf Überschrift oder Legende verzichtet. Näheres ist z. B. M:4–7, 32–35, 39, 40, 122 und M2:42, 43 sowie Riedwyl (1980) und Schröder (1985) zu entnehmen (vgl. auch *King 1971,* Mason und Mitarb. 1989, die Event Charts für Verlaufsdaten, vgl. The American Statistician **54** (2000), 63–70 sowie S. 146, 147 und die auf S. 570 genannten Netze).

Literatur zur graphischen Darstellung und zu graphischen Methoden

Atkinson (1985), Batschelet (1980: Kapitel 7), Chambers und Mitarb. (1983), D'Agostino und Stephens (1986), Fienberg (1979), Fisher (1983), Funck (1983), Gnanadesikan (1983), Henschke und Nagel (1990), Lovie (1986), Moses (1987), Nelson (1982), Riedwyl (1980), Schnell (1994), du Toit u. Mitarb. (1986), Tufte (1983) sowie Whittaker (1990) (vgl. auch Goldberg und Iglewicz 1992, Hoaglin u. Mitarb. 1983, 1985, 1991, Kacker und Tsui 1990, Polasek 1994, Ritter 1991, Saville und Wood 1991 sowie Scott 1992). **Quantile Plots** und **Probability Plotting** behandeln z.B. Gerson (1975), Lee (1992: Chapter 7), Schnell (1994) sowie Meeker und Escobar (1998: Chapter 6) [vgl. auch *King (1971)* sowie Chambers u. Mitarb. (1983: Chapter 6)].

1 Statistische Entscheidungstechnik

Bitte lesen Sie zunächst die „Einleitung" und die „Einführung in die Statistik". Der Anfänger sollte bei der Erstlektüre *insbesondere die Beispiele beachten* sowie schwer Verständliches, die Hinweise, das Kleingedruckte und die Literaturangaben zunächst unbeachtet lassen. Manches wird erst verständlich, wenn man den Überblick über das Ganze gewonnen hat. Als handliche Begleiter und nicht nur zur Schnellorientierung dienen meine beiden „Statistische Methoden", hier kurz „M" und „M2" genannt. Der Hinweis „M2: 30" verweist auf Seite 30 in Band 2.

11 Statistik und wissenschaftliche Methode [11]

- Wiederholbare Erfahrungen
- Streuung von Beobachtungen
- Zufallsstichproben!
- Beurteilende (d. h. schließende) Statistik
- Explorative und Konfirmatorische Datenanalyse
- Vertrauensbereich und statistischer Test

Die **Wissenschaft** lehrt uns: (1) wie etwas erkannt wurde, (2) was, genau, bisher bekannt ist und (3) was noch unbekannt ist sowie (4) den Umgang mit Empirie, **Unsicherheit** und Wahrheit.

Den Gegenstand empirischer Wissenschaften bilden nicht einmalige isolierte, ein einzelnes Individuum oder Element betreffende Ereignisse oder Merkmale, sondern **WIEDERHOLBARE ERFAHRUNGEN**, eine Gesamtheit von – als gleichartig betrachteter – Erfahrungen, über die Aussagen gefordert werden.
Als Semmelweis im Jahre 1847 in der Geburtshilfe-Klinik in Wien gegen den Widerstand seiner Kollegen hygienische Maßnahmen durchsetzte, wußte er nichts über die bakteriologischen Erreger des Kindbettfiebers. Auch konnte er den Erfolg seines Experimentes nicht direkt beweisen, denn auch nach der Einführung der Hygiene starben noch Frauen in seiner Klinik am Kindbettfieber. Die Müttersterblichkeit aber war von 10,7% (1840–1846) über 5,2% (1847) auf 1,3% (1848) zurückgegangen, und da Semmelweis diese Prozentsätze an einer großen Zahl von Wöchnerinnen (21 120; 3375; 3556) errechnet hatte (*Lesky* 1964), ergab sich die **Schlußfolgerung**, die Hygiene beizubehalten.
Statistische Methoden sind überall da erforderlich, wo Ergebnisse nicht beliebig oft und exakt reproduzierbar sind. Die Ursachen dieser Nichtreproduzierbarkeit liegen in **unkontrollierten und unkontrollierbaren Einflüssen**, in der Ungleichartigkeit der Versuchsobjekte, der Variabilität des Beobachtungsmaterials und in den Versuchs- und Beobachtungsbedingungen. Diese Ursachen führen in den Beobachtungsreihen zu der **„STREUUNG"**

quantitativ erfaßter Merkmale. Da infolge dieser Streuung ein gefundener Einzelwert – die Variabilität einzelner Merkmale ist bei naturwissenschaftlichen Untersuchungen meist
[11] kleiner als bei sozialwissenschaftlichen – kaum exakt reproduzierbar sein wird, müssen sichere und eindeutige Schlußfolgerungen zurückgestellt werden. Die Streuung führt damit zu einer **Ungewißheit**, die häufig nur **Entscheidungen** ermöglicht. Dies ist der Ansatzpunkt einer modernen Definition der Statistik als Entscheidungshilfe, die auf Abraham Wald (1902–1950) zurückgeht: **Statistik ist eine Zusammenfassung von Methoden, die uns erlauben, vernünftige optimale Entscheidungen im Falle von Ungewißheit zu treffen.**

Die **Beschreibende (Deskriptive) Statistik** befaßt sich mit der Untersuchung und Beschreibung **möglichst der ganzen Grundgesamtheit.** Sie ist einfach und verständlich; graphische Methoden, die auch gut zur Darstellung der Resultate dienen, zeigen Unerwartetes deutlich. Außerdem ist sie unerläßlich, wenn für die Daten (noch) kein Modell vorliegt. Die **Beurteilende (Schließende) Statistik** untersucht demgegenüber nur einen Teil, der für die Grundgesamtheit, deren Eigenschaften uns interessieren, charakteristisch oder repräsentativ sein soll. Näheres enthält S. 6 und S. 99.

Es wird also von einem Teil der Beobachtungen auf die Grundgesamtheit aller geschlossen (**„schließende“** Statistik). Entscheidend ist hierbei, daß der zu prüfende Teil der Grundgesamtheit – die Stichprobe – **zufällig,** sagen wir nach einen Lotterieverfahren, ausgewählt wird. Wir bezeichnen eine Stichprobenentnahme als zufällig, wenn jede mögliche Kombination von Stichprobenelementen der Grundgesamtheit dieselbe Chance der Entnahme besitzt. **ZUFALLSSTICHPROBEN** sind wichtig, da nur sie **Rückschlüsse** auf die Grundgesamtheit zulassen. Totalerhebungen sind häufig kaum oder nur mit großem Kosten- und Zeitaufwand möglich!

Wissenschaft und Forschung

Die Wissenschaft ist ein System gesicherter Erkenntnisse und Erkenntnisverfahren. Diese zu erweitern und zu vertiefen, ist Aufgabe der **Forschung.** Die Grundlagenforschung ist dem Erkennen verpflichtet, die angewandte Forschung dem Handeln. **Resultate der Forschung** sind im allgemeinen **vorläufig**, d. h. komplettierbar und revidierbar; daher gehört der **Zweifel** zum Wesen des Wissens.

Forschen heißt Annahmen bewerten und/oder neues Wissen entdecken, insbesondere Sachwissen erweitern, wie es z. B. in den Übersichten 8 und 9 der Einführung in die Statistik zum Ausdruck kommt. Hierbei können 4 Stufen unterschieden werden:

1. **Problem-Beschreibung und Definitionen.** Es werden Beobachtungen gemacht.
2. Analyse: Abstraktion wesentlicher Elemente als Basis einer Hypothese/Theorie.
3. **Problem-Lösung: I:** Entwicklung der Hypothese oder Theorie mit der Voraussage neuer Erkenntnisse und/oder Ereignisse. Formulierung neuer (Teil-)Probleme.
4. **Gewinnung neuer Daten** zur Überprüfung der mit Hilfe des Modells (vgl. S. 14) gemachten Voraussagen: **Beobachtungen II.**

Damit beginnt der gesamte **KREISLAUF** noch einmal. Wird die Hypothese bestätigt, dann werden die Prüfungsbedingungen durch präzisere Fassung und Erweiterung der Voraussagen so lange verschärft, bis schließlich irgendeine Abweichung gefunden wird, die eine Verbesserung der Theorie erforderlich macht. Ergeben sich Widersprüche zur Hypothese, so wird eine neue Hypothese formuliert, die mit der größeren Anzahl von beobachteten Fakten übereinstimmt. Endgültige Wahrheit kennt die tatsachenbezogene Wissenschaft überhaupt nicht. Die Vergeblichkeit aller Versuche, eine bestimmte Hypothese zu widerlegen, wird unser Vertrauen in sie vergrößern, jedoch ein endgültiger Beweis, daß sie stets gilt, läßt sich nicht erbringen: **Hypothesen können nur geprüft, nie aber bewiesen werden!** Empirische Prüfungen sind Widerlegungsversuche.

In den geschilderten Kreisprozeß kann die Statistik auf allen Stufen eingreifen: **[11]**

1. Bei der Auswahl der Beobachtungen (Stichprobentheorie).
2. Bei der Darstellung und Zusammenfassung der Beobachtungen (Beschreibende Statistik).
3. Bei der Schätzung von Parametern (Schätztheorie).
4. Bei der Formulierung und Überprüfung der Hypothesen (Testtheorie).

Auf der Beschreibenden Statistik aufbauend, spielt die **Beurteilende**, SCHLIESSENDE, mathematische, *wertende, induktive oder analytische* **Statistik (statistical inference)** die entscheidende Rolle. *Sie ermöglicht den Schluß von der Stichprobe auf die zugehörige Grundgesamtheit* (z. B. die Schätzung des Wahlresultates anhand bekannter Einzelergebnisse ausgewählter Wahlkreise), **auf allgemeine Gesetzmäßigkeiten, die über den Beobachtungsbereich hinaus gültig sind.** In allen empirischen Wissenschaften ermöglicht sie durch Gegenüberstellung empirischer Befunde mit Ergebnissen, die man aus wahrscheinlichkeitstheoretischen Modellen – Idealisierungen spezieller experimenteller Situationen – herleitet, die **Beurteilung empirischer Daten** und die **Überprüfung wissenschaftlicher Hypothesen und Theorien;** wobei allerdings nur Wahrscheinlichkeitsaussagen möglich sind, die dann dem Praktiker unentbehrliche Informationen als Grundlage für seine Entscheidungen bieten. In der *Schätztheorie* ist eine Entscheidung darüber zu treffen, wie man anhand einer Stichprobe möglichst viel über die charakteristischen Kennwerte der zugehörigen Grundgesamtheit erfährt. In der *Testtheorie* handelt es sich darum, zu entscheiden, ob die Stichprobe aus einer bestimmten (vorgegebenen) Grundgesamtheit entnommen wurde. Die moderne Statistik ist interessiert an der problemgerechten und am Modell orientierten Planung (vgl. auch die Übersichten 1 und 2 sowie [77], d. h. den Abschnitt 77), Durchführung und Auswertung von Experimenten und Erhebungen: Ein EXPERIMENT ist eine geplante und kontrollierte **Einwirkung** eines Untersuchers auf Objekte – eine ERHEBUNG ist eine geplante und kontrollierte Erfassung eines Zustandes oder Vorganges an Objekten einer Gesamtheit. Hier: **vorliegende Merkmalsstruktur**, meist von Individuen (Einflußgrößen kaum variierbar) – dort: Zuordnung der Objekte oder Individuen zu den experimentellen Bedingungen (Einflußgrößen variierbar; siehe [77]). Entscheidend für die Versuchsplanung ist die Frage, für welche Grundgesamtheit die Ergebnisse repräsentativ sein sollen.

Explorative und Konfirmatorische Datenanalyse

Der erste Schritt einer wissenschaftlichen Studie kann dann, wenn Daten(sammlungen) vorliegen, im Sinne der **erkundenden** oder **Explorativen Datenanalyse (EDA:** Tukey 1977, Hoaglin u. Mitarb. 1983, 1985, 1991, du Toit u. Mitarb. 1986, Abt 1987, Enke u. Mitarb. 1992, Hartung u. Mitarb. 1989, Polasek 1987 und 1994 sowie Chatfield 1995a; vgl. z. B. M2: 39–41) darin bestehen, zu versuchen, Näheres über die Struktur der Daten zu erfahren. Wenn andere Daten die explorativ gefundenen Hinweise stützen, lassen sich diese klarer formulieren und anhand neuer sorgfältig geplanter Untersuchungen gezielt prüfen: bestätigende Konfirmatorische Datenanalyse, die ja mit der Beurteilenden Statistik (vgl. z. B. M: 141–147 und M2: 48–57) identisch ist. Die EDA bemüht sich weiter darum, **Untergruppen** zu identifizieren und zu vergleichen, etwa um unbekannte Variablen aufzuspüren. Wer intensiv sucht, der findet meist etwas. Ob es weiterführt, das bleibt abzuwarten, bis andere ähnliche oder neue Daten vorliegen.

Ziel der EDA ist über die Darstellung der Daten (1) hinaus die (modellfreie) datengesteuerte Suche nach Besonderheiten und Strukturen (2) sowie nach Fragestellungen (3) und Hypothesen (4).

Fragestellung und Anwendungsgebiet geben erste Hinweise zur Problemlage. Nicht trivial ist die Umwandlung einer fachlichen in die statistische Fragestellung, die angemessene Modellierung, da
[11] oft **mehrere** statistische Modelle zur Beschreibung des Sachverhaltes und zur Lösung des Problems geeignet sind.
Steht die Hypothesenfindung und die **Modellbildung** im Vordergrund, wird man explorativ vorgehen; steht die Hypothesenprüfung im Vordergrund, so wird man konfirmatorisch vorgehen.

Übersicht 13. Beurteilende Statistik

Die Beurteilende (Schließende) Statistik

(1) geht über die Beschreibende Statistik hinaus, indem sie insbesondere bei Erhebungen nach einem Zufallsverfahren gewonnene Stichproben, **Zufallsstichproben**, bzw. bei Experimenten **randomisierte Beobachtungen** (vgl. [77] und M: 20–22, 158, 163, 164) voraussetzt;
(2) nutzt auf der Grundlage der **Wahrscheinlichkeitsrechnung** vielfältige Methoden für die Modellierung und Beschreibung stochastischer Erscheinungen und Gesetzmäßigkeiten;
(3) ermöglicht anhand der aus Experimenten und Erhebungen gewonnenen Daten allgemeingültige **Aussagen über die den Daten zugrundeliegenden Grundgesamtheiten, Zusammenhänge und Prozesse.**

Sorgfältig gewonnenen Daten wird unterstellt, sie entstammen einer bestimmten Grundgesamtheit, über die Aussagen erwünscht sind. Die Daten dienen dann dazu, **Annahmen oder Hypothesen über diese Grundgesamtheit zu prüfen**, d. h. gültige von ungültigen Hypothesen zu unterscheiden. Die Methoden der Beurteilenden oder Schließenden Statistik dienen zum Rückschluß von den Daten auf die Grundgesamtheit, zur Beurteilung der Hypothesen über die Grundgesamtheit, indem anhand von Vertrauensbereichen und statistischen Tests

GÜLTIGE HYPOTHESEN ANGEREICHERT WERDEN.

Vertrauensbereich und statistischer Test

Aus den Daten einer Zufallsstichprobe erhaltene statistische Maßzahlen wie z. B. Mittelwert und Varianz beschreiben näherungsweise die Grundgesamtheit, aus der die Zufallsstichprobe stammt. Die exakten Werte, **Parameter** genannt, lassen sich nur dann bestimmen, wenn sämtliche Werte der Grundgesamtheit vorliegen. Dies ist sehr selten der Fall.
Im allgemeinen werden die aus einer Zufallsstichprobe geschätzten Maßzahlen zufallsbedingt von ihrem Parameter abweichen. Diesen **Zufallsspielraum** bestimmt man anhand eines Vertrauensbereiches.
Sind zwei Maßzahlen, etwa Mittelwerte, anhand zweier Zufallsstichproben geschätzt worden und interessiert die Frage, ob beide derselben Grundgesamtheit oder hinsichtlich ihrer Mittelwertsparameter unterschiedlichen Grundgesamtheiten entstammen, so wird man zunächst **den beiden Mittelwerten gemeinsamen Zufallsspielraum** abschätzen. Ist die Differenz der beiden Mittelwerte deutlich größer, dann liegen wohl statt einer beiden Mittelwerten gemeinsamen Grundgesamtheit zwei hinsichtlich der Mittelwertsparameter unterschiedliche Grundgesamtheiten vor. Diese Aussage gestattet ein statistischer Test.
Da hier wie auch bei der Angabe eines Vertrauensbereiches für einen Parameter **Unsicherheiten** zu erfassen sind, wenden wir uns zunächst der Wahrscheinlichkeitsrechnung zu, um später anhand der Übersichten 4 und 5 diese anzuwenden.

Die Statistik ist ein Teilgebiet der Mathematik zur Beschreibung der realen Welt ohne bzw. mit Wahrscheinlichkeitskonzept: hierbei sind Daten zu gewinnen, darzustellen, zu analysieren und zu interpretieren, um zu neuem Wissen zu gelangen. [11]

I Die Statistik läßt sich auch auffassen als Sammlung mathematischer Ansätze, die auf der Wahrscheinlichkeitstheorie basieren, um aus Daten Informationen zu gewinnen, etwa, um zu klären, ob ein Effekt wirklich vorliegt oder ob er zufallsbedingt ist.

II Statistiker helfen: (1) ein Problem zu strukturieren, (2) wichtige Gesichtspunkte und Randbedingungen zu identifizieren und (3) darauf hinzuweisen, welche Aussagen unterschiedliche Vorgehensweisen ermöglichen [vgl. auch S. 10 unten bis 15 sowie S. 326].

12 Elemente der Wahrscheinlichkeitsrechnung

[12]

Die Unsicherheit von Entscheidungen läßt sich durch die *Wahrscheinlichkeitstheorie* quantitativ erfassen. Anders ausgedrückt: Wahrscheinlichkeitstheoretische Begriffe gestatten die Gewinnung optimaler Entscheidungsverfahren. Wir haben uns daher zunächst dem Begriff „Wahrscheinlichkeit‘ zuzuwenden. Siehe auch S. 6.

121 Die statistische Wahrscheinlichkeit

[121]

• Relative Häufigkeit und Laplace-Definition

Im täglichen Leben kennen wir verschiedene Arten von Aussagen, in denen das Wort „wahrscheinlich“ (Bedeutungsbereich: vermutlich bis todsicher) auftritt:

1. Die Wahrscheinlichkeit, mit einem intakten Würfel eine „4“ zu werfen, ist 1/6.
2. Die Wahrscheinlichkeit für das Auftreten einer Zwillingsgeburt ist 1/86.

Beide Sätze stehen zu dem **Begriff der relativen Häufigkeit** in einer engen Beziehung. Beim Würfeln nehmen wir an, daß im Mittel jede Seite gleich häufig auftritt, so daß wir erwarten, daß bei häufigen Wiederholungen die relative Häufigkeit, mit der eine 4 auftritt, gegen 1/6 streben wird. Der 2. Satz ist aus einer relativen Häufigkeit entstanden. Man hat in den letzten Jahren beobachtet, daß die relative Häufigkeit der Zwillingsgeburten 1: 86 beträgt, so daß man annehmen kann, daß eine zukünftige Geburt mit der durch diese relative Häufigkeit der früheren Geburten gegebenen Wahrscheinlichkeit eine Zwillingsgeburt sein wird. Wir wollen im folgenden nur Wahrscheinlichkeiten betrachten, die sich als relative Häufigkeiten interpretieren lassen. **Bei häufigen Wiederholungen zeigen diese relativen Häufigkeiten im allgemeinen eine auffallende Stabilität.** Übersicht 14 (S. 34) gibt hierfür ein Beispiel.

Mit größer werdenden Geburtenzahlen strebt die relative Häufigkeit einer Knabengeburt (1058 Knabengeb. auf 2058 Geb.) gegen die Wahrscheinlichkeit 0,514 oder 51,4 Prozent (vgl. S. 34 oben). Wesentliche Ergänzung ist der Vertrauensbereich [451], insbesondere S. 434/436 (und auch S. 125 unten sowie der Binomialtest auf S. 279/280).

Übersicht 14. Relative Häufigkeit in einer sehr großen Versuchsserie

[121]

Quelle der Geburtenzahlen	Relative Häufigkeit einer Knabengeburt Variationsbereich für 1982		
Entbindungskliniken in der Bundesrepublik	0,43	bis	0,61
Bundesländer und Berlin (West)	0,511 [Bremen]	bis	0,518 [Berlin (West)]
Bundesrepublik		0,514	

Der Anteil der Linkshänder liegt für eine umfangreiche Bevölkerung bei etwa 8 von 100 Personen.

Historische Grundlage dieses Wahrscheinlichkeitsbegriffes ist das bekannte dimensionslose Verhältnis, die Formel (lat. formula [Vorschrift]):

$$\boxed{\frac{\text{Anzahl der günstigen Fälle}}{\text{Anzahl der möglichen Fälle}} = \frac{g}{m}} \qquad (1.1)$$

[günstige Fälle wären z. B.: (1) das Werfen einer „4“, (2) das Auftreten einer Zwillingsgeburt bzw. (3) Linkshändigkeit bei einer Person – mögliche Fälle wären dann (1) das Werfen überhaupt einer Augenzahl (1 bis 6), (2) beliebige Geburten (Einzelkind, Zwillinge, . . .) bzw. (3) beliebige Personen]

– die *Definition der Wahrscheinlichkeit* von Jakob Bernoulli (1654–1705) und de Laplace (1749–1827). Hierbei wird stillschweigend vorausgesetzt, daß alle möglichen Fälle wie beim Würfelspiel **GLEICH-WAHRSCHEINLICH** sind. Jede Wahrscheinlichkeit (englisch: Probability, von lat. probare [beglaubigen], kurz „P“) ist damit eine Zahl zwischen Null und Eins:

$$\boxed{0 \le P \le 1} \qquad (1.2)$$

Ein unmögliches Ereignis hat die Wahrscheinlichkeit Null [„0%“], ein sicheres Ereignis die Wahrscheinlichkeit Eins [„100%“].

Die Wahrscheinlichkeit, mit einem „idealen“ einwandfrei symmetrischen unverfälschten Würfel eine 4 zu werfen, beträgt 1/6, da alle sechs Seiten die gleiche Chance haben aufzuliegen. Man erkennt den sechs Flächen eines symmetrischen Würfels gleiche Wahrscheinlichkeiten zu. Weitere Beispiele zu (1.1) und (1.2) befinden sich auf S. 68 oben (B 52) und auf S. 99 unten (Hinweis).

Die Definition der Wahrscheinlichkeit nach Bernoulli und de Laplace hat natürlich nur dann einen Sinn, wenn alle möglichen Fälle gleich wahrscheinlich, statistisch *symmetrisch* sind. Sie trifft nur für die üblichen Glücksspielgeräte (Münze, Würfel, Spielkarten und Roulette) zu. Bei ihnen liegt eine *physikalische Symmetrie* vor, die den Schluß auf die **statistische Symmetrie** zuläßt. Die statistische Symmetrie ist aber für diese Wahrscheinlichkeitsdefinition unbedingt erforderlich. Es handelt sich hierbei um eine a-priori-Wahrscheinlichkeit, die auch **mathematische Wahrscheinlichkeit** genannt werden kann.

Für einen **unsymmetrischen Würfel** ist die Voraussetzung der physikalischen Symmetrie nicht mehr erfüllt und ein Schluß **auf statistische Symmetrie nicht mehr möglich.** Ein Wahrscheinlichkeitsverhältnis läßt sich **nicht angeben. Hier hilft nur der Versuch mit einer GROSSEN ANZAHL VON WÜRFEN.** Man erhält in diesem Fall unter Zuhilfenahme der **VERSUCHSERFAHRUNG** die *Wahrscheinlichkeit a posteriori* oder die **statistische Wahrscheinlichkeit: die relative Häufigkeit in einer sehr großen Versuchsserie.** So ergebe sich für unseren selbstgebastelten Würfel (sgW) die Wahrscheinlichkeit, eine 4 zu werfen, als $P(4|\text{sgW}) = \frac{\cdots}{\cdots} = 0{,}154$ [und nicht $0{,}166\ldots = 1/6$]. Die Unterscheidung von mathematischer und statistischer Wahrscheinlichkeit betrifft lediglich die Art der Gewinnung des Wahrscheinlichkeitswertes. **[121]**

Wahrscheinlichkeiten werden im allgemeinen als relative Häufigkeiten bestimmt und interpretiert.

Der Unterschied zwischen einer relativen Häufigkeit und einer Wahrscheinlichkeit besteht darin, daß sich eine relative Häufigkeit auf den erfaßten Zustand einer Stichprobe in der mehr oder weniger unmittelbaren Vergangenheit bezieht, eine Wahrscheinlichkeit bezieht sich jedoch auf ein **zukünftiges Ereignis** (ist eine Prognose, vgl. S. 70).
Jede Wahrscheinlichkeit ist als ERWARTUNGSWERT einer relativen Häufigkeit deren mathematische Abstraktion: aus **Erfahrung wird Erwartung.**

Wahrscheinlichkeiten werden auch als **Wettchancen** (Chancenverhältnis, engl. odds) angegeben, z. B. als 9 zu 12, d. h. als $P = 9/(9+12) = 0{,}429$ (subjektive Wahrscheinlichkeit). Beiden Angaben gemeinsam ist der Zähler. Der Nenner ist unterschiedlich: Odds zählen hier nur die im Zähler nicht berücksichtigten Ereignisse, Wahrscheinlichkeiten zählen sämtliche Ereignisse. Der Wert $P = 0{,}429$ approximiert die Wahrscheinlichkeit, von 12 Fechtgängen drei aufeinanderfolgende zu gewinnen ($P = 1815/4096 = 0{,}443$; Hamlet: V, 2 [vgl. E. Spinchorn, The American Statistician **24** (Dec. 1970), 14–17]).

Wahrscheinlichkeiten und Odds

$\text{Odds} = \dfrac{P}{1-P}$	$P = \dfrac{\text{Odds}}{\text{Odds}+1}$

Wahrscheinlichkeiten um $P \lessapprox 0{,}1$ unterscheiden sich wenig von den entsprechenden Odds. Man rechnet meist weniger mit den Odds als mit deren Logarithmen, die symmetrisch um den Wert Null liegen (Wahrscheinlichkeiten liegen symmetrisch um 1/2).

P	Odds	lg Odds
0	0	$-\infty$
0,01	0,01	-2
0,1	0,1111	$-0{,}954$
0,429	0,75	$-0{,}125$
0,5	1	0
0,9	9	0,954
0,99	99	2
1	∞	∞

Die besonders wichtige axiomatische Definition der Wahrscheinlichkeit (Abschnitt 122) stammt von *A. N. Kolmogoroff (1933)* (vgl. *Van der Waerden 1951);* sie ist das theoretische Gegenstück zur empirischen relativen Häufigkeit (vgl. auch *Hemelrijk 1968, Rasch 1969, Barnett 1999* und *Sheynin*, Arch. Hist. Exact Sci **52** (1998), 99–108).
Zum Wahrscheinlichkeitsbegriff siehe auch G. Shafer (1990, Statistical Science, **5**, 435–462). Ein neuer Ansatz stammt von Vovk (1993).

> Das Teilgebiet der Mathematik, das sich mit zufälligen Ereignissen befaßt, heißt **STOCHASTIK**. Die Stochastik umfaßt insbesondere die Wahrscheinlichkeitsrechnung und die darauf aufbauende Beurteilende Statistik. Näheres enthält S. 194.

122 Axiome und Additionssatz

[122]

- Zufallsexperiment
- Ereignis, Elementarereignisse
- Einiges aus der Mengenlehre
- De Morgan-Gesetze
- Zusammenstellung wichtiger Formelnummern
- Die 3 Axiome
- Das erweiterte dritte Axiom und die Ungleichung nach Bonferroni
- Additionssatz
  Sieben Beispiele und weitere Hinweise

Ein Experiment mit nicht vorhersagbarem Ergebnis wird **ZUFALLSEXPERIMENT** genannt. Denken wir an den Münzwurf: hierzu gehört eine **Vorschrift** (1), diese ist **beliebig oft**
[122] **wiederholbar** (2), genau 2 **Ergebnisse sind möglich** [allgemein: „mindestens 2 . . . "] (3) sowie das Ergebnis ist **nicht vorhersagbar** (4). Die Menge der möglichen Ergebnisse eines Zufallsexperimentes bilden den sog. **Ereignisraum** oder Stichprobenraum Ω (gr. Omega).

! Beachtet sei, daß der **Ablauf** eines Zufallsexperimentes im Gegensatz zu seinem **Resultat streng geregelt** ist.

Beim Werfen eines Würfels besteht der Ereignisraum aus 6 Punkten, die wir von 1 bis 6 numerieren. In diesem Beispiel ist der Ereignisraum also endlich; aber schon wenn man beim Mensch-ärgere-Dich-nicht-Spiel keine Figur mehr im Feld hat und so lange würfeln muß, bis eine 6 auftritt, liegt ein Ereignisraum mit unendlich vielen Ereignissen vor, wenn man nämlich als Ereignisse die Anzahl der Würfe zählt, die bis zum Auftreten einer 6 gewürfelt werden müssen. Dann sind alle positiven ganzen Zahlen als Ereignis möglich (*Walter 1966*).

Wird ein stetiges Merkmal betrachtet, wie die Körpergröße oder die Schlafdauer, dann können wir uns die Ereignisse (Meßergebnisse) als Punkte auf der **reellen Zahlenachse** vorstellen. Der Ereignisraum umfaßt dann z. B. alle Punkte eines Intervalls. Eine Teilmenge des Ereignisraumes heißt **Ereignis** und wird mit großen lateinischen Buchstaben, meist E oder A, bezeichnet. Betont sei, daß auch der gesamte Ereignisraum Ω als Ereignis aufgefaßt wird. Dieses Ereignis heißt das **sichere Ereignis** S. Im Würfelbeispiel kann es interpretiert werden als $S = \{1,2,3,4,5,6\}$, das Ereignis, irgendeine Augenzahl zu werfen. Einelementige Teilmengen wie die eben genannten sechs Ereignisse heißen **Elementarereignisse.** Seien E_1 und E_2 Ereignisse, dann interessiert man sich oft dafür, ob eine Messung in E_1 oder in E_2 liegt, es dürfen auch beide Fälle auftreten. Dieses Ereignis ist durch diejenige Teilmenge $E_1 \cup E_2$ des Ereignisraumes charakterisiert, die dadurch entsteht, daß man die Punkte, die in E_1 oder in E_2 oder in beiden liegen, zusammenlegt. Die *„Oder-Verknüpfung"*, die **logische Summe** $E_1 \cup E_2$, gelesen: „E_1 vereinigt mit E_2". Diese Verknüpfung wird als **„Vereinigung"** [engl. union] bezeichnet. Sie besteht im Eintreffen von mindestens einem der beiden Ereignisse E_1 und E_2. Das Symbol $\cup$ stammt von „Union", Vereinigung.

$$\textit{Beispiel:} \quad E_1 = \{2,4\}\ E_2 = \{1,2\}\ E_1 \cup E_2 = \{1,2,4\}.$$

Diese Menge charakterisiert das **Ereignis:** E_1 **oder** E_2 **oder beide.**

Ganz entsprechend fragt man danach, ob eine Messung in E_1 und E_2 liegt. Dieses Ereignis ist durch diejenigen Punkte des Ereignisraumes charakterisiert, die sowohl in E_1 als auch in E_2 liegen. Diese Menge wird mit $E_1 \cap E_2$ bezeichnet: Die *„Sowohl-als-auch-Verknüpfung"*; das **logische Produkt** $E_1 \cap E_2$, gelesen: „E_1 geschnitten mit E_2". Diese Verknüpfung wird als **„Durchschnitt"** [engl. intersection] bezeichnet. Sie besteht im **Eintreffen sowohl des Ereignisses** E_1 **als auch des Ereignisses** E_2.

$$\textit{Beispiel:} \quad E_1 \cap E_2 = \{2,4\} \cap \{1,2\} = \{2\}.$$

Tritt der Fall auf, daß E_1 und E_2 keinen Punkt gemeinsam haben, dann sagt man, daß die Ereignisse E_1 und E_2 sich *gegenseitig ausschließen.* Die Operation $E_1 \cap E_2$ liefert die sog. *„leere Menge"*, die keinen Punkt enthält. Der leeren Menge 0 entspricht das *unmögliche Ereignis.* Da in der leeren Menge gar kein möglicher Meßwert liegt, kann keine Messung nach 0 fallen. Wenn E ein Ereignis ist, gibt es ein Ereignis $\bar{E}$, das aus denjenigen Punkten des Stichprobenraumes besteht, die nicht in E liegen. $\bar{E}$ (lies: *„nicht E")* heißt das zu E entgegengesetzte, **komplementäre Ereignis** bezüglich S oder das **logische Komplement**. Sei z. B. E das Ereignis eine gerade Zahl zu würfeln, dann ist $E = \{2,4,6\}$ und $\bar{E} = \{1,3,5\}$.

Es gilt

$$E \cup \bar{E} = S \quad \text{(Sicheres Ereignis)} \qquad (1.3)$$
$$E \cap \bar{E} = \emptyset \quad \text{(Unmögliches Ereignis)} \qquad (1.4)$$ **[122]**

Die unten gezeichneten Diagramme veranschaulichen diese Zusammenhänge:

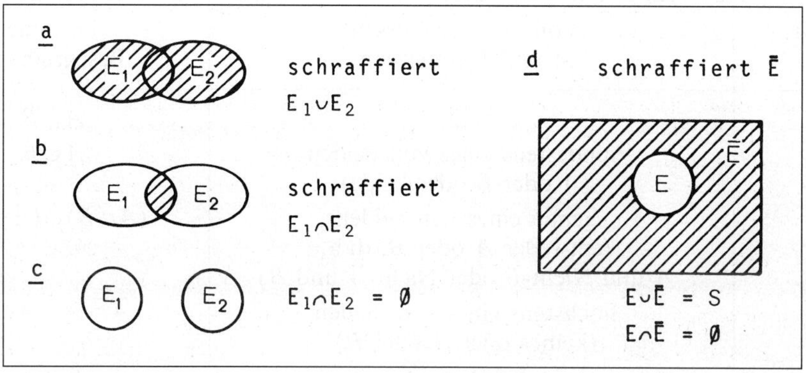

Abb. 4. Eulersche Kreise oder Venn-Diagramme

Das Komplement (engl. complement) zum Ereignis E bezüglich des sicheren Ereignisses S, also $\bar{E}$ besteht aus allen Ereignissen in S, die in E nicht enthalten sind. Anstatt $\bar{E}$ schreibt man auch E^c.
Die leere Menge $\emptyset$ ist die Teilmenge jeder Menge. Das Komplement der leeren Menge ist der Ereignisraum Omega (d. h. $\bar{\emptyset} = \Omega$). Damit ist das $\emptyset$ entsprechende unmögliche Ereignis Komplement zum sicheren Ereignis.

Weitere Verknüpfungen

1)

$$A \cup S = S \quad A \cap S = A$$
$$A \cup \emptyset = A \quad A \cap \emptyset = \emptyset$$

Das „∪" entspricht einem „+", das „∩" einem „·" oder „×".

2) Wenn alle Elemente von B auch Elemente von A sind, heißt B **Teilmenge** von A.

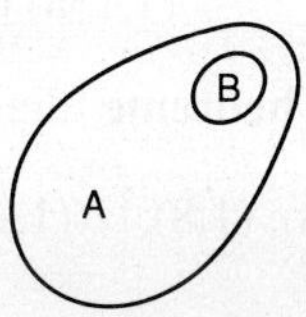

Für „B" ist Teilmenge von A bzw. „B" ist in A enthalten schreibt man „$B \subset A$" (vgl. $B < A$).
Beachtet sei: Für $B \subset A$ gilt (1) $B \cup A = A$.
(2) $B \cap A = B$ (vgl. das Diagramm).

Ein Ereignis $A \neq \emptyset$ heißt ein **Elementarereignis**, wenn es kein $B \neq \emptyset$ mit $B \subset A$ gibt.

3) Der Durchschnitt $A \cap \bar{B}$, A aber nicht B, heißt **Differenz** $A - B$ oder $A \backslash B$ zweier Ereignisse, auch Differenzmenge oder **Restmenge** genannt.

Vierfelder-Schnittmengen

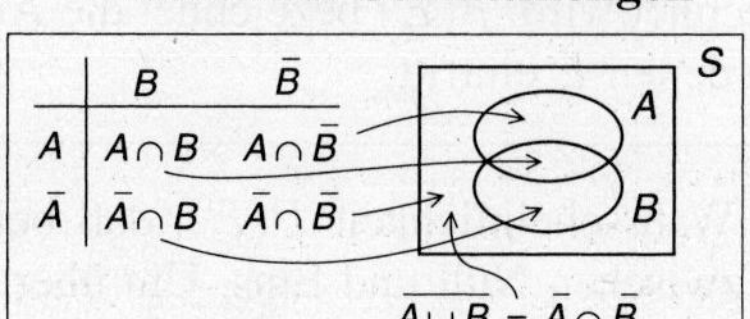

[122]

4) $\overline{A \cup B} = \bar{A} \cap \bar{B}$
$\overline{A \cap B} = \bar{A} \cup \bar{B}$

De Morgan-Gesetze Das Komplement der Vereinigung (des Durchschnitts) zweier Mengen ist gleich dem Durchschnitt (der Vereinigung) der Komplemente der einzelnen Mengen (vgl. Übersicht 15.)

5) **Übersicht 15.** Einige Verknüpfungen

Nr.	Von den Ereignissen A und B treten ein	Formale Beschreibung
1	beide	$A \cap B$
2	mindestens eines von beiden (A oder B oder beide)	$A \cup B$
3	genau eines von beiden (entweder A oder B, d. h. A und Nicht-B oder Nicht-A und B)	$(A \cap \bar{B}) \cup (\bar{A} \cap B)$
4	höchstens eines von beiden (keines oder A oder B)	$\overline{A \cap B} = \bar{A} \cup \bar{B}$
5	beide nicht (weder A noch B)	$\overline{A \cup B} = \bar{A} \cap \bar{B}$

Ein **Ereignis** ist eine Teilmenge der Menge aller möglichen Resultate eines Zufallsexperimentes, die als Ereignisraum oder Stichprobenraum bezeichnet wird. Den Ereignissen werden Wahrscheinlichkeiten zugeordnet, die den Axiomen zu genügen haben.

(1) **Axiome:** (1.5) bis (1.7)

Formeln zur Wahrscheinlichkeitsrechnung Wichtiges im Rahmen

(2) **Definitionen:** (1.10), (1.10a), (1.12), (1.12a) bis (1.12c), (1.13) (1.13a) und (1.14).

(3) **Sätze oder Theoreme** [die sich aus den Axiomen oder/und den Definitionen herleiten lassen]: (1.7a), (1.8), (1.9), (1.9a) bis (1.9c), (1.10a) bis (1.10g), (1.11) (1.11A), (1.11a), (1.11b), (1.15) und (1.15a)

Nach S. 35 oben und S. 36 oben gilt somit:
Die **Wahrscheinlichkeit** $P(E)$ **eines Ereignisses** E gilt als nach der **statistischen Methode** bestimmt, wenn das zugehörige Zufallsexperiment n-mal wiederholt und $P(E)$ als $n(E)/n$ berechnet wird, $n(E)$ bezeichnet die Anzahl der Experimente, in denen E eintritt.

Nach (1.2) ist die Wahrscheinlichkeit $P(E)$, daß bei einer Messung der Meßwert x in E liegt, eine Zahl zwischen Null und Eins. Um überhaupt statistische Aussagen machen zu können, wollen wir annehmen, daß jedem Ereignis E eine Wahrscheinlichkeit $P(E)$

zugeordnet ist. Diese Zuordnung ist nicht willkürlich, sondern genügt folgenden **Axiomen** (Axiome sind Grundeinsichten, d. h. grundlegende Definitionen):

[122]

I. Jedem Ereignis ist eine Wahrscheinlichkeit, eine Zahl zwischen Null und Eins zugeordnet:

$$0 \leqq P(E) \leqq 1 \qquad \text{Nichtnegativitätsaxiom} \tag{1.5}$$

II. Das sichere Ereignis hat die Wahrscheinlichkeit Eins:

$$P(S) = 1 \qquad \text{Normierungsaxiom} \tag{1.6}$$

Axiom II läßt sich auch schreiben: $\sum_{\text{alle i}} P(E_i) = 1$

III. [Einfache Fassung. Für $E_1 \cap E_2 = \emptyset$ gilt: $P(E_1 \cup E_2) = P(E_1) + P(E_2)$.] Die Wahrscheinlichkeit dafür, daß von mehreren, paarweise einander sich ausschließenden Ereignissen ($E_i \cap E_j = \emptyset$ für $i \neq j$; d. h. je zwei verschiedene Ereignisse schließen sich aus) eines eintritt, ist gleich der Summe der Wahrscheinlichkeiten der Ereignisse:

Additivitätsaxiom

$$P(E_1 \cup E_2 \cup \ldots) = P(E_1) + P(E_2) + \ldots \tag{1.7}$$

Das nicht realisierbare Ereignis ist charakterisiert durch die **leere Menge** $\emptyset$; für sie gilt $P(\emptyset) = 0$. Aus $P(E) = 0$ folgt jedoch nicht $E = \emptyset$. Entsprechend gilt zwar $P(S) = 1$, man darf jedoch aus $P(E) = 1$ nicht auf $E = S$ schließen; denn $P(E) = 1$ gilt mitunter auch für Teilmengen E von S, wie wir bei der Definition der bedingten Wahrscheinlichkeit mit der auf einen neuen Stichprobenraum eingeschränkten Menge sehen werden.

$$\text{Gilt} \left\{ \begin{matrix} P(E) = 0 \\ P(E) = 1 \end{matrix} \right\}, \text{ so heißt das Ereignis } E \left\{ \begin{matrix} \text{fast unmöglich} \\ \text{fast sicher} \end{matrix} \right.$$

(1) Für n einander ausschließende Ereignisse gilt das **dritte Axiom**:

$$P(E_1 \cup E_2 \cup \ldots \cup E_n) = P(E_1) + P(E_2) + \ldots + P(E_n) \quad \text{mit } E_i \cap E_j = \emptyset \text{ für alle } i \neq j \tag{1.7}$$

(2) Für beliebige Ereignisse gilt die **Ungleichung nach Bonferroni:**

$$P(E_1 \cup E_2 \cup \ldots \cup E_n) \leqq P(E_1) + P(E_2) + \ldots + P(E_n) \tag{1.7a}$$

bzw. $P(A \cup B) = 1 - P(\overline{A \cup B}) = 1 - P(\bar{A} \cap \bar{B}) = 1 - [P(\bar{A}) + P(\bar{B}) - P(\bar{A} \cup \bar{B})]$, vgl. (1.9)

$$P(A \cup B) \geqq 1 - [P(\bar{A}) + P(\bar{B})] \tag{1.7b}$$

Mit (1.3) gilt: $1 = P(S) = P(E \cup \bar{E}) = P(E) + P(\bar{E})$, d. h. $\boxed{P(E) = 1 - P(\bar{E})}$ (1.8)

[122]

Beispiele zu Axiom III

1. Die Wahrscheinlichkeit, mit einem regelmäßigen Würfel eine 3 oder eine 4 zu werfen, beträgt: 1/6+ 1/6 = 1/3. Bei einer größeren Serie von Würfen ist also in 33% der Fälle mit einem Aufliegen einer 3 oder einer 4 zu rechnen.
2. Hat man bei einem bestimmten Pferderennen Wetten auf 3 Pferde abgeschlossen, dann ist die Wahrscheinlichkeit, zu gewinnen, gleich der Summe der Gewinnchancen für die drei Pferde (totes Rennen ausgeschlossen).

Die Wahrscheinlichkeit, daß von zwei Ereignissen E_1 und E_2, die sich nicht ausschließen, mindestens eines eintritt, ist gegeben durch

A1 siehe Anhang

$$\boxed{P(E_1 \cup E_2) = P(E_1) + P(E_2) - P(E_1 \cap E_2)} \quad (1.9)$$

Das Venn-Diagramm (a) in Abb. 4 zeigt, daß, wenn wir nur $P(E_1)$ und $P(E_2)$ addierten, die „Sowohl-als-auch-Wahrscheinlichkeit" $P(E_1 \cap E_2)$ doppelt gezählt würde.

(1.9) ist der **Additionssatz** *für 2 beliebige Ereignisse.*

Die **Restmenge** oder **logische Differenz** $A \setminus B = A \cap \bar{B}$, gelesen „$A$ ohne B" besteht aus all den Elementen, die zu A, aber nicht zu B gehören.

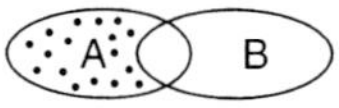

Die Vereinigungsmenge $A \cup B$ besteht aus drei Mengen: $A \cup B = (A \setminus B) \cup (A \cap B) \cup (B \setminus A)$

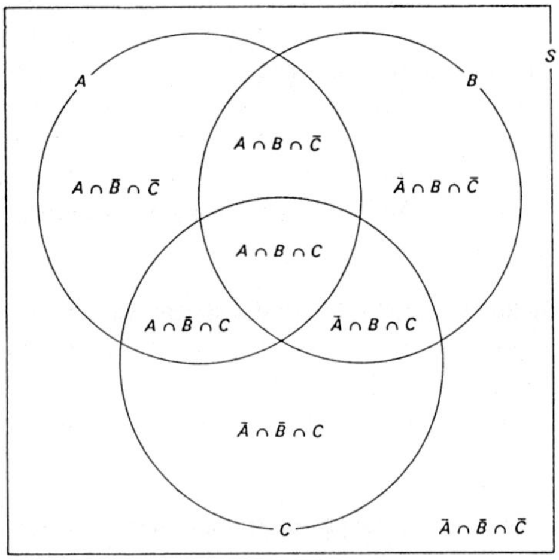

Abb. 5. Additionssatz für drei beliebige Ereignisse

Flächen $A + B + C = 3$ „Kreise" -3 „Ellipsen" + „Dreieck"

$$P(A \cup B \cup C) = P(A) + P(B) + P(C) - P(A \cap B) - P(A \cap C)$$
$$-P(B \cap C) + P(A \cap B \cap C)$$

Beim Würfeln mit einem regelmäßigen Würfel werden folgende Ereignisse betrachtet:
A: Werfen einer 4,
B: Werfen einer durch 3 teilbaren Zahl, **[122]**
C: Werfen einer ungeraden Zahl.
Wie groß sind die Wahrscheinlichkeiten für die Ereignisse:
a) $A \cup \bar{A}$, b) $A \cap \bar{A}$, c) $B \cap C$, d) $B \cup C$, e) $A \cup B \cup C$?

Aus den Elementarereignissen $\{4\}$ für A, $\{3,6\}$ für B und $\{1,3,5\}$ für C ergeben sich die Wahrscheinlichkeiten:
$P(A) = 1/6$, $P(B) = 2/6$, $P(C) = 3/6$ sowie

a) $P(A \cup \bar{A}) = 1/6 + 5/6 = 1$ [Sicheres Ereignis]
b) $P(A \cap \bar{A}) = P(\emptyset) = 0$, da beiden kein Elementarereignis gemeinsam ist [Unmögliches Ereignis];
c) $P(B \cap C) = 1/6$, da beiden die „3" gemeinsam ist;
d) $P(B \cup C) = P(B) + P(C) - P(B \cap C) = 2/6 + 3/6 - 1/6 = 2/3$;
e) $P(A \cup B \cup C) = P(A) + P(B) + P(C) - P(A \cap B)$
$-P(A \cap C) - P(B \cap C) + P(A \cap B \cap C)$
$= 1/6 + 2/6 + 3/6 - 0 - 0 - 1/6 + 0 = 5/6$ bzw. direkt, da von 6 Elementarereignissen nur die „2" fehlt [Hinweis: $P(A \cap B \cap C) = 0$, da kein Elementarereignis allen drei Ereignissen gemeinsam ist].

Beispiele zum Additionssatz: B1 bis B7

B1. Entnimmt man einem Spiel von 52 Karten eine Karte und fragt nach der Wahrscheinlichkeit, daß diese ein As oder ein Karo ist – beide schließen sich nicht aus –, so ergibt sich, daß die Wahrscheinlichkeit für das Ziehen eines Asses $P(E_1) = 4/52$, für das Ziehen eines Karos $P(E_2) = 13/52$ und für das Ziehen eines Karo-Asses $P(E_1 \cap E_2) = 1/52$ beträgt:
$P(E_1 \cup E_2) = P(E_1) + P(E_2) - P(E_1 \cap E_2) = 4/52 + 13/52 - 1/52 = 16/52 = 0{,}308$.

B2. Die Wahrscheinlichkeit, daß es regnen wird, sei $P(E_1) = 0{,}70$, daß es schneien wird, sei $P(E_2) = 0{,}35$ und die, daß beide Ereignisse zugleich eintreten $P(E_1 \cap E_2) = 0{,}15$. Dann beträgt die Wahrscheinlichkeit für Regen, Schnee oder beides $P(E_1 \cup E_2) = P(E_1$ oder E_2 oder beide$) = 0{,}70 + 0{,}35 - 0{,}15 = 0{,}90$.

B3. Jemand bewirbt sich bei den Firmen A und B. Die Wahrscheinlichkeit der Annahme seiner Bewerbung schätzt er bei Firma A mit 0,6 und bei Firma B mit 0,5 ein. Weiterhin rechnet er mit einer Wahrscheinlichkeit von 0,4, von beiden Firmen angenommen zu werden. Wie groß ist die Wahrscheinlichkeit, von wenigstens einer der beiden Firmen eine Zusage zu erhalten?
Mit den Wahrscheinlichkeiten $P(A) = 0{,}6$, $P(B) = 0{,}5$ und $P(A \cap B) = 0{,}4$ ergibt sich für das Ereignis, mindestens eine Firma sagt zu, d. h. für $A \cup B$, die Wahrscheinlichkeit $P(A \cup B) = P(A) + P(B) - P(A \cap B) = 0{,}6 + 0{,}5 - 0{,}4 = 0{,}7$.

B4. Die Eingangstür eines Kaufhauses wird innerhalb der nächsten fünf Minuten mit einer Wahrscheinlichkeit von 0,8 von wenigstens 9 Kunden passiert (A) und mit einer Wahrscheinlichkeit von 0,6 von höchstens 12 Kunden (B). Wie groß ist die Wahrscheinlichkeit, daß innerhalb der nächsten fünf Minuten 9, 10, 11 oder 12 Kunden das Kaufhaus betreten?

Mit den Wahrscheinlichkeiten $P(A) = 0{,}8$ und $P(B) = 0{,}6$, wobei $A \cup B = S$ und $P(A \cup B) = 1$ gilt, wird die Wahrscheinlichkeit für den Durchschnitt $A \cap B$ (hier: $\geqq 9$
[122] Kunden bis $\leqq 12$ Kunden), d. h. $P(A \cap B) = P(A) + P(B) - P(A \cup B) = 0{,}8 + 0{,}6 - 1 = 0{,}4$.

B5. Bei einer Vorsorgeuntersuchung waren 15% der untersuchten Personen herzkrank und 10% lungenkrank; 80% hatten keine der beiden Krankheiten. Wie hoch war der Anteil der untersuchten Personen, die sowohl herz- als auch lungenkrank waren? Bekannt sind somit $P(H) = 0{,}15$, $P(L) = 0{,}1$ und $P(\overline{H \cup L}) = 0{,}8$. Die Wahrscheinlichkeit $P(H \cup L)$, eine der beiden Krankheiten oder auch beide (d. h. mindestens eine) zu haben, ist dann $P(H \cup L) = 1 - P(\overline{H \cup L}) = 1 - 0{,}8 = 0{,}2$; d. h. $P(H \cap L) = 0{,}15 + 0{,}1 - 0{,}2 = 0{,}05$.

B6. In einem Patientengut betrage der Anteil der Kranken, die (a) herzkrank sind, 60%, (b) lungenkrank sind 50%; (c) beide Krankheiten haben 30% der Patienten. Wie groß ist der Anteil der Kranken, die genau eine der beiden Krankheiten (die also eine von beiden, aber nicht beide gemeinsam) haben. Bekannt sind somit $P(H) = 0{,}6$, $P(L) = 0{,}5$ und $P(H \cap L) = 0{,}3$. Gefragt wird nach der Differenz [„H" oder „L" oder „beide"] minus [„beide"], d. h. $P(H \cup L) - P(H \cap L) = P(H) + P(L) - P(H \cap L) - P(H \cap L) = P(H) + P(L) - 2P(H \cap L) = 0{,}6 + 0{,}5 - 2 \cdot 0{,}3 = 0{,}5$.

Die Verallgemeinerung des Additionssatzes für drei einander nicht ausschließende Ereignisse (vgl. Abb. 5 auf S. 40)

Die Wahrscheinlichkeit, daß mindestens eines der Ereignisse A, B, C eintritt, ist

$$P(A \cup B \cup C) = P(A) + P(B) + P(C) - P(A \cap B) - P(A \cap C) - P(B \cap C) + P(A \cap B \cap C) \quad (1.9a)$$

auf k Ereignisse lautet: Die Wahrscheinlichkeit, daß mindestens eines der Ereignisse E_i mit $i = 1, \ldots, k$ eintritt, ist

$$P(E_1 \cup E_2 \cup \ldots \cup E_k) = 1 - \{[1 - P(E_1)] \cdot [1 - P(E_2)] \cdot \ldots \cdot [1 - P(E_k)]\} \quad (1.9b)$$

Gilt zusätzlich $P(E_i) = p$, dann vereinfacht sich (1.9b) zu (1.9c)

[vgl. S. 62 u. S. 459]

$$P(E_1 \cup E_2 \cup \ldots \cup E_k) = 1 - (1 - p)^k \quad (1.9c)$$

B7. Angenommen, Objekte werden nacheinander durch drei unabhängig voneinander wirksame Instanzen kontrolliert, die (a) mit den Wahrscheinlichkeiten 90%, 95% und 99% bzw. (b) mit der jeweils konstanten Wahrscheinlichkeit von 95% die fehlerhaften Objekte ausschalten. Welche Methode ist wirksamer?
Für die Wahrscheinlichkeit, daß alle fehlerhaften Objekte ausgeschaltet werden, ergibt sich für (a) nach (1.9a)

$$P = 0{,}90 + 0{,}95 + 0{,}99 - (0{,}90 \cdot 0{,}95) - (0{,}90 \cdot 0{,}99) - (0{,}95 \cdot 0{,}99) + (0{,}90 \cdot 0{,}95 \cdot 0{,}99) = 0{,}99995$$ bzw. nach (1.9b)

$$P = 1 - [(1 - 0{,}90) \cdot (1 - 0{,}95) \cdot (1 - 0{,}99)] = 1 - [0{,}10 \cdot 0{,}05 \cdot 0{,}01] = 0{,}99995.$$

Für (b) ergibt sich nach (1.9c): $P = 1 - (1 - 0{,}95)^3 = 0{,}999875$ eine formal etwas kleinere Wahrscheinlichkeit.

123 Bedingte Wahrscheinlichkeit, Multiplikationssatz und Stochastische Unabhängigkeit [123]

- Bedingte Wahrscheinlichkeit
- Multiplikationssatz
  Sieben Beispiele
- Das relative Risiko (B16)
- Einige Hinweise zu Überlebenswahrscheinlichkeiten
  1. Überlebenswahrscheinlichkeiten für ein Neugeborenes (B17)
  2. Zwei einfache Beispiele: bedingte Überlebenswahrscheinlichkeiten (B18, B19)
  3. Aus einer Sterbetafel ablesbare Wahrscheinlichkeiten (B20, B21)
  4. Schätzung der Überlebenswahrscheinlichkeit nach Kaplan und Meier (B22)
  5. Zuverlässigkeitsanalysen in der Technik: Schätzung der Hazard Rate aus einer Abgangsordnung (B23)
- Stochastische Unabhängigkeit: drei äquivalente Definitionen
- Stochastische Unabhängigkeit für drei und mehr Ereignisse
  Positive und negative Korrelation
  Vierzehn Beispiele zur Stochastischen Unabhängigkeit
  Weitere Beispiele:
  - Vierzehn Würfelbeispiele I (B38–B51)
  - Zwei Beispiele zu Münzwürfen I (B52, B53)
  - Wappenzahl beim dreifachen Münzwurf: Wahrscheinlichkeitsfunktion und Verteilungsfunktion einer diskreten Zufallsvariablen (B53)
  - Gesetz der großen Zahlen

  Beispiele:
  - Klatsch (B54)
  - Einwandfreie Äpfel (B55)
  - Alternativen für den bemannten Flug einer Rakete (B56)
  - Zuverlässigkeit von Bauelementen (B57, B58)
  - Zum Tapezieren (B59)
  - Buchbestellung aus Afrika (B60)
  - Richtige Diagnose (B61)
  - Erkrankungswahrscheinlichkeiten (B62)
  - Infektionskrankheit (B63)
  - Stochastische Unabhängigkeit zweier Alternativmerkmale? (B64)
  - Angler und Kegler (B65)
  - Wetten (B66)
  - Tontaubenschießen (B67)
  - Verdorbene Eier (B68)
  - Behandlungserfolge (B69)
  - Triebwerkschaden eines Düsenflugzeuges (B70)

B8. In zwei Werken werden Glühbirnen hergestellt, und zwar 70% und 30% der Gesamtproduktion. Durchschnittlich weisen von je 100 Birnen des ersten Werkes 83 und von 100 Birnen des zweiten Werkes nur 63 die normgerechten Brennstunden auf. Im Mittel werden von je 100 Glühbirnen, die an die Verbraucher gelangen, $77 (= 0{,}83 \cdot 70 + 0{,}63 \cdot 30)$ normgerecht sein, d. h. die Wahrscheinlichkeit, eine Normalbirne zu kaufen, wird gleich 0,77 sein. Angenommen, wir hätten erfahren, daß die Glühbirnen eines bestimmten Geschäftes alle

im ersten Werk hergestellt wurden, dann wird die Wahrscheinlichkeit, eine normgerechte Birne zu kaufen 83/100 = 0,83 betragen. Die unbedingte Wahrscheinlichkeit des Kaufes
[123] einer Normalbirne beträgt 0,77; die **bedingte Wahrscheinlichkeit** – Bedingung: im ersten Werk produziert – beträgt 0,83. Das läßt sich schreiben: P(Kauf einer Normalbirne) = 0,77 sowie P(Kauf einer Normalbirne | im ersten Werk produziert) = 0,83.
Eine andere bedingte Wahrscheinlichkeit ist z. B. P(Knabengeburt | Bundesrepublik Deutschland im Jahre 1982) = 0,514 [ebenso D: '90, '93 ('91, '92: 0,513)].

> Da man von der Wahrscheinlichkeit irgendeines Ereignisses nur unter genau bestimmten Voraussetzungen sprechen kann, ist jede Wahrscheinlichkeit eine bedingte Wahrscheinlichkeit. Eine unbedingte Wahrscheinlichkeit kann im eigentlichen Sinne des Wortes nicht existieren.

Unter der **bedingten Wahrscheinlichkeit** des Ereignisses E_2, d. h. unter der Bedingung oder Voraussetzung, daß das Ereignis E_1 schon eingetreten ist (geschrieben $P(E_2|E_1)$), verstehen wir die Wahrscheinlichkeit

$$P(E_2|E_1) = \frac{P(E_1 \cap E_2)}{P(E_1)} \tag{1.10}$$

Da z. B. mehr Männer (M) als Frauen (F) an Gicht leiden (G), gilt: $P(G|M) > P(G|F)$.

die natürlich nur für $P(E_1) \neq 0$ definiert ist; analog ist

$$P(E_1|E_2) = \frac{P(E_1 \cap E_2)}{P(E_2)} \tag{1.10a}$$

für $P(E_2) \neq 0$. Hieraus ergibt sich der **Multiplikationssatz** der Wahrscheinlichkeitsrechnung für das gleichzeitige Eintreffen zweier beliebiger (unabhängiger oder abhängiger) Ereignisse E_1 und E_2:

$$P(E_1 \cap E_2) = P(E_1) \cdot P(E_2|E_1) = P(E_2) \cdot P(E_1|E_2) = P(E_2 \cap E_1) \tag{1.11}$$

$$P(E_1 \cap E_2 \cap E_3) = P(E_1)P(E_2|E_1)P(E_3|E_1 \cap E_2)$$

Der **Multiplikationssatz für beliebige Ereignisse** $E_1, E_2, \ldots, E_n$ (Pfadregel) lautet:

$$\begin{aligned} P(E_1 \cap E_2 \cap \ldots \cap E_n) = P(E_1) \cdot P(E_2|E_1)P(E_3|E_1 \cap E_2) \\ \cdot \ldots \cdot P(E_n|E_1 \cap E_2 \cap \ldots \cap E_{n-1}) \end{aligned} \tag{1.11A}$$

Einige weitere Hinweise und Illustrationen

Bedingte Wahrscheinlichkeit

Die Wahrscheinlichkeit eines Ereignisses B unter der Bedingung, daß ein Ereignis A mit $P(A) > 0$ eingetreten ist oder gilt, heißt **bedingte Wahrscheinlichkeit** $P(B|A)$, Wahrscheinlichkeit von B, vorausgesetzt A ist sicher. Feinheiten zu diesem Begriff sind G. Shafer [International Statistical Review **53** (1985), 261–277] zu entnehmen. **Anwendungen** s. S. 78/79 (1.15a) und 85 (1.15d,e) sowie N. Henze: MNU (Der math.-naturw. Unterr.) **48** (1995): 275–281 mit dem Ziegenproblem [vgl. auch M. C. Steinbach: Math. Semesterber. **47** (2000), 107–117] und dem Paradoxon nach Simpson.

Für diese bedingte Wahrscheinlichkeit B unter der Bedingung A gilt:

$$\boxed{P(B|A) = \frac{P(B \cap A)}{P(A)} = \frac{P(A \cap B)}{P(A)}} \qquad (1.10)$$ **[123]**

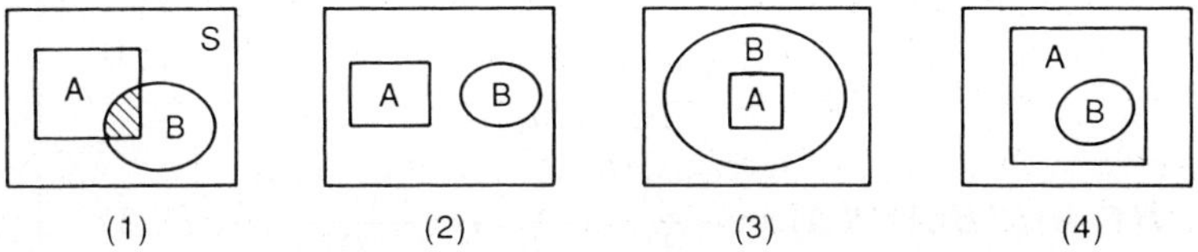

Abb. 6. Weitere Venn-Diagramme

Im Venn-Diagramm (1) der Abb. 6 ist zu erkennen, daß $P(B|A)$ die relative Wahrscheinlichkeit von B bezüglich der auf A eingeschränkten Menge angibt, d. h. die Zahl der Möglichkeiten für B und A zur Zahl der Möglichkeiten für A. Schließen sich A und B gegenseitig aus, d. h. sind beide disjunkte Ereignisse, Venn-Diagramm (2), dann kann B nicht eintreten, falls A gilt, d. h. $P(B|A) = 0$ und $P(A|B) = 0$. Ist A eine Teilmenge von B, Venn-Diagramm (3), d. h. B enthält A und $A \cap B = A$, d. h.

$$P(B|A) = \frac{P(A \cap B)}{P(A)} = \frac{P(A)}{P(A)}) = 1$$

Ist B eine Teilmenge von A, Venn-Diagramm (4), d. h. A enthält B und $A \cap B = B$, d. h.

$$P(B|A) = \frac{P(A \cap B)}{P(A)} = \frac{P(B)}{P(A)}.$$

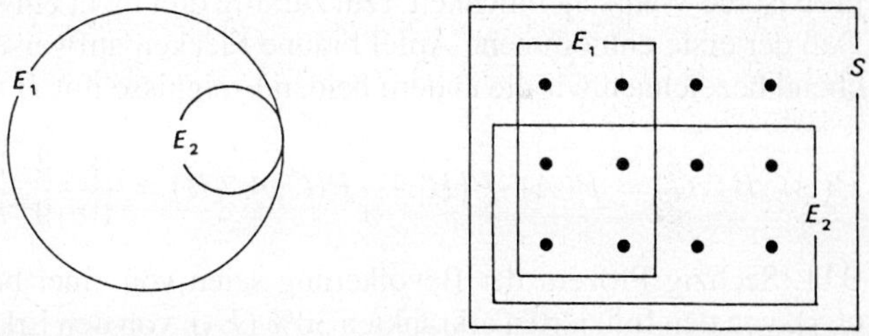

E_2 ist in E_1 enthalten, wir betrachten die auf E_1 eingeschränkte Menge, den Ereignisraum E_1:

Bedingte Wahrscheinlichkeit (zunächst als relat. Hfgkt.):

$P(E_2|E_1) \approx \frac{n_{E_1} \cap n_{E_2}}{n_{E_1}}$ oder

$P(E_2|E_1) = \frac{P(E_1 \cap E_2)}{P(E_1)}$ und

$P(E_1 \cap E_2) = P(E_1)P(E_2|E_1)$

$P(E_2|E_1) = \frac{P(E_1 \cap E_2)}{P(E_1)} = \frac{4/12}{6/12} = \frac{4}{6} = \frac{2}{3}$

$P(E_1 \cap E_2) = P(E_1)P(E_2|E_1) = P(E_2)P(E_1|E_2)$

$(\frac{4}{12}) = (\frac{6}{12})\,(\frac{4}{6}) = (\frac{8}{12})\,(\frac{4}{8})$

Abb. 7. Bedingte Wahrscheinlichkeit und Multiplikationssatz

Einige interessante bedingte Wahrscheinlichkeiten:

$$(1) P(B|S) = P(B \cap S)/P(S) = P(B)/P(S) = P(B), \qquad (1.10b)$$

$$(2) P(S|B) = P(S \cap B)/P(B) = P(B)/P(B) = 1, \qquad (1.10c)$$

$$(3) P(B|B) = P(B \cap B)/P(B) = P(B)/P(B) = 1. \qquad (1.10d)$$

Außerdem gelten [vgl. $P(A \cap B) = P(B \cap A)$]:

[123]

$$(1) P(B|A) + P(\bar{B}|A) = \frac{P(B \cap A)}{P(A)} + \frac{P(\bar{B} \cap A)}{P(A)} = \frac{P(B \cap A) + P(\bar{B} \cap A)}{P(A)} = \frac{P(A)}{P(A)} = 1 \quad (1.10e)$$

$$(2) P(C|A \cap B) = \frac{P(A \cap B \cap C)}{P(A \cap B)} \quad (1.10f)$$

$$(3) P(C|B \cap A) P(B|A) P(A) = \frac{P(A \cap B \cap C)}{P(A \cap B)} \cdot \frac{P(A \cap B)}{P(A)} \cdot P(A) = P(A \cap B \cap C) \quad (1.10g)$$

Mit $P(A \cap B \cap C) = P[(A \cap B) \cap C] = \cdot P(A \cap B) \cdot P(C|A \cap B) = P(A) \cdot P(B|A) \cdot P(C|A \cap B)$, usw., gilt allgemein

$$P(A \cap B \cap C) = \begin{cases} P(A) \cdot P(B|A) \cdot P(C|A \cap B) = P(A) \cdot P(C|A) \cdot P(B|A \cap C) \\ P(B) \cdot P(C|B) \cdot P(A|B \cap C) = P(B) \cdot P(A|B) \cdot P(C|A \cap B) \\ P(C) \cdot P(B|C) \cdot P(A|B \cap C) = P(C) \cdot P(A|C) \cdot P(B|A \cap C) \end{cases}$$

Beispiele zum Multiplikationssatz: B9 bis B15

B9. Bei einer Wahlbeteiligung von 60% entscheiden sich 70% der Wählenden für eine bestimmte Alternative. Wie hoch ist der Anteil der Wahlberechtigten für diese Alternative? $P(B \cap A) = P(A) \cdot P(B|A) = 0{,}6 \cdot 0{,}7 = 0{,}42$.

B10. Von 10 gleichgroßen Äpfeln weisen 4 braune Flecken auf, 6 seien einwandfrei. Wie groß ist die Wahrscheinlichkeit, rein zufällig drei nicht einwandfreie Äpfel auszuwählen? Daß der erste entnommene Apfel braune Flecken aufweise, sei das Ereignis A; entsprechend bezeichnen wir die andern beiden Ereignisse mit B und C. Erfragt ist

$$P(A \cap B \cap C) = P(A) \cdot P(B|A) \cdot P(C|A \cap B) = \frac{4}{10} \cdot \frac{3}{9} \cdot \frac{2}{8} = \frac{4}{10} \cdot \frac{1}{3} \cdot \frac{1}{4} = \frac{1}{30} \approx 0{,}033.$$

B11. Sechzig Prozent der Bevölkerung seien von einer bestimmten Krankheit infiziert (E_1), von den Infizierten erkrankten 30% (E_2), von den Erkrankten starben 5% (E_3). Wie groß ist die Wahrscheinlichkeit für ein Mitglied der Bevölkerung, an dieser Krankheit zu sterben? $P(E_1 \cap E_2 \cap E_3) = P(E_1) \cdot P(E_2|E_1) \cdot P(E_3|E_1 \cap E_2)$
$= 0{,}60 \cdot 0{,}30 \cdot 0{,}05 = 0{,}009$ oder 0,9% .

B12. Aus zwei Fußballmannschaften, K und B, werden nacheinander 3 Spieler „zufällig und ohne Zurücklegen“ aus dem Spiel genommen. Wie groß ist die Wahrscheinlichkeit, daß hierbei 3 Spieler der Mannschaft K betroffen sind. E_i sei das Ereignis, daß der i-te aus dem Spiel genommene Spieler zu K gehört, d. h.

$$P(E_1 \cap E_2 \cap E_3) = P(E_1) \cdot P(E_2|E_1) \cdot P(E_3|E_1 \cap E_2) = \frac{11}{22} \cdot \frac{10}{21} \cdot \frac{9}{20} = \frac{9}{84} = 0{,}1071.$$

Hinweis: Näheres für Fußballfreunde enthält S. 262, zum Baseball siehe das Journal of the American Statistical Association **88** (1993), 1175 –1196 und The American Statistician **50** (1996), 34–43, **54** (2000), 231–235; zum Kricket das Journal of the Royal Statistical Society A **156** (1993), 443–455. Näheres ist Bennett (1998) zu entnehmen.

B13. Eierkuchen: Eine Eierschachtel enthalte 6 Eier, von denen 2 schlecht seien. Wie groß ist die Wahrscheinlichkeit, daß ein Eierkuchen aus drei Eiern, die der Schachtel entnommen werden, einwandfrei ist? [123]
Hierzu müssen alle 3 einwandfrei sein. Nacheinander gezogen seien die Wahrscheinlichkeiten, daß das erste, zweite bzw. dritte Ei einwandfrei ist $4/6$, $3/5$ bzw. $2/4$, d. h.

$$P = \frac{4}{6} \cdot \frac{3}{5} \cdot \frac{2}{4} = \frac{1}{5} = 0{,}2.$$

B14. Jemand entnimmt einer Dose, die 2 Kirsch- und 8 Aprikosenbonbons enthält, ohne hinzusehen fünf Bonbons. Wie groß ist die Wahrscheinlichkeit, nur Aprikosenbonbons gezogen zu haben? $P = \frac{8}{10} \cdot \frac{7}{9} \cdot \frac{6}{8} \cdot \frac{5}{7} \cdot \frac{4}{6} = \frac{2}{9}$ oder rund 0,222 .

B15. Unter 15 Objekten seien 5 nicht einwandfrei. Vier Objekte werden nacheinander und zufällig entnommen. Wie groß ist die Wahrscheinlichkeit, daß alle 4 einwandfrei sind? Die Wahrscheinlichkeit, daß das erste Objekt einwandfrei ist, beträgt 10/15. Ist das erste einwandfrei, dann gilt für das zweite 9/14; denn 9 der restlichen 14 sind einwandfrei. Sind die ersten beiden einwandfrei, so gilt für das dritte einwandfreie Objekt 8/13 und dementsprechend für das vierte 7/12, d. h.

$$P = \frac{10}{15} \cdot \frac{9}{14} \cdot \frac{8}{13} \cdot \frac{7}{12} = \frac{5040}{32760} = 0{,}1538 .$$

Zur Schwierigkeit, Umweltschäden auszuschließen

Risiken, wie sie von Müllhalden, verseuchten Böden und Gebäuden für die in der Umgebung Lebenden ausgehen, sind schwer abzuschätzen. Ungleich aufwendiger ist es, den Nachweis zu führen, daß keine Veranlassung besteht, besorgt zu sein. Grob abgeschätzt, benötigt man hierfür mindestens den dreißigfachen Stichprobenumfang. Das ist praktisch kaum durchführbar. Erste theoretische Überlegungen und Modelle stammen von I. D. Bross und S. P. Millard [Biometrics: **41** (1985), 785–793; **43** (1987), 719–725] (vgl. auch Becher und Steindorf 1993, Cohn 1989 sowie Toutenburg 1992a).

B16. **Relatives Risiko.** Personen, die einem bestimmten Risikofaktor ausgesetzt sind, heißen Exponierte; diejenigen, bei denen dieser Risikofaktor nicht vorliegt, heißen Nicht-Exponierte (Kontrollpersonen). Bezeichnen wir die Wahrscheinlichkeit, bei Vorliegen des Risikofaktors R an der Krankheit K zu erkranken, mit $P(K|R)$, dann ergibt sich die folgende Tabelle 5, an der die Wahrscheinlichkeiten $P(\bar{K}|R)$ und $P(K|\bar{R})$ irritieren; die erstere ist bei kleinen Erkrankungswahrscheinlichkeiten ebenso wie $P(\bar{K}|\bar{R})$ fast Eins, die letztere fast Null.

Tabelle 5. Vier bedingte Wahrscheinlichkeiten

	K	$\bar{K}$	
R	$P(K\|R)$	$P(\bar{K}\|R)$	$P(R)$
$\bar{R}$	$P(K\|\bar{R})$	$P(\bar{K}\|\bar{R})$	$P(\bar{R})$
	$P(K)$	$P(\bar{K})$	1

Man bezeichnet die Parameter [vgl. auch S. 314]

Delta: $\delta = P(K|R) - P(K|\bar{R})$ als dem Risikofaktor zuschreibbares Risiko (1.E1)

[123] Psi: $\psi = \dfrac{P(K|R)}{P(K|\bar{R})}$ als relatives Risiko und (1.E2)

Omega: $\omega = \dfrac{P(K|R)}{P(\bar{K}|R)} \Big/ \dfrac{P(K|\bar{R})}{P(\bar{K}|\bar{R})} = \dfrac{P(K|R) \cdot P(\bar{K}|\bar{R})}{P(\bar{K}|R) \cdot P(K|\bar{R})} = \dfrac{P(K|R)}{P(K|\bar{R})} \cdot \dfrac{P(\bar{K}|\bar{R})}{P(\bar{K}|R)}$ (1.E3)

als Chancen-Verhältnis oder Odds Ratio

Gilt $\delta > 0, \quad \psi > 1$ und $\omega > 1$ (1.E4)

dann ist der betreffende Faktor als Risikofaktor nachgewiesen. Näheres ist [23] zu entnehmen.

Einige Hinweise zu Überlebenswahrscheinlichkeiten (7 Beispiele)

1. Überlebenswahrscheinlichkeiten für ein Neugeborenes (B17)
2. Zwei einfache Beispiele: bedingte Überlebenswahrscheinlichkeiten (B18, B19)
3. Aus einer Sterbetafel ablesbare Wahrscheinlichkeiten (B20, B21)
4. Schätzung der Überlebenswahrscheinlichkeit nach Kaplan und Meier (B22)
5. Zuverlässigkeitsanalysen in der Technik: Schätzung der Hazard Rate aus einer Abgangsordnung (B23)

1. Überlebenswahrscheinlichkeiten für ein Neugeborenes (B17)

Die Lebenserwartung eines männlichen (weiblichen) Neugeborenen für das Jahr 1990 ist definiert als der Erwartungswert seiner mutmaßlichen Lebensdauer, geschätzt durch den Mittelwert der Sterbealter in einer nach der Sterblichkeit der im Jahre 1990 erstellten männlichen (weiblichen) Sterbetafel-Bevölkerung. Tabelle 6 enthält die **Lebenserwartung** x-jähriger Männer und Frauen.

Tabelle 6. Auszug aus der Sterbetafel 1988/1990, BRD, gerundete Werte für das frühere Bundesgebiet (Statistisches Jahrbuch 1993, S. 82)

Vollendetes Altersjahr *x*	0	5	10	20	30	40	50	60	70	80	90
MÄNNER Lebenserwartung in Jahren im Alter *x*	73	68	63	54	44	35	26	18	11	6	3
FRAUEN	79	75	70	60	50	40	31	22	14	8	4

Während ein Neugeborener im Mittel rund 73 Jahre leben wird, beträgt dieser Erwartungswert der Lebensdauer für den gerade 70 Jahre alt gewordenen (noch) rund 11 Jahre bzw. für den gerade 90 Jahre alt gewordenen (noch) rund 3 Jahre.

Hierbei ist zu bedenken, daß anhand auch der neuesten Sterbetafel berechnete Lebenserwartungen nur die Situationen der vergangenen Jahrzehnte beschreiben. Sie gelten für die Zukunft, wenn sich die Lebensbedingungen nicht verschlechtern. Die Werte der Tabelle 6 **unterschätzen** die Lebenserwartung (vgl. E. Bomsdorf 1993, Zeitschrift für Bevölkerungswissenschaft **19**, 93–103). Details enthält Tabelle 2 auf S. 236 der Übersicht von K. Schwarz (1999) [zitiert auf S. 749],

der auch erwähnt, daß für die **höhere Lebenserwartung der Frauen** wahrscheinlich genetische
Vorteile, die geringere Unfallgefährdung und das größere Gesundheitsbewußtsein von Bedeutung
sind [vgl. auch Evelyn Grünheid und Juliane Roloff, Zeitschr. für Bev.-Wissenschaft **25** (2000), **[123]**
3–150 sowie 175–198].

Hinweis zur **Altersstandardisierung:** Die **Sterbewahrscheinlichkeit** nimmt zunächst kaum merklich und mit wachsendem Alter immer schneller zu. Daher genügt es bei einem Vergleich zweier Personengruppen nicht, wenn das mittlere Alter übereinstimmt; denn für die Gruppe mit der größeren Altersvariabilität ist eine höhere Sterblichkeit zu erwarten. Vor einem Vergleich der beiden Gruppen wird man daher die beiden mittleren Sterblichkeiten (gewogene Durchschnitte altersspezifischer Raten) untereinander und mit der einer Standardbevölkerung vergleichen. Näheres ist den Seiten 463/464 zu entnehmen.

Alterseffekte bei Personen sind oft durch kalendarische Effekte verzerrt, die unterschiedliche Altersgruppen (a) unterschiedlicher Herkunft (b) unterschiedlich beeinflussen (c).

2. Zwei einfache Beispiele: Bedingte Überlebenswahrscheinlichkeiten (B18, B19)

An die Tabellen 7 und 8 anknüpfende Beispiele:

Tabelle 7. Einige Überlebenswahrscheinlichkeiten

Vollendetes Altersjahr k	Jährliche Überlebenswahrscheinlichkeiten für männl. Neugeborene im Alter von k Jahren
0	0,990
1	0,998
2	0,999
.	.
50	0,994
.	.
70	0,950 (A)
71	0,945 (B)
72	0,942
.	.

Mit einer Wahrscheinlichkeit von $P = 0{,}95$ wird somit ein Mann, der seinen 70. Geburtstag feiert, seinen 71. Geburtstag erleben. Die Wahrscheinlichkeit, daß dieser Mann, der seinen 70. Geburtstag feiert, den 72. Geburtstag erlebt, ist dann $P = 0{,}950 \cdot 0{,}945 = 0{,}898$. Etwas formaler: Mit den Ereignissen „71. Geburtstag erleben“ $= A$ und „72. Geburtstag erleben“ $= B$ gilt

$$P(A \cap B) = P(A) \cdot P(B|A) = 0{,}950 \cdot 0{,}945 = 0{,}898.$$

Tabelle 8. Einige Sterbewahrscheinlichkeiten

Erreichtes Lebensalter in Jahren	Sterbewahrscheinlichkeiten für 4 Altersbereiche eines männl. Neugeborenen		
$0 < T \leqq 30$	0,05		
$30 < T \leqq 60$	0,14		A
$60 < T \leqq 90$	0,78	B	A
$T > 90$	0,03	B	A

Wie groß ist die Wahrscheinlichkeit für einen Mann, der seinen 30. Geburtstag feiert, im Alter von (a) $30 < T \leq 60$, (b) $60 < T \leq 90$, (c) $T > 90$ Jahren zu sterben?

[123] Von 100 Neugeborenen überleben durchschnittlich $100 - 5 = 95$ die ersten drei Lebensjahrzente und 14, 78 bzw. 3 sterben in den Zeiträumen (a) bis (c). Die gesuchten Sterbewahrscheinlichkeiten sind somit: (a) $14/95 = 0{,}147$

(b) $78/95 = 0{,}821$

(c) $3/95 = \frac{0{,}032}{1}$

Die Wahrscheinlichkeit für einen Mann, der seinen 30. Geburtstag feiert, nach seinem 60. Geburtstag zu sterben, beträgt $(78+3)/95 = 0{,}853$. Etwas formaler: Mit den Ereignissen „30. Geburtstag erlebt" bzw. "Tod nach dem 30. Geburtstag" = A und „Tod nach dem 60. Geburtstag" = B gilt:

$$P(B|A) = \frac{P(A \cap B)}{P(A)} = \frac{0{,}78 + 0{,}03}{0{,}14 + 0{,}78 + 0{,}03} = 0{,}853.$$

3. Aus einer Sterbetafel ablesbare Wahrscheinlichkeiten (B20, B21)

Tabelle 9. Aus dem Statistischen Jahrbuch 1992 der Bundesrepublik Deutschland auf S. 81 entnommene Sterbetafel-Daten (Absterbeordnung) [in stark gekürzter Form] für 1986/88; von 100 000 Lebendgeborenen erreichten das Alter x in vollendeten Jahren:

	Überlebende im Alter x	
x	Männlich	Weiblich
0	100 000	100 000
10	98 764	99 073
20	98 284	98 843
50	92 471	95 842
75	51 273	71 775
90	6 406	16 903

Eine **Sterbetafel** beschreibt die Verteilung der Lebensdauer von meist 10^5 Personen. Hierzu werden die Sterbewahrscheinlichkeiten der Toten des entsprechenden Geburtsjahrgangs während eines Jahres zugrundegelegt. Hierbei wird angenommen, daß die Daten eines Jahres für das ganze Leben der Personen gelten. Näheres ist Lee (1992) sowie Wegmann u. Mitarb. (1980) zu entnehmen (vgl. auch Chiang 1980, Esenwein-Rothe 1982, Friedman u. Mitarb. 1998, Hinkley u. Mitarb. 1991: Chapter 5, Hsieh 1991, Kahn und Sempos 1989, Namboodiri und Suchindran 1987, Nour und Suchindran 1985 sowie Manton und Stallard 1984, 1987). Zahlreiche Beispiele enthält Campbell (1980).

Lebensdauern folgen bei nicht konstanter Sterberate einer **Weibull-Verteilung** (vgl. S. 54, Parmar und Machin 1995: Chapter 3 sowie Wilrich und Henning 1998).

Aus Tabelle 9 lassen sich z. B. folgende Wahrscheinlichkeiten entnehmen:
(1) Die Wahrscheinlichkeit für einen Mann, höchstens 49 Jahre alt zu werden:

$$P(X < 50|M) = \frac{100\,000 - 92471}{100\,000} = 0{,}0753$$

(2) Die Wahrscheinlichkeit für eine Frau, mindestens 90 Jahre alt zu werden:

$$P(X \geqq 90|F) = \frac{16\,903}{100\,000} = 0{,}169.$$ [123]

(3) Die Wahrscheinlichkeit für einen 75-Jährigen, noch mindestens 15 Jahre zu leben:

$$P(X \geqq 15|x = 75|M) = \frac{6\,406}{51\,273} = 0{,}125.$$

Außerdem läßt sich noch ein Baumdiagramm-Beispiel angeben: Die Wahrscheinlichkeit, daß ein 50-Jähriger ein Alter von 75 Jahren erreicht, ist schnell durch $51\,273/92\,471 = 0{,}55448$ gegeben, für eine 50-Jährige beträgt sie dagegen $71\,775/95\,842 = 0{,}74889$. Wählt man jetzt rein zufällig einen 50-Jährigen und eine 50-Jährige aus und fragt nach (a) der Wahrscheinlichkeit, daß beide ein Alter von 75 Jahren erreichen, bzw. (b), daß wenigstens eine Person dieses Alter erreicht, so lassen sich beide Fragen anhand des Baumdiagramms (vgl. Abb.8 und die Details zu $P = 0{,}8881$ auf der nächsten Seite) beantworten (vgl. auch Übersicht 16 und Übersicht 20 auf S. 79 sowie die Beispiele B48, B70 und B73).

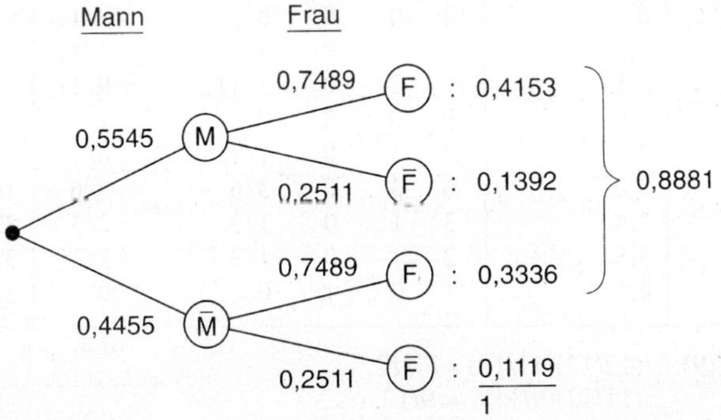

Abb. 8. Baumdiagramm für ein zweistufiges Zufallsexperiment zur Stochastischen Unabhängigkeit [vgl. die Formel (1.11) auf S. 44]

Übersicht 16: Das Baumdiagramm (vgl. Abb. 8)
Ein Baumdiagramm dient zur übersichtlichen Darstellung der bedingten Wahrscheinlichkeiten eines mehrstufigen Zufallsexperimentes.

Baumdiagramm und drei Pfadregeln

Ein Baumdiagramm besteht aus Pfaden (Teilstrecken) mit zugehörigen Wahrscheinlichkeiten und aus Ereignissen und Wahlmöglichkeiten an den Knoten (Verzweigungspunkten), die durch 3 Regeln verknüpft werden.

(1) **Multiplikationspfadregel:** Bei einem mehrstufigen Zufallsversuch erhält man die Wahrscheinlichkeiten der einzelnen Ereignisse, indem man alle Wahrscheinlichkeiten längs des Pfades multipliziert und die Pfadwahrscheinlichkeit erhält.

(2) **Additionspfadregel:** Gehören zu einem Ereignis eines Zufallsexperimentes mehrere Pfade, so erhält man die Wahrscheinlichkeit des Ereignisses durch Addition der zugehörigen einzelnen Pfadwahrscheinlichkeiten.

(3) **Totalwahrscheinlichkeitsregel:** Die Summe der Teilwahrscheinlichkeiten an den Endknoten ist gleich Eins.

Man erhält wegen der stochastischen Unabhängigkeit beider Ereignisse:

[123] (a) $P(M \cap F) = P(M) \cdot P(F) = 0{,}5545 \cdot 0{,}7489 = 0{,}4153.$

(b) $P(M \cap F) + P(M \cap \bar{F}) + P(\bar{M} \cap F) = 0{,}4153 + 0{,}1392 + 0{,}3336 = 0{,}8881$ bzw.
$P = 1 - P(\bar{M} \cap \bar{F}) = 1 - 0{,}4455 \cdot 0{,}2511 = 1 - 0{,}1119 = 0{,}8881$ oder
$P(M) + P(\bar{M} \cap F) = 0{,}5545 + 0{,}4455 \cdot 0{,}7489 = 0{,}8881.$

4. Schätzung der Überlebenswahrscheinlichkeit nach Kaplan und Meier (B22)

Zunächst ein Blick auf Tabelle 10:

Tabelle 10. Berechnung von Überlebenswahrscheinlichkeiten l_i zu den Zeitpunkten t_i nach Kaplan und Meier (Intervall und Zeitpunkt t_i in Jahren)

Intervall	Nr. i	Zeitpunkt t_i	r_i	d_i	c_i	$d_i/r_i = q_i$	$1-q_i$	$\hat{U}(t) = l_i$
(1)	(2)	(3)	(4)	(5)	(6)	(7)	(8)	(9)
[0 – <1,3	0	0	12	0	0	0	12/12	12/12 = 1]
1,3 – <1,5	1	1,3	12	1	0	1/12	11/12	11/12 = 0,917
1,5 – <2,0	2	1,5	11	2	0	2/11	9/11	9/12 = 0,750
2,0 – <2,5	3	2,0	9	0	2	0	1	9/12 = 0,750
2,5 – <3,0	4	2,5	7	1	0	1/7	6/7	54/84 = 0,643
3,0 – <3,4	5	3,0	6	3	0	3/6	3/6	162/504 = 0,321
3,4 – <3,8	6	3,4	3	1	0	1/3	2/3	324/1512 = 0,214
3,8 – <4,1	7	3,8	2	1	0	1/2	1/2	324/3024 = 0,107
≧4,1	8	4,1	1	0	1	0	0	324/3024 = 0,107

Hinweis zu Spalte (9): (12/12)(11/12) = 11/12
(11/12)(9/11) = 9/12
(9/12)(1) = 9/12
(9/12)(6/7) = 54/84 usw.

An Individuen oder Objekten interessiert uns häufig die Wahrscheinlichkeit, eine Zeitdauer t zu überleben. Von den bis zum Zeitpunkt t_i „unter Ausfallrisiko“ stehenden Objekten, ihre Zahl sei r_i seien d_i zum Zeitpunkt t_i ausgefallen (z. B. gestorben, died), c_i seien zumindest bis zum Zeitpunkt t_i in der Studie gewesen, sind noch nicht ausgefallen, werden aber auch nicht weiter berücksichtigt, etwa weil die Objekte verkauft werden, anderweitigen Risiken ausgesetzt werden oder die Studie abgebrochen wird (die Untersuchungseinheiten werden „zensiert“, daher c_i), dann ist $q_i = d_i/r_i$ der Anteil der Ausgefallenen (Gestorbenen), der den vorhergehenden Zeitpunkt t_{i-1} überlebt hat. Die **Überlebenswahrscheinlichkeit** $\ddot{U}(t)$, d. h. die Wahrscheinlichkeit, eine Zeitdauer t zu überleben, läßt sich dann als Produkt nach Kaplan und Meier (1958) schätzen (vgl. Lee 1992, Cox und Oakes 1984), wie aus Tabelle 10 ersichtlich ist.
Erinnert sei an den Multiplikationssatz der Wahrscheinlichkeitsrechnung für 1- und 2-Jahres-Überlebenswahrscheinlichkeiten: $P(T > 2) = P(T > 2|T > 1) \cdot P(T > 1)$.
Vorausgesetzt werden die exakten Zeitpunkte (Spalte 3) für die Ereignisse d bzw. c; kein Intervall darf beide zugleich enthalten: tritt dieser Fall einmal ein, dann wird das Ereignis d als dem Ereignis c kurzzeitig vorangegangen aufgefaßt.
Bei Bedarf läßt sich aus den geschätzten Überlebenswahrscheinlichkeiten l_i nach

$$\boxed{l_i\sqrt{(1-l_i)/r_i}} \qquad (1.E5)$$

ein Standardschätzfehler approximieren, etwa für l_5, d. h. $t = 3{,}0$ der Wert $0{,}321\sqrt{(1-0{,}321)/6} = 0{,}11$.

Eine etwas bessere Schätzung des Standardschätzfehlers für l_k basiert auf **[123]**

$$l_k \cdot \sqrt{\sum_{i=1}^{k}\{d_i/[r_i(r_i-1)]\}} \qquad (1.E6)$$

etwa für l_5, d. h. $t = 3{,}0$ erhält man den Wert 0,12:

$0{,}321\sqrt{\{1/[12(12-1)]\}+\{2/[11(11-1)]\}+\{0/[9(9-1)]\}+\{1/[7(7-1)]\}+\{3/[6(6-1)]\}}$ $= 0{,}1241$; d. h. die oben genannte Approximation ist nicht schlecht. Vertrauensbereiche hierzu gibt Toutenburg (1992a, S. 147–156: Konfidenzbänder nach W. J. Hall und J. A. Wellner sowie anhand des Bootstrap-Verfahrens). Näheres zur Schätzung nach Kaplan-Meier ist Hollander und Wolfe (1999: 535–550, 560–561) zu entnehmen.

Überlebenswahrscheinlichkeiten mehrerer (nach der Randomisierung; vgl. [77]) unterschiedlich behandelter Objektgruppen (bzw. „prognostisch gleichwertiger Patientengruppen") werden gern graphisch aufgetragen [$\ddot{U}(t)$ gegen die Zeit t] und die resultierenden „Absterbetreppen" verglichen (vgl. Nelson 1982), wobei die Zahl der unter Ausfallrisiko stehenden Objekte hinreichend groß sein sollte. Für den tabellarischen Vergleich gebe man jeweils an: die Zahl der Objekte, die der Ausfälle und die der Zensierten, den Median der Überlebenszeiten, den zugehörigen Standardfehler und die interessierende Überlebensrate nach k Jahren mit Standardschätzfehler, etwa die nach vier Jahren der Objekte in Tabelle 10 als 0,11. Früher gab man das **harmonische Mittel** von Überlebenszeiten an, da es schnell berechnet ist und kurze Zeiten stärker wichtet.

Wichtig für Überlebensstudien in Abhängigkeit von Einflußgrößen (z. B. Risikofaktoren; vgl. auch den Hinweis zur **logistischen Regression** [S. 577]) ist insbesondere die **Cox-Regression** (proportional hazards model; z. B. Cox und Oakes 1984, Harris und Albert 1991, Lee 1992, Parmar und Machin 1995: Chapter 6–11, Selvin 1996 sowie Crowder u. Mitarb. 1991). Beide sind wichtig, um Zusammenhänge zwischen Risikofaktoren und Krankheiten zu modellieren (vgl. auch Kleinbaum 1982 bis 1996 und Le 1998).
Näheres ist Lee (1992), Breslow und Day (1980, 1987), Cox und Oakes (1984), Kalbfleisch, J. D. und J. O. Street in Berry (1990), Manton und Stallard (1984, 1987) sowie Kahn und Sempos (1989) zu entnehmen. Cornell (1984) sowie Kahn und Sempos (1989: Chapter 8) geben auch gute Einführungen in die für Verlaufsstudien (z. B. Inzidenz- und Mortalitätsstudien) wichtige Methode der (einem Risikofaktor ausgesetzten) „Personen-Jahre" [vgl. auch G. Berry, Biometrics **39** (1983), 173–184 und C. T. Le, Biometrical Journal **32** (1990), 615–619, I. D. Bross, Biometrics **46** (1990), 1213–1225, M. Macaluso, Epidemiology **3** (1992), 441–448, Whittemore 1987 sowie Hills und Alexander 1989].

Für den Vergleich von Lebensdauer-Verteilungen gibt Lee (1992) eine Übersicht über parametrische und insbesondere über nichtparametrische Methoden, die für den 2- und k-Stichprobenfall anhand von Beispielen und Programmen ausführlich dargestellt werden (vgl. auch Harris und Albert 1991 sowie Manley 1997: Chapter 13).

Weitere Literaturhinweise

1. Lebensdauerstudien

Adam (1992), Amini und Woolson (1991), Bain (1978), Bain und Engelhardt (1991), Balakrishnan und Cohen (1991: Chapter 10), Chhikara und Folks (1989: Chapter 9), Cohen und Jones Whitten (1988), Lawless (1982), McCullagh und Nelder (1989), Moura (1991), Nelson (1982), Parmar und Machin (1995), Viertl (1988) sowie Zacks (1992).

2. Überlebensstudien

Aitkin u. Mitarb. (1988), Cornell (1984), Cox und Oakes (1984), Friedman u. Mitarb. (1998),
[123] Harris und Albert (1991), Hollander und Wolfe (1999: Chapter 11), Lee (1992), McCullagh und Nelder (1989: Chapter 13), Schumacher u. Mitarb. (1987), Singer und Willett (1991), Toutenburg (1992a: Kap. 6) sowie Wu und McCurry (1988) [vgl. auch Fahrmeir und Hamerle 1996: Kap. 7].

Wichtige Lebensdauer-Verteilungen sind u. a. die Gammaverteilung und die Weibull-Verteilung (vgl. auch Bain und Engelhardt 1991 sowie die auf S. 56 genannten Autoren).

3. Gammaverteilung

Bowman und Shenton (1988), Cohen (1991), Cohen und Jones Whitten (1988), D'Agostino und Stephens (1986), Härtler (1983), Hegde und Dahiya (1989), Kappenman (1985), Kübler (1979) sowie Martz und Waller (1982).

4. Weibull-, Exponential- und Rayleigh-Verteilung

Abernethy (1996), Cohen (1991), D'Agostino und Stephens (1986), Dodson (1994), Härtler (1983), Kappenman (1985), Kinnison (1985: Chapter 13), Kübler (1979), Martz und Waller (1982), Meeker und Escobar (1998), Nelson (1982) sowie *Weibull (1961).*

5. Wichtige Verteilungen der Statistik und wie sie zusammenhängen

Christensen (1984), Fowlkes (1987), Hastings und Peacock (1993), Hoaglin (1985), Hutchinson und Lai (1990, 1991), Johnson und Kotz (1992–2000), Kocherlakota und Kocherlakota (1992), Leemis (1986), Patel u. Mitarb. (1976, 1996), Patil u. Mitarb. (1985) sowie Qu u. Mitarb. (1990).

6. Einige Nachschlagewerke

Bosch (1998), CIS Extended Database (1993), Kendall und Buckland (1982), Kotz u. Mitarb. (1982/00), Krishnaiah und Rao (1980–2000), Last (1988), Lienert (1975/86), Marriott (1990), Mathai (1993), Müller (1991), O'Hagan (1994), Patel u. Mitarb. (1976), Patil u. Mitarb. (1985), Rasch (1988), Rasch u. Mitarb. (1999), Rinne (1997), Rosner (1990), Schneider u. Mitarb. (1995), Sachs (1986), Seelos (1990), Stuart und Ord (1994, 1999, 1991), Tietjen (1986), Vogel (2000), Voß (2000) sowie Wilrich und Henning (1998). [Enzyklopädien und Serien (z. B. der Hinweis zu Cox 1986) sind auf S. 710 genannt].

Zur „statistischen Beratung“ (engl. statistical consulting) siehe z. B. L. Hyams (1971, Biometrics **27**, 201–211; vgl. auch **33**, 1977, 564–565), Chatfield (1995a) und R. E. Kirk (1991, The American Statistician **45**, 28–34 und **47** (1993), 122–125, 149–154) sowie R. Ostermann und W. Vach (1995, ZUMA-Nachrichten, Mannheim **37**, 137–162).

5. Zuverlässigkeitsanalysen in der Technik: Schätzung der Hazard Rate aus einer Abgangsordnung (B23)

Andere Beispiele aus dem Bereich der Technik sind: B7, B56-58, B70, B76-77, B103, B132 (vgl. auch [135] und [165] sowie S. 612).

In Tabelle 11 ist die Abgangsordnung von 1000 identischen Objekten im Schema dargestellt. Die Spalten-Bezeichnungen sind der Fachliteratur entsprechend englisch gewählt worden. Die Spalten (1) und (2) enthalten die experimentell gewonnenen Daten. Spalte (3) summiert die Ausfälle der dem betrachteten Zeitabschnitt vorhergehenden Zeitabschnitte, Spalte (4) enthält die Nichtausfälle zu Beginn der Zeitabschnitte; Spalte (5) enthält die relativen Ausfallzahlen von Spalte (2), Spalte (6) enthält die entsprechenden summierten Daten der Spalte (3) als relative Häufigkeiten geschrieben; Spalte (7) gibt den entsprechenden relativen Anteil der Nichtausfälle, der zuverlässigen Objekte. Spalte (8) enthält die Hazard Raten λ, (griech. Lambda) pro Zeitabschnitt als Verhältnis der Zahl der Ausfälle zum Durchschnitt der Nichtausfälle in der Mitte des betrachteten Zeitabschnittes:

$\lambda_0 = 150/[(1000 + 850)/2] = 0{,}1622$

$\lambda_1 = 75/[(850 + 775)/2] = 0{,}0923$ usw.

Tabelle 11. Schematische Berechnung der Hazard Rate im Rahmen von Zuverlässigkeitsstudien [123]

Time interval in 100 hrs	Number of failures n_f in each interval	Cumulative (preceding) failures $\sum n_f$	No. of Survivors $1 - \sum n_f$	Failure Density function f	Cumulative (prec.) failure distribution F	Reliability [Survivor Function] R	Hazard Rate λ
(1)	(2)	(3)	(4)	(5)	(6)	(7)	(8)
0	150	0	1000	0,150	0	1,000	0,162
1	75	150	850	0,075	0,150	0,850	0,092
2	70	225	775	0,070	0,225	0,775	0,094
3	68	295	705	0,068	0,295	0,705	...
...	...	...	...	...	...	...	...
15	35	959	41	0,035	0,959	0,041	1,94
16	6	994	6	0,006	0,994	0,006	2,0
17		1000	0		1,000	0,000	
	1000			1,000			

Insbesondere bei Zuverlässigkeitsstudien bieten sich **graphische Darstellungen** an, die Hazard Rate, die Survivor Function, die Failure Density Function und die Cumulative Failure
[123] Distribution. Näheres ist der Spezialliteratur zu entnehmen.

Hinweise

1. Graphische Darstellungen des Anteils überlebender Objekte zu bestimmten Zeitpunkten (Abgangsordnung, Life Table) liefern nur kumulierte Informationen; wichtiger ist die graphische Darstellung des **Anteils ausgefallener Objekte innerhalb einer bestimmten relevanten Zeitspanne** (z. B. 1 Monat bzw. 1 Jahr) **jeweils zur Mitte dieser Zeitspannen:** sie gibt ein Bild der **Änderung der Abgangsordnung.**
2. **Lebensdauerverteilung:** Mit der Lebensdauer-Zufallsvariablen T für Objekte einer Grundgesamtheit, der Dichtefunktion $f(t)$ und der Verteilungsfunktion $F(t)$ erhält man die **Ausfallrate** (Sterberate, Hazardrate, Hazard Funktion) $r(t)$:

$$\boxed{r(t) = \frac{\text{Dichtefunktion}}{\text{Überlebenswahrscheinlichkeit}} = \frac{f(t)}{1 - F(t)}} \tag{1.E7}$$

   Dieser Quotient ist nicht konstant. Graphische Darstellungen von Ausfallraten zeigen meist U- oder Badewannenform (Rajarshi und Rajarshi 1988): (1) Frühausfälle, (2) wenige und relativ konstante Zufallsausfälle, (3) Spätausfälle (Abnutzung, Verschleiß).
3. Daten, die über die Zeitdauer bis zu einem Zustandswechsel oder dem Eintreffen bestimmter Ereignisse informieren, lassen sich gut durch **Hazard-Modelle** erfassen. Näheres enthalten z. B. Bain und Engelhardt (1991), Balakrishnan (1991), Blossfeld u. Mitarb. (1989), Cox und Oakes (1984), Crowder u. Mitarb. (1991), Lee (1992), Meeker und Escobar (1998) sowie Nelson (1982).
4. **Literatur zur Zuverlässigkeitsanalyse (reliability study).** Bain (1978), Bain und Engelhardt (1987, 1991), Blossfeld u. Mitarb. (1989), Chhikara und Folks (1989: Chapter 9), Cohen und Jones Whitten (1988), Crowder u. Mitarb. (1990), Fleming (1991), Frankel (1984), Härtler (1983), Hartung u. Mitarb. (1989), Hutchinson und Lai (1990: Chapters 9, 17, 18), Kohlas (1987), Kotz und Lovelace (1998), Lawless (1982 und 1983), Lewis (1987), Lloyd Grosh (1989), Martz und Waller (1982), Meeker und Escobar (1998), Moura (1991), Nelson (1982 und 1990), Rajarshi und Rajarshi (1988), Rinne und Mittag (1989, 1999), Viertl (1988) sowie Zacks (1992). Zur Zusammenarbeit von Ingenieuren und Statistikern mahnen A. B. Hoadley und J. R. Kettenring [Technometrics **32** (1990), 243–274; vgl. auch **40** (1998), 195–213].

STOCHASTISCHE UNABHÄNGIGKEIT

Zwei Würfel, die in 2 getrennten Räumen geworfen werden, führen zu unabhängigen Resultaten. **Unabhängigkeit** von Ereignissen bedeutet, daß sie sich nicht gegenseitig beeinflussen oder gemeinsam von anderen Ereignissen beeinflußt werden.

Nehmen wir an, wir werfen mit einem **einwandfreien Würfel** mehrere Sechsen hintereinander, dann sinkt die Chance, weitere Sechsen zu werfen, nicht im geringsten! Sie bleibt für jeden Wurf konstant (1/6). Die Ergebnisse späterer Würfe müssen auf keinen Fall die der vorangegangenen ausgleichen. **Vorausgesetzt** wird natürlich ein regelmäßiger Spielwürfel und die Unabhängigkeit der einzelnen Würfe, d. h. kein vorheriger Wurf beeinflußt den nächsten; der Würfel wird beispielsweise durch den letzten Wurf nicht deformiert.

Zwei Ereignisse E_1 und E_2 nennt man **stochastisch unabhängig** ("stochastisch“ bedeutet: mit Zufallsexperimenten und Wahrscheinlichkeiten zusammenhängend), wenn

$$\boxed{P(E_2|E_1) = P(E_2) \quad \text{mit} \quad P(E_1) > 0} \tag{1.12}$$

Es ist dann auch $\boxed{P(E_1|E_2) = P(E_1) \quad \text{mit} \quad P(E_2) > 0}$ (1.12a)

Außerdem gilt dann [123]

$$\boxed{P(E_2|E_1) = P(E_2|\overline{E_1})} \quad \text{und} \quad \boxed{P(E_1|E_2) = P(E_1|\overline{E_2})} \qquad \begin{matrix}(1.12\text{b}\\ 1.12\text{c})\end{matrix}$$

Mathematiker bevorzugen die **Produktdefinition der Stochastischen Unabhängigkeit**

$$\boxed{P(E_1 \cap E_2) = P(E_1) \cdot P(E_2)} \qquad (1.13)$$

Hier braucht man die Fälle $P(E_1) = 0$ und $P(E_2) = 0$ nicht auszuschließen.

Drei äquivalente (auseinander herleitbare) Definitionen der Stochastischen Unabhängigkeit

(1.12, 1.12a)	Gleichheit von bedingter und unbedingter Wahrscheinlichkeit
(1.12b), 1.12c)	Gleichheit zweier bedingter Wahrscheinlichkeiten
(1.13)	Darstellung der gemeinsamen Wahrscheinlichkeit als Produkt der unbedingten Wahrscheinlichkeiten

Die symmetrische Produktdefinition der stochastischen Unabhängigkeit (1.13) läßt sich auch aus dem **Einheitsquadrat** herleiten:

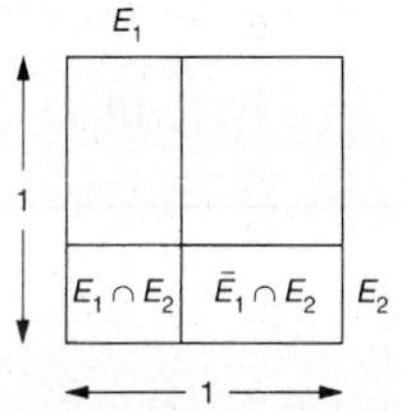

Proportionale Flächen:

$$\frac{P(E_1 \cap E_2)}{P(E_1)} = \frac{P(E_2)}{1}$$

$$P(E_1 \cap E_2) = P(E_1)P(E_2)$$

Abb. 9. Einheitsquadrat und stochastische Unabhängigkeit

Die Produktdefinition der Stochastischen Unabhängigkeit, (1.13), läßt sich anhand eines Zweiwürfelexperimentes anschaulich machen. Wirft man zwei einwandfreie (unterscheidbare) Würfel, so ergibt sich für jede Kombination

[es gibt insgesamt 36:

(1,1) (1,2) (1,3) … (1,6)
(2,1) … … … (2,6)
(3,1) … … … (3,6)
… … … … …
… … … … …
(6,1) … … … (6,6)]

die Wahrscheinlichkeit $\frac{1}{6} \cdot \frac{1}{6} = \frac{1}{36}$:

> Die Wahrscheinlichkeit für die Augensumme 7 ergibt sich aus den Ereignissen 1 + 6, 6 + 1, 2 + 5, 5 + 2, 3 + 4, 4 + 3 (6 von 36 Möglichkeiten) als $P(X = 7)$ = 6/36 = 1/6 [bei nicht unterscheidbaren Würfeln [d. h. z. B. (1,2) = (2,1)] gibt es nur 21 Ereignisse].

Zwei Ereignisse A und B nennt man **voneinander stochastisch unabhängig,** wenn die Wahrscheinlichkeit für ihr gleichzeitiges Eintreten gleich dem Produkt ihrer Wahrscheinlichkeiten ist:

$$\boxed{P(A \cap B) = P(A) \cdot P(B)} \qquad (1.13)$$

Symmetrie der Stochastischen Unabhängigkeit: A ist von B genau dann stochastisch unabhängig, wenn auch B von A stochastisch unabhängig ist.

Stochastische Abhängigkeit und kausale Abhängigkeit sind zweierlei: erstere ist symmetrisch ("voneinander abhängig"), dagegen hat die kausale Abhängigkeit stets eine Richtung. Aus der kausalen folgt notwendigerweise die stochastische Abhängigkeit, die damit Hinweise geben kann.
[123] Das zu Beginn von [122] charakterisierte **Zufallsexperiment** läßt sich nun in Punkt 4 präzisieren: die Menge aller möglichen Ergebnisse ist bekannt, welches Ergebnis im konkreten Fall auftreten wird, kann nicht vorhergesagt werden, da es von den vorhergehenden Ergebnissen **stochastisch unabhängig** ist.

Beispiel (B 24)

Für die Ereignisse A und B gelten die Wahrscheinlichkeiten $P(A) = 0{,}8, P(B) = 0{,}7$ und $P(A \cap B) = 0{,}6$.

(1) Wir berechnen $P(A|B), P(B|A)$, wenden (2) den Multiplikationssatz an und prüfen (3) beide Ereignisse auf stochastische Unabhängigkeit:

(1) $$P(A|B) = \frac{P(A \cap B)}{P(B)} = \frac{0{,}6}{0{,}7} = \frac{6}{7}$$

$$P(B|A) = \frac{P(B \cap A)}{P(A)} = \frac{P(A \cap B)}{P(A)} = \frac{0{,}6}{0{,}8} = \frac{6}{8}$$

(2) $$P(A \cap B) = P(A) \cdot P(B|A) = P(B) \cdot P(A|B)$$

$$0{,}6 = \frac{6}{10} = \frac{8}{10} \cdot \frac{6}{8} = \frac{7}{10} \cdot \frac{6}{7}$$

(3) $$P(A \cap B) = P(A) \cdot P(B)$$

$$\frac{6}{10} \neq \frac{8}{10} \cdot \frac{7}{10} = \frac{56}{100} \quad \text{bzw.}$$

$$P(A|B) = P(A) \text{ oder } P(B|A) = P(B)$$

$$\frac{6}{7} \neq \frac{8}{10} \qquad \frac{6}{8} \neq \frac{7}{10}$$

Beachte: Für $P(A) = a$ und $P(B) = b$
gilt $P(B|A) \geqq (a + b - 1)/a$.
$P(A) = 0{,}8,\ P(B|A) > (0{,}8 + 0{,}7 - 1)/0{,}8 = 0{,}625$
$P(B) = 0{,}7$ [vgl. $P(B|A) = 6/8 = 0{,}75$]

Die Ereignisse A und B sind stochastisch abhängig. Das zeigt auch die **Wahrscheinlichkeitstabelle,** deren „Diagonalprodukte" ungleich sind.

	B	$\bar{B}$	Σ
A	0,6	0,2	0,8
$\bar{A}$	0,1	0,1	0,2
Σ	0,7	0,3	1

$$0{,}6 \cdot 0{,}1 \neq 0{,}2 \cdot 0{,}1 \quad \text{bzw.} \quad \frac{0{,}6 \cdot 0{,}1}{0{,}2 \cdot 0{,}1} \neq 1$$

Für $P(A \cap B) = P(A) \cdot P(B) = 0{,}8 \cdot 0{,}7 = 0{,}56$ sind A und B stochastisch unabhängig:

0,56	0,24	0,80
0,14	0,06	0,20
0,70	0,30	1

$$0{,}56 \cdot 0{,}06 = 0{,}24 \cdot 0{,}14 \qquad \frac{0{,}56 \cdot 0{,}06}{0{,}24 \cdot 0{,}14} = 1\ .$$

Stochastische Unabhängigkeit für drei und mehr Ereignisse

Für die stochastische Unabhängigkeit von drei Ereignissen lautet (1.13) dementsprechend

$$P(A \cap B \cap C) = P(A) \cdot P(B) \cdot P(C) \tag{1.13a}$$

Bei vollständiger stochastischer Unabhängigkeit kommen zu (1.13 a) noch drei paarweise Gleichungen:

$$\boxed{\begin{array}{l} P(A \cap B) = P(A) \cdot P(B) \\ P(A \cap C) = P(A) \cdot P(C) \\ P(B \cap C) = P(B) \cdot P(C) \end{array}}$$

(1.13′)
(1.13″) [123]
(1.13‴)

hinzu, aus denen allerdings nicht (1.13 a) folgt.
Gelten alle 4 Beziehungen, so gelten auch entsprechende Gleichungen, in denen die Ereignisse durch Komplementärereignisse ersetzt werden, z. B.

$$P(A \cap \bar{B} \cap \bar{C}) = P(A) \cdot P(\bar{B}) \cdot P(\bar{C})$$

Übersicht 17. Zur stochastischen Unabhängigkeit

Drei Ereignisse heißen stochastisch unabhängig, wenn obige 4 Gleichungen gelten: n Ereignisse $E_1, E_2, \ldots, E_n$ mit $n \geqq 2$ heißen stochastisch unabhängig, wenn die Wahrscheinlichkeit für alle möglichen Durchschnitte gleich dem Produkt der Einzelwahrscheinlichkeiten ist, d. h., wenn für **alle** Kombinationen von **2 oder mehr** Ereignissen die Produktregeln erfüllt sind. Sonst heißen sie stochastisch abhängig. Um die **stochastische Unabhängigkeit für n Ereignisse** zu definieren, sind somit

$\boxed{2^n - n - 1}$ Gleichungen notwendig.

Für das aus n voneinander stochastisch unabhängigen Experimenten mit den Ereignissen $E_i (i = 1,2, \ldots, n)$ zusammengesetzte Ereignis gilt (1.14), vorausgesetzt $P(E_i) = P(E_i|E_j \ldots E_q)$ für alle $i, j, \ldots, q$ mit $i \neq j \neq \ldots \neq q$.

$$\boxed{P(E_1 \cap E_2 \cap \ldots \cap E_n) = P(E_1) \cdot P(E_2) \cdot \ldots \cdot P(E_n)} \qquad (1.14)$$

Eine Mutter von vier Jungen glaubt, daß ihr fünftes Kind ein Mädchen sein wird. Denn die Wahrscheinlichkeit, nacheinander 5 Knabengeburten zu erleben, ist [vgl. (1.13a) und (1.14)] mit $(1/2)^5 = 1/2^5 = 1/32 = 0{,}03125$ sehr gering. Die **bedingte Wahrscheinlichkeit** für die Geburt eines Knabens bzw. eines Mädchens beim Vorliegen von 4 Knaben ist jedoch ebenso groß wie die **unbedingte Wahrscheinlichkeit** und damit unverändert 1/2 und nicht 1/32.

Unabhängige Ereignisse, die täglich mit der Wahrscheinlichkeit 0,99 bzw. 0,9999 eintreten, also als **praktisch „sicher"** gelten können, sind an allen Tagen eines Jahres mit der Wahrscheinlichkeit $0{,}99^{365} = 0{,}0255$ bzw. $0{,}9999^{365} = 0{,}9642$ zu erwarten: diese Werte 2,6% und 96,4% differieren beträchtlich (vgl. auch Beispiel 54).

Sind zwei unvereinbare Ereignisse A und B mit $P(A) > 0, P(B) > 0$ voneinander stochastisch unabhängig?

Für die stochastische Unabhängigkeit zweier Ereignisse A und B gilt: $P(A \cap B) = P(A) \cdot P(B)$. Für die Unvereinbarkeit zweier Ereignisse A und B gilt: $A \cap B = \emptyset$, hieraus folgt $P(A \cap B) = 0$, d. h. obige Frage ist zu verneinen.

Unvereinbarkeit und stochastische Unabhängigkeit

Die Unvereinbarkeit zweier Ereignisse schließt die stochastische Unabhängigkeit dieser Ereignisse aus: A und B sind unvereinbar bedeutet ja, daß A und B nicht gemeinsam auftreten können. Sie beeinflussen sich also gegenseitig. Tritt z. B. A ein, so tritt B nicht ein.

(1) Für die Ereignisse A und B mit $P(A) > 0$ und $P(B) > 0$ gilt:

Wenn A und B $\left\{\begin{array}{c}\text{stoch. unabh.}\\ \text{unvereinbar}\end{array}\right\}$ sind, dann können sie nicht $\left\{\begin{array}{c}\text{unvereinbar}\\ \text{stoch. unabh.}\end{array}\right\}$ sein.

(2) Sind A und B unvereinbar und stoch. unabh., dann ist $P(A) = 0$ oder $P(B) = 0$.

Auf S. 60 folgen einige spezielle Details. Beachtenswert sind die drei Beispiele.

Mit $P(A \cup B) = P(A) + P(B) - P(A \cap B)$ und $P(A \cup B) \leqq 1$ erhält man

$$P(A) + P(B) - P(A \cap B) \leqq 1(-1)$$
$$-P(A) - P(B) + P(A \cap B) \geqq -1$$

[123]
$$P(A \cap B) \geqq P(A) + P(B) - 1$$

$$\boxed{P(A \cap B) \geqq P(A) + P(B) - 1} \qquad (1.7c)$$

einen Spezialfall der **Bonferroni-Ungleichung,** die (rechts) untere Grenze für die Wahrscheinlichkeit gemeinsamer Ereignisse ausgedrückt in Wahrscheinlichkeiten der Ereignisse. Angenommen, zwei Ereignisse A und B mit $P(A) = P(B) = 0{,}9$ treten gemeinsam auf, dann ist die untere Grenze für diese Wahrscheinlichkeit

$$P(A \cap B) \geqq P(A) + P(B) - 1 = 0{,}9 + 0{,}9 - 1 = 0{,}8\ .$$

Für kleine Wahrscheinlichkeiten wird diese Bonferroni-Grenze negativ und damit wertlos. Die allgemeine Version der Bonferroni-Ungleichung lautet:

$$\boxed{P(E_1 \cap E_2 \cap \ldots \cap E_n) \geqq 1 - \sum_{i=1}^{n}(P(\bar{E}_i) \text{ bzw. } P(E_1 \cap E_2 \cap \ldots \cap E_n) \geqq \sum_{i=1}^{n} P(E_i) - (n-1)} \qquad (1.7b)$$

Sind die E_i voneinander stochastisch unabhängig, so gilt das Gleichheitszeichen und der Term $(n - 1)$ entfällt. Für beliebige Ereignisse E_i gelten $\left[\text{vgl. (1.7a); für } P(E_1 \text{ und } E_2 \text{ und } E_3) = P(E_1 \cap E_2 \cap E_3) \text{ schreiben wir } P\begin{pmatrix} i=3 \\ \cap E_i \\ i=1 \end{pmatrix}\right]$ die

Ungleichungen nach Bonferroni:

$$\boxed{P\begin{pmatrix} i=n \\ \cup E_i \\ i=1 \end{pmatrix} \leqq \sum_{i=1}^{i=n} P(E_i) \quad \text{und} \quad P\begin{pmatrix} i=n \\ \cap E_i \\ i=1 \end{pmatrix} \geqq 1 - \sum_{i=1}^{i=n} P(\bar{E}_i)} \qquad (1.7a; 1.7b)$$

Näheres zu Ungleichungen dieser Art ist z. B. Margaritescu (1986) zu entnehmen.

Positive und negative Korrelation: Zwei Ungleichungen

$$\boxed{\text{Für } P(B|A) \begin{matrix} > P(B) \\ < P(B) \end{matrix} \text{ sagt man: } B \text{ und } A \text{ sind } \begin{matrix} \text{positiv} \\ \text{negativ} \end{matrix} \text{ korreliert}}$$

$$\boxed{P(A \cap B) = P(A) \cdot P(B|A) = P(B) \cdot P(A|B)} \qquad (1.11)$$

Obere und untere Grenzen für $P(A \cap B)$ in den Spezialfällen I und II sind nach Weed (1982):

I Positive Korrelation

$$\boxed{P(A) \cdot P(B) \leqq P(A \cap B) \leq \text{Min}\,[P(A), P(B)]} \qquad (1.11a)$$

II Negative Korrelation

$$\boxed{\text{Max}[O, P(A) + P(B) - 1] \leqq P(A \cap B) \leqq P(A) \cdot P(B)} \qquad (1.11b)$$

Als Korrelationskoeffizient dient

$$\text{Korr}(A, B) = [P(A \cap B) - P(A) \cdot P(B)] / \sqrt{P(A) \cdot P(\bar{A}) \cdot P(B) \cdot P(\bar{B})}$$

Beispiele zur Stochastischen Unabhängigkeit

B25. Wie groß ist die Wahrscheinlichkeit, mit drei regelmäßigen Würfeln zugleich dreimal die Sechs zu werfen? $P = \frac{1}{6} \cdot \frac{1}{6} \cdot \frac{1}{6} = \frac{1}{216}$. Das ist auch die Wahrscheinlichkeit, mit einem Würfel dreimal hintereinander die Sechs zu werfen. In einer langen Versuchsreihe werden im Durchschnitt nur einmal unter 216 Würfen alle drei Würfel gleichzeitig eine Sechs zeigen (vgl. auch B47 und B48 auf S. 66/67).

B26. Angenommen, zwei Lotterien versehen 10% bzw. 20% ihrer Lose mit Gewinnen. Mit welcher Wahrscheinlichkeit gewinnt man in beiden zugleich? $P = 0{,}10 \cdot 0{,}20 = 0{,}02 = 2\%$.

B27. Für zwei stochastisch unabhängige Ereignisse A und B gelte $P(B|A) = 0{,}4$ und $P(B \cap A) = 0{,}2$. Wie groß sind die Wahrscheinlichkeiten $P(A)$ und $P(B)$?
$P(B|A) = P(B) = 0{,}4$ und $P(B \cap A) = P(B) \cdot P(A) = 0{,}2$, d. h. $P(A) = 0{,}2/0{,}4 = 0{,}5$.

B28. Ein regelmäßiger Würfel wird viermal nacheinander geworfen. Wie groß ist die Wahrscheinlichkeit, mindestens eine Sechs zu erzielen? Ersetzt man „mindestens eine Sechs“ durch seine Negation „keine Sechs“, dann erhält man: die Wahrscheinlichkeit, mit einem Wurf keine Sechs zu werfen, ist $5/6$, mit 4 Würfen beträgt sie $(5/6)^4$. Die Wahrscheinlichkeit, mit 4 Würfen mindestens eine Sechs zu erhalten, ist $1 - (5/6)^4 = 0{,}518$, also etwas größer als $1/2$. Das verspricht Vorteile, wenn man mit Geduld, Kapital und gutem Würfel auf das Erscheinen einer Sechs in 4 Würfen wettet. Entsprechend kann man für den Fall des Werfens zweier Würfel fragen, bei wieviel Würfen es sich lohne, auf das Erscheinen einer Doppelsechs zu wetten. [123]

Die Wahrscheinlichkeit, in einem Spiel keine Doppelsechs zu erhalten, beträgt $35/36$, da 36 gleich wahrscheinliche Fälle $1-1, 1-2, \ldots, 6-6$ vorhanden sind. Die Wahrscheinlichkeit, in n Würfen mindestens eine Doppelsechs zu erhalten, ist dann wieder gegeben durch $P = 1 - (35/36)^n$. P soll $> 0{,}5$, sein, daß heißt $(35/36)^n < 0{,}5$ und somit $n \lg(35/36) < \lg 0{,}5$ und hieraus $n > 24{,}6$. Wir setzen $n \lg(35/36) = \lg 0{,}5$ und erhalten

$$n = \frac{\lg 0{,}5}{\lg(35/36)} = \frac{0{,}6990 - 1}{\lg 35 - \lg 36} = \frac{9{,}6990 - 10}{1{,}5441 - 1{,}5563} = \frac{-0{,}3010}{-0{,}0122} = 24{,}6.$$

Man wird also auf das Erscheinen einer Doppelsechs in mindestens 25 Würfen wetten; die Wahrscheinlichkeit, eine Doppelsechs zu werfen, ist dann größer als 50%.

Der **Chevalier de Méré** (1607–1684) erwarb eine größere Geldsumme mit dem Abschluß der Wetten: bei viermaligem Würfeln wenigstens eine Sechs zu erhalten und verlor sie durch den Abschluß der folgenden: bei 24maligem Wurf mit zwei Würfeln mindestens eine Doppelsechs zu bekommen: $1 - (35/36)^{24} = 0{,}491 < 0{,}5 < 0{,}518 = 1 - (5/6)^4$.

Die Wahrscheinlichkeit, mit zwei Würfeln in n Würfen wenigstens eine Doppelsechs zu werfen, beträgt: $P(\geqq 1 \text{ Doppelsechs}) = 1 - [1 - (\frac{1}{6})^2]^n$

$$\text{mit} \left\{ \begin{matrix} P = 0{,}4914 \\ P = 0{,}5055 \end{matrix} \right\} \text{für} \left\{ \begin{matrix} n = 24 \\ n = 25 \end{matrix} \right\}$$

Der Briefwechsel zwischen **Pierre de Fermat** (1601–1665) und **Blaise Pascal** (1623–1662), der vom Chevalier de Méré um die Lösung der oben erwähnten Probleme gebeten worden war, begründete im Jahre 1654 die Wahrscheinlichkeitsrechnung, die später durch **Jakob Bernoulli** (1654–1705) zu einer mathematischen Theorie der Wahrscheinlichkeit ausgebaut worden ist (*David 1963, King und Read 1963, Freudenthal und Steiner 1966, Pearson und Kendall 1970,* Hald 1990, 1998, Sheynin 1993 sowie „Stochastic Thinking in the Bible and the Talmud“, Annals of Science **55** (1998), 185–198) [vgl. auch S. XXXVII oben].

B29. Ein Junggeselle fordert von der Frau seiner Träume eine griechische Nase, tizianrotes Haar und erstklassige Kenntnisse in Statistik. Diese 3 Merkmale seien stochastisch unabhängig. Angenommen, die entsprechenden Wahrscheinlichkeiten seien $0{,}01, 0{,}01, 0{,}00001$. Dann ist die Wahrscheinlichkeit, daß die erste ihm begegnende junge Dame (oder jede zufallsmäßig ausgewählte) die genannten Eigenschaften aufweist, gleich $P = 0{,}01 \cdot 0{,}01 \cdot 0{,}00001 = 0{,}000000001$ oder genau eins zu einer Milliarde.

B30. Drei Geschütze mögen unabhängig voneinander auf dasselbe Flugzeug schießen. Jedes Geschütz habe die Wahrscheinlichkeit $1/10$, unter den gegebenen Umständen zu treffen. Wie groß ist die Wahrscheinlichkeit, daß das Flugzeug getroffen wird? Erfragt

wird die Wahrscheinlichkeit, mindestens einen Treffer zu erzielen. Die Wahrscheinlichkeit, daß kein Flugzeug getroffen wird, beträgt $(9/10)^3$. Für die Wahrscheinlichkeit, daß
[123] mindestens ein Treffer erfolgt, ergibt sich dann

$$P = 1 - (9/10)^3 = 1 - \frac{729}{1000} = \frac{271}{1000} = 27{,}1\%$$

$$(\text{Vgl.} \quad P = 1 - [9/10]^{28} = 94{,}8\% \quad \text{oder} \quad P = 1 - [1/2]^4 = 93{,}7\%)$$

Hinweis: Die Wahrscheinlichkeit P für **wenigstens einen Erfolg (Treffer) in n unabhängigen Versuchen** jeweils mit der Erfolgswahrscheinlichkeit p ist (vgl. S. 42) durch

$$\boxed{P = 1 - (1-p)^n} \qquad (1.9c)$$

$$\text{Beispiel:} \quad \begin{matrix} p = 0{,}05 \\ n = 20 \end{matrix} \; P = 1 - (1 - 0{,}05)^{20} = 1 - 0{,}3585 = 0{,}642$$

gegeben. Einige Beispiele gibt Tabelle 12. Weitere Werte enthalten die Tabellen 12A und 12B auf S. 459.

Tabelle 12.

p	0,01						0,02						0,05			
n	1	5	10	15	30	50	2	5	10	15	30	50	2	5	10	15
P	0,010	0,049	0,096	0,140	0,260	0,395	0,040	0,096	0,183	0,261	0,455	0,636	0,098	0,226	0,401	0,537
p	0,10				0,20				0,30		0,50		0,75		0,90	
n	2	5	10	15	5	10	15	30	5	10	5	10	2	5	2	3
P	0,190	0,410	0,651	0,794	0,672	0,893	0,965	0,999	0,832	0,972	0,969	0,999	0,937	0,999	0,990	0,999

Die relative Häufigkeit der Krankheit K in der Bevölkerung betrage $p = 0{,}01$. Die Wahrscheinlichkeit, in Zufallsstichproben des Umfangs $n = 30$ wenigstens ein an K erkranktes Individuum zu finden, ist dann $P = 0{,}26$ (vgl. auch Beispiel 133).

B31. **Vier von 52 Karten eines Kartenspiels werden gezogen.** Wie groß ist die Wahrscheinlichkeit, (a), daß es vier Asse sind und (b), daß sie alle denselben Wert aufweisen? Die Wahrscheinlichkeit, aus einem Satz Karten ein As zu ziehen, ist $4/52 = 1/13$. Wird die gezogene Karte vor Ziehung der nächsten Karte ersetzt, dann ist die Wahrscheinlichkeit, zwei Asse in zwei aufeinanderfolgenden Ziehungen zu erhalten, $1/13 \cdot 1/13 = 1/169$. Wenn die gezogene Karte nicht zurückgelegt wird, dann beträgt die Wahrscheinlichkeit $1/13 \cdot 3/51 = 1/221$. **Mit Zurücklegen** ist die Wahrscheinlichkeit eines bestimmten Ereignisses konstant; **ohne Zurücklegen** ändert sie sich von Zug zu Zug. Damit ergibt sich:

$$\text{Zu a:} \quad P = \frac{4}{52} \cdot \frac{3}{51} \cdot \frac{2}{50} \cdot \frac{1}{49} = \frac{24}{6497400} = \frac{1}{270725} \simeq 3,7 \cdot 10^{-6}$$

$$\text{Zu b:} \quad P = 13 \cdot \frac{4}{52} \cdot \frac{3}{51} \cdot \frac{2}{50} \cdot \frac{1}{49} = \frac{312}{6497400} = \frac{1}{20825} \simeq 4{,}8 \cdot 10^{-5}$$

B32. Es werden 24 Personen nach einem Zufallsverfahren ausgewählt. Wie groß ist die Wahrscheinlichkeit, daß **mindestens 2 Personen am selben Tage Geburtstag haben?** Sie beträgt $P = 0{,}538$. Angenommen, das Jahr habe 365 als Geburtstag gleichwahrscheinliche Tage. Uns interessiere das Ereignis $\bar{E}$, „keine 2 (von insgesamt n) Personen haben denselben Geburtstag". Für $\bar{E}$ gibt es dann 365^n mögliche und $365 \cdot 364 \cdot 363 \cdot \ldots (365 - n + 1)$ günstige Fälle, d. h. die Wahrscheinlichkeit, daß in einer Gruppe von 24 Personen wenigstens 2 Personen am selben Tage Geburtstag haben, beträgt

$$P = P(E) = 1 - P(\overline{E}) = 1 - \frac{365 \cdot 364 \cdot \ldots 342}{365^{24}} = 0{,}5383$$

Zur schnellen Approximation dient **[123]**

$$\boxed{P(E) \geqq 1 - e^{-k} \text{ mit } k = \frac{n(n-1)}{2 \cdot 365}} \qquad \text{(G)}$$

z. B. $n = 24$, $k = \dfrac{24 \cdot 23}{2 \cdot 365} = 0{,}7562$; $1/e^{0{,}7562} = 0{,}4694$; $P(E) \geqq 0{,}5306$.

Mit anderen Worten, eine Wette, daß von 24 Personen mindestens 2 am selben Tag Geburtstag feiern, würde sich bei einer größeren Serie gleichartiger Wetten lohnen, da von 100 Wetten nur 46 verlorengingen, aber 54 gewonnen würden. Hierbei haben wir den 29. Februar ignoriert; außerdem ist unberücksichtigt geblieben, daß sich die Geburten in bestimmten Monaten häufen. Ersteres verringert die Wahrscheinlichkeit, letzteres erhöht sie.

Für n=23 erhält man P=0,507, für n=30 P=0,706 und für n=50 sogar schon $P = 0{,}970$. *Naus (1968)* gibt eine Tabelle für die Wahrscheinlichkeit, daß zwei von n Personen ($n \leqq 35$) innerhalb d aufeinanderfolgender Tage ($d \leqq 30$) Geburtstag haben (Beispiele: 1. $n = 7, d = 7, P = 0{,}550$; 2. $n = 7, d = 21, P = 0{,}950$; 3. $n = 15, d = 10, P = 0{,}999$) (vgl. auch *Gehan 1968*, *Faulkner 1969* und *Glick 1970)*. In [161] kommen wir auf das Geburtstagsproblem zurück (vgl. B127 bis B131 sowie S. 272: Punkt 6 und S. 290/291). Tab. 58 S. 257

B33. Eine Urne enthalte 15 rote und 5 schwarze Kugeln. E_1 bedeute Ziehen einer roten, E_2 Ziehen einer schwarzen Kugel. Wie groß ist die Wahrscheinlichkeit, in zwei aufeinanderfolgenden Ziehungen zuerst eine rote und dann eine schwarze Kugel zu erhalten? Die Wahrscheinlichkeit, eine rote Kugel zu ziehen, ist $P(E_1) = 15/20 = 3/4$. Ohne die Kugel zurückzulegen, wird wieder gezogen. Die Wahrscheinlichkeit, eine schwarze Kugel zu ziehen, wenn rot gezogen war, ist $P(E_2|E_1) = 5/19 \simeq 0{,}26$. Die Wahrscheinlichkeit, in zwei Ziehungen ohne Zurücklegen eine rote und eine schwarze Kugel zu ziehen, ist $P(E_1) \cdot P(E_2|E_1) = 3/4 \cdot 5/19 = 15/76 \approx 0{,}20$.

B34. Zehn Prozent einer Bevölkerung seien in einem gegebenen Zeitraum im Durchschnitt von einer Krankheit befallen ($P(E_1) = 0{,}10$). Von diesen Erkrankten mögen in der Regel 8% sterben ($P(E_2|E_1) = 0{,}08$). Dann ist die Wahrscheinlichkeit für dieses Ereignis $P = 0{,}08$ eine bedingte Wahrscheinlichkeit (Bedingung: Erkrankung). Die Wahrscheinlichkeit dafür, daß eine Person der betrachteten Bevölkerung in einem gegebenen Zeitabschnitt erkrankt und an dieser Krankheit stirbt, ist dann $P(E_1 \cap E_2) = P(E_1) \cdot P(E_2|E_1) = 0{,}1 \cdot 0{,}08 = 0{,}008 = 0{,}8\%$. Der Mediziner würde in diesem Falle sagen: Die Morbidität der Krankheit ist 10%, die Letalität 8% und die Mortalität 0,8%; es ist also Mortalität = Morbidität · Letalität (andere Standardisierungen wie IDR und SMR werden auf den Seiten 463 und 464 vorgestellt).

Gehen wir noch weiter: Von einer anderen Krankheit mögen 20% infiziert sein (E_1), davon mögen in einem bestimmten Zeitraum beispielsweise 30% erkranken (E_2) , von denen schließlich 5% sterben (E_3). Dann ist die Mortalität gegeben durch $P(E_1 \cap E_2 \cap E_3) = P(E_1) \cdot P(E_2|E_1) \cdot P(E_3|E_2) = 0{,}20 \cdot 0{,}30 \cdot 0{,}05 = 0{,}003 = 0{,}3\%$. Aus klinischen Statistiken lassen sich ohne Bezug auf die Bevölkerung keine Aussagen über Morbiditätsverhältnisse gewinnen (auch nicht über ihre Altersabstufung), da das Einzugsgebiet der Klinik, die Personenzahl, die auch von diesem Ereignis hätte betroffen sein können – Personen unter Risiko – meist unbekannt ist.
Bemerkungen zur angeblichen Zunahme der Neuerkrankungsrate (Inzidenz) [einer bestimmten Diagnose, meist auf ein Jahr bezogen] und zur Frage, inwieweit Krankheiten als „Konstrukte“

aufgefaßt werden können, enthält das American Journal of Epidemiology [**135** (1992), 1349/57 und 1427/29]. Näheres ist den in [238] genannten Lehrbüchern der Epidemiologie zu entnehmen.
[123] Insbesondere zur **Mortalitätsanalyse** siehe Geidel und Neumann (1988), Campbell (1980), Cornell (1984: Chapter 2), Keiding (1987), Keiding und Vaeth (1986), Lancaster (1990: insbes. Chapter 3) sowie Manton und Stallard (1984).

B34A. Zwei voneinander unabhängige Operationen (A, B) werden jeweils mit den Wahrscheinlichkeiten 0,9 bzw. 0,8 überlebt; und zwar beide mit der Wahrscheinlichkeit $P(A \cap B) = P(A) \cdot P(B) = 0{,}9 \cdot 0{,}8 = 0{,}72$. Mindestens eine Operation wird dann mit $P(A \cup B) = P(A) + P(B) - P(A \cap B) = 0{,}9 + 0{,}8 - 0{,}72 = 0{,}98$ überlebt und genau eine mit $P(A \cup B) - P(A \cap B) = P(A) + P(B) - 2P(A \cap B) = 0{,}9 + 0{,}8 - 2 \cdot 0{,}72 = 0{,}26$.

B35. Zwei Ereignisse A und B seien stochastisch unabhängig voneinander. Sie treten mit den Wahrscheinlichkeiten $P(A) = 0{,}6$ und $P(B) = 0{,}8$ auf. Wie groß ist die Wahrscheinlichkeit, daß mindestens eines dieser beiden Ereignisse eintritt, d. h. daß entweder nur A oder nur B oder beide Ereignisse eintreten? Zwei Lösungsmöglichkeiten bieten sich an:

$$(1)\ P(A \cup B) = P(A) + P(B) - P(A \cap B) = P(A) + P(B) - P(A)P(B)$$
$$= 0{,}6 + 0{,}8 - 0{,}6 \cdot 0{,}8 = 0{,}92\ ;$$

$$(2)\ P(A \cup B) = 1 - P(\text{„nicht beide“}) = 1 - P(\bar{A} \cap \bar{B})$$
$$= 1 - P(\overline{A})P(\overline{B}) = 1 - 0{,}4 \cdot 0{,}2 = 0{,}92.$$

B36. Zwei Kinder versuchen unabhängig voneinander, eine bestimmte Aufgabe zu lösen, jeweils mit einer Wahrscheinlichkeit von 0,5. Die Wahrscheinlichkeit dafür, daß wenigstens eines der beiden Kinder die Aufgabe löst, ist mit den Ereignissen
A: Kind I gelingt die Lösung, B: Kind II gelingt die Lösung,
C: wenigstens eines der beiden Kinder löst die Aufgabe und $C = A \cup B$
$P(C) = P(A \cup B) = P(A) + P(B) - P(A \cap B)$, für stochastisch unabhängige Ereignisse A und B gilt $P(A \cap B) = P(A) \cdot P(B)$, d.h. $P(C) = P(A) + P(B) - P(A) \cdot P(B) = 0{,}5 + 0{,}5 - 0{,}5 \cdot 0{,}5 = 0{,}75$.

B37. In einer Gemeinde werden drei Brotsorten, A, B, C verzehrt, den Wahrscheinlichkeiten

$$P(A) = 0{,}50\ ; \qquad P(B) = 0{,}40\ ; \qquad P(C) = 0{,}30\ ;$$
$$P(A \cap B) = 0{,}20\ ; \qquad P(A \cap C) = 0{,}15\ ; \qquad P(B \cap C) = 0{,}10\ ;$$
$$P(A \cap B \cap C) = 0{,}05$$

entsprechend.
Die Wahrscheinlichkeiten, daß ein Bewohner dieser Gemeinde die Brotsorte(n):

(1) A oder B oder C verzehrt,
(2) keine dieser Brotsorten verzehrt,
(3) nur A verzehrt,
(4) weder B noch C verzehrt,
(5) B und C nur gemeinsam verzehrt,
(6) höchstens zwei der Brotsorten verzehrt, sind dann (Skizze!):

$$(1)\ P_1 = P(A \cup B \cup C) = P(A) + P(B) + P(C) - P(A \cap B) - P(A \cap C) - P(B \cap C) + P(A \cap B \cap C)$$
$$= 0{,}50 + 0{,}40 + 0{,}30 - 0{,}20 - 0{,}15 - 0{,}10 + 0{,}05 = 0{,}80$$
$$(2)\ P_2 = 1 - P(A \cup B \cup C) = 1 - 0{,}80 = 0{,}20$$

(3) $P_3 = P(A) - P(A \cap B) - P(A \cap C) + P(A \cap B \cap C)$
$= 0{,}50 - 0{,}20 - 0{,}15 + 0{,}05 = 0{,}60$

(4) $P_4 = 1 - P(B \cup C) = 1 - P(B) - P(C) + P(B \cap C) = 1 - 0{,}40 - 0{,}30 + 0{,}10 = 0{,}40$ **[123]**

(5) $P_5 = P(B \cap C) - P(A \cap B \cap C) = 0{,}10 - 0{,}05 = 0{,}05$

(6) $P_6 = 1 - P(A \cap B \cap C) = 1 - 0{,}05 = 0{,}95.$

siehe Anhang **A5** unten

Würfelbeispiele I: B38–B51

Ideale Würfel werden vorausgesetzt.

Das englische Word „hazard“ kommt aus dem Arabischen „al-zar“, „der Würfel“. Angeblich erfand Palamedeo den Würfel, um gelangweilte griechische Soldaten vor der Erstürmung der Stadt Troja zu unterhalten.

B38. So ist die Wahrscheinlichkeit mit zwei Würfeln gleiche Augenzahlen zu werfen:

$$P = \frac{\text{günstig}}{\text{möglich}} = \frac{6}{6 \cdot 6} = \frac{1}{6}.$$

B39. Was ist wahrscheinlicher, mit einem Würfel eine 3 zu werfen (Ereignis A) oder mit zwei Würfeln gleiche Augenzahlen zu werfen (Ereignis B)?

$$P(A) = \frac{1}{6} \text{ und } P(B) = \frac{6}{6 \cdot 6} = \frac{1}{6}.$$

B40. Wie groß ist die Wahrscheinlichkeit beim gemeinsamen Wurf einer Münze und eines Würfels ein Wappen und eine Sechs zu erzielen? Die Elementarereignisse: $W \cap 1, W \cap 2, \ldots, W \cap 6; Z \cap 1, \ldots, Z \cap 6$ sind alle gleichberechtigt, d. h.

$$P(W \cap 6) = P(W) \cdot P(6) = (1/2)(1/6) = 1/12.$$

B41. Wie groß ist die Wahrscheinlichkeit, mit einem Würfel in zwei Würfen genau einmal eine 6 zu werfen? Die Ereignismenge umfaßt $6 \cdot 6 = 36$ Elemente. Günstige Ereignisse sind die Würfe (1,6) bis (5,6) und (6,1 bis 6,5), d. h. es gibt 10 günstige Ereignisse, da nach (6,6) nicht gefragt wird: d. h. $P = 10/36$.

B42. Die Wahrscheinlichkeit, daß drei geworfene Würfel alle eine unterschiedliche Augenzahl aufweisen, beträgt (günstig/möglich) $P = 6 \cdot 5 \cdot 4/6^3 = 5/9 = 0{,}555\ldots > 0{,}5$; es ist recht günstig, hierauf zu wetten.

Übrigens lohnt es sich auch, darauf zu wetten, daß bei wiederholtem Werfen eines Würfels mit Punktzahladdition bis die 30 überschritten wird, der letzte Wurf eine 5 oder 6 ist [vgl. K. T. Marshall, Mathematical Scientist **4** (1979), 63–68].

B43. Die Wahrscheinlichkeit, daß bei drei nacheinander geworfenen Würfeln die Augenzahl ansteigt (20 Anordnungen sind günstig), beträgt $P = 20/6^3 = 5/54 = 0{,}0926$.

B44. Zwei Würfel werden geworfen. Wie groß ist die Wahrscheinlichkeit, (a) eine Augensumme von 5 zu erhalten, (b) eine Augensumme von höchstens 11 zu erhalten? Zu (a): Die Augensumme 5 ergibt sich aus den Würfen $\{1{,}4\}$, $\{2{,}3\}$, $\{3{,}2\}$ und $\{4{,}1\}$, d.h. $P = 4(1/36) = 0{,}111$. Zu (b): Die Augensumme 12 ergibt sich aus $\{6{,}6\}$, d. h. $P = 1/36$, als Komplement „höchstens 11“ = „2 bis 11“ erhält man dann $P = 1 - 1/36 = 35/36$.

B45. **Einwürfelmodell:** Wie groß muß n mindestens sein, damit die Wahrscheinlichkeit, daß sich unter den ersten n Würfen mindestens eine Sechs befindet, größer als 0,7 ist?

P (keine 6 unter den ersten n Würfen) $= (5/6)^n$

P (mindestens eine 6 unter den ersten n Würfen) $= 1 - (5/6)^n$

Mit $1 - (5/6)^n > 0{,}7$ wird $(5/6)^n < 0{,}3$. Da $(5/6)^6 = 0{,}33$ und $(5/6)^7 = 0{,}28$, muß n mindestens gleich 7 sein, was übrigens auch plausibel erscheint.

[123] Hinweis: **Erwartungswerte beim Würfeln:** Im Mittel erhält man nach etwa 6 Würfen die erste Sechs und nach etwa 15 Würfen jede Augenzahl mindestens einmal, d. h. die vollständige Serie; zwei (drei) aufeinanderfolgende gleiche Augenzahlen erhält man nach etwa 7 (43) Würfen.

B46. **Zweiwürfelmodell:** Die Wahrscheinlichkeit, daß beide Augenzahlen höchstens gleich k sind, beträgt:

$$P(\text{beide Augenzahlen} \leqq k) = \frac{k^2}{6^2} \tag{1.Z1}$$

$$\text{Für } m \text{ Würfel:} \quad P(\text{alle Augenzahlen} \leqq k) = k^m/6^m \tag{1.Z2}$$

Etwa (1.Z1): $k = 6$.

B47. **Das Werfen von Sechsen in drei Würfen**
Die Wahrscheinlichkeit, mit einem Würfel in 3 Würfen dreimal eine Sechs zu werfen, beträgt $P = (1/6)^3 = 1/6^3 = 1/216 = 0{,}00463$.
Die Wahrscheinlichkeit, mit einem Würfel in 3 Würfen mindestens eine Sechs zu werfen, beträgt indirekt berechnet:

$$P = 1 - P_{\text{keine Sechs}} = 1 - (5/6)^3 = 1 - 125/216 = 91/216 = 0{,}421\ .$$

Für die direkte Berechnung ist zu beachten, daß eine Sechs bzw. zwei Sechsen bei jeweils drei Würfen auftreten, d. h.

$$\begin{aligned} P &= P_{1\ \text{Sechs}} + P_{2\ \text{Sechsen}} + P_{3\ \text{Sechsen}} \\ &= 3\frac{1}{6}\cdot\frac{5}{6}\cdot\frac{5}{6} + 3\frac{1}{6}\cdot\frac{1}{6}\cdot\frac{5}{6} + \frac{1}{6}\cdot\frac{1}{6}\cdot\frac{1}{6} \\ &= \frac{75}{216} + \frac{15}{216} + \frac{1}{216} = 91/216 \end{aligned}$$

B48. **Mögliche Abläufe eines dreistufigen Zufallsexperimentes:** (Pfaddiagramm mit Treffern und Nichttreffern); (Pfadregeln: siehe S. 51 und 79). Wie groß ist die Wahrscheinlichkeit, in 3 Würfen mit einem intakten Würfel dreimal, zweimal, einmal, nullmal eine bestimmte Augenzahl, etwa die 6, zu erzielen?

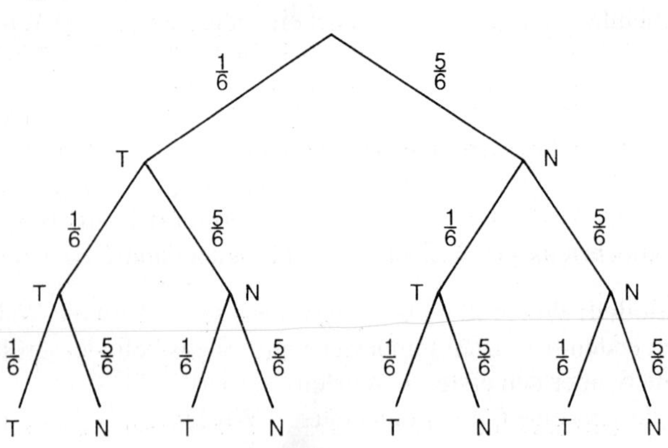

$$P_{\text{dreimal die 6}} = \frac{1}{6} \cdot \frac{1}{6} \cdot \frac{1}{6} = \frac{1}{216} \quad \text{(ein Pfad)}$$

$$P_{\text{einmal die 6}} = \frac{1}{6} \cdot \frac{5}{6} \cdot \frac{5}{6} + \frac{5}{6} \cdot \frac{1}{6} \cdot \frac{5}{6} + \frac{5}{6} \cdot \frac{5}{6} \cdot \frac{1}{6} = \frac{75}{216}$$ [123]

Dementsprechend ergeben sich auch die Wahrscheinlichkeiten $P_{\text{zweimal...}} = 15/216$ (3 Pfade) und $P_{\text{nullmal...}} = 125/216$ (1 Pfad); d. h.

$$1/216 + 15/216 + 75/216 + 125/216 = 1\,.$$

Tabelle zum Dreiwürfelmodell: Augensumme k und Zähler der zugehörigen Wahrscheinlichkeit P (Nenner: $6 \cdot 6 \cdot 6 = 216$)

k	3; 18	4; 17	5; 16	6; 15	7; 14	8; 13	9; 12	10; 11
P	1	3	6	10	15	21	25	27

So ist ein „Elfer" wahrscheinlicher als ein „Zwölfer" (vgl. auch B49).

B49. Welche Augensumme tritt beim Werfen dreier Würfel häufiger auf, die „9" oder die „10"? Aus der Ergebnismenge $\{3, 4, \ldots, 18\}$ erhält man die „9" auf 25 (von $6 \cdot 6 \cdot 6 = 216$) Arten, die „10" auf 27 Arten, d. h.

$$\frac{25}{216} < \frac{27}{216}\,.$$

B50. Wie groß ist beim gleichzeitigen Werfen von 6 Würfeln die Wahrscheinlichkeit, daß die sechs Augenzahlen „1" bis „6" auftreten?

$$P = \frac{6 \cdot 5 \cdot 4 \cdot 3 \cdot 2 \cdot 1}{6^6} = \frac{5 \cdot 4}{6^4} = 0{,}0154\,.$$

B51. Wie groß ist die Wahrscheinlichkeit, bei fünfmaligem Werfen eines Würfels jeweils unterschiedliche Augenzahlen zu werfen?

$$P = \frac{6 \cdot 5 \cdot 4 \cdot 3 \cdot 2}{6 \cdot 6 \cdot 6 \cdot 6 \cdot 6} = \frac{20}{6^3} = 0{,}0926\,.$$

Nun zu Münzwürfen und wichtigen Funktionen

Übersicht 18. Wahrscheinlichkeiten beim Münzwurf

Zufallsexperimente mit Münzen (p = 1/2)

Die Zeilensummen sind gleich 1.

```
                                                    1
1  Münzwurf:  W bzw. Z                         1/2      1/2
2  Münzwürfe: WW; WZ und ZW; ZZ           1/4      2/4      1/4
3  " " : WWW; ...;...; ZZZ           1/8      3/8      3/8      1/8
4  " " : WWWW; ...              1/16     4/16     6/16     4/16     1/16
5  " " : WWWWW; ...        1/32     5/32    10/32    10/32     5/32     1/32
```

Gemischte (mittlere) Anordnungen werden bevorzugt.

Zu Münzwürfen I: B52 und B53

Ideale Münzen werden vorausgesetzt.

[123] B52. Wie groß ist die Wahrscheinlichkeit P, daß eine einwandfreie Münze bei zwei Würfen mindestens einmal „Wappen" zeigt? Mit den Möglichkeiten $W-W$, $W-Z$, $Z-W$, $Z-Z$ ergibt sich mit drei günstigen von vier möglichen Würfen $P=3/4$.

Wappenzahl beim dreifachen Münzwurf: Wahrscheinlichkeitsfunktion und Verteilungsfunktion einer diskreten Zufallsvariablen (B53)

Wirft man eine einwandfreie Münze dreimal hintereinander oder drei Münzen zugleich, so erhält man mit den Symbolen „Z" für Zahl und „W" für Wappen die folgenden acht Elementarereignisse. Als **Zufallsvariable** X interessiert uns die Zahl der „W", die von $0(ZZZ)$ auf $3(WWW)$ ansteigt:

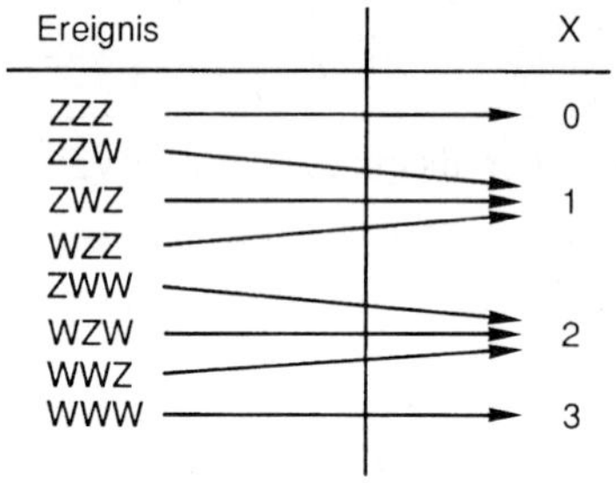

Abb. 10. Abbildung der acht Elementarereignisse des Zufallsexperiments „dreifacher Münzwurf" mit der Zufallsvariablen X = „Wappenzahl beim dreifachen Münzwurf" IN DIE REELLEN ZAHLEN

Da die acht Elementarereignisse jeweils die Wahrscheinlichkeit 1/8 aufweisen, ergeben sich mühelos die **Punktwahrscheinlichkeiten** der Wahrscheinlichkeitsfunktion $P(X = x_i)$ und als **Summe** der Punktwahrscheinlichkeiten bis einschließlich des Punktes x_i die **Verteilungsfunktion** $F(x) = P(X \leqq x_i)$ aus Tabelle 13. Zugehörige graphische Darstellungen bilden die Abbildungen 11 und 12.

Eine ideale Münze muß man im Durchschnitt achtmal werfen, um Dreierfolgen des Typs WWZ, WZZ, ZWW, ZZW zu erzielen, für die beiden anderen Folgen, WWW und ZZZ sind durchschnittlich mindestens acht Würfe erforderlich.

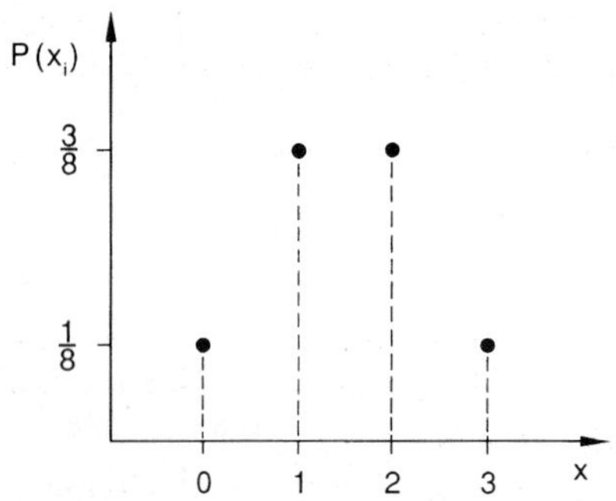

Abb. 11. Graph der Wahrscheinlichkeitsfunktion $P(X = x_i)$ der (diskreten) Zufallsvariablen X = „Wappenzahl beim dreifachen Münzwurf"

Tabelle 13. WAHRSCHEINLICHKEITSVERTEILUNGEN. Wahrscheinlichkeitsfunktion $P(X = x_i)$ und Verteilungsfunktion $F(x)$ für die Zufallsvariable X = „Wappenzahl beim dreifachen Münzwurf" **[123]**

Ereignisse	x_i	$P(X = x_i)$	$F(x) = P(X \leqq x_i)$
ZZZ	0	1/8	1/8
ZZW, ZWZ, WZZ	1	3/8	1/8 + 3/8 = 4/8
ZWW, WZW, WWZ	2	3/8	1/8 + 3/8 + 3/8 = 7/8
WWW	3	1/8	1/8 + 3/8 + 3/8 + 1/8 = 1

Mit $P_{\text{Knabengeburt}} = P_{\text{Mädchengeburt}} = 0{,}5$ werden somit von 800 Dreikinderfamilien etwa 100 Familien Drillinge (Knaben), etwa 100 Familien Drillinge (Mädchen) und etwa 600 ein Pärchen ($2K + M$ oder $2M + K$) aufweisen (vgl. auch B146, S. 278).

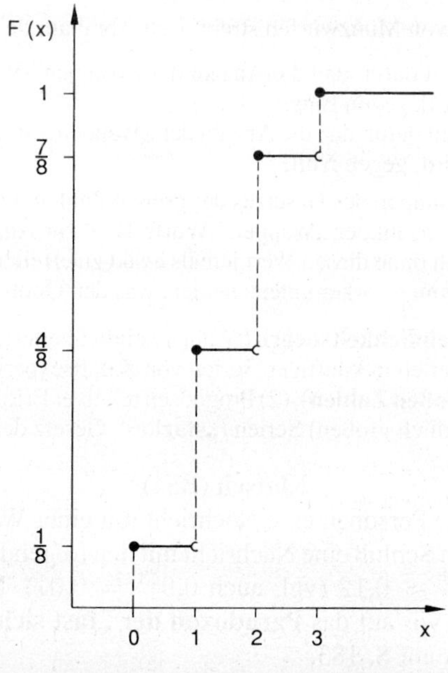

Abb. 12. Graph der Verteilungsfunktion $F(x)$ der (diskreten) Zufallsvariablen X = „Wappenzahl beim dreifachen Münzwurf". Es resultiert eine „Stufenfunktion". Der Funktionswert $F(x)$ wird an den Sprungstellen x_i jeweils durch die Höhe der oberen „Stufe" gegeben, die Funktion ist in jedem Unstetigkeitspunkt rechtsseitig stetig. Beispielsweise ist $F(1{,}3) = F(1) = P(X \leqq 1) = P(X = 0) + P(X = 1) = 1/8 + 3/8 = 4/8$. Die gestrichelten Sprunghöhen an den Sprungstellen x_i entsprechen den Wahrscheinlichkeiten $P(X = x_i)$, etwa $P(X = 1) = 4/8 - 1/8 = 3/8$ (vgl. Abb. 11)

Generell gilt:

> Die Funktion P, die den möglichen Werten x einer diskreten Zufallsvariablen X die Wahrscheinlichkeit $P(X = x)$ des Ereignisses $(X = x)$ zuordnet, nennt man **Wahrscheinlichkeitsfunktion** der Zufallsvariablen.
> Die Funktion F, die jeder reellen Zahl x die Wahrscheinlichkeit $P(X \leqq x)$ des Ereignisses $(X \leqq x)$ zuordnet, nennt man **Verteilungsfunktion** der Zufallsvariablen X.

Näheres hierzu enthalten [125] und [126].

Ein **statistisches Modell** ist eine definierte **Wahrscheinlichkeitsverteilung** der Daten $x_i, \ldots, x_n$, die als beobachtbare Werte $x_1, \ldots, x_n$ der Zufallsvariablen $X_1, \ldots, X_n$ aufgefaßt werden. Das Modell gehört zu einer bestimmten Familie von Modellen. Es wird charakterisiert durch einen
[123] oder mehrere **Parameter**, die aus den beobachteten Werten geschätzt werden: z. B. Mittelwert und Standardabweichung, wenn angenommen werden kann, daß die Daten Realisierungen einer normalverteilten Zufallsvariablen sind (vgl. auch S. 32 oben).

Hinweise

1. Der Erwartungswert für die Anzahl der Würfe, die erforderlich sind, um nacheinander n „Wappen" zu erhalten, ist $2^{n+1} - 2$ (z. B. 14 Würfe für $n = 3$ Wappen).
2. Welche Folgen gleicher Resultate – nur Wappen oder nur Zahl – sind bei einer großen Zahl n von Münzwürfen zu erwarten? Für $n = 100$ sechs bis sieben und für $n = 1000$ neun bis zehn; denn nach Erdös und Renyi (1970) gilt folgender Satz: Wenn wir eine Münze n-mal werfen, dann ist für $n \to \infty$ eine „reine Folge" der Länge $\log_2 n$ mit einer gegen 1 konvergierenden Wahrscheinlichkeit zu erwarten.
3. Für eine sehr große Zahl von Münzwürfen strebt nach Abraham de Moivre (1667–1754):

   (1) die Wahrscheinlichkeit dafür, daß die Anzahl der „Wappen"-Würfe **fast** gleich der Anzahl der „Zahl"-Würfe wird, gegen Eins;
   (2) die Wahrscheinlichkeit dafür, daß die Anzahl der „Wappen"-Würfe **exakt** gleich der Anzahl der „Zahl"-Würfe wird, gegen Null.

   Beide Aussagen sind Fassungen des Gesetzes der großen Zahlen. Für größer werdendes n wird (1) der Quotient aus der Anzahl der „Wappen"-Würfe W_n" zur Anzahl der „Zahl"-Würfe Z_n" gegen Eins streben, jedoch ohne diesen Wert jemals exakt zu erreichen; denn es werden sich (2) W_n und Z_n numerisch immer stärker unterscheiden, was den Quotienten aber kaum beeinflußt.

! **Bemerkung zum Wahrscheinlichkeitsbegriff**: Wahrscheinlichkeiten sind: (1) Prognosen, um die die relativen Erfolgshäufigkeiten in künftigen Serien von Zufallsexperimenten schwanken werden („schwaches" **Gesetz der großen Zahlen**), (2) Prognosen relativer Erfolgshäufigkeiten in künftigen **sehr umfangreichen** (unendlich großen) Serien (**„starkes"** Gesetz der großen Zahlen).

Klatsch (B54)

Wenn jede von 10 bzw. 20 Personen eine Nachricht mit einer Wahrscheinlichkeit von 0,9 weitergibt, so resultiert am Schluß eine Nachricht mit den folgenden Wahrscheinlichkeiten: $0{,}9^{10} \approx 0{,}35$ bzw. $0{,}9^{20} \approx 0{,}12$ (vgl. auch $0{,}9^{43} = 0{,}01$). Mit $0{,}99^{365} \approx 0{,}03$ und $0{,}9999^{365} \approx 0{,}96$ stoßen wir auf das **Paradoxon der „fast sicheren" Ereignisse.** Werte $0{,}95^k$ enthält Tabelle 48A auf S. 183.

Einwandfreie Äpfel (B55)

Jeder zehnte Apfel einer Sendung sei nicht einwandfrei. Wie groß ist die Wahrscheinlichkeit, daß von drei rein zufällig ausgewählten genau ein Apfel nicht einwandfrei ist? Die Äpfel seien nicht einwandfrei (N) oder einwandfrei (E). Dann ergeben sich für die zufällige Entnahme dreier Äpfel die 8 Möglichkeiten:

$$NNN,\ NNE,\ NEN,\ ENN,\ NEE,\ ENE,\ EEN \text{ und } EEE.$$

Die Wahrscheinlichkeiten für die uns interessierenden Möglichkeiten sind:

$$\begin{aligned} P(NEE) &= P(N) \cdot P(E) \cdot P(E) = 0{,}1 \cdot 0{,}9 \cdot 0{,}9 = 0{,}081 \\ P(ENE) &= P(E) \cdot P(N) \cdot P(E) = 0{,}9 \cdot 0{,}1 \cdot 0{,}9 = 0{,}081 \\ P(EEN) &= P(E) \cdot P(E) \cdot P(N) = 0{,}9 \cdot 0{,}9 \cdot 0{,}1 = \underline{0{,}081} \\ & \qquad\qquad\qquad\qquad\qquad\qquad\qquad\quad 0{,}243 \end{aligned}$$

Damit ergibt sich eine Wahrscheinlichkeit von fast 1/4; d. h. bei mehrfacher zufälliger Entnahme jeweils dreier Äpfel wird man fast sicher einen nicht einwandfreien Apfel erhalten.

Alternativen für den bemannten Flug einer Rakete (B56)

Eine bemannte Rakete habe beim ersten Start eine Erfolgswahrscheinlichkeit von 0,96. Mißglückt der Start, so beträgt die Wahrscheinlichkeit für eine Explosion der Rakete 0,01. **[123]**
Wird der Start vorzeitig abgebrochen, so besteht eine Verläßlichkeit für alle Systeme von 0,97. Um alle Möglichkeiten zu erfassen, definieren wir:

E_1 = Erfolgreiche Mission
$\bar{E}_1$ = Erfolglose Mission
E_2 = keine Explosionskatastrophe
$\bar{E}_2$ = Explosionskatastrophe
E_3 = Startabbruch gelingt
$\bar{E}_3$ = Startabbruch mißglückt
E_4 = Mannschaft überlebt
$\bar{E}_4$ = Mannschaft überlebt nicht

Die Ereignisse E_1 und $\bar{E}_1$ sowie E_4 und $\bar{E}_4$ sind einander komplementär und schließen sich natürlich aus, ebenso die oben geklammerten Ereignispaare. Dann gilt:

$P(E_1) = 0{,}96$ und $P(\bar{E}_1) = 1 - 0{,}96 = 0{,}04$

$P(\bar{E}_1 \cap \bar{E}_2) = P(\bar{E}_1) \cdot P(\bar{E}_2|\bar{E}_1)$, $\bar{E}_2$ kann nur auftreten, wenn $\bar{E}_1$ eintritt,
d. h. $\bar{E}_1 \cap \bar{E}_2 = \bar{E}_2$ und $P(\bar{E}_2) = P(\bar{E}_1) \cdot P(\bar{E}_2|\bar{E}_1) = 0{,}04 \cdot 0{,}01 = 0{,}0004$;

dementsprechend

$$P(E_2) = P(E_2 \cap \bar{E}_1) = P(\bar{E}_1) \cdot P(E_2|\bar{E}_1) = 0{,}04 \cdot 0{,}99 = 0{,}0396$$
$$P(E_3) = P(E_3 \cap E_2) = P(E_2) \cdot P(E_3|E_2) = 0{,}0396 \cdot 0{,}97 = 0{,}038412$$
$$P(\bar{E}_3) = P(\bar{E}_3 \cap E_2) = P(E_2) \cdot P(\bar{E}_3|E_2) = 0{,}0396 \cdot 0{,}03 = 0{,}001188$$
$$P(E_4) = P(E_1) + P(E_3) = 0{,}96 + 0{,}038412 = 0{,}998412$$
$$P(\bar{E}_4) = 1 - P(E_4) = 1 - 0{,}998412 = 0{,}001588$$

Kontrolle: $P(\bar{E}_4) = P(\bar{E}_2) + P(\bar{E}_3)$
$0{,}001588 = 0{,}0004 + 0{,}001188$

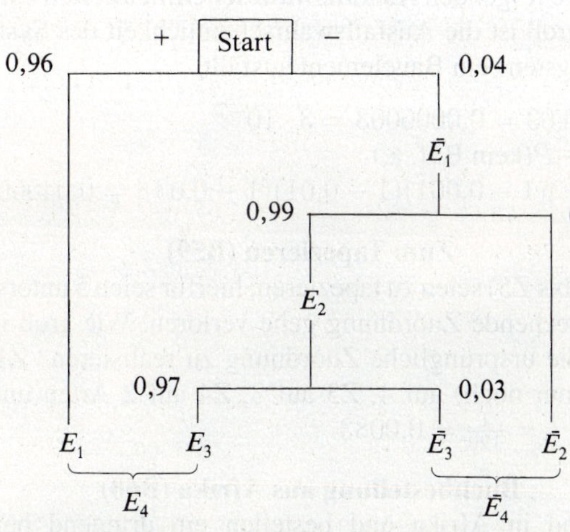

[z. B. $P(E_3) = 0{,}04 \cdot 0{,}99 \cdot 0{,}97 = 0{,}038412$]
$P(E_1) + P(E_3) + P(\bar{E}_3) + P(\bar{E}_2) = 1$
$0{,}96 + 0{,}038412 + 0{,}001188 + 0{,}0004 = 1.$

B57. **Zuverlässigkeit von Bauelementen:** Für die industrielle Elektronik und für die Raketentechnik hat neben der Lebensdauer die *Zuverlässigkeit* (reliability) von Geräten
[123] eine große Bedeutung. Unter „Zuverlässigkeit" verstehen wir die Wahrscheinlichkeit eines störungsfreien Betriebes während einer gegebenen Zeit. Ein Teil habe eine Zuverlässigkeit von 0,99 oder 99% heißt also: Aufgrund langer Versuchsreihen weiß man, daß dieses Teil 99% der vorgegebenen Zeitspanne störungsfrei arbeiten wird.

Übersicht 19

Modell		Zuverlässigkeit	Beispiel $p_A = p_B = p_C = 0{,}98$
I	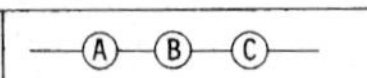	$P_I = p_A \cdot p_B \cdot p_C$	$P_I^* = 0{,}94119$
II	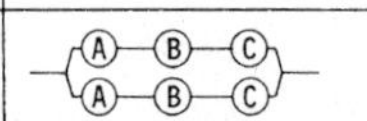	$P_{II} = 1 - (1 - P_I)^2$	$P_{II} = 0{,}99653$
III	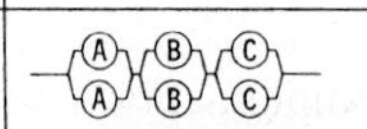	$P_{III} = \{1-(1-p_A)^2\} \cdot \{1-(1-p_B)^2\} \cdot \{1-(1-p_C)^2\}$	$P_{III} = 0{,}99930$
IV	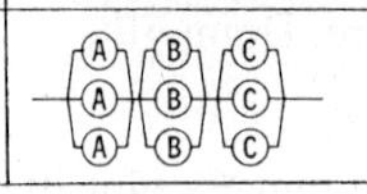	$P_{IV} = \{1-(1-p_A)^3\} \cdot \{1-(1-p_B)^3\} \cdot \{1-(1-p_C)^3\}$	$P_{IV} = 0{,}99999$

*Bei großen Überlebenswahrscheinlichkeiten p rechnet man in guter Annäherung bequemer mit der Summe der Ausfallwahrscheinlichkeiten:
$P_I \simeq 1 - (3 \cdot 0{,}02) = 0{,}94$

Ein Gerät bestehe aus den drei Elementen A, B, C, die mit den Wahrscheinlichkeiten p_A, p_B, p_C einwandfrei arbeiten. Das Funktionieren jedes dieser Elemente sei jeweils unabhängig von dem Zustand der beiden anderen. Dann ergibt sich für die Zuverlässigkeit der Gerätetypen I bis IV die obige Übersicht.
Durch Parallelschalten genügend vieler Elemente jedes Typs ist es möglich, eine beliebige Zuverlässigkeit des Gerätes zu erreichen.

B58. Drei Bauelemente, die unabhängig voneinander ausfallen können, weisen für einen bestimmten Zeitraum die folgenden **Ausfallswahrscheinlichkeiten** auf: $p_1 = 0{,}001, p_2 = 0{,}01, p_3 = 0{,}03$. Wie groß ist die Ausfallswahrscheinlichkeit des Systems, wenn (a) alle drei ausfallen, (b) wenigstens ein Bauelement ausfällt.

(a) $P = 0{,}001 \cdot 0{,}01 \cdot 0{,}03 = 0{,}0000003 = 3 \cdot 10^{-7}$
(b) $P(\text{w.1 B.f.a.}) = 1 - P(\text{kein B. f. a.})$
$= 1 - [(1 - 0{,}001)(1 - 0{,}01)(1 - 0{,}03)] = 0{,}04066.$

Zum Tapezieren (B59)

Fünf Wohnzimmer (Z1 bis Z5) seien zu tapezieren; hierfür seien 5 unterschiedliche Tapeten vorgesehen. Die entsprechende Zuordnung gehe verloren. Wie groß ist die Wahrscheinlichkeit, rein zufällig die ursprüngliche Zuordnung zu realisieren? Z1 kann auf 5 Arten tapeziert werden, Z2 (nur noch) auf 4, Z3 auf 3, Z4 auf 2 Arten und Z5 auf eine Art; d. h. $P = \frac{1}{5} \cdot \frac{1}{4} \cdot \frac{1}{3} \cdot \frac{1}{2} \cdot \frac{1}{1} = \frac{1}{120} = 0{,}0083$.

Buchbestellung aus Afrika (B60)

Angenommen, wir sind in Afrika und bestellen ein dringend benötigtes Buch zugleich bei einem Londoner und einem New Yorker Buchhändler. Die Lieferwahrscheinlichkeiten seien $P(LO) = P(NY) = 0{,}45$. Lohnt sich dies? Das heißt: ist

$P(LO \cup NY) > 0{,}45$? Nach dem Additionssatz und unter der Annahme, beide Ereignisse seien stochastisch unabhängig voneinander, gilt:
$P(LO \cup NY) = P(LO) + P(NY) - P(LO)P(NY) = 0{,}45 + 0{,}45 - 0{,}45 \cdot 0{,}45 = 0{,}6975$; **[123]**
d. h. die Doppelbestellung wird sich lohnen, da die Lieferwahrscheinlichkeit insgesamt auf fast 70% angestiegen ist (vgl. auch Tab. 14).

Tabelle 14. Diese kleine Übersichtstafel – beachte ganz rechts die Hinweise – gibt einige Formeln für die Wahrscheinlichkeit, daß von den unabhängigen Ereignissen E_1 und E_2 mit den Wahrscheinlichkeiten $P(E_1)$ und $P(E_2)$ eintreten:

Ereignisse	Wahrscheinlichkeit	Beispiel $P(E_1) = 0{,}10$; $P(E_2) = 0{,}01$
Beide	$P(E_1) \cdot P(E_2)$	$P = 0{,}001$
Nicht beide	$1 - P(E_1) \cdot P(E_2)$	$P = 0{,}999$
Entweder E_1 oder E_2, nicht beide	$P(E_1) + P(E_2) - 2\,P(E_1) \cdot P(E_2)$	$P = 0{,}108$
Entweder E_1 oder E_2, oder beide	$P(E_1) + P(E_2) - P(E_1) \cdot P(E_2)$	$P = 0{,}109$
Weder E_1 noch E_2	$1 - P(E_1) - P(E_2) + P(E_1) \cdot P(E_2)$	$P = 0{,}891$
Beide oder keines	$(1 - P(E_1)) \cdot (1 - P(E_2)) + P(E_1) \cdot P(E_2)$	$P = 0{,}892$
E_1 aber nicht E_2	$P(E_1) \cdot (1 - P(E_2))$	$P = 0{,}099$

A1
S. 884

Richtige Diagnose (B61)

Die Wahrscheinlichkeit, eine bestimmte Krankheit richtig zu diagnostizieren, sei bei der Untersuchungsmethode A gleich 0,9 und bei der Untersuchungsmethode B gleich 0,8. Unter der Annahme der Unabhängigkeit beider Methoden ist die Wahrscheinlichkeit einer Fehldiagnose für beide Untersuchungen

$$P(\bar{A} \cap \bar{B}) = P(\bar{A}) \cdot P(\bar{B}) = [1 - P(A)] \cdot [1 - P(B)] = 0{,}1 \cdot 0{,}2 = 0{,}02.$$

Erkrankungswahrscheinlichkeiten (B62)

Gegeben seien die Erkrankungswahrscheinlichkeiten für die Krankheiten K_1 und K_2, $P(K_1), P(K_2)$ sowie die Wahrscheinlichkeit, an K_1 und K_2 zu erkranken $P(K_1 \cap K_2)$. Wie groß ist die Wahrscheinlichkeit:

(1) genau an einer der beiden Krankheiten zu erkranken?
P (genau 1 Erkrankung) $= P(K_1) + P(K_2) - 2P(K_1 \cap K_2)$

(2) mindestens an einer Krankheit zu erkranken?
P (mindestens 1 Erkrankung) $= P(K_1) + P(K_2) - P(K_1 \cap K_2)$.

Falls K_1 und K_2 stochastisch unabhängig sind, hätte man $P(K_1 \cap K_2) = P(K_1) \cdot P(K_2)$ nicht vorzugeben brauchen (vgl. auch B34A und B35 auf S. 64).

Infektionskrankheit (B63)

Bei einer Infektionskrankheit (I) verlaufen 40% der Fälle stumm. Zwei Personen seien infiziert. Wie groß sind die Wahrscheinlichkeiten für

(a) zwei stumme Verläufe der I,
(b) zwei nicht stumme Verläufe,
(c) genau einen stummen Verlauf?

(a) $P_a = 0{,}4 \cdot 0{,}4 = 0{,}16$ (b) $P_b = 0{,}6 \cdot 0{,}6 = 0{,}36$
(c) $P_c = 0{,}4 \cdot 0{,}6 + 0{,}6 \cdot 0{,}4 = 0{,}48$ $[P_a + P_b + P_c = 1]$.

Stochastische Unabhängigkeit zweier Alternativmerkmale? Wahrscheinlichkeiten einer Vierfeldertafel (B64)

[123] Beim Vorliegen zweier Alternativmerkmale, die gleichzeitig betrachtet werden, ergeben sich vier Typen von Beobachtungspaaren mit den zugehörigen Wahrscheinlichkeiten. An den Individuen einer Bevölkerung werden die Merkmale Geschlecht (GE: ♂, ♀) und Rauchgewohnheit (RG: Raucher R, Nichtraucher $\bar{R}$) beobachtet. Es gelten folgende Wahrscheinlichkeiten (vgl. B24 auf S. 58):

Tabelle 15.

GE \ RG	R	$\bar{R}$	Σ
♂	$P(♂ \cap R) = 0{,}26$	$P(♂ \cap \bar{R}) = 0{,}29$	$P(♂) = 0{,}55$
♀	$P(♀ \cap R) = 0{,}14$	$P(♀ \cap \bar{R}) = 0{,}31$	$P(♀) = 0{,}45$
Σ	$P(R) = 0{,}40$	$P(\bar{R}) = 0{,}60$	1

Aus dem Vergleich der bedingten Wahrscheinlichkeiten

$$P(R|♂) = \frac{P(R \cap ♂)}{P(♂)} = \frac{0{,}26}{0{,}55} = 0{,}473$$
$$P(R|♀) = \frac{P(R \cap ♀)}{P(♀)} = \frac{0{,}14}{0{,}45} = 0{,}311$$

folgt mit $P(R|♂) \neq P(R|♀)$, daß die Merkmale Rauchgewohnheit und Geschlecht stochastisch abhängig sind, was sich auch aus

$$P(♂ \cap R) = 0{,}26 \neq 0{,}22 = 0{,}55 \cdot 0{,}40 = P(♂) \cdot P(R)$$

ergibt; dies gilt dann natürlich für alle vier Typen der Vierfeldertafel.

Angler und Kegler (B65)

Von 100 Männern wird erfragt, ob sie angeln (A) bzw. nicht angeln ($\bar{A}$) und/oder kegeln (K) bzw. nicht kegeln ($\bar{K}$). Es ergeben sich die folgenden Häufigkeiten:

$A \cap K = 25$ (Angler und Kegler zugleich)
$A \cap \bar{K} = 5$ (nicht kegelnde Angler)
$\bar{A} \cap K = 15$ (nicht angelnde Kegler)
$\bar{A} \cap \bar{K} = 55$ (weder Angler noch Kegler),

als Vierfeldertabelle geschrieben:

Tabelle 16

I \ II	K	$\bar{K}$	Σ
A	25	5	30
$\bar{A}$	15	55	70
Σ	40	60	100

Angenommen, dies seien Prozente einer bestimmten Grundgesamtheit von Männern. Dann lassen sich jetzt folgende Wahrscheinlichkeiten angeben:

[123]

$$\begin{aligned} P(A) &= 0{,}30 \quad P(K|A) = P(K \cap A)/P(A) = 0{,}25/0{,}30 = 0{,}8333 \\ P(\bar{A}) &= 0{,}70 \quad P(K|\bar{A}) = P(K \cap \bar{A})/P(\bar{A}) = 0{,}15/0{,}70 = 0{,}2143 \\ P(K) &= 0{,}40 \quad P(A|K) = P(A \cap K)/P(K) = 0{,}25/0{,}40 = 0{,}6250 \\ P(\bar{K}) &= 0{,}60 \quad P(A|\bar{K}) = P(A \cap \bar{K})/P(\bar{K}) = 0{,}05/0{,}60 = 0{,}0833 \end{aligned}$$

Ein zufällig ausgewählter Mann sei z. B. Angler. Dann ist die bedingte Wahrscheinlichkeit, daß er auch Kegler ist, $P(K|A)$, etwas größer als 83%. Aus $P(K|A) = 0{,}8333 \neq 0{,}2143 = P(K|\bar{A})$ bzw. aus $P(K|A) = 0{,}8333 \neq 0{,}40 = P(K)$ folgt, daß Angeln und Kegeln voneinander stochastisch abhängig sind.

Wetten (B66)

Die Wahrscheinlichkeiten, die Wetten A, B und C zu gewinnen, seien unabhängig von einander 0,4, 0,6 und 0,8. Wie groß sind die Wahrscheinlichkeiten: (1) alle, (2) keine, (3) mindestens eine, (4) genau eine, (5) genau zwei Wetten zu gewinnen?

(1) P(„alle“) $= P(A \cap B \cap C) = 0{,}4 \cdot 0{,}6 \cdot 0{,}8 = 0{,}192$
(2) P(„keine“) $= P(\bar{A} \cap \bar{B} \cap \bar{C}) = 0{,}6 \cdot 0{,}4 \cdot 0{,}2 = 0{,}048$
(3) P(„mindestens eine“)$= 1 - P$(„keine“) $= 1 - 0{,}048 = 0{,}952$
(4) P(„genau eine“)$= P(A \cap \bar{B} \cap \bar{C}) + P(\bar{A} \cap B \cap \bar{C}) + P(\bar{A} \cap \bar{B} \cap C)$
$= 0{,}4 \cdot 0{,}4 \cdot 0{,}2 + 0{,}6 \cdot 0{,}6 \cdot 0{,}2 + 0{,}6 \cdot 0{,}4 \cdot 0{,}8 = 0{,}296$
(5) P(”genau zwei”) $= P(A \cap B \cap \bar{C}) + P(A \cap \bar{B} \cap C) + P(\bar{A} \cap B \cap C)$
$= 0{,}4 \cdot 0{,}6 \cdot 0{,}2 + 0{,}4 \cdot 0{,}4 \cdot 0{,}8 + 0{,}6 \cdot 0{,}6 \cdot 0{,}8 = 0{,}464$

Kontrolle: $0{,}048 + (0{,}296 + 0{,}464 + 0{,}192) = 0{,}048 + 0{,}952 = 1$.

Tontaubenschießen (B67)

Drei Tontaubenschützen, die gewöhnlich die Trefferwahrscheinlichkeiten 0,6, 0,7 und 0,8 aufweisen, schießen gemeinsam auf die nächste Tontaube. Mit welcher „Überlebenschance“ kann sie rechnen? Mit den Nichttrefferwahrscheinlichkeiten 0,4, 0,3 und 0,2 ergibt sich $P = 0{,}4 \cdot 0{,}3 \cdot 0{,}2 = 0{,}024$.

Verdorbene Eier (B68)

Eine Urne enthalte vier weiße (W) und zwei schwarze (S) Kugeln. Dann ist die Wahrscheinlichkeit nacheinander: (a) zwei weiße Kugeln zu ziehen, (b) zwei schwarze Kugeln, (c) zuerst eine weiße und dann eine schwarze, (d) zuerst eine schwarze und dann eine weiße Kugel:

$$\left.\begin{aligned} \text{a)} \quad P(W,W) &= \frac{4}{6} \cdot \frac{3}{5} = \frac{12}{30} \\ \text{b)} \quad P(S,S) &= \frac{2}{6} \cdot \frac{1}{5} = \frac{2}{30} \\ \text{c)} \quad P(W,S) &= \frac{4}{6} \cdot \frac{2}{5} = \frac{8}{30} \\ \text{d)} \quad P(S,W) &= \frac{2}{6} \cdot \frac{4}{5} = \frac{8}{30} \end{aligned}\right\} 1$$

Zwei von 6 Eiern seien verdorben. Von den 6 Eiern seien zufällig zwei ausgewählt. Wie groß ist die Wahrscheinlichkeit, daß davon genau ein Ei verdorben ist? Mit den Möglichkeiten
[123] c und d ergibt sich die Wahrscheinlichkeit $P = \frac{8}{30} + \frac{8}{30} = \frac{8}{15}$.

Behandlungserfolge (B69)

Die Wahrscheinlichkeit dafür, daß eine bestimmte Behandlung erfolgreich ist, sei 0,9. Dann ist die Wahrscheinlichkeit für (a) 4 erfolgreiche Behandlungen $0{,}9^4 = 0{,}656$, (b) nur 1 erfolgreiche von insgesamt 4 Behandlungen: Für den Erfolg der 1. Behandlung gilt $P_1 = 0,9 \cdot 0{,}1 \cdot 0{,}1 \cdot 0{,}1$, für den Erfolg der 2. Behandlung $P_2 = 0{,}1 \cdot 0{,}9 \cdot 0{,}1 \cdot 0{,}1$ usw., d. h. man erhält insgesamt $4 \cdot 0{,}9 \cdot 0{,}1^3 = 0{,}0036$, (c) keine erfolgreiche von insgesamt 4 Behandlungen $0{,}1^4 = 0{,}0001$.
Entsprechend der Aufgabe (b) erhält man für 3 erfolgreiche Behandlungen die Wahrscheinlichkeit $4 \cdot 0{,}9^3 \cdot 0{,}1 = 0{,}2916$; für 2 erhält man nach kurzem Knobeln (6 Möglichkeiten) $6 \cdot 0{,}9^2 \cdot 0{,}1^2 = 0,0486$. Alle 5 Wahrscheinlichkeiten:

$\sum =$	0,6560 +	0,2916 +	0,0486 +	0,0036 +	0,0001	= 1
[Erfolg:	viermal	dreimal	zweimal	einmal	nullmal]	

ergeben sich mühelos anhand der Binomialverteilung (vgl. [162]).

Triebwerkschaden eines Düsenflugzeugs (B70)

Ein klappriges Düsenflugzeug hat drei Triebwerke (A, B, C), die einen Überseeflug mit den Wahrscheinlichkeiten $P(A) = 0{,}95$; $P(B) = 0{,}96$; $P(C) = 0{,}97$ überstehen. Die Maschine benötigt zum Fliegen mindestens zwei Triebwerke. Mit welcher Wahrscheinlichkeit übersteht sie den Überseeflug?

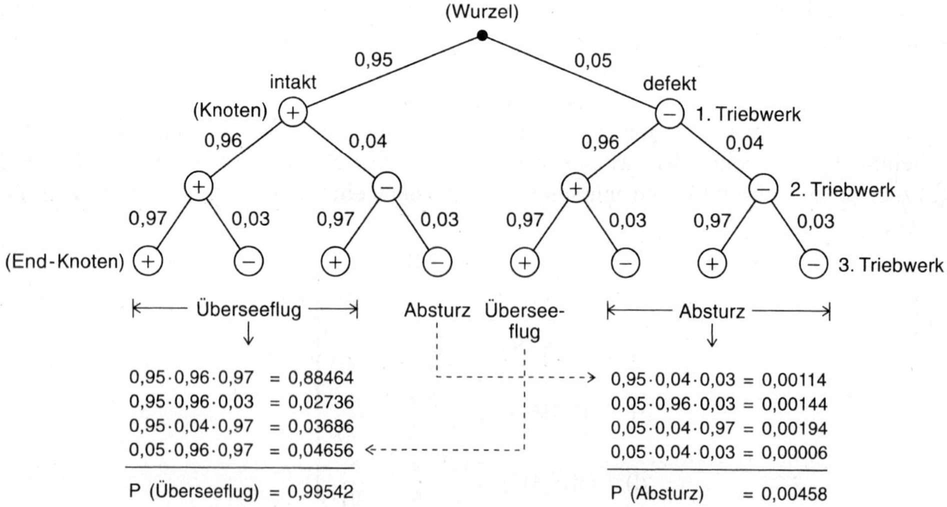

124 Totale Wahrscheinlichkeit und Bayessches Theorem

[124]

- Totale Ereignisdisjunktion
- Totale Wahrscheinlichkeit
- Bayessches Theorem
  Beispiele:
  Brückenbau nach erfolgreicher Bewerbung (B71)
  Karotten aus drei Gärtnereien (B72)
  Lehrgangsabschluß und Anstellung (B73)
  Zur Krankheit K (B74)
  Terrorismus im Flugverkehr (B75)
  Herkunft von Ausschußware I (B76)
  Herkunft von Ausschußware II (B77)
  Aus welcher Urne entnommen? (B78)
  Durchleuchtung der Brust mit Röntgenstrahlen (B79)
  Falsches Wegordnen von Unterlagen (B80)
  Effizienz eines diagnostischen Tests (B81)
- Zusammenstellung wichtiger Formelnummern und vier Hinweise

Bezeichnen wir mit K eine spezielle Krankheit, mit F eine Frau und mit M einen Mann, dann ist die Erkrankungswahrscheinlichkeit für einen zufällig ausgewählten Erwachsenen:

$$\boxed{P(K) = P(F) \cdot P(K|F) + P(M) \cdot P(K|M)} \qquad (1.15')$$

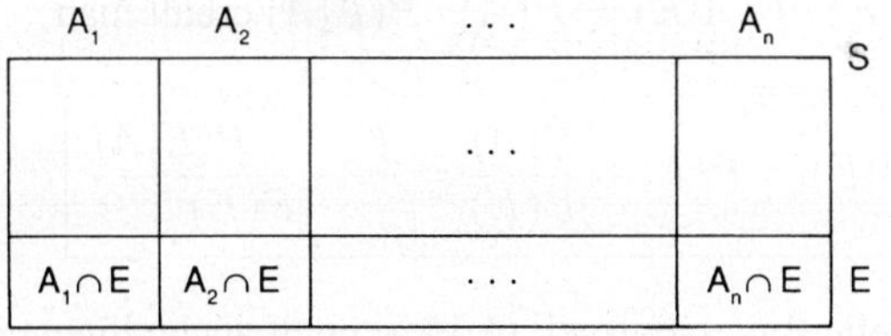

Abb. 13.

1. Die A_i bilden eine disjunkte Zerlegung von S (vgl. Abb. 13); man spricht von einer **totalen Ereignisdisjunktion** der A_i.
2. Die $A_i \cap E$ bilden eine disjunkte Zerlegung von E.
3. Dann gilt $P(E) = \sum_i P(A_i \cap E)$ und unter Anwendung des Multiplikationssatzes

   erhält man die **Totale Wahrscheinlichkeit des Ereignisses E**

$$\boxed{P(E) = \sum_i P(A_i \cap E) = \sum_i P(A_i) \cdot P(E|A_i)} \qquad (1.15)$$

Angenommen, das Ereignis E kann nur unter n sich gegenseitig ausschließenden Umständen A_i eintreten, dann zeigt (1.15), wie sich die Totale Wahrscheinlichkeit des Er-
[124] eignisses E als Summe von Produkten aus den Wahrscheinlichkeiten der verschiedenen Umstände und den entsprechenden bedingten Wahrscheinlichkeiten ergibt.
Uns interessiere der Umstand oder das Ereignis A_k, das in Verbindung mit dem Ereignis E auftrete. Dann gilt die bedingte Wahrscheinlichkeit (vgl. S. 44)

$$P(A_k|E) = \frac{P(A_k \cap E)}{P(E)} \tag{1.10}$$

Wenden wir auf den Zähler den Multiplikationssatz an und auf den Nenner die Totale Wahrscheinlichkeit, dann erhalten wir das **Bayessche Theorem:**

Schließen die Ereignisse $A_1, A_2, \ldots A_n$ sich gegenseitig aus, indem sie eine vollständige Zerlegung von S darstellen und tritt eines dieser Ereignisse, sagen wir A_k, in Verbindung mit dem Ereignis E auf, das ebenfalls zu S gehört, wobei $P(E) > 0$ gilt, dann ist

$$P(A_k|E) = \frac{P(A_k) \cdot P(E|A_k)}{\sum\limits_{i=1}^{n} P(A_i) \cdot P(E|A_i)} \tag{1.15a}$$

Es erläutert den Zusammenhang zwischen bedingten Wahrscheinlichkeiten und gilt für ein Ereignis E, das nur in Kombination mit einem Ereignis A_i auftritt (weitere Voraussetzungen: $\sum\limits_{i} A_i = S$, $P(A_i) > 0$ und $P(E) > 0$).

Mit $P(E \cap A) = P(E) \cdot P(A|E) = P(A) \cdot P(E|A)$ erhält man

$$P(A|E) = P(E|A)\frac{P(A)}{P(E)} = \frac{P(A) \cdot P(E|A)}{P(E)} \tag{1.15b}$$

die sogenannte spezielle Bayes-Formel; (1.15 a) heißt auch allgemeine Bayes-Formel.

Der Schluß nach Bayes vom Symptom S auf die Krankheit K (einfachster Fall: 2 Ereignisse K und $\bar{K}$); gegeben: $P(K)$, $P(S|K)$ und $P(S|\bar{K})$:

$$P(K|S) = \frac{P(K) \cdot P(S|K)}{P(K) \cdot P(S|K) + P(\bar{K} \cdot P(S|\bar{K})} \tag{1.15c}$$

Die Wahrscheinlichkeit $P(K)$ wird als a-priori-Wahrscheinlichkeit für K bezeichnet. $P(K|S)$ als die a-posteriori-Wahrscheinlichkeit für K [vgl. auch B74 und B79].
Lernen aus Erfahrung. Im Rückblick wird anhand von Wahrscheinlichkeiten eine bestimmte Situation eingeschätzt. Aus der Wahrscheinlichkeit an K zu erkranken und den Wahrscheinlichkeiten, das betreffende Symptom aufzuweisen – und zwar im Krankheitsfall und (lästigerweise) auch im Nicht-Krankheitsfall – wird die Wahrscheinlichkeit berechnet, daß beim Vorliegen eines Symptoms auch die Krankheit vorhanden ist, wird vom Symptom auf die Krankheit geschlossen.

Übersicht 20

Pfadregeln [124]

(1) Die Wahrscheinlichkeit eines Pfades ergibt sich als Produkt der Einzelwahrscheinlichkeiten längs des Pfades [(1.11) und (1.11 A), S. 44 und 51]

(2) Die Wahrscheinlichkeit eines Ereignisses ergibt sich als Summe der Wahrscheinlichkeiten aller Pfade, die zu dem Ereignis führen [(1.15)]

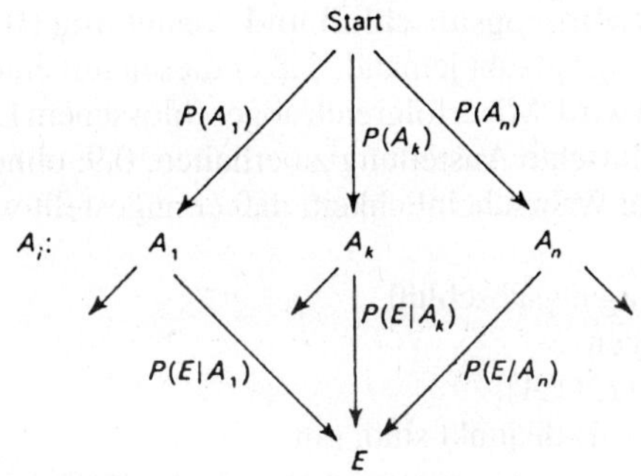

I. Die Wahrscheinlichkeit, vom Start nach E zu gelangen, ist

$$P(E) = \sum_{i=1}^{n} P(A_i) \cdot P(E|A_i) \tag{1.15}$$

II. Angenommen, ich gelange über A_k nach E, dann ist diese Wahrscheinlichkeit

$$P(A_k|E) = \frac{P(A_k) \cdot P(E|A_k)}{\sum\limits_{i=1}^{n} P(A_i) \cdot P(E|A_i)} \tag{1.15a}$$

Beispiele

Brückenbau nach erfolgreicher Bewerbung (B71)

Drei Personen bewerben sich um ein öffentliches Amt. Eine Meinungsumfrage ergebe die individuellen Wahlchancen 0,25, 0,35 und 0,40. Die Chancen, daß die drei nach ihrer Wahl einen Brückenbau durchsetzen, betragen 0,60, 0,90 und 0,80.
Wie groß ist die Wahrscheinlichkeit, daß die Bevölkerung nach der Wahl die Brücke erhält?

Die Wahlchancen sind: $P(A_1) = 0{,}25$
$P(A_2) = 0{,}35$
$P(A_3) = 0{,}40$

Die Chancen für den Brückenbau sind: $P(B|A_1) = 0{,}60$
$P(B|A_2) = 0{,}90$ und
$P(B|A_3) = 0{,}80$;

dann ist die totale Wahrscheinlichkeit für den Brückenbau

$$P(B) = \sum_{i=1}^{3} P(A_i)P(B|A_i) = 0{,}25 \cdot 0{,}60 + 0{,}35 \cdot 0{,}90 + 0{,}40 \cdot 0{,}80 = 0{,}785.$$

Karotten aus drei Gärtnereien (B72)

Ein Gemüsehändler erhalte Karotten aus drei Gärtnereien: 50% stamme aus A_1, 30% aus
[124] A_2 und 20% aus A_3. Der Händler weiß, daß A_1 1 % Ausschuß liefert, A_2 3% und A_3 4%. Wieviel Prozent Ausschuß sind zu erwarten?
Mit $P(A_1) = 0{,}5$, $P(A_2) = 0{,}3$ und $P(A_3) = 0{,}2$ und $P(E|A_1) = 0{,}01$, $P(E|A_2) = 0{,}03$ sowie $P(E|A_3) = 0{,}04$ ergibt sich insgesamt $P(E) = 0{,}5 \cdot 0{,}01 + 0{,}3 \cdot 0{,}03 + 0{,}2 \cdot 0{,}04 = 0{,}022$ ein Ausschußanteil von 2,2%.

Lehrgangsabschluß und Anstellung (B73)

Zu Beginn eines Lehrgangs glaubt jemand, daß er diesen mit einer Wahrscheinlichkeit von 0,8 erfolgreich beenden wird. Mit erfolgreich abgeschlossenem Lehrgang beträgt die Wahrscheinlichkeit, die gewünschte Anstellung zu erhalten, 0,9, ohne Bestehen des Lehrgangs nur 0,3. Wie groß ist die Wahrscheinlichkeit, daß er angestellt wird?
Mit den Ereignissen

E: Erfolgreicher Lehrgangsabschluß
A: Anstellung gelungen
gilt $A = (E \cap A) \cup (\bar{E} \cap A)$,
da $(E \cap A)$ und $(\bar{E} \cap A)$ disjunkt sind, gilt

$$\begin{aligned} P(A) &= P(E \cap A) + P(\bar{E} \cap A) = P(E) \cdot P(A|E) + P(\bar{E}) \cdot P(A|\bar{E}) \\ &= 0{,}8 \cdot 0{,}9 + 0{,}2 \cdot 0{,}3 = 0{,}78. \end{aligned}$$

Als Pfad-Diagramm aufgeschrieben:

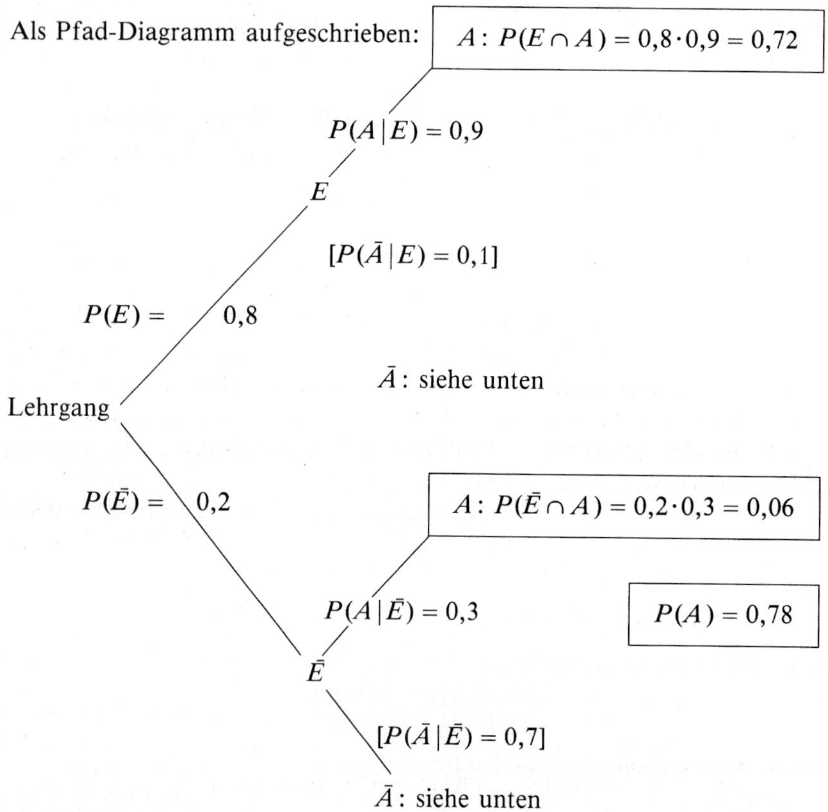

Hinweis: $P(\bar{A}) = 0{,}8 \cdot 0{,}1 + 0{,}2 \cdot 0{,}7 = 0{,}22 = 1 - 0{,}78$

Zur Krankheit K (B74)

In einer bestimmten Grundgesamtheit mit 60% Frauen (F) und 40% Männern ($\bar{F}$) leiden 10% der Frauen und 3% der Männer an der Krankheit K. Wie groß ist die Wahrscheinlichkeit dafür, daß (a) eine zufällig ausgewählte Person an K leidet, (b) diese Person eine Frau bzw. (c) ein Mann ist? [124]

$$P(F) = 0{,}6 \quad P(\bar{F}) = 0{,}4 \quad P(K|F) = 0{,}1 \quad P(K|\bar{F}) = 0{,}03$$

(a) $$P(K) = P(F) \cdot P(K|F) + P(\bar{F}) \cdot P(K|\bar{F}) = 0{,}6 \cdot 0{,}1 + 0{,}4 \cdot 0{,}03 = 0{,}06 + 0{,}012 = 0{,}072,$$

(b) $$P(F|K) = \frac{P(F) \cdot P(K|F)}{P(K)} = \frac{0{,}06}{0{,}072} = 0{,}833 = 1 - P(\overline{F}|K)$$

(c) $$P(\bar{F}|K) = \frac{P(\bar{F}) \cdot P(K|\bar{F})}{P(K)} = \frac{0{,}012}{0{,}072} = 0{,}167 = 1 - P(F|K)$$

Der Leser sei gewarnt, optimistische Vorstellungen hinsichtlich der Anwendbarkeit dieses Theorems für die medizinische Diagnostik zu entwickeln; ebenso könnte man nach Feinstein (1977) versuchen, den Stein der Weisen zu finden (vgl. auch *Koller 1967 und 1989*).

Terrorismus im Flugverkehr (B75)

Auf dem Flughafen werden alle Passagiere vorsorglich kontrolliert. Ein Terrorist werde mit $P(F|T) = 0{,}98$ festgenommen, ein Nicht-Terrorist mit $P(F|\bar{T}) = 0{,}001$. Jeder hunderttausendste Flugpassagier sei ein Terrorist, $P(T) = 0{,}00001$. Wie groß ist die Wahrscheinlichkeit, daß eine Festnahme tatsächlich einen Terroristen erbringt?

$$P(F|T) = \frac{P(T) \cdot P(F|T)}{P(T) \cdot P(F|T) + P(\bar{T}) \cdot P(F|\bar{T})} = \frac{0{,}00001 \cdot 0{,}98}{0{,}00001 \cdot 0{,}98 + 0{,}99999 \cdot 0{,}001}$$
$$= \frac{98}{10098} = 0{,}0097 < 0{,}01$$

Trotz der Zuverlässigkeit der Kontrollen erfolgen somit über 99% aller Festnahmen zu Unrecht.

Herkunft von Ausschußware I (B76)

Zwei Maschinen A und B produzieren Teekessel desselben Typs; A liefert 60%, B 40% der Produktion. Der Anteil einwandfreier (E) Teekessel betrage für A 99%, für B 95%. Aus der Gesamtproduktion wird anhand einer Zufallszahl Z der Z-te Teekessel ausgewählt. Wie groß ist die Wahrscheinlichkeit, daß dieser Teekessel A bzw. B entstammt, wenn er (a) einwandfrei oder (b) defekt ist?

Gegeben sind somit $P(A) = 0{,}6$ und $P(B) = 0{,}4$ sowie $P(E|A) = 0{,}99$ und $P(E|B) = 0{,}95$ [und damit $P(\bar{E}|A) = 1 - 0{,}99 = 0{,}01$ und $P(\bar{E}|B) = 1 - 0{,}95 = 0{,}05$]. Gesucht werden (a) $P(A|E)$ und $P(B|E)$ sowie (b) $P(A|\bar{E})$ und $P(B|\bar{E})$.

(a) $$P(A|E) = \frac{P(A) \cdot P(E|A)}{P(A) \cdot P(E|A) + P(B) \cdot P(E|B)} = \frac{0{,}6 \cdot 0{,}99}{0{,}6 \cdot 0{,}99 + 0{,}4 \cdot 0{,}95} = 0{,}610$$
$$P(B|E) = 1 - P(A|E) = 1 - 0{,}610 = 0{,}390$$

(b) $$P(A|\bar{E}) = \frac{P(A) \cdot P(\bar{E}|A)}{P(A) \cdot P(\bar{E}|A) + P(B) \cdot P(\bar{E}|B} = \frac{0{,}6 \cdot 0{,}01}{0{,}6 \cdot 0{,}01 + 0{,}4 \cdot 0{,}05} = 0{,}231$$
$$P(B|\bar{E}) = 1 - P(A|\bar{E}) = 1 - 0{,}231 = 0{,}769.$$

Herkunft von Ausschußware II (B77)

Zwei Maschinen einer Firma seien zu 10% und 90% an der Gesamtproduktion eines be-
[124] stimmten Gegenstandes beteiligt. Angenommen, die Wahrscheinlichkeit, daß die erste Maschine (M_1) Ausschuß produziert, sei 0,01 und die Wahrscheinlichkeit, daß die zweite Maschine (M_2) Ausschuß liefert, sei 0,05. Wie groß ist die Wahrscheinlichkeit, daß ein zufällig der Tagesproduktion entnommener Gegenstand von M_1 stammt, vorausgesetzt, daß es sich um ein Ausschußprodukt handelt?

Es sei E = das Ereignis, daß ein Gegenstand Ausschußware ist, A_1 das Ereignis, daß er von M_1 hergestellt worden ist, und A_2, daß er von M_2 stammt, d. h. $P(M_1|\text{ Ausschuß}) = P(A_1|E)$:

$$P(A_1|E)=\frac{P(A_1)\cdot(P(E|A_1)}{P(A_1)\cdot P(E|A_1)+P(A_2)\cdot P(E|A_2)}=\frac{0{,}10\cdot 0{,}01}{0{,}10\cdot 0{,}01+0{,}90\cdot 0{,}05}=\frac{1}{46}\simeq 0{,}022.$$

Aus welcher Urne entnommen? (B78)

Angenommen, es liegen zwei Urnen vor. Die Wahrscheinlichkeit, Urne I zu wählen, betrage 1/10; für Urne II beträgt sie dann 9/10. Nehmen wir weiter an, die Urnen enthalten schwarze und weiße Kugeln: Urne I enthalte zu 70% schwarze Kugeln, Urne II zu 40%. Wie groß ist die Wahrscheinlichkeit, daß eine mit verbundenen Augen entnommene schwarze Kugel der Urne I entstammt?

E = das Ereignis, daß die Kugel schwarz ist, A_1 = das Ereignis, daß sie aus Urne 1 entnommen ist, und A_2, daß sie aus Urne II stammt.

$$P(\text{aus Urne I}|\text{schwarz})=\frac{0{,}10\cdot 0{,}70}{0{,}10\cdot 0{,}70+0{,}90\cdot 0{,}40}=0{,}163$$

Das heißt, nach vielen Versuchen wird man in 16,3% aller Fälle, in denen man eine schwarze Kugel zieht, mit Recht auf die Herkunft aus Urne I schließen.

Durchleuchtung der Brust mit Röntgenstrahlen (B79)

Nehmen wir an, die Verläßlichkeit einer Durchleuchtung der Brust mit Röntgenstrahlen zur Entdeckung einer Tbc betrage für Tbc-Träger 90%, d. h. 10% der Tbc-Träger bleiben bei der Untersuchung unerkannt; für Tbc-freie Personen betrage sie 99%, d. h. 1 % der Tbc-freien Personen werden fälschlich als Tbc-Träger diagnostiziert.

Aus einer großen Bevölkerung mit 0,1 % Tbc-Fällen sei eine Person durchleuchtet und als Tbc-Träger eingestuft worden. Wie groß ist die Wahrscheinlichkeit, daß diese Person eine Tbc hat? Gesucht wird somit $P(\text{Tbc-Träger bei positivem Röntgentestbefund}) = P(\text{TBC}|\text{T}^+)$.

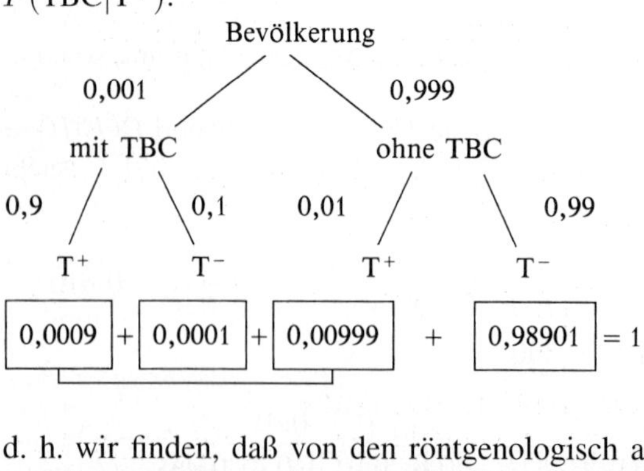

$$P(\text{TBC}|\text{T}^+)=\frac{0{,}0009}{0{,}0009+0{,}00999}=0{,}0826$$

$$\left[=\frac{90}{1089}=\right]$$

d. h. wir finden, daß von den röntgenologisch als Tbc-Träger eingestuften nur gut 8% wirklich eine Tbc aufweisen. Mit $P = 0{,}0826$ oder 0,083 (a posteriori) ist man jetzt aufgrund der Erfahrung gegenüber $P = 0{,}001$ (a priori) (vgl. Tab. 17 und darunter) 83mal sicherer als vorher.

Tabelle 17. Zusammenfassung der Beispiele Nr. 77, 78 und 79 zum Bayesschen Theorem: Baumdiagramme, rechts die zugehörigen „Pfadgewichte“ **[124]**

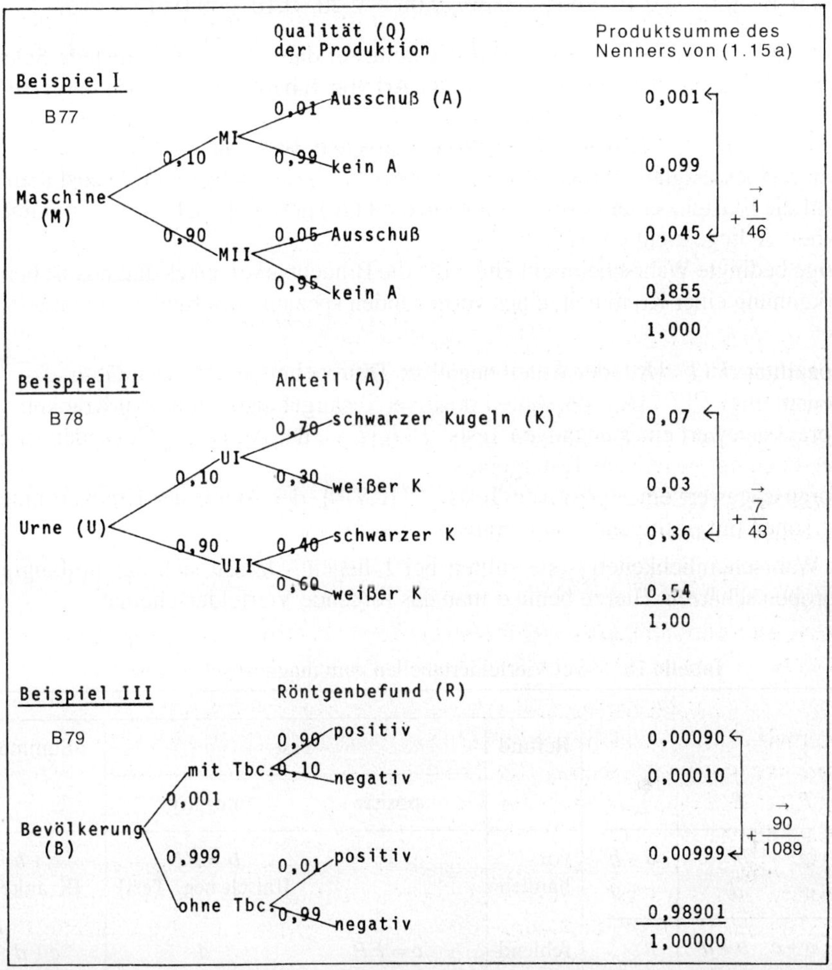

Rechts steht jeweils $P(E_1 \cap E_2) = P(E_1) \cdot P(E_2|E_1)$. Für Beispiel I: 0,001 = 0,10·0,01 usw. Die durch eine Pfeilklammer zusammengefaßten Produkte gehen jeweils in die Bayessche Formel ein.

Bei Röntgenreihenuntersuchungen ist im Durchschnitt mit 30% falsch-negativen und mit 2% falsch-positiven Befunden zu rechnen [*Garland 1959*; vgl. auch T. G. Tape 1986: Annals of Internal Medicine **104**, 663–670].

Probleme mit $P \approx 0$ oder $P \approx 1$ und großem Ereignisraum (großer Ergebnismenge) lassen sich gefühlsmäßig kaum lösen (vgl. auch B 32). **!**

Falsches Wegordnen von Unterlagen (B80)

In einem Büro arbeiten 4 Sekretärinnen, die 40, 10, 30 und 20% der Unterlagen wegordnen. Die Wahrscheinlichkeiten, daß hierbei Fehler gemacht werden, betragen: 0,01; 0,04; 0,06 und 0,10. Wie groß ist die Wahrscheinlichkeit, daß durch die dritte Sekretärin eine Akte verlegt wird?

P(Sekretärin Nr. 3| Akte falsch weggeordnet)

[124] $$= \frac{0{,}30 \cdot 0{,}06}{0{,}40 \cdot 0{,}01 + 0{,}10 \cdot 0{,}04 + 0{,}30 \cdot 0{,}06 + 0{,}20 \cdot 0{,}10} = \frac{0{,}018}{0{,}046} = 0{,}391 \simeq 39\%$$

Gut 39% aller verlegten Unterlagen! Zur Übung sei diese Rechnung für jede Sekretärin durchgeführt und das Gesamtergebnis in der Art von Tabelle 17 als Graph dargestellt.

Effizienz eines diagnostischen Tests (B81)

Aufgrund eines diagnostischen Tests, der positiv (T^+) oder negativ (T^-) ausfallen kann, wird auf die Existenz einer bestimmten Krankheit (K) geschlossen bzw. angenommen, die Krankheit K liege nicht vor ($\bar{K}$).

Wichtige bedingte Wahrscheinlichkeiten, die die Brauchbarkeit eines diagnostischen Tests zur Erkennung einer Krankheit, eines vorliegenden speziellen Befundes, charakterisieren, sind:

(1) Spezifität: $P(T^-|\bar{K})$, der Anteil negativer Testergebnisse unter den Gesunden
(2) Sensitivität: $P(T^+|K)$, der Anteil positiver Testergebnisse unter den Kranken
(3) Voraussagewert eines negativen Tests: $P(\bar{K}|T^-)$, der Anteil der Gesunden unter den Personen mit negativem Testergebnis.
(4) Voraussagewert eines positiven Tests: $P(K|T^+)$, der Anteil der Kranken unter den Personen mit positivem Testergebnis.

Diese Wahrscheinlichkeiten – sie sollten bei 1 liegen – lassen sich aus umfangreichen Stichproben schätzen. Hierzu benutzt man das folgende Vierfelderschema:

Tabelle 18. Zwei Vierfeldertabellen zum diagnostischen Test

	T^+	T^-	$\sum$
K	ⓐ	b	$a+b$
$\bar{K}$	c	ⓓ	$c+d$
$\sum$	$a+c$	$b+d$	n

Befund	Test		Summe
	positiv	negativ	
vorhanden	a	$b = FN$ [falsch neg. Test]	$a+b$ [Kranke]
fehlend	$c = FP$ [falsch pos. Test]	d	$c+d$ [Gesunde]
Summe	$a+c$ [Testpositive]	$b+d$ [Testnegative]	$a+b+c+d = n$

Ist der diagnostische Test ideal, so gilt $a + d = n$ [„Konkordanzrate" $(a + d)/n \leqq 1$]. FN (oder b) seien die aufgrund des Tests falsch negativ eingestuften Personen, FP (oder c) die falsch positiv eingestuften. Anhand einer Zufallsstichprobe des Umfangs n läßt sich zunächst der Anteil an K erkrankter in der Grundgesamtheit durch die **Prävalenz** $(a+b)/n$ schätzen. Für **großes n** erhält man die entsprechende Wahrscheinlichkeit $P(K)$ [vgl. Übersicht 21]. Entsprechend erhält man auch die bedingten Wahrscheinlichkeiten (2) und (3), die Wahrscheinlichkeit, daß ein Kranker ein positives Testergebnis aufweist, wird **Sensitivität** des Tests genannt, die Wahrscheinlichkeit, daß ein Nicht-Kranker ein negatives Testergebnis aufweist, wird **Spezifität** genannt; beide Wahrscheinlichkeiten sollten möglichst groß sein, jedenfalls deutlich größer als 0,7.

Übersicht 21. Prävalenz, Sensitivität und Spezifität [124]

Begriff	Relative Häufigkeit	n groß →	Wahrscheinlichkeit	
(1) Prävalenz:	$\frac{a+b}{n}$		$P(K)$	(1)
(2) Sensitivität:	$\frac{a}{a+b}$		$P(T^+\|K)$	(2)
(3) Spezifität:	$\frac{d}{c+d}$		$P(T^-\|\bar{K})$	(3)

Aus den Wahrscheinlichkeiten (1) bis (3) lassen sich anhand des Satzes nach Bayes sogenannte Voraussagewerte (4) und (5) berechnen: den prädiktiven Wert eines:

- positiven Testresultates, die Wahrscheinlichkeit $P(K|T^+)$,
- negativen Testresultates, die Wahrscheinlichkeit $P(\bar{K}|T^-)$.

Voraussagewert eines positiven Tests:

(4)

$$\begin{aligned} P(K|T^+) &= \frac{(\text{Prävalenz})\cdot(\text{Sensitivität})}{(\text{Präv.})\cdot(\text{Sens.})+(1-\text{Präv.})\cdot(1-\text{Spez.})} \\ &= 1/\left\{1+\left[\frac{1-\text{Präv.}}{\text{Präv.}}\right]\cdot\left[\frac{1-\text{Spez.}}{\text{Sens.}}\right]\right\} \\ &= \frac{P(K)\cdot P(T^+|K)}{P(K)\cdot P(T^+|K)+([1-P(K)]\cdot[1-P(T^-|\bar{K})]} \qquad (1.15\text{d}) \\ &= \frac{P(K)\cdot P(T^+|K)}{P(K)\cdot P(T^+|K)+P(\bar{K})\cdot P(T^+|\bar{K})} \end{aligned}$$

Voraussagewert eines negativen Tests:

(5)

$$\begin{aligned} P(\bar{K}|T^-) &= \frac{(1-\text{Prävalenz})\cdot(\text{Spezifität})}{(1-\text{Präv.})\cdot(\text{Spez.})+(\text{Präv.})\cdot(1-\text{Sens.})} \\ &= 1/\left\{1+\left[\frac{\text{Präv.}}{1-\text{Präv.}}\right]\cdot\left[\frac{1-\text{Sens.}}{\text{Spez.}}\right]\right\} \\ &= \frac{P(\bar{K})\cdot P(T^-|\bar{K})}{P(\bar{K})\cdot P(T^-|\bar{K})+P(K)\cdot[1-P(T^+|K)],} \qquad (1.15\text{e}) \\ &= \frac{P(\bar{K})\cdot P(T^-|\bar{K})}{P(\bar{K})\cdot P(T^-|\bar{K})+P(K)\cdot P(T^-|K)} \end{aligned}$$

Der **Anteil richtiger Testresultate** ist dann die

(6) TEST-EFFIZIENZ oder **Resultatvalidität:**

[124] $$P(K|T^+) + P(\bar{K}|T^-) \leqq 2 \tag{1.15f}$$

Übersicht 22 ergänzt Übersicht 21.
Beachtet sei der Unterschied zwischen der „Testvalidität“: $P(T^+|K) + P(T^-|\bar{K})$ und der entscheidenden „Resultatvalidität“: $P(K|T^+) + P(\bar{K}|T^-)$.

Hinweise

1. Die Prävalenz $P(K)$ wird anhand einer Zufallsstichprobe aus der Bevölkerung geschätzt. Diese Wahrscheinlichkeit $P(K)$ wird als a-priori-Wahrscheinlichkeit für K bezeichnet. $P(K|X)$ als die a-posteriori-Wahrscheinlichkeit für K, z. B. $P(K|T^+)$.
2. $P(K|T^+)$, der positive prädiktive Wert eines diagnostischen Tests, der Voraussagewert eines positiven Tests, ist die Wahrscheinlichkeit, die Krankheit K aufzuweisen, wenn der Test positiv (T^+) ausfällt: $P(K|T^+) = P(K \cap T^+)/P(T^+)$. Dieser Wert sollte wie der Voraussagewert eines negativen Tests, der negative prädiktive Wert $P(\bar{K}|T^-) = P(\bar{K} \cap T^-)/P(T^-)$ möglichst nahe bei Eins liegen.
3. Beachtet sei, daß $P(K|T^+)$ mit zunehmender Prävalenz ebenfalls zunimmt [vgl. (1.15 d)]; $P(\bar{K}|T^-)$ nimmt natürlich mit abnehmender Prävalenz zu [vgl. (1.15e)]; siehe auch Tabelle 19.

Übersicht 22. Voraussagewerte und Test-Effizienz (vgl. Tabelle 18)

Begriff	Relative Häufigkeit n groß ⟩	Wahrscheinlichkeit
(4) Voraussagewerte eines positiven Tests:	$\frac{a}{a+c}$	$P(K\|T^+)$
(5) Voraussagewert eines negativen Tests:	$\frac{d}{b+d}$	$P(\bar{K}\|T^-)$
(6) Anteil richtiger Testresultate: (Test-Effizienz)	$\frac{a}{a+c}+\frac{d}{b+d}$	$P(K\|T^+)+P(\bar{K}\|T^-)$

Beispiel 1 (B81.1)

Von 10000 Personen weisen 150 die Krankheit K auf; bei 130 von den 150 Personen ist der Test positiv ausgefallen. Wie groß ist (a) die Sensitivität und (b) der positive Voraussagewert des Tests [gegeben sei seine Spezifität $P(T^-|\bar{K}) = 0{,}940$ und damit $P(T^+|\bar{K}) = 0{,}060$]?

(a) $P(T^+|K) = \dfrac{P(T^+ \cap K)}{P(K)} = \dfrac{130/10\,000}{150/10\,000} = 0{,}8667$

In knapp 87% aller Fälle ist zu erwarten, daß der Test positiv ausfällt, vorausgesetzt, die Krankheit K liegt vor.

(b) $P(K|T^+) = \dfrac{P(K)\cdot P(T^+|K)}{P(K)\cdot P(T^+|K) + P(\bar{K})\cdot P(T^+|\bar{K})} = \dfrac{0{,}015\cdot 0{,}8667}{0{,}015\cdot 0{,}8667 + 0{,}985\cdot 0{,}060}$ **[124]**

$= 0{,}1803$

In 18 % aller Fälle ist zu erwarten, daß die Krankheit K vorliegt, vorausgesetzt, der Test ist positiv ausgefallen.

Beispiel 2 (B81.2)

Nach (1.15d) und (1.15e) ergeben sich die folgenden prädiktiven Werte oder Voraussagewerte für eine Sensitivität und Spezifität von jeweils 0,95 und einer Prävalenz von 0,005 bzw. 0,05 bzw. 0,5:

$$P(K) = \begin{Bmatrix} 0{,}005 \\ 0{,}05 \\ 0{,}5 \end{Bmatrix} : P(K|T^+) = \begin{Bmatrix} 0{,}0872 \\ 0{,}5000 \\ 0{,}9500 \end{Bmatrix} \text{ und } P(\bar{K}|T^-) = \begin{Bmatrix} 0{,}9997 \\ 0{,}9972 \\ 0{,}9500 \end{Bmatrix}$$

Rechnet man somit in einer Reihenuntersuchung mit der Prävalenz einer Krankheit K von einem halben Prozent, dann beträgt der Aussagewert eines positiven Testergebnisses knapp 9%. Die Wahrscheinlichkeit dafür, daß bei einem Patienten trotz eines positiven Testresultates die Krankheit K nicht vorliegt, beträgt dann gut 91% (1-0,0872). Bei negativem Testresultat läßt sich dann K mit Sicherheit (99,97%) ausschließen. Weitere Beispiele sind in Tabelle 19 zusammengestellt.

Tabelle 19. Positiver $[P(K|T^+)]$ und negativer $[P(\bar{K}|T^-)]$ Voraussagewert eines Tests in Abhängigkeit von sechs Prävalenz-Stufen $[P(K)]$ bei Gleichheit von Sensitivität $[P(T^+|K) = Se]$ und Spezifität $[P(T^-|\bar{K}) = Sp]$ des diagnostischen Tests auf zwei hohen Niveaus ($P \approx 1$ bedeutet $P > 0{,}9999$)

$P(K)$	$Se = Sp = 0{,}95$		$Se = Sp = 0{,}99$	
	$P(K\|T^+)$	$P(\bar{K}\|T^-)$	$P(K\|T^+)$	$P(\bar{K}\|T^-)$
0,0001	0,0019	≈ 1	0,0098	≈ 1
0,001	0,019	≈ 1	0,090	≈ 1
0,01	0,161	0,9995	0,500	0,9999
0,10	0,679	0,994	0,917	0,999
0,50	0,950	0,950	0,990	0,990
0,90	0,994	0,679	0,999	0,917

So ergibt sich nach (1.15 d) und aus Tabelle 19 für $P(K) = 0{,}001$ und bei Gleichheit von Sensitivität und Spezifität ($= 0{,}95$), daß bei einer so seltenen Krankheit nur knapp 2% aller Probanden mit positivem Testergebnis die Krankheit K wirklich aufweisen.

Sind beim Vorliegen einer ernsten Krankheit falsch positive Testergebnisse zu erwarten, die:

(a) nicht zu sehr irritieren, dann sollte die Sensitivität des Tests, die ja der Power entspricht, größer sein als die Spezifität,
(b) stark irritieren, dann sollte die Spezifität möglichst hoch sein,
(c) ebenso stark irritieren wie eine unterlassene Behandlung aufgrund falsch negativer Testergebnisse (vgl. [237]), dann sollten beide Maße etwa gleichgroß sein (vgl. die Beispiele und Tabelle 19). Kann der Arzt die Krankheit nur lindern, so sollte die Spezifität hoch sein.

Medizinische Details bieten Abel (1993), Galen und Gambino (1979), Galen (1982) sowie Sox (1986), biometrische Aspekte sind Bennett (1975/1982) zu entnehmen (vgl. auch
[124] Fletcher 1999, Gjorup 1988, Kardaun und Kardaun 1990, Psychological Methods **4** (1999), 22–43, J. Amer. Statist. Assoc. **95** (2000), 308–311 sowie Meth. Inf. Med. **38** (1999), 74, 182–186). Vertrauensbereiche und benötigte Stichprobenumfänge für diagnostische Tests geben Simel u. Mitarb. (1991).

ROC-Analyse: Die „receiver [or: relative] operating characteristic"-Analyse entstand im Zusammenhang mit dem Radar, um zwischen Beobachtervariabilität und dem Signal zu unterscheiden. Differieren Beobachter in ihren Aussagen, dann ist dieses Verfahren wichtig. So dient es zum Vergleich von Verfahren des Screenings und der Diagnose (Kardaun und Kardaun 1990), zur Identifizierung von Risikofaktoren und zur Ergänzung der Diskriminanzanalyse (Erdreich und Lee 1981). Näheres zur ROC ist J. A. Swets (1986, Psychological Bulletin **99**, 100–117 und 181–198) zu entnehmen [vgl. auch The American Statistician **42** (1988), 37–49, Applied Statistics **48** (1999), 165–183, Hutchinson und Lai 1990: Chapter 23 sowie Le 1998: S. 139–146].

Näheres über das Bayessche Theorem [Fagan (1975) gibt ein Nomogramm] und die sogenannte **Bayes-Statistik,** die für die Optimierung von Entscheidungen subjektive Wahrscheinlichkeiten in die Entscheidungsstrategie miteinbezieht, ist *Kleiter (1981), Barnard (1967), Cornfield (1967, 1969), Schmitt (1969), de Groot (1970), Maritz (1970), Barnett (1999) Isaacs u. Mitarb. (1974),* Kanji u. Mitarb. (1987), Martz und Waller (1982), Efron (1986) sowie Hoaglin und Moore (1991: Chapters 1, 7), Lindley (1990) und O'Hagan (1994) zu entnehmen.

Zusammenfassend ergaben sich an Formeln zur Wahrscheinlichkeitsrechnung, die wichtigeren gerahmt:

(1) Axiome: [(1.5) bis (1.7)]

(2) Definitionen: [(1.10), (1.10a), (1.12), (1.12a) bis (1.12c), (1.13)] (1.13a) und (1.14).

(3) Sätze oder Theoreme [die sich aus den Axiomen oder/und den Definitionen herleiten lassen]:
(1.7a) (1.8), [(1.9)], (1.9a) bis (1.9c), (1.10a) bis (1.10g), [(1.11)], (1.11 A), (1.11 a), (1.11 b), [(1.15) und (1.15 a)] [vgl. auch Übersicht 6 auf S. 8]

Hinweise

1. Andere Themen und Modelle der Wahrscheinlichkeitsrechnung [vgl. z. B. Cacoullos (1989), Chung (1978), Efron (1986), Grimmett und Stirzaker (1992), Hafner (1989), Pfanzagl (1988), Pfeiffer (1990), Pitman (1993) sowie Subrahmaniam (1990)] werden in [16] behandelt.
2. Eine brillante Einführung in das interessante Gebiet der STOCHASTISCHEN MODELLE mit hervorragenden Beispielen gibt Weiß (1987).
3. Übrigens: Wie groß ist die Wahrscheinlichkeit, daß in einem Jahr der 4. 4., 6. 6., 8. 8., 10. 10. und 12. 12. auf den gleichen Wochentag fallen; vorausgesetzt, unser heutiger gregorianischer Kalender gelte in alle Ewigkeit? Die Wahrscheinlichkeit ist gleich 1. In jedem Jahr liegt der 6. 6. neun Wochen, der 8. 8. achtzehn, der 10. 10. siebenundzwanzig und der 12. 12. sechsunddreißig Wochen nach dem 4. 4. (Kracke 1983, S. 113).
4. Welcher Wochentag, der auf einen 13. fällt, tritt am häufigsten auf? Nun, „natürlich" der Freitag (Devendran 1988, S. 144–150).

125 Die Zufallsvariable

Eine *Zufallsvariable* ist eine Größe, die bei einem Zufallsexperiment auftritt, z. B. das Werfen einer „6“ mit einem Würfel oder die Länge der Brenndauer einer Glühbirne. Eine Zufallsvariable oder zufällige Variable ordnet jedem Ausgang des Experimentes eine Zahl zu (vgl. Abb. 10 in [123]: Beispiel 53). Hat man ein Experiment gemacht, bei dem die **Zufallsvariable** X einen Wert x angenommen hat, so nennt man x eine Realisierung von X. Die **Grundgesamtheit** ist eine Menge aller möglichen Realisierungen einer Zufallsvariablen, die **Stichprobe ist die n-fache Realisierung**. Die Werte von x sind **REELLE Zahlen**. Hierunter versteht man Zahlen, die sich durch Dezimalzahlen mit endlich $(2, -4)$ oder unendlich vielen Stellen [periodisch $(-7/3)$ oder nicht periodisch $(\sqrt{2}, \lg 3, \pi, e)$] darstellen lassen. Die Wahrscheinlichkeit des Ereignisses, daß X irgendeinen Wert in dem Intervall von a bis b annimmt, bezeichnen wir mit $P(a < X < b)$. Entsprechend ist $P(-\infty < X < +\infty)$ das sichere Ereignis, da X ja stets irgendeinen Wert auf der Zahlengeraden annehmen muß. Soll X irgendeinen Wert annehmen, der größer als c ist: $P(X > c)$, so gilt, da $P(X > c) + P(\leqq c) = 1$, für beliebiges reelles c: [125]

$$P(X > c) = 1 - P(X \leqq c) \qquad P(X \geqq c) = 1 - P(X < c) \tag{1.16}$$

$$\begin{array}{ll} P(a<X<b)=P(X<b)-P(X\leq a) & P(a<X\leq b)=P(X\leq b)-P(X\leq a) \\ P(a\leq X<b)=P(X<b)-P(X<a) & P(a\leq X\leq b)=P(X\leq b)-P(X<a) \end{array} \tag{1.16a}$$

B82. Die beim Wurf eines regelmäßigen Würfels erzielte Augenzahl sei X, dann ist $P(X = 6)$ gleich $1/6$: $P(5 < X < 6) = 0 \quad P(5 \leqq X < 6) = 1/6$
$P(1 \leqq X \leqq 6) = 1 \quad P(5 < X \leqq 6) = 1/6$
$P(X > 1) = 1 - P(X \leqq 1) = 1 - 1/6 = 5/6.$

Wir fassen zusammen:

1. Eine Abbildung oder Funktion, die den Elementen der Ergebnis- oder Ereignismenge eines Zufallsexperiments reelle Zahlen zuordnet, heißt **Zufallsvariable** (vgl. Abb. 10 in [123]: Beispiel 53).
2. Zufallsvariable werden mit großen Buchstaben wie X, Y und Z bezeichnet; kleine Buchstaben wie x, y und z stehen für mögliche Werte: **Realisierungen** der betreffenden Zufallsvariablen.
3. Jede Zufallsvariable X ist eine Abbildung des Stichprobenraumes in die reellen Zahlen; treten hierbei nur ganze Zahlen auf, so heißt die Zufallsvariable **diskret,** andernfalls heißt sie **stetig** (vgl. Abb. 10 und 14 auf den Seiten 68 und 92).
4. Eine Zufallsvariable X heißt diskret, wenn sie **höchstens abzählbar viele Werte** x_i mit den Einzelwahrscheinlichkeiten $P(X = x_i)$ annehmen kann, deren Summe 1 ist.
5. X wird als **Zufallsvariable** bezeichnet, wenn für jede reelle Zahl x die Wahrscheinlichkeit $P(X \leqq x)$ existiert.
6. Ein statistischer Test setzt **unabhängige identisch verteilte** Zufallsvariablen voraus.

126 Die Verteilungsfunktion [126]

- Wahrscheinlichkeitsfunktion
- Wahrscheinlichkeitsdichte
- Verteilungsfunktion
- Rechenregeln zur Verteilungsfunktion
- Empirische Verteilungsfunktion

- Satz von V. I. Glivenko und F. P. Cantelli
- Sechs Bemerkungen zur Zufallsvariablen

[126]
- Zwei Übersichten zum Erwartungswert und zur Varianz
- Rekordzahlen

Die „Wahrscheinlichkeitsverteilung“ einer Zufallsvariablen gibt an, mit welcher Wahrscheinlichkeit die Werte der Zufallsvariablen angenommen werden. Die „Wahrscheinlichkeitsverteilung“ der Zufallsvariablen X wird durch die sog. **VERTEILUNGSFUNKTION**

$$F(x) = P(X \leqq x) \tag{1.17}$$

eindeutig definiert. **Sie gibt die Wahrscheinlichkeit an, daß die Zufallsvariable X einen Wert kleiner x oder gleich x annimmt.**

Die Funktion F, die jeder reellen Zahl x die Wahrscheinlichkeit $P(X \leqq x)$ des Ereignisses $(X \leqq x)$ zuordnet, nennt man **Verteilungsfunktion** der Zufallsvariablen X. $F(x)$ ist **monoton nicht fallend** (Abb. 14: links oben) mit den Grenzwerten $\boldsymbol{F(-\infty) = 0}$ und $\boldsymbol{F(\infty) = 1}$.

F ist damit für alle reellen Zahlen x definiert. $F(x)$ wird auch *Summenhäufigkeitsfunktion* oder *kumulierte Wahrscheinlichkeitsverteilung* genannt.
Die Funktion $\hat{F}_n(x)$ = [Anzahl der $X_i \leq x]/n$ heißt **Stichproben-Verteilungsfunktion oder empirische Verteilungsfunktion.** Näheres enthält S. 94.

B83 (siehe Tabelle 13 in [123]: Beispiel 53). Als Beispiel diene uns die Verteilungsfunktion für das Würfelexperiment. Die Zufallsvariable ist die Zahl der gewürfelten Augen. Die Wahrscheinlichkeiten für die zu würfelnden Augen sind je 1/6. F(x) nimmt die folgenden Werte an:

x	$x<1$	$1 \leqq x < 2$	$2 \leqq x < 3$	$3 \leqq x < 4$	$4 \leqq x < 5$	$5 \leqq x < 6$	$x \geqq 6$
$F(x)$	**0**	**1/6**	1/6 + 1/6 = **1/3**	1/6 + 1/3 = **1/2**	1/6 + 1/2 = **2/3**	1/6 + 2/3 = **5/6**	1/6 + 5/6 = **1**

Man erhält eine sog. *„Treppenfunktion“* (vgl. Abbildung 12 in [123]: Beispiel 53). Sie springt genau an denjenigen Stellen x nach oben, an denen X einen Wert mit der Wahrscheinlichkeit 1/6 annimmt. Zwischen zwei benachbarten *Sprungstellen* verläuft sie konstant. Man zeichne sich dies einmal auf (Abszisse: (x) die ganzen Zahlen von 0 bis 7; Ordinate: $[P(X \leqq x)]$ in Sechstel geteilt von 0 bis 1).

Durchläuft die Zufallsvariable in einem bestimmten Intervall nur **endlich** viele Zahlen, so spricht man von einer diskreten Zufallsvariablen, die sich wie im Würfelversuch nur sprunghaft ändert (z. B. Kinderzahl).
Es gibt einen weiteren Weg, die „Wahrscheinlichkeitsverteilung“ einer Zufallsvariablen zu beschreiben. Beispielsweise genügt es, im Würfelversuch die Wahrscheinlichkeiten anzugeben, mit der die betreffenden Augenzahlen gewürfelt werden $[P(X = x_i) = 1/6]$.

Allgemein bezeichnet man für **diskrete** Zufallsvariable die Zuordnung der Merkmale x_i zu den Wahrscheinlichkeiten $f(x_i)$ als **Wahrscheinlichkeitsfunktion** (engl. probability function, frequency function). Für diskrete Zufallsvariable ermittelt man die Verteilungsfunktion durch einfaches Aufsummieren der Wahrscheinlichkeiten $f(x_i)$: $\boldsymbol{F(x) = \sum_i P(X = x_i)}$ **für** $\boldsymbol{x_i < x}$ (vgl. die Tabelle 13 und die Abbildungen 11 und 12 in [123]).

Für **stetige** Zufallsvariable, also z. B. solche, deren Werte durch Längen-, Gewichts- oder Geschwindigkeitsmessungen zustande kommen, erhält man die Verteilungsfunktion durch **Integration** über die sog. **Wahrscheinlichkeitsdichte** (engl. probability density function) oder **Dichtefunktion.** Sie legt die Verteilung ebenfalls eindeutig fest. **[126]**

Verteilungsfunktionen geben Wahrscheinlichkeiten für Realisierungen einer Zufallsvariable im Bereich von $-\infty$ bis zu einer gewissen oberen Grenze x an: $F(x) = P(X \leq x)$. **Wahrscheinlichkeitsfunktionen** sind Zusammenstellungen der Wahrscheinlichkeiten für die *einzelnen* Realisierungen einer diskreten Zufallsvariable. Das Analogon dazu für stetige Zufallsvariable sind die **Wahrscheinlichkeitsdichten** oder **Dichtefunktionen.** Dichtefunktionen selbst sind keine Wahrscheinlichkeiten, dagegen sind Integrale einer Dichtefunktion Wahrscheinlichkeiten [vgl. (1.19), (1.22), Abbildung 14 und Übersicht 23].

Zwischen Wahrscheinlichkeitsfunktion bzw. Wahrscheinlichkeitsdichte und **Verteilungsfunktion** besteht der Zusammenhang [(1.18) und (1.19); für beide gilt: $F(-\infty) = 0$ und $F(\infty) = 1$; die Verwendung des Zeichens ∞ für unendlich geht zurück auf John Wallis, 1616–1703; zu (1.18): $F(x) = P(X \leq x) = \sum_{x_i \leq x} P_i$ mit $-\infty < x < \infty$]:

1. Für diskrete Zufallsvariable X: $F(x) = \sum_{x_i \leq x} f(x_i)$ (1.18)
   $f(x_i)$ ist die Wahrscheinlichkeitsfunktion (Punktwahrscheinlichkeiten)
2. Für stetige Zufallsvariable X: $F(x) = \int_{-\infty}^{x} f(t)dt$ (1.19)
   f ist die Wahrscheinlichkeitsdichte

Zur anschaulichen Bedeutung der Wahrscheinlichkeitsdichte ist zu sagen, daß für sehr kleine Intervalle dt die Wahrscheinlichkeit, daß X in das Intervall $(t, t + dt)$ fällt, näherungsweise durch das Differential $f(t)dt$ gegeben ist, das man auch als **Wahrscheinlichkeitselement** bezeichnet:

$$f(t)dt \simeq P(t < X \leqq t + dt) \qquad (1.20)$$

Es gilt

$$\int_{-\infty}^{+\infty} f(t)dt = 1 \qquad (1.21)$$

und insbesondere gilt für die Wahrscheinlichkeit, daß die Zufallsvariable X mit der Verteilungsfunktion $F(x)$ einen Wert in dem Intervall größer als a und kleiner gleich b annimmt

$$P(a < X \leqq b) = F(b) - F(a) = \int_a^b f(t)dt \qquad (1.22)$$

[(1.22 rechts): bestimmtes Integral der stetigen Funktion $f(t)$ von a bis b als Ordinatendifferenz; vgl. Abb. 14 rechts].

Die Wahrscheinlichkeit des Ereignisses $a < X \leqq b$ ist gleich der Fläche unter der Kurve der Wahrscheinlichkeitsdichte f zwischen $x > a$ und $x = b$ [vgl. auch (122a) auf S. 94].

[126]

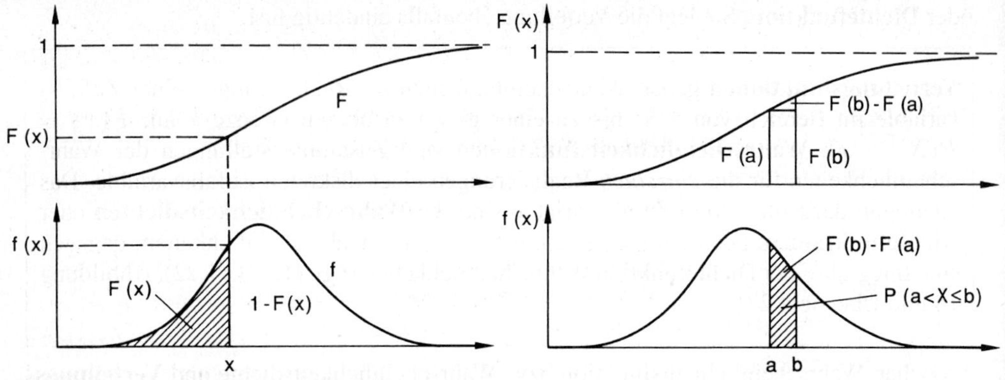

Abb. 14. Verteilungsfunktion F und Dichtefunktion f einer stetigen Zufallsvariablen X; $f(x)$ ist der Wert der Dichtefunktion an der Stelle x. Man sieht:

(1) Die Dichtefunktion f beschreibt, wie die Gesamtwahrscheinlichkeit $P(-\infty \leqq X \leqq \infty) = 1$ über den Wertebereich der stetigen Zufallsvariablen X VERSCHMIERT ist.

(2) Für jede reelle Zahl x gilt: $\boxed{f(x) \geqq 0}$ f ist nicht negativ, hier: untere Bilder: die Ordinaten über $x, x = a, x = b$

(3) Die Wahrscheinlichkeit $P(a < x \leqq b)$ entspricht der Fläche zwischen x-Achse und Wahrscheinlichkeitsdichte f oberhalb von a bis einschließlich b mit $b \geqq a$

$$\boxed{P(a < X \leqq b) = \int_a^b f(x)dx = F(b) - F(a)}$$ bestimmtes Integral als Ordinatendifferenz (1.22)

$f(x)dx$ läßt sich als Wahrscheinlichkeit dafür auffassen, daß der Meßwert x im Intervall dx auftritt.

(4) Für die Gesamtfläche zwischen der Wahrscheinlichkeitsdichte f und der x-Achse muß wegen $F(\infty) = 1$

$$\boxed{\int_{-\infty}^{\infty} f(x)dx = 1}$$ f ist normiert gelten. (1.21)

An jeder Stelle der Verteilung symbolisiert der Wert $F(x)$ den Inhalt des links von x liegenden Flächenstückes zwischen dem Graph der Dichtefunktion f und der x-Achse. Für $a = b$ wird $F(a) - F(b) = 0$, d. h. für alle x gilt die Punktwahrscheinlichkeit $P(X = x)$ gleich Null (dies gilt nur für stetige Zufallsvariablen). Die Zeichnungen sind nach E. Walter (1988) modifiziert.

Jetzt können wir auch **diskrete und stetige Zufallsvariable** (discrete random variables, continuous random variables) **definieren**:

1. Eine Zufallsvariable X, die nur endlich oder abzählbar viele Werte annehmen kann, nennen wir **diskret.** Diese Werte haben wir Sprungstellen genannt. Die zur Zufallsvariablen X gehörige Verteilungsfunktion weist abzählbar viele Sprungstellen auf (vgl. Abb. 12).
2. Eine Zufallsvariable X nennen wir **stetig,** wenn die zugehörige Verteilungsfunktion (1.17) in Integralform (1.19) dargestellt werden kann. Die Werte, die die stetige Variable X annehmen kann, bilden ein *Kontinuum* (vgl. Abb. 14).

Während die Wahrscheinlichkeit P eines bestimmten Ereignisses im Falle einer diskreten Verteilung meist bedeutungsvoll ist, kann dies im Falle einer stetigen Verteilung nicht behauptet werden (z. B. P, daß ein Ei 50,00123 g wiegt), daher interessieren hier Wahrscheinlichkeiten der Art, daß eine Variable X sagen wir $< a$ oder $\geqq a$ ist [vgl. auch Formel (1.16) und (1.17)]. **[126]**
Bei stetigen Zufallsvariablen mit der Prüfgröße X ist die Angabe eines Wertes $P(X \geqq x)$ problemlos, nicht aber bei einer diskreten; man behilft sich dann durch Angabe eines **mittleren P-Wertes** (mid-P) $P_m = P(X > x) + 0,5(X = x)$.
Da in diesem Buch der Praktiker angesprochen wird, verzichten wir im folgenden häufig auf den Unterschied zwischen X und x und schreiben dann durchweg x.

Übersicht 23. Die Verteilungsfunktion

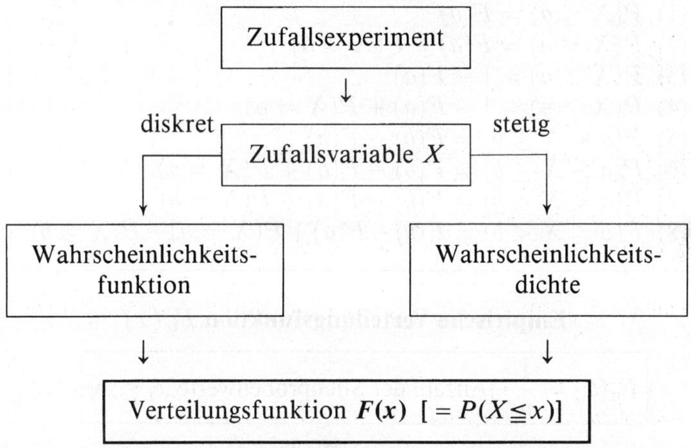

Beispiele
[siehe dort]

Verteilung der Augensumme:	Normalverteilung
(a) eines Würfels	und andere
(b) zweier Würfel	stetige
Binomialverteilung	Verteilungen

Jede **Zufallsvariable** X ist eine Abbildung des Stichprobenraumes in die reellen Zahlen; treten hierbei nur ganze Zahlen auf, so heißt die Zufallsvariable diskret, andernfalls heißt sie stetig. Ihre Werte nimmt sie in Abhängigkeit vom Zufall nach einer Wahrscheinlichkeitsverteilung an, die durch eine Verteilungsfunktion charakterisiert wird. Die Funktion $F(x) = P(X \leq x)$ heißt **Verteilungsfunktion**. Ihr Wert an der Stelle x ist die Wahrscheinlichkeit dafür, daß die diskrete bzw. stetige Zufallsvariable X einen Wert annimmt, der kleiner oder höchstens gleich x ist.

Stetige Zufallsvariable

Die Zufallsvariable X ist eine stetige Zufallsvariable, wenn $P(X \leqq x) = P(X < x)$ für jedes x gilt; d. h. **für jedes x hat das Ereignis $X = x$ die Wahrscheinlichkeit Null.** Wegen der endlichen Genauigkeit von Meßvorgängen gibt es in der Praxis keine stetigen Zufallsvariablen; diese existieren nur in der Theorie.
Schreiben wir (1.22) etwas anders und setzen wir für a und b den Wert x', so gilt

[126]

$$P(X = x') = \int_{x'}^{x'} f(x)dx = 0, \text{ d.h.}$$
$$P(a < x \leqq b) = P(a \leqq X \leqq b) = P(a \leqq X < b) = P(a < x < b) \tag{1.22a}$$

Rechenregeln zur Verteilungsfunktion für beliebige Zufallsvariablen

Für die Zufallsvariable X mit der Verteilungsfunktion $F(x)$ an den Stellen $x = a$ und $x = b$ gelten die folgenden acht Beziehungen:

Übersicht 24

(1) $P(X \leq a) = F(a)$
(2) $P(X < a) = F(a) - P(X = a)$
(3) $P(X > a) = 1 - F(a)$
(4) $P(X \geq a) = 1 - F(a) + P(X = a)$
(5) $P(a < X \leq b) = F(b) - F(a)$
(6) $P(a \leqq X \leq b) = F(b) - F(a) + P(X = a)$
(7) $P(a < X < b) = F(b) - F(a) - P(X = b)$
(8) $P(a \leq X < b) = F(b) - F(a) + P(X = a) - P(X = b)$

Empirische Verteilungsfunktion $\hat{F}_n(x)$

$$\hat{F}_n(x) = \frac{1}{n} \cdot [\text{Anzahl der Stichprobenwerte } x_i \leq x] \tag{1.17a}$$

Bezeichnet man die n ansteigend geordneten Werte mit $x_{(1)}, x_{(2)}, \ldots, x_{(n)}$, dann läßt sich die empirische Verteilungsfunktion $\hat{F}_n(x)$ durch Auftragen von $i/(n+1)$ [oder $(i-0,5)/n$ oder $(i - 3/8)/(n + 1/4)$] gegen $x_{(i)}$ angeben (vgl. auch Wilrich und Henning 1998, S. 470). Graphisches Papier mit linearen Skalen: man erhält eine S-förmige Kurve [(1.17 a): Treppenfunktion mit Sprungstellen in x_i, $i = 1, \ldots, n$], die empirische Verteilungsfunktion oder Stichproben-Verteilungsfunktion (vgl. auch S. 107 unten).

Satz von V. I. Glivenko und F. P. Cantelli

Die empirische Verteilungsfunktion $\hat{F}_n(x) = n_{\leq x}/n$, das ist der Anteil der Stichprobenwerte, die den Wert x nicht überschreiten, schätzt die Verteilungsfunktion $F(x)$ der Grundgesamtheit. Der **Hauptsatz der Mathematischen oder Beurteilenden Statistik** lautet:

Die Differenz $|\hat{F}_n(x) - F(x)|$ strebt für großes n mit der Wahrscheinlichkeit 1 gegen Null (1.23)

Empirische Verteilungen sind nach Glivenko-Cantelli für großen Stichprobenumfang **praktisch gleich** den theoretischen Verteilungen der Grundgesamtheiten.

Zur Anpassung einer Verteilungsfunktion an empirische Daten benötigt man einen **mittleren Stichprobenumfang** n; ist n klein, so lassen sich unterschiedliche Verteilungsfunktionen gleichgut anpassen, ist n groß, so wird jede anhand eines Tests verworfen. Wichtig ist (vgl. auch S. 95):

Mit $E[\hat{F}_n(x)] = F(x)$ und $\text{Var}[\hat{F}_n(x)] = \frac{1}{n}F(x) \cdot [1 - F(x)]$ strebt (konvergiert) $[\hat{F}_n(x) - F(x)]\sqrt{n}/\sqrt{F(x) \cdot [1 - F(x)]}$ gegen die Standardnormalverteilung.

Sechs Bemerkungen zur Zufallsvariablen

1. Der [**Mittelwert** (μ) oder] **Erwartungswert** $[E(X) = \mu]$ ist für *(a)* diskrete und *(b)* stetige Zufallsvariable das arithmetische Mittel ihrer Wahrscheinlichkeitsverteilung: (a) $E(X) = \sum_i x_i P(x_i)$, (b) $E(X) = \int_{-\infty}^{+\infty} x\, f(x)\, dx$, vorausgesetzt dieses Integral ist absolut konvergent $\left(\int_{-\infty}^{+\infty} |x|\, f(x)\, dx < \infty\right)$. Übersicht 25 ergänzt dies. Für $X_{\text{stetig}} > 0$ gilt: $E(X) = \int_0^\infty P(X > x)\, dx = \int_0^\infty [1 - F(x)] dx$. Erwartungswerte werden empirisch (vgl. S. 133) als arithmetisches Mittel bestimmt. **[126]**
2. Für Zufallsvariable mit endlichem Erwartungswert gilt: $E(X_1 + X_2) = E(X_1) + E(X_2)$, sind die Zufallsvariablen **„stochastisch unabhängig"**, kurz „unabhängig", dann gilt: $E(X_1 X_2) = E(X_1) \cdot E(X_2)$ vgl. S. 110 und S. 465
3. Der Erwartungswert des Abweichungsquadrates $E[(X-\mu)^2] = E(X^2) - \mu^2$ wird **Varianz** von X genannt und $\text{Var}(X)$ oder σ^2 geschrieben (vgl. Übersicht 25); σ wird **Standardabweichung** genannt. Beachte $\text{Var}(X) = E[(X - \mu)^2] = E[X^2 - 2X\mu + \mu^2] = E(X^2) - 2\mu E(X) + E(\mu^2) = E(X^2) - 2\mu^2 + \mu^2 = E(X^2) - \mu^2 = \sigma_X^2 = \sigma^2$ sowie $\text{Var}(cX + k) = c^2 \text{Var}(X)$ und $E(cX + k) = cE(X) + k = c\mu_X + k$ mit den Konstanten c und k (vgl. Übersicht 26).
4. Für **unabhängige** Zufallsvariable gilt: (1) Die Varianz ist additiv: $\text{Var}(X_1 + X_2) = \text{Var}(X_1) + \text{Var}(X_2)$. (2) Liegen n unabhängige Zufallsvariable mit gleicher Verteilung und dem Mittelwert $\bar{X} = \frac{1}{n} \sum_{i=1}^{n} X_i$ vor, dann strebt die Varianz des Mittelwertes $\text{Var}(\bar{X}) = \frac{1}{n^2} \sum_{i=1}^{n} \text{Var}(X_i) = \frac{1}{n^2}\, n \,\text{Var}(X) = \frac{1}{n} \text{Var}(X) = \frac{\sigma^2}{n} = \sigma_{\bar{X}}^2$ mit wachsendem n gegen Null (vgl. $\sigma_{\bar{X}}^2 = E\{[\bar{X} - E(\bar{X})]^2\}$, (1.40), (1.42) und (3.13 a) in [311]). $E\left(\sum_{i=1}^{n} X_i\right) = \sum_{i=1}^{n} E(X_i)$ benötigen wir auf S. 465.

Übersicht 25. Erwartungswert und Varianz

Parameter	Zufallsvariable	
	diskrete[c]	stetige
$E(X) = \mu$	$\sum_i x_i P(X = x_i)$	$\int_{-\infty}^{+\infty} x f(x) dx$[a]
[b]$\text{Var}(X) = \sigma^2$	$\sum_i (x_i - \mu)^2 P(X = x_i)$	$\int_{-\infty}^{+\infty} (x-\mu)^2 f(x) dx$
$= E[(X-\mu)^2]$		
$= E(X^2) - \mu^2$	$\sum_i x_i^2 P(X = x_i) - \mu^2$	$\int_{-\infty}^{+\infty} x^2 f(x) dx - \mu^2$

[a] vorausgesetzt $\int_{-\infty}^{+\infty} |x| f(x) dx < +\infty$, [$f(x)dx$ ist als Wahrscheinlichkeit dafür aufzufassen, daß der Meßwert x im Intervall dx auftritt]

[b] vorausgesetzt $E(X) = \mu$ existiert und $E(X^2)$ ist endlich

[c] **Beispiel:** Würfelmodell $\mu = 1 \cdot \frac{1}{6} + 2 \cdot \frac{1}{6} + \ldots + 6 \cdot \frac{1}{6} = 3{,}5$

$$\sigma^2 = \begin{cases} (1-3{,}5)^2 \cdot \frac{1}{6} + (2-3{,}5)^2 \cdot \frac{1}{6} + \ldots + (6-3{,}5)^2 \cdot \frac{1}{6} \\ 1^2 \cdot \frac{1}{6} + 2^2 \cdot \frac{1}{6} + \ldots + 6^2 \cdot \frac{1}{6} - 3{,}5^2 \end{cases} = 2{,}917 \,.$$

Für das Zweiwürfelmodell gilt: $\mu = 252/36 = 7$ und $\sigma^2 = 1974/36 - 49 = 5{,}83$.

5. Für n unabhängige Zufallsvariable mit gleicher Verteilung, Erwartungswert μ und endlicher Varianz σ^2 strebt $\frac{\bar{X}-\mu}{\sigma_{\bar{x}}}$ mit wachsendem n gegen die **Standardnormalverteilung** (Zentraler
[126] Grenzwertsatz).
6. Für **unabhängige** Zufallsvariablen X und Y gilt: $F(x,y) = F_1(x) \cdot F_2(y)$. Die Zufallsvariablen $X_1, X_2, \ldots, X_n$ sind stochastisch unabhängig, wenn für beliebige Punkte $(x_1, \ldots, x_n)$ gilt:
$$F(x_1, x_2, \ldots, x_n) = F_1(x_1) \cdot F_2(x_2) \cdot \ldots \cdot F_n(x_n).$$

Übersicht 26. Erwartungswerte und Varianzen einiger Funktionen mit den Konstanten c und k

Funktion	Erwartungswert	Varianz*
c	c	0
cX	$cE(X)$	c^2 Var (X)
$c+X$	$c+E(X)$	Var (X)
$k+cX$	$k+cE(X)$	c^2 Var (X)

*$\text{Var}(c) = E(c^2) - c^2 = c^2 - c^2 = 0$; c sei eine reelle Zahl; zu S. 95, Punkt 3
$\text{Var}(cX) = E[(cX - c\mu)^2] = E[c^2(X-\mu)^2] = c^2E[(X-\mu)^2] = c^2\text{Var}(X) = c^2\sigma^2$
Maßstabänderung

$\text{Var}(c+X) = E[(c+X-\{c+\mu\})^2] = E[(c+X-c-\mu)^2] = E[(X-\mu)^2] = \text{Var}(X) = \sigma^2$
Verschiebung

Rekordzahlen: Zufällige neue Maxima in Folgen von n unabhängigen Beobachtungen
Zunächst, die erste Beobachtung wird als (bisher) größte aufgefaßt. Liegen zwei unabhängige Beobachtungen vor, so ist mit $P = 1/2$ eine die größere. Bei drei Beobachtungen gilt dementsprechend $P = 1/3$ und bei n Beobachtungen: $P = 1/n$; ihr Erwartungswert ist die langsam unbegrenzt wachsende harmonische Summe $1 + 1/2 + 1/3 + \ldots + 1/n = \sum_{i=1}^{n} 1/i$. Die zugehörige Varianz ist $\sum_{i=1}^{n} 1/i - \sum_{i=1}^{n} 1/i^2$ [vgl. Tabelle 19A sowie Formel (0.7) der Vorbemerkungen].

Tabelle 19A. Einige Werte aus Glick (1978):

n	Erwartungswert	Varianz
10	2,93	1,38
100	5,19	3,55
1000	7,49	5,84
1 Million	14,39	12,75

Übrigens, der Wert 14,39 in Tab. 19 A ist viel kleiner, als man erwartet. Näheres auch über unerwartet schöne Grenzwertsätze ist Glick (1978) zu entnehmen.
Nimmt man beispielsweise die Zufallszahlen der Tabelle 20, erste und letzte Zeile, jeweils 10 zweistellige Zufallszahlen 44, 98, 33, 38, 34, 54, 28, 06, 78, 50
Rekordzahlen: 44 und 98
51, 37, 54, 24, 51, 76, 88, 96, 80, 65
Rekordzahlen: 51, 54, 76, 88 und 96
d. h. $2 + 5 = 7; 7/2 = 3{,}5$ (Zufall?).

13 Der Weg zur Normalverteilung

131 Grundgesamtheit und Stichprobe

- Urnenmodell [131]
- Merkmal, Merkmalsträger, Merkmalsausprägung
- Wiederholbarkeit der Zufallsstichprobe
- Urnenmodell der Stichprobenentnahme mit Zurücklegen
- Urnenmodell ohne Zurücklegen
- Wahrscheinlichkeitsverteilung
- Parameter und Schätzwerte
- Nichtzufallsstichproben gestatten keine Verallgemeinerungen!
- Schwaches und starkes Gesetz der großen Zahlen

Urnenmodelle garantieren die Realisierbarkeit einer reinen Zufallsstichprobe; außerdem ist das Experiment bei endlicher oder unendlicher Grundgesamtheit beliebig oft wiederholbar.

Münzen, Würfel und Karten sind die Elemente von Glücksspielen. Da sich jedes zufallsbeeinflußte Experiment oder jede zufallsartige Massenerscheinung näherungsweise durch ein **Urnenmodell** darstellen läßt, kann man, anstatt eine ideale Münze in die Luft zu werfen, Kugeln aus einer Urne ziehen, die genau zwei vollkommen gleiche Kugeln enthält, von denen die eine mit einem W und die andere mit einem Z (Wappen und Zahl) bezeichnet ist. Anstatt mit einem unverfälschten Würfel zu würfeln, können wir Kugeln aus einer Urne ziehen, die genau sechs mit 1, 2, 3, 4, 5 oder 6 Augen versehene Kugeln enthält. Anstatt eine Karte aus einem Kartenspiel zu ziehen, können wir Kugeln aus einer Urne ziehen, die genau 52 durchnumerierte Kugeln enthält. Diese Nummern sind ein **MERKMAL, eine definierte Eigenschaft einer statistischen Einheit**, der Kugel. Die Kugeln, unsere Beobachtungs- oder Untersuchungseinheiten, die eine statistische Masse oder **Grundgesamtheit** bilden, heißen **MERKMALSTRÄGER**. **Die verschiedenen** Nummern der Kugeln, allgemein: der **Kategorien, Abstufungen oder Werte eines Merkmals, heißen MERKMALSAUSPRÄGUNGEN**.

Aufgabe der Beurteilenden oder Schließenden Statistik ist es, aufgrund einer oder mehrerer Zufallsstichproben aus einer Urne Schlüsse zu ziehen hinsichtlich der Zusammensetzung des Inhaltes (der Grundgesamtheit) dieser Urne. Diese Schlüsse sind **Wahrscheinlichkeitssaussagen**. Grundlage des statistischen Schlusses ist die **Wiederholbarkeit der Zufallsstichprobe**.

Die 52 Kugeln bilden die **Grundgesamtheit**. Wird der Urneninhalt gut durchgemischt („randomisiert“; vgl. auch [77]), dann erhält jedes Element der Grundgesamtheit, jede
[131] Kugel also, die gleiche Chance gezogen zu werden. Wir sprechen von dem Zufallscharakter der Stichprobe, von der zufälligen Stichprobe (engl. random sample), kurz von der **Zufallsstichprobe**. Die Anzahl ausgewählter Elemente – 1 bis maximal 51 Kugeln – wird als **Stichprobenumfang** bezeichnet. Die Gesamtheit der möglichen Stichproben bildet den sog. *Stichprobenraum*. Die relative Häufigkeit der Spielkarten-Merkmale in der Grundgesamtheit ist die **Wahrscheinlichkeit** dieser Merkmale, gezogen zu werden: sie beträgt für die einer beliebigen Spielkarte entsprechenden Kugel 1/52, für die den vier Königen entsprechenden Kugeln 4/52 = 1/13 usw.
Demgegenüber ist die relative Häufigkeit der Merkmale in der Stichprobe eine **Schätzung der Wahrscheinlichkeit** dieser Merkmale. Die Schätzung ist um so genauer, je umfangreicher die Stichprobe ist. Vorausgesetzt werden **unabhängige Beobachtungen**. Bei endlichen Grundgesamtheiten ist die Unabhängigkeit dann gegeben, wenn nach jeder Einzelentnahme das entnommene Element wieder in die Grundgesamtheit zurückgelegt und neu gemischt wird: **Urnenmodell der Stichprobenentnahme mit Zurücklegen**. Die Zahl der Stichproben kann deshalb als *unendlich groß* angesehen werden, ein wichtiges Konzept der Mathematischen oder Beurteilenden Statistik.

Wird nach jeder Einzelentnahme aus einer endlichen Grundgesamtheit das entnommene Element nicht wieder zurückgelegt: **Urnenmodell ohne Zurücklegen** (vgl. z. B. auch die Formeln (1.228) bis (1.234) in [161]), so ändert sich laufend die Zusammensetzung der Restgesamtheit. Jede Beobachtung wird damit von der vorhergehenden abhängig. Wir sprechen von Wahrscheinlichkeitsansteckung oder von Wahrscheinlichkeitsverkettung. Modelle dieser Art werden durch sogenannte **Markoffsche Ketten** (A. A. Markoff: 1856–1922) beschrieben: Jede Beobachtung ist nur von einer oder einer beschränkten Anzahl unmittelbar vorhergehender Beobachtungen abhängig. Diese und andere Klassen von Folgen **nicht als unabhängig vorausgesetzter Zufallsvariabler in der Zeit** bilden das mathematisch Interessierten vorbehaltene Gebiet der zufallsbedingten oder **stochastischen Prozesse**. Erwähnt seien Brownsche Molekularbewegung, Diffusionserscheinungen, Geburts-, Absterbe- und Einwanderungsprozesse; Theorie der Warteschlangen (*Bedienungstheorie*) und *Servicesysteme*. Eine sehr lesbare Einführung in das Gebiet der stochastischen Prozesse gibt Weiß (1987, Kap. 4): Bernoulli-Prozeß, Poisson-Prozesse, Erneuerungsprozesse und Markoff-Ketten (vgl. auch Chiang 1980, Chung 1978 und Ripley 1987: Chapter 4, Ross 1990, Viertl 1997 sowie Arnold u. Mitarb. 1998).

Wenden wir uns wieder dem Urnenmodell der Stichprobenentnahme mit Zurücklegen zu. Die Verteilung der Wahrscheinlichkeiten auf die Merkmalsausprägungen bezeichnen wir als **Wahrscheinlichkeitsverteilung**, kurz als Verteilung. Charakteristische Größen von Verteilungen werden als Kenn- oder Maßzahlen bezeichnet. *Maßzahlen* wie relative Häufigkeit, Mittelwert oder Standardabweichung, die sich auf die Grundgesamtheit beziehen, bezeichnet man als **Parameter**. Die aus Zufallsstichproben errechneten Zahlenwerte heißen **Schätzwerte**. Parameter werden meistens mit griechischen Buchstaben bezeichnet (eine Tabelle mit dem griech. Alphabet befindet sich auf der Umschlaginnenseite), Schätzwerte durch lateinische Buchstaben.
So sind die **Symbole** für die relative Häufigkeit, Mittelwert und Standardabweichung, bezogen auf die Grundgesamtheit: π (pi), μ (my), σ (sigma) – bezogen auf die Stichprobe: $\hat{p}$, $\bar{x}$ und s; z. B. gilt nach Jakob Bernoulli (1713): $x/n = \hat{p} \xrightarrow[\text{groß}]{n} \pi$.

Werden diese Werte aus Stichproben berechnet, die keine Zufallsstichproben sind, dann liegen **keine Schätzwerte** vor, sondern lediglich zur Beschreibung dienende Kenn- oder Maßzahlen. **Statistische Maßzahlen** („Statistiken“) zur zusammenfassenden Beschreibung von Daten sind allein eine Funktion der Daten; etwa der kleinste Wert oder die Summe der Daten. Statistische Maßzahlen sind gut, wenn man aufgrund der Originaldaten und aufgrund der Maßzahlen zu denselben Schlüssen gelangt. Dem weniger kundigen Leser habe ich zur **Gewinnung und Beschreibung** seiner Daten einiges Bedenkenswerte in **M: 156, 158, 159, 163 und M2: 21, 34, 51 und 56 sowie in E: 196–205, 229–230** zusammengestellt (vgl. auch die Übersichten 1, 4, 9, 40 und 62 sowie [77]).
Die Beurteilende Statistik setzt stets **Zufallsstichproben** voraus. Diese meinen wir auch, wenn wir von

„Stichproben", „Daten", „Beobachtungen'", „Meßreihen" und „Meßwerten" sprechen. Daher noch einmal:

Zufallsstichproben sind Teile einer Grundgesamtheit, die durch einen Auswahlprozeß mit *Zufallsprinzip* aus dieser entnommen und stellvertretend, repräsentativ für die Grundgesamtheit sind. Ein Teil einer Grundgesamtheit kann auch dann als repräsentative Stichprobe angesehen werden, wenn das den Teil bestimmende Teilungs- oder Auswahlprinzip zwar nicht zufällig, aber von den auszuwertenden Merkmalen **stochastisch unabhängig** ist. **Unabhängigkeit** soll durch **Pseudozufallsziffern** (vgl. S. 102) und **randomisierter Zuordnung** (r. Z.) bewirkt werden, allerdings fehlt das „Mit Zurücklegen"-Prinzip [r. Z. (vgl. S. 680) bedeutet: zufällig, im Sinne von „streng nach einem Zufallsverfahren an- oder zugeordnet", etwa in eine zufällige Reihenfolge (vgl. S. 101) gebracht]. **[131]**

Eine Stichprobe ist repräsentativ für die Grundgesamtheit, wenn sie den Schluß auf bestimmte Merkmale ermöglicht: d. h. „... ist repräsentativ für ... hinsichtlich der Merkmale ...".

Bei Verallgemeinerungen aufgrund von „Stichproben, die gerade zur Hand sind" und die nicht als Zufallsstichproben angesehen werden können, sei man sehr vorsichtig (vgl. auch S. 326).

Rosenthal und Rosnow (1991) nennen 17 Merkmale, in denen sich „Freiwillige" im allgemeinen von „Nichtfreiwilligen" unterscheiden; sie geben dann 10 Empfehlungen, wie man trotzdem zu brauchbaren Aussagen gelangen kann.

Mitunter ist wenigstens eine Verallgemeinerung auf eine durch beliebige Vermehrung der vorliegenden Stichprobeneinheiten angenommene gedachte Grundgesamtheit möglich, die sich mehr oder weniger von der uns aufgrund der Fragestellung interessierenden Grundgesamtheit unterscheiden wird.

Nach dem **Gesetz der großen Zahlen** nimmt bei gegebener Grundgesamtheit der Unterschied zwischen dieser und der Stichprobe (unabhängige Zufallsvariable vorausgesetzt) mit wachsendem *Stichprobenumfang* ab, d. h. genauer: **$\bar{X}_n$ strebt für $n \to \infty$ stochastisch gegen μ**; dieses sog. **schwache Gesetz** der großen Zahlen stellt fest, daß $|\bar{X}_n - \mu|$ für großes n meist klein ist, aber für ein bestimmtes n auch einmal groß sein kann; die Wahrscheinlichkeit für dieses Ereignis ist nach dem sog. **starken Gesetz** der großen Zahlen jedoch extrem klein (vgl. [1361]). Von einer gewissen Stichprobengröße ab wird der *Stichprobenfehler* so klein, daß eine weitere Vergrößerung des Umfanges der Stichprobe die Mehrausgaben nicht mehr rechtfertigen würde!

132 Die Erzeugung zufälliger Stichproben

[132]

- Lotterieverfahren
- Gebrauch einer Tabelle mit Zufallszahlen
- Systematische Auswahl mit Zufallsstart
- Die Erzeugung von Pseudozufallsziffern
- Die Schlußziffernauswahl
- Stichproben-Erhebungen
- Voraussagen

Hinweis: Zufallszahlen und einige Wahrscheinlichkeiten

Aus 100 zweistelligen Zufallszahlen 00 bis 99 wird eine ausgewählt. Soll diese nur die drei Ziffern 0, 1, 2 enthalten, so gibt es nur die zweistelligen Anordnungen: 00, 11, 22, 01, 10, 02, 20, 12, 21; d. h. es gibt somit $3^2 = 9$ „günstige" Zufallszahlen. Die entsprechende Wahrscheinlichkeit ist dann $9/100 = 0{,}09$. Aus 10000 vierstelligen Zufallszahlen 0000 bis 9999 wird eine ausgewählt. Soll diese nur die Ziffern 0, 1, 2 enthalten (a) bzw. sollen alle 4 unterschiedlich sein (b), so gibt es – uns interessieren beide Wahrscheinlichkeiten – für beide Ansätze 10^4 mögliche Zahlen; günstig für: (a) sind 3 Ziffern in allen 4 Positionen, d. h. $3^4 = 81$ Zahlen; für (b) kommt zunächst jede der 10 Ziffern in Frage, dann nur noch 9 usw., d. h. günstig sind $10 \cdot 9 \cdot 8 \cdot 7 = 5040$ Zahlen. Somit erhält man $P_a = 81/10^4 = 0{,}0081$ und $P_b = 5040/10^4 = 0{,}504$.

Eine Methode, echte **Zufallsstichproben** zu erzeugen, bietet das **Lotterieverfahren**. Beispielsweise sollen von 652 Personen einer Grundgesamtheit zwei Stichproben (I und II)
[132] zu je 16 Elementen ausgewählt werden. Man nimmt 652 Zettel, beschreibt je 16 mit einer I, je 16 mit einer II; die restlichen 620 Zettel bleiben leer. Läßt man jetzt 652 Personen Lose ziehen, dann erhält man die geforderten Stichproben.
Einfacher löst man Aufgaben dieser Art mit Hilfe einer **Zufallszahlen-Tabelle** (Tabelle 20); notiert sind jeweils fünfstellige Zahlengruppen. Angenommen, 16 Zufallszahlen kleiner als 653 werden benötigt. Man liest die Zahlen von links nach rechts, jeweils als Dreiziffierngruppe und notiert sich nur diejenigen dreistelligen Zahlen, die kleiner sind als 653. Die sechszehn Zahlen lauten, wenn wir beispielsweise rein zufällig mit der Bleistiftspitze in der 6. Zeile von unten die erste Ziffer der 3. Spalte [im 2. von insgesamt 6 Blöcken] treffen und mit ihr beginnen (erste Fünfergruppe: 17893): 178, [unberücksichtigt bleibt 935 > 653], 317, 607, 436, 147, 601, 578 usw.

Wenn aus einer Grundgesamtheit von N Elementen eine Stichprobe von n Elementen ausgewählt werden soll, kann allgemein folgende Vorschrift befolgt werden:

1. Ordne den N Elementen der Grundgesamtheit Zahlen von 1 bis N zu. Wenn $N = 600$, dann wären die Einzelelemente von 001 bis 600 zu numerieren, wobei jedes Element durch eine dreistellige Zahl bezeichnet ist.
2. Wähle eine beliebige Ziffer der Tafel zum Ausgangspunkt und lies die folgenden Ziffern, jeweils als Dreiergruppe, wenn die Grundgesamtheit eine dreistellige Zahl ist. Ist die Grundgesamtheit eine z-stellige Zahl, dann sind Gruppen aus je z Ziffern zusammenzufassen.
3. Wenn die in der Tabelle abgelesene Zahl kleiner oder gleich N ist, wird das so bezeichnete Element der Grundgesamtheit in die Zufallsstichprobe von n Elementen übernommen. Ist die abgelesene Zahl größer als N oder ist das Element schon in die Stichprobe aufgenommen, dann wird diese Zahl nicht berücksichtigt; man wiederhole den Prozeß, bis die n Elemente der Zufallsstichprobe ausgewählt sind.

Zufallsstichproben aus von 1 bis N durchnumerierten Merkmalsträgern einer Grundgesamtheit lassen sich anhand von Zufallszahlen gewinnen. Soll z. B. aus einer Gruppe von $N = 800$ Personen eine 15%ige Zufallsstichprobe (Auswahlsatz: $n/N = 0{,}15$) gewonnen werden, d. h. $n = 0{,}15 \cdot 800 = 120$, dann entnimmt man einer Tabelle 3-stellige Zufallszahlen, die die Nummern der auszuwählenden Personen bezeichnen. Weiterführendes enthalten die Seiten 680–684.

Im allgemeinen ist die Grundgesamtheit sehr umfangreich und nicht durchnumeriert. Lassen sich die Merkmalsträger der Grundgesamtheit vor der Ziehung in eine Zufallsanordnung bringen, dann ist die **systematische Auswahl mit Zufallsstart** angemessen: sie besteht darin, z. B. bei einem Auswahlsatz von 1%, jeden 100. Merkmalsträger auszuwählen, wobei man etwa mit dem 7. (Zufallsstart) beginnt. Kann keine Zufallsanordnung der Grundgesamtheit vorausgesetzt werden, so ist bei systematischen Stichproben mit **Verzerrungen** zu rechnen, man spricht von **selektierten Stichproben**, d. h. gewisse Teilmengen der Grundgesamtheit sind stärker als angemessen in der Stichprobe vertreten, diese ist dann **nicht mehr repräsentativ** für jene. Daher sind Auswahlverfahren z. B. nach dem Anfangsbuchstaben des Familiennamens (vgl. Häufigkeiten nord-, süddeutscher, ausländischer Namen) oder nach dem Geburtstag (mögliche Bevorzugung „runder" Daten) nicht unbedingt repräsentativ. Ist die Grundgesamtheit hinsichtlich der interessierenden

Tabelle 20. Zufallszahlen (vgl. Übersicht 28)

Sind A, B, C in eine zufällige Reihenfolge zu bringen, so wird man eine der 6 Varianten (ABC, ACB, BCA, BAC, CAB, CBA) anhand einer Zufallsziffer $(1, \ldots, 6)$ auswählen. **[132]**

44983	33834	54280	67850	96025	96117	00768	14821	69029	25453	48798	15486
89494	34431	44890	59892	79682	20308	82510	53609	13258	89631	80497	49167
54430	52632	94126	95597	48338	67645	44676	14730	22642	21919	21050	87791
96999	42104	34377	63309	82181	00278	28209	95629	75818	09043	48564	87355
87947	09427	32380	43636	58578	07761	28456	46570	11623	50417	37763	30136
30238	46126	85306	37114	22718	50584	92291	56575	24075	43889	40909	18741
22938	13073	32066	43098	75738	94910	15403	89151	73322	18370	90586	46115
89182	27750	63314	87302	49472	24885	79506	60638	07132	00908	92035	75518
16187	03303	40287	52435	23926	92544	54099	31497	06863	22864	72620	74169
21526	07401	30925	46148	20138	33874	56715	38424	38273	11361	15203	64912
42907	95158	27146	37012	43361	03173	97911	71313	44256	66609	42504	76799
21479	48265	01674	47274	56350	37512	14888	99673	62298	33948	32456	28675
90076	70233	76730	25043	16686	54737	57431	01786	20803	69465	37970	05673
93202	25355	93941	84434	22384	13240	93617	51549	28532	57150	77261	62643
46059	72208	90475	10341	39703	83224	37858	61657	04184	15597	29448	01922
38220	13972	86115	17196	24569	26820	66299	39960	02489	53079	72789	22562
82618	85756	51156	74037	12501	94162	42006	16135	82797	31296	93268	10104
07896	74085	59886	03051	78702	13402	74318	10870	72107	11550	61175	33345
95241	84360	13960	95736	43637	60399	19080	60261	11207	73065	48286	57057
53849	26578	39954	86726	91039	13884	25376	36880	02564	96978	62332	77321
72967	53031	47906	99501	27753	69946	66875	25601	30038	78786	65555	65283
87910	89260	66444	15979	83469	76952	50065	72802	70630	87336	16385	32784
10482	34277	40177	01081	57788	08612	39886	42234	04905	83274	22459	75032
68034	98561	46747	30655	41878	93610	51745	41771	61398	98154	61644	12405
80277	92450	60888	18689	45966	25837	70906	60733	11765	09293	70076	40751
59896	78185	60268	03650	36814	88460	34049	09111	64205	77930	32391	69076
78369	04163	77673	73342	78915	20537	06126	27222	17378	59359	00055	66780
23015	54261	95020	77705	81682	96907	37411	93548	87546	07687	47338	12240
55171	85448	12545	75992	08790	88992	69756	18960	85182	02245	11566	52527
58095	62204	69319	00672	96037	78680	98734	83719	40702	79038	68639	63329
19700	98193	37600	70617	58959	45486	58338	84563	62071	17799	96994	41635
12666	87597	23190	26243	36690	75829	71060	32257	15699	02654	83110	44278
66685	05344	71633	68536	18786	28575	08455	79261	49705	31491	25318	52586
72590	47283	45445	35611	98354	53680	45747	62026	13032	14048	16304	11959
30286	06434	50229	09070	44848	09996	77753	05018	92605	10316	07351	78020
87494	95585	25547	53500	45047	08406	66984	63390	48093	02366	05407	08325
32301	25923	76556	13274	39776	97027	56919	17792	09214	53781	90102	25774
70711	37921	54989	17828	60976	57662	61757	93272	09887	34196	98251	52453
36086	05468	41631	95632	78154	38634	47463	37514	24437	01316	04770	06534
37403	42231	17073	49097	54147	03656	14735	06370	18703	90858	55130	40869
41022	76893	29200	82747	97297	74420	18783	93471	89055	56413	77817	10655
70978	57385	70532	46978	87390	53319	90155	03154	20301	47831	86786	11284
19207	41684	20288	19783	82215	35810	39852	43795	21530	96315	55657	76473
50172	23114	28745	12249	35844	63265	26451	06986	08707	99251	06260	74779
43112	94833	72864	58785	53473	06308	56778	30474	57277	23425	27092	47759
64031	41740	69680	69373	73674	97914	77989	47280	71804	74587	70563	77813
92357	38870	73784	95662	83923	90790	49474	11901	30322	80254	99608	17019
79945	42580	86605	97758	08206	54199	41327	01170	21745	71318	07978	35440
48030	05125	70866	72154	86385	39490	57482	32921	33795	43155	30432	48384
80016	81500	48061	25583	74101	87573	01556	89184	64830	16779	35724	82103
34265	65728	89776	04006	06089	84076	12445	47416	83620	49151	97420	23689
82534	76335	21108	42302	79496	21054	80132	67719	72662	58360	57384	65406
72055	61146	82780	89411	53131	57879	39099	42715	24830	60045	23250	39847
26999	96294	20431	30114	23035	30380	76272	60343	57573	42492	47962	21439
01628	47335	17893	53176	07436	14799	78197	48601	97557	83918	20530	61565
66322	27390	73834	73494	21527	93579	20949	85666	25102	64733	93872	72698
96239	18521	67354	41883	58939	36222	43935	36272	47817	90287	91434	86453
10497	83617	39176	45062	63903	33862	14903	38996	60027	41702	78189	28598
69712	33438	85908	58620	50646	47857	96024	58568	67614	44370	40276	85964
51375	42451	76889	68096	80657	91046	95340	70209	23825	46031	45306	64476

Merkmale sehr unterschiedlich, sehr heterogen, gibt es zusätzliche Schwierigkeiten, die man mit Hilfe der sog. **geschichteten Auswahl** überwindet [vgl. S. 328].

Eine der ältesten Methoden zur Erzeugung von Zufallszahlen, man spricht besser von *Pseudozufallsziffern,* ist die auf von Neumann zurückgehende **„Middle-Square"-Methode:**
[132] eine s-zifferige Zahl (s gerade) wird quadriert, ausgewählt werden die mittleren s Ziffern des $2s$-stelligen Quadrates. Diese Zahl wird quadriert usw.; die s-zifferigen Zahlen stellen dann Folgen von Pseudozufallsziffern dar. **Aber:** mit 3792 beginnend erhält man mit $3792^2 = 14379264$ die Zufallsziffern, $37923792\ldots$. Entsprechendes passiert, wenn man von 495475 und 971582 ausgeht. **Gute Zufallszahlen** sind die unperiodischen Folgen der Dezimalentwicklungen gewisser Irrationalzahlen, wie etwa $\sqrt{2}$, $\sqrt{3}$, $\pi = 3{,}141592653589793238462643$ [vgl. T. Jaditz, The American Statistician **54** (2000), 12–16] und die meisten Logarithmen.

Eine einfache Methode ist die Multiplikation einer mindestens 5stelligen Zahl zwischen 0 und 1 mit einem konstanten Faktor (z. B. 83, 117, 123, 133, 163, 173, 187, 197 oder 997). Vom Produkt können jeweils bis zu vier Dezimalen nach dem Komma als nächste Zahl und Zufallsziffern-Block dienen. Die Symbolik der Übersicht 27 ist hier hilfreich.

Übersicht 27

Sign (X) = Vorzeichen von X Int (X) = Vorkommateil von X	Frac (X) = Nachkommateil von X Mod2 (X) = Rest von X nach Division durch 2

! **Anwendung:** Erzeugung brauchbarer sechsstelliger Pseudozufallsziffern anhand von

$$\boxed{k_{i+1} = \text{Frac}\,(9821 k_i + 0{,}211327)} \tag{1.24}$$

k_i ist eine beliebige positive Dezimalzahl; so entsteht schrittweise aus einer Pseudozufallszahl anhand der sogenannten **linearen Kongruenzmethode** die nächste: z. B. mit $k_1 = 0{,}558472$:

$$k_1 = \text{Frac}\,(9821 \cdot 0{,}558472 + 0{,}211327) = 964839$$
$$k_2 = \text{Frac}\,(9821 \cdot 0{,}964839 + 0{,}211327) = 895146 \quad \text{usw.}$$

Eine Übersicht über **Zufallszahlen-Generatoren** bieten L.-Y. Deng und D.K.J. Lin in The American Statistician **54** (2000), 145–150.

Übersicht 28

Zufallszahlen sind stochastisch unabhängig und gleichverteilt: Jede Ziffer $0, 1, \ldots, 9$ ist von ihren Vorgängern stochastisch unabhängig und jede tritt mit der gleichen Wahrscheinlichkeit $P = \mathbf{0{,}1}$ auf [ihr Erwartungswert ist 4,5, ihre Varianz 8,25]. Durch Ablesen von z. B. 3 Ziffern zugleich erhält man gleichverteilte Zufallszahlen von 000 bis 999.
Anhand der folgenden Tabelle lassen sich Pseudozufallsziffern auf Zufälligkeit prüfen:

Ziffern	Beispiel	Wahrscheinlichkeit	
ungleich	7329	$(10\cdot9\cdot8\cdot7)/10^4 = 0{,}504$	
1 Paar	1281	$(6\cdot10\cdot9\cdot8)/10^4 = 0{,}432$	
3 gleiche	5855	$(4\cdot10\cdot9)/10^4 = 0{,}036$	} 1
2 Paare	2442	$(3\cdot10\cdot9)/10^4 = 0{,}027$	
4 gleiche	6666	$10/10^4 = 0{,}001$	

Die entsprechenden relativen Häufigkeiten sollten in der Nähe dieser Wahrscheinlichkeiten liegen (vgl. S. 242).

Der Erwartungswert von Zufallszahlen, die zwischen Null und Eins gleichverteilt sind und die man benötigt um die Summe Eins zu überschreiten, ist die Zahl e.
Näheres über Zufallszahlen ist z. B. Dagpunar (1988), Devroye (1986), Janssens (1988), Ripley (1987), Ross (1990), Sowey (1986) sowie Weiß (1987) zu entnehmen [vgl. auch Manly 1997 und J. C. Lagarias: Statistical Science **8** (1993), 31–39].

Schlußziffernauswahl

So gelangen z. B. für einen Auswahlsatz von 20% (2%, 0,2%) die Nummern mit den aus einer ZufallszahlenTabelle entnommenen Schlußziffern 6 und 9 (11 und 53; 008 und 729) in die Stichprobe (vgl. auch Tabelle 291 in [77]). **[132]**

Das Schlußziffernverfahren setzt eine von 1 bis N durchnumerierte Grundgesamtheit voraus. Bei der Auswahl nach Schlußziffern sind diese nach einem Zufallsverfahren festzulegen. Dann erfolgt, dem Auswahlsatz und der zugehörigen Schlußziffernkombination entsprechend, die Auswahl aller numerierten Einheiten, deren Schlußziffern zutreffen.

Übersicht 29. Bei der Auswahl anhand von zufällig festgelegten 3, 2 oder 1stelligen Schlußziffern (keine echte Zufallsauswahl!) kann ein geplanter Auswahlsatz genau eingehalten werden.

Gewählter Auswahlsatz n/N	Geeignete Schlußziffernkombination	Die Stichprobe besteht z. B. aus Elementen mit der/den Schlußziffern
0,20	Zwei beliebige Ziffern	6 und 9
0,10	Eine beliebige Ziffer	7
0,05	Fünf zweistellige Zahlen	02, 13, 48, 77, 90
0,03	Drei zweistellige Zahlen	05 und 11 und 89
0,01	Eine zweistellige Zahl	68
0,002	Zwei dreistellige Zahlen	273 und 634
0,001	Eine dreistellige Zahl	341

Ebenso wie Geburtstags- und Buchstabenverfahren (Personenauswahl nach dem Geburtsdatum bzw. dem Namensanfang) handelt es sich auch beim Schlußziffernverfahren um eine Klumpenstichprobe. Der Vorteil des Schlußziffernverfahrens gegenüber den anderen beiden besteht darin, daß ein vorgegebener Auswahlsatz genau eingehalten werden kann, insbesondere an Personengruppen. Studien dieser Art dienen dazu, **Ursachen auf Wirkungen zurückzuführen,** ohne daß eine randomisierte Zuordnung von Behandlungen zu den Personen möglich ist. Näheres zum Klumpencharakter von Geburtstags- und Namensstichproben ist Schach und Schach (1978, 1979) zu entnehmen.

Die Genauigkeit einer statistischen Aussage hängt generell nicht vom relativen Stichprobenumfang (n/N) sondern **vom absoluten Stichprobenumfang** n ab. So enthält eine 2%ige Stichprobe von $N_1 = 5000$, d. h. $n_1 = 100$, wesentlich mehr Information als eine 20%ige von $N_2 = 50$, d. h. $n_2 = 10$.

Stichproben-Erhebungen

Im Unterschied zum Experiment, in dem die Einflußgrößen vom Experimentator geplant und kontrolliert vorgegeben werden und sich die Schlußfolgerungen im allgemeinen auf eine unendliche hypothetische Grundgesamtheit beziehen, spricht man von einer Erhebung, wenn der Zustand einer Gesamtheit von Individuen oder Objekten mit vorliegender Merkmalsstruktur erfaßt wird. Erhebungen werden vor allem in der Wirtschafts- und Sozialstatistik sowie in der Medizin durchgeführt. Man unterscheidet zwischen Stichproben-Erhebung (sample survey) und Voll-Erhebung (census); diese erfaßt eine Gesamtheit hinsichtlich der interessierenden Merkmale vollständig, etwa die Volkszählung im Rahmen der Amtlichen Statistik. Bei einer Stichproben-Erhebung werden die Daten nach einem sorgfältig vorbereiteten Stichprobenplan aus einer Grundgesamtheit erfaßt. **Verfahren der Stichprobenauswahl** spielen in der Beurteilenden Statistik eine große Rolle. Übersichten geben Pokropp (1980), Stenger (1986), Kreienbrock (1989), Foreman (1991) sowie Thompson (1992) (vgl. auch *Dalenius 1977*). Einblicke bieten Sonquist und Dunkelberg (1977), Jolliffe (1986), Krug und Nourney (1987), Biemer u. Mitarb. (1992) sowie Smith und Sugden (1988).

Beobachtende Studien (observational studies) erstreben und nutzen Daten, die Zustände und Entwicklungen sowie die Häufigkeit von Ereignissen **beschreiben, erklären und voraussagen**,
[132] wobei auch Vergleiche unterschiedlicher natürlich vorkommender Gruppen in der Zeit interessieren, insbesondere an Personengruppen. Studien dieser Art dienen dazu, Ursachen auf Wirkungen zurückzuführen, ohne daß eine randomisierte Zuordnung von Behandlungen zu den Personen möglich ist (vgl. S. 310). Näheres ist z. B. Cochran (*1968*, 1983), Kish (1987), Rosenbaum (1987–1995), Dwyer u. Mitarb. (1992) sowie Smith und Sugden (1988) zu entnehmen.
Lassen sich an einem „Datenträger" die gewünschten Daten nicht erheben, so liegt **„Nonresponse"** vor: die betreffenden Personen, „Nonresponder", sind nicht erreichbar, nicht auskunftfähig [nicht informiert, ohne Meinung], nicht auskunftbereit. Hängt dies ursächlich mit der erkundeten Information zusammen, so können beträchtliche Verzerrungen der Resultate auftreten (nichtzufällige Antwortausfälle). Näheres ist Schnell (1997), Krug und Nourney (1987, S. 160), Jolliffe (1986: Chapter 3) und Rubin (1987) zu entnehmen (vgl. auch Lessler und Kalsbeek 1992 sowie Strecker 1987). **Verzerrungen** dieser und anderer Art („Bias"-Varianten) im Rahmen der Epidemiologie nennt Last (1988, S. 13–16) (vgl. auch Cohn 1989, Kish 1987, Lohr 1999, Rosenbaum 1995 [Chapt. 3+4 mit Sensitivity Analysen, um „hidden biases" aufzuspüren] und Stolley 1991). Wie man geschickt bei **heiklen Fragen** vorgeht und falsche Antworten vermeidet, demonstrieren Fox und Tracy (1986) anhand der sog. **„Randomized Response"-Verfahren** [vgl. auch Psychological Methods **3** (1998), 160–168 und Statistical Papers **39** (1998), 405–408, 409–415 sowie J. Statist. Plann. Inference **90** (2000), 293–304].

vgl. S. 327/9

Einige weitere Literaturhinweise

1. Erhebung:

Bradburn und Sudman (1988), Chaudhuri und Vos (1988), Converse und Presser (1986), Duncan und Kalton (1987), Fowler und Mangione (1990), Fox und Tracy (1986), Frey (1989), Groves (1989), Groves u. Mitarb. (1988), Hagenaars (1990), Hsiao (1986), Jolliffe (1986), Kalton (1983a und b), Kasprzyk u. Mitarb. (1989), Kiecolt und Nathan (1985), Kish (1987), Krug und Nourney (1987), Lee u. Mitarb. (1989), Madow u. Mitarb. (1983), Markus (1979), McPherson (1990), Rossi u. Mitarb. (1983), Rubin (1987/96), Singh u. Chaudhary (1986), Rossi u. Mitarb. (1983), Sonquist und Dunkelberg (1977), Strecker (1987), Foreman (1991), Lohr (1999) sowie Levy und Lemeshow (1999). **Empfehlungen** für die Durchführung von Erhebungen gibt Schnell (1997: Kapitel 7). Zu **Kontrollgruppen** siehe Rosenbaum (1987, 1999). Speziell zum **telefonischen Interview** im Rahmen einer Erhebung (telephone survey) siehe Lavrakas (1987), Groves u. Mitarb. (1988) sowie Frey (1989).

2. Verfahren der Stichprobenauswahl:

Böltken (1976), Chaudhuri und Vos (1988), Fienberg und Tanur (1987), Ford und Tortova (1978), Gerss (1987), Hartung u. Mitarb. (1989), Iachan (1982, 1983 und 1984), Jolliffe (1986), Kahn und Sempos (1989), Kalton (1983a und b), Kalton und Anderson (1986), Kreienbrock (1989), Krug und Nourney (1987), Kruskal und Mosteller (1979/80), Leiner (1985), Lemeshow und Lwanga (1990), Pokropp (1980), Rossi u. Mitarb. (1983), Scheaffer u. Mitarb. (1996), Schwarz (1975), Singh und Chaudhary (1986), Stenger (1986), Foreman (1991), Tryfos (1996), Lohr (1999) sowie Levy und Lemeshow (1991).

3. Zur Formulierung von Interviewfragen und zur Gestaltung eines Fragebogens:

Converse und Presser (1986), Fowler und Mangione (1990), Jandok (1982), Lohr (1999), Rossi u. Mitarb. (1983) sowie Sudman und Bradburn (1983) (vgl. auch Biemer u. Mitarb. 1992 sowie Bortz 1985). Interviewereffekte stellt F. Büchel vor [Allgemeines Statistisches Archiv **84** (2000), 417–446].

4. Zur Wahlanalyse, Wahlforschung und Wahlstatistik:

Holler (1984), Kaltefleiter und Nissen (1980), Coughlin (1992), Polasek (1987) sowie Hill (1988).

Voraussagen

Unzuverlässige Wetterprognosen und langfristige Planungen, etwa in Forstwirtschaft und Politik, sind jedem vertraut. Voraussagen sind nicht deshalb schwierig, weil die Zukunft zu ungewiß ist, sondern weil unser gegenwärtiges Wissen dürftig ist.

Den bei Wahlen, in der Amtlichen Statistik sowie in der Markt- und Meinungsforschung häufig genutzten Schluß von der Stichprobe auf die Grundgesamtheit nennt man **Hochrechnung**, da der in der Stichprobe festgestellte Anteil n_i/n der Merkmalsausprägung A_i mit der Anzahl [132]
N der in der Grundgesamtheit vorhandenen Elemente multipliziert $(n_i/n)\ N$ den Schätzwert $\hat{N}_i$ liefert. So etwa schätzt der Computer in der Wahlnacht nach der Eingabe weniger Teilresultate das Endergebnis voraus. Zu Hochrechnungen siehe z. B. Dralle (1989) sowie Krug und Nourney (1987) (vgl. auch die Literaturhinweise, Punkt 4, weiter oben).
Langfristige Voraussagen oder besser **Vorausschätzungen**, etwa der Bevölkerungsentwicklung, des Energiebedarfs, der Arbeitsmarktgestaltung, werden im allgemeinen aufgrund von Trend-Analysen gemacht, seltener – und wesentlich stärker mit Vorurteilen und Trugschlüssen behaftet – anhand von Analogie (und Intuition). Zu den weniger bekannten Fehlerquellen zählt, daß eine vernünftige allgemein anerkannte Voraussage selber Ereignisse in Gang setzen kann, die das vorausgesagte Ereignis bzw. den vorher gesagten Trend wiederum beeinflussen („Vorkoppelung", „forecast feedback"). Die um 1955 in den USA gehegte Befürchtung, es werde in den Jahren 1965–1970 zu wenig Wissenschaftler geben, hat sich nicht bewahrheitet. Die Zahl der Studierenden erhöhte sich (wahrscheinlich infolge der düsteren Prognose) sprunghaft. Dieses Beispiel deutet mögliche Wirkungen ernstgenommener Prognosen an. **Prognoseverfahren** behandelt Hüttner (1986) (vgl. auch Chatfield 1988, Diggle 1990, Levenbach und Cleary 1984 sowie Schwarze 1980).
Stehen kaum verläßliche Informationen zur Verfügung, so wird man bei einer Vorschau auf mögliche Entwicklungen Sachverständigen-Gruppen, **Expertengremien, befragen**. Ein Verfahren besteht darin, die Problematik gründlich zu überdenken und den Experten einen sorgfältig geplanten Fragebogen zu liefern. Mögliche Voreingenommenheiten, sehr subjektive und exzeptionelle Ansichten, lassen sich dann dadurch ausschalten, daß jedem Teilnehmer die Antworten aller anderen wieder mitgeteilt werden, so daß er seine eigene Ansicht noch einmal überdenken kann („feedback", Rückkoppelung). Nach mehreren Klärungsdurchläufen dieser Art bildet sich anhand dieser **Delphi-Methode** eine Gruppenmeinung, die den Einzelmeinungen überlegen sein dürfte (vgl. z. B. Bortz 1985).

133 Eine Häufigkeitsverteilung

Dem weniger kundigen Leser habe ich zur Gewinnung und Beschreibung seiner Daten einiges [133]
Bedenkenswerte in M: 10–12, 28, 110 und 154–164 sowie M2: 21, 34, 51, 54 und 56 zusammengestellt. Zu **Datenbanken** siehe z. B. Leven (1990) und die „Datenbanksysteme" von T. Härder u. E. Rahm (1999, Springer) sowie von A. Kemper u. A. Eickler (1999, R. Oldenbourg) (vgl. auch S. 688).

Merkmalsarten

Merkmale sind Eigenschaften der Elemente einer Stichprobe.

Entsprechend den Merkmalswerten oder -ausprägungen unterscheidet man **quantitative** Merkmale (z. B. Körpergröße [„stetig"] und Kinderzahl [diskret]) und **qualitative** (z. B. Blutgruppe [nicht häufbar] und Beruf [häufbar]) Merkmale. Können diese in eine natürliche Reihenfolge gebracht werden (z. B. Schulnoten oder Krankheitszustände), so heißen sie **ordinal**; sind nur 2 Ausprägungen (Kategorien) möglich, so resultiert ein **alternatives** Merkmal (z. B. vorhanden, nicht vorhanden). Mitunter werden mögliche Merkmalswerte in zwei Gruppen (Dichotomie) eingeteilt, etwa anstelle des Körpergewichtes die Angabe: „normalgewichtig" bzw. „übergewichtig" (oder in 3 Gruppen [„untergewichtig" dazu], Trichotomie). Kategoriale Merkmale werden z. B. in [46] analysiert. Weiter Details folgen auf S. 204/205.

Häufigkeitsverteilung

Die Zuordnung von Häufigkeiten zu den Merkmalsausprägungen heißt Häufigkeitsverteilung. Formen der Darstellung sind Tabellen und Graphiken: **Stabdiagramm, Histogramm und Häufigkeitspolygon:** siehe die Übersichten 30 und 31. Ist die Anzahl der Daten groß und bei stetigen Merkmalen die Klassenbreite klein, so ist die Form des Histogramms (einheitlicher Datenkörper?, Mehrgipfligkeit?) und des Häufigkeitspolygons der Gestalt der

Dichtefunktion ähnlich, die bisweilen im mittleren Bereich eine sogenannte Glockenform aufweist.

[133] Wichtige und aufschlußreiche Alternative zum Histogramm (vgl. Moses 1987, Polasek 1994, Schnell 1994) ist die sogenannte **Stamm-und-Blatt–Darstellung** (Tukey 1977: Stem-and-Leaf Display; vgl. unter Abbildung 15 und z. B. M2: 42–44, Polasek 1988, Schnell 1994). Näheres über Dichteschätzungen (z. B. auch Histogramme und Häufigkeitspolygone) ist Scott (1992) zu entnehmen.

Übersicht 30. Stabdiagramm, Histogramm und Häufigkeitspolygon

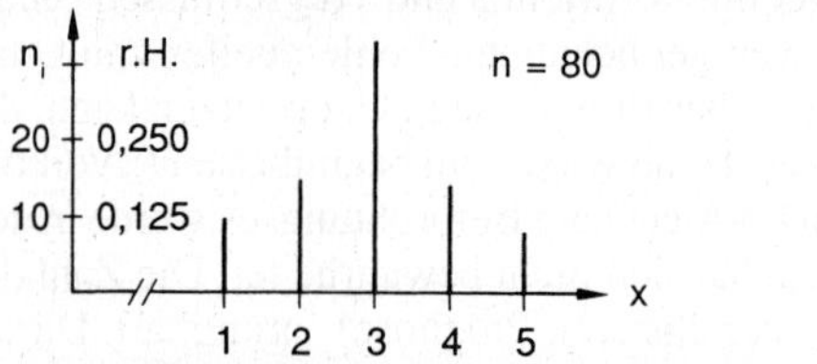

1) Stabdiagramm einer diskreten Verteilung

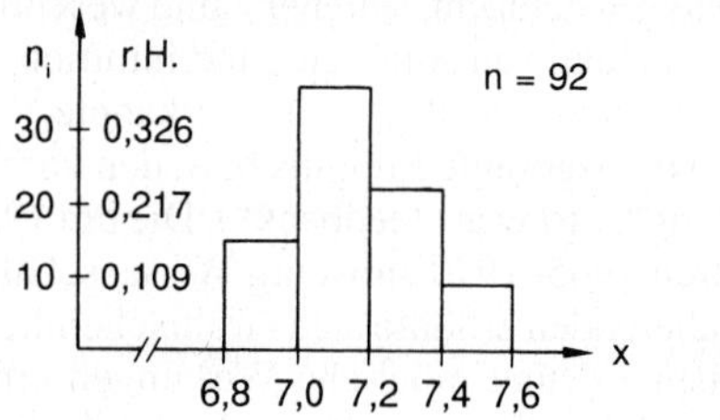

2) Histogramm einer stetigen Verteilung

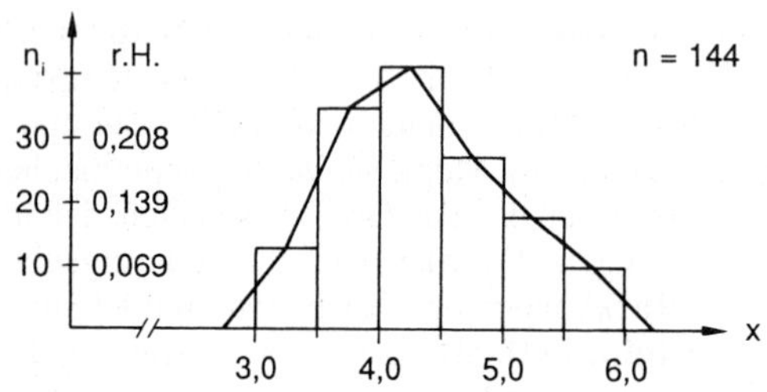

3) Häufigkeitspolygon einer stetigen Verteilung

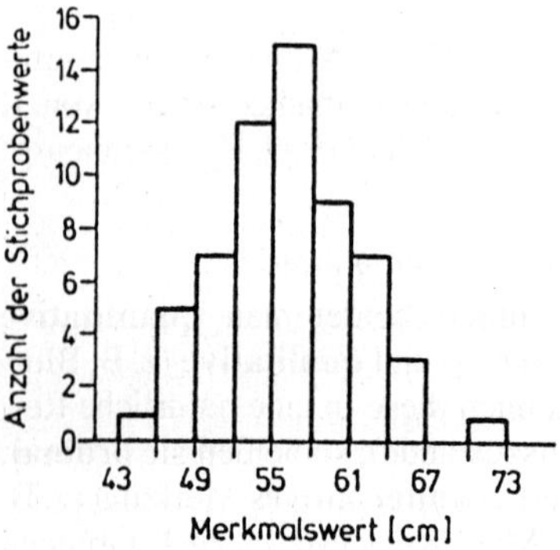

Abb. 15. Histogramm der 60 klassifizierten Beobachtungen aus der Übersicht 31

Stamm-und-Blatt-Darstellung für die Verteilung:

14,3	14,7	15,0
15,2	15,6	15,6
15,7	16,0	16,5
17,6	17,9	18,3

Stamm	Blatt
18	3
17	69
16	05
15	02667
14	37

Schema des Vergleichs zweier Verteilungen

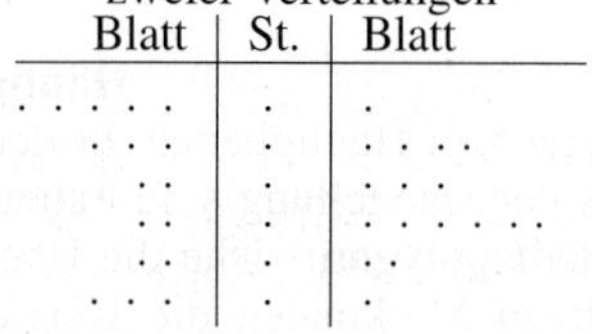

Back-to-back stem-and-leaf plot

Übersicht 31. Klassenbildung und Histogramm

Um eine Vorstellung von der Form einer Stichprobenverteilung zu erhalten und einige Kenngrößen besser berechnen zu können, werden die n Beobachtungen ($n \gtrsim 50$) in k Klassen gruppiert. Man bildet, entsprechend dem Umfang n der Stichprobe, etwa **7 bis 20 Klassen mit gleicher Klassenbreite** b. Die Anzahl der Beobachtungen, die in die j-te Klasse fallen, wird mit n_j bezeichnet ($j = 1, 2, \ldots, k$); n_j wird **absolute Häufigkeit** oder **Besetzungszahl** der Klasse j genannt. Die relativen Besetzungszahlen $h_j = n_j/n$ werden in Prozenten $100 n_j/n$ % ausgedrückt. Durch schrittweises Aufsummieren ergeben sich die **absoluten Summenhäufigkeiten** (aufsummierte Besetzungszahlen) $B_j = n_1 + n_2 + \ldots + n_j$ (Tab. 21, Spalte 5); aus diesen Werten berechnet man nach $H_j = 100 B_j/n$ die **prozentualen Summenhäufigkeiten**. Die in der Strichliste angedeutete Form der Verteilung wird häufig durch ein **Histogramm** (Abb. 15) anschaulich gemacht: Über den Klassenbreiten werden Rechtecke errichtet, deren Höhe den Besetzungszahlen entspricht. Zeichnet man über den Klassenmitten ein Stabdiagramm und verbindet die Enden, so erhält man ein **Häufigkeitspolygon** (Übersicht 30: Bild 3). [133]

Tabelle 21. Häufigkeitsverteilung mit als Prozentzahlen angegebenen Häufigkeitssummen

Nr. der Klasse j	Klasse [cm]	Absolute Häufigkeit: Strichliste	Absolute Häufigkeit: Besetzungszahl n_j Anzahl	Aufsummierte Besetzungszahl B_j Anzahl	$100 n_j/n$ h_j %	Häufigkeitssumme H_j %
(1)	(2)	(3)	(4)	(5)	(6)	(7)
1	$43 < x \leqq 46$	/	1	1	1,7	1,7
2	$46 < x \leqq 49$	~~////~~	5	6	8,3	10,0
3	$49 < x \leqq 52$	~~////~~ //	7	13	11,7	21,7
4	$52 < x \leqq 55$	~~////~~ ~~////~~ //	12	25	20,0	41,7
5	$55 < x \leqq 58$	~~////~~ ~~////~~ ~~////~~	15	40	25,0	66,7
6	$58 < x \leqq 61$	~~////~~ ////	9	49	15,0	81,7
7	$61 < x \leqq 64$	~~////~~ //	7	56	11,7	93,3
8	$64 < x \leqq 67$	///	3	59	5,0	98,3
9	$67 < x \leqq 70$		–	59	–	98,3
10	$70 < x \leqq 73$	/	1	60	1,7	100,0
Insgesamt			60	–	100	–

Zu Spalte 2: Statt „oberhalb von 43 bis einschließlich 46" schreibt man „$43 < x \leqq 46$".

Zu Spalte 5: Anzahl der Beobachtungen, die nicht größer sind als die obere Klassengrenze der j-ten Klasse.

Zu Spalte 7: Prozentualer Anteil der Beobachtungen, die höchstens so groß sind wie die obere Klassengrenze der j-ten Klasse, z. B. sind 10% der Beobachtungen höchstens 49 cm groß. Dividiert man die Werte dieser Spalte durch 100, dann resultiert die sogenannte **empirische Verteilungsfunktion** (die kumulierten relativen Häufigkeiten, die relativen Summenhäufigkeiten), die die mittlere Lage und Variabilität von Beobachtungen modelliert.

134 Glockenkurve und Normalverteilung

[134] Modell einer Glockenkurve
Experimentell erzeugte Glockenkurve
Wahrscheinlichkeitsdichte der Normalverteilung
Übergang zur Standardnormalverteilung
Standardnormalverteilung:
- Wahrscheinlichkeiten (Flächenanteile)
- Verteilungsfunktion
- Schranken
- Einige Beispiele (weitere Beispiele und Ergänzungen folgen in [1367])
- Weitere Schranken für unterschiedliche Fragestellungen

Bedeutung der Familie der Normalverteilungen
  Bedeutung als Modell
  Hinweise:
  - Gestutzte Normalverteilung
  - Münze, Würfel und der Zentrale Grenzwertsatz
  - Literatur zur Normalverteilung
  - Inverse Normalverteilung
  - Richtungsdaten: Kreis und Kugel
  - Ungleichungen

Stetige Zufallsvariable sind mitunter in ihrem mittleren Bereich angenähert **glockenförmig** verteilt. Eine typische Glockenkurve (vgl. Abb. 16)

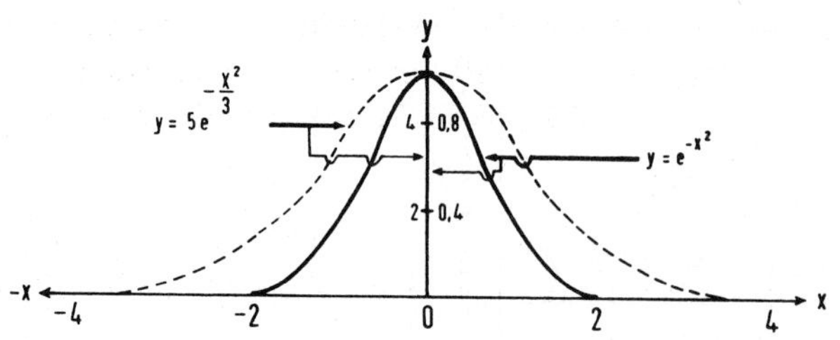

Abb. 16. Glockenkurven

ist durch die Gleichung $y = e^{-x^2}$ gegeben. Andere Glockenkurven werden durch

$$\boxed{y = a\,e^{-b\,x^2}} \tag{1.25}$$

(mit $a, b > 0$) dargestellt. In Abb. 16 sind die beiden Konstanten $a = b = 1$ bzw. $a = 5$ und $b = 1/3$: Eine Vergrößerung von a bewirkt eine Vergrößerung von y, die Kurve wird proportional vergrößert; eine Verkleinerung von b bewirkt ein Flacherwerden der Glockenkurve.

Eine Familie von Verteilungen, die durch eine sogenannte Glockenkurve mit dem Maximum an der Stelle μ und den Wendepunkten an den Stellen $\mu - \sigma$ und $\mu + \sigma$ charakterisiert ist (vgl. Abb. 18), hat als **„Normalverteilung"** in der Statistik eine große Bedeutung: μ ist der Erwartungswert und Median der Verteilung, σ die Standardabweichung. Jede Normal- oder Gauß-Verteilung ist eingipflig, symmetrisch und nähert sich für sehr kleines und sehr großes x [asymptotisch] der x-Achse („Normal" **bedeutet nicht** „häufig auftretend"). Ihre zahlentheoretische Herleitung beschreibt Kac (1976).

Beispiele für angenähert normalverteilte Daten sind eigentlich selten; besonders selten sind sie in der Biologie. So soll das Gewicht in der 37.–43. Schwangerschafts-
woche von nichtdiabetischen Müttern Geborener, die Körpergröße 18jähriger Männer [134]
und der Blutdruck gesunder 30–40jähriger Männer angenähert normalverteilt sein.
Die Normalverteilung gilt höchstens angenähert: auch nach dem Zentralen Grenzwertsatz kann man nur in gewissen Fällen eine ungefähre Normalverteilung erwarten und die Erfahrung mit großen Stichproben von Meßdaten hoher Qualität zeigt häufig deutliche Abweichungen von der Normalverteilung in dem Sinne, daß beide Verteilungsenden stärker besetzt sind („heavy tailed distributions"). [Weiterführendes (vgl. S. 147, 211, 336, 357, 380, 409) bieten R. J. Adler et al. (Eds.; 1998) in A Practical Guide to Heavy Tails. (Birkhäuser, pp. 552, Basel)].

Eine Normalverteilung läßt sich leicht **experimentell annähern**; trockenen Sand durch einen Trichter zwischen zwei parallele, senkrecht gestellte Glaswände einrinnen lassen.

Die zentrale Bedeutung der Normalverteilung besteht darin, daß eine **SUMME von vielen unabhängigen, beliebig verteilten Zufallsvariablen gleicher Größenordnung ANGENÄHERT normalverteilt ist**, und zwar um so besser angenähert, je größer ihre Anzahl ist (Zentraler Grenzwertsatz). Dieser Satz bildet die Grundlage dafür, daß Stichprobenverteilungen oberhalb eines bestimmten Stichprobenumfanges durch diese Verteilung approximiert werden können und daß für die entsprechenden Testverfahren die tabellierten Schranken der Standardnormalverteilung ausreichen.
Prinzipiell gesehen ist die Normalverteilung ein mathematisches Modell mit vielen günstigen mathematisch-statistischen Eigenschaften, das als ein *Grundpfeiler der mathematischen Statistik* angesehen werden kann. Seine grundlegende Bedeutung beruht darauf, daß sich viele zufällige Variable, die in der Natur beobachtet werden können, als **Überlagerung** vieler einzelner, weitgehend unabhängiger Einflüsse, von denen keiner dominieren darf, also als **Summe** vieler einzelner, voneinander unabhängiger zufälliger Variablen auffassen lassen (vgl. das Sandexperiment).

Die **Wahrscheinlichkeitsdichte der Normalverteilung** (vgl. Abb. 17)

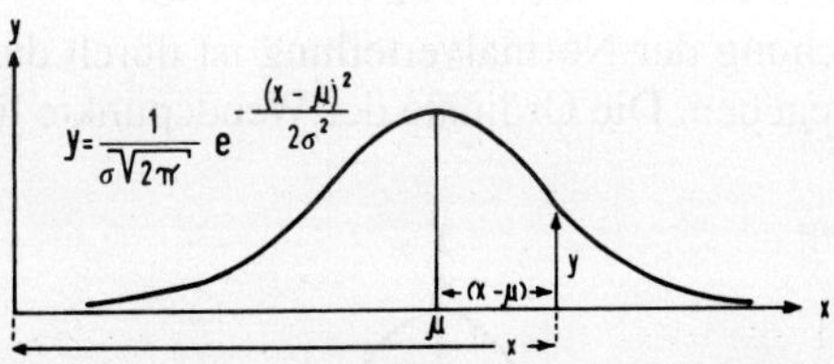

Abb. 17. Wahrscheinlichkeitsdichte y (Ordinate) für jeden Punkt x

ist durch (1.26) gegeben

$$y = f(x) = f(x|\mu,\sigma) = \frac{1}{\sigma\cdot\sqrt{2\pi}}\cdot e^{-1/2[(x-\mu)/\sigma]^2} \quad (1.26)$$
$$(-\infty < x < \infty, \quad -\infty < \mu < \infty, \quad \sigma > 0)$$

Man findet auch die Schreibweise: $f(x) = (2\pi\sigma^2)^{-1/2}\ \exp(-(x-\mu)^2/2\sigma^2)$.

Hierin ist x eine beliebige Abszisse, y die zugehörige Ordinate (y ist eine Funktion von x: $y = f(x)$), σ die Standardabweichung der Verteilung, μ der Erwartungswert der Verteilung; [134] π und e sind mathematische Konstanten mit den angenäherten Werten $\pi = 3{,}141593$ und $e = 2{,}718282$. Diese Formel enthält rechts die beiden Parameter μ und σ, die Variable x sowie die beiden Konstanten.

Wie (1.26) zeigt, ist die Normalverteilung durch die Parameter μ und σ *vollständig* charakterisiert. Der Erwartungswert μ bestimmt die **Lage** der Verteilung im Hinblick auf die x-Achse, die Standardabweichung σ die **Form** der Kurve (vgl. Abb. 18): Je größer σ ist, um so flacher ist der Kurvenverlauf, um so breiter ist die Kurve und um so niedriger liegt das Maximum. Es liegt an der Stelle des Erwartungswertes $E(X) = \mu$ [vgl. auch: $\text{Var}(X) = \sigma^2$; Schiefe $\alpha_3 = 0$ und Wölbung $\alpha_4 = 0$ (vgl. S. 169 und 424)]. Weitere Eigenschaften der Normalverteilung:

Ordinatenwerte

$N(\mu,\sigma)$	
$X = x$	$f(x\|\mu,\sigma)$
$-\infty$	0
μ	$1/[\sigma\sqrt{2\pi}]$
$+\infty$	0
$f(\mu - x\|\mu,\sigma) = f(\mu + x\|\mu,\sigma)$ für jedes x	

1. Die Kurve liegt symmetrisch zur Achse $x = \mu$, sie ist **symmetrisch um** μ. Die Werte $x' = \mu - a$ und $x'' = \mu + a$ haben die gleiche Dichte und damit denselben Wert y.
2. **Das Maximum** der Kurve beträgt $y_{\text{max}} = 1/(\sigma \cdot \sqrt{2\pi})$, für $\sigma = 1$ hat es (vgl. Tab. 2) den Wert $0{,}398942 \simeq 0{,}4$. Für sehr großes x ($x \to \infty$) und sehr kleines x ($x \to -\infty$) strebt y gegen Null; die x-Achse stellt eine Asymptote dar. Sehr extreme Abweichungen vom Erwartungswert μ weisen eine so winzige Wahrscheinlichkeit auf, daß der Ausdruck „*fast unmöglich*" gerechtfertigt erscheint.
3. Die Standardabweichung der Normalverteilung ist durch die **Abszisse der Wendepunkte** (Abb. 18) gegeben. Die Ordinate der Wendepunkte liegt bei etwa $0{,}6 \cdot y_{\text{max}}$.

(vgl. S. 140 unten)

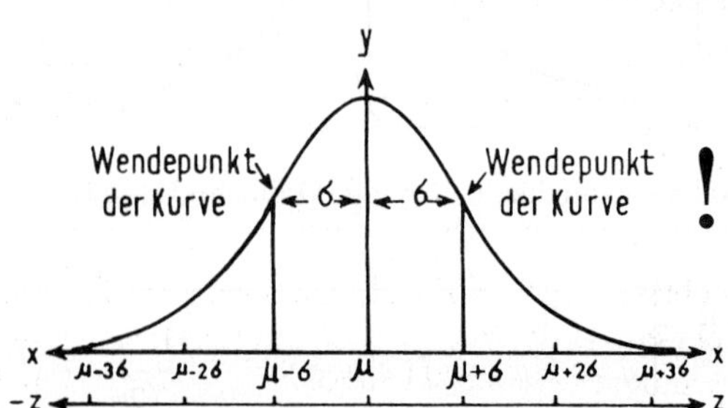

Abb. 18. Normalverteilung mit Standardabweichung und Wendepunkten. Beziehung zwischen X und Z: Übergang von der Variablen X und ihren Realisierungen x auf die Standardnormalvariable Z und ihren Realisierungen z: $Z = \frac{X-\mu}{\sigma}$

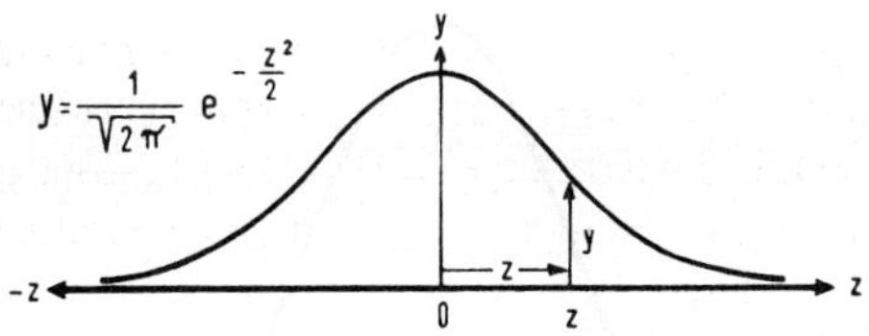

[134]

Abb. 19. Wahrscheinlichkeitsdichte y (Ordinate) für jeden Punkt z
Der Begriff „standard normal curve" stammt von W. F. Sheppard

Rund **2/3** aller Beobachtungen liegen zwischen $\mu-\sigma$ und $\mu+\sigma$ bzw. im Bereich $\mu\pm\sigma$. Da μ und σ in der Formel für die Wahrscheinlichkeitsdichte der Normalverteilung beliebige Werte annehmen können, existieren **beliebig viele** unterschiedliche Normalverteilungen. Setzen wir in (1.26) $\frac{X-\mu}{\sigma}=Z$, X ist dimensionsbehaftet, Z ist dimensionslos, so erhalten wir eine einzige, die **standardisierte Normalverteilung mit Erwartungswert Null und Standardabweichung Eins** [d. h. (1.26) geht wegen $f(x)\,dx=f(z)\,dz$ über in (1.27 a)]. Mit Abbildung 18 gilt für die Fläche unter der Kurve von $\mu-3\sigma$ bis $\mu+3\sigma$:

$$P(\mu-3\sigma\leqq X\leqq\mu+3\sigma)=0{,}9973=P(-3\leqq Z\leqq 3)=P(|Z|\leqq 3).$$

Als Abkürzung für die Normalverteilung dient $N(\mu,\sigma)$ bzw. $N(\mu,\sigma^2)$, für die Standardnormalverteilung dementsprechend $N(0{,}1)$. Für standardnormalverteilte Zufallsvariablen gilt somit: $\mu=0$ und $\sigma=1$. Angenähert **standardnormalverteilte Zufallsvariablen** erhält man, wenn von der Summe von 12 Zufallszahlen aus dem Bereich 0,0001 bis 0,9999 die Zahl 6 subtrahiert wird.

Die Wahrscheinlichkeitsdichte der Standardnormalverteilung (vgl. Abb. 19) ist durch (1.27 abcd) gegeben (d. h. die Ordinate der Standardnormalkurve ist z. B. für $z=-1$ und $z=1$ durch $f(1)\approx 0{,}4\cdot 0{,}6^1=0{,}24$) und in [1367] (Tab. 38: z. B. $f(1)=0{,}2420$) tabelliert;

$$y=f(z)=\frac{1}{\sqrt{2\pi}}\cdot e^{-z^2/2}\approx 0{,}3989\cdot e^{-z^2/2}\approx 0{,}4\cdot e^{-z^2/2}\approx 0{,}4\cdot 0{,}6^{z^2}\qquad -\infty<z<\infty \tag{1.27 abcd}$$

(vgl. $1/\sqrt{2\pi}=0{,}3989\approx 0{,}4$; $e^{-1/2}=1/\sqrt{e}\approx 0{,}6$) $\left[\text{vgl. } \int_{-\infty}^{\infty} e^{-x^2/2}dx=\sqrt{2\pi}\right]$
die **Verteilungsfunktion** durch (1.28):

$$F(z)=\frac{1}{\sqrt{2\pi}}\int_{-\infty}^{z} e^{-(v^2/2)}dv,\ \text{wobei } v \text{ von } -\infty \text{ bis } z \text{ läuft}$$
$$[\text{mit } F(z)=P(Z\leqq z),\ \text{z. B. } F(1{,}0)=0{,}8413 \text{ aus Tab. 23, S. 115}] \tag{1.28}$$

Tabelle 22 zeigt die „rechtsseitigen" Wahrscheinlichkeiten dafür, daß z übertroffen wird. Beispielsweise entspricht einem Wert $z=0{,}00$ eine Wahrscheinlichkeit von $P=0{,}5$, d. h. oberhalb des Erwartungswertes (d. h. rechts von μ) liegt die halbe Fläche unter der Kurve; für $z=1{,}53$ erhalten wir eine $P=0{,}0630=6{,}3\,\%$, oder rechts von $z=1{,}53$ liegt 6,3 % der Gesamtfläche: $P(Z\geqq 1{,}53)=0{,}0630$.
Für jeden Wert z kann man somit in Tabelle 22 die Wahrscheinlichkeit ablesen, die dem Ereignis zukommt, daß die zufällige Variable Z Werte größer als z annimmt [Beispiele

[134]

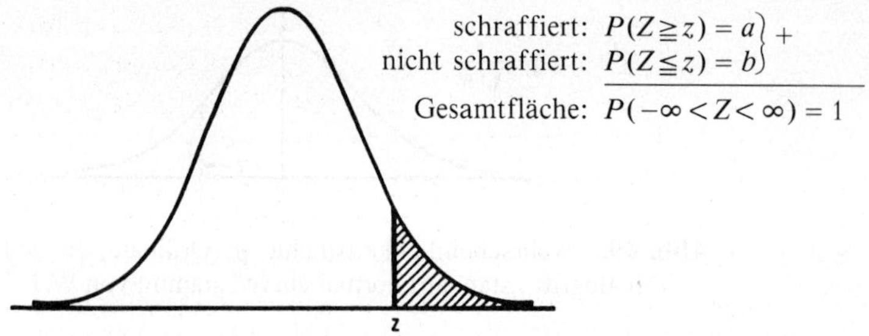

Abb. 20. Flächenanteil A (schraffiert), der rechts von einem bestimmten Wert z liegt. Der Flächenanteil, der links von z liegt, ist gleich $1 - A$, wobei A den durch z bestimmten Wert der Tabelle 22 repräsentiert

und Approximationen für $P(Z \geqq z)$, (1.76) bis (1.78) siehe [1367]]. Tabelle 22 wird durch die Tabellen 23 bis 29 ergänzt. Um z. B. $P(Z \leqq 1{,}53)$ und $P(Z \leqq -1{,}53)$ berechnen zu können, erinnern wir uns:

1. Die gesamte Wahrscheinlichkeit unter der Standardnormalverteilung ist Eins: aus diesem Grund enthält die Gleichung der Normalverteilung die Konstanten $a = 1/\sqrt{2\pi}$ und $b = 1/2$ (vgl. $y = ae^{-bz^2}$).
2. Die Normalverteilung ist symmetrisch.

Somit erhalten wir $P(Z \leqq 1{,}53) = 1 - 0{,}063 = 0{,}937$ und $P(Z \leqq -1{,}53) = 0{,}063$ (vgl. auch Abb. 20).
Aufschlußreich sind neben (1.29a′) (S. 113) sowie (1.29a″) und dem Hinweis auf S. 119 auch die folgenden **zentralen Schwankungsintervalle**:

$\mu \pm 1{,}96\sigma$	oder	$z = \pm\mathbf{1{,}96}$	mit **95 %** der Gesamtfläche	(1.29a)
$\mu \pm 2{,}58\sigma$	oder	$z = \pm\mathbf{2{,}58}$	mit **99 %** der Gesamtfläche	(1.29b)
$\mu \pm 3{,}29\sigma$	oder	$z = \pm\mathbf{3{,}29}$	mit **99,9 %** der Gesamtfläche	(1.29c)

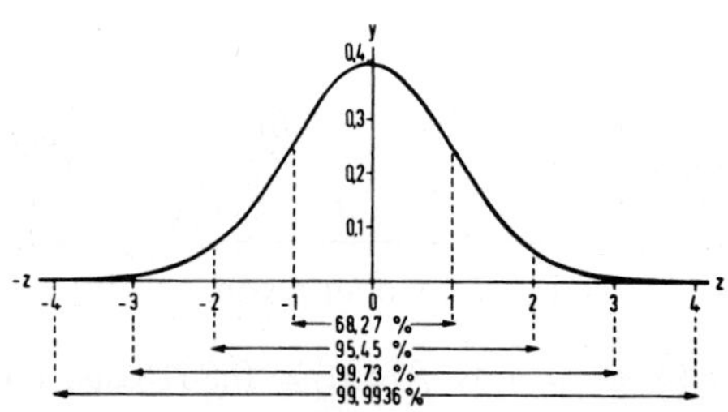

Abb. 21. Flächenanteile der Standardnormalverteilung

Die **zentralen Schwankungsintervalle** der Standardnormalverteilung (Abb. 21) enthält S. 113 als Formeln (1.30a) bis (1.30d). Darunterliegende (d. h. linksseitige) Flächenanteile sowie darüberliegende (d. h. rechtsseitige) Flächenanteile sind als Formeln (1.30a′) bis (1.30d′) angegeben. Weitere Wahrscheinlichkeiten für rechtsseitige Flächenanteile enthält Tabelle 22. Linksseitige Flächenanteile enthält Tabelle 23. Weitere z-Schranken und Wahrscheinlichkeiten sind den Tabellen 24 bis 29 zu entnehmen.

$$\begin{array}{ll} \mu \pm 1\sigma \text{ oder } z = \pm 1 \text{ mit } 68{,}27\,\% \text{ der Gesamtfläche} & (1.30a) \\ \mu \pm 2\sigma \text{ oder } z = \pm 2 \text{ mit } 95{,}45\,\% \text{ der Gesamtfläche} & (1.30b) \\ \mu \pm 3\sigma \text{ oder } z = \pm 3 \text{ mit } 99{,}73\,\% \text{ der Gesamtfläche} & (1.30c) \end{array}$$

[134]

Die sog. **„Drei-Sigma-Regel"** besagt, daß beim Vorliegen einer Normalverteilung außerhalb der Grenzen $\mu \pm 3\sigma$ kaum noch gültige Beobachtungen vorliegen. Dies ist so nicht richtig; denn für kleine Stichproben ist diese „Regel" zu konservativ und für große Stichproben ist sie zu liberal.

vgl. M:42

Eine Abweichung um mehr als σ vom Erwartungswert ist etwa einmal in je drei Versuchen zu erwarten, **eine Abweichung um mehr als 2σ etwa nur einmal in je 22 Versuchen** und eine *Abweichung um mehr als* 3σ etwa nur einmal in je 370 Versuchen, anders ausgedrückt: die Wahrscheinlichkeit, daß sich ein Wert X vom Erwartungswert absolut genommen um mehr als 3σ unterscheidet, ist mit knapp 0,3 % *wesentlich kleiner als 0,01*.

$= \frac{100}{4{,}55}$

$$P(|X - \mu| > 3\sigma) = 0{,}0027 \qquad (1.31)$$

Lage der mittleren 95% der Zufallsvariablen X und Z

$$\left.\begin{array}{l} P(\mu - 1{,}96\sigma \leqq X \leqq \mu + 1{,}96\sigma) = 0{,}95 \\ P(-1{,}96 \leqq Z \leqq 1{,}96) = 0{,}95 \end{array}\right\} \qquad (1.29a')$$

Beide Beziehungen sind gleichwertig:

1. Die Wahrscheinlichkeit, daß eine normalverteilte Zufallsvariable X mit den Parametern μ und σ zwischen $-1{,}96\sigma$ und $+1{,}96\sigma$ liegt, einschließlich dieser Grenzen, beträgt 0,95 [vgl. auch Übersicht 32 auf S. 122].
2. Die Wahrscheinlichkeit, daß eine standardnormalverteilte Zufallsvariable Z (mit den Parametern $\mu = 0$ und $\sigma = 1$) zwischen den z-Schranken $-1{,}96$ und $+1{,}96$ liegt, einschließlich dieser Grenzen, beträgt 0,95.

Bevorzugt man als z-Schranken **ganze Zahlen**, so resultieren für die Wahrscheinlichkeiten der Standardnormalvariablen Z:

Zentrale Schwankungsintervalle:

$$\begin{array}{lll} P(-1 \leqq Z \leqq +1) & = 0{,}68269 & (1.30a) \\ \mathbf{P(-2 \leqq Z \leqq +2)} & \mathbf{= 0{,}95450} & (1.30b) \\ P(-3 \leqq Z \leqq +3) & = 0{,}99730 & (1.30c) \\ P(-4 \leqq Z \leqq +4) & = 0{,}99994 & (1.30d) \end{array}$$

Vergleiche auch S. 889

$$\begin{array}{ll} \left.\begin{array}{l} P(Z \geqq 1) = 0{,}15866 \\ P(Z \leqq 1) = 0{,}84134 \end{array}\right\} & (1.30a') \\ \left.\begin{array}{l} \mathbf{P(Z \geqq 2) = 0{,}02275} \\ \mathbf{P(Z \leqq 2) = 0{,}97725} \end{array}\right\} & (1.30b') \\ \left.\begin{array}{l} P(Z \geqq 3) = 0{,}00135 \\ P(Z \leqq 3) = 0{,}99865 \end{array}\right\} & (1.30c') \\ \left.\begin{array}{l} P(Z \geqq 4) = 0{,}00003 \\ P(Z \leqq 4) = 0{,}99997 \end{array}\right\} & (1.30d') \end{array}$$

Hinweis: Für eine **beliebige stetige oder diskrete** Verteilung [vgl. (1.33) und Übersicht 32] gilt im Gegensatz zu (1.29a′; oben) lediglich:

$$P(\mu - 1{,}96\sigma < X < \mu + 1{,}96\sigma) \geqq 0{,}74 \qquad (1.33a)$$

vgl. S. 122

[134] **Tabelle 22.** Fläche unter der Standardnormalverteilungskurve von z bis ∞ für die Werte $0 \leqq z \leqq 5{,}2$; d. h. die Wahrscheinlichkeit, daß die Standardnormalvariable Z Werte $\geqq z$ annimmt (symbolisch $P(Z \geqq z)$) (auszugsweise entnommen aus Fisher, R.A. und F. Yates: Statistical Tables for Biological Agricultural and Medical Research, published by Oliver and Boyd., Edinburgh, p. 45).

P-Werte für den einseitigen *z*-Test

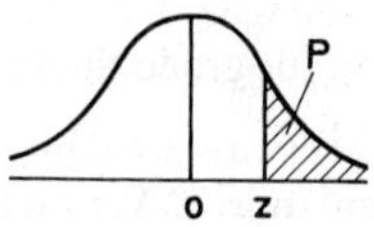

$$P(Z \geqq z) = \int_z^\infty f(v)\,dv$$

Für den zweiseitigen *z*-Test sind die tabellierten *P*-Werte zu verdoppeln

z	0,00	0,01	0,02	0,03	0,04	0,05	0,06	0,07	0,08	0,09
0,0	0,5000	0,4960	0,4920	0,4880	0,4840	0,4801	0,4761	0,4721	0,4681	0,4641
0,1	0,4602	0,4562	0,4522	0,4483	0,4443	0,4404	0,4364	0,4325	0,4286	0,4247
0,2	0,4207	0,4168	0,4129	0,4090	0,4052	0,4013	0,3974	0,3936	0,3897	0,3859
0,3	0,3821	0,3783	0,3745	0,3707	0,3669	0,3632	0,3594	0,3557	0,3520	0,3483
0,4	0,3446	0,3409	0,3372	0,3336	0,3300	0,3264	0,3228	0,3192	0,3156	0,3121
0,5	0,3085	0,3050	0,3015	0,2981	0,2946	0,2912	0,2877	0,2843	0,2810	0,2776
0,6	0,2743	0,2709	0,2676	0,2643	0,2611	0,2578	0,2546	0,2514	0,2483	0,2451
0,7	0,2420	0,2389	0,2358	0,2327	0,2296	0,2266	0,2236	0,2206	0,2177	0,2148
0,8	0,2119	0,2090	0,2061	0,2033	0,2005	0,1977	0,1949	0,1922	0,1894	0,1867
0,9	0,1841	0,1814	0,1788	0,1762	0,1736	0,1711	0,1685	0,1660	0,1635	0,1611
1,0	0,1587	0,1562	0,1539	0,1515	0,1492	0,1469	0,1446	0,1423	0,1401	0,1379
1,1	0,1357	0,1335	0,1314	0,1292	0,1271	0,1251	0,1230	0,1210	0,1190	0,1170
1,2	0,1151	0,1131	0,1112	0,1093	0,1075	0,1056	0,1038	0,1020	0,1003	0,0985
1,3	0,0968	0,0951	0,0934	0,0918	0,0901	0,0885	0,0869	0,0853	0,0838	0,0823
1,4	0,0808	0,0793	0,0778	0,0764	0,0749	0,0735	0,0721	0,0708	0,0694	0,0681
1,5	0,06681	0,0655	0,0643	0,0630	0,0618	0,0606	0,0594	0,0582	0,0571	0,0559
1,6	0,05480	0,0537	0,0526	0,0516	0,0505	0,0495	0,0485	0,0475	0,0465	0,0455
1,7	0,04457	0,0436	0,0427	0,0418	0,0409	0,0401	0,0392	0,0384	0,0375	0,0367
1,8	0,03593	0,0351	0,0344	0,0336	0,0329	0,0322	0,0314	0,0307	0,0301	0,0294
1,9	0,02872	0,0281	0,0274	0,0268	0,0262	0,0256	0,0250	0,0244	0,0239	0,0233
2,0	0,02275	0,02222	0,02169	0,02118	0,02068	0,02018	0,01970	0,01923	0,01876	0,01831
2,1	0,01786	0,01743	0,01700	0,01659	0,01618	0,01578	0,01539	0,01500	0,01463	0,01426
2,2	0,01390	0,01355	0,01321	0,01287	0,01255	0,01222	0,01191	0,01160	0,01130	0,01101
2,3	0,01072	0,01044	0,01017	0,00990	0,00964	0,00939	0,00914	0,00889	0,00866	0,00842
2,4	0,00820	0,00798	0,00776	0,00755	0,00734	0,00714	0,00695	0,00676	0,00657	0,00639
2,5	0,00621	0,00604	0,00587	0,00570	0,00554	0,00539	0,00523	0,00508	0,00494	0,00480
2,6	0,00466	0,00453	0,00440	0,00427	0,00415	0,00402	0,00391	0,00379	0,00368	0,00357
2,7	0,00347	0,00336	0,00326	0,00317	0,00307	0,00298	0,00289	0,00280	0,00272	0,00264
2,8	0,00256	0,00248	0,00240	0,00233	0,00226	0,00219	0,00212	0,00205	0,00199	0,00193
2,9	0,00187	0,00181	0,00175	0,00169	0,00164	0,00159	0,00154	0,00149	0,00144	0,00139

0,25	0,4012937	2,9	0,0018658	3,5	$0,0^{3}233$	4,1	$0,0^{4}207$	4,7	$0,0^{5}130$
0,5	0,3085375	**3,0**	**0,0013499**	3,6	$0,0^{3}159$	4,2	$0,0^{4}133$	4,8	$0,0^{6}793$
1,0	**0,1586553**	3,1	0,0009676	3,7	$0,0^{3}018$	4,3	$0,0^{5}854$	4,9	$0,0^{6}479$
1,5	0,0668072	3,2	0,0006871	3,8	$0,0^{4}723$	4,4	$0,0^{5}541$	5,0	$0,0^{6}287$
2,0	**0,0227501**	3,3	0,0004834	3,9	$0,0^{4}481$	4,5	$0,0^{5}340$	5,1	$0,0^{6}170$
2,5	0,0062097	3,4	0,0003369	4,0	$0,0^{4}317$	4,6	$0,0^{5}211$	5,2	$0,0^{7}996$

$P(Z \geqq 6{,}0) = 0{,}0^{9}87 = 0{,}00000000087$

Beispiele: $P(Z \geqq 1{,}96) = 0{,}025$ und $P(Z \geqq 2{,}17) = 0{,}015$

$P(Z \leqq 0{,}44) = 1 - 0{,}33 = 0{,}67$

Siehe auch Tabelle 26B auf S. 117 und Tabelle 27 auf S. 118

Einige Beispiele (Tab. 22)

1. $P(Z \geqq 0{,}44) = 0{,}33$; d. h. $P(Z \leqq 0{,}44) = 1 - 0{,}33 = 0{,}67 = F(0{,}44)$
2. Berechnen Sie $P = P(-4{,}00 \leqq Z \leqq -0{,}04)$ auf 3 Stellen genau. Wegen der **[134]** Symmetrie gilt: $P = (0{,}04 \leqq Z \leqq 4{,}00) = P(Z \geqq 0{,}04) - P(Z \geqq 4{,}00) = 0{,}4840 - 0{,}0000 = 0{,}484$.
3. Die Symmetrie der Standardnormalverteilung führt zu:

$$\boxed{F(-z) = P(Z \leqq -z) = P(Z \geqq z) = 1 - P(Z \leqq z) = 1 - F(z)} \qquad (1.32)$$

   $F(-1{,}0) = P(Z \geqq 1{,}0) = 0{,}1587$ (vgl. auch Beispiel 5 A auf S. 143).
4. Ist $P(Z \geqq 0{,}25) > 2P(-0{,}25 \leqq Z \leqq 0{,}25)$? Ja, um $P = 0{,}0065$. Wieso?
5. Weitere ausführliche Beispiele, Ergänzungen zur Normalverteilung und Approximationen für $P(Z \geqq z)$ finden Sie in [1367].

Eine wenige Werte enthaltende Tabelle der **Verteilungsfunktion der Standardnormalverteilung**, die wir in [44] benötigen, folgt als Tabelle 23. Übrigens ergibt sich der Wert „0,95" in (1.29a′) aus: $2F(1{,}96) - 1 = 2 \cdot 0{,}975 - 1 = 1{,}95 - 1 = 0{,}95$.

Tabelle 23. Einige Werte der **Verteilungsfunktion** $F(z)$ der Standardnormalverteilung

z	$F(z)$
−3,719	0,0001
−3,291	0,0005
−3,090	0,0010
−3,000	0,0014
−2,576	0,0050
−2,326	0,0100
−2,000	0,0228
−1,960	0,0250
−1,645	0,0500
−1,282	0,1000
−1,000	0,1587
−0,842	0,2000
−0,674	0,2500
−0,524	0,3000
−0,253	0,4000
0,000	0,5000
0,253	0,6000
0,524	0,7000
0,674	0,7500
0,842	0,8000
1,000	0,8413
1,282	0,9000
1,645	0,9500
1,960	0,9750
2,000	0,9772
2,054	0,9800
2,326	0,9900
2,576	0,9950
3,000	0,9986
3,090	0,9990
3,291	0,9995
3,719	0,9999

Quantile für Normalverteilungen (z. B. $\mu = 150, \sigma = 10$) lassen sich [vgl. $Z = (X - \mu)/\sigma$] nach $x = \mu + z\sigma$ bestimmen, wobei z aus Tab. 23, links entnommen wird, z.B. für $F(z) = 0{,}25$: etwa $Q_1 = x_{0,25} = \mu + (-0{,}674)\sigma = 150 - 0{,}674 \cdot 10 = 143{,}26 \approx 143$; vgl. auch S. 143, Beispiel 4.

Beispiele:
$P(Z \leqq 1{,}960) = F(1{,}960) = 0{,}9750$
$P(Z \leqq 1{,}645) = F(1{,}645) = 0{,}9500$

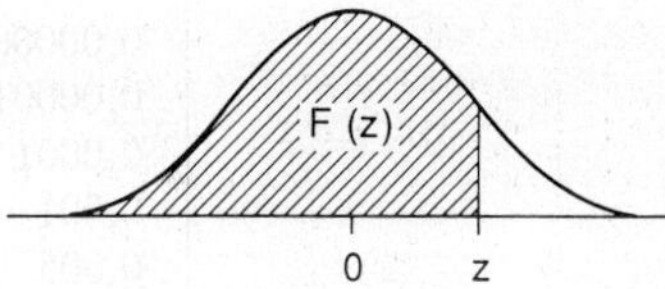

z	$F(z)$	z	$F(z)$	z	$F(z)$	z	$F(z)$
−3,2	0,0007	−1,5	0,00668	0,05	0,5199	**1,645**	**0,9500**
−3,1	0,0010	−1,4	0,0808	0,1	0,5398	1,7	0,9554
−3,0	0,0014	−1,3	0,0968	0,2	0,5793	1,8	0,9641
−2,9	0,0019	−1,2	0,1151	0,3	0,6179	1,9	0,9713
−2,8	0,0026	−1,1	0,1357	0,4	0,6554	2,0	0,9773
−2,7	0,0035	**−1,0**	**0,1587**	0,5	0,6915	2,1	0,9821
−2,6	0,0047	−0,9	0,1841	0,6	0,7257	2,2	0,9861
−2,5	0,0062	−0,842	0,2000	0,7	0,7580	2,3	0,9893
−2,4	0,0082	−0,8	0,2119	0,8	0.7881	2,4	0,9918
−2,3	0,0107	−0.7	0,2420	0,842	0,8000	2,5	0,9938
−2,2	0,0139	−0,6	0,2743	0,9	0,8159	2,6	0,9953
−2,1	0,0179	−0,5	0,3085	**1,0**	**0,8413**	2,7	0,9965
−2,0	0,0228	−0,4	0,3446	1,1	0,8643	2,8	0,9974
−1,9	0,0287	−0,3	0,3821	1,2	0,8849	2,9	0,9981
−1,8	0,0359	−0,2	0,4207	1,3	0,9032	3,0	0,9987
−1,7	0,0446	−0,1	0,4602	1,4	0,9192	3,1	0,9990
−1,645	**0,0500**	−0,05	0,4801	1,5	0,9332	3,3	0,9995
−1,6	0,0548	0	0,5000	1,6	0,9452	3,5	0,9998

Tabelle 24. Ausgewählte Schranken der Standardnormalverteilung

[134]

z	P zweiseitig	P einseitig	z	P zweiseitig	P einseitig
0,67448975	0,5	0,25	3,48075640	0,0005	0,00025
0,84162123	0,4	0,2	3,71901649	0,0002	0,0001
1,03643339	0,3	0,15	3,89059189	0,0001	0,00005
1,28155157	0,2	0,1	4,26489079	0,00002	0,00001
1,64485363	0,1	0,05	4,41717341	0,00001	0,000005
1,95996398	0,05	0,025	4,75342431	$2 \cdot 10^{-6}$	$1 \cdot 10^{-6}$
2,32634787	0,02	0,01	4,89163848	$1 \cdot 10^{-6}$	$5 \cdot 10^{-7}$
2,57582930	0,01	0,005	5,19933758	$2 \cdot 10^{-7}$	$1 \cdot 10^{-7}$
2,80703377	0,005	0,0025	5,32672389	$1 \cdot 10^{-7}$	$5 \cdot 10^{-8}$
3,09023231	0,002	0,001	5,73072887	$1 \cdot 10^{-8}$	$5 \cdot 10^{-9}$
3,29052673	0,001	0,0005	6,10941020	$1 \cdot 10^{-9}$	$5 \cdot 10^{-10}$

Beispiele: $P(Z \leqq -1{,}96) = P(Z \geqq 1{,}96) = 0{,}025$

$P(|Z| \geqq 1{,}96) = P(Z \leqq -1{,}96) + P(Z \geqq 1{,}96) = 0{,}05$

Tabelle 25. Ausgewählte Schranken der Standardnormalverteilung
für die zweiseitige $[P(|Z| \geqq z)]$ und für die einseitige $[P(Z \geqq z)]$ Fragestellung

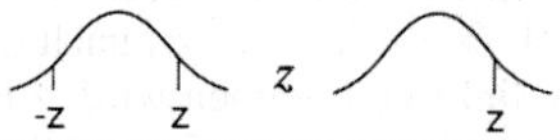

P	z zweiseitig	z einseitig
0,000001	4,891638	4,753424
0,00001	4,417173	4,264891
0,0001	3,890592	3,720016
0,001	3,290527	3,090232
0,005	2,807034	2,575829
0,01	**2,575829**	**2,326348**
0,02	2,326348	2,053749
0,025	2,241400	1,959964
0,03	2,170090	1,880794
0,04	2,053749	1,750686
0,05	**1,959964**	**1,644854**
0,06	1,880794	1,554774
0,07	1,811911	1,475791
0,08	1,750686	1,405072
0,09	1,695398	1,340755
0,1	1,644854	1,281552
0,2	1,281552	0,841621
0,3	1,036433	0,524401
0,4	0,841621	0,253347
0,5	0,674490	0,000000

Beispiele:

$$z_{0{,}05;\text{zweiseitig}} = 1{,}959964 \text{ oder } 1{,}960$$
$$z_{0{,}05;\text{einseitig}} = 1{,}644854 \text{ oder } 1{,}645$$

Tabelle 26. Ausgewählte Schranken der Standardnormalverteilung
für die zweiseitige [$P(|Z| \geqq z) = \alpha$] und für die einseitige [$P(Z \geqq z) = \alpha$] Fragestellung

[134]

Tabelle 26 A

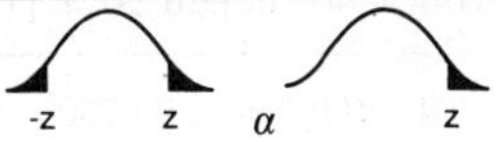

α zweiseitig	einseitig	z_α
0,001	0,0005	**3,2905**
0,002	0,001	3,0902
0,005	0,0025	2,8070
0,01	0,005	**2,5758**
0,02	0,010	2,3263
0,05	0,025	**1,9600**
0,1	**0,05**	**1,6449**
0,2	0,10	1,2816
0,3	0,15	1,0364
0,4	0,20	0,8416
0,5	0,25	0,6745
0,6	0,30	0,5244
0,7	0,35	0,3853
0,8	0,40	0,2533
0,9	0,45	0,1257

Beispiele:
$z_{0,05;\ \text{zweiseitig}} = 1{,}9600$
$z_{0,05;\ \text{einseitig}} = 1{,}6449$

[vgl. auch S. 889]

Tabelle 26 B

z	$P(Z \geqq z)$	$P(\|Z\| \geqq z)$	z	$P(Z \geqq z)$	$P(\|Z\| \geqq z)$
1,03643	0,150	0,30	2,32635	0,010	0,020
1,15035	0,125	0,25	2,36562	0,009	0,018
1,28155	0,100	0,20	2,40892	0,008	0,016
1,31058	0,095	0,19	2,45726	0,007	0,014
1,34076	0,090	0,18	2,51214	0,006	0,012
1,37220	0,085	0,17	2,57583	0,005	0,010
1,40507	0,080	0,16	2,65207	0,004	0,008
1,43953	0,075	0,15	2,74778	0,003	0,006
1,47579	0,070	0,14	2,87816	0,002	0,004
1,51410	0,065	0,13	3,09023	0,001	0,002
1,55477	0,060	0,12	3,12139	0,0009	0,0018
1,59819	0,055	0,11	3,15591	0,0008	0,0016
1,64485	0,050	0,10	3,19465	0,0007	0,0014
1,69540	0,045	0,09	3,23888	0,0006	0,0012
1,75069	0,040	0,08	3,29053	0,0005	0,0010
1,81191	0,035	0,07	3,48076	0,00025	0,0005
1,88079	0,030	0,06	3,71902	0,00010	0,0002
1,95996	0,025	0,05	3,89059	0,00005	0,00010
2,05375	0,020	0,04	4,05563	0,000025	0,00005
2,17009	0,015	0,03	4,26489	0,000010	0,00002
z_α	$\alpha_{\text{einseitig}}$	$\alpha_{\text{zweiseitig}}$	z_α	$\alpha_{\text{einseitig}}$	$\alpha_{\text{zweiseitig}}$

Beispiel: $P(Z \geqq 1{,}95996) = 0{,}025$ und $P(Z \leqq -1{,}95996) + P(Z \geqq 1{,}95996) = 0{,}05$

Die Tabelle 27 auf S. 118

- enthält: Schranken z für die einseitige Fragestellung, etwa für $P = 0{,}05$ (oder $a = 0{,}05$), den Wert 1,645, der bei zweiseitiger Fragestellung dem Wert $P = 2 \cdot 0{,}05 = 0{,}10$ ($\alpha = 0{,}10$) entspricht.

  z aus P

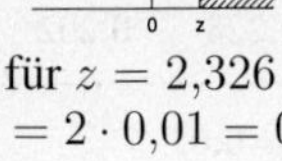

- enthält: P-Werte für die einseitige Fragestellung, etwa für $z = 2{,}326$ den Wert $P = 0{,}01$, der bei zweiseitiger Fragestellung dem Wert $P = 2 \cdot 0{,}01 = 0{,}02$ entspricht.

  P aus z

Tabelle 27. Ausgewählte rechtsseitige Schranken der Standardnormalverteilung von $z = 4{,}265$ bis $z = 0{,}025$ für $P = 0{,}00001$ bis 0,49; rechts von 1,96 liegen 2,5 % $[P = 0{,}025]$ aller Werte oder
[134] $z_{0{,}025 \text{ rechtsseitig}} = 1{,}96$ und rechts von $z = 0$ liegen 50 % $[P = 0{,}5]$ aller Werte

P	0,00001	0,00002	0,00003	0,00004	0,00005	0,00006	0,00007	0,00008	0,00009
$z \rightarrow$	4,2649	4,1075	4,0128	3,9444	3,8906	3,8461	3,8082	3,7750	3,7455

P	0,0000	0,0001	0,0002	0,0003	0,0004	0,0005	0,0006	0,0007	0,0008	0,0009
0,000	–	**3,7190**	3,540	3,432	3,353	**3,2905**	3,239	3,195	3,156	3,121
0,001	**3,0902**	3,062	3,036	3,011	2,989	2,968	2,948	2,929	2,911	2,894
0,002	2,878	2,863	2,848	2,834	2,820	2,807	2,794	2,782	2,770	2,759
0,003	2,748	2,737	2,727	2,716	2,706	2,697	2,687	2,678	2,669	2,661
0,004	2,652	2,644	2,636	2,628	2,620	2,612	2,605	2,597	2,590	2,583
0,005	**2,5758**	2,569	2,562	2,556	2,549	2,543	2,536	2,530	2,524	2,518
0,006	2,512	2,506	2,501	2,495	2,489	2,484	2,478	2,473	2,468	2,462
0,007	2,457	2,452	2,447	2,442	2,437	2,433	2,428	2,423	2,418	2,414
0,008	2,409	2,404	2,400	2,395	2,391	2,387	2,382	2,378	2,374	2,370
0,009	2,366	2,362	2,357	2,353	2,349	2,346	2,342	2,338	2,334	2,330
0,010	**2,3263**	2,323	2,319	2,315	2,312	2,308	2,304	2,301	2,297	2,294
0,011	2,290	2,287	2,284	2,280	2,277	2,273	2,270	2,267	2,264	2,260
0,012	2,257	2,254	2,251	2,248	2,244	2,241	2,238	2,235	2,232	2,229
0,013	2,226	2,223	2,220	2,217	2,214	2,212	2,209	2,206	2,203	2,200
0,014	2,197	2,194	2,192	2,189	2,186	2,183	2,181	2,178	2,175	2,173
0,015	2,170	2,167	2,165	2,162	2,160	2,157	2,155	2,152	2,149	2,147
0,016	2,144	2,142	2,139	2,137	2,135	2,132	2,130	2,127	2,125	2,122
0,017	2,120	2,118	2,115	2,113	2,111	2,108	2,106	2,104	2,101	2,099
0,018	2,097	2,095	2,092	2,090	2,088	2,086	2,084	2,081	2,079	2,077
0,019	2,075	2,073	2,071	2,068	2,066	2,064	2,062	2,060	2,058	2,056

P	0,000	0,001	0,002	0,003	0,004	0,005	0,006	0,007	0,008	0,009
0,02	2,054	2,034	2,014	1,995	1,977	**1,9600**	1,943	1,927	1,911	1,896
0,03	1,881	1,866	1,852	1,838	1,825	1,812	1,799	1,787	1,774	1,762
0,04	1,751	1,739	1,728	1,717	1,706	1,695	1,685	1,675	1,665	1,655
0,05	**1,6449**	1,635	1,626	1,616	1,607	1,598	1,589	1,580	1,572	1,563
0,06	1,555	1,546	1,538	1,530	1,522	1,514	1,506	1,499	1,491	1,483
0,07	1,476	1,468	1,461	1,454	1,447	1,440	1,433	1,426	1,419	1,412
0,08	1,405	1,398	1,392	1,385	1,379	1,372	1,366	1,359	1,353	1,347
0,09	1,341	1,335	1,329	1,323	1,317	1,311	1,305	1,299	1,293	1,287

P	0,00	0,01	0,02	0,03	0,04	0,05	0,06	0,07	0,08	0,09
0,1	**1,2816**	1,227	1,175	1,126	1,080	1,036	0,994	0,954	0,915	0,878
0,2	0,842	0,806	0,772	0,739	0,706	0,674	0,643	0,613	0,583	0,553
0,3	0,524	0,496	0,468	0,440	0,412	0,385	0,358	0,332	0,305	0,279
0,4	0,253	0,228	0,202	0,176	0,151	0,126	0,100	0,075	0,050	0,025

Beispiel: $P(Z \geqq 1{,}6449) = 0{,}05$

Tabelle 28. Wichtige Schranken z_α der Standardnormalverteilung [134]

α	$1-\alpha$	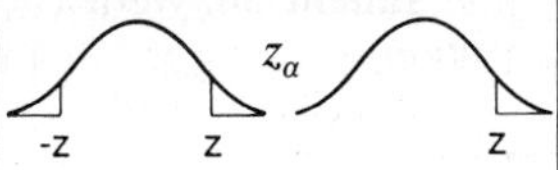 z_α (-z, z, z)	
		zweiseitig	einseitig
0,10	0,90	1,64485	1,28155
0,05	0,95	1,95996	1,64485
0,025	0,975	2,24140	1,95996
0,01	0,99	2,57583	2,32635
0,001	0,999	3,29053	3,09023

Für die einseitige Fragestellung sind die Schranken mit einem „+“ oder einem „−“ zu versehen, für die zweiseitige mit einem „±“.
Fast stets benutzt man gerundete Werte, etwa „1,960“ anstatt „1,95996“ (vgl. Tab. 29). Beachtet sei:

einseitig $P(Z \geqq 1{,}960) = 0{,}025$ (1.29a″)
zweiseitig $P(|Z| \geqq 1{,}96) = 0{,}05$
oder
$z_{0,025;\text{einseitig}} = 1{,}960 = z_{0,05;\text{zweiseitig}}$

Tabelle 29. Zehn ausgewählte Schranken der Standardnormalverteilung

α	$z_{\alpha,\,\text{zweiseitig}}$	$z_{\alpha,\,\text{einseitig}}$
0,20	1,282	0,842
0,10	1,645	1,282
0,05	1,960	1,645
0,01	2,576	2,326
0,001	3,291	3,090

!

Hinweis

Der Schrankenwert 1,960 bedeutet bei:
(1) **zweiseitiger Fragestellung,** daß unterhalb von −1,960 und oberhalb von 1,960 insgesamt („zweiseitige Schranken“) 5% aller Werte der Standardnormalvariablen liegen (Irrtumswahrscheinlichkeit $a = 0{,}05$),
(2) **einseitiger Fragestellung,** daß oberhalb von 1,960 („einseitige obere Schranke“) genau 2,5 % aller Werte der Standardnormalvariablen liegen (Irrtumswahrscheinlichkeit $a = 0{,}025$). Mitunter interessiert die einseitige Fragestellung in die andere Richtung: unterhalb von −1,960 („einseitige untere Schranke“) liegen dann ebenfalls 2,5 % aller Werte (Irrtumswahrscheinlichkeit $a = 0{,}025$; −1,960 heißt 2,5. Perzentil, 1,960 ist das 97,5. Perzentil und 1,645 ist das 95. Perzentil).

Die Schranken anderer Verteilungen werden, meist als obere Schranken, z. B. durch „$\alpha = 0{,}05$“ („$\alpha = 5\,\%$“) bzw. durch „$P = 0{,}05$“ gekennzeichnet, wobei in Zweifelsfällen „zweiseitig“ bzw. „einseitig“ hinzugefügt wird.

Die Tabelle 30 benötigen wir auf S. 334.

[134] **Tabelle 30.** Werte $(z_\alpha + z_{\beta;\text{einseitig}})^2$

z.B. $z_{0,05;\text{zweiseitig}} = 1{,}9600$; $z_{0,05;\text{einseitig}} = 1{,}6449$; $(1{,}9600 + 1{,}6449)^2 = 12{,}995 \approx 13$
α β [vgl. $\beta = 0{,}05$; $1 - \beta = 0{,}95$]

α		Power (d.h. $1-\beta$)							
zweiseitig	einseitig	0,50	0,70	0,75	0,80	0,85	0,90	0,95	0,99
0,001	0,0005	10,828	14,554	15,721	17,075	18,723	20,904	24,358	31,549
0,01	0,005	6,635	9,611	10,565	11,679	13,048	14,879	17,814	24,031
0,02	0,010	5,412	8,127	9,005	10,036	11,308	13,017	15,770	21,648
0,05	0,025	3,841	6,172	6,940	7,849	8,978	10,507	12,995	18,372
0,10	0,05	2,706	4,706	5,379	6,183	7,189	8,564	10,822	15,770
0,20	0,10	1,642	3,261	3,826	4,508	5,373	6,569	8,564	13,017

Bedeutung der Familie der Normalverteilungen

Ein Modell ist eine das Wesentliche eines Sachverhaltes erfassende formalisierte Darstellung. Ein statistisches Modell ist eine Beschreibung der **Wahrscheinlichkeitsverteilung** der Daten, die als beobachtete Zufallsvariablen (Zufallsveränderliche) aufgefaßt werden. Meist ist man an den unbekannten Parametern dieser Wahrscheinlichkeitsverteilung und an Wahrscheinlichkeiten interessiert (vgl. auch den Hinweis: „Würfel und Münze“ zu Übersicht 6).

Der Name „**normal** distribution“ (Normalverteilung) wurde im Jahr 1893 durch Karl Pearson (1857–1936) eingeführt; entdeckt wurde sie 1721 durch Abraham De Moivre (1667–1754), wiederentdeckt und angewandt durch Laplace (1749–1827) und Gauß (1777–1855), der auch den Median und (1.104) in die Statistik eingeführt hat [vgl. auch Sheynin 1993 und Hald 1998].

Das Modell der Normalverteilung $[N(\mu;\sigma)]$ ist:
(1) ein idealisiertes Modell für empirische Häufigkeitsverteilungen,
(2) bedeutungsvoll als theoretische Verteilung,
(3) viele theoretische Verteilungen lassen sich durch eine $N(\mu;\sigma)$ gut annähern.

(1) Stichprobenverteilungen in den exakten Naturwissenschaften sind **bisweilen angenähert normalverteilt** zumindest in ihrem mittleren Bereich.

(2) Viele Stichprobenverteilungen lassen sich durch eine geeignete **Transformation** einer Normalverteilung annähern, beispielsweise indem man linkssteil verteilte Beobachtungswerte durch ihre Logarithmen ersetzt.

(3) **Mittelwerte und Summen beliebiger Verteilungen** sind für hinreichend viele Beobachtungen angenähert normalverteilt (vgl. S. 109 Mitte).

(4) Normalverteilung und Standardnormalverteilung sind mathematisch einfach zu handhaben. **Tabellen** der Standardnormalverteilung liegen vor.

(5) Normalverteilung und Standardnormalverteilung sind Ausgangspunkt wichtiger abgeleiteter **Prüfverteilungen** (t, χ^2, F).

(6) Resultate, die für normalverteilte Zufallsvariable gelten, lassen sich in erster Annäherung auf nicht normalverteilte Zufallsvariable übertragen, vorausgesetzt der Stichprobenumfang

ist hinreichend groß bzw. das Verfahren ist hinreichend robust gegenüber Abweichungen von der Normalverteilung.

Hinweise [134]

1. Nimmt man an, eine vorliegende Stichprobenverteilung sei zumindest angenähert vom Typ $N(\mu;\sigma)$ und liegen nur Werte $x_i > x_0$ bzw. $x_i < x_0$ vor, so daß das untere bzw. obere Ende der Verteilung fehlt, dann lassen sich Erwartungswert und Standardabweichung der intakten aus der links oder rechts **gestutzten Normalverteilung** nach M2: 81–85 schätzen (vgl. Nelson 1982 und Cohen 1992).

2. Zufallsexperimente mit Münze und Würfel: Zentraler Grenzwertsatz

(1) Intakte Münzen n-mal werfen: für Wappen „-1“, für Zahl „+ 1“ werten; bzw.

(2) Intakten Würfel n-mal werfen: für die Augenzahlen 1 bis 3 „-1“, für die Augenzahlen 4 bis 6 „+ 1“ werten;

dann gilt jeweils:

für zunehmendes n strebt $[\sum \text{Werte}]/\sqrt{n}$ gegen die Standardnormalverteilung

3. Literatur zur Normalverteilung: Näheres zur Normalverteilung ist dem Handbuch von Patel und Read (1996) zu entnehmen, spezielle Themen behandeln: Beasley und Springer (1977); Cohen (1991); Wichura (1988); Hegde und Dahiya (1989); Mittal und Dahiya (1987); Tiku (1986); Baringhaus u. Mitarb. (1989); D'Agostino und Stephens (1986: Chapter 9); Madansky (1988: Chapter 1); Neter u. Mitarb. (1989); Odeh (1982); Tong (1990). **Mit der Normalverteilung zusammenhängende Verteilungen** behandeln Johnson und Kotz (1992 bis 2000) sowie Stuart und Ord (1994: Chapter 16).

Schätz- und Testverfahren für nicht normalverteilte Stichproben haben Singhal u. Mitarb. (1989) bibliographisch erfaßt.

4. Wenn $1/X$ normalverteilt ist, so wird die Verteilung von X **inverse Normalverteilung** genannt. Näheres ist Chhikara und Folks (1989) zu entnehmen (vgl. auch Patel u. Mitarb. 1976, Cohen 1991 sowie Cohen und Jones Whitten 1988).

5. Zur Analyse z. B. von Flugrichtungsdaten von Zugvögeln, allgemein: zur Analyse von Punkten auf einem Kreis oder einer Kugel: Zur statistischen Analyse von Richtungsdaten auf dem Kreis (z. B. Kompaßdaten) und auf der Kugel (z. B. Positionsdaten auf der Erdkugel) (circular und spherical statistics), besonders wichtig für Biologen, Geographen und Astronomen, konsultiere man Upton und Fingleton (1989) sowie Barnett und Lewis (1984: Chapter 7), Batschelet (1981), Fisher u. Mitarb. (1987), Ikeda (1980), Journel und Huijbregts (1979), Jupp und Mardia (1989), Mardia (1972 bis 1992), Mardia u. Mitarb. (1988), Mardia und Jupp (2000), Patel und Read (1982: Section 2.7), Upton und Fingleton (1985 und 1989), Watson (1983) und Zar (1999: Chapters 26, 27) (vgl. auch Cressie 1991, Pearson und Hartley 1972, II, Chapters 32–35 und Tables 56–65).

Begründet wurde die **Richtungsstatistik auf der Kugel und dem Kreis** im wesentlichen durch G. S. Watson im Zusammenhang mit Studien über den Einfluß des Erdmagnetismus auf das Auskristallisieren von Mineralien und, angeregt durch Schmidt-König, mit Studien über das Heimkehrvermögen von Brieftauben.

6. Ungleichungen: Für beliebige Verteilungen gilt die Ungleichung von Bienaymé (1853) und **Tschebyscheff** (1874): Die Wahrscheinlichkeit dafür, daß die absolute Differenz zwischen der Variablen und ihrem Erwartungswert größer oder gleich $k\sigma$ ist, ist kleiner oder gleich $1/k^2$:

[vgl. auch S. 232 unten]

$$P(|X-\mu| \geqq k\sigma) \leqq \frac{1}{k^2} \quad \text{mit } k>0 \qquad (1.33)$$

Bei kleinem σ sind größere Abweichungen von μ wenig wahrscheinlich.
Für (1.33) kann man auch das Komplement schreiben:

[134] $1 - P(|X - \mu| \geqq k\sigma) \geqq 1 - (1/k^2)$ bzw. $P(|X - \mu| < k\sigma) \geqq 1 - (1/k^2)$.

Oder: $\boldsymbol{P(|X - \mu| < k\sigma) = P(\mu - k\sigma < X < \mu + k\sigma) \geqq 1 - (1/k^2)}$

$\boldsymbol{P(|X - \mu| < k\sigma) \geqq 1 - (1/k^2)}$, z.B. $P(|X - \mu| < 2\sigma) \geqq 1 - (1/4) = 3/4$,
und entsprechend $P(|X - \mu| < 3\sigma) \geqq 8/9 = 0{,}8889$.

[Zu (1.33) mit $\bar{x}$ und s^2 siehe The American Statistician **38** (1984), 130–132; vgl. auch **51** (1997), 34–39 und Metrika **51** (2000), 185–200]
Für **symmetrische eingipflige Verteilungen gilt nach Gauß** (1821) die schärfere Ungleichung:

$$P(|X - \mu| \geqq k\sigma) \leqq \frac{4}{9k^2} \qquad k \gtrapprox (2/\sqrt{3}) = 1{,}155 \tag{1.33G}$$

Oder: $\boldsymbol{P(\mu - k\sigma < X < \mu + k\sigma) \geqq 1 - 4/(9k^2)}$

$\boldsymbol{P(|X - \mu| < k\sigma) \geqq 1 - 4/(9k^2)}$, z.B. $P(|X - \mu| < 2\sigma) \geqq 1 - (4/36) = 8/9$,
und entsprechend $P(|X - \mu| < 3\sigma) \geqq 0{,}9506$.
Für die Normalverteilung gilt: $P(|x - \mu| < 3\sigma) = 0{,}9973$.

Weitere Beispiele enthält Übersicht 32 (vgl. auch M2: 63, 64).

Übersicht 32. Wahrscheinlichkeiten zentraler Anteile einer Verteilung: $k\sigma$-Bereiche

vgl. S. 113

Bereich	Verteilungstyp	Verteilungsanteil
$\mu \pm 1{,}960\,\sigma$	**beliebig**	**mindestens 74,0%**
	symmetrisch-eingipflig	mindestens 88,4%
	Normalverteilung	exakt 95,0%
$\mu \pm 3\,\sigma$	**beliebig**	**mindestens 88,9%**
	symmetrisch-eingipflig	mindestens 95,1%
	Normalverteilung	99,7%

Näheres über Ungleichungen dieser Art [z.B. gilt nach A.A. Markoff für $X > 0$ mit μ für $k > 0 : P(X > k\mu) < 1/k$] findet man bei *Mallows (1956)* und *Savage (1961)* sowie Bullen (1998) [(1.33 G) wird auch Camp-Meidell-Ungleichung genannt; vgl. auch S. 158].

135 Abweichungen von der Normalverteilung

[135] Abweichungen sind typisch für empirische Verteilungen

• Transformation? • Stichprobentechnik? • Hinweis: Qualitätskontrolle

Gewisse Merkmale von Objekten, die unter ähnlichen Bedingungen entstanden sind, Produkte einer Maschine, Metergewichte von Garnen, sind mitunter angenähert normalverteilt. Dagegen zeigen die meisten Verteilungen starke Abweichungen von der Normalverteilung. Unsere Grundgesamtheiten sind im Gegensatz zur Normalverteilung *meist endlich*, bestehen *selten aus kontinuierlichen Werten* und weisen häufig **asymmetrische**, zuweilen auch mehrgipflige Häufigkeitsverteilungen auf.
Flächen und Gewichte von Organismen sind gewöhnlich nicht normalverteilt, eher handelt es sich um Quadrate und Kuben normalverteilter Variablen. In diesen Fällen ist der Gebrauch einer Transformation angezeigt. Für Flächen, Volumina und kleine Häufigkeiten wird die Quadratwurzel bzw. die Kubikwurzel-Transformation bevorzugt; nach rechts flach auslaufende Verteilungen, die links durch den Wert Null begrenzt sind, gehen häufig, wenn Logarithmen der Variablen benutzt werden, in angenähert normalverteilte Kollektive über.

Prozentsätze lassen sich durch die Winkeltransformation normalisieren. Näheres hierüber ist [139], [313], C auf S. 355 und [733] zu entnehmen.

Kann die verwendete Skala für die Abweichungen von der Normalverteilung nicht verantwortlich gemacht werden, dann sollte die **Stichprobentechnik** näher untersucht werden. [135]
Enthält die Stichprobe nur die größten Individuen, die unbewußt oder bewußt bevorzugt werden, so kann keine Normalverteilung erwartet werden. Ähnlich wirkt sich **Stichprobenheterogenität** z. B. hinsichtlich Alter oder Geschlecht aus: Man erhält mehr als einen Gipfel. Zur Kontrolle möglicher Abweichungen vom Typ einer Normalverteilung, werden wir einige Verfahren kennenlernen [137], [313], [43], [44]. Wird vermutet, daß eine Grundgesamtheit besonders in den Ausläufern erhebliche Abweichungen von der Normalverteilung aufweist, Charles P. Winsor hat darauf hingewiesen, daß viele empirische Verteilungen nur in ihrem Mittelteil angenähert normalverteilt sind , dann kann es zur Verbesserung der Stichprobennormalität zweckmäßig sein, auf jeder Seite der (vgl. S. 337) geordneten Beobachtungen $x_{(i)}$ auf die extremen $\alpha\%$ ($\leq 10\%$) zu verzichten: etwa für $n = 10 : \bar{x}_{0,10} = \frac{1}{8}\sum_{i=2}^{i=9} x_{(i)}$ erhält man so ein **gestutztes Mittel** oder **trimmed mean** (vgl. auch S. 366).

Hinweis: Statistische Qualitäts- und Prozeßkontrolle

Bei der Fertigung, Lieferung und Annahme von Gütern in Industrie und Landwirtschaft werden aufgrund von Stichproben zuverlässige Schlüsse gezogen über die Qualität der zu prüfenden Gesamtheiten, hier Posten genannt. Ziel der Überprüfung und Sicherung der Qualität ist es, ungewöhnliche Variabilität zeitig zu erkennen sowie ihre Ursachen präzise zu lokalisieren und zu eliminieren (vgl. S. 367 und 489).

Elegante Methoden zur Verbesserung technischer Produkte oder Prozesse, insbesondere zur Verringerung ihrer Variabilität, die von japanischen Ingenieuren intensiv genutzt werden, sind mit dem Namen **Taguchi** verbunden. Eine sehr schöne und leicht lesbare Darstellung dieser Taguchi-Techniken gibt Ross (1996) (vgl. auch S. 612).

Historische Details geben z.B. Peters (1987: Chapter 16) und Wallis (1980).

Literatur zur Prozeßkontrolle: etwa Qualitätsregelkarten (Kontrollkarten), Stichprobenpläne und Process Capability Indices

Box und Luceno (1997), Grant und Leavenworth (1988), Hartung u. Mitarb. (1989), Lenz u. Mitarb. (1981–2001), Odeh und Owen (1983, 1988), Rinne und Mittag (1989, 1999), du Toit u. Mitarb. (1986: Chapter 9), Wilrich und Henning (1998), Vogt (1988), Ishikawa (1990), Moen u. Mitarb. (1991), Montgomery (1997) sowie Wetherill und Brown (1991).

Eine Übersicht über Process Capability Indices geben Kotz und Lovelace (1998); ergänzende Details bieten Box und Luceno (1997, z.B. Chapters 5 u. 12: Zeitreihen sowie Chapter 10: Looking for Signals in Noise).

Siehe auch das der statistischen Prozeßkontrolle gewidmete Heft [Allgemeines Statistisches Archiv **84** (2000), 271–359; Medizin 337–359] und die Details zur Multivariaten Prozeßkontrolle von R. L. Mason u. Mitarb. [J. of Quality Technology **27** (1995), 99–108, **29** (1997), 396–406 und **31** (1999), 155–165].

136 Kennwerte eingipfliger Verteilungen

1361 Das Schätzen von Parametern

Die Vorschrift, unbekannte Parameter mit Hilfe von Zufallsstichproben angenähert zu bestimmen, genauer, die Vorschrift zur Berechnung eines Schätzwertes aus den Zufallsvariablen X heißt Schätzfunktion. Diese **SCHÄTZFUNKTION** (engl. estimator), z. B. $\bar{X} = \frac{1}{n}\sum_{i=1}^{n} X_i$ zur Schätzung des Erwartungswertes $E(X) = \mu$, ist als Funktion von Zufallsvariablen selbst eine Zufallsvariable, hat also eine Verteilung. Für die Verteilung von $\bar{X}$ gilt: (1) der Erwartungswert von $\bar{X}$ ist gleich μ, (2) die Varianz von $\bar{X}$ ist gleich σ^2/n, sie strebt mit zunehmendem n gegen Null. Von einer brauchbaren Schätzfunktion erwartet man, daß die Schätzung mit zunehmendem n immer besser wird (Gesetz der großen Zahlen), d. h., daß der **Schätzwert** (engl. estimate) mit zunehmender Sicherheit den unbekannten Parameter beliebig genau trifft. Die Punktschätzung ist somit eine Funktion der **Realisierungen** x_i der Zufallsvariablen X_i, die anhand einer konkreten Zufallsstichprobe einen bestimmten Schätzwert $\bar{x} = \frac{1}{n}\sum_{i=1}^{n} x_i$ für den Parameter μ liefert.

1. Vorbemerkungen

• Der Schluß von den Zufallsvariablen anhand der Stichprobenwerte auf die Grundgesamtheit

In der Beurteilenden oder Schließenden Statistik werden die untersuchten Merkmale, über die man Näheres erfahren möchte, als Zufallsgrößen aufgefaßt: X_i ist dann die Zufallsvariable, die angibt, welchen Wert:

(1) X beim i-ten Zufallsexperiment annehmen wird,
(2) von X das i-te Zufallsstichproben-Element haben wird.

In beiden Fällen ist:

x_i der beobachtete Wert von X, d. h. die Realisierung von X_i,
wobei $i = 1, 2, \ldots, n$.

Man nennt: $X_1, X_2, \ldots, X_n$ Zufallsvariablen,
$x_1, x_2, \ldots, x_n$ Stichprobenwerte;
n heißt Stichprobenumfang.

Anhand von n Stichprobenwerten bemüht man sich um Aufschluß über die Verteilung von X in der unbekannten experimentell erzeugten (1) bzw. bereits vorliegenden (2) Grundgesamtheit und ihre Parameter, wobei ein vereinfachtes Modell der Wirklichkeit entsteht. **[1361]** Schätzfunktionen, Vertrauensbereiche und statistische Tests sind hier entscheidende Hilfen.

- *Was ist ein Parameter?*

Werte, die zur Beschreibung der Verteilung einer Zufallsvariablen dienen, heißen **Parameter;** etwa der **Median** $\tilde{\mu}$ (my Schlange) einer stetigen Zufallsvariablen, definiert anhand der Verteilungsfunktion durch

$$\boxed{F(\tilde{\mu}) = 0{,}5} \tag{1.34}$$

Übrigens gilt für stetige Zufallsvariablen $\int_{-\infty}^{\tilde{\mu}} f(x)dx = \frac{1}{2} = \int_{\tilde{\mu}}^{\infty} f(x)dx$; generell gilt die Ungleichung: $|\mu - \tilde{\mu}| \leqq \sigma$.

- *Wie gewinnt man Informationen über unbekannte Parameter?*

Zur Gewinnung von **Informationen über unbekannte Parameter** eines den Daten zugrundegelegten Wahrscheinlichkeitsmodells, etwa das einer stetigen Verteilung vom Typ . . ., dienen

(1) **Schätzfunktionen:** sie schätzen anhand von **Punktschätzungen** Parameter aus einer gegebenen Zufallsstichprobe.
(2) **Vertrauensbereiche:** sie gestatten anhand von **Schätzfunktionen** die genaue Erfassung des betreffenden Parameters.
(3) **Tests:** sie gestatten anhand von Schätzfunktionen den Vergleich von mindestens zwei Parametern.

2. Das Schätzen eines Parameters anhand einer Zufallsstichprobe

- *Punktschätzung*

Schätzen heißt das Festlegen von Werten für unbekannte Parameter der zugrunde gelegten Verteilung mittels eines statistischen Experiments bzw. einer Stichprobe. Man unterscheidet die Punktschätzung eines Parameters von der entsprechenden Intervallschätzung.
Ein **Schätzwert** ist das Ergebnis einer Punktschätzung für einen unbekannten Parameter. Der Schätzwert ist die Realisierung der Schätzfunktion in einer konkreten Stichprobe. Unbekannt bleibt, um welchen Betrag der erhaltene Schätzwert von dem betreffenden Parameter abweicht. Daher ergänzt man in vielen Fällen eine Punktschätzung durch eine Intervallschätzung.

- *Intervallschätzung*

Bei der Intervallschätzung konstruiert man Intervalle, die den unbekannten Parameter im Mittel mit vorgegebener Vertrauenswahrscheinlichkeit enthalten werden. Diese Intervalle heißen Konfidenzintervalle oder **Vertrauensbereiche.** Sie bestehen aus all denjenigen Schätzwerten, die noch mit dem Wert des Parameters verträglich sind. Die Bereichsgrenzen sind Realisierungen von Zufallsvariablen; sie werden aus der Stichprobe berechnet und bilden ein Zufallsintervall, das im konkreten Einzelfall als realisierter Vertrauensbereich den Parameter enthält oder nicht. Als allgemeine Vorschrift enthält z. B. der 95%-Vertrauensbereich, dann, wenn alle Voraussetzungen erfüllt sind, bei häufiger Anwendung dieser Vorschrift in rund 19 von 20 Fällen den unbekannten Parameter. Mit wachsendem Stichprobenumfang n läßt sich ein Vertrauensbereich (VB) beliebig klein machen. Man geht davon aus, daß die Grundgesamtheit (Umfang N) sehr groß ist. Trifft dies nicht zu,

dann erhält man konservative VBe (länger als notwendig). Gilt $n \leqq 0{,}1N$, so sind die Resultate noch angenähert korrekt. Auch wenn die Voraussetzungen erfüllt sind, so gibt
[1361] der VB lediglich eine untere Grenze der Unsicherheit an.

3. Zur Punktschätzung:

3.1. Schätzwert und Schätzfunktion

Die Folge von Beobachtungen $x_1, x_2, \ldots, x_n$ einer Zufallsstichprobe seien Realisierungen von n unabhängigen Zufallsvariablen $X_1, X_2, \ldots, X_n$, die alle dieselbe Verteilung besitzen; n heißt Stichprobenumfang. Der Erwartungswert [„Mittelwert"] dieser Zufallsvariablen sei $E(X) = \mu$. Meist ist dieser Parameter unbekannt. Geschätzt wird er anhand des **Schätzwertes**

$$\boxed{\bar{x} = \frac{1}{n}\sum_{i=1}^{n} x_i} \tag{1.35}$$

aus einer Zufallsstichprobe. Wird aus einer Zufallsstichprobe ein einziger Schätzwert für den unbekannten Parameter berechnet, so spricht man von einer **Punktschätzung.** Die Vorschrift, unbekannte Parameter mit Hilfe von Zufallsstichproben angenähert zu bestimmen, genauer die Vorschrift zur Berechnung eines Schätzwertes aus den Zufallsvariablen X, heißt Schätzfunktion. Diese **Schätzfunktion**

$$\boxed{\bar{X} = \frac{1}{n}\sum_{i=1}^{n} X_i} \tag{1.36}$$

ist als Funktion von Zufallsvariablen selbst eine Zufallsvariable, hat also eine **Verteilung**. Von einer brauchbaren Schätzfunktion erwartet man, daß die Schätzung mit zunehmendem n immer besser wird (Gesetz der großen Zahlen) d. h. daß der Schätzwert (engl. estimate) mit zunehmender Sicherheit den unbekannten Parameter beliebig genau trifft. Die Punktschätzung ist somit eine Funktion der Realisierungen x_i der Zufallsvariablen X_i, die einen bestimmten Schätzwert $\bar{x}$ für den Parameter μ liefert.
Allgemein: Der **Schätzwert** t für den Parameter Θ (gr. Theta) ist eine spezielle Realisierung der mit T_n oder nur T bezeichneten Schätzfunktion. Für Schätzfunktion (engl. estimator) sagt man auch **Schätzer**.

• *Bemerkungen*

1. Parameter beziehen sich auf Zufallsvariablen, die einer Verteilung folgen, „... verteilt" sind; daher ist es üblich, aber nicht ganz korrekt, von einer „... verteilten Grundgesamtheit" und von „Parametern einer Grundgesamtheit" zu sprechen.
2. Die induktiven Schlüsse der Beurteilenden Statistik anhand von Schätzfunktionen, Vertrauensbereichen und Tests sind schwieriger herzuleiten oder zu beschreiben als die deduktiven der Wahrscheinlichkeitsrechnung (vgl. auch S. 194).
3. Man kann Aussagen über Parameter folgendermaßen gliedern:
   (1) Die Schätzung von Parametern (Schätzverfahren).
   (2) Der Vergleich von Parametern (viele Testverfahren).
   (3) Die Auswahl besonders kleiner oder großer Parameter
   (Auswahlverfahren: Näheres ist J.D. Gibbons sowie S.S. Gupta zu entnehmen.)

Literatur zu parametrischen und nichtparametrischen Auswahlverfahren
Dudewicz (1985), Dudewicz und Koo (1982), Dudewicz und Mishra (1988), Gibbons (1982), Gibbons u. Mitarb. (1977 und 1979), Gupta und Kim (1981), Gupta und Mc-Donald (1986), Gupta und Panchapakesan (1979), van der Laan und Verdooren (1989), Lovie (1986), Rizvi (1986), Santner und Duffy (1989), Wilcox (1984), sowie Hoppe (1993). [1361]

Literatur zu Rangordnungen für Grundgesamtheiten
Beirlant u. Mitarb. (1982), Dudewicz und Koo (1982), Dudewicz und Mishra (1988), Gibbons u. Mitarb. (1977, 1979), Gupta und Panchapakesan (1979), Lovie (1986), Rizvi (1986), Robertson u. Mitarb. (1988) sowie Santner und Duffy (1989).

4. Von dominierender Bedeutung ist bei:
   (1) Schätzfunktionen und Vertrauensbereichen das Prinzip der **minimalen Varianz**,
   (2) Tests das Prinzip der **maximalen Power**.
5. **Jackknife**-Verfahren und **Bootstrap**-Verfahren. Beide Verfahren dienen zur Schätzung von Parametern, insbesondere zur nichtparametrischen Schätzung von Standardfehlern (vgl. z. B. Efron 1981, 1982, Manly 1997: Chapt. 2+3 und Good 1999). Sie setzen einen leistungsfähigen Computer voraus (vgl. Noreen 1989). Beim Jackknife-Verfahren zieht man Teilstichproben des Umfangs $(n-1)$ [bzw. $(n-k)$]; beim Bootstrap-Verfahren werden die n Stichprobenwerte vervielfacht, hieraus werden dann Stichproben gezogen. Näheres ist [J–V:] Frangos (1987), Miller (1974) und Rao (1993) bzw. [B–V:] Efron und Tibshirani (1986), Fox und Long (1990), Johnsson (1988), Lunneborg (1987), Meeker und Escobar (1999, Chapt. 9), Noreen (1989) und Rao (1993) zu entnehmen (vgl. auch Eddy 1986 und Hinkley 1989).

Zum **Ranked-Set Sampling** siehe G. P. Patil u. Mitarb. (1994), Vol. 13 des auf S. 326 genannten Handbook of Statistics sowie Ö. Öztürk und D. A. Wolfe (2000), Environmental and Ecological Statistics **7**, 343–356.

3.2. Wünschenswerte Eigenschaften von Schätzfunktionen

Eine Schätzfunktion T_n oder T sollte:

(1) einen möglichst geringen systematischen Fehler aufweisen, d.h. **erwartungstreu** sein:

$$E(T) = \Theta \tag{1.37}$$

(2) zusätzlich zu Punkt eins auch schon für kleine Stichprobenumfänge eine möglichst geringe Varianz aufweisen, d. h. **effizient** sein:

$$\text{Var}\,(T) = \text{Min} \tag{1.38}$$

(3) einen möglichst kleinen zufälligen Fehler für große Stichprobenumfänge aufweisen, d. h. **konsistent** sein:

$$\begin{array}{l}\text{für großes } n: T_n \approx \Theta \\ T_n \text{ strebt stochastisch gegen } \Theta\end{array} \tag{1.39}$$

(4) alle Informationen in der Stichprobe über den Parameter nutzen, d. h. **suffizient** sein und **robust** sein gegenüber **Abweichungen vom angenommenen Modell.** Beispielsweise

ist der Median $\tilde{X}$ unempfindlich gegenüber der Modellvoraussetzung „Normalverteilung", nicht aber das arithmetische Mittel $\bar{X}$ (vgl. auch S. 338 unten und S. 364 unten).

[1361] So ist z. B. das Stichprobenmittel $\bar{X}_n$ erwartungstreu, effizient und, wenn σ^2 endlich ist, auch konsistent für den Erwartungswert μ der Grundgesamtheit, da die Varianz des Mittelwertes

$$\boxed{\mathrm{Var}\,(\bar{X}) = \sigma^2_{\bar{X}} = \frac{\sigma^2}{n}} \tag{1.40}$$

mit wachsendem n gegen Null strebt. Außerdem ist $\bar{X}_n$ auch suffizient (vgl. auch S. 465).

3.3. Der mittlere quadratische Fehler

Der Mean Squared Error, MSE (mean squared deviation, die mittlere quadratische Abweichung) ist ein Maß für die Güte der Schätzfunktion T, mit der der unbekannte Parameter Θ geschätzt wird:

$$\boxed{\mathrm{MSE}(\Theta; T) = E[(T-\Theta)^2]} \tag{1.41}$$

Für Erwartungswert und Varianz einer Normalverteilung gelten (1.42) und (1.43):

[wie (1.40)]

$$\boxed{\mathrm{MSE}(\mu; \bar{X}) = E[(\bar{X}-\mu)^2] = \mathrm{Var}\,(\bar{X}) = \frac{\sigma^2}{n}} \tag{1.42}$$

Dieser MSE ist abhängig von σ^2 und unabhängig von μ.

[vgl. auch (3.33, 3.34) auf S. 340]

$$\boxed{\mathrm{MSE}(\sigma^2; S^2) = \mathrm{Var}\,(S^2) = \frac{2}{n-1}\sigma^4} \tag{1.43}$$

Formel (1.41) läßt sich nach (1.44)

$$\begin{aligned} E[(T-\Theta)^2] &= E[(T-E(T)+E(T)-\Theta)^2] \\ &\quad\downarrow \\ &= E[(T-E(T))^2] + 2\underbrace{[E(T)-E(T)]}_{0}[E(T)-\Theta] + [E(T)-\Theta]^2 \\ &= \mathrm{Var}\,(T) + [E(T)-\Theta]^2 = \mathrm{Var}\,(T) + [\mathrm{Bias}\,(T)]^2 \end{aligned} \tag{1.44}$$

auch schreiben:

$$\boxed{\mathrm{MSE}(\Theta; T) = \mathrm{Var}\,(T) + [E(T)-\Theta]^2} \tag{1.45}$$

Der Ausdruck $E(T) - \Theta$ wird als **Bias** oder Verzerrung bezeichnet; d.h.

$$\boxed{\text{MSE = Varianz der Schätzfunktion + Quadrat der Verzerrung}} \tag{1.45a}$$

Der mittlere quadratische Fehler setzt sich somit additiv aus zwei Komponenten zusammen. Entfällt die Verzerrung (Bias), dann ist die Schätzfunktion erwartungstreu (unbiased); der MSE einer erwartungstreuen Schätzfunktion ist gleich ihrer Varianz. **[1361]**

Für die *Schätzung der Parameter* aus den Stichprobenwerten ist eine umfangreiche Schätzmethodik entwickelt worden. Von besonderer Wichtigkeit ist die **Maximum-Likelihood-Methode** (R.A. Fisher): Sie ist die universellste Methode zur optimalen Schätzung unbekannter Parameter. Sie ist nur anwendbar, wenn der Typ der Verteilungsfunktion der Variablen bekannt ist; dann bestimmt sie diejenigen Werte als Schätzwerte für die unbekannten Parameter, die dem erhaltenen Stichprobenresultat die größte Wahrscheinlichkeit des Auftretens verleihen; d. h. als Schätzwerte werden die Werte mit maximaler Likelihood-Funktion für die Parameter ermittelt, vorausgesetzt die Parameter existieren (siehe die Einführung von Le Cam 1990). Diese Methode zur Konstruktion von Punktschätzungen für Parameter steht in engem Zusammenhang mit der außerordentlich wichtigen **Methode der kleinsten Quadrate** (C.F. Gauß), über die *Harter (1974/75)* eine Übersicht gibt. Näheres ist Rao (1993) zu entnehmen; zur Maximum-Likelihood-Schätzung siehe auch R.H. Norden (1972/73, International Statistical Review **40**, 329–354 und **41**, 39–58).

4. Schwaches und starkes Gesetz der großen Zahlen

Ein Ereignis E habe die Wahrscheinlichkeit π. Bei n unabhängigen Zufallsexperimenten sei die relative Häufigkeit des Auftretens von E gleich $\hat{p}_n$. Für jede beliebig kleine *fest vorgegebene positive* Zahl ε (gr. epsilon) gilt (vgl. auch S. 98 unten)

$$P(|\hat{p}_n - \pi| < \varepsilon) \to 1 \quad \text{für} \quad n \to \infty \tag{1.46}$$

d. h. die Wahrscheinlichkeit, daß $\hat{p}_n$ weniger als ε vom theoretischen Wert π abweicht, strebt (konvergiert) mit wachsendem n gegen Eins. Man kann also mit einer beliebig nahe an 1 gelegenen Wahrscheinlichkeit erwarten, daß bei einer hinreichend großen Zahl n von Versuchen sich die relative Häufigkeit $\hat{p}_n$ beliebig wenig von ihrem Parameter π unterscheidet. Eine Folge dieses sogenannten **schwachen Gesetzes der großen Zahlen** (vgl. auch [131]), ist z. B. auch die *stochastische Konvergenz (Konsistenz)* des Stichprobenmittelwertes gegen den Erwartungswert der Grundgesamtheit: $\bar{X}_n$ **konvergiert STOCHASTISCH gegen** μ.

> Liegen n unabhängige Zufallsvariablen mit derselben Verteilungsfunktion und endlichem Erwartungswert μ vor, dann strebt das arithmetische Mittel $\bar{X}_n$ mit wachsendem n gegen μ; und zwar **fast sicher**, d. h. **mit Wahrscheinlichkeit EINS.** Dies ist das **starke Gesetz der großen Zahlen** von Cantelli und von Kolmogoroff.

Auf den Gesetzen der großen Zahlen (qualitativen Konvergenzaussagen) basieren (1) die Möglichkeit, Parameter aufgrund von Stichproben beliebig genau zu schätzen, und (2) die Monte-Carlo-Technik, auch Monte-Carlo-Simulation oder Simulation genannt (vgl. S. 230–233). !

1362 Das arithmetische Mittel und die Standardabweichung

[1362] Mittelwert und Standardabweichung sind charakteristische Werte einer **symmetrischen** Glockenkurve, Gaußschen Kurve oder Normalverteilung. Sie geben die Lage oder Lokalisation des durchschnittlichen oder mittleren Wertes einer Meßreihe und die Streuung oder Dispersion der Einzelwerte um den Mittelwert. Darüber hinaus zeigt die Tschebyscheffsche Ungleichung (1.33), daß die Standardabweichung – unabhängig von der Normalverteilung – als allgemeines Streuungsmaß dienen kann. Die Standardabweichung s [vgl. (1.47)] ist die positive Quadratwurzel aus der Varianz s^2 [vgl. (1.48)].

Bei eingipfligen Verteilungen, die angenähert symmetrisch sind, ist das arithmetische Mittel geeignet, sonst der **Median** (vgl. [1383]); bei mehrgipfligen Verteilungen gibt man außer dem Median das **Dichtemittel** und die anderen lokalen Dichtemittel an, sobald sie „deutlich" herausragen. So ist bei vielen Buslinien die Anzahl der Fahrzeuge pro Zeiteinheit, die **Fahrzeugdichte**, zweigipflig oder bimodal verteilt mit den Dichtemitteln $D_1 \approx 7^{00}$ und $D_2 \approx 17^{00}$ Uhr. Das arithmetische Mittel ist um so weniger brauchbar, je schiefer die Verteilung und je größer die Streuung ist; die Varianz bzw. die Standardabweichung wird unter diesen Bedingungen weniger interessant [vgl. jedoch (1.33) auf S. 122]. Aufschlußreich ist dann die Angabe des Medians und der **Median-Deviation** (vgl. Übersicht 62 in [314]). Zusätzlich gibt man unteres und oberes Quartil an (vgl. auch S. 166 unten). Die Extremwerte sind meistens wenig typisch (vgl. S. 163 unten).

Mittelwerte dienen auch zur Vorhersage weiterer Werte.

Definitionen von Stichprobenkennwerten

Das **arithmetische Mittel** $\bar{x}$ (x quer) ist die Summe aller Beobachtungen, geteilt durch die Anzahl dieser Beobachtungen [vereinfachte Schreibweise, vgl. (0.1) auf S. 18], dient zur repräsentativ-nivellierenden [vgl. $\sum \bar{x} = \sum x$] Informationsverdichtung für mehrere bis zahlreiche nicht zu heterogene Daten (vgl. S. 124–126):

Für Meßwerte symmetrisch-eingipfliger Verteilungen.

$$\bar{x} = \frac{1}{n}(x_1 + x_2 + \ldots + x_n) = \frac{\sum x}{n} \qquad (1.35)$$

Die **Standardabweichung** s ist praktisch gleich der positiven Quadratwurzel aus dem Mittelwert der quadrierten Abweichungen ($\bar{x}$ ist stets mit n und s anzugeben):

s ist die **empirische Standardabweichung** für statistische Schlüsse.

$$s = \sqrt{\frac{\sum(x - \bar{x})^2}{n - 1}} \qquad (1.47)$$

Berechnet wird s meist nach (1.47a,b).

Der Ausdruck „praktisch" bezieht sich hierbei auf die Tatsache, daß in der Wurzel der Nenner nicht n, wie es einem Mittelwert entspräche, steht, sondern die um 1 verminderte Zahl der Werte. Das Quadrat der Standardabweichung wird als *Varianz* bezeichnet.

Sind alle Beobachtungen x_i gleich (d.h. $x_i = \bar{x}$) so gilt $s^2 = 0$.

$$s^2 = \frac{\sum(x - \bar{x})^2}{n - 1} \qquad (1.48)$$

Berechnet wird s^2 meist nach (1.48a) oder (1.51).

Nach der Berechnung von $\bar{x}$ sind von den n Einzelwerten nur noch $n - 1$ frei wählbar; der Ausdruck „$n - 1$" heißt daher **Freiheitsgrad**; (1.48) schätzt σ^2 erwartungstreu.

Sofern der Mittelwert (μ) der Grundgesamtheit bekannt ist, wird man die Größe

$$s_0^2 = \frac{\sum(x-\mu)^2}{n} \qquad (1.49)$$ [1362]

anstelle von s^2 als Schätzwert für σ^2 verwenden.

Bemerkungen zum arithmetischen Mittel

1. Mit dem Prinzip der kommunizierenden Glasröhren ergibt sich eine anschauliche Variante der Bildung eines Mittelwertes: nach dem Öffnen der Verbindungshähne gleichen sich die unterschiedlichen Höhen der Wassersäulen zum gemeinsamen Mittelwert aus.
2. Denkt man sich Daten auf der reellen Zahlengeraden durch Punkte mit gleicher Masse ersetzt, so ist das arithmetische Mittel die Stelle auf der Geraden, die dem Schwerpunkt aller Massepunkte entspricht.
3. Über dem Mittelwert balanciert, bleibt das Histogramm in der Waagerechten.
4. Im Frankreich des 18. Jahrhunderts war es üblich, mittlere Ernteerträge über einen Zeitraum von 20 Jahren so zu schätzen, daß der kleinste und der größte Ertrag nicht berücksichtigt und die Summe der restlichen Erträge durch 18 geteilt wurde. So ergab sich ein robusterer Mittelwert (vgl. auch S. 123 und M:29).
5. Gibt man für das 19. oder 20. Jahrhundert ein mittleres Heiratsalter an, das repräsentativ sein mag, so ist im 16. oder 17. Jahrhundert eine große Streuung der Heiratsalter bei häufig bemerkenswert unterschiedlichem Heiratsalter beider Partner typisch: ein mittleres Heiratsalter ist hier untypisch.
6. Man werfe einem Blick auf die Übersichten 1 und 4; 33 im [1365]; 40 in [1384] und 62 in [313] [vgl. auch S. 126, 229–231, 295 und 366].

1363 Berechnung des Mittelwertes und der Standardabweichung

[1363]

$$s = \sqrt{\frac{\sum x^2 - \frac{(\sum x)^2}{n}}{n-1}} \qquad s = \sqrt{\frac{n\sum x^2 - (\sum x)^2}{n(n-1)}} \qquad (1.47a), (1.47b)$$

Beispiel

Berechne $\bar{x}$ und s der Werte: 27, 22, 24 und 26 ($n = 4$). $\bar{x} = \frac{\sum x}{n} = \frac{99}{4} = 24{,}75$

$$s = \sqrt{\frac{\sum x^2 - \frac{(\sum x)^2}{n}}{n-1}} = \sqrt{\frac{2465 - \frac{99^2}{4}}{4-1}} = \sqrt{4{,}917} = 2{,}22 \quad \text{bzw.}$$

$$s = \sqrt{\frac{n\sum x^2 - (\sum x)^2}{n(n-1)}} = \sqrt{\frac{4 \cdot 2465 - 99^2}{4(4-1)}} = \sqrt{4{,}917} = 2{,}22$$

Spezielle Formeln zur Berechnung von $\bar{x}$ und s bzw. s^2 sind (1.51) bis (1.61) [vgl. auch (1.62) bis (1.69)].

Anwendungsgebiete des arithmetischen Mittels:

1. **Mittelwert-Tabellen** sollten neben dem Stichprobenumfang (n) die Standardabweichung
[1363] (s) enthalten, etwa so (Tabellenkopf): | Gruppe | n | s | $\bar{x}$ |. Bei **Zufallsstichproben** aus normalverteilten Grundgesamtheiten gibt man als 5. Spalte den 95%-Vertrauensbereich für μ (95%VB für μ; vgl. [141] und [311]) an (vgl. auch [1383] und [314]: im allgemeinen wird man sich für $\bar{x}$ oder für den **Median** $\tilde{x}$ entscheiden und bei Zufallsstichproben den entsprechenden 95%VB angeben). Mitunter nimmt man auch gern den relativen Variationskoeffizienten $V_r = s/(\bar{x}\sqrt{n})$ mit $0 \leqq V_r \leqq 1$ in diese Tabellen auf (vgl. auch M: 28). Für Vergleiche sind **Box-Plots** wichtig (S. 149 u. M:39/40).

2. Für den **Vergleich zweier Mittelwerte nach Student** (t-Test, vgl. [36]) ist es zweckmäßiger, anstatt der Standardabweichung die Varianzen zu berechnen, da diese für (die Prüfung auf Varianzungleichheit ([35]) und für) den t-Test benötigt werden. Man unterläßt in den Formeln (1.47a b) das Wurzelziehen; im Beispiel: $s = \sqrt{4{,}917}$ oder $s^2 = 4{,}917$, d.h.

$$s^2 = \frac{\sum x^2 - (\sum x)^2/n}{n-1} \tag{1.48a}$$

Beachte: $\sum(x-\bar{x})^2 = \sum(x^2 - 2x\bar{x} + \bar{x}^2)$ [vgl. (0.3) und (0.4)]

$$\begin{aligned} &= \sum x^2 - 2\bar{x}\sum x + n\bar{x}^2 \\ &= \sum x^2 - 2(\sum x)^2/n + n(\sum x)^2/n^2 \\ &= \sum x^2 - (\sum x)^2/n \end{aligned}$$

[vgl. dagegen: $\sum(x-\bar{x}) = \sum x - \sum \bar{x} = n\bar{x} - n\bar{x} = 0$ bzw. $\sum(x-\bar{x}) = \sum x - n(1/n)\sum x = \sum x - \sum x = 0$].

Bemerkungen zur Varianz

1. Als **Dimension** besitzt s^2 das Quadrat der Dimension der einzelnen Beobachtungen x_i (z.B. cm^2 bei Längenmessungen in cm); deshalb gibt man gern s an.
2. Beachtet sei, daß s^2 **rund doppelt so genau** anzugeben ist wie s, etwa: $s^2 = 1{,}44$ und $s = 1{,}2$.
3. Die Streuungsmaße s^2 und s bleiben **unverändert,** wenn die Beobachtungen x_i um einen bestimmten Wert c verkleinert oder vergrößert werden.
   Gegeben sei eine Verteilung der Körpergröße von n Personen. Die Form, d. h. die Varianz, bliebe unverändert, würde man die Personen entweder in einen Graben stellen, aus dem der Kleinste noch herausragt oder auf eine Mauer stellen, wobei Grabentiefe bzw. Mauerhöhe konstant seien. Dementsprechend kann man bei der Berechnung einer Varianz alle Werte x um einen bestimmten Wert a vermindern bzw. vermehren. So würde man zur Berechnung der Varianz der Körpergröße z. B. von den um 100 cm verminderten Meßwerten ausgehen.
   Somit ist die Varianz **lageunabhängig** (lokalisationsinvariant oder translationsinvariant).
4. Bei stärker **asymmetrischen** Verteilungen wird $s = \sqrt{s^2}$ durch die **Median-Deviation** $\tilde{D}$ ersetzt (vgl. Übersicht 62 in [314]).
5. Psychologen und Soziologen benutzen zur Beurteilung eines Meßverfahrens auch die Begriffe Reliabilität und Validität: Die **Reliabilität** betrifft die Reproduzierbarkeit der Daten, die **Validität** charakterisiert, wie vollständig ein zu erfassender Sachverhalt durch die Daten wirklich erfaßt wird [vgl. Psychological Methods **5** (2000), 343–379].
6. Man werfe einen Blick auf die **Übersichten** 1 und 4; 37, 38 und 40 in [1384] sowie 62 in [314].

Hinweise

1. Die Varianz läßt sich auch nach

$$s^2 = \frac{1}{2n(n-1)}\sum_i\sum_j(x_i - x_j)^2 = \frac{\sum_{i<j}(x_i - x_j)^2}{n-1} \tag{1.50}$$

z. B. x_i : $1, 2, 3; n = 3; \bar{x} = 2; s^2 = \frac{1^2 + 2^2 + 1^1}{3(3-1)} = 1 \left[= \frac{1^2 + 0^2 + 1^2}{3-1} \text{ nach (1.48)} \right]$ schätzen.
Weitere interessante Streuungsmaße sind $s_{\text{Gini}} = \{2/[n(n-1)]\} \sum_i \sum_j |x_i - x_j|; \frac{1}{n} \sum_i |x_i - \bar{x}|$ (vgl. [313] und [38]) und $\frac{1}{n} \sum_i |x_i - \tilde{x}|$, wobei $\tilde{x}$ der Median ist. **[1363]**

2. Bei umfangreichen Stichproben läßt sich die **Standardabweichung** schnell als ein Drittel der Differenz zwischen den Mittelwerten des größten Sechstels und des kleinsten Sechstels der Beobachtungen schätzen *(Prescott 1968)* (vgl. auch *D'Agostino 1970)*.

3. Während $\boldsymbol{\sigma^2}$ durch $\boldsymbol{s^2}$ unverzerrt geschätzt wird, ist s ein verzerrter Schätzwert für σ. Diese Verzerrung (Bias) wird im allgemeinen vernachlässigt. Für normalverteilte Grundgesamtheiten [vgl. S. 126] ermöglichen Faktoren (z. B. *Bolch 1968*) eine unverzerrte Schätzung von σ (z.B. 1,0854 für $n = 4$, d. h. $\sigma = 1{,}0854 \cdot s$). Für nicht zu kleine Stichprobenumfänge $n \gtrapprox 10$) nähert sich dieser durch $\{1 + 1/[4(n-1)]\}$ approximierte Faktor (z. B. 1,00866 für $n = 30$) schnell der Eins. Näheres ist *Brugger (1969)* und *Stephenson (1970)* zu entnehmen. vgl. S. 465

4. Berücksichtigung eines zusätzlichen Wertes x_z. Sind $\bar{x}$ und s^2 aus n Beobachtungen berechnet worden, dann gilt für die jetzt $n+1$ Beobachtungen: $\bar{x}_{n+1} = (x_z + n\bar{x})/(n+1) = \bar{x} + (x_z - \bar{x})/(n+1)$ und $s^2_{n+1} = (n+1)(\bar{x}_{n+1} - \bar{x})^2 + (n-1)s^2/n$.

5. Für $\bar{x}$ gilt: $\sum_i (x_i - \bar{x}) = 0$ (vgl. [...] unter (1.48a)) und $\sum_i (x_i - \bar{x})^2 \leqq \sum_i (x_i - x)^2$ für jedes x; für den Median $\tilde{x}$ (vgl. [1383]) gilt dagegen $\sum_i |x_i - \tilde{x}| \leqq \sum_i |x_i - x|$ für jedes x; d.h. $\sum_i (x_i - \bar{x})^2$ und $\sum_i |x_i - \tilde{x}|$ sind jeweils **Minima!** Der Mittelwert minimiert die Summe der Abweichungsquadrate; der Median minimiert die absolut genommene Summe der Abweichungen.

1364 Berechnung des Mittelwertes und der Standardabweichung bei großen Stichprobenumfängen: Die Einzelwerte sind in Klassen eingeteilt **[1364]**

Als Rechenkontrolle eignet sich hier ein am Ende von [1367] gegebener Hinweis.

Berechnung von Mittelwert ($\bar{x}$) und Varianz (s^2) aus n Beobachtungen (unklassiert bzw. klassiert: n_j sind die Besetzungszahlen pro Klasse mit $n = \sum_{j=1}^{n} n_j$; x_j sind die entsprechenden Klassenmitten):

$$\text{unklassiert:} \quad \bar{x} = \frac{\sum x}{n}; \quad s^2 = \frac{n\sum x^2 - (\sum x)^2}{n(n-1)} \qquad (1.35); (1.51)$$

$$\text{klassiert:} \quad \bar{x} = \frac{\sum n_j x_j}{n}; \quad s^2 = \frac{n\sum n_j x_j^2 - (\sum n_j x_j)^2}{n(n-1)} \qquad (1.52); (1.53)$$

Werden Daten klassiert, so wird die Rechenarbeit vereinfacht, da man alle Werte einer Klasse in der Mitte der Klasse vereinigt und die Streuung innerhalb der Klassen vernachlässigt. Potthoff (1981) hat allerdings gezeigt, daß man **Mittelwert und Varianz sowie andere Maße aus den nichtklassierten Daten berechnen** sollte, da sonst fehlerhafte Werte geschätzt werden [auch die Sheppard-Korrektur, (1.63), kann zu Fehlern führen].

Wen die Klassenbildung nicht näher interessiert, der lese auf S. 137 weiter.

Historisch interessant sind die folgenden beiden (I,II) Verfahren, d. h. (1.54) bis (1.61) [sowie (1.63)], die in [1387] zur Berechnung der Potenzmomente dienen können.

Die Summe der 10 Zahlen $2, 2, 2, 2; 3; 4, 4, 4, 4, 4 = 31$ läßt sich auch schreiben $(4 \cdot 2) + (1 \cdot 3) + (5 \cdot 4)$; den Mittelwert dieser Reihe erhält man dann auch nach

$$\bar{x} = \frac{(4 \cdot 2) + (1 \cdot 3) + (5 \cdot 4)}{4 + 1 + 5} = 3{,}1$$

[1364] Wir haben auf diese Weise die Werte einer Stichprobe in drei Klassen eingeteilt. Die Häufigkeiten 4, 1 und 5 verleihen den Werten 2, 3 und 4 ein unterschiedliches Gewicht. Daher kann 3, 1 auch als gewogener arithmetischer Mittelwert bezeichnet werden. Wir kommen hierauf später (1.64) zurück.

Der **Erwartungswert** E einer Zufallsvariablen X oder einer Verteilung ist das gewogene arithmetische Mittel der Realisierungen x (vgl. S. 95): Hier haben 4/10 der Fälle den Wert 2, 1/10 den Wert 3 und 5/10 haben den Wert 4; der Erwartungswert $E(X)$ ist dann $(4/10) \cdot 2 + (1/10) \cdot 3 + (5/10) \cdot 4 =$ 3,1.

Um einen besseren Überblick über umfangreiches Zahlenmaterial zu gewinnen, und um charakteristische Maßzahlen wie Mittelwert und Standardabweichung leichter bestimmen zu können, faßt man oft die nach ihrer Größe geordneten Werte in Klassen zusammen. Hierbei ist es günstig, auf eine **konstante Klassenbreite** b zu achten. Bei der Wahl von b benutzt man auch $b \approx \sqrt{x_{\max} - x_{\min}}$. Außerdem sollten als *Klassenmitten* möglichst glatte Zahlen, z. B. Vielfache von 5 oder 10, gewählt werden. Man wählt etwa „$6 + (n/50)$“ Klassen oder besser $k \approx 5 \lg n$ Klassen (z. B. $n = 100$, $k = 5 \cdot 2 = 10$), bei kleinem n bevorzuge man ein ungerades k (vgl. Tabelle 31).

Tabelle 31

n	⌈30⌉	50	100	150	200	400	1000	2000	5000
k	⌊7⌋	7	10	11	12	13	15	17	18

Um aus klassierten Daten $\bar{x}$, s^2 (s) und die beiden Momentenkoeffizienten (S. 169–173) **zu berechnen**, benutzte man eines der beiden folgenden Verfahren.

Die Zuordnung der Einzelwerte zur Klasse sollte so sein, daß die obere Klassengrenze zur Klasse gehört.
Die k Klassen sind dann mit den Häufigkeitswerten oder Frequenzen $f_1, f_2, \ldots, f_k (n = \sum_{i=1}^{k} f_i = \sum f)$ besetzt. Man wählt einen vorläufigen Durchschnitts- oder Mittelwert d, der im allgemeinen auf die am stärksten besetzte Klasse fällt.

I. Das Multiplikationsverfahren

Die einzelnen Klassen werden dann numeriert: d erhält die Nummer $z = 0$, absteigend erhalten die Klassen die Nummern $z = -1, -2, \ldots$, aufsteigend die Nummern $z = 1, 2, \ldots$ Dann ist

$$\bar{x} = d + \frac{b}{n} \sum fz \qquad (1.54)$$

$$s = b \cdot \sqrt{\frac{\sum fz^2 - (\sum fz)^2/n}{n-1}} \qquad (1.55)$$

$$s^2 = b^2 \left[\frac{n \sum fz^2 - (\sum fz)^2}{n(n-1)} \right] \qquad (1.56)$$

mit $d =$ angenommener Durchschnitts- oder Mittelwert
$b =$ Klassenbreite
$n =$ Anzahl der Werte **[1364]**
$f =$ Häufigkeit pro Klasse, Besetzungszahl
$z =$ Abweichungen $z = \frac{x-d}{b}$

Tabelle 32

KM = Klassenmitte	f	z	fz	fz^2
13	1	−3	−3	9
17	4	−2	−8	16
21	6	−1	−6	6
d = 25	7	0	0	0
29	5	1	5	5
33	5	2	10	20
37	2	3	6	18
$\sum$	30	–	4	74

$$\bar{x} = d + \frac{b}{n}\sum fz = 25 + \frac{4}{30}\cdot 4 = 25{,}53$$

$$s = b\cdot\sqrt{(\frac{\sum fz^2 - (\sum fz)^2/n}{n-1})} = 4\cdot\sqrt{(\frac{74-4^2/30}{30-1})} = 6{,}37$$

Kontrolle: Man benutzt die Identitäten

$$\boxed{\sum f(z+1) = \sum fz + \sum f = \sum fz + n} \tag{1.57}$$

$$\sum f(z+1)^2 = \sum f(z^2+2z+1)$$
$$\sum f(z+1)^2 = \sum fz^2 + 2\sum fz + \sum f$$

$$\boxed{\sum f(z+1)^2 = \sum fz^2 + 2\sum fz + n} \tag{1.58}$$

und notiert die entsprechenden Verteilungen.

Tabelle 33

z + 1	f	f(z + 1)	f(z + 1)^2
-2	1	-2	4
-1	4	-4	4
0	6	0	0
1	7	7	7
2	5	10	20
3	5	15	45
4	2	8	32
n = $\sum$f = 30		$\sum$f(z + 1) = 34	$\sum$f(z + 1)^2 = 112

Kontrolle für den Mittelwert:

[1364]

$$\sum f(z+1) = 34 \quad \text{(aus Tabelle 33)}$$
$$\sum fz + n = 4 + 30 = 34 \quad \text{(aus Tabelle 32)}$$

Kontrolle für die Standardabweichung:

$$\sum f(z+1)^2 = 112 \quad \text{(aus Tabelle 33)}$$
$$\sum fz^2 + 2\sum fz + n = 74 + 2 \cdot 4 + 30 = 112 \quad \text{(aus Tabelle 32)}$$

Das Multiplikationsverfahren ist besonders geeignet, wenn eine um Ausreißer (vgl. [38]) verminderte oder um neue Werte vermehrte zweite Rechnung notwendig wird oder wenn zusätzlich Potenzmomente höherer Ordnung (vgl. [1387]) zu berechnen sind.

II. Das Summenverfahren

Das Summenverfahren besteht in einem schrittweisen Summieren der Häufigkeiten vom oberen und unteren Ende der Tab. 34 zum angenommenen Durchschnittswert d hin (Spalte 3). Dann werden die erhaltenen Werte nochmals vom oberen bzw. unteren Ende der Spalte 3 bis zu den der Durchschnittsklasse d benachbarten Klassen addiert (Spalte 4). Diese Summenwerte werden als δ_1 und δ_2 (gr. delta 1 und 2) bezeichnet. Dann werden die erhaltenen Werte noch einmal vom oberen bzw. unteren Ende der Spalte 4 bis zu den der Durchschnittsklasse d benachbarten Klassen addiert (Spalte 5). Diese Summenwerte bezeichnen wir als ε_1 und ε_2 (gr. epsilon 1 und 2). Dann ist, wenn wir

$$\frac{\delta_2 - \delta_1}{n} = c \quad \text{setzen,}$$

$$\boxed{\bar{x} = d + b \cdot c} \tag{1.59}$$

$$s = b \cdot \sqrt{\frac{2(\varepsilon_1 + \varepsilon_2) - (\delta_1 + \delta_2) - nc^2}{n-1}} \tag{1.60}$$

$$s^2 = b^2 \left[\frac{2(\varepsilon_1 + \varepsilon_2) - (\delta_1 + \delta_2) - nc^2}{n-1}\right] \tag{1.61}$$

d = angenommener Durchschnitts- oder Mittelwert; b = Klassenbreite; n = Anzahl der Werte, $\delta_1, \delta_2, \varepsilon_1, \varepsilon_2$ = spezielle Summen, vgl. Text und Tabelle 34:

$$c = \frac{\delta_2 - \delta_1}{n} = \frac{21 - 17}{30} = 0{,}133$$
$$\bar{x} = d + bc = 25 + 4 \cdot 0{,}133 = 25{,}53$$

$$s = b \cdot \sqrt{\frac{2(\epsilon_1 + \epsilon_2) - (\delta_1 + \delta_2) - nc^2}{n-1}} = 4 \cdot \sqrt{\frac{2(24+32) - (17+21) - 39 \cdot 0{,}133^2}{30-1}} = 4\sqrt{2{,}533}$$

$s = 6{,}37$

Tabelle 34 [1364]

KM	f	S_1	S_2	S_3
(1)	(2)	(3)	(4)	(5)
13	1	1	1	1
17	4	5	6	7
21	6	11	$17 = \delta_1$	$24 = \varepsilon_1$
$d = 25$	7			
29	5	12	$21 = \delta_2$	$32 = \varepsilon_2$
33	5	7	9	11
37	2	2	2	2
$n = 30$				

KM = Klassenmitte

Die **aus gruppierten Daten berechnete Standardabweichung** weist im allgemeinen die Tendenz auf, **etwas größer** zu sein als die aus ungruppierten Daten, und zwar – innerhalb eines kleinen Bereiches um so größer, je größer die Klassenbreite b ist; es empfiehlt sich daher, diese nicht zu groß zu wählen. Nach Möglichkeit sollte

$$\boxed{b \lessapprox s/2} \qquad (1.62)$$

sein. Bei unseren Beispielen benutzen wir eine gröbere Klasseneinteilung. Außerdem hat Sheppard vorgeschlagen, die aus einer in Gruppen oder Klassen eingeteilten Häufigkeitsverteilung berechnete Varianz durch Subtraktion von $b^2/12$ zu korrigieren.

Sheppardsche Korrektur: $\boxed{s^2_{\text{korr.}} = s^2 - b^2/12}$ Die Verteilung muß angenähert symmetrisch sein. (1.63)

Diese Korrektur braucht nur angewandt zu werden, wenn bei grober Klasseneinteilung $n > 1000$, d. h. wenn die Klassenzahl $k < 20$. Mit korrigierten Varianzen dürfen keine statistischen Tests vorgenommen werden! Erinnert sei auch an die auf (1.53) folgende Bemerkung.

1365 Das gewogene arithmetische Mittel, die gewogene Varianz und das gewichtete arithmetische Mittel [1365]

Sollen mehrere Meßreihen oder Stichproben mit den Umfängen $n_1, n_2, \ldots, n_k$, den Mittelwerten $\bar{x}_1, \bar{x}_2, \ldots, \bar{x}_k$ und den Varianzen $s_1^2, s_2^2, \ldots, s_k^2$ zu einer gemeinsamen Meßreihe vereinigt werden, die den Umfang $n = n_1 + n_2 + \ldots n_k$ hat, dann ist das **gewogene arithmetische Mittel** $\bar{x}_{\text{gew}}$

$$\boxed{\bar{x}_{gew} = \frac{n_1 \cdot \bar{x}_1 + n_2 \cdot \bar{x}_2 + \ldots + n_k \cdot \bar{x}_k}{n}} \qquad (1.64)$$

auch Gesamtmittel $\bar{\bar{x}}$ genannt (siehe Übersicht 33 auf S. 139) und die Standardabweichung s_{in} innerhalb der Meßreihen (1.65).

Hinweis: Ein Spezialfall der Streuung ist die sog. **Konzentration**: die **Konzentrationsmessung** erfaßt die ungleichmäßige Verteilung der Merkmalsausprägungen auf die Merkmalsträger. So entfällt beim Einkommen auf eine kleine Anzahl von Merkmalsträgern ein großer Anteil der Merkmalssumme. Näheres enthalten die auf S. 173 genannten Lehrbücher der Beschreibenden Statistik. vgl. S. 140

[1365]
$$s_{\text{in}} = \sqrt{\frac{s_1^2(n_1-1)+s_2^2(n_2-1)+\ldots+s_k^2(n_k-1)}{n-k}} \tag{1.65}$$

Beispiel $n_1 = 8,\ \bar{x}_1 = 9,\ (s_1 = 2)\quad s_1^2 = 4$

$n_2 = 10,\ \bar{x}_2 = 7,\ (s_2 = 1)\quad s_2^2 = 1\quad \bar{x} = \dfrac{8\cdot 9 + 10\cdot 7 + 6\cdot 8}{24} = 7{,}917$

$n_3 = 6,\ \bar{x}_3 = 8,\ (s_3 = 2)\quad s_3^2 = 4$

$$s_{\text{in}} = \sqrt{\frac{4(8-1)+1(10-1)+4(6-1)}{24-3}} = 1{,}648$$

Die gewogene Varianz der x-Werte in der Gesamtmeßreihe wird nach

$$s_{\text{gew}}^2 = \frac{1}{n-1}\left[\sum_i (n_i-1)s_i^2 + \sum_i n_i(\bar{x}_i - \bar{x})^2\right] \tag{1.66}$$

berechnet, d. h.

$$s_{\text{gew}}^2 = (1/23)[(7\cdot 4 + 9\cdot 1 + 5\cdot 4) + (8\cdot 1{,}083^2 + 10\cdot 0{,}917^2 + 6\cdot 0{,}083^2)] = 3{,}254\,.$$

Der gewichtete arithmetische Mittelwert: Einzelmessungen ungleicher Genauigkeit lassen sich durch unterschiedliche Gewichte w_i (1, 2, 3 bzw. mit $0 \le w_i \le 1$ und $\sum w_i = 1$) kennzeichnen. Das gewichtete arithmetische Mittel erhält man nach $\bar{x} = (\sum w_i x_i)/\sum w_i$ bzw. zweckmäßiger durch Wahl eines günstigen Hilfswertes a, man geht dann von den Abweichungen $z_i = x_i - a$ aus:

Tabelle 35

Beispiel

x_i	w_i	$x_i - a = z_i$ ($a = 137{,}8$)	$w_i z_i$
138,2	1	0,4	0,4
137,9	2	0,1	0,2
137,8	1	0,0	0,0

$$\sum w_i = 4 \qquad \sum w_i z_i = 0{,}6$$

$$\bar{x} = a + \frac{\sum w_i z_i}{\sum w_i} \tag{1.64a}$$

$$\bar{x} = 137{,}8 + \frac{0,6}{4} = 137,95$$

Dies ist natürlich auch ein gewogenes arithmetisches Mittel, man kann es $\bar{x}^w$ nennen.

Hinweis: Rangfolge dreier Schüler

Sind Objekte hinsichtlich unterschiedlich zu bewertender Merkmale zu vergleichen, so benutzt man gern bewertende „Gewichte" w_i. Etwa für den Vergleich von 3 Schülern hinsichtlich ihrer [1365] Leistungen, ihrer Benotungen (b_i : 1, ..., 5) in 5 Fächern, denen eine unterschiedliche Bedeutung w_i so zugeordnet wird, daß die Summe der Gewichte w_i der 5 Fächer gleich 1 ist (vgl. Tabelle 36).

Tabelle 36. Leistungsvergleich von drei Schülern aufgrund der Produktsummen ihrer gewichteten Benotungen

Nr.	Fach		Schüler A		Schüler B		Schüler C	
		w_i	b_i	$b_i w_i$	b_i	$b_i w_i$	b_i	$b_i w_i$
1	Deutsch	0,3	2	0,6	4	1,2	3	0,9
2	Mathem.	0,3	3	0,9	2	0,6	1	0,3
3	Physik	0,2	3	0,6	2	0,4	2	0,4
4	Chemie	0,1	2	0,2	2	0,2	2	0,2
5	Englisch	0,1	1	0,1	3	0,3	4	0,4
Summe		1	–	2,4	–	2,7	–	2,2

Aus den Produktsummen $\sum b_i w_i$ folgt, daß C der Beste ist, gefolgt von A und B. Entsprechend geht man vor, wenn n Objekte aufgrund ihrer Merkmalsausprägungen – es liegen p unterschiedlich zu bewertende Merkmale vor – in eine Rangfolge zu bringen sind.

Übersicht 33

Kombination von k Mittelwerten $\bar{x}_i$ zu einem GESAMTMITTEL $\bar{\bar{x}}$:

Modell I: **VARIANZEN GLEICH**

(1) Gleiche Stichprobenumfänge

$$\bar{\bar{x}} = \frac{1}{k} \sum_{i=1}^{k} \bar{x}_i \qquad (1.67)$$

(2) Ungleiche Stichprobenumfänge

$$\bar{\bar{x}} = \frac{\sum_{i=1}^{k} n_i \bar{x}_i}{\sum_{i=1}^{k} n_i} \qquad (1.64)$$

Modell II: **VARIANZEN UNGLEICH**

(1) Gleiche Stichprobenumfänge

$$\bar{\bar{x}} = \frac{\sum_{i=1}^{k} \bar{x}_i / s_i^2}{\sum_{i=1}^{k} 1/s_i^2} \qquad (1.68)$$

(2) Ungleiche Stichprobenumfänge

$$\bar{\bar{x}} = \frac{\sum_{i=1}^{k} n_i \bar{x}_i / s_i^2}{\sum_{i=1}^{k} n_i / s_i^2} \qquad (1.69)$$

1366 Der Variationskoeffizient

[1366]

Zum Vergleich der Variabilität von Verteilungen, der relativen Standardabweichung von Merkmalen mit unterschiedlichen Mittelwerten, dient der von K. Pearson eingeführte

Variationskoeffizient $\boldsymbol{V}$, die Standardabweichung in Einheiten des arithmetischen Mittels

[1366] $$\boxed{V = s/\bar{x}} \qquad \text{alle} \quad x > 0 \tag{1.70}$$

V setzt eine Verhältnisskala (vgl. S. 205, 206) voraus und bleibt als **relatives Streuungsmaß** konstant, wenn jedes x_i mit einer Konstanten multipliziert wird (Skaleninvarianz). V dient auch als **Konzentrationsmaß**: ein im Verhältnis zu $\bar{x}$ großes s entspricht einer schwachen Konzentration. Auf die herausragende Bedeutung von Karl Pearson (vgl. S. 689) geht z. B. Peters (1987: Chapt. 11) näher ein.

Der Variationskoeffizient ist ein relatives dimensionsloses Streuungsmaß mit dem Mittelwert als Einheit. Da sein Maximum $\sqrt{n}$ beträgt (*Martin und Gray 1971*), gibt man auch gern den in Prozent ausgedrückten **relativen Variationskoeffizienten** V_r an, der Werte zwischen 0% und 100% annehmen kann:

$$\boxed{V_r[\%] = \frac{s/\bar{x}}{\sqrt{n}}100} \qquad \text{alle} \quad x > 0. \tag{1.70a}$$

Für μ bekannt und s als s_0 nach (1.49) berechnet, ist das Maximum nicht $\sqrt{n}$, sondern $\sqrt{n-1}$

In nicht zu kleinen Stichproben aus normalverteilten Grundgesamtheiten dürfte V nicht größer sein als 0,33. Der Variationskoeffizient dient insbesondere für den *Vergleich von Stichproben* eines Grundgesamtheitstyps (vgl. auch S. 166 unten).

Auf andere **Disparitäts- und Konzentrationsmaße** (vgl. auch Bamberg und Baur 1998) wird im Allgemeinen Statistischen Archiv 74 (1990), 457–488 [insbesondere Tabelle 5-1 auf S. 475] näher eingegangen (vgl. auch Dörsam 1999). Mathematisch günstiger als $s/\bar{x}$ ist $\bar{x}/s$, der **„stabilization coefficient"** nach C.-H. Liu und Z.-Y. Zheng [Biometrical Journal **31** (1989), 431–441].

Beispiel

Für $n = 50$, $s = 4$ und $\bar{x} = 20$ erhält man nach (1.70) und (1.70a)

$$V = \frac{4}{20} = 0{,}20 \quad \text{und} \quad V_r = \frac{4/20}{\sqrt{50}}100 = 2{,}8\% \quad \text{oder} \quad V_r = 0{,}03\,.$$

1367 Weitere Hinweise und Beispiele zur Normalverteilung (zu [134])

[1367]

1.–5.	Beispiele zur Normalverteilung
6.	Das Zeichnen einer angepaßten Normalverteilung
7.	Typisches für eine Normalverteilung
8.	Verteilung einiger Schätzfunktionen
9.	Erwartungswert und Varianz der Standardnormalverteilung
10.	Approximation für rechtsseitige Wahrscheinlichkeiten

1. Mit Hilfe der Ordinaten der Standardnormalverteilung (Tabelle 38) läßt sich die Normalkurve leicht zeichnen. Für ein *schnelles Zeichnen der Normalkurve* kann man folgende Werte verwenden (vgl. auch S. 143 unten):

Tabelle 37

Abszisse	0	$\pm 0{,}5\sigma$	$\pm 1{,}0\sigma$	$\pm 2{,}0\sigma$	$\pm 3{,}0\sigma$
Ordinate	$y_{\max}$	$\frac{7}{8} \cdot y_{\max}$	$\frac{5}{8} \cdot y_{\max}$	$\frac{1}{8} \cdot y_{\max}$	$\frac{1}{80} \cdot y_{\max}$

[vgl. $1/80 = 0{,}0125 \approx 0{,}0111 = 0{,}004431/0{,}39894$]

Tabelle 38. Ordinaten der Standardnormalverteilung; $f(x) = \frac{1}{\sqrt{2\pi}} e^{-z^2/2}$

Beispiele: $f(0) = 1/\sqrt{2\pi} = 0{,}3989$ (vgl. Tab. 2); $f(1{,}0) = 0{,}2420 = f(-1{,}0)$; $f(4{,}0) = 0{,}0001338 = f(-4{,}0)$ [1367]

z	0,00	0,01	0,02	0,03	0,04	0,05	0,06	0,07	0,08	0,09
0,0	0,3989	0,3989	0,3989	0,3988	0,3986	0,3984	0,3982	0,3980	0,3977	0,3973
0,1	0,3970	0,3965	0,3961	0,3956	0,3951	0,3945	0,3939	0,3932	0,3925	0,3918
0,2	0,3910	0,3902	0,3894	0,3885	0,3876	0,3867	0,3857	0,3847	0,3836	0,3825
0,3	0,3814	0,3802	0,3790	0,3778	0,3765	0,3752	0,3739	0,3725	0,3712	0,3697
0,4	0,3683	0,3668	0,3653	0,3637	0,3621	0,3605	0,3589	0,3572	0,3555	0,3538
0,5	0,3521	0,3503	0,3485	0,3467	0,3448	0,3429	0,3410	0,3391	0,3372	0,3352
0,6	0,3332	0,3312	0,3292	0,3271	0,3251	0,3230	0,3209	0,3187	0,3166	0,3144
0,7	0,3123	0,3101	0,3079	0,3056	0,3034	0,3011	0,2989	0,2966	0,2943	0,2920
0,8	0,2897	0,2874	0,2850	0,2827	0,2803	0,2780	0,2756	0,2732	0,2709	0,2685
0,9	0,2661	0,2637	0,2613	0,2589	0,2565	0,2541	0,2516	0,2492	0,2468	0,2444
1,0	0,2420	0,2396	0,2371	0,2347	0,2323	0,2299	0,2275	0,2251	0,2227	0,2203
1,1	0,2179	0,2155	0,2131	0,2107	0,2083	0,2059	0,2036	0,2012	0,1989	0,1965
1,2	0,1942	0,1919	0,1895	0,1872	0,1849	0,1826	0,1804	0,1781	0,1758	0,1736
1,3	0,1714	0,1691	0,1669	0,1647	0,1626	0,1604	0,1582	0,1561	0,1539	0,1518
1,4	0,1497	0,1476	0,1456	0,1435	0,1415	0,1394	0,1374	0,1354	0,1334	0,1315
1,5	0,1295	0,1276	0,1257	0,1238	0,1219	0,1200	0,1182	0,1163	0,1145	0,1127
1,6	0,1109	0,1092	0,1074	0,1057	0,1040	0,1023	0,1006	0,0989	0,0973	0,0957
1,7	0,0940	0,0925	0,0909	0,0893	0,0878	0,0863	0,0848	0,0833	0,0818	0,0804
1,8	0,0790	0,0775	0,0761	0,0748	0,0734	0,0721	0,0707	0,0694	0,0681	0,0669
1,9	0,0656	0,0644	0,0632	0,0620	0,0608	0,0596	0,0584	0,0573	0,0562	0,0551
2,0	0,0540	0,0529	0,0519	0,0508	0,0498	0,0488	0,0478	0,0468	0,0459	0,0449
2,1	0,0440	0,0431	0,0422	0,0413	0,0404	0,0396	0,0387	0,0379	0,0371	0,0363
2,2	0,0355	0,0347	0,0339	0,0332	0,0325	0,0317	0,0310	0,0303	0,0297	0,0290
2,3	0,0283	0,0277	0,0270	0,0264	0,0258	0,0252	0,0246	0,0241	0,0235	0,0229
2,4	0,0224	0,0219	0,0213	0,0208	0,0203	0,0198	0,0194	0,0189	0,0184	0,0180
2,5	0,0175	0,0171	0,0167	0,0163	0,0158	0,0154	0,0151	0,0147	0,0143	0,0139
2,6	0,0136	0,0132	0,0129	0,0126	0,0122	0,0119	0,0116	0,0113	0,0110	0,0107
2,7	0,0104	0,0101	0,0099	0,0096	0,0093	0,0091	0,0088	0,0086	0,0084	0,0081
2,8	0,0079	0,0077	0,0075	0,0073	0,0071	0,0069	0,0067	0,0065	0,0063	0,0061
2,9	0,0060	0,0058	0,0056	0,0055	0,0053	0,0051	0,0050	0,0048	0,0047	0,0046
3,0	0,0044	0,0043	0,0042	0,0040	0,0039	0,0038	0,0037	0,0036	0,0035	0,0034
3,1	0,0033	0,0032	0,0031	0,0030	0,0029	0,0028	0,0027	0,0026	0,0025	0,0025
3,2	0,0024	0,0023	0,0022	0,0022	0,0021	0,0020	0,0020	0,0019	0,0018	0,0018
3,3	0,0017	0,0017	0,0016	0,0016	0,0015	0,0015	0,0014	0,0014	0,0013	0,0013
3,4	0,0012	0,0012	0,0012	0,0011	0,0011	0,0010	0,0010	0,0010	0,0009	0,0009
3,5	0,0009	0,0008	0,0008	0,0008	0,0008	0,0007	0,0007	0,0007	0,0007	0,0006
3,6	0,0006	0,0006	0,0006	0,0005	0,0005	0,0005	0,0005	0,0005	0,0005	0,0004
3,7	0,0004	0,0004	0,0004	0,0004	0,0004	0,0004	0,0003	0,0003	0,0003	0,0003
3,8	0,0003	0,0003	0,0003	0,0003	0,0003	0,0002	0,0002	0,0002	0,0002	0,0002
3,9	0,0002	0,0002	0,0002	0,0002	0,0002	0,0002	0,0002	0,0002	0,0001	0,0001
z	0,00	0,01	0,02	0,03	0,04	0,05	0,06	0,07	0,08	0,09

z	f(z)	z	f(z)	z	f(z)	z	f(z)
0,5	0,352065	2,0	0,053991	3,5	8727 $\cdot 10^{-7}$	5,0	148,7 $\cdot 10^{-8}$
1,0	0,241971	2,5	0,017528	4,0	1338 $\cdot 10^{-7}$	5,5	11,4 $\cdot 10^{-8}$
1,5	0,129518	3,0	0,004431	4,5	160 $\cdot 10^{-7}$	6,0	0,6 $\cdot 10^{-8}$

[1367]

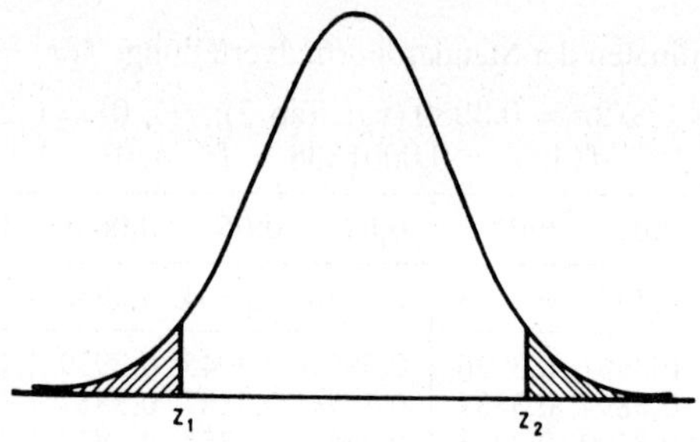

Abb. 22. Standardnormalverteilung: Der schraffierte Flächenanteil liegt links von z_1 (negativer Wert) und rechts von z_2 (positiver Wert). Im Bild ist $|z_1| = |z_2|$. Tabelle 22 in [134] liefert den Flächenanteil rechts von z_2 und aus Symmetriegründen auch links von beliebigen negativen Werten $z_1 = -z_2$, wobei wir mit $|z_2|$ in die Tabelle eingehen $P(Z \leqq -z) = P(Z \geqq z)$

Der Abszisse $\pm 3{,}1\sigma$ entspricht die Ordinate $\frac{1}{122} \cdot y_{\max}$, die Kurve geht damit praktisch in die x-Achse über (vgl. $1/122 \approx 0{,}0082 \approx 0{,}0032668/0{,}39894$).

2. Die Länge X eines Gegenstandes sei normalverteilt mit $\mu = 80$ cm und $\sigma = 8$ cm. Die entsprechende Normalverteilung läßt sich nach Hinweis 1 skizzieren (vgl. auch Hinweis 6). Zwischen welchen Längen liegen die mittleren 95% des Gegenstandes?
Formel (1.29a$'$, oben) auf S. 113 zeigt ($z = 1{,}96$): 95% der Gegenstände liegen im Bereich von 80 cm$\pm 1{,}96 \cdot 8$ cm, d. h. zwischen 64,3 cm und 95,7 cm bzw. P (64,3 cm $< X <$ 95,7 cm) $\approx$0.95. Der Wert 64,3 heißt 2,5tes Perzentil; denn unterhalb dieses Wertes liegen 2,5% aller Werte von X. Unterhalb von 95,7 liegen 97,5% aller Werte, 95,7 ist daher das 97,5te Perzentil dieser Normalverteilung (vgl. S. 157 unten).

3. Für die Normalverteilung $\mu = 100$ und $\sigma = 10$ interessiere (a) $P(X > 115)$, (b) $P(90 < X < 115)$, (c) $P(X < 90)$.
Zunächst wird nach $z = (x - \mu)/\sigma$ transformiert. Zu a) $x = 115$, $z = (115 - 100)/10 = 1{,}5$, d. h. $P(Z > 1{,}5) = P(X > 115) = 0{,}0668$ oder rund 7%.

Zu b) $x = 90$, $z = \frac{90-100}{10} = -1{,}0$; für $x = 115$ erhielten wir soeben $z = 1{,}5$. Gesucht ist der Anteil, besser der Flächenanteil unter der Normalkurve zwischen $z = -1{,}0$ und $z = 1{,}5$ (vgl. Abb. 23). Wir wissen, daß $P(Z \geqq 0) = 0{,}5$ (vgl. Tab. 22), berechnen (vgl. Abb. 23) das Flächenteil rechts von 0 als Differenz, „klappen" das Flächenteil links von 0 nach rechts (d. h. $z = 1$), berechnen es ebenfalls als Differenz und addieren beide Differenzen:

$$P = [0{,}5 - P(Z \geqq 1{,}5)] + [0{,}5 - P(Z \geqq 1{,}0)]$$
$$P = [0{,}5 - 0{,}06681] + [0{,}5 - 0{,}15866] = 0{,}77453\,.$$

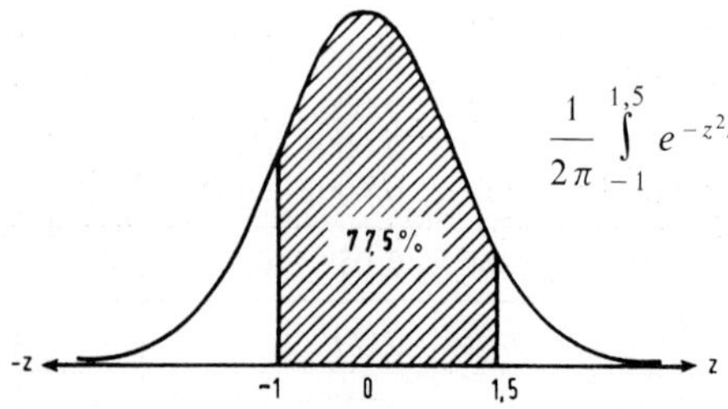

$$\frac{1}{2\pi} \int_{-1}^{1,5} e^{-z^2/2} dz = 0{,}77453$$

Abb. 23

Zu c) Für x = 90 erhielten wir soeben $z = -1{,}0$. Oberhalb von z = + 1,0 muß aus Symmetriegründen eine ebenso große Fläche liegen wie die gewünschte: 0,1587 oder 16%. Eine Kontrolle dieser Rechnungen a, b, c ist gegeben: 0,0668 + 0,7745 + 0,1587 = 1. **[1367]**

4. Für die Normalverteilung μ= 150 und σ = 10 ist der Wert anzugeben, unterhalb dem 6% der Verteilung liegen; außerdem ist $P(130 < X < 160)$ zu bestimmen. Aus $(x - 150)/10 = -1{,}555$ folgt x = 134,45. Für $P(130 < X < 160)$ läßt sich schreiben $P([130 - 150]/10 < [X - 150]/10 < [160 - 150]/10) = P(-2 < Z < 1) = 1 - (0{,}0228 + 0{,}1587) = 0{,}8185$. Anhand von $\mu \mp 1{,}96\sigma = 150 \mp 1{,}96 \cdot 10$ erhält man die **Quantile** $x_{0,025} = 130{,}4$ und $x_{0,975} = 169{,}6$ und damit einen Bereich, in dem 95% aller Werte dieser Verteilung liegen. vgl. S. 118

5. Wahrscheinlichkeiten für normalverteilte Zufallsvariablen: Für eine normalverteilte Grundgesamtheit mit μ= 12,00 und σ = 2,00 interessiere der Anteil der Werte oberhalb von x = 15,11. Mit z = (15,11-12,00)/2,00 = 3,11/2,00 = 1,555 sind P = 0,06 oder 6% aller Werte der Grundgesamtheit größer als 15,11.
Aus Symmetriegründen (Skizze!) sind dann auch:

(1) 6% aller Werte kleiner als 8,89; denn
$z = (8{,}89 - 12{,}00)/2{,}00 = -3{,}11/2{,}00 = -1{,}555$;
(2) 100% − 6% = 94% aller Werte nicht größer als 15,11;
(3) 100% − 2 · 6% = 88% aller Werte im Bereich zwischen 8,89 und 15,11.

Für die normalverteilte Zufallsvariable X und für die entsprechende Standardnormalvariable Z lassen sich diese Resultate so formulieren:

(1) $P(X > 15{,}11) = P(Z > 1{,}555) = 0{,}06$ (vgl. auch Tabelle 27 auf S. 118);
(2) $P(X < 8{,}89) = P(Z < -1{,}555) = 0{,}06$;
(3) $P(X < 15{,}11) = 1 - 0{,}06 = 0{,}94$;
(4) $P(8{,}89 < X < 15{,}11) = 0{,}88$; da eine stetige Zufallsvariable vorliegt $[P(X = x) = 0]$ gilt natürlich auch: (5) $P(8{,}89 \leqq X \leqq 15{,}11) = 0{,}88$.

> Für nicht zu kleine Zufallsstichproben aus angenähert normalverteilten Grundgesamtheiten erhält man anhand von $\hat{z} = (x_f - \bar{x})/s$ eine **Schätzung für den Anteil P der Werte**, der größer (bzw. kleiner) ist als x_f (wobei x_f ein bestimmter fester Wert x ist). Für (1) würden wir dann z. B. $P(X > 15{,}11) \approx 0{,}06$ schreiben.

5A. Beispiel zu (1.32) auf Seite 115

$$\begin{aligned} P(|Z| \geqq 1{,}96) &= P(Z \leqq 1{,}96) + P(Z \geqq 1{,}96) = 0{,}025 + 0{,}025 = 0,05 \\ &= F(-1{,}96) + [1 - F(1{,}96)] = 1 - F(1{,}96) + [1 - F(1{,}96)] \\ &= 2[1 - F(1{,}96)] = 2[1 - 0{,}975] = 2 \cdot 0{,}025 = 0{,}05. \end{aligned}$$

6. Das **Zeichnen** einer angepaßten Normalverteilung: Es liege eine Stichprobe des Umfangs n mit den Statistiken $\bar{x}$ und s vor. Über das zugehörige Histogramm mit der Klassenbreite b und der Fläche $b \cdot n$ läßt sich dann eine Normalkurve zeichnen, deren Ordinate $\hat{y} = (bn/s)f(z)$ beträgt, $f(z)$ entnimmt man der Tabelle für die Werte $z = (x - \bar{x})/s$. Die Güte der Anpassung ist abzuschätzen (x sind jeweils die Klassenmitten).

7. Typisches für eine Normalverteilung.

[1367]

Übersicht 34

Typisch für eine Normalverteilung ist, daß
(1) $\bar{X}$ und S^2 voneinander stochastisch unabhängig sind,
(2) $\bar{X}$ exakt normalverteilt ist,
(3) $\sum_{i=1}^{n}\left(\frac{X_i-\mu_i}{\sigma_i}\right)^2$ nach χ_ν^2 mit $\nu = n$ Freiheitsgraden verteilt ist.
Daneben gilt: (a) $\tilde{\mu} = \mu$ und (b) $\tilde{X}$ ist angenähert normalverteilt.

Sind X_1 und X_2 unabhängige normalverteilte Zufallsvariablen aus $N(\mu_1, \sigma_1)$ und $N(\mu_2, \sigma_2)$, dann ist:

$$X = X_1 + X_2 \quad \text{normalverteilt mit} \quad \begin{array}{l} \mu = \mu_1 + \mu_2 \\ \sigma = \sqrt{\sigma_1^2 + \sigma_2^2} \end{array} \tag{1.71}$$

Sind Z_1 und Z_2 unabhängige standardnormalverteilte Zufallsvariablen, dann ist

$$Z = (Z_1 + Z_2)/\sqrt{2} \quad \text{standardnormalverteilt} \tag{1.72}$$

Verallgemeinerung für wechselseitig unabhängige Standardnormalvariablen $Z_1, \ldots, Z_n$:

$$Z = (Z_1 + \ldots + Z_n)/\sqrt{n} \quad \text{ist nach} \quad N(0,1) \quad \text{verteilt} \tag{1.73}$$

8. Übersicht 35. Verteilung einiger Schätzfunktionen aus normalverteilten Grundgesamtheiten, Funktionen normalverteilter Zufallsvariablen

Nr.	Normalverteilte Zufallsvariable X_i		
	Schätzfunktion	Verteilung	Kommentar
(1)	X_i	$N(\mu;\sigma)$	Einzelwert
(2)	$X_1+X_2+\ldots+X_n$	$N(n\mu;\sqrt{n}\sigma)$	Summe
(3)	$(X_1+X_2+\ldots+X_n)/n = \bar{X}$	$N(\mu;\sigma/\sqrt{n})$	Mittelwert
(4)	$\frac{X_i-\mu}{\sigma}$	$N(0;1)$	Transformation
(5)	$\frac{\bar{X}-\mu}{\sigma}\sqrt{n}$	$N(0;1)$	Einstichproben-Gauß-Test

9. Für die Standardnormalvariable Z gilt für (1) **den Erwartungswert**:

$$E(Z) = E\left(\frac{X-\mu}{\sigma}\right) = \frac{1}{\sigma}E(X) - \frac{1}{\sigma}E(\mu) = \frac{\mu}{\sigma} - \frac{\mu}{\sigma} = 0 \qquad (1.74)$$

[1367]

(2) **die Varianz:**

$$\text{Var}(Z) = \text{Var}\left(\frac{X-\mu}{\sigma}\right) = \text{Var}\left(\frac{1}{\sigma}X - \frac{\mu}{\sigma}\right) = \frac{1}{\sigma^2}\text{Var}(X) = \frac{\sigma^2}{\sigma^2} = 1 \qquad (1.75a)$$

$$\text{Var}(Z) = E[Z - E(Z)]^2 = E\left[\frac{X-\mu}{\sigma} - 0\right]^2 = \frac{1}{\sigma^2}E(X-\mu)^2$$

$$= \frac{1}{\sigma^2}\text{Var}(X) = \frac{\sigma^2}{\sigma^2} = 1 \qquad (1.75b)$$

$$\text{Var}(Z) = E(Z^2) - \mu_z^2 = E(Z^2) - 0 = E\left[\left(\frac{X-\mu}{\sigma}\right)^2\right]$$

$$= \frac{1}{\sigma^2}E[(X-\mu)^2] = \frac{\sigma^2}{\sigma^2} = 1 \qquad (1.75c)$$

10. Approximationen für $P(Z \geqq z)$ und $z > 0$. Mit dem Beispiel $z = 1$: $P(Z \geqq 1) - 0{,}1586553$.

(1) Sehr einfach ist [vgl. auch D. C. Hoaglin, The American Statistician **43** (1989), 289 und J.-T. Lin, Applied Statistics **38** (1989), 69–70 sowie T. Morland (s. Hastings 1955)]:

$$P(Z \geqq z) \approx \tfrac{1}{2}[1 - \sqrt{1 - e^{-2z^2/\pi}}] \qquad (1.76)$$

$$P(Z \geq z) \approx \tfrac{1}{2}[1 - \sqrt{1 - 2{,}7183^{-2(1)^2/3{,}142}}] = \tfrac{1}{2}[1 - \sqrt{1 - 0{,}529}] = 0{,}157.$$

(2) Mit (1.77) nach Hastings (1955) ergeben sich für $z > 0$ auf mindestens 7 Stellen genaue Werte. Zur Kontrolle: $P(Z \geqq 0{,}25) = 0{,}6744897501960817$,
$P(Z \geqq 0{,}001) = 3{,}090232306167814$.

$$P(Z \geqq z) \approx \frac{1}{\sqrt{2\pi}} \cdot e^{-z^2/2}(a_1t + a_2t^2 + a_3t^3 + a_4t^4 + a_5t^5)$$

$$\text{mit } 1/\sqrt{2\pi} = 0{,}39894228040, t = 1/(1+bz), b = 0{,}2316419, \qquad (1.77)$$

$$a_1 = 0{,}31938153, \quad a_2 = -0{,}356563782, \quad a_3 = 1{,}781477937,$$

$$a_4 = -1{,}821255978, \quad a_5 = 1{,}330274429.$$

Berechnung mit stark gerundeten Koeffizienten:

$$P(Z \geqq 1) = 0{,}39894 \cdot 0{,}60653[0{,}3194 \cdot 0{,}81193 - 0{,}3566 \cdot 0{,}81193^2$$

$$+1{,}7815 \cdot 0{,}81193^3 - 1{,}8213 \cdot 0{,}81193^4 + 1{,}3303 \cdot 0{,}81193^5]$$

$$= 0{,}24197[0{,}2593 - 0{,}2351 + 0{,}9535 - 0{,}7915 + 0{,}4694]$$

$$= 0{,}24197[0{,}6556] = 0{,}15864.$$

(3) Als Reihe:

[1367]
$$P(Z \geqq z) = \frac{1}{2} - \frac{z}{\sqrt{2\pi}}\left[1 - \frac{1}{3}\frac{z^2}{2} + \frac{1}{5}\frac{1}{2!}\left(\frac{z^2}{2}\right)^2 - \frac{1}{7}\frac{1}{3!}\left(\frac{z^2}{2}\right)^3 + \frac{1}{9}\frac{1}{4!}\left(\frac{z^2}{2}\right)^4 - \dots\right] \quad (1.78)$$

$$P(Z \geqq z) \approx \frac{1}{2} - \frac{z}{\sqrt{2\pi}}\left[1 - \frac{1}{3}\cdot\frac{1}{2} + \frac{1}{5}\cdot\frac{1}{2}\cdot\frac{1}{4} - \frac{1}{7}\cdot\frac{1}{6}\cdot\frac{1}{8} + \frac{1}{9}\cdot\frac{1}{24}\cdot\frac{1}{16} - \frac{1}{11}\cdot\frac{1}{120}\cdot\frac{1}{32}\right]$$
$$= \frac{1}{2} - 0{,}398942\cdot 0{,}855623 = 0{,}158656$$

Hinweis: Schnellschätzung von $\bar{x}$ und s anhand einer Zufallsstichprobe aus einer normalverteilten Grundgesamtheit. Man trennt von einer Stichprobe durch 2 willkürliche Werte (W_u; W_0) ein unteres und ein oberes Verteilungsende ab, das jeweils $\gtrapprox$ 20 Werte enthält, bestimmt deren relative Häufigkeit p_u und p_0 und liest dazu in Tabelle 22 z_u und z_0 ab. Dann ist $s \approx (W_0 - W_u)/(z_0 + z_u)$ und $\bar{x} = W_u + z_u s = W_0 - z_0 s$.

137 Das Wahrscheinlichkeitsnetz

[137] Mit Hilfe des Wahrscheinlichkeitsnetzes kann man sich einen ersten Überblick verschaffen, ob eine Stichprobenverteilung angenähert normalverteilt ist. Außerdem erhält man Mittelwert und Standardabweichung der Verteilung. Das Wahrscheinlichkeitsnetz, eine besondere Art von Zeichenpapier, ist so eingerichtet, daß sich beim Einzeichnen der in Prozent ausgedrückten, jeweils fortlaufend addierten Häufigkeiten einer Normalverteilung eine *Gerade* ergibt. Die Ordinate des Netzes ist nach der Verteilungsfunktion der Normalverteilung geteilt, sie enthält die *Summenhäufigkeitsprozente.* Die Abszisse kann linear (in Millimetern) oder logarithmisch eingeteilt sein (vgl. Abb. 24). Die Ordinatenwerte 0% und 100% sind im Wahrscheinlichkeitsnetz nicht enthalten. Prozentuale Häufigkeiten mit diesen Werten bleiben daher bei der graphischen Darstellung unberücksichtigt.

Aus $z = (x-\mu)/\sigma$ folgt die **Gerade** $z = -(\mu/\sigma) + (1/\sigma)x$ mit den Punkten $F(\mu) = 0{,}5$ und $F(\mu+\sigma) = 0{,}8413$. Die Ordinatenskala enthält die entsprechenden Prozentwerte (50%; 84%) der Verteilungsfunktion der Standardnormalverteilung (z. B. liegen 15,87% der Verteilung unterhalb von $z = -1$):

y	0%	10%	15,87%	... 50%	... 84,13%	90%	100%
z	$-\infty$	$-1{,}28$	-1	... 0	... +1	+1,28	$+\infty$

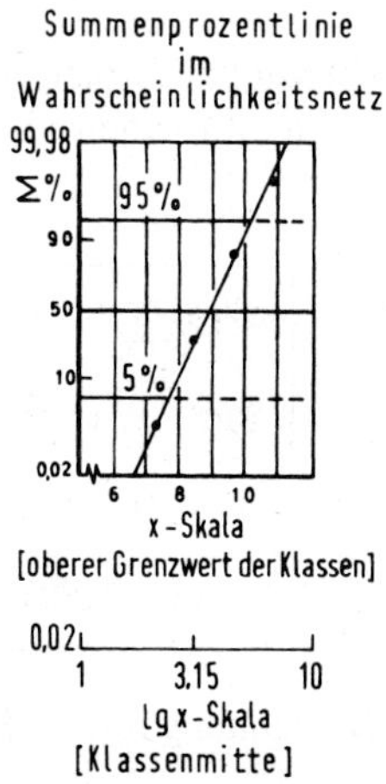

$$F(\mu+\sigma) = P(X \leqq \mu+\sigma) \approx 0{,}84$$
$$F(\mu-\sigma) = P(X \leqq \mu-\sigma) \approx 0{,}16$$
$$F(\mu+\sigma) - F(\mu-\sigma) = P(\mu-\sigma \leqq X \leqq \mu+\sigma) \approx 0{,}68$$

Abb. 24. Wahrscheinlichkeitsnetz

Man berechnet zu der empirischen Häufigkeitsverteilung die Summenverteilung in Prozent und zeichnet diese Werte in das Netz ein. Hierbei ist zu beachten, daß auf der Abszisse

Klassen*grenzen* abzutragen sind. Beim Vorliegen einer Normalverteilung liegen die Punkte, von Zufallsschwankungen abgesehen, insbesondere im mittleren Bereich zwischen 10% und 90% auf einer Geraden, die nach Augenmaß eingezeichnet wird. **[137]**
Die Schnittpunkte der Geraden mit den Ordinaten 50% und 84 (den 50%- und 84%-Linien) haben als Abszisse **Näherungswerte** für $\bar{x}$ und $\bar{x} + s$.
Eine Normalverteilung mit kleiner Standardabweichung hat eine steile Gerade; eine Normalverteilung mit gleicher Standardabweichung aber anderem Erwartungswert erscheint im Wahrscheinlichkeitsnetz als parallel verschobene Gerade. Die *Summenlinie der Normalverteilung*, auch *Hazensche Gerade* genannt, erhält man auf umgekehrte Weise durch die folgenden charakteristischen Werte: Für $x = \mu$ gilt $y = 50\%$; für $x = \mu + \sigma$ gilt $y \simeq 84\%$; für $x = \mu - \sigma$ gilt $y \simeq 16\%$.

Die Prüfung einer Verteilung auf Normalität mit Hilfe des Wahrscheinlichkeitspapiers gab einen **ersten Eindruck.** Für eine genauere Untersuchung ist diese Methode allerdings unzureichend, da die Gewichte der einzelnen Klassen nur undeutlich zum Ausdruck kommen; außerdem läßt sich nur schlecht abschätzen, ob die Abweichungen von der theoretischen Geraden noch im Zufallsbereich bleiben oder nicht (siehe auch [433]).

Der untere Teil von Abb. 24 ist ein Vorgriff auf den hiermit zusammenhängenden wichtigen Abschnitt 139 (Lognormalverteilung). Näheres ist z. B. *King (1971)*, Wilrich und Henning (1998) sowie D'Agostino und Stephens (1986) zu entnehmen (vgl. auch S. 28, Crowder u. Mitarb. 1991, Fowlkes 1987, Gerson 1975 und Schnell 1994).
Viele empirische Verteilungen sind **inhomogene Mischverteilungen.** Unsymmetrische Mischverteilungen entstehen durch Überlagerung mehrerer Verteilungen mit gegenüber der Normalverteilung besonders **stark besetzten Verteilungsenden.** Aus der Tatsache, daß eine Stichprobenverteilung einen homogenen Eindruck macht und z. B. angenähert normalverteilt ist, darf nicht auf das Vorliegen einer einheitlichen Merkmalsverteilung geschlossen werden. Nicht selten erweist sich eine gefundene Normalverteilung als zusammengesetzt. **Zerlegungen** sind möglich *(Bhattacharya 1967, Harris 1968, Nothnagel 1968, Day 1969, Herold 1971)*.
Grundsätzlich läßt sich die Homogenität eines Untersuchungsmaterials nicht beweisen! **Nur Inhomogenitäten lassen sich feststellen!** Inhomogenität bedeutet nicht Unbrauchbarkeit des Materials, sondern erfordert Berücksichtigung der Inhomogenität in der Auswertung, meist durch **Untergruppenbildung** [vgl. Bristol in Tukey (1991)]!
Zu bedenken ist, daß z. B. bei mehreren Untergruppen, die eine einheitliche Struktur aufweisen (H_0), nach S. 183/184 bei 10 Prüfungen auf dem 5%-Niveau mit einer Wahrscheinlichkeit von 0,4 mindestens ein statistisch signifikanter Effekt fälschlich zu erwarten ist. Wenn eine Gruppe von n Individuen oder Objekten rein zufällig in k (mit $k \leqq 15$) gleichgroße Untergruppen zerlegt wird, weist die Differenz zwischen dem größten und dem kleinsten Untergruppenmittel einen Erwartungswert auf, der etwa k mal so groß ist wie der Standardfehler des Mittelwertes der n Beobachtungen. **Daher ist bei „statistisch signifikanten" Untergruppeneffekten Vorsicht angebracht.**
Auch bei der Zusammenlegung bzw. Zusammenfassung von nicht homogenen Daten kann es Überraschungen geben (vgl. S. 456 unten und Mittal auf S. 477).

Hinweis: Gleichverteilung oder Rechteckverteilung

Wirft man einen Würfel, so kann die Anzahl der geworfenen Augen 1, 2, 3, 4, 5 oder 6 betragen. Dies gibt eine theoretische Verteilung, bei der die Werte 1 bis 6 die *gleiche* Wahrscheinlichkeit 1/6 besitzen, d. h. $P(x) = 1/6$ für $x = 1, 2, \ldots, 6$.
Die *diskrete Gleichverteilung* (uniform distribution) ist definiert durch

$$\boxed{P(x) = 1/n \quad \text{für} \quad 1 \leqq x \leqq n} \qquad (1.79)$$

mit dem Erwartungswert μ und der Varianz σ^2 (vgl. S. 95 unten):

[137]

$\mu = (n+1)/2$	$\sigma^2 = (n^2-1)/12$	Wird von Rang(summen)-tests genutzt.	(1.80; 1.81)

Für unser Beispiel [und jede natürliche Zahl $1, 2, \ldots, n$] erhalten wir sofort ($n = 6$):

$$\mu = (6+1)/2 = 3{,}5 \quad \text{und} \quad \sigma^2 = (6^2-1)/12 = 2{,}917.$$

Wenn, wie im Beispiel, möglichen Ereignissen E Zahlen x mit den einzelnen Wahrscheinlichkeiten $P(x)$, die relativen Häufigkeiten entsprechen, zugeordnet werden können, dann gelten ganz allgemein für *Parameter theoretischer Verteilungen* die Beziehungen (vgl. Übersicht 25 in [126]):

$$\boxed{\mu = \sum xP(x)} \tag{1.82}$$

und der sogenannte **Verschiebungssatz von Steiner** (vgl. S. 465):

$$\boxed{\sigma^2 = \sum x^2P(x) - \mu^2} \tag{1.83}$$

z. B. $\mu = 1 \cdot \frac{1}{6} + 2 \cdot \frac{1}{6} + \ldots + 6 \cdot \frac{1}{6} = 3{,}5$ und $\sigma^2 = 1 \cdot \frac{1}{6} + 4 \cdot \frac{1}{6} + \ldots + 36 \cdot \frac{1}{6} - 3{,}5^2 = 2{,}917$.
Die Gleichverteilung tritt u. a. bei Abrundungsfehlern auf. Hier ist jeweils

$$P(x) = 1/10 \quad \text{für} \quad x = -0{,}4, -0{,}3, \ldots, +0{,}5\,.$$

Die Parameter sind: $\mu = 0{,}05$ und $\sigma^2 = 0{,}287$.

Zufallszahlen (vgl. Tabelle 20) sind Realisierungen einer diskreten Gleichverteilung der 10 Ziffern 0 bis 9; die Wahrscheinlichkeit für jede Ziffer beträgt 1/10. Erwartungswert und Varianz sind $\mu = (0{+}1{+}\ldots{+}9)/10 = 4{,}5$ bzw. $\sigma^2 = \sum(x-\mu)^2/n = 8{,}25$ [vgl. auch (1.81): $(10^2-1)/12 = 8{,}25$].

Formeln (1.79) bis (1.81) gelten auch für **Ränge** i einer geordneten Stichprobe [vgl. Abschnitt 39]. Zur Ableitung von (1.80) und (1.81) dienen die **Summen der natürlichen Zahlen** (1.84) und deren Quadrate (1.85). Mit Hilfe von (1.84) [bzw. (4) auf S. 266] addierte der kleine Gauß zur Überraschung seines Lehrers die Zahlen von 1 bis 100 wesentlich schneller als erwartet.

$$1 + 2 + \ldots + n = \frac{1}{2}n(n+1) = \frac{1}{2}(n+n^2) \tag{1.84}$$

$$1^2 + 2^2 + \ldots + n^2 = \frac{1}{6}n(n+1)(2n+1) = \frac{1}{6}(n+3n^2+2n^3) \tag{1.85}$$

Die konstante Wahrscheinlichkeitsdichte der **stetigen Gleich oder Rechteckverteilung** (rectangular distribution) im Bereich von a bis b ist durch

$$y = f(x) = \left\{\begin{array}{lll} 1/(b-a) & \text{für} & a < x < b \\ 0 & \text{für} & x \leqq a \quad \text{oder} \quad x \geqq b \end{array}\right\} \tag{1.86}$$

gegeben; Erwartungswert und Varianz sind durch

$$\boxed{\mu = (a+b)/2} \tag{1.87}$$

$$\boxed{\sigma^2 = (b-a)^2/12} \qquad (1.88)$$

definiert; außerdem gilt (neben $\tilde{\mu} = \mu$): [137]

$$\boxed{F(x) = \frac{x-a}{b-a}} \qquad (1.89)$$

Wichtig ist der Spezialfall (Pseudozufallszahlen im Intervall 0 bis 1): $0 < x < 1$; d. h. $f(x) = 1$ sowie

$$F(x) = \frac{x-0}{1-0} = x; \quad \mu = (0+1)/2 = 1/2 = \tilde{\mu}; \quad \sigma^2 = (1-0)^2/12 = 1/12.$$

Die stetige Gleichverteilung hat in der angewandten Statistik eine gewissen Bedeutung: Einmal, wenn ein beliebiger Wert in einem Bereich von Werten gleichwahrscheinlich ist, zum anderen, für die Approximation relativ kleiner Spannweiten beliebiger kontinuierlicher Verteilungen. So ist z. B. die normalverteilte Variable X im Bereich

$$\boxed{\mu - \sigma/3 < X < \mu + \sigma/3} \qquad (1.90)$$

angenähert gleichverteilt.

Rider (1951) gibt einen Test zur Prüfung der Gleichheit zweier Rechteckverteilungen, der auf dem Quotienten ihrer Spannweiten basiert; die Arbeit enthält auch kritische Schranken auf dem 5%-Niveau.

138 Weitere Maßzahlen zur Charakterisierung einer eindimensionalen Häufigkeitsverteilung [138]

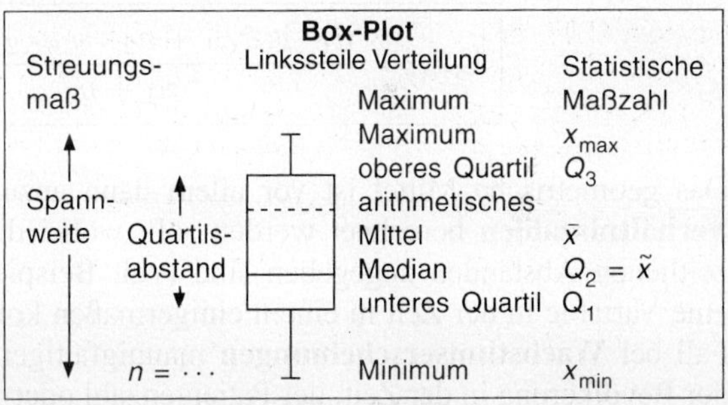

Zur Charakterisierung eindimensionaler Häufigkeitsverteilungen gehören:

1. Lokalisationsmaße: Maße für die mittlere Lage einer Verteilung: arithmetischer, geometrischer und harmonischer Mittelwert; Median, Dichtemittel, Interdezilbereich und Interquartilbereich.

2. Dispersionsmaße (Streuungsmaße)**:** Maße, die die Variabilität der Verteilung kennzeichnen: Varianz, Standardabweichung, Spannweite, Variationskoeffizient, Interdezilbereich, Quartilsabstand, die Median-Deviation und 2 weitere Streuungsmaße, vgl. [313] sowie den Koeffizienten der Quartilsabweichung.

3. Formmaße: Maße, die die Abweichung einer Verteilung von der Normalverteilung charakterisieren: einfache Schiefe und Wölbungsmaße, S. 106 unten sowie die Momentenkoeffizienten a_3 und a_4 [bzw. b_1 und b_2, S. 424].

1381 Das geometrische Mittel

[1381]

> Sind die Merkmalsausprägungen RELATIVE ÄNDERUNGEN (z. B. Wachstum, Zuwachsraten, Produktionssteigerungen), so wird das geometrische Mittel $\bar{x}_G$ berechnet; ebenfalls, wenn mittlere Arbeits- und Wartezeiten erwünscht sind.

Liegen die positiven Werte $x_1, x_2, \ldots, x_n$ vor, dann heißt die n-te Wurzel aus dem Produkt aller dieser Werte das geometrische Mittel $\bar{x}_G$

$$\bar{x}_G = \sqrt[n]{x_1 \cdot x_2 \cdot x_3 \cdot \ldots \cdot x_n} \quad \text{mit} \quad x_i > 0 \tag{1.91}$$

Die Berechnung erfolgt auf logarithmischem Wege nach (1.92) [vgl. auch (1.98)]

$$\lg \bar{x}_G = \frac{1}{n}(\lg x_1 + \lg x_2 + \lg x_3 + \ldots + \lg x_n) = \frac{1}{n}\sum_{i=1}^{n} \lg x_i \tag{1.92}$$

Der Logarithmus des geometrischen Mittels ist also gleich dem arithmetischen Mittel der Logarithmen. Sollen mehrere, sagen wir k geometrische Mittel, die aus den Reihen mit den Umfängen $n_1, n_2, \ldots, n_k$ ermittelt wurden, zu einem Gesamtmittel vereinigt werden, so wird ein gewogenes geometrisches Mittel gebildet

$$\lg \bar{x}_G = \frac{n_1 \cdot \lg \bar{x}_{G1} + n_2 \cdot \lg \bar{x}_{G2} + \ldots + n_k \cdot \lg \bar{x}_{Gk}}{n_1 + n_2 + \ldots + n_k} \tag{1.93}$$

Das geometrische Mittel ist vor allem dann anzuwenden, wenn ein Durchschnitt von **Verhältniszahlen** berechnet werden soll, wobei die Veränderungen in jeweils gleichen zeitlichen Abständen angegeben sind (vgl. Beispiel 1). Es wird verwendet, wenn sich eine Variable in der Zeit in einem einigermaßen konstanten Verhältnis ändert. Das ist der Fall bei **Wachstumserscheinungen** mannigfaltiger Art. Die durchschnittliche Zunahme der Bevölkerung in der Zeit, der Patientenzahl oder Unterhaltskosten einer Klinik sind bekannte Beispiele. Ob eine sich im konstanten Verhältnis ändernde Geschwindigkeit vorliegt, läßt sich überschlagsmäßig beurteilen, indem man die Daten auf einfachem Logarithmenpapier (Ordinate: logarithmisch geteilt, für das Merkmal; Abszisse linear geteilt, für die Zeit) notiert. Bei Vorliegen einer sich im konstanten Verhältnis ändernden Geschwindigkeit müßte sich wenigstens angenähert eine Gerade ergeben. $\bar{x}_G$ ist dann der **Mittelwert der Zuwachsraten** (vgl. Beispiele 2 und 3).

Das geometrische Mittel wird auch verwendet, wenn in einer Stichprobe einige wenige Elemente mit großen x-Werten weit ab von den übrigen auftreten und man ihnen noch vertraut.

Beispiele

1. Ein Angestellter erhält in drei aufeinanderfolgenden Jahren Gehaltserhöhungen von 2,5%, 10% und 22%. Der Prozentsatz ist jeweils auf das Gehalt des Vorjahres bezogen. Gefragt ist nach der durchschnittlichen Gehaltserhöhung.

Das geometrische Mittel von 1,025, 1,10 und 1,22 ist zu ermitteln:

$$\begin{array}{lcl} \lg 1{,}025 & = & 0{,}010724 \\ \lg 1{,}10 & = & 0{,}041393 \\ \lg 1{,}22 & = & 0{,}086360 \\ \hline \sum \lg x_i & = & 0{,}138477 \end{array} \qquad \begin{array}{l} \frac{1}{3}\cdot\sum \lg x_i = 0{,}046159 = \lg \tilde{x}_G \\ \tilde{x}_G = 1{,}11214 \end{array}$$ [1381]

Im Durchschnitt ist somit das Gehalt um 11,2% gestiegen [vgl. $\bar{x} = (2{,}5 + 10 + 22)/3 = 11{,}5$].

2. In einer bestimmten Kultur erhöhte sich in drei Tagen die Zahl der Bakterien pro Einheit von 100 auf 500. Gefragt ist nach der durchschnittlichen täglichen Zunahme, ausgedrückt in Prozenten.
Diese Größe bezeichnen wir mit x, dann beträgt die Zahl der Bakterien nach dem

$$\begin{array}{llcl} \text{1. Tag:} & 100 + 100x & = & 100(1+x) \\ \text{2. Tag:} & 100(1+x) + 100(1+x)x & = & 100(1+x)^2 \\ \text{3. Tag:} & 100(1+x)^2 + 100(1+x)^2x & = & 100(1+x)^3 \end{array}$$

Dieser letzte Ausdruck muß gleich 500 sein, d. h.

$$100(1+x)^3 = 500, \quad (1+x^3) = 5, \quad 1+x = \sqrt[3]{5}$$

Mit Hilfe von Logarithmen finden wir $\sqrt[3]{5} = 1{,}710$, d. h. $x = 0{,}710 = 71{,}0\%$.

Allgemein: Beginnen wir mit einer Menge M, die sich mit *konstanter Zuwachsrate* r in der Zeiteinheit vermehrt, dann erhalten wir nach n Zeiteinheiten den Betrag

$$\boxed{B = M(1+r)^n} \tag{1.94}$$

3. Eine Summe sei in $n = 4$ Jahren von 4 Millionen DM (M) auf 5 Millionen DM (B) angewachsen. Gefragt ist nach der durchschnittlichen jährlichen Zuwachsrate.
Wenn ein Anfangskapital von M(DM) nach n Jahren auf B(DM) angewachsen ist, dann ist das geometrische Mittel r der Zuwachsraten für die n Jahre gegeben durch

$$\boxed{r = \left[\sqrt[n]{B/M}\right] - 1} \tag{1.95}$$

Wir erhalten $r = \sqrt[4]{5 \cdot 10^6/4 \cdot 10^6} - 1 = \sqrt[4]{5/4} - 1$ und setzen $\sqrt[4]{5/4} = x$, dann ist $\lg x = (1/4)\lg(5/4) = (1/4)(\lg 5 - lg 4) = 0{,}0217$; damit ergibt sich $x = 1{,}052$ und $r = 1{,}052 - 1 = 0{,}052$. Die durchschnittliche Zuwachsrate beträgt 5,2% jährlich.

4. Eine Aktie, für DM 100 gekauft, steigt im ersten Jahr auf DM 150, fällt aber im zweiten Jahr auf DM 90. Die mittlere Wachstumsrate ist dann $-5{,}13\%$.

$$10 \xrightarrow{+} 150 \xrightarrow{-} 90, \text{d. h.} (150/100 =) 1{,}5 \quad \text{und} \quad (90/150 =) - 0{,}6$$
$$\sqrt{1{,}5 \cdot 0{,}6} = 0{,}9487\ ; \quad 0{,}9487 - 1 = -0{,}0513 \quad \text{oder} \quad -5{,}13\%$$

[vgl. $100 - 5{,}13 = 94{,}87$; $5{,}13\%$ von 94,87 ist gleich 4,87 und $94{,}87 - 4{,}87 = 90$].

Hinweis: Die Anzahl der Jahre n, in denen sich ein **Kapital verdoppelt,** ergibt sich in guter Annäherung nach *Troughton (1968)* aus 70, geteilt durch den Zinsfuß p, plus 0,3 (d.h. $n = (70/p) + 0{,}3$ bzw. $p = 70/(n - 0{,}3)$; z. B. $p = 5\%$, $n = (70/5) + 0{,}3 = 14{,}3$). (Die exakte Rechnung wäre $(1 + 0{,}05)^n = 2$; $n = \lg 2/\lg 1{,}05 = 14{,}2$.)

[1381] **Exponentielles Wachstum:** Bedeutet d die Verdoppelungszeit, r die relative Zuwachsrate pro Jahr und beschreibt die Funktion $y = ke^{rt}$ mit der Konstanten k (und wegen $\ln e = 1$ schreibbar als $\ln y = \ln k + rt$ [vgl. Abschnitt 56/57]) das Wachstum, dann ist $d = (\ln 2)/r = 0{,}693/r$. So ergibt sich für eine jährliche Zuwachsrate von 0,07 oder 7% eine Verdoppelungszeit von $0{,}693/0{,}07 \approx 10$ Jahren. Die **kritische Zeit** t_{cr} in Jahren, die eine Größe Q benötigt, um von ihrem gegenwärtigen Wert Q_0 zu einem kritischen Wert oder Grenzwert Q_{cr} anzuwachsen, ist unter der Annahme, daß ein exponentielles Wachstum mit konstanter Zuwachsrate r in % pro Jahr vorliegt, $t_{cr} = (230/r)\lg(Q_{cr}/Q_0)$; z. B. $Q_{cr}/Q_0 = 25$; $r = 7\%$; $t_{cr} = (230/7)\lg 25 = 32{,}8571 \cdot 1{,}3979 = 45{,}9$ oder 46 Jahre.
Für **relative Änderungen** benutze man die Maßzahl $100\ln(y/x)$; Näheres enthält The American Statistician **39** (1985), 43–46.

1382 Das harmonische Mittel

[1382]

Als Mittel von Leistungslimits bei freiem Zeitverbrauch und als mittlere Überlebenszeit wird das harmonische Mittel $\bar{x}_H$ berechnet, ebenfalls z. B. als Mittel der durchschnittlichen Bevölkerungsdichte mehrerer Länder [vgl. das 4. Beispiel].

Liegen die positiven (oder negativen) Werte $x_1, x_2, \ldots, x_n$ vor, dann heißt der reziproke Wert des arithmetischen Mittels aller reziproken Werte das harmonische Mittel $\bar{x}_H$

$$\bar{x}_H = \frac{n}{\dfrac{1}{x_1} + \dfrac{1}{x_2} + \ldots + \dfrac{1}{x_n}} = \frac{n}{\sum_{i=1}^{n} \frac{1}{x_i}} \quad \text{mit} \quad x_i \neq 0 \qquad \text{[vgl. auch(1.99)]} \qquad (1.96)$$

Bei praktischen Anwendungen ist es vielfach notwendig, den Einzelwerten x_i Gewichte w_i zuzuordnen und daraus ein **gewichtetes harmonisches Mittel** (vgl. Beispiele 3 und 4) zu berechnen:

$$\bar{x}_H = \frac{w_1 + w_2 + \ldots + w_n}{\dfrac{w_1}{x_1} + \dfrac{w_2}{x_2} + \ldots + \dfrac{w_n}{x_n}} = \frac{\sum_{i=1}^{n} w_i}{\sum_{i=1}^{n} \left(\frac{w_i}{x_i}\right)} \qquad (1.96a)$$

Das **gewogene harmonische Mittel** ist

$$\bar{x}_H = \frac{n_1 + n_2 + \ldots + n_k}{\dfrac{n_1}{\bar{x}_{H_1}} + \dfrac{n_2}{\bar{x}_{H_2}} + \ldots + \dfrac{n_k}{\bar{x}_{H_k}}} = \frac{\sum_{i=1}^{k} n_i}{\sum_{i=1}^{k} \frac{n_i}{\bar{x}_{H_i}}} \qquad (1.97)$$

Das harmonische Mittel wird dann benötigt, wenn Beobachtungen das, was wir mit dem arithmetischen Mittel ausdrücken wollen, **im umgekehrten Verhältnis** angeben, wenn die Beobachtungen gewissermaßen eine Reziprozität enthalten, etwa Angaben wie Stunden pro Kilometer (anstatt km/Std).

Es wird weiter gebraucht, *wenn aus verschiedenen Geschwindigkeiten für Teilstrecken* die mittlere Geschwindigkeit berechnet werden soll (Beispiel 2) oder *wenn aus verschiedenen Dichten von Gasen, Flüssigkeiten, Teilchen usw. in einzelnen Teilräumen* die mittlere Dichte zu ermitteln ist. Als mittlere Überlebenszeit wird es auch benutzt. **[1382]**

Beispiele

1. In drei verschiedenen Läden wird ein bestimmter Gegenstand zu den folgenden Preisen verkauft: 10 Stück für DM 1,-, 5 Stück für DM 1,- und 8 Stück für DM 1,-. Gefragt ist nach der Durchschnittszahl – wieviel **Stück pro DM.**

$$\bar{x}_H = \frac{3}{\frac{1}{10}+\frac{1}{5}+\frac{1}{8}} = \frac{3}{\frac{17}{40}} = \frac{120}{17} = 7{,}06 \simeq 7{,}1 \quad .$$

Kontrolle: 1 Stck. = DM 0,100
1 Stck. = DM 0,200
1 Stck. = DM 0,125
3 Stck. = DM 0,425

das heißt 1 Stck. = DM $\frac{0{,}425}{3} = 0{,}1417$

und $\frac{1{,}0000}{0{,}1417} = 7{,}06$ stimmt mit 7,1 Stück pro DM überein.

2. Das klassische Beispiel für das harmonische Mittel ist eine Bestimmung des **Geschwindigkeitsdurchschnitts.** Es fährt jemand von A nach B mit einer Durchschnittsgeschwindigkeit von 30 km/Std. Für den Rückweg von B nach A benutzt er dieselbe Straße mit einer Durchschnittsgeschwindigkeit von 60 km/Std. Gefragt ist nach der Durchschnittsgeschwindigkeit für die Gesamtfahrt (D_G)

$$D_G = 2\bigg/\left(\frac{1}{30}+\frac{1}{60}\right) = 40 \text{ km/Std.}$$

Hinweis: Angenommen, die Entfernung AB betrage 60 km, dann braucht man für die Reise von A nach B $\frac{60\text{ km}}{30\text{ km/Std.}}$ = 2 Stunden, für die Reise von B nach A $\frac{60\text{ km}}{60\text{ km/Std.}}$ = 1 Stunde, d. h. $D_G \frac{\text{Gesamtstrecke}}{\text{Gesamtzeit}} = \frac{120\text{ km}}{3\text{ Std.}}$ = 40 km/Std. Die Geschwindigkeit ist ein sog. **intensives** Merkmal. Demgegenüber ist bei einem sog. **extensiven** Merkmal (z. B. Entfernung) die Bildung eines Durchschnitts nicht erlaubt, wohl aber die Summenbildung.

3. Bei einem bestimmten Arbeitsgang sind für $n = 5$ Arbeiter die sogenannten **Stückzeiten** in Minuten je Stück festgestellt worden. Die durchschnittliche Stückzeit der Gruppe von fünf Arbeitern soll unter der Annahme berechnet werden, daß vier Arbeiter 8 Stunden arbeiten und der fünfte Arbeiter 4 Stunden arbeitet:

Tabelle 39

Arbeitszeit w_i (in Minuten)	Stückzeit x_i (in Minuten/Stück)	Fertigung w_i/x_i (in Stück)
480	0,8	480/0,8 = 600
480	1,0	480/1,0 = 480
480	1,2	480/1,2 = 400
480	1,2	480/1,2 = 400
240	1,5	240/1,5 = 160
$\sum w_i = 2160$		$\sum(w_i/x_i) = 2040$

$$\bar{x}_H = \frac{\sum w_i}{\sum(w_i/x_i)} = \frac{2160}{2040} = 1{,}059$$

Die durchschnittliche Stückzeit beträgt somit 1,06 Minuten/Stück.

4. Aus den Daten der Tabelle 40 ist die durchschnittliche Bevölkerungsdichte für das Gesamtgebiet beider Länder zu berechnen.

[1382] **Tabelle 40**

Land	Bevölkerungsdichte x_i [Einw./qkm]	Wohnbevölkerung N_i [Mill.]	w_i
1	250	60	0,75
2	300	20	0,25

Man erhält:
$$\bar{x}_H = \frac{60+20}{\dfrac{60}{250}+\dfrac{20}{300}} = 261 \text{ Einw./qkm}$$

bzw. mit den Gewichten w_i $[0 \leqq w_i \leqq 1$ und $\sum_{i=1}^{n} w_i = 1]$

$$\bar{x}_{H,g} = \frac{1}{\displaystyle\sum_{i=1}^{2}\frac{w_i}{x_i}} = \frac{1}{\dfrac{0{,}75}{250}+\dfrac{0{,}25}{300}} = 261 \text{ Einwohner/qkm}$$

Für klassierte Beobachtungen (k Klassen) mit den Klassenmitten x_i und den Häufigkeiten f_i $\left(\text{wobei } \sum_{i=1}^{k} f_i = n\right)$ gilt:

$$\bar{x}_G = \sqrt[n]{x_1^{f_1} \cdot x_2^{f_2} \cdot \ldots \cdot x_k^{f_k}} \qquad \lg \bar{x}_G = \left[\frac{1}{n}\right] \sum_{i=1}^{k} f_i \lg x_i \quad \text{mit} \quad x_i > 0 \tag{1.98}$$

$$\frac{1}{\bar{x}_H} = \left[\frac{1}{n}\right] \sum_{i=1}^{k} f_i/x_i \qquad \bar{x}_H = n/\sum_{i=1}^{k} f_i/x_i \quad \text{mit} \quad x_i \neq 0 \tag{1.99}$$

Zwischen den drei Mittelwerten besteht nach A.-L. Cauchy (1789–1857) die folgende Beziehung

$$\bar{x}_H \leqq \bar{x}_G \leqq \bar{x} \tag{1.100}$$

wobei die Gleichheitszeichen für gleiche Stichprobenwerte gelten. Für zwei Werte gilt

$$\bar{x}/\bar{x}_G = \bar{x}_G/\bar{x}_H \quad \text{oder} \quad \bar{x}\bar{x}_H = \bar{x}_G^2 \tag{1.101}$$

Hinweis: Das **quadratische Mittel** $\left[\sqrt{\frac{1}{n}\sum x_i^2}\right]$, es ist $\geqq \bar{x}$, wird selten verwendet. Um einen Sektkelch „exakt“ halb zu füllen braucht man das sogenannte **kubische Mittel** (vgl. Devendran 1988, S. 156/157).

[1383]

1383 Median, Quartile und Dichtemittel

Eine bekannte **linkssteile** oder positiv schiefe Verteilung (vgl. Abb. 25) ist die Häufigkeitsverteilung der **Einkommen** in einem Lande. Der an Hand des arithmetischen Mittels berechnete Durchschnittsverdienst liegt viel zu hoch, anders gesagt: Der Mittelwert liegt zu

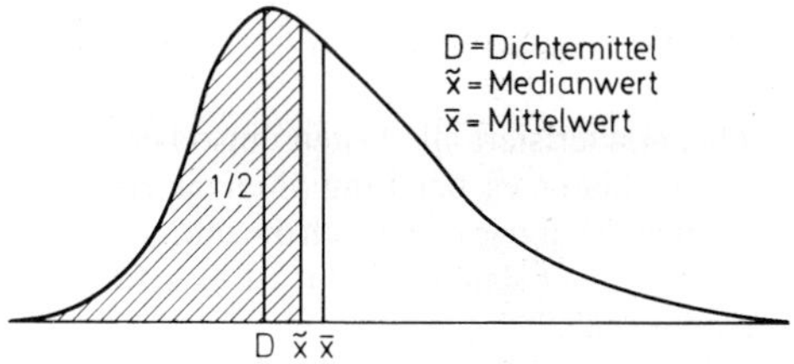

Mittelwerte zur Informationsverdichtung:
- häufigster Wert (charakteristischer Ort): D
- zentrale Lage (charakteristischer Ort): $\tilde{x}$ [1383]
- Ort stärkster Nivellierung (Ersatzwert): $\bar{x}$

Streng genommen ist zwischen Median $\tilde{\mu}$ und Medianwert $\tilde{x}$ (knapp Median) zu unterscheiden

Abb. 25. Linkssteile Verteilung mit Dichtemittel (D) Median ($\tilde{x}$) und arithmetischem Mittel ($\bar{x}$); der Median teilt die Stichprobenverteilung in zwei gleiche Hälften

weit rechts. Ein zutreffenderes Bild gibt in diesem Fall der Zentral- oder **Medianwert** ($\tilde{x}$). Er gibt denjenigen beobachteten Wert an, der die Verteilung in zwei gleich große Hälften teilt, so daß jeder Teil 50% der Verteilung enthält: Der Median ist derjenige Wert in der nach der Größe der Einzelwerte geordneten Reihe, der die Reihe halbiert. Wesentlich ist, daß der Median im Gegensatz zum arithmetischen Mittel **robust** ist. Der Median ist angebracht bei (1) wenigen Beobachtungen, (2) nichtsymmetrischen Verteilungen, (3) Verdacht auf Ausreißer und (4) bei ordinalskalierten Daten (Rangdaten, vgl. [148]). Außerdem (5) bei Verteilungen mit offenen Endklassen. Er ist mitunter früher bestimmbar als $\bar{x}$, etwa als Medianwert der Überlebensdauer, nachdem 50% der Objekte ausgefallen sind.

S. 128 oben

Der Median ist zu bevorzugen beim Vorliegen:

- ordinalskalierter Beobachtungen (Rangdaten),
- nur weniger Meßwerte,
- asymmetrischer Verteilungen,
- von Verteilungen mit offenen Endklassen und
- bei Verdacht auf Ausreißer.

Da die meisten Arbeitnehmer ein „unterdurchschnittliches" Einkommen aufweisen, ist das „Medianeinkommen" kleiner als das arithmetische Mittel der Einkommen. Der Kurvengipfel am linken Ende der Verteilung gibt eine noch bessere Vorstellung, wenn die Masse der Arbeitnehmer das Objekt unserer Studien ist. Weitere Hinweise zum Median geben Rusch und Deixler (1962) sowie Smith (1958).

LINKSSTEILE Verteilungen wie in Abb. 25 mit fast stets $D < \tilde{x} < \bar{x}$ **sind WEIT VERBREITET,** etwa Wartezeiten, das Einkommen in DM und das Alter bei der Eheschließung. **Rechtssteil** verteilt (d. h. fast stets $D > \tilde{x} > \bar{x}$) sind die Tragzeit bei Säugetieren, der Kopfumfang von Neugeborenen und [die Säuglingssterblichkeit ausgenommen] die Verteilung der Todesfälle pro Alter.

Zur Beschreibung angenähert L-förmiger Verteilungen, es existieren nur Werte oberhalb eines positiven Schwellenwertes, dient die sogenannte **Pareto-Verteilung**. Beispiele sind die Verteilung von Einkommen und Vermögen, der Größe von Städten und der Anzahl von Betrieben eines Industriezweiges. Näheres ist Arnold (1983), Cohen (1991), Cohen und Jones Whitten (1988), Hutchinson und Lai (1990: Chapter 20) sowie Arnold u. Mitarb. (1998) zu entnehmen.

Bei eingipfligen Verteilungen ist das **Dichtemittel** (vgl. Abb. 25) (Maximumstelle, Modalwert; engl. mode) derjenige Wert, an dem die Dichtefunktion einer stetigen Verteilung maximal wird. Bei diskreter Verteilung ist es der Wert mit der größten Wahrscheinlichkeit. Bei klassierten Daten ist es als Klassenmitte der am stärksten besetzten Klasse (Klassenbreite

[1383]

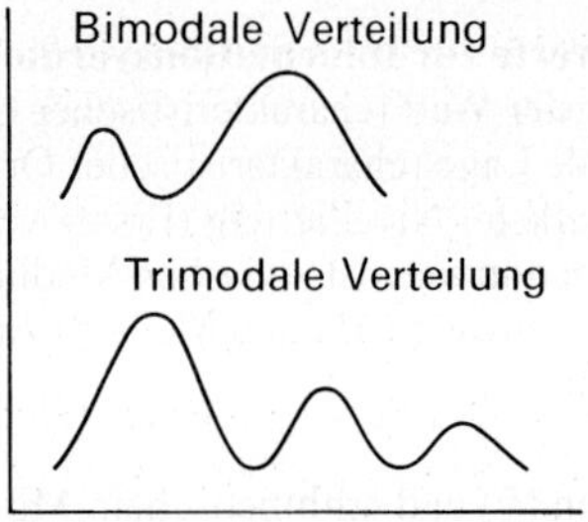

D charakterisiert alle Daten umso besser, je klarer es bei Eingipfligkeit erkennbar ist und je enger sich die übrigen Werte um D scharen, dann ist es sehr realitätsnah.

Abb. 26. Verteilungen mit mehr als einem Dichtemittel (streng genommen, werden bei Bi- und Trimodalität gleichgroße Gipfel D_i vorausgesetzt)

konstant) definiert. Bei nominalskalierten Merkmalen (qualitativ verschiedene Kategorien; vgl. [148]) wie Geschlecht oder Beruf ist es die Ausprägung, die am häufigsten auftritt; hier ist kein anderer Mittelwert erlaubt. Bei **mehrgipfligen Verteilungen** treten außerdem *relative Dichtemittel auf, Werte, die häufiger auftreten als ihre Nachbarwerte, relative Maxima der Wahrscheinlichkeitsdichte* (vgl. auch *Dalenius* 1965).

Für mehrgipflige Verteilungen (vgl. Abb. 26) sind Dichtemittel die geeigneten Mittelwerte; die Verteilungen werden dann als „zweigipflig“, „bimodal“ oder als „vielgipflig“ oder „multimodal“ bezeichnet. Bi- und trimodal-verteilt sind z. B. die Farben gewisser Blumen und Schmetterlinge.

Das Dichtemittel ist auch wichtig für Studien über Schuh- und Konfektionsgrößen.

Schätzung des Medians

Umfaßt die Stichprobe eine ungerade Anzahl von Werten, so ist der Medianwert der „mittlere“, der nach der Größe geordneten Werte, ist n gerade, dann gibt es zwei mittlere Werte $\tilde{x}_1$ und $\tilde{x}_2$: der Median (oder besser Pseudomedian) wird dann als $\tilde{x} = \frac{1}{2}(\tilde{x}_1 + \tilde{x}_2)$ ermittelt (vgl. auch Hinweis 5 in [1363] und den Hinweis vor [1387]).
Liegt eine in Klassen eingeteilte Reihe von Einzelwerten vor, dann schätzt man den Median durch lineare Interpolation (vgl. z. B. M:237) nach

$$\tilde{x} = \tilde{U} + b\left(\frac{n/2 - (\sum f)_{\tilde{U}}}{f_{\text{Median}}}\right) \tag{1.102}$$

$\tilde{U}$ = untere Klassengrenze der Medianklasse; b = Klassenbreite; n = Anzahl der Werte; $(\sum f)_{\tilde{U}}$ = Summe der Häufigkeitswerte aller Klassen unterhalb der Medianklasse; f_{Median} = Anzahl der Werte in der Medianklasse.

Tabelle 41

Klasse	Klassenmitte x_i	Häufigkeit f_i
5 bis unter 7	6	4
7 bis unter 9	8	8
9 bis unter 11	10	11
11 bis unter 13	12	7
13 bis unter 15	14	5
15 bis unter 17	16	3
17 bis unter 19	18	2
		n = 40

Da der Median zwischen dem 20. und 21. Wert liegen muß und $4+8=12$ bzw. $4+8+11=23$, ist klar, daß der Median in der 3. Klasse liegt.

$$\tilde{x} = \tilde{U} + b\left(\frac{n/2 - (\sum f)_{\tilde{U}}}{f_{\text{Median}}}\right) = 9 + 2\left(\frac{40/2 - 12}{11}\right) = 10{,}45$$ [1383]

Quartile: Es existieren 3 Werte, die eine Häufigkeitsverteilung in 4 gleiche Teile zerlegen. Der zentrale Wert ist der Median, die anderen beiden bezeichnet man als unteres oder erstes und oberes oder drittes Quartil, d. h. das erste Quartil Q_1 ist die Maßzahl, die am Ende des ersten Viertels in der nach der Größe geordneten Reihe der Meßwerte steht; Q_3 ist die Meßzahl am Ende des dritten Viertels der Reihe. Als **Perzentile** kann man Q_1 als $x_{0,25}$ und Q_3 als $x_{0,75}$ schreiben.

Übersicht 36. Berechnung der Quartile und weiterer Perzentile aus den Einzelwerten

Die Quartile $Q_1, Q_2 = \tilde{x}$, Q_3 sind die ansteigend geordneten Werte mit den Ordnungszahlen

Q_1: $(n+1)\ 0{,}25$	z. B. für $n = 20$	$21 \cdot 0{,}25 = 5{,}25$ die 5. Beobachtung
Q_2: $(n+1)\ 0{,}5$		$21 \cdot 0{,}5 = 10{,}5$ das arithm. Mittel aus der 10. und 11. Beobachtung
Q_3: $(n+1)\ 0{,}75$		$21 \cdot 0{,}75 = 15{,}75$ die 16. Beobachtung

Q_1 und Q_3 werden im allgemeinen erst bei $n \gtrsim 12$ (besser: $n \gtrsim 20$) angegeben. Zur Berechnung anderer Perzentile – es gibt 99 $(x_{0,01}, x_{0,02}, \ldots, x_{0,99})$ – dient der Wert mit der Ordnungszahl $(n+1)\,p$.

Hinweis: Ein **Quantil** (auch Fraktil genannt) ist ein Lokalisationsmaß, das durch $F(x) = p$ definiert ist (vgl. [126]): x_p ist also derjenige Wert einer stetigen Verteilung, bei dem die Wahrscheinlichkeit für einen kleineren Wert genau p und die Wahrscheinlichkeit für einen größeren Wert genau $1-p$ beträgt. Der Median einer stetigen Zufallsvariablen ist durch $F(\tilde{\mu}) = 0{,}5$ definiert, der Median einer diskreten Zufallsvariablen durch die folgenden beiden Ungleichungen: $F(\tilde{\mu}) \geqq 0{,}5$ und $F(x) \leqq 0{,}5$ für alle $x < \tilde{\mu}$. Spezialfälle der Quantile ergeben sich für p = 1/2, 1/4, 3/4, $q/10$ ($q = 1, 2, \ldots, 9$), $r/100$ ($r = 1, 2, \ldots, 99$), die Median, unteres **Quartil** oder Q_1, oberes Quartil oder Q_3, q-tes **Dezil** auch $DZ_1, \ldots, DZ_9$ genannt), r-tes **Perzentil** genannt werden. !
Bei ungruppierten Stichproben wird z. B. x_p als Perzentil durch den Wert mit der Ordnungszahl $(n+1)p/100$ bestimmt (r-tes Perzentil: $(n+1)r/100$; z. B. ist das 80. Perzentil für $n = 125$ aufsteigend geordnete Werte der $(125+1)80/100 = 100{,}8 = 101$. Wert). Bei gruppierten Stichproben werden die Quantile nach (1.102) berechnet, indem $n/2$ ersetzt wird durch $in/4$ (i=1:,2:,3; Quartile), $jn/10$ ($j = 1, 2, \ldots, 9$; Dezile), $kn/100$ ($k = 1, 2, \ldots, 99$; Perzentile) sowie Median und Medianklasse durch das gewünschte Quantil und seine Klasse. Die entsprechenden **Parameter** sind ξ_p (gr. Xi). Bei diskreten Verteilungen läßt sich nicht immer ein Quantil angeben. Abweichend von der obigen Definition werden ausgewählte Quantile wichtiger Verteilungsfunktionen, die in der Testtheorie als obere Schranken eine besondere Rolle spielen nicht mit p, sondern mit $1-p=\alpha$ (z. B. in [152]) oder mit $1-p=P$ (z. B. in [153]) tabelliert.
Perzentile einer Normalverteilung lassen sich nach $\mu + z\sigma$ schätzen, etwa für das 2,5. Perzentil mit $z = -1{,}96$ und für das 97,5. Perzentil mit $z = 1{,}96$ (vgl. S. 424). Allgemeinere Ansätze schildern z. B. Kotz und Lovelace (1998: Chapter 5).

Grobschätzung des Dichtemittels

Streng genommen ist das Dichtemittel der Variablenwert, der dem Maximum der idealen Kurve mit der besten Anpassung an die Stichprobenverteilung entspricht. Seine Bestimmung ist daher schwierig. Für die meisten praktischen Fälle reicht (1.103) aus.

[1383]

$$D = U + b\left(\frac{f_u - f_{u-1}}{2 \cdot f_u - f_{u-1} - f_{u+1}}\right) \tag{1.103}$$

U = untere Klassengrenze der am stärksten besetzten Klasse (Modalklasse); b = Klassenbreite; f_u = Anzahl der Werte in der am stärksten besetzten Klasse; f_{u-1} und f_{u+1} = Anzahl der Werte in den beiden Nachbarklassen.

Beispiel

Wir übernehmen die Verteilung des letzten Beispiels und erhalten:

$$D = U + b\left(\frac{f_u - f_{u-1}}{2 \cdot f_u - f_{u-1} - f_{u+1}}\right) = 9 + 2\left(\frac{11 - 8}{2 \cdot 11 - 8 - 7}\right) = 9{,}86$$

D (1.103) ist das Maximum einer Näherungs-Parabel, die durch die drei Punkte (x_{u-1}, f_{u-1}), (x_u, f_u) und (x_{u+1}, f_{u+1}) geht. Der zugehörige arithmetische Mittelwert liegt etwas höher ($\bar{x} = 10{,}90$). Für Verteilungen wie die vorliegende und andere (vgl. Abb. 27) gilt fast stets: $D < \tilde{x} < \bar{x}$. Leicht zu merken, da die Reihenfolge **D**ichtemittel, **Me**dian, **Mi**ttelwert dem Alphabet entspricht.

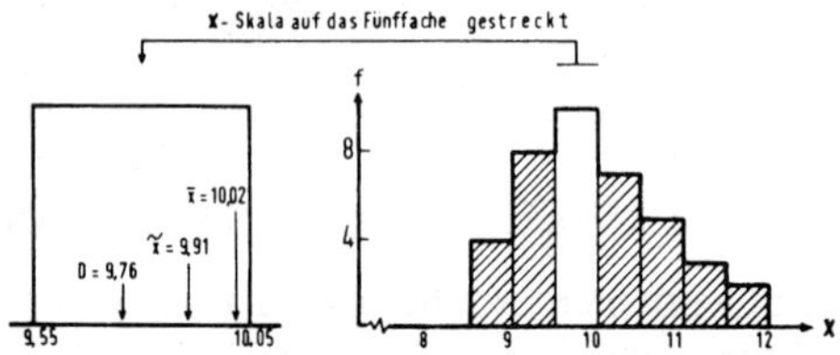

Abb. 27. Linkssteile Häufigkeitsverteilung (Linksgipfligkeit)

Bei eingipfligen symmetrischen Verteilungen, die stetig sind, fallen Dichtemittel, Median und Mittelwert zusammen. Bei schiefen Verteilungen können Median und Mittelwert zusammenfallen. Das gilt natürlich auch für ***U*-förmige Verteilungen**, charakterisiert durch beide Dichtemittel und dazwischenliegendem **Tiefpunkt** ($\underset{\cdot}{x}$). Beispiele für Verteilungen dieses Typs sind die Grippesterblichkeit in Abhängigkeit vom Alter, da Säuglinge und Greise am stärksten betroffen sind, sowie die Bewölkung in nördlichen Breiten, ausgedrückt in Zehntel: Tage, an denen der Himmel im Durchschnitt zu 5/10 bedeckt ist, sind selten, wolkenlose und insbesondere solche mit dichter Wolkendecke recht häufig [vgl. Yasukawa, K. Biometrika **18** (1926), 263–292, S. 290/291].

Aufschlußreich für Abweichungen vom Mittelwert ist die Ungleichung nach P. A. Samuelson:

$$\max|x_i - \bar{x}| \leqq \sqrt{(n-1)\sum_{i=1}^{n}(x_i - \bar{x})^2/n} \tag{1. SAM}$$

[vgl. The American Statistician **29** (1975), No. 2, 108 und **46** (1992), 205–209]

1384 Der Standardfehler des arithmetischen Mittels und des Medianwertes

[1384]

Wir wissen, daß unabhängige Zufallsvariable vorausgesetzt, mit zunehmendem Stichprobenumfang die Maßzahlen der Stichprobe gegen die Parameter der Grundgesamtheit streben; insbesondere strebt also der Stichproben-Mittelwert $\bar{X}$ gegen μ.
Wie stark kann nun $\bar{X}$ von μ abweichen? Die Abweichung wird um so schwächer sein, je kleiner die Standardabweichung der Gesamtheit und je größer der Umfang der Stichprobe ist. Da der Mittelwert wieder eine zufällige Variable ist, hat er auch eine Wahrscheinlichkeitsverteilung. Die (theoretische) Standardabweichung des Mittelwertes $\bar{X}$ von n

zufälligen Variablen $X_1, \ldots, X_n$, die alle unabhängig sind und dieselbe Verteilung besitzen [vgl. auch [126]: Sechs Bemerkungen zur Zufallsvariablen, Nr. 4(2):
$\sigma_{\bar{X}} = \sqrt{\sigma^2_{\bar{X}}}$], errechnet sich für $N \to \infty$ (d. h. für Zufallsstichproben mit Zurücklegen bzw. $N \gg n$, vgl. [311]) nach **[1384]**

$$\sigma_{\bar{X}} = \frac{\sigma}{\sqrt{n}} \tag{1.104}$$

wobei σ die Standardabweichung der X-Grundgesamtheit ist.

In der erwachsenen Bevölkerung habe der Cholesteringehalt des Serums eine Verteilung mit einem Erwartungswert μ von 180 mg/100 ml und einer Standardabweichung σ von 20 mg/100 ml. Wie ist dann das arithmetische Mittel von vier zufällig ausgewählten Personen verteilt?
Für $\sigma_{\bar{X}} = \sigma/\sqrt{n} = 20/\sqrt{4} = 10$ ist es verteilt mit $\mu = 180$ und $\sigma_{\bar{X}} = 10$.

Als Schätzwert für $\sigma_{\bar{X}}$, für den sogenannten *Standardfehler des arithmetischen Mittelwertes*, dient ($N \to \infty$ bzw. $N \gg n$, vgl. [311])

$$s_{\bar{x}} = \frac{s}{\sqrt{n}} = \sqrt{\frac{\sum(x-\bar{x})^2}{n(n-1)}} = \sqrt{\frac{\sum x^2 - (\sum x)^2/n}{n(n-1)}} \tag{1.105}$$

Übersicht 37. Der Standardfehler de Mittelwertes

Während die Standardabweichung s als „Standardabweichung der Einzelwerte x_i“ oder auch als „Standardfehler des Einzelwertes“ aufzufassen ist, ist $s_{\bar{x}} = s/\sqrt{n}$, der STANDARDFEHLER DES MITTELWERTES, auch als „Standardabweichung der Mittelwerte“ aufzufassen. Da $s_{\bar{x}}$ kleiner als s ist, ist die **Verteilung der Mittelwerte** dadurch charakterisiert, daß diese gegenüber einer Verteilung der Einzelwerte **mit zunehmendem Stichprobenumfang n immer enger um den Erwartungswert μ streuen**. Außerdem gilt, daß bei einer eingipfligen Verteilung der Einzelwerte **die Mittelwerte mit zunehmendem n eine immer engere Glockenkurve bilden**.

WIEDERHOLUNGEN

(1) ermöglichen eine Bestimmung des Versuchsfehlers
(2) erhöhen die Präzision einer Messung und verringern $s_{\bar{x}}$;
etwa: $s^2 = 25$ und $s_{\bar{x}} = \sqrt{s^2/n}$

$$\text{für} \begin{Bmatrix} n = 10: \\ n = 1000: \end{Bmatrix} s_{\bar{x}} = \begin{cases} \sqrt{25/10} = 1{,}58 \approx 1{,}6 \\ \sqrt{25/1000} = 0{,}158 \approx 0{,}16 \end{cases}$$

Der Standardfehler des Stichprobenmittelwertes verringert sich mit kleiner werdendem s und größer werdendem n, wobei auch schon bei kleinem n jeder weitere Meßwert in der größeren Stichprobe unser Wissen immer weniger vermehrt.
(3) Differieren die Untersuchungseinheiten, dann wird auch der Gültigkeitsbereich, die Verallgemeinerungsfähigkeit (induktive Basis) der Befunde verbessert.

Zur Beurteilung der **Güte einer Messung** gibt man bei Meßwerten, die angenähert normalverteilt sind (s auch klein gegen $\bar{x}$!) das Resultat an als Mittelwert mit zugehörigem Standardfehler:

$$\bar{x} \pm s_{\bar{x}} \tag{1.106}$$

Übersicht 38. Die Standardabweichung ist meist aufschlußreicher als der Standardfehler des Mittelwertes; Noch wichtiger ist die Median-Deviation

[1384] Der **Standardfehler des Mittelwertes** $\sigma_{\bar{x}}$ ist die Standardabweichung der Stichprobenverteilung des Mittelwertes; das ist die Verteilung der Mittelwerte aller möglichen Zufallsstichproben des Umfangs n einer bestimmten Grundgesamtheit; $\sigma_{\bar{x}}$ ergibt sich aus (1.104)

$$\sigma_{\bar{x}} = \sigma/\sqrt{n} \text{ geschätzt durch } s_{\bar{x}} = s/\sqrt{n} \quad (1.104), (1.105)$$

$s_{\bar{x}}$ bestimmt die Genauigkeit, mit der $\bar{x}$ anzugeben ist.
Soll die **Streuung** charakterisiert werden, so ist die Median-Deviation $\tilde{D}$ (vgl. Übersicht 62 im [313]) oder s anzugeben! $\tilde{D}$ ergänzt stets und ersetzt häufig s.
In den wirklich seltenen Fällen, in denen alle Meßwerte einer Verteilung eng um $\bar{x}$ liegen, kann zusätzlich $s_{\bar{x}}$ berechnet werden; $s_{\bar{x}}$ wird leider auch zu Täuschungen benutzt, um einen möglichst „kleinen Fehler" anzugeben.

Beachtet sei: für nicht zu kleine Stichprobenumfänge enthalten die Bereiche:
(1) $\bar{x} \mp 2s$ mindestens 75% der Werte jeder beliebigen Verteilung bzw. rund 95% der Werte jeder Normalverteilung (vgl. S. 113 und 122);
(2) $\bar{x} \mp 2s_{\bar{x}}$ für das vorliegende n höchstens 95% (rund 95%) der Stichprobenmittelwerte jeder beliebigen Verteilung (einer Normalverteilung).

Wer tiefer in die **Meßfehler-Problematik** eindringen möchte, konsultiere insbesondere Dunn (1989, 1992), Fuller (1991), Healy (1989) und Jaech (1985) (vgl. auch Biemer u. Mitarb. 1992, Lessler und Kalsbeek 1992, Mandel und Lashof 1987) sowie insbesondere Gleser (1998).

Fehlerwerte werden auf höchstens 2 signifikante Ziffern aufgerundet, z. B. $\bar{x} = 49{,}36$ mit $s_{\bar{x}} = 0{,}1228$, geschrieben als $49{,}4 \pm 0{,}2$. Der selten angegebene prozentuale Fehler beträgt für unser Beispiel: $\pm(s_{\bar{x}}100)/\bar{x} = \pm(0{,}2 \cdot 100)/49{,}4 = \pm 0{,}4\%$.

Für Beobachtungen mit ungleichem Gewicht (w) gilt (vgl. auch S. 138):

$$s_{\bar{x}} = \sqrt{\frac{\sum w(x-\bar{x})^2}{(n-1)\sum w}} \quad \text{mit} \quad \bar{x} = \frac{\sum wx}{\sum w} \tag{1.105a}$$

Ist **unklar,** ob die Daten einer normalverteilten Grundgesamtheit entstammen, so ersetzt man (1.106) durch (1.107) und gibt den Medianwert mit zugehörigem Standardfehler an.

$$\tilde{x} = s_{\tilde{x}} \tag{1.107}$$

Den **besonders wichtigen Standardfehler des Medianwertes** berechnet man nach

$$s_{\tilde{x}} = (a-b)/3{,}4641 \tag{1.108}$$

wobei a der Wert der $\left(\frac{n}{2} + \frac{\sqrt{3n}}{2}\right)$ten und b der Wert der $\left(\frac{n}{2} - \frac{\sqrt{3n}}{2}\right)$ten Beobachtung der aufsteigend geordneten Werte ist, jeweils zur nächsten ganzen Zahl aufgerundet.

Beispiel: Gegeben x_i (ansteigend geordnet): 10, 12, 17, 39, 50; für $n = 5$ wird $(n/2) \pm (\sqrt{3n})/2$ zu 2,50 ± 1,94 bzw. 4,44 → 5 und 0,56 → 1 bzw. 1. und 5. Beobachtung, d. h. nach (1.108) $s_{\tilde{x}} = (50-10)/3{,}4641 = 11{,}55$ oder 12 und nach (1.107) $\tilde{x} \pm s_{\tilde{x}} = 17 \pm 12$. **[1384]**

Beim Vorliegen einer Normalverteilung hat der Standardfehler des Medians den Wert $\sqrt{\pi/2}[\sigma/\sqrt{n}] \approx 1{,}253\,\sigma/\sqrt{n}$.

Sollen die Resultate einen höheren Grad der **Verallgemeinerung** zum Ausdruck bringen, dann sind (1.107) und (1.108) durch Vertrauensbereiche für μ ([311]) bzw. $\tilde{\mu}$ ([314]) zu ersetzen.

Die Endergebnisse für die Summen, Differenzen, Produkte und Quotienten von Mittelwerten mit zugehörigem Standardfehler – **stochastische Unabhängigkeit** (vgl. [51]) **vorausgesetzt** – haben die Form (*Fenner 1931*):

Addition:

$$\bar{x}_1 + \bar{x}_2 \pm \sqrt{s^2_{\bar{x}_1} + s^2_{\bar{x}_2}}$$

$$\bar{x}_1 + \bar{x}_2 + \bar{x}_3 \pm \sqrt{s^2_{\bar{x}_1} + s^2_{\bar{x}_2} + s^2_{\bar{x}_3}} \tag{1.109}$$

Subtraktion:

$$\bar{x}_1 - \bar{x}_2 \pm \sqrt{s^2_{\bar{x}_1} + s^2_{\bar{x}_2}} \tag{1.110}$$

Multiplikation:

$$\bar{x}_1\bar{x}_2 \pm \sqrt{\bar{x}_1^2 s^2_{\bar{x}_2} + \bar{x}_2^2 s^2_{\bar{x}_1}}$$

$$\bar{x}_1\bar{x}_2\bar{x}_3 \pm \sqrt{\bar{x}_1^2\bar{x}_2^2 s^2_{\bar{x}_3} + \bar{x}_1^2\bar{x}_3^2 s^2_{\bar{x}_2} + \bar{x}_2^2\bar{x}_3^2 s^2_{\bar{x}_1}} \tag{1.111}$$

Division:

$$\frac{\bar{x}_1}{\bar{x}_2} \pm \frac{1}{\bar{x}_2^2}\sqrt{\bar{x}_1^2 s^2_{\bar{x}_2} + \bar{x}_2^2 s^2_{\bar{x}_1}} \tag{1.112}$$

Bei **stochastischer Abhängigkeit** ($\varrho \neq 0$) zwischen den (und nicht innerhalb der) Zufallsvariablen gilt

Addition:

$$\bar{x}_1 + \bar{x}_2 \pm \sqrt{s^2_{\bar{x}_1} + s^2_{\bar{x}_2} + 2r s_{\bar{x}_1} s_{\bar{x}_2}} \tag{1.113}$$

Subtraktion:

$$\bar{x}_1 - \bar{x}_2 \pm \sqrt{s^2_{\bar{x}_1} + s^2_{\bar{x}_2} - 2r s_{\bar{x}_1} s_{\bar{x}_2}} \tag{1.114}$$

Entsprechende Beziehungen für Multiplikation und Division sind recht kompliziert und gelten nur für großen n. Näheres zur Fehlerfortpflanzung ist z. B. Hartung und Mitarbeitern (1989) (vgl. auch Box u. Mitarb. 1978: Chapt. 17 sowie Peil 1985) zu entnehmen. Wir begnügen uns mit Übersicht 39 und mit einem Hinweis zum Standardfehler von Mehrfachbestimmungen.

Standardfehler von Mehrfachbestimmungen

$$s_{MB} = \sqrt{\frac{\sum_{i=1}^{n}\sum_{j=1}^{m}(x_{ij} - \bar{x}_i)^2}{n(m-1)}} \tag{1.115}$$

mit

x_{ij}: j-te Bestimmung an der i-ten Untersuchungseinheit
$\bar{x}_i$: Mittelwert der i-ten Untersuchungseinheit
m: Zahl der Bestimmungen, der Mehrfachbestimmungen
n: Zahl der Untersuchungseinheiten, der Proben

Übersicht 39. Wichtige Anwendungen des Fehlerfortpflanzungsgesetzes

[1384]

Größe	Approximierte Varianz
$aX \pm bY$	$a^2\,\mathrm{Var}(X) + b^2\,\mathrm{Var}(Y) \pm 2ab\,\mathrm{Cov}(X,Y)$
XY	$Y^2\,\mathrm{Var}(X) + X^2\,\mathrm{Var}(Y) + 2XY\,\mathrm{Cov}(X,Y)$
aX^bY^c	$(aX^bY^c)^2\left(\frac{b^2\,\mathrm{Var}(X)}{X^2} + \frac{c^2\,\mathrm{Var}(Y)}{Y^2}\right)$
X/Y	$\left(\frac{X}{Y}\right)^2\left(\frac{\mathrm{Var}(X)}{X^2} + \frac{\mathrm{Var}(Y)}{Y^2} - 2\frac{\mathrm{Cov}(X,Y)}{XY}\right)$
$\sqrt{X}$	$\frac{\mathrm{Var}(X)}{4X}$
X^2	$4X^2\,\mathrm{Var}(X)$
$\ln X$	$\frac{\mathrm{Var}(X)}{X^2}$
$a\log_b X$	$\left(\frac{a}{\ln b}\right)^2\left(\frac{\mathrm{Var}(X)}{X^2}\right)$

[Fehler, [mit $E(X) = \mu$]
absoluter: $X - \mu$
relativer: $(X - \mu)/\mu$
prozentualer: $100(X - \mu)/\mu$ %]

Zur Kovarianz siehe (5.15) bis (5.17) und Übersicht 71 in [51].

Näheren Aufschluß über die Güte der Bestimmungen liefert der Quotient

$$s_{MB} \Big/ \sqrt{\frac{1}{m}\sum_{j=1}^{m} s_j^2} \quad \text{mit den Stichprobenvarianzen } s_j^2 \quad s_j^2 = \frac{1}{n-1}\sum_{i=1}^{m}(x_{ij} - \bar{x}_j)^2 \tag{1.116}$$

Beispiel: Dreifachbestimmungen für 4 Ansätze oder Proben

Tabelle 42

i/j Probe	Bestimmung 1	2	$m = 3$	$\bar{x}_i$	$\sum_{j=1}^{3}(x_{ij} - \bar{x}_i)^2$
1	11	13	12	12	2
2	27	25	29	27	8
3	43	47	42	44	14
$n = 4$	63	57	60	60	18
$\bar{x}_j$	36,00	35,50	35,75	Summe: 42	
$n(m-1) = 4 \cdot 2 = 8$	$\sum_{i=1}^{4}\sum_{j=1}^{3}(x_{ij} - \bar{x}_i)^2 = 42$				

$$s_{MB} = \sqrt{42/8} = 2{,}2913\,;\ s_j^2\!: s_i = [(11-36)^2 + \ldots + (63-36)^2]/(4-1) = 494{,}67\,;$$
$$\text{dementsprechend: } s_2^2 = 403{,}67 \text{ und } s_3^2 = 412{,}25\,,$$

$$s_{MB}\Bigg/\sqrt{\frac{1}{m}\sum_{j=1}^{m}s_j^2}=2{,}2913\Bigg/\sqrt{\left[\frac{1}{3}(494{,}67+403{,}67+412{,}25)\right]}=0{,}11.$$ [1384]

Übersicht 40. Ergänzendes zum Mittelwert und zur Varianz

Nr.	Themen aus M2	Seite
1	Arithmetische Mittelwerte und Standardabweichungen mehrerer Stichproben vergleichbar gemacht	61,62
2	Schätzung desselben arithmetischen Mittels anhand mehrerer Stichproben	66
3	Kombination eines auf Vorwissen basierenden arithmetischen Mittels mit einem empirischen Mittel	65
4	Schätzung der Standardabweichung bei nicht festem arithmetischen Mittel	72
5	Varianz für ein gewogenes arithmetisches Mittel nach Meier und Cochran	73,74
6	Charakterisierung der Heterogenität von Varianzen aus Stichproben gleicher Umfänge anhand des Koeffizienten der Varianz-Variation	77

1385 Die Spannweite

Das einfachste aller Streuungsmaße ist die *Spannweite* R (engl. range); R ist die Differenz zwischen dem größten und dem kleinsten Wert innerhalb einer Stichprobe: [1385]

$$\boxed{R=x_{\max}-x_{\min}} \qquad (1.117)$$

Besteht die Stichprobe nur aus 2 Werten, dann gibt R erschöpfende Auskunft über die Streuung in der Stichprobe. Mit wachsender Größe der Stichprobe werden die Aufschlüsse über die Streuungsverhältnisse aber immer geringer, und damit wird auch R als Streuungsmaß immer ungeeigneter, da nur die Extremwerte berücksichtigt werden, und über die Lage der mittleren Glieder nichts ausgesagt werden kann. Daher wurde (wird) R bevorzugt bei kleinen Stichprobenumfängen $n \leqq 13$ angewandt (vgl. auch Arnold u. Mitarb. 1992 [zu R, $\tilde{X}$ und Rekordwerten] sowie die Hinweise am Ende von [731]).

Der Variationsbereich einer Grundgesamtheit wird am besten durch einen Toleranzbereich (vgl. [38]) erfaßt. Seltener sind die Extremwerte $x_{\min}$ und $x_{\max}$ aufschlußreich. Im allgemeinen sind sie es nicht: einmal ist die **Zufallsstreuung von Extremwerten besonders groß,** d. h. eine gleichgroße Stichprobe aus derselben Grundgesamtheit wird ganz andere Werte liefern. Zum anderen hängt die Verteilung der Extremwerte stark von dem **Umfang der Stichprobe** ab, d. h. die Extremwerte sind stochastisch um so größer, je größer die Stichprobe ist.

Literatur zur Extremwertstatistik

Castillo (1988; vgl. auch Angus 1990), Cohen (1991), Glick (1978), *Harter (1978),* Kinnison (1985), Nagaraja (1988), Nelson (1982), Nevzorov (1987), Pfeifer (1989), Resnick (1987), Tiago de Oliveira (1984), Johnson und Kotz (1995: Chapt. 22) sowie Arnold u. Mitarb. (1998).

Hinweise zur Spannweite

1. Wer häufig Standardabweichungen zu bestimmen hat, wird mit Gewinn ein Verfahren anwenden,
[1385] das *Huddleston* (*1956*) darlegt. Der Autor geht von systematisch gestutzten Spannweiten aus, die durch entsprechende Faktoren dividiert, gute Schätzungen von s darstellen; Tafeln und Beispiele sind der Originalarbeit zu entnehmen (vgl. auch *Harter 1968*).

2. Wenn mehrere voneinander unabhängige Beobachtungspaare n' vorliegen, dann können die Spannweiten zur Schätzung der Standardabweichung dienen

$$\boxed{\hat{s} = \sqrt{\frac{\sum R^2}{2n'}}} \tag{1.118}$$

Das ^ auf dem s bezeichnet den Schätzwert.

3. Werden wiederholt Stichproben des Umfangs n entnommen, dann läßt sich aus der mittleren Spannweite ($\bar{R}$) die Standardabweichung überschlagsmäßig ermitteln

$$\boxed{\hat{s} = (1/d_n) \cdot \bar{R}} \tag{1.119}$$

(1.119) enthält $1/d_n$, einen Proportionalitätsfaktor, der vom Umfang der Stichprobe abhängt und die Normalverteilung voraussetzt. Dieser Faktor ist Tabelle 244 zu entnehmen. Wir kommen hierauf später ([731]) noch einmal zurück.

4. Eine Faustregel von *Sturges* (*1926*) zur Schätzung der Klassenbreite b einer Häufigkeitsverteilung basiert auf der Spannweite R und dem Umfang n der Stichprobe

$$\boxed{b \simeq \frac{R}{1 + 3{,}32 \cdot \lg n}} \tag{1.120}$$

Für die in [133], Übersicht 31, Tabelle 21 gegebene Verteilung ergibt sich $b = (70{,}1 - 45{,}7)/(1 + 3{,}32 \cdot \lg 60) = 3{,}5$; wir hatten $b = 3$ gewählt.

5. Die Spannweite gestattet nach

$$\boxed{\frac{R}{2} \cdot \sqrt{\frac{n}{n-1}} \geqq s} \tag{1.121}$$

eine Schätzung der maximalen Standardabweichung (*Guterman 1962*). Die Abweichung einer empirischen Standardabweichung von dem oberen Schrankenwert kann als Maß für die Genauigkeit der Schätzung dienen. Für die drei Werte 3, 1, 5 mit $s = 2$ ergibt sich

$$s < \frac{4}{3} \cdot \sqrt{\frac{3}{3-1}} = 2{,}45.$$

(1.121) ermöglicht eine grobe Abschätzung der Standardabweichung, wenn nur die Spannweite bekannt ist und über die Form der Verteilung nichts ausgesagt werden kann.

6. Grobschätzung der Standardabweichung aus den Extremwerten hypothetischer Stichproben sehr großer Umfänge: Ist anzunehmen, daß die den Werten zugrunde liegende Verteilung durch eine Normalverteilung approximiert wird, dann läßt sich die Standardabweichung der Grundgesamtheit überschlagsmäßig nach

$$\boxed{\hat{s} \approx R/6} \tag{1.122}$$

schätzen, da beim Vorliegen einer *Normalverteilung* der Variationsbereich 6σ bekanntlich 99,7% aller Werte umfaßt. Für **angenähert normalverteilte Beobachtungen** läßt [1385] sich anhand der Spannweite R schnell überschlagsmäßig feststellen, ob die berechnete Standardabweichung s die richtige Größenordnung aufweist: **[1385]**

Tabelle 43

n	$\lessapprox 12$	$20-40$	≈ 100	>400
$\hat{s}$	$R/\sqrt{n}$	$R/4$	$R/5$	$R/6$

Für die *Dreieckverteilung* gilt $R/4{,}9 \lessapprox \hat{s} \lessapprox R/4{,}2$ (◺: $\hat{s} \simeq R/4{,}2$; △: $\hat{s} \simeq R/4{,}9$; ◿: $\hat{s} \simeq R/4{,}2$) – auffaßbar als Grundform der linkssteilen, der symmetrischen und der rechtssteilen Verteilung für die *Gleich- oder Rechteckverteilung)* (▭) $\hat{s} \simeq R/3{,}5$ und für die *U-förmige Verteilung* gilt $\hat{s} \simeq R/2$. Als Beispiel sei die Reihe 3, 3, 3, 3, 10, 17, 17, 17, 17 gegeben, die angenähert U-förmig verteilt ist. Für die Standardabweichung ergibt sich

$$s = \sqrt{8 \cdot 7^2/(9-1)} = 7 \quad \text{bzw.} \quad \hat{s} \simeq (17-3)/2 = 7$$

Man prüfe andere Stichproben!

7. Die sogenannte **Spannweite zur Ordnung** m ist [vgl. die Symbolik (3.70) von S. 375] $R_m = x_{(n-m)} - x_{(m+1)}$ mit $n - m > m + 1$.

8. Eine Besonderheit der Spannweite sei noch erwähnt: Die Stichprobenverteilung vieler Maßzahlen strebt für wachsendes n praktisch ohne Rücksicht auf die Gestalt der ursprünglichen Grundgesamt heit gegen eine Normalverteilung (Zentraler Grenzwertsatz [P.S. de Laplace]: $\bar{X}_n$ ist asymptotisch normalverteilt); ausgenommen ist die Verteilung des Extrembereiches, der Spannweite! Die Verteilung von s^2 strebt mit wachsendem n nur sehr langsam gegen eine Normalverteilung.

9. Nach N. Lord [the mathematical gazette **79** (1995), 69–97] gilt die Ungleichung

$$\boxed{\frac{1}{\sqrt{2n}} \leqq \frac{s}{R} \leqq \frac{1}{2}} \qquad (1.121A)$$

1386 Der Interdezilbereich

Der Größe nach ansteigend geordnete Daten werden durch neun Werte in zehn gleiche Teile geteilt. Diese Werte nennen wir Dezile und bezeichnen sie mit $DZ_1, DZ_2, \ldots, DZ_9$. Das erste, zweite, ..., neunte Dezil erhält man als Werte mit der Ordnungszahl $(n+1)0{,}1$, $(n+1)0{,}2, \ldots, (n+1)0{,}9$. Das k-te Dezil kann man als denjenigen Wert definieren, der einem bestimmten Ort auf der Skala einer intervallweise zusammengesetzten Häufigkeitsverteilung entspricht und zwar so, daß genau $10k\%$ der Fälle unterhalb dieses Wertes liegen. Es sei daran erinnert, daß dann das 5. Dezil, der Punkt, unter dem jeweils 5 Zehntel der Beobachtungen liegen, der Median ist. Ein *Streuungsmaß*, das im Gegensatz zur Spannweite kaum von den Extremwerten abhängt, dabei jedoch die überwiegende Mehrzahl der Fälle erfaßt und *von Stichprobe zu Stichprobe eine sehr geringe Schwankung aufweist,* ist der 80% einer Stichprobenverteilung umfassende **Interdezilbereich** I_{80} **[1386]**

$$\boxed{I_{80} = DZ_9 - DZ_1} \qquad (1.123)$$

Dezile interpoliert man linear nach (1.102), statt $n/2$ wird $0{,}1n$ bzw. $0{,}9n$ gesetzt, $\tilde{U}$ wird durch die untere Klassengrenze der Dezilklasse ersetzt, $(\sum f)_{\tilde{U}}$ durch die Summe der

[1386]

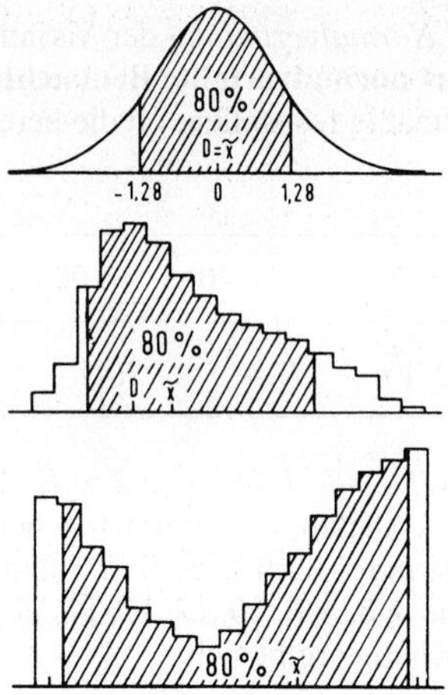

Abb. 28. Der 80% einer Verteilung umfassende Interdezilbereich mit Dichtemittel und Median. Die untere U-förmige Verteilung weist einen Tiefpunkt (Antimodalwert) und zwei Maxima auf

Häufigkeitswerte aller Klassen unterhalb der Dezilklasse und f_{Median} durch den Häufigkeitswert der Dezilklasse. Für die Werte der Tabelle 41 [1383] ergibt sich damit

$$I_{80} = DZ_9 - DZ_1 = \left[15 + 2\frac{36-35}{3}\right] - \left[5 + 2\frac{4-0}{4}\right] = 15{,}67 - 7{,}00 = 8{,}67\,.$$

Weitere Streuungsmaße werden erst in Kapitel 3 eingeführt.

Eine **Grobschätzung von Mittelwert und Standardabweichung angenähert normalverteilter Werte**, die auf dem ersten, fünften und neunten Dezil basiert, ist gegeben durch

$$\boxed{\bar{x} \simeq 0{,}33(DZ_1 + \tilde{x} + DZ_9)} \qquad \boxed{s \simeq 0{,}39(DZ_9 - DZ_1)} \qquad (1.124), (1.125)$$

Für unser Beispiel (Tab. 41) erhalten wir nach (1.124) und (1.125) $\bar{x} \simeq 0{,}33(7 + 10{,}45 + 15{,}67) = 10{,}93$, $s \simeq 0{,}39(15{,}67 - 7) = 3{,}38$. Verglichen mit $\bar{x} = 10{,}90$ und $s = 3{,}24$ sind die Schnellschätzungen (vgl. auch den Hinweis am Ende von [1367]) brauchbar.

Für normalverteilte Stichproben ist die Übereinstimmung besser (gute Rechenkontrolle!). Sind die Stichproben nicht normalverteilt, dann können Schnellschätzungen wie die im Beispiel gegebenen unter Umständen eine bessere Schätzung der interessierenden Parameter darstellen als die auf übliche Weise ermittelten Kennzahlen $\bar{x}$ und s.

Hinweis: Als Kennzahl der mittleren Lage einer Verteilung günstig ist der **Interquartilbereich** $I_{50} = Q_3 - Q_1$ (der Bereich $\bar{x} \pm I_{50}/2$ enthält bei Normalverteilung exakt die zentralen 50% der Beobachtungen). Wichtig ist auch der zweiseitig quartilgewichtete Median $\tilde{\tilde{x}} = (Q_1 + 2\tilde{x} + Q_3)/4$; $\tilde{\tilde{x}}$ ist insbesondere bei schiefen Verteilungen aufschlußreicher als $\tilde{x}$. Als relatives Variationsmaß, das den Variationskoffizienten ersetzen kann, dient der **Koeffizient der Quartilsabweichung**: $[I_{50}/(Q_3 + Q_1)]100$.

1387 Schiefe und Wölbung

Einfache Schiefemaße [1387]
Ein einfaches Maß für die Wölbung
Momentenkoeffizient der Schiefe
Momentenkoeffizient der Wölbung

Hinsichtlich möglicher Abweichungen von der Normalverteilung mit $D = \tilde{x} = \bar{x}$ unterscheidet man zwei Typen (vgl. Abb. 29):

I. Die Verteilung ist unsymmetrisch oder schief. Liegt der Hauptanteil einer Verteilung auf der linken Seite der Verteilung konzentriert, dann spricht man ihr eine positive Schiefe zu und nennt sie **linkssteil:** dann gilt fast stets (vgl. Abb. 27) $D < \tilde{x} < \bar{x}$ bzw. $D - \bar{x} < 0$ sowie $D - \tilde{x} < 0$ und $\tilde{x} - \bar{x} < 0$. Linkssteile Verteilungen sind wesentlich häufiger als rechtssteile. Interessante Aspekte zur Schiefe, enthält The American Statistician **49** (1995), 34–38, The Canadian Journal of Statistics **24** (1996), 131–140 und Statistica Neerlandica **50** (1996), 362–366.

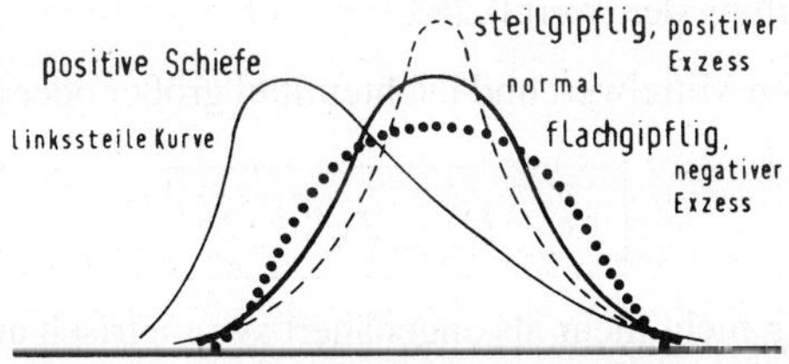

Abb. 29. Abweichungen von der symmetrischen Glockenkurve (Normalverteilung)

II. Das Maximum liegt höher oder tiefer als das der Normalverteilung. Liegt es bei gleicher Varianz höher und ist dieser Kurvenzug, also die Glocke, spitzer, dann spricht man von positivem Exzeß (d. h. starke Wölbung, knapp besetzte Flanken sowie ein Werteüberschuß in der Nähe des Mittelwertes und an den Verteilungsenden) – bei negativem Exzeß (schwache Wölbung) liegt das Maximum tiefer, die Glocke ist gedrungener, die Verteilung ist abgeflachter als die Normalverteilung, deren Exzeß gleich Null ist.

Für Exzeß oder Wölbung sagt man auch Kurtosis. Die Kurtosis ist ein Streuungsmaß um die beiden Werte $\mu \pm \sigma$.

Schiefe (skewness) und **Wölbung** (kurtosis) ermittelt man exakt über die Potenzmomente. Bei kleinem n begnügt man sich mit folgenden einfachen Schiefe- und Wölbungsmaßen (1.126) bis (1.129). Wichtig ist die zwischen -3 und 3 variierende

[$(\bar{x} - D)/s$, das 1. SM nach K.P., erfordert ein *exaktes D*.]

$$\text{Schiefe I} = \frac{3(\bar{x} - \tilde{x})}{s} \qquad (1.126)$$

das sogenannte 2. Schiefemaß nach K. Pearson. Liegt das arithmetische Mittel oberhalb des Medians, wie in Abb. 27, dann ergibt sich ein positiver Schiefe-Index. Ein anderes brauchbares Schiefemaß, der 1–9 Dezilkoeffizient der Schiefe, basiert auf Median und Interdezilbereich:

$$\text{Schiefe II} = \frac{(DZ_9 - \tilde{x}) - (\tilde{x} - DZ_1)}{DZ_9 - \tilde{x}) + (\tilde{x} - DZ_1)} = \frac{DZ_9 + DZ_1 - 2\tilde{x}}{DZ_9 - DZ_1} \qquad (1.127)$$

und variiert von -1 bis $+1$.

Ersetzt man in (1.127) DZ_1 und DZ_9 durch Q_1 und Q_3, akzentuiert man also weniger extreme Lagemaßzahlen, so resultiert nach G.U. Yule (1.128) (Bereich: -1 bis $+1$):

[1387]

$$\text{Schiefe III} = \frac{(Q_3 - \tilde{x}) - (\tilde{x} - Q_1)}{(Q_3 - \tilde{x}) + (\tilde{x} - Q_1)} = \frac{Q_3 + Q_1 - 2\tilde{x}}{Q_3 - Q_1} \tag{1.128}$$

Bei einer symmetrischen Verteilung sind alle drei Schiefmaße gleich Null.

Schiefe Grundgesamtheiten werden durch ihre Dezile beschrieben.

Ein einfaches Maß für die Wölbung (den Exzeß, die Steilheit), das auf Quartilen und Dezilen basiert:

Der Zähler heißt auch **Quartilsabstand**.

$$\text{Wölbung} = \frac{Q_3 - Q_1}{2(DZ_9 - DZ_1)} \tag{1.129}$$

hat für die Normalverteilung den Wert 0,263.

Ist die Differenz zwischen Mittelwert und Dichtemittel größer oder gleich dem zugehörigen doppelten Standardfehler

$$(\bar{x} - D) \geqq 2\sqrt{3s/2n} \tag{1.130}$$

dann kann die Verteilung nicht mehr als angenähert symmetrisch aufgefaßt werden.
Für das Beispiel der Tabelle 41 ergibt sich

$$(10{,}90 - 9{,}86) = 1{,}04 > 0{,}697 = 2\sqrt{3 \cdot 3{,}24/(2 \cdot 40)}\,,$$

so daß eine Berechnung der Schiefemaße angebracht ist. In diesem Fall kann es mitunter sinnvoll sein, anhand von Daten der nichtschiefen Dichtemittelseite (im Beispiel: $x_i < D$) die Standardabweichung der zugrundeliegenden Normalverteilung zu schätzen. Das Dichtemittel ist dann die beste Schätzung des entsprechenden Mittelwertes.

Wen dies nicht näher interessiert, der lese auf S. 172 weiter.

Beispiele

Wir nehmen die Werte des letzten Beispiels:

$$\text{Schiefe I} \;= \frac{3(10{,}90 - 10{,}45)}{3{,}24} = 0{,}417$$

$$\text{Schiefe II} \;= \frac{15{,}67 + 7{,}00 - 2 \cdot 10{,}45}{15{,}67 - 7{,}00} = 0{,}204$$

$$\text{Schiefe III} = \frac{13{,}00 + 8{,}50 - 2 \cdot 10{,}45}{13{,}00 - 8{,}50} = 0{,}133$$

$$\text{vgl.}\quad Q_1 = 7 + 2\left(\frac{10 - 4}{8}\right) = 8{,}5 \quad Q_3 = 13 + 2\left(\frac{30 - 30}{5}\right) = 13$$

(nach [1.102] mit n/4 bzw. $3n$/4 anstatt n/2 usw.)

$$\text{Wölbung} = \frac{13{,}00 - 8{,}50}{2(15{,}67 - 7{,}00)} = 0{,}260\,.$$

Diese Verteilung ist bei normalverteilter Wölbung linkssteil.
Die über die **Potenzmomente** umständlich zu berechnenden Schiefe- und Wölbungsmaße der Grundgesamtheit sind der **Momentenkoeffizient der Schiefe** α_3 und der **Momentenkoeffizient der Wölbung** α_4 (R. A. Fisher). Sie werden geschätzt durch: [1387]

[nach K. Pearson gilt:
$\sqrt{b_1} = \alpha_3$ und $b_2 = \alpha_4 + 3$]

$$\hat{\alpha}_3 = \frac{\sum f_i(x_i - \bar{x})^3}{n \cdot s^3} \tag{1.131}$$

Beachtet sei, daß s (1.47, 1.55, 1.60) hier in (1.131) und (1.132) mit dem Nenner „n" definiert ist und nicht mit „$n - 1$" (vgl. auch S. 424 und 425).

$$\hat{\alpha}_4 = \frac{\sum f_i(x_i - \bar{x})^4}{n \cdot s^4} - 3 \tag{1.132}$$

Für eine symmetrische Verteilung gilt $\alpha_3 = 0$, für die Normalverteilung $\alpha_4 = 0$. Ist α_3 positiv, dann liegt eine linkssteile Verteilung vor, bei negativen Werten eine rechtssteile Verteilung. Eine Verteilung mit Hochgipfligkeit – steiler als die Normalverteilung – oder positivem Exzeß weist einen positiven Wert α_4 auf; eine Verteilung mit negativer Wölbung – flacher als die Normalverteilung – ist durch einen negativen Wert α_4 charakterisiert, der, genau genommen, „peakedness combined with tailedness" oder „lack of shoulders" mißt und daher bei einer bimodalen Kurve stark negativ ist *(Finucan 1964*, vgl. auch *Chissom 1970* und *Darlington 1970)*. Die Rechteckverteilung mit ausgeprägter „Schulterpartie" hat daher auch eine negative Wölbung ($\alpha_4 = -1{,}2$). Dies gilt sogar für jede Dreieckverteilung ($\alpha_4 = 0{,}6$), die gegenüber einer Normalverteilung mit gleicher Varianz eine stärker ausgebildete „Schulterpartie" aufweist. Zunächst eine Bemerkung über **Potenzmomente.** Größen der Form

vgl. S. 423

$$\frac{\sum f_i(x_i - \bar{x})^r}{n} = m_r \tag{1.133}$$

bezeichnet man als *Potenzmomente r-ten Grades* (m_r) der Stichprobe. Für $r = 2$ ergibt sich aus (1.133) angenähert die Stichprobenvarianz. Die beiden Momentenkoeffizienten lassen sich abgekürzt als

$$\hat{\alpha}_3 = m_3/s^3 \quad \text{und} \quad \hat{\alpha}_4 = m_4/s^4 - 3 \qquad (1.131\text{ a}),\ (1.132\text{ a})$$

schreiben. Ist die Klassenbreite nicht gleich eins ($b \neq 1$), so wird

$$m_r = \frac{\sum f_i \left(\frac{x_i - \bar{x}}{b}\right)^r}{n} \tag{1.134}$$

Zur Erleichterung der Rechnung war es üblich, die Potenzmomente nicht auf das arithmetische Mittel, sondern auf einen beliebigen Ursprung, sagen wir auf den Wert d, der am stärksten besetzten Klasse einer Häufigkeitsverteilung, zu beziehen. Dieses Vorgehen ist

uns vertraut (Multiplikationsverfahren, vgl. [1364]). Die so erhaltenen Momente bezeichnen wir zur Unterscheidung von m_r mit m'_r. Nennen wir wieder $(x-d)/b = z$, so erhalten
[1387] wir für unsere eigentlich zu kleine Stichprobenverteilung ($n = 40$) die *Potenzmomente ersten bis vierten Grades der Stichprobe* (vgl. Tabelle 44) nach

$$\text{Moment 1. Grades} \quad \boxed{m'_1 = \frac{\sum f_i \cdot z_i}{n}} = \frac{18}{40} = 0{,}45 \tag{1.135}$$

$$\text{Moment 2. Grades} \quad \boxed{m'_2 = \frac{\sum f_i \cdot z_i^2}{n}} = \frac{110}{40} = 2{,}75 \tag{1.136}$$

$$\text{Moment 3. Grades} \quad \boxed{m'_3 = \frac{\sum f_i \cdot z_i^3}{n}} = \frac{216}{40} = 5{,}40 \tag{1.137}$$

$$\text{Moment 4. Grades} \quad \boxed{m'_4 = \frac{\sum f_i \cdot z_i^4}{n}} = \frac{914}{40} = 22{,}85 \tag{1.138}$$

Tabelle 44

x_i	f_i	z_i	$f_i z_i$	$f_i z_i^2$	$f_i z_i^3$	$f_i z_i^4$	$f_i (z_i + 1)^4$
8,8	4	- 2	- 8	16	- 32	64	4
9,3	8	- 1	- 8	8	- 8	8	0
d = 9,8	11	0	0	0	0	0	11
10,3	7	1	7	7	7	7	112
10,8	5	2	10	20	40	80	405
11,3	3	3	9	27	81	243	768
11,8	2	4	8	32	128	512	1250
Summe	40		18	110	216	914	2550

Zur Kontrolle der Rechnung enthält Tabelle 44 noch eine Spalte mit den Produkten $f_i \cdot (z_i + 1)^4$. Die Spaltensummen lassen sich dann nach

$$\boxed{\sum f_i(z_i+1)^4 = \sum f_i + 4\sum f_i z_i + 6\sum f_i z_i^2 + 4\sum f_i z_i^3 + \sum f_i z_i^4} \tag{1.139}$$

2550 = 40 + 72 + 660 + 864 + 914 leicht überprüfen. Hieraus ergeben sich die Kennwerte

$$\text{1. Mittelwert} \quad \boxed{\bar{x} = d + bm'_1} \tag{1.140}$$

$$\bar{x} = 9{,}8 + 0{,}5 \cdot 0{,}45 = 10{,}025$$

$$\text{2. „Varianz"} \quad \boxed{s^2 = b^2(m'_2 - m'^2_1)} \tag{1.141}$$

[Die nach (1.146) berechnete Varianz: $s^2 = 0{,}653$]

$$s^2 = 0{,}5^2(2{,}75 - 0{,}45^2) = 0{,}637$$

[1387]

3. Schiefe

$$\hat{a}_3 = \frac{b^3(m'_3 - 3m'_1m'_2 + 2m'^3_1}{s^3} \quad (1.142)$$

$$\hat{a}_3 = \frac{0{,}5^3 \cdot (5{,}40 - 3 \cdot 0{,}45 \cdot 2{,}75 + 2 \cdot 0{,}45^3)}{0{,}5082} = 0{,}460$$

4. Wölbung

$$\hat{a}_4 = \frac{b^4 \cdot (m'_4 - 4 \cdot m'_1m'_3 + 6 \cdot m'^2_1 m'_2 - 3 \cdot m'^4_1)}{s^4} - 3 \quad (1.143)$$

$$\hat{a}_4 = \frac{0{,}5^4 \cdot (22{,}85 - 4 \cdot 0{,}45 \cdot 5{,}40 + 6 \cdot 0{,}45^2 \cdot 2{,}75 - 3 \cdot 0{,}45^4)}{0{,}4055} - 3$$

$$\hat{a}_4 = -0{,}480$$

Tabelle 45

f_i	S_1	S_2	S_3	S_4	S_5
4	4	4	4	4	4
8	12	16 = δ_1	20 = ε_1	24 = ζ_1	28 = η_1
11					
7	17	34 = δ_2	60 = ε_2	97 = ζ_2	147 = η_2
5	10	17	26	37	50
3	5	7	9	11	13
2	2	2	2	2	2

Die Summen $\sum f_i z_i$, $\sum f_i z_i^2$, $\sum f_i z_i^3$ und $\sum f_i z_i^4$ lassen sich auch mit Hilfe des in [1364] eingeführten *Summenverfahrens* bestimmen. Zu den Größen $\delta_{1,2}$ (gr. delta 1 und 2) und $\varepsilon_{1,2}$ (gr. epsilon 1 und 2) ermitteln wir anhand der Spalten S_4 und S_5 noch die vier weiteren Summen ζ_1 und ζ_2 (gr. zeta 1 und 2) sowie η_1 und η_2, (gr. eta 1 und 2) (siehe Tabelle 45) und erhalten:

$$\sum f_i z_i = \delta_2 - \delta_1 = 34 - 16 = 18$$
$$\sum f_i z_i^2 = 2\varepsilon_2 + 2\varepsilon_1 - \delta_2 - \delta_1 = 2 \cdot 60 + 2 \cdot 20 - 34 - 16 = 110$$
$$\sum f_i z_i^3 = 6\zeta_2 - 6\zeta_1 - 6\varepsilon_2 + 6\varepsilon_1 + \delta_2 - \delta_1$$
$$\sum f_i z_i^4 = 24\eta_2 + 24\eta_1 - 36\zeta_2 - 36\zeta_1 + 14\varepsilon_2 + 14\varepsilon_1 - \delta_2 - \delta_1$$
$$\sum f_i z_i^3 = 6 \cdot 97 - 6 \cdot 24 - 6 \cdot 60 + 6 \cdot 20 + 34 - 16 = 216$$
$$\sum f_i z_i^4 = 24 \cdot 147 + 24 \cdot 28 - 36 \cdot 97 - 36 \cdot 24 + 14 \cdot 60 + 14 \cdot 20 - 34 - 16 = 914\,.$$

Die Kennwerte ergeben sich dann anhand der Formeln (1.135) bis (1.143). Für die Berechnung der Potenzmomente 2. und 4. Grades sollte man beim Vorliegen sehr großer Stichprobenumfänge und auch nur dann, wenn die Stichprobenverteilung keine Asymmetrie aufweist, eine nach Sheppard korrigierte Varianz wählen (b = Klassenbreite):

$$\boxed{s^2_{\text{korr}} = s^2 - b/12} \qquad (1.63)$$

[1387]

$$\boxed{m'_{4,\text{korr}} = m'_4 - (1/2)m'_2 b^2 + (7/240)b^4} \qquad (1.144)$$

Die über die Potenzmomente errechneten Maße für die Schiefe und den Exzeß haben den Vorteil, daß die Standardfehler bekannt sind. Diese Ausdrücke sind sehr unhandlich (vgl. auch (4.18) und (4.19) in [433]). Weitere Details geben Stuart und Ord (1994, Chapter 2: Lage- und Streuungsmaße, Chapter 3: Momentenmethode).

Tukeys Fünferregel besagt: man berechne das k-te Moment erst dann, wenn mindestens 5^k Beobachtungen vorliegen, d. h., der Mittelwert sollte auf $n \geqq 5$ Beobachtungen basieren, die Varianz auf 25 Beobachtungen, usw.

Zusammenfassung: Gruppiert man Daten in Klassen mit der Klassenbreite b, den Klassenmitten x_i und den Häufigkeiten f_i, dann lassen sich Mittelwert, Varianz und Momentenkoeffizienten für Schiefe und Wölbung schätzen nach

$$\bar{x} = d + b\left(\frac{\sum fz}{n}\right) \qquad (1.145)$$

Zur Berechnung von $\hat{a}_3$ und $\hat{a}_4$ benutze man (1.146) nicht mit „$n-1$“ im Nenner, sondern mit „n“.

$$s^2 = b^2\left(\frac{\sum fz^2 - (\sum fz)^2/n}{n-1}\right) \qquad (1.146)$$

$$\hat{a}_3 = \frac{b^3}{s^3}\left[\frac{\sum fz^3}{n} - 3\left(\frac{\sum fz^2}{n}\right)\left(\frac{\sum fz}{n}\right) + 2\left(\frac{\sum fz}{n}\right)^3\right] \qquad (1.147)$$

$$\hat{a}_4 = \frac{b^4}{s^4}\left[\frac{\sum fz^4}{n} - 4\left(\frac{\sum fz^3}{n}\right)\left(\frac{\sum fz}{n}\right) + 6\left(\frac{\sum fz^2}{n}\right)\left(\frac{\sum fz}{n}\right)^2 - 3\left(\sum\frac{fz}{n}\right)^4\right] - 3 \qquad (1.148)$$

d = angenommener Mittelwert, meist der Mittelwert der am stärksten besetzten Klasse; b = Klassenbreite; f = Klassenhäufigkeiten, genauer f_i; z = Abweichungen $z_i = (x_i - d)/b$: die Klasse mit dem Mittelwert d erhält die Nummer z = 0, absteigend erhalten die Klassen die Nummern $z = -1, -2, \ldots$; aufsteigend die Nummern $z = 1, 2, \ldots$.

Die Potenzmomenten-Methode hat Karl Pearson (1857–1936) eingeführt. Von ihm stammen auch die Begriffe Standardabweichung, Histogramm und Normalverteilung. Weitere Details zu den Begründern der **Statistik-Terminologie** bietet H. A. David (1995, The American Statistician **49**, 121–133; Ergänzungen und Kommentare folgen dort bis in die Gegenwart). Damit sind wir nun in der Lage, eine eindimensionale Häufigkeitsverteilung ausführlich zu beschreiben.

Zur Übersicht ausreichend und für jeden Verteilungstyp geeignet sind: $[x_{\min}]Q_1$, $\tilde{x}$, Q_3, $[x_{\max}]$ und die aus ihnen gebildeten Maße (vgl. auch S. 149 und S. 166 unten).

Überhaupt geben Quantile einen guten Einblick in die Form einer Verteilung. Sie sind auch oft aussagekräftiger als Mittelwert und Standardabweichung, die durch Extremwerte stark beeinflußt werden. Bei mehrgipfligen Verteilungen gibt man auch die lokalen (sekundären) **[1387]**
Dichtemittel und die Tiefpunkte an.
Deutliche, schon anhand einer Strichliste erkennbare Abweichungen von der Normalverteilung (z. B. Schiefe, Mehrgipfligkeit) erfaßt man tabellarisch oder besser graphisch: bei kleinem Stichprobenumfang als Punkte über einer Geraden bzw. bei zweidimensionaler Verteilung als Punkte in der Ebene (vgl. z. B. [544], Abb. 61), bei größerem Stichprobenumfang als Histogramm (vgl. S. 106 und auch M2: 42–44) bzw. als zweidimensionales Häufigkeitsprofil (vgl. auch Scott 1992). vgl. S. 106

Näheres zur **Beschreibenden Statistik (und zur EDA)** ist z. B. (neben M und M2) Anderson u. Mitarb. (1988), Diehl und Kohr (1999), Ferschl (1985), Hartung u. Mitarb. (1989), Hoaglin u. Mitarb. (1985), Hochstädter (1991), Pinnekamp und Siegmann (1988), Polasek (1987, 1994), Rinne (1997), Schnell (1994), Schwarze (1992), Scott (1992), Tukey (1977) sowie von der Lippe (1996) zu entnehmen. **Zeitreihen** behandeln z.B. Rinne (1997), Dörsam (1999) und Schwarze (1992) sowie Voß (2000, Kap. 7).

139 Die logarithmische Normalverteilung

Viele Verteilungen in der Natur laufen als positiv schiefe, **linkssteile Verteilungen rechts** **[139]**
flach aus. Eine anschauliche Erklärung dafür, daß sich ein, Merkmal nicht symmetrisch-normal verteilt, ist oft dadurch gegeben, daß das Merkmal einen bestimmten Schrankenwert nicht unter bzw. überschreiten kann und somit nach dieser Seite hin in seiner Variationsmöglichkeit gehemmt ist. Markantes Beispiel ist die Verteilung von Zeiten (untere Grenze: Null). Besonders dann, wenn die Verteilung links durch den Wert Null begrenzt ist, kommt man **durch Logarithmieren zu annähernd normalverteilten Werten.** Durch das Logarithmieren wird der Bereich zwischen 0 und 1 in den Bereich $-\infty$ bis 0 überführt, der linke Teil der Verteilung stark gestreckt und der rechte stark gestaucht. Das gilt besonders dann, wenn die Standardabweichung groß ist im Vergleich zum Mittelwert, wenn der Variabilitätskoeffizient größer als 33% ist.

Die Entstehung einer logarithmischen Normalverteilung, kurz Lognormalverteilung genannt, kann darauf zurückgeführt werden, daß viele Zufallsgrößen **MULTIPLIKATIV** zusammenwirken, die Wirkung einer Zufallsänderung also jeweils der zuvor bestehenden Größe proportional ist. Dagegen kommt die Normalverteilung durch additives Zusammenwirken vieler Zufallsgrößen zustande. Es ist somit verständlich, daß die **Lognormalverteilung insbesondere bei Merkmalen aus Biologie und Wirtschaft** vorherrscht. Beispielsweise die Empfindlichkeit von Tieren einer Art – Bakterien bis Großsäuger – gegenüber Pharmaka. *Merkmale beim Menschen:* Körperlänge (Kinder), Herzgröße, Brustumfang, Pulsfrequenz, systolischer und diastolischer Blutdruck, Senkungsgeschwindigkeit der roten Blutkörperchen, prozentuale Anteile der einzelnen Arten weißer Blutkörperchen sowie der Gehalt vieler Serumbestandteile. *Wirtschaftsstatistische Merkmale:* Bruttomonatsverdienst von Angestellten, Umsätze von Unternehmen, Anbauflächen verschiedener Fruchtarten in den Gemeinden. Näherungsweise folgen der Lognormalverteilung oft auch solche Merkmale, die nur ganzzahlige Werte annehmen könne, so z. B. die Zahl der Zuchtsauen auf den Zählflächen und die Zahl der Obstbäume in den Gemeinden.
Williams (1940) untersuchte 600 Sätze aus G. B. Shaw's „An Intelligent Woman's Guide to Socialism", jeweils die ersten 15 Sätze in den Abschnitten 1 bis 40, und erhielt

$$y = \frac{1}{0{,}29 \cdot \sqrt{2\pi}} e^{-\frac{x-1{,}4)^2}{2 \cdot 0{,}29^2}}$$

[139] (y = Häufigkeit und x = Logarithmus der Zahl der Wörter pro Satz) eine „lognormalverteilte" Wahrscheinlichkeitsdichte. Überhaupt ist die Zahl der Buchstaben (und Phoneme) pro Wort der englischen Umgangssprache bemerkenswert gut lognormal verteilt *(Herdan* 1958,1966). Lognormalverteilungen treten weiter, wie gesagt, bei **Zeitstudien und Lebensdaueranalysen** auf sowie in der **analytischen Chemie:** Bei Bestimmungen in einem sehr weiten Konzentrationsbereich (über mehrere Zehnerpotenzen), beim Arbeiten in der Nähe von null oder hundert Prozent (z. B. Reinheitsprüfungen) und wenn der Zufallsfehler eines Verfahrens mit den Meßwerten selbst vergleichbar ist, z. B. bei der halbquantitativen Spektralanalyse.

Die eigentliche Lognormalverteilung ist in Übersicht 41 vorgestellt.

Übersicht 41. Lognormalverteilung

Eine stetige Zufallsvariable X (> 0) heißt **logarithmisch normalverteilt** (lognormalverteilt), wenn $\ln x$ normalverteilt ist. Sie hat daher die Wahrscheinlichkeitsdichte

$$y = f(x) = \begin{cases} \frac{1}{\sigma x \sqrt{2\pi}} e^{-\frac{(\ln x - \mu)^2}{2\sigma^2}} & \text{für } x > 0 \\ 0 & \text{für } x \leqq 0 \end{cases} \qquad (1.149)$$

$E(X) = e^{\mu + \sigma^2/2}$	Dichtemittel $= e^{\mu - \sigma^2}$
$\mathrm{Var}(X) = e^{2\mu + \sigma^2}[e^{\sigma^2} - 1]$	Median $= e^{\mu}$

Literatur zur Logarithmischen Normalverteilung, kurz Lognormalverteilung

Angus (1988), Cohen (1991), Cohen und Jones Whitten (1988), Cohen u. Mitarb. (1985), Crow und Shimizu (1988), Griffiths (1980), Hasselblad u. Mitarb.(1980), Härtler (1983), Kane (1982), Kappenman (1985), King (1971), Kübler (1979), Lee (1992), Martz und Waller (1982), Meeker und Escobar (1998), Nelson (1982) sowie Owen und De-Rouen (1980). Eine besonders wichtige Alternative ist die **Weibull-Verteilung** (vgl. S. 54, z. B. Abernethy 1996).

Zur Prüfung, ob ein Merkmal der Lognormalverteilung folgt, wurde früher das *logarithmische Wahrscheinlichkeitsnetz* angewandt, das eine logarithmisch geteilte Abszissenachse aufweist (vgl. Abb. 24 unten). Die Summenhäufigkeiten sind stets über der oberen (unteren) Klassengrenze, dem Merkmalsgrenzwert, aufzutragen. Klassengrenze und damit Merkmalsgrenzwert ist der jeweils rechts (links) stehende Wert, wenn man von kleinen nach großen (von großen nach kleinen) Werten hin summiert. Zeigen die Punkte eingetragener Werte eine annähernd geradlinige Tendenz, so liegt zumindest eine angenäherte Lognormalverteilung vor. Ist die gerade Linie im unteren Bereich nach oben (unten) gebogen, so trage man die Summenprozente nicht über dem ursprünglichen gegebenen Grenzwert $\lg g$, sondern über $\lg(g+F)$ [bzw. $\lg(g-F)$] auf; der Fluchtpunkt F, die untere Begrenzung der Verteilung, liegt stets auf der steilen Seite der Kurve. Er wird durch Probieren bestimmt: Hat man bei zwei F-Werten einmal eine Linkskrümmung und ein anderes Mal eine Rechtskrümmung erreicht, so ist der gesuchte Wert F eingegabelt und leicht zu interpolieren. Mitunter ist F sachlogisch gut zu interpretieren. Zur graphischen Ermittlung der Kennzahlen ist durch die Punkte eine ausgleichende Gerade zu legen; bei deren Schnittpunkten mit der 16%-, 50%- und 84%-Linie sind auf der Abszisse (Median)/(Streufaktor), Median und (Median)·(Streufaktor) abzulesen. Charakteristisch für eine Lognormalverteilung ist ihre Zentrale 68%-Masse, geschrieben **[139]**

$$\boxed{(\text{Median})(\text{Streufaktor})^{\pm 1}} \tag{1.150}$$

der einen um die Extremwerte verminderten Bereich „noch typischer Werte" enthält. Der Streufaktor wird in Formel (1.152) näher erläutert.
Für die rechnerische Ermittlung der Kennzahlen werden zu den in üblicher Weise mit konstanter Klassenbreite klassifizierten Daten die Logarithmen der Klassenmitten aufgesucht ($\lg x_j$), die Produkte $f_j \cdot \lg x_j$ und $f_j(\lg x_j)^2$ gebildet (f_j = Häufigkeiten pro Klasse), aufsummiert und in die folgenden Formeln eingesetzt.

$$\text{Median}_L = \text{antilg}\,\bar{x}_{\lg x_j} = \text{antilg}\,\left(\sum f_i \cdot \lg x_j/n\right) \tag{1.151}$$

$$\text{Streufaktor} = \text{antilg}\,\sqrt{s^2_{\lg x_j}} = \text{antilg}\sqrt{\frac{\sum f_j(\lg x_j)^2 - (\sum f_j \lg x_j)^2/n}{n-1}} \tag{1.152}$$

$$\text{Mittelwert}_L = \text{antilg}\,(\bar{x}_{\lg x_j} + 1{,}1513 s^2_{\lg x_j}) \tag{1.153}$$

$$\text{Dichtemittel}_L = \text{antilg}\,(\bar{x}_{\lg x_j} - 2{,}3026 s^2_{\lg x_j}) \tag{1.154}$$

Bei kleinen Stichprobenumfängen werden statt der Logarithmen der Klassenmitten die Logarithmen der Einzelwerte verwendet; die Häufigkeit jeder Klasse (f_j) ist dann gleich Eins. Der Streufaktor ist eine Schätzung von antilg $s_{\lg x_j}$. Mit zunehmendem Streufaktor verschieben sich also das arithmetische Mittel vom Median nach rechts und das Dichtemittel um den doppelten Betrag nach links (vgl. auch [733], *King 1971* sowie insbesondere Crow und Shimizu 1988).

Beispiel

Tabelle 46 enthält 20 nach der Größe geordnete Meßwerte x_j, die angenähert lognormalverteilt sind. Schätzen Sie die Kennwerte.

Der Variationskoeffizient der Originaldaten (x_j) liegt mit $V = \dfrac{2{,}83}{7{,}35} = 38{,}5\%$ deutlich oberhalb der 33%-Schranke. Die Kennwerte:

$$\text{Median}_L = \text{antilg}\left\{\frac{16{,}7141}{20}\right\} = \text{antilg}\,0{,}8357 = 6{,}850$$

$$\text{Streufaktor} = \text{antilg}\sqrt{\frac{14{,}5104 - 16{,}7141^2/20}{20-1}} = \text{antilg}\,\sqrt{0{,}02854}$$

$$\text{Streufaktor} = \text{antilg}\,0{,}1690 = 1{,}476\,.$$

Die Zentrale 68%-Masse liegt zwischen $6{,}850/1{,}476 = 4{,}641$ und $6{,}850 \cdot 1{,}476 = 10{,}111$ (bzw. $6{,}850 \cdot 1{,}476^{\pm 1}$). Außerhalb dieses Bereiches liegen 5 Werte, zu erwarten wären $0{,}32 \cdot 20 = 6$ Werte.

Tabelle 46

[139]

x_j	$\lg x_j$	$(\lg x_j)^2$
3	0,4771	0,2276
4	0,6021	0,3625
5	0,6990	0,4886
5	0,6990	0,4886
5	0,6990	0,4886
5	0,6990	0,4886
5	0,6990	0,4886
6	0,7782	0,6056
7	0,8451	0,7142
7	0,8451	0,7142
7	0,8451	0,7142
7	0,8451	0,7142
8	0,9031	0,8156
8	0,9031	0,8156
9	0,9542	0,9105
9	0,9542	0,9105
10	1,0000	1,0000
11	1,0414	1,0845
12	1,0792	1,1647
14	1,1461	1,3135
$\sum$	16,7141	14,5104

$$\text{Mittelwert}_L = \text{antilg}\,(0{,}8357 + 1{,}1513 \cdot 0{,}02854) = \text{antilg}\,0{,}8686 = 7{,}389$$

$$\text{Dichtemittel}_L = \text{antilg}\,(0{,}8357 - 2{,}3026 \cdot 0{,}02854)$$

$$\text{Dichtemittel}_L = \text{antilg}\,0{,}7700 = 5{,}888\,.$$

Zur angenäherten Berechnung von Wahrscheinlichkeiten, etwa für $P(4 \leqq X \leqq 12) = P^*$, transformiert man X (lognormalverteilt) in Y (normalverteilt) und dann in Z (standardnormalverteilt), d. h.

$$P(4 \leqq X \leqq 12) = P(\lg 4 \leqq Y \leqq \lg 12) = P(0{,}602 \leqq Y \leqq 1{,}079) = P^*$$

$$\text{Mittelwert}_L = \text{antilg}\,0{,}869$$
$$\text{Streufaktor} = \text{antilg}\,0{,}169$$

$$z_1 = \frac{0{,}602 - 0{,}869}{0{,}169} = -1{,}580 \text{ und } z_2 = \frac{1{,}079 - 0{,}869}{0{,}169} = 1{,}243, \text{ d. h.}$$

$$P^* = (-1{,}580 \leqq Z \leqq 1{,}243) = [0{,}5 - 0{,}0571] + [0{,}5 - 0{,}1069]$$

$$P^* = 0{,}836\,.$$

Unsymmetrischer 95%-Vertrauensbereich für μ

Gern gibt man auch den zu $\bar{x}$ unsymmetrischen 95%-Vertrauensbereich (95%-VB) für μ an (vgl. Abschn. 141, 151 u. 311). Hierzu transformiert man die Werte, berechnet den 95%-VB und transformiert zurück (vgl. auch [733], die Bemerkung vor Übersicht 90):

$$\text{95\%-VB:}\quad \text{antilg}\left[\bar{x}_{(\lg x_j)} \pm t_{n-1;0,05}\sqrt{s^2_{(\lg x_j)}/n}\right] \tag{1.155}$$

Für das Beispiel mit den 20 Werten und $\bar{x} = 7{,}35$ ergibt sich:

$[] = 0{,}8357 \pm 2{,}093\sqrt{0{,}02854/20} = 0{,}7566$ bzw. $0{,}9148$ **[139]**
95%-VB: $5{,}71 \leqq \mu \leqq 8{,}22$

Hinweise

1. Wer häufiger empirische Verteilungen mit Normalverteilungen und/oder logarithmischen Normalverteilungen zu vergleichen hat, wird sich der *Auswertungsblätter* (AWF 172a und 173a) bedienen, die der Beuth-Vertrieb herausgibt.

2. Für den *Vergleich der zentralen Tendenz* empirischer Lognormalverteilungen (angenähert gleicher Gestalt) hat *Moshman (1953)* Tafeln zur Verfügung gestellt.

3. Die Verteilung von Extremwerten – Hochwasser von Flüssen, Jahrestemperaturen, Ernteerträge usw. – folgt häufig einer Lognormalverteilung. Da das Standardwerk von *Gumbel (1958)* dem Anfänger Schwierigkeiten bereitet, sei auf die leicht verständlichen graphischen Verfahren von *Botts (1957)* und *Weiss (1955, 1957)* hingewiesen. *Gumbel (1953/ 1964;* vgl. auch *Weibull 1961* sowie *Harter (1978)* erläutert den Gebrauch von **Extremwert**-*Wahrscheinlichkeitspapier* (Hersteller: Technical and Engineering Aids to Management, 104 Belrose Avenue, Lowell, Mass., USA sowie RFD, Tamworth, New Hampshire 03886), das eine bestimmte Verteilungsfunktion von Extremwerten (vgl. auch [1385]) zur Geraden streckt (näheres über Wahrscheinlichkeitsnetze enthält *King 1971)*. Details zur Gumbel-, Extremwert- und Pareto-Verteilung geben Arnold u. Mitarb. (1998).

4. Gewisse sozio-ökonomische Größen wie persönliches Einkommen, Vermögen von Firmen, Größe von Städten oder die Zahl von Firmen in vielen Industriezweigen weisen ebenfalls **rechts flach auslaufende Verteilungen** auf, die sich über große Bereiche auch durch die **Pareto**-*Verteilung* (vgl. Arnold 1983 sowie Cohen und Jones Whitten 1988) – sie existiert nur für Werte oberhalb eines bestimmten Schwellenwertes (z. B. Einkommen > DM 800,–) – oder andere stark linkssteile Verteilungen approximieren lassen. Wird die logarithmische Normalverteilung bis zum Dichtemittel gestutzt, so ist sie über einen weiten Bereich der Pareto-Verteilung sehr ähnlich. Weitere Hinweise zur Pareto-Verteilung geben Cohen (1991) sowie Hutchinson und Lai (1990: Chapt. 20).

5. Wenn unter den nach $x'_j = \lg x_j$ zu transformierenden Beobachtungen Werte zwischen 0 und 1 auftreten, dann multipliziere man alle Beobachtungen mit einem geeigneten Vielfachen von 10, so daß alle x-Werte größer als 1 werden und keine negativen Kennziffern auftreten (vgl. [733]).

14 Der Weg zum statistischen Test

Eine knappe allgemeine Darstellung des statistischen Tests habe ich in M: 67–70 gegeben, erläutert in M: 174–177 anhand des Einstichproben-Mittelwert-Gauß-Tests. **[14]**

Wir wählen hier eine gemütlichere Gangart.

141 Vertrauenswahrscheinlichkeit und Irrtumswahrscheinlichkeit

[141] **Der Schluß von dem Schätzwert auf den Parameter.** Bei verschiedenen Stichproben werden im allgemeinen die aus den Stichproben ermittelten Schätzwerte variieren. Daher ist der aus einer Stichprobe ermittelte Schätzwert (z. B. der Mittelwert $\bar{x}$) nur eine Schätzung des Erwartungswertes μ der Grundgesamtheit, der die Stichprobe entstammt. Zu diesem Schätzwert läßt sich ein Intervall angeben, das sich über die nächstkleineren und -größeren Werte erstreckt und das vermutlich auch den Parameter der Grundgesamtheit enthält. Dieses Intervall um den Schätzwert, das den Parameter mit einschließen soll, heißt **Vertrauensbereich** (Mutungsbereich, Konfidenzbereich; engl. confidence interval). Durch Veränderung der Größe des Vertrauensbereiches mit Hilfe eines entsprechenden Faktors läßt sich festlegen, wie sicher die Aussage ist, daß der Vertrauensbereich den Parameter der Grundgesamtheit enthält. Wählen wir den Faktor so, daß die Aussage **in 95% aller gleichartigen Fälle zu Recht** und in 5% aller gleichartigen Fälle zu Unrecht besteht, dann sagen wir: Mit der Aussage- oder **„Vertrauenswahrscheinlichkeit“** $\underset{\cdot}{P}$ von 95% enthält der Vertrauensbereich den Parameter der Grundgesamtheit.
In 5% aller Fälle wird damit die Behauptung, der Parameter liege im Vertrauensbereich, falsch sein. Wir wählen also den Faktor so, daß die Wahrscheinlichkeit hierfür einen vorgegebenen kleinen Wert α (gr. alpha) nicht überschreitet ($\alpha \leqq 5\%$, d. h. $\alpha \leqq 0{,}05$) und bezeichnen α als **Irrtumswahrscheinlichkeit**. Im Falle einer normalverteilten Grundgesamtheit gibt Tabelle 47 einen Überblick über **Vertrauensbereiche für den Erwartungswert μ der Grundgesamtheit**:

$$\bar{X} \pm z\frac{\sigma}{\sqrt{n}} \text{ bzw. } P\left(\bar{X} - z\frac{\sigma}{\sqrt{n}} \leqq \mu \leqq \bar{X} + z\frac{\sigma}{\sqrt{n}}\right) = \underset{\cdot}{P} = 1 - \alpha \qquad (1.56ab)$$

In (1.156ab und 1.157ab) ist P gleich $2F(z) - 1$;
ein Beispiel wird in Verbindung mit (1.29a′) auf S. 115 gegeben.

Der Wert z ist einer Tabelle der Standardnormalverteilung (Tab. 26 oder 29) zu entnehmen. Sigma (σ) ist die bekannte oder aus einer umfangreichen Stichprobe geschätzte Standardabweichung; $\sigma/\sqrt{n}$ ist der Standardfehler des Mittelwertes (vgl. [1384]).
Man irrt sich also beim sogenannten *Konfidenzschluß* mit der Wahrscheinlichkeit α, d. h. spricht man n-mal die Behauptung aus, der unbekannte Parameter liege im Vertrauensbereich, so hat man im Mittel αn Fehlschlüsse zu erwarten.
Sehen wir uns Tabelle 47 näher an, so erkennen wir, daß $\underset{\cdot}{P}$ (oder α, beide ergänzen sich zu 100% oder zum Wert 1) die Unsicherheit der statistischen Aussage bestimmt.

Tabelle 47. Sichere Aussagen (α klein, $\underset{\cdot}{P}$ groß) sind unscharf (breiter Vertrauensbereich) [141]

Vertrauensbereich für den Erwartungswert μ einer normalverteilten Grundgesamtheit (σ bekannt)	Vertrauenswahrscheinlichkeit $\underset{\cdot}{P}=1-\alpha$	Irrtumswahrscheinlichkeit α
$\bar{X}\pm z(\sigma/\sqrt{n})$	[vgl. (1.156b)]	
$\bar{X}\pm 1{,}645\,\frac{\sigma}{\sqrt{n}}$	90% = 0,9	10% = 0,10
$\bar{X}\pm \mathbf{1{,}960}\,\frac{\sigma}{\sqrt{n}}$	95% = **0,95**	5% = **0,05**
$\bar{X}\pm 2{,}576\,\frac{\sigma}{\sqrt{n}}$	99% = 0,99	1% = 0,01

Je größer $\underset{\cdot}{P}$ ist, um so größer wird bei gegebener Standardabweichung und bei gegebenem Stichprobenumfang der Vertrauensbereich sein. Daraus folgt: Es besteht ein Gegensatz zwischen der Schärfe einer Aussage und der Sicherheit, die dieser Aussage zukommt: **SICHERE AUSSAGEN (d. h. mit hoher $\underset{\cdot}{P}$) SIND UNSCHARF (d. h. weite Bereiche); SCHARFE AUSSAGEN SIND UNSICHER**. Übliche Irrtumswahrscheinlichkeiten (Signifikanzniveaus) sind $\alpha = 0{,}05$, $\alpha = 0{,}01$ und $\alpha = 0{,}001$, je nachdem, wie schwerwiegend die Entscheidung ist, die man aufgrund der Stichprobe fällen will. Für besondere Fälle, vor allem dann, wenn bei den untersuchten Vorgängen Gefahr für Menschenleben besteht, muß eine sehr kleine Irrtumswahrscheinlichkeit vorgegeben werden. In Kapitel 3 ([311]) wird näher auf (1.156ab) eingegangen (vgl. auch S. 190).

Der Schluß vom Parameter auf die Schätzfunktion. Die Parameter einer $N(\mu, \sigma)$-Verteilung seien bekannt. Gefragt sei nach dem zentralen Bereich (um μ), in dem mit vorgegebener Vertrauenswahrscheinlichkeit $\underset{\cdot}{P} = 1 - \alpha$ die Werte $\bar{X}_i$ liegen werden.

Ein Bereich, der mit vorgegebener Wahrscheinlichkeit einen bestimmten **ANTEIL EINER GRUNDGESAMTHEIT** (hier: der Verteilung der $\bar{X}_i$) enthält, heißt **Toleranzintervall** (vgl. Abschnitt 38).

Die Toleranzgrenzen für $\bar{X}$ sind durch

$$\mu \pm z\frac{\sigma}{\sqrt{n}} \text{ bzw. } P\left(\mu - z\frac{\sigma}{\sqrt{n}} \leqq \bar{X} \leqq \mu + z\frac{\sigma}{\sqrt{n}}\right) = \underset{\cdot}{P} = 1-\alpha \qquad (1.157\text{ab})$$

gegeben. Vertauscht man in Tabelle 47 die Symbole μ und $\bar{X}$, so ist sie auch für diesen Zusammenhang gültig. Mit der Vertrauenswahrscheinlichkeit $\underset{\cdot}{P} = 1 - \alpha$ wird ein beliebiger Stichprobenmittelwert $\bar{X}$ vom Toleranzintervall überdeckt, d. h. in $(\underset{\cdot}{P}\cdot 100)\%$ aller Fälle ist $\bar{X}$ innerhalb der angegebenen Toleranzgrenzen zu erwarten. Fällt der Stichprobenmittelwert $\bar{X}$ in das Toleranzintervall, so wird man die Abweichung vom Erwartungswert μ der Grundgesamtheit als **zufällig** betrachten, während man sie andernfalls als auf dem **100α%-Niveau statistisch gesichert** ansieht und dann schließt, die vorliegende Stichprobe entstamme mit der Vertrauenswahrscheinlichkeit $\underset{\cdot}{P} = 1 - \alpha$ einer anderen als der betrachteten Grundgesamtheit.

Übersicht 42. Vertrauensbereiche

[141] Sind für Daten, die sich als Realisierungen von Zufallsvariablen (vgl. [125]) auffassen lassen, Bereichsschätzungen für Parameter vorgesehen, sie sind fast stets wichtiger als Tests, so strebe man 95%-Vertrauensbereiche mit möglichst großen Stichprobenumfängen an; weitere Hinweise enthalten die Übersichten 4 und 5 sowie die Seiten 330 und 355.

Vertrauensbereiche werden enger, sobald man:

- den Stichprobenumfang erhöht (!) bzw.
- die Irrtumswahrscheinlichkeit α erhöht (d. h. $\underset{.}{P} = 1 - \alpha$ herabsetzt).

Der Vorteil der Bereichsschätzung besteht in der Quantifizierung ihrer Unschärfe. Strebt man enge Vertrauensbereiche an, so sollte n groß sein, die Vertrauenswahrscheinlichkeit wird man ungern kleiner als 90% (80%) wählen, d. h. $z_{0,05;\,\text{zweiseitig}} = 1{,}96$ des 95%-VB für μ [vgl. (1.156ab)] wird ersetzt durch $z_{0,10;\,\text{zweiseitig}} = 1{,}645$ für den 90%-VB (bzw. durch $z_{0,20;\,\text{zweiseitig}} = 1{,}282$ f. d. 80%-VB). Wählt man den 90%- oder gar den 80%-VB, so wird die Aussage scheinbar um so genauer, aber eben auch die Chance, falsch zu sein (vgl. Tab. 47).

Alternativen zum 95%-Vertrauensbereich (95%-VB)

(80%-VB: viel kürzer) 90%-VB: kürzer [als der 95%-VB] 99%-VB: länger (99,9%-VB: viel länger)	wenn n	klein groß	ist und/oder eine	nur vorläufige endgültige	Aussage gefordert wird.

Sogenannte **Voraussagebereiche** werden auf S. 333 erwähnt. Besonders wichtig ist z. B. der für den Median einer künftigen Zufallsstichprobe [siehe M. A. Fligner und D. A. Wolfe, Journal of Quality Technology **11** (1979), 192–198].

[142] 142 Nullhypothese und Alternativhypothese

Statistische Hypothesen
Unwahrscheinliche Münzwürfe
Das zufällig statistisch signifikante Ergebnis

Statistische Hypothesen sind aufgrund statistischer Modelle präzisierte Annahmen über teilweise unbekannte Verteilungen beobachteter Merkmale in der sehr umfangreichen Grundgesamtheit, insbesondere über unbekannte Parameter dieser Verteilungen und über Prozesse. Statistische Hypothesen betreffen das Verhalten beobachtbarer Zufallsvariablen mit fester Wahrscheinlichkeitsverteilung.

Die Hypothese, daß zwei Grundgesamtheiten hinsichtlich eines Parameters übereinstimmen, wird **Nullhypothese** genannt. Es wird angenommen, daß die wirkliche Differenz Null ist. Da statistische Tests nur Unterschiede, jedoch keine Übereinstimmung zwischen

den verglichenen Grundgesamtheiten feststellen können, wird die Nullhypothese in der Regel aufgestellt, um verworfen zu werden. Es liegt im Sinne der experimentellen oder **Alternativhypothese**, sie als ungeeignet abzulehnen. **[142]**
Wann können wir nun mit Hilfe eines statistischen Tests die Nullhypothese verwerfen und die Alternativhypothese akzeptieren? Doch nur dann, wenn zwischen beiden Grundgesamtheiten ein echter Unterschied besteht. Uns stehen jedoch nur zwei Stichproben zur Verfügung und nicht die ihnen zugrunde liegenden Grundgesamtheiten. Wir müssen dann die **Stichproben-Variation** berücksichtigen, die schon für Stichproben *einer* Grundgesamtheit unterschiedliche Schätzwerte liefert. Hieraus folgt, daß wir **praktisch immer Unterschiede** erwarten können (vgl. auch S. 354). Für die Entscheidung, ob der Unterschied nur zufällig oder wesentlich ist, müssen wir erklären oder besser **vereinbaren**, an welcher Grenze wir das Walten des Zufalls als „in der Regel", sozusagen als nach menschlichem Ermessen, beendet ansehen wollen.

Wir stellen also eine Nullhypothese auf und verwerfen sie genau dann, wenn sich anhand einer Stichprobe ein Resultat ergibt, das bei Gültigkeit der aufgestellten Nullhypothese unwahrscheinlich ist. Was wir als **„unwahrscheinlich"** ansehen wollen, müssen wir, wenn wir das Vorliegen einer Normalverteilung voraussetzen, genau festlegen. Häufig nimmt man 0,05, d. h. $1{,}96 \cdot \sigma$ als Grenze ($P = 0{,}95$).

Wir können z. B. die Forderung aufstellen, daß eine Wahrscheinlichkeit von (mindestens) 95% vorhanden sein müsse. Diese Wahrscheinlichkeitsforderung besagt, daß beim Werfen einer Münze ein viermaliger Fall auf die Wappenseite gerade noch als zufällig erlaubt ist, hingegen die fünfmalige Wiederholung eines solchen Falles als „überzufällig" angesehen wird. Die Wahrscheinlichkeit, daß eine vier oder fünfmal nacheinander geworfene Münze stets mit derselben vorher festgelegten Seite nach oben zu liegen kommt, beträgt

$$P_{4x} = (1/2)^4 = 1/16 = 0{,}06250$$
$$P_{5x} = (1/2)^5 = 1/32 = 0{,}03125\,,$$

d. h. etwa 6,3% bzw. etwa 3,1%. Wenn also von einem Tatbestand gesagt wird, er sei mit einer Vertrauenswahrscheinlichkeit von 95% als überzufällig gesichert, so heißt das: Seine zufällige Entstehung würde ebenso unwahrscheinlich sein wie das Ereignis, bei fünfmaligem Werfen einer Münze stets „Wappen" zu erhalten. Die Wahrscheinlichkeit, daß eine n-mal geworfene Münze stets mit der Wappenseite nach oben zu liegen kommt, ist Tabelle 48 zu entnehmen [vgl. $(1/2)^n = 1/2^n = 2^{-n}$].
Führt eine Prüfung mit einer Irrtumswahrscheinlichkeit von beispielsweise fünf Prozent *(Signifikanzniveau* $\alpha = 0{,}05$) zur Feststellung eines Unterschiedes, so wird die Nullhypothese abgelehnt und die Alternativhypothese die Grundgesamtheiten unterscheiden sich akzeptiert. Der Unterschied wird **als auf dem 5%-Niveau statistisch signifikant** bezeichnet, d. h. eine richtige Nullhypothese wird in 5% aller Fälle verworfen oder Unterschiede, so groß wie die bei den vorliegenden Stichprobenumfängen beobachteten, werden **so selten durch Zufallsprozesse allein** erzeugt:

a) daß die *Daten* uns nicht überzeugen können, *durch Zufallsprozesse allein* entstanden zu sein, oder – anders formuliert:
b) daß anzunehmen ist, der vorliegende *Unterschied* beruhe nicht nur auf einem Zufallsprozeß, sondern auf einem *Unterschied der Grundgesamtheiten*.

Tabelle 48. Wahrscheinlichkeit P, daß eine n-mal geworfene Münze stets auf dieselbe Seite fällt: Als Modell für ein zufälliges Ereignis

[142]

Ihre Vermutung stimmt: $\sum_{n=1}^{\infty} 0{,}5^n = 1$ wie in A5 unter (3) gezeigt wird.

n	2^n	P: $2^{-n} = (1/2)^n$	P: Niveau	
1	2	0,50000		
2	4	0,25000		
3	8	0,12500		
4	16	0,06250	<10%	
5	**32**	**0,03125**	**<5%**	
6	64	0,01562		
7	128	0,00781	<1%	
8	256	0,00391	<0,5%	
9	512	0,00195		
10	**1024**	**0,00098**	**≈0,1%**	$2^{10} \approx 10^3$
11	2048	0,00049	≈0,05%	
12	4096	0,00024		
13	8192	0,00012		
14	16384	0,00006	<0,01%	

[vgl. Schach: 1 Weizenkorn für das 1. Feld, 2 ... 2., 4 ... 3., 8 ...4., und 2^{63} ($\approx 9{,}2 \cdot 10^{18}$) für das 64. Feld, d. h. nach Anhang A5, (2) insgesamt $2^{64} - 1 \approx 18{,}4 \cdot 10^{18}$ Weizenkörner.]

Stichprobenergebnisse führen nur zu zwei möglichen Aussagen:

1. Entscheidung über Beibehalten oder Ablehnen der Nullhypothese.
2. Angabe von Vertrauensbereichen.

Ein Vergleich zweier oder mehrerer Vertrauensbereiche führt dann wieder zur Prüfung, ob gefundene Differenzen nur zufällig oder auf dem 100α%-Niveau STATISTISCH SIGNIFIKANT sind.

Nullhypothesen und Alternativhypothesen bilden das **Netz**, das wir auswerfen, um „die Welt" einzufangen – sie zu rationalisieren, zu erklären und sie prognostisch zu beherrschen. Die Wissenschaft macht die Maschen des Netzes immer enger, indem sie mit allen Mitteln ihres logisch-mathematischen und ihres technisch-experimentellen Apparates versucht, immer wieder neue speziellere und allgemeinere *Nullhypothesen* möglichst einfacher Natur (erhöhte Prüf- oder Bewährbarkeit) – die Verneinung entsprechender Alternativhypothesen – zu *formulieren* und die Nullhypothesen zu *widerlegen.* Die hieraus resultierenden **Aussagen** sind niemals absolut sicher, sondern **grundsätzlich vorläufiger Art**, führen zu neuen schärfer gefaßten Hypothesen und Theorien, die immer strengeren Prüfungen unterzogen werden und den wissenschaftlichen Fortschritt, die verbesserte Wirklichkeitserkenntnis der Welt, ermöglichen. **Ziel der Wissenschaft dürfte es sein, ein Maximum empirischer Fakten durch ein Minimum an Hypothesen und Theorien zu erklären** und diesen dann wieder zu mißtrauen. Das eigentlich Schöpferische hierbei ist die Formulierung der *Hypothesen.* Zuerst bloße *Annahmen* werden sie zur *empirischen Verallgemeinerung* kleineren oder größeren Bestätigungsgrades. Lassen sich Hypothesen in eine *Rangordnung* bringen und bestehen zwischen ihnen *deduktive Beziehungen,* d. h. lassen sich aus einer allgemeinen Hypothese spezielle Hypothesen herleiten, so liegt bereits eine **Theorie** vor. Innerhalb von Theorien *Gesetze* aufzustellen und einzelne isolierte Theorien zu einem *wissenschaftlichen Weltbild* zusammenzufassen und **verläßliche Voraussagen** zu machen, sind weitere Ziele der Wissenschaft.

Nach Popper (1972, S. 191) kann als Ziel der Wissenschaft (der Erfahrungswissenschaft) angesehen werden, **zufriedenstellende Erklärungen** für dasjenige zu geben, was unserer Ansicht nach erklärt werden sollte.

Hinweis: Das zufällig statistisch signifikante Ergebnis

Im Wesen der Irrtumswahrscheinlichkeit liegt es, daß unter einer größeren Anzahl von Stichproben aus einer gemeinsamen Grundgesamtheit, die eine oder andere **rein zufällig** herausfallen kann. [142] *Die Wahrscheinlichkeit, bei einer begrenzten Anzahl von n Untersuchungen zufällig ein signifikantes Ergebnis zu erhalten,* kann man mit Hilfe der Entwicklung des Binoms $[\alpha + (1-\alpha)]^n$ bestimmen. Unter Zugrundelegung einer Irrtumswahrscheinlichkeit in Höhe von $\boldsymbol{\alpha}$ **= 0,05** gilt beispielsweise für 2 gleichartige Untersuchungen nach dem aus der Schule bekannten Binom $(a+b)^2 = a^2 + 2ab + b^2 = (0{,}05+0{,}95)^2 = 0{,}05^2 + 2 \cdot 0{,}05 \cdot 0{,}95 + 0{,}95^2 = 0{,}0025 + 0{,}0950 + 0{,}9025 = 1{,}000$; d. h.

1. Die Wahrscheinlichkeit, daß bei Geltung der Nullhypothese **beide** Untersuchungen statistische Signifikanz ergeben, ist mit $P = 0{,}0025$ sehr gering.
2. Die Wahrscheinlichkeit, daß **eine** der beiden Untersuchungen statistisch signifikant ausfällt, ist mit $P = 0{,}0950$ oder knapp 10% sehr viel größer (H_0 gilt).
3. Mit großer Wahrscheinlichkeit wird natürlich **keine** der beiden Untersuchungen statistische Signifikanz ergeben ($P = 0{,}9025$) (H_0 gilt).

Entsprechende Wahrscheinlichkeitswerte können für andere Irrtumswahrscheinlichkeiten bzw. auch für 3 und mehr Untersuchungen ermittelt werden. Zur Übung seien noch die Wahrscheinlichkeiten für $\alpha = 0{,}05$ und 3 Untersuchungen berechnet: Wir erinnern uns an

$$(a+b)^3 = a^3 + 3a^2b + 3ab^2 + b^3 \text{ und erhalten}$$
$$(0{,}05+0{,}95)^3 = 0{,}05^3 + 3 \cdot 0{,}05^2 \cdot 0{,}95 + 3 \cdot 0{,}05 \cdot 0{,}95^2 + 0{,}95^3$$
$$= 0{,}000125 + 0{,}007125 + 0{,}135375 + 0{,}857375 = 1$$

Die Wahrscheinlichkeit, daß bei Gültigkeit der Nullhypothese ($\alpha = 0{,}05$) von drei Untersuchungen: (a) eine rein zufällig statistisch signifikant ausfällt, beträgt 13,5%; (b) **mindestens eine** rein zufällig statistisch signifikant ausfällt, beträgt **14,3%** ($0{,}142625 = 0{,}000125 + 0{,}007125 + 0{,}135375 = 1 - 0{,}857375 = 1 - (1-0{,}05)^3 = 0{,}142625$); als Approximation für beliebiges α und n gilt die **Bonferroni-Ungleichung**: Die Wahrscheinlichkeit, mindestens eine der n Nullhypothesen fälschlich zu verwerfen, ist nicht größer als die Summe der Irrtumswahrscheinlichkeiten, d. h. $0{,}143 < 0{,}15 = 0{,}05 + 0{,}05 + 0{,}05$ [für 20 Untersuchungen, jeweils auf dem 5%-Niveau, erhält man $0{,}64 < 1{,}00 = 20 \cdot 0{,}05$] (vgl. (1.7a) auf S. 39 und S. 60).

Mehrfachtests

Es werden k unabhängige Tests bezüglich derselben H_0 geprüft:

alle H_0 seien wahr,
geprüft wird auf dem 100α%-Niveau

Die Wahrscheinlichkeit dafür, daß bei Durchfürung nur **eines** Tests, diese H_0 fälschlich abgelehnt wird, ist α. Die Wahrscheinlichkeit, daß **mindestens eine fälschlich abgelehnt wird**, ist nicht mehr α, sondern (vgl. Tabelle 48 A und S. 147) gleich

$$P_{m1} = 1 - (1-\alpha)^k > \alpha \qquad (1.9c')$$

Tabelle 48A. Wahrscheinlichkeit (gerundet) für kein * bzw. mindestens ein $m1$** falsch positives Testergebnis bei k unabhängigen Tests auf dem 5%-Niveau

k	1	2	**3**	5	**10**	13	14	20	30	40	50	89
kein*	0,95	0,90	0,86	0,77	0,60	0,51	0,49	0,36	0,21	0,13	0,08	0,01
$m1$**	0,05	0,10	**0,14**	0,23	**0,40**	0,49	0,51	0,64	0,79	0,87	0,92	0,99

$*P = 0{,}95^k \qquad **P = 1 - (1-0{,}05)^k = 1 - 0{,}95^k$

Werden also alle einzelnen Tests auf dem 100 a/k%Niveau durchgeführt, so ist das **multiple Niveau,** die Wahrscheinlichkeit mindestens eine Nullhypothese zu verwerfen, obwohl alle richtig sind,
[142] **durch α begrenzt** [vgl. (1.7a) auf S. 39].

Übersicht 43. Mehrfachtestung. **Vier Tests bei Gültigkeit der Nullhypothese.** Wahrscheinlichkeiten für keinen bzw. für wenigstens einen statistisch signifikanten Effekt für zwei vorgegebene Irrtumswahrscheinlichkeiten (vgl. auch S. 70, B54).

1. $\alpha = 0{,}05$ $\quad 1-\alpha = 1-0{,}05 = 0{,}95$

Kein statistisch signifikanter Effekt: $P_{\text{kein}} = 0{,}95^4 = 0{,}8145.$
Mindestens 1 statistisch signifikanter Effekt: $P_{m1} = 1-0{,}8145 = \mathbf{0{,}1855}.$

2. $\alpha = 0{,}05/4 = 0{,}0125$ $\quad 1-\alpha = 1-0{,}0125 = 0{,}9875$

Kein statistisch signifikanter Effekt: $P_{\text{kein}} = 0{,}9875^4 \approx 0{,}95$
Mindestens 1 statistisch signifikanter Effekt: $P_{m1} \approx 1-0{,}95$ oder $\mathbf{0{,}05}$

Bei Studien, in denen mehrere Endpunkte vorgegeben oder zugelassen sind, erhöht sich durch die dann übliche Mehrfachtestung das **Risiko falsch positiver Resultate.** Als erste Hilfe hiergegen multipliziert man den kleinsten P-Wert mit der Zahl k der durchgeführten Tests (Bonferroni-Korrektur). Ein besseres Verfahren geht von k den ansteigend geordneten P-Werten aus und vergleicht z. B. auf dem $100\alpha\%$-Niveau den kleinsten P-Wert mit α/k, den nächstgrößeren mit $\alpha/(k-1), \ldots,$ und den größten mit $\alpha/1 = \alpha$. Näheres zur **Mehrfachtestung** ist [462], M: 186 und 308–310 sowie M2: 89–93 und 136–142 zu entnehmen (vgl. auch Abt 1987, Bauer 1989, Bauer und Mitarb. 1988 sowie Hochberg und Benjamini 1990). Eine Übersicht bietet Pigeot (2000).

143 Fehler 1. Art und Fehler 2. Art

[143] Testentscheidung und Wirklichkeit
Deutlich falsche Nullhypothesen sind abzulehnen
Tausend Münzwürfe

Beim Prüfen einer Nullhypothese anhand eines Tests sind zwei Fehlentscheidungen möglich:

1. Die unberechtigte Ablehnung der Nullhypothese: **Fehler 1. Art.**
2. Das unberechtigte Beibehalten der Nullhypothese: **Fehler 2. Art.**

Während sich die Wirklichkeit unter den beiden Aspekten: (1) die Nullhypothese ist wahr und (2) die Nullhypothese ist falsch darbietet, kann der Test zu zwei Fehlentscheidungen führen: (1) die Nullhypothese fälschlich beibehalten oder (2) die Nullhypothese fälschlich ablehnen, d. h. die Alternativhypothese (H_A) akzeptieren. Den vier Möglichkeiten entsprechen die folgenden Entscheidungen der Übersicht 44.

Wird z. B. bei einem Vergleich festgestellt, daß ein neues Medikament besser ist, obwohl in Wirklichkeit dem alten gleichwertig, so liegt ein Fehler 1. Art vor; stellt sich durch den Vergleich heraus, daß beide Medikamente gleichwertig sind, obwohl tatsächlich das neue besser ist, so wird ein Fehler 2. Art begangen.

Da α größer als Null sein muß, für $\alpha = 0$ würde man die Nullhypothese immer beibehalten, besteht stets ein α-Fehler. Bei vorgegebenem Stichprobenumfang n und α wird β um so größer, je kleiner wir α vorgeben. Nur wenn n unbeschränkt wachsen darf, können α und β

Übersicht 44. Test-Entscheidung und Wirklichkeit

[143]

Entscheidung des Tests es wird die	Wirklichkeit	
	H_0 wahr	H_0 falsch
H_0 beibehalten	Richtige Entscheidung mit $1-\alpha$	FEHLER 2. Art (β) β-Fehler $[P(H_0\|H_A)=\beta]$
H_0 abgelehnt	FEHLER 1. Art (α) α-Fehler $[P(H_A\|H_0)=\alpha]$	Richtige Entscheidung mit der POWER[a] $1-\beta$

[a] Die Power (Teststärke, Trennschärfe) eines Tests ist die Wahrscheinlichkeit, die der H_0 gegenübergestellte richtige Alternativhypothese H_A, die meist auch die Arbeitshypothese ist, als solche zu erkennen (vgl. S. 196/201, 461 und Wallis 1980).

beliebig klein gewählt werden, d. h. bei sehr kleinem α und β kann man die Entscheidung nur mit sehr großen Stichprobenumfängen erzwingen! Bei kleinen Stichprobenumfängen und kleinem α ist die Möglichkeit, tatsächlich vorhandene Unterschiede nachzuweisen, gering: das Ergebnis, es liege kein statistisch signifikanter Unterschied vor, muß dann mit Vorsicht beurteilt werden. **Aus der Nichtablehnung einer Nullhypothese läßt sich nichts über deren Gültigkeit erschließen, solange β unbekannt ist!** !
Wenn wir in diesem Buch den Begriff „signifikant" verwenden, so stets nur im Sinne von „statistisch signifikant" (auf dem verwendeten Niveau).

Deutlich falsche Nullhypothesen sind abzulehnen

Da „kaum falsche" Nullhypothesen (H_0) anhand eines statistischen Tests nicht zu erkennen sind, nehmen wir an, H_0 sei entweder „richtig" oder „deutlich falsch". Die Entscheidung, H_0 nicht abzulehnen (sondern sie „beizubehalten") bedeutet nicht, daß H_0 wahrscheinlich richtig ist, sondern, daß H_0 richtig sein könnte (vgl. Übersicht 45). Es ist somit eine **„schwache" Aussage**. Demgegenüber kann bei der Ablehnung von H_0 – einer **„starken" Aussage** – davon ausgegangen werden, daß H_0 wahrscheinlich falsch ist (und H_A wahrscheinlich richtig ist). Ist dies nicht der Fall, so kommentiert man z. B. „... gelang es nicht, H_0 auf dem 5%-Niveau abzulehnen." Nebenbei bemerkt, den Wissenschaftlern ist im allgemeinen die relative Stärke der Ablehnung von H_0 willkommen. Insbesondere dann, wenn H_0 „deutlich" falsch ist (vgl. auch S. 354).

Je nachdem, welche Fehlentscheidung folgenschwerer ist, wird man in einem konkreten Fall α und β so festlegen, daß die kritische Wahrscheinlichkeit $\leqq 0{,}01$ und die andere $\leqq 0{,}10$ ist. Praktisch wird man α so festlegen, daß bei folgenschwerem

Fehler 1. Art: $\alpha = 0{,}01$ oder $\alpha = 0{,}001$
Fehler 2. Art: $\alpha = 0{,}05$ (oder $\alpha = 0{,}10$)

gewählt wird.

Übersicht 45. Die Nullhypothese, der α-Fehler, der β-Fehler und die Power eines Hypothesentests

[143]

Beim Hypothesentest gibt es zwei Fehler, die **Nullhypothese**
- fälschlich abzulehnen, α-Fehler genannt;
- fälschlich beizubehalten, β-Fehler genannt.

Der α-Fehler ist ein falscher Alarm.
Der β-Fehler ist eine versäumte Gelegenheit.

Die Nullhypothese, kurz „H_0":
- abzulehnen, ist eine „starke" Aussage, besonders, wenn sie „deutlich falsch" ist;
- beizubehalten, ist eine „schwache" Aussage.

Ist H_0 fast richtig, so wird es kaum gelingen, H_0 abzulehnen; **ist** jedoch $\boldsymbol{H_0}$ **deutlich falsch**, so wird ein Test eine gute Chance haben, eine korrekte Entscheidung herbeizuführen, d. h. H_0 mit der Wahrscheinlichkeit $1-\beta$, der sogenannten **„Power"** (Teststärke oder Trennschärfe) zugunsten der richtigen Alternativhypothese abzulehnen, d. h. diese als solche zu erkennen. Aus Power $= f(\alpha, n$, Effektgröße) schließt man auf $n = f$(Effektgröße, α, Power), d.h. bei großem Effekt wird man mit $\alpha = 0{,}05$ und kleinem n schon eine gute Power erzielen (vgl. S. 455, Tab. 157).

Man hat nach *Wald (1950)* die **Gewinne** und **Verluste** zu berücksichtigen, die von fehlerhaften Entscheidungen verursacht werden, einschließlich der Kosten des Prüfungsverfahrens, die von der Art und vom Umfang der Stichprobe abhängen können.

So wird z. B. bei der Herstellung eines Impfserums äußerste Konstanz des Serums gefordert. Nicht einwandfreie Chargen müssen rechtzeitig erkannt und eliminiert werden. Das unberechtigte Beibehalten der Nullhypothese „Serum in Ordnung" bedeutet einen gefährlichen Herstellungsfehler. Man wird also β möglichst klein wählen, während das Verwerfen guter Chargen zwar Unkosten mit sich bringt, im übrigen aber keine ernsten Folgen hat (d. h. etwa $\alpha = 0{,}10$).

Tausend Münzwürfe zur Prüfung der Nullhypothese $\pi = 0{,}5$

Angenommen, wir kennen aufgrund sehr vieler Versuche mit einer bestimmten Münze deren Wahrscheinlichkeit π für das Ereignis „Wappen" – sagen einem Freunde aber lediglich, daß π entweder gleich 0,4 oder gleich 0,5 ist. Unser Freund entschließt sich zur Prüfung der Nullhypothese $\pi = 0{,}5$ für folgenden Versuchsplan. Die Münze wird $n = 1000$mal geworfen. Ist $\pi = 0{,}5$, so würden sich vermutlich etwa 500 „Wappen" einstellen. Unter der Alternativhypothese $\pi = 0{,}4$ wären etwa 400 „Wappen" zu erwarten. Der Freund wählt daher folgendes Entscheidungsverfahren: Tritt das Ereignis „Wappen" weniger als 450mal auf, so lehnt er die Nullhypothese $\pi = 0{,}5$ ab und akzeptiert die Alternativhypothese $\pi = 0{,}4$. Tritt es dagegen 450mal oder häufiger auf, so behält er die Nullhypothese bei.
Ein Fehler 1. Art – Ablehnung einer richtigen Nullhypothese – liegt dann vor, wenn π tatsächlich gleich 0,5 ist und trotzdem bei einem speziellen Versuch weniger als 450 „Wappen" ermittelt werden. Ein Fehler 2. Art wird dann begangen, wenn tatsächlich $\pi = 0{,}4$ ist und sich bei der Prüfung 450 oder mehr „Wappen" ergeben. In diesem Beispiel haben wir α und β etwa gleichgroß gewählt (vgl. npq ist einmal gleich 250 und zum anderen gleich 240). Man kann aber auch bei vorgegebenem Stichprobenumfang n durch Vergrößerung des Annahmebereiches für die Nullhypothese den Fehler 1. Art verkleinern. Beispielsweise läßt sich verabreden, daß die Nullhypothese $\pi = 0{,}5$ nur dann abgelehnt wird, wenn sich weniger als 430 „Wappen" einstellen. Damit wird aber bei konstantem Stichprobenumfang n der Fehler, 2. Art – das Beibehalten der falschen Nullhypothese – um so größer.

Wählt man $\alpha = \beta$, so sind die Wahrscheinlichkeiten für Fehlentscheidungen erster und zweiter Art gleich. Nicht selten wählt man lediglich ein festes α und billigt der **Nullhypothese eine Sonderstellung** zu, da die Alternativhypothese im allgemeinen nicht genau festliegt. **[143]**
So entscheiden einige Standardverfahren der Statistik mit fest vorgegebenem α und unbestimmtem β zugunsten der Nullhypothese: man bezeichnet sie daher als **konservative Tests.**

Nach der **Neymanschen Regel** gibt man ein festes α vor und sucht β möglichst klein zu halten. Vorausgesetzt wird, daß eine wichtige Eigenschaft des Tests bekannt ist, die sogenannte Teststärkekurve oder Gütefunktion (vgl. [147]).

Weiter sei noch auf den zuweilen nicht beachteten **Unterschied zwischen statistischer Signifikanz und „praktischer" Signifikanz** hingewiesen: praktisch bedeutsame Unterschiede müssen schon mit nicht zu umfangreichen Stichproben erfaßt werden können.

> Zusammenfassend sei betont: Eine richtige H_0 wird mit der Vertrauenswahrscheinlichkeit $P = 1 - \alpha$ beibehalten und mit der Irrtumswahrscheinlichkeit $\alpha = 1 - P$ verworfen; $\alpha = 5\% = 0{,}05$ und $P = 95\% = 0{,}95$ besagen, daß eine richtige H_0 in 5% aller Fälle verworfen wird. Alternativen enthält S. 345.

Die Prüfung eines Arzneimittels auf Wirksamkeit und auf Unbedenklichkeit

Bei der „Wirksamkeitsprüfung" von Arzneimitteln besteht H_0 darin, daß das Mittel keine Wirkung hat. Bei der „Unbedenklichkeitsprüfung" besteht H_0 darin, daß das Mittel keine Nebenwirkung hat.

Vergleichen wir jeweils die Fehler 1. und 2. Art. Bei der Untersuchung von Arzneimitteln folgt die Prüfung auf Wirksamkeit die der Prüfung auf Unbedenklichkeit, wobei unterschiedliche Akzente gesetzt werden können. Bei der Prüfung auf

(1) **Wirksamkeit** lautet H_0:
Das Mittel ist ohne Wirkung, d. h. mit **kleinem α** werden nur deutlich wirksame Mittel zugelassen; da dann β nicht klein und die Power klein wird, ist ein Abwürgen möglicher zukunftsträchtiger Mittel nicht auszuschließen.

(2) **Unbedenklichkeit** lautet H_0: Das Mittel ist ohne Nebenwirkung, d. h. mit **nicht kleinem α** werden alle Nebenwirkungen ernst genommen, β wird klein und die Power groß.

Weitere Hinweise

1. Ein Vergleich zweier Parameter anhand eines Tests bemüht sich um Aussagen über ihre Unterschiedlichkeit. Über ihre Gleichheit, einschließlich kleiner Abweichungen (Thema: Bioäquivalenz) informiere man sich z. B. bei Rocke (1984), bei Hoppe (1993: Chapter 18) sowie insbesondere bei Chow und Liu (1999)[vgl. auch S. 354].
2. Es ist unzulässig, anhand ein und derselben Stichprobe eine bestimmte Hypothese zu formulieren und zugleich auch zu prüfen bzw. dieselbe Stichprobe mehrmals zu testen.

Den einfachsten **Zweistichprobentest** behandeln wir in [39] [vgl. auch S. 341, unter (3.40) und S. 353 oben].

Fehler 3. und 4. Art diskutieren *Marascuilo und Levin (1970). Birnbaum (1954), Moses (1956) und Lancaster (1967)* behandeln die Zusammenfassung unabhängiger Signifikanzwahrscheinlichkeiten P_i (vgl. auch [464]). Ein Wert P ist hier im Gegensatz zur fest vorgegebenen Irrtumswahrscheinlichkeit α die empirische Irrtumswahrscheinlichkeit bei Gültigkeit der Nullhypothese für eine konkrete Stichprobe, kurz **beschreibendes oder nominelles Signifikanzniveau** genannt (Übersicht 68 auf S. 461/462 enthält ein Beispiel).

Grundsätzlich lassen sich zwei Strategien unterscheiden. Die des „Entdeckers" und die des „Kritikers". Der **Entdecker** will eine Nullhypothese zurückweisen, er bevorzugt daher ein großes α und ein kleines β. Für den **Kritiker** gilt das Umgekehrte: Er verhindert durch ein kleines α die

Annahme einer falschen Alternativhypothese und läßt durch ein großes β zu, daß die Nullhypothese irrtümlich beibehalten wird.

[143] Außerhalb der Wissenschaft begnügt man sich im allgemeinen mit einem relativ großen α, verhält sich also eher als Entdecker denn als Kritiker.

[144] 144 Das Signifikanzniveau ist nach Möglichkeit vor der Datengewinnung festzulegen

Die meisten Vertreter der mathematischen Statistik betonen, daß das **Signifikanzniveau unbedingt vor der Datengewinnung festzusetzen** sei. Diese Forderung bereitet dem Praktiker mitunter einiges Kopfzerbrechen, wenn er eine begründete vorurteilsfreie Entscheidung erzwingen will (vgl. auch S. 192 und S. 345); Datenanalytiker sind da couragierter, insbesondere, wenn sie EDA-orientiert sind.

Übersicht 46. P-Wert und Sternsymbolik

Ist diese Forderung der Vorgabe einer festen Irrtumswahrscheinlichkeit ausnahmsweise nicht zu erfüllen, dann kann man (1) aber auch den aufgrund der Daten zur Ablehnung der Nullhypothese erreichten ***P*-Wert**, das nominelle Signifikanzniveau angeben. Es hat den Vorteil, einen vollständigen Lagebericht zu geben. Außerdem gestattet es dem Leser, sein (eigenes) problemgerechtes Signifikanzniveau festzulegen und beide zu vergleichen. Besser ist folgendes Vorgehen (2): Im allgemeinen bezeichnet man ein $P > 0{,}05$ als statistisch nicht signifikant (ns). Für $P \leqq 0{,}05$ gibt man anhand der kritischen 5%-, 1%- und 0,1%-Schranken an, zwischen welchen Grenzen P liegt und kennzeichnet statistisch signifikante Befunde durch die **dreistufige Sternsymbolik**:

$$[^{*}]0{,}05 \geqq P > 0{,}01 \qquad [^{**}]0{,}01 \geqq P > 0{,}001 \qquad [^{***}]P \leqq 0{,}001$$

Der P-Wert ist die Wahrscheinlichkeit, **eine mindestens so große Prüfgröße wie die aus den Daten berechnete zu erhalten**, wenn in Wirklichkeit die H_0 gilt; d. h. der P-Wert ist die **ÜBERSCHREITUNGSWAHRSCHEINLICHKEIT**, mit der man sich irrt, wenn man die Nullhypothese ablehnt. Der P-Wert ist somit die wahre aus den Daten gewonnene (empirische) Irrtumswahrscheinlichkeit, die nicht verwechselt werden darf mit der vor Testbeginn festgelegten Irrtumswahrscheinlichkeit α (auch α-Fehler genannt). Gilt H_0, dann ist der Wert P gleichverteilt, andernfalls liegt er nahe bei 0. Beachtet werden muß, daß die Wahrscheinlichkeit, die Nullhypothese beizubehalten, obwohl die genau beschriebene Alternativhypothese gilt (der β-Fehler), hier beim P-Wert unberücksichtigt bleibt. Zu Mehrfachtestung mit P-Werten siehe M: 310 bzw. M2: 92/93.

Bei der Beurteilung von P-Werten ist zu unterscheiden, ob die Hypothesen **vor** der Datengewinnung formuliert wurden oder erst **danach**; in diesem Fall ist ihre Aussage sehr begrenzt.

Konfidenzkurven (VB-Kurven), *P*-Wert-Funktionen: Mehr zum P-Wert ist dem American Journal of Public Health **77** (1987), 195–199 und 880–881 zu entnehmen, in dem der Ansatz nach A. Birnbaum (1961, Journal of the American Statistical Association **56**, 246–249) realisiert wird [vgl. auch Epidemiology **1** (1990), 39–42 und The American Statistician **50** (1996), 203–206, **54** (2000), 242–247].

Es ist zweckmäßig, *vor* der statistischen Analyse von Daten alle jene Hypothesen zu formulieren, die nach dem Stande unseres Wissens relevant sein können und die geeigneten Testmethoden auszuwählen. *Während* der Analyse sollte das Zahlenmaterial sorgfältig daraufhin durchgesehen werden, ob sich nicht noch weitere Hypothesen aus ihm gewinnen lassen. Solche Hypothesen aus dem Material heraus müssen mit großer **Vorsicht** formuliert und geprüft werden, da jede Gruppe von Zahlen **zufällige Extreme** aufweist (vgl. [1385] und [138]). Das Risiko eines α-Fehlers ist in unbestimmter Weise größer als dann, wenn die Hypothesen im voraus formuliert sind. *Die aus dem Material gewonnenen Hypothesen* können als **neue Hypothesen** für spätere Untersuchungen wichtig werden! Sie sofort zu testen ist auch dann, wenn weitere Daten kaum beschafft werden können, **gefährlich**, selten nützlich und generell leider weiter verbreitet als man annehmen sollte. [144]

145 Der statistische Test

[145]

„Tee-Test"Kombinatorik
Einstichproben-Gauß-Test
Nichtablehnungsbereich für H_0
Weiteres zum P-Wert
Arten statistischer Tests
Stochastik, Tests, Induktion und Deduktion

Milk first
is British
standard

Folgende nette Geschichte stammt von *R. A. Fisher (1960).* auf einer Gesellschaft behauptet eine Dame X: Setze man ihr eine Tasse Tee vor, der etwas Milch beigegeben wurde, so könne sie im allgemeinen einwandfrei schmecken, ob zuerst Tee oder ob zuerst Milch eingegossen worden sei. Wie prüft man diese Behauptung? Sicher nicht so: Zwei äußerlich völlig gleichartige Tassen vorsetzen, wobei in die erste zuerst Milch und dann Tee (Reihenfolge MT) und in die zweite zuerst Tee und dann Milch (TM) eingegossen wurde. Würde man jetzt die Dame wählen lassen, so hätte sie offenbar eine Chance von 50% die richtige Antwort zu geben, auch wenn ihre Behauptung falsch ist.

Besser ist folgendes Vorgehen: Acht äußerlich gleiche Tassen nehmen, vier davon in der Reihenfolge MT, die vier anderen in der Reihenfolge TM füllen. Die Tassen zufällig über den Tisch verteilen; dann die Dame herbeirufen und ihr mitteilen, daß von den Tassen je vier vom Typ TM bzw. MT sind, ihre Aufgabe sei, die vier TM-Tassen herauszufinden. Jetzt ist die Wahrscheinlichkeit, ohne Sonderbegabung die richtige Auswahl zu treffen, sehr gering geworden. Aus 8 Tassen kann man nämlich auf $\frac{8 \cdot 7 \cdot 6 \cdot 5}{4 \cdot 3 \cdot 2} = 70$ Arten 4 auswählen; nur eine dieser 70 Kombinationen ist die richtige.

Die Wahrscheinlichkeit, ohne Sonderbegabung, also zufällig, die richtige Auswahl zu treffen, ist daher mit 1/70 = 0,0143 oder etwa 1,4% sehr gering. Wählt die Dame nun wirklich die 4 richtigen Tassen, so werden wir die Nullhypothese – Frau X hat diese Sonderbegabung nicht – fallen lassen und ihr diese besondere Fähigkeit zuerkennen. Dabei nehmen wir eine Irrtumswahrscheinlichkeit von 1,4% in Kauf. Natürlich können wir diese Irrtumswahrscheinlichkeit dadurch noch weiter verringern, daß wir die Anzahl der Tassen erhöhen (z. B. auf 12, je zur Hälfte nach TM bzw. nach MT gefüllt, Irrtumswahrscheinlichkeit $\alpha = 0{,}001$). Charakteristisch ist für unser Vorgehen: **Wir stellen zunächst die Nullhypothese auf und verwerfen sie genau dann, wenn sich ein Ergebnis einstellt, das bei Gültigkeit der Nullhypothese unwahrscheinlich ist**. Stellen wir eine Hypothese auf, die wir mit statistischen Methoden prüfen wollen, so interessiert uns, ob eine vorliegende Stichprobe die Hypothese stützt oder nicht. Im Teetassen-Beispiel würden wir die Nullhypothese verwerfen, wenn die Dame die 4 richtigen Tassen wählt. In jedem anderen Fall behalten wir die Nullhypothese bei. Wir müssen also bei jeder möglichen Stichprobe eine Entscheidung treffen. Im Beispiel wäre auch die Entscheidung vertretbar, die Nullhypothese zu verwerfen, wenn die Dame mindestens 3 richtige Tassen wählt. Näheres über die „Tee-Test"Problematik ist *Neyman (1950), Gridgeman (1959)* und *Fisher (1960) zu* entnehmen.

Um der Schwierigkeit zu entgehen, sich in jedem konkreten Fall die Entscheidung vorher überlegen zu müssen, sucht man nach Verfahren, die eine solche Entscheidung stets

herbeiführen. Ein solches Verfahren, das für jede Stichprobe die Entscheidung, ob das Stichprobenergebnis die Hypothese stützt oder nicht, herbeiführt, heißt **statistischer Test.**
[145] Die Standardtests in der Statistik sind dadurch ausgezeichnet, daß sie in gewisser Weise optimal sind. Viele Tests setzen voraus, daß die Beobachtungen **unabhängig** sind, wie es in sogenannten Zufallsstichproben der Fall ist. Die meisten statistischen Tests werden mit Hilfe einer **Prüfgröße** (oder Teststatistik) durchgeführt. Eine solche Prüfgröße ist eine Vorschrift, nach der aus einer gegebenen Stichprobe eine Zahl errechnet wird. Der Test besteht nun darin, daß je nach dem Wert der Prüfgröße entschieden wird.

Beispielsweise sei X eine normalverteilte zufällige Variable. Bei bekannter Standardabweichung σ wird die Nullhypothese $H_0 : \mu = \mu_0$ (bzw. $\mu - \mu_0 = 0$) aufgestellt, d. h. der Erwartungswert μ der Grundgesamtheit, er wird aus einer Zufallsstichprobe geschätzt, weicht vom erwünschten Sollwert μ_0 nicht ab. Die Alternativhypothese H_A ist die Verneinung der Nullhypothese, d. h. $H_A : \mu \neq \mu_0$ (bzw. $\mu - \mu_0 \neq 0$). Als Prüfgröße für den sogenannten **EINSTICHPROBEN-GAUSS-TEST** dient uns (n = Stichprobenumfang; $\sigma_{\bar{X}} = \sigma\sqrt{n}$ ist der Standardfehler des Mittelwertes)

$$\boxed{\frac{\bar{X} - \mu_0}{\sigma}\sqrt{n} = \frac{\bar{X} - \mu_0}{\sigma_{\bar{X}}} = Z} \qquad (1.158)$$

! Gilt H_0, so ist Z standardnormalverteilt, weist also den Erwartungswert Null auf und variiert bevorzugt im Nichtablehnungsbereich für H_0 (vgl. Übersicht 47).

Übersicht 47. Verteilung der Prüfgröße $Z = (\bar{X} - \mu_0)/\sigma_{\bar{X}}$ für die Prüfung von H_0: $\mu = \mu_0$ gegen H_A: $\mu \neq \mu_0$ auf dem 5%-Signifikanzniveau bei zweiseitiger Fragestellung, d. h. H_A betrifft $\mu > \mu_0$ und $\mu < \mu_0$.

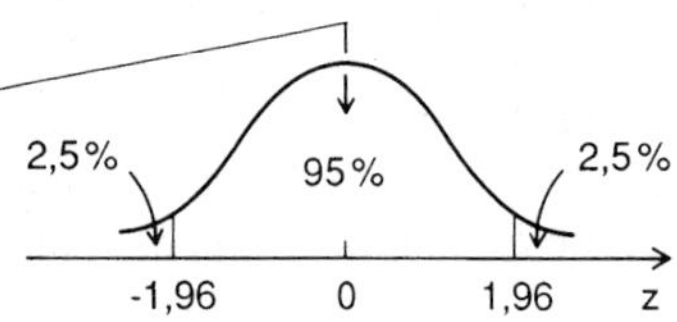

Nichtablehnungsbereich für H_0

$\frac{\bar{X} - \mu_0}{\sigma_{\bar{X}}} < -1{,}96$ H_0 wird abgelehnt	$-1{,}96 \leqq \frac{\bar{X} - \mu_0}{\sigma_{\bar{X}}} \leqq 1{,}96$	$\frac{\bar{X} - \mu_0}{\sigma_{\bar{X}}} > 1{,}96$ H_0 wird abgelehnt

Der Nichtablehnungsbereich für H_0 läßt sich auch schreiben:

$$\boxed{P\left(-1{,}96 \leqq \frac{\bar{X} - \mu_0}{\sigma_{\bar{X}}} \leqq 1{,}96\right) = 1 - 0{,}05 = 0{,}95} \qquad (1.160)$$

Wird H_0 nicht abgelehnt, so könnte (1) die Differenz $\mu - \mu_0$ zu klein sein bzw. H_0 könnte zutreffen und (2) könnte $\sigma_{\bar{X}}$ zu groß sein (d. h. entweder σ zu groß oder n zu klein sein).

Vergleiche auch Hinweis 8, Übersicht 35, Nr. 5 in [1367]. Übersicht 55 in [155] und Formel (3.31) in [316].

Der vom Stichprobenausfall abhängige Wert der Prüfgröße wird von Null mehr oder weniger abweichen. Als Maß der Abweichung nehmen wir den absoluten Betrag $|\hat{Z}|$. [145] Je nach dem **vorgewählten Signifikanzniveau** α läßt sich nun ein kritischer Wert $z_{a/2}$ derart **[145]**
angeben, daß *bei Zutreffen der Nullhypothese* extreme Werte $\hat{Z}$ selten sind und

$$\boxed{P(|\hat{Z}| \geqq z_{a/2}) = \alpha \quad \text{bzw.} \quad P(\hat{Z} \leqq -z_{a/2}) + P(\hat{Z} \geqq z_{a/2}) = \alpha} \qquad (1.159)$$

$$|z| < 1{,}96 \text{ bedeutet } -1{,}96 < z < 1{,}96$$
$$|z| > 1{,}96 \text{ bed. } z < -1{,}96 \text{ und } z > 1{,}96$$

wird. Ergibt die Stichprobe einen Wert der Prüfgröße $\hat{z}$ mit $|\hat{z}| < z$ (z. B. für $\alpha = 0{,}05$ ergibt sich $z = 1{,}96$), so nimmt man an, daß diese Abweichung vom Wert Null der H_0 als **zufallsbedingt** gelten kann. Man sagt: H_0 wird durch die Stichprobe nicht widerlegt. Vorbehaltlich weiterer Prüfverfahren und sozusagen aus Mangel an Beweisen, nicht etwa wegen erwiesener Richtigkeit, wird man sich für ein Beibehalten der Nullhypothese entscheiden. In Übersicht 47 wird dieser Test mit einer Irrtumswahrscheinlichkeit von 0,05 vorgestellt. Der sogenannte **Nichtablehnungsbereich für** H_0, (1.160), umfaßt alle konkreten Prüfgrößen, die die mittleren 95% der Prüfgröße bilden [vgl. auch S. 344/345].

Wird $|\hat{z}| > z$ (z. B. $|\hat{z}| > 1{,}96$ für das 5%α-Niveau), so würde das bei Zutreffen der Nullhypothese das zufallsbedingte Auftreten einer an sich zwar möglichen, aber eben doch recht unwahrscheinlichen großen Abweichung bedeuten. Man sieht es in diesem Fall als wahrscheinlicher an, daß dann die Nullhypothese nicht stimmt und deshalb **entscheidet man sich für das Verwerfen der Nullhypothese auf dem gewählten Niveau**. In Zukunft verwenden wir für die hier vorliegende zweiseitige Fragestellung (vgl. [146]) die vereinfachende Schreibweise $z_{0{,}05} = 1{,}96$; denn $P(|Z| \geqq 1{,}96) = 0{,}05$. Näheres ist Übersicht 68 auf S. 462 zu entnehmen.
Wir werden später noch andere Prüfgrößen als (1.158) kennenlernen (vgl. auch Übersicht 67 in [462]).

Beispiel zum Einstichproben-Gauß-Test

Gegeben: $\mu_0 = 25{,}0$; $\sigma = 6{,}0$ und $\boxed{n = 36}$, $\bar{x} = 23{,}2$

$$H_0: \mu = \mu_0 \quad (H_A: \mu \neq \mu_0) \quad \alpha = 0{,}05 \quad \sigma_{\bar{X}} = \sigma/\sqrt{n} = 6/\sqrt{36} = 1$$
$$\hat{z} = \frac{\bar{x} - \mu_0}{\sigma_{\bar{X}}} = \frac{23{,}2 - 25{,}0}{1} = -1{,}80 \quad \text{und} \quad |\hat{z}| = 1{,}80$$

($\hat{z}$ liegt im Nichtablehnungsbereich für H_0)

Da $|\hat{z}| = 1{,}80 < 1{,}96 = z_{0{,}05}$, kann die Nullhypothese (Gleichheit beider Erwartungswerte) auf dem 5%Niveau nicht abgelehnt werden, sie wird beibehalten.

Eine nicht verworfene Nullhypothese wird, da sie richtig sein kann und nicht im Widerspruch zum vorliegenden Beobachtungsmaterial steht, **vorläufig beibehalten.** Wichtiger als die mögliche Richtigkeit der Nullhypothese ist aber die Tatsache, daß uns ausreichendes Datenmaterial zu ihrer Ablehnung fehlt. Ergänzt man das Material, so ist eine erneute Überprüfung der Nullhypothese möglich. Es ist oft nicht leicht zu entscheiden, wie lange Daten zur Überprüfung der Nullhypothese gesammelt werden sollen; denn **mit genügend großen Stichprobenumfängen lassen sich fast alle Nullhypothesen ablehnen** (in Abschnitt 3.1 werden einige Formeln zur Wahl geeigneter Stichprobenumfänge gegeben).

Beispiel

[145] Gegeben: $\mu_0 = 25{,}0$; $\sigma = 6{,}0$ und $\boxed{n = 49}$, $\bar{x} = 23{,}2$

$$H_0: \mu = \mu_0 \quad (H_A: \mu \neq \mu_0) \quad \alpha = 0{,}05 \quad \sigma_{\bar{X}} = \sigma/\sqrt{n} = 6/\sqrt{49} = 6/7$$

$$\hat{z} = \frac{\bar{x} - \mu_0}{\sigma_{\bar{X}}} = \frac{23{,}2 - 25{,}0}{6/7} = -2{,}10 \quad \text{und} \quad |\hat{z}| = 2{,}10$$

($\hat{z}$ liegt im linken Ablehnungsbereich, d. h. H_0 wird abgelehnt)

Da $|\hat{z}| = 2{,}10 > 1{,}96 = z_{0,05}$, wird die Nullhypothese auf dem 5%-Niveau abgelehnt. Für dieses Beispiel erhalten wir mit $|\hat{z}| = 2{,}10$, d. h. $P(Z \geqq |\hat{z}|) = P(Z \geqq |2{,}10|) = 2 \cdot 0{,}01786 = 0{,}03572$ (vgl. Tabelle 22) den Wert $P = 0{,}036$, der deutlich kleiner ist als die vorgewählte Irrtumswahrscheinlichkeit $\alpha = 0{,}05$; mit $P = 0{,}036 < 0{,}05 = \alpha$ wird H_0 abgelehnt. Näheres ist S. 193 oben sowie Übersicht 68 auf S. 462 zu entnehmen.

Wird wie hier die Kenntnis über den Verteilungstyp und damit über die Verteilungsfunktion wesentlich benutzt, um Aussagen über einen unbekannten Parameter, hier μ, zu machen, so liegt ein **parametrisches Verfahren** vor; andernfalls spricht man von einem **nichtparametrischen** Verfahren, das meist leichter zu verstehen (1), voraussetzungsärmer (2), relativ robust gegenüber Ausreißern (3) und im allgemeinen leichter anzuwenden ist (4) [vgl. auch S. 202 und 203].

Übersicht 48. Weiteres zum P-Wert

Ein aus den Daten berechneter P-Wert ist ein Maß dafür, daß bei Gültigkeit der Nullhypothese ein gleichgroßer oder extremer (meist größerer Wert) der Prüfgröße auftritt als der beobachtete (vgl. S. 188 und 480).

Unter den entsprechenden Voraussetzungen ist der P-Wert die bedingte Wahrscheinlichkeit, einen Wert der berechneten Prüfgröße zu beobachten, der so extrem oder noch extremer (meist so groß oder größer) als der berechnete Wert ist, vorausgesetzt, die Nullhypothese (H_0) gilt. **Ein kleiner P-Wert spricht gegen** H_0. Der berechnete P-Wert hängt ab vom Stichprobenumfang n und vom wahren Unterschied zwischen den Parametern unter der Alternativhypothese. Ist er groß und n ebenfalls, so ist die Power des Tests groß und der P-Wert klein. Ob dieser kleine P-Wert dann auch wissenschaftlich bedeutsam ist, das muß der Fachwissenschaftler (Substanzwissenschaftler) entscheiden, etwa auch mit Hilfe der Tabelle auf S. 345. P-Werte haben als **Überschreitungswahrscheinlichkeiten** ihre Bedeutung insbesondere bei **relativ unstrukturierten Problemen.**

Beachtet sei, daß die Bewertung einer „statistischen Signifikanz auf dem 5%-Niveau“ vom **Umfang der Stichprobe(n)** abhängt: für kleine Stichprobenumfänge n ist die Ablehnung der Nullhypothese ausgeprägter als für große.

Vertrauensbereich und Hypothesentest mit zugehörigem P-Wert

Während der VB auf dem Schätzwert basiert, basiert der statistische Test auf der H_0. Theoretisch sind beide äquivalent: insbesondere beim Einstichprobentest wird die H_0 bezüglich eines Parameters auf dem 100α%-Niveau abgelehnt, wenn der entsprechende $(100 - 100\alpha)$%-VB den Wert Null nicht enthält. **Grundsätzlich ist der VB wichtiger.** In drei Fällen wird er durch den P-Wert ersetzt: (1) bei vielen nichtparameterischen Verfahren, (2) wenn mehrere Parameter simultan verglichen werden und (3) wenn entweder Vorversuche (eher zur Hypothesenfindung) oder keine echten Zufallsstichproben vorliegen und der Wert P **deskriptiv interpretiert** wird. Außerdem wird der P-Wert stets auch dann zusätzlich zum VB angegeben, wenn die H_0 plausibel erscheint.

Power-Hinweis (vgl. [147]) zum Beispiel auf S. 192, etwa für H_A: $\mu = 22{,}5$

Den Nichtablehnungsbereich für H_0	Dann ist die Power $= 1-\beta$
$\left\|\frac{\bar{x}-25}{6/\sqrt{49}}\right\| = \left\|\frac{\bar{x}-25}{6/7}\right\| \leqq 1{,}96$	$= 1 - P(23{,}32 \leqq \bar{x} \leqq 26{,}68 \| \mu = 22{,}5)$
kann man auch schreiben:	$= 1 - P\left[\frac{23{,}32-22{,}5}{6/7} \leqq \frac{\bar{x}-22{,}5}{6/7} \leqq \frac{26{,}68-22{,}5}{6/7}\right]$
$25 - 1{,}96 \cdot 0{,}857 \leqq \bar{x} \leqq 25 + 1{,}96 \cdot 0{,}857$	$= 1 - P(0{,}957 \leqq z \leqq 4{,}877)$
$23{,}32 \leqq \bar{x} \leqq 26{,}68.$	$= 1 - 0{,}17 = 0{,}83$ zufriedenstellend.

[145]

Testtheorie und Vertrauensbereich

Einiges zur Testtheorie ist z. B. Cox (1986), Hinkley (1989), Hinkley u. Mitarb. (1991), Kempthorne (1976), Pratt und Gibbons (1981) sowie Perlman und Wu (1999) zu entnehmen, zum Vertrauensbereich siehe z. B. Casella und Berger (1990), Patel u. Mitarb. (1976), Efron und Tibshirani (1986), Furnival u. Mitarb. (1989), Korn (1987) sowie Weerahandi (1995: Chapter 6). Außerdem sei auf Stuart und Ord (1999, Vol. 2A: Chapters 19 bis 31), auf die in Teil I des Literaturverzeichnisses zitierten grundlegenden Arbeiten von Neyman und Pearson und auf die sehr lesenswerte Neyman-Biographie von Constance Reid (1982) hingewiesen. Zum P-Wert siehe Gibbons und Pratt (1975), Weerahandi (1995: Chapter 5) sowie unter Übersicht 46 auf S. 188.

Die Testtheorie ist in den Jahren um 1930 von E. S. Pearson und J. Neyman entwickelt worden [vgl. *Neyman 1942, 1950, Pearson* und *Kendall 1970* sowie *Barnett 1999* und *Fisz 1980*].

Arten statischer Tests

Stellen wir beim „Tee-Test" nur eine einzige Hypothese, die Nullhypothese, auf und dient der durchgeführte Test nur dazu, zu prüfen, ob diese Hypothese nicht verworfen werden soll, so spricht man von einem **Signifikanztest** (vgl. auch *Barnett 1999*).

Signifikanztest

Siehe zunächst dort

Ein Signifikanztest wie z. B. der **exakte Test nach R. A. Fisher** (vgl. [467]) ist ein Verfahren zur Messung der Übereinstimmung oder Verträglichkeit von Daten einer Zufallsstichprobe mit einer Nullhypothese. Diese Nullhypothese ist eine Feststellung über den die Daten erzeugenden Zufallsprozeß, d. h. wir haben die Beobachtungen x_i und eine Nullhypothese H_0, nach der die x_i beobachtete Werte sind, die einer Zufallsvariablen X mit dem Zufallsmodell (der Verteilung) H_0 folgen; d. h. die x_i sind Realisierungen der Zufallsvariablen X. Dann benötigen wir noch eine Prüfgröße g dergestalt, daß, je größer der aus den Beobachtungen x_i berechnete Wert $g_{\text{beob.}}$ ist, desto stärker die Nicht-Übereinstimmung der Beobachtung mit H_0 zum Ausdruck kommt; und zwar so, daß das Beobachtete Signifikanzniveau $P_{\text{beob.}} = P(g \geqq g_{\text{beob.}}|H_0)$– „$|H_0$" bedeutet „vorausgesetzt H_0 gilt" – wenigstens angenähert berechnet werden kann. Diese Wahrscheinlichkeit $P_{\text{beob.}}$, die Chance, daß ein der H_0 entsprechender die Daten erzeugender Prozeß einen Wert g zustande kommen läßt, der **extremer** ausfällt als (mindestens so groß ausfällt wie) $g_{\text{beob.}}$, dient als summarische Feststellung der **Verträglichkeit** der Daten mit der Wahrscheinlichkeitsverteilung (H_0), die diese Daten erzeugt haben könnte. Entsprechend dem Wert von $P_{\text{beob.}}$ folgt die Entscheidung des Tests: **ist $P_{\text{beob.}}$ sehr klein**, so wird man entscheiden, **die Daten entstammen nicht dem Zufallsmodell H_0**; mit großer Wahrscheinlichkeit liegt den Daten ein anderes Zufallsmodell als H_0 zugrunde. Ist $P_{\text{beob.}}$ nicht sehr klein, so bedeutet dies, das Zufallsmodell H_0 **kann** den Daten zugrunde liegen. Anstatt $P_{\text{beob.}}$ sagt man ***P*-Wert** oder ***P***.

Tests, die zur Nachprüfung von Hypothesen über einen Parameter (z. B. der Nullhypothese $\mu = \mu_0$) dienen, nennt man **Parametertests.** Ein **Anpassungstest** prüft, ob eine beobachtete Verteilung mit einer hypothetischen verträglich ist. Eine besondere Rolle spielt die Frage, ob ein Merkmal normalverteilt ist, da viele Tests dieses voraussetzen. Wenn ein

Test über die zugrundeliegende Verteilung keine Voraussetzungen macht, bezeichnet man ihn als **verteilungsunabhängig** oder als **verteilungsfrei.** Anpassungstests gehören zu den
[145] verteilungsfreien Verfahren. Wir sehen jetzt auch, daß optimale Tests **unempfindlich** oder **ROBUST** gegenüber Abweichungen von bestimmten Voraussetzungen (z. B. Normalverteilung), aber **empfindlich** gegenüber den zu prüfenden Abweichungen von der Nullhypothese sein sollten. Ein Test ist bezüglich einer bestimmten Voraussetzung robust, wenn er auch bei stärkeren Abweichungen von dieser Voraussetzung ausreichend genaue Resultate liefert, d. h. wenn die effektive der vorgegebenen Irrtumswahrscheinlichkeit entspricht. Näheres über **robuste Tests** sowie über **adaptive Tests**, die im Sinne einer Anpassung an den vorliegenden Datensatz erklärt werden, ist Büning (1991) und van Ryzin (1988) zu entnehmen.

Übersicht 49. Stochastik

Statistik kann definiert werden als die Methodik oder Kunst, Daten zu gewinnen und zu analysieren, um zu neuem Wissen zu gelangen, wobei die mathematische Behandlung von **Zufallserscheinungen** im Vordergrund steht. Der sich mit der mathematischen Behandlung von Zufallserscheinungen befassende Wissenschaftsbereich, der durch Wahrscheinlichkeitstheorie, Statistik und deren Anwendungsgebiete gekennzeichnet ist, wird als **Stochastik** bezeichnet.

Das aus dem Griechischen abgeleitete Wort „Stochastik" bedeutet Mutmaßung (Vermutung), es dient als Sammelbegriff für die Wahrscheinlichkeitsrechnung einschließlich kombinatorischer Grundlagen und die Beurteilende Statistik. Zentraler Begriff ist das **zufällige Ereignis.**

Stochastische (zufallsabhängige) Vorgänge werden anhand von Modellen erfaßt. In **stochastischen Modellen** werden transparente Strukturen parallel zu den Phänomenen aufgebaut, um wichtige Aspekte einer ungewissen Wirklichkeit aus rationaler Distanz verständlich zu machen.

Während in der **Wahrscheinlichkeitsrechnung**, etwa bei der Anwendung der Binomialverteilung Wahrscheinlichkeiten berechnet werden – dies ist ein **direkter Schluß** von den bekannten Parametern auf den zu erwartenden Wahrscheinlichkeitswert, ein **deduktiver** Schluß – wird in der **induktiven Statistik** anhand einer Zufallsstichprobe im **indirekten** Schluß z. B. von den **Schätzwerten** $\bar{x}$ **und** s **auf die Parameter** μ **und** σ einer normalverteilten Grundgesamtheit geschlossen.

Dem **induktiv** geführten Schluß der *zufallskritischen Statistik* von einer Zufallsstichprobe (d. h. einer Stichprobe, die bis auf zufällige Fehler die Grundgesamtheit vertreten kann, für sie repräsentativ ist) auf die zugehörige Grundgesamtheit stellt die *Wahrscheinlichkeitsrechnung* den **deduktiv** geführten Schluß von der Grundgesamtheit, von dem Modell auf die Eigenschaften der mit dem Modell verträglichen zufälligen Stichproben gegenüber (vgl. auch S. 280 und S. 344).

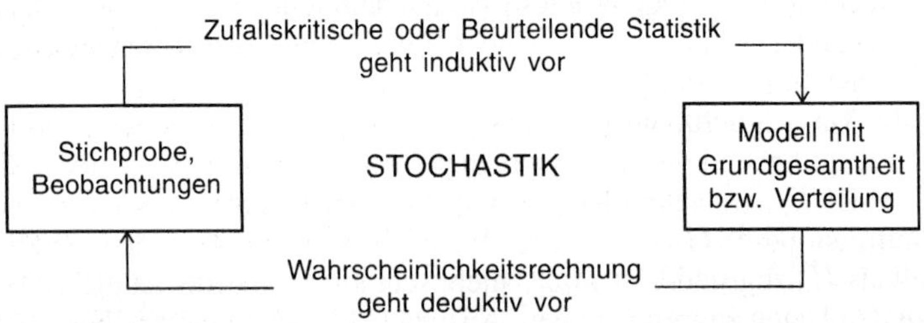

Die **Zufallskritische oder Beurteilende Statistik** (vgl. [11]) hat zwei Aufgaben:

1. Die Schätzung unbekannter Parameter der Grundgesamtheit mit Angabe der Vertrauensgrenzen *(Schätzverfahren)*.
2. Die Prüfung von Hypothesen über die Grundgesamtheit (*Testverfahren*).

Je mehr Eigenschaften der Grundgesamtheit aufgrund plausibler Theorien oder aus früheren Erfahrungen wenigstens in groben Zügen bekannt sind, desto präziser wird das gewählte wahrscheinlichkeitstheoretische Modell sein und desto präziser lassen sich die Resultate der Test- und Schätzverfahren fassen. [145]

Wesentlich für die wissenschaftliche Methode ist die Verbindung deduktiver und induktiver Prozesse: Der *Induktion,* die eine immer weiter verfeinerte Analyse voraus [145] setzt, obliegt es, aufgrund empirischer Beobachtungen ein **Modell zu schaffen,** es zu prüfen und zu verbessern. Der *Deduktion* fällt die Aufgabe zu, die aufgrund bisheriger Modellkenntnis latenten Konsequenzen des Modells aufzuzeigen, die besten Verfahren zur **Errechnung der Schätzwerte** für die Parameter der Grundgesamtheit des Modells aus der Stichprobe auszuwählen und die Natur der statistischen Verteilung dieser Schätzwerte für zufällige Stichproben zu deduzieren.

146 Einseitige und zweiseitige Tests

Besteht der Zweck eines Versuches darin, zwischen zwei Behandlungen, besser zwischen zwei durch unterschiedliche Behandlungen geschaffenen Grundgesamtheiten, einen Unterschied festzustellen, so wird man im allgemeinen über die Richtung eines vermutlichen Größenunterschiedes der beiden Parameter – sagen wir der Erwartungswerte zweier Meßreihen – im unklaren sein. Der Nullhypothese: Die beiden Erwartungswerte entstammen einer gemeinsamen Grundgesamtheit ($\mu_1 = \mu_2$) – ihre Unhaltbarkeit nachzuweisen ist unser Ziel – wird, da unklar ist, welcher Parameter der größere Wert sein wird, die Alternativhypothese: die beiden Erwartungswerte entstammen unterschiedlichen Grundgesamtheiten ($\mu_1 \neq \mu_2$), gegenübergestellt. Mitunter gestattet uns eine **BEGRÜNDETE HYPOTHESE** (!) über die Richtung des zu erwartenden Unterschiedes bestimmte Voraussagen zu machen, etwa: der Erwartungswert der Grundgesamtheit I ist größer als der Erwartungswert der Grundgesamtheit II ($\mu_1 > \mu_2$), oder die entgegengesetzte Aussage $\mu_1 < \mu_2$. In beiden Fällen müssen wir dann diejenige der beiden Abweichungen, **die die Alternativhypothese nicht berücksichtigt, zur Nullhypothese rechnen**. Lautet die Alternativhypothese $\mu_1 > \mu_2$, so ist die entsprechende Nullhypothese $\mu_1 \leqq \mu_2$. Der Alternativhypothese $\mu_1 < \mu_2$ entspricht dann die Nullhypothese $\mu_1 \geqq \mu_2$. vgl. S. 343

Lautet die Alternativhypothese $\mu_1 \neq \mu_2$, so sprechen wir von einer **zweiseitigen** Alternativhypothese, da, bei Ablehnung der Nullhypothese ($\mu_1 = \mu_2$), $\mu_1 > \mu_2$ oder $\mu_1 < \mu_2$ als mögliche Resultate in Frage kommen. Man spricht von der **zweiseitigen Fragestellung** und vom zweiseitigen Test. Bei der **einseitigen Fragestellung** – ein Parameter ist größer als der andere – wird der Alternativhypothese $\mu_1 > \mu_2$ die Nullhypothese $\mu_1 \leqq \mu_2$ gegenübergestellt (bzw. $\mu_1 < \mu_2$ gegenüber $\mu_1 \geqq \mu_2$).

Vergleich der Stichprobenumfänge für ein und zweiseitige Tests

Je nachdem, ob die Alternative zweiseitig oder einseitig ist, spricht man von der zweiseitigen Fragestellung, dem zweiseitigen Test bzw. von der einseitigen Fragestellung, dem einseitigen Test, der eine höhere Power zur Ablehnung der Nullhypothese aufweist, vorausgesetzt, die Alternativhypothese gilt. Für den symmetrischen zweiseitigen Test gilt mit linkem und rechtem Ablehnungsbereich für die Nullhypothese: $\alpha_{\text{links}}/2 + \alpha_{\text{rechts}}/2 = \alpha$ für den einseitigen Test gilt dagegen $\alpha_{\text{rechts}} = \alpha$ oder $\alpha_{links} = \alpha$. Für die zweiseitige Fragestellung und einem symmetrischen Test (z. B. den t-Test) benötigt man für $\alpha = 0{,}05$ und $\beta \approx 0{,}25$ oder $\beta - 1 \approx 0{,}75$ etwa 30% mehr Beobachtungen.

Wenn man die Richtung eines vermutlichen Größenunterschiedes zweier Parameter – beispielsweise Erwartungswerte oder π und π_0 – kennt, **dann entscheide man sich VOR der statistischen Analyse zu einem einseitigen Test.** Weiß man, daß zu der Nullhypothese $\pi = \pi_0$, beispielsweise gleicher Therapie-Effekt zweier Heilmittel, die Alternativhypothese $\pi < \pi_0$, das neue Heilmittel ist schlechter, aufgrund der Erfahrungen oder Vorversuche praktisch ausgeschlossen werden kann, dann ist der *einseitige* Test $\pi > \pi_0$ dem zweiseitigen [146]

Test $\pi \neq \pi_0$ beide Heilmittel sind ungleich in ihrer Wirkung, das neue Heilmittel ist besser oder schlechter als das alte, vorzuziehen, weil er die größere Power besitzt, die Unrichtigkeit der zu prüfenden Hypothese also häufiger aufdeckt.

[146] Einseitige Tests sind nur dann sinnvoll, wenn ein Unterschied in der unerwarteten und daher nicht getesteten Richtung wirklich (so) bedeutungslos ist (wie der Befund „kein Effekt"), eine Situation, die eher in der angewandten als in der Grundlagenforschung vorkommen dürfte, etwa in der Medizin: gerichtete H_A plausibler als H_0, $n_1 \approx n_2$ und beide zu klein, um den vermuteten Unterschied sicher zu erfassen; hier kann es sinnvoll sein, einseitig sogar auf dem 10%-Niveau zu prüfen. Allerdings: Resultaten aus **isolierten Studien**, die auch in modifizierter Version nicht wiederholt werden (bzw. werden können), ist mit gehöriger Skepsis zu begegnen [vgl. auch The American Statistician **47** (1993), 217–228 und **50** (1996), 271–275].

Hinweis: Bälle auf Fächer verteilen

Werden n gleiche Bälle auf k Fächer verteilt, so daß x Fächer nicht mehr leer sind, dann kann man prüfen, ob die Bälle noch zufällig verteilt sind: d. h. ob zu viele Fächer oder zu wenige Fächer leer geblieben sind (vgl. *David 1950)*. So läßt sich anhand einer von *Nicholson (1961)* gegebenen Tabelle für beide einseitige Fragestellungen auf dem 5%-Niveau einmal für k = 12, n = 22 und x = 8 (zu viele leere Fächer) und zum anderen für k = 12, n = 15 und x = 11 (zu wenige leere Fächer) eine **Abweichung von der Zufallsverteilung** feststellen (vgl. auch [47], insbes. S. 487). Für $n \ll k$ gilt $P_{\text{mindestens 2 Bälle pro Fach}} = 1\{k!/[(k-n)k^n]\}$; für großes n gilt die Approximation $P \approx 1 - \{1 - (n/k)^{n-k-0,5}\}$ [vgl. auch die Modelle auf den Seiten 249 und 258].

147 Die Power (Teststärke, Trennschärfe)

[147] Bei Entscheidungsverfahren sind α- und β-Fehler (vgl. S. 185/186) zu berücksichtigen.

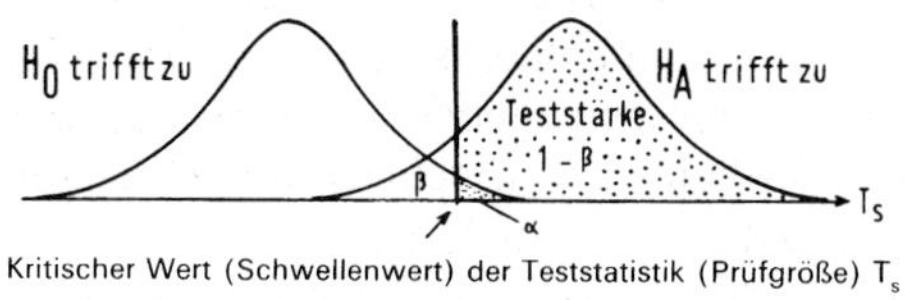

Abb. 30. Die Teststärke, Trennschärfe oder Power

Der Zusammenhang zwischen ihnen läßt sich anhand der Abb. 30 aufzeigen. Zwei Stichprobenverteilungen einer gegebenen Prüfgröße oder Teststatistik seien durch die beiden Glockenkurven dargestellt, die linke repräsentiere die Nullhypothese (H_0), die rechte eine spezifizierte (einseitige) Alternativhypothese (H_A). Erhalten wir nun aufgrund eines bestimmten Entscheidungsverfahrens einen kritischen Wert für die Teststatistik, dann sind – je nach Lage der aus einer Stichprobe empirisch ermittelten Teststatistik – zwei Entscheidungen möglich. Erreicht oder überschreitet dieser Wert der Teststatistik den kritischen Wert, dann wird die Nullhypothese abgelehnt, d. h. die Alternativhypothese akzeptiert. Wird der kritische Wert durch die Teststatistik nicht erreicht, dann besteht keine Veranlassung, die Nullhypothese abzulehnen, d. h. sie wird beibehalten. Abb. 31 zeigt, daß je nach Lage des kritischen Wertes der Teststatistik – bei konstantem Abstand zwischen den mittleren Teststatistiken für $H_0(T_{s1})$ und $H_A(T_{s2})$ – **mit kleiner werdender Irrtumswahrscheinlichkeit α der β-Fehler zunimmt und die Power $1 - \beta$ abnimmt.**

Der möglichst kleine β-Fehler, eine falsche Nullhypothese beizubehalten, *hängt ab*:

1. Vom Umfang der Stichprobe n : Je größer die Stichprobe ist, um so eher wird bei gegebener Irrtumswahrscheinlichkeit α ein Unterschied zwischen zwei Grundgesamtheiten entdeckt werden.

[147]

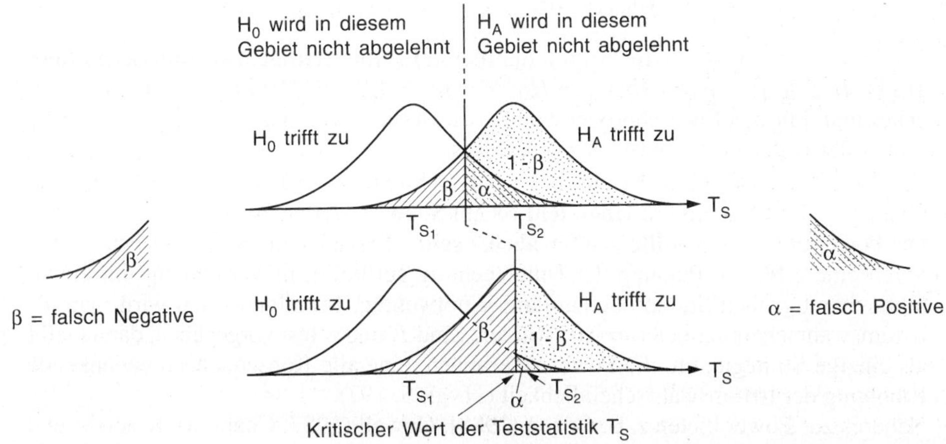

Abb. 31. Kritischer Wert der Teststatistik (Prüfgröße) in Abhängigkeit von α (und β)

2. Vom Grad des Unterschiedes δ zwischen dem hypothetischen und dem wahren Zustand des zu erfassenden Effektes, das ist der Betrag δ, um den die Nullhypothese falsch ist. Näheres zur **Effektgröße** ist Psychol. Meth. **6** ('01), 135–146, Greenland (1987), Cohen (1988) sowie den Hinweisen zu Rosnow und Rosenthal (1989) und zu Kirk (1995) zu entnehmen.
3. Von der Eigenart des Tests, die man als **Power** bezeichnet. Die Teststärke, **Trennschärfe** oder **Power** ist um so größer:
   a) Je höher der vom Test verwendete Informationsgehalt der Ausgangsdaten ist – nimmt also in der Reihe: Häufigkeiten, Rangplätze und Meßwerte zu (vgl. [148]).
   b) Und je mehr Voraussetzungen über die Verteilung der Werte gemacht werden: Ein Test, der Normalverteilung und Varianzhomogenität erfordert, ist im allgemeinen wesentlich stärker als einer, der keinerlei Voraussetzungen macht.

Die Power eines Tests ist die Wahrscheinlichkeit H_0 abzulehnen, wenn die spezielle einfache H_A richtig ist. Sie hängt damit zumindest ab von δ, α, n und von der Gerichtetheit oder Seitigkeit des Tests (zwei oder einseitiger Test).

Einfache Hypothesen sind z. B. in Übersicht 50, Zeile 2 genannt. Zusammengesetzte Hypothesen liegen vor, wenn zwei oder mehr Werte als möglich angenommen werden (z. B. H_A: $\mu \neq \mu_0$ oder H_A: $\mu > \mu_0$), sie sind typisch für Alternativhypothesen.

$$\boxed{\text{Power} = P(\text{Entscheidung } H_0 \text{ abzulehnen} \mid H_A \text{ trifft zu}) = 1 - \beta} \qquad (1.161)$$

Je kleiner bei vorgegebenem α die Wahrscheinlichkeit β ist, desto schärfer trennt der Test H_0 und H_A. Ein Test heißt trennscharf (powerful), wenn er im Vergleich zu anderen möglichen Tests bei vorgegebenem α eine relativ hohe Trennschärfe aufweist. **Wenn H_0 wahr ist, ist die Maximalpower eines Tests gleich α.**

Wählen wir α = 0,05 und eine Power von 0,8, d. h. β/α = 0,20/0,05 = 4, so bedeutet dies, daß der **α-Fehler viermal so wichtig ist wie der β-Fehler** (vgl. dagegen 0,1/0,1).

Wie viele Beobachtungen sind erforderlich?

Zu kleine Stichprobenumfänge sind nicht einmal in der Lage, **große Unterschiede** zwischen zwei Parametern zu erfassen; zu große Stichprobenumfänge entdecken **winzige Unterschiede**, die praktisch bedeutungslos sind. Daher muß man sich zunächst überlegen, welcher Unterschied (oder Effekt), falls vorhanden, unbedingt gefunden werden soll. Danach ist festzulegen, mit welcher Wahrscheinlichkeit oder Power zumindest dieser Unterschied/Effekt gefunden werden soll: im allgemeinen wird man einen Test nur durchführen, !

Übersicht 50. Zur Power eines Tests

[147] **Die Power eines Tests ist die Wahrscheinlichkeit, eine richtige Alternativhypothese** H_A (z. B. H_A: $\mu = \mu_1 = 15$ gegen H_0: $\mu = \mu_0 = 12$; vgl. M:177–179) **als solche zu erkennen.** Für den Einstichproben-Gauß-Test ist die Power natürlich um so größer, je größer der Unterschied zwischen μ_0 und μ ist, d. h. je größer der absolut genommene Wert der Prüfgröße ist: je größer $|\mu - \mu_0|$, je kleiner σ und je größer n ist (d. h. je kleiner $\sigma_{\bar{x}}$, ist). Näheres ist **Übersicht** 68 auf S. 462 zu entnehmen.
Die Power eines Tests **sollte größer als 0,7 sein.** Hierzu ist ein deutlicher Effekt (E), durch eine effektive Planung der Untersuchung gefördert, in Verbindung mit einem hinreichend großen Stichprobenumfang n notwendig. Im allgemeinen wird man als Irrtumswahrscheinlichkeit $\alpha = 0{,}05$ wählen. Sind E und n fest vorgegeben, dann bleibt als einzige Strategie, um die Power zu erhöhen, eine alle Konsequenzen bedenkende Erhöhung der Irrtumswahrscheinlichkeit α (vgl. S. 197).
Näheres zur Power bieten z. B. Cohen (1988), Howell (1987: Chapt. 8), Kraemer und Thiemann (1987), Lipsey (1990), Lovie (1986), Rosenthal und Rosnow (1991) sowie Zar (1999). An der Medizin Interessierte werden auch Beaumont und Breslow (1981) sowie Freiman u. Mitarb. (1978) konsultieren (vgl. auch S. 201).

wenn die Power DEUTLICH GRÖSSER IST ALS 0,5. Für die Irrtumswahrscheinlichkeit wird bei zwei- bzw. einseitiger Fragestellung in vielen Fällen das 5%-Niveau ($\alpha = 0{,}05$) bevorzugt. Will man hiervon abweichen, so sollten alle Konsequenzen bedacht und die Abweichung kommentiert werden (vgl. auch S. 537).

Wegen der **oft zu kleinen Stichprobenumfänge** bei klinischen Therapiestudien ist anzunehmen, daß viele als unwirksam abgelehnte Therapien doch noch klinisch bedeutungsvoll sein werden (Freiman und Mitarb. 1978). Beaumont und Breslow (1981) betonen, daß auch bei retrospektiven Untersuchungen (vgl. S. 311) Power-Studien unerläßlich sind [vgl. jedoch Amer. Statist. **55** (2001), 19–24].

Nur bei großem n oder bei großem Unterschied δ wird sich dann, wenn ein sehr kleines α vorgegeben wird, statistische Signifikanz ergeben. Daher begnügt man sich häufig mit dem 5%-Niveau und einer **POWER VON MINDESTENS 70%, BESSER VON ETWA 80%**. Beliebig läßt sich die Trennschärfe nur durch wachsenden Stichprobenumfang erhöhen. Es sei daran erinnert, daß Zufallsstichproben mit unabhängigen Beobachtungen vorausgesetzt werden (vgl. auch [472]). Trennschärfevergleiche von Tests werden anhand der asymptotischen. Effizienz (asymptotic relative efficiency, Pitman efficiency, vgl. (1.163) und den Anfang von [394]) vorgenommen.
Beim Übergang von der einseitigen auf die zweiseitige Fragestellung vermindert sich die Power. Für Abb. 32 würde das bedeuten: Das „Dreieck“ a wird halbiert, der kritische

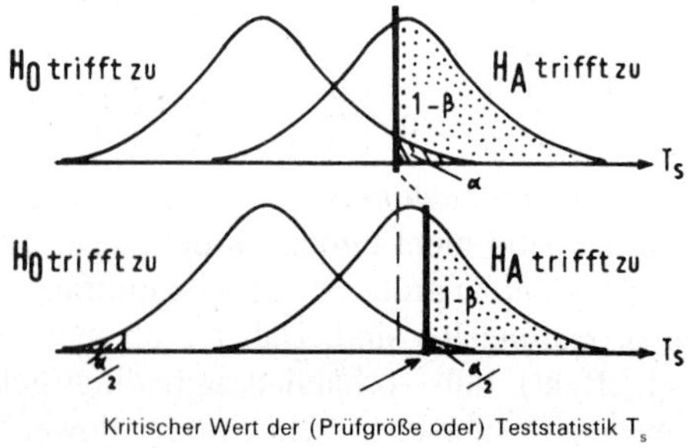

Abb. 32. Abhängigkeit der Power von der ein oder zweiseitigen Fragestellung

[147]

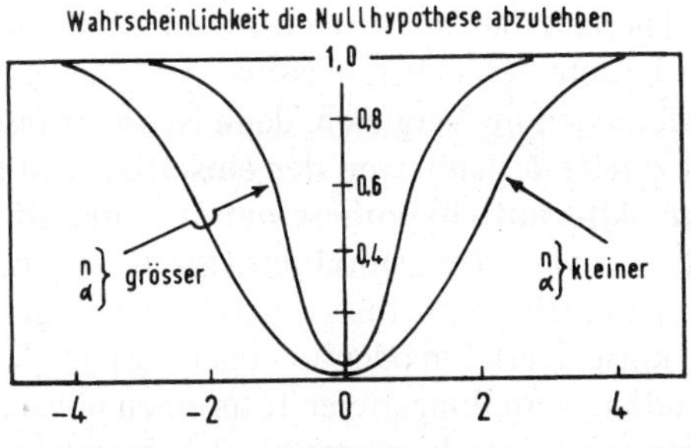

Abb. 33. Teststärkekurven (Gütefunktionen) für unterschiedliche Bedingungen bei zweiseitiger Fragestellung, die mittlere Ordinate gibt für beide Kurven die Irrtumswahrscheinlichkeiten ($\alpha \approx$ 0,01 bzw. $\alpha \approx$ 0,03), mit zunehmendem α und n nähern sich die napfförmigen Kurven ihrer Symmetrieachse, der Ordinate; alles schematisiert

T_S-Wert wandert nach rechts, erhöht sich, β wird größer und die Power $1 - \beta$ kleiner. Bei gleichem Stichprobenumfang ist ein **einseitiger Test stets trennschärfer** als der zweiseitige. Die in Abb. 33 stark schematisiert gezeichneten Teststärkekurven zeigen die **Power als Funktion des Unterschiedes zwischen zwei Erwartungswerten**. Ein Test ist bei gegebener Parameter-Differenz um so stärker, je größer n und α werden. Für α ist der uns zur Verfügung stehende Variationsbereich natürlich nur klein, da wir das Risiko, eine wahre Nullhypothese abzulehnen, im Normalfall nur ungern über 5% anwachsen (vgl. Übersicht 50) lassen werden:

1. Besteht zwischen den Erwartungswerten der Grundgesamtheiten kein Unterschied, so werden wir, wenn wir mit der Irrtumswahrscheinlichkeit (dem Signifikanzniveau) α arbeiten, in α% der Fälle die Nullhypothese zu Unrecht aufgeben.
2. Besteht zwischen den Erwartungswerten ein Unterschied von **1,5 Einheiten** von σ_0, so wird der stärkere Test, die **engere** umgekehrte Glockenkurve der Abb. 33, bei 100 Stichproben **80mal** den bestehenden Unterschied nachweisen (Power = 0,80). Dagegen wird der schwächere Test – die weite umgekehrte Glockenkurve – ziemlich versagen; er wird nur in 30% der Fälle den Unterschied aufdecken (Power = 0,30).
3. Besteht zwischen den Erwartungswerten ein sehr großer Unterschied, dann haben beide Kurven die Power 1.

Wir haben somit gesehen, daß beim zweiseitigen Test mit zunehmendem Abstand $\mu - \mu_0$ die Wahrscheinlichkeit, die Nullhypothese abzulehnen, zunimmt und daß es mit kleiner werdendem Signifikanzniveau und mit kleiner werdendem Stichprobenumfang schwieriger wird, eine wahre Alternativhypothese zu akzeptieren. Auch hieraus ersehen wir, daß zur Erzielung einer guten Teststärke möglichst große Stichprobenumfänge verwendet werden sollten. **Ist der Stichprobenumfang klein, dann sollte das Signifikanzniveau nicht zu klein sein, da sowohl die kleine Stichprobe als auch ein kleines Signifikanzniveau sich durch unerwünschte Senkung der Power bemerkbar machen.**

Der einseitige Test ist, wie wir gesehen haben, durch eine größere Power ausgezeichnet als der zweiseitige. Da der einseitige Test damit bestehende Unterschiede eher aufdeckt als der zweiseitige, wird die einseitige Fragestellung bevorzugt, wenn die zweiseitige Fragestellung **offensichtlich sinnwidrig** ist. Wird beispielsweise eine neue Therapie mit einer allgemein praktizierten verglichen, Vorprüfungen haben bereits stattgefunden, dann ist nur die Frage

interessant, ob die neue Therapie besser ist. Ist die neue Methode weniger wirksam oder genau so wirksam, dann besteht keine Veranlassung, von der alten Methode abzugehen.
[147] Stehen aber zwei neue Methoden im Vergleich, dann ist die zweiseitige Fragestellung die einzig brauchbare. Nicht zuletzt deshalb, weil **der einseitige Test gegenüber der** anderen oder sagen wir **„falschen“ Alternativhypothese nahezu unempfindlich** ist.

Verteilungsfreie Tests, besser **verteilungsunabhängige** Tests genannt, besonders Schnelltests, sind gegenüber den parametrischen Tests durch eine geringere Power charakterisiert. Hat man wirklich einmal normalverteilte oder homogen variante Meßwerte zu analysieren, so nimmt man bei Anwendung verteilungsfreier Tests einen höheren Fehler 2. Art in Kauf. Die statistische Entscheidung ist dann **konservativ,** d. h. man hält „länger“ als geboten an der Nullhypothese fest und kommt etwas seltener zu statistisch signifikanten Befunden, oder anders ausgedrückt: zur Verwerfung der Nullhypothese sind größere Stichproben nötig. **Liegen kleine Stichproben vor ($n \lessapprox 20$), dann sind verteilungsunabhängige Tests nicht selten wirksamer als die sonst optimalen parametrischen Tests, die für umfangreiche Stichproben meist wirksamer sind.** Kommen für eine Analyse mehrere Tests in Frage, so ist im allgemeinen derjenige Test zu bevorzugen, der den Informationsgehalt der Ausgangsdaten am vollständigsten ausschöpft. Hierauf gehen wir im nächsten Abschnitt näher ein. Verlangt wird natürlich, daß die **Grundvoraussetzungen** des dem Test zugrundeliegenden statistischen Modells (Zufallsstichproben bzw. randomisierte Beobachtungen) seitens der Ausgangsdaten erfüllt sind.

> Stets ist zu beachten:
> **Aussagen** in der Statistik sind
> höchstens so sicher wie die
> Voraussetzungen dieser Aussagen.

> Je mehr Voraussetzungen ein Test hat, um so höher ist im allgemeinen seine Power. Prüft man einen Teil oder sämtliche Voraussetzungen anhand mehrerer Vortests auf einem bestimmten Signifikanzniveau α bzw. auf unterschiedlichen Niveaus, so ist die Irrtumswahrscheinlichkeit des eigentlichen Tests nicht mehr korrekt, da sie durch die Vortests in undurchsichtiger Weise modifiziert worden ist.

Sind die **Voraussetzungen** eines Testverfahrens nicht oder nur teilweise erfüllt, so muß dies in der entsprechend vorsichtigen Interpretation des Resultates berücksichtigt werden. Es **ist zu empfehlen, die Voraussetzungen, deren Erfüllung unsicher ist, namentlich zu nennen.** Beispielsweise: „Unter der Voraussetzung, daß die beiden Stichproben normalverteilten Grundgesamtheiten entstammen, besteht ... “ (siehe auch M:72). Folgende Warnung hilft mit, Irrtümer (vgl. auch Ende [144] und in [145] die Bemerkung zwischen den Beispielen) und Nachlässigkeiten (vgl. z. B. M: 2, 70–73, 148–153 und 183–185 sowie die Checkliste in M2:21) zu vermeiden:

> **Ein „Durchprobieren“ der Tests ist nicht zulässig.** Durch fast ausschließliche Verwendung von einseitigen Tests und die Auswahl eines Tests aufgrund der Resultate wird praktisch erreicht, daß die effektive Irrtumswahrscheinlichkeit mitunter mehr, als doppelt so groß ist wie die vorgegebene Irrtumswahrscheinlichkeit (*Walter 1964*).

Die Operationscharakteristik

Abb. 33 gibt die Teststärke an in Abhängigkeit von der Differenz der Erwartungswerte in Einheiten der Standardabweichung $[(\mu - \mu_0)/\sigma_0]$, die Teststärkefunktion (engl. power function) oder wie man auch sagt, die Trennschärfe- oder *Gütefunktion*. Ihr Komplement, die Wahrscheinlichkeit, eine falsche Nullhypothese beizubehalten, d. h. einen Fehler 2. Art zu begehen, wird *Operationscharakteristik OC, OC*-Kurve (engl. operating characteristic curve) oder Annahmekennlinie genannt; etwas salopp formuliert: [147]

$$\boxed{\text{Operationscharakteristik} = 1 - \text{Gütefunktion}} \qquad (1.162)$$

OC-Kurven sind bei zweiseitiger Fragestellung *glockenförmige* Komplemente der napfförmigen Gütefunktionen (vgl. z.B. Mason u. Mitarb. 1989, Tables A10a–h).
Wir können nun zur Kennzeichnung eines Tests eine dieser beiden Funktionen heranziehen und z. B. anhand der OC für gegebenes α und n das zur Unterscheidung zwischen Null und Alternativhypothese, zur Entdeckung des Unterschiedes Δ (gr. Delta) unvermeidbare β ablesen. Wenn für gegebenes α bei kleinem β der benötigte Stichprobenumfang zur Aufdeckung von Δ zu groß wird, muß das α vergrößert werden (Tabelle 94 bringt einige Beispiele zur Bestimmung des Stichprobenumfanges für den Vergleich zweier Mittelwerte nach „Student" bei gegebenem α, β und Unterschied Δ). Mitunter kann man allerdings auch einen trennschärferen oder mächtigeren Test verwenden. Die OC würde bei gleichem Stichprobenumfang **steiler** verlaufen und damit einen Unterschied besser erkennen lassen. Ist ein Versuch abgeschlossen, dann zeigt die OC, welche Chance man hat, um Δ zu entdecken. War bei kleinem Stichprobenumfang ebenfalls ein kleines α vorgegeben worden, dann ist ein großes β zu erwarten und ein Beibehalten der Nullhypothese nur mit Vorsicht zu akzeptieren, da unter diesen Bedingungen auch ein deutlicher Unterschied kaum hätte entdeckt werden können. Große Bedeutung hat die OC für die Festlegung von *Stichprobenplänen* im Rahmen der Qualitätsüberwachung, insbesondere der Abnahmeprüfung. Beispiele für die Konstruktion von OC-Kurven geben *Bunt (1962)* und *Yamane (1964)*. OC-Kurven für die wichtigsten Tests (vgl. DIN 55350 Teil 2) geben *Ferris u. Mitarb. (1964), Owen (1962), Natrella (1963)* und *Beyer (1968)* (vgl. auch *Weber 1972, Guenther 1973: Chapter 5, Liebscher 1968, Hodges und Lehmann 1968, Morice 1968 sowie* Wilrich und Henning 1998). Ausführliche Tafeln gibt Cohen (1988) (vgl. auch Übersicht 50 auf S. 198 und Cohen 1992 sowie Odeh und Fox 1991). **Näheres zur Power** ist Desu und Raghavarao (1990: Chapter 4) sowie Randles und Wolfe (1979: Chapt. 4) zu entnehmen. Für Mediziner ist Rosner (1990) aufschlußreich [vgl. auch S.-C. Chow 2000, zitiert auf S. 716]. Murphy und Myors (1998) stellen einen neuen Ansatz vor, mit Tabellen, der auf der nichtzentralen F-Verteilung basiert und ein großes Anwendungsspektrum aufweist.

148 Verteilungsunabhängige Verfahren

[148]

> Die Geschichte der verteilungsunabhängigen Methoden beginnt mit einer Veröffentlichung von Arbuthnot aus den Jahren 1710/12 (vgl. Eisenhart und Birnbaum 1967, Bellhouse 1989 sowie Hald 1990), auf die ich im Vorwort zur 1. Auflage, erster Absatz, eingegangen bin.

Die klassischen statistischen Verfahren setzen allgemein Normalverteilung voraus, die streng genommen jedoch nie vorliegt, so daß jede Anwendung ein mehr oder weniger

Übersicht 51. Nichtparametrische Tests und verteilungsunabhängige Verfahren. Übrigens ermöglichen auch verteilungsunabhängige Verfahren, die, wie der U-Test zumindest angenähert formgleiche
[148] Grundgesamtheiten voraussetzen, die Prüfung der Gleichheit zweier Parameter, der Mediane $\tilde{\mu}_1$ und $\tilde{\mu}_2$ ($H_0 : \tilde{\mu}_1 = \tilde{\mu}_2$)

Parameter	sind Größen zur Charakterisierung bestimmter Zufallsvariablen; so sind μ, und σ die Parameter einer Normalverteilung $[N(\mu;\sigma)]$.
Die Verteilung	einer Zufallsvariablen X wird durch deren Wahrscheinlichkeitsdichte (X_{stetig}) bzw. durch deren Wahrscheinlichkeitsfunktion (X_{diskret}) charakterisiert. Jede Zufallsvariable X wird insbesondere durch ihre Verteilungsfunktion $F(x)$ charakterisiert.

HYPOTHESEN		**TESTS**
Parametrische Hypothesen z. B. $H_0 : \mu_1 = \mu_2$	→	verteilungsgebundenen Verfahren wenn . . ., dann t-Test
	werden geprüft anhand von	
Nichtparametrische Hypothesen z. B. $H_0 : F_1(x) = F_2(x)$	→	verteilungsunabhängigen Verfahren wenn . . ., dann U-Test

So ist z. B. auch die Angabe eines 95%-Vertrauensbereiches für den Median einer Grundgesamtheit unbekannter Verteilung ein verteilungsunabhängiges Verfahren.

unbefriedigendes Gefühl hinterläßt. Aus diesem Grund wurde die Entwicklung **verteilungsfreier oder verteilungsunabhängiger Methoden, die die Normalverteilung nicht voraussetzen,** mit großem Interesse verfolgt. Bei diesen Tests wird über die Form der Verteilung keinerlei Voraussetzung gemacht, wenn nur gewährleistet oder zumindest plausibel erscheint, daß **die zu vergleichenden Zufallsstichproben derselben Grundgesamtheit angehören** *(Walter 1964),* daß sie mit *Lubin (1962)* als *homomer* aufgefaßt werden können. Man bezeichnet verteilungsunabhängige Methoden, da Parameter kaum eine Rolle spielen (nichtparametrische Hypothesen!), auch als **parameterfreie oder nichtparametrische Methoden.** Sie sind meistens numerisch einfach zu handhaben. Ihr Vorteil besteht darin, daß man praktisch überhaupt **keine Kenntnisse über die den Daten zugrundeliegende Verteilungsfunktion** zu haben braucht. Darüber hinaus können diese meist leichter verständlichen Verfahren auch auf **Rangdaten** und qualitative Informationen angewendet werden. Unter den folgenden Voraussetzungen ist beispielsweise der klassische Mittelwertvergleich nach „Student" anwendbar:

1. Unabhängigkeit der Beobachtungsdaten (Zufallsstichproben!).
2. Das Merkmal muß in Einheiten einer metrischen Skala meßbar sein.
3. Die Grundgesamtheiten müssen (zumindest angenähert) normalverteilt sein.
4. Die Varianzen müssen gleich sein ($\sigma_1^2 = \sigma_2^2$).

Die dem „Student"-Test entsprechenden verteilungsunabhängigen Verfahren fordern lediglich unabhängige Daten. Ob die Beobachtungsdaten voneinander **unabhängig** sind, muß

aus der Art ihrer Gewinnung geschlossen werden. So ist die praktisch einzige Voraussetzung lediglich, daß *alle Daten oder Datenpaare zufallsmäßig und unabhängig voneinander aus ein und derselben Grundgesamtheit* von Daten entnommen worden sind, was durch den Aufbau und die Durchführung der Untersuchung gewährleistet sein muß. **[148]**
Da ein verteilungsunabhängiger Test, wenn man ihn auf normalverteilte Meßwerte anwendet, stets schwächer ist als der entsprechende parametrische Test, wird nach *Pitman (1949)* der Index E_n

$$E_n = \frac{n \text{ für den parametrischen Test}}{n \text{ für den nichtparametrischen Test}} \tag{1.163}$$

als **„Effizienz"** (Wirksamkeit) des nichtparametrischen Tests bezeichnet. Hierbei bezeichnet n den jeweils erforderlichen Stichprobenumfang zur Erzielung einer gegebenen Teststärke. Der Begriff **„asymptotische Effizienz"** meint die Wirksamkeit des Tests im Grenzfall einer unendlich großen Stichprobe normalverteilter Meßwerte (vgl. z. B. Pratt und Gibbons 1981: Chapter 8). In diesem Index kommt zum Ausdruck, wie wirksam oder wie leistungsfähig ein verteilungsunabhängiger Test ist, wenn er anstelle eines klassischen Tests auf normalverteilte Daten angewendet wird. Eine asymptotische Effizienz von $E = 0{,}95$ – wie ihn beispielsweise der U-Test aufweist – bedeutet: Wenn man bei Anwendung des nichtparametrischen Tests im Durchschnitt eine Stichprobe von $n = 100$ Meßwerten für eine bestimmte Signifikanzstufe benötigt, so käme man bei Anwendung des entsprechenden parametrischen Tests mit $n = 95$ Meßwerten aus. Die sogenannten **Rangsummentests** (siehe [39]) setzen stetige Verteilungen voraus; mehrfach auftretende gleiche Meßwerte erschüttern weniger diese Kontinuitätsannahme, sie betonen eher die Ungenauigkeit der Meßmethode. Da die Wahrscheinlichkeit für den Fehler 2. Art von der speziellen Verteilung unter der Alternativhypothese abhängt, läßt sie sich nicht allgemein angeben. Für die Prüfung eines Unterschiedes wird diese Wahrscheinlichkeit um so kleiner sein, je größer der tatsächliche Unterschied ist. Rangsummentests haben beim Vorliegen einer Normalverteilung zwar einen etwas größeren Fehler 2. Art; ihr Fehler 1. Art, die Irrtumswahrscheinlichkeit α, gilt jedoch für jede Verteilung.
Verteilungsunabhängige Verfahren sind dann angezeigt, wenn (a) das parametrische Verfahren wenig robust gegenüber gewissen Abweichungen von den Voraussetzungen ist, oder wenn (b) die Erzwingung dieser Voraussetzungen durch eine geeignete Transformation (b_1) bzw. durch Beseitigung von Ausreißern (b_2) Schwierigkeiten bereitet; allgemein: bei Nicht-Normalität (1), bei Daten, die einer Rangskala oder einer Nominalskala (vgl. weiter unten) entstammen (2) sowie zur Kontrolle eines parametrischen Tests (3) und als Schnelltest (4). Verteilungsfreie Tests, die sich durch die Kürze des Rechenganges auszeichnen, werden als **Schnelltests** bezeichnet. Die Eigenart dieser Tests ist neben ihrer *Rechenökonomie* ihre weitgehend *voraussetzungsfreie Anwendbarkeit.* Ihr Nachteil ist *geringe Power,* denn nur ein Teil der im Zahlenmaterial enthaltenen Informationen wird zur statistischen Entscheidung herangezogen!
Verglichen mit dem einschlägigen optimalen parametrischen oder nichtparametrischen Test ist die statistische Entscheidung eines **Schnelltests konservativ;** d. h. er hält länger als geboten an der Nullhypothese fest oder anders formuliert: es sind größere Stichproben von Meßwerten, Rang- oder Alternativdaten erforderlich, um die Nullhypothese zu verwerfen. Näheres (z. B. auch über die sogenannten Randomisierungstests [Permutationstests, vgl. Beispiel 113 in [161]]) ist z. B. Lienert (1975/86), Edgington (1995), Noreen (1989) sowie Pratt und Gibbons (1981: Chapters 4 + 6) zu entnehmen. Details über **robuste** nichtparametrische Methoden findet man bei Hettmansperger und McKean (1998). Zur Beschreibung

Übersicht 52. Verteilungsunabhängige Methoden mit zugehörigen Abschnittsnummern. Vergleiche auch die Übersichten 4, 5 und 53 sowie Übersicht 87 auf S. 592

[148]

(1) **Lagetests:**
Einstichproben-Median-Test [394]
Vorzeichentest [424], [463]
Tukey-Test [392]
U-Test, Kolmogoroff-Smirnoff-Test [394], [393]
Wilcoxon-Paardifferenzentest [422]
H-Test und Jonckheere-Test [395], [396]
Friedman-Test und Page-Test [761], [763]

(2) **Dispersionstests:**
Siegel-Tukey-Test [391]
Levene-Test nach Brown-Forsythe [35]

(3) **Anpassungstests:**
χ^2-Test [43]
Kolmogoroff-Smirnoff-Test [44]

(4) **Assoziation/Zusammenhang:**
Kontingenzkoeffizient [466]
Rangkorrelation [53], [531]

(5) **Zufälligkeit/Unabhängigkeit:**
Iterationstest [472]
Wallis-Moore-Test [473]

(6) **Trend:**
Iterationstest [472]
Wallis-Moore-Test [473]
Cox-Stuart-Test [48]

(7) **Anteile:**
Binomialtest [162]
Exakter Fisher-Test [467]
χ^2-Test [46], [61], [62]
McNemar-Test [463]
Bowker-Test [624]
Q-Test nach Cochran [624]

unscharfer Daten (Fuzzy Data) siehe Voß (2000, Kap. 20), Laviolette u. Mitarb. (1995) sowie Viertl (1997). Die wichtigsten verteilungsunabhängigen Tests enthält Übersicht 52 (vgl. auch die Übersichten 4 und 5).
Die Statistik und Optimierung der **Mischungen mehrerer Komponenten** (z. B. Fruchtcocktail, Treibstoffgemisch) behandeln Cornell (1990), Khuri und Cornell (1996) sowie Spenhoff (1991) [vgl. auch R. D. Snee (1979, CHEMTECH **9**, 702–710)].

Literatur zu nichtparametrischen und verteilungsunabhängigen Methoden

Agresti (1990), Bortz u. Mitarb. (1990), Bosch (1998), Büning und Trenkler (1994), Conover (1999), Daniel (1990), Edgington (1995), Fisher (1983), Gibbons und Chakraborti (1992), Hahn und Meeker (1991), Hinkley (1989), Hollander und Wolfe (1999), Kraft und van Eeden (1968), van der Laan und Verdooren (1987), Lienert (1975 bis 1986), Marascuilo und McSweeney (1977), Michels (1992), Mosteller und Rourke (1973), Noether (1987, 1991), Noreen (1989), Pratt und Gibbons (1981), Randles und Wolfe (1979) sowie Tutz (1990).
Singhal u. Mitarb. (1989) geben eine Bibliographie: Schätz- und Testverfahren für nicht normalverteilte Stichproben.

Hinweis: Skalenarten (vgl. z. B. M:154–160)

Nach ihrer Berufszugehörigkeit gefragte Versuchspersonen lassen sich in keine eindeutige und objektive Reihenfolge bringen. Klassifizierungen dieser Art – wir sprechen von der **Nominalskala** – liegen bei der Aufstellung von Geschlechts-, Berufs-, Sprach- und Nationalitätengruppen vor. Häufig bietet sich eine sachbestimmte Ordnung an: Beispielsweise, wenn die Untersuchungsobjekte nach dem Alter oder nach einem anderen Merkmal in eine objektive Reihenfolge gebracht werden, wobei jedoch die Abstände auf der **Rangskala oder Ordinalskala** (vgl. auch [133]: Merkmalsarten) keine echten Realabstände darstellen: So kann bei einer nach dem Alter orientierten Rangskala auf einen Zwanzigjährigen ein Dreißigjähriger und dann weiter ein Zweiunddreißigjähriger folgen.

Sind aufeinanderfolgende Intervalle konstant, es sei an die konventionelle Temperaturmessung nach Celsius gedacht, so ermöglicht die **Intervallskala** noch keinen sinnvollen Vergleich: Es ist unkorrekt, zu behaupten, daß zehn Grad Celsius doppelt so warm seien wie fünf Grad Celsius. [148]

Erst eine Intervallskala mit **absolutem Nullpunkt** läßt sinnvolle Vergleiche zu. Merkmale, für die ein solcher Nullpunkt angegeben werden kann, sind etwa Temperaturmessung in Kelvin, Länge, Gewicht und Zeit. Skalen dieser Art sind die leistungsfähigsten, sie werden als **Verhältnisskalen** bezeichnet. Während sich eine Verhältnisskala durch Multiplikation mit einer positiven Konstanten in eine andere überführen läßt, beispielsweise 1 US-Mile = 1,609347 mal 1 Kilometer, d. h. $y = ax$ – wobei das Verhältnis zweier numerischer Beobachtungen bei der Multiplikation mit einer Konstanten erhalten bleibt – ändert es sich bei Einheiten der Intervallskala [z. B. Umrechnung von x Grad Celsius in y Grad Fahrenheit: $y = ax + b$ mit $a = 9/5$ und $b = 32$; übrigens $-40°\text{C} = -40°\text{F}$; zu Kelvin: $0°\text{C} = 273{,}15\,\text{K}$ und $0\,\text{K} = -273{,}15°\text{C}$].

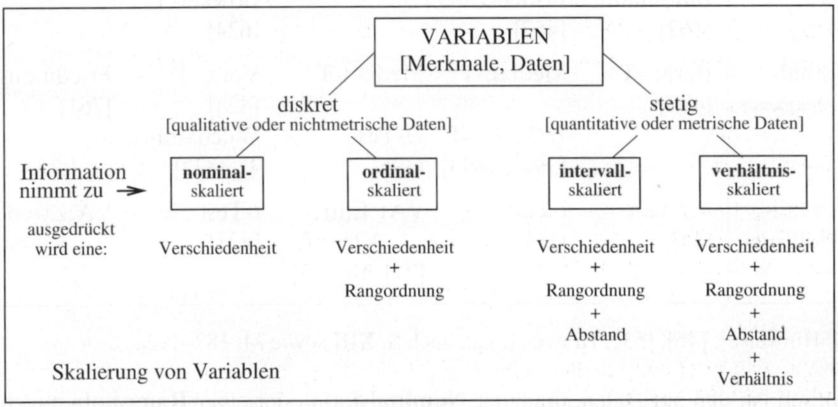

Zulässige Skalentransformationen (ST) sind somit: (Reihenfolge verändern) Permutieren (Nominalskala); alle ST, die die Ordnung der Elemente unverändert lassen, z. B. Potenzieren positiver Zahlen (Ordinalskala); Addition einer Konstanten (Intervallskala); Multiplikation mit einer Konstanten (Verhältnisskala).

Den von *Stevens (1946)* unterschiedenen vier Skalenarten – die Nominal"skala" für lediglich benennbare Elemente – kann man folgende Begriffe der Statistik zuordnen:

1. **Nominalskala:** Autonummern und Postleitzahlen (willkürliche Numerierung) sowie Familienstand, Farbangaben und Berufsbezeichnungen bzw. Häufigkeitsdaten, χ^2-Tests, Binomial- und Poisson-Verteilung und als Lagekennwert das Dichtemittel (vgl. auch das Streuungsmaß nach Vogel 1994).
2. **Rangskala:** Schulnoten u. a. Daten, die (zugeteilt werden [vgl. Übersicht 11, S. 21] und) eine Rangordnung ausdrücken, Rangordnungstests wie der U-Test, der H-Test, die Rangvarianzanalyse und die Rangkorrelation bzw. Dezile wie der Median.
3. **Intervallskala** (Nullpunkt konventionell festgelegt; Intervalle mit empirischem Sinn; direkte Quotientenbildung verboten): Kalenderdatum, Intelligenzquotient, Temperaturmessung in Grad Celsius oder Fahrenheit bzw. die typischen parametrischen Kennwerte wie der arithmetische Mittelwert, die Standardabweichung, der Korrelations- und Regressionskoeffizient sowie die üblichen statistischen Tests wie der t-Test und der F-Test.
4. **Verhältnisskala** (mit wahrem Nullpunkt): Temperaturmessung in Kelvin, die Einheiten der Physik wie m, kg, s bzw. (zu den in 3. genannten Kennwerten) noch das geometrische und das harmonische Mittel sowie der Variationskoeffizient.

In dieser Auflistung (1. bis 4.) nehmen zu:
Informationsgehalt und Empfindlichkeit gegenüber Meßfehlern.

Übersicht 53. Einige skalenabhängige Tests mit zugehörigen Abschnittsnummern. Daten der Intervall- bzw. Verhältnisskala, die bestimmte Eigenschaften aufweisen oder denen man durch
[148] eine geeignete Transformation diese Eigenschaften näherungsweise vermittelt, gestatten mit hinreichender Power scharfe Aussagen, sobald angemessene Stichprobenumfänge vorliegen.

Skala	Zahl und Art der Stichproben				
		unabhängige		verbundene	
	1	2	>2	2	>2
Nominal-	χ^2-Test [43], [625] Binomialt. [162]	χ^2-Test[a] [46], [612] Fisher-T [467]	χ^2-Test [612], [625]	McNemar-T [463] Bowker-T [624]	*Q*-Test [624]
Ordinal-	Iterat.-T [472]	Median-T[a] *U*-T, *KS*-T [394], [393]	Median-T[a] *H*-Test [395]	Vorz.-T [424] Wilcoxon-T. [422]	Friedman-T [761]
Intervall-Verhältnis-	*KS*-Test [44]	*t*-Test [36]	VA: Einf.-Klassif. [71] bis [73]	*t*-Test [421]	VA:Zweif.-Klassif. [74]

[a] [394, Hinweise], [46], [532, Hinweis]; vgl. auch S. XIII sowie M: 187–192

Wesentlich ist, daß auf Daten, die einer **Nominalskala** oder einer **Rangskala** angehören, nur **verteilungsunabhängige Tests** angewandt werden dürfen, während die Werte einer Intervall- oder Verhältnisskala sowohl mit parametrischen als auch mit verteilungsunabhängigen Tests analysiert werden können. Weiterführendes enthält die Übersicht 53, die durch Übersicht 65 in [42] ergänzt wird (vgl. auch Rossi u. Mitarb. 1983).

Die sogenannten **Randomisierungstests oder Permutationstests** (vgl. Beispiel 113 und die Formeln (1.211) bis (1.213) in [161] sowie z. B. Edgington 1995, Good 2000, Manly 1997: Chapters 1, 6, 8, 11, Noreen 1989 sowie Pratt und Gibbons 1981: Chapters 4 + 6, vgl. auch The American Statistician **52**, 1998, 127–132 und **54**, 2000, 85–87) setzen zumindest Intervallskalen-Niveau voraus. Diese Tests sind nicht so robust wie **Rangtests**, häufig konservativ und nicht zu vertafeln. Der Skalen-Aspekt ist didaktisch aufschlußreich, darf aber nicht zu sehr in den Vordergrund treten, wenn die Auswahl geeigneter statistischer Verfahren interessiert. Gaito (1980) erinnert daran, daß **„the numbers do not know where they came from"**. Wesentlich ist, daß die **Voraussetzungen** der Verfahren **weitgehend erfüllt** sind. Weitere Kritik bietet The American Statistician **47** (1993), 65–72.

149 Entscheidungsprinzipien

[149] Viele unserer Entscheidungen werden gemäß der sogenannten Minimax-Philosophie von Abraham Wald (1902–1950) gefällt. Nach dem *Minimax-Prinzip* (vgl. von *Neumann 1928)* wird diejenige Entscheidung bevorzugt, die den maximalen Verlust, der im ungünstigsten Falle zu erwarten ist, zu einem Minimum macht. Der *größtmögliche Ver*lust gibt den Ausschlag. Das ist optimal bei größtmöglicher Risikoscheu; dies führt in vielen Fällen zu einer kaum tragbaren Außerachtlassung großer Chancen. Nur ein chronischer Pessimist wird stets so handeln. Andererseits minimalisiert dieses Prinzip die Chancen eines katastrophalen Verlustes. *Ein Minimaxer ist also jemand, der sich so entscheidet, daß er sich möglichst*

gut (maximal) gegen die denkbar schlimmste Situation (Minimum) verteidigt. Nach dem Minimax-Kriterium wird es jeder Richter vermeiden, unschuldige Personen ins Gefängnis zu schicken. Freisprüche von nicht vollständig überführten Kriminellen sind die Kosten dieses Verfahrens. Ohne „Minimaxer" gäbe es keine Versicherungen: Nehmen wir an, eine Werkstatt im Werte von DM 100 000 sei zu einer Prämie von DM 5000 gegen Feuer versichert. Die Wahrscheinlichkeit für ein die Werkstatt zerstörendes Feuer betrage 1%. Soll der Verlust möglichst gering sein, dann ist zu bedenken, daß durch den Abschluß der Versicherung ein sicherer Verlust von DM 5000 eintritt, während man – ohne Versicherung – mit einem *erwarteten* Verlust in Höhe von einem Prozent, das sind nur DM 1000, zu rechnen hat. Der *wirkliche* Verlust beträgt jedoch Null oder DM 100 000. Daher bevorzugt man vernünftigerweise den sicheren Verlust von DM 5000. [149]

Ist nicht nur ein Objekt zu versichern, sondern handelt es sich um viele – sagen wir 80 Schiffe einer großen Reederei – dann kann es zweckmäßig sein, nur einzelne Schiffe versichern zu lassen oder auch überhaupt keine Versicherung abzuschließen. Schuldenfreie Objekte brauchen nicht versichert zu werden. Der Staat versichert nichts.

Der Vollblutoptimist – in unserer Ausdrucksweise ein *„Maximaxer" – wählt die Entscheidung, die unter den günstigsten Umständen (Maximum) die besten Resultate liefert (Maximum)* und verzichtet auf den Abschluß einer Versicherung, da ein Werkstattbrand „unwahrscheinlich" ist. Das Maximax-Kriterium verspricht dann Erfolg, wenn bei relativ kleinen Verlusten große Gewinne möglich sind. Der „Maximaxer" spielt im Toto und Lotto, da der fast sichere unbedeutende Verlust durch den höchst unwahrscheinlichen großen Gewinn mehr als wettgemacht wird. Dieses Entscheidungsprinzip – bei dem der *größtmögliche Gewinn* den Ausschlag gibt – geht auf Bayes (1702–1761) und Laplace (1749–1827) zurück. *Barnett (1999)* gibt eine Übersicht (vgl. auch *Kramer 1966).* Bei der **Entscheidungstheorie** geht es um die Analyse von Entscheidungssituationen mit dem Ziel, zu erkunden, wie Entscheidungen gefällt werden, sowie **Handlungsempfehlungen zu geben.**

Literatur zur Entscheidungstheorie

Bitz (1981), Dudewicz und Mishra (1988: Chapter 12), Iman und Conover (1989: Chapters 19 + 20), Laux (1982), Pfohl und Braun (1981), Saliger (1981), Wetherill und Glazebrook (1986, Chapt. 7), Zimmermann (1986) sowie Zimmermann u. Mitarb. (1984).

Risiken lassen sich als Produkt aus der Wahrscheinlichkeit des Eintretens eines Falles und der Schadensintensität dieses Falles auffassen, wobei beide Faktoren möglichst klein gehalten werden; insbesondere ist dafür zu sorgen, daß der schlimmste vorstellbare Fall das kleinste Unheil bewirkt (Minimax-Kriterium).

Wie schwierig Risikoschätzungen sind, zeigt ein Beispiel, das die Wahrscheinlichkeit plötzlicher Todesfälle nach Schutzimpfungen einer großen Bevölkerungsgruppe beschreibt (M. Gail; M. Kac und S. I. Rubinow 1976/77: Science **195**, 934/35; **196**, 480). Näheres zur ROC (S. 88 und zu Risikofaktoren (S. 310–321) bieten Helena Ch. Kraemer u. Mitarb. [Psychological Methods **4** (1999), 257–271].

Entscheidungen und Schlußfolgerungen

Über Entscheidungen gelangt die Wissenschaft zu Schlußfolgerungen. **Entscheidungen** haben den Charakter des „wir entscheiden jetzt als ob". Mit den Einschränkungen „handeln als ob" und „jetzt" tun wir in der besonderen gegenwärtig vorliegenden Situation „unser Bestes", ohne hiermit zugleich ein Urteil über die „Wahrheit" (vgl. z. B. Popper 1972 und Rescher 1987) im Sinne des $6 > 4$ abzulegen.

Demgegenüber werden **Schlußfolgerungen** – die Maximen der Wissenschaft – unter sorgfältiger Beachtung des aus spezifischen Beobachtungen und Experimenten gewonnenen Beweismaterials gezogen. Nur der „Wahrheitsgehalt" entscheidet. Fehlt ausreichendes Be-

weismaterial, so werden Schlußfolgerungen zurückgestellt. Eine Schlußfolgerung ist eine Feststellung, die als anwendbar auf Bedingungen des Experiments oder einer Beobachtung
[149] akzeptiert werden kann, solange nicht ungewöhnlich starkes Beweismaterial ihr widerspricht. Diese Definition stellt drei entscheidende Punkte heraus: Sie betont „Annahme" im eigentlichen Sinne des Wortes, spricht von „ungewöhnlich starkem Beweismaterial" und enthält die Möglichkeit späterer Ablehnung (vgl. *Tukey 1960)*. Übrigens, Wahrheit ist eher konstruiert als entdeckt.

15 Drei wichtige Prüfverteilungen

[15]

Wir interessieren uns in diesem Abschnitt für die Verteilung von **Prüfgrößen.** Prüfgrößen sind Vorschriften, nach denen aus einer vorliegenden Stichprobe eine Zahl, der Wert der Prüfgröße für diese Stichprobe, errechnet wird. So können der Stichprobenmittelwert, die Stichprobenvarianz oder das Verhältnis der Varianzen zweier Stichproben, alles dies sind Schätzwerte oder Funktionswerte von *Stichprobenfunktionen,* als Prüfgrößen aufgefaßt werden. Die Prüfgröße ist eine **zufällige Variable.** Ihre Wahrscheinlichkeitsverteilungen bilden die Grundlage für die auf diesen Prüfgrößen basierenden Tests. **Prüfverteilungen sind Stichprobenfunktionen normalverteilter zufälliger Variablen.** Statt Prüfgröße sagt man auch Teststatistik (engl. test statistic). Die wichtigste Prüfgröße haben wir in [134] und auf S. 190 kennengelernt, weitere enthält Übersicht 55 auf S. 232.

151 Die Student *t*-Verteilung

[151] Historisches ist z. B. Peters (1987: Chapter 12) zu entnehmen, der auch auf R. A. Fisher (Chapters 12 + 14) und J. Neyman (Chap. 18) näher eingeht [vgl. auch Hald 1998, S. 664–668].
W. S. Gosset (1876–1937) wies im Jahre 1908 unter dem Pseudonym "*Student*" nach, daß die Verteilung des Quotienten aus der Abweichung eines Stichprobenmittelwertes vom Parameter der Grundgesamtheit und dem Standardfehler des Mittelwertes der Grundgesamtheit (1.164) nur dann der Standardnormalverteilung folgt, wenn die X_i normalverteilt sind und beide Parameter (μ, σ) bekannt sind. Die Maßzahl für die Abweichungen (1.165) folgt der *„Student" t-Verteilung oder t-Verteilung*. Vorausgesetzt wird hierbei, daß die Einzelbeobachtungen X_i **unabhängig** und **normalverteilt** sind.

Siehe S. 190

$$\boxed{\frac{\text{Abweichung des Mittelwertes}}{\text{Standardfehler des Mittelwertes}} = \frac{\bar{X} - \mu}{\sigma/\sqrt{n}}} \tag{1.164}$$

Beachten Sie den Unterschied zwischen σ in (1.164) und S in (1.165).

[151]

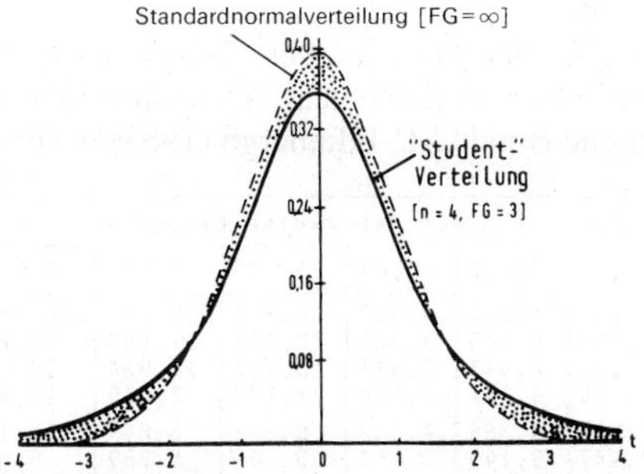

Abb. 34. Wahrscheinlichkeitsdichte der $N(0;1)$-Verteilung und der „Student"-Verteilung mit 3 Freiheitsgraden ($n = 4$). Mit abnehmender Anzahl der Freiheitsgrade sinkt das Maximum der „Student"-Verteilung, die gepunktete Fläche nimmt zu. Im Gegensatz zur $N(0;1)$-Verteilung ist mehr Wahrscheinlichkeit in den Ausläufen und weniger im zentralen Teil konzentriert

$$t = \frac{\bar{X} - \mu}{S/\sqrt{n}} \tag{1.165}$$

$$\text{mit} \quad S = \sqrt[+]{\frac{1}{n-1}\sum_{i=1}^{n}(X_i - \bar{X})^2}$$

[Zur Definition von t vgl. (1.187)]

Bemerkungen: (1.164) strebt mit zunehmendem n mehr oder weniger schnell gegen eine Normalverteilung, je nach dem Typ der Grundgesamtheit, aus der die Stichproben stammen; (1.165 rechts) ist (a) für kleines n und Grundgesamtheiten, die sich nicht stark von der Normalverteilung unterscheiden, approximativ wie t verteilt, (b) für großes n und fast alle Grundgesamtheiten angenähert standardnormalverteilt [vgl. auch Übersicht 55 auf S. 232 und (3.32) auf S. 340].

Die t-Verteilung (vgl. Abb. 34) ist der Standardnormalverteilung [$N(0;1)$-Verteilung] sehr ähnlich. Wie diese ist sie stetig, symmetrisch, glockenförmig, mit einem Variationsbereich von minus Unendlich bis plus Unendlich. Sie ist jedoch von μ *und* σ *unabhängig*. Die **Form** der t-Verteilung wird nur von dem sogenannten **Freiheitsgrad** (FG) bestimmt, hier als $FG = n-1 = \nu$. Dieser Parameter (gr. ny) charakterisiert die Familie der t-Verteilungen ($\nu = 1, 2, \ldots$). Für $\nu \geqq 2$ ist der Mittelwert der t-Verteilungen Null; für $\nu \geqq 3$ ist ihre Varianz gleich $\nu/(\nu - 2)$, die für großes ν gleich Eins wird.

Freiheitsgrad: Die Anzahl der Freiheitsgrade FG oder ν (gr. ny) einer Zufallsgröße ist definiert durch die Zahl „frei" verfügbarer Beobachtungen, dem Stichprobenumfang n minus der Anzahl a aus der Stichprobe geschätzter Parameter

$$FG = \nu = n - a \tag{1.166}$$

Anweisungen, wie der Freiheitsgrad für Spezialfälle dieser Zufallsgröße (und anderer Prüfgrößen) zu bestimmen ist, werden später von Fall zu Fall gegeben (vgl. S. 230 unten).

Tabelle 49. Signifikanzschranken der Student-t-Verteilung (auszugsweise entnommen aus Fisher, R. A., and F. Yates: Statistical Tables for Biological, Agricultural and Medical Research, published
[151] by Oliver and Boyd Ltd., Edinburgh (1963) p. 46, Table III)

	Irrtumswahrscheinlichkeit α für den zweiseitigen Test								
FG \ α	0,50	0,20	0,10	0,05	0,02	0,01	0,002	0,001	0,0001
1	1,000	3,078	6,314	12,706	31,821	63,657	318,309	636,619	6366,198
2	0,816	1,886	2,920	4,303	6,965	9,925	22,327	31,598	99,992
3	0,765	1,638	2,353	3,182	4,541	5,841	10,214	12,924	28,000
4	0,741	1,533	2,132	2,776	3,747	4,604	7,173	8,610	15,544
5	0,727	1,476	2,015	2,571	3,365	4,032	5,893	6,869	11,178
6	0,718	1,440	1,943	2,447	3,143	3,707	5,208	5,959	9,082
7	0,711	1,415	1,895	2,365	2,998	3,499	4,785	5,408	7,885
8	0,706	1,397	1,860	2,306	2,896	3,355	4,501	5,041	7,120
9	0,703	1,383	1,833	2,262	2,821	3,250	4,297	4,781	6,594
10	0,700	1,372	1,812	2,228	2,764	3,169	4,144	4,587	6,211
11	0,697	1,363	1,796	2,201	2,718	3,106	4,025	4,437	5,921
12	0,695	1,356	1,782	2,179	2,681	3,055	3,930	4,318	5,694
13	0,694	1,350	1,771	2,160	2,650	3,012	3,852	4,221	5,513
14	0,692	1,345	1,761	2,145	2,624	2,977	3,787	4,140	5,363
15	0,691	1,341	1,753	2,131	2,602	2,947	3,733	4,073	5,239
16	0,690	1,337	1,746	2,120	2,583	2,921	3,686	4,015	5,134
17	0,689	1,333	1,740	2,110	2,567	2,898	3,646	3,965	5,044
18	0,688	1,330	1,734	2,101	2,552	2,878	3,610	3,922	4,966
19	0,688	1,328	1,729	2,093	2,539	2,861	3,579	3,883	4,897
20	0,687	1,325	1,725	2,086	2,528	2,845	3,552	3,850	4,837
21	0,686	1,323	1,721	2,080	2,518	2,831	3,527	3,819	4,784
22	0,686	1,321	1,717	2,074	2,508	2,819	3,505	3,792	4,736
23	0,685	1,319	1,714	2,069	2,500	2,807	3,485	3,767	4,693
24	0,685	1,318	1,711	2,064	2,492	2,797	3,467	3,745	4,654
25	0,684	1,316	1,708	2,060	2,485	2,787	3,450	3,725	4,619
26	0,684	1,315	1,706	2,056	2,479	2,779	3,435	3,707	4,587
27	0,684	1,314	1,703	2,052	2,473	2,771	3,421	3,690	4,558
28	0,683	1,313	1,701	2,048	2,467	2,763	3,408	3,674	4,530
29	0,683	1,311	1,699	2,045	2,462	2,756	3,396	3,659	4,506
30	0,683	1,310	1,697	2,042	2,457	2,750	3,385	3,646	4,482
32	0,682	1,309	1,694	2,037	2,449	2,738	3,365	3,622	4,441
34	0,682	1,307	1,691	2,032	2,441	2,728	3,348	3,601	4,405
35	0,682	1,306	1,690	2,030	2,438	2,724	3,340	3,591	4,389
36	0,681	1,306	1,688	2,028	2,434	2,719	3,333	3,582	4,374
38	0,681	1,304	1,686	2,024	2,429	2,712	3,319	3,566	4,346
40	0,681	1,303	1,684	2,021	2,423	2,704	3,307	3,551	4,321
42	0,680	1,302	1,682	2,018	2,418	2,698	3,296	3,538	4,298
45	0,680	1,301	1,679	2,014	2,412	2,690	3,281	3,520	4,269
47	0,680	1,300	1,678	2,012	2,408	2,685	3,273	3,510	4,251
50	0,679	1,299	1,676	2,009	2,403	2,678	3,261	3,496	4,228
55	0,679	1,297	1,673	2,004	2,396	2,668	3,245	3,476	4,196
60	0,679	1,296	1,671	2,000	2,390	2,660	3,232	3,460	4,169
70	0,678	1,294	1,667	1,994	2,381	2,648	3,211	3,435	4,127
80	0,678	1,292	1,664	1,990	2,374	2,639	3,195	3,416	4,096
90	0,677	1,291	1,662	1,987	2,368	2,632	3,183	3,402	4,072
100	0,677	1,290	1,660	1,984	2,364	2,626	3,174	3,390	4,053
120	0,677	1,289	1,658	1,980	2,358	2,617	3,160	3,373	4,025
200	0,676	1,286	1,653	1,972	2,345	2,601	3,131	3,340	3,970
500	0,675	1,283	1,648	1,965	2,334	2,586	3,107	3,310	3,922
1000	0,675	1,282	1,646	1,962	2,330	2,581	3,098	3,300	3,906
∞	0,675	1,282	1,645	1,960	2,326	2,576	3,090	3,290	3,891
FG / α	0,25	0,10	0,05	0,025	0,01	0,005	0,001	0,0005	0,00005
	Irrtumswahrscheinlichkeit α für den einseitigen Test								

Weitere Werte siehe M:231/4

Für $\nu \gtrsim 30$ Freiheitsgrade benutze man auch die Approximation: $t_{\nu;a} = z_a + (z_a^3 + z_a)/4\nu$; Werte z_a sind Tab. 25 oder 29 in [134] zu entnehmen. Beispiel: $t_{30;0,05} = 1{,}96 + (1{,}96^3 + 1{,}96)/(4 \cdot 30) = 2{,}039$ (exakt: 2,0423). Für $t_{90;0,05}$ ergibt sich 1,9864 (exakt: 1,9867). Bessere Approximationen geben *Dudewicz und Dalal (1972)* sowie Haines (1988).

Anwendung: Jeder berechnete $\hat{t}$-Wert basiert auf FG oder ν Freiheitsgraden. Aufgrund dieser Größe, der vorgewählten Irrtumswahrscheinlichkeit α und der vorliegenden ein- oder zweiseitigen Fragestellung ist der Tafelwert $t_{\nu;a}$ bestimmt; $\hat{t}$ ist auf dem $100\alpha\%$-Niveau statistisch signifikant, sobald $\hat{t} \geqq t_{\nu;a}$ ist, z. B. $\hat{t} = 2{,}00$ für 60 Freiheitsgrade: der zweiseitige Test ist auf dem 5%-Niveau statistisch signifikant, der einseitige auf dem 2,5%-Niveau (vgl. [32] und [36]).

Je kleiner der Freiheitsgrad ist, um so stärker ist die Abweichung von der $N(0;1)$-Verteilung, um so flacher verlaufen die Kurven, d. h. im Gegensatz zur $N(0;1)$-Verteilung hat sie mehr Wahrscheinlichkeit in den Ausläufen und weniger im zentralen Teil konzentriert (vgl. Abb. 34). *Bei großem Freiheitsgrad geht die t-Verteilung in die $N(0;1)$-Verteilung über.* **[151]**

Die Student-Verteilung hat im Verhältnis zur $N(0;1)$-Verteilung für kleine Freiheitsgrade bei geringer Höhe eine wesentlich **größere Ausbreitung.** Während bei der Normalkurve 5% und 1% der Gesamtfläche außerhalb der Grenzen $\pm$ 1,96 und $\pm$ 2,58 liegen, lauten die entsprechenden Werte für 5 Freiheitsgrade $\pm$2,57 und $\pm$4,03. Für 120 Freiheitsgrade werden mit $\pm$ 1,98 und $\pm$ 2,62 die Grenzen der $N(0;1)$-Verteilung fast erreicht.
Tabelle 49 enthält Schranken der t-Verteilung; diese Tabelle gibt über einen großen Freiheitsgradbereich die *Wahrscheinlichkeiten an, t-Werte* auf bestimmten Signifikanzniveaus rein *zufällig zu überschreiten.* Man geht vom Freiheitsgrad aus; die Wahrscheinlichkeit, mit der die tabellierten t-Werte rein zufällig überschritten werden, sind im Kopf der Tabelle verzeichnet. So erhält man für 5 Freiheitsgrade (FG = 5 oder ν = 5) die Überschreitungswahrscheinlichkeit P von t = 2,571 zu 0,05 oder 5%.
P ist der unter den beiden Enden der t-Verteilung liegende Flächenanteil: $P(|t| \geqq 2{,}571) = 0{,}05$ oder $t_{5;0,05} = t_{5;0,05;\text{zweiseitig}} = 2{,}571$. Zweiseitige 5%-Schranken der t-Verteilung liegen oberhalb von $t_{\infty;0,05;\text{zweiseitig}} = z_{0,05;\text{zweiseitig}} = 1{,}96$; für $29 \leqq n \leqq 70$ oder $28 \leqq \nu \leqq 69$ lassen sie sich durch den Wert 2,0 annähern; für 60 Freiheitsgrade ergibt sich $t_{60;0,05;\text{zweiseitig}} = 2{,}0003$ oder $P(t_{60} \leqq -2{,}0003$ sowie $t_{60} \geqq 2{,}0003) = 0{,}05$ oder $P(|t_{60}| \geqq 2{,}0003) = 0{,}05$. Tabelle 49 enthält Sicherheitsgrenzen für zwei und einseitige Fragestellungen. Beispielsweise können wir für den einseitigen Test die folgenden beiden t-Werte ablesen: $t_{30;0,05;\text{einseitig}} = 1{,}697$ und $t_{120;0,01;\text{einseitig}} = 2{,}358$. Ausführliche Tafeln der Student-Verteilung geben *Federighi (1959), Smirnov (1961)* und Hill *(1972).* Die Federighi-Tafeln haben Rosenthal und Rosnow (1991, S.589/591) übernommen. Obere einseitige Schranken für α = 0,0001(0,0001)0,0010 und 0,001(0,001)0,010 enthält M2: 174/175.

Nach Lackritz (1984) lassen sich für t-Tests exakte P-Werte berechnen. So erhält man z. B. für einen Wert $\hat{t} = 3$, der auf 8 Freiheitsgraden basiert, ein $P = 0{,}00854$.

Die t-Verteilung dient (1) zur Angabe des Vertrauensbereiches: (a) für einen Erwartungswert, (b) für die Differenz zweier Erwartungswerte, (2) für den Vergleich zweier Erwartungswerte und (3) für Tests in der linearen Korrelations und Regressionsanalyse. In [32] wird der Einstichproben-t-Test vorgestellt. **!**

Umfangreiche Stichproben von Meßdaten hoher Qualität lassen sich oft durch t-Verteilungen mit 3 bis 9 Freiheitsgraden besser approximieren als durch eine Normalverteilung (Hampel 1980).
Tafeln der nichtzentralen t-Verteilung geben Resnikoff und Lieberman (1959) [vgl. auch *Owen (1968)*],

152 Die χ^2-Verteilung

Wenn S^2, die Varianz einer zufälligen Stichprobe des Umfanges n, einer normalverteilten Grundgesamtheit mit der Varianz σ^2 entstammt, dann folgt die zufällige Variable **[152]**

$$\chi^2 = \frac{(n-1)S^2}{\sigma^2} \qquad (1.167)$$

– n normalverteilte unabhängige Beobachtungen vorausgesetzt [vgl. (1.186), Tabelle 54 und Übersicht 55] –

vgl. S. 231

[152]

Tabelle 50. Signifikanzschranken der χ^2-Verteilung (auszugsweise entnommen aus Fisher, R. A., and F. Yates: Statistical Tables for Biological, Agricultural and Medical Research, published by Oliver and Boyd Ltd., Edinburgh (1963), p. 47, Table IV) Anwendung:

FG \ α	0,10	0,05	0,01	0,001	0,0001
1	2,7055	3,8415	6,6349	10,8276	15,1367
2	4,6052	5,9915	9,2103	13,8155	18,4207
3	6,2514	7,8147	11,3449	16,2662	21,1075
4	7,7794	9,4877	13,2767	18,4668	23,5127
5	9,2364	11,0705	15,0863	20,5150	25,7448
6	10,6446	12,5916	16,8119	22,4577	27,8563

FG \ α	0,99	0,975	0,95	0,90	0,80	0,70	0,50	0,30	0,20	0,10	0,05	0,025	0,01	0,001
1	0,00016	0,00098	0,0039	0,0158	0,064	0,148	0,455	1,07	1,64	2,71	3,84	5,02	6,63	10,83
2	0,0201	0,0506	0,1026	0,2107	0,446	0,713	1,39	2,41	3,22	4,61	5,99	7,38	9,21	13,82
3	0,115	0,216	0,352	0,584	1,00	1,42	2,37	3,66	4,64	6,25	7,81	9,35	11,34	16,27
4	0,297	0,484	0,711	1,064	1,65	2,20	3,36	4,88	5,99	7,78	9,49	11,14	13,28	18,47
5	0,554	0,831	1,15	1,61	2,34	3,00	4,35	6,06	7,29	9,24	11,07	12,83	15,09	20,52
6	0,872	1,24	1,64	2,20	3,07	3,83	5,35	7,23	8,56	10,64	12,59	14,45	16,81	22,46
7	1,24	1,69	2,17	2,83	3,82	4,67	6,35	8,38	9,80	12,02	14,07	16,01	18,48	24,32
8	1,65	2,18	2,73	3,49	4,59	5,53	7,34	9,52	11,0	13,36	15,51	17,53	20,09	26,13
9	2,09	2,70	3,33	4,17	5,38	6,39	8,34	10,7	12,2	14,68	16,92	19,02	21,67	27,88
10	2,56	3,25	3,94	4,87	6,18	7,27	9,34	11,8	13,4	15,99	18,31	20,48	23,21	29,59
11	3,05	3,82	4,57	5,58	6,99	8,15	10,3	12,9	14,6	17,28	19,68	21,92	24,73	31,26
12	3,57	4,40	5,23	6,30	7,81	9,03	11,3	14,0	15,8	18,55	21,03	23,34	26,22	32,91
13	4,11	5,01	5,89	7,04	8,63	9,93	12,3	15,1	17,0	19,81	22,36	24,74	27,69	34,53
14	4,66	5,63	6,57	7,79	9,47	10,8	13,3	16,2	18,2	21,06	23,68	26,12	29,14	36,12
15	5,23	6,26	7,26	8,55	10,3	11,7	14,3	17,3	19,3	22,31	25,00	27,49	30,58	37,70
16	5,81	6,91	7,96	9,31	11,2	12,6	15,3	18,4	20,5	23,54	26,30	28,85	32,00	39,25
17	6,41	7,56	8,67	10,08	12,0	13,5	16,3	19,5	21,6	24,77	27,59	30,19	33,41	40,79
18	7,01	8,23	9,39	10,86	12,9	14,4	17,3	20,6	22,8	25,99	28,87	31,53	34,81	42,31
19	7,63	8,91	10,12	11,65	13,7	15,4	18,3	21,7	23,9	27,20	30,14	32,85	36,19	43,82
20	8,26	9,59	10,85	12,44	14,6	16,3	19,3	22,8	25,0	28,41	31,41	34,17	37,57	45,31
22	9,54	10,98	12,34	14,04	16,3	18,1	21,3	24,9	27,3	30,81	33,92	36,78	40,29	48,27
24	10,86	12,40	13,85	15,66	18,1	19,9	23,3	27,1	29,6	33,20	36,42	39,36	42,98	51,18
26	12,20	13,84	15,38	17,29	19,8	21,8	25,3	29,2	31,8	35,56	38,89	41,92	45,64	54,05
28	13,56	15,31	16,93	18,94	21,6	23,6	27,3	31,4	34,0	37,92	41,34	44,46	48,28	56,89
30	14,95	16,79	18,49	20,60	23,4	25,5	29,3	33,5	36,2	40,26	43,77	46,98	50,89	59,70
35	18,51	20,57	22,46	24,80	27,8	30,2	34,3	38,9	41,8	46,06	49,80	53,20	57,34	66,62
40	22,16	24,43	26,51	29,05	32,3	34,9	39,3	44,2	47,3	51,81	55,76	59,34	63,69	73,40
50	29,71	32,36	34,76	37,69	41,4	44,3	49,3	54,7	58,2	63,17	67,50	71,42	76,15	86,66
60	37,48	40,48	43,19	46,46	50,6	53,8	59,3	65,2	69,0	74,40	79,08	83,30	88,38	99,61
80	53,54	57,15	60,39	64,28	69,2	72,9	79,3	86,1	90,4	96,58	101,88	106,63	112,33	124,84
100	70,06	74,22	77,93	82,36	87,9	92,1	99,3	106,9	111,7	118,50	124,34	129,56	135,81	149,45
120	86,92	91,57	95,70	100,62	106,8	111,4	119,3	127,6	132,8	140,23	146,57	152,21	158,95	173,62
150	112,67	117,99	122,69	128,28	135,3	140,5	149,3	158,6	164,3	172,58	179,58	185,80	193,21	209,26
200	156,43	162,73	168,28	174,84	183,0	189,0	199,3	210,0	216,6	226,02	233,99	241,06	249,45	267,54
z_α für (1.169) links	−2,326	−1,96	−1,645	−1,282	−0,842	−0,524	0	0,524	0,842	1,282	1,645	1,96	2,326	3,090

$P(\hat{\chi}^2 \geqq \text{Tafelwert}) = \alpha$; so gilt z. B. für 4 Freiheitsgrade $P(\hat{\chi}^2 \geqq 9{,}49) = 0{,}05$; d. h. ein $\hat{\chi}^2$-Wert gleich 9,49 oder größer ist für $FG = 4$ auf dem 5%-Niveau statistisch signifikant. Beispiele sind den Abschnitten 33, 34, 43, 46, 61, 62 und 76 zu entnehmen.

siehe auch S. 214

[152]

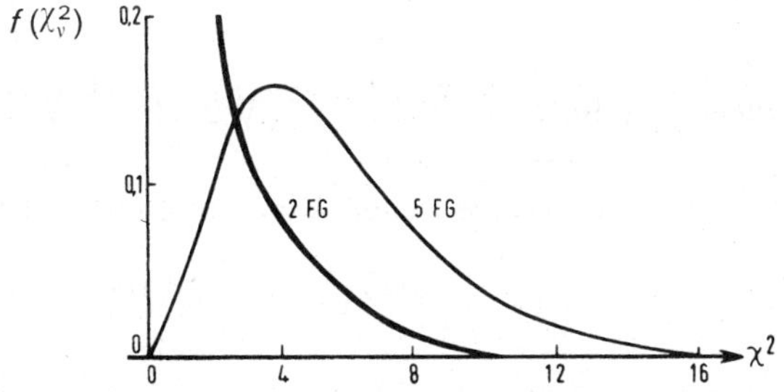

Abb. 35. Wahrscheinlichkeitsdichte der χ^2-Verteilung für $\nu = 2$ und $\nu = 5$; für $\nu \leqq 2$ ist sie L-förmig, für $v > 2$ nähert sie sich asymptotisch einer Normalverteilung $N(\mu = \nu; \sigma^2 = 2\nu)$.

einer *χ^2-Verteilung (Chi-Quadrat-Verteilung)* mit dem Parameter $\nu = n - 1$ Freiheitsgrade. Die χ^2-Verteilung (vgl. Abb. 35) ist eine stetige *unsymmetrische* Verteilung. Ihr Variationsbereich erstreckt sich von Null bis Unendlich. Sie nähert sich mit wachsenden Freiheitsgraden („langsam") einer Normalverteilung ($\mu = \nu; \sigma^2 = 2\nu$) (vgl. auch (1.184)). Die Form der χ^2-Verteilung hängt somit ebenfalls wie die der Student-Verteilung nur vom *Freiheitsgrad ab.*

Nimmt dieser zu, so wird die schiefe, eingipflige Kurve flacher und symmetrischer. Eine wesentliche Eigenschaft der χ^2-Verteilung ist ihre *Additivität:* Wenn zwei unabhängige Größen χ^2-Verteilungen mit ν_1 und ν_2 Freiheitsgraden haben, so hat die Summe eine χ^2-Verteilung mit $\nu_1 + \nu_2$ Freiheitsgraden. Entdeckt worden ist diese Verteilung von I.-J. Bienaymé (1858), E. Abbe (1863), F. R. Helmert (1876) und K. Pearson (1900).

Obere Schranken der χ^2-Verteilung:

$$\chi^2_{1;0,05} = 3{,}84 \quad \text{oder} \quad P(\chi^2_1 \geqq 3{,}84) = 0{,}05$$
$$\chi^2_{15;0,05} = 25{,}00 \quad \text{oder} \quad P(\chi^2_{15} \geqq 25{,}00) = 0{,}05$$
$$\chi^2_{150;0,05} = 179{,}58 \quad \text{oder} \quad P(\chi^2_{150} \geqq 179{,}58) = 0{,}05$$

Die χ^2-Verteilung dient zur Prüfung der Übereinstimmung: (1) zwischen beobachteten und theoretischen Varianzen sowie (2) zwischen beobachteten und theoretischen Verteilungen: d. h. insbesondere, **χ^2-Tests für Häufigkeitsdaten:**

- Einweg-χ^2-Test oder χ^2-Anpassungstest für qualitative Daten und klassierte Meßwerte.
- Zweiweg-χ^2-Test auf Unabhängigkeit oder Homogenität für qualitative Daten.

χ^2 mit ν Freiheitsgraden ist definiert als die Summe der Quadrate ν unabhängiger Standardnormalvariablen {vgl. auch (1.276) in [165] und Übersicht 55 auf S. 232 sowie (3.33, 3.34) auf S. 340}:

$$\boxed{\chi^2_\nu = \sum_{i=1}^{\nu} Z_i^2} \qquad \left[\begin{array}{c}\text{Definition von } t:\\ t_\nu = \dfrac{Z}{\sqrt{\chi^2_\nu/\nu}}\end{array}\right] \tag{1.168}$$

Für mehr als 30 Freiheitsgrade gilt die Approximation ($\nu = FG$; z_α = Standardnormalvariable: letzte Zeile der Tab. 50, z. B. $z_{0,95} = -1{,}645$ und $z_{0,05} = 1{,}645$):

[152]
$$\chi_\nu^2 \approx \nu\left(1-\frac{2}{9\nu}+z_\alpha\sqrt{\frac{2}{9\nu}}\right)^3 \quad \text{bzw.} \quad \hat{z} \approx 3\cdot\sqrt{\frac{\nu}{2}}\left[\frac{2}{9\nu}+\sqrt[3]{\frac{\chi_\nu^2}{\nu}}-1\right] \tag{1.169}$$

[von *Severo und Zelen (1960)* durch eine weitere Korrekturgröße verbessert].

Beispiel: $\chi^2_{150;0,05} \approx 150\left(1-\frac{2}{9\cdot 150}+1{,}645\sqrt{\frac{2}{9\cdot 150}}\right)^3 \approx 150\cdot 1{,}972 = 179{,}58$ [siehe Tab. 50a].

Tabelle 50a. 5%-, 1%- und 0,1%-Schranken der χ^2-Verteilung

FG	5 %	1 %	0,1 %	FG	5 %	1 %	0,1 %	FG	5 %	1 %	0,1 %
1	3,84	6,63	10,83	51	68,67	77,39	87,97	101	125,46	136,97	150,67
2	5,99	9,21	13,82	52	69,83	78,61	89,27	102	126,57	138,13	151,88
3	7,81	11,34	16,27	53	70,99	79,84	90,57	103	127,69	139,30	153,10
4	9,49	13,28	18,47	54	72,15	81,07	91,87	104	128,80	140,46	154,31
5	11,07	15,09	20,52	55	73,31	82,29	93,17	105	129,92	141,62	155,53
6	12,59	16,81	22,46	56	74,47	83,51	94,46	106	131,03	142,78	156,74
7	14,07	18,48	24,32	57	75,62	84,73	95,75	107	132,15	143,94	157,95
8	15,51	20,09	26,13	58	76,78	85,95	97,04	108	133,26	145,10	159,16
9	16,92	21,67	27,88	59	77,93	87,16	98,32	109	134,37	146,26	160,37
10	18,31	23,21	29,59	60	79,08	88,38	99,61	110	135,48	147,41	161,58
11	19,68	24,73	31,26	61	80,23	89,59	100,89	111	136,59	148,57	162,79
12	21,03	26,22	32,91	62	81,38	90,80	102,17	112	137,70	149,73	163,99
13	22,36	27,69	34,53	63	82,53	92,01	103,44	113	138,81	150,88	165,20
14	23,68	29,14	36,12	64	83,68	93,22	104,72	114	139,92	152,04	166,41
15	25,00	30,58	37,70	65	84,82	94,42	105,99	115	141,03	153,19	167,61
16	26,30	32,00	39,25	66	85,97	95,62	107,26	116	142,14	154,34	168,81
17	27,59	33,41	40,79	67	87,11	96,83	108,52	117	143,25	155,50	170,01
18	28,87	34,81	42,31	68	88,25	98,03	109,79	118	144,35	156,65	171,22
19	30,14	36,19	43,82	69	89,39	99,23	111,05	119	145,46	157,80	172,42
20	31,41	37,57	45,31	70	90,53	100,42	112,32	120	146,57	158,95	173,62
21	32,67	38,93	46,80	71	91,67	101,62	113,58	121	147,67	160,10	174,82
22	33,92	40,29	48,27	72	92,81	102,82	114,83	122	148,78	161,25	176,01
23	35,17	41,64	49,73	73	93,95	104,01	116,09	123	149,89	162,40	177,21
24	36,42	42,98	51,18	74	95,08	105,20	117,35	124	150,99	163,55	178,41
25	37,65	44,31	52,62	75	96,22	106,39	118,60	125	152,09	164,69	179,60
26	38,89	45,64	54,05	76	97,35	107,58	119,85	126	153,20	165,84	180,80
27	40,11	46,96	55,48	77	98,49	108,77	121,10	127	154,30	166,99	181,99
28	41,34	48,28	56,89	78	99,62	109,96	122,35	128	155,41	168,13	183,19
29	42,56	49,59	58,30	79	100,75	111,14	123,59	129	156,51	169,28	184,38
30	43,77	50,89	59,70	80	101,88	112,33	124,84	130	157,61	170,42	185,57
31	44,99	52,19	61,10	81	103,01	113,51	126,08	131	158,71	171,57	186,76
32	46,19	53,48	62,49	82	104,14	114,69	127,32	132	159,81	172,71	187,95
33	47,40	54,77	63,87	83	105,27	115,88	128,56	133	160,92	173,85	189,14
34	48,60	56,06	65,25	84	106,40	117,06	129,80	134	162,02	175,00	190,33
35	49,80	57,34	66,62	85	107,52	118,23	131,04	135	163,12	176,14	191,52
36	51,00	58,62	67,98	86	108,65	119,41	132,28	136	164,22	177,28	192,71
37	52,19	59,89	69,34	87	109,77	120,59	133,51	137	165,32	178,42	193,89
38	53,38	61,16	70,70	88	110,90	121,77	134,74	138	166,42	179,56	195,08
39	54,57	62,43	72,05	89	112,02	122,94	135,98	139	167,52	180,70	196,27
40	55,76	63,69	73,40	90	113,15	124,12	137,21	140	168,61	181,84	197,45
41	56,94	64,95	74,74	91	114,27	125,29	138,44	141	169,71	182,98	198,63
42	58,12	66,21	76,08	92	115,39	126,46	139,67	142	170,81	184,12	199,82
43	59,30	67,46	77,42	93	116,51	127,63	140,89	143	171,91	185,25	201,00
44	60,48	68,71	78,75	94	117,63	128,80	142,12	144	173,00	186,39	202,18
45	61,66	69,96	80,08	95	118,75	129,97	143,34	145	174,10	187,53	203,36
46	62,83	71,20	81,40	96	119,87	131,14	144,57	146	175,20	188,67	204,55
47	64,00	72,44	82,72	97	120,99	132,31	145,79	147	176,29	189,80	205,73
48	65,17	73,68	84,04	98	122,11	133,47	147,01	148	177,39	190,94	206,91
49	66,34	74,92	85,35	99	123,23	134,64	148,23	149	178,49	192,07	208,09
50	67,50	76,15	86,66	100	124,34	135,81	149,45	150	179,58	193,21	209,26

Beispiele: $\chi^2_{15;0,05} = 25{,}00$ sowie $\chi^2_{47;0,05} = 64{,}00$
Schranken für 1 Freiheitsgrad enthalten die Seiten 454 und 455. Weitere $\chi^2_{\nu,\alpha}$-Schranken für 25 α-Stufen lassen sich schnell nach H. Burstein [Journal of the American Statistical Association **68** (1973), 581–584] berechnen [vgl. auch J.-T. Lin, The Statistician **37** (1988), 3–5].

Näheres über die χ^2-Verteilung (vgl. auch [43], [462], [464]) ist *Lancaster (1969)* zu entnehmen (vgl. auch *Paradine 1966*; Bortz u. Mitarb. (1990, s. 637–643), Ciba-Geigy AG

(1980, S. 34–37), *Harter 1964* sowie *Vahle und Tews 1969* geben Tabellen, *Boyd 1965* gibt ein Nomogramm). Zur nichtzentralen χ^2-Verteilung siehe H.O. Posten: The American Statistician **43** (1989), 261–263. Johnson und Kotz (1995) behandeln in den Kapiteln 29 bis [152]
31 die **nichtzentralen** χ^2- F- und t-Verteilungen.

Nach Lackritz (1983) lassen sich für χ^2-Tests exakte P-Werte berechnen.

Die Tabellen 50 und 50a enthalten nur ausgewählte Werte der χ^2-Verteilung. Soll für einen bestimmten χ^2-Wert die exakte Wahrscheinlichkeit ermittelt werden, so muß man zwischen den benachbarten P-Werten **logarithmisch interpolieren** (vgl. Tabelle 51).

Beispiel

Angenommen, wir erhalten für $FG = 10$ einen Wert $\hat{\chi}^2 = 13{,}4$. Diesem Wert entspricht ein P-Wert zwischen 10% und 30%. Die entsprechenden χ^2-Schranken sind $\chi^2_{0,10} = 16{,}0$ und $\chi^2_{0,30} = 11{,}8$. Der gesuchte Wert P ergibt sich dann nach

$$\boxed{\frac{\ln P - \ln 0{,}3}{\ln 0{,}1 - \ln 0{,}3} = \frac{\hat{\chi}^2 - \chi^2_{0,30}}{\chi^2_{0,10} - \chi^2_{0,30}}} \qquad (1.170)$$

$$\boxed{\ln P = \frac{(\hat{\chi}^2 - \chi^2_{0,30})(\ln 0{,}1 - \ln 0{,}3)}{\chi^2_{0,10} - \chi^2_{0,30}} + \ln 0{,}3} \qquad (1.170a)$$

$$\ln P = \frac{(13{,}4 - 11{,}8)(-2{,}303 + 1{,}204)}{16{,}0 - 11{,}8} - 1{,}204$$

$\ln P = -1{,}623$, $\lg P = 0{,}4343 \cdot \ln P = 0{,}4343 \cdot (-1{,}623)$
$\lg P = -0{,}7049 = 9{,}2951 - 10$, oder $P = 0{,}197 \simeq 0{,}20$.
Ein Blick auf Tabelle 50 zeigt, daß $\chi^2_{10;0,20} = 13{,}4$; die Anpassung ist gut.

Tabelle 51. Ausgewählte dreistellige natürliche Logarithmen

n	ln n	n	ln n
0,001	- 6,908	0,50	- 0,693
0,01	- 4,605	0,70	- 0,357
0,025	- 3,689	0,80	- 0,223
0,05	- 2,996	0,90	- 0,105
0,10	- 2,303	0,95	- 0,051
0,20	- 1,609	0,975	- 0,025
0,30	- 1,204	0,99	- 0,010

Um zu n-Werten, die $1/10 = 10^{-1}$; $1/100 = 10^{-2}$; $1/1000 = 10^{-3}$, usw. so groß sind wie die tabellierten n-Werte $\ln n$ zu erhalten, subtrahiere man von dem tabellierten $\ln n$ den Wert $\ln 10 = 2{,}303$; $2 \ln 10 = 4{,}605$; $3 \ln 10 = 6{,}908$; usw.; Beispiel: $\ln 0{,}02 = \ln 0{,}2 - \ln 10 = -1{,}609 - 2{,}303 = -3{,}912$.

Die Tabellen 50 und 50a werden ergänzt durch die Tabellen 155 und 156 in [461] sowie 161 in [462] und 227 in [621].

F-Tests und χ^2-Tests sind, da sie sich auf **quadrierte** Werte beziehen (der H-Test übrigens auch), **ungerichtet**; daher werden jeweils auch nur die Schranken der **oberen Verteilungsenden** benötigt.

153 Die F-Verteilung

[153] Wenn S_1^2 und S_2^2 Varianzen unabhängiger zufälliger Stichproben des Umfanges n_1 und n_2 aus zwei normalverteilten Grundgesamtheiten mit gleicher Varianz σ^2 sind, dann folgt die zufällige Variable

$$\boxed{F = \frac{S_1^2}{S_2^2}} \qquad \text{[vgl. Übersicht 55 auf S. 232, (1.187) auf S. 232 sowie (3.39) und (3.40) auf S. 342]} \qquad (1.171)$$

einer *F-Verteilung* mit den Parametern $\nu_1 = n_1 - 1$ und $\nu_2 = n_2 - 1$. Die F-Verteilung (nach R. A. Fisher; vgl. Abb. 36) ist ebenfalls eine stetige, *unsymmetrische* Verteilung, mit einem Variationsbereich von Null bis Unendlich. Für $\nu_2 > 2$ ist der Erwartungswert der F-Verteilungen gleich $\nu_2/(\nu_2 - 2)$; für $\nu_2 > 4$ ist die Varianz gleich $[2\nu_2^2(\nu_1 + \nu_2 - 2)]/[\nu_1(\nu_2 - 2)^2(\nu_2 - 4)]$.

Definition von F: $F = \frac{\chi^2_{\nu\,1}/\nu_1}{\chi^2_{\nu\,2}/\nu_2}$

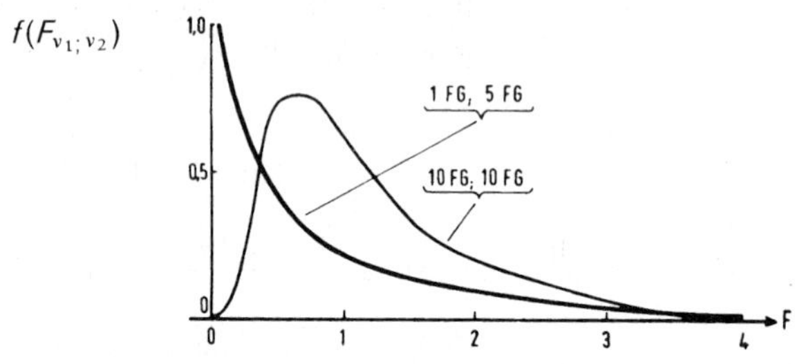

Abb. 36. Wahrscheinlichkeitsdichte der F-Verteilung: $F(\nu_1 = 1; \nu_2 = 5)$ und $F(\nu_1 = 10; \nu_2 = 10)$

Die F-Verteilung ist für $\nu_1 \leqq 2$ L-förmig, für $\nu_1 > 2$ eingipflig bis glockenförmig. Sechs Tabellen (52 a bis f) mit Sicherheitsgrenzen der F-Verteilung für den einseitigen Test befinden sich auf den folgenden Seiten. Die Werte fallen mit zunehmendem ν auf $F_{\infty;\infty;\alpha} = 1$ ab. Approximationen für großes ν enthalten S. 217 und 221 unten.

Obere Schranken (vgl. S. 215 unten) der F-Verteilung

z. B. $F_{12;6;0,05} = 4{,}00$ oder $P(F_{12;6} \geqq 4{,}00) = 0{,}05$
$F_{\infty;\infty;0,05} = 1{,}00$ oder $P(F_{\infty;\infty} \geqq 1{,}00) = 0{,}05$

Beachte: $F_{8;26;0,05(\text{zweiseitig})} = F_{8;26;0,025(\text{einseitig})} = 2{,}73$

! Die F-Verteilung dient zum Vergleich zweier beobachteter Varianzen und insbesondere in der Varianz- und Regressionsanalyse (vgl. auch S. 225, S. 226, S. 228 und S. 231).

Mardia und Zenroch (1978) geben eine hervorragende Darstellung der F-Verteilung: Algorithmen, kritische Schranken, Interpolationsmöglichkeiten und spezielle Anwendungen mit instruktiven Beispielen (vgl. auch Haines 1988, Lee 1988 sowie Schader und Schmid 1986). Weitere Details enthalten (1.172) bis (1.184).

Nach Lackritz (1984) lassen sich für F-Tests exakte P-Werte berechnen. So erhält man bei einem Vergleich zweier Varianzen normalverteilter Grundgesamtheiten, wobei 6 bzw. 8 Beobachtungen zur Verfügung standen (d. h. $\nu_1 = 5$; $\nu_2 = 7$), z. B. für den Wert $\hat{F} = 3{,}5$ ein $P = 0{,}06647$ (vgl. auch S. 218).

Zwischenwerte der F-Verteilung ermittelt man anhand der **harmonischen Interpolation.** Wird beispielsweise die 1%-Schranke für $\nu_1 = 24$ und $\nu_2 = 60$ gesucht, so liefert die Tabelle die Schranken für 20 und 60 sowie für 30 und 60 Freiheitsgerade zu 2,20 und 2,03. **[153]** Bezeichnen wir den gesuchten Wert für 24 und 60 mit x, dann erhalten wir über (1.172) x = 2,115 (exakt: 2,12).

$$\frac{2{,}20 - x}{2{,}20 - 2{,}03} = \frac{1/20 - 1/24}{1/20 - 1/30} \quad (1.172)$$

Die 1%-Schranke für $\nu_1 = 24$; $\nu_2 = 200$ ergibt sich (bei 1,95 für 24; 120 und 1,79 für 24; ∞) zu $x = 1{,}79 + (1{,}95 - 1{,}79)120/200 = 1{,}886$ exakt: 1,89).

F als Verhältnis zweier Quadrate kann nur Werte zwischen Null und plus Unendlich annehmen, sich also wie die χ^2Verteilung nur rechts des Koordinatenanfangspunktes erstrecken. An die Stelle einer spiegelbildlich symmetrischen Verteilungskurve, wie sie bei der t-Verteilung vorliegt, tritt hier gewissermaßen eine „reziproke Symmetrie". Wie $+t$ mit $-t$, so kann hier F mit $1/F$ und zugleich ν_1 mit ν_2 vertauscht werden. Es gilt

$$F(\nu_1, \nu_2; 1 - \alpha) = 1/F(\nu_2, \nu_1; \alpha) \quad (1.173)$$

Nach dieser Beziehung laßt sich beispielsweise aus $F_{0,05}$ leicht $F_{0,95}$ ermitteln.

Beispiel

Gegeben $\nu_1 = 12, \nu_2 = 8, \alpha = 0{,}05$, d. h. $F = 3{,}28$.

Gesucht $\nu_1 = 12, \nu_2 = 8, \alpha = 0{,}95$. Über $\nu_1 = 8, \nu_2 = 12$ und $\alpha = 0{,}05$, d. h. $F = 2{,}85$ ergibt sich der gesuchte F-Wert zu 1/2,85 = 0,351.

Für größere Freiheitsgrade gilt die Approximation (1.174) (vgl. auch die Seiten 218, 221–224)

$$\lg F = 0{,}4343 \cdot z \cdot \sqrt{\frac{2(\nu_1 + \nu_2)}{\nu_1 \cdot \nu_2}} \quad (1.174)$$

wobei z der Standardnormalwert für die gewählte Irrtumswahrscheinlichkeit bei einseitiger Fragestellung ist (vgl. Tabelle 29). So ermitteln wir beispielsweise $F(120, 120; 0{,}05)$ über

$$\lg F = 0{,}4343 \cdot 1{,}64 \cdot \sqrt{2(120 + 120)/(120 \cdot 120)} = 0{,}13004 \text{ zu } F = 1{,}35 \text{ (Tab. 52b)}$$

Interpolieren von Zwischenwerten

Für den Fall, daß weder $\nu_{\text{Zähler}}$ (ν_1 oder ν_z) noch ν_{Nenner} (ν_2 oder ν_n) in der Tabelle enthalten sind, werden die benachbarten Größen ν'_z, ν''_z und ν'_n, ν''_n ($\nu'_z < \nu_z < \nu''_z$ bzw. $\nu'_n < \nu_n < \nu''_n$), für die die F-Verteilung tabelliert ist, notiert. Man interpoliert nach *Laubscher (1965)* [Formel (1.175) gilt auch für nicht ganzzahlige ν]:

[153]

$$F(\nu_z,\nu_n) = (1-A)\cdot(1-B)\cdot F(\nu_z',\nu_n') \\ +A\cdot(1-B)\cdot F(\nu_z',\nu_n'') \\ +(1-A)\cdot B\cdot F(\nu_z'',\nu_n') \\ +A\cdot B\cdot F(\nu_z'',\nu_n'') \\ \text{mit } A = \frac{\nu_n''(\nu_n-\nu_n')}{\nu_n(\nu_n''-\nu_n')} \quad \text{und} \quad B = \frac{\nu_z''(\nu_z-\nu_z')}{\nu_z(\nu_z''-\nu_z')} \tag{1.175}$$

Beispiel

Berechne $F(28{,}44;0{,}01)$.
Gegeben $F(20{,}40;0{,}01) = 2{,}37$
$F(20{,}50;0{,}01) = 2{,}27$
$F(30{,}40;0{,}01) = 2{,}20$
$F(30{,}50;0{,}01) = 2{,}10$

Über $A = \frac{50(44-40)}{44(50-40)} = \frac{5}{11}$ und $B = \frac{30(28-20)}{28(30-20)} = \frac{6}{7}$ erhält man [siehe S.222]

P aus $\hat{F}_{\nu_1;\nu_2}$

Werden nach [731] 5 Gruppen zu je 12 Beobachtungen auf Gleichheit der Mittelwerte geprüft, so erhält man einen Wert $\hat{F}$ mit $\nu_1 = k-1 = 5-1 = 4$ und $\nu_2 = n-k = (5\cdot 12)-5 = 55$ Freiheitsgraden. Das zugehörige P läßt sich nach Peizer und Pratt (1968) approximieren:

$$a=\nu_1, \quad b=\nu_2, \quad c=[(a-1)/2]+[(b-1)/2], \quad d=a\hat{F}/(b+a\hat{F}),$$

$$e = \frac{b-1}{2}+\frac{1}{6}-\left[c+\frac{1}{3}\right](1-d)+\frac{1}{25}\left[\frac{d}{b}-\frac{1-d}{a}+\frac{d-0{,}5}{a+b}\right],$$

$$\hat{z} = \frac{e}{[(b-1)/2]-c(1-d)}\sqrt{\frac{2}{1+[1/(6c)]}\left[\frac{b-1}{2}\ln\frac{(b-1)/2}{c(1-d)}+\frac{a-1}{2}\ln\frac{(a-1)/2}{cd}\right]} \tag{1.176}$$

Beispiel: Die dem obigen Ansatz entsprechende obere 5%-Schranke ist $F_{4;55;0,05} = 2{,}54$. Wir wollen sehen, welchen P-Wert wir für $\hat{F} = 2{,}54$ mit $\nu_1 = 4$ und $\nu_2 = 55$ erhalten. Mit $a = 4$, $b = 55$, $c = 28{,}5$, $d = 0{,}15592$ und $e = 2{,}82075$ ergibt sich:

$$\hat{z} = \frac{2{,}82075}{27-24{,}0563}\sqrt{\frac{2}{1+[1/171]}\left[27\ln\frac{27}{24{,}0563}+1{,}5\ln\frac{1{,}5}{4{,}44372}\right]}$$

$\hat{z} = 1{,}648$ und somit $P(Z \geqq 1{,}648) \approx 0{,}05$ (vgl. S. 114, 118).

Nach Paulson [(1.180) auf S. 224] erhält man ebenfalls

$$\hat{z} = [(493/495)2{,}54^{1/3} - (34/36)]/\sqrt{(2/495)2{,}54^{2/3}+(2/36)} = 1{,}650.$$

[153]

Tabelle 52a. Obere Signifikanzschranken der F-Verteilung für $P = 0.10$ ($\alpha = 10\%$); ν_1 = Freiheitsgrade des Zählers; ν_2 = Freiheitsgrade des Nenners.
Beispiel: $F_{9;18;0,10} = 2.00$

ν_2 \ ν_1	1	2	3	4	5	6	7	8	9	10	12	15	20	24	30	40	60	120	∞
1	39,86	49,50	53,59	55,83	57,24	58,20	58,91	59,44	59,86	60,19	60,71	61,22	61,74	62,00	62,26	62,53	62,79	63,06	63,33
2	8,53	9,00	9,16	9,24	9,29	9,33	9,35	9,37	9,38	9,39	9,41	9,42	9,44	9,45	9,46	9,47	9,47	9,48	9,49
3	5,54	5,46	5,39	5,34	5,31	5,28	5,27	5,25	5,24	5,23	5,22	5,20	5,18	5,18	5,17	5,16	5,15	5,14	5,13
4	4,54	4,32	4,19	4,11	4,05	4,01	3,98	3,95	3,94	3,92	3,90	3,87	3,84	3,83	3,82	3,80	3,79	3,78	3,76
5	4,06	3,78	3,62	3,52	3,45	3,40	3,37	3,34	3,32	3,30	3,27	3,24	3,21	3,19	3,17	3,16	3,14	3,12	3,10
6	3,78	3,46	3,29	3,18	3,11	3,05	3,01	2,98	2,96	2,94	2,90	2,87	2,84	2,82	2,80	2,78	2,76	2,74	2,72
7	3,59	3,26	3,07	2,96	2,88	2,83	2,78	2,75	2,72	2,70	2,67	2,63	2,59	2,58	2,56	2,54	2,51	2,49	2,47
8	3,46	3,11	2,92	2,81	2,73	2,67	2,62	2,59	2,56	2,54	2,50	2,46	2,42	2,40	2,38	2,36	2,34	2,32	2,29
9	3,36	3,01	2,81	2,69	2,61	2,55	2,51	2,47	2,44	2,42	2,38	2,34	2,30	2,28	2,25	2,23	2,21	2,18	2,16
10	3,29	2,92	2,73	2,61	2,52	2,46	2,41	2,38	2,35	2,32	2,28	2,24	2,20	2,18	2,16	2,13	2,11	2,08	2,06
11	3,23	2,86	2,66	2,54	2,45	2,39	2,34	2,30	2,27	2,25	2,21	2,17	2,12	2,10	2,08	2,05	2,03	2,00	1,97
12	3,18	2,81	2,61	2,48	2,39	2,33	2,28	2,24	2,21	2,19	2,15	2,10	2,06	2,04	2,01	1,99	1,96	1,93	1,90
13	3,14	2,76	2,56	2,43	2,35	2,28	2,23	2,20	2,16	2,14	2,10	2,05	2,01	1,98	1,96	1,93	1,90	1,88	1,85
14	3,10	2,73	2,52	2,39	2,31	2,24	2,19	2,15	2,12	2,10	2,05	2,01	1,96	1,94	1,91	1,89	1,86	1,83	1,80
15	3,07	2,70	2,49	2,36	2,27	2,21	2,16	2,12	2,09	2,06	2,02	1,97	1,92	1,90	1,87	1,85	1,82	1,79	1,76
16	3,05	2,67	2,46	2,33	2,24	2,18	2,14	2,09	2,06	2,03	1,99	1,94	1,89	1,87	1,84	1,81	1,78	1,75	1,72
17	3,03	2,64	2,44	2,31	2,22	2,15	2,10	2,06	2,03	2,00	1,96	1,91	1,86	1,84	1,81	1,78	1,75	1,72	1,69
18	3,01	2,62	2,42	2,29	2,20	2,13	2,08	2,04	2,00	1,98	1,93	1,89	1,84	1,81	1,78	1,75	1,72	1,69	1,66
19	2,99	2,61	2,40	2,27	2,18	2,11	2,06	2,02	1,98	1,96	1,91	1,86	1,81	1,79	1,76	1,73	1,70	1,67	1,63
20	2,97	2,59	2,38	2,25	2,16	2,09	2,04	2,00	1,96	1,94	1,89	1,84	1,79	1,77	1,74	1,71	1,68	1,64	1,61
21	2,96	2,57	2,36	2,23	2,14	2,08	2,02	1,98	1,95	1,92	1,87	1,83	1,78	1,75	1,72	1,69	1,66	1,62	1,59
22	2,95	2,56	2,35	2,22	2,13	2,06	2,01	1,97	1,93	1,90	1,86	1,81	1,76	1,73	1,70	1,67	1,64	1,60	1,57
23	2,94	2,55	2,34	2,21	2,11	2,05	1,99	1,95	1,92	1,89	1,84	1,80	1,74	1,72	1,69	1,66	1,62	1,59	1,55
24	2,93	2,54	2,33	2,19	2,10	2,04	1,98	1,94	1,91	1,88	1,83	1,78	1,73	1,70	1,67	1,64	1,61	1,57	1,53
25	2,92	2,53	2,32	2,18	2,09	2,02	1,97	1,93	1,89	1,87	1,82	1,77	1,72	1,69	1,66	1,63	1,59	1,56	1,52
26	2,91	2,52	2,31	2,17	2,08	2,01	1,96	1,92	1,88	1,86	1,81	1,76	1,71	1,68	1,65	1,61	1,58	1,54	1,50
27	2,90	2,51	2,30	2,17	2,07	2,00	1,95	1,91	1,87	1,85	1,80	1,75	1,70	1,67	1,64	1,60	1,57	1,53	1,49
28	2,89	2,50	2,29	2,16	2,06	2,00	1,94	1,90	1,87	1,84	1,79	1,74	1,69	1,66	1,63	1,59	1,56	1,52	1,48
29	2,89	2,50	2,28	2,15	2,06	1,99	1,93	1,89	1,86	1,83	1,78	1,73	1,68	1,65	1,62	1,58	1,55	1,51	1,47
30	2,88	2,49	2,28	2,14	2,05	1,98	1,93	1,88	1,85	1,82	1,77	1,72	1,67	1,64	1,61	1,57	1,54	1,50	1,46
40	2,84	2,44	2,23	2,09	2,00	1,93	1,87	1,83	1,79	1,76	1,71	1,66	1,61	1,57	1,54	1,51	1,47	1,42	1,38
60	2,79	2,39	2,18	2,04	1,95	1,87	1,82	1,77	1,74	1,71	1,66	1,60	1,54	1,51	1,48	1,44	1,40	1,35	1,29
120	2,75	2,35	2,13	1,99	1,90	1,82	1,77	1,72	1,68	1,65	1,60	1,55	1,48	1,45	1,41	1,37	1,32	1,26	1,19
∞	2,71	2,30	2,08	1,94	1,85	1,77	1,72	1,67	1,63	1,60	1,55	1,49	1,42	1,38	1,34	1,30	1,24	1,17	1,00

[153]

Tabelle 52b. Obere Signifikanzschranken der F-Verteilung für $P = 0{,}05$ ($\alpha = 5\%$), ν_1 = Freiheitsgrade des Zählers; ν_2 = Freiheitsgrade des Nenners.

Beispiel: $F_{12;40;0{,}05} = 2{,}00$

ν_2 \ ν_1	1	2	3	4	5	6	7	8	9	10	12	15	20	24	30	40	60	120	∞
1	161,4	199,5	215,7	224,6	230,2	234,0	236,8	238,9	240,5	241,9	243,9	245,9	248,0	249,1	250,1	251,1	252,2	253,3	254,3
2	18.51	19,00	19,16	19,25	19,30	19,33	19,35	19,37	19,38	19,40	19,41	19,43	19,45	19,45	19,46	19,47	19,48	19,49	19,50
3	10,13	9,55	9,28	9,12	9,01	8,94	8,89	8,85	8,81	8,79	8,74	8,70	8,66	8,64	8,62	8,59	8,57	8,55	8,53
4	7,71	6,94	6,59	6,39	6,26	6,16	6,09	6,04	6,00	5,96	5,91	5,86	5,80	5,77	5,75	5,72	5,69	5,66	5,63
5	6,61	5,79	5,41	5,19	5,05	4,95	4,88	4,82	4,77	4,74	4,68	4,62	4,56	4,53	4,50	4,46	4,43	4,40	4,36
6	5,99	5,14	4,76	4,53	4,39	4,28	4,21	4,15	4,10	4,06	4,00	3,94	3,87	3,84	3,81	3,77	3,74	3,70	3,67
7	5,59	4,74	4,35	4,12	3,97	3,87	3,79	3,73	3,68	3,64	3,57	3,51	3,44	3,41	3,38	3,34	3,30	3,27	3,23
8	5,32	4,46	4,07	3,84	3,69	3,58	3,50	3,44	3,39	3,35	3,28	3,22	3,15	3,12	3,08	3,04	3,01	2,97	2,93
9	5,12	4,26	3,86	3,63	3,48	3,37	3,29	3,23	3,18	3,14	3,07	3,01	2,94	2,90	2,86	2,83	2,79	2,75	2,71
10	4,96	4,10	3,71	3,48	3,33	3,22	3,14	3,07	3,02	2,98	2,91	2,85	2,77	2,74	2,70	2,66	2,62	2,58	2,54
11	4,84	3,98	3,59	3,36	3,20	3,09	3,01	2,95	2,90	2,85	2,79	2,72	2,65	2,61	2,57	2,53	2,49	2,45	2,40
12	4,75	3,89	3,49	3,26	3,11	3,00	2,91	2,85	2,80	2,75	2,69	2,62	2,54	2,51	2,47	2,43	2,38	2,34	2,30
13	4,67	3,81	3,41	3,18	3,03	2,92	2,83	2,77	2,71	2,67	2,60	2,53	2,46	2,42	2,38	2,34	2,30	2,25	2,21
14	4,60	3,74	3,34	3,11	2,96	2,85	2,76	2,70	2,65	2,60	2,53	2,46	2,39	2,35	2,31	2,27	2,22	2,18	2,13
15	4,54	3,68	3,29	3,06	2,90	2,79	2,71	2,64	2,59	2,54	2,48	2,40	2,33	2,29	2,25	2,20	2,16	2,11	2,07
16	4,49	3,63	3,24	3,01	2,85	2,74	2,66	2,59	2,54	2,49	2,42	2,35	2,28	2,24	2,19	2,15	2,11	2,06	2,01
17	4,45	3,59	3,20	2,96	2,81	2,70	2,61	2,55	2,49	2,45	2,38	2,31	2,23	2,19	2,15	2,10	2,06	2,01	1,96
18	4,41	3,55	3,16	2,93	2,77	2,66	2,58	2,51	2,46	2,41	2,34	2,27	2,19	2,15	2,11	2,06	2,02	1,97	1,92
19	4,38	3,52	3,13	2,90	2,74	1,63	2,54	2,48	2,42	2,38	2,31	2,23	2,16	2,11	2,07	2,03	1,98	1,93	1,88
20	4,35	3,49	3,10	2,87	2,71	2,60	2,51	2,45	2,39	2,35	2,28	2,20	2,12	2,08	2,04	1,99	1,95	1,90	1,84
21	4,32	3,47	3,07	2,84	2,68	2,57	2,49	2,42	2,37	2,32	2,25	2,18	2,10	2,05	2,01	1,96	1,92	1,87	1,81
22	4,30	3,44	3,05	2,82	2,66	2,55	2,46	2,40	2,34	2,30	2,23	2,15	2,07	2,03	1,98	1,94	1,89	1,84	1,78
23	4,28	3,42	3,03	2,80	2,64	2,53	2,44	2,37	2,32	2,27	2,20	2,13	2,05	2,01	1,96	1,91	1,86	1,81	1,76
24	4,26	3,40	3,01	2,78	2,62	2,51	2,42	2,36	2,30	2,25	2,18	2,11	2,03	1,98	1,94	1,89	1,84	1,79	1,73
25	4,24	3,39	2,99	2,76	2,60	2,49	2,40	2,34	2,28	2,24	2,16	2,09	2,01	1,96	1,92	1,87	1,82	1,77	1,71
26	4,23	3,37	2,98	2,74	2,59	2,47	2,39	2,32	2,27	2,22	2,15	2,07	1,99	1,95	1,90	1,85	1,80	1,75	1,69
27	4,21	3,35	2,96	2,73	2,57	2,46	2,37	2,31	2,25	2,20	2,13	2,06	1,97	1,93	1,88	1,84	1,79	1,73	1,67
28	4,20	3,34	2,95	2,71	2,56	2,45	2,36	2,29	2,24	2,19	2,12	2,04	1,96	1,91	1,87	1,82	1,77	1,71	1,65
29	4,18	3,33	2,93	2,70	2,55	2,43	2,35	2,28	2,22	2,18	2,10	2,03	1,94	1,90	1,85	1,81	1,75	1,70	1,64
30	4,17	3,32	2,92	2,69	2,53	2,42	2,33	2,27	2,21	2,16	2,09	2,01	1,93	1,89	1,84	1,79	1,74	1,68	1,62
40	4,08	3,23	2,84	2,61	2,45	2,34	2,25	2,18	2,12	2,08	2,00	1,92	1,84	1,79	1,74	1,69	1,64	1,58	1,51
60	4,00	3,15	2,76	2,53	2,37	2,25	2,17	2,10	2,04	1,99	1,92	1,84	1,75	1,70	1,65	1,59	1,53	1,47	1,39
120	3,92	3,07	2,68	2,45	2,29	2,17	2,09	2,02	1,96	1,91	1,83	1,75	1,66	1,61	1,55	1,50	1,43	1,35	1,25
∞	3,84	3,00	2,60	2,37	2,21	2,10	2,01	1,94	1,88	1,83	1,75	1,67	1,57	1,52	1,46	1,39	1,32	1,22	1,00

$F_{\nu_1;\nu_2;1-\alpha} = 1/F_{\nu_2;\nu_1;\alpha}$ [Formel (1.173)]

Tabelle 52c. Obere Signifikanzschranken der F-Verteilung für $P = 0{,}025$ ($\alpha = 2{,}5\%$); ν_1 = Freiheitsgrade des Zählers; υ_2 = Freiheitsgrade des Nenners [153]

ν_2 \ ν_1	1	2	3	4	5	6	7	8	9	10
1	647,8	799,5	864,2	899,6	921,8	937,1	948,2	956,7	963,3	968,6
2	38,51	39,00	39,17	39,25	39,30	39,33	39,36	39,37	39,39	39,40
3	17,44	16,04	15,44	15,10	14,88	14,73	14,62	14,54	14,47	14,42
4	12,22	10,65	9,98	9,60	9,36	9,20	9,07	8,98	8,90	8,84
5	10,01	8,43	7,76	7,39	7,15	6,98	6,85	6,76	6,68	6,62
6	8,81	7,26	6,60	6,23	5,99	5,82	5,70	5,60	5,52	5,46
7	8,07	6,54	5,89	5,52	5,29	5,12	4,99	4,90	4,82	4,76
8	7,57	6,06	5,42	5,05	4,82	4,65	4,53	4,43	4,36	4,30
9	7,21	5,71	5,08	4,72	4,48	4,32	4,20	4,10	4,03	3,96
10	6,94	5,46	4,83	4,47	4,24	4,07	3,95	3,85	3,78	3,72
11	6,72	5,26	4,63	4,28	4,04	3,88	3,76	3,66	3,59	3,53
12	6,55	5,10	4,47	4,12	3,89	3,73	3,61	3,51	3,44	3,37
13	6,41	4,97	4,35	4,00	3,77	3,60	3,48	3,39	3,31	3,25
14	6,30	4,86	4,24	3,89	3,66	3,50	3,38	3,29	3,21	3,15
15	6,20	4,77	4,15	3,80	3,58	3,41	3,29	3,20	3,12	3,06
16	6,12	4,69	4,08	3,73	3,50	3,34	3,22	3,12	3,05	2,99
17	6,04	4,62	4,01	3,66	3,44	3,28	3,16	3,06	2,98	2,92
18	5,98	4,56	3,95	3,61	3,38	3,22	3,10	3,01	2,93	2,87
19	5,92	4,51	3,90	3,56	3,33	3,17	3,05	2,96	2,88	2,82
20	5,87	4,46	3,86	3,51	3,29	3,13	3,01	2,91	2,84	2,77
21	5,83	4,42	3,82	3,48	3,25	3,09	2,97	2,87	2,80	2,73
22	5,79	4,38	3,78	3,44	3,22	3,05	2,93	2,84	2,76	2,70
23	5,75	4,35	3,75	3,41	3,18	3,02	2,90	2,81	2,73	2,67
24	5,72	4,32	3,72	3,38	3,15	2,99	2,87	2,78	2,70	2,64
25	5,69	4,29	3,69	3,35	3,13	2,97	2,85	2,75	2,68	2,61
26	5,66	4,27	3,67	3,33	3,10	2,94	2,82	2,73	2,65	2,59
27	5,63	4,24	3,65	3,31	3,08	2,92	2,80	2,71	2,63	2,57
28	5,61	4,22	3,63	3,29	3,06	2,90	2,78	2,69	2,61	2,55
29	5,59	4,20	3,61	3,27	3,04	2,88	2,76	2,67	2,59	2,53
30	5,57	4,18	3,59	3,25	3,03	2,87	2,75	2,65	2,57	2,51
40	5,42	4,05	3,46	3,13	2,90	2,74	2,62	2,53	2,45	2,39
60	5,29	3,93	3,34	3,01	2,79	2,63	2,51	2,41	2,33	2,27
120	5,15	3,80	3,23	2,89	2,67	2,52	2,39	2,30	2,22	2,16
∞	5,02	3,69	3,12	2,79	2,57	2,41	2,29	2,19	2,11	2,05

Nach *Hald (1952; vgl. Cochran 1940)* gelten für ν_1 und ν_2 größer als 30 mit $g = 1/\nu_1 - 1/\nu_2$, $h = 2/(1/\nu_1 + 1/\nu_2)$ und $F_\alpha = F_{\nu_1;\nu_2;\alpha}$ folgende Approximationen:

$$\lg F_{0,5} = -0{,}290g$$

$$\lg F_{0,3} = \frac{0{,}4555}{\sqrt{h-0{,}55}} - 0{,}329\,g$$

$$\lg F_{0,1} = \frac{1{,}1131}{\sqrt{h-0{,}77}} - 0{,}527\,g$$

$$\lg F_{0,05} = \frac{1{,}4287}{\sqrt{h-0{,}95}} - 0{,}681\,g$$

$$\lg F_{0,025} = \frac{1{,}7023}{\sqrt{h-1{,}14}} - 0{,}846\,g$$

$$\lg F_{0,01} = \frac{2{,}0206}{\sqrt{h-1{,}40}} - 1{,}073\,g$$

$$\lg F_{0,005} = \frac{2{,}2373}{\sqrt{h-1{,}61}} - 1{,}250\,g$$

$$\lg F_{0,001} = \frac{2{,}6841}{\sqrt{h-2{,}09}} - 1{,}672\,g$$

Beispiel: $F_{200;100;0,05}$

$$g = 1/200 - 1/100 = -0{,}005;\ h = 2/(1/200 + 1/100) = 133{,}333$$

$$\lg F_{200;100;0,05} = \frac{1{,}4287}{\sqrt{133{,}33-0{,}95}} - 0{,}681(-0{,}005) = 0{,}12755$$

$$F_{200;100;0,05} = 1{,}34 \text{ (exakter Wert)}$$

Bessere Approximationen gibt E. E. Johnson (1973; Technometrics **15**, 379–384) für 5%- und 2,5%-Schranken [vgl. auch Peizer und Pratt (1968), Haines (1988) und Lee (1988)].

Tabelle 52c. (Fortsetzung)
Beispiel: $F_{20;8;0,025} = 4{,}00$

[153]

ν_2 \ ν_1	12	15	20	24	30	40	60	120	∞
1	976,7	984,9	993,1	997,2	1001	1006	1010	1014	1018
2	39,41	39,43	39,45	39,46	39,46	39,47	39,48	39,49	39,50
3	14,34	14,25	14,17	14,12	14,08	14,04	13,99	13,95	13,90
4	8,75	8,66	8,56	8,51	8,46	8,41	8,36	8,31	8,26
5	6,52	6,43	6,33	6,28	6,23	6,18	6,12	6,07	6,02
6	5,37	5,27	5,17	5,12	5,07	5,01	4,96	4,90	4,85
7	4,67	4,57	4,47	4,42	4,36	4,31	4,25	4,20	4,14
8	4,20	4,10	4,00	3,95	3,89	3,84	3,78	3,73	3,67
9	3,87	3,77	3,67	3,61	3,56	3,51	3,45	3,39	3,33
10	3,62	3,52	3,42	3,37	3,31	3,26	3,20	3,14	3,08
11	3,43	3,33	3,23	3,17	3,12	3,06	3,00	2,94	2,88
12	3,28	3,18	3,07	3,02	2,96	2,91	2,85	2,79	2,72
13	3,15	3,05	2,95	2,89	2,84	2,78	2,72	2,66	2,60
14	3,05	2,95	2,84	2,79	2,73	2,67	2,61	2,55	2,49
15	2,96	2,86	2,76	2,70	2,64	2,59	2,52	2,46	2,40
16	2,89	2,79	2,68	2,63	2,57	2,51	2,45	2,38	2,32
17	2,82	2,72	2,62	2,56	2,50	2,44	2,38	2,32	2,25
18	2,77	2,67	2,56	2,50	2,44	2,38	2,32	2,26	2,19
19	2,72	2,62	2,51	2,45	2,39	2,33	2,27	2,20	2,13
20	2,68	2,57	2,46	2,41	2,35	2,29	2,22	2,16	2,09
21	2,64	2,53	2,42	2,37	2,31	2,25	2,18	2,11	2,04
22	2,60	2,50	2,39	2,33	2,27	2,21	2,14	2,08	2,00
23	2,57	2,47	2,36	2,30	2,24	2,18	2,11	2,04	1,97
24	2,54	2,44	2,33	2,27	2,21	2,15	2,08	2,01	1,94
25	2,51	2,41	2,30	2,24	2,18	2,12	2,05	1,98	1,91
26	2,49	2,39	2,28	2,22	2,16	2,09	2,03	1,95	1,88
27	2,47	2,36	2,25	2,19	2,13	2,07	2,00	1,93	1,85
28	2,45	2,34	2,23	2,17	2,11	2,05	1,98	1,91	1,83
29	2,43	2,32	2,21	2,15	2,09	2,03	1,96	1,89	1,81
30	2,41	2,31	2,20	2,14	2,07	2,01	1,94	1,87	1,79
40	2,29	2,18	2,07	2,01	1,94	1,88	1,80	1,72	1,64
60	2,17	2,06	1,94	1,88	1,82	1,74	1,67	1,58	1,48
120	2,05	1,94	1,82	1,76	1,69	1,61	1,53	1,43	1,31
∞	1,94	1,83	1,71	1,64	1,57	1,48	1,39	1,27	1,00

$$F(28, 44; 0{,}01) = \frac{6}{11}\cdot\frac{1}{7}\cdot 2{,}37 + \frac{5}{11}\cdot\frac{1}{7}\cdot 2{,}27 + \frac{6}{11}\cdot\frac{6}{7}\cdot 2{,}20 + \frac{5}{11}\cdot\frac{6}{7}\cdot 2{,}10 = 2{,}178 \simeq 2{,}18.$$

Der interpolierte Wert ist gleich dem in größeren Tafelwerken tabellierten Wert. Enthält die Tafel ν_z, aber nicht ν_n dann interpoliere man nach

$$\boxed{F(\nu_z, \nu_n) = (1 - A)\cdot F(\nu_z, \nu_n') + A \cdot F(\nu_z, \nu_n'')} \qquad (1.177)$$

Für den umgekehrten Fall: ν_z gesucht, ν_n tabelliert, gilt

$$\boxed{F(\nu_z, \nu_n) = (1 - B)\cdot F(\nu_z', \nu_n) + B \cdot F(\nu_z'', \nu_n)} \qquad (1.177')$$

Interpolieren von Wahrscheinlichkeiten

Wir haben die oberen Signifikanzschranken für das 0,1%-, 0,5%-, 1%-, 2,5%-, 5% und 10%-Niveau notiert. Besteht das Bedürfnis, das wahre Niveau eines auf ν_1 und ν_2 Freiheitsgraden basierenden empirischen F-Wertes zwischen den 0,1%- und 10%-Grenzen zu interpolieren, so benutze man ein von *Zinger (1964)* gegebenes Verfahren:

Tabelle 52d. Obere Signifikanzschranken der F-Verteilung für $P = 0{,}01$ ($\alpha = 1\%$); ν_1 = Freiheitsgrade des Zählers; ν_2 = Freiheitsgrade des Nenners

[153]

ν_2 \ ν_1	1	2	3	4	5	6	7	8	9	10
1	4052	4999,5	5403	5625	5764	5859	5928	5982	6022	6056
2	98,50	99,00	99,17	99,25	99,30	99,33	99,36	99,37	99,39	99,40
3	34,12	30,82	29,46	28,71	28,24	27,91	27,67	27,49	27,35	27,23
4	21,20	18,00	16,69	15,98	15,52	15,21	14,98	14,80	14,66	14,55
5	16,26	13,27	12,06	11,39	10,97	10,67	10,46	10,29	10,16	10,05
6	13,75	10,92	9,78	9,15	8,75	8,47	8,26	8,10	7,98	7,87
7	12,25	9,55	8,45	7,85	7,46	7,19	6,99	6,84	6,72	6,62
8	11,26	8,65	7,59	7,01	6,63	6,37	6,18	6,03	5,91	5,81
9	10,56	8,02	6,99	6,42	6,06	5,80	5,61	5,47	5,35	5,26
10	10,04	7,56	6,55	5,99	5,64	5,39	5,20	5,06	4,94	4,85
11	9,65	7,21	6,22	5,67	5,32	5,07	4,89	4,74	4,63	4,54
12	9,33	6,93	5,95	5,41	5,06	4,82	4,64	4,50	4,39	4,30
13	9,07	6,70	5,74	5,21	4,86	4,62	4,44	4,30	4,19	4,10
14	8,86	6,51	5,56	5,04	4,69	4,46	4,28	4,14	4,03	3,94
15	8,68	6,36	5,42	4,89	4,56	4,32	4,14	4,00	3,89	3,80
16	8,53	6,23	5,29	4,77	4,44	4,20	4,03	3,89	3,78	3,69
17	8,40	6,11	5,18	4,67	4,34	4,10	3,93	3,79	3,68	3,59
18	8,29	6,01	5,09	4,58	4,25	4,01	3,84	3,71	3,60	3,51
19	8,18	5,93	5,01	4,50	4,17	3,94	3,77	3,63	3,52	3,43
20	8,10	5,85	4,94	4,43	4,10	3,87	3,70	3,56	3,46	3,37
21	8,02	5,78	4,87	4,37	4,04	3,81	3,64	3,51	3,40	3,31
22	7,95	5,72	4,82	4,31	3,99	3,76	3,59	3,45	3,35	3,26
23	7,88	5,66	4,76	4,26	3,94	3,71	3,54	3,41	3,30	3,21
24	7,82	5,61	4,72	4,22	3,90	3,67	3,50	3,36	3,26	3,17
25	7,77	5,57	4,68	4,18	3,85	3,63	3,46	3,32	3,22	3,13
26	7,72	5,53	4,64	4,14	3,82	3,59	3,42	3,29	3,18	3,09
27	7,68	5,49	4,60	4,11	3,78	3,56	3,39	3,26	3,15	3,06
28	7,64	5,45	4,57	4,07	3,75	3,53	3,36	3,23	3,12	3,03
29	7,60	5,42	4,54	4,04	3,73	3,50	3,33	3,20	3,09	3,00
30	7,56	5,39	4,51	4,02	3,70	3,47	3,30	3,17	3,07	2,98
40	7,31	5,18	4,31	3,83	3,51	3,29	3,12	2,99	2,89	2,80
60	7,08	4,98	4,13	3,65	3,34	3,12	2,95	2,82	2,72	2,63
120	6,85	4,79	3,95	3,48	3,17	2,96	2,79	2,66	2,56	2,47
∞	6,63	4,61	3,78	3,32	3,02	2,80	2,64	2,51	2,41	2,32

$F_{\nu_1;\nu_2;1-\alpha} = F_{\nu_2;\nu_2;\alpha}$ [Formel (1.173)]

1. Den empirisch ermittelten F-Wert zwischen zwei tabellierten F-Werten (F_1, F_2) mit den Irrtumswahrscheinlichkeiten α und $\alpha\, m$ so einordnen, daß $F_1 < F < F_2$.
2. Den Quotienten k ermitteln

$$\boxed{k = \frac{F_2 - F}{F_2 - F_1}} \qquad (1.178)$$

3. Die interpolierte Wahrscheinlichkeit ist dann

$$\boxed{P = \alpha m^k} \qquad (1.179)$$

Beispiel

Gegeben: $F = 3{,}43$; $\nu_1 = 12$, $\nu_2 = 12$. Approximiere die Wahrscheinlichkeit, daß dieser F-Wert überschritten wird. Den Schritten 1 bis 3 entsprechend ergibt sich:

1. Der beobachtete F-Wert liegt zwischen der 1%- und 2,5%-Schranke (d. h. $\alpha = 0{,}01$; $m = 2{,}5$); $F_1 = 3{,}28 < F = 3{,}43 < F_2 = 4{,}16$.
2. Der Quotient lautet $k = \dfrac{4{,}16 - 3{,}43}{4{,}16 - 3{,}28} = 0{,}8295$.
3. Die approximierte Wahrscheinlichkeit erhält man dann (Logarithmen!) zu $P = 0{,}01 \cdot 2{,}5^{0{,}8295} = 0{,}0214$. Der exakte Wert ist 0,0212.

Tabelle 52d. (Fortsetzung)

[153]

ν_2 \ ν_1	1	2	3	4	5	6	7	8	9	10
1	4052	4999,5	5403	5625	5764	5859	5928	5982	6022	6056
2	98,50	99,00	99,17	99,25	99,30	99,33	99,36	99,37	99,39	99,40
3	34,12	30,82	29,46	28,71	28,24	27,91	27,67	27,49	27,35	27,23
4	21,20	18,00	16,69	15,98	15,52	15,21	14,98	14,80	14,66	14,55
5	16,26	13,27	12,06	11,39	10,97	10,67	10,46	10,29	10,16	10,05
6	13,75	10,92	9,78	9,15	8,75	8,47	8,26	8,10	7,98	7,87
7	12,25	9,55	8,45	7,85	7,46	7,19	6,99	6,84	6,72	6,62
8	11,26	8,65	7,59	7,01	6,63	6,37	6,18	6,03	5,91	5,81
9	10,56	8,02	6,99	6,42	6,06	5,80	5,61	5,47	5,35	5,26
10	10,04	7,56	6,55	5,99	5,64	5,39	5,20	5,06	4,94	4,85
11	9,65	7,21	6,22	5,67	5,32	5,07	4,89	4,74	4,63	4,54
12	9,33	6,93	5,95	5,41	5,06	4,82	4,64	4,50	4,39	4,30
13	9,07	6,70	5,74	5,21	4,86	4,62	4,44	4,30	4,19	4,10
14	8,86	6,51	5,56	5,04	4,69	4,46	4,28	4,14	4,03	3,94
15	8,68	6,36	5,42	4,89	4,56	4,32	4,14	4,00	3,89	3,80
16	8,53	6,23	5,29	4,77	4,44	4,20	4,03	3,89	3,78	3,69
17	8,40	6,11	5,18	4,67	4,34	4,10	3,93	3,79	3,68	3,59
18	8,29	6,01	5,09	4,58	4,25	4,01	3,84	3,71	3,60	3,51
19	8,18	5,93	5,01	4,50	4,17	3,94	3,77	3,63	3,52	3,43
20	8,10	5,85	4,94	4,43	4,10	3,87	3,70	3,56	3,46	3,37
21	8,02	5,78	4,87	4,37	4,04	3,81	3,64	3,51	3,40	3,31
22	7,95	5,72	4,82	4,31	3,99	3,76	3,59	3,45	3,35	3,26
23	7,88	5,66	4,76	4,26	3,94	3,71	3,54	3,41	3,30	3,21
24	7,82	5,61	4,72	4,22	3,90	3,67	3,50	3,36	3,26	3,17
25	7,77	5,57	4,68	4,18	3,85	3,63	3,46	3,32	3,22	3,13
26	7,72	5,53	4,64	4,14	3,82	3,59	3,42	3,29	3,18	3,09
27	7,68	5,49	4,60	4,11	3,78	3,56	3,39	3,26	3,15	3,06
28	7,64	5,45	4,57	4,07	3,75	3,53	3,36	3,23	3,12	3,03
29	7,60	5,42	4,54	4,04	3,73	3,50	3,33	3,20	3,09	3,00
30	7,56	5,39	4,51	4,02	3,70	3,47	3,30	3,17	3,07	2,98
40	7,31	5,18	4,31	3,83	3,51	3,29	3,12	2,99	2,89	2,80
60	7,08	4,98	4,13	3,65	3,34	3,12	2,95	2,82	2,72	2,63
120	6,85	4,79	3,95	3,48	3,17	2,96	2,79	2,66	2,56	2,47
∞	6,63	4,61	3,78	3,32	3,02	2,80	2,64	2,51	2,41	2,32

Beispiel: $F_{30;17;0,01} = 3{,}00$

Soll die Bedeutsamkeit beliebiger empirischer F-Werte ermittelt werden, dann gilt nach einer von *Paulson (1942)* vorgeschlagenen Approximation für $\nu_2 \geqq 3$:

$$\hat{z} = \frac{\left(1 - \frac{2}{9\nu_2}\right) F^{1/3} - \left(1 - \frac{2}{9\nu_1}\right)}{\sqrt{\frac{2}{9\nu_2} F^{2/3} + \frac{2}{9\nu_1}}} \qquad (1.180)$$

(vgl. S. 218 unten).

Sollten die unteren Schranken der F-Verteilung interessieren, so muß auch $\nu_1 \geqq 3$ sein. Die Kubikwurzeln von F und F^2 zieht man z. B. mit Hilfe von Logarithmen.

154 Grenzfälle der *F*-Verteilung

[154] **Die Beziehungen der F-Verteilung zu den anderen beiden Prüfverteilungen und zur Standardnormalverteilung sind einfach und übersichtlich**

Die F-Verteilung geht über für:

$$\begin{array}{lll} \nu_1 = 1 \text{ und } \nu_2 = \nu & \text{in die Verteilung von } t^2 \\ \nu_1 = 1 \text{ und } \nu_2 = \infty & \text{in die Verteilung von } z^2 \\ \nu_1 = \nu \text{ und } \nu_2 = \infty & \text{in die Verteilung von } \chi^2/\nu \end{array} \qquad (1.181)$$

Beispielsweise erhält man für $F_{10;10;0,05} = 2{,}98$.

$F_{1;10;0,05} = 4{,}96 \quad t_{10;0,05} = 2{,}228$ d. h. $t^2_{10;0,05} = 4{,}96$

$F_{1;\infty;0,05} = 3{,}84 \quad z_{0,05} = 1{,}960$ d. h. $z^2_{0,05} = 3{,}84$

$F_{10;\infty;0,05} = 1{,}83 \quad \chi^2_{10;0,05}/10 = 18{,}307/10 = 1{,}83$

Tabelle 52e. Obere Signifikanzschranken der F-Verteilung für $P = 0{,}005$ ($\alpha = 0{,}5\%$); ν_1 = Freiheitsgrade des Zählers; ν_2 = Freiheitsgrade des Nenners

[154]

ν_2 \ ν_1	1	2	3	4	5	6	7	8	9	10
1	16211	20000	21615	22500	23056	23437	23715	23925	24091	24224
2	198,5	199,0	199,2	199,2	199,3	199,4	199,4	199,4	199,4	199,4
3	55,55	49,80	47,47	46,19	45,39	44,84	44,43	44,13	43,88	43,69
4	31,33	26,28	24,26	23,15	22,46	21,97	21,62	21,35	21,14	20,97
5	22,78	18,31	16,53	15,56	14,94	14,51	14,20	13,96	13,77	13,62
6	18,63	14,54	12,92	12,03	11,46	11,07	10,79	10,57	10,39	10,25
7	16,24	12,40	10,88	10,05	9,52	9,16	8,89	8,68	8,51	8,38
8	14,69	11,04	9,60	8,81	8,30	7,95	7,69	7,50	7,34	7,21
9	13,61	10,11	8,72	7,96	7,47	7,13	6,88	6,69	6,54	6,42
10	12,83	9,43	8,08	7,34	6,87	6,54	6,30	6,12	5,97	5,85
11	12,23	8,91	7,60	6,88	6,42	6,10	5,86	5,68	5,54	5,42
12	11,75	8,51	7,23	6,52	6,07	5,76	5,52	5,35	5,20	5,09
13	11,37	8,19	6,93	6,23	5,79	5,48	5,25	5,08	4,94	4,82
14	11,06	7,92	6,68	6,00	5,56	5,26	5,03	4,86	4,72	4,60
15	10,80	7,70	6,48	5,80	5,37	5,07	4,85	4,67	4,54	4,42
16	10,58	7,51	6,30	5,64	5,21	4,91	4,69	4,52	4,38	4,27
17	10,38	7,35	6,16	5,50	5,07	4,78	4,56	4,39	4,25	4,14
18	10,22	7,21	6,03	5,37	4,96	4,66	4,44	4,28	4,14	4,03
19	10,07	7,09	5,92	5,27	4,85	4,56	4,34	4,18	4,04	3,93
20	9,94	6,99	5,82	5,17	4,76	4,47	4,26	4,09	3,96	3,85
21	9,83	6,89	5,73	5,09	4,68	4,39	4,18	4,01	3,88	3,77
22	9,73	6,81	5,65	5,02	4,61	4,32	4,11	3,94	3,81	3,70
23	9,63	6,73	5,58	4,95	4,54	4,26	4,05	3,88	3,75	3,64
24	9,55	6,66	5,52	4,89	4,49	4,20	3,99	3,83	3,69	3,59
25	9,48	6,60	5,46	4,84	4,43	4,15	3,94	3,78	3,64	3,54
26	9,41	6,54	5,41	4,79	4,38	4,10	3,89	3,73	3,60	3,49
27	9,34	6,49	5,36	4,74	4,34	4,06	3,85	3,69	3,56	3,45
28	9,28	6,44	5,32	4,70	4,30	4,02	3,81	3,65	3,52	3,41
29	9,23	6,40	5,28	4,66	4,26	3,98	3,77	3,61	3,48	3,38
30	9,18	6,35	5,24	4,62	4,23	3,95	3,74	3,58	3,45	3,34
40	8,83	6,07	4,98	4,37	3,99	3,71	3,51	3,35	3,22	3,12
60	8,49	5,79	4,73	4,14	3,76	3,49	3,29	3,13	3,01	2,90
120	8,18	5,54	4,50	3,92	3,55	3,28	3,09	2,93	2,81	2,71
∞	7,88	5,30	4,28	3,72	3,35	3,09	2,90	2,74	2,62	2,52

DAMIT LASSEN SICH STUDENT-t-, STANDARDNORMAL- UND χ^2-VERTEILUNG AUF DIE F-VERTEILUNG UND IHRE GRENZFÄLLE ZURÜCKFÜHREN.

$$F$$

$$\swarrow \qquad \downarrow \qquad \searrow$$

$$t_\nu = \sqrt{F_{1;\nu}} \qquad z = \sqrt{F_{1;\infty}} \qquad \chi^2_\nu = \nu F_{\nu;\infty} \tag{1.182}$$

Oder:

$$\sqrt{F_{1;\infty}} = t_\infty = z = \sqrt{\chi^2_1} \tag{1.183}$$

$\nu_2/F_{\infty;\nu_2}$ ist $\chi^2_{\nu_2}$-verteilt

$\nu_1 F_{\nu_1;\infty}$ ist $\chi^2_{\nu_1}$-verteilt

$\sqrt{F_{1;\nu_2}}$ ist t_{ν_2}-verteilt

$\sqrt{1/F_{\nu_1;\infty}}$ ist t_{ν_1}-verteilt

Tabelle 52e. (Fortsetzung)

[154]

ν_2 \ ν_1	12	15	20	24	30	40	60	120	∞
1	24426	24630	24836	24940	25044	25148	25253	25359	25465
2	199,4	199,4	199,4	199,5	199,5	199,5	199,5	199,5	199,5
3	43,39	43,08	42,78	42,62	42,47	42,31	42,15	41,99	41,83
4	20,70	20,44	20,17	20,03	19,89	19,75	19,61	19,47	19,32
5	13,38	13,15	12,90	12,78	12,66	12,53	12,40	12,27	12,14
6	10,03	9,81	9,59	9,47	9,36	9,24	9,12	9,00	8,88
7	8,18	7,97	7,75	7,65	7,53	7,42	7,31	7,19	7,08
8	7,01	6,81	6,61	6,50	6,40	6,29	6,18	6,06	5,95
9	6,23	6,03	5,83	5,73	5,62	5,52	5,41	5,30	5,19
10	5,66	5,47	5,27	5,17	5,07	4,97	4,86	4,75	4,64
11	5,24	5,05	4,86	4,76	4,65	4,55	4,44	4,34	4,23
12	4,91	4,72	4,53	4,43	4,33	4,23	4,12	4,01	3,90
13	4,64	4,46	4,27	4,17	4,07	3,97	3,87	3,76	3,65
14	4,43	4,25	4,06	3,96	3,86	3,76	3,66	3,55	3,44
15	4,25	4,07	3,88	3,79	3,69	3,58	3,48	3,37	3,26
16	4,10	3,92	3,73	3,64	3,54	3,44	3,33	3,22	3,11
17	3,97	3,79	3,61	3,51	3,41	3,31	3,21	3,10	2,98
18	3,86	3,68	3,50	3,40	3,30	3,20	3,10	2,99	2,87
19	3,76	3,59	3,40	3,31	3,21	3,11	3,00	2,89	2,78
20	3,68	3,50	3,32	3,22	3,12	3,02	2,92	2,81	2,69
21	3,60	3,43	3,24	3,15	3,05	2,95	2,84	2,73	2,61
22	3,54	3,36	3,18	3,08	2,98	2,88	2,77	2,66	2,55
23	3,47	3,30	3,12	3,02	2,92	2,82	2,71	2,60	2,48
24	3,42	3,25	3,06	2,97	2,87	2,77	2,66	2,55	2,43
25	3,37	3,20	3,01	2,92	2,82	2,72	2,61	2,50	2,38
26	3,33	3,15	2,97	2,87	2,77	2,67	2,56	2,45	2,33
27	3,28	3,11	2,93	2,83	2,73	2,63	2,52	2,41	2,29
28	3,25	3,07	2,89	2,79	2,69	2,59	2,48	2,37	2,25
29	3,21	3,04	2,86	2,76	2,66	2,56	2,45	2,33	2,21
30	3,18	3,01	2,82	2,73	2,63	2,52	2,42	2,30	2,18
40	2,95	2,78	2,60	2,50	2,40	2,30	2,18	2,06	1,93
60	2,74	2,57	2,39	2,29	2,19	2,08	1,96	1,83	1,69
120	2,54	2,37	2,19	2,09	1,98	1,87	1,75	1,61	1,43
∞	2,36	2,19	2,00	1,90	1,79	1,67	1,53	1,36	1,00

Beispiel: $F_{60;19;0,005} = 3{,}00$

Beachte: $F_{1;\nu_2;\alpha} = \underset{\text{einseitig}}{t^2_{\nu_2;\alpha/2}} = \underset{\text{zweiseitig}}{t^2_{\nu_2;\alpha}}$: z. B. $F_{1;60;0,05} = 4{,}00 = 2{,}000^2 = \underset{\text{einseitig}}{t^2_{60;0,025}} = \underset{\text{zweiseitig}}{t^2_{60;0,05}}$

> Für $\nu \to \infty$ (bzw. $\nu_1 \to \infty$ und $\nu_2 \to \infty$) ist:
> (1) t_ν asymptotisch standardnormalverteilt,
> (2) χ^2_ν angenähert normalverteilt,
> (3) $F_{\nu_1;\nu_2}$ asymptotisch normalverteilt.

(1.184)

Abschließend sei erwähnt, daß $F_{\infty;\nu;\alpha} = \nu/\chi^2_{\nu;1-\alpha}$ und $F_{\infty;\infty;\alpha} = 1$ ist.

Beispiel: $F_{\infty;10;0,05} = 2{,}54 = 10/3{,}94 = 10/\chi^2_{10;0,95}$

Etwas ausführlicher als in (1.182) und unter Berücksichtigung dreier diskreter Verteilungen, die wir in [16] kennenlernen werden, habe ich auf Seite 228 einige Zusammenhänge in Übersicht 54 genannt.

Tabelle 52f. Obere Signifikanzschranken der F-Verteilung für $P = 0{,}001$ ($\alpha = 0{,}1\%$); ν_1 = Freiheitsgrade des Zählers; ν_2 = Freiheitsgrade des Nenners. (Diese Tafeln sind auszugsweise übernommen aus Table 18 der Biometrika Tables for Statisticians. Vol. I, edited by Pearson, E. S., and H. O. Hartley. Cambridge University Press, Cambridge 1958 und Table V von Fisher, R. A., and F. Yates: Statistical Tables for Biological, Agricultural and Medical Research, published by Oliver and Boyd Ltd., Edinburgh [1963].)
Beispiel: $F_{12;30;0{,}001} = 4{,}00$

ν_2 \ ν_1	1	2	3	4	5	6	7	8	9	10	12	15	20	24	30	40	60	120	∞
1	4053⁺	5000⁺	5404⁺	5625⁺	5764⁺	5859⁺	5929⁺	5981⁺	6023⁺	6056⁺	6107⁺	6158⁺	6209⁺	6235⁺	6261⁺	6287⁺	6313⁺	6340⁺	6366⁺
2	998,5	999,0	999,2	999,2	999,3	999,3	999,4	999,4	999,4	999,4	999,4	999,4	999,4	999,5	999,5	999,5	999,5	999,5	999,5
3	167,0	148,5	141,1	137,1	134,6	132,8	131,6	130,6	129,9	129,2	128,3	127,4	126,4	125,9	125,4	125,0	124,5	124,0	123,5
4	74,14	61,25	56,18	53,44	51,71	50,53	49,66	49,00	48,47	48,05	47,41	46,76	46,10	45,77	45,43	45,09	44,75	44,40	44,05
5	47,18	37,12	33,20	31,09	29,75	28,84	28,16	27,64	27,24	26,92	26,42	25,91	25,39	25,14	24,87	24,60	24,33	24,06	23,79
6	35,51	27,00	23,70	21,92	20,81	20,03	19,46	19,03	18,69	18,41	17,99	17,56	17,12	16,89	16,67	16,44	16,21	15,99	15,75
7	29,25	21,69	18,77	17,19	16,21	15,52	15,02	14,63	14,33	14,08	13,71	13,32	12,93	12,73	12,53	12,33	12,12	11,91	11,70
8	25,42	18,49	15,83	14,39	13,49	12,86	12,40	12,04	11,77	11,54	11,19	10,84	10,48	10,30	10,11	9,92	9,73	9,53	9,33
9	22,86	16,39	13,90	12,56	11,71	11,13	10,70	10,37	10,11	9,89	9,57	9,24	8,90	8,72	8,55	8,37	8,19	8,00	7,81
10	21,04	14,91	12,55	11,28	10,48	9,92	9,52	9,20	8,96	8,75	8,45	8,13	7,80	7,64	7,47	7,30	7,12	6,94	6,76
11	19,69	13,81	11,56	10,35	9,58	9,05	8,66	8,35	8,12	7,92	7,63	7,32	7,01	6,85	6,68	6,52	6,35	6,17	6,00
12	18,64	12,97	10,80	9,63	8,89	8,38	8,00	7,71	7,48	7,29	7,00	6,71	6,40	6,25	6,09	5,93	5,76	5,59	5,42
13	17,81	12,31	10,21	9,07	8,35	7,86	7,49	7,21	6,98	6,80	6,52	6,23	5,93	5,78	5,63	5,47	5,30	5,14	4,97
14	17,14	11,78	9,73	8,62	7,92	7,43	7,08	6,80	6,58	6,40	6,13	5,85	5,56	5,41	5,25	5,10	4,94	4,77	4,60
15	16,59	11,34	9,34	8,25	7,57	7,09	6,74	6,47	6,26	6,08	5,81	5,54	5,25	5,10	4,95	4,80	4,64	4,47	4,31
16	16,12	10,97	9,00	7,94	7,27	6,81	6,46	6,19	5,98	5,81	5,55	5,27	4,99	4,85	4,70	4,54	4,39	4,23	4,06
17	15,72	10,66	8,73	7,68	7,02	6,56	6,22	5,96	5,75	5,58	5,32	5,05	4,78	4,63	4,48	4,33	4,18	4,02	3,85
18	15,38	10,39	8,49	7,46	6,81	6,35	6,02	5,76	5,56	5,39	5,13	4,87	4,59	4,45	4,30	4,15	4,00	3,84	3,67
19	15,08	10,16	8,28	7,26	6,62	6,18	5,85	5,59	5,39	5,22	4,97	4,70	4,43	4,29	4,14	3,99	3,84	3,68	3,51
20	14,82	9,95	8,10	7,10	6,46	6,02	5,69	5,44	5,24	5,08	4,82	4,56	4,29	4,15	4,00	3,86	3,70	3,54	3,38
21	14,59	9,77	7,94	6,95	6,32	5,88	5,56	5,31	5,11	4,95	4,70	4,44	4,17	4,03	3,88	3,74	3,58	3,42	3,26
22	14,38	9,61	7,80	6,81	6,19	5,76	5,44	5,19	4,99	4,83	4,58	4,33	4,06	3,92	3,78	3,63	3,48	3,32	3,15
23	14,19	9,47	7,67	6,69	6,08	5,65	5,33	5,09	4,89	4,73	4,48	4,23	3,96	3,82	3,68	3,53	3,38	3,22	3,05
24	14,03	9,34	7,55	6,59	5,98	5,55	5,23	4,99	4,80	4,64	4,39	4,14	3,87	3,74	3,59	3,45	3,29	3,14	2,97
25	13,88	9,22	7,45	6,49	5,88	5,46	5,15	4,91	4,71	4,56	4,31	4,06	3,79	3,66	3,52	3,37	3,22	3,06	2,89
26	13,74	9,12	7,36	6,41	5,80	5,38	5,07	4,83	4,64	4,48	4,24	3,99	3,72	3,59	3,44	3,30	3,15	2,99	2,82
27	13,61	9,02	7,27	6,33	5,73	5,31	5,00	4,76	4,57	4,41	4,17	3,92	3,66	3,52	3,38	3,23	3,08	2,92	2,75
28	13,50	8,93	7,19	6,25	5,66	5,25	4,93	4,69	4,50	4,35	4,11	3,86	3,60	3,46	3,32	3,18	3,02	2,86	2,69
29	13,39	8,85	7,12	6,19	5,59	5,18	4,87	4,64	4,45	4,29	4,05	3,80	3,54	3,41	3,27	3,12	2,97	2,81	2,64
30	13,29	8,77	7,05	6,12	5,53	5,12	4,82	4,58	4,39	4,24	4,00	3,75	3,49	3,36	3,22	3,07	2,92	2,76	2,59
40	12,61	8,25	6,60	5,70	5,13	4,73	4,44	4,21	4,02	3,87	3,64	3,40	3,15	3,01	2,87	2,73	2,57	2,41	2,23
60	11,97	7,76	6,17	5,31	4,76	4,37	4,09	3,87	3,69	3,54	3,31	3,08	2,83	2,69	2,55	2,41	2,25	2,08	1,89
120	11,38	7,32	5,79	4,95	4,42	4,04	3,77	3,55	3,38	3,24	3,02	2,78	2,53	2,40	2,26	2,11	1,95	1,76	1,54
∞	10,83	6,91	5,42	4,62	4,10	3,74	3,47	3,27	3,10	2,96	2,74	2,51	2,27	2,13	1,99	1,84	1,66	1,45	1,00

⁺ Diese Werte sind mit 100 zu multiplizieren

Übersicht 54. Zusammenhänge zwischen einigen Verteilungen

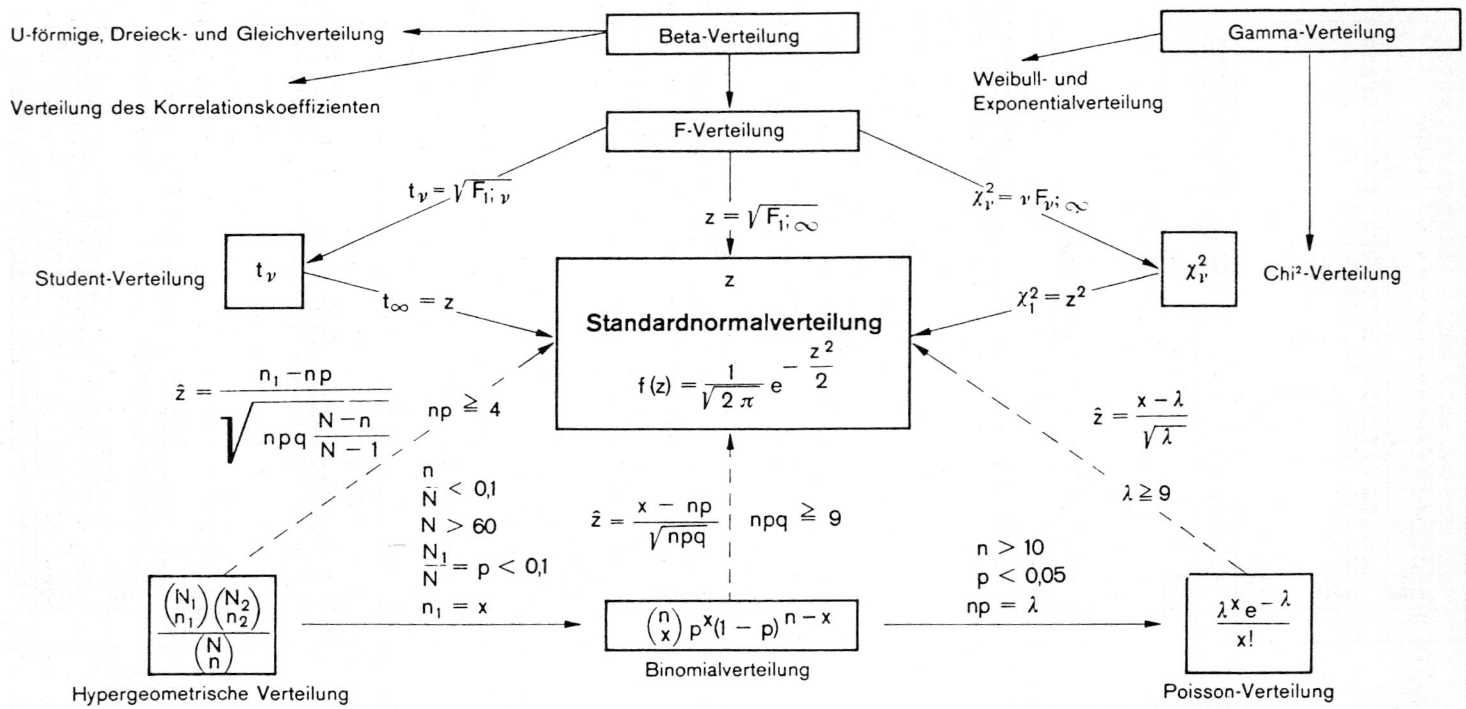

Leemis (1986) hat eine sehr viel mehr Verteilungen berücksichtigende Übersicht gegeben, die Kokoska und Nevison (1988) auf S. 8 ihrer „Tabellen und Formeln" übernommen haben. Weiteres ist insbesondere Christensen (1984), Patel u. Mitarb. (1976) sowie Patel u. Mitarb. (1985) zu entnehmen (vgl. auch Fowlkes 1987, Hastings und Peacock 1993, Hoaglin 1985, Johnson und Kotz 1969, 1970, 1972, 1982, Qu u. Mitarb. 1990, Hutchinson und Lai 1990, 1991 sowie Kocherlakota und Kocherlakota 1992).

155 Ergänzungen zu den drei Stichprobenverteilungen [155]

1. Allgemeines zur Stichprobenverteilung

In der Stichprobentheorie faßt man die an den Elementen oder Merkmalsträgern einer Zufallsstichprobe erhobenen Merkmalsausprägungen als Realisierungen von Zufallsvariablen auf. Diese Zufallsvariablen weisen bei festem Stichprobenumfang n eine bestimmte Verteilung auf. Aus dieser ergibt sich die Verteilung einer Stichprobenfunktion, etwa die Verteilung des Mittelwertes für einen bestimmten Stichprobenumfang. Eine solche Verteilung heißt **Stichprobenverteilung**. Das kann man wie folgt interpretieren: Denkt man sich aus einer vorgegebenen Grundgesamtheit nach einem Zufallsverfahren häufig wiederholte Stichproben des gleichen vorgegebenen Umfangs n entnommen und für jede Stichprobe eine bestimmte statistische Maßzahl berechnet, so nähert sich die empirische Verteilung dieser Maßzahl ihrer Stichprobenverteilung.

Die Stichprobenverteilungen haben eine **fundamentale Bedeutung** in der Beurteilenden oder Schließenden Statistik, insbesondere für das Schätzen von Parametern und das Prüfen von Hypothesen. So sind z. B. die Prüfverteilungen t_ν, χ^2_ν, und $F_{\nu_1;\nu_2}$ für die bekannten Tests bei Gültigkeit der jeweiligen Nullhypothese [für die Verteilung der Grundgesamtheit] Stichprobenverteilungen, aus denen mit vorgegebener Irrtumswahrscheinlichkeit kritische Schranken bestimmt und tabelliert werden.

2. Die Stichprobenverteilung des Mittelwertes einer Gleich-(Rechteck-)Verteilung sowie beliebiger Verteilungen

Die Wahlurne ist uns wohlbekannt. Urnenmodelle dienen in der Statistik zur Beschreibung von Grundgesamtheiten oder Verteilungen, deren Parameter man anhand von Zufallsstichproben schätzt: die Stichprobenverteilung gibt dann erste Hinweise.

Eine Urne enthalte Kugeln mit den Ziffern 2, 3 und 4 im Verhältnis 1: 1: 1. Es liegt somit eine Gleichverteilung oder Rechteckverteilung vor mit dem Erwartungswert $\mu = 3$. Zieht man „blind" jeweils zwei Kugeln, protokolliert die Ziffern, bildet den Mittelwert und legt die Kugeln zurück, mischt und wiederholt diese Prozedur, so erhält man eine Verteilung der Mittelwerte für $n = 2$. Aus der Tabelle 53 (rechts) ist ersichtlich, daß die Verteilung der Mittelwerte nicht rechteckig, sondern dreieckig ist und zum Typ der Glockenkurve hin tendiert, insbesondere, wenn n nicht gleich zwei ist sondern größere Werte annimmt. Dies gilt auch dann, wenn wir z. B. von den Ziffern 2, 3 und 7 ausgehen ($\mu = 4$) bzw., wenn wir auch von Beobachtungen ausgehen, die deutlich vom Typ einer Glockenkurve abweichen. Stets ist die Verteilung der Mittelwerte **für hinreichend großes** n angenähert glockenförmig, oder besser, angenähert normalverteilt.

Tabelle 53. Erwartete Verteilung der Mittelwerte aus den gleichverteilten Ziffern 2, 3 und 4 für $n = 2$ mit Zurücklegen: neun mögliche Stichprobenresultate $\bar{X}_i$; mit zugehöriger
[155] Wahrscheinlichkeitsverteilung

z. B. $\frac{2+3}{2} = 2{,}5$

X_i	2	3	4	$\bar{X}_i$	2	2,5	3	3,5	4
2	2	2,5	3	$P(\bar{X}_i)$	1/9	2/9	3/9	2/9	1/9
3	2,5	3	3,5						
4	3	3,5	4	$\sum_i P(\bar{X}_i)$	1				
		$\bar{X}_i$							

Die **Stichprobenverteilung des Mittelwertes** ist definiert als Wahrscheinlichkeitsverteilung der Mittelwerte aller möglichen Zufallsstichproben eines vorgegebenen Umfangs n einer bestimmten Grundgesamtheit (vgl. Tabelle 53). Wesentlich ist hierbei:

(1) Der Mittelwert der Stichprobenverteilung ist gleich dem Parameter μ der Grundgesamtheit.
(2) Der Standardfehler des Mittelwertes ist $\sigma_{\bar{X}} = \sigma/\sqrt{n}$ geschätzt durch $s_{\bar{x}} = s/\sqrt{n}$. Er strebt für große Stichprobenumfänge gegen Null.
(3) Nach dem Zentralen Grenzwertsatz ist für **beliebig verteilte Beobachtungen** und nicht zu kleine Stichprobenumfänge die Verteilung des Mittelwertes angenähert normalverteilt. Weicht die Ausgangsverteilung sehr stark von einer Normalverteilung ab, so ist hierfür ein Stichprobenumfang von mindestens 100 Beobachtungen notwendig.

Hinweis: Beachtet sei, daß in der Praxis nur **EINE** Zufallsstichprobe gezogen wird (1), der Umfang der Grundgesamtheit **selten bekannt** ist (2), der Parameter μ **unbekannt** (3) und der Umfang der Zufallsstichprobe im Vergleich zu dem der Grundgesamtheit **sehr klein** ist (4).

3. Weitere Stichprobenverteilungen

Jede Stichproben-Maßzahl wird von einer Zufallsstichprobe zur anderen variieren und folglich eine Stichprobenverteilung haben. Beispielsweise die Standardabweichung von Meßwerten.

Viele Stichprobenverteilungen nähern sich einer Normalverteilung, wenn der Stichprobenumfang n groß genug ist. Bei der Stichprobenverteilung des Mittelwertes bedeutet „groß" gewöhnlich $n \gtrapprox 100$, selbst bei sehr schiefen Grundgesamtheiten. Aber bei anderen Maßzahlen sind die Stichprobenverteilungen nur dann angenähert normalverteilt, wenn der Umfang der Stichprobe $n = 1000$ erreicht oder übersteigt.

Viele Stichprobenverteilungen sind **linkssteil** verteilt und nicht normalverteilt, insbesondere die zur Berechnung von Vertrauensbereichen und zur Prüfung von Hypothesen über unbekannte Parameter wichtigen Verteilungen der **Prüfgrößen** χ^2_ν, und $F_{\nu_1;\nu_2}$; die Prüfgröße t_ν nimmt eine Sonderstellung ein. Alle drei sind Funktionen normalverteilter Zufallsvariablen, wie aus (1.183), (1.184), Tabelle 54 und Übersicht 55 hervorgeht.

Hinweis: Angenommen, man kennt die Summe von drei Meßwerten, dann lassen sich zwei Meßwerte frei wählen – der dritte ist nicht frei wählbar, da er durch die Summe gegeben ist. Von n Meßwerten, deren Summe bekannt ist, sind somit $n-1$ frei wählbar. Man nennt daher „$n-1$" **Freiheitsgrad** z. B. der Varianz. Der Freiheitsgrad $\nu = n - 1$ wichtiger Prüfgrößen t_ν, χ^2_ν, $F_{\nu_1;\nu_2}$ ($\nu_1 = n_1 - 1$; $\nu_2 = n_2 - 1$) ist ihr **Parameter**.

4. Mögliche empirische Berechnung der Prüfgrößen χ^2_ν, t_ν und $F_{\nu_1;\nu_2}$ anhand von Simulationen

Es liege eine normalverteilte Grundgesamtheit mit bekannten Werten μ und σ vor (z. B. [155] normalverteilte Zufallszahlen). Aus dieser Grundgesamtheit ziehen wir 30 000 unabhängige Zufallsstichproben, etwa des Umfangs $n = 5$. Aus diesen berechnen wir jeweils (vgl. Tabelle 54):

Tabelle 54

$\frac{s^2}{\sigma^2}(n-1)$ $\frac{s^2}{\sigma^2}(5-1)$	$\frac{(\bar{x}-\mu)}{s}\sqrt{n}$ $\frac{(\bar{x}-\mu)}{s}\sqrt{5}$	$\frac{s_1^2}{s_2^2}$
(1)	(2)	(3)

Zu (1): σ ist bekannt, s^2 wird aus den Zufallsstichproben berechnet, aus ihnen erhält man nach $4s^2/\sigma^2$ dreißigtausend Werte der Prüfgröße χ^2_4, d. h. eine Verteilung dieser Prüfgröße. Ordnen wir die oberen 6% der Werte der Größe nach, so ist der Wert, der genau 5% der Verteilung abschneidet die (obere) 5%-Schranke 9,49 = $\chi^2_{4;0,05}$.

Zu (2): μ ist bekannt, $\bar{x}$ und s werden berechnet und daraus $(\bar{x}-\mu)\sqrt{5}/s, \ldots$, geordnet erhält man aus den oberen 3% der Werte der Prüfgröße t_4 den Wert, der genau 2,5% der Verteilung abschneidet, die einseitige 2,5%-Schranke 2,78 = $t_{4;0,025;\text{einseitig}}$, die auch wegen der Symmetrie der t_ν-Verteilung zugleich die zweiseitige 5%-Schranke 2,78 = $t_{4;0,05;\text{zweiseitig}}$ ist.

Zu (3): Hier müssen wir jeweils dreißigtausendmal zugleich zwei unabhängige Zufallsstichproben ziehen, die Varianzen berechnen und ihre Quotienten bilden; ..., geordnet erhält man aus den oberen 6% der Werte der Prüfgröße $F_{4;4}$ den Wert, der genau 5% der Verteilung abschneidet, die (obere) 5%-Schranke 6,39 = $F_{4;4;0,05}$. Entsprechend findet man z. B. auch $F_{3;5;0,05}$ = 5,41, wenn man zugleich Stichproben der Umfänge $n_1 = 4$ und $n_2 = 6$ zieht.

Übersicht 55 faßt diese Prüfverteilungen zusammen.

Hinweise

1. $\bar{X}$ und S sind Schätzfunktionen, allgemeine Vorschriften, die zur Berechnung der entsprechenden Schätzwerte $(\bar{x}, s)$ einer konkreten Stichprobe dienen [1361].

2. Näheres über Verteilungen wichtiger Stichprobenfunktionen aus normalverteilten Grundgesamtheiten ist [316] zu entnehmen.

Damit haben wir Simulationsexperimente oder Monte-Carlo-Simulationen durchgeführt, d. h. Verteilungen mit Hilfe von Pseudozufallszahlen nachgebildet, wobei uns ein Computer hilft (vgl. Übersicht 56).

5. Definition der Prüfverteilungen χ^2_ν, t_ν und F_{ν_1,ν_2}

Summen, Produkte, Quotienten und lineare Funktionen von Zufallsvariablen sind ebenfalls Zufallsvariable. Wichtig sind die folgenden aus der Normalverteilung abgeleiteten Verteilungen:

Ist X $N(\mu, \sigma)$-verteilt, dann ist

[155] $$\boxed{\frac{X-\mu}{\sigma}} \tag{1.185}$$

***N*(0, 1)-verteilt.** Sind $Z_1, \ldots, Z_\nu$, (en bloc) unabhängige $N(0;1)$-verteilte Zufallsvariable, dann heißt die von rechts gelesene Summe

$$\boxed{\chi^2_\nu = Z_1^2 + \ldots + Z_\nu^2} \tag{1.186}$$

χ^2-Verteilung mit ν Freiheitsgraden. Sind χ^2 und Z unabhängig, dann heißt der von rechts gelesene Quotient

$$\boxed{t_\nu = \frac{Z}{\sqrt{\chi^2_\nu/\nu}}} \tag{1.187}$$

***t*-Verteilung** mit ν Freiheitsgraden. Sind $\chi^2_{\nu_1}$ und $\chi^2_{\nu_2}$ unabhängig, dann heißt der von rechts gelesene Quotient

$$\boxed{F_{\nu_1;\nu_2} = \frac{\chi^2_{\nu_1}/\nu_1}{\chi^2_{\nu_2}/\nu_2}} \tag{1.188}$$

***F*-Verteilung** mit ν_1 und ν_2 Freiheitsgraden.

Übersicht 55. Funktionen von Zufallsvariablen: fünf **wichtige Prüfverteilungen**

VORAUSGESETZTE VERTEILUNG	Die aufgrund n unabhängiger Beobachtungen an Hand von $\bar{X}$ oder/und S (sowie μ oder/und σ) berechnete PRÜFGRÖSSE
Beliebige Verteilung mit dem Erwartungswert μ und der Varianz $\sigma^2 > 0$	$\frac{\bar{X}-\mu}{\sigma}\sqrt{n}$ ist asymptotisch nach $N(0;1)$ verteilt [d.h. ist für großes n um so besser näherungsweise standardnormalverteilt, je größer n ist] Zentraler Grenzwertsatz*
Normalverteilung $N(\mu;\sigma)$	(1) $\frac{\bar{X}-\mu}{\sigma}\sqrt{n}$ ist verteilt nach $N(0;1)$ (2) $\frac{\bar{X}-\mu}{S}\sqrt{n}$ ist verteilt wie t_ν mit $\nu = n-1$ (3) $\sum_{i=1}^{n}\left(\frac{X_i-\bar{X}}{\sigma}\right)^2 = \frac{S^2}{\sigma^2}(n-1)$ ist verteilt wie χ^2_ν mit $\nu = n-1$ (4) $\frac{S_1^2}{S_2^2}$ ist verteilt wie F_{ν_1,ν_2} mit $\nu_1 = n_1 - 1$, $\nu_2 = n_2 - 1$ (zwei unabhängige Stichproben)

*A. M. Ljapunoff (1857–1918)

Übrigens: (1.33) auf S. 121 läßt sich auch als $P(\lvert\bar{X} - \mu\rvert \geqq k) \leqq \sigma^2/(nk^2)$ schreiben.

Übersicht 56. Monte-Carlo-Simulation

Eine gegebene Wahrscheinlichkeitsverteilung wird durch Stichproben, die mit Hilfe von Zufallszahlen gewonnen werden, näherungsweise nachgebildet, simuliert. So gewinnt man anhand eines modernen Rechners Realisierungen, um Kenngrößen der Verteilung zu schätzen. Hierbei nutzt man das Gesetz der großen Zahlen und den Zentralen Grenzwertsatz. Besonders wichtig sind Monte-Carlo-Simulationen zur Berechnung kritischer Schranken von Prüfgrößen und für Robustheitsstudien. **[155]**
Näheres ist z. B. Beran (1986), Dralle (1989), Kleijnen (1986), Lachenbruch und Flack (1989), Manly (1997), Morgan (1984), Noreen (1989), Ripley (1987), Ross (1990), Stahel (1992) und Weiß (1987) zu entnehmen.

16 Diskrete Verteilungen

[16]

Die Lehre von der Auswahl und Anordnung
von Objekten bezeichnet man als **Kombinatorik.**

Eine Zufallsvariable X heißt **diskret,** wenn sie höchstens abzählbar viele Werte x_i mit den Einzelwahrscheinlichkeiten $P(X = x_i)$ annehmen kann, deren Summe Eins ist. Zunächst einiges aus der **Kombinatorik,** die sich vor allem mit der Anordnung von Objekten entsprechend bestimmter Regeln und dem Auffinden der **Anzahl der möglichen Anordnungen** befaßt.

161 Einiges zur Kombinatorik

[161]

Formelzusammenstellungen: insbesondere auf den Seiten 236, 240, 248, 253, 265–267

1. Permutationen
2. k-Permutationen
3. Kombinationen
   Beispiele (mit dem Hinweis: Paradoxon der ersten Ziffer): B83 bis B99
4. Zerlegung einer Menge in Teilmengen
   Beispiele: B100 bis B104
5. Das Pascalsche Dreieck
   Identitäten zum Pascalschen Dreieck
6. Weitere Beispiele und Hinweise
   Beispiele: B105 bis B138
   - Bemerkungen zur Wahrscheinlichkeit bestimmter Nachbarschaftssituationen in zufälligen Reihenfolgen (B108–B110)
   - Batterie-Wechsel (B111)

- Wahl einer Vorsitzenden (B112)
- Zum Permutationstest (mit B113)
[161]
- Zum Binomialkoeffizienten
- Würfelbeispiele, die diejenigen aus der Wahrscheinlichkeitsrechnung ergänzen (B114–B117)
- Münzwurfbeispiele, die diejenigen aus der Wahrscheinlichkeitsrechnung ergänzen (B118–B120)
- Zahlenlotto (B121–B126)
- Geburtstagsproblem (B127–B131)
- Maschinenausfälle (mit B132)
- Einsparungen durch Prüfung in Gruppen (mit B133)
- Wahrscheinlichkeiten für das Pokerspiel (B134) und Übersicht 58: Hobby und Stochastik
- Sekretärinnen-Problem, 37%-Regel oder Rencontre-Problem (mit B135)
- Problem der vertauschten Briefe (mit B136)
- Urnenmodell: 1 Urne mit N Kugeln. Mit bzw. ohne Zurücklegen (mit B137)
- Stichprobenauswahl ohne Zurücklegen
- Übersicht über einige spezielle Summen (mit B138)

1. Permutationen

Jede Reihenfolge, in der eine Menge von n verschiedenen Elementen angeordnet ist, bezeichnet man als **Permutation.** Insgesamt gibt es

$$n(n-1)\cdot\ldots\cdot 1 = n! \quad \text{(gelesen: } n\text{-Fakultät)} \tag{1.189}$$

verschiedene Permutationen. Für die Auswahl des 1. Elements gibt es nämlich n Möglichkeiten, für die Auswahl des nächsten nur noch $n-1$, da ein Element schon ausgewählt wurde. Diese Anzahlen müssen miteinander multipliziert werden, um die Gesamtzahl der möglichen Permutationen zu erhalten.

$$\text{Neben } 1! = 1 \qquad \text{gilt auch} \qquad 0! = 1 \tag{1.189a}$$

Mit $(k+1)! = (k+1)k!$ erhält man $k! = \dfrac{(k+1)!}{k+1}$. Für $k = 0$ gilt $0! = \frac{1!}{1} = 1$, die Definition von Null Fakultät.

> Es gibt $n!$ Möglichkeiten, um n unterschiedliche Objekte in einer Reihe anzuodnen. (1.190)

Beispielsweise lassen sich acht unterschiedliche Bücher auf $8! = 8\cdot 7\cdot 6\cdot 5\cdot 4\cdot 3\cdot 2\cdot 1 = 40320$ verschiedenen Arten nebeneinander ins Regal stellen. Sind von den 8 zwei von Goethe, dann beträgt die Wahrscheinlichkeit P, beide nebeneinander vorzufinden über „beide in eine Plastiktüte gesteckt" zu 7! Möglichkeiten mal 2, d. h.: $P = 5040\cdot 2/40320 = 0{,}25$. Tabelle 55 erspart Rechenarbeit (z. B. 13! = 6 227 020 800 oder $6{,}2270\cdot 10^9$; wieviel Millionen Möglichkeiten gibt es für 11 Fußballspieler „in Reihe" ?). Für $n > 100$ wird $n!$ nach Stirling approximiert (vgl. S. 288).

> Kreisförmige Permutationen: n unterschiedliche Objekte lassen sich auf $(n-1)!$ Arten kreisförmig anordnen. (1.191)

Tabelle 55. Fakultäten und ihre Zehnerlogarithmen

[161]

n	$n!$	$\lg n!$	n	$n!$	$\lg n!$
			50	$3{,}0414 \times 10^{64}$	64,48307
1	1,0000	0,00000	51	$1{,}5511 \times 10^{66}$	66,19065
2	2,0000	0,30103	52	$8{,}0658 \times 10^{67}$	67,90665
3	6,0000	0,77815	53	$4{,}2749 \times 10^{69}$	69,63092
4	$2{,}4000 \times 10$	1,38021	54	$2{,}3084 \times 10^{71}$	71,36332
5	$1{,}2000 \times 10^{2}$	2,07918	55	$1{,}2696 \times 10^{73}$	73,10368
6	$7{,}2000 \times 10^{2}$	2,85733	56	$7{,}1100 \times 10^{74}$	74,85187
7	$5{,}0400 \times 10^{3}$	3,70243	57	$4{,}0527 \times 10^{76}$	76,60774
8	$4{,}0320 \times 10^{4}$	4,60552	58	$2{,}3506 \times 10^{78}$	78,37117
9	$3{,}6288 \times 10^{5}$	5,55976	59	$1{,}3868 \times 10^{80}$	80,14202
10	$3{,}6288 \times 10^{6}$	6,55976	60	$8{,}3210 \times 10^{81}$	81,92017
11	$3{,}9917 \times 10^{7}$	7,60116	61	$5{,}0758 \times 10^{83}$	83,70550
12	$4{,}7900 \times 10^{8}$	8,68034	62	$3{,}1470 \times 10^{85}$	85,49790
13	$6{,}2270 \times 10^{9}$	9,79428	63	$1{,}9826 \times 10^{87}$	87,29724
14	$8{,}7178 \times 10^{10}$	10,94041	64	$1{,}2689 \times 10^{89}$	89,10342
15	$1{,}3077 \times 10^{12}$	12,11650	65	$8{,}2477 \times 10^{90}$	90,91633
16	$2{,}0923 \times 10^{13}$	13,32062	66	$5{,}4435 \times 10^{92}$	92,73587
17	$3{,}5569 \times 10^{14}$	14,55107	67	$3{,}6471 \times 10^{94}$	94,56195
18	$6{,}4024 \times 10^{15}$	15,80634	68	$2{,}4800 \times 10^{96}$	96,39446
19	$1{,}2165 \times 10^{17}$	17,08509	69	$1{,}7112 \times 10^{98}$	98,23331
20	$2{,}4329 \times 10^{18}$	18,38612	70	$1{,}1979 \times 10^{100}$	100,07841
21	$5{,}1091 \times 10^{19}$	19,70834	71	$8{,}5048 \times 10^{101}$	101,92966
22	$1{,}1240 \times 10^{21}$	21,05077	72	$6{,}1234 \times 10^{103}$	103,78700
23	$2{,}5852 \times 10^{22}$	22,41249	73	$4{,}4701 \times 10^{105}$	105,65032
24	$6{,}2045 \times 10^{23}$	23,79271	74	$3{,}3079 \times 10^{107}$	107,51955
25	$1{,}5511 \times 10^{25}$	25,19065	75	$2{,}4809 \times 10^{109}$	109,39461
26	$4{,}0329 \times 10^{26}$	26,60562	76	$1{,}8855 \times 10^{111}$	111,27543
27	$1{,}0889 \times 10^{28}$	28,03698	77	$1{,}4518 \times 10^{113}$	113,16192
28	$3{,}0489 \times 10^{29}$	29,48414	78	$1{,}1324 \times 10^{115}$	115,05401
29	$8{,}8418 \times 10^{30}$	30,94654	79	$8{,}9462 \times 10^{116}$	116,95164
30	$2{,}6525 \times 10^{32}$	32,42366	80	$7{,}1569 \times 10^{118}$	118,85473
31	$8{,}2228 \times 10^{33}$	33,91502	81	$5{,}7971 \times 10^{120}$	120,76321
32	$2{,}6313 \times 10^{35}$	35,42017	82	$4{,}7536 \times 10^{122}$	122,67703
33	$8{,}6833 \times 10^{36}$	36,93869	83	$3{,}9455 \times 10^{124}$	124,59610
34	$2{,}9523 \times 10^{38}$	38,47016	84	$3{,}3142 \times 10^{126}$	126,52038
35	$1{,}0333 \times 10^{40}$	40,01423	85	$2{,}8171 \times 10^{128}$	128,44980
36	$3{,}7199 \times 10^{41}$	41,57054	86	$2{,}4227 \times 10^{130}$	130,38430
37	$1{,}3764 \times 10^{43}$	43,13874	87	$2{,}1078 \times 10^{132}$	132,32382
38	$5{,}2302 \times 10^{44}$	44,71852	88	$1{,}8548 \times 10^{134}$	134,26830
39	$2{,}0398 \times 10^{46}$	46,30959	89	$1{,}6508 \times 10^{136}$	136,21769
40	$8{,}1592 \times 10^{47}$	47,91165	90	$1{,}4857 \times 10^{138}$	138,17194
41	$3{,}3453 \times 10^{49}$	49,52443	91	$1{,}3520 \times 10^{140}$	140,13098
42	$1{,}4050 \times 10^{51}$	51,14768	92	$1{,}2438 \times 10^{142}$	142,09477
43	$6{,}0415 \times 10^{52}$	52,78115	93	$1{,}1568 \times 10^{144}$	144,06325
44	$2{,}6583 \times 10^{54}$	54,42460	94	$1{,}0874 \times 10^{146}$	146,03638
45	$1{,}1962 \times 10^{56}$	56,07781	95	$1{,}0330 \times 10^{148}$	148,01410
46	$5{,}5026 \times 10^{57}$	57,74057	96	$9{,}9168 \times 10^{149}$	149,99637
47	$2{,}5862 \times 10^{59}$	59,41267	97	$9{,}6193 \times 10^{151}$	151,98314
48	$1{,}2414 \times 10^{61}$	61,09391	98	$9{,}4269 \times 10^{153}$	153,97437
49	$6{,}0828 \times 10^{62}$	62,78410	99	$9{,}3326 \times 10^{155}$	155,97000
50	$3{,}0414 \times 10^{64}$	64,48307	100	$0{,}3326 \times 10^{157}$	157,97000

Wie viele ungleiche Halsketten lassen sich allein durch unterschiedliche Anordnungen von 8 farblich unterschiedlichen Steinen herstellen? $(8-1)!/2[=2520]$; denn die Kette kann
[161] umgedreht werden.

Stammbäume

Drei Objekte A, B und C lassen sich hinsichtlich ihrer Ähnlichkeit oder Verwandtschaft auf drei Arten anordnen:

$$A\,B\,C \qquad A\,C\,B \qquad B\,C\,A\,.$$

Für $n \geqq 2$ Objekte (z. B. Pflanzen oder Tiergattungen) gibt es

$$\boxed{B = \frac{(2n-2)!}{2^{n-1}(n-1)!}} \tag{1.192}$$

Stammbäume. Für $n = 20$ erhält man bereits

$$B = \frac{38!}{2^{19}\cdot 19!} \approx \frac{5{,}2302\cdot 10^{44}}{5{,}2429\cdot 10^{5}\cdot 1{,}2165\cdot 10^{17}} \approx 8{,}20\cdot 10^{21}\,.$$

Näheres zur Analyse sogenannter Proximity Data siehe Everitt und Rabe-Hesketh (1997).

2. k-Permutationen

Will man nicht alle Elemente anordnen, sondern nur einen Teil, also k Elemente aus n Elementen auswählen und diese anordnen, so hat man nur das Produkt über die ersten k dieser n Faktoren zu bilden, also

$$\boxed{n(n-1)\ldots(n-k+1) = \frac{n!}{(n-k)!}} \tag{1.193}$$

Man bezeichnet diese Anordnungen als k-Permutationen, als $(n)_k$ abgekürzt.
Wenn aus 30 Vereinsmitgliedern ein Vorsitzender, ein Schriftführer und ein Kassenwart gewählt werden sollen, so gibt es hierfür rein theoretisch $30!/(30-3)! = 30!/27! = 30\cdot 29\cdot 28 = 24360$ Möglichkeiten.

3. Kombinationen

Häufig interessiert die **Zahl der Teilmengen mit k Elementen aus einer Menge von n Elementen**, die Anzahl „k-elementiger" Teilmengen. Für die Anzahl der Möglichkeiten, k Elemente in einer bestimmten Reihenfolge auszuwählen, haben wir $n!/(n-k)!$ erhalten. Hierbei wird aber jede Reihenfolge der k Elemente als eigene Möglichkeit angesehen. Wir haben also die Gesamtzahl durch die Anzahl der Möglichkeiten, k Elemente anzuordnen, zu dividieren, d. h. durch $k!$. Somit ergibt sich als Zahl möglicher Teilmengen mit k Elementen aus einer Menge von n Elementen, d. h. als Zahl k-elementiger Teilmengen von n Elementen (oder je k gleichzeitig):

$$\boxed{\frac{n!}{(n-k)!k!} = \binom{n}{k} \qquad \text{(gelesen: } n \text{ über } k\text{)}} \tag{1.194}$$

Diese Größe heißt *Binomialkoeffizient* oder Euler-Symbol (nach Leonhard Euler: 1707–1783, vgl. auch Sheynin 1993).

$$\binom{n}{k} = \binom{n}{n-k} = \begin{cases} \dfrac{n!}{k!(n-k)!} & \text{für} \quad k \leqq n \\ 0 & \text{für} \quad k > n \end{cases} \qquad (1.194a)$$ **[161]**

$$\binom{n}{0} = 1 = \binom{n}{n} \quad \binom{n}{1} = n = \binom{n}{n-1} \qquad (1.194b)$$

Häufig findet man auch die Schreibweise:

$$_nC_x = \binom{n}{x} = \frac{n!}{x!(n-x)!} = \binom{n}{n-x} \quad \text{mit} \quad 0 \leqq x \leqq n \quad \text{ganzzahlig} \qquad (1.94c)$$

d. h. z. B. auch: $\binom{9}{7}$ wird als $\binom{9}{2} = \dfrac{9 \cdot 8}{2 \cdot 1} = 36$ berechnet, und nicht als $\dfrac{9 \cdot 8 \cdot 7 \cdot 6 \cdot 5 \cdot 4 \cdot 3 \cdot 2 \cdot 1}{7 \cdot 6 \cdot 5 \cdot 4 \cdot 3 \cdot 2 \cdot 1 \cdot 2 \cdot 1} = 36$. Wir definieren: $\binom{0}{0} = 1$.

In (1.194), auch als (1.194c) geschrieben, ist n eine reelle Zahl, k bzw. x gibt ganzzahlig die Zahl der Faktoren an, im Nenner und im Zähler. Der zweite Faktor im Zähler heißt „$n-1$", der dritte „$n-2$" und der k-te bzw. x-te „$n-k+1$" bzw. „$n-x+1$". Somit ist z. B. $\binom{3}{0{,}4}$ undefiniert, dagegen ist z. B. $\binom{5{,}2}{2} = (5{,}2 \cdot 4{,}2)/(2 \cdot 1) = 10{,}92$ und $\binom{-1{,}6}{2} = [(-1{,}6) \cdot (-2{,}6)]/[2 \cdot 1] = 2{,}08$.

Hilfreich ist Tabelle 56. Erwähnt seien (1.195a,b,c)

$$\binom{n+1}{x+1} = \frac{n+1}{x+1}\binom{n}{x} \quad \binom{n-1}{x-1} = \frac{x}{n}\binom{n}{x} \quad \binom{n}{x-1} = \frac{x}{n-x-1}\binom{n}{x}$$

sowie

$$\binom{n+1}{x} = \frac{n+1}{n-x+1}\binom{n}{x} \qquad (1.196)$$

Beispiele

B82. So lassen sich z. B. jeweils 2 Elemente aus einer Menge von 4 Elementen (A, B, C, D) auf 6 Arten (AB, AC, AD, BC, BD, CD) auswählen:

$$\binom{4}{2} = \frac{4!}{2!(4-2)!} = \frac{4 \cdot 3 \cdot 2 \cdot 1 \cdot}{2 \cdot 1 \times 2 \cdot 1} = 6\,.$$

B83. Wieviel Paare lassen sich aus 10 Personen bilden?

$$\binom{10}{2} = \frac{10!}{2!(10-2)!} = \frac{10 \cdot 9}{2} = 45\,.$$

Tabelle 56. Binomialkoeffizienten $\binom{n}{x}$ Die Anzahl möglicher Teilmengen von x Elementen aus einer Menge von n Elementen, d. h. die Anzahl x-elementiger Anordnungen aus
[161] n Elementen. Beachte: $\binom{n}{0} = 1$ und $\binom{n}{1} = n$. Für großes n gilt: $\binom{2n}{n} \approx 2^{2n}/\sqrt{n\pi}$.
Beispiele: $\binom{10}{0} = 1$; $\binom{10}{1} = 10$; $\binom{10}{7} = \binom{10}{3} = 120$

n \ x	2	3	4	5	6	7	8	9	x / n
2	1								2
3	3	1							3
4	6	4	1						4
5	10	10	5	1					5
6	15	20	15	6	1				6
7	21	35	35	21	7	7			7
8	28	56	70	56	28	8	1		8
9	36	84	126	126	84	36	9	1	9
10	45	120	210	252	210	120	45	10	10
11	55	165	330	462	462	330	165	55	11
12	66	220	495	792	924	792	495	220	12
13	78	286	715	1287	1716	1716	1287	715	13
14	91	364	1001	2002	3003	3432	3003	2002	14
15	105	455	1365	3003	5005	6435	6435	5005	15
16	120	560	1820	4368	8008	11440	12870	11440	16
17	136	680	2380	6188	12376	19448	24310	24310	17
18	153	816	3060	8568	18564	31824	43758	48620	18
19	171	969	3876	11628	27132	50388	75582	92378	19
20	190	1140	4845	15504	38760	77520	125970	167960	20
21	210	1330	5985	20349	54264	116280	203490	293930	21
22	231	1540	7315	26334	74613	170544	319770	497420	22
23	253	1771	8855	33649	100947	245157	490314	817190	23
24	276	2024	10626	42504	134596	346104	735471	1307504	24
25	300	2300	12650	53130	177100	480700	1081575	2042975	25
26	325	2600	14950	65780	230230	657800	1562275	3124550	26
27	351	2925	17550	80730	296010	888030	2220075	4686825	27
28	378	3276	20475	98280	376740	1184040	3108105	6906900	28
29	406	3654	23751	118755	475020	1560780	4292145	10015005	29
30	435	4060	27405	142506	593775	2035800	5852925	14307150	30
31	465	4495	31465	169911	736281	2629575	7888725	20160075	31
32	496	4960	35960	201376	906192	3365856	10518300	28048800	32
33	528	5456	40920	237336	1107568	4272048	13884156	38567100	33
34	561	5984	46376	278256	1344904	5379616	18156204	52451256	34
35	595	6545	52360	324632	1623160	6724520	23535820	70607460	35
n / x	2	3	4	5	6	7	8	9	n \ x

Beachten Sie die Werte für $\binom{14}{4}$, $\binom{14}{5}$, $\binom{14}{6} = \binom{15}{5}$ und $\binom{15}{6}$

Tabelle 56. Binomialkoeffizienten $\binom{n}{x}$ (Fortsetzung 1)

Beachte: $\binom{25}{12} = \binom{25}{13}$
da 12 + 13 = 25

[161]

n \ x	10	11	12	13	14	15	x / n
10	1						10
11	11	1					11
12	66	12	1				12
13	286	78	13	1			13
14	1001	364	91	14	1		14
15	3003	1365	455	105	15	1	15
16	8008	4368	1820	560	120	16	16
17	19448	12376	6188	2380	680	136	17
18	43758	31824	18564	8568	3060	816	18
19	92378	75582	50388	27132	11628	3876	19
20	184756	167960	125970	77520	38760	15504	20
21	352716	352716	293930	203490	116280	54264	21
22	646646	705432	646646	497420	319770	170544	22
23	1144066	1352078	1352078	1144066	817190	490314	23
24	1961256	2496144	2704156	2496144	1961256	1307504	24
25	3268760	4457400	5200300	5200300	4457400	3268760	25
26	5311735	7726160	9657700	10400600	9657700	7726160	26
27	8436285	13037895	17383860	20058300	20058300	17383860	27
28	13123110	21474180	30421755	37442160	40116600	37442160	28
29	20030010	34597290	51895935	67863915	77558760	77558760	29
30	30045015	54627300	86493225	119759850	145422675	155117520	30
31	44352165	84672315	141120525	206253075	265182525	300540195	31
32	64512240	129024480	225792840	347373600	471435600	565722720	32
33	92561040	193536720	354817320	573166440	818809200	1037158320	33
34	131128140	286097760	548354040	927983760	1391975640	1855967520	34
35	183579396	417225900	834451800	1476337800	2319959400	3247943160	35
n / x	10	11	12	13	14	15	n \ x

z.B. $\binom{14}{10} = 1001$

B84. Aus 12 Personen soll ein Dreierkomitee mit gleichen Kompetenzen gewählt werden; das ist auf $\binom{12}{3} = \frac{12!}{3!(12-3)!} = \frac{12 \cdot 11 \cdot 10}{3 \cdot 2 \cdot 1} = 220$ Arten möglich.

B85. Bezeichnet N den Umfang einer Grundgesamtheit und n den Umfang einer Zufallsstichprobe, dann gibt es $\binom{N}{n}$ gleichwahrscheinliche Zufallsstichproben. Hieraus folgt die Aussage im „Kasten“ auf S. 241 oben.

Tabelle 56. Binomialkoeffizienten $\binom{n}{x}$ (Fortsetzung 2)

[161]

n \ x	16	17	18	19	20	x / n
16	1	Weitere Werte enthält z.B. *Beyer* (*1968:* $n \leqq 50$)				16
17	17	1	bzw. berechnet man nach Ciba Geigy			17
18	153	18	1	(1980: $n \leqq 999$)		18
19	969	171	19	1		19
20	4845	1140	190	20	1	20
21	20349	5985	1330	210	21	21
22	74613	26334	7315	1540	231	22
23	245157	100947	33649	8855	1771	23
24	735471	346104	134596	42504	10626	24
25	2042975	1081575	480700	177100	53130	25
26	5311735	3124550	1562275	657800	230230	26
27	13037895	8436285	4686825	2220075	888030	27
28	30421755	21474180	13123110	6906900	3108105	28
29	67863915	51895935	34597290	20030010	10015005	29
30	145422675	119759850	86493225	54627300	30045015	30
n / x	16	17	18	19	20	n / x

Einige weitere Formeln

$$\binom{n+1}{k} = \binom{n}{k} + \binom{n}{k-1} \qquad \binom{n}{k+1} = \frac{n-k}{k+1}\binom{n}{k} \qquad (1.196\text{a}, 1.197)$$

Rekursionsformel:

$$\binom{n+1}{k+1} = \binom{n}{k} + \binom{n}{k+1} = \binom{n}{k} + \binom{n-1}{k} + \cdots + \binom{k}{k} = \sum_{i=0}^{n-k}\binom{n-i}{k} \qquad (1.198)$$

$$= \sum_{i=k}^{n}\binom{i}{k} \qquad (1.199)$$

Reduktionsformel:

$$\binom{n-1}{k-1} = \frac{k}{n}\binom{n}{k} = \binom{n}{k} - \binom{n-1}{k}$$

Links: k von n Personen werden als Gruppe ausgewählt, aus der m Anführer gewählt werden. Man kann auch (rechts) erst die Anführer und dann die Gruppe auswählen.

$$\binom{n}{k}\binom{k}{m} = \binom{n}{m}\binom{n-m}{k-m} \qquad (1.200)$$

Für $m = 1$: [vgl. S. 253: (1.214A)]

$$k\binom{n}{k} = n\binom{n-1}{k-1} \quad \text{oder} \quad \binom{n}{k} = \frac{n}{k}\binom{n-1}{k-1} \qquad (1.199)$$

[vgl. S. 237: (1.195b)]

Additionstheorem nach A.T. Vandermonde:

$$\binom{m+n}{k} = \sum_{i=0}^{k}\binom{m}{i}\binom{n}{k-i} \qquad (1.201)$$

Für $m = n$ und $k = n$ resultiert:

$$\sum_{i=0}^{n}\binom{n}{i}\binom{n}{n-i} = \sum_{i=0}^{n}\binom{n}{i}\binom{n}{i} = \sum_{i=0}^{n}\binom{n}{i}^2 = \binom{2n}{n} \qquad (1.207)$$

[vgl. S. 248]

Zu (1.201): Um k aus $m+n$ Personen auszuwählen, wähle i aus den ersten m und $k-i$ aus den restlichen n.

[161]

! Eine Stichprobe des Umfangs n aus einer Grundgesamtheit, die aus N Objekten besteht, wird ZUFALLSSTICHPROBE genannt, wenn jede Menge von n Objekten dieselbe Wahrscheinlichkeit $1/\binom{N}{n}$ aufweist, gezogen zu werden.

B86. Von 8 Herren und 5 Damen werden 3 Personen zufällig ausgewählt. Wie groß ist die Wahrscheinlichkeit, daß es 3 Damen sind?
Werden die Personen nacheinander ausgewählt, so gibt es $13 \cdot 12 \cdot 11$ Möglichkeiten, genau 3 von ihnen auszuwählen und $5 \cdot 4 \cdot 3$ Möglichkeiten, 3 Damen auszuwählen, d. h.

$$P = \frac{5 \cdot 4 \cdot 3}{13 \cdot 12 \cdot 11} = \frac{60}{1716} = 0{,}035$$

Multiplikationssatz: Für die Wahrscheinlichkeit, daß die erste Person eine Dame ist, erhält man 5/13, für die zweite 4/12, da von den restlichen Personen 4 Damen sind; für die dritte Dame erhält man dementsprechend 3/11, d.h.

$$P = \frac{5}{13} \cdot \frac{4}{12} \cdot \frac{3}{11} = \frac{60}{1716} = 0{,}035$$

Binomialkoeffizient: Man kann auf $\binom{13}{3}$ = 286 Arten 3 Personen aus 13 auswählen sowie auf $\binom{5}{3}$ = 10 Arten drei von 5 Damen, d. h. $P = 10/286 = 0{,}035$.

B87. Ein Mädchen hat 12 Perlen, von denen 5 dunkle Stellen aufweisen. Sie kontrolliert 3 Perlen, die sie rein zufällig entnimmt. Wie groß ist die Wahrscheinlichkeit, daß
die ersten beiden dunkle Stellen aufweisen $(D1, D2)$ und die dritte einwandfrei (E) ist?
Nach dem **Multiplikationssatz**:

$$P(D_1 \cap D_2 \cap E) = P(D_1) \cdot P(D_2|D_1) \cdot P(E|D_1 \cap D_2) = \frac{5}{12} \cdot \frac{4}{11} \cdot \frac{7}{10} = \frac{7}{66} = 0{,}106$$

bzw. anhand der **Binomialkoeffizienten**:

$$P(D_1 \cap D_2 \cap E) = \frac{\binom{5}{2}\binom{7}{1}}{\binom{12}{3}} = \frac{5 \cdot 4 \times 7}{12 \cdot 11 \cdot 10} = \frac{7}{66}$$

B88. Von zehn mit den Nummern 1 bis 10 gekennzeichneten Mäusen werden drei anhand eines Zufallsverfahrens ausgewählt. Wie groß ist die Wahrscheinlichkeit für:
(a) eine bestimmte Auswahl,
(b) eine Auswahl von Mäusen der Nummern 1 bis 6?
Insgesamt ergeben sich (a) $\binom{10}{3} = \frac{10 \cdot 9 \cdot 8}{1 \cdot 2 \cdot 3} = 120$ Möglichkeiten; jede hat daher die Wahrscheinlichkeit P = 1/120. Im Falle (b) liegen $\binom{6}{3} = \frac{6 \cdot 5 \cdot 4}{1 \cdot 2 \cdot 3} = 20$ günstige insgesamt 120 möglichen Anordnungen vor, d. h. P = 20/120 = 1/6.

B89. Sind k Stichproben paarweise zu vergleichen, so bedeutet dies $\binom{k}{2} = k(k-1)/2$ Einzelvergleiche jeweils zweier Stichproben.

[161] B90. Die Zahl der Möglichkeiten, aus n Personen einen 1., 2. und 3. Vorsitzenden zu wählen, beträgt $\binom{n}{1} \cdot \binom{n-1}{1} \cdot \binom{n-2}{1} = n(n-1)(n-2)$, d. h. für 30 Personen $30 \cdot 29 \cdot 28 = 24360$.

B91. Unter 15 Glühbirnen befinden sich drei ausgebrannte und zwölf einwandfreie. Wie groß ist die Wahrscheinlichkeit, daß drei zufällig entnommene Glühbirnen:

(a) einwandfrei sind
(b) wenigstens eine ausgebrannte aufweisen
(c) ausgebrannt sind
(d) höchstens zwei ausgebrannte aufweisen?

Lösungen

(a) „keine ausgebrannte" $P = \binom{12}{3} \Big/ \binom{15}{3} = \frac{220}{455} = \frac{44}{91}$

(b) „wenigstens eine a." ist das Komplement zu „keine a.", d. h. $P = 1 - \frac{44}{91} = \frac{47}{91}$

(c) „drei ausgebrannte" $P = \binom{3}{3}/\binom{15}{3} = 1/455$.

(d) „höchstens zwei a." ist das Komplement zu „drei a.", d. h. $P = 1-[1/455] = 454/455$.

B92. Einige Binomialkoeffizienten für

Poker-Freunde: $\binom{52}{5} = \frac{52 \cdot 51 \cdot 50 \cdot 49 \cdot 48}{5 \cdot 4 \cdot 3 \cdot 2 \cdot 1} = 2\,598\,960$
oder rund $2{,}6 \cdot 10^6$ [vgl. S. 261];

Bridge-Freunde: $\binom{52}{13}$
$= \frac{52 \cdot 51 \cdot 50 \cdot 49 \cdot 48 \cdot 47 \cdot 46 \cdot 45 \cdot 44 \cdot 43 \cdot 42 \cdot 41 \cdot 40}{13 \cdot 12 \cdot 11 \cdot 10 \cdot 9 \cdot 8 \cdot 7 \cdot 6 \cdot 5 \cdot 4 \cdot 3 \cdot 2 \cdot 1}$
$= 635\,013\,559\,600$ oder rund $6{,}4 \cdot 10^{11}$.

$$\binom{52}{26} \approx 496 \cdot 10^{12}$$
$$\vdots \qquad \vdots$$
$$\binom{52}{13} \approx 645 \cdot 10^{9}$$
$$\vdots \qquad \vdots$$
$$\binom{52}{4} = 270\,725$$
$$\binom{52}{3} = 22\,100$$
$$\binom{52}{2} = 1\,326$$

B93. **Zufallsziffern:** Für drei Zufallsziffern (Zu) sind die Wahrscheinlichkeiten für folgende Ereignisse anzugeben (vgl. S. 99 unten und S. 102):

(1) 3 ungleiche Zu: $\frac{10}{10} \cdot \frac{9}{10} \cdot \frac{8}{10} = 0{,}720$ (3) 2 gleiche Zu: $\frac{1}{10} \cdot \frac{1}{10} \cdot \frac{9}{10} = 0{,}009$

(2) 2 ungleiche Zu: $\left(\frac{10}{10} \cdot \frac{9}{10} \cdot \frac{1}{10}\right) = 0{,}270$ (4) 3 gleiche Zu: $\frac{1}{10} \cdot \frac{1}{10} \cdot \frac{1}{10} = 0{,}001$

$$\sum_{(1)}^{(4)} P = 0{,}720 + 0{,}270 + 0{,}009 + 0{,}001 = 1$$

Hinweis: Paradoxon der ersten Ziffer (vgl. Szekely 1987)

Liegen aus mehreren Ziffern bestehende Zahlen vor, so sind die zweiten und folgenden Ziffern gleichverteilt, nicht aber die ersten Ziffern, die die folgenden Wahrscheinlichkeiten $P(\text{Ziffer}) = \lg(\text{Ziffer} + 1) - \lg(\text{Ziffer})$ aufweisen [z. B. $P(5) = \lg 6 - \lg 5 = 0{,}0792$] genannt Benford's Law (vgl. Tab. 57) [vgl. auch z.B. The American Statistician **54** (2000), 236–241]. **[161]**

Tabelle 57.

Ziffer	1	2	3	4	5	6	7	8	9
P	0,301	0,176	0,125	0,097	0,079	0,067	0,058	0,051	0,046

Weitere Kombinationen

Eine Auswahl von k Elementen aus einer Menge von n Elementen ($n \geqq k$) heißt eine Kombination von n Elementen zur k-ten Klasse, oder einfacher, eine *Kombination k-ter Ordnung*. Je nachdem, ob die gegebenen Elemente evtl. gleich oder alle verschieden sind, spricht man von Kombinationen *mit oder ohne Wiederholung*. Sollen zwei Kombinationen, die zwar genau dieselben k Elemente, aber in verschiedener Anordnung enthalten, als verschieden gelten, so spricht man von Kombinationen *mit Berücksichtigung der Anordnung*, andernfalls von Kombinationen *ohne Berücksichtigung der Anordnung*. Danach können wir *4 Modelle* unterscheiden. Die Anzahl der Kombinationen k-ter Ordnung (je k zugleich) von n Elementen:

I *ohne* Wiederholung und *ohne* Berücksichtigung der Anordnung ist durch den Binomialkoeffizienten (1.194d) gegeben,

$$\binom{n}{k} = \frac{n!}{k!(n-k)!} = \frac{n(n-1)\cdot\ldots\cdot(n-k+1)}{k!} \tag{1.194d}$$

II *ohne* Wiederholung, aber **mit Berücksichtigung der Anordnung** ist gleich

$$\binom{n}{k}k! = \frac{n!}{(n-k)!} = n(n-1)\cdot\ldots\cdot(n-k+1) \tag{1.193a}$$

III **mit Wiederholung,** aber *ohne* Berücksichtigung der Anordnung ist gleich

$$\binom{n+k-1}{k} = \frac{(n+k-1)!}{k!(n-1)!} \tag{1.202}$$

IV **mit Wiederholung und mit Berücksichtigung der Anordnung** ist gleich

[161]

Zahl der Anordnungen von n Elementen je k zugleich	mit	ohne
	Wiederholung	
ungeordnet:	$\binom{n+k-1}{k}$	$\binom{n}{k}$
geordnet:	n^k	$\frac{n!}{(n-k)!}$

$$\boxed{n^k} \tag{1.203}$$

Beispiel

Anzahl der Kombinationen zweiter Ordnung (jeweils zu zwei Elementen) aus den drei Elementen, den Buchstaben *a, b, c* ($n = 3$, $k = 2$).

	Modell	Wiederholung	Berücksichtigung der Anordnung	Kombinationen Art	Kombinationen Anzahl
(1.194d)	I	ohne	ohne	*ab ac bc*	$\binom{3}{2} = 3$
(1.193a)	II	ohne	mit	*ab ac bc* *ba ca cb*	$\frac{3!}{(3-2)!} = 6$
(1.202)	III	mit	ohne	*aa* *bb ab ac bc* *cc*	$\binom{3+2-1}{2} = 6$
(1.203)	IV	mit	mit	*aa* *bb* *ab ac bc* *cc* *ba ca cb*	$3^2 = 9$

Die Zahl ungeordneter Stichproben des Umfangs *k*

$\left.\begin{array}{l}\textbf{ohne}\\ \textbf{mit}\end{array}\right\}$ **Zurücklegen** ist gegeben durch $\left\{\begin{array}{l}(1.194d)\\ (1.202).\end{array}\right.$

Anordnungen von n Elementen, die sich aus je k der n Elemente unter Berücksichtigung der Reihenfolge ohne oder mit Wiederholungen bilden lassen, werden im deutschen Sprachraum auch als Variationen bezeichnet (Modelle II und IV).

Andere Anordnungen werden in [167] vorgestellt.
So läßt sich ein **dreistelliger Kode** aus den 26 Buchstaben („mit Berücksichtigung der Anordnung und mit Wiederholung") auf $26^3 = 17576$ Arten bilden. Sollen die Buchstaben unterschiedlich sein („mit Berücksichtigung der Anordnung, jedoch ohne Wiederholung"), so gibt es nur $26 \cdot 25 \cdot 24 = 15600$ Möglichkeiten (vgl. auch B95, B99, B105 und B106).

Zu Modell II

B94. Bewerben sich n Personen um k unterschiedliche Preise ($1., 2., \ldots, k.$ Preis), dann kann die Preisverteilung auf $\binom{n}{k}k!$ unterschiedliche Arten folgen: 10 Rennfahrer kämpfen um 3 **Medaillen** (G,S,B); dann kann die Preisverteilung auf $\binom{10}{3}3! = 120 \cdot 6 = 720$ unterschiedliche Arten erfolgen. Für die Goldmedaille gibt es 10 Möglichkeiten, für die silberne kommen 9 Rennfahrer in Frage und für die bronzene 8, d. h. insgesamt $10 \cdot 9 \cdot 8 = 720$ unterschiedliche Arten der Preisverteilung. [161]

B95. Die Zahl der „Wörter", bestehend aus 3 (von 26) Buchstaben, beträgt für Modell II nach (1.193a):

$$\boxed{\binom{n}{k}k! = \binom{26}{3}3! = 2600 \cdot 6 = 15\,600}$$

Zu Modell III

B96. Wieviel mögliche Anordnungen gibt es beim dreimaligen Werfen einer Münze? W sei Wappen, Z sei Zahl; es gibt die Anordnungen; WWW, ZWW, ZZW sowie ZZZ und damit 4 Anordnungen:

$$\binom{n+k-1}{k} = \binom{2+3-1}{3} = \binom{4}{3} = 4\,.$$

B97. Sind von fünf verschiedenen **Bonbonsorten** jeweils 12 Bonbons in eine Tüte abzufüllen, so gibt es hierfür $\binom{5+12-1}{12} = \binom{16}{12} = 1820$ Möglichkeiten.

B98. Zehn **Schokoladentafeln** bilden ein Geschenk-Päckchen. Tafeln von n Herstellern liegen vor. Auf wieviel Arten lassen sich jeweils 10 Tafeln zusammenstellen, wenn wir n unterschiedliche Hersteller berücksichtigen: (a) $n = 3$, (b) $n = 5$ und (c) $n = 7$? Nach (1.202) gilt:

(a) $$\binom{3+10-1}{10} = \binom{12}{10} = 66$$

(b) $$\binom{5+10-1}{10} = \binom{14}{10} = 1001$$ (c) $$\binom{7+10-1}{10} = \binom{16}{10} = 8008\,.$$

Zu Modell IV

B99. Wieviel „Wörter" aus maximal drei Buchstaben lassen sich aus den 26 Buchstaben des Alphabets bilden, wenn Wiederholungen zugelassen werden?
Zunächst lassen sich 26 „Wörter" aus einem Buchstaben bilden, dann 26^2 aus zwei Buchstaben und 26^3 aus drei Buchstaben, insgesamt somit $26 + 26^2 + 26^3 = 18\,278$.
Siehe auch: Urnenmodell „mit Zurücklegen" [vgl. den Text zu Formel (1.227) auf S. 263].

4. Zerlegung einer Menge in Teilmengen

B100. Für die dreielementige Menge A, B, C gibt es

$$(\bar{A}, \bar{B}, \bar{C}) + (A) + (B) + (C) + (A, B) + (A, C) + (B, C) + (A, B, C)$$

$$2^3 = 8 = \binom{3}{0} + \binom{3}{1} + \binom{3}{2} + \binom{3}{3} = 1 + 3 + 3 + 1 = 8 \qquad \text{mögliche Teilmengen.}$$

Eine Menge läßt sich in Teilmengen mit $0, 1, 2, \ldots, n$ Elementen zerlegen, deren Anzahl 2^n beträgt:

[161]

$$\binom{n}{0} + \binom{n}{1} + \binom{n}{2} + \ldots + \binom{n}{n-1} + \binom{n}{n} = \sum_{k=0}^{n} \binom{n}{k} = 2^n \qquad (1.204)$$

Setzt man in $(x+y)^n = \sum_{i=0}^{n} \binom{n}{i} x^i y^{n-i}$ [vgl. S. 268] $x = y = 1$, so erhält man $2^n = \sum_{i=0}^{n} \binom{n}{i}$.

B101. Von den ursprünglichen **32 Zähnen** bilden die beim älteren Menschen vorhandenen Zähne eine Teilmenge; insgesamt gibt es $2^{32} = 4{,}3 \cdot 10^9$ verschiedene Teilmengen. Verzichtet man auf die leere Menge $\binom{n}{0} = 1$, dann ist die Zahl der Teilmengen einer n-elementigen Menge zu jeweils k Elementen, $k \leqq n$, gleich $2^n - 1$.
Die Zahl der Auswahlmöglichkeiten von k aus n Elementen beträgt für $k \geqq 1$

$$\binom{n}{1} + \binom{n}{2} + \ldots + \binom{n}{n} = \sum_{k=1}^{n} \binom{n}{k} = 2^n - 1 \qquad (1.205)$$

B102. So lassen sich aus einer Gruppe von **5 Personen** eine, zwei, ..., fünf Personen auf

$$\begin{aligned} 2^5 - 1 = 32 - 1 = 31 &= \binom{5}{1} + \binom{5}{2} + \binom{5}{3} + \binom{5}{4} + \binom{5}{5} \\ &= 5 + 10 + 10 + 5 + 1 = 31 \end{aligned}$$

Arten auswählen.

Hinweis 1: Andere wichtige Binomialsummen sind (1.205 A, B).

$$\sum_{k=m}^{n} \binom{k}{r} = \binom{n+1}{r+1} - \binom{m}{r+1} \qquad \sum_{k=0}^{m} \binom{m}{k}\binom{n}{r+k} = \binom{m+n}{m+r} \qquad (1.205\,\text{A}, 1.205\,\text{B})$$

(1.205 B) ergänzt (1.201), S. 240.

Hinweis 2: Formeln wie (1.198) werden unterschiedlich (S. 240 und 248) geschrieben [vgl. auch mit (1.195a), S. 237].

B103. **Ausstattungs-Varianten. Ausstattungspakete mit** $k = 1, 2, \ldots, n$ **Ausstattungskomponenten.** Drei beliebig miteinander kombinierbare Zusatzausrüstungen (z. B. Antiblockier-System, Stahlkurbeldach und schwenkbare Scheinwerfer) führen z. B. zu

$$\sum_{k=1}^{n} \binom{3}{k} = \binom{3}{1} + \binom{3}{2} + \binom{3}{3} = 3 + 3 + 1 = 7$$

Varianten. Häufig liegt die Zahl der Varianten (V) unter diesem Maximum, da gewisse Einzelvarianten nicht in Frage kommen.
Für 4 Karosserie-V, 5 Motor-V, 2 Getriebe-V und 5 Ausstattungspakete ergeben sich $4 \cdot 5 \cdot 2 \cdot 5 = 200$ Varianten; 10 Zusatzausstattungen bringen allein

$$\sum_{k=1}^{10} \binom{10}{k} = 10 + 45 + 120 + 210 + 252 + 210 + 120 + 45 + 10 + 1 = 1023 \text{ Varianten.}$$

Mit den 200 Varianten sind das (ohne Farbvarianten) schon $200 \cdot 1023 = 204\,600$ Varianten.

B104. Anhand von 5 Hüten, 5 Röcken, 5 Blusen und 8 Paar Schuhen läßt sich ein Mannequin auf $5 \cdot 5 \cdot 5 \cdot 8 = 1000$ Arten ausstatten.

[161]

5. Das Pascalsche Dreieck

Die Binomialkoeffizienten $\binom{n}{x}$ ergeben sich elegant aus dem unten aufgeschriebenen Pascalschen Dreieck (Pascal 1623–1662): Werden zwei nebeneinanderstehende Zahlen des Dreiecks addiert, so erhält man die darunter auf Lücke stehende Zahl. Die Gesetzmäßigkeit des Pascalschen Dreiecks lautet [vgl. $\binom{3}{1} + \binom{3}{2} = 3 + 3 = 6 = \binom{4}{2}$]

n-te Zeile [vgl. (1.198) auf S. 240]

$$\binom{n}{x} + \binom{n}{x+1} = \binom{n+1}{x+1} \tag{1.206}$$

$(n+1)$-te Zeile [vgl. S. 252 oben]

Die Besonderheit des Dreiecks besteht darin, daß es sofort die beim Münzwurf auftretenden Wahrscheinlichkeiten gibt. Beispielsweise ist die Summe der Zahlen der Zeile drei: 1 + 3 + 3 + 1 = 8. Bilden wir die Brüche 1/8, 3/8, 3/8, 1/8, so erhalten wir die Wahrscheinlichkeiten für die beim Fall dreier Münzen auftretenden Möglichkeiten, d. h. drei Wappen (1/8), zwei Wappen und eine Zahl (3/8), ein Wappen und zweimal Zahl (3/8) sowie dreimal Zahl (1/8). Das Pascalsche Dreieck dient also *zur Feststellung der Wahrscheinlichkeit von Kombinationen*: Die Wahrscheinlichkeit einer bestimmten Junge-Mädchen-Kombination in einer **Familie**, sagen wir **mit 4 Kindern,** läßt sich schnell ermitteln. Zuerst werden, da $n = 4$ gegeben ist, die Zahlen der untersten Reihe addiert; das ergibt 16. An den Enden der Reihe stehen die am wenigsten wahrscheinlichen Kombinationen, also entweder alles Jungen oder alles Mädchen mit der Wahrscheinlichkeit 1 zu 16. Geht man nun von außen nach innen, so erhält man für die nächst wahrscheinliche Kombination, 3 Jungen und 1 Mädchen oder umgekehrt, die Wahrscheinlichkeit 4 zu 16. Die Mittelzahl 6 bedeutet zwei Jungen und zwei Mädchen; die Wahrscheinlichkeit dafür ist bereits 6 zu 16, d.h. knapp 38%. Alle diese Wahrscheinlichkeiten gelten natürlich nur, wenn P(Knabengeburt) = P(Mädchengeburt) gilt, d. h. praktisch nur näherungsweise.

Für $n = 4$ und $p = 0{,}5$ ergeben sich nach [162] für die Zufallsvariable X die **Wahrscheinlichkeiten** $P(X = x)$ mit $\sum P(X = x) = 1$ [sowie $\mu = n \cdot p = 4 \cdot 0{,}5 = 2$ und $\sigma^2 = np(1-p) = 4 \cdot 0{,}5 \cdot 0{,}5 = 1$], die auf S. 248 oben tabelliert sind.

ausgerechnet	Zeile n	
1	0	$\binom{0}{0}$
1 1	1	$\binom{1}{0}$ $\binom{1}{1}$
1 2 1	2	$\binom{2}{0}$ $\binom{2}{1}$ $\binom{2}{2}$
1 3 3 1	3	$\binom{3}{0}$ $\binom{3}{1}$ $\binom{3}{2}$ $\binom{3}{3}$
1 4 6 4 1	4	$\binom{4}{0}$ $\binom{4}{1}$ $\binom{4}{2}$ $\binom{4}{3}$ $\binom{4}{4}$
. . . . .	.	. . .
1 4 6 4 1		$\binom{4}{0}$ $\binom{4}{1}$ $\binom{4}{2}$ $\binom{4}{3}$ $\binom{4}{4}$

z. B. $(a+b)^4 = a^4 + 4a^3b + 6a^2b^2 + 4ab^3 + b^4 = \binom{4}{0}a^4b^0 + \binom{4}{1}a^3b^1 + \cdots + \binom{4}{4}a^0b^4$

Abb. 38. Pascalsches Dreieck

[161]

x	0	1	2	3	4
$P(X=x)$	0,0625	0,2500	0,3750	0,2500	0,0625

Einige Identitäten zum Pascalschen Dreieck

1. Jede Zeile ist symmetrisch, d. h.

$$\binom{n}{x} = \binom{n}{n-x} \qquad (1.194a)$$

2. Jeder Binomialkoeffizient ist gleich der Summe der beiden über ihm stehenden, d. h.

$$\binom{n}{x} = \binom{n-1}{x-1} + \binom{n-1}{x} \qquad (1.199)$$

3. Für die Zeilensumme der Binomialkoeffizienten (vgl. S. 246) gilt:

$$\binom{n}{0} + \binom{n}{1} + \binom{n}{2} + \ldots + \binom{n}{n} = 2^n \qquad (1.204)$$

4. Für die Zeilensumme der quadrierten Binomialkoeffizienten gilt:

$$\binom{n}{0}^2 + \binom{n}{1}^2 + \binom{n}{3}^2 + \ldots + \binom{n}{n}^2 = \binom{2n}{n} \qquad (1.207)$$

5. Für alle Zeilen ist die alternierende Summe gleich Null:

$$\binom{n}{0} - \binom{n}{1} + \binom{n}{2} - \binom{n}{3} + \ldots + (-1)^n\binom{n}{n} = 0 \qquad (1.208)$$

6. Die aus dem Pascalschen Dreieck als Nr. 3 bis 5 entnehmbaren Binomialsummen lassen sich noch ergänzen [vgl. S. 267, (10) bis (14)] durch (s. Abb. 37: $\sum_{\text{links unten}}^{\text{rechts oben}}$):

$$\binom{n}{x} + \binom{n-1}{x} + \binom{n-2}{x} + \ldots + \binom{x}{x} = \binom{n+1}{x+1} \qquad (1.198)$$

durch (1.198A)

$$\binom{n+\alpha}{x+\alpha} = \binom{n}{x} + \binom{\alpha}{1}\binom{n}{x+1} + \binom{\alpha}{2}\binom{n}{x+2} + \ldots + \binom{\alpha}{\alpha}\binom{n}{x+\alpha}$$

und durch (1.209).

$$\sum_{i=0}^{n} \binom{k+i}{i} = \binom{k+n+1}{n}$$ [161]

Sind n gleiche Objekte in k unterschiedliche Fächer zu legen, kein Fach darf leer bleiben, so gibt es hierfür $\binom{n-1}{k-1}$ mit $n \geqq k$ unterschiedliche Arten (vgl. auch S. 196 und S. 595: Mitte).

Beispiel: $n = 4$, $k = 3$, d. h. $\binom{4-1}{3-1} = \binom{3}{2} = \binom{3}{1} = 3.$

6. Weitere Beispiele und Hinweise

B105. Mit den drei Buchstaben A, B und C lassen sich 3 einbuchstabige, $9 = 3^2$ zweibuchstabige und $27 = 3^3$ dreibuchstabige Wörter bilden, etwa:

$$\begin{matrix} AAA & BAA & CAA \\ \vdots & \vdots & \vdots \\ ACC & BCC & CCC\,. \end{matrix}$$

Die Summe aller möglichen ein bis dreibuchstabigen Wörter ist dann $3^1 + 3^2 + 3^3 = 3(3^3 - 1)/(3 - 1) = 39$. Für 26 Buchstaben erhält man die Zahl

$$26(26^{26} - 1)/(26 - 1) \approx 6{,}4024 \cdot 10^{36}\,.$$

B106. Für einen Kode des Typs ZGS83 oder HHH03 aus 3 Buchstaben, die (a) nicht gleich, (b) gleich sein dürfen und 2 Ziffern, deren erste (a) nicht Null bzw. (b) beliebig ist, gibt es:

$$\text{(a) } 26 \cdot 25 \cdot 24 \cdot 9 \cdot 10 \;= 1\,404\,000$$
$$\text{(b) } 26 \cdot 26 \cdot 26 \cdot 10 \cdot 10 = 1\,757\,600 \quad \text{[Autokennzeichen]}$$

Möglichkeiten, da es (a) 26 Möglichkeiten für den ersten Buchstaben gibt, 25 für den zweiten, 24 für den dritten sowie 9 Möglichkeiten für die erste Ziffer und 10 für die zweite; für (b) bleibt die Zahl der Buchstaben und die der Ziffern konstant.

B107. Wie groß ist die Anzahl sechsziffriger Zahlen mit unterschiedlichen Ziffern?
Die erste Ziffer darf keine Null sein, es gibt somit 9 Möglichkeiten. Für die zweite Ziffer gibt es dann ebenfalls neun Möglichkeiten, für die dritte 8 Möglichkeiten, für die vierte 7, …,und für die sechste 5. Die gesuchte Anzahl ist somit

$$9 \cdot 9 \cdot 8 \cdot 7 \cdot 6 \cdot 5 = 136\,080.$$

Bemerkungen zur Wahrscheinlichkeit bestimmter Nachbarschaftssituationen in zufälligen Reihenfolgen

B108. Fünf Personen und ein Ehepaar werden in zufälliger Reihenfolge nebeneinander aufgestellt. Wie groß ist die Wahrscheinlichkeit, daß das Ehepaar nebeneinander steht? Dies Ereignis tritt ein, wenn das Ehepaar eines der 6 Platzpaare (1,2), (2,3), (3,4), (4,5), (5,6), (6,7) einnimmt, während die übrigen 5 Personen in beliebiger Reihenfolge stehen dürfen. Für die 6 Platzpaare gibt es jeweils 2 Möglichkeiten, (1,2) und (2,1), …, d. h. insgesamt ergeben sich $2 \cdot 6 \cdot 5!$ günstige von $7!$ möglichen Reihenfolgen; d. h. $P = (2 \cdot 6 \cdot 5!)/7! = 2/7$. Für n Personen erhält man $\boldsymbol{P = 2/n}$.

B109. Fünf Personen ($A, B, ..., E$) setzen sich in zufälliger Reihenfolge an einen runden Tisch. Wie groß ist die Wahrscheinlichkeit, daß A neben B sitzt? Zunächst wird ein Platz
[161] für A ausgelost, für B bleiben 4 Platzmöglichkeiten übrig, von denen 2 günstig sind, d. h. $P = 2/4 = 1/2$. Für n Personen erhält man $\boldsymbol{P = 2/(n-1)}$.

B110. Sieben Mäntel hängen an einer Garderobe. Die Mäntel werden abgenommen und per Zufall neu angeordnet. Wie groß ist die Wahrscheinlichkeit, daß der eigene Mantel seinen Platz behalten hat? Weil von den 7! möglichen Anordnungen genau 6! einen bestimmten Mantel an seinem Ort lassen (das sind die 6! möglichen Anordnungen der restlichen Mäntel), erhält man $P = 6!/7! = 1/7 = 0{,}143$. Für n Mäntel erhält man $\boldsymbol{P = 1/n}$.

B111. **Batterie-Wechsel.** Beim Wechseln von Batterien sind versehentlich 4 leere und 16 intakte durcheinander geraten. Wir ziehen aus den 20 Batterien eine Zufallsstichprobe des Umfangs drei. Wie groß ist die Wahrscheinlichkeit, daß (a) alle 3 intakt sind, (b) wenigstens eine leer ist, (c) alle drei leer sind und (d) höchstens zwei leer sind?
Für die Auswahl „jeweils 3 aus 20“ gibt es $\binom{20}{3} = 20 \cdot 19 \cdot 18/(3 \cdot 2 \cdot 1) = 10 \cdot 19 \cdot 6 = 1140$ Möglichkeiten; günstig für (a) sind davon „drei von 16“ oder $\binom{16}{3}$, für (c) „drei von vier“ oder $\binom{4}{3}$. Für (b) und (d) benötigen wir die entsprechenden Komplemente: (b) als Komplement zu „keine leere“, (d) als Komplement zu „drei leere“. Somit ergeben sich:

$$\text{(a) } P = \binom{16}{3} \Big/ \binom{20}{3} = \frac{16 \cdot 15 \cdot 14}{3 \cdot 2 \cdot 1} \Big/ \frac{20 \cdot 19 \cdot 18}{3 \cdot 2 \cdot 1} = 0{,}4912$$

$$\text{(b) } P = 1 - \left[\binom{16}{3} \Big/ \binom{20}{3}\right] = 1 - 0{,}4912 = 0{,}5088$$

$$\text{(c) } P = \binom{4}{3} \Big/ \binom{20}{3} = \frac{4 \cdot 3 \cdot 2}{3 \cdot 2 \cdot 1} \Big/ \frac{20 \cdot 19 \cdot 18}{3 \cdot 2 \cdot 1} = 0{,}003509 \text{ oder } 0{,}0035$$

$$\text{(d) } P = 1 - \left[\binom{4}{3} \Big/ \binom{20}{3}\right] = 1 - 0{,}003509 = 0{,}996491 \text{ oder } 0{,}9965$$

B112. **Wahl einer Vorsitzenden.** Zehn Mitglieder eines Komitees, darunter eine Frau, wählen per Los zuerst ihren Vorsitzenden, dann den Stellvertreter und abschließend den Schriftführer.

(a) Wie viele Möglichkeiten gibt es hierfür?
(b) Welche Wahrscheinlichkeit ist jeweils zuzuordnen?
(c) Wie groß ist die Wahrscheinlichkeit, daß die Frau Vorsitzende wird?
(d) Wie groß ist die Wahrscheinlichkeit, daß die drei Positionen den drei ältesten Mitgliedern übertragen werden; und zwar (d_1) mit altersgemäßer Reihenfolge bzw. (d_2) ohne altersgemäße Reihenfolge?

Lösungen

(a) $10 \cdot 9 \cdot 8 = 720$; (b) $P = 1/720$; (c) $(9 \cdot 8)/(10 \cdot 9 \cdot 8) = 1/10$; ($d_1$) $P = 1/720$; (d_2) $P = (3 \cdot 2 \cdot 1)/(10 \cdot 9 \cdot 8) = 1/120$.

Zum Permutationstest

Die Anzahl der Möglichkeiten, $(n_1 + n_2)$ Objekte in zwei Gruppen aufzuteilen, so daß die eine Gruppe n_1 und die andere n_2 Objekte enthält, beträgt **[161]**

$$\binom{n_1+n_2}{n_1} = \frac{(n_1+n_2)!}{n_1!n_2!} \tag{1.210}$$

Da jede die gleiche Wahrscheinlichkeit aufweist, gilt

$$P = \frac{n_1!n_2!}{(n_1+n_2)!} \tag{1.211}$$

Die Wahrscheinlichkeit für die Nichtüberlappung zweier Stichproben des Umfangs $n_1 = n_2$ ist dann

$$P = \frac{2n_1!n_2!}{(n_1+n_2)!} \tag{1.212}$$

Nichtüberlappung bedeutet: alle Beobachtungen von n_1 sind entweder kleiner als die von n_2 oder umgekehrt.

B113. Wie groß ist die Wahrscheinlichkeit, daß für zwei Stichproben des Umfangs $n_1 = n_2$ = 3 (a), = 4 (b), = 5 (c) die Werte sich nicht überlappen und auf dem 5%-Signifikanzniveau als statistisch signifikant (s. s.) ausgewiesen werden (d)?

(a) P für Nichtüberlappung = $2 \cdot 3! \cdot 3!/6! = 2 \cdot 3 \cdot 2/6 \cdot 5 \cdot 4 = 1/10$
(b) P für Nichtüberlappung = $2 \cdot 4! \cdot 4!/8! = 1/35$
(c) P für Nichtüberlappung = $2 \cdot 5! \cdot 5!/10! = 1/126$
(d) a: $1/10 = 0{,}1 > 0{,}05$ n.s.; b: $1/35 = 0{,}0286 < 0{,}05$ s.s.; c: $1/126 = 0{,}008 < 0{,}05$ s.s. .

Dies ist ein Beitrag zum sogenannten Permutations- oder Randomisationstest, der hinsichtlich der vorausgesetzten Grundgesamtheit keinerlei Annahmen macht. Geprüft wird die Nullhypothese, nach der beide unabhängige Zufallsstichproben derselben Grundgesamtheit entstammen. Approximationen gibt z. B. Noreen (1989) (vgl. auch den Hinweis am Ende von [148]).

Werden n Objekte, die jeweils durch die Ausprägungen zweier Merkmale gekennzeichnet sind, in einer zweidimensionalen Häufigkeitsverteilung als r-c-Felder-Tabelle dargestellt, so gibt es

$$N_{rc}^n = \binom{n+rc-1}{rc-1} \tag{1.202a}$$

unterschiedliche Tabellen, wobei schon für kleines n große Werte N_{rc}^n erreicht werden, wie das zweite Beispiel zeigt:

1	0	1
0	0	0
1	0	1

$$N_{2\cdot 2}^1 = \binom{1+2\cdot 2-1}{2\cdot 2-1} = \binom{4}{3} = 4$$

$$N_{2\cdot 2}^{10} = \binom{10+2\cdot 2-1}{2\cdot 2-1} = \binom{13}{3} = 286$$

1	4	5
2	3	5
3	7	10

Zum Binomialkoeffizienten

[161] *Beweis:* $\binom{n}{x}+\binom{n}{x+1}$ $\boxed{\binom{n}{x}+\binom{n}{x+1}=\binom{n+1}{x+1}}$ (1.206)

$$=\frac{n!}{x!(n-x)!}+\frac{n!}{(x+1)!(n-x-1)!}=\frac{n!}{(x+1)!(n-x)!}[(n-x)+(x+1)]$$

$$=\frac{(n+1)!}{(x+1)!(n-x)!}=\frac{(n+1)!}{(x+1)!(n+1-[x+1])!}=\binom{n+1}{x+1}$$

Beweis: $\binom{n}{x}+\binom{n}{x-1}$ $\boxed{\binom{n}{x}+\binom{n}{x-1}=\binom{n+1}{x}}$ (1.196a)

$$=\frac{n!}{x!(n-x)!}+\frac{n!}{(x-1)!(n-[x-1])!}=\frac{n!}{x!(n-x+1)!}[(n-x+1)+x]=$$

$\dfrac{(n+1)!}{x!(n+1-x)!}=\binom{n+1}{x}$. Weitere Formeln zur Kombinatorik enthalten die Seiten 240 und 267.

Interessant ist auch die Summe

[vgl. auch S. 248: (1.99), S. 253: (1.214 B)]

$$\boxed{\sum_{i=0}^{n}\binom{k+i}{k}=\binom{k+n+1}{k+1}=\binom{k+n}{k}+\binom{k+n}{k+1}} \quad (1.213)$$

$$\textit{Beispiel}:\ \sum_{i=0}^{3}\binom{3+i}{3}=\begin{cases}=\binom{3+0}{3}+\binom{3+1}{3}+\binom{3+2}{3}=1+4+10=15\\[6pt] =\binom{3+2+1}{3+1}=\binom{6}{4}=15\\[6pt] =\binom{3+2}{3}+\binom{3+2}{3+1}=\binom{5}{3}=\binom{5}{4}=10+5=15\end{cases}$$

Würfelbeispiele II: Ideale Würfel werden vorausgesetzt.

B114. Wie groß ist die Wahrscheinlichkeit, beim: (a) zweimaligen Würfeln zwei unterschiedliche Ziffern zu werfen, (b) dreimaligen Würfeln drei unterschiedliche Ziffern zu werfen? Für (a) gibt es, da von den 36 Möglichkeiten 6 wegfallen $(1-1,\ldots,6-6)$ 30 von 36 bzw. $6!/(6-2)!$ von 6^2 Möglichkeiten:

$$P=\frac{6!/(6-2)!}{6^2}=\frac{30}{60}=0{,}833.$$

Für (b) gibt es $6!/(6-3)!$ von 6^3 Möglichkeiten: $P=\dfrac{6!/(6-3)!}{6^3}=\dfrac{120}{216}=0{,}556$.

B115. Mit welcher Wahrscheinlichkeit zeigen vier gleichzeitig geworfene intakte Würfel [A bis D] lauter verschiedene Ziffern? Von den insgesamt 6^4 Möglichkeiten sind für Würfel A sechs günstig, für Würfel B fünf,... und für Würfel D drei, d. h.

$P = \dfrac{6 \cdot 5 \cdot 4 \cdot 3}{6 \cdot 6 \cdot 6 \cdot 6} = 0{,}278$. Für 6 Würfel erhielte man $P = 6!/6^6 = 0{,}0154$.

B116. Ein Würfel wird n-mal geworfen. Wie groß ist die Wahrscheinlichkeit, eine 1 oder 2 oder 3 zu werfen? [161]

$$P_n = \frac{6^n - 3^n}{6^n} = 1 - \left(\frac{1}{2}\right)^n$$

Mit $P_1 = \frac{1}{2}$ und $P_2 = \frac{3}{4}$ sowie $P_3 = \frac{7}{8}$.

B117. Ein Würfel wird n-mal geworfen. Wie groß ist die Wahrscheinlichkeit, eine 1 oder 2 oder 3 oder 4 zu erzielen?

$$P_n = \frac{6^n - 2^n}{6^n} = 1 - \left(\frac{1}{3}\right)^n$$

Mit $P_1 = \frac{2}{3}$ und $P_2 = \frac{8}{9}$ sowie erwartungsgemäß $P_3 = \frac{26}{27} \approx 1$.

Hinweis: Unabhängig voneinander entdeckten Fermat und Pascal die Identität

$$n\binom{n+x-1}{x-1} = x\binom{n+x-1}{x} \tag{1.214}$$

Zwei weitere interessante Beziehungen: (1.214A, 1.214B)

$$k\binom{n}{k} + (k+1)\binom{n}{k+1} = n\binom{n}{k}, \text{ z. B. } 2\binom{3}{2} + (2+1)\binom{3}{2+1} = 9 = 3\binom{3}{2}$$

$$\sum_{m=k}^{l}\binom{m}{k} = \binom{l+1}{k+1}, \text{ z. B. } \sum_{m=2}^{m=l=4}\binom{m}{2} = \binom{2}{2} + \binom{3}{2} + \binom{4}{2} = 10 = \binom{5}{3} = \binom{4+1}{2+1}$$

Zu Münzwürfen II: Ideale Münzen werden vorausgesetzt.

B118. Eine Münze wird viermal geworfen. Wie groß ist die Wahrscheinlichkeit (a) genau zweimal, (b) genau dreimal Wappen zu erzielen?

Zu (a): $P = \frac{\binom{4}{2}}{2^4} = \frac{6}{16} = \frac{3}{8}$

Zu (b): $P = \frac{\binom{4}{3}}{2^4} = \frac{4}{16} = \frac{1}{4}$

d. h. $P_{\text{exakt } k \text{ Wappen in } n \text{ Würfen}} = \binom{n}{k}\Big/ 2^n$

B119. Die intakte Münze wird wiederholt geworfen. Dann ist die Wahrscheinlichkeit: (a) das erste Wappen beim k-ten Wurf zu erhalten $(1/2)^k = 1/2^k = 2^{-k}$, (b) das r-te Wappen beim k-ten Wurf zu erhalten $\binom{k-1}{r-1}2^{-k}$.

Bei $2n$ Münzwürfen beträgt die Wahrscheinlichkeit, genau n-mal „Wappen" (bzw. genau n-mal „Zahl") zu werfen

$$P = \binom{2n}{n}\Big/ 2^{2n} \tag{1.215}$$

Siehe B120.

Für großes n wird P approximiert durch $1/\sqrt{n\pi}$.

Beispiel

B120. Wie groß ist die Wahrscheinlichkeit, in 100 Würfen genau 50mal „Wappen" zu

[161] werfen? $P = \binom{100}{50}/2^{100} = [100!/(50!50!)]/1{,}26765 \cdot 10^{30} = [9{,}3326 \cdot 10^{157}/(3{,}0414 \cdot 10^{64} \cdot 3{,}0414 \cdot 10^{64})]/1{,}26765 \cdot 10^{30} = 0{,}0796$ oder 0,08.

Approximation ($n = 100$, nur): $P = 1/\sqrt{100 \cdot 3{,}1416} = 0{,}056$.

Zahlenlotto

B121. Man berechne $\binom{49}{43}$. Mit der Symmetriebeziehung $\binom{n}{k} = \binom{n}{n-k}$

erhält man $\binom{49}{43} = \binom{49}{6} = \dfrac{49 \cdot 48 \cdot 47 \cdot 46 \cdot 45 \cdot 44}{1 \cdot 2 \cdot 3 \cdot 4 \cdot 5 \cdot 6} = 13\,983\,816$.

Es sind fast 14 Millionen Lottoscheine auszufüllen, um mit Sicherheit 6 Richtige zu erzielen.

B122. Zum Lotto „7 aus 38": übrigens ist $\binom{38}{7} \approx 126 \cdot 10^5 \approx 140 \cdot 10^5 \approx \binom{49}{6}$.

B123. Wie viele Möglichkeiten gibt es beim Lotto „6 aus 49": (a) 4 Richtige, (b) 5 Richtige zu erzielen?

(a) $\binom{6}{4} \cdot \binom{43}{2} = 13\,545$, (b) $\binom{6}{5} \cdot \binom{43}{1} = 258$.

B124. Wie groß ist die Wahrscheinlichkeit, im Zahlenlotto „6 aus 49" vier richtige Zahlen angekreuzt zu haben?

$$P = \frac{\binom{6}{4}\binom{43}{2}}{\binom{49}{6}} = \frac{13\,545}{13\,983\,816} = 0{,}969 \cdot 10^{-3} \quad \text{oder rund } 0{,}001\,.$$

B125. Wie groß ist die Wahrscheinlichkeit, daß bei einer Lotto-Ziehung „6 aus 49" die Zahlen „1" oder „2" oder „3" gezogen werden?

$$P = 1 - \frac{\binom{46}{6}}{\binom{49}{6}} = 1 - \frac{43 \cdot 42 \cdot 41}{49 \cdot 48 \cdot 47} = 0{,}3302\,.$$

Wahrscheinlichkeitsfunktion der Lottozahlen 6 aus 49. Wahrscheinlichkeiten, beim Lotto 0, ···, 6 Richtige zu haben

x	$P(x)$
0	0,435964975
1	0,413019450
2	0,132378029
3	0,017650404
4	0,000968620
5	0,000018450
6	0,000000072
Σ	1,000000000

[vgl. auch S. 283]

B126. **Zahlenlotto (6 aus 49):** Die Wahrscheinlichkeit, 6 Richtige aus 49 auszuwählen, ist

$$1\Big/\binom{49}{6} = 1/13\,983\,816 = 7{,}151 \cdot 10^{-8}\,.$$

Wie verhalten sich im Durchschnitt die Zahl der Gewinner mit 4 und 3 richtigen Zahlen (r. Z.)?

$$\text{Möglichkeiten für 4 r. Z.:} \binom{6}{4} \cdot \binom{43}{2} = \binom{6}{2} \cdot \binom{43}{2}$$ **[161]**

$$\text{Möglichkeiten für 3 r. Z.:} \binom{6}{1} \cdot \binom{43}{3}$$

Für das Verhältnis ergibt sich

$$\frac{\frac{6\cdot5}{1\cdot2} \cdot \frac{43\cdot42}{1\cdot2}}{\frac{6\cdot5\cdot4}{1\cdot2\cdot3} \cdot \frac{43\cdot42\cdot41}{1\cdot2\cdot3}} = \frac{1}{\frac{4}{3} \cdot \frac{41}{3}} = \frac{9}{164} = 0{,}0549\,, \quad = \frac{9{,}68620}{176{,}50404}\,. \longleftarrow$$

nach der Tab. auf S. 254

d. h. der Gewinn (4 r. Z. gegenüber 3 r. Z.) ist im Durchschnitt 18,2mal so groß.

Das Geburtstagsproblem (B127 B131)

Ergänzt B32

Wie groß ist die Wahrscheinlichkeit, daß von drei zufällig ausgewählten Personen mindestens zwei im selben **Monat** Geburtstag haben? $1 - \frac{12}{12} \cdot \frac{11}{12} \cdot \frac{10}{12} = 1 - \frac{110}{144} = 0{,}236.$ Wieso? [vgl. unten]

Vorbemerkung

Die Wahrscheinlichkeit, daß zwei zufällig ausgewählte Personen am selben Tag Geburtstag haben (alle Tage des 365 Tage umfassenden Jahres seien als Geburtstage gleichwahrscheinlich), ist bekanntlich

$$P = \frac{\text{günstig}}{\text{möglich}} = \frac{365}{365 \cdot 365} = \frac{1}{365}.$$

B127. Wie groß ist die Wahrscheinlichkeit, daß drei rein zufällig ausgewählte Personen an unterschiedlichen Wochentagen Geburtstag haben? Da als Geburtstage $7 \cdot 7 \cdot 7$ Möglichkeiten in Frage kommen, von denen für die erste Person 7 Tage günstig sind, für die zweite 6 und für die dritte Person 5 Tage, gilt insgesamt:

$$P \text{ (alle drei Pers. haben an unterschiedlichen Tagen Geburtstag)}$$
$$= \frac{7 \cdot 6 \cdot 5}{7 \cdot 7 \cdot 7} = \frac{30}{49} = 0{,}612\,.$$

Für 7 Personen erhielte man $P = 7!/7^7 = 0{,}00612$.

Die Wahrscheinlichkeit, daß 2 Personen am selben **Wochentag** Geburtstag haben, beträgt $1/7$ $[= (1/7)(1/7)7]$; damit beträgt die Komplementärwahrscheinlichkeit, daß 2 Personen nicht am gleichen Tag Geburtstag haben $1 - 1/7 = 6/7$ $[= (7/7)(6/7)]$. Somit ist die Wahrscheinlichkeit, daß von 3 Personen keine am selben Wochentag Geburtstag hat $30/49$ $[= (7/7)(6/7)(5/7)]$, d. h. mit $P = 1 - (30/49) = (19/49)$ haben mindestens zwei am selben Tag Geburtstag: ⟵

$$P(\text{von 3 mindestens 2}) = P_3 = 19/49 = 0{,}388.$$

$$\left[= 1 - \frac{7}{7} \cdot \frac{6}{7} \cdot \frac{5}{7} = 1 - \frac{6 \cdot 5}{7^2} = 1 - \frac{30}{49} = \frac{19}{49}\right] = 1 - \frac{6!}{7^2(7-3)!} = 1 - \frac{6!}{7^2 \cdot 4!} = 1 - \frac{30}{49} = \frac{19}{49}$$

$$\left[= 1 - \frac{7!}{7^3(7-3)!} = 1 - \frac{7!}{7^3 \cdot 4!} = 1 - \frac{30}{49} = \frac{19}{49}\right]$$

B128. Von n Personen ($n \leqq 7$) haben mit der Wahrscheinlichkeit

[161]

$$P_n \begin{cases} = 1 - \dfrac{7 \cdot 6 \cdot \ldots \cdot (7-n+1)}{7^n} = 1 - \dfrac{7!}{7^n(7-n)!} & (1.216) \\ = 1 - \dfrac{6 \cdot 5 \cdot \ldots \cdot (7-n+1)}{7^{(n-1)}} = 1 - \dfrac{6!}{7^{(n-1)}(7-n)!} & (1.217) \end{cases}$$

mindestens zwei am selben Wochentag Geburtstag: so erhält man für n = 5 nach (1.217

$$\left[\begin{array}{lcccccc} n: & 2 & 3 & 4 & 5 & 6 & 7 \\ P: & 0{,}143 & 0{,}388 & 0{,}650 & 0{,}850 & 0{,}957 & 0{,}994 \end{array}\right]$$

links) $P = 1 - [(6 \cdot 5 \cdot 4 \cdot 3)/7^4] = 0{,}85006$ und für $n = 7$ bereits $P = 0{,}99388$ [und für $n \geqq 8$?].

1. Hinweis:

Ereignisse: Derselbe/Dieselbe	E	n	Für $P_n > 0{,}5$ folgt n aus $n = 0{,}5 + 1{,}177\sqrt{E}$
Wochentag	7	4	
Monat	12	5	
Tag	365	23	zur nächsten
Geburtsstunde	8760	111	ganzen Zahl aufgerundet

Allgemein: Die Wahrscheinlichkeit P_n, daß von n Personen wenigstens zwei an (a) demselben Wochentag, (b) demselben Tag im Jahr Geburtstag haben, ist:

$$\begin{array}{l|l} \text{a: } D = 7 & \\ & P_n = 1 - \dfrac{D!}{(D-n)!D^n} \text{ für } 2 \leqq n \leqq D \\ \text{b: } D = 365 & \end{array} \qquad (1.218)$$

Hierbei haben wir (Fall b) den *29.* Februar ignoriert; außerdem ist unberücksichtigt geblieben, daß sich die Geburten in bestimmten Monaten häufen. Ersteres verringert die Wahrscheinlichkeit, letzteres erhöht sie. Werden die beiden Voraussetzungen akzeptiert, dann gilt für n Personen:

$$P_n = 1 - \frac{365 \cdot 364 \cdot \ldots \cdot (365-n+1)}{365^n} \qquad (1.219)$$

2. Hinweis: Die zu (1.219) komplementäre Wahrscheinlichkeit, daß n Personen unterschiedliche Geburtstage aufweisen, an unterschiedlichen Tagen Geburtstag haben:
von 365^n Möglichkeiten insgesamt [vgl. (1.203) auf S. 244] interessieren uns somit

$$\frac{365!}{(365-n)!} = 365 \cdot 364 \cdot \ldots \cdot (365-n+1)$$

[vgl. (1.193a) auf S. 243] ist für n Personen Übersicht 57 zu entnehmen.

B129. Die Wahrscheinlichkeit, daß von 5 Personen mindestens 2 am selben Tag Geburtstag haben, beträgt (vgl. Übersicht 57) demnach

$$P_5 = 1 - 0{,}973 = 0{,}0271\ ;$$

für 23 Personen nach (1.218) oder (1.219):

Übersicht 57 [161]

n	P_n — n Personen weisen unterschiedliche Geburtstage auf
2	$\frac{364}{365}$
3	$\frac{364 \cdot 363}{365 \cdot 365}$
4	$\frac{364 \cdot 363 \cdot 362}{365 \cdot 365 \cdot 365}$
5	$\frac{364 \cdot 363 \cdot 362 \cdot 361}{365 \cdot 365 \cdot 365 \cdot 365} = 0{,}972864$ oder $0{,}973$
:	
n	$\frac{364 \cdot 363 \cdot 362 \cdot \ldots \cdot (365-n+1)}{365^{n-1}} = \frac{365 \cdot 364 \cdot 363 \cdot 362 \cdot \ldots \cdot (365-n+1)}{365^n}$

$$P_{23} = 1 - \frac{365!}{(365-23)!365^{23}} = 1 - \frac{365 \cdot 364 \cdot \ldots \cdot 343}{365^{23}} = 0{,}507297\,.$$

Weitere Wahrscheinlichkeiten enthält die Tabelle 58. Eine Wette, daß von 23 oder mehr gerade anwesenden Personen mindestens 2 am selben Tag Geburtstag feiern, würde sich bei einer größeren Serie gleichartiger Wetten lohnen.

Tabelle 58

n	P_n
5	0,0271
10	0,1169
15	0,2529
20	0,4114
22	0,4757
23	0,5073
25	0,5687
30	0,7063
35	0,8144
40	0,8912
45	0,9410
50	0,9704
60	0,9941
70	0,9992
80	0,9999

Geburtstagsproblem:

P_n ist die Wahrscheinlichkeit, daß mindestens zwei von n unabhängigen Personen (keine Zwillinge) am selben Tag Geburtstag haben; berechnet für ein Jahr mit 365 Tagen, die als Geburtstage für jede der n Personen gleich wahrscheinlich sind: für $n = 100$ ist $P_{100} = 0{,}9999997$ oder $0{,}9^67$; für $n = 107$ ist $P_{107} = 0{,}9^77$ und für $n = 110$ ist $P_{110} = 0{,}9^8$.

n	P_n	n	P_n
22	0,47569530	70	0,99915957
23	0,50729723	75	0,99971987
24	0,53834425	80	0,99991433
25	0,56869970	85	0,99997599
26	0,59824082	90	0,99999384
27	0,62685928	95	0,99999856

Hinweise zu Tabelle 58

1. **Minimales** n für $\geqq P_n$ läßt sich nach $n \approx 0{,}5 + \sqrt{0{,}25 - 2 \cdot 365[\ln(1-P_n)]}$ approximieren; z. B. $P_n = 0{,}5$: $n \approx 0{,}5 + \sqrt{0{,}25 - 2 \cdot 365[\ln(1-0{,}5)]} = 23$
2. **„Mindestens 2"** enthält natürlich auch Fälle wie „5 mal 2" oder „1 mal 2 und 2 mal 3" sowie die einfacheren Fälle: z. B. für $n = 30$
$$P_{1\text{ mal }2} = \binom{n}{2}\frac{365 \cdot 364 \cdot \ldots \cdot (367-n)}{365^n} = 0{,}380\,; \quad P_{1\text{ mal }3} = \binom{n}{3}\frac{365 \cdot 364 \cdot \ldots \cdot (368-n)}{365^n} = 0{,}011;$$
$$P_{2\text{ mal }2} = \frac{1}{2!}\binom{n}{2}\binom{n-2}{2}\frac{365 \cdot 364 \cdot \ldots \cdot (368-n)}{365^n} = 0{,}213$$
3. Die Wahrscheinlichkeit, daß **heute** (kein Tag im Schaltjahr) unter n Personen kein Geburtstagskind zu finden ist (vgl. S. 272: Punkt 6), beträgt $P = (364/365)^n$. Für $n = 253$ erhält man $P = 0{,}5$; d. h. mit dieser Wahrscheinlichkeit ist dann auch **mindestens 1** Geburtstagskind zu erwarten.

Begnügt man sich damit, daß eine Übereinstimmung vorliegt, sobald beide Personen **benachbarte Tage** als Geburtstage aufweisen, dann reichen für $P > 0{,}5$ schon 14 Personen.

[161] Die Wahrscheinlichkeit, daß von n Personen mindestens zwei am selben Tag des Jahres ($t = 365$) Geburtstag haben, beträgt

$$\boxed{P = 1 - \frac{t!}{t^n(t-n)}} \tag{1.219a}$$

Für großes t läßt sich P durch P'

$$\boxed{P' = 1 - e^{-n}\left(\frac{t}{t-n}\right)^{t-n+0{,}5}} \tag{1.220}$$

approximieren. Für $t \to \infty$ gilt

$$\boxed{\ln(1 - P^+) = -\frac{n^2}{2t}} \tag{1.221}$$

Beispiele: $t = 365$, $n = 23$

$$\begin{aligned}
\text{(1.220):}\quad P' &= 1 - e^{-23}\left(\frac{365}{365-23}\right)^{365-23+0{,}5} = 1 - e^{-23}\left(\frac{365}{342}\right)^{342{,}5}\\
&= 1 - 1{,}0672514^{342{,}5}/e^{23} = 1 - 4{,}801 \cdot 10^9/9{,}745 \cdot 10^9\\
&= 1 - 0{,}49266 = 0{,}50734 \text{ oder } 0{,}51.
\end{aligned}$$

$$\begin{aligned}
\text{(1.221):}\quad \ln(1 - P^+) &= -\frac{23^2}{2 \cdot 365} = -0{,}72466\\
1 - P^+ &= e^{-0{,}72466} = 1/e^{0{,}72466} = 1/2{,}06403 = 0{,}48449\\
P^+ &= 0{,}51551 \text{ oder } 0{,}52.
\end{aligned}$$

Sind n Kugeln zufällig auf t Fächer zu verteilen ($n \leqq t$), dann ist die Wahrscheinlichkeit, unter den Fächern ein Fach mit mindestens zwei Kugeln zu erhalten, durch (1.219a) gegeben; für großes t gelten (1.220) und (1.221) [vgl. auch S. 192, 263–266].

Weitere Hinweise

1. Hinweis: Die Wahrscheinlichkeit, daß sich bis zur Befragung der k-ten Person von insgesamt n Personen mindestens zwei Personen mit demselben Geburtstag gefunden haben, beträgt:

$$\boxed{P_{k;n} = 1 - \frac{365 \cdot 364 \cdot \ldots \cdot (365-k+1)(365-k)^{n-k}}{365^n}} \tag{1.222}$$

2. Hinweis: Diaconis und Mosteller (1989) zeigen, daß sich (vgl. Tab. 58) n für $P_n = 0{,}50$ durch $n \approx 1{,}2\sqrt{365} = 22{,}9$ oder 23 und für $P_n = 0{,}95$ durch $n \approx 2{,}5\sqrt{365} = 47{,}8$ oder 48 approximieren lassen; dies gilt allgemein für großes D [vgl. (1.218)] und kleines n. Außerdem präsentieren beide Autoren eine Tabelle nach Levin (1981), die wir als Tabelle 59 mitteilen.

B130. Beispielsweise benötigt man 88 Personen, um mit $P > 0{,}5$ schließen zu können, daß mindestens $k = 3$ Personen denselben Geburtstag haben. Oder, von 1000 Personen weisen wenigstens 9 mit $P > 0{,}5$ denselben Geburtstag auf. Andere interessante Details sind der aufschlußreichen Originalarbeit zu entnehmen.

Tabelle 59. Benötigte Anzahl n, um für $D = 365$ mit $P > 0{,}5$ mindestens k Übereinstimmungen zu erzielen (nach B. Levin 1981)

[161]

k	2	3	4	5	6	7	8	9	10	11	12	13
n	23	88	187	313	460	623	798	985	1181	1385	1596	1813

3. Hinweis: Sind mehrere Personen zusammen, dann interessieren auch andere Übereinstimmungen, etwa am selben Monatstag Geburtstag oder dasselbe Hobby zu haben u.a.m. Sind diese Kategorien unabhängig voneinander, dann läßt sich nach Diaconis und Mosteller (1989) für k Kategorien mit $P \approx 0{,}5$ mindestens eine Übereinstimmung finden, sobald

$$n = 1{,}2 \cdot \sqrt{1 \Big/ \left(\frac{1}{c_1} + \frac{1}{c_2} + \ldots + \frac{1}{c_k}\right)} \tag{1.223}$$

mit c_i =Zahl der Möglichkeiten in der i-ten Kategorie

Für $P \approx 0{,}95$ ist 1,2 in (1.223) durch 2,5 zu ersetzen.

Beispiel

B131. Zwei Kategorien: c_1 = 365 Geburtstage

c_2 = „30" Tage (Monat)

$$\begin{aligned} n_{50} &= 1{,}2\cdot \\ n_{95} &= 2{,}5\cdot \end{aligned} \sqrt{1/[(1/365) + (1/30)]} \begin{aligned} &= 6{,}3 \\ &= 13{,}2 \end{aligned}$$

Sieben Personen haben mit $P > 0{,}5$ und 14 Personen haben mit $P > 0{,}95$ mindestens am selben Tag oder am selben Monatstag Geburtstag.

Für eine Gruppe von 3 Mädchen (M) und 3 Jungen (J) ist zu erwarten, daß mit P = 0,54 der Geburtstag eines M und eines J in demselben Monat liegt. Weiter gilt:

M = J	1	2	3	4	5	6	7	8	9	10
P	0,083	0,293	0,540	0,744	0,877	0,947	0,980	0,993	0,998	0,999

Schon für M = J = 16 ist mit $P > 0{,}5$ ein gemeinsamer Geburtstag zu erwarten [T. Crilly und S. Nandy, The Mathematical Gazette **71** (1987), 19–22].

Maschinenausfälle

Angenommen, n Maschinen liegen vor. Eine sei bereits kurzzeitig ausgefallen, dann ist die P, daß eine andere kurzzeitig ausfällt $(n-1)/n$. Zwei seien bereits auf diese Weise ausgefallen, dann ist die entsprechende P für eine dritte $(n-2)/n$.
Die P, daß die ersten 3 Störungen unterschiedliche Maschinen betreffen, ist

$$P = \frac{(n-1)}{n} \cdot \frac{(n-2)}{n};$$

für die ersten k Störungen an k unterschiedlichen Maschinen ergibt sich

$$P(k) = \frac{(n-1)}{n} \cdot \frac{(n-2)}{n} \cdot \frac{(n-3)}{n} \cdot \ldots \cdot \frac{(n-k+1)}{n} = \frac{(n-1)!}{n^{k-1}(n-k)!} \tag{1.224}$$

Das Komplement gibt die P für wenigstens eine Wiederholung.

Beispiel

B132. $n = 100; k = 2,\ 3$ und 12

[161] **Tabelle 60**

Störungen k	Wahrscheinlichkeit für k unterschiedliche Maschinen	wenigstens eine Wiederholung
2	0,99	0,01
3	0,9702	0,0298
⋮	⋮	⋮
12	0,5032	0,4968

$$P(12) = \frac{99!}{100^{12-1}(100-12)!}$$
$$= 0{,}99 \cdot 0{,}98 \cdot \ldots \cdot 0{,}89$$
$$= 0{,}5032\ .$$

Einsparungen durch Prüfung in Gruppen (mit B133): Während des 2. Weltkrieges wurde in den USA an jedem Eingezogenen ein Wassermann-Test (indirekter Syphilis-Nachweis) durchgeführt. Positive Fälle waren relativ selten, in der Größenordnung von 2% aller Untersuchungen. Da die Methode empfindlich ist, wurde zur Verminderung des sehr aufwendigen Testvorhabens vorgeschlagen, gemischte Blutproben mehrerer Individuen gemeinsam aufzuarbeiten. Bei negativem Resultat sind alle partizipierenden Individuen gesund. Eine positive Reaktion bedeutet, alle Individuen der Gruppe sind erneut zu untersuchen. Es ließ sich nun zeigen, daß bei einer Häufigkeit von 2% die optimale Gruppengröße 8 ist; hierbei werden 73% der Wassermann-Tests eingespart (Tab. 61 und 62). Angenommen, der Anteil betroffener Personen ist p, dann ist die optimale Anzahl der zu mischenden Proben gleich dem Wert n, der den Ausdruck $(1-p)^n - (1/n)$ maximiert. Für gegebenes p findet man das optimale n, indem die Funktion $(1-p)^n - (1/n)$ für verschiedene Werte von n berechnet und dann jener Wert ausgewählt wird, für den der Wert der Funktion am größten ist.
Unser Beispiel: $(1-p) = 1 - 0{,}02 = 0{,}98$, d. h.
$0{,}98^7 - 1/7 = 0{,}725$; $0{,}98^8 - 1/8 = 0{,}726$; $0{,}98^9 - 1/9 = 0{,}723$.
Gruppentests dieser Art dienen auch zur Untersuchung mehrerer Personen auf Drogen oder zum Vergleich von Wasserstichproben aus unterschiedlichen Brunnen. Näheres hierzu ist Hwang (1984), Pfeifer und Enis (1978) sowie Loyer (1983) zu entnehmen.

Die Beziehung zwischen relativer Häufigkeit p und optimaler Gruppengröße n ist den Tabellen 61 [für $p < 0{,}11$ gilt die Approximation $n_{\text{opt}} \approx 0{,}5 + 1/\sqrt{p}$] und 62 zu entnehmen; Tabelle 61 enthält noch den Prozentsatz T eingesparter Tests. Tabelle 61 A gibt weitere Details.

Tabelle 61.
(vgl. den Text)

P	n	T
0,01	11	80
0,02	8	73
0,03	6	67
0,04	6	62
0,05	5	57
0,07	5	50
0,08	4	47
0,10	4	41
0,15	3	28
0,20	3	18

Tabelle 61A. Ist man bereit, k Tests durchzuführen und wird erwartet, daß $p < 0{,}67$, dann ist es günstig, die Gruppengröße n' zu wählen; einige Werte nach Loyer (1983):

n' \ k	5	10	20	50	∞
2	0,330	0,461	0,555	0,625	0,667
3	0,208	0,321	0,416	0,508	0,579
5	0,112	0,194	0,271	0,359	0,464
10	0,047	0,092	0,138	0,197	0,321
20	0,020	0,042	0,067	0,101	0,208
50	0,006	0,015	0,025	0,039	0,108

So interpoliert man z. B. für $k = 20$ und $p \approx 0{,}1$ den Wert $n' \approx 14$.

Tabelle 62. Optimale Gruppengröße n für die erwartete relative Häufigkeit p nach Mundel (1984) **[161]**

p	n	p	n	p	n
0,250	3	0,0123	10	0,00391	17
0,111	4	0,0100	11	0,00346	18
0,0625	5	0,00826	12	0,00309	19
0,0400	6	0,00694	13	0,00277	20
0,0278	7	0,00592	14	0,00119	30
0,0204	8	0,00510	15	0,000657	40
0,0156	9	0,00444	16	0,000416	50
0,0123	10	0,00391	17	0,000102	100

B134. Wahrscheinlichkeiten für das Pokerspiel gibt Cheung (1989).

Tabelle 63. Wahrscheinlichkeiten für das Pokerspiel mit 5 Karten nach Cheung (1989)

Nr.	Blatt	P
1	No Pair	0,5011774
2	One Pair	$0{,}4225690 = \binom{13}{1}\binom{4}{2}\binom{12}{3}\binom{4}{1}^3 \Big/ \binom{52}{5}$
3	Two Pairs	$0{,}0475390 = \binom{13}{2}\binom{4}{2}^2\binom{11}{1}\binom{4}{1} \Big/ \binom{52}{5}$
4	Three of a Kind	$0{,}0211285 = \binom{13}{1}\binom{12}{2}\binom{4}{3}\binom{4}{1}\binom{4}{1} \Big/ \binom{52}{5}$
5	Straight	$0{,}0039246 = 10\binom{4}{1}^5 \Big/ \binom{52}{5}$
6	Flush	0,0019654
7	Full House	$0{,}0014406 = \binom{13}{1}\binom{4}{3}\binom{12}{1}\binom{4}{2} \Big/ \binom{52}{5}$
8	Four of a Kind	0,0002401
9	Straight Flush	$0{,}0000154 = 10 \cdot 4 \Big/ \binom{52}{5}$

Würfel und Münze: Wer sie wirft, der spielt mit wichtigen Modellen

Würfel:
Beispiele in [121] bis [123], insbesondere B25, B28, B38 bis B51; B82 in [125], B83 und zur Übersicht 25 in [126]: Verteilungsfunktion; Beispiel zur diskreten Gleich- oder Rechteckverteilung: (1.80) bis (1.83) in [137]; B114 bis B117 in [161], Beispiel nach (1.236), B141–B143 und B147 in [162], B169 in [167], B171 in [168] und Tabelle 133 in [432] sowie Beispiel 2 in [44].
Münze:
Beispiele B52 und B53 in [123]: Wahrscheinlichkeitsfunktion und Verteilungsfunktion mit den Abbildungen 11 und 12 und den Hinweisen (1) zum Erwartungswert, (2) zu den beiden Gesetzen der großen Zahlen nach De Moivre und (3) zur „reinen Folge" nach Erdös und Renyi; weitere Beispiele bieten u. a. Tabelle 48 in [142], Tausend Münzwürfe in [143], um eine Entscheidung herbeizuführen; B118 bis B120 in [161] und B139 in [162].
Würfel und Münze:
Zentraler Grenzwertsatz, Formel (1.33) in [134].
Einen weiteren Überblick gibt Übersicht 6.

Übersicht 58. Hobby und Stochastik

[161]

Es folgen einige Stichworte, die u. a. auch Hobbies beschreiben. Entsprechende Literaturhinweise sollten Mußestunden bereichern.

Bridge: Szekely (1987)
Chaos und Fraktale: Chatterjee und Mitarb. (1992)
Fußball: Baxter und Stevenson (1988), Pollard (1985)
Geographie, Umwelt und Biologie: Upton und Fingleton (1985 und 1989)
Geologie: Cressie (1991), Gy (1982), Journel und Huijbregts (1979)
Golf: Heiny und Crosswhite (1986)
Klima: Ikeda (1980)
Kunstturnen und Tanzen: Fligner und Verducci (1988)
Mathematik: Devendran (1988), Kracke (1983)
Paradoxa: Szekely (1987)
Poker: Cheung (1989); hier Tabelle 63
Roulette: von Haller (1979)
Sport, Rekorde: Nagaraja (1988), Nevzorov (1987), Arnold u. Mitarb. (1992, 1998), Bennett (1998)
Tennis: Pollard (1983); zu Baseball sowie Kricket siehe S. 46 unten (vgl. auch S. 304: B166)
Wahl: Coughlin (1992), Hill (1988), Holler (1984), Kaltefleiter und Nissen (1980)
Wunder (Miracles): siehe unten „Theologische Gesichtspunkte. . .“
Zufall: Diaconis und Mosteller (1989), von Haller (1979), Kolmogorov u. Mitarb. (1988), Ruelle (1992)

Für Juristen aufschlußreich sind DeGroot u. Mitarb. (1986), Finkelstein und Levin (1990), Gastwirth (1988) sowie Kaye und Aickin (1986). Theologische Gesichtspunkte diskutieren D. J. Bartholomew [Journal of the Royal Statistical Society, A **151** (1988), 137–178] und W. H. Kruskal [Journal of the American Statistical Society **83** (1988), 929–940] [vgl. auch S. 61].

Das Sekretärinnen-Problem (mit B135)

Die 37%-Regel. Angenommen, ein Chef suche eine neue Sekretärin. Hundert Bewerberinnen kommen für die Position in Frage. Nehmen wir weiter an, der Chef muß sich sofort nach der Vorstellung einer Bewerberin entscheiden, ob er sie einstellt. Dann ist für ihn die Wahrscheinlichkeit, die beste Sekretärin auszuwählen, nur 1%. Eine optimale Strategie, die diese Wahrscheinlichkeit auf fast 37% erhöht, besteht darin, sich die ersten 37 Bewerberinnen vorstellen zu lassen und dann die nächste Bewerberin, die ihre Vorgängerinnen übertrifft, einzustellen. Die Zahl 37 (genauer: 36,788) erhalten wir als Quotienten aus der Zahl der Bewerberinnen (100) und der Konstanten e ($e \simeq 2{,}7183$). Wenn sich statt 100 sagen wir n Sekretärinnen bewerben würden, täte der Chef gut daran, n/e Bewerberinnen vorzulassen und der nächsten Bewerberin, die ihre Vorgängerinnen aussticht, die Stellung anzubieten. Die Wahrscheinlichkeit, die beste von n Bewerberinnen ausgewählt zu haben, beträgt dann wieder 37 Prozent.

Wenn n Objekte rein zufällig neu angeordnet werden, dann wird mit der Wahrscheinlichkeit

$$\boxed{P = 1 - \frac{1}{2!} + \frac{1}{3!} - \ldots \pm \frac{1}{n!}} \qquad (1.225)$$

wenigstens ein Objekt seinen ursprünglichen Platz einnehmen: z.B. $P = 1 - \frac{1}{2} + \frac{1}{6} = 0{,}6667$ für $n = 3$.

Tabelle 64

n	3	5	$\geqq 7$
P	0,6667	0,6333	0,6321

Angenommen, 30 Reiter nehmen mit ihren Pferden an einem Turnier teil. Für einen bestimmten Ritt wird die Zuordnung der Pferde durch ein Los bestimmt. Die Wahrscheinlichkeit, daß keiner der Reiter sein eigenes Pferd erhält, beträgt dann knapp 37%. Interessant ist, daß diese Wahrscheinlichkeit für jeden Stichprobenumfang $n \geqq 6$ bei 36,8% liegt. Für großes n nähert sie sich dem Wert $1/e \approx 0{,}367879$. Näheres ist z. B. Abdel-Hamid u. Mitarb. (1982), Ferguson (1989), Freeman (1983), Gibbons u. Mitarb. (1977, S. 201/207) sowie Arnold u. Mitarb. (1998) zu entnehmen. **[161]**

Dies ist das Rencontre-Problem nach P. R. de Montmort (1708): Im Reitturnier ist bei zufälliger Pferd-Reiter-Zuordnung für $n \geqq 6$ Reiter mit $P = 0{,}632$ mindestens eine richtige Zuordnung zu erwarten.

Problem der vertauschten Briefe (mit B136)

n Briefe und n Umschläge mit Anschriften werden geschrieben; dann lassen sich die Briefe auf

$$n!\left[\frac{1}{2!}-\frac{1}{3!}+\frac{1}{4!}-\ldots+\frac{(-1)^n}{n!}\right] \tag{1.226}$$

Arten in falsche Umschläge stecken, also z. B. für

$$n=4 \text{ auf } 4!\left(\frac{1}{2!}-\frac{1}{3!}+\frac{1}{4!}\right)=4{\cdot}3{\cdot}2\left(\frac{1}{2}-\frac{1}{3{\cdot}2}+\frac{1}{4{\cdot}3{\cdot}2}\right)=4{\cdot}3-4+1=9 \text{ Arten}$$

(N. Bernoulli sowie L. Euler; vgl. Thiele 1982, S. 105).

Urnenmodell: 1 Urne mit *N* Kugeln (mit B137)

(1) Mit Zurücklegen

Eine Urne enthält N Kugeln. Die Kugeln sind in Größe und Gewicht gleich, aber unterschiedlich beschriftet. Der Urne werden nacheinander n Kugeln entnommen, und zwar so: Aus dem gut gemischten Urneninhalt wird „ohne hineinzusehen" (blind) eine erste Kugel entnommen, die auf ihr befindliche Beschriftung oder Merkmalsausprägung registriert, die Kugel in die Urne zurückgelegt, der Inhalt gut gemischt, eine zweite Kugel entnommen, registriert, zurückgelegt, gemischt usw ..... Hierdurch wird sichergestellt, daß

(1) die einzelnen Züge stochastisch unabhängig sind und
(2) jede Kugel bei jedem der n Züge dieselbe Wahrscheinlichkeit aufweist, gezogen zu werden, nämlich $P = 1/N$.

Dann gibt es unter Beachtung der Reihenfolge der ausgewählten Kugeln N^n unterschiedliche Zufallsstichproben „mit Zurücklegen", von denen jede die Wahrscheinlichkeit $P = (1/N)^n = 1/N^n$ aufweist. Außerdem gilt nach der Binomialverteilung (vgl. [162]):

$$P(X=k)=\binom{n}{k}\left(\frac{1}{N}\right)^k\left(\frac{N-1}{N}\right)^{n-k} \quad ; \quad k=0,1,\ldots,n \tag{1.227}$$

Das ist die Wahrscheinlichkeit dafür, daß eine bestimmte Kugel aus den insgesamt N Kugeln genau k-mal ($k = 0,1,\ldots,n$) in die Zufallsstichprobe gelangt.

(2) Ohne Zurücklegen

[161] Die Reihenfolge der ausgewählten Kugeln wird berücksichtigt, d. h. Stichproben gelten auch dann als unterschiedlich, wenn sie dieselben Kugeln, jedoch in unterschiedlicher Reihenfolge enthalten.

Hier wird die einzelne Kugel nach Entnahme und Notierung ihrer Merkmalsausprägung nicht mehr in die Urne zurückgelegt. Der Urneninhalt wird also fortlaufend verkleinert und in seiner Zusammensetzung geändert. Die einzelnen Züge innerhalb einer Folge von n Zügen sind STOCHASTISCH ABHÄNGIG. Eine bestimmte Kugel kann innerhalb einer Folge nur einmal entnommen werden; eine Entnahme von mehr als N Kugeln ist unmöglich. Hier gibt es dann – **Reihenfolge berücksichtigt** –

$$N(N-1)(N-2)\dots(N-n+1) = \frac{N!}{(N-n)!} \tag{1.228}$$

unterschiedliche „Stichproben ohne Zurücklegen", von denen jede die Wahrscheinlichkeit $P = (N-n)!/N!$ aufweist. Außerdem gilt nach der hypergeometrischen Verteilung (vgl. [163]):

$$P(X=k) = \frac{\binom{1}{k}\binom{N-1}{n-k}}{\binom{N}{n}} \; ; \quad k = 0, 1 \tag{1.229}$$

Das ist die Wahrscheinlichkeit dafür, daß eine bestimmte Kugel aus den insgesamt N Kugeln genau k-mal (k = 0, 1) in die Stichprobe gelangt. Für die Wahrscheinlichkeit, daß eine bestimmte Kugel

(a) überhaupt nicht in die Stichprobe gelangt, gilt dann $P(X=0) = (N-n)/N$,

(b) genau einmal in die Stichprobe gelangt, gilt dann $P(X=1) = n/N$.

(1) und (2) im Vergleich

! Ein Vergleich von (1) und (2) zeigt, daß bei (2) zwar das jeweilige Durchmischen vor jeder weiteren Entnahme entfällt, indessen die hypergeometrische Verteilung etwas aufwendiger als die Binomialverteilung ist. Gilt für großes N, daß ein kleiner Auswahlsatz n/N angestrebt wird, dann läßt sich (2) durch (1) annähern (vgl. [163]).

Beispiel

B137. Einer Grundgesamtheit aus zehn verschiedenen Elementen werden Stichproben des Umfanges n = 3: (a) mit, (b) ohne Zurücklegen, gezogen. Wieviel verschiedene Anordnungen gibt es jeweils?

$$\text{(a) } 10^3 = 1000\,; \quad \text{(b) } \frac{10!}{(10-3)!} = \frac{10!}{7!} = 10 \cdot 9 \cdot 8 = 720\,.$$

Stichprobenauswahl ohne Zurücklegen

N sei die Zahl der Elemente einer Grundgesamtheit, n der Umfang einer Stichprobe aus dieser Grundgesamtheit. Die Zahl unterschiedlicher Stichproben des Umfangs n, die **[161]** sich „ohne Zurücklegen" bilden läßt, die **Reihenfolge** der ausgewählten Elemente bleibt **unberücksichtigt,** ist

$$\binom{N}{n} = \frac{N!}{n!(N-n)!} \tag{1.194}$$

Je nachdem welche Elemente der Grundgesamtheit die Stichproben enthalten sollen, etwa das Element i, ergeben sich für fünf ausgewählte Situationen als

Zahl jeweils unterschiedlicher Stichproben des Umfangs n

die Formeln (1.230) bis (1.234).

Die Stichproben enthalten:

1. kein Element i:

$$\binom{N-1}{n} = \frac{(N-1)!}{n!(N-n-1)!} \tag{1.230}$$

2. das Element i:

$$\binom{N-1}{n-1} = \frac{(N-1)!}{(n-1)!(N-n)!} \tag{1.231}$$

3. die Elemente i und j:

$$\binom{N-2}{n-2} = \frac{(N-2)!}{(n-2)!(N-n)!} \tag{1.232}$$

4. weder das Element i noch das Element j:

$$\binom{N-2}{n} = \frac{(N-2)!}{n!(N-n-2)!} \tag{1.233}$$

5. das Element i, aber nicht das Element j:

$$\binom{N-2}{n-1} = \frac{(N-2)!}{(n-1)!(N-n-1)!} \tag{1.234}$$

Hinweis: Bleibt bei der Stichprobenauswahl „mit Zurücklegen“ die Reihenfolge der ausgewählten Elemente unberücksichtigt, dann ist die Zahl der möglichen Stichproben gleich
[161] $\binom{N+n-1}{n}$.

Spezielle Summen (mit B138)

Folgende Summen ergänzen Übersicht 59 und die dort gegebenen 14 Formeln, die wir der Einfachheit halber neu von (1) bis (14) durchnumeriert haben, obwohl einige von ihnen schon wiederholt genannt sind, etwa (8) = (1.204).

1. Summe der ersten n natürlichen Zahlen: [vgl. (1.84) auf S. 148]

$$\sum_{i=1}^{n} i = \frac{n(n+1)}{2} \qquad (4)$$

2. Summe der ersten n ungeraden Zahlen:

$$\sum_{i=1}^{n} (2i-1) = n^2 \qquad (4a)$$

3. Summe der ersten n geraden Zahlen:

$$\sum_{i=1}^{n} 2i = n(n+1) \qquad (4b)$$

Die Summe der Quadrate der ersten n natürlichen Zahlen ist Übersicht 59 Formel (5) zu entnehmen; (6) und (7) lassen sich auch so schreiben:

B138.

Beispiel

$$\sum_{i=1}^{3} i^4 = 1^4+2^4+3^4 = 1+16+81 = 98 = A$$

$$(7)\text{: } A = \frac{3(3+1)(6+1)(27+9-1)}{30} = \frac{2940}{30} = 98$$

$$(7'')\text{: } A = \frac{-3+10\cdot 27+15\cdot 81+6\cdot 243}{30} = 98$$

$$(6')\sum_{i=1}^{n} i^3 = \frac{1}{4}n^4+\frac{1}{2}n^3+\frac{1}{4}n^2 = \left[\frac{n(n+1)}{2}\right]^2 \qquad (6')$$

$$(7')\sum_{i=1}^{n} i^4 = \frac{1}{5}n^5+\frac{1}{2}n^4+\frac{1}{3}n^3-\frac{1}{30}n \qquad (7')$$

$$(7'')\sum_{i=1}^{n} i^4 = \frac{-n+10n^3+15n^4+6n^5}{30} \qquad (7'')$$

$$(15)\sum_{i=1}^{n} i^5 = \frac{1}{6}n^6+\frac{1}{2}n^5+\frac{5}{12}n^4-\frac{1}{12}n^2 \qquad (15)$$

Interessant [vgl. (0.6a) auf S. 18] sind auch:

$$\sum_{i=1}^{n} i = \binom{n+1}{2} \qquad \sum_{i=1}^{n} i^4 = \binom{n+1}{2}+14\binom{n+1}{3}+36\binom{n+1}{4}+24\binom{n+1}{5} \qquad (4', 7''')$$

$$\sum_{i=1}^{n} i^2 = \binom{n+1}{3}+\binom{n+2}{3} \qquad \sum_{i=1}^{n} i^3 = \binom{n+1}{2}+6\binom{n+1}{3}+6\binom{n+1}{4} \qquad (5', 6'')$$

$$\sum_{i=1}^{n} i^3 = \binom{n+1}{4}+4\binom{n+2}{4}+\binom{n+3}{4} \qquad (6''')$$

$$\sum_{i=1}^{n} i^4 = \binom{n+1}{5}+11\binom{n+2}{5}+11\binom{n+3}{5}+\binom{n+4}{5} \qquad (7'''')$$

Übersicht 59. Einige Formeln der Kombinatorik[a] [161]

(1) $\binom{n}{k} = \binom{n-1}{k} + \binom{n-1}{k-1}$	(8) $\sum_{i=0}^{n} \binom{n}{i} = 2^n$
(2) $\binom{n}{k} + \binom{n}{k+1} = \binom{n+1}{k+1}$	(9) $\sum_{i=0}^{n} \binom{n}{i}^2 = \binom{2n}{n}$
(3) $\binom{n}{k} + \binom{n}{k-1} = \binom{n+1}{k}$	(10) $\sum_{i=0}^{n} i \binom{n}{i} = n2^{n-1}$
(4) $\sum_{i=1}^{n} i = \frac{n(n+1)}{2}$	(11) $\sum_{i=0}^{n} i^2 \binom{n}{i} = n(n+1)2^{n-2}$
(5) $\sum_{i=1}^{n} i^2 = \frac{n(n+1)(2n+1)}{6}$	(12) $\sum_{i=k}^{n} \binom{i}{k} = \binom{n+1}{k+1}$
(6) $\sum_{i=1}^{n} i^3 = \frac{n^2(n+1)^2}{4} = \left[\sum_{i=1}^{n} i\right]^2 = \left[\frac{n^2+n}{2}\right]^2$	(13) $\sum_{i=k}^{n} \binom{i}{k}\binom{n}{i} = 2^{n-k}\binom{n}{k}$
(7) $\sum_{i=1}^{n} i^4 = \frac{n(n+1)(2n+1)(3n^2+3n-1)}{30}$	(14) $\sum_{i=k}^{n} \binom{i}{m}\binom{n}{i} = \binom{n}{m} \sum_{i=k}^{n} \binom{n-m}{i-m}$

[a] Siehe auch die Seiten 237, 240, 246, 248, 252 und 266 sowie (1.189) bis (1.283).

Literatur zur Kombinatorik

Bogart (1990), Cohen (1978), Constantine (1987), Danckwerts u. Mitarb. (1985), Flachsmeyer (1969), Halder und Heise (1976), Jackson and Thoro (1990), Jeger (1973), Roberts (1984) und Tucker (1984).

Besteht ein Experiment aus n unabhängigen Wiederholungen, jeweils mit derselben Erfolgswahrscheinlichkeit, dann folgt die Gesamtzahl der Erfolge einer **Binomialverteilung;** wird n sehr groß, während die mittlere Zahl der Erfolge konstant bleibt, dann geht die Binomialverteilung in die **Poisson-Verteilung** über.

162 Die Binomialverteilung

Beispiele: B139 bis B149
Binomialtest (B150) [162]

Die Binomialverteilung ist eine diskrete Wahrscheinlichkeitsverteilung für ein Alternativmerkmal (A, Nicht-A) mit konstanter Erfolgswahrscheinlichkeit p für A. Voraussetzungen enthält S. 269. Der Erwartungswert ist np und die Varianz $npq = np(1-p)$.

$$P(X = x|p,n) = P_{n,p}(x) = \binom{n}{x} p^x q^{n-x} = {}_nC_x p^x q^{n-x} = \frac{n!}{x!(n-x)!} p^x q^{n-x}$$

$$\text{für } 0 \leqq x \leqq n \text{ ganzzahlig} \qquad (1.235)$$

Dies ist die Wahrscheinlichkeit, daß von n Einheiten genau x das Merkmal A aufweisen [vgl. S. 268 unten].

Die Wahrscheinlichkeit, daß in einer beliebigen Folge **genau x-mal** Erfolg auftritt mit der Wahrscheinlichkeit p und genau $(n-x)$-mal Mißerfolg mit der Wahrscheinlichkeit $(1-p)$,
[162] ist wegen der Unabhängigkeit der Ereignisse gleich $p^x(1-p)^{n-x}$. Insgesamt gibt es $\binom{n}{x}$ gleichwahrscheinliche Anordnungen für genau x Erfolge in n Zufallsexperimenten. Somit gilt für Einzelwahrscheinlichkeiten der Binomial- oder $B(n,p)$-Verteilung: die Wahrscheinlichkeit, daß die $B(n,p)$-verteilte Zufallsvariable X genau x Erfolge aufweist, ist durch (1.235) gegeben.

Für den Münzwurf („Wappen" bzw. „Zahl") wird (1.235) zu $P(X{=}x|1/2;n) = \binom{n}{x}/2^n$ und $\mu = np = 0{,}5n$ sowie $\sigma = \sqrt{np(1-p)} = 0{,}5\sqrt{n}$.
Der Ausdruck Binomialverteilung leitet sich von der **Binomialentwicklung** (1.236) her,

$$(1+x)^n = \underline{\binom{n}{0} + \binom{n}{1}x} + \binom{n}{2}x^2 + \ldots + \binom{n}{n}x^n = \sum_{i=0}^{n}\binom{n}{i}x^i$$

hieraus folgt $(1+x)^n \geqq 1 + nx$ für $x \neq 0$, $x > -1$ und jede natürliche Zahl $n \geqq 2$, die Ungleichung nach Isaac Barrow und Jakob Bernoulli

$$\boxed{([1-p]+p)^n = \sum_{x=0}^{n}\binom{n}{x}p^x(1-p)^{n-x} = 1} \qquad (1.236)$$

die die **Summe der n + 1 Binomialwahrscheinlichkeiten** darstellt.

Beispiele

1) Wie groß ist die Wahrscheinlichkeit, mit einem intakten Würfel keine Dreifachsechs zu werfen?

$$P\,(\text{Dreifachsechs}) = \frac{1}{6}\cdot\frac{1}{6}\cdot\frac{1}{6} = \frac{1}{216}\,; \quad \text{d. h.}$$

$$P\,(\text{keine Dreifachsechs}) = 1 - \frac{1}{216} = \frac{215}{216}\,. \qquad \text{Nach (1.236)}$$

$$\left(\left[1-\frac{1}{6}\right]+\frac{1}{6}\right)^3 = \sum_{x=0}^{3}\binom{3}{x}\left(\frac{1}{6}\right)^x\left(1-\frac{1}{6}\right)^{3-x} = 1$$

läßt sich zeigen, daß die Wahrscheinlichkeit, mit drei Würfen genau x Sechsen zu werfen, sich auch

[vgl. $(a+b)^3 = a^3{+}3a^2b{+}3ab^2{+}b^3$] aus
[vgl. S. 247 unten links: 1, 3, 3, 1]

$$\left(\frac{5}{6}+\frac{1}{6}\right)^3 = \frac{125}{216}+\frac{75}{216}+\frac{15}{216}+\frac{1}{216} = 1$$

x: 0 1 2 3

ergibt und die gesuchte Wahrscheinlichkeit als Summe (125 + 75 + 15)/216 berechnet werden kann (vgl. Beispiel 147 auf S. 278).

2) Weitere Beispiele enthalten die Tabellen 65, 66 und 69 (vgl. auch die Beispiele 30, und 133).

Nun zurück zu (1.235). Diese Formel gibt uns die Zahl x der Erfolgsereignisse in n Experimenten [eine etwas kompliziertere Version ist (1.227)].

Hinweis: Wir verwenden hier nicht π, sondern p (und q) als Parameter und $\hat{p}$ (und $\hat{q}$) als Schätzwerte für relative Häufigkeiten.

Voraussetzungen: [162]

1. Die Zufallsexperimente mit den Ergebnissen A (Erfolg) oder Nicht-$A = \bar{A}$ (Mißerfolg) seien stochastisch *unabhängig* voneinander (vgl. den Hinweis auf S. 278).
2. Ihre Zahl sei auf n festgelegt.
3. Die Wahrscheinlichkeit p für einen Erfolg ist konstant: p = konst.

Angewandt wird diese sehr wichtige diskrete Verteilung, wenn wiederholte Beobachtungen über eine Alternative (A und $\bar{A}$, binomial = zweinamig, z. B. Erfolg/Mißerfolg) vorliegen; Tabelle 65 enthält ein Beispiel (vgl. auch die Beispiele 139 bis 149).
Da x nur bestimmte ganzzahlige Werte annehmen kann, existieren nur Wahrscheinlichkeiten für positive ganzzahlige x-Werte (Abb. 38) einschließlich der Null (vgl. auch die „Vierkinderfamilie" auf S. 247 sowie Beispiel 149). Ist $(n+1)p$ ganzzahlig, so sind $(n+1)p-1$ und $(n+1)p$ die Dichtemittel, andernfalls ist D durch die größte ganze Zahl $\leqq [(n+1)p]$ gegeben (vgl. Abb. 38, n = 8, p = 0,5: D = 4 sowie Tab. *66*, n = *9*, p = 0,5).
Die Binomialverteilung ist für p = 0,5 (maximale Varianz) symmetrisch, sie läuft rechts flach aus, wenn $p < 0{,}5$ ist, und links flach aus, wenn $p > 0{,}5$ ist.
Die Parameter der Binomialverteilung sind n und p, daher wird diese Verteilung auch **$B(n,p)$-Verteilung** genannt.

Erwartungswert: $\boxed{\mu = np}$ (1.237)

Varianz: $\boxed{\sigma^2 = np(1-p) = npq}$ (1.238)

d. h. $\sigma^2 < \mu$

Beispiel:

$n = 30$		
p	μ	σ^2
0,5	15	7,5
0,1	3	2,7
0,01	0,3	0,3

Aus der

$$\text{Schiefe} = \frac{(1-p)-p}{\sigma} = \frac{1-2p}{\sqrt{np(1-p)}} \tag{1.239}$$

[Wölbung = $(1-6pq)/(npq)$]

folgt, daß für großes *n*, d. h. für eine große Standardabweichung, die Schiefe sehr klein und die Asymmetrie unbedeutend wird (vgl. B145 auf S. 278).
Hat man einzelne Wahrscheinlichkeiten $P(x)$ zu berechnen (vgl. Beispiel 140), so bedient man sich der sogenannten **Rekursionsformeln** (1.240) und (1.241) mit $q = 1 - p$:

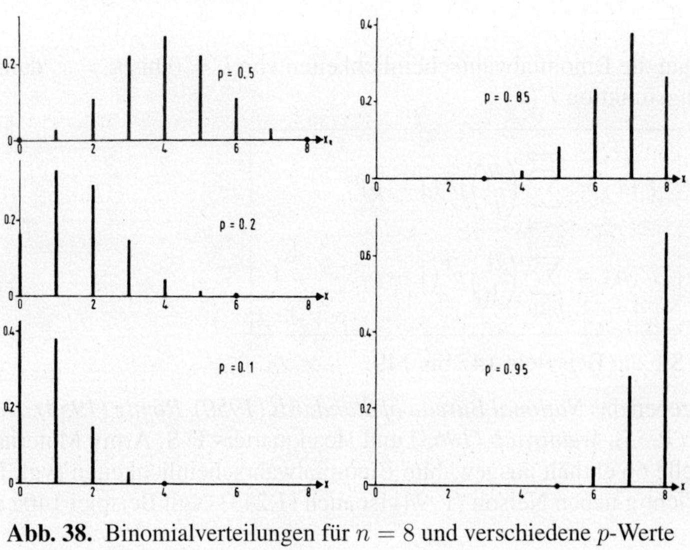

Abb. 38. Binomialverteilungen für $n = 8$ und verschiedene p-Werte

[162]

Tabelle 65

Binomialverteilung: $n = 3$, $p = P(A)$, d.h. $1-p = P(\bar{A})$				
Mögliche Resultate	A tritt (jeweils) x-mal auf	$P(X=x)$ X nimmt den Wert A x-mal an	Zugehörige Wahrscheinlichkeit $[(1-p)+p]^3$	Binomial-Wahrscheinlichkeit
(1)	(2)	(3)	(4)	(5)
$\bar{A}\bar{A}\bar{A}$	0	$P(X=0)$	$(1-p)^3$	$= \binom{3}{0} p^0(1-p)^{3-0}$
$A\bar{A}\bar{A}$ $\bar{A}A\bar{A}$ $\bar{A}\bar{A}A$	1	$P(X=1)$	$3p(1-p)^2$	$= \binom{3}{1} p^1(1-p)^{3-1}$
$AA\bar{A}$ $A\bar{A}A$ $\bar{A}AA$	2	$P(X=2)$	$3p^2(1-p)$	$= \binom{3}{2} p^2(1-p)^{3-2}$
AAA	3	$P(X=3)$	p^3	$= \binom{3}{3} p^3(1-p)^{3-3}$
Summe der 4 Binomialwahrscheinlichkeiten: $1 = \sum_{x=0}^{x=3} \binom{3}{x} p^x(1-p)^{3-x}$				

$$P(x+1) = \frac{n-x}{x+1} \cdot \frac{p}{q} \cdot P(x) \quad \text{und} \quad P(x-1) = \frac{x}{n-x+1} \cdot \frac{p}{q} \cdot P(x) \tag{1.240, 1.241}$$

Da sich $P(0) = q^n$ für gegebenes q und n nach (1.235) schnell ermitteln läßt, gilt dann $P(1) = \dfrac{n}{1} \cdot \dfrac{p}{q} \cdot P(0)$, $P(2) = \frac{n-1}{2} \cdot \frac{p}{q} \cdot P(1)$, usw.; auf S. 274 folgt ein Beispiel.

Summiert man die Binomialwahrscheinlichkeiten von $k = 0$ bis $k = x$, dann erhält man die Verteilungsfunktion $F(x)$

$$F(x) = \sum_{k=0}^{k=x} \binom{n}{k} p^k(1-p)^{n-k} \tag{1.242}$$

$$F(n) = \sum_{k=0}^{k=n} \binom{n}{k} p^k(1-p)^{n-k} = 1 \tag{1.242a}$$

Vergleichen Sie die Beispiele 147 bis 149.

Tafelwerke geben das *National Bureau of Standards (1950), Romig (1953), Harvard Univ. Comp. Lab. (1955), Weintraub (1963)* und Headquarters U.S. Army Material Command (1971). Tabelle 66 enthält ausgewählte Binomialwahrscheinlichkeiten (vgl. Beispiel 139 und 140). Wichtig neben Nelson (1994) ist auch (1.243) (vgl. Beispiel 140a auf S. 275):

$$P(X \geqq x_0) = P\left(F_{2(n-x_0+1),2x_0} > \frac{q}{p} \cdot \frac{x_0}{n-x_0+1}\right) \tag{1.243}$$ [162]

Im Bereich $0{,}001 \leqq P \leqq 0{,}10$ interpolieren wir nach (1.178, 1.179).

Weiteres zur Darstellung der $B(n,p)$-Verteilung durch die F-Verteilung

Zu (1.242): $$P(X \leqq x) = 1 - F_{2(x+1);2(n-x)}\left(\frac{n-x}{x+1} \cdot \frac{p}{1-p}\right)$$
$$= 1 - P\left(F_{2(x+1);2(n-x)} \leqq \frac{n-x}{x+1} \cdot \frac{p}{1-p}\right)$$

Zu (1.235):
$$P(X = x) = F_{2x;2(n-x+1)}\left(\frac{n-x}{x+1} \cdot \frac{p}{1-p}\right) - F_{2(x+1);2(n-x)}\left(\frac{n-x}{x+1} \cdot \frac{p}{1-p}\right)$$

Anhand von Stichproben aus binomialen Grundgesamtheiten werden in Kapitel 4 und 6 Grundwahrscheinlichkeiten verglichen; und zwar von zwei Binomialverteilungen mit Hilfe eines sogenannten Vierfeldertests, von mehreren Binomialverteilungen mit Hilfe eines sogenannten $k \cdot 2$-Felder-χ^2-Tests.

Approximation der Binomialverteilung durch die Standardnormalverteilung

Für $npq \geqq 9$ kann

$$\hat{z} = (x - np)/\sqrt{npq} \tag{1.244}$$

als angenähert standardnormalverteilt gelten (vgl. Beisp. 142 und 143), mit

$$P(x_1 < X < x_2) \approx P\left(\frac{x_1 + 0{,}5 - np}{\sqrt{np(1-p)}} < Z < \frac{x_2 - 0{,}5 - np}{\sqrt{np(1-p)}}\right) \tag{1.245}$$

$$P(x_1 \leqq X \leqq x_2) \approx P\left(\frac{x_1 - 0{,}5 - np}{\sqrt{np(1-p)}} \leqq Z \leqq \frac{x_2 + 0{,}5 - np}{\sqrt{np(1-p)}}\right) \tag{1.246}$$

Beispielsweise sei $P(16 < X \leqq 26)$ für $n = 100$ und $p = 0{,}25$ zu bestimmen. Da $np(1-p) = 100 \cdot 0{,}25 \cdot 0{,}75 = 18{,}75 > 9$, berechnen wir $np = 25$ und $\sqrt{np(1-p)} = 4{,}330$ und

$$P\left(\frac{16 + 0{,}5 - 25}{4{,}330} < Z \leqq \frac{26 + 0{,}5 - 25}{4{,}330}\right) = P(-1{,}963 < Z \leqq 0{,}346)\,.$$

Hieraus erhält man für $P(16 < X \leqq 26) = P(17 \leqq X \leqq 26)$ und Tabelle 22 die angenäherten Werte $(0{,}5 - 0{,}0248) + (0{,}5 - 0{,}3647) = 0{,}4752 + 0{,}1353 = 0{,}6105$ oder 0,61 (exakter Wert 0,62063).

$P(X \leqq k|p;n) = \sum_{j=0}^{k} \binom{n}{j} p^j q^{n-j}$ läßt sich besser nach (1.247) approximieren (*Molenaar 1970*):

$$\hat{z} = |\sqrt{q(4k + 3{,}5)} - \sqrt{p(4n - 4k - 0{,}5)}| \tag{1.247}$$

In (1.247) ist (a) für $0{,}05 \leqq P \leqq 0{,}93$ 3,5 durch 3 und 0,5 durch 1 zu ersetzen; (b) für extremere P-Werte ersetze man 3,5 durch 4 und 0,5 durch 0.

Beispiel: $P(X \leqq 13|0{,}6; 25) = 0{,}268$; $\hat{z} = |\sqrt{0{,}4(52+3{,}5)} - \sqrt{0{,}6(100-52-0{,}5)}| = 0{,}627$, d. h. $P = 0{,}265$; mit 3 und 1 ergibt sich über $\hat{z} = 0{,}620$ $P = 0{,}268$.

[162] Auf Vertrauensgrenzen der Binomialverteilung wird in [45] näher eingegangen. Ein sehr brauchbares Nomogramm der Verteilungsfunktion dieser Verteilung gibt *Larson (1966)*. Approximationen vergleichen *Gebhardt (1969)* und *Molenaar (1970)*.

Hinweise

1. Mit Hilfe von (1.240) läßt sich ein *graphischer Test* ausführen: Trägt man $P(x+1)/P(x)$ gegen $1/(x+1)$ auf und liegen die Punkte auf einer geraden Linie (vgl. Kapitel 5), dann folgen die Werte einer Binomialverteilung *(Dubey 1966)* (vgl. auch *Ord 1967)*.

2. Auf Anregung von R. A. Fisher haben *Mosteller und Tukey (1949)* ein *binomiales Wahrscheinlichkeitspapier* entworfen, das neben der graphischen Abschätzung binomialer Wahrscheinlichkeiten – insbesondere der Schätzung des Vertrauensbereiches einer relativen Häufigkeit sowie des Vergleiches zweier relativer Häufigkeiten – auch andere Tests gestattet. Weitere Hinweise gibt *King (1971)*.

3. *Funktional-Parameter und explizite Parameter.* Parameter, die darüber Auskunft geben, wo die Werte der Zufallsvariablen auf der Zahlengeraden liegen ($\mu, \tilde{\mu}$) und wie dicht sie sich beieinander befinden (σ^2) werden nach *Pfanzagl (1968)* als *Funktional-Parameter* bezeichnet. Sie lassen sich als Funktionen der in der Formel für die Dichte einer Verteilung explizit auftretenden Parameter darstellen. So sind für die Binomialverteilung

n und p explizite Parameter	
$\mu = np$ und $\sigma^2 = np(1-p)$	Funktional-Parameter

da sie sich durch die *expliziten Parameter* darstellen lassen. Auch die Dichtefunktion der Normalverteilung enthält zwei explizite Parameter: μ und σ^2, die allerdings zugleich auch Funktional-Parameter sind, was durch die Bezeichnung schon vorweggenommen wird.

4. Übrigens sind die Gewinnzahlen von Roulett und Lotto schon für mittleres n angenähert normalverteilt. Für großes n ($n \to \infty$) sind sie prozentual gleich häufig; die Häufigkeiten der einzelnen Gewinnzahlen streuen dann gewaltig (sie liegen nach [1.238] sehr weit auseinander). Es gibt somit bei völlig gleichen Chancen (Roulett, Lotto) keine Tendenz zum absoluten Ausgleich (führen auch im sozialen Bereich gleiche Chancen zwangsläufig zu Ungleichheit?).

5. Näheres über die Binomialverteilung ist *Patil und Joshi (1968)* sowie *Johnson und Kotz (1969)* zu entnehmen (vgl. auch das von Nelson 1994 gegebene Programm, S. 284 und den Hinweis am Ende von [168]).

6. Die Wahrscheinlichkeit, daß von n Personen genau x an einem bestimmten Tag Geburtstag haben, ist durch (1.235a) gegeben:

$$P(X = x|n; p = 1/365) = \binom{n}{x}\left(\frac{1}{365}\right)^x\left(\frac{364}{365}\right)^{n-x} \quad (1.235a)$$

Hinweis: für $p = 1/a$ erhält man

$$P(X=0) = [(a-1)/a]^n \; ; \quad P(X=1) = n(1/a)[(a-1)/a]^{n-1} \quad \begin{matrix}(1.235b)\\(1.235c)\end{matrix}$$

$$P(X \geqq 2) = 1 - \{[(a-1)+n]/a\}[(a-1)/a]^{n-1} \quad (1.235d)$$

d. h. $P(X=0) = (364/365)^n$ und $P(X=1) = n(1/365)(364/365)^{n-1}$ sowie
$P(X \geqq 2) = 1 - \{[(365-1)+n]/365\}[(365-1)/365]^{n-1}$
oder $P(X \geqq 2) = 1 - [P(X=0) + P(X=1)]$.

Für $n = 50$: $P(X = 0) = 0{,}872$; $P(X = 1) = 0{,}120$; $P(X \geqq 2) = 0{,}008$.
Für $n = 100$: $P(X \geqq 2) = 1 - \{[(365 - 1) + 100]/365\}[(365 - 1)/365]^{99} = 0{,}031$;
d. h. an 3,1% der Tage im Jahr, d. h. an $0{,}031 \cdot 365$ oder 11 Tagen werden mindestens 2 der 100 Personen Geburtstag haben; für $n = 50$ mit $P = 0{,}008$ wären es 3 Tage. **[162]**

Tabelle 66. Binomialwahrscheinlichkeiten $\binom{n}{x} p^x (1-p)^{n-x}$ für $n \leqq 10$ und für unterschiedliche Werte p (entnommen aus „Introduction to Statistical Analyses" von Dixon und Massey, [1957], Copyright vom 13. April 1965 [c] Mc-Graw-Hill Inc.)

n	x \ p	0,01	0,05	0,10	0,15	0,20	0,25	0,30	1/3	0,35	0,40	0,45	0,50
2	0	0,9801	0,9025	0,8100	0,7225	0,6400	0,5625	0,4900	0,4444	0,4225	0,3600	0,3025	0,2500
	1	0,0198	0,0950	0,1800	0,2550	0,3200	0,3750	0,4200	0,4444	0,4550	0,4800	0,4950	0,5000
	2	0,0001	0,0025	0,0100	0,0225	0,0400	0,0625	0,0900	0,1111	0,1225	0,1600	0,2025	0,2500
3	0	0,9703	0,8574	0,7290	0,6141	0,5120	0,4219	0,3430	0,2963	0,2746	0,2160	0,1664	0,1250
	1	0,0294	0,1354	0,2430	0,3251	0,3840	0,4219	0,4410	0,4444	0,4436	0,4320	0,4084	0,3750
	2	0,0003	0,0071	0,0270	0,0574	0,0960	0,1406	0,1890	0,2222	0,2389	0,2880	0,3341	0,3750
	3	0,0000	0,0001	0,0010	0,0034	0,0080	0,0156	0,0270	0,0370	0,0429	0,0640	0,0911	0,1250
4	0	0,9606	0,8145	0,6561	0,5220	0,4096	0,3164	0,2401	0,1975	0,1785	0,1296	0,0915	0,0625
	1	0,0388	0,1715	0,2916	0,3685	0,4096	0,4219	0,4116	0,3951	0,3845	0,3456	0,2995	0,2500
	2	0,0006	0,0135	0,0486	0,0975	0,1536	0,2109	0,2646	0,2963	0,3105	0,3456	0,3675	0,3750
	3	0,0000	0,0005	0,0036	0,0115	0,0256	0,0469	0,0756	0,0988	0,1115	0,1536	0,2005	0,2500
	4	0,0000	0,0000	0,0001	0,0005	0,0016	0,0039	0,0081	0,0123	0,0150	0,0256	0,0410	0,0625
5	0	0,9510	0,7738	0,5905	0,4437	0,3277	0,2373	0,1681	0,1317	0,1160	0,0778	0,0503	0,0312
	1	0,0480	0,2036	0,3280	0,3915	0,4096	0,3955	0,3602	0,3292	0,3124	0,2592	0,2059	0,1562
	2	0,0010	0,0214	0,0729	0,1382	0,2048	0,2637	0,3087	0,3292	0,3364	0,3456	0,3369	0,3125
	3	0,0000	0,0011	0,0081	0,0244	0,0512	0,0879	0,1323	0,1646	0,1811	0,2304	0,2757	0,3125
	4	0,0000	0,0000	0,0004	0,0022	0,0064	0,0146	0,0284	0,0412	0,0488	0,0768	0,1128	0,1562
	5	0,0000	0,0000	0,0000	0,0001	0,0003	0,0010	0,0024	0,0041	0,0053	0,0102	0,0185	0,0312
6	0	0,9415	0,7351	0,5314	0,3771	0,2621	0,1780	0,1176	0,0878	0,0754	0,0467	0,0277	0,0156
	1	0,0571	0,2321	0,3543	0,3993	0,3932	0,3560	0,3025	0,2634	0,2437	0,1866	0,1359	0,0938
	2	0,0014	0,0305	0,0984	0,1762	0,2458	0,2966	0,3241	0,3292	0,3280	0,3110	0,2780	0,2344
	3	0,0000	0,0021	0,0146	0,0415	0,0819	0,1318	0,1852	0,2195	0,2355	0,2765	0,3032	0,3125
	4	0,0000	0,0001	0,0012	0,0055	0,0154	0,0330	0,0595	0,0823	0,0951	0,1382	0,1861	0,2344
	5	0,0000	0,0000	0,0001	0,0004	0,0015	0,0044	0,0102	0,0165	0,0205	0,0369	0,0609	0,0938
	6	0,0000	0,0000	0,0000	0,0000	0,0001	0,0002	0,0007	0,0014	0,0018	0,0041	0,0083	0,0156
7	0	0,9321	0,6983	0,4783	0,3206	0,2097	0,1335	0,0824	0,0585	0,0490	0,0280	0,0152	0,0078
	1	0,0659	0,2573	0,3720	0,3960	0,3670	0,3115	0,2471	0,2048	0,1848	0,1306	0,0872	0,0547
	2	0,0020	0,0406	0,1240	0,2097	0,2753	0,3115	0,3177	0,3073	0,2985	0,2613	0,2140	0,1641
	3	0,0000	0,0036	0,0230	0,0617	0,1147	0,1730	0,2269	0,2561	0,2679	0,2903	0,2918	0,2734
	4	0,0000	0,0002	0,0026	0,0109	0,0287	0,0577	0,0972	0,1280	0,1442	0,1935	0,2388	0,2734
	5	0,0000	0,0000	0,0002	0,0012	0,0043	0,0115	0,0250	0,0384	0,0466	0,0774	0,1172	0,1641
	6	0,0000	0,0000	0,0000	0,0001	0,0004	0,0013	0,0036	0,0064	0,0084	0,0172	0,0320	0,0547
	7	0,0000	0,0000	0,0000	0,0000	0,0000	0,0001	0,0002	0,0005	0,0006	0,0016	0,0037	0,0078
8	0	0,9227	0,6634	0,4305	0,2725	0,1678	0,1001	0,0576	0,0390	0,0319	0,0168	0,0084	0,0039
	1	0,0746	0,2793	0,3826	0,3847	0,3355	0,2670	0,1977	0,1561	0,1373	0,0896	0,0548	0,0312
	2	0,0026	0,0515	0,1488	0,2376	0,2936	0,3115	0,2965	0,2731	0,2587	0,2090	0,1569	0,1094
	3	0,0001	0,0054	0,0331	0,0839	0,1468	0,2076	0,2541	0,2731	0,2786	0,2787	0,2568	0,2188
	4	0,0000	0,0004	0,0046	0,0185	0,0459	0,0865	0,1361	0,1707	0,1875	0,2322	0,2627	0,2734
	5	0,0000	0,0000	0,0004	0,0026	0,0092	0,0231	0,0467	0,0683	0,0808	0,1239	0,1719	0,2188
	6	0,0000	0,0000	0,0000	0,0002	0,0011	0,0038	0,0100	0,0171	0,0217	0,0413	0,0703	0,1094
	7	0,0000	0,0000	0,0000	0,0000	0,0001	0,0004	0,0012	0,0024	0,0033	0,0079	0,0164	0,0312
	8	0,0000	0,0000	0,0000	0,0000	0,0000	0,0000	0,0001	0,0002	0,0002	0,0007	0,0017	0,0039
9	0	0,9135	0,6302	0,3874	0,2316	0,1342	0,0751	0,0404	0,0260	0,0207	0,0101	0,0046	0,0020
	1	0,0830	0,2985	0,3874	0,3679	0,3020	0,2253	0,1556	0,1171	0,1004	0,0605	0,0339	0,0176
	2	0,0034	0,0629	0,1722	0,2597	0,3020	0,3003	0,2668	0,2341	0,2162	0,1612	0,1110	0,0703
	3	0,0001	0,0077	0,0446	0,1069	0,1762	0,2336	0,2668	0,2731	0,2716	0,2508	0,2119	0,1641
	4	0,0000	0,0006	0,0074	0,0283	0,0661	0,1168	0,1715	0,2048	0,2194	0,2508	0,2600	0,2461
	5	0,0000	0,0000	0,0008	0,0050	0,0165	0,0389	0,0735	0,1024	0,1181	0,1672	0,2128	0,2461
	6	0,0000	0,0000	0,0001	0,0006	0,0028	0,0087	0,0210	0,0341	0,0424	0,0743	0,1160	0,1641
	7	0,0000	0,0000	0,0000	0,0000	0,0003	0,0012	0,0039	0,0073	0,0098	0,0212	0,0407	0,0703
	8	0,0000	0,0000	0,0000	0,0000	0,0000	0,0001	0,0004	0,0009	0,0013	0,0035	0,0083	0,0176
	9	0,0000	0,0000	0,0000	0,0000	0,0000	0,0000	0,0000	0,0001	0,0001	0,0003	0,0008	0,0020
10	0	0,9044	0,5987	0,3487	0,1969	0,1074	0,0563	0,0282	0,0173	0,0135	0,0060	0,0025	0,0010
	1	0,0914	0,3151	0,3874	0,3474	0,2684	0,1877	0,1211	0,0867	0,0725	0,0403	0,0207	0,0098
	2	0,0042	0,0746	0,1937	0,2759	0,3020	0,2816	0,2335	0,1951	0,1757	0,1209	0,0763	0,0439
	3	0,0001	0,0105	0,0574	0,1298	0,2013	0,2503	0,2668	0,2601	0,2522	0,2150	0,1665	0,1172
	4	0,0000	0,0010	0,0112	0,0401	0,0881	0,1460	0,2001	0,2276	0,2377	0,2508	0,2384	0,2051
	5	0,0000	0,0001	0,0015	0,0085	0,0264	0,0584	0,1029	0,1366	0,1536	0,2007	0,2340	0,2461
	6	0,0000	0,0000	0,0001	0,0012	0,0055	0,0162	0,0368	0,0569	0,0689	0,1115	0,1596	0,2051
	7	0,0000	0,0000	0,0000	0,0001	0,0008	0,0031	0,0090	0,0163	0,0212	0,0425	0,0746	0,1172
	8	0,0000	0,0000	0,0000	0,0000	0,0001	0,0004	0,0014	0,0030	0,0043	0,0106	0,0229	0,0439
	9	0,0000	0,0000	0,0000	0,0000	0,0000	0,0000	0,0001	0,0003	0,0005	0,0016	0,0042	0,0098
	10	0,0000	0,0000	0,0000	0,0000	0,0000	0,0000	0,0000	0,0000	0,0000	0,0001	0,0003	0,0010

[162] Tabelle 66 hat drei Eingänge (n, x, p). Für $n = 3$, $x = 3$, $p = 0{,}5$ erhält man den gesuchten Wert 0,1250 und für $n = 3$, $x = 2$, $p = 0{,}5$ den Wert 0,3750. Ist p klein, so werden bevorzugt die kleinen Werte x angenommen. Für p = 0,5 ist die Verteilung symmetrisch.
Ist p groß, so werden bevorzugt die großen Werte x angenommen: Für $p > 0{,}5$ ersetze man daher (a) p durch $1-p$ und (b) $x = 0; 1; \ldots; n$ durch $x = n; n-1; \ldots; 0$. Beispiel: $n = 7$; $p = 0{,}85$; $x = 6$; siehe $n = 7$; $p = 1 - 0{,}85 = 0.15$; $x = 1$ (erst vorletzter Wert des Zahlenblockes, jetzt zweiter Wert des Blockes); d. h. $P = 0{,}3960$.

Zu Tabelle 66

Verteilungsfunktion $F(x|n,p)$ für $n = 10$ und drei p-Werte: die Werte $F(x|n,p)$ ergeben sich kumulativ (d. h. schrittweise addiert) aus den P-Werten der Tabelle 66, aus dem mittleren Bereich der untersten beiden Blöcke, nach (1.242)

n	x	P: 0,20	0,25	0,30
10	0	0,1074	0,0563	0,0282
	1	0,3758	0,2440	0,1493
	2	0,6778	0,5256	0,3828
	3	0,8791	0,7759	0,6496
	4	0,9672	0,9219	0,8497
	5	0,9936	0,9803	0,9526
	6	0,9991	0,9965	0,9894
	7	0,9999	0,9996	0,9984
	8	1,0000	1,0000	0,9999
	9		1,0000	1,0000
	10			1,0000

siehe auch Tabelle 69 auf S. 279

Dieser Tabellenausschnitt enthält für festes n und p die Wahrscheinlichkeiten $P(X \leqq x|n;p)$, z.B. $P(X \leqq 5|10; 0{,}30) = 0{,}9526$: die Wahrscheinlichkeit, daß die binomialverteilte Zufallsvariable X in 10 Experimenten (für den Stichprobenumfang $n = 10$) mit der Erfolgswahrscheinlichkeit $p = 0{,}30$ die Werte $x = 0$ bis $x = 5$ (Werte „kleiner gleich 5") annimmt, beträgt rund 95%.

Zum Gebrauch der Rekursionsformeln (1.240/1.241)

Gegeben: $n = 3$, $p = 1/2$ für $x = 1$

$$P(X = 1) = \frac{3!}{1!(3-1)!} \cdot \left(\frac{1}{2}\right)^1 \left(\frac{1}{2}\right)^{3-1} = 3/8 = 3!/[1!(3-1)!2^3]$$

Gesucht: $$P(X = 1 + 1) = P(X = 2) = \frac{3-1}{1+1} \cdot \frac{0{,}5}{0{,}5} \cdot \frac{3}{8} = 3/8$$

$$P(X = 1 - 1) = P(X = 0) = \frac{1}{3-1+1} \cdot \frac{0{,}5}{0{,}5} \cdot \frac{3}{8} = 1/8$$

Beispiele

B139. **Münzwurf:** Gefragt ist nach der Wahrscheinlichkeit, nach dreimaligem Wurf mit einer idealen Münze ($p = 1/2$) a) dreimal Zahl, b) zweimal Zahl [und einmal Wappen] zu erzielen.

$${}_nC_x = \binom{n}{x}$$

a) $$P = {}_3C_3 \left(\frac{1}{2}\right)^3 \left(\frac{1}{2}\right)^0 = 1 \cdot \frac{1}{8} \cdot 1 = \frac{1}{8} = 0{,}125$$

b) $$P = {}_3C_2 \left(\frac{1}{2}\right)^2 \left(\frac{1}{2}\right)^1 = 3 \cdot \frac{1}{4} \cdot \frac{1}{2} = \frac{3}{8} = 0{,}375.$$

(vgl. Tab. 48 in [142], Tab 56 in [161] und den oberen Kasten)

B140. **Ausschußware** (Bleistifte): Eine Maschine produziere 20% Ausschußbleistifte. Gefragt ist nach der Wahrscheinlichkeit, daß von 4 zufällig ausgewählten Bleistiften a) kein Bleistift, b) ein Bleistift, c) höchstens zwei Bleistifte Ausschußware sind. Die Wahrscheinlichkeit, Ausschußware zu produzieren, beträgt $p = 0{,}2$ – die Wahrscheinlichkeit, keine Ausschußware herzustellen, beträgt $q = 1 - p = 0{,}8$. **[162]**

$$\left.\begin{array}{ll} \text{a) } P(\text{nullmal Ausschuß}) & = {}_4C_0(0{,}2)^0(0{,}8)^4 = 0{,}4096 \\ \text{b) } P(\text{einmal Ausschuß}) & = {}_4C_1(0{,}2)^1(0{,}8)^3 = 0{,}4096 \\ \text{c) } P(\text{zweimal Ausschuß}) & = {}_4C_2(0{,}2)^2(0{,}8)^2 = 0{,}1536 \end{array}\right\} \text{vgl. Tabelle 66}$$

P(höchstens zweimal Ausschuß) = P(nullmal A.)+P(einmal A.)+P(zweimal A.) = 0,4096 + 0,4096 + 0,1536 = 0,9728. Mit Tabelle 66: Hier ist $n = 4$, x durchläuft die Werte 0, 1, 2 für jeweils $p = 0{,}2$. Die zugehörigen Wahrscheinlichkeiten lassen sich direkt ablesen. Mit der Rekursionsformel:

$$p = 0{,}2 = \frac{1}{5} \quad \text{und} \quad n = 4\,; \quad \frac{p}{q} = \frac{1}{5}\Big/\frac{4}{5} = \frac{1}{4}\,; \quad P(x+1) = \frac{4-x}{x+1}\cdot\frac{1}{4}\cdot P_4(x)$$

$$\begin{array}{ll} P(0) = 0{,}8^4 & = 0{,}4096 \\ P(1) = \frac{4}{1}\cdot\frac{1}{4}\cdot 0{,}4096 & = 0{,}4096 \\ P(2) = \frac{3}{2}\cdot\frac{1}{4}\cdot 0{,}4096 & = 0{,}1536 \\ P(3) = \frac{2}{3}\cdot\frac{1}{4}\cdot 0{,}1536 & = 0{,}0256 \\ P(4) = \frac{1}{4}\cdot\frac{1}{4}\cdot 0{,}0256 & = \underline{0{,}0016} \\ \text{Kontrolle:} \quad \sum P & = 1{,}0000 \end{array} \quad \left.\begin{array}{l} \\ \\ \end{array}\right\} 0{,}0272 \text{ (für } P(3)+P(4))$$

$$\begin{array}{lcccccc} (0{,}8+0{,}2)^4 & = 0{,}4096 & + 0{,}4096 & + 0{,}1536 & + 0{,}0256 & + 0{,}0016 & = 1 \\ X = & 0 & 1 & 2 & 3 & 4 & \end{array}$$

B140a. Für $n = 4$ und $p = 0{,}2$ erhalten wir, wenn nach der Wahrscheinlichkeit, mindestens 3 Ausschußbleistifte zu erhalten, gefragt wird,

$$P(X \geqq 3) = P\left(F_{2(4-3+1),2\cdot 3} > \frac{0{,}8}{0{,}2}\cdot\frac{3}{4-3+1}\right) = P(F_{4;6} > 6{,}00)$$

Die Wahrscheinlichkeit dieses F-Wertes (6,00) für $\nu_1 = 4$ und $\nu_2 = 6$ Freiheitsgrade ist zu interpolieren [vgl. (1.178) und (1.179) auf S. 223]:

$$F_1 = 4{,}53 \quad (\alpha = 0{,}05)$$

$$m = 2;\, k = \frac{6{,}23 - 6{,}00}{6{,}23 - 4{,}53} = 0{,}1353$$

$$F_2 = 6{,}23 \quad (\alpha = 0{,}025)$$

$$P = 0{,}025 \cdot 2^{0{,}1353} = 0{,}0275.$$

Verglichen mit dem exakten Wert 0,0272 ist die Approximation brauchbar.

Würfelbeispiele (B141 bis B143)

[162] B141. Was ist wahrscheinlicher: Beim Werfen a) mit 6 Würfeln wenigstens eine Sechs zu erzielen oder b) mit 12 Würfeln wenigstens zwei Sechsen zu erhalten? Ideale Würfel vorausgesetzt.

$$\text{a)}\ P_{\text{Null Sechsen zu erzielen}} = \binom{6}{0}\left(\frac{1}{6}\right)^0\left(\frac{5}{6}\right)^6 \simeq 0{,}335$$

$$P_{\text{Eine oder mehr Sechsen z. e.}} = 1 - \binom{6}{0}\left(\frac{1}{6}\right)^0\left(\frac{5}{6}\right)^6 \simeq 0{,}665$$

$$\text{b)}\ P_{\text{zwei oder mehr Sechsen z. e.}} = 1 - \left(\binom{12}{0}\left(\frac{1}{6}\right)^0\left(\frac{5}{6}\right)^{12} + \binom{12}{1}\left(\frac{1}{6}\right)^1\left(\frac{5}{6}\right)^{11}\right)$$

$$\simeq 1 - (0{,}1122 + 0{,}2692) \simeq 0{,}619\,.$$

S. 272

Damit ist a) wahrscheinlicher als b). Zur Abschätzung der Wahrscheinlichkeit hätte man bei Aufgabe a) Tabelle 66 mit $p' = 0{,}15$ gegenüber $p = 0{,}166 \simeq 0{,}17$ benutzen können. Nach (1.235d) erhält man für b: $P = 1 - \{[(6-1)+12]/6\}[(6-1)/6]^{12-1} = 0{,}619$.

B142. Ein idealer Würfel wird 120mal geworfen. Gefragt ist nach der Wahrscheinlichkeit, daß die Ziffer 4 achtzehnmal oder weniger häufig erscheint. Die Wahrscheinlichkeit dafür, daß die Vier null bis achtzehnmal aufzeigt ($p = 1/6$; $q = 5/6$), ist genau gleich ${}_{120}C_{18}\left(\frac{1}{6}\right)^{18}\left(\frac{5}{6}\right)^{102} + {}_{120}C_{17}\left(\frac{1}{6}\right)^{17}\left(\frac{5}{6}\right)^{103} + \ldots + {}_{120}C_0\left(\frac{1}{6}\right)^{0}\left(\frac{5}{6}\right)^{120}$.

Da die Rechenarbeit ziemlich aufwendig ist, benutzen wir die Approximation über die Normalverteilung (vgl. $npq = 120 \cdot 1/6 \cdot 5/6 = 16{,}667 > 9$). Betrachten wir die Zahlen als kontinuierlich, dann folgt, daß 0 bis 18 Vieren als $-0{,}5$ bis $18{,}5$ Vieren aufgefaßt werden können, d. h.

$$\bar{x} = np = 120 \cdot \frac{1}{6} = 20 \quad \text{und} \quad s = \sqrt{npq} = \sqrt{16{,}667} = 4{,}08\,.$$

$-0{,}5$ und $18{,}5$ werden dann in Standardeinheiten transformiert:

$$\hat{z} = (x - \bar{x})/s\,, \quad \text{für} \quad -0{,}5 \text{ erhält man } (-0{,}5 - 20)/4{,}09 = -5{,}01$$
$$\text{für} \quad 18{,}5 \text{ erhält man } (18{,}5 - 20)/4{,}09 = -0{,}37\,.$$

Die gewünschte Wahrscheinlichkeit P ist dann durch die Fläche unter der Normalkurve zwischen $z = -5{,}01$ und $z = -0{,}37$ gegeben.

$$P = \text{(Fläche zwischen } z = 0 \text{ und } z = -5.01) -$$
$$\text{(Fläche zwischen } z = 0 \text{ und } z = -0{,}37)$$
$$P = 0{,}50000 - 0{,}1443 = 0{,}3557\,.$$

Hieraus folgt: Nehmen wir wiederholt Stichproben von 120 Würfen, dann sollte die Vier in etwa 36% der Würfe 18mal oder seltener erscheinen.

B143. Es wird vermutet, daß ein Würfel nicht mehr regelmäßig sei. In 900 Würfen werden 180 Vieren gezählt. Spricht das für die Nullhypothese, nach der der Würfel. in Ordnung ist? Unter der Nullhypothese beträgt die Wahrscheinlichkeit, eine 4 zu würfeln, 1/6. Daher ist $np = 900 \cdot 1/6 = 150$ und $\sqrt{npq} = \sqrt{900 \cdot 1/6 \cdot 5/6} = 11{,}8$;

$$\hat{z} = \frac{180 - 150}{11{,}18} = \frac{30}{11{,}18} = 2{,}68\,; \quad P = 0{,}0037.$$

Da eine zweiseitige Fragestellung vorliegt, ist $P = 0{,}0074$ auf dem 1%-Niveau statistisch signifikant. Der Würfel ist nicht einwandfrei. Aufgaben dieser Art prüft man besser nach Abschnitt 432. **[162]**

B144. **Mäusewürfe.** Uns interessiert die Zahl der weiblichen Jungtiere in Würfen zu je 4 Mäusen (vgl. David, F. N.: A Statistical Primer, Ch. Griffin, London 1953, S. 187 ff.). Die Befunde von 200 Würfen dieser Art liegen vor:

Tabelle 67. Zahl weiblicher Mäuse in Würfen zu je 4 Mäusen

Zahl der weiblichen Mäuse/Wurf	0	1	2	3	4
Anzahl der Würfe (insgesamt 200)	15	63	66	47	9

Nehmen wir nun an, daß für den verwendeten Mäusestamm die Wahrscheinlichkeit, als Weibchen geboren zu werden, konstant, unabhängig von der Anzahl der bereits geborenen weiblichen Tiere ist und daß auch zweitens die Würfe unabhängig voneinander sind, also einem Zufallsprozeß folgen, dann läßt sich der Prozentsatz weiblicher Tiere in der Grundgesamtheit aus der vorliegenden Stichprobe von 200 Würfen schätzen.

Der Anteil weiblicher Jungtiere beträgt

$$\hat{p} = \frac{\text{Anzahl weiblicher Jungtiere}}{\text{Gesamtzahl der Jungtiere}}$$

$$\hat{p} = \frac{(0 \cdot 15 + 1 \cdot 63 + 2 \cdot 66 + 3 \cdot 47 + 4 \cdot 9)}{4 \cdot 200} = 0{,}465\,.$$

Wir wissen nun, daß, wenn die Voraussetzungen der Binomialverteilung erfüllt sind, die Wahrscheinlichkeiten 0, 1, 2, 3, 4 weibliche Tiere in Würfen zu je 4 Tieren zu erhalten, mit Hilfe der binomischen Entwicklung $(0{,}535 + 0{,}465)^4$ ermittelt werden können. Die aufgrund dieser Entwicklung für 200 Vierlinge erwarteten Zahlen sind dann gegeben durch

$$\begin{aligned}200(0{,}535 + 0{,}465)^4 &= 200(0{,}0819 + 0{,}2848 + 0{,}3713 + 0{,}2152 + 0{,}0468)\\ &= 16{,}38 + 56{,}96 + 74{,}26 + 43{,}04 + 9{,}36\,.\end{aligned}$$

Ein Vergleich der beobachteten mit den erwarteten Zahlen gestattet Tabelle 68.

Tabelle 68. Vergleich der erwarteten Zahlen mit den beobachteten der Tabelle 67

Zahl der weibl. Mäuse/Wurf	0	1	2	3	4	Σ
Anzahl der Würfe						
beobachtet	15	63	66	47	9	200
erwartet	16,38	56,96	74,26	43,04	9,36	200

In Abschnitt 167 werden wir auf ein ähnliches Beispiel näher eingehen und prüfen, ob die Voraussetzungen der Poisson-Verteilung erfüllt sind, d. h. ob die Beobachtungen einer echten oder einer zusammengesetzten Poisson-Verteilung folgen.

B145. **Behandlungserfolge.** Die Wahrscheinlichkeit, daß eine bestimmte Behandlung erfolgreich ist, sei 0,8. Wie groß ist die Wahrscheinlichkeit, daß von

[162]

(a) 2 Behandlungen nur eine erfolgreich ist, (a) $P = \binom{2}{1} 0{,}8 \cdot 0{,}2 = 2 \cdot 0{,}8 \cdot 0{,}2 = 0{,}32$,

(b) 5 Behandlungen nur eine erfolgreich ist, (b) $P = \binom{5}{1} 0{,}8 \cdot 0{,}2^4 = 5 \cdot 0{,}8 \cdot 0{,}2^4 = 0{,}0064$,

(c) 5 Behandlungen alle erfolgreich sind? (c) $P = \binom{5}{5} 0{,}8^5 \cdot 0{,}2^0 = 0{,}8^5 = 0{,}32768$.

Für die $B(5; 0{,}8)$-Verteilung ist nach (1.237) bis (1.239) $\mu = 5 \cdot 0{,}8 = 4$; $\sigma^2 = 5 \cdot 0{,}8 \cdot 0{,}2 = 0{,}8$; Schiefe = $(0{,}2 - 0{,}8)/\sqrt{0{,}8} = -0{,}671$. Für die $B(500; 0{,}8)$-Verteilung ist die Schiefe = $(0{,}2 - 0{,}8)/\sqrt{500 \cdot 0{,}8 \cdot 0{,}2} = -0{,}067$.

B146. **Fünfkinderfamilie.** Wie groß ist die Wahrscheinlichkeit, daß in Familien mit 5 Kindern: (a) 2 Kinder Mädchen sind, (b) 5 Kinder Knaben sind, wenn die Wahrscheinlichkeit einer Mädchengeburt $p = 0{,}5$ gesetzt wird?

(a) $P(X{=}2|5; 0{,}5) = \binom{5}{2} 0{,}5^2 \cdot 0{,}5^{5-2} = 10 \cdot 0{,}5^5 = 10/2^5 = 10/32$,

(b) $P(X{=}5|5; 0{,}5) = \binom{5}{5} 0{,}5^5 \cdot 0{,}5^{5-5} = 1 \cdot 0{,}5^5 = 1/2^5 = 1/32$.

Hinweis: Es ist ein Trugschluß, unabhängige Ereignisse als abhängig aufzufassen: nach 5 Münzwürfen mit dem Ergebnis „Wappen" gilt auch für den 6. Wurf nicht der „erwartete Ausgleich" in der Art von „P(Zahl) $> 0{,}5$" [bekannt als Gambler's Fallacy]; es bleibt bei P(Wappen)= P(Zahl) = 0,5. Dies entspricht einem **„Ziehen" mit Zurücklegen** (vgl. auch das Beispiel auf S. 59 unten).

B147. **Würfeln.** Die Wahrscheinlichkeiten, bei dreimaligem Würfeln genau (a) dreimal, (b) zweimal, (c) einmal, (d) keinmal eine „Sechs" zu werfen, sind dann:

(a) $P(X{=}3|1/6; 3) = \binom{3}{3} \left(\frac{1}{6}\right)^3 \left(\frac{5}{6}\right)^{3-3} = 1 \cdot \frac{1}{216} \cdot 1 = \frac{1}{216}$

(b) $P(X{=}2|1/6; 3) = \binom{3}{2} \left(\frac{1}{6}\right)^2 \left(\frac{5}{6}\right)^{3-2} = 3 \cdot \frac{1}{36} \cdot \frac{5}{6} = \frac{5}{75}$

(c) $P(X{=}1|1/6; 3) = \binom{3}{1} \left(\frac{1}{6}\right)^1 \left(\frac{5}{6}\right)^{3-1} = 3 \cdot \frac{1}{6} \cdot \frac{25}{36} = \frac{25}{75}$

(d) $P(X{=}0|1/6; 3) = \binom{3}{0} \left(\frac{1}{6}\right)^0 \left(\frac{6}{5}\right)^{3-0} = 1 \cdot 1 \cdot \frac{125}{216} = \frac{125}{216}$

$F(3) = P(X \leqq 3|1/6; 3) = P(X \geqq 0|1/6; 3) = 1$

B148. **Test.** Ein Test bestehe aus 4 Aufgaben. Jede Aufgabe enthalte 5 Antworten, von denen jeweils genau eine richtig sei. Wie groß ist die Wahrscheinlichkeit rein zufällig: (a) sämtliche 4 Aufgaben, (b) drei der 4, (c) zwei der 4, (d) eine der 4 und (e) keine Aufgabe zu lösen?

(a) $P = \left(\frac{1}{5}\right)^4 = \frac{1}{625}$

(b) $P = 4 \cdot \left(\frac{1}{5}\right)^3 \cdot \left(\frac{4}{5}\right) = \frac{16}{625}$

(c) $P = 6 \cdot \left(\frac{1}{5}\right)^2 \cdot \left(\frac{4}{5}\right)^2 = \frac{96}{625}$

(d) $P = 4 \cdot \left(\frac{1}{5}\right) \cdot \left(\frac{4}{5}\right)^3 = \frac{256}{625}$!

(e) $P = \left(\frac{4}{5}\right)^4 = \frac{256}{625}$!

$F(4) = P(X \leqq 4|1/5; 4) = 1 = (1 + 16 + \ldots + 256)/625.$

Vergleich dreier Binomialverteilungen (B149)

Tabelle 69. Drei Beispiele für $n = 3$ mit zugehörigen Wahrscheinlichkeitsfunktionen (2) bis (4) und der zu (4) gehörenden Verteilungsfunktion (5) [162]

$n = 3$				
p	0,2	0,5	0,8	
x	$P(X = x)$			$P(X \leqq x) = F(x)$
(1)	(2)	(3)	(4)	(5)
0	0,512	0,125	0,008	0,008
1	0,384	0,375	0,096	0,104
2	0,096	0,375	0,384	0,488
3	0,008	0,125	0,512	1,000
Summe	1	1	1	–

z. B. ergibt sich Spalte (2) aus (1.236):

$$([1-p]+p)^3 = \sum_{x=0}^{x=3} \binom{3}{x} 0{,}2^x (1-0{,}2)^{3-x} = 1$$

$$(0{,}8+0{,}2)^3 = 0{,}512+0{,}384+0{,}096+0{,}008 = 1$$

Ist p klein (groß) so werden bevorzugt die kleinen (großen) Werte x angenommen [vgl. die Spalten (2) und (4)], für $p = 0{,}8$ [d. h. (4)] wird auch die Verteilungsfunktion (5) angegeben, z. B. ist $P(X \leqq 2) = F(2) = 0{,}488$, $P(X \geqq 2) = 1 - P(X \leqq 1) = 1 - 0{,}104 = 0{,}896$.

Gelbe Tulpenzwiebeln und Binomialtest

Vierzig Prozent einer Sendung von Tulpenzwiebeln enthalten Zwiebeln gelbblühender Sorten. Es werden 11 Zwiebeln zufällig herausgegriffen. Mit welcher Wahrscheinlichkeit blühen genau vier Zwiebeln gelb? Zur Beantwortung dieser Frage unterscheiden wir „Erfolgsereignisse“: gelb blühend und „Nichterfolgsereignisse“: nicht gelb blühend für die die konstanten Wahrscheinlichkeiten p_{gelb} = 40% und $p_{\text{nichtgelb}}$ = 60% vorliegen. Wenn in Folgen von jeweils 11 Experimenten ($n = 11$) durchschnittlich 40% Erfolgsereignisse ($p = 0{,}4$) auftreten, lassen sich die Wahrscheinlichkeiten für das Auftreten von 0, 1, ..., 11 Erfolgsereignissen anhand der Binomialverteilung angeben, etwa die für das Auftreten von genau 4 Erfolgsereignissen: $P(X = 4|11; 0{,}4) = 0{,}23649$ oder $0{,}236$. Übersicht 59 A zeigt, daß die Erfolgsereignisse 0 und 1 sowie 8 bis 11 erwartungsgemäß selten zu erwarten sind, wenn man voraussetzt, daß der Parameter $p = 0{,}4$ konstant bleibt, d. h. die Nullhypothese H_0: $p = 0{,}4$ gilt. Führt man 11 Experimente durch und tritt eines dieser bei Gültigkeit von H_0 seltenen Ereignisse ein, so wird man an H_0 zweifeln.

Übersicht 59A: Nichtablehnungsbereich und Ablehnungsbereich für einen Binomialtest Binomialwahrscheinlichkeiten P für $n = 11$, $p = 0{,}4$ und die 12 Werte x = 0, 1, . . . , 11; d. h. Wahrscheinlichkeiten P für x Erfolge in 11 Experimenten bei einer Erfolgswahrscheinlichkeit $p = 0{,}4$. Geprüft wird H_0: $p = 0{,}4$ gegen H_A: $p \neq 0{,}4$ auf dem 1%Niveau bzw. auf dem 10%Niveau (vgl. den folgenden Text).

x:	0	1	2	3	4	5	6	7	8	9	10	11
P:	0,004*	0,027	0,089	0,177	0,236	0,221	0,147	0,070	0,023	0,005	0,001	0,000**

Links: 0,004 (für $x = 0$); 0,031 (für $x = 0$ bis 1). Rechts: 0,006 (für $x = 9$ bis 11); 0,029 (für $x = 8$ bis 11).

Nichtablehnungsbereich für
$\alpha = 0{,}01$: $x = 1$ bis 8
$\alpha = 0{,}10$: $x = 2$ bis 7

$$*P = \binom{11}{0} \cdot 0{,}4^0 \cdot 0{,}6^{11} = 0{,}6^{11} = 0{,}00363 \approx 0{,}004; \quad **P = \binom{11}{11} \cdot 0{,}4^{11} \cdot 0{,}6^0 = 0{,}4^{11} = 0{,}0000419 \approx 0{,}00004$$

Bei einem zweiseitigen Test sollten zur Ablehnung der Nullhypothese der linke und der rechte Ablehnungsbereich etwa gleich groß sein wie hier (vgl. Übersicht 59 A) bei dem Test auf dem 10%Niveau. Die Nullhypothese $p = 0{,}4$ wird auf diesem Niveau mit $P = 0{,}031 + 0{,}029 = 0{,}06 < 0{,}10$ verworfen und die Alternativhypothese $p \neq 0{,}4$ akzeptiert, sobald in 11 Experimenten entweder kein bzw. 1 Erfolgsereignis oder 8 bis 11 Erfolgsereignisse auftreten. Nur 2 bis 7 Erfolgsereignisse sind für $\alpha = 0{,}10$ mit der Nullhypothese verträglich. Für die einseitige Fragestellung: H_0: $p \leqq 0{,}4$ gegen H_A: $p > 0{,}4$ auf dem 5%Niveau wird H_0 abgelehnt, sobald in 11 Experimenten mindestens 8 Erfolgsereignisse auftreten: $P = 0{,}029 < 0{,}05$.

Binomialtest

[162] Gegeben sei die empirische relative Häufigkeit $x/n = \hat{p}$ der wir den Parameter p zugrunde legen. Verglichen wird p mit der Wahrscheinlichkeit, dem Parameter oder Sollwert p_0, wobei eine Tabelle der Verteilungsfunktion der Binomialverteilung benutzt wird. Für $np_0q_0 = np_0(1-p_0) > 9$ kann anhand der Standardnormalverteilung nach Tabelle 70 entschieden werden (vgl . $x_o = x_{\text{oben}}$; $x_u = x_{\text{unten}}$).

Tabelle 70

Hypothesenpaar		H_0 wird auf dem 5%-Niveau abgelehnt für
$H_{01}: p \leqq p_0$	$H_{A1}: p > p_0$	$x > x_o = np_0 + \frac{1}{2} + 1{,}645 \cdot \sqrt{np_0(1-p_0)}$
$H_{02}: p \geqq p_0$	$H_{A2}: p < p_0$	$x < x_u = np_0 - \frac{1}{2} - 1{,}645 \cdot \sqrt{np_0(1-p_0)}$
$H_{03}: p = p_0$	$H_{A3}: p \neq p_0$	$x > x_o$ oder $x < x_u$, wobei 1,960 den Wert 1,645 ersetzt

Beispiel

B150. Wir prüfen für $\hat{p} = x/n = 30/100 = 0{,}3$ die $H_{01}: p \leqq p_0 = 0{,}2$ gegen $H_{A1}: p > p_0 = 0{,}2$. Mit $100 \cdot 0{,}2(1-0{,}2) = 16 > 9$ und

$$x_0 = 100 \cdot 0{,}2 + 0{,}5 + 1{,}645 \cdot \sqrt{100 \cdot 0{,}2 \cdot 0{,}8} = 27{,}08\,,$$

d. h. $x = 30 > 27{,}08 = x_0$, wird H_{01} bei einseitiger Fragestellung auf dem 5%-Niveau abgelehnt.

Kehren wir zu H_{03} und H_{A3} zurück und betrachten wir diesen zweiseitigen Binomialtest für den Fall $np_0(1-p_0) \leqq 9$. Zur Abgrenzung gegen kleinere und gegen größere Wahrscheinlichkeiten als p_0 prüfen wir, ob die Summe

$$\boxed{\sum_{i=0}^{x} \binom{n}{i} p_0^i q_0^{n-i} + \sum_{i=n-x}^{n} \binom{n}{i} p_0^i q_0^{n-i}} \tag{1.248}$$

kleiner ist als das vorgegebene α für die zweiseitige Fragestellung (z. B. $\alpha = 0{,}05$). Ist dies der Fall, dann wird H_{03} auf diesem $100\alpha\%$-Niveau abgelehnt.

Näheres zum Binomialtest ist z. B. Hollander und Wolfe (1999: Chapter 2), Marascuilo und Mc-Sweeney (1977: Chapt. 3) sowie Pratt und Gibbons (1981: Chapters 1 + 2) zu entnehmen.

Hinweis zum Stochastik-Schema auf S. 194:
Wahrscheinlichkeitsrechnung [(1.235)]: gegeben p, n, x; gesucht P.
Beurteilende Statistik [Tabelle 70]: gegeben $x/n = \hat{p}$; gesucht $p = p_0$?

163 Die hypergeometrische Verteilung

[163] Beispiele: B151 bis B155

Werden Stichproben *„ohne Zurücklegen“* [vgl. (1.228) und (1.229)] entnommen, dann ist die hypergeometrische Verteilung anstelle der Binomialverteilung zu verwenden. Intensiv angewendet wird diese Verteilung bei Problemen, die mit der Qualitätsüberwachung zusammenhängen. Betrachten wir eine Urne mit $W = 5$ weißen und $S = 10$ schwarzen Kugeln. Gefragt ist nach der Wahrscheinlichkeit, genau $w = 2$ weiße und $s = 3$ schwarze Kugeln zu ziehen. Diese Wahrscheinlichkeit ist gegeben durch

[163]

$$P(w \text{ von } W,\ s \text{ von } S) = \frac{{}_W C_w \cdot {}_S C_s}{{}_{W+S} C_{w+s}} = \frac{\binom{W}{w}\binom{S}{s}}{\binom{W+S}{w+s}} \qquad (1.249a)$$

mit $0 \leqq w \leqq W$ und $0 \leqq s \leqq S$ [vgl. auch (1.1) auf S.34].

Wir erhalten für P(2 von 5 weißen Kugeln und 3 von 10 schwarzen Kugeln) =
$$\frac{{}_5C_2 \cdot {}_{10}C_3}{{}_{15}C_5} = \frac{(5!/3! \cdot 2!)(10!/7! \cdot 3!)}{15!/10! \cdot 5!} = \frac{5 \cdot 4 \cdot 10 \cdot 9 \cdot 8 \cdot 5 \cdot 4 \cdot 3 \cdot 2 \cdot 1}{2 \cdot 1 \cdot 3 \cdot 2 \cdot 1 \cdot 15 \cdot 14 \cdot 13 \cdot 12 \cdot 11} = 0{,}3996,$$
eine Wahrscheinlichkeit von rund 40%.

B151. Ein Urnenmodell. Gegeben sei eine Urne mit 4 blauen (B) und 3 roten (R) Kugeln, dann gelten für die entsprechenden Ereignisse die Wahrscheinlichkeiten:

(1) eine blaue Kugel zu ziehen $P(B) = 4/7$
(2) eine rote Kugel zu ziehen $P(R) = 3/7$
(3) eine blaue Kugel sei bereits entnommen, anschließend ist eine rote zu ziehen $P(R|B) = 3/6 = 1/2$
(4) eine rote Kugel sei bereits entnommen, anschließend ist eine blaue zu ziehen $P(B|R) = 4/6 = 2/3$
(5) entweder zuerst eine blaue und dann eine rote zu ziehen oder zuerst eine rote und dann eine blaue zu ziehen (Multiplikationssatz)
$$\begin{aligned} P(B) \cdot P(R|B) &= P(R) \cdot P(B|R) = P(B \cap R) \\ (4/7)(1/2) &= \quad (3/7)(2/3) \quad = 2/7 \end{aligned}$$
(6) beide zugleich zu ziehen
d. h. sowohl eine von den 4 blauen (1 von 4) und eine von den 3 roten (1 von 3)
$$P(1 \text{ von } 4, 1 \text{ von } 3) = \binom{4}{1}\binom{3}{1}\Big/\binom{7}{2} = 4 \cdot 3/[7 \cdot 6/(1 \cdot 2)] = 4/7\,.$$

Mit den Stichprobenumfängen $n_1 + n_2 = n$ und den zugehörigen Grundgesamtheiten $N_1 + N_2 = N$ läßt sich (1.249a) [siehe auch Hinweis 2 auf S. 283] jetzt schreiben:

$$P(n_1, n_2 | N_1, N_2) = \frac{\binom{N_1}{n_1}\binom{N_2}{n_2}}{\binom{N}{n}} \qquad (1.249)$$

Erwartungswert: $\mu = n\dfrac{N_1}{N} = np$ (1.250)

Varianz: $\sigma^2 = np(1-p)\dfrac{N-n}{N-1}$ (1.251)

Ist n/N klein, so wird diese Verteilung praktisch mit der Binomialverteilung identisch. Dementsprechend strebt auch die Varianz gegen die der Binomialverteilung (vgl. $\dfrac{N-n}{N-1} \simeq 1 - \dfrac{n}{N} \simeq 1$ für $N \gg n$).

Die **verallgemeinerte hypergeometrische Verteilung** (polyhypergeometrische Verteilung)

$$P(n_1, n_2, \ldots, n_k | N_1, N_2, \ldots, N_k) = \binom{N_1}{n_1}\binom{N_2}{n_2}\cdots\binom{N_k}{n_k}\Big/\binom{N}{n} \qquad (1.252)$$

gibt die Wahrscheinlichkeit an, daß in einer Stichprobe vom Umfang n gerade $n_1, n_2, \ldots n_k$ Beobachtungen mit den Merkmalen $A_1, A_2, \ldots A_k$ auftreten, wenn in der Grundgesamtheit vom Umfang N die Häufigkeiten dieser Merkmalsausprägungen $N_1, N_2, \ldots, N_k$ betragen

[163] und $\sum_{i=1}^{k} N_i = N$ und $\sum_{i=1}^{k} n_i = n$ gelten. Die Parameter (für die n_i) sind:

$$\text{Erwartungswerte: } \mu_i = n\frac{N_i}{N} \qquad (1.253)$$

$$\text{Varianzen: } \sigma_i^2 = np_i(1-p_i)\frac{N-n}{N-1} \qquad (1.254)$$

Die hypergeometrische Verteilung [ihre Inverse behandelt W. C. Guenther, Statistica Neerlandica **29** (1975), 129–144] wird u. a. im Rahmen der Qualitätsüberwachung und für die **Abschätzung des unbekannten Umfangs *N* einer Population** (z. B. Wildbestände) verwendet: N_1 Individuen einfangen, markieren und wieder frei lassen, danach n Individuen einfangen und die Zahl der markierten (n_1) feststellen; dann ist $\hat{N} \approx nN_1/n_1$. Näheres über das „Wildlife Tracking" ist Blower u. Mitarb. (1981), Cormack (1989), Pollock u. Mitarb. (1990), Seber (1982), Southwood (1978), Thompson (1992) sowie White und Garrott (1990) zu entnehmen [vgl. auch *Manly und Parr 1968* sowie *Robson 1969* und Biometrika **87** (2000), 633–649].

Hinweis zu [467]: Nach Wise (1954) läßt sich die Summe $\sum_{x=0}^{k} P(x|N_1, N_2, n)$, für die Vierfeldertafel (vgl. [461] Tabelle 152 und [467] Formel (4.58)) als $\sum_{x=0}^{a} P(x|a+c, a+b, n)$ geschrieben, durch $\sum_{x=0}^{a} \binom{a+c}{x} p^x(1-p)^{(a+c)-x}$ mit $p = [(a+b)-(a/2)]/[n-(a+c)/2+0{,}5]$ approximieren.

Beispiel

$$\sum_{x=0}^{2} P(x|12, 10, 24) = 0{,}018 \text{ (aus Tabelle 171, S. 479)}$$

$$p = [(2+8)-(2/2)]/[24-(2+10)/2+0{,}5] = 0{,}486 \approx 0{,}5$$

$$\sum_{x=0}^{2} \binom{2+10}{x} 0{,}5^x(1-0{,}5)^{(2+10)-x} = \sum_{x=0}^{2} \binom{12}{x} 0{,}5^x 0{,}5^{12-x}$$
$$= 0{,}0002 + 0{,}0029 + 0{,}0161 = 0{,}0192.$$

Beispiele

B152. **Studenten.** Nehmen wir an, wir hätten 10 Studenten, von denen 6 Biochemie und 4 Statistik studieren. Eine Stichprobe von 5 Studenten sei ausgewählt. Wie groß ist die Wahrscheinlichkeit, daß unter den 5 Studenten 3 Biochemiker und 2 Statistiker sind?

$$P(3 \text{ von } 6 \text{ B., } 2 \text{ von } 4 \text{ S.}) = \frac{{}_6C_3 \cdot {}_4C_2}{{}_{6+4}C_{3+2}} = \frac{(6!/[3! \cdot 3!])(4!/[2! \cdot 2!])}{10!/[5! \cdot 5!])}$$
$$= \frac{6 \cdot 5 \cdot 4 \cdot 4 \cdot 3 \cdot 5 \cdot 4 \cdot 3 \cdot 2 \cdot 1}{3 \cdot 2 \cdot 1 \cdot 2 \cdot 1 \cdot 10 \cdot 9 \cdot 8 \cdot 7 \cdot 6} = \frac{20}{42} = 0{,}4762\,.$$

Die Wahrscheinlichkeit beträgt damit erwartungsgemäß fast 50%.

B153. **Lotto.** Gegeben seien die ganzen Zahlen von 1 bis 49. Hiervon sind 6 zu wählen. Wie groß ist die Wahrscheinlichkeit dafür, vier richtige Zahlen gewählt zu haben?

$$P(4 \text{ von } 6, 2 \text{ von } 43) = \binom{6}{4}\binom{43}{2} \Big/ \binom{49}{6} = \frac{15 \cdot 903}{13\,983\,816}$$

Für Aufgaben dieser Art benutze man die Tabellen 55 und 56: **[163]**

$$P \simeq \frac{13{,}545 \cdot 10^3}{13{,}984 \cdot 10^6} \simeq 0{,}969 \cdot 10^{-3}\ , \text{ d.h. knapp } 0{,}001.$$

Die Wahrscheinlichkeit, mindestens 4 richtige Zahlen zu wählen, liegt ebenfalls noch unter 1‰. Die Wahrscheinlichkeit, 6 richtige Zahlen zu wählen, beträgt $1 \Big/ \binom{49}{6} = 1/13\,983\,816 = 7 \cdot 10^{-8}$ (vgl. S.254).

Hinweis: Die Wahrscheinlichkeit für genau i Richtige im Lotto $(0 \le i \le 6)$ beträgt $P(X = i) = \binom{6}{i}\binom{43}{6-i} \Big/ \binom{49}{6}$. Nach (1.201) auf S. 240 mit $k = m = 6$ und $n = 43$ gilt:

$$\sum_{i=0}^{6} \binom{6}{i}\binom{43}{6-i} = \binom{49}{6}.$$

Hinweis 2: Rekursionsformel (vgl. auch A 2) **A2**

Mit (1.249), geschrieben $P(X = n_1) = \binom{N_1}{n_1}\binom{N-N_1}{n-n_1} \Big/ \binom{N}{n}$, gilt:

- $P(X = n_1 + 1) = \{[(N_1 - n_1)(n - n_1)]/[(n_1 + 1)(N - N_1 - n + n_1 + 1)]\}P(X = n_1)$,
- $P(X = n_1 - 1) = \{[n_1(N - N_1 - n + n_1)]/[(N_1 - n_1 + 1)(n - n_1 + 1)\}P(X = n_1)$.

B154. **Ausschußware I.** Eine Grundgesamtheit aus 100 Elementen enthalte 5% Ausschuß. Wie groß ist die Wahrscheinlichkeit, in einer 50 Elemente umfassenden Stichprobe (a) kein bzw. (b) ein Ausschußstück zu finden?

Zu a: $P(50 \text{ von } 95, 0 \text{ von } 5)$

$$= \frac{{}_{95}C_{50} \cdot {}_{5}C_{0}}{{}_{95+5}C_{50+0}} = \frac{95! \cdot 5! \cdot 50! \cdot 50!}{50! \cdot 45! \cdot 5! \cdot 0! \cdot 100!}$$

$$= \frac{95! \cdot 50!}{45! \cdot 100!} \quad \text{(Tabelle 55)}$$

$$= \frac{1{,}0330 \cdot 10^{148} \cdot 3{,}0414 \cdot 10^{64}}{1{,}1962 \cdot 10^{56} \cdot 9{,}3326 \cdot 10^{157}} = 0{,}02823$$

Zu b: $P(49 \text{ von } 95, 1 \text{ von } 5)$

$$= \frac{{}_{95}C_{49} \cdot {}_{5}C_{1}}{{}_{95+5}C_{49+1}} = \frac{95! \cdot 5! \cdot 50! \cdot 50!}{49! \cdot 46! \cdot 4! \cdot 1! \cdot 100!}$$

$$= 5 \cdot \frac{95! \cdot 50! \cdot 50!}{49! \cdot 46! \cdot 100!} = 0{,}1529$$

B155. **Annoncen in einer Zeitschrift.** Werden im Laufe eines Jahres von $W = 52$ aufeinanderfolgenden Nummern einer Wochenzeitschrift $A = 10$ beliebige Ausgaben mit einer bestimmten Anzeige versehen, dann ist die Wahrscheinlichkeit, daß ein Leser von $w = 15$ beliebigen Nummern kein Heft mit einer Annonce erhält $(a = 0)$

$$P(a \text{ von } A, w \text{ von } W) = \binom{A}{a}\binom{W-A}{w-a} \Big/ \binom{W}{w}$$

[163] oder $P(0 \text{ von } 10, 15 \text{ von } 52) = \dfrac{\binom{10}{0}\binom{52-10}{15-0}}{\binom{52}{15}}$

d. h. vgl. $\binom{n}{0} = 1$,

$$P = \frac{\binom{42}{15}}{\binom{52}{15}} = \frac{42! \cdot 15! \cdot 37!}{15! \cdot 27! \cdot 52!}$$

lg 42! =	51,14768	
lg 15! =	12,11650	
lg 37! =	43,13874	
	106,40292	
lg 15! =	12,11650	
lg 27! =	28,03698	−
lg 52! =	67,90665	
	108,06013	
lg P =	0,34279−2	
P =	0,02202≃ 2,2%	

Damit beträgt die Wahrscheinlichkeit, mindestens eine Anzeige zu sehen, knapp 98%.

Beispiele B153 und B154 sollten zur Übung mit Hilfe der Zehnerlogarithmen der Fakultäten (Tabelle 55) durchgerechnet werden. Aufgaben dieser Art löst man wesentlich schneller anhand eines Programms (Nelson 1994) oder mit Hilfe von Tafeln *(Lieberman und Owen 1961)*. Nomogramme mit Vertrauensgrenzen haben *De-Lury und Chung (1950)* veröffentlicht.

Verallgemeinerte Binomialverteilungen werden in Communications in Statistics – Theory and Methods **22** (1993), 3051–3063 und 3065–3086 vorgestellt.

Approximationen (vgl. auch die Approximationen in [165])

1. Für großes N_1 und N_2 und im Vergleich hierzu kleines n $(n/N < 0{,}1; N \geqq 60)$ kann die hypergeometrische Verteilung durch die *Binomialverteilung* approximiert werden $p = N_1/(N_1 + N_2)$.

2. Für $np \geqq 4$ kann

$$\hat{z} = (n_1 - np)/\sqrt{npq(N-n)/(N-1)} \tag{1.255}$$

als angenähert standardnormalverteilt aufgefaßt werden. Die kumulierte Wahrscheinlichkeit der hypergeom. Vert. $P(X \leqq k = n_1 | N; N_1; n) = \sum_{n_1=0}^{N_1} \binom{N_1}{n_1}\binom{N_2}{n_2} \Big/ \binom{N}{n}$ läßt sich für $n \leqq N_1 \leqq N/2$ besser nach (1.256) approximieren *(Molenaar 1970)*:

$$\hat{z} = \left| 2\left[\sqrt{(k+0{,}9)(N-N_1-n+k+0{,}9)} - \sqrt{(n-k-0{,}1)(N_1-k-0{,}1)}\right] / \sqrt{N-0{,}5} \right| \tag{1.256}$$

In (1.256) ist für $0{,}05 \leqq P \leqq 0{,}93$ 0,9 durch 0,75; 0,1 durch 0,25 und 0,5 durch 0 zu ersetzen; für extremere P-Werte ersetze man 0,9 durch 1; 0,1 durch 0 und 0,5 durch 1. Beispiel: $P(X \leqq 1|10; 5; 5) = 0{,}103$; $\hat{z}$ (nach 1.256) = 1,298, d. h. P = 0,0971; mit 0,75; 0,25 und 0 ergibt sich über $\hat{z}$ = 1,265 P = 0,103.

3. Für kleines p, großes n und im Vergleich zu n sehr großes N $(n/N \leqq 0{,}05)$ läßt sich die hypergeometrische Verteilung durch die sogenannte *Poisson-Verteilung,* die im nächsten Abschnitt behandelt wird, annähern $(\lambda = np)$.

4. Binomialverteilung und Poisson-Verteilung lassen sich für $\sigma^2 = npq \geqq 9$ und $\sigma^2 = np = \lambda \geqq 9$ mit hinreichender Genauigkeit durch die Normalverteilung approximieren.

164 Die Poisson-Verteilung

Wie groß muß Lambda sein, damit das Ereignis mit einer Wahrscheinlichkeit P wenigstens einmal eintritt? [164]
Wieviel „seltene Ereignisse" (Auftrittswahrscheinlichkeit $p \leqq 0{,}05$) sind mit $P = 0{,}95$ in Zufallsstichproben des Umfangs n zu erwarten?
VBe für Lambda und Approximationen

Angenommen, 1000 Fälle (z. B. Ereignisse oder Unfälle) pro Jahr liegen vor, dann ist die kleinste Standardabweichung hierfür $\sqrt{1000} = 31{,}62 \approx 32$, d. h. mindestens $2 \cdot 32 = 64$ Fälle mehr oder weniger pro Jahr (936 bis 1064) sind ohne zusätzlichen Effekt zu erwarten.

Setzen wir in (1.235) den ziemlich kleinen Wert $np = \lambda$ (gr. lambda) und lassen wir bei konstant gehaltenem $\lambda > 0$ die Zahl n beliebig wachsen ($n \to \infty$), so geht die Binomialverteilung mit dem Erwartungswert $np = \lambda$, in die sogenannte Poisson-Verteilung mit dem Parameter λ über. Lambda ist der Erwartungswert dieser Verteilung; im allgemeinen ist $\lambda < 20$. Die Poisson-Verteilung ist durch den französischen Mathematiker S. D. Poisson (1781–1840) entwickelt worden. Sie war bereits A. de Moivre (1667–1754) bekannt; sie gilt, wenn die durchschnittliche Anzahl der *Ereignisse das Ergebnis einer sehr großen Zahl von Ereignismöglichkeiten und einer* **sehr kleinen Ereigniswahrscheinlichkeit** ist. Ein gutes Beispiel hierfür ist der *radioaktive Zerfall:* Von vielen Millionen Radiumatomen zerfällt in der Zeiteinheit nur ein sehr kleiner Prozentsatz. Wesentlich ist, daß der Zerfall ein **Zufallsprozeß** ist und daß der Zerfall der einzelnen Atome unabhängig ist von der Zahl der schon zerfallenen Atome.
Die Poisson-Verteilung ist eine wichtige Verteilung. *Sie wird – wie angedeutet – für die Lösungen der Probleme benutzt, die beim Zählen relativ seltener zufälliger und voneinander unabhängiger Ereignisse in der Zeit-, Längen-, Flächen- oder Raumeinheit auftreten.* Man spricht auch von **isolierten Ereignissen in einem Kontinuum.** In brauchbarer bis guter Näherung folgen einer Poisson-Verteilung die Verteilung von (vor dem Backen ordentlich in Mehl geschwenkten und dadurch voneinander unabhängigen) Rosinen im Rosinenbrot, von Hefezellen in einer Suspension und von Erythrozyten in den einzelnen Feldern einer Zählkammer, die Anzahl der Druckfehler pro Seite, der Isolationsfehler an einer Verlängerungsschnur oder der Oberflächenfehler einer Tischplatte; die Anzahl der bei Rot vor einer Ampel wartenden Autos; die Ankunftsfolge von Flugzeugen auf dem Flughafen; die Häufigkeit von plötzlichen Unwettern (z. B. Überschwemmungen oder Erdbeben) in einem bestimmten Gebiet; die Verunreinigung von Samen durch Unkrautsamen oder Steine; die Anzahl der innerhalb einer bestimmten Zeitspanne eintreffenden Telefonanrufe, die Zahl der Elektronen, die von einer erhitzten Kathode in einer gegebenen Zeiteinheit emittiert werden; die Zahl der Pannen an den Fahrzeugen einer größeren militärischen Einheit; die Zahl der Ausschußstücke innerhalb einer Produktion; die Zahl der Verkehrsmittel pro Weg- und Zeiteinheit; die Anzahl der Fehlerstellen in komplizierten Mechanismen. Alles pro Raum- oder Zeiteinheit. Sowie die Wahrscheinlichkeit nicht konstant bleibt oder Ereignisse abhängig werden, resultieren Abweichungen von der Poisson-Verteilung. Werden diese Möglichkeiten ausgeschaltet, dann sind – das gilt für die gegebenen Beispiele – echte Poisson-Verteilungen zu erwarten. Selbstmordfälle oder Industrieunfälle pro Raum- und Zeiteinheit folgen nicht der Poisson-Verteilung, obwohl sie als seltene Ereignisse aufgefaßt werden können. In beiden Fällen kann nicht von einer „gleichen Chance für jeden" gesprochen werden, es gibt individuelle Unterschiede hinsichtlich der Unfallbereitschaft und Selbstmordanfälligkeit.

Denken wir uns ein **Rosinenbrot,** das in kleine gleich große Kost- oder Stichproben zerlegt wird. Infolge der jetzt von uns verlangten **zufälligen Verteilung** der Rosinen ist
[164] nicht zu erwarten, daß alle Stichproben genau die gleiche Anzahl von Rosinen enthalten. Wenn die mittlere Anzahl λ (lambda) der in diesen Stichproben enthaltenen Rosinen bekannt ist, so gibt die Poisson-Verteilung die Wahrscheinlichkeit $P(X = x)$ dafür an, daß eine beliebig herausgegriffene Stichprobe gerade x (x = 0, 1, 2, 3, ...) Rosinen enthält. Anders ausgedrückt: Die Poisson-Verteilung gibt an, welcher prozentuale Anteil $(100 \cdot P(X = x)\%)$ einer langen Serie nacheinander entnommener Stichproben mit genau 0 bzw. 1 bzw. 2 usw. Rosinen besetzt ist

$$P(X = x \mid \lambda) = P(x) = \frac{\lambda^x e^{-\lambda}}{x!}$$
$$\lambda > 0\,, \quad x = 0, 1, 2, \ldots$$

Poisson-verteilt heißt eine diskrete Zufallsvariable X, wenn für sie (1.257) mit dem Parameter λ gilt. (1.257)

Dabei bedeutet:

e = 2,718 ... die Basis des natürlichen Logarithmus
λ = Erwartungswert (vgl. Übersicht 60)
x = 0,1, 2, 3 ... die genaue Anzahl der Ereignisse (etwa der Rosinen) in einer einzelnen Stichprobe
$x! = 1 \cdot 2 \cdot 3 \cdot \ldots \cdot (x-1)x$, (z. B. $4! = 1 \cdot 2 \cdot 3 \cdot 4 = 24$)

Durch die diskrete Wahrscheinlichkeitsfunktion (1.257) ist die Poisson-Verteilung definiert. Die Poisson-Verteilung wird durch den Parameter λ vollständig charakterisiert; er drückt die Dichte von Zufallspunkten innerhalb eines gegebenen Zeitintervalles, einer Längen-, einer Flächen- oder einer Raumeinheit aus. λ **ist zugleich Erwartungswert**

Übersicht 60

Für sehr großes n, sehr kleines p und einem festen Wert $np = \lambda$ (d. h. $n \to \infty$, $p \to 0$ und $np \to \lambda > 0$) strebt die Binomialwahrscheinlichkeit $P(X = x|n,p)$ gegen die Wahrscheinlichkeit der Poisson-Verteilung mit dem Parameter λ [(1.257)]. Als Ereignisse x kommen alle nichtnegativen ganzen Zahlen in Frage, so daß gilt:

$$\sum_{x=0}^{\infty} P(X = x|\lambda) = 1 \qquad (1.259)$$

Für kleine Werte x ergibt sich:

Siehe Tabelle 72.

$$P(X = 0|\lambda) = e^{-\lambda} \qquad (1.257\,\text{a})$$
$$P(X = 1|\lambda) = \lambda e^{-\lambda} \qquad (1.257\,\text{b})$$
$$P(X = 2|\lambda) = \frac{\lambda^2}{2} e^{-\lambda} \qquad (1.257\,\text{c})$$

Beispiel mit $\lambda = 3$: $P(X = 1|3) = 3e^{-3} \doteq 0{,}1494$ [vgl. auch (1.260) bis (1.281)].

und Varianz, d. h. $\mu = \lambda$, $\sigma^2 = \lambda$ [vgl. auch (1.238) mit $np = \lambda$ und $q = 1 - \frac{\lambda}{n}$; $\sigma^2 = \lambda\left(1 - \frac{\lambda}{n}\right)$, für großes n wird σ^2 gleich λ]. Dieser Parameter wird (für $q \simeq 1$) nach **[164]**

$$\boxed{\hat{\lambda} = np} \tag{1.258}$$

geschätzt (vgl. B163 auf S. 297 oben).

Liegt bei diskreten Verteilungen das Verhältnis Varianz zu Mittelwert in der Nähe von Eins – sagen wir etwa zwischen 9/10 und 10/9 –, dann können sie durch eine Poisson-Verteilung approximiert werden, sofern die Variable X große Werte annehmen könnte. Gilt $s^2 < \bar{x}$, dann könnte die Stichprobe einer Binomialverteilung entstammen. Im umgekehrten Fall $s^2 > \bar{x}$ könnte sie einer sogenannten negativen Binomialverteilung entstammen (vgl. *Guenther 1973, S. 67–74* und [166]). Die Größen $e^{-\lambda}$ braucht man gewöhnlich nicht auszurechnen, da sie für eine Reihe von Werten λ tabelliert vorliegen. **!**

Da $e^{-(x+y+z)} = e^{-x} \cdot e^{-y} \cdot e^{-z}$, können wir mit Hilfe der Tabelle 71 auch z. B. $e^{-5{,}23} = 0{,}006738 \cdot 0{,}8187 \cdot 0{,}9704 = 0{,}00535$ berechnen.

Tabelle 71. Werte $e^{-\lambda}$ für die Poisson-Verteilung

λ	$e^{-\lambda}$	λ	$e^{-\lambda}$	λ	$e^{-\lambda}$	λ	$e^{-\lambda}$	λ	$e^{-\lambda}$
0,01	0,9901	0,1	0,9048	1	0,367879	10	$0{,}0^{4}4540$	19	$0{,}0^{8}5603$
0,02	0,9802	0,2	0,8187	2	0,135335	11	$0{,}0^{4}1670$	20	$0{,}0^{8}2061$
0,03	0,9704	0,3	0,7408	3	0,049787	12	$0{,}0^{5}6144$	21	$0{,}0^{9}7583$
0,04	0,9608	0,4	0,6703	4	0,018316	13	$0{,}0^{5}2260$	22	$0{,}0^{9}2789$
0,05	0,9512	0,5	0,6065	5	$0{,}0^{2}6738$	14	$0{,}0^{6}8315$	23	$0{,}0^{9}1026$
0,06	0,9418	0,6	0,5488	6	$0{,}0^{2}2479$	15	$0{,}0^{6}3059$	24	$0{,}0^{10}378$
0,07	0,9324	0,7	0,4966	7	$0{,}0^{3}9119$	16	$0{,}0^{6}1125$	25	$0{,}0^{10}139$
0,08	0,9231	0,8	0,4493	8	$0{,}0^{3}3355$	17	$0{,}0^{7}4140$	30	$0{,}0^{13}936$
0,09	0,9139	0,9	0,4066	9	$0{,}0^{3}1234$	18	$0{,}0^{7}1523$	50	$0{,}0^{21}193$

$e^{-9{,}85} = e^{-9} \cdot e^{-0{,}8} \cdot e^{-0{,}05} = 0{,}0001234 \cdot 0{,}4493 \cdot 0{,}9512 = 0{,}0000527$

Tabelle 71 ist zugleich eine Tafel der natürlichen Antilogarithmen. Setzt man beispielsweise $x = -3$, dann wird $e^{-3} = 1/e^3 = 1/2{,}718282^3 = 1/20{,}0855 = 0{,}049787$, d. h. $\ln 0{,}049787 = -3{,}00$.

Beispiel

B156. **Radioaktivität.** Ein radioaktives Präparat gebe durchschnittlich 10 Impulse pro Minute. Wie groß ist die Wahrscheinlichkeit, in einer Minute 5 Impulse zu erhalten?

$$P = \frac{\lambda^x \cdot e^{-\lambda}}{x!} = \frac{10^5 \cdot e^{-10}}{5!} = \frac{10^5 \cdot 4{,}54 \cdot 10^{-5}}{5 \cdot 4 \cdot 3 \cdot 2 \cdot 1} = \frac{4{,}54}{120} = 0{,}03783 \simeq 0{,}04$$

Man wird also in etwa 4% der Fälle mit 5 Impulsen pro Minute zu rechnen haben.

Hinweis: Für die Flüssig-Szintillations-Spektrometrie geben *Mathijssen und Goldzieher* (1965) ein Nomogramm, das bei vorgegebener Präzision der Zählrate die Dauer der Zählung angibt (vgl. auch Rigas 1968).

Die Poisson-Verteilung

[164] (1) ist eine diskrete linkssteile Verteilung, ihre Schiefe $1/\sqrt{\lambda}$ strebt mit wachsendem λ gegen Null, d. h. die Verteilung wird dann nahezu symmetrisch.

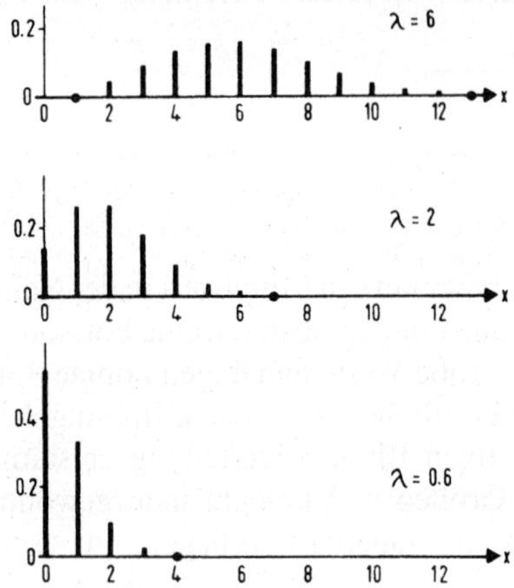

Sobald λ eine ganze Zahl ist, gilt $\lambda = \tilde{\mu}$, $\lambda - 1$ und λ sind dann die Dichtemittel.

[Wölbung = $1/\lambda$]

Abb. 39. Poisson-Verteilungen

(2) Ihre *Einzelwahrscheinlichkeiten* nehmen für $\lambda < 1$ mit wachsendem X monoton ab, für $\lambda > 1$ zunächst zu und dann ab.

(3) Das Maximum der Verteilung liegt bei der größten ganzen Zahl, die kleiner als λ, ist. Bei positivem ganzzahligem λ treten zwei gleich große maximale Einzelwahrscheinlichkeiten auf.

Für den Fall, daß a) λ groß ist und b) $X = \lambda$, erhält man [vgl. die Stirlingsche Formel (die eigentlich von de Moivre stammt): $n! = n^n e^{-n}\sqrt{2\pi n}$ für $n \to \infty$] [vgl. auch D. Fowler, The Mathematical Gazette **84** (2000), 42–50, z.B. $272! \approx 4{,}91 \cdot 10^{545}$].

$$P(\lambda) = \frac{e^{-\lambda} \cdot \lambda^\lambda}{\lambda!} \simeq \frac{e^{-\lambda} \cdot \lambda^\lambda}{\lambda^\lambda e^{-\lambda}\sqrt{2\pi\lambda}} = \frac{1}{\sqrt{2\pi\lambda}} \simeq \frac{0{,}4}{\sqrt{\lambda}}$$

$$\boxed{P(\lambda) \simeq \frac{0{,}4}{\sqrt{\lambda}}} \quad (1.260)$$

z. B. $P(X = \lambda = 8) \simeq 0{,}4/\sqrt{8} = 0{,}141$; der in Tabelle 73 notierte Wert lautet 0,1396. Beispielsweise gilt, wenn die Anzahl der Druckfehler pro Zeitungsseite einer Poisson-Verteilung des Typs $\lambda = 0{,}2$ folgt, daß von 100 Seiten etwa 82 Seiten keine, 16 einen und etwa 2 mehr als einen Druckfehler aufweisen dürften (Tabelle 72). Tabelle 73 zeigt weiter, daß von 10000 Seiten etwa eine mit 4 Fehlern zu erwarten ist.

Tabelle 72. Poisson-Verteilungen für kleine Parameter λ und keinem, einem sowie mehr als einem Ereignis

$P(X = x \mid \lambda)$ \ λ	0,1	0,2	1	2	4	7
für $x = 0$	0,905	0,819	0,368	0,135	0,018	0,001
für $x = 1$	0,090	0,164	0,368	0,271	0,073	0,006
für $x > 1$	0,005	0,017	0,264	0,594	0,909	0,993

Tabelle 73. Poisson-Verteilung $P(x) = \dfrac{\lambda^x \cdot e^{-\lambda}}{x!}$ für ausgewählte Werte λ: Mit größer werdendem Parameter λ nähert sich die Poisson-Verteilung einer Normalverteilung [vgl. (1.271/1.272)] [164]

x \ λ	0,2	0,5	0,8	1	3	5	8	12	20	λ / x
0	0,8187	0,6065	0,4493	0,3679	0,0498	0,0067	0,0003	0,0000	0,0000	0
1	0,1637	0,3033	0,3595	0,3679	0,1494	0,0337	0,0027	0,0001	0,0000	1
2	0,0164	0,0758	0,1438	0,1839	0,2240	0,0842	0,0107	0,0004	0,0000	2
3	0,0011	0,0126	0,0383	0,0613	0,2240	0,1404	0,0286	0,0018	0,0000	3
4	0,0001	0,0016	0.0077	0,0153	0,1680	0,1755	0,0573	0,0053	0,0000	4
5	0,0000	0,0002	0,0012	0,0031	0,1008	0,1755	0,0916	0,0127	0,0001	5
6		0,0000	0,0002	0,0005	0,0504	0,1462	0,1221	0,0255	0,0002	6
7			0,0000	0,0001	0,0216	0,1044	0,1396	0,0437	0,0005	7
8				0,0000	0,0081	0,0653	0,1396	0,0655	0,0013	8
9					0,0027	0,0363	0,1241	0,0874	0,0029	9
10					0,0008	0,0181	0,0993	0,1048	0,0058	10
11					0,0002	0,0082	0,0722	0,1144	0,0106	11
12					0,0001	0,0034	0,0481	0,1144	0,0176	12
13					0,0000	0,0013	0,0296	0,1056	0,0271	13
14						0,0005	0,0169	0,0905	0,0387	14
15						0,0002	0,0090	0,0724	0,0516	15
16						0,0000	0,0045	0,0543	0,0646	16
17							0,0021	0,0383	0,0760	17
18							0,0009	0,0256	0,0844	18
19							0,0004	0,0161	0,0888	19
20							0,0002	0,0097	0,0888	20
21							0,0001	0,0055	0,0846	21
22							0,0000	0,0030	0,0769	22
23								0,0016	0,0669	23
24								0,0008	0,0557	24
25								0,0004	0,0446	25
26								0,0002	0,0343	26
27								0,0001	0,0254	27
≧28								0,0001	0,0526	≧28

Die Wahrscheinlichkeit, daß beim Vorliegen von $\lambda = 3$ keine, d. h. nur Null Fälle beobachtet werden, beträgt rund 0,05. Aufschlußreich sind die für steigende Werte λ drastisch abfallenden Wahrscheinlichkeiten für Null-Ereignisse: von 82% ($\lambda = 0{,}2$) über 37% ($\lambda = 1$) und 5% ($\lambda = 3$) zu den nicht tabellierten Werten 1% ($\lambda = 4{,}6$) und 0,1% ($\lambda = 6{,}9$).

Mehrere aufeinanderfolgende Einzelwahrscheinlichkeiten errechnet man anhand der **Rekursionsformeln**

$$P(x+1) = \frac{\lambda}{x+1} P(x) \quad \text{bzw.} \quad P(x-1) = \frac{x}{\lambda} P(x) \qquad (1.261, 1.262)$$

Wichtig sind (1.263), die Verteilungsfunktion (1.264) sowie (1.265):

[164]
$$P(X < x) = e^{-\lambda} \sum_{k=0}^{x-1} \frac{\lambda^k}{k!} \tag{1.263}$$

$$\begin{aligned} &P(X \leqq x) = F(x) = e^{-\lambda} \sum_{k \leqq x} \frac{\lambda^k}{k!} \quad \text{für} \quad x \geqq 0 \\ &F(x) = 0 \quad \text{für} \quad x < 0 \end{aligned} \tag{1.264}$$

$$P(X \geqq x) = 1 - P(X \leqq x - 1) \tag{1.265}$$

Beispielsweise (vgl. Tab. 72): für $\lambda = 1$

$$\begin{aligned} P(X \geqq 2|1) &= 1 - P(X \leqq 2 - 1) = 1 - P(X \leqq 1) = 1 - (0{,}368 + 0{,}368) \\ &= 1 - 0{,}736 = 0{,}264 = P(X > 1) \end{aligned}$$

Erwähnt sei auch (1.266):
$$P(X \geqq x_0|\lambda) = 1 - P(\chi^2_{2x_0} \leqq 2\lambda) \tag{1.266}$$

(1.266) gibt die Wahrscheinlichkeit für mindestens x_0 „seltene Ereignisse“.

Beispielsweise (vgl. Tab. 72): für $\lambda = 2$ und $x_0 = 1$

$$P(X \geqq 1|2) = 1 - P(\chi^2_2 \leqq 2 \cdot 2) = 1 - P(\chi^2 \leqq 4)$$

und anhand von Tab. 50: $P(\chi^2_2 \leqq 4) \approx 0{,}14$, d. h.

$$P(X \geqq 1|2) \approx 1 - 0{,}14 = 0{,}86 \text{ (exakt: 0,865 = 0,271 +0,594, vgl. B158)} .$$

Ein anderes Beispiel: $p = 0{,}01$; $n = 100$ und $x_0 = 2$, d. h.

$$\hat{\lambda} = np = 100 \cdot 0{,}01 = 1 \quad \text{bzw.}$$

$$P(X \geqq 2|1) = 1 - P(\chi^2_{2 \cdot 2} \leqq 2 \cdot 1) = 1 - P(\chi^2_4 \leqq 2)$$

und mit Tab. 50: $P(\chi^2_4 = 2) \approx 0{,}73$, d. h. $P(X \geqq 2|1) = 0{,}27$ [exakt: 0,264] [vgl. Tab. 72: $P(X > 1|1) = P(X \geqq 2|1)$].

Näheres über diese Verteilung ist der Monographie von *Haight (1967)* zu entnehmen [vgl. auch Biom. J. **38** (1996), 995–1011 und J. Math. Sci. **83** (1997), 360–373]. Umfangreiche Tafeln geben *Molina (1954), Kitagawa (1952)* und das *Defense Systems Department der General Electric Company (1962)*.

Beispiele

B157. **Ein Geburtstagsproblem** (vgl. auch B32 und B127 bis B131). Wie groß ist die Wahrscheinlichkeit, daß von 1000 Personen a) keiner, b) eine Person, c) zwei, d) drei Personen an einem bestimmten Tag Geburtstag haben?

Da $q = \frac{364}{365} \simeq 1$, kann $\lambda = np = 1000\frac{1}{365} = 2{,}7397$ geschätzt werden. Wir vereinfachen und setzen $\lambda = 2{,}74$.

$$P(X=0)=\frac{\lambda^0 e^{-\lambda}}{0!}=e^{-\lambda} \quad = e^{-2{,}74} \qquad\qquad = 0{,}06457 \simeq 0{,}065$$

$$P(X=1)=\frac{\lambda^1 e^{-\lambda}}{1!}=\lambda e^{-\lambda} \quad \simeq 2{,}74\cdot 0{,}065 \quad = 0{,}178$$ [164]

$$P(X=2)=\frac{\lambda^2 e^{-\lambda}}{2!}=\frac{\lambda e^{-\lambda}}{2} \simeq \frac{2{,}74^2\cdot 0{,}065}{2}=0{,}244$$

$$P(X=3)=\frac{\lambda^3 e^{-\lambda}}{3!}=\frac{\lambda^3 e^{-\lambda}}{6}=\frac{2{,}74^3\cdot 0{,}065}{6}=0{,}223$$

Liegt eine Stichprobe von 1000 Personen vor, so besteht eine Wahrscheinlichkeit von etwa 6%, daß keine Person an einem bestimmten Tag Geburtstag hat; die Wahrscheinlichkeit dafür, daß eine, zwei bzw. drei Personen an einem bestimmten Tage Geburtstag haben, sind rund 18%, 24% und 22%. Mit der Rekursionsformel (1.261) ergibt sich folgende Vereinfachung:

$P(0) = (\text{vgl. oben}) \simeq 0{,}065$	$P(1) \simeq \frac{2{,}74}{1} = 0{,}178$	$P(2) \simeq \frac{2{,}74}{2} 0{,}178 = 0{,}244$	$P(3) \simeq \frac{2{,}74}{3} 0{,}244 = 0{,}223$

Multipliziert man diese Wahrscheinlichkeiten mit n, dann erhält man die durchschnittliche Anzahl der Personen, die in Stichproben von je 1000 Personen an einem bestimmten Tag Geburtstag haben.

Hinweis: Mit p = 1/365 = 0,0027397 oder 0,00274 und n = 50 [vgl. das Beispiel unter (1.235a bis d) auf S. 272] sowie $50 \cdot 0{,}00274 = 0{,}137 = \hat{\lambda}$, erhält man $P(X=0) = [0{,}137^0 \cdot e^{-0{,}137}]/0! = 0{,}872$ und $P(X=1) = [0{,}137^1/e^{0{,}137}]/1! = 0{,}119$, d. h. $P(X \geqq 2) = 1 - [0{,}872 + 0{,}119] = 0{,}009$ gegenüber 0,008.

B158. **Unverträglichkeit eines Serums.** Die Wahrscheinlichkeit, daß ein Patient die Injektion eines gewissen Serums nicht verträgt, sei 0,001. Gefragt ist nach der Wahrscheinlichkeit, daß von 2000 Patienten a) genau drei, b) mehr als zwei Patienten die Injektion nicht vertragen. Da $q = 0{,}999 \simeq 1$, erhalten wir für $\hat{\lambda} = n \cdot p = 2000 \cdot 0{,}001 = 2$.

$$P(x \text{ Pat. vertragen die Inj. nicht}) = \frac{\lambda^x e^{-\lambda}}{x!} = \frac{2^x e^{-2}}{x!}$$

a) $$P(3 \text{ Pat. vertragen die Inj. nicht}) = \frac{2^3 e^{-2}}{3!} = \frac{4}{3e^2} = 0{,}180$$

b) $$P(0 \text{ Pat. vertragen die Inj. nicht}) = \frac{2^0 e^{-2}}{0!} = \frac{1}{e^2} = 0{,}135$$

$$P(1 \text{ Pat. verträgt die Inj. nicht}) = \frac{2^1 e^{-2}}{1!} = \frac{2}{e^2} = 0{,}271 = \frac{2}{e^2} = \frac{2^2 e^{-2}}{2!} = P(2 \text{ Pat.} \ldots)$$

x	0	1	2	3	4	5	6	7	>7
$P(x)$	0,135	0,271	0,271	0,180	0,090	0,036	0,012	0,003	0,002

$$P(\text{mehr als 2 Pat. vertragen die Inj. nicht}) = 1 - P(0 \text{ oder 1 oder 2 Pat. v. d. I. n})$$
$$= 1-(1/e^2+2/e^2+2/e^2) = 1-\frac{5}{e^2} = 0{,}323.$$

Liegt eine größere Anzahl Stichproben zu je 2000 Patienten vor, dann dürften mit einer Wahrscheinlichkeit von etwa 18% drei Patienten und mit einer Wahrscheinlichkeit von
[164] etwa 32% mehr als zwei Patienten die Injektion nicht vertragen. Die Berechnung allein der Aufgabe a) mit Hilfe der Binomialverteilung wäre recht umständlich gewesen:

$P(3\text{ P. v. d. I. n.}) = {}_{2000}C_3 \cdot 0{,}001^3 \cdot 0{,}999^{1997} = 0{,}1805$; Aufgabe b) $P(> 2Pat. \cdots) = 0{,}3233$.

Weitere Beispiele gibt G. Bergmann [Metrika **14** (1969), 1–20].

Hinweise: 1. Die Antwort auf die Frage, wie groß λ sein muß, damit das Ereignis mit einer Wahrscheinlichkeit P wenigstens einmal eintritt, erhält man, da $P(X = 0) = (e^{-\lambda}\lambda^0)/0! = e^{-\lambda}$

P	λ
0,999	6,908
0,99	4,605
0,95	2,996
0,90	2,303
0,80	1,609
0,50	0,693
0,20	0,223
0,05	0,051
0,01	0,010
0,001	0,001

Tabelle 74

über
$$P = 1 - e^{-\lambda} \tag{1.267}$$

und $e^{-\lambda} = 1 - P\,,\quad \ln e^{-\lambda} = ln(1 - P)$ aus der nach

$$\lambda = -2{,}3026 \cdot \lg(1 - P) \tag{1.268}$$

berechneten Tab. 74

So ergibt sich z. B. für $P = 0{,}95$ ein $\lambda = 3$; d. h.

$$P(X \geqq 1|\lambda = 3) = 0{,}95 \text{ bzw. } P(X = 0|\lambda = 3) = 1 - 0{,}95 = 0{,}05 \text{ [vgl. Tab. 73].}$$

„Höchstens-Drei"Regel: Werden in umfangreichen Stichproben nur Null Fälle gefunden, so läßt sich schließen, daß aufgrund der oberen Schranke eines 95%-Vertrauensbereiches für λ nur höchstens drei Fälle vorliegen dürften. Liegen Screening-Studien vor, dann setzen wir bei dieser Drei voraus, daß Spezifität und insbesondere Sensitivität des verwendeten diagnostischen Verfahrens 100% betragen. Sinken beide auf 70% ab, so ist die 3 durch eine 8 zu ersetzen (siehe die Tabelle auf S. 441).

2. Auf die Frage, wie viele „seltene Ereignisse" (Auftrittswahrscheinlichkeit $p \leqq 0{,}05$) in Zufallsstichproben des Umfangs n mit einer Vertrauenswahrscheinlichkeit von $P = 0{,}95$ zu erwarten sind, gibt die folgende Tabelle eine Antwort (vgl. auch die Tabellen zu B30 und die zu B133). Es sind wenigstens k Ereignisse. Die Tabelle 75 gibt n für einige Werte p und k ($P = 0{,}95$).

Tabelle 75

k \ p	0,05	0,04	0,03	0,02	0,01	0,008	0,006	0,004	0,002	0,001
1	60	75	100	150	300	375	499	749	1498	2996
3	126	157	210	315	630	787	1049	1574	3148	6296
5	183	229	305	458	915	1144	1526	2289	4577	9154
10	314	393	524	785	1571	1963	2618	3927	7853	15706
20	558	697	929	1394	2788	3485	4647	6970	13940	27880

Findet man für p und n nur k_1 „seltene Ereignisse" ($k_1 < k$), dann wird die Nullhypothese $p_1 = p$ auf dem 5%-Niveau abgelehnt und die Alternativhypothese $p_1 < p$ akzeptiert. Die Prüfung von $H_0 : \lambda_1 = \lambda_2$ gegen $H_A : \lambda_1 \neq \lambda_2$ wird in [166] behandelt. **[164]**

3. **Obere Toleranzgrenzen** für Poissonverteilte Zufallsvariable lassen sich nach R. D. Gibbons u. Mitarb. (1990) der Seite „S188" (aus S183–S191) des in [48], Hinweis 7 zitierten Supplements entnehmen. Wir halten uns lose an das dort gegebene Beispiel, benutzen (1.169) und (1.266) sowie eine andere Schreibweise: Im Verlauf von 61 Monaten werden in einem bestimmten Gebiet 123 Ereignisse registriert. Man berechnet z. B. obere 95%-Toleranzgrenzen, die 99% der Grundgesamtheit erfassen, nach

$$K_{123;0,95} = \frac{1}{2 \cdot 61}\chi^2_{(2\cdot 123+2);0,05} = \frac{1}{122}\chi^2_{248;0,05}; \quad \chi^2_{248;0,05} \approx 248\left(1 - \frac{2}{9\cdot 248} + 1{,}645\cdot\sqrt{\frac{2}{9\cdot 248}}\right)^3 = 286{,}4$$

$$K_{123;0,95} = 286{,}4/122 = 2{,}35\,.$$

Jetzt suchen wir die kleinste ganze Zahl j, für die

$$\chi^2_{(2j+2);0,99} > 2K_{123;0,95} = 2\cdot 2{,}35 = 4{,}7$$

gilt. Mit $\nu = 2j + 2$ und χ^2 aus Tabelle 50:

j	ν	$\chi^2_{\nu;0,99}$
5	12	3,57
6	14	4,66
7	16	5,81

erhalten wir j = 7; d. h. die obere 95%-Toleranzgrenze, die 99% der Grundgesamtheit erfaßt, beträgt 7 Ereignisse pro Monat.

Vertrauensbereiche für den Erwartungswert λ

Obere 90%- und 95%-Vertrauensgrenzen für λ enthält Tabelle 158 auf Seite 460: etwa $P(X > 0|\lambda = 3) = 0{,}95$ [vgl. Tab. 74]; $P(X > 50|\lambda = 63{,}3) = 0{,}95$ [vgl. Text auf S. 294 oben und Tab. 77] sowie $P(X > 4|\lambda = 7{,}99) = 0{,}90$ [vgl. Tab. 73: $P(X > 4|\lambda = 8) = 1 - P(X \leqq 4|\lambda = 8) = 1(-0{,}0003 + 0{,}0027 + 0{,}0107 + 0{,}0286 + 0{,}0573) = 0{,}9004$]. Zum VB für λ: Canad. J. Stat. **29** (2001), 99–106.

Es gibt zwei Arten von Vertrauensbereichen (VBe) für λ:

(1) **Nicht-zentrale (kürzeste) VBe** nach *Crow* und *Gardner*, die für $x \leqq 300$ als 95%-VB bzw. als 99%-VB der Tabelle 151 in [454] gegeben werden; Beispiele sind [454] zu entnehmen.

(2) **Zentrale VBe,** die sich nach (1.269) berechnen und nach(1.270) approximieren lassen, hier als 90%-VBe geschrieben; die entsprechenden 95%- und 99%-VBe lassen sich anhand der Schranken der Tabellen 50 und 24 oder 29 bilden, etwa der 95%-VB für λ, aufgrund von x = 10: $\chi^2_{20;0,975} = 9{,}59$ und $\chi^2_{22;0,025} = 36{,}78$, d. h. 95%-VB: $4{,}80 \leqq \lambda \leqq 18{,}39$.

Man verwende entweder (1) oder (2), nicht aber beide gemeinsam.

$$90\%\text{-VB}: \frac{1}{2}\chi^2_{0,95;2x} \leqq \lambda \leqq \frac{1}{2}\chi^2_{0,05;2(x+1)} \qquad (1.269)$$

$$90\%\text{-VB}: \left(\frac{1{,}645}{2} - \sqrt{x}\right)^2 \lessapprox \lambda \lessapprox \left(\frac{1{,}645}{2} + \sqrt{x+1}\right)^2 \qquad (1.270)$$

Rechts in (1.269) und (1.270) stehen zugleich die (einseitigen) oberen 95%-Vertrauensgrenzen: So ist z. B. für x = 50 nach (1.269) $2(50+1) = 102$, $\chi^2_{0,05;102} = 126{,}57$ d. h.
[164] $\lambda \leqq 63{,}3$ und nach (1.270) $(1{,}645/2 + \sqrt{50+1})^2 = 63{,}4$, d. h. $\lambda \lessapprox 63{,}4$. Entsprechend erhält man auch z. B. die oberen 90%-Vertrauensgrenzen (1.269): mit $\chi^2_{0,10}$ anstatt $\chi^2_{0,05}$; s. Tab. 50/50a; (1.270): mit 1,282 anstatt 1,645, s. Tab. 29.

Tabelle 151 in [454] dient auch zur Prüfung der Nullhypothese: $\lambda = \lambda_x$. Sie wird verworfen, wenn der VB für λ_x den Parameter λ nicht überdeckt (vgl. auch Tab. 159 auf S. 461).

Das Thorndike-Nomogramm

Dieses Nomogramm (Abb. 40) dient *zur graphischen Bestimmung der fortlaufend addierten Wahrscheinlichkeiten der Poisson-Verteilung,* der einzelnen aufeinanderfolgenden Ausdrücke vom Typ $e^{-\lambda}\dfrac{\lambda^x}{x!}$ (*Thorndike 1926*). Auf der Abszisse sind die Lambda-Werte notiert, quer über die Tafel laufen eine Reihe von Kurven, die den Werten $c = 1, 2, 3, \ldots$ entsprechen. Der Ordinate ist für unterschiedliche Werte λ und c die Wahrscheinlichkeit zu entnehmen, daß eine Variable X größer oder gleich einem beliebigen Wert c ist: $P(X \geqq c|\lambda)$.

1. Suche den Punkt λ auf der horizontalen Skala, errichte darauf eine Ordinate, diese schneidet die Kurve c.
2. Lies auf der vertikalen Skala die Ordinate des Schnittpunktes ab, man erhält $P(X \geqq c)$. Beispiele enthält S. 295.

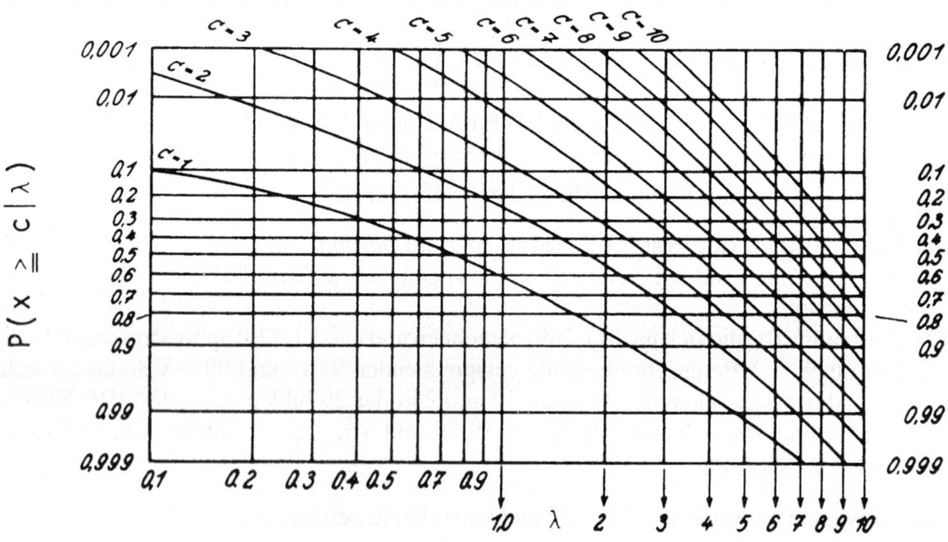

Abb. 39. Das Thorndike-Nomogramm zur schnellen Übersicht
Ordinate: Wahrscheinlichkeit, daß ein Ereignis x c-mal oder häufiger (mindestens c-mal) eintritt, Werte $P(X \geqq c)$. *Abszisse:* Werte λ für die Wahrscheinlichkeit P, daß ein Ereignis in einer größeren Serie von Versuchen mit der durchschnittlichen Ereignishäufigkeit λ, mindestens c-mal stattfindet; logarithmischer Maßstab.
Ein größeres und detaillierteres Thorndike-Nomogramm geben Wilrich und Henning (1998, S. 494).

Beispiele

B159. **Ausschußware II.** Eine Maschine liefere etwa 1% Ausschuß. Wie groß ist die Wahrscheinlichkeit, unter 200 Fertigprodukten mindestens 6 Ausschußstücke zu haben? **[164]**
$p = 0{,}01$; $n = 200$; $\hat{\lambda} = n \cdot p = 200 \cdot 0{,}01 = 2$. Dem Schnittpunkt der Senkrechten in $\lambda = 2$ mit der Kurve $c = 6$ entspricht die Ordinate $P(X \geqq 6) = 0{,}015$. Die Wahrscheinlichkeit, wenigstens 6 Ausschußstücke zu finden, beträgt etwa 0,015 oder 1,5% [exakt: 1,66%].

B160. **Eiergroßhandel.** Ein Eiergroßhändler ist daran interessiert, daß nicht mehr als 0,5% aller Eierkartons vier oder mehr ungenießbare Eier enthalten soll. Wie niedrig muß der durchschnittliche Prozentsatz schlechter Eier liegen, damit diese Qualität gewährleistet wird? Wir nehmen an, daß ein Karton eine Zufallsstichprobe von 250 Eiern darstellt.
Hier muß das Thorndike-Nomogramm umgekehrt wie in B159 benutzt werden: In einer Zufallsstichprobe von 250 Eiern soll die Wahrscheinlichkeit, vier oder mehr ungenießbare Eier zu erhalten, nicht größer sein als 0,005. Damit ist $P(X \geqq 4) = 0{,}005$. Hieraus ist λ die durchschnittliche Anzahl schlechter Eier im Karton zu ermitteln. Die links von $P = 0{,}005$ ausgehende Horizontale schneidet die Kurve $c = 4$. Als Senkrechte durch den Schnittpunkt erhält man $\hat{\lambda} = 0.67$. Dann ist $\hat{p}$ der gesuchte Prozentsatz ungenießbarer Eier, der nicht überschritten werden soll, gegeben durch $\hat{\lambda} = n \cdot \hat{p}$ oder $\hat{p} = \frac{\hat{\lambda}}{n} \simeq \frac{0{,}67}{250} = 0{,}00268$ oder 0,27%, d. h. rund 3 pro mille.

B161. **Ausschußware III.** Hundert Glühbirnen werden jeweils in einem Karton geliefert. Der durchschnittliche Prozentsatz an Ausschußware liege bei $p = 1$ %. Gefragt ist nach der Wahrscheinlichkeit, daß eine Sendung von 100 Birnen zwei oder mehr Ausschußbirnen enthält: Wir suchen den Schnittpunkt der Linie $\lambda = 1$ mit der Kurve $c = 2$ und erhalten links die Ordinate 0,26. Damit werden von 100 Kartons à 100 Glühbirnen etwa 26 Kartons zwei oder mehr Ausschußbirnen enthalten.
Der übliche Rechengang wäre (vgl. Tab. 72 und 73)

$$\begin{aligned} P(X \geqq 2|\lambda = 1) &= 1 - (P(X = 0|\lambda = 1) + P(X = 1|\lambda = 1)) \\ &= 1 - (0{,}3679 + 0{,}3679) \\ &= 0{,}2642\,. \end{aligned}$$

Auf ähnliche Weise erhält man mit Hilfe des Nomogramms auch $P(X \geqq 3; \lambda = 1) = 0{,}08$ und hieraus $P(X = 2; \lambda = 1) = 0{,}26 - 0{,}08 = 0{,}18$ sowie weitere Werte. Zur Kontrolle werden die Wahrscheinlichkeiten 0,1, 2, 3, 4, 5 und 6 Ausschußbirnen pro 100 Glühbirnen zu erhalten, in Tabelle 76 gegeben. Ihre Berechnung mit Hilfe der Rekursionsformel wird als Übung empfohlen.

Übrigens: um im Rahmen von **Zuverlässigkeitsstudien** z. B. die **Lebensdauer von Glühbirnen** zu bestimmen, ist es sinnvoll, sich mit den ersten k von den insgesamt n zu begnügen: $x_1 \leq x_2 \leq \ldots \leq x_k \leq \ldots \leq x_n$; dann ist

$$\bar{x}_{\text{zensiert}} = \frac{1}{n}\left[\sum_{i=1}^{k} x_i + (n-k)x_k\right]$$

das **zensierte arithmetische Mittel.**

Bei umfangreichen Rechnungen wird man zu Tafeln der Poisson-Verteilung greifen [vgl. unter (1.266)]. Erinnert sei an die Wahrscheinlichkeit *für den Eintritt von mindestens* x_0 *seltenen Ereignissen* [vgl. (1.266) und Tabelle 12 auf S. 62]:

$$\boxed{P(X \geqq x_0) = 1 - P(\chi^2_{2x_0} \leqq 2np)} \qquad (1.266a)$$

Tabelle 76

[164]

Glühbirnen-Ausschußzahl pro 100	POISSON-Wahrscheinlichkeit für $\lambda = 1$
0	0,3679
1	0,3679
2	0,1840
3	0,0613
4	0,0153
5	0,0031
≥ 6	0,0006
	1

Nehmen wir das letzte Beispiel: $x_0 = 2$, $np = 100 \cdot 0{,}01 = 1$

$$P(X \geqq 2|\hat{\lambda} = 1) = 1 - P(\chi_4^2 \leqq 2)$$

Tabelle 50 in [152] liefert $P(\chi_4^2 = 2) \simeq 0{,}73$, d. h.

$$P(X \geqq 2|\hat{\lambda} = 1) = 1 - 0{,}73 \simeq 0{,}27\,.$$

Diese Schnellschätzung sei zur Übung auch auf die anderen Beispiele angewandt.

vgl. S. 431, 440, 447, 459

Mit Hilfe von (1.261) läßt sich wieder ein graphischer Test ausführen (vgl. die Hinweise in [162]): Trägt man $P(x)/P(x+1)$ gegen x auf und liegen die Punkte auf einer geraden Linie, dann folgen die Werte einer Poisson-Verteilung (*Dubey 1966*) (vgl. auch *Ord 1967* und *Grimm 1970* sowie du Toit u. Mitarb. 1986, Chapter 3).

Sind n unabhängige Zufallsvariablen X_i nach Poisson verteilt mit den Parametern λ_i, so ist $X = \sum_{i=1}^{n} X_i$ nach Poisson verteilt mit dem Parameter $\lambda = \sum_{i=1}^{n} \lambda_i = E(X) = \text{Var}(X)$. Dies ist der **Additionssatz**, die **Reproduktivität** der Poisson-Verteilung.

Approximationen

Eine brillante Übersicht gibt *Molenaar (1970).*

1. Approximation der Binomialverteilung durch die Poisson-Verteilung

Liegt eine Binomialverteilung mit großem Stichprobenumfang n und kleiner Ereigniswahrscheinlichkeit p vor, so daß $q = 1-p$ praktisch gleich 1 ist, sagen wir, wenn $p < 0{,}05$ und $n > 10$, dann kann die Poisson-Verteilung mit $\lambda = np$ als Approximation der Binomialverteilung dienen.

Beispiele

B162. **Die Häufigkeit von Bränden.** In einem bestimmten Gebiet habe im Durchschnitt 1 von 2000 Häusern jährlich einen Brand. Wenn 4000 Häuser in diesem Gebiet sind, wie groß ist dann die Wahrscheinlichkeit, daß genau 5 Häuser im Verlauf des Jahres einen Brand haben?

$$\hat{\lambda} = np = 4000 \cdot \frac{1}{2000} = 2$$

$$P(X = 5, \hat{\lambda} = 2) = e^{-2} \cdot \frac{2^5}{5!} = 0{,}036$$

Die Wahrscheinlichkeit beträgt knapp 4%.

B163. **Gewinn-Chancen.** Die Wahrscheinlichkeit, bei einem bestimmten Spiel zu gewinnen, betrage $p = 0{,}01$, es seien $n = 100$ Spiele durchgeführt worden. Wie groß ist die Wahrscheinlichkeit: (a) nullmal, (b) einmal und (c) mindestens zweimal zu gewinnen? **[164]**
Mit $\lambda = np = 100 \cdot 0{,}01 = 1$ erhält man (vgl. Tabelle 72 auf S. 288):

$$\begin{aligned}
&\text{a) } P(0|1) = e^{-1} = \frac{1}{e} \approx \frac{1}{2{,}72} = && 0{,}368 \\
&\text{b) } P(1|1) = 1e^{-1} = && 0{,}368 \\
&\text{c) } P(\geqq 2|1) \approx 1 - 2 \cdot 0{,}368 = && \underline{0{,}264} \\
&\qquad P(\geqq 0|1) = && 1
\end{aligned}$$

Die exakten Binomialwahrscheinlichkeiten betragen 0,366; 0,370; 0,264.

2. Approximation der Poisson-Verteilung durch die Standardnormalverteilung

Die kumulierte Poisson-Wahrscheinlichkeit $P(X \leqq k|\lambda) = \sum_{j=0}^{k} e^{-\lambda}\lambda^j/j!$ läßt sich nach (1.271) und wesentlich besser nach (1.272, *Molenaar 1970*) approximieren.

Für $\lambda \geqq 9$

$$\boxed{\hat{z} = |(k-\lambda)/\sqrt{\lambda}|} \qquad (1.271)$$

Beispiele 1. Für $P(X \leqq 3|9)$ mit $\hat{z} = |(3-9)/\sqrt{9}| = 2{,}000$ erhält man $P = 0{,}0228$ (exakt: 0,021226).

2. Für $P(X \leqq 4|10)$ mit $\hat{z} = |(4-10)/\sqrt{10}| = 1{,}897$ ergibt sich $P = 0{,}0289$ (exakt: 0,029253).

Für $\lambda \gtrapprox 0{,}5$:

$$\boxed{\begin{aligned}&\hat{z} = |2\sqrt{k+(t+4)/9} - 2\sqrt{\lambda+(t-8)/36}| \\ &\text{mit } t = (k-\lambda+1/6)^2/\lambda\end{aligned}} \qquad (1.272)$$

Obiges 2. Beispiel: $t = (4-10+1/6)^2/10 = 3{,}403$

$$\hat{z} = |2\sqrt{4+7{,}403/9} - 2\sqrt{10-4{,}597/36}| = 1{,}892, \text{ d. h. } P = 0{,}0293.$$

165 Vergleich der Erwartungswerte von Poisson-Verteilungen

Vergleich der Leistungen zweier Buchhalter (B164) **[165]**
Treten mehr Ereignisse auf als in der Regel zu erwarten sind?

1. Vergleich zweier Poisson-Verteilungen

Sind die Biometrika Tabellen von *Pearson und Harley (1966)* zur Hand, so wird man ohne Rechnung mit Hilfe von Tabelle 36, S. (79, 80) 209 prüfen.

Zwei Poisson-Variablen X_1 und X_2 (mit $X_1 > X_2$) lassen sich nach

$$\boxed{\hat{F} = \frac{X_1}{X_2+1}} \qquad (1.273)$$

prüfen ($FG = 2(X_2+1); 2X_1$), wobei der Nullhypothese ($\lambda_1 = \lambda_2$) die einseitige ($\lambda_1 > \lambda_2$) oder die zweiseitige Fragestellung ($\lambda_1 \neq \lambda_2$) gegenübergestellt werden kann. Die
[165] Nullhypothese wird verworfen, sobald $\hat{F}$ den tabellierten F-Wert erreicht oder übersteigt. Zu beachten ist, daß die F-Tafeln für die einseitige Fragestellung tabelliert sind.

Beispiel

Prüfe anhand von x_1 = 13 und x_2 = 4, ob sich die Nullhypothese $\lambda_1 = \lambda_2$ gegen die Alternativhypothese $\lambda_1 \neq \lambda_2$ sichern läßt ($\alpha = 0{,}05$).

$$\hat{F} = \frac{13}{4+1} = 2{,}60$$

Da $2{,}60 > 2{,}59 = F_{10;26;0{,}025}$ ist, läßt sich die Nullhypothese gerade noch verwerfen (bei einseitiger Fragestellung (vgl. [146]!) $\lambda_1 > \lambda_2$ gegen $\lambda_1 = \lambda_2$ mit $F_{10;26;0{,}05} = 2{,}22$ ließe sich der Unterschied besser sichern).

Vergleiche dieser Art lassen sich auch für nicht zu kleines X ($X_1 + X_2 > 5$) sehr gut anhand der Standardnormalvariablen (1.274) oder (1.274a)

$$\boxed{\hat{z} = (X_1 - X_2 - 1)/\sqrt{X_1 + X_2}} \tag{1.274}$$

durchführen; für $X_1 + X_2 > 20$ bevorzuge man (1.274a)

$$\boxed{\hat{z} = (X_1 - X_2)/\sqrt{X_1 + X_2}} \tag{1.274a}$$

Beispiel

Wir verwenden das letzte Beispiel: $\hat{z} = (13 - 4 - 1)/\sqrt{13+4} = 1{,}940 < 1{,}960 = z_{0{,}05;\text{zweis.}}$ H_0 läßt sich auf dem 5%-Niveau nicht verwerfen.

Für den **Vergleich zweier Poisson-Erwartungswerte** aus zwei gleichgroßen Beobachtungseinheiten

zweiseitig	$H_0: \lambda_1 = \lambda_2$ $H_A: \lambda_1 \neq \lambda_2$
	bzw.
einseitig	$H_0: \lambda_1 = \lambda_2$ $H_A: \lambda_1 > \lambda_2$

kann Tabelle 131 auf S. 416 benutzt werden ($n = x_1 + x_2$). Dies zeigt B164.

B164. **Sorgfalt zweier Buchhalter.** Fünfhundert Rechnungen, die jedem von zwei Buchhaltern durch ein Zufallsverfahren zum Schreiben zugeordnet werden, läßt man später sorgfältig auf Fehler kontrollieren (α = 0,05; zweiseitig). Mit 6 + 16 = 22 Fehlern läßt sich H_0 auf dem 5%-Niveau nicht ablehnen (5 + 17 = 22 wäre hier statistisch signifikant gewesen). Bei einseitiger Fragestellung (α = 0,05) mit den Resultaten 11 + 5 = 16 ließe sich H_0 auf dem 5%-Niveau nicht ablehnen (wohl aber bei 12 + 4 = 16) (vgl. Tab. 131b auf S. 418, die 4 liegt hier außerhalb der Schranken).

Treten mehr Ereignisse auf als in der Regel zu erwarten sind?
Die Prüfung $H_0 : \lambda = \lambda_0$ gegen $H_A : \lambda > \lambda_0$

Erwartet man aufgrund langer Erfahrung oder einer brauchbaren Theorie mittlere Häufigkeiten, die in einem gewählten Intervall (z. B. 1 Sekunde, 1 Jahr, 1 Quadratkilometer), etwa zwischen 1 und 100 liegen, so lassen sich anhand der Tabelle 77 für die einseitige Fragestellung Abweichungen von dem Erwartungswert Lambda (λ) auf dem 5%-Niveau bzw. auf dem 1%-Niveau statistisch sichern. Beispielsweise erwarte man im Durchschnitt $\lambda = 10$ Ereignisse pro Intervall. Treten statt dessen 11, 12, 13, 14 oder 15 Ereignisse pro Intervall auf, so ist dies mit $H_0 : \lambda = 10$ gegen $H_A : \lambda > 10$ und $\alpha_{\text{einseitig}} = 0{,}05$ verträglich. Treten jedoch 16 Ereignisse pro Intervall auf, so muß H_0 auf dem 5%-Niveau zugunsten von H_A verworfen werden. Es spricht dann einiges dafür, daß Lambda größer als 10 ist. Auch Tabelle 159 auf S. 461 gestattet es, Abweichungen von einem vorgegebenen Erwartungswert Lambda zu erfassen. [165]

Tabelle 77. Obere 5%- und 1%-Schranken der Poisson-Verteilung für ausgewählte Erwartungswerte λ. Tabelliert sind kleinste ganze Zahlen, für die die Wahrscheinlichkeit, erreicht oder überschritten zu werden, kleiner als 0,05 bzw. kleiner als 0,01 ist; z. B. $P(X \geqq 4|\lambda=1) < 0{,}05$; denn $P(X \geqq 4|\lambda = 1) = P(X = 4|\lambda = 1) + P(X > 4|\lambda = 1) = 0{,}0153 + 0{,}0037 = 0{,}019 < 0{,}05$

λ	Obere Schranken 0,05	Obere Schranken 0,01	λ	Obere Schranken 0,05	Obere Schranken 0,01
1	4	5	15	23	26
2	6	7	16	24	27
3	7	9	18	26	30
4	9	10	20	29	32
5	10	12	25	34	38
6	11	13	30	40	44
7	13	15	35	46	50
8	14	16	40	52	56
9	15	18	45	57	62
10	16	19	50	63	68
11	18	20	60	74	80
12	19	22	70	85	91
13	20	23	80	96	103
14	21	24	90	107	114
15	23	26	100	118	125

Hinweis: Vergleich zweier Stichproben relativ seltener Ereignisse in der Zeit

Zählen wir in den Zeiträumen t_1 und t_2 die relativ seltenen Ereignisse X_1 und X_2, dann läßt sich die Nullhypothese (Gleichheit der Wahrscheinlichkeiten) approximativ nach

$$\boxed{\hat{F} = \frac{t_1(X_2 + 0{,}5)}{t_2(X_1 + 0{,}5)}} \tag{1.275}$$

mit $(2X_1 + 1; 2X_2 + 1)$ Freiheitsgraden prüfen (*Cox 1953*).

Beispiel

Gegeben: $x_1 =$ 4 Ereignisse in t_1 = 205 Stunden
$x_2 =$ 12 Ereignisse in t_2 = 180 Stunden

Geprüft wird die Hypothese: Gleichheit der Wahrscheinlichkeiten (zweiseitige Fragestellung: $\alpha = 0{,}05$ [d.h. es sind die oberen 2,5%-Schranken der F-Verteilung zu verwenden]).
[165] Wir finden

$$\hat{F} = \frac{205(12+0{,}5)}{180(4+0{,}5)} = 3{,}16\ .$$

Da $3{,}16 > 2{,}68 = F_{9;25;0{,}025}$ ist, wird die Nullhypothese abgelehnt.

Für den Vergleich zweier relativer Häufigkeiten ($x_1/n_1 = \hat{p}_1$, $x_2/n_2 = \hat{p}_2$), die einer Binomialverteilung ($\hat{p}_1, \hat{p}_2 > 0{,}05$) oder einer Poisson-Verteilung ($\hat{p}_1, \hat{p}_2 \leqq 0{,}05$) entstammen, gibt *Johnson (1959)* ein Nomogramm, das eine elegante approximative Lösung der Frage gestattet, ob $\hat{p}_1$ und $\hat{p}_2$ einer gemeinsamen Grundgesamtheit entstammen.

2. Vergleich mehrerer Poisson-Verteilungen

Vergleich der mittleren Ereigniszahlen in mehreren Stichproben aus Poisson-Grundgesamtheiten. Besonders geeignet ist hierfür der in [621] vorgestellte Homogenitätstest.

Sind X_i stochastisch unabhängige Beobachtungen aus derselben normalverteilten Grundgesamtheit (μ, σ), dann ist die Summe der quadrierten standardisierten Abweichungen

$$\boxed{\sum_{i=1}^{\nu}\left(\frac{X_i-\mu}{\sigma}\right)^2 = \sum_{i=1}^{\nu} Z_i^2 = \chi_\nu^2} \qquad (1.276)$$

χ^2-verteilt mit ν Freiheitsgraden. Für den Vergleich von k Stichproben ($k \geqq 2$) aus beliebigen Beobachtungseinheiten t_i (Zeit-, Flächen- oder Raumeinheiten), in denen das Ereignis x_i-mal eingetroffen ist, bildet man $x_i/t_i = \lambda_i^*$ und $(\sum x_i)/(\sum t_i) = \hat{\lambda}$, transformiert die x_i nach

$$z_i = 2(\sqrt{x_i+1} - \sqrt{t_i\hat{\lambda}})\ , \quad \text{wenn } \lambda_i^* < \hat{\lambda}$$

$$z_i = 2(\sqrt{x_i} - \sqrt{t_i\hat{\lambda}})\ , \quad \text{wenn } \lambda_i^* > \hat{\lambda}$$

und bildet die Summe ihrer Quadrate $\sum z_i^2$. Geprüft wird nach

$$\boxed{\hat{\chi}^2 = \sum_{i=1}^{k} z_i^2} \qquad (1.277)$$

für $k-1$ Freiheitsgrade (1 Freiheitsgrad ist für den geschätzten Parameter $\hat{\lambda}$ abzuziehen, ist er bekannt, so stehen k Freiheitsgrade zur Verfügung).

Beispiel

Wir verwenden das letzte Beispiel, bilden

$$\begin{aligned}
\lambda_1^* &= 4/205 = 19{,}51 \cdot 10^{-3}\ ,\\
\lambda_2^* &= 12/180 = 66{,}67 \cdot 10^{-3}\ ,\\
\hat{\lambda}\ &= (4+12)/(205+180) = 41{,}558 \cdot 10^{-3}\ ,\\
z_1 &= 2(\sqrt{4+1} - \sqrt{205 \cdot 41{,}558 \cdot 10^{-3}}) = -1{,}366\\
z_2 &= 2(\sqrt{12} - \sqrt{180 \cdot 41{,}558 \cdot 10^{-3}}) = 1{,}458 \quad \text{und}\\
z_1^2 + z_2^2 &= 1{,}866 + 2{,}126 = 3{,}992\ .
\end{aligned}$$

Da $3{,}99 > 3{,}84 = \chi^2_{1;0{,}05,}$ wird auch hier die Nullhypothese abgelehnt.
Selbstverständlich wird man beim Vergleich lediglich zweier Mittelwerte (1.273) bzw. (1.274, 1.274a) anwenden. **[165]**

Mehrere Poisson-Erwartungswerte lassen sich nach einem einfachen Verfahren auf monotonen Trend prüfen (*M*: 197, 198).

166 Der Dispersionsindex

Pferdehufschlagtote (B165) **[166]**

Soll eine empirische Verteilung durch eine Poisson-Verteilung beschrieben werden, dann müssen die Daten, das sei noch einmal herausgestellt, die folgenden beiden Voraussetzungen erfüllen:

1. Es liegen unabhängige Ereignisse vor.
2. Die mittlere Zahl dieser Ereignisse pro Intervall (z. B. Zeit, Raum) ist der Länge des Intervalls proportional (und hängt nicht ab von der Lage des Intervalls).

Sind diese Bedingungen nicht oder nur teilweise erfüllt, dann ist die *Nullklasse* häufig *stärker (schwächer) besetzt,* als aufgrund der Poisson-Verteilung zu erwarten ist. Dann ist auch der Quotient (1.278) größer (kleiner) als 1.

$$\frac{\text{Stichprobenvarianz}}{\text{Theoretische Poisson-Varianz}} = \frac{\text{Stichprobenvarianz}}{\underset{\text{Erwartungswert}}{\text{Theoretischer Poisson-Mittelwert}}} = \frac{s^2}{\lambda} \qquad (1.278)$$

Wieviel größer als 1 muß nun dieser Quotient sein, bevor wir entscheiden, daß die Verteilung „überdispers" sei? Ist der Quotient $\lessapprox 10/9$, dann kann angenommen werden, daß die vorliegende Verteilung durch eine Poisson-Verteilung approximiert werden kann. Ist er $\gtrapprox 9/10$, „unterdisperse" Verteilung, so liegt eher eine Binomialverteilung vor. Das nächste Beispiel wird uns Gelegenheit geben, diese Faustregel anzuwenden. Zur Prüfung, ob Daten (x_i) einer Poisson-Verteilung (mit dem Erwartungswert λ) entstammen (vgl. auch *Rao und Chakravarti 1956*), dient der **Dispersionsindex** [vgl. auch Gbur 1981 und [33] sowie D. Böhning, Biometrika **81** (1994), 418–419] wobei

$$\hat{\chi}^2 = \sum_i \frac{(x_i-\bar{x})^2}{\bar{x}} = \frac{\sum_i x_i^2}{\bar{x}} - \sum_i x_i = \frac{n}{k}\left(\sum_{i=1}^{n} x_i^2\right) - k \qquad \begin{array}{l}\text{mit } k \text{ Ereignissen}\\ \text{in } n \text{ untersuchten}\\ \text{Intervallen:}\\ k/n = \bar{x}\end{array} \qquad (1.279)$$

$$\hat{\chi}^2 = \frac{1}{\bar{x}} \sum_i f_i (x_i - \bar{x})^2 \qquad \nu = n - 1 \qquad \text{Dispersonsindex}$$

$n-1$ Freiheitsgrade zur Verfügung stehen. Überschreitet der empirisch geschätzte $\hat{\chi}^2$-Wert den tabellierten, ist also die Varianz wesentlich größer als der Mittelwert, dann liegt eine **zusammengesetzte Poisson-Verteilung** vor: Wenn überhaupt ein seltenes Ereignis eintritt, dann folgen häufig mehrere. Man spricht von *positiver Wahrscheinlichkeitsansteckung.* Tage mit Gewittern sind selten, treten aber gehäuft auf. Man erhält z. B. die sogenannte **negative Binomialverteilung.** Die Anzahl der Zecken je Schaf einer Herde folgt ihr. Die Verteilungen anderer *biologischer* Merkmale werden häufig besser durch eine der sogenannten **Neyman-Verteilungen** approximiert. Näheres ist J. N. Perry und R. Mead: Biometrics **35** (1979), 613–622 zu entnehmen (vgl. auch *Weber 1972*, Baxter

und Stevenson 1988, Cohen 1991: Chapt. 13 + 14, Douglas 1980, Kemp und Kemp 1987, Patel u. Mitarb. 1976, Pollard 1985, Qu u. Mitarb. 1990 sowie Ross und Preece 1985).
[166] Wichtige Tafeln geben *Grimm (1962, 1964)* sowie *Williamson und Bretherton (1963)*.

Alternativen zur Poisson-Verteilung behandelt Jackson (1972); auf Verallgemeinerungen geht Consul (1989) näher ein.

Beispiel

B165. Pferdehufschlagtote. Klassisches Beispiel für eine Poisson-Verteilung ist der Tod von Soldaten durch Pferdehufschlag in 10 preußischen Kavallerieregimentern während eines Zeitraumes von 20 Jahren (Preußisches Heer, 1875–1894) nach L. von Bortkiewicz (vgl. Quine und Seneta 1987) (zur Modellierung von Unfällen dient auch die negative Binomialverteilung).

Tabelle 78

Todesfälle	0	1	2	3	4	≥5	∑
beobachtet	109	65	22	3	1	0	200
berechnet	108,7	66,3	20,2	4,1	0,6	0,1	200

$$\bar{x} = \frac{\sum x_i f_i}{n} = \frac{0{\cdot}109 + 1{\cdot}65 + 2{\cdot}22 + 3{\cdot}3 + 4{\cdot}1 + 5{\cdot}0}{200} = \frac{122}{200} = 0{,}61\ ;$$

$$s^2 = \frac{\sum x_i^2 f_i - (\sum x_i f_i)^2/n}{n-1}$$

$$s^2 = \frac{0^2{\cdot}109 + 1^2{\cdot}65 + 2^2{\cdot}22 + 3^2{\cdot}3 + 4^2{\cdot}1) - 122^2/200}{200-1}$$

$$s^2 = \frac{196 - 74{,}42}{199} = \frac{121{,}58}{199} = 0{,}61 \text{ ; wir erhalten}$$

nach (1.278): $\frac{s^2}{\lambda} = \frac{0{,}61}{0{,}61} = 1 < \frac{10}{9}$ und

nach (1.279): $\hat{\chi}^2 = [109(0-0{,}61)^2 + 65(1-0{,}61)^2 + \ldots + 0(5-0{,}61)^2]/0{,}61$

$$\hat{\chi}^2 = 199{,}3 < 233 = \chi^2_{199;0,05}$$

Damit ist die Poisson-Verteilung ($\lambda = 0{,}61$) geeignet, die vorliegende Verteilung zu beschreiben. Im allgemeinen werden sich die Schätzungen von s^2 und λ unterscheiden.

Der Dispersionsindex liegt nahe bei 1, sobald die Ziffern 0, 1 und 2 häufig auftreten (insbesondere die Null und die Eins), selbst dann, wenn unterschiedliche Parameter λ_i vorliegen.

Für die vorliegende Poisson-Verteilung lassen sich nun aufgrund von $\lambda = 0{,}61$ Wahrscheinlichkeiten und erwartete Häufigkeiten berechnen.

$$P(0) = \frac{0{,}61^0 e^{-0{,}61}}{0!} = 0{,}5434\ ; \quad 200 \cdot 0{,}5434 = 108{,}68 \text{ usw.}$$

Die Vervollständigung der Tabelle 78 wird als Übung empfohlen. Die relativen Häufigkeiten der Wahrscheinlichkeiten der Poisson-Verteilung sind durch die aufeinanderfolgenden Glieder der Beziehung [166]

$$e^{-\lambda} \sum \frac{\lambda^x}{x!} = e^{-\lambda} \left(1 + \lambda + \frac{\lambda^2}{2!} + \frac{\lambda^3}{3!} + \ldots + \frac{\lambda^x}{x!}\right) \quad (1.280)$$

gegeben. Die erwarteten Häufigkeiten erhält man als Produkt aus Einzelglied und gesamtem Stichprobenumfang. Man erhält also beispielsweise als Erwartungshäufigkeit für das dritte Glied

$$n \cdot e^{-\lambda} \cdot \frac{\lambda^2}{2!} = 200 \cdot 0{,}54335 \cdot \frac{0{,}3721}{2} = 20{,}2 \quad \text{usw.}$$

Liegen empirische Verteilungen vor, die Ähnlichkeit mit Poisson-Verteilungen aufweisen, dann kann λ, wenn die Nullklasse (Null Erfolge) die stärkste Besetzung aufweist, nach

$$-\ln\left(\frac{\text{Besetzung der Nullklasse}}{\text{Gesamtzahl aller Häufigkeiten}}\right) = \hat{\lambda} = -\ln\left(\frac{n_0}{n}\right) \quad (1.281)$$

geschätzt werden.

Beispiel

Tabelle 79

0	1	2	3	4	5	6	∑
327	340	160	53	16	3	1	900

normal: $\hat{\lambda} = \frac{1}{900}(0 \cdot 327 + 1 \cdot 340 + \ldots + 6 \cdot 1) = \frac{904}{900} \approx 1$

abgekürzt: $\frac{n_0}{n} = \frac{327}{900} = 0{,}36\bar{3} \quad \ln 0{,}36\bar{3} = -1{,}0124 \quad \text{oder} \quad \hat{\lambda} = 1{,}0124 \approx 1$

Auf das Pferdehufschlagbeispiel angewandt, erhalten wir anhand der Schnellschätzung

$$\hat{\lambda} = -\ln\left(\frac{109}{200}\right) = -\ln 0{,}545 = 0{,}60697 \quad \text{oder} \quad 0{,}61\,,$$

ein ausgezeichnetes Ergebnis!

Sind Nullereignisse aufgetreten aber nicht erfaßt worden, dann empfiehlt sich der Ansatz nach A. C. Cohen, Jr., der in Biometrics **16** (1960), 203–211 an den Daten von B165 demonstriert wird.

Einen Homogenitätstest, der Abweichungen in der Besetzung der Nullklasse sowie der anderen Klassen zu erfassen gestattet, beschreiben *Rao und Chakravarti (1956)*. Tafeln und Beispiele sind der Originalarbeit zu entnehmen.

Hinweis: Das Gesetz der kleinen Zahlen (L. von Bortkiewicz: 1868–1931) besagt, daß relativ kurze Folgen von unabhängigen Beobachtungen, die nach Poisson verteilt sind,
[166] dahin tendieren, als homogene Poisson-Verteilung aufzutreten, selbst wenn ihre Parameter λ_i differieren; differieren die Parameter λ_i stärker, so kann diese Heterogenität mit zunehmender Erfahrung und weiteren Daten (längerer Beobachtungszeit) schnell erkannt werden.
Koinzidenzen: Methoden zum Studium des Zusammentreffens von Ereignissen unter Berücksichtigung **extrem seltener Ereignisse** behandeln Diaconis und Mosteller (1989).

167 Der Multinomialkoeffizient

[167] Basketballspiel (B166)
Kartenspiel (B167)
Wohngemeinschaft (B168)
Würfelspiel I (B169)

Wenn n Elemente in k Gruppen angeordnet werden, so daß $n_1 + n_2 + \ldots + n_k = n$, wobei $n_1, n_2, \ldots, n_k$ die Anzahl der Elemente pro Gruppe bezeichnet, dann gibt es

$$\boxed{\frac{n!}{n_1! \cdot n_2! \cdot \ldots \cdot n_k!}} \tag{1.282}$$

unterschiedliche Möglichkeiten, die n Elemente in diese k Gruppen zu gruppieren (Multinomialkoeffizient).

Beispiele

B166. Zehn Studenten sollen in zwei Gruppen zu je 5 Basketballspielern eingeteilt werden. Wie viele unterschiedliche Teams können gebildet werden?

$$\frac{10!}{5! \cdot 5!} = \frac{3\,628\,800}{120 \cdot 120} = 252$$

Näheres zum Basketballspiel bietet The American Statistician **49** (1995), 24–28, und **54** (2000), 94–99, **50** (1996), 34–38, 39–43 und **54** (2000), 94–99.

B167. Ein Satz von 52 Spielkarten soll so unter 4 Spielern verteilt werden, daß jeder 13 Karten enthält. Wie viele unterschiedliche Möglichkeiten gibt es für die Verteilung der Karten?

$$\frac{52!}{13! \cdot 13! \cdot 13! \cdot 13!} = \frac{8{,}0658 \cdot 10^{67}}{(6{,}2270 \cdot 10^9)^4} \simeq 5{,}36 \cdot 10^{28}.$$

B168. **Wohngemeinschaft.** In einer Wohngemeinschaft schlafen 7 Personen:
(a) in einem Vierbettzimmer und drei Einzelzimmern,
(b) in einem Dreibett-, einem Doppel- und zwei Einzelzimmern,
(c) in drei Zweibettzimmern und einem Einzelzimmer.
Wie viele Zuordnungen sind möglich?

$$\text{(a)}\ \frac{7!}{4!1!1!1!} = 210\,, \quad \text{(b)}\ \frac{7!}{3!2!1!1!} = 420\,, \quad \text{(c)}\ \frac{7!}{2!2!2!1!} = 630$$

B169. **Würfelspiel I.** Wie groß ist die Wahrscheinlichkeit, daß beim Werfen von 12 Würfeln jede Augenzahl, d. h. „1“, „2“, ..., „6“, genau zweimal auftritt?
Von den 6^{12} Möglichkeiten sind nach dem Multinomialkoeffizienten $12!/(2 \cdot 2 \cdot 2 \cdot 2 \cdot 2 \cdot 2) = 12!/2^6$ günstig, d. h.

$$P = \frac{12!}{2^6 \cdot 6^{12}} = \frac{479\,001\,600}{(2^3)^2 \cdot (6^4)^3} \approx \frac{479\,002 \cdot 10^3}{64 \cdot 1296^3} \approx 0{,}003438\,.$$

168 Die Multinomialverteilung (Polynomialverteilung)

Perlen (B170), Würfelspiel II (B171), Wahl eines Kandidaten (B172) **[168]**

Wir wissen, wenn die Wahrscheinlichkeit, einen Raucher auszuwählen, p beträgt und die Wahrscheinlichkeit, einen Nichtraucher auszuwählen, $1-p$ beträgt, dann ist die Wahrscheinlichkeit, genau x Raucher in n Interviews zu erhalten, gegeben durch

$$\boxed{P(X=x|n,p)=\binom{n}{x}p^x(1-p)^{n-x}} \tag{1.235}$$

Sind statt 2 Ereignisse deren mehrere – sagen wir $A_1, A_2, \ldots, A_k$ – möglich mit den entsprechenden Wahrscheinlichkeiten $p_1, p_2, \ldots, p_k$, dann sind in n Versuchen mit $n_1, n_2, \ldots, n_k$ Realisierungen von $A_1, A_2, \ldots, A_k$ die Wahrscheinlichkeiten, genau $x_1, x_2, \ldots, x_k$ Ereignisse zu erzielen, gegeben durch (1.283), d. h. sind mehr als zwei Merkmalsausprägungen möglich, besteht also die Grundgesamtheit aus den Merkmalsausprägungen $A_1, A_2, \ldots, A_k$ mit den Wahrscheinlichkeiten $p_1, p_2, \ldots, p_k$, wobei $\sum_{i=1}^{k} p_i = 1$, so ergibt sich für die Wahrscheinlichkeit, daß in einer Stichprobe von n unabhängigen Beobachtungen gerade n_1-mal die Ausprägung A_1, n_2-mal die Ausprägung A_2 usw. auftritt, die sogenannte *Multinomialverteilung*

$$\boxed{P(n_1, n_2, \ldots, n_k|p_1, p_2, \ldots, p_k|n)=\frac{n!}{n_1!\cdot n_2!\cdot\ldots\cdot n_k!}\cdot p_1^{n_1}p_2^{n_2}\ldots p_k^{n_k}} \tag{1.283}$$

deren k Zufallsvariablen n_i der Bedingung $\sum_{i=1}^{k} n_i = n$ genügen. Die Funktional-Parameter (vgl. auch S. 306 oben) sind für die n_i:

Erwartungswerte: $\mu_i = np_i$ (1.284)

Varianzen: $\sigma_i^2 = np_i(1-p_i) = np_iq_i$ (1.285)

Ereignis*	$A_1 \cdots A_k$	Summe
Wahrscheinlichkeit	$p_1 \cdots p_k$	1
Häufigkeit**	$N_1 \cdots N_k$	n

* $S = A_1 \cup \cdots \cup A_k$ mit $i = 1, 2, \cdots, k$

** Zufallsvariablen: N_i; Realisierungen: n_i; wegen der Bedingung $\sum N_i = \sum n_i = n$ sind sie nicht stochastisch unabhängig

Für $k = 2$ erhält man als Spezialfall wieder die Binomialverteilung. (1.283) läßt sich auch aus der verallgemeinerten hypergeometrischen Verteilung (1.252) bei festem n und wachsendem N gewinnen.

Parameter von Polynomialverteilungen werden in Kapital 6 verglichen (Prüfung von Zweiwegtafeln des Typs $r \cdot c$ auf Homogenität oder Unabhängigkeit).

[168]

Multinominalverteilung

(1) Insgesamt werden n voneinander stochastisch unabhängige Versuche unternommen.
(2) Bei jedem Versuch resultiert eines von k verschiedenen Ereignissen A_i ($i = 1, \ldots, k$).
(3) Die Wahrscheinlichkeit eines bestimmten Ereignisses A_i ist p_i mit $p_i > 0$; es gilt: $p_1 + p_2 + \ldots + p_k = 1$.
(4) Die entsprechenden Realisierungen der interessierenden diskreten Zufallsvariablen N_i sind $n_1, n_2, \ldots, n_k$ mit $n_i = 0, 1, \ldots, n$.
(5) Formel (1.283) [die linke Seite läßt sich schreiben
$P(N_1 = n_1, N_2 = n_2, \ldots, N_k = n_k | p_1, p_2, \ldots, p_k | n) =$]
gibt die Wahrscheinlichkeit dafür an, daß genau n_i-mal das Ergebnis A_i eintritt.
(6) Die expliziten Parameter sind n und p_i, Die Erwartungswerte der N_i sind die np_i.

Beispiele

B170. **Perlen.** Eine Schachtel enthalte 100 Perlen, von denen 50 rot, 30 grün und 20 schwarz gefärbt seien. Wie groß ist die Wahrscheinlichkeit, zufällig 6 Perlen, und zwar 3 rote, 2 grüne und 1 schwarze, auszuwählen?
Da die Auswahl jeweils mit Zurücklegen erfolgt, ist die Wahrscheinlichkeit 1 rote, 1 grüne und 1 schwarze Perle auszuwählen $p_1 = 0{,}5$, $p_2 = 0{,}3$ und $p_3 = 0{,}2$. Die Wahrscheinlichkeit, 6 Perlen der gegebenen Zusammensetzung zu ziehen, ist gegeben durch

$$P = [6!/(3!2!1!)](0{,}5)^3(0{,}3)^2(0{,}2)^1 = 0{,}135\,.$$

B171. **Würfelspiel II.** Ein regelmäßiger Würfel wird zwölfmal geworfen. Die Wahrscheinlichkeit, die 1, die 2 und die 3 je einmal und die 4, die 5 und die 6 je dreimal zu werfen (beachte: $1 + 1 + 1 + 3 + 3 + 3 = 12$), ist

$$P = \frac{12!}{1! \cdot 1! \cdot 1! \cdot 3! \cdot 3! \cdot 3!}\left(\frac{1}{6}\right)^1\left(\frac{1}{6}\right)^1\left(\frac{1}{6}\right)^1\left(\frac{1}{6}\right)^3\left(\frac{1}{6}\right)^3\left(\frac{1}{6}\right)^3 = 0{,}001$$

B172. **Wahl eines Kandidaten.** Zehn Personen sollen sich für einen von drei Kandidaten (A, B, C) entscheiden. Wie groß ist die Wahrscheinlichkeit für die Wahl: $8A$, $1B$ und $1C$?

$$P = \frac{10!}{8! \cdot 1! \cdot 1!}\left(\frac{1}{3}\right)^8\left(\frac{1}{3}\right)^1\left(\frac{1}{3}\right)^1 = 90 \cdot \frac{1}{6561} \cdot \frac{1}{3} \cdot \frac{1}{3} = 0{,}00152$$

Wahrscheinlichstes Ergebnis wäre: $3A$, $3B$, $4C$ (bzw. $3A$, $4B$, $3C$ bzw. $4A$, $3B$, $3C$) mit

$$P = \frac{10!}{3! \cdot 3! \cdot 4!}\left(\frac{1}{3}\right)^3\left(\frac{1}{3}\right)^3\left(\frac{1}{3}\right)^4 = \frac{3\,628\,800}{6 \cdot 6 \cdot 24} \cdot \frac{1}{27} \cdot \frac{1}{27} \cdot \frac{1}{81} = \frac{4200}{59\,049}$$

$$P = 0{,}07113 \text{ d. h. knapp 47mal häufiger als } P_{8A,1B,1C}\,.$$

Eine graphische Methode zur Bestimmung der Stichprobenumfänge für Vertrauensbereiche der Parameter der Multinomialverteilung gibt C. Angers (1974; Technometrics **16**, 469–471). Simultane Vertrauensbereiche behandeln L.A. Goodman (1965, Technometrics **7**, 247–254) sowie W. L. May und W. D. Johnson (1997, Commun. Statist.-Simula. **26**, 495–518).
Geeignete Stichprobenumfänge lassen sich nach S.K. Thompson (1987, The American Statistician **41**, 42–46) und J.F. Bromaghin (1993, The American Statistician **47**, 203–206) berechnen. Weitere Hinweise zur Multinomialverteilung geben Gibbons u. Mitarb. (1977), Levin (1981) sowie Robertson u. Mitarb. (1988: Chapter 5).

Näheres über diskrete Verteilungen ist Wimmer und Altman (1999), *Patil und Joshi (1968)*, *Patil* u. Mitarb. (1985), *Johnson und Kotz (1969)* sowie Qu und Mitarb. (1990) (vgl. auch Christensen 1984, Cohen 1991: Chapters 13 + 14, Hahn und Meeker 1991, Hoaglin u. Mitarb. 1985, Patel u. Mitarb. 1976 sowie Pitman 1992) zu entnehmen.

Auf **bivariat-diskrete Verteilungen** vom Typ der Binomial- und der Trinomialverteilung, der Poisson-Verteilung, der zusammengesetzten Poisson-Verteilung, der negativen Binomialverteilung, der hypergeometrischen Verteilung, der logarithmischen Reihenverteilung und der Waring-Verteilung gehen Kocherlakota und Kocherlakota (1992) näher ein.

In vielen Bereichen dient die Statistik gewissermaßen als **Filter**, durch das neue Entwicklungen erst hindurch müssen, bevor sie anerkannt und angewandt werden und der Statistiker als **Katalysator** wissenschaftlicher Untersuchungen. [168]
Ziel der Forschung ist es, **Ungewissheit** undogmatisch (ideologiefrei) zu verringern.

> **Forschung** ist die Suche nach allgemein nachprüfbaren neuen Erkenntnissen. **Wissenschaft** ist dann ein System methodisch gesicherter **Erkenntnise und ERKENNTNIS-VERFAHREN**, das durch die Forschung korrigiert und vervollständigt wird.

Eine insbesondere manche jüngere und viele alte Menschen interessierende Wissenschaft befaßt sich mit unserer **Gesundheit**, wie sie bewahrt bzw. wiedergewonnen werden kann.

2 Notizen zur Epidemiologie [2]

21 Biometrie

Aufgabe und Ziel von Biometrie und medizinischer Statistik ist die Entwicklung mathematischer und vor allem stochastischer Verfahren sowie ihre Anwendung auf rein medizinische Fragestellungen sowie auf Probleme in Randgebieten der biologischen und medizinischen Forschung und Praxis, um **zufallsabhängige Phänomene zu modellieren und dadurch Strukturen und deren Variabilität zu erkunden.** Im Vordergrund steht die Entwicklung und Anpassung spezieller Verfahren, die den Besonderheiten biologischer und medizinischer Fragestellungen gerecht werden und die es ermöglichen, zu Entscheidungen und Schlußfolgerungen zu gelangen und deren Unsicherheit abzuschätzen. [21]

Vorausgesetzt wird eine **sorgfältige Planung**, die es gestattet, hierfür aussagekräftige Daten zu gewinnen und diese dann angemessen auszuwerten, so daß die angestrebte Verallgemeinerung möglich wird (siehe auch S. 326).
Besonders unangenehm sind systematische Fehler. H. Wainer gibt aufschlußreiche Beispiele für **Nonsampling Errors** und wie man sie vermeidet [Psychological Methods **4** (1999), 250–256].

[21] Die Anwendung mathematischer und vor allem stochastischer Verfahren in Biologie und Medizin führte zur Biometrie; in entsprechender Bedeutung entstanden z. B. Chemometrie, Technometrie, Ökometrie, Psychometrie und Soziometrie.

Übergänge von der Biometrie zur **Biomathematik** sind fließend (vgl. auch Batschelet 1980, Peil 1985 und Walter 1988).

22 Zur Medizinischen Statistik

[22] Wird die Wirkung eines Schlafmittels an einem größeren Personenkreis geprüft, so ist der Gewinn an Stunden Schlaf für verschiedene Personen im allgemeinen verschieden. Was man erreichen möchte, ist einmal eine Aussage über den durchschnittlichen Gewinn an Stunden Schlaf. Weiterhin muß geprüft werden, ob sich der Gewinn an Schlaf statistisch sichern läßt. Diese Art von Untersuchungen setzt eine gute **Sachkenntnis** des zu bearbeitenden Fachgebietes voraus, denn es soll die Wirkung nur als Funktion der vorgegebenen Ursachen bestimmt werden. Das bedeutet in unserem Beispiel, daß jede psychologische Beeinflussung des Patienten vermieden werden muß. Es darf weder der Arzt noch der Patient wissen, ob das verabreichte Mittel das zu prüfende Schlafmittel oder ein mit Sicherheit wirkungsloses Mittel (sogenanntes Placebo) ist. Dies ist ein sogenannter **„doppelter Blindversuch".** Er beleuchtet die Schwierigkeiten nichtmathematischer Natur bei der Anwendung statistischer Prüfverfahren (vgl. auch [77] sowie Andersen 1990 und Stolley 1991).
Daneben ist noch folgendes zu bedenken: Gehen wir von einer bestimmten Problemstellung aus, so ersetzen wir das eigentliche Problem durch das Verhalten einer Reihe von Merkmalen an bestimmten Objekten unter bestimmten Bedingungen; die Wirklichkeit der Merkmale wird durch die Beobachtung der Merkmale ersetzt, das Beobachtete durch die Dokumentationssymbolik. An jedem der aufgeführten Punkte – einer **Kette von Substitutionen** – können Fehler (Substitutionsfehler) vorkommen. Bei vielen und gewichtigen Substitutionsschritten ist die Problemnähe der Merkmale und damit ihr Aussagewert gering. Ein Merkmal ist aussagekräftig, wenn die Korrelation zum betrachteten Parameter groß ist.
Ausgewertet werden unmittelbar gemessene oder gezählte Originalwerte (man unterscheide Patient und Behandlungsfall) sowie wichtige komplementäre Daten (z. B. die Körpergröße, falls das Gewicht interessiert). Sämtliche Merkmale und Befunde sollten definiert sein (bei „Null"-Befunden [o. B. = ohne Besonderheit, normaler Befund] sind u. a. zu unterscheiden: nicht untersucht *(nu);* fraglich, ob *u*; *u*, aber nicht feststellbar; *n* zutreffend) sowie einem definierten Bezugsmilieu entstammen und frei sein von nichtzufallsbedingten Auswahlerscheinungen (Selektionen).
Benötigte **Stichprobenumfänge für Therapievergleiche** lassen sich z.B. nach Tab. 157 (S. 455) abschätzen, falls ein Vierfeldertest geplant wird (sonst vgl. S. 823: Mindestzahl . . .).
Eine hervorragende Einführung in die Praxis nicht nur der medizinischen Forschung mit den Schwerpunkten: **„Fehler vermeiden"** „die richtigen Fragen stellen", „möglichen kausalen Zusammenhängen nachspüren", „Umweltrisiken richtig einschätzen" sowie "statistische Tricks rechtzeitig erkennen", die von Politikern und anderen zum Mogeln benutzt werden, gibt Cohn (1989) anhand einer Fülle besonderer instruktiver Beispiele aus sehr vielen Bereichen.

• Bemerkungen zum Krankengut einer Klinik

1) Die Prozentsätze der Patienten mit bestimmten Krankheiten, die in die Klinik aufgenommen werden, sind wenig bekannt.
2) Jeder Patient hat eine unterschiedliche Chance, in eine Klinik aufgenommen zu werden. Das Krankengut ist keine Zufallsstichprobe! Bekannte und unbekannte Selektionsfaktoren bewirken, daß in jeder Klinik ein ganz bestimmtes Patientengut versammelt wird; es liegt eine sogenannte **Klumpenstichprobe** vor.

3) **Mögliche Selektionsfaktoren** sind: Art und Schwere des Leidens; weitere Krankheiten, Alter, Geschlecht; Beruf, Lebensgewohnheiten, Sozialstatus; Aufsuchen des Arztes, d. h. z. B. Umwelteinflüsse (regionale Risiken), Krankheitsbewußtsein und Verkehrsverhältnisse im Einzugsgebiet, Diagnose in der ärztlichen Praxis, Einweisungstendenz des Arztes; Bettenkapazität und Lage der Klinik, ihre diagnostischen und therapeutischen Möglichkeiten und Schwerpunkte sowie ihr Ruf. [22]
4) Daher kann man allenfalls lediglich auf die spezielle hypothetische Grundgesamtheit der Fälle verallgemeinern, die sich bei Vergrößerung der Zahl der Beobachtungen unter den gleichen Bedingungen vorstellen läßt, also höchstens auf eine durch Selektion eingeschränkte Teilmenge der Grundgesamtheit.
5) Patientengruppen derselben Klinik sind nicht vergleichbar, wenn für sie unterschiedliche Chancen bestehen, in die Klinik aufgenommen zu werden. Ein Vergleich ist möglich, wenn das betrachtete Merkmal selbst keinen (?) Anlaß für die Aufnahme in der Klinik darstellt.
6) Zusammenhänge zwischen Krankheiten erkennt man am besten bei lebenslänglicher Beobachtung von **Geburtsjahrgangskohorten.** Längsschnittuntersuchungen in der Bevölkerung kommen diesem Vorgehen noch am nächsten. Sie sind auch für die Prognostik unentbehrlich.
7) **Selektionskorrelation:** Besteht in einer bestimmten Grundgesamtheit zwischen zwei Krankheiten stochastische Unabhängigkeit und sind die Wahrscheinlichkeiten, in die Klinik aufgenommen zu werden, für diese beiden Krankheiten unterschiedlich, dann werden im Krankengut „Abhängigkeiten" erzeugt.
8) Sammelstatistiken sind wegen der eingeschränkten Vergleichbarkeit des Krankengutes der einzelnen Kliniken fehlerträchtiger als erwartet.

In der Medizin wird gern über den **Erfolgsnachweis der Verursachungsnachweis** geführt, was unter bestimmten Bedingungen richtig sein kann. Wichtig sind Bestätigungen an **Untergruppen** und durch weitere Studien sowie insbesondere **der Ausschluß systematischer Fehler.** Bias-Möglichkeiten listet z. B. Last (1988) auf. Während sich klinische Studien um Patienten bemühen, betreffen epidemiologische Studien die Bevölkerung.

Ethische Aspekte in Epidemiologie und klinischer
Forschung – sind entsprechend den Erklärungen von
Helsinki 1964 und Tokio 1975 – im World Medical Journal
22 (1975), 87–90 und **25** (1978), 58–59 dokumentiert
(vgl. auch Last 1988, S. 43 und Royall 1991).

23 Zur Epidemiologie

[23]

Im Vordergrund steht die Erforschung der Ursachen von Krankheiten,
der Therapie-Möglichkeiten und der Möglichkeiten,
rechtzeitig vorbeugende Maßnahmen zu ergreifen.

[23] Dieser Abschnitt wird ergänzt durch Beispiele aus der Wahrscheinlichkeitsrechnung mit medizinischer Thematik: B5, B6, B11, B34, B61 bis B64, B69, B74, B145 und B158; B16: Relatives Risiko, B17 bis B21: Zur Sterbetafel, B22: Kaplan-Meier Methode, (B23: Hazard Rate), Tabelle 12 in [123], B81: Diagnostischer Test, B133: Prüfung in Gruppen; Tabelle 149 in [451]; Hinweis 7 am Ende von [48] und die Selektionskorrelation zu Beginn von [3] und in [52].

231 Epidemiologie

[231] Epidemiologie („die Lehre von dem, was über das Volk kommt") ist die Wissenschaft vom Auftreten von Krankheiten und ihrer Determinanten in unterschiedlichen Bevölkerungsgruppen. Mit den Grundaufgaben:

(1) **Krankheitsursachen aufspüren und ihre relative Bedeutung herausarbeiten.**
(2) Bevölkerungsteile identifizieren, die besonderen **gesundheitlichen Risiken** unterliegen.
(3) Programme entwickeln und Prioritäten setzen, um (1) und (2) zu realisieren, um den **Gesundheitszustand der Bevölkerung** zu **verbessern:** Infektionsmöglichkeiten und präventive Maßnahmen zu erkunden und zu bewerten sowie Trends vorauszusagen.

Im 18. Jahrhundert wurde bekannt, daß katholische Nonnen einem höheren Brustkrebs-Risiko und daß Schornsteinfeger einem höheren Hodenkrebs-Risiko ausgesetzt sind. Zum anderen wird auch heute noch behauptet, der hohe Anteil Krebskranker unter den Rauchern habe nichts mit deren Rauchgewohnheiten zu tun – eher seien andere Faktoren, persönliche Merkmale, hierfür verantwortlich. Diese These wurde kurz nach dem 2. Weltkrieg auch von zwei führenden Statistikern und starken Rauchern vertreten, R. A. Fisher (1890–1962) und J. Neyman (1894–1981) (vgl. die „Fünf Jahreszahlen . . ." am Ende von [77]), die – ohne befreundet zu sein – unabhängig voneinander Front machten gegen Epidemiologen ihrer Zeit. R. A. Fisher publizierte sogar im Auftrag einer Tobacco Company. Heute wissen wir, daß Raucher, die das Rauchen aufgegeben haben, ein merklich geringeres Risiko haben, an Lungenkrebs zu erkranken.

Krankheiten sind abhängig (a) vom Grad der Exponiertheit der Person, (b) vom Grad der Anfälligkeit der Person und (c) von weiteren schädigenden Faktoren. Ziel der Epidemiologie ist es, jeder Krankheit **mindestens einen** sogenannten **Risikofaktor** zuzuordnen. Risikofaktoren sind Krankheitsursachen im weiteren oder engeren Sinne, identifiziert anhand von „Fall-Kontroll-Studien" und „Kohortenstudien" (vgl. S. 311).

Ein Risikofaktor ist jedes Merkmal, das dem Krankheitsstatus zeitlich vorangeht und mit ihm nach Ansicht von Fachleuten kausal verknüpft ist; d. h. ein epidemiologisch belegter Gefährdungsfaktor heißt Risikofaktor. In epidemiologischen Studien nennt man bekannte Risikofaktoren für eine bestimmte Krankheit **Mitursachen** (confounding factors, vgl. z. B. Breslow und Day 1980, S. 93–108). **Confounding** bezeichnet eine Verzerrung der Beziehung zwischen Exponiertheit und Krankheit durch Mitursachen. Mitursachen ermöglichen diagnostische Voraussagen: 12 Beispiele sowie Analogien und Unterschiede zwischen Fall-Kontroll-Studien und Kohorten-Studien geben Miettinen und Cook (1981).

vgl. S. 326

Beobachtende Studien (vgl. S. 104) lassen sich generell verbessern durch: (1) die Anwendung von Zulassungskriterien, (2) die Wahl geeigneter Schichtungsvariablen und durch (3) die aufmerksame Überwachung der Untersuchungseinheiten in allen Stadien der Studie. In der Epidemiologie kann man einmal von Krankheitsfällen ausgehen; methodisch sauberer ist es, von den möglichen Bedingungen, Expositionen, auszugehen, die das Entstehen von Krankheiten begünstigen oder verursachen: hier sind eher verallgemeinernde Aussagen möglich.

232 Fall-Kontroll-Studie und Kohorten-Studie

Bei einer **Fall-Kontroll-Studie** wird (retrospektiv) einer Gruppe erkrankter Personen (Fallgruppe) eine gut vergleichbare Gruppe von Personen gegenübergestellt, die frei von der betreffenden Krankheit ist (Kontrollgruppe). Die Fälle müssen ebenso wie die Kontrollen bezüglich der zu untersuchenden Risikofaktoren repräsentativ für ihresgleichen in der betrachteten Grundgesamtheit sein. In beiden Gruppen werden dann Erhebungen, z. B. hinsichtlich potentieller Ursachenfaktoren vorgenommen. Studien dieser Art sind unerläßlich bei **seltenen Krankheiten,** z. B. der Legionärskrankheit und bei unerwünschten Arzneimittelwirkungen. Wichtig war z. B. die Erforschung der Wirkungen des Zigarettenrauchens. Fehlerquellen liegen in der möglichen Beeinflussung durch Suggestivfragen des Interviewers bei der Erhebung der zu untersuchenden Ursachenfaktoren, in der Überbewertung unbedeutender Ereignisse aus Kausalitätsbedürfnis und in der Vergeßlichkeit des Patienten bei schon lange zurückliegenden Vorgängen (Wahrnehmungs-, Erinnerungs- und Wiedergabefehler). Ereignisse aus der Vergangenheit werden entweder vergessen oder näher zur Gegenwart eingeordnet. Um Strukturgleichheit zwischen der Fallgruppe und der **Kontrollgruppe** zu erzielen, wird häufig jedem Erkrankten eine in Alter, Geschlecht und anderen Merkmalen übereinstimmende Person gegenübergestellt, die diese Krankheit nicht aufweist (matched pairs). Ist die Anzahl der Erkrankten klein, so können auch jedem Patienten mehrere Kontrollfälle in dieser Weise zugeordnet werden. Ideal wäre es, wenn jedem Fall je eine Kontrolle aus Verwandtschaft, Nachbarschaft und Gesamtbevölkerung zugeordnet wäre. Nicht krankheits- sondern **expositionsorientiert ist der folgende Ansatz:** [232]

Bei einer **Kohorten-Studie** geht man (prospektiv) von einer definierten Bevölkerung aus, „Kohorte", die **über eine längere Zeit beobachtet** wird (Verlaufsstudie), am besten von einer Geburtsjahrgangskohorte, Personen, die im selben Jahr geboren wurden. Häufig handelt es sich um eine Gruppe von Personen, die einem besonderen Risiko ausgesetzt sind und die mit einer Gruppe verglichen wird, die dieses Risiko nicht hat. Nach einiger Zeit wird dann in beiden Gruppen festgestellt, wie groß die Zahl der Personen ist, die an einer bestimmten Krankheit erkrankt sind. Aus den **Neuerkrankungsraten** wird dann das relative Risiko bestimmt. So wurde in der Framingham-Studie festgestellt, daß fettleibige Zigarettenraucher mit hohem Blutdruck am stärksten von Herzkrankheiten betroffen sind (vgl. z. B. N. E. Breslow in Dwyer u. Mitarb. 1992). Generelle Einsatzgebiete sind **risikoträchtige Situationen**, bedingt durch Lebensgewohnheiten, weitverbreitete Arznei- und Genußmittel, Arbeitsplatz (z. B. Asbest- oder Benzol-Exposition) sowie prophylaktische Maßnahmen wie Impfungen. Kohorten unterscheiden sich: fast stets sind viele Einfluß- und Störgrößen (vgl. S. 681) miteinander vermengt, Confounding genannt; Resultate von Kohortenstudien sind daher häufig nicht eindeutig zu interpretieren.

Prospektive Studien erfordern im allgemeinen einen größeren Aufwand und vor allem mehr Zeit als retrospektive Studien (die unter unvollständigen Daten und massivem Confounding leiden). Störend ist das vorzeitige Ausscheiden (drop-out) von Teilnehmern [vgl. z. B. Biometrics **48** (1991), 970–971]. Weitere Literaturhinweise enthalten die Seiten 312, 321, 322 und 326.

Hinweise

1. Matched Pairs

Eine besondere Variante der Blockbildung ist die Bildung von Matched Pairs. Das sind Paare (oder kleinere Gruppen) von Personen, die hinsichtlich der Ausprägungen wesentlicher Einfluß- und Störgrößen möglichst übereinstimmen. Etwa Familienmitglieder, Nachbarn, Arbeitskollegen hinsichtlich bestimmter Risikofaktoren (vgl. auch [41] und [77]). Wenn das Matching sich auf wenige Merkmale beschränken kann, ist es angebracht, auch dann, wenn bei wenigen Fällen eine große Zahl von **Kontrollen** zur Verfügung steht.

Allgemein wird bei der Paarbildung durch Matched Pairs ein Partner anhand eines Zufallsverfahrens der einen Gruppe zugeteilt, der zweite der anderen. Nach unterschiedlicher
[232] Behandlung ist dann ein einwandfreier Vergleich möglich, der ohne diese Paarbildung infolge der Heterogenität der beteiligten Personen zu verzerrten Ergebnissen geführt hätte. Insbesondere auch bei Kohorten-Studien wird man auf das **Matching** nicht verzichten. Generell ist es wichtig, wenn sichere Risikofaktoren bekannt sind.
Näheres über Matching ist Fleiss (1981), Greenland und Morgenstern (1990), Kelsey u. Mitarb. (1996), Kleinbaum u. Mitarb. (1982: Chapter 18), Rothman (1986: Chapter 13), Schlesselman (1982: Chapter 4) sowie Le (1998) zu entnehmen.

2. *Panel- und Längsschnittstudien*

Eine **Panel-Studie** ist eine Kombination von Querschnittstudie (jede Person wird nur einmal befragt bzw. beobachtet) und Kohortenstudie: dieselben Personen (the Panel) werden zu mehreren Zeitpunkten befragt bzw. beobachtet (oder angehalten, hierüber regelmäßig ein Tagebuch zu führen). Näheres über Panel-Studien ist z. B. Goodman (1978), Hagenaars (1990), Hsiao (1986), Kasprzyk u. Mitarb. (1989) sowie Markus (1979) zu entnehmen. Bezüglich Verlaufsstudien, d. h. **Längsschnitt oder Kohortenstudien** (vgl. auch S. 322 oben) siehe Dwyer u. Mitarb. (1992), Hagenaars (1990), Hagenaars und Cobben (1978), Nesselroade und Baltes (1979), Plewis (1985), Rovine und von Eye (1991), von Eye (1990), Wu und McCurry (1988) (vgl. auch Agresti 1990, Checkoway u. Mitarb. 1989, Menard 1991, Singer und Willett 1991, Whittemore 1987) sowie die in Übersicht 86 (auf S. 579) genannte Literatur zur Analyse von Verlaufskurven.

233 Relatives Risiko und Chancen-Verhältnis (Odds Ratio)

[233] Ergänzt Beispiel 16 auf S. 47 mit Tabelle 5
und den dort definierten Parametern

Die Identifizierung von Faktoren als Risikofaktoren ist eine wichtige Aufgabe der Epidemiologie. Bei einer Vierfeldertafel (vgl. Tabelle 80) mit Faktor und Krankheit, jeweils vorhanden oder nicht vorhanden, kann man **prospektiv** anhand einer Kohorten-Studie von einem **Faktor** ausgehen und die Neuerkrankungsraten (Inzidenzraten) bei Exponierten (mit Faktor) und Nicht-Exponierten (ohne Faktor) vergleichen. Das **Relative Risiko** wird als Quotient zweier Inzidenzraten [vgl. (2.1)] nach (2.2) bestimmt:

$$\text{Relatives Risiko} = \frac{\text{Inzidenzrate bei Exponierten}}{\text{Inzidenzrate bei Nicht-Exponierten}} = \frac{a/(a+b)}{c/(c+d)} \qquad (2.1)$$

Tabelle 80. Kohorten-Studie

	Krankheit +	Krankheit −		Risiken
Faktor +	a	b	Koh.-Studie prospektiv →	$\frac{a}{a+b}$
Faktor −	c	d		$\frac{c}{c+d}$

Relatives Risiko:

$$\frac{a}{a+b} : \frac{c}{c+d} = \frac{a}{a+b} \cdot \frac{c+d}{c} = \underline{\underline{\frac{ac+ad}{ac+bc}}} \qquad (2.2)$$

Je größer das Relative Risiko ist, um so eher läßt sich ein kausaler Zusammenhang zwischen der Exponiertheit (dem Risikofaktor) und der Krankheit postulieren.

Man kann auch **retrospektiv** anhand einer Fall-Kontroll-Studie von einer **Krankheit** ausgehen (vgl. Tab. 81) und das Relative Risiko INDIREKT schätzen, indem man die Odds Ratio ad/bc bildet [vgl. auch Biometrics **47** (1991), 795–811 und **48** (1992), 1289–1295 **[233]**
sowie insbesondere J. L. Hutton (2000), Journal of the Royal Statistical Society A **163**, 403–419: NNT]:

Tabelle 81. Fall-Kontroll-Studie

		Krankheit +	Krankheit −	Odds	Odds Ratio
Faktor	+	a	b	$\frac{a}{c}$	$\frac{a}{c}:\frac{b}{d}$
	−	c	d	$\frac{b}{d}$	$\frac{ad}{bc}$

Fall-Kontroll-Studie: retrospektiv

$$\frac{a}{c}:\frac{b}{d}=\frac{ad}{bc} \qquad (2.3)$$

Diese **Odds Ratio**, auch **Chancen-Verhältnis** („Kreuzprodukt") genannt, ist eine gute Schätzung des Relativen Risikos, wenn bei vergleichbaren Gruppen die Inzidenzraten niedrig sind, d. h. wenn die Erkrankungshäufigkeiten a und c klein sind, d. h. das Produkt ac klein ist [vgl. (2.2) und (2.3)]. Tabelle 82 enthält drei Beispiele für $a+b+c+d=200$.

Tabelle 82

		Krankheit +	Krankheit −	Krankheit +	Krankheit −	Krankheit +	Krankheit −
Faktor	+	40	60	20	80	2	98
	−	20	80	10	90	1	99
Inzidenzrate							
Faktor +:		0,4		0,2		0,02	
Faktor −:		0,2		0,1		0,01	
Relatives Risiko:		2,00		2,00		2,00	
Odds Ratio:		2,67		2,25		2,02	

Diese Maße [(2.2) und (2.3)] sind nur zu berechnen, wenn (1) **unverzerrte Informationen** über Anwesenheit bzw. Abwesenheit des „Faktors" vorliegen, (2) beide Personengruppen **repräsentativ** für ihre jeweiligen Grundgesamtheiten UND (3) auch sonst tatsächlich **vergleichbar** sind (vgl. auch S. 319–321 und 326).
Prospektive Studien haben die Tendenz, die Inzidenz in Gegenwart eines Risikofaktors zu über- und in seiner Abwesenheit zu unterschätzen. Hierdurch wird das Relative Risiko überschätzt. Auch retrospektive Studien überschätzen im allgemeinen das Relative Risiko; außerdem werden die milderen Formen der Krankheit überrepräsentiert. **Andere wichtige Gesichtspunkte** bei Studien dieser Art sind geeignete Kontrollen, die Intensität des Faktors, zeitliche Abhängigkeiten sowie die Resultate ähnlicher Studien, bevor ein **kausaler Zusammenhang** zwischen Risikofaktor und Krankheit bedacht werden kann. Bezeichnen wir die Wahrscheinlichkeit, bei Vorliegen des Risikofaktors R an der Krankheit K zu erkranken, mit $P(K|R)$, dann ergibt sich die folgende Tabelle 83 (= Tabelle 5), in der die Wahrscheinlichkeiten $P(\bar{K}|R)$ und $P(K|\bar{R})$ irritieren; die erstere ist bei kleinen Erkrankungswahrscheinlichkeiten ebenso wie $P(\bar{K}|\bar{R})$ fast Eins, die letztere fast Null.

vgl. S. 47

Tabelle 83. Vier bedingte Wahrscheinlichkeiten

[233]

	K	$\bar{K}$	$\sum$
R	$P(K\|R)$	$P(\bar{K}\|R)$	$P(R)$
$\bar{R}$	$P(K\|\bar{R})$	$P(\bar{K}\|\bar{R})$	$P(\bar{R})$
$\sum$	$P(K)$	$P(\bar{K})$	1

Mit der bestimmten Krankheit K, dem Risikofaktor R und den Wahrscheinlichkeiten der Tabelle 83 bezeichnet man die **Parameter**

$$\text{Delta: } \delta = P(K|R) - P(K|\bar{R}) \text{ als dem Risikofaktor zuschreibbares Risiko} \tag{2.4}$$

$$\text{Psi: } \psi = \frac{P(K|R)}{P(K|\bar{R})} \text{ als Relatives Risiko und} \tag{2.5}$$

$$\text{Omega: } \omega = \frac{P(K|R)}{P(\bar{K}||R)} : \frac{P(K|\bar{R})}{P(\bar{K}|\bar{R})} = \frac{P(K|R) \cdot P(\bar{K}|\bar{R})}{P(\bar{K}|R) \cdot P(K|\bar{R})} = \frac{P(K|R)}{P(K|\bar{R})} \cdot \frac{P(\bar{K}|\bar{R})}{P(\bar{K}|R)} \tag{2.6}$$
als Chancen-Verhältnis oder Odds Ratio

Ein Faktor gilt als Risikofaktor, wenn δ größer als Null ist, dann sind auch ψ und ω, die sich bei niedrigen Erkrankungsraten in beiden Gruppen nur wenig unterscheiden, größer als Eins.

Für
$$\delta > 0\,, \qquad \psi > 1 \quad \text{und} \quad \omega > 1 \tag{2.7}$$
gilt somit der Faktor als RISIKO-Faktor.

Die den Parametern δ, ψ und ω entsprechenden (mit einem „Dach“ versehenen) Schätzwerte $\hat{\delta}$, $\hat{\psi}$ und $\hat{\omega}$ sind nur zu berechnen, wenn die „Fälle“ und die „Kontrollen“ (a) vergleichbar und (b) repräsentative Zufallsstichproben aus ihren jeweiligen Grundgesamtheiten sind; d. h. man sollte die Alters- und Geschlechtsverteilung der Grundgesamtheit und die entsprechenden Sterbeziffern der Krankheit kennen.
Aus retrospektiven Studien kann $\hat{\psi}$ nicht berechnet werden; dann dient $\hat{\omega}$ als noch brauchbarer Schätzwert für $\hat{\psi}$.

Beispiele aus Kohorten-Studien

I. Schematisches Beispiel (große Probandenzahlen vorausgesetzt)

(1) Erkrankungsrate bei Exponierten: 0,20 (20%)
(2) Erkrankungsrate bei Nicht-Exponierten: 0,05 (5%)
(3) Dem Risikofaktor zuschreibbares Risiko: $\hat{\delta} = 0{,}15$ (15%)
(4) Relatives Risiko: $\hat{\psi} = 0{,}20/0{,}05 = 4{,}00$ (> 1)
[(5) Chancen-Verhältnis: (Odds Ratio) $\hat{\omega} = \dfrac{0{,}20}{0{,}80} \Big/ \dfrac{0{,}05}{0{,}95} = 4{,}75$ (> 1)]

Das Erkrankungsrisiko bei Exponierten ist viermal so groß wie bei Nicht-Exponierten.

II.

Tabelle 84. Vierfeldertafel einer Kohorten-Studie

[233]

Risikofaktor	krank	nicht krank	Summe
vorhanden: Exponierte	24	96	120
nicht vorh.: Nicht-Exp.	48	592	640
Summe	72	688	760

(1) Erkrankungsrate bei Exponierten: 24/120 = 0,200 (20%)

(2) Erkrankungsrate bei Nicht-Exponierten: 48/640 = 0,075 (7,5%)

(3) Dem Risikofaktor zuschreibbares Risiko: $\hat{\delta} = 0{,}125$ (12,5%)

(4) Relatives Risiko: (24/120)/(48/640) = 0,200/0,075 = $\hat{\psi} = 2{,}667$ (> 1)

[(5) Chancen-Verhältnis: (Odds Ratio) (24/48)·(592/96) = 0,5·6,1667 = $\hat{\omega} = 3{,}083$ (> 1)]

Das Erkrankungsrisiko bei Exponierten ist 2,7mal so groß wie bei Nicht-Exponierten.

Rein beschreibend läßt sich aus Tabelle 85 entnehmen, ob der Faktor und damit die Exposition unter Umständen sogar nützlich ist. Ob die Exposition auf dem gewählten Niveau statistisch signifikant ist, das läßt sich anhand des χ^2-Tests nach Pearson, Mantel und Haenszel (2.8) sowie anhand des testbasierten approximierten Vertrauensbereiches für das Relative Risiko (2.9) bzw. für das ChancenVerhältnis (2.10) bestimmen.

Relative Risiken zwischen 1,2 und 2,5 lassen, wenn überhaupt, einen schwachen Zusammenhang zwischen Faktor und Krankheit vermuten. Je näher der Wert bei 1 liegt, umso wichtiger werden: Kontrollgruppe (a), die Abwesenheit von Störeffekten (b) und die Notwendigkeit, den zugrundeliegenden biologischen Zusammenhang zu verstehen (c).

Um eine KAUSALE ABHÄNGIGKEIT zwischen Risikofaktor und Krankheit wahrscheinlich zu machen, müssen 5 BEDINGUNGEN erfüllt sein:

(1) WIEDERHOLBARKEIT des Zusammenhangs, des Effektes, in unterschiedlichen Studien sowie in unterschiedlichen Untergruppen derselben Studie.
(2) Der Effekt sollte DEUTLICH sein, etwa in der Art einer DOSISWIRKUNGSBEZIEHUNG.
(3) Der Effekt sollte bezüglich der Ursache und der Wirkung SPEZIFISCH sein.
(4) Die Ursache muß der Wirkung stets VORANGEHEN.
(5) Der Effekt sollte BIOLOGISCH PLAUSIBEL und möglichst experimentell nachvollziehbar sein.

Tabelle 85. Relatives Risiko und Exposition

Relat. Risiko	Exposition
≦0,3	starker Nutzen
0,4 – 0,8	Nutzen
0,9 – 1,1	kein Effekt
1,2 – 2,5	Schaden
≧2,6	starker Schaden

χ^2-Test nach Pearson, Mantel und Haenszel

(vgl. [461]; *Mantel und Haenszel 1959)*

$$\begin{array}{cc|} a & b \\ c & d \\ \hline & \end{array}\, n \qquad \hat{\chi}^2_{\mathrm{PMH}} = \frac{(n-1)(ad-bc)^2}{(a+b)(c+d)(a+c)(b+d)} \tag{2.8}$$

$$\left.\begin{array}{l} H_O: \\ H_A: \end{array}\right\} \text{es existiert} \left\{\begin{array}{c} \text{kein} \\ \text{ein} \end{array}\right\} \text{Effekt: Schad- bzw. Nutzeffekt}$$

[233]

Tabelle 86

	krank	nicht krank	Σ
exponiert	24	96	120
nicht exp.	48	592	640
Σ	72	688	760

Für $\hat{\chi}^2_{\text{PMH}} > \chi^2_{1;\alpha}$ wird H_0 auf dem 100α%-Niveau abgelehnt.

Beispiel ($\alpha = 0{,}05$)

$$\hat{\chi}^2_{\text{PMH}} = \frac{759(24 \cdot 592 - 96 \cdot 48)^2}{120 \cdot 640 \cdot 72 \cdot 688} = 18{,}387$$

Damit liegt auf dem 5%-Niveau ($18{,}387 > 3{,}841 = \chi^2_{1;0{,}05}$) ein echter Risikofaktor vor. Für eine Fall-Kontroll-Studie hätte man die dem Risikofaktor Exponierten durch „Fälle" und die Nicht-Exponierten durch „Kontrollen" ersetzt.

[234]

234 Angenäherte 95%-Vertrauensbereiche für das Relative Risiko ψ und für das Chancen-Verhältnis (die Odds-Ratio) ω

Testbasierter 95%-Vertrauensbereich
(Approximation für großes n und $0{,}2 < \hat{\psi}, \omega < 6$)

$$\hat{\psi}^{1 \pm 1{,}96/\sqrt{\hat{\chi}^2_{\text{PMH}}}} \qquad \hat{\omega}^{1 \pm 1{,}96/\sqrt{\hat{\chi}^2_{\text{PMH}}}} \tag{2.9, 2.10}$$

Ein 95%-Vertrauensbereich, der den Wert 1 ausschließt, weist ein statistisch signifikantes Relatives Risiko bzw. Chancen-Verhältnis nach (vgl. auch S. 577, unten).

Fortsetzung des Beispiels: Exponent $= 1 \pm 1{,}96/\sqrt{18{,}38663} = 1{,}45709$ bzw. $0{,}54291$

24	96	120
48	592	640
72	688	760

$$\hat{\psi} = \frac{24/120}{48/640} = 2{,}6667 \qquad \left[\hat{\omega} = \frac{24}{48} \Big/ \frac{96}{592} = 3{,}0833\right]$$

$$\text{95\%-VB: } 2{,}6667^{0{,}5429} = 1{,}70 \leqq \psi \leqq 4{,}18 = 2{,}6667^{1{,}4571}$$
$$[\text{95\%-VB: } 3{,}0833^{0{,}5429} = 1{,}84 \leqq \omega \leqq 5{,}16 = 3{,}08331^{1{,}4571}]$$

Eine andere Approximation (Katz u. Mitarb., siehe Kahn und Sempos 1989, S. 62/64):

$$\text{95\%-VB für } \ln \psi = \ln \psi \pm 1{,}96\sqrt{\frac{b/a}{a+b} + \frac{d/c}{c+d}} \tag{2.9a}$$

$\ln 2{,}6667 \pm 1{,}96\sqrt{\frac{96/24}{24+96} + \frac{592/48}{48+592}}$, d. h. $0{,}9808 \pm 0{,}5021$, d. h. $0{,}4787$ bis $1{,}4829$

$$\text{95\%-VB: } e^{0{,}4787} \leqq \psi \leqq e^{1{,}4829}, \text{ d. h. } 1{,}61 \leqq \psi \leqq 4{,}41$$

liefert ähnliche Werte, die zwar deutlich von den exakten Werten $1{,}72 \leqq \psi \leqq 5{,}40$ (vgl. Mehta u. Mitarb. 1985) abweichen, das Resultat „Risikofaktor" aber bestätigen.
Mit einer Wahrscheinlichkeit von 95% wird bei wiederholter berechtigter Anwendung von (2.9/9a) [bzw. (2.10)] ψ [bzw. ω] innerhalb der berechneten Grenzen liegen. Im vorliegenden Beispiel ist das Relative Risiko deutlich größer als 1. Damit ist der Faktor R als Risikofaktor ausgewiesen, was auch durch den oben berechneten Wert $\hat{\chi}^2 = 18{,}4$ zum Ausdruck kommt. Tritt die Besetzungszahl Null auf, so läßt sich ein approximierter 95%-VB nach R. A. D. Dewar und B. Armstrong, Epidemiology **3** (1992), 385–387 angeben.

235 Der expositionsbedingte Anteil Erkrankter: Population Attributable Risk [235]

Das sogenannte **Population Attributable Risk ($\widehat{\text{PAR}}$)** wird definiert anhand des Relativen Risikos $\hat{\psi}$ und des Anteils der Bevölkerung, der dem Risiko-Faktor ausgesetzt (exponiert) ist (der Prävalenz des Risikofaktors) P_{RF}:

$$\widehat{\text{PAR}} = \frac{P_{\text{RF}}(\hat{\psi}-1)}{1+P_{\text{RF}}(\hat{\psi}-1)} \quad \text{für} \quad \hat{\psi} \geqq 1 \tag{2.11}$$

Bei nicht zu kleinem Produkt $P_{\text{Rf}}\cdot\hat{\psi}$, sagen wir $P_{\text{RF}}(\hat{\psi}-1) > 9$, wird PAR > 9/10.

Angenommen, in einer Bevölkerung gebe es 25% Raucher und das Relative Risiko für Lungenkrebs, bezogen auf das Rauchen sei 10, dann beträgt der Anteil auf das Rauchen zurückzuführender Lungenkrebs-Fälle in der Gesamtbevölkerung

$$\widehat{\text{PAR}} = [0{,}25(10-1)]/[1+0{,}25(10-1)] = 0{,}692$$

d. h. 69% der Fälle hätten vermieden werden können.

Weitere Beispiele (vgl. auch Tabelle 87)

(1) $\psi = 3$

$$P_{\text{RF}} = 0{,}05 \quad \widehat{\text{PAR}} = \frac{0{,}05(3-1)}{1+0{,}05(3-1)} = 0{,}091$$

(2) $\psi = 9$

$$P_{\text{RF}} = 0{,}5 \quad \widehat{\text{PAR}} = \frac{0{,}5(9-1)}{1+0{,}5(9-1)} = 0{,}800$$

Tabelle 87. Einige $\widehat{\text{PAR}}$-Werte [expositionsbedingte Anteile Erkrankter] in Abhängigkeit vom Anteil der Exponierten in der Bevölkerung und dem Relativen Risiko [nach (2.11)]

Relatives Risiko	Anteil Exponierter in der Bevölkerung				
	0,001	0,01	0,1	0,5	0,9
3	0,002	0,020	0,167	0,500	0,643
11	0,010	0,090	0,500	0,833	0,900

Testen wir bei einseitiger Fragestellung H_0: PAR = 0 mit α = 0,05 und einer Power von 0,9, dann werden für Fall-Kontroll-Studien (FK) bzw. für Kohorten-Studien (KH) jeweils zwei gleichgroße Zufallsstichproben des Umfangs n benötigt, für Querschnittstudien (QS) jeweils nur eine. Einige charakteristische Werte aus Smith und McHugh (1988) enthält Tabelle 87A:

Tabelle 87A. Benötigte Stichprobenumfänge

Bevölkerungsanteil		Art der Studie					
		FK: $n_1 = n_2$		KH: $n_1 = n_2$		QS: n	
		$\widehat{\text{PAR}}$					
exponiert	erkrankt	0,30	0,60	0,30	0,60	0,30	0,60
0,2	0,001	48	11	11259	3050	29057	6842
	0,01	48	11	1116	303	2879	679
	0,1	40	9	102	28	261	63
0,7	0,001	370	74	81347	16628	200828	42247
	0,01	364	73	8066	1650	19919	4194
	0,1	306	62	738	152	1828	389

Angenommen, es wird eine Studie geplant, die bei Frauen den möglichen Zusammenhang zwischen Zigarettenrauchen und Herzinfarkt klären soll. Erfaßt werden soll mit einer Power von 0,9 zumindest ein PAR $\geqq$ 0,30 (H_0: PAR = 0). Geprüft wird bei einseitiger Fragestellung auf dem 5%-Niveau. Wir nehmen weiter an, daß in der Bevölkerung der Frauen, aus der wir Zufallsstichproben ziehen wollen, 20% Zigaretten rauchen, das Risiko eines Herzinfarktes betrage 0,001. Die Tabelle zeigt:

(1) Für eine Fall-Kontroll-Studie benötigt man lediglich 48 Fälle und 48 Kontrollen.
(2) Für eine Kohortenstudie benötigt man dagegen 11 259 Exponierte und 11 259 Nichtexponierte.
[235] (3) Für eine Querschnittstudie sind sogar 29 057 Personen notwendig.

[236] 236 Benötigte Stichprobenumfänge nach Lemeshow, Hosmer und Klar, um das Chancen-Verhältnis (die Odds Ratio) aus Fall-Kontroll-Studien und das Relative Risiko aus Kohorten-Studien zu schätzen, wenn bereits Mutmaßungen über die gesuchten Parameter vorliegen

I. Fall-Kontroll-Studien

Es wird die Symbolik der Autoren benutzt.

Tabelle 88. Vierfeldertabelle für eine Fall-Kontroll-Studie

	Exponiert	Nicht exponiert	Summe
Fälle	a	b	n_1
Kontrollen	c	d	n_2
Summe	m_1	m_2	n

Odds Ratio: $$\hat{\omega} = \frac{ad}{bc} \qquad (2.12)$$

Die Zahl der für Fälle (n_1) und Kontrollen (n_2) benötigten Personen, um den Parameter ω mit einem Fehler von höchstens ε (z. B. $\varepsilon = 0{,}1$) mit einer Vertrauenswahrscheinlichkeit von 95% zu schätzen, wenn für ω ein mutmaßlicher Wert und für den Anteil der Exponierten unter den Kontrollen der Wert P_2^* vorgegeben wird, beträgt:

$$n_1 = n_2 = \frac{1{,}96^2\left[\dfrac{1}{P_1^*(1-P_1^*)} = \dfrac{1}{P_2^*(1-P_2^*)}\right]}{[\ln(1-\varepsilon)]^2} \qquad (2.13)$$
$$\text{mit } P_1^* = \frac{\omega P_2^*}{\omega P_2^* + (1-P_2^*)}$$

P_1^* ist der Anteil Exponierter in der Grundgesamtheit der Fälle (der Erkrankten), P_2^* ist der Anteil Exponierter in der Grundgesamtheit der Kontrollen.

Beispiel: $\omega \approx 2$ und $P_2^* = 0{,}30$

$$n_1 = n_2 = \left\{1{,}96^2\left[\frac{1}{0{,}46\cdot 0{,}54} + \frac{1}{0{,}3\cdot 0{,}7}\right]\right\}/[\ln(1-0{,}1)]^2 = 33{,}7587/0{,}011101 = 3041$$

Wir benötigen somit 3041 Personen für die Gruppe der Fälle und 3041 Personen für die Kontrollgruppe, um die wahre Odds Ratio ω mit einer Vertrauenswahrscheinlichkeit von 95% auf 10% genau zu schätzen. Begnügen wir uns mit einer Genauigkeit von 50%, so ist im Nenner „0,1“ durch „0,5“ zu ersetzen:

$$n_1 = n_2 = \left\{1{,}96^2\left[\frac{1}{0{,}46\cdot 0{,}54} + \frac{1}{0{,}3\cdot 0{,}7}\right]\right\}/[\ln(1-0{,}5)]^2 = 33{,}7587/0{,}480453 = 70{,}3$$

Man benötigt jetzt jeweils nur 71 Personen, um ω auf 50% genau zu schätzen, vorausgesetzt $\omega \approx 2$ und $P_2^* = 0{,}30$ bei einer Vertrauenswahrscheinlichkeit von 95% (d. h. 1,96 im Zähler).

II. Kohortenstudien

Mit der Symbolik der Tabelle 88 erhält man: [236]

$$\text{Relatives Risiko:} \qquad \boxed{\hat{\psi} = \frac{a/m_1}{b/m_2}} \tag{2.14}$$

Die benötigten Stichprobenumfänge für eine Kohortenstudie, um den Parameter ψ zu schätzen, sind dann

$$\boxed{\begin{array}{c} m_1 = m_2 = \dfrac{1{,}96^2 \left[\dfrac{(1-P_1)}{P_1} + \dfrac{(1-P_2)}{P_2} \right]}{[\ln(1-\varepsilon)]^2} \\ \text{mit } P_1 = \psi P_2 \end{array}} \tag{2.15}$$

P_1 ist der Anteil von Exponierten in der Grundgesamtheit, bei der sich die Krankheit entwickelt, P_2 ist der entsprechende Anteil von Nicht-Exponierten; ε ist die erstrebte Genauigkeit und für ψ liege bereits ein mutmaßlicher Wert vor.

Beispiel

Angenommen, wir planen eine Kohortenstudie. Wir erwarten, daß in der Gruppe der Nicht-Exponierten 20% Krankheitsfälle auftreten werden. Wie viele Personen brauchen wir für jede Gruppe, um das wahre Relative Risiko ψ mit einer Vertrauenswahrscheinlichkeit von 95% auf 10% genau zu schätzen, wobei wir annehmen, $\psi \approx 1{,}75$:

d. h. $\quad P_2 = 0{,}2 \quad \text{und} \quad P_1 = \psi P_2 = 1{,}75 \cdot 0{,}2 = 0{,}35$

$$m_1 = m_2 = \left\{ 1{,}96^2 \left[\frac{(0{,}65)}{0{,}35} + \frac{(0{,}8)}{0{,}2} \right] \right\} / [\ln(1-0{,}1)]^2 = 2027$$

Damit werden jeweils 2027 Personen benötigt. Begnügen wir uns mit $\varepsilon = 0{,}5$, so reichen $m_1 = m_2 = 47$ Personen.

Hinweis: Breslow (1982) gibt ein Nomogramm, das es gestattet, die zur Schätzung eines mutmaßlichen Relativen Risikos benötigten minimalen Probandenzahlen abzulesen. Um ein Relatives Risiko $\psi = 2$ mit einer Power von 95% zu schätzen, benötigt man dann, wenn der dem Risikofaktor ausgesetzte Anteil der Bevölkerung (P_{RF}) zwischen 0,3 und 0,6 liegt etwa 200 Fälle und 200 Kontrollen; erwartet man $\psi = 4$ und einen Anteil Exponierter von 0,25 bis 0,45, so genügen jeweils rund 50 Probanden; nähert sich der Anteil Exponierter in der Bevölkerung den Werten 0,005 (Null) oder 0,99 (Eins), so werden sehr umfangreiche Probandenzahlen notwendig.

Literatur zum ChancenVerhältnis und zum Relativen Risiko

Breslow und Day (1980, 1987), Gart (1962), Goodman (1983), Hills und Alexander (1989), Kahn und Sempos (1989), Lemeshow u. Mitarb. (1988,1990), Lemeshow und Lwanga (1990), McPherson (1990), Schlesselman (1982) sowie Reynolds (1977) und Rothman (1986) [vgl. auch Sprent 1988 und die auf Formel (1.E6) nach Tabelle 10 folgenden Hinweise]. Zur **Risikoanalyse** siehe auch Adam (1992: Kapitel 5), Becher und Steindorf (1993), Checkoway u. Mitarb. (1989: Chapter 10), Hills und Alexander (1989), Toutenburg (1992a), Walter (1992) sowie Wynder (1987) (vgl. auch S.47).

Zur Schwierigkeit, Umweltschäden auszuschließen: Zentrales Problem vieler epidemiologischer Studien – man denke an verfälschte Nahrungsmittel, Wasser und Luftverschmutzung, ansteckende Krankheiten – ist die Unfähigkeit, die Exposition zu messen und die „unter Risiko stehende Bevölkerung“ anzugeben, etwa im Falle des Dioxins [vgl. auch die

Studie Air Pollution and Daily Mortality in J. Roy. Statist. Soc. A **163** (2000), 263–302]. Näheres zu Kausalaussagen enthalten die Seiten 315 und 509.

[236] **Verzerrungen bei epidemiologischen Studien**

1) Was passierte zwischen Exposition und erster Untersuchung (Todesfälle, Abwanderungen)?
2) Exponierte, die noch keine Symptome aufweisen, sollten nicht intensiver untersucht werden als Nicht-Exponierte.
3) Sich verweigernde Probanden mit und ohne Exposition sind näher zu charakterisieren.
4) Besondere Personengruppen (neu eingestellte in Risikoberufe) unterscheiden sich in ihrem Gesundheitszustand häufig deutlich von der Gesamtbevölkerung.
5) Ein neu auftretender Krankheitsfall veranlaßt Familienangehörige, sich näher über Exposition und Erkrankung zu informieren.

Kausale Zusammenhänge in der Medizin nachzuweisen, ist somit recht schwierig. Hinweise geben Elwood (1988) und S. Greenland u. Mitarb. (1999, Epidemiology **10**, 37–48) (vgl. auch *Koller 1964, Nr. 5 und 1971* sowie Stone 1993). Um Wirkungen auf **Ursachen** zurückzuführen, eignen sich [vgl. (1.10), S. 44] Vergleiche des Typs $P(\text{Wirkung} \mid i\text{-te Ursache})$.
Prognostische Faktoren identifizieren und analysieren Armitage und Gehan (1974), Lee (1992: Chapter 10), Parmar und Machin (1995: Chapter 9) sowie Whitehead (1997: Chapter 7) [vgl. auch Sauerbrei und Royston (1999) und Bennett (1982–1985)].
Zur **Wirksamkeit von Impfungen** siehe z. B. das American Journal of Epidemiology **131** (1990), 205–207, 323–331, **133** (1991), 323–331 und **136** (1992), 328–343 (vgl. auch Greenland und Frerichs 1988).

Andere Aspekte der Epidemiologie behandeln insbesondere Breslow und Day (1980, 1987) sowie Kahn und Sempos (1989). Eine Übersicht zur **Toxikologie** bietet Louise M. Ryan [J. Amer. Statist. Assoc. **95** (2000), 304–308]. Wichtige **Standardisierungen** wie IDR und SMR werden auf den Seiten 463 und 464 vorgestellt.

237 Filteruntersuchungen

[237] Wenn Krankheiten in einer Bevölkerung häufig vorkommen, im Frühstadium erkennbar sind und effektiv behandelt werden können, dann ist eine Untersuchung großer Bevölkerungsgruppen mit relativ einfachen Methoden, eine Filteruntersuchung (engl. screening) sinnvoll [vgl. z. B. M2: 142 und M. Zelen (1993), Biometrika **80**, 279–293]. Hierdurch werden diese Krankheiten früher entdeckt, der Diagnose-Zeitpunkt wird vorverlegt und die von diesem Zeitpunkt an gerechnete Überlebenszeit wird verlängert (lead time bias). Außerdem werden Krankheiten mit langer präklinischer Phase schneller entdeckt (length bias) (vgl. z. B. Cornell 1984 [der u. a. auch Klumpungen von Krankheiten in Zeit und Raum (timespace clustering of disease) behandelt], vgl. auch Hinweis 7 in [48]).

Risiken falsch negativer Testresultate

Wird Zucht- oder Schlachtvieh importiert, so können falsch negative Testresultate schlimme Folgen haben; andere Beispiele können wir uns ersparen. Marchevsky u. Mitarb. (1989) haben gezeigt, daß man bei bekannter Test-Sensitivität (0,90; 0,95; 0,99), Prävalenz (0,005; 0,01; 0,02) und Zahl der zu untersuchenden Individuen (500, 1000, 2000, 5000) den Anteil Falsch-Negativer aus einer Tabelle (Table 3, p. 613) entnehmen kann. Angenommen, die zu importierenden Tiere stammen aus einem Gebiet mit einer Prävalenz von 1%, die Sensitivität des diagnostischen Tests betrage 0,99, und 1000 Tiere werden untersucht. Dann beträgt der Anteil von mindestens einem infizierten Tier 9,6%. Für eine Sensitivität von 0,95 und 5000 Tieren erreicht dieser Anteil bei konstanter Prävalenz schon den Wert 92%. Dies alles, vorausgesetzt die Spezifität betrage 1, setzt man den realistischeren Wert von 0,9 an, so erhöhen sich die genannten Prozentsätze auf 10,6% bzw. 93,3% (vgl. auch die folgende Tabelle).

Einige weitere Werte: [237]

Sens.	Präv.	n: 1000	5000
0,90	0,02	87,0%	100,0%
	0,01	63,6%	99,4%
0,95	0,02	63,9%	99,4%
	0,01	39,6%	92,0%
0,99	0,02	18,5%	64,0%
	0,01	9,6%	39,7%

Auf S. 84/88 sind wir näher auf die Effizienz eines diagnostischen Tests eingegangen.

238 Weitere Hinweise [238]

Confounding: Verzerrung des Zielgrößeneffektes infolge ungenügender Kontrolle von Störgrößenwirkungen	**Bias:** Systematische Abweichung der Resultate von den korrekten Werten infolge von Planungs und Durchführungsfehlern

1. **Störgrößen (confounder,** von lat. confundere vermengen; vgl. auch [77]) und systematische Fehler, Verzerrungen (**bias**) rechtzeitig zu erkennen und zu eliminieren, bevor man zu falschen Schlüssen kommt, ist gerade in der Epidemiologie besonders schwierig (vgl. z. B. Elwood 1988: Chapters 5 + 6, Feinstein 1985, 1987, Greenland 1989, Hauss 1981, Kelsey u. Mitarb. 1996, Kleinbaum u. Mitarb. 1982: Chapters 10/14 sowie Schlesselman 1982: Chapter 5) (vgl. auch Andersen 1990, Checkoway u. Mitarb. 1989: Chapters 4 + 7, Cohn 1989, Collett 1991, Eddy u. Mitarb. 1992 sowie Last 1988: pp. 13–16, 28 + 29).
2. Das relative Risiko für **Raucher**, an Lungenkrebs zu erkranken, liegt zwischen 10 und 15 (Kasuga 1990). Für passives Rauchen besteht ein erhöhtes Lungenkrebs-Risiko, auch und insbesondere für Hunde mit kurzer Schnauze („Ärzte Zeitung" vom 23. 9., 8. 10. und 16. 12. 1992).

Literatur

- Epidemiologie
- Kohortenstudien
- Fall-Kontroll-Studien
- Klinische Studien/Vergleichsstudien

Epidemiologie

Eine hervorragende Übersicht bietet die Monographie von Kahn und Sempos (1989), daneben sind wichtig: Adena und Wilson (1982; ergänzt Breslow und Day 1980), Breslow und Day (1980 und 1987), Checkoway u. Mitarb. (1989), Cohn (1989), Cornell (1984), Erdreich und Lee (1981), Feinstein (1985 und 1987), Fletcher (1999), Gail u. Mitarb. (1985), Gart u. Mitarb. (1986), Geidel und Neumann (1988), Greenland (1987, 1989, 1990), Guggermoos-Holzmann (1991), Kasuga (1990), Keiding (1987), Keiding und Vaeth (1986), Kelsey u. Mitarb. (1996), Kleinbaum u. Mitarb. (1981, 1982 und 1988), Last (1988), Lee (1992), Lemeshow und Lwanga (1990), Mantel und Fleiss (1980), Manton und Stallard (1984 und 1987), Moolgavkar und Prentice (1986), Preston (1987), Rao und Marsh (1990), Rothman (1986), Schlesselman (1982), Selvin (1996), Wu und McCurry (1988) sowie Wynder (1987).

Auf die Erkundung der Zusammenhänge zwischen Ernährung und Krankheit ("Nutritional Epidemiology") gehen Margetts und Nelson (1991) sowie Willett (1990) näher ein.

Kohortenstudien

Breslow und Day (1987), Elwood (1988: Chapter 9), Greenland und Morgenstern (1990),
[238] Hagenaars (1990), Kahn und Sempos (1989), Kelsey u. Mitarb. (1996), Lemeshow und Lwanga (1990), Mason und Fienberg (1985) sowie Nesselroade und Baltes (1979). Weitere Hinweise enthält S. 312.
Plewis (1985) analysiert Änderungen, die sich an Longitudinaldaten zeigen (vgl. auch Wu und McCurry 1988 sowie Krzanowski und Marriott 1995: Chapter 13). Näheres über Verlaufskurven ist Übersicht 86 am Ende von [58] zu entnehmen.

Fall-Kontroll-Studien

Breslow (1982), Breslow und Day (1980), Cornell (1984), Elwood (1988: Chapter 10), Feinstein (1985: Chapter 23), Feinstein und Mitarb. (1986), Hosmer und Lemeshow (1989: Chapter 7), Lemeshow und Lwanga (1990) sowie Schlesselman (1982) (vgl. auch Collett 1991).

Klinische Studien/Vergleichende klinische Therapiestudien

Bather (1985), Berry (1990), Cornell (1984), Feinstein (1985 und 1987), Fleiss (1986), Fletcher u. Mitarb. (1982), Friedman u. Mitarb. (1998), Johnson und Johnson (1977), Jones und Kenward (1989), Machin und Campbell (1987), Meinert (1986), Pocock (1983), Pocock u. Mitarb. (1987), Shapiro und Louis (1983) sowie Whitehead (1997) (vgl. auch Hoppe 1993, Lee 1992, Peace 1988, Petermann 1989, Senn 1999, Simon 1991, Tukey 1991 und S.-C. Chow 2000, zitiert auf S. 716). Feinstein (1987) diskutiert ausführlich die Bildung neuer klinischer Indizes [vgl. auch Feinstein (2001)].

Zwischenauswertungen in klinischen Studien sind dann sinnvoll, wenn vorab festgelegt wird, welche Entscheidungen aus den Ergebnissen einer Zwischenauswertung resultieren. Wichtig sind hier Hauptzielkriterium und Nebenwirkungen sowie Nutzen oder Risiko einer Studie bzw. vorliegende Resultate einer anderen Studie. Eine Studie sollte auch nicht nur dann beendet werden, wenn die Überlegenheit einer Therapie eindeutig ist, sondern auch dann, wenn sich eine Nichtüberlegenheit abzeichnet.

[24]

24 Drei geschlossene Folgetestpläne

• Bross • Spicer • Cole

Ein moderner Zweig der Statistik – die Sequential-Analyse – ist im II. Weltkrieg von A. Wald entwickelt worden. Wallis (1980) beschreibt die Entstehungsgeschichte im Kriegswinter 1942/43. Die sequentielle Analyse blieb bis 1945 Kriegsgeheimnis, da sie sofort als das *rationellste Mittel zur kontinuierlichen Qualitätsüberwachung im Industriebetrieb* erkannt wurde. Das Grundprinzip der Sequenzanalyse besteht darin, daß nach vereinbarungsmäßiger Festlegung der Wahrscheinlichkeiten für den Fehler 1. und 2. Art, α und β, *bei gegebenem Unterschied betrachteter Grundgesamtheiten der zur Sicherung dieses Unterschiedes erforderliche Stichprobenumfang zur Zufallsvariablen (mit bestimmtem Erwartungswert) wird.* Vorausgesetzt werden Zufallsstichproben aus unendlich großen Grundgesamtheiten.

Man sammelt jeweils nur so viele Beobachtungen wie unbedingt notwendig sind. Dieser Vorteil macht sich vor allem dann bemerkbar, wenn die Einzelbeobachtung zeitraubend und kostspielig ist, aber auch, wenn Beobachtungsdaten nur in beschränktem Umfange zu gewinnen sind. Anhand des Resultates einer jeden Einzelbeobachtung, eines einzelnen Versuches, wird festgestellt, ob der Versuch oder die Versuchsreihe
(die Sequenz oder Folge von Experimenten) fortgesetzt werden muß oder ob eine Entscheidung getroffen werden kann. Man unterscheidet rechnerische und graphische Verfahren und

unter diesen sogenannte offene und sogenannte **geschlossene Folgetestpläne,** die gegenüber den offenen Plänen immer zu einer Entscheidung führen.

Literatur zur Sequenzanalyse **[24]**

Bather (1985), Bauer u. Mitarb. (1986), Bortz u. Mitarb. (1990, Kap. 10), Ghosh (1970), Gottman und Roy (1990), Hinkley u. Mitarb. (1991: Chapter 6), Johnson und Johnson (1977), Siegmund (1985), Stuart und Ord (1999, Vol. 2A: Chapter 24), Wallis (1980), Wetherill und Glazebrook (1986) sowie Whitehead (1997) [vgl. auch L. S. Nelson, Journal of Quality Technology **25** (1993), 131–139 und 216–220].

Geschlossene Folgetestpläne gestatten es, *ohne Rechnung* Vergleiche zwischen zwei Medikamenten oder Methoden durchzuführen. Soll ein neues Medikament A mit einem anderen Medikament B verglichen werden, dann werden Patientenpaare gebildet. Beide Patienten sind gleichzeitig oder kurz nacheinander zu behandeln, wobei ein Münzwurf entscheidet, welcher Patient das Medikament A erhalten soll. Die Beurteilung der Wirkung erfolgt nach der Skala: Mittel A ist besser als B
Mittel B ist besser als A
Kein Unterschied.

Ist Mittel A besser, kreuzt man in Abb. 41 – einem von *Bross (1952)* unter besonderer Berücksichtigung medizinischer Fragestellungen entwickelten Folgetestplan – das Feld senkrecht über dem schwarzen Quadrat an, ist Mittel B besser, markiere man das Feld waagerecht daneben. Besteht kein Unterschied, dann wird keine Eintragung vorgenommen. Man notiere sich jedoch dieses Ergebnis auf einem besonderen Blatt.

Das Resultat des zweiten Versuches wird in derselben Weise eingetragen wie beim ersten Versuch, als Bezugsquadrat dient das beim ersten Versuch markierte Feld, beim dritten Versuch das im zweiten Versuch markierte Feld usw. Sobald im Laufe der Versuchsserie eine Grenze überschritten wird, gilt mit einer Irrtumswahrscheinlichkeit von $2\alpha \approx 10\%$:

Obere Grenze: $A > B$, Medikament A ist besser
Untere Grenze: $B > A$, Medikament B ist besser
Mittlere Grenze: $A = B$, ein bedeutsamer Unterschied ist nicht festzustellen.

Die Frage, welcher Unterschied uns „bedeutsam" erscheint, muß noch beantwortet werden. Es ist einleuchtend, daß eine Entscheidung um so schneller zu erhalten ist, um so kleinere Versuchsserien erfordert, je größer der von uns festgelegte bedeutsame Unterschied ist, genauer: Der maximale Umfang der Versuchsreihe hängt von diesem Unterschied ab. Wieviel Versuchspaare in einem gegebenen Fall getestet werden müssen, das kann nur unser Experiment entscheiden! Erhalten wir fast nur das Ergebnis „kein Unterschied", so wird die Entscheidung lange auf sich warten lassen. In der Regel sind solche Fälle allerdings recht selten. Betrachten wir einmal den Prozentsatz p_1 der durch das alte Medikament geheilten

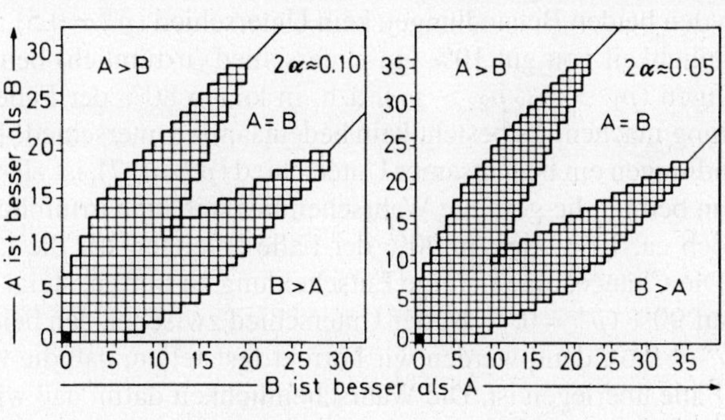

Abb. 41. Zwei Folgetestpläne nach Bross ($\beta = 0{,}05$);
I.D.J. Bross: Sequential medical plans, Biometrics **8**, 188–205 (1952)

Patienten und den Prozentsatz p_2 der durch das neue Medikament geheilten Patienten, dann gibt es bei einem Vergleich, wie ihn der erste und jeder folgende Versuch darstellt, folgende
[24] Möglichkeiten:

Tabelle 89.

Nr.	Altes Medikament	Neues Medikament	Wahrscheinlichkeit
1	geheilt	geheilt	$p_1 p_2$
2	nicht geheilt	nicht geheilt	$(1 - p_1)(1 - p_2)$
3	geheilt	nicht geheilt	$p_1(1 - p_2)$
4	nicht geheilt	geheilt	$(1 - p_1)p_2$

Da uns nur Fall 3 und 4 interessieren, erhalten wir für den Zeitanteil, in dem sich Fall 4 ereignet, kurz durch p^+ charakterisiert,

$$\boxed{p^+ = \frac{p_2(1-p_1)}{p_1(1-p_2)+(1-p_1)p_2}} \tag{2.16}$$

Ist nun $p_1 = p_2$, dann wird unabhängig davon, welchen Wert p_1 annimmt, p^+ zu 1/2. Nehmen wir nun an, das neue Medikament sei besser, d. h. $p_2 > p_1$, dann wird p^+ größer als 1/2. Bross hat nun für den besprochenen Folgetestplan angenommen, daß, wenn p_2 genügend größer als p_1 ist, so daß $p^+ = \mathbf{0{,}7}$, dieser Unterschied zwischen den beiden Medikamenten als „bedeutsam" aufgefaßt werden kann. Das heißt: Werden durch das alte Medikament 10%, 30%, 50%, 70% oder 90% der behandelten Patienten geheilt, dann lauten die entsprechenden Prozentsätze für das neue Medikament: 21%, 50%, 70%, 84% und 95%. Man sieht, daß der Unterschied zwischen beiden Behandlungsmethoden dann, wenn durch das alte Medikament 30% bis 50% der Patienten geheilt worden sind, am größten ist und damit der maximale Umfang der Versuchsreihe am kleinsten wird. Das ist nichts Neues, denn wenn Behandlungen kaum oder fast immer erfolgreich sind, braucht man zahlreiche Beobachtungen, um zwischen zwei Therapien deutliche Unterschiede zu erhalten. Im allgemeinen benötigt man für sequentialanalytische Untersuchungen **durchschnittlich etwa 2/3** so viele Beobachtungen wie bei den üblichen klassischen Verfahren.
Kehren wir zu Abb. 41 zurück und untersuchen wir die Leistungsfähigkeit dieses Folgetestes, der für mittlere und kurze Versuchsserien und mittlere Unterschiede entwickelt ist. Besteht zwischen den beiden Behandlungen kein Unterschied ($p^+ = 0{,}5$), so wird mit einer Irrtumswahrscheinlichkeit von gut 10% ein Unterschied (irrtümlich) behauptet, und zwar in beiden Richtungen ($p_1 > p_2$, $p_2 > p_1$), d. h. in knapp 80% der Fälle würden wir die korrekte Feststellung machen: Es besteht kein bedeutsamer Unterschied! Besteht zwischen den beiden Behandlungen ein bedeutsamer Unterschied ($p^+ = 0{,}7$), ist also p_2 „bedeutsam" größer als p_1, dann beträgt die gesamte Wahrscheinlichkeit, eine irrtümliche Entscheidung zu treffen, nur noch ca. 10% oder: In 90% der Fälle erkennen wir die Überlegenheit der neuen Methode. Die Chance, eine richtige Entscheidung zu treffen, steigt somit von knapp 80% ($p^+ = 0{,}5$) auf 90% ($p^+ = 0{,}7$). Ist der Unterschied zwischen den beiden Medikamenten nur gering ($p^+ = 0{,}6$), dann werden wir korrekt feststellen, daß die neue Behandlung in etwa 50% der Fälle überlegen ist. Die Wahrscheinlichkeit dafür, daß wir (fälschlich) die alte Behandlung als besser einschätzen, ist dann kleiner als 1%.

Will man sehr kleine Unterschiede zwischen zwei Methoden entdecken, dann muß man andere Folgetestpläne mit sehr viel längeren Versuchsreihen verwenden. Eventuell ist dann auch der symmetrische Plan mit zweiseitiger Fragestellung durch einen anderen mit einseitiger Fragestellung (H_0: $A > B$, H_A: $A \leqq B$) zu ersetzen, bei dem der mittlere Bereich – in Abb. 41 das Gebiet $A = B$ – mit dem Gebiet $B > A$ zusammengefaßt wird. Das ist der Fall, wenn die alte Behandlungsmethode gut eingefahren ist, sich bewährt hat und die neue Methode erst dann eingeführt werden soll, wenn ihre eindeutige Überlegenheit erwiesen ist. Hierfür hat Spicer einen einseitigen Folgetestplan entwickelt (Abb. 42). Für den Fall $A > B$ wird die neue Methode akzeptiert; für $B > A$ wird die neue Methode abgelehnt. Näheres ist den auf S. 323 oben genannten Monographien zu entnehmen [vgl. auch *Bross 1958* und R.F. Mould, Clinical Radiology **30** (1979), 371–381]. [24]

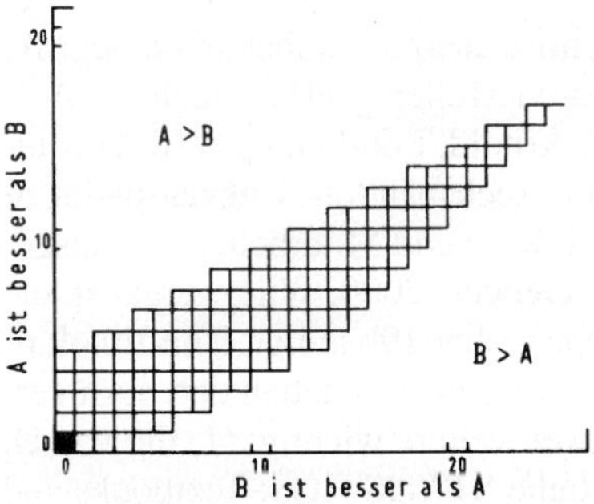

Abb. 42. Folgetestplan nach Spicer ($\alpha \simeq 0{,}05$; $\beta \simeq 0{,}05$; $p^+ = 0{,}8$); C.C. Spicer: Some new closed sequential designs for clinical trials, Biometrics **18**, 203–211 (1962)

Der einseitige Testplan von *Spicer (1962)* (vgl. *Alling 1966*) hat den Vorteil, daß der maximale Stichprobenumfang besonders dann, wenn die neue Behandlungsmethode der alten Methode tatsächlich nicht überlegen ist, relativ klein ist. Daher ist dieser Plan vorzüglich für **Übersichtsversuche** geeignet, wenn beispielsweise mehrere neue Arzneimittelkombinationen getestet werden sollen, von denen die meisten keinen echten Fortschritt darstellen. Daß einseitig getestet wird, ist für klinische Experimente dieser Art kaum ein ernstzunehmender Nachteil, da die Prüfung der Frage, ob eine neue Behandlung schlechter ist oder nicht, kein besonderes Interesse finden dürfte.

Besonders zur Erfassung ökologisch wichtiger Unterschiede zwischen Organismengruppen hat *Cole (1962)* einen **Schnelltest-Folgeplan** (Abb. 43) entwickelt, der es gestattet, schnell größere Unterschiede zu erfassen.

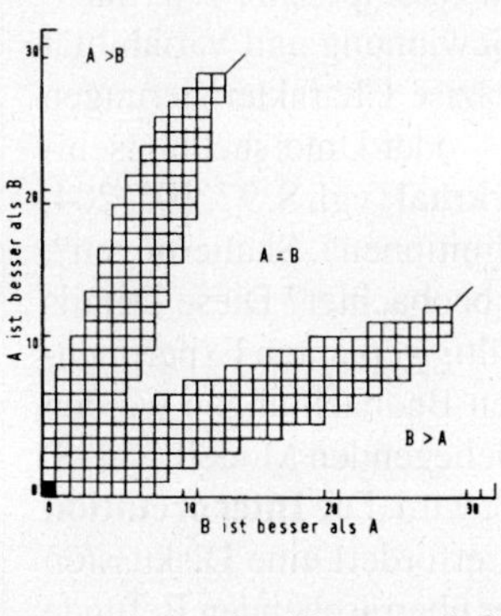

Abb. 43. Folgetestplan nach Cole ($2\alpha \simeq 0{,}10$; $\beta \simeq 0{,}10$; $p^+ = 0{,}7$); L. M. C. Cole: A closed sequential test design for toleration experiments, Ecology **43**, 749–753 (1962)

Abschließend sei betont, daß der Anwendung der Sequenzanalyse in der Medizin, auch beim Vorliegen guter Daten, natürliche Grenzen gesetzt sind. Einmal ist sie nur dann sinnvoll,

wenn die individuelle Behandlungsperiode kurz ist im Verhältnis zur Gesamtdauer des Experimentes, zum anderen kann eine kleine Stichprobe kaum Aufschlüsse über Neben- und Sekundäreffekte der neuen Therapie, beispielsweise über mögliche Komplikationen geben.
[24] Der gegenüber klassischen Verfahren entscheidende Vorteil der Sequenzanalyse, daß relativ geringe Versuchsreihen während des Experimentierens ohne Rechenarbeit zu Entscheidungen führen können, darf nicht zu einer schematischen Anwendung dieser Verfahren führen. Näheres ist den auf S. 323 genannten Büchern zu entnehmen, die auch Anwendungen in der Technik enthalten. Zu sequentiellen t-, χ^2- und F-Tests siehe Ch. Jennison und B. W. Turnbull [1991: Biometrika **78**, 133–141; vgl. auch Statistical Science **5** (1990), 299–317 und **11** (1996), 137–149]. Weitere Ansätze für Therapie-Vergleiche bieten Überkreuzversuche (vgl. S. 472 und 688) sowie faktorielle Experimente (vgl. S. 686).

Wer bei der Lektüre medizinisch-epidemiologischer **Fachliteratur** auf unbekannte Begriffe und Konzepte stößt, wird neben Last (1988) – ergänzt durch Müller (1991) – auch das A–Z of Medical Statistics (Filomena Pereira-Maxwell, 1998; Arnold, London, pp. 118) konsultieren. Außerdem haben P. Armitage und T. Colton eine sechsbändige **Encyclopedia of Biostatistics** (1998; Wiley) herausgegeben, die die von S. Kotz und Mitarbeitern herausgegebene bisher 14-bändige **Encyclopedia of Statistical Sciences** (2000; Wiley) ergänzt, die
S. 733 durch das von C.R. Rao und Mitarbeitern herausgegebene bisher 19bändige **Handbook of Statistics** (2001; Elsevier, Amsterdam) ergänzt wird. Außerdem sind neben den Springer- und Wiley-Serien von speziellen Monographien noch zwei weitere wichtig: (1) die von D. B. Owen, W. R. Schucany u. Mitarb. herausgegebene Reihe STATISTICS: Textbooks and Monographs (Marcel Dekker, New York 10016), [z.B. Vol. 150, Patel und Read 1996] und (2) Kendall's Library of Statistics (Arnold, London) mit bisher (2000) 9 Bänden.

Sachrelevanz der Statistik

Bevor wir uns dem dritten Kapitel zuwenden, das wie die folgenden sehr viele Einzelheiten enthält, ist eine Besinnung auf die Möglichkeiten, die die Statistik dem Anwender bietet (vgl. z. B. S. XIII, 1, 3, 5–7, 33), angebracht, die nur dann voll ausgeschöpft werden können, wenn **gründliches Sachwissen auf dem zu bearbeitenden Fachgebiet** vorhanden ist und eine nicht zu kurze Planungsphase (vgl. S. 15) einkalkuliert wird. Dies ist entscheidend, um zu verhindern, daß systematische Fehler (Bias-Varianten, vgl. S. 24) die Gewinnung und Auswertung der Daten beeinträchtigen, die Resultate verzerren und falsches Wissen „sichern". Vorausgesetzt wird somit Fachkompetenz, d. h. Sachwissen und Einsichten über Möglichkeiten der Entstehung/Gewinnung und Variabilität unverzerrter und aussagekräftiger Beobachtungen, etwa: präzise Charakterisierungen der **Merkmalsträger** (vgl. S. 18 und 97), auch Beobachtungs- oder Untersuchungseinheiten genannt: Definition?; unabhängig?; nach welchem **Merkmal** (vgl. S. 97, 105, 204, 308) angeordnet bzw. wie gruppiert?; welche Merkmale (Definitionen?, Skalierungen?, Variationsbereiche?, ...) werden jeweils (wie?, wann?, ...) beobachtet? Diese Details sollten neben anderen (vgl. S. 15) bekannt sein. Die aus sorgfältig geplanten Experimenten, Stichprobenerhebungen oder Sonderformen gewonnenen Beobachtungen werden dann analysiert, wobei – entsprechend dem zunächst zugrundeliegenden Modell (vgl. S. 14, 70, 420/21) – das reale Problem eher als formales aufgefaßt wird. Die **Interpretation und Bedeutung** der eher formalen Befunde für die Realität erfordert eine Diskussion der Datenqualität, der Methodik, sowie der erwarteten und der überraschenden Befunde unter Berücksichtigung methodischer Schwierigkeiten in Planung und Durchführung, fast stets in Verbindung mit der Formulierung neuer Probleme.

3 Der Vergleich unabhängiger Stichproben gemessener Werte

[3]

Um einen Überblick zu gewinnen, ist es zweckmäßig, sich an die auf die Einleitung folgenden Übersichten 2 bis 5 sowie an Übersicht 52 in [148] zu erinnern.

- Spezielle Stichprobenverfahren

31 Vertrauensbereiche für Erwartungswert μ und Median $\tilde{\mu}$
32 Vergleich eines empirischen Mittelwertes mit dem Erwartungswert einer normalverteilten Grundgesamtheit: Einstichproben-t-Test
33 Vergleich einer empirischen Varianz mit ihrem Parameter
34 Vertrauensbereiche für die Varianz, die Standardabweichung und den Variationskoeffizienten
35 Vergleich zweier empirisch ermittelter Varianzen aus normalverteilten Grundgesamtheiten
36 Vergleich zweier empirischer Mittelwerte aus normalverteilten Grundgesamtheiten
37 Schnelltests, die angenähert normalverteilte Meßwerte voraussetzen
38 Ausreißerproblem und Toleranzgrenzen
39 Verteilungsunabhängige Verfahren für den Vergleich unabhängiger Stichproben

Spezielle Stichprobenverfahren

Wissen wir einiges über die zu erwartende Heterogenität innerhalb der Grundgesamtheit, die wir untersuchen wollen, dann gibt es wirksamere Verfahren als die Auswahl zufälliger Stichproben (vgl. [132]). Wichtig ist die Verwendung *geschichteter* oder stratifizierter Stichproben; hier wird die Grundgesamtheit in relativ homogene Teilgrundgesamtheiten, **Schichten oder Strata** unterteilt, und zwar jeweils nach den Gesichtspunkten, die für das Studium der zu untersuchenden Variablen von Bedeutung sind. Geht es um die Voraussage von Wahlergebnissen, dann wird man die Stichprobe so wählen, daß sie ein verkleinertes Modell der Gesamtbevölkerung darstellt. Dabei werden in erster Linie Altersschichtung, das Verhältnis zwischen Männern und Frauen und die Einkommensgliederung berücksichtigt.

So gliedern sich die Erwerbstätigen in der BRD im April 1990 (Statistisches Jahrbuch 1992, S. 114) nach der Stellung im Beruf etwa in 37% Arbeiter, 43% Angestellte, 9% Selbständige und 9% Beamte sowie 2% Mithelfende Familienangehörige*. Stratifizierung verteuert meist die Stichprobenerhebung, ist jedoch ein wichtiges Hilfsmittel. Der Stichprobenumfang pro Schicht ist um so kleiner, je kleiner die Schicht, je kleiner die Varianz und je teurer die Erhebung in der betreffenden Schicht ist. Einige Formeln sind in Übersicht 61 zusammengestellt. Literaturhinweise enthält S. 104.

Demgegenüber wird in der **systematischen Stichprobe** (vgl. [132]) so vorgegangen, daß jedes q-te Individuum der Grundgesamtheit nach einer Liste ausgewählt wird.

* D, April 1998, Statistisches Jahrbuch 1999, S. 107; [wie oben]:

Früheres Bundesgebiet:	33,0;	47,6;	10,1;	9,0;	0,3.
Neue Länder und Berlin-Ost:	43,0;	43,6;	8,6;	4,7;	0,1.

Übersicht 61. Bereichsschätzungen (vgl. [311]) von μ, σ^2 bzw. p aus geschichteten Stichproben

[3] Die Grundgesamtheit N bestehe aus k Schichten der Umfänge N_i. Die Zahl der Stichprobeneinheiten n_i pro Schicht wird proportional dem Anteil dieser Schicht in der Grundgesamtheit gesetzt:

$$n_i/n = N_i/N \tag{3.1}$$

Für Mittelwert und Varianz ergeben sich dann aus den Mittelwerten $\bar{x}_i$ und Varianzen s_i^2 der Einzelschichten:

$$\bar{\bar{x}} = \sum_{i=1}^{k} \frac{n_i}{n} \bar{x}_i \tag{3.2}$$

$$\operatorname{Var}(\bar{\bar{x}}) = \sum_{i=1}^{k} \left(\frac{n_i}{n}\right)^2 \frac{s_i^2}{n_i} \left(\frac{N_i - n_i}{N_i - 1}\right) \tag{3.3}$$

Der angenäherte 95%-VB für μ ist dann

$$\bar{\bar{x}} \pm \left(\frac{1{,}96}{N}\right) \sqrt{\sum_{i=1}^{k} \frac{s_i^2}{n_i} N_i (N_i - n_i)} \tag{3.4}$$

Ist anstatt μ der Anteil p zu schätzen, p_i seien die wahren, $\hat{p}_i$ die geschätzten Anteile in der i-ten Schicht, so verwende man

$$\bar{\hat{p}} = \frac{1}{N} \sum_{i=1}^{k} N_i \hat{p}_i \tag{3.5}$$

$$n_i = \frac{n N_i \sqrt{p_i(1-p_i)}}{\sum_{i=1}^{k} N_i \sqrt{p_i(1-p_i)}} \tag{3.6}$$

und für den angenäherten 95%-VB für p

$$\bar{\hat{p}} \pm \left(\frac{1{,}96}{N}\right) \sqrt{\sum_{i=1}^{k} \frac{\hat{p}_i(1-\hat{p}_i)}{(n_i - 1)} N_i (N_i - n_i)} \tag{3.7}$$

Hierbei ist q der auf eine ganze Zahl aufgerundete Quotient, den man bei der Division der Gesamtbevölkerung durch den Stichprobenumfang erhält. Bei der Auswahl einer systematischen Stichprobe kann man Volkszählungen, Wahllisten sowie Karteien der Einwohnermeldeämter oder der Gesundheitsbehörden verwenden. Vorausgesetzt wird allerdings, daß die zugrundeliegende Liste frei von periodischen Schwankungen ist. Eine *einwandfreie Zufallsauswahl* ist allerdings nur dann möglich, wenn die Einheiten – etwa Karteikarten – durch *Mischen* in eine *Zufallsanordnung* gebracht werden und dann *systematisch jede q-te Karte* gezogen wird. Die Verwendung einer systematischen Stichprobe hat den Vorteil, daß es oft leichter ist, jedes q-te Individuum herauszugreifen als rein zufällig auszuwählen. Außerdem bringt die Methode in bestimmten Fällen eine indirekte Stratifikation mit sich, beispielsweise wenn die Ausgangsliste nach Wohnorten, Berufen oder Einkommensgruppen geordnet wird. [3]

Nicht auf dem Zufallsprinzip beruhende Auswahlverfahren, d. h. die meisten in der **Markt- und Meinungsforschung** häufig eingesetzten **Quotenverfahren** (vgl. Schnell 1997, S. 12–16 sowie A. Quatember 1997 und K.-H. Reuband 1998, beide zitiert auf S. 730) und insbesondere die *Auswahl typischer Fälle* (zu vermeiden!) gestatten jedoch **keine Angaben** über die Zuverlässigkeit ihrer Ergebnisse. Zu Stichproben-Verfahren: in der **Marktforschung** siehe T. Bausch (1990; 154 S.; Vahlen, München), in der **Umfrageforschung** siehe ADM/AG.MA (1999; 176 S.; Leske+Budrich, Opladen).

Besonders bei geographischen Problemstellungen verwendet man die Stichprobe mit geschlossenen Erfassungsgruppen, das **Klumpen-Verfahren.** Die Grundgesamtheit wird hier in kleine relativ homogene Gruppen oder Klumpen unterteilt, die man mit wirtschaftlichem Vorteil gemeinsam untersuchen kann. Untersucht wird dann eine zufällige Stichprobe der Klumpen (Familien, Schulklassen, Häuser, Dörfer, Straßenblöcke, Stadtteile). Mehrstufige Zufallsauswahlen sind hier gut möglich (z. B. Dörfer und hieraus wieder zufällig Häuser). Erhebungsgrundlagen für Klumpen (Gemeinden, Betriebe, Kliniken, Haushalte) liegen meist vor. Klumpen sind auch stabiler in der Zeit als die jeweiligen Untersuchungseinheiten (Haushalte, Beschäftigte, Patienten [bzw. Sektionsfälle], Personen) (vgl. z. B. Levy und Lemeshow 1999 sowie Thompson 1992).

Daß es nicht einfach ist, **auswahlbedingte (selektionsbedingte) Trugschlüsse** zu vermeiden, zeigt folgendes Beispiel: Angenommen, zwischen zwei Krankheiten bestehe stochastische Unabhängigkeit und die Wahrscheinlichkeiten, in die Klinik aufgenommen bzw. seziert zu werden, seien für beide Krankheiten unterschiedlich. Hierdurch werden einzelne Gruppen unterschiedlich selektiert, wodurch künstlich Abhängigkeiten geschaffen werden [zum Selektionsbias vgl. z. B. auch W. H. Williams, The American Statistician **32** (1978), 61–65]. Diese **Selektionskorrelation,** die für die Bevölkerung wie gesagt nicht zutrifft (vgl. auch [22] und [52]), ist von J. Berkson als Trugschluß erkannt worden (vgl. z. B. *Rümke 1970* und Ackermann 1988). Sie basiert auf der Nichtberücksichtigung unterschiedlicher Zutritts- und Austrittswahrscheinlichkeiten.

Andere Auswahlverfahren (vgl. [132]) sind:

1. Bei durchnumerierten Karteikarten oder anderen Auswahlunterlagen die **Auswahl nach Schlußziffern.** Soll z. B. eine Stichprobe mit dem Auswahlsatz 20% gezogen werden, so können alle Karten mit den Schlußziffern 3 und 7 gewählt werden.
2. Für die Auswahl von Personen das **Geburtstagsverfahren.** Bei diesem Auswahlverfahren werden alle Personen in die Stichprobe einbezogen, die an bestimmten Tagen im Jahr geboren sind. Werden z. B. alle am 11. eines Monats Geborenen ausgewählt, so erhält man eine Stichprobe mit einem Auswahlsatz von etwa 12 : 365 = 0,033, d. h. rund 3%. Das Verfahren kann nur dann benutzt werden, wenn geeignete Auswahlgrundlagen (z. B. Liste, Kartei) für den zu erfassenden Personenkreis vorliegen.

31 Vertrauensbereiche für Erwartungswert μ und Median $\tilde{\mu}$ [31]

- Der Begriff Vertrauensbereich

311 Vertrauensbereich für den Erwartungswert μ

- Stichprobenziehen mit bzw. ohne Zurücklegen
- Rückschluß und direkter Schluß

Der Begriff **VERTRAUENSBEREICH** ist von J. Neyman und E. S. Pearson (vgl. *Neyman 1950*) eingeführt worden. Man versteht darunter ein aus Stichprobenwerten berechnetes [d. h. in Lage und Breite zufälliges] Intervall, das den wahren aber unbekannten Parameter mit einer vorgegebenen Wahrscheinlichkeit, der Vertrauenswahrscheinlichkeit, überdeckt. Als Vertrauenswahrscheinlichkeit wird meist 95% gewählt; diese Wahrscheinlichkeit besagt, daß **bei häufiger berechtigter Anwendung dieses Verfahrens** die berechneten Vertrauensbereiche in etwa 95% der Fälle den Parameter überdecken und ihn in nur 5% der Fälle nicht erfassen. Für den konkreten Einzelfall gilt mit $P = 1$: „der Parameter wird überdeckt oder nicht". Dies ist natürlich für den Praktiker wenig tröstlich. Häufig ist der Vertrauensbereich auch breiter als erwartet bzw. erfordert mehr Beobachtungen als verfügbar sind: siehe die Seiten 434/436. Andere Aspekte des Vertrauensbereichs enthalten [1361] und [141].
Ist eine Schätzfunktion T normalverteilt, dann bedeutet jeder **95%-Vertrauensbereich** (95%-VB) [vgl. (1.37) und (1.160), σ_T ist der Standardfehler der Schätzfunktion T z. B. (1.104)]:

95%-VB für Theta

$$P\left(-1{,}96 \leqq \frac{T-\Theta}{\sigma_T} \leqq 1{,}96\right) = 0{,}95 = P(T-1{,}96\sigma_T \leqq \Theta \leqq T+1{,}96\sigma_T) = P(a \leqq \Theta \leqq b) \qquad (3.8')$$

Zwischen den Intervallgrenzen a und b ist in 95% aller Intervalle der Parameter Θ enthalten. Für einen 90%-VB ist der Faktor 1,96 durch 1,645 zu ersetzen, für einen 99%-VB durch 2,576 (vgl. Tab. 29).

311 Vertrauensbereich für den Erwartungswert μ

[311] Gegeben sei eine Zufallsstichprobe $x_1, x_2, \ldots, x_n$ aus einer normalverteilten Grundgesamtheit. Der Mittelwert der Grundgesamtheit sei unbekannt. Wir suchen zwei aus der Stichprobe zu errechnende Werte x_{links} und x_{recnts}, die mit einer bestimmten, nicht zu kleinen Wahrscheinlichkeit den unbekannten Parameter μ zwischen sich einschließen: $x_{\text{links}} \leqq \mu \leqq x_{\text{rechts}}$. Diese Grenzen nennt man **Vertrauensgrenzen** oder Mutungsgrenzen (confidence limits), sie bestimmen den sogenannten **Vertrauens-**, Mutungs- oder **Konfidenzbereich** (confidence interval), den wir für den Fall, daß σ bekannt ist, in [141] als (1.156ab) und Tabelle 47 kennengelernt haben. Mit der Vertrauenswahrscheinlichkeit $(1-\alpha)$ liegt dann der gesuchte Parameter μ zwischen den Vertrauensgrenzen (3.8)

$$\bar{x} \pm tx/\sqrt{n} \qquad (3.8)$$

Wir schreiben weiterhin, etwas salopp (vgl. die gegen Ende von [126] gemachte Bemerkung), Schätzwerte (z. B. $\bar{x}$) und nicht Schätzfunktionen (z. B. $\bar{X}$).

mit $t_{n-1;\alpha}$ (Faktor der Student-Verteilung: Tabelle 49), d. h. in durchschnittlich $100 \cdot (1-\alpha)$% aller Stichproben werden diese Grenzen den wahren Wert des Parameters einschließen:

$$P(\bar{x} - ts/\sqrt{n} \leqq \mu \leqq \bar{x} + ts/\sqrt{n}) = 1 - \alpha \tag{3.9}$$

d.h. in höchstens $100 \cdot \alpha\%$ aller Stichproben wird der unbekannte Parameter nicht überdeckt. In durchschnittlich $100\alpha\%$ aller Stichproben werden diese Grenzen den Parameter nicht erfassen, und zwar wird er in durchschnittlich $100 \cdot \alpha/2\%$ aller Stichproben unterhalb und in durchschnittlich $100 \cdot \alpha/2\%$ aller Stichproben oberhalb des Vertrauensbereiches liegen. Es sei daran erinnert, daß für den vorliegenden zweiseitigen Vertrauensbereich $\alpha/2 + (1-\alpha) + \alpha/2 = 1$ gilt. **Einseitige Vertrauensbereiche** (z. B. obere Vertrauensgrenze $\mu_{\text{ob.}} = \bar{x} + t_{\text{eins.}} s/\sqrt{n}$) [vgl. auch (3.42a auf S. 344]: [311]

untere VG obere VG

$$P(\bar{x} - ts/\sqrt{n} \leqq \mu) = (1 - \alpha) \quad \text{bzw.} \quad P(\mu \leqq \bar{x} + ts/\sqrt{n}) = (1 - \alpha) \tag{3.10}$$

mit $t_{n-1,\alpha,\text{eins.}}$ schließen in durchschnittlich $100 \cdot \alpha\%$ aller Stichproben den Parameter nicht ein, überdecken ihn dagegen in durchschnittlich $100 \cdot (1-\alpha)\%$ aller Fälle. Ist σ bekannt oder wird s aus großem n berechnet, dann wird (3.8) durch (3.11) ersetzt (z = Standardnormalvariable):

$$\bar{x} \pm z\frac{\sigma}{\sqrt{n}} \qquad \textbf{Stichprobenziehen mit Zurücklegen} \tag{3.11}$$

mit $z = 1{,}96$ ($\alpha = 0{,}05$), $z = 2{,}58$ ($\alpha = 0{,}01$) und $z = 3{,}29$ ($\alpha = 0{,}001$).
Vorausgesetzt wird auch hier, daß die Stichprobe entweder **EINER UNENDLICH GROSSEN GRUNDGESAMTHEIT ENTSTAMMT, oder einer endlichen Grundgesamtheit entnommen ist und ihr anschließend wieder zugeteilt wird. Entstammt die Stichprobe einer endlichen Grundgesamtheit des Umfangs N und wird sie nach Entnahme und Auswertung nicht wieder zu ihrer Grundgesamtheit zurückgelegt** (vgl. z. B. auch die Formeln (1.228) bis (1.234) in [161], so gelten die Vertrauensgrenzen

$$\bar{x} \pm z\frac{\sigma}{\sqrt{n}} \cdot \sqrt{\frac{N-n}{N-1}} \qquad \textbf{Stichprobenziehen ohne Zurücklegen} \tag{3.12}$$

Der Quotient $\dfrac{N-n}{N-1}$ heißt „Korrekturfaktor für endliche Grundgesamtheiten", kurz **„Endlichkeitskorrektur"**. Es gilt:

$$\frac{N-n}{N-1} \approx \frac{N-n}{N} = 1 - \frac{n}{N} \tag{3.13}$$

Man bezeichnet $\dfrac{n}{N}$ als **Auswahlsatz.** Je kleiner er ist, um so eher wird man auf den Korrekturfaktor verzichten, d. h. für hinreichend große Grundgesamtheiten wird bei gegebenem Stichprobenumfang die Unterscheidung in Stichproben-Entnahme mit bzw. ohne Zurücklegen überflüssig. Für $n/N < 0{,}05$ ist die Endlichkeitskorrektur im allgemeinen zu vernachlässigen. Der Quotient $\dfrac{\sigma}{\sqrt{n}}$ ist in [1384], (1.104) als Standardfehler des Mittelwertes ($\sigma_{\bar{X}}$) eingeführt worden. Die entsprechende Varianz, Varianz des Mittelwertes [vgl. (1.40), (1.42)]

[311]

$$\sigma_{\bar{X}}^2 = \frac{\sigma^2}{n}\left(\frac{N-n}{N-1}\right) \approx \frac{\sigma^2}{n}\left(1-\frac{n}{N}\right) \quad (3.13a)$$

wird gleich Null, sobald $n = N$ ist. Der Vertrauensbereich (VB) für μ kann daher (3.11a) bzw. (3.8a) geschrieben werden; (3.8a) = (3.8) darf auch bei nicht allzu starken Abweichungen von der Normalverteilung berechnet werden (vgl. auch den „Kasten" auf S. 630).

$$\bar{x} \pm z\sigma_{\bar{X}} \quad \text{bzw.} \quad \bar{x} \pm ts_{\bar{x}} \quad (3.11a, 3.8a)$$

Beispiel

Gegeben sei die Stichprobe $n = 200$, $\bar{x} = 320$, $s = 20$ aus einer Normalverteilung. Bestimme den 95%-Vertrauensbereich (95%-VB) für den Erwartungswert μ.

$$t_{199;0,05}=1,972 \qquad s_{\bar{x}}=\frac{s}{\sqrt{n}}=\frac{20}{\sqrt{200}}=1,414 \qquad z=1,96$$

$$t \cdot s_{\bar{x}}=1,972 \cdot 1,414=2,79 \qquad z \cdot s_{\bar{x}}=1,96 \cdot 1,414=2,77$$

$$317 \leqq \mu \leqq 323$$

Den seltener gebrauchten prozentualen Vertrauensbereich errechnet man bei Bedarf nach

$$\frac{t}{\bar{x}} \cdot s_{\bar{x}} = \frac{1,972}{320} \cdot 1,414 = 0,0087 = 0,9\% \text{ bzw. } \frac{z}{\bar{x}} \cdot s_{\bar{x}} = \frac{1,96}{320} \cdot 1,414 = 0,0087 = 0,9\%.$$

VB für μ:		Weitere Beispiele			Differenz
$\bar{x} \pm ts/\sqrt{n}$	80%-VB:	$10 \pm 0,59$	oder	$9,41 \leqq \mu \leqq 10,59$	1,18
für:	90%-VB:	$10 \pm 0,77$	oder	$9,23 \leqq \mu \leqq 10,77$	1,54
$n = 20$	95%-VB:	$10 \pm 0,94$	oder	$9,06 \leqq \mu \leqq 10,94$	1,88
$\bar{x} = 10$	99%-VB:	$10 \pm 1,28$	oder	$8,72 \leqq \mu \leqq 11,28$	2,56
$s = 2$	99,9%-VB:	$10 \pm 1,74$	oder	$8,26 \leqq \mu \leqq 11,74$	3,48

!

Den 95%-VB für μ gibt man an als „95%-VB: $\bar{x} \pm ts_{\bar{x}}$" [vgl. (3.8) mit $t = t_{n-1;0,05;\text{zweis.}}$] bzw. besser als „95%-VB: $a \leqq \mu \leqq b$"; z. B. (95%-VB: 320 ± 3), 95%-VB: $317 \leqq \mu \leqq 323$.

Eine handliche Tafelsammlung für die Ermittlung der Vertrauensgrenzen von Erwartungswerten anhand geschätzter oder bekannter Standardabweichungen gibt *Pierson (1963)*.

Hinweis: Rückschluß und direkter Schluß (vgl. S. 194)

Schließen wir nach (3.8) von den Werten der Stichprobe auf den Erwartungswert der Grundgesamtheit

$$\bar{X} - t\frac{S}{\sqrt{n}} \leqq \mu \leqq \bar{X} + t\frac{S}{\sqrt{n}} \quad (3.8)$$

so liegt ein *Rückschluß* oder, da die Stichprobe die Grundgesamtheit „repräsentiert", ein *Repräsentationsschluß* vor. Umgekehrt ist der Schluß von den Parametern der Grundgesamtheit auf den Mittelwert $\bar{X}$ (Schätzfunktion) einer Stichprobe

$$\mu - z\frac{\sigma}{\sqrt{n}} \leqq \bar{X} \leqq \mu + z\frac{\sigma}{\sqrt{n}} \quad (3.14)$$

ein *direkter Schluß* oder, da die Grundgesamtheit die Stichprobe mit „einschließt", ein *Inklusionsschluß*. Schließt man von den Werten einer Stichprobe auf die einer anderen Stichprobe derselben Grundgesamtheit, dann liegt ein sogenannter *Transponierungschluß* vor.

Hahn (1970) gibt für diesen Schluß und für normalverteilte Grundgesamtheiten „prediction intervals“ (Vorhersagebereiche, Voraussagebereiche) für künftige Beobachtungen sowie für den Mittelwert künftiger Beobachtungen; Tabellen und Beispiele für den nichtparametrischen Fall geben Hall, Prairie und Motlagh [J. Qual. Technol. **7** (1975), 109–114]. Hahn und Nelson (1973) geben Prediction Intervals für die wichtigsten Grundgesamtheiten (Normal-, Binomial-, Poisson-, Exponential-Verteilung und weitere 6 Verteilungen) sowie für beliebige stetig verteilte Grundgesamtheiten. Patel (1989) gibt eine Übersicht. Eine für Praktiker bestimmte Monographie, die **Toleranzintervalle, Vertrauensbereiche** und **Voraussagebereiche** anhand von Beispielen und Fallstudien ausführlich darstellt, stammt von Hahn und Meeker (1991). **[311]**

312 Schätzung von Stichprobenumfängen

Mindestzahl von Beobachtungen zur Schätzung einer Standardabweichung und eines Mittelwertes **[312]**

Die folgenden Formeln geben mit vorgegebener Genauigkeit (d) und vorgegebener statistischer Sicherheit **minimale Stichprobenumfänge** (auf der Normalverteilung basierende Näherungen!) zur Schätzung von Standardabweichung (n_s) (vgl. auch Punkt 7 in Übersicht 1 sowie Tab. 90) und Mittelwert ($n_{\bar{x}}$) [mit $d = (s - \sigma)/\sigma$ und $d = \bar{x} - \mu$]:

$$\boxed{n_s \approx 1 + 0{,}5\left(\frac{z_\alpha}{d}\right)^2} \qquad \boxed{n_{\bar{x}} > \left(\frac{z_\alpha}{d}\right)^2 \cdot \sigma^2} \qquad (3.15, 3.16)$$

z_a ist der Tab. 29 (zweiseitiger Test) für die gewünschte Vertrauenswahrscheinlichkeit $1-\alpha$ (d. h. die Irrtumswahrscheinlichkeit α) zu entnehmen. Für die Beispiele benutzen wir $z_{0,05} = 1{,}96$ und $z_{0,01} = 2{,}58$.

Insbesondere (3.16) unterschätzt den benötigten Stichprobenumfang. Muß σ^2 erst noch anhand einer Zufallsstichprobe des Umfangs m geschätzt werden, dann sollte $m \gtrapprox 60$ gelten; für $m \leqq 60$ geben Shiffler und Adams (1987) Korrekturfaktoren c, mit denen $n_{\bar{x}}$, berechnet aus (3.16) mit s_m^2 anstatt von σ^2, zu multiplizieren ist, um $n_{\bar{x},\text{korr.}}$ zu erhalten. Einige Werte c mit zugehörigen in Klammern gesetzten m-Werten: 1,011 (60); 1,017 (40); 1,036 (20); 1,049 (15); 1,064 (12); 1,071 (10); …; 1,443 (3).

Beispiele

$\boxed{n_s}$ Zur Schätzung einer **Standardabweichung** mit einer Vertrauenswahrscheinlichkeit von 95% (α = 0,05) und einer Genauigkeit von d = 0,2 benötigt man etwa $n_s \approx 1 + 0{,}5(1{,}96/0{,}2)^2 = 49$ Beobachtungen. Für α = 0,05 und d = 0,14 benötigt man etwa $n_s \approx 1 + 0{,}5(1{,}96/0{,}14)^2 = 99$ Beobachtungen. Tabelle 90 liefert n_s = 100. Exakter als (3.15) ist (z. B. für dieses Beispiel): $n_s \approx 1 + 0{,}5[1{,}960/(\ln 1{,}14)]^2 = 113$. Dieser Ansatz ist brauchbar, sobald $n_s > 15$ resultiert. Häufig begnügt man sich mit α = 0,10 (d.h. P = 0,90 und $z_{0,10;\text{zweiseitig}}$ = 1,645).

$\boxed{n_{\bar{x}}}$ Für eine Schätzung von σ^2 benutze man die Hinweise 5 und 6 in Abschnitt 1385. Zur Schätzung eines **Mittelwertes** bei bekannter Varianz $\sigma^2 = 3$ mit einer Irrtumswahrscheinlichkeit $\alpha = 0{,}01$ und mit einer Genauigkeit von $d = 0{,}5$ benötigt man mehr als $n_{\bar{x}} = (2{,}58/0{,}5)^2 \cdot 3 = 80$ Beobachtungen; d. h. mit etwa 90 Beobachtungen erhält man den 99%-VB für μ $(\bar{x} - 0{,}5 \leqq \mu \leqq \bar{x} + 0{,}5$ bzw. $\mu = \bar{x} \pm 0{,}5)$ mit der Länge $2d$.

Zu $n_{\bar{x}}$, jetzt kurz n genannt: Ist n größer als 10% der Grundgesamtheit N ($n > 0{,}1 \cdot N$), so benötigt man nicht n, sondern nur $n' = n/[1 + (n/N)]$ Beobachtungen: Für N = 750 benötigt man somit nicht 90, sondern $90/[1 + (90/750)]$ = 81 Beobachtungen.

Auf andere Fragen, die mit dem Mindestumfang von Stichproben zusammenhängen, kommen wir weiter unten (in [38]) zurück.

[312]

n_s \ α	0,01	0,05	0,10	0,20
4	0,96	0,75	0,64	0,50
6	0,77	0,60	0,50	0,40
8	0,66	0,51	0,43	0,34
10	0,59	0,45	0,38	0,30
12	0,54	0,41	0,35	0,27
15	0,48	0,37	0,31	0,24
20	0,41	0,32	0,27	0,21
25	0,37	0,28	0,24	0,18
30	0,34	0,26	0,22	0,17
100	0,18	0,14	0,12	0,09
1000	0,06	0,04	0,04	0,03

Tabelle 90. Die halbe Länge des Vertrauensbereiches für den relativen Fehler der Standardabweichung $[(s-\sigma)/\sigma]$ einer normalverteilten Grundgesamtheit für ausgewählte Irrtumswahrscheinlichkeiten α und Stichprobenumfänge n_s. Vergleiche das zweite Beispiel zu Formel (3.15). (Aus Thompson, W. A., Jr. and J. Endriss: The required Sample size when estimating variances. American Statistician **15** (June 1961) 22–23, p. 22, Table I)

Näheres über die **Wahl geeigneter Stichprobenumfänge** ist Bristol (1989), Cohen (1988), Desu und Raghavarao (1990), *Guenther (1973)*, Lemeshow und Lwanga (1990), Lemeshow u. Mitarb. (1988, 1990), *Mace (1964)*, Machin und Campbell (1987), Noether (1987), Odeh und Fox (1991), Rosner (1990) sowie *Winne (1968)* [vgl. auch The American Statistician **43** (1989), 101–105, **44** (1990), 190, **53** (1999), 52–55, 62–66 und Laboratory Animal Science **41** (1991), 6–14] zu entnehmen.

Für einen Test sollten [unter Berücksichtigung der Power (vgl. S. 197)] jeweils mindestens $n = 6$ Beobachtungen vorliegen (vgl. z. B. S. 356, 374, 396, 397, 414, 417, 432, 512, 609, 617, 618, 624, 665, 669).

Mindestzahl von Beobachtungen für den Vergleich zweier Erwartungswerte

Erwartet man, daß sich **zwei Mittelwerte unabhängiger Stichproben** beträchtlich unterscheiden – kein Überschneiden beider Meßbereiche –, dann sollte man mit jeweils 3 bis 4 ($\alpha = 0{,}05$) bzw. 4 bis 5 ($\alpha = 0{,}01$) Beobachtungen auskommen, besser sind $n \geqq 6$.

Für den Nachweis einer wahren Differenz δ (delta) zwischen zwei Erwartungswerten benötigt man bei **unabhängigen Stichproben** mit gleichen Varianzen, die einer Normalverteilung entstammen, jeweils (vgl. Armitage und Berry 1994 und *Guenther 1973: Chapter 5*) etwa

Siehe auch das Beispiel auf S. 360: Tab. 94 oben.

$$\boxed{n \geqq 2(z_\alpha + z_\beta)^2 \left[\frac{\sigma^2}{\delta^2}\right]} \qquad (3.17)$$

Beobachtungen (d. h. $n_1 = n_2 = n$) (vgl. auch Tab. 94). Die Werte $(z_\alpha + z_\beta)^2$ – man vergleiche das in [143] über den Fehler 1. und 2. Art Gesagte – sind Tab. 30 in [134] zu entnehmen. Bei z_α ist zu überlegen, ob ein zweiseitiger oder einseitiger Test geplant ist; z_β ist stets der Wert für den einseitigen Test. Für die gemeinsame Varianz σ^2 sollte zumindest eine ausreichend genaue Schätzung

$$s^2 = \frac{(n_a - 1)s_a^2 + (n_b - 1)s_b^2}{n_a + n_b - 2} \tag{3.18}$$

[312]

vorliegen. *Beispiel* $\delta = 1{,}1$, $\alpha = 0{,}05$ (zweiseitig), d. h. $z_{0,05;\text{zweiseitig}} = 1{,}960$,
$\sigma^2 = 3{,}0$, $\beta = 0{,}10$ (einseitig), d. h. $z_{0,01;\text{einseitig}} = 1{,}282$

$$n = 2(1{,}960 + 1{,}282)^2 \left[\frac{3{,}0}{1{,}1^2}\right] = 2 \cdot 10{,}51 \cdot 2{,}48 = 52{,}13.$$

Insgesamt werden mindestens 53 + 53 = 106 Beobachtungen benötigt. Da meist der t-Test und nicht der Gauß-Test angewandt wird, sollten es rund 55 + 55 = 110 Beobachtungen sein. Dann ist anzunehmen, daß es bei zweiseitiger Fragestellung auf dem 5%-Niveau mit einer Power von 90% (0,90 = 1 – 0,10 = 1 -β) [beachte hierbei: $n \approx 21(\sigma^2/\delta^2) = 21(3{,}0/1{,}1^2) = 52{,}07$] gelingen wird, die wahre Differenz von 1,1 als statistisch signifikant auszuweisen.

Für $\alpha = 0{,}05$ (zweiseitig), d. h. $z = 1{,}960$ und $\beta = 0{,}20$ (einseitig), d. h. $z = 0{,}8416$ gilt $n = 2(1{,}960 + 0{,}8416)^2(3{,}0/1{,}1^2) = 41{,}2$.	**Einfacher als (3.17)** ist für $\alpha_{\text{zweiseitig}} = 0{,}05$ und $\beta = 0{,}2$ (d. h. Power = 0,8) $\mathbf{16(\sigma/\delta)^2 + 1}$; z. B. $16(3{,}0/1{,}1^2) + 1 = 41$

Abschätzung der Power

Angenommen, wir interessieren uns für die Power, wenn jeweils 60 Beobachtungen vorliegen. Nach (3.17)

$$\begin{aligned} 60 &= 2(1{,}960 + z_\beta)^2 3{,}0/1{,}1^2 \\ \sqrt{60} &= \sqrt{2}(1{,}960 + z_\beta)\sqrt{3{,}0}/1{,}1 \\ z_\beta &= 1{,}1\sqrt{60/(2 \cdot 3{,}0)} - 1{,}960 = 1{,}52 \end{aligned}$$

Tabelle 22 auf S. 114 zeigt $P(Z \geqq 1{,}52) = 0{,}0643$, d. h. $\beta = 0{,}064$ und $1 - \beta = 0{,}936$. Der β-Fehler erreicht fast 7% und die Power rund 93%. Bei zweiseitiger Prüfung auf dem 5%-Niveau läßt sich somit die Power nach (3.19) abschätzen.

$$z_\beta = \sqrt{\frac{n}{2}}\left(\frac{\delta}{\sigma}\right) - 1{,}960 \tag{3.19}$$

313 Die mittlere absolute Abweichung (vom Mittelwert), die mittlere absolute Abweichung vom Medianwert und die Median-Deviation **[313]**

> **Extremwerte** verzerren Schätzwerte insbesondere dann, wenn zu ihrer Berechnung die Summe der ABWEICHUNGSQUADRATE der Einzelwerte vom Mittelwert benötigt wird, d. h. wenn die Varianz oder die Standardabweichung, der Korrelationskoeffizient oder ein Regressionskoeffizient zu schätzen sind.

Bei Verteilungen mit zumindest einem weiten Auslauf kann die *mittlere absolute Abweichung (MA) vom Mittelwert* (mean deviation from the mean), auch durchschnittliche Ab-
[313] weichung genannt, als Dispersionsmaß benutzt werden. Sie ist definiert durch:

$$\boxed{MA = \frac{\sum |x_i - \bar{x}|}{n}} \tag{3.20}$$

Klassierte Beobachtungen:

$$\boxed{MA = \frac{\sum |x_i - \bar{x}| f_i}{\sum f_i}} \tag{3.21}$$

x_i = Klassenmitten; $\sum f_i = n$

Man rechnet nicht nach (3.20), sondern nach (3.22):

$$\boxed{MA = \frac{2}{n} \sum_{x_i > \bar{x}} (x_i - \bar{x}) = 2\Big[\sum_{x_i > \bar{x}} x_i - n_1 \bar{x}\Big]/n \quad n_1 \text{ Werte } x_i > \bar{x}} \tag{3.22}$$

So ist die MA von 1, 2, 3, 4, 5,

$$MA = \frac{2}{5}[(4-3) + (5-3)] = 2[(4+5) - 2 \cdot 3]/5 = 6/5 = 1{,}2$$

Für kleine Stichprobenumfänge (und wenn Verdacht auf Extremwerte besteht) **ist sie der sonst optimalen Standardabweichung überlegen** (vgl. *Tukey 1960*): Größeren Abweichungen vom Mittelwert, d. h. größeren Abweichungen von der Normalität in den Ausläufern der Stichprobenverteilung wird ein geringeres Gewicht gegeben. Damit wird auch der Einfluß möglicher Ausreißer (vgl. [38]) reduziert und die Entscheidung, einen Extremwert noch zu akzeptieren oder ihn abzulehnen, weniger schwerwiegend.

Das *Verhältnis* MA/σ hat für die Gleichverteilung den Wert $\sqrt{3}/2 = 0{,}86603$, für die Dreieckverteilung $(16/27)\sqrt{2} = 0{,}83805$, für die Normalverteilung $\sqrt{2/\pi} = 0{,}79788$ und für die Exponentialverteilung den Wert $2/e = 0{,}73576$. Für angenähert normalverteilte Stichproben gilt $\left[\frac{MA}{s} - 0{,}7979\right] < \frac{0{,}4}{\sqrt{n}}$, geprüft werden allerdings nur Abweichungen von der Wölbung einer Normalverteilung. Nach *D'Agostino (1970)* ist $(a - 0{,}7979)\sqrt{n}/0{,}2123$ mit $a = 2(\sum_{x_i > \bar{x}} x_i - n_1\bar{x})/\sqrt{n \sum x^2 - (\sum x)^2}$ (kritische Schranken gibt *Geary 1936)* schon für kleines n angenähert standardnormalverteilt (Wölbungsbezogener Schnelltest auf Nichtnormalität). Einen Wölbung und Schiefe umfassenden Test auf Nichtnormalität gibt *D'Agostino (1971, 1972)* ebenfalls.

Den 95%-Vertrauensbereich für μ erhält man anhand der MA nach

$$\boxed{\bar{x} \pm \text{Faktor} \cdot MA} \tag{3.23}$$

Faktoren für den Stichprobenumfang n sind Tabelle 91 zu entnehmen.

n	Faktor	n	Faktor
2	12,71	12	0,82
3	3,45	13	0,78
4	2,16	14	0,75
5	1,66	15	0,71
6	1,40	20	0,60
7	1,21	25	0,53
8	1,09	30	0,48
9	1,00	40	0,41
10	0,93	60	0,33
11	0,87	120	0,23

Tabelle 91. Faktoren zur Ermittlung der 95%-Vertrauensgrenzen für den Erwartungswert anhand der mittleren absoluten Abweichung. Aus Herrey, Erna M. J.: Confidence intervals based an the mean absolute deviation of a normal sample. J. Amer. Statist. Assoc. **60** (1965) 257–269, p. 267, part of Table 2. **[313]**
Faktoren für die anderen üblichen Vertrauensgrenzen gibt *Krutchkoff (1966)*

Die Gleichheit zweier oder mehrerer MA läßt sich anhand von Tafeln *(Cadwell 1953, 1954)* prüfen. Eine Tafel für den entsprechenden auf der MA basierenden Ein- und Zweistichproben-t-Test gibt *Herrey (1971)*.

Beispiel

Gegeben seien die acht Meßwerte: 8, 9, 3, 8, 18, 9, 8, 9 mit $\bar{x}$ = 9. Bestimme den 95%-Vertrauensbereich für μ. Zunächst berechnen wir $\sum|x_i - \bar{x}|$.

$$\sum|x_i - \bar{x}| = |8-9| + |9-9| + |3-9| + |8-9| + |18-9| + |9-9| + |8-9| + |9-9|$$

$$\sum|x_i - \bar{x}| = 1 + 0 + 6 + 1 + 9 + 0 + 1 + 0 = 18$$

und die mittlere absolute Abweichung nach (3.20) $MA = \frac{18}{8} = 2{,}25$ bzw. nach (3.22) $MA = 2\{18 - 1 \cdot 9\}/8 = 2{,}25$. Für n = 8 entnehmen wir Tabelle 91 den Faktor 1,09. Den 95%-Vertrauensbereich erhalten wir dann nach (3.23) zu $9 \pm 1{,}09 \cdot 2{,}25 = 9 \pm 2{,}45$. 95%-VB: $6{,}55 \lessapprox \mu \lessapprox 11{,}45$.

Mittlere absolute Abweichung vom Median und Median-Deviation

Die mittlere absolute Abweichung vom Median und die **Median-Deviation** (Median Absolute Deviation, MAD oder knapp $\tilde{D}$) sind hervorragende Streuungsmaße (vgl. Übersicht 62), insbesondere letztere sollte stets angegeben werden. Tests ($\tilde{x}_i$ mit $\tilde{D}$) und andere Details sind den auf S. 338 genannten Monographien zu entnehmen.

314 Vertrauensbereich für den Median $\tilde{\mu}$

Dieser Vertrauensbereich (vgl. auch die Übersichten 4 und 5, die Übersicht 42 in [141] und insbesondere [315]) ersetzt bei nicht normalverteilten Grundgesamtheiten (3.8) und (3.8 a); daher ist er **besonders wichtig!** Bezeichnet man die der Größe nach aufsteigend **geordneten n Beobachtungen** mit $x_{(1)}, x_{(2)}, x_{(3)}, \ldots, x_{(n)}$, dann ist der 90%-VB für $\tilde{\mu}$, der 95%-VB für $\tilde{\mu}$ und der 99%-VB für $\tilde{\mu}$ aus Tabelle 131/131a,b in [424] zu entnehmen; allgemein ist er durch **[314]**

$$x_{(h)} \leqq \tilde{\mu} \leqq x_{(n-h+1)} \qquad (3.27)$$

gegeben. Für $n \geqq 30$ und die Vertrauenswahrscheinlichkeiten 90%, 95%, 99% kann h nach (3.28)

Hinweis: 90%-VBe für $\tilde{\mu}$ und $6 \leqq n \leqq 145$ enthält S. 418.

$$h = \frac{n - 1 - z\sqrt{n}}{2} \quad \text{auf die ganze Zahl aufgerundet} \qquad (3.28)$$

[314] **Übersicht 62.** Mittlere absolute Abweichung vom Median sowie die Median-Deviation. Rechts jeweils für klassierte Beobachtungen (k Klassen) mit den Klassenmitten x_i, den absoluten Besetzungszahlen f_i und $n = \sum_{i=1}^{k} f_i$

Mittlere absolute Abweichung vom Medianwert

$$MA_{\tilde{x}} = \frac{1}{n}\sum_{i=1}^{k} |x_i - \tilde{x}| = \frac{1}{n}\sum_{i=1}^{k} f_i |x_i - \tilde{x}| \qquad (3.24)$$

Für Einzelwerte gilt:

$$MA_{\tilde{x}} = [(S^+ - S^-) - (n^+ - n^-)\tilde{x}]/n \qquad (3.25)$$

$n^+ =$, $n^- =$ Zahl der Werte $\gtrless \tilde{x}$

$S^+ =$, $S^- =$ Summe der Werte $\gtrless \tilde{x}$

Median-Deviation (median absolute deviation, MAD)

$$\tilde{D} = \text{Median}\{|x_i - \tilde{x}|\} = \text{Median}\{f_i|x_i - \tilde{x}|\} \qquad (3.26)$$

$\tilde{D}$ ist ein robustes Streuungsmaß (vgl. z. B. Huber 1981). Alternativen behandeln P.J. Rousseeuw und C. Croux [Journal of the American Statistical Association **88** (1993), 1273 – 1283]. Die Standardabweichung einer Normalverteilung läßt sich durch $\tilde{D}/0{,}6745$ schätzen (bzw. $\hat{\sigma} = 1{,}483 \cdot \tilde{D}$; vgl. auch Hampel u. Mitarb. 1986, die wie auch Staudte und Sheather 1990 sowie Huber 1981 auf die sog. **„influence functions“** näher eingehen).

Beispiel

x_i: 3, 9, 16, 24, 60, 70; $\tilde{x} = (16 + 24)/2 = 20$;

Zu (3.24):

$$MA_{\tilde{x}} = (1/6)[|3-20| + |9-20| + |16-20| + |24-20| + |60-20| + |70-20|]$$
$$= (1/6)[17 + 11 + 4 + 4 + 40 + 50] = 21.$$

Zu (3.25): $MA_{\tilde{x}} = [(24 + 60 + 70) - (3 + 9 + 16) - (3 - 3)20]/6 = 21.$

Zu (3.26): Zur Berechnung von $\tilde{D}$ werden die oben berechneten absoluten Differenzen ansteigend geordnet: 4, 4, 11, 17, 40, 50; der Median ist dann $\tilde{D} = (11 + 17)/2 = 14$.

Literatur zu robusten Schätzungen im Rahmen der parametrischen Statistik

Bickel (1976), Büning (1991), Hoaglin und Moore (1991: Chapters 7–9), Hoaglin u. Mitarb. (1983, 1985, 1991), Tiku (1986), Dudewicz und Mishra (1988: Chapter 8), Gnanadesikan (1983), Hampel (1980), Hampel u. Mitarb. (1986), Hartung u. Mitarb. (1989), R. V. Hogg u. Mitarb. in Berry (1990), Huber (1981), Launer und Wilkinson (1979), Lovie (1986), Singhal u. Mitarb. (1989), Staudte und Sheather (1990), Tiku u. Mitarb. (1986) sowie Wilcox (1996, 1997).

approximiert werden (mit z = 1,64; 1,96; 2,58). So liegt für n = 300 der 95%-Vertrauensbereich zwischen dem 133. und dem 168. Wert der aufsteigend geordneten Stichprobe ($h = [300 - 1 - 1{,}96\sqrt{300}]/2 \approx 133, n - h + 1 = 300 - 133 + 1 = 168$), z. B. 95%-VB: $[x_{(133)} =]21{,}3 \leqq \tilde{\mu} \leqq 95{,}4[= x_{(168)}]$. Das in eckige Klammern Gesetzte gibt man selten an. Weitere Tafeln sind *Mackinnon (1964)* und Van der *Parren (1970)* zu entnehmen. Ein Einstichproben-Median-Test wird in [394] vorgestellt. [314]

Hinweis: Ein **konservativer 95%-Vertrauensbereich (d. h. $P > 0{,}95$) für $\tilde{\mu}$** läßt sich anhand der **Faustregel** $\tilde{x} \pm 1{,}58(Q_3 - Q_1)/\sqrt{n}$ angeben. Für x_i: 1, 2, 3, ..., 100, d. h. n = 100 erhält man $50{,}5 \pm 1{,}58(75{,}75 - 25{,}25)/\sqrt{100}$ somit $42 \lessapprox \tilde{\mu} \lessapprox 59$, nach S. 416/418: $P(40 \leqq \tilde{\mu} \leqq 61) = 0{,}95$.

315 Angenäherte verteilungsunabhängige Vertrauensbereiche für beliebige Quantile stetiger Verteilungen [315]

Ergänzt [314]

Gilt $F(x) = p$, so heißt x das **Quantil** von p, symbolisiert durch x_p. Quantile sind somit die **Umkehrfunktion** von $F(x)$. In einer stetigen Grundgesamtheit liegen $100p\%$ der Grundgesamtheit unter dem Quantil und $100(1-p)\%$ über dem Quantil. Besonders wichtige Quantile der Grundgesamtheit wie die Quartile oder die Dezile der Grundgesamtheit schreiben wir mit dem griechischen Buchstaben ξ (Xi), z. B. Median $\tilde{\mu} = \xi_{0,5}$, 3. Quartil = $\xi_{0,75}$ und 1. Dezil = $\xi_{0,10}$.

90%-Vertrauensbereiche für $\xi_{0,025}$ und $\xi_{0,975}$ lassen sich nach M: 218–221 angeben.

Angenäherte 95%-Vertrauensbereiche für nicht zu extreme ξ_p-Quantile: $0{,}1 \leqq p \leqq 0{,}9$ ($n \gtrapprox 100$):

$$\left.\begin{matrix} a \\ b \end{matrix}\right\} = \left\{ np \begin{matrix} - \\ + \end{matrix} 1{,}96 \cdot \sqrt{np(1-p)} \begin{matrix} \text{abgerundet} \\ \text{aufgerundet} \end{matrix} \right\} \begin{matrix} \text{zur nächsten} \\ \text{ganzen Zahl} \end{matrix} \qquad (3.29)$$

Für den 90%-Vertrauensbereich wird 1,96 durch 1,645 ersetzt.

Soll ein VB für ein extrem liegendes ξ_p-Quantil bestimmt werden, so werden natürlich deutlich mehr als 100 Beobachtungen benötigt; dann ist (3.29) anwendbar.

Beispiel

Das erste Dezil $\xi_{0,10}$ für $n = 100$: $100 \cdot 0{,}1 \mp 1{,}96 \cdot \sqrt{100 \cdot 0{,}1(1 - 0{,}1)}$

$10 \mp 5{,}9$; d. h. $a = 4$ und $b = 16$

95%-VB: (4. Wert) $\lessapprox \xi_{0,10} \lessapprox$ (16. Wert).

316 Zur Theorie der Abschnitte 32 bis 36 [316]

Über den Inhalt von Übersicht 55 in [155] hinausgehend, wird im folgenden einiges zur Theorie der Abschnitte 32 bis 36 ausgeführt, das aber dort nicht vorausgesetzt wird.

Hinweise: Verteilungen wichtiger Stichprobenfunktionen aus normalverteilten Grundgesamtheiten

[316] In den folgenden Hinweisen A bis D werden exakte Verteilungen einiger wichtiger Stichprobenfunktionen aus normalverteilten Grundgesamtheiten gegeben.

A. Verteilung des Stichprobenmittelwertes

$$\bar{X} = \frac{1}{n}\sum_{i=1}^{n} X_i;\quad E(\bar{X}) = \mu;\quad \text{Var}(\bar{X}) = \sigma_{\bar{x}}^2 = \frac{\sigma^2}{n}:$$

$$\bar{X} \text{ ist } N\left(\mu; \frac{\sigma}{\sqrt{n}}\right)\text{-verteilt} \tag{3.30}$$

$$Z = \frac{\bar{X}-\mu}{\sigma}\sqrt{n} \text{ ist } N(0;1)\text{-verteilt} \tag{3.31}$$

Beispiel:

$$P\left(-1{,}96 < \frac{\mu-\bar{X}}{\sigma/\sqrt{n}} < 1{,}96\right) = 0{,}95 \tag{1.160a}$$

$$= P(-1{,}96\sigma/\sqrt{n} < \mu - \bar{X} < 1{,}96\sigma/\sqrt{n}) \qquad \text{[vgl. (1.156b)]}$$
$$= P(\bar{X} - 1{,}96\sigma/\sqrt{n} < \mu < \bar{X} + 1{,}96\sigma/\sqrt{n}\,.)$$

Bei unbekanntem σ und bei Verwendung der Standardabweichung der Stichprobe

$$S = \sqrt{\frac{\sum(X_i-\bar{X})^2}{n-1}} \text{ gilt:} \quad t = \frac{\bar{X}-\mu}{S}\sqrt{n} \text{ ist } t\text{-verteilt mit } \nu = n-1 \text{ FG} \tag{3.32}$$

B. Verteilung der Stichprobenvarianz

(1) Erwartungswert der Grundgesamtheit UNBEKANNT:

$$S^2 = \frac{1}{n-1}\sum_{i=1}^{n}(X_i-\bar{X})^2;\quad E(S^2) = \sigma^2;\quad \text{Var}(S^2) = \frac{2\sigma^4}{n-1}:$$

$$V = \sum_{i=1}^{n}\left(\frac{(X_i-\bar{X})}{\sigma}\right)^2 = \frac{\sum_{i=1}^{n}(X_i-\bar{X})^2}{\sigma^2} = \frac{(n-1)S^2}{\sigma^2} \text{ ist } \chi^2\text{-verteilt mit } \nu = n-1 \text{ FG} \tag{3.33}$$

(2) Erwartungswert μ der Grundgesamtheit BEKANNT:

$$S'^2 = \frac{1}{n}\sum_{i=1}^{n}(X_i-\mu)^2;\quad E(S'^2) = \sigma^2;\quad \text{Var}(S'^2) = \frac{2\sigma^4}{n-1}:$$

$$V' = \sum_{i=1}^{n}\left(\frac{(X_i-\mu)}{\sigma}\right)^2 = \frac{\sum_{i=1}^{n}(X_i-\mu)^2}{\sigma^2} = \frac{nS'^2}{\sigma^2} \text{ ist } \chi^2\text{-verteilt mit } \nu = n \text{ FG} \tag{3.34}$$

C. Verteilung der Differenz von Stichproben-Mittelwerten

Gegeben seien zwei voneinander unabhängige nach $N(\mu_1; \sigma_1)$ bzw. $N(\mu_2; \sigma_2)$ verteilte Zufallsstichproben mit $\bar{X}_1$ und $\bar{X}_2$: **[316]**

$$D = \bar{X}_1 - \bar{X}_2, \delta = \mu_1 - \mu_2; \quad E(D) = \delta; \quad \text{Var}(D) = \frac{\sigma_1^2}{n_1} + \frac{\sigma_2^2}{n_2}$$

(1) D ist verteilt wie $N\left(\delta; \sqrt{\frac{\sigma_1^2}{n_1} + \frac{\sigma_2^2}{n_2}}\right)$

$$Z = \frac{D - \delta}{\sqrt{\frac{\sigma_1^2}{n_1} + \frac{\sigma_2^2}{n_2}}} \quad \text{ist } N(0;1)\text{-verteilt} \tag{3.35}$$

(2) $\sigma_1 = \sigma_2 = \sigma$ und σ BEKANNT

$$Z = \frac{D - \delta}{\sigma \cdot \sqrt{\frac{n_1 + n_2}{n_1 n_2}}} \quad \text{ist } N(0;1)\text{-verteilt} \tag{3.36}$$

(3) $\sigma_1 = \sigma_2 = \sigma$ und σ UNBEKANNT

$$t = \frac{D - \delta}{\sqrt{\frac{(n_1 - 1)S_1^2 + (n_2 - 1)S_2^2}{n_1 + n_2 - 2}\left[\frac{n_1 + n_2}{n_1 n_2}\right]}} \quad \text{ist } t\text{-verteilt mit } \nu = n_1 + n_2 - 2 \text{ FG} \tag{3.37}$$

(4) $\sigma_1 \neq \sigma_2$ und beide UNBEKANNT

$$t = \frac{D - \delta}{\sqrt{\frac{S_1^2}{n_1} + \frac{S_2^2}{n_2}}} \quad \text{ist angenähert } t\text{-verteilt mit}$$

$$\nu = \frac{\left[\frac{S_1^2}{n_1} + \frac{S_2^2}{n_2}\right]^2}{\frac{S_1^4}{n_1^2(n_1 - 1)} + \frac{S_2^4}{n_2^2(n_2 - 1)}} \text{ FG} \tag{3.38}$$

[vgl. (3.59) auf S. 356 und den Textkasten auf S. 357]

D. Verteilung des Quotienten von Stichproben-Varianzen

S_1^2 und S_2^2 gegeben:

[316] (1) $\sigma_1 = \sigma_2$

$$F = \frac{S_1^2}{S_2^2} \text{ ist } F\text{-verteilt mit } \begin{matrix}\nu_1 = n_1 - 1\\ \nu_2 = n_2 - 1\end{matrix} \text{ FG} \tag{3.39}$$

(2) $\sigma_1 \neq \sigma_2$

$$F = \frac{S_1^2}{S_2^2} \cdot \frac{\sigma_2^2}{\sigma_1^2} \text{ ist } F\text{-verteilt mit } \begin{matrix}\nu_1 = n_1 - 1\\ \nu_2 = n_2 - 1\end{matrix} \text{ FG} \tag{3.40}$$

Tests dienen zur:

(1) **Entscheidung mit vorgewählter Unsicherheit**
(2) Bewertung von Nullhypothesen anhand von P-Werten
(3) Erkundung (Exploration), um prüfbare Hypothesen zu gewinnen

[32] 32 Vergleich eines empirischen Mittelwertes mit dem Erwartungswert einer normalverteilten Grundgesamtheit: Einstichproben-t-Test

Die Frage, ob der Mittelwert $\bar{x}$ einer konkreten Stichprobe nur zufällig oder statistisch signifikant von einem vorgegebenen Erwartungswert μ_0 verschieden ist, heißt anschaulich: Schließt der mit $\bar{x}$ berechnete Vertrauensbereich für μ den vorgegebenen Erwartungswert μ_0 ein oder nicht, d. h. ist also die absolute Differenz $|\bar{x} - \mu_0|$ kleiner oder größer als die halbe Vertrauensbereichspanne $ts/\sqrt{n}$?
Eine Stichprobe habe den Umfang n und die Standardabweichung s; dann ist der Unterschied ihres Mittelwertes $\bar{x}$ vom vorgegebenen Erwartungswert μ_0 auf dem $100\alpha\%$-Niveau statistisch signifikant, wenn

$$|\bar{x} - \mu_0| > t\frac{s}{\sqrt{n}} \quad \text{oder} \quad \frac{|\bar{x} - \mu_0|}{s} \cdot \sqrt{n} > t \tag{3.41}$$

wobei der Wert t für den Freiheitsgrad $n - 1$ und die geforderte Irrtumswahrscheinlichkeit α der Tabelle 49 (zweiseitige Fragestellung) entnommen wird. Die Grenze, bei der und oberhalb der ein Unterschied auf dem $100\alpha\%$-Niveau statistisch signifikant und unterhalb der ein Unterschied zufällig ist, liegt somit für diesen sogenannten **Einstichproben-t-Test** bei

$$t = \frac{|\bar{x} - \mu_0|}{s} \cdot \sqrt{n} \qquad \text{FG} = n - 1 \tag{3.41a}$$

Bei großen Stichprobenumfängen kann t durch den für die vorgegebene Irrtumswahrscheinlichkeit typischen z-Wert der Tabelle 29 (in [134]) ersetzt werden. Da Parameter verglichen werden – μ_0 mit dem der Stichprobe zugrundeliegenden μ – liegt ein **Parametertest** vor.

Beispiel

Eine Stichprobe vom Umfang $n = 25$ aus einer Normalverteilung habe $\bar{x} = 9$ und $s = 2$ ergeben. Gefragt wird, ob die Nullhypothese H_0: $\mu = \mu_0 = 10$ auf dem 5%-Niveau aufrechterhalten werden kann (zweiseitige Fragestellung: d. h. H_A: $\mu \neq \mu_0 = 10$).

$$\hat{t} = \frac{|9-10|}{2}\sqrt{25} = 2{,}50 > 2{,}06 = t_{24;0{,}05}\,.$$

Da $2{,}50 > 2{,}06$, wird H_0 auf dem 5%-Niveau abgelehnt. **[32]**

Einstichproben-t-Test: Entscheidung und P-Wert

Alternative	Die Nullhypothese wird abgelehnt für	P ist gleich der Fläche unter der t_{n-1}-Verteilung
H_{A1}: $\mu > \mu_0$	$\hat{t} = \frac{\bar{x}-\mu_0}{s}\cdot\sqrt{n} \quad > t_{n-1;\alpha;\text{einseitig}}$	rechts von $\hat{t}$
H_{A2}: $\mu < \mu_0$	$\hat{t} = \frac{\bar{x}-\mu_0}{s}\cdot\sqrt{n} \quad < -t_{n-1;\alpha;\text{einseitig}}$	links von $-\hat{t}$
H_{A3}: $\mu \neq \mu_0$	$\hat{t} = \frac{\lvert\bar{x}-\mu_0\rvert}{s}\cdot\sqrt{n} > t_{n-1;\alpha;\text{zweiseitig}}$	zweimal rechts von $\hat{t}$

Der P-Wert (vgl. S. 188 und 192) ist aufschlußreich, wenn die H_0 plausibel erscheint. Außerdem wird er bei verteilungsunabhängigen Methoden (z. B. Chiquadrat-Unabhängigkeitstest und U-Test) ohne Mühe angegeben sowie dann, wenn mehrere Parameter zugleich geschätzt werden, etwa in der Varianzanalyse.

> Vielleicht sollte man an dieser Stelle etwas zum Begriff der **Funktion** sagen. Sie ist eine **Zuordnungsvorschrift:** Wie jedem Sitzplatz in einem Theater bei jeder Vorstellung eine bestimmte Eintrittskarte zugeordnet ist, so ordnet eine Funktion jedem Element einer Menge ein bestimmtes Element einer anderen Menge zu. Im einfachsten Fall ist jedem Wert der unabhängigen Variablen x ein bestimmter Wert der abhängigen Variablen y zugeordnet: $y = f(x)$ (sprich: y gleich f von x) (das Funktionssymbol $f(x)$ hat Euler eingeführt); die unabhängige Variable x heißt **Argument.** So ist z. B. für die Funktion $y = x^3$ dem Argument $x = 2$ der **Funktionswert** $y = 2^3 = 8$ zugeordnet.

Das Argument der Funktion (3.41a) sind die Stichprobenwerte $x_1, x_2, \ldots, x_n$ sowie der Parameter μ_0:

$$\boxed{y = f(x_1, x_2, \ldots, x_n; \mu_0)}\,.$$

Für ein gegebenes Argument ($\nu = 24$ und $\alpha = 0{,}05$) ist $t = 2{,}064$ der spezielle Funktionswert. Die Werte $\hat{t}$ sind nur bei Gültigkeit der Nullhypothese ($\mu = \mu_0$) t-verteilt mit $(n-1)$ Freiheitsgraden. Ist die Nullhypothese nicht gültig ($\mu \neq \mu_0$), so ist $|\hat{t}|$ nicht mehr t-verteilt, sondern ist **größer** als der zugehörige Wert der t-Verteilung.

> **Anhand von Stichprobenwerten** (bzw. anhand von Stichprobenwerten und einem Parameter oder mehreren Parametern) **geschätzte spezielle Funktionswerte** kann man zur besseren Unterscheidung zum zugehörigen **Tabellen-** oder **Tafelwert** (z. B. der $t-$, $Z-$, χ^2- oder F-Verteilung), wie oben geschehen, mit einem „Dach“ versehen.

Diese Größen werden von einigen Autoren nicht benutzt. Nach ihrer Schreibweise wird z. B. (3.41a) so vorgestellt: Die Prüfgröße

$$\boxed{\frac{|\bar{x}-\mu_0|}{s}\cdot\sqrt{n}\left[\text{bzw.}\quad \frac{|\bar{X}-\mu_0}{S}\cdot\sqrt{n};\ (\text{vgl. [1361]})\right]} \qquad (3.41b)$$

ist bei Gültigkeit der Nullhypothese t-verteilt mit $(n-1)$ Freiheitsgraden (vgl. das auf S. 466 unten Gerahmte).

Eine andere Möglichkeit, die Nullhypothese (H_0: $\mu = \mu_0$ gegen H_A: $\mu \neq \mu_0$) zu prüfen, besteht darin, festzustellen, ob der konkrete Mittelwert $\bar{x}$ innerhalb des **NICHTABLEH-**
[32] **NUNGSBEREICHES** der H_0 (siehe auch S. 190)

$$\mu_0 - t_{n-1;\alpha} \cdot \frac{s}{\sqrt{n}} \leqq \bar{X} \leqq \mu_0 + t_{n-1;\alpha} \cdot \frac{s}{\sqrt{n}} \tag{3.42}$$

liegt. Hier ist der Unterschied zwischen der Schätzfunktion $\bar{X}$ (vgl. [1361]) und dem konkreten Stichprobenmittelwert $\bar{x}$ wichtig. Liegt $\bar{x}$ in (3.42), so wird H_0 beibehalten. Außerhalb der beiden Annahmegrenzen liegt der **kritische Bereich, der untere und obere Ablehnungsbereich.** Fällt $\bar{x}$ in diesen Bereich, so wird H_0 abgelehnt. Für die einseitige Fragestellung (H_0 : $\mu \leqq \mu_0$ gegen H_A : $\mu > \mu_0$) wird H_0 beibehalten, solange für den Mittelwert $\bar{x}$ einer Stichprobe des Umfanges n gilt:

$$\bar{x} \leqq \mu_0 + t_{n-1;\alpha} \cdot \frac{s}{\sqrt{n}} \tag{3.42a}$$

t-Wert für den einseitigen Test aus Tabelle 49 in [151].

Bereiche dieser Art sind für die Güteüberwachung in der Industrie wichtig, sie dienen zur Überprüfung möglichst konstanter „Sollwerte“ (Parameter) wie Erwartungswerte oder Mediane, Standardabweichungen (oder Spannweiten und relativer Häufigkeiten, z. B. zulässiger Ausschußprozentsätze).

Das auf S. 194 gegebene Stochastik-Schema läßt sich nun ergänzen:

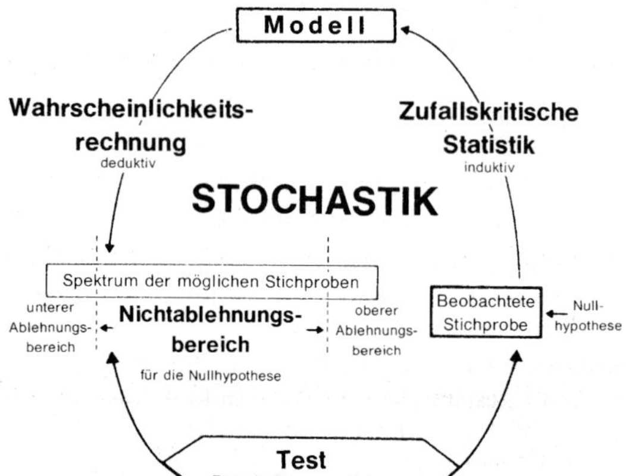

vgl. S. 99

Ausgehend von einer Nullhypothese und der zugehörigen **repräsentativen(!) Stichprobe** – d. h. die Stichprobe kann die jeweilige Grundgesamtheit bis auf zufällige Fehler voll vertreten – ermöglicht der **stochastische Induktionsschluß** eine Aussage über die der Stichprobe zugrundeliegende Grundgesamtheit, über das stochastische Modell. Deduktiv läßt sich dann in einer zweiten stochastischen Schlußweise mit Hilfe von Verfahren der *Wahrscheinlichkeitsrechnung* anhand stochastischer Veränderlicher mit bestimmter Verteilung (z. B. t-Verteilung) ein Überblick über die Gesamtheit der mit dem Modell verträglichen Stichproben gewinnen: Indem die am seltensten zu erwartenden Stichproben – etwa die 5%,

1% oder 0,1% extremsten Fälle – zu einem **Ablehnungsbereich** zusammengefaßt werden (zweiseitige Fragestellung), sind die Grenzen des **Nichtablehnungsbereiches der Nullhypothese** festgelegt (vgl. *Weiling 1965*). Anhand eines Tests (z. B. t-Test) erfolgt dann die Prüfung, ob die beobachtete Stichprobe in den **ABLEHNUNGSBEREICH** fällt oder nicht. Gehört die beobachtete Stichprobe dem **Nichtablehnungsbereich** an, so gilt die Nullhypothese (H_0) als durch die Stichprobe *nicht widerlegt* (Freispruch mangels Beweises). Vorbehaltlich weiterer Untersuchungen wird man sich für ein Beibehalten der H_0 entscheiden. Gehört die Stichprobe dem Ablehnungsbereich an, so würde das bei Zutreffen der H_0 das zufallsbedingte Auftreten einer an sich zwar möglichen, aber eben doch unwahrscheinlichen großen Abweichung bedeuten. In diesem Falle sieht man es als wahrscheinlicher an, daß der von der H_0 angenommene Parameterwert nicht stimmt und sich die Abweichung auf diese Weise ergeben hat: Die H_0 wird auf dem vorgewählten Niveau abgelehnt! [32]

Details zum Signifikanzniveau (α-Fehler) bzw. zum P-Wert sind in [14] dargelegt. Bedenkenswerte **Alternativen** zum 5%-Signifikanzniveau und **Argumentationen** zum P-Wert enthalten die folgenden Tabellen:

Nr.	n	H_0	α
1	klein	[nicht plausibel	0,10]
2		plausibel	0,05
3	mittel	nicht plausibel	0,05
4		plausibel	0,01
5	groß	nicht plausibel	0,01
6		[plausibel	0,001]

P	gegen H_0 spricht
$>15\%$	nichts
10% bis $<15\%$	kaum etwas
5% bis $<10\%$	einiges, manches
1% bis $<\ 5\%$	vieles
$<1\%$	sehr vieles

Die **Wiederholung** und Veröffentlichung eines Befundes bringt wenig Ehre ist aber wichtig zur Bestätigung und verringert dadurch die Chancen für einen α-Fehler, außerdem gewährt jede Wiederholung Kenntnisse über den zunehmenden Bereich unterschiedlicher Realisierungsbedingungen und damit auch erste **Verallgemeinerungen.**

> Vertrauensbereiche und Tests, die σ, σ^2 und σ_1^2/σ_2^2 betreffen, sind gegenüber Abweichungen von der Normalverteilung empfindlicher als Verfahren, die zweiseitige Vertrauensbereiche und Tests für μ und $\mu_1 - \mu_2$ (t-Verteilung) betreffen.

33 Vergleich einer empirischen Varianz mit ihrem Parameter

Für normalverteilte Grundgesamtheiten gilt: Die Nullhypothese $\sigma = \sigma_0$ bzw. $\sigma^2 = \sigma_0^2$ (gegen $\sigma > \sigma_0$ bzw. $\sigma^2 > \sigma_0^2$) wird abgelehnt, sobald (vgl. S. 340, untere Hälfte) [33]

Fall 1: μ unbekannt **Fall 2: μ bekannt**

$$\hat{\chi}^2 = \frac{\sum(x_i-\bar{x})^2}{\sigma_0^2} = \frac{(n-1)s^2}{\sigma_0^2} > \chi^2_{n-1,\alpha} \quad (3.33a)$$

$$\hat{\chi}^2 = \frac{\sum(x_i-\mu)^2}{\sigma_0^2} = \frac{ns_0^2}{\sigma_0^2} > \chi^2_{n,\alpha} \quad (3.34a)$$

s_0^2 [vgl. (1.49)] kann über (3.52) nach $s_0^2 = Q/n$ berechnet werden. Liegen umfangreiche Stichproben aus einer normalverteilten Grundgesamtheit vor, dann wird $H_0 : \sigma = \sigma_0$ auf dem 5%-Niveau abgelehnt und $H_A : \sigma \neq \sigma_0$ akzeptiert, sobald

$$\boxed{\frac{|s-\sigma_0|}{\sigma_0}\sqrt{2n} > 1{,}96} \quad \text{1\%-Niveau: ersetze 1,96 durch 2,58} \qquad (3.43)$$

[33]

Beispiel: Sind die folgenden 8 Beobachtungen 40, 60, 60, 70, 50, 40, 50, 30 ($\bar{x} = 50$) mit der Nullhypothese $\sigma^2 = \sigma_0^2 = 60$ (gegen $\sigma^2 > \sigma_0^2 = 60$ verträglich ($\alpha = 0{,}05$)?

$$\hat{\chi}^2 = \frac{(40-50)^2}{60} + \frac{(60-50)^2}{60} + \ldots + \frac{(30-50)^2}{60} = 20{,}00$$

Da $\hat{\chi}^2 = 20{,}00 > 14{,}07 = \chi^2_{7;0,05}$ ist (vgl. Tab. 50 oder 50a in [152]), muß $H_0 : \sigma^2 = \sigma_0^2$ zugunsten von $H_A : \sigma^2 > \sigma_0^2$ verworfen werden.

Für $n = 100$, $\sigma^2 = 5$ und $\sigma_0^2 = 4$ wird nach (3.33a)
$\hat{\chi}^2 = (100-1) \cdot 5/4 = 123{,}75 > 123{,}23 = \chi^2_{99;0,05} H_0$ ebenfalls verworfen.

Eine Tafel für die Prüfung der Nullhypothese $\sigma^2 = \sigma_0^2$ geben *Lindley u. Mitarb. (1960)* und enthalten die Tabellen von *Rao u. Mitarb. (1966*, S. 67, Table 5.1, Mitte); ein $\hat{\chi}^2$, das außerhalb der dort gegebenen Schranken liegt, gilt als statistisch signifikant. Für unser Beispiel mit $\nu = n - 1 = 7$ und $\alpha = 0{,}05$ ergeben sich die Schranken 1,90 und 17,39, die $\hat{\chi}^2 = 20{,}00$ nicht miteinschließen, d.h. $\sigma^2 \neq \sigma_0^2$.

[34] 34 Vertrauensbereiche für die Varianz, die Standardabweichung und den Variationskoeffizienten

Der *Vertrauensbereich für* σ^2 läßt sich (vgl. den „Kasten“ vor [33]) anhand der χ^2-Verteilung nach

$$\boxed{\frac{s^2(n-1)}{\chi^2_{n-1;\alpha/2}} \leqq \sigma^2 \leqq \frac{s^2(n-1)}{\chi^2_{n-1;1-\alpha/2}}} \qquad (3.44)$$

schätzen. Beispielsweise erhalten wir für $n = 51$ und $s^2 = 2$ den 95%-Vertrauensbereich ($\alpha = 0{,}05$), d. h.

$\chi^2_{50;0,025} = 71{,}42$ und $\chi^2_{50;0,975} = 32{,}36$:

$$\frac{2 \cdot 50}{71{,}42} \leqq \sigma^2 \leqq \frac{2 \cdot 50}{32{,}36}$$

$$1{,}40 \leqq \sigma^2 \leqq 3{,}09$$

Approximationen für $n \geqq 150$ sowie Tafeln für den 95%-VB und $n = 1(1)150(10)200$ enthält M: 61, 253, 254.

Den Schätzwert für σ^2 erhält man nach

$$\boxed{\hat{\sigma}^2 = \frac{s^2(n-1)}{\chi^2_{n-1;0,5}}} \quad \text{z. B. } \hat{\sigma}^2 = \frac{2 \cdot 50}{49{,}335} \simeq 2{,}03 \qquad (3.45)$$

95% Vertrauensbereich für σ

Mitunter ist auch der Bereich für die Standardabweichung erwünscht: $\sqrt{1{,}40} < \sigma < \sqrt{3{,}09}$; $1{,}18 < \sigma < 1{,}76$. Da die χ^2-Verteilung unsymmetrisch ist, liegt der geschätzte Parameter (σ) nicht in der Mitte des Vertrauensbereiches. Man rechnet dann anhand von (3.46).

Vertrauensbereich für die Standardabweichung

Liegt eine Normalverteilung vor, so ergibt sich der Vertrauensbereich für σ aus einer Zufallsstichprobe des Umfangs n mit der Stichproben-Standardabweichung s nach: **[34]**

$$\frac{s}{\sqrt{F_{n-1;\infty;\alpha/2}}} \leqq \sigma \leqq s \cdot \sqrt{F_{\infty;n-1;\alpha/2}} \qquad (3.46)$$

Mit den oberen Schranken der F-Verteilung (vgl. Tabelle 52 in [153]) benötigen wir z. B. für den 99%-Vertrauensbereich die oberen $(1-0{,}99)/2 = 0{,}005$-Schranken, etwa für $n = 10$ mit $\bar{x} = 1{,}506$ und $s = 0{,}0942$:

$$F_{9;\infty;0{,}005} = 2{,}62 \quad \text{sowie} \quad F_{\infty;9;0{,}005} = 5{,}19$$

$$\text{d. h.} \quad \frac{0{,}0942}{\sqrt{2{,}62}} \leqq \sigma \leqq 0{,}0942\sqrt{5{,}19}$$

$$\text{99\%-Vertrauensbereich: } 0{,}058 \leqq \sigma \leqq 0{,}215.$$

Zum Vergleich sei der entsprechende deutlich engere 95%-Vertrauensbereich berechnet:

$$F_{9;\infty;0{,}025} = 2{,}11;\ F_{\infty;9;0{,}025} = 3{,}33$$

$$\frac{0{,}0942}{\sqrt{2{,}11}} \leqq \sigma \leqq 0{,}0942\sqrt{3{,}33}$$

$$\text{95\%-VB: } 0{,}065 \leqq \sigma \leqq 0{,}172.$$

Im allgemeinen wird man den 95%-VB angeben. Dies entspricht einem Test auf dem 5%-Niveau bei zweiseitiger Fragestellung. Ist der 95%-VB, er wird gern nach außen gerundet, d. h. hier $0{,}06 \leqq \sigma \leqq 0{,}18$, zu weit, so muß der Stichprobenumfang n erhöht werden. Näheres enthalten M: 61, 253, 254 sowie Wilrich und Henning (1998, S. 105, 106, 478). **!**

Die **Vertrauensgrenzen des Variationskoeffizienten** können nach *Johnson und Welch* (1940) bestimmt werden. Für $n \gtrapprox 25$ und $V < 0{,}4$ genügt die Approximation (3.47):

$$\frac{V}{1 + z\cdot\sqrt{\dfrac{1+2V^2}{2(n-1)}}} \lessapprox \gamma \lessapprox \frac{V}{1 - z\cdot\sqrt{\dfrac{1+2V^2}{2(n-1)}}} \qquad (3.47)$$

90%-VB: z = 1,64; 95%-VB: z = 1,96; 99%-VB: z = 2,58.

Für die häufig interessierende (einseitige) obere Vertrauensgrenze (VG_0) (3.47 rechts) γ_0 benötigt man 90%-VG_0: z = 1,28; 95%-VG_0: z = 1,64; 99%-VG_0: z = 2,33.

Beispiel: Berechne den 90%-VB für γ anhand von $n = 25$ und $V = 0{,}30$.

$$1{,}64\sqrt{(1+2\cdot 0{,}3^2)/[2(25-1)]} = 0{,}257$$

$$0{,}3/1{,}257 = 0{,}239 \qquad 0{,}3/0{,}743 = 0{,}404; \qquad \text{90\%-VB: } 0{,}24 \lessapprox \gamma \lessapprox 0{,}40$$

0,40 ist zugleich die angenäherte obere 95%-VG, d. h. 95%-VG$_0$: $\gamma_0 \approx 0{,}40$; der Variationskoeffizient γ liegt mit einer Vertrauenswahrscheinlichkeit von 95% unter 0,40. Näheres diskutiert M. G. Vangel, The American Statistician **50** (1996), 21–26.

[35] 35 Vergleich zweier empirisch ermittelter Varianzen aus normalverteilten Grundgesamtheiten

1. Bei kleinem bis mittlerem Stichprobenumfang
   Verteilungsunabhängige Verfahren,
   die den F-Test ersetzen
2. Bei mittleren bis großem Stichprobenumfang
3. Bei großem bis sehr großem Stichprobenumfang

Ist zu untersuchen, ob zwei unabhängig gewonnene Zufallsstichproben (vgl. auch [47]) einer **gemeinsamen normalverteilten Grundgesamtheit** entstammen, so sind zunächst ihre Varianzen (die größere Stichprobenvarianz nennen wir s_1^2 auf Gleichheit oder Homogenität zu prüfen. Die Nullhypothese (H_0): $\sigma_1^2 = \sigma_2^2$ wird abgelehnt, sobald ein aus den Stichprobenvarianzen berechneter Wert $\hat{F} = s_1^2/s_2^2$ größer ist als der zugehörige Tabellenwert F (vgl. auch Übersicht 67 in [462]); dann wird die Alternativhypothese (H_A): $\sigma_1^2 \neq \sigma_2^2$ akzeptiert (zweiseitige Fragestellung). Nimmt man als Alternativhypothese an, eine der beiden Grundgesamtheiten habe eine größere Varianz als die andere, dann kann man die Stichprobe mit der nach H_A größeren Varianz als Nr. 1 mit s_1^2 und die andere als Nr. 2 mit s_2^2 bezeichnen. Für $\hat{F} > F$ wird bei dieser einseitigen Fragestellung $H_A : \sigma_1^2 > \sigma_2^2$ akzeptiert (dann sollte n_1 mindestens so groß wie n_2 sein). Wird ein Test dieser Art als Vortest einem Mittelwertvergleich (t-Test [setzt Varianzgleichheit voraus]) vorgeschaltet, dann ist das **10%-Niveau** zu bevorzugen, da der Fehler 2. Art (vgl. [143]) hier der schwerwiegendere ist.

Vortests sind umstritten, da unbekannt ist, wie durch die Überprüfung der Voraussetzungen die Irrtumswahrscheinlichkeit des Haupttests verfälscht wird; außerdem bleibt der Fehler 2. Art unbekannt. Ein Vortest ist nur dann sinnvoll, wenn (1) der Haupttest hinreichend robust ist gegenüber Abweichungen von den Voraussetzungen und (2) die Stichprobenumfänge hinreichend groß sind.

Im Gegensatz zum zweiseitigen t-Test ist der F-Test sehr empfindlich gegenüber Abweichungen von der Normalverteilung. Man ersetze dann den F-Test durch den verteilungsunabhängigen Siegel-Tukey-Test (vgl. [391]).

! Die Formeln (3.39), (3.39a) und (3.48) bis (3.51) sind **theoretisch interessant;** praktisch wird man meist auf sie verzichten, gleiche Stichprobenumfänge erstreben und Mittelwertvergleiche nach (3.55/56) bzw. (3.60) durchführen oder den U-Test (vgl. [394] bevorzugen.

1. Bei kleinem bis mittlerem Stichprobenumfang

Wir bilden den Quotienten der beiden Varianzen s_1^2 und s_2^2 und erhalten als Prüfgröße

$$\boxed{\hat{F} = \frac{s_1^2}{s_2^2} \quad \begin{array}{l} \text{mit } FG_1 = n_1 - 1 = \nu_1 \\ \text{mit } FG_2 = n_2 - 1 = \nu_2 \end{array}} \tag{3.39a}$$

Überschreitet der errechnete $\hat{F}$-Wert den für die vorgewählte Irrtumswahrscheinlichkeit α und die Freiheitsgrade $\nu_1 = n - 1$ und $\nu_2 = n_2 - 1$ tabellierten F-Wert, dann wird die Hypothese der Varianzhomogenität verworfen Für $\hat{F} \leqq F$ besteht keine Veranlassung, an dieser Hypothese zu zweifeln. Wird die Nullhypothese verworfen, dann berechne man den Vertrauensbereich (VB) für σ_1^2/σ_2^2 nach **[35]**

$$\frac{s_1^2}{s_2^2} \cdot \frac{1}{F_{\nu_1,\nu_2}} \leqq \frac{\sigma_1^2}{\sigma_2^2} \leqq \frac{s_1^2}{s_2^2} \cdot F_{\nu_2,\nu_1} \qquad \begin{array}{l} \nu_1 = n_1 - 1 \\ \nu_2 = n_2 - 1 \end{array} \tag{3.48}$$

Für den 90%-VB nehme man Tab. 52b (in [153]), für den 95%-VB Tab. 52c. Die Tabellen enthalten die oberen Signifikanzschranken der F-Verteilung für die in der Varianzanalyse übliche einseitige Fragestellung. Im vorliegenden Fall sind wir im allgemeinen an Abweichungen in beiden Richtungen, also an einem zweiseitigen Test, interessiert. Prüfen wir auf dem 10%-Niveau, dann ist die Tabelle mit den 5%-Schranken zu benutzen. Entsprechend gelten für den zweiseitigen Test auf dem 1%-Niveau die 0,5%-Schranken (Tab. 52e).

Beispiel

Prüfe $H_0 : \sigma_1^2 = \sigma_2^2$ gegen $H_A : \sigma_1^2 \neq \sigma_2^2$ auf dem 10%-Niveau.

$$\text{Gegeben: } n_1 = 21 \quad s_1^2 = 25 \qquad \hat{F} = \frac{25}{16} = 1{,}56$$
$$n_2 = 31 \quad s_2^2 = 16$$

Da $\hat{F} = 1{,}56 < 1{,}93$ [$=F_{20;30;0,10(\text{zweis.})} = F_{20;30;0,05(\text{eins.})}$], läßt sich H_0 auf dem 10%-Niveau nicht ablehnen.

Für gleichgroße Stichprobenumfänge n läßt sich H_0 auch nach

$$\hat{t} = \frac{\sqrt{n-1}(s_1^2 - s_2^2)}{2\sqrt{s_1^2 s_2^2}} \quad \text{mit} \quad \nu = n - 1 \tag{3.49}$$

prüfen (*Cacoullos 1965*). Ein Schnelltest wird in [371] vorgestellt.

Beispiel

Prüfe $H_0 : \sigma_1^2 = \sigma_2^2$ gegen $H_A : \sigma_1^2 \neq \sigma_2^2$ auf dem 10%-Niveau.

$$\text{Gegeben: } n_1 = n_2 = 20 = n, s_1^2 = 8 \quad s_2^2 = 3$$

$$\hat{F} = \frac{8}{3} = 2{,}67 > 2{,}12 \quad \hat{t} = \frac{\sqrt{20-1}(8-3)}{2\sqrt{8 \cdot 3}} = 2{,}22 > 1{,}729$$

Da H_0 auf dem 10%-Niveau abgelehnt wird, geben wir nach (3.48) den 90%-VB an:

$$F_{19;19;0,05(\text{eins.})} = 2{,}17 \quad \frac{2{,}67}{2{,}17} = 1{,}23 \quad 2{,}67 \cdot 2{,}17 = 5{,}79$$

$$\text{90\%-VB: } 1{,}23 \leqq \sigma_1^2/\sigma_2^2 \leqq 5{,}79$$

Verteilungsunabhängige Verfahren, die den F-Test ersetzen

[35] *Da das Ergebnis des F-Tests auch durch kleine Abweichungen von der Normalverteilung stark beeinflußt werden kann, ist ein approximatives nichtparametrisches Verfahren vorzuziehen:* Man bildet in den einzelnen zu vergleichenden Meßreihen jeweils die absoluten Werte $|x_1 - \tilde{x}|$ und führt mit ihnen einen **Rangsummentest** durch: Bei zwei Stichprobengruppen den U-Test – man beachte [391] – und bei mehr als 2 Stichprobengruppen den H-Test von Kruskal und Wallis und prüft, ob die absoluten Abweichungen $|x_i - \tilde{x}|$ für die einzelnen Reihen als Stichproben aus Verteilungen mit gleichem Median aufgefaßt werden können. Die Homogenität mehrerer (k) Varianzen läßt sich für $n_i \geqq 10$ nach **Levene** *(1960)* in der **Brown-Forsythe-Version** (Brown und Forsythe 1974) auch mit Hilfe der einfachen Varianzanalyse ablehnen, sobald für die insgesamt n absoluten Abweichungen der Beobachtungen von ihren k Medianwerten $\hat{F} > F_{k-1;n-k;\alpha}$.

Robuster Test auf Varianzheterogenität nach Levene in der Brown-Forsythe-Version

Für k unabhängige Stichprobengruppen mit jeweils mindestens 10 Beobachtungen wird die Nullhypothese: gleiche Varianzen $[H_0 : \sigma_1^2 = \sigma_2^2 = \ldots = \sigma_k^2]$ geprüft. Die Alternativhypothese lautet: mindestens zwei Varianzen sind ungleich $[H_A : \sigma_i^2 \neq \sigma_j^2]$. H_0 wird auf dem $100\alpha\%$-Niveau abgelehnt, sobald für die nach $y_{ij} = |x_{ij} - \tilde{x}_i|$ transformierten Beobachtungen ($\tilde{x}_i$ ist der Median der i-ten Stichprobengruppe), also für die jetzt vorliegenden y_{ij}-Werte, das $\hat{F}$ der Varianzanalyse größer ist als $F_{k-1;n-k;\alpha}$. $\hat{F}$ wird nach (7.14) oder

Tabelle 92. Anzahl der Beobachtungswerte, die für den Vergleich zweier Varianzen mit dem F-Test benötigt werden. Tabelliert sind F-Werte: Man erhält z. B. für $\alpha = 0{,}05$, $\beta = 0{,}01$ und $\frac{s^2_{\text{Zähler}}}{s^2_{\text{Nenner}}} = F = 4$ aus der Tafel den Hinweis, daß die Schätzung der Varianzen in beiden Stichproben auf 30 bis 40 Freiheitsgraden – entsprechend den F-Werten 4,392 und 3,579 – sagen wir, auf mindestens 35 Freiheitsgraden beruhen sollte. (Auszugsweise aus Davies, O. L.: The Design and Analysis of Industrial Experiments, Oliver and Boyd, London 1956, p. 614, part of table H)

FG	$\alpha = 0{,}05$			
	$\beta = 0{,}01$	$\beta = 0{,}05$	$\beta = 0{,}1$	$\beta = 0{,}5$
1	654200	26070	6436	161,5
2	1881	361,0	171,0	19,00
3	273,3	86,06	50,01	9,277
4	102,1	40,81	26,24	6,388
5	55,39	25,51	17,44	5,050
6	36,27	18,35	13,09	4,284
7	26,48	14,34	10,55	3,787
8	20,73	11,82	8,902	3,438
9	17,01	10,11	7,757	3,179
10	14,44	8,870	6,917	2,978
12	11,16	7,218	5,769	2,687
15	8,466	5,777	4,740	2,404
20	6,240	4,512	3,810	2,124
24	5,275	3,935	3,376	1,984
30	4,392	3,389	2,957	1,841
40	3,579	2,866	2,549	1,693
60	2,817	2,354	2,141	1,534
120	2,072	1,828	1,710	1,352
∞	1,000	1,000	1,000	1,000

nach (7.13) (vgl. auch (7.15)) berechnet, entsprechend der Symbolik von [731]. Näheres über robuste Alternativprozeduren zum F-Test ist Duran (1976), Conover und Iman (1978), Conover (1999) sowie insbesondere Hollander und Wolfe (199: Chapter 5) zu entnehmen. **[35]**

Minimale Stichprobenumfänge für den F-Test

Bei jedem statistischen Test sind, wie wir wissen, α und β abzuschätzen. Ein spezielles Beispiel gibt Tabelle 92. Ausführliche Tafeln sind *Davies (1956)* (vgl. auch Tiku 1967) zu entnehmen.
Minimale Stichprobenumfänge für den Vergleich zweier empirischer Varianzen aus (unabhängigen) normalverteilten Grundgesamtheiten lassen sich auch anhand von Nomogrammen nach *Reiter (1956)* oder anhand von Tafeln nach *Graybill und Connell (1963)* bestimmen.

2. Bei mittlerem bis großem Stichprobenumfang

Für nicht tabelliert vorliegende F-Werte – bei mittleren Freiheitsgraden kann man interpolieren – wird bei größeren Freiheitsgraden die Homogenität zweier Varianzen mit Hilfe des Ausdrucks (3.50) getestet, der approximativ standardnormalverteilt ist.

$$\hat{z} = \frac{\frac{1}{2}\ln F + \frac{1}{2}\left(\frac{1}{\nu_1} - \frac{1}{\nu_2}\right)}{\sqrt{\frac{1}{2}\left(\frac{1}{\nu_1} + \frac{1}{\nu_2}\right)}} = \frac{1{,}15129 \cdot \lg F + \frac{1}{2}\left(\frac{1}{\nu_1} - \frac{1}{\nu_2}\right)}{\sqrt{\frac{1}{2}\left(\frac{1}{\nu_1} + \frac{1}{\nu_2}\right)}} \quad (3.50)$$

Beispiel

Wir wollen diese Formel anhand der Tabelle 52b (in [153]) kontrollieren. Für $\nu_1 = \nu_2 = 60$ erhalten wir bei einer Irrtumswahrscheinlichkeit von $\alpha = 0{,}05$ aus der Tabelle den Wert $F = 1{,}53$. Nehmen wir nun an, wir hätten diesen F-Wert experimentell für $\nu_1 = \nu_2 = 60$ gefunden und unsere Tabelle ginge nur bis $\nu_1 = \nu_2 = 40$. Ist der gefundene F-Wert bei einseitiger Fragestellung ($\sigma_1^2 = \sigma_2^2$ gegen $\sigma_1 > \sigma_2^2$) auf dem 5%-Niveau statistisch signifikant?
Für $F = 1{,}53$, $\nu_1 = 60$ und $\nu_2 = 60$ erhalten wir

$$\hat{z} = \frac{1{,}15129 \cdot \lg 1{,}53 + \frac{1}{2}\left(\frac{1}{60} - \frac{1}{60}\right)}{\sqrt{\frac{1}{2}\left(\frac{1}{60} + \frac{1}{60}\right)}} = 1{,}647\,,$$

d. h. $\hat{z} = 1{,}647 > 1{,}645$; der einer Irrtumswahrscheinlichkeit von $P = 0{,}05$ entsprechende Wert $z = 1{,}6449$ (vgl. Tab. 24 in [134]) wird überschritten, damit muß die Hypothese der Varianzhomogenität auf dem 5%-Niveau abgelehnt werden. Die Approximation durch die Normalverteilung ist ausgezeichnet.

3. Bei großem bis sehr großem Stichprobenumfang ($n_1, n_2 \gtrsim 100$)

$$\hat{z} = (|s_1 - s_2|)/\sqrt{[s_1^2/(2n_1)] + [s_2^2/(2n_2)]} \quad (3.51)$$

Für $\hat{z} > z_{\alpha;\text{zweiseitig}}$ (vgl. Tab. 29, S. 119) wird $H_0 : \sigma_1^2 = \sigma_2^2$ (bzw. $\sigma_1 = \sigma_2$) auf dem $100\alpha\%$-Niveau abgelehnt; beide gelten dann auf dem betreffenden Niveau als statistisch
[35] signifikant verschieden, d. h. als heterogen, im anderen Falle gelten sie als gleich oder homogen.

Beispiel

Gegeben seien $s_1 = 14 \quad s_2 = 12 \quad n_1 = n_2 = 500$;

Nullhypothese: $\sigma_1^2 = \sigma_2^2$; Alternativhypothese: $\sigma_1^2 \neq \sigma_2^2$; $\alpha = 0{,}05$;

$\hat{z} = (14 - 12)/\sqrt{[14^2/(2 \cdot 500)] + [12^2/(2 \cdot 500)]} = 3{,}430 > 1{,}960 = z_{0,05}$; d. h. auf dem 5%-Niveau wird $H_0 : \sigma_1^2 = \sigma_2^2$ abgelehnt und $H_A : \sigma_1^2 \neq \sigma_2^2$ akzeptiert.

[36] 36 Vergleich zweier empirischer Mittelwerte aus normalverteilten Grundgesamtheiten

1. Bei unbekannten aber gleichen Varianzen
   - Q-Symbolik und Zweistichproben-t-Test
   - Bemerkungen
     - Bereinigter t-Test
     - Gleichheit der Bioverfügbarkeit
   - Vertrauensbereich für $\mu_1 - \mu_2$
2. Bei unbekannten Varianzen, die möglicherweise ungleich sind: Hsu-Ansatz
Weir-Ansatz
3. Drei Bemerkungen zum Mittelwertvergleich
Benötigter Stichprobenumfang für den Ein- und Zweistichproben-t-Test bei einseitiger Fragestellung
Vergleich zweier Variationskoeffizienten

Zunächst betrachte man Abbildung 70 auf S. 683. Prüft man vor der Anwendung von (3.37 a, b) nach [433] und [35], so ist der t-Test ein bedingter Test, das Niveau α ist nicht mehr korrekt angebbar; besser prüft man nach (3.58) bzw. (3.60) bzw. bei Nichtnormalverteilung und Verteilungsgleichheit nach [394].

1. Bei unbekannten aber gleichen Varianzen

Die Summe der Abweichungsquadrate $\sum(x - \bar{x})^2$ bezeichnen wir im folgenden mit Q. Man berechnet sie [vgl. die in [1363] neben (1.48a) gesetzte Herleitung von (3.52)] nach

$$\boxed{Q = \sum x^2 - (\sum x)^2/n} \quad \text{bzw.} \quad \boxed{Q = (n-1)s^2} \qquad (3.52, 3.53)$$

Mit einem weiteren Wert x_z, dem alten Mittelwert $\bar{x}_n$ und dem neuen Mittelwert $\bar{x}_{n+1}$ erhält man

$$\boxed{Q_{n+1} = Q_n + n(n+1)(\bar{x}_{n+1} - \bar{x}_n)^2} \qquad (3.54)$$

Für den Vergleich zweier Mittelwerte *ungleicher Stichprobenumfänge* ($n_1 \neq n_2$) benötigt man die Prüfgröße (3.37a, 3.37b) für den sogenannten **Zweistichproben-t-Test für unabhängige Zufallsstichproben** aus normalverteilten Grundgesamtheiten der erfreulicherweise bei zweiseitiger Fragestellung (d. h. $H_0 : \mu_1 = \mu_2$, $H_A : \mu_1 \neq \mu_2$, vgl. [146]) und für nicht zu kleine und nicht zu unterschiedliche Stichprobenumfänge (vgl. z. B. M: 76) gegenüber Abweichungen von der Normalverteilung bemerkenswert robust ist – mit

$n_1 + n_2 - 2$ Freiheitsgraden [vgl. (3.37) auf S. 341]. Für sehr unterschiedliche Stichprobenumfänge sowie $n_1 \geqq 6$ und $n_2 \geqq 6$ ist es angebracht, (3.37 a, b) durch (3.38 a, b) bzw. (3.60) zu ersetzen. **[36]**

$$\hat{t} = \frac{|\bar{x}_1 - \bar{x}_2|}{\sqrt{\left[\frac{n_1+n_2}{n_1 \cdot n_2}\right] \cdot \left[\frac{Q_1+Q_2}{n_1+n_2-2}\right]}} = \frac{|\bar{x}_1 - \bar{x}_2|}{\sqrt{\left[\frac{n_1+n_2}{n_1 n_2}\right] \cdot \left[\frac{(n_1-1)s_1^2+(n_2-1)s_2^2}{n_1+n_2-2}\right]}} \quad (3.37\text{a}, 3.37\text{b})$$

Geprüft wird die Nullhypothese ($\mu_1 = \mu_2$) auf Gleichheit der den beiden Stichproben zugrunde liegenden Erwartungswerte der Grundgesamtheiten gegen $\mu \neq \mu_2$ bei unbekannten aber gleichen Varianzen (vgl. [148] und [35]). Für den Fall gleicher Stichprobenumfänge ($n_1 = n_2$, im allgemeinen vorteilhaft, da der Fehler 2. Art minimal wird) vereinfacht sich (3.37a, 3.37b) zu

$$\hat{t} = \frac{|\bar{x}_1 - \bar{x}_2|}{\sqrt{\frac{Q_1 + Q_2}{n(n-1)}}} = \frac{|\bar{x}_1 - \bar{x}_2|}{\sqrt{\frac{s_1^2 + s_1^2}{n}}} \quad (3.55, 3{,}56)$$

mit $2n - 2$ Freiheitsgraden, wobei $n = n_1 = n_2$. Überschreitet der Prüfquotient die Signifikanzschranke, so gilt $\mu_1 \neq \mu_2$. Ist der Prüfquotient kleiner als die Schranke, dann kann die Nullhypothese $\mu_1 = \mu_2$ nicht abgelehnt werden (vgl. auch Hinweis 7 auf S. 361).

Der t-Test ist robust gegenüber einem α-Fehler, nicht aber bezüglich der Power. Daher gelte für unübersichtliche Situationen: (1) $n_1 \approx n_2$; (2) $n_1 \gtrapprox 25, n_2 \gtrapprox 25$; (3) es wird zweiseitig geprüft. Dies gilt auch bei „Klumpigkeit" (z. B. Bevorzugung stark gerundeter Daten). Abweichungen vom vorgegebenen α-Wert sind fast stets konservativ, d. h. die wirkliche Irrtumswahrscheinlichkeit ist kleiner als α, man erhält zu wenige statistisch signifikante Resultate. Dies gilt auch dann, wenn $n_1 > n_2$ und $\sigma_1^2 > \sigma_2^2$. Für $n_1 > n_2$ und $\sigma_1^2 < \sigma_2^2$ entscheidet der Test bevorzugt **liberal**, d. h. es treten zu viele statistisch signifikante Resultate auf; der Ansatz auf S 356/357 hilft dann weiter.

Für $n_1 = n_2 \leqq 20$ kann der Lord-Test (vgl. [372]) den t-Test ersetzen. Der Vergleich mehrerer Mittelwerte wird im 7. Kapitel behandelt.

Vergleich einer Beobachtung mit dem Mittelwert einer Stichprobe

Geprüft wird H_0: X ist mit μ verträglich. Aus (3.37b) folgt:

$$\hat{t} = \frac{|x - \bar{x}|}{\sqrt{\frac{1+n}{n}\left[\frac{(n-1)s^2}{n-1}\right]}} = \frac{|x - \bar{x}|}{s^2\sqrt{(n+1)/n}} \text{ mit } FG = n - 1 \quad (3.37\text{c})$$

Bemerkungen zum Zweistichproben-t-Test

1. Der t-Test prüft die **Nullhypothese**, zwei Erwartungswerte lassen sich auf dem festgelegten Niveau nicht unterscheiden; es gibt keinen Behandlungseffekt.
2. Sind mehrere Erwartungswerte der genannten Art zu vergleichen, etwa aus Stichproben-Untergruppen, so darf der t-Test nicht mehrfach angewandt werden. Man prüft dann anhand der Varianzanalyse.

3. Wird die **Nullhypothese abgelehnt**, so kommen mehrere Erklärungen in Frage:
   - Beide Stichproben weisen schon vor der Behandlung unterschiedliche Erwartungswerte auf, sind also nicht vergleichbar.
   - Der t-Test darf wegen nicht erfüllter Voraussetzungen nicht benutzt werden.
   - Der Behandlungseffekt ist dem Zufall zu „verdanken".
   - Der Behandlungseffekt existiert wirklich.
4. Man werfe einen Blick auf die Übersichten 4 und 5 (S. 6 und 7) sowie auf Abbildung 70 auf S. 683.

[36]

Die **Nullhypothese** wird nicht selten als „unsinnig" unter Beschuß genommen. Dies ist falsch wie z. B. H. Wainer [Psychological Methods **4** (1999), 212–213] nachweist. Weitere Details zur H_0 bieten dort [in **5** (2000)] R. S. Nickerson: 241–301 sowie G. S. Howard u. Mitarb.: 315–332 [vgl. auch **6**, (2001), 147–160].

Bereinigter t-Test

Ein t-Test für zwei nicht zu kleine unabhängige Stichproben ($\sigma_1^2 = \sigma_2^2$), die in k homogenen Untergruppen vorliegen, wird in M2: 79 – 80 vorgestellt.

Gleichheit der Bioverfügbarkeit (Äquivalenzstudien, -tests)

Studien zur Prüfung der therapeutischen Gleichwertigkeit (Äquivalenz) zweier oder mehrerer Pharmaka werden Bioverfügbarkeitsstudien genannt. Details beschreiben Adam (1992), Dunnett und Gent (1977), Frick u. Mitarb. (1991), Hauck und Anderson (1986), Hoppe (1993: Chapter 18), Peil und Häselbarth (1985), Peace (1988: Chapter 7), Rocke (1984), Rodda, B.E. in Berry (1990), Wellek und Michaelis (1991) sowie Chow und Liu (1999, dort auch Chow 2000).

Beispiel zum t-Test

Prüfe $H_0 : \mu_1 = \mu_2$ gegen $H_A : \mu_1 \neq \mu_2$ auf dem 5%-Niveau.

Gegeben seien $n_1, n_2; \bar{x}_1, \bar{x}_2; s_1^2, s_2^2$ und (3.53, 3.37a).
$n_1 = 16; \quad \bar{x}_1 = 14{,}5; \quad s_1^2 = 4$
$n_2 = 14; \quad \bar{x}_2 = 13{,}0; \quad s_2^2 = 3.$

$Q_1 = (16-1)\cdot 4 = 60$, $Q_2 = (14-1)\cdot 3 = 39$, die dann mit den anderen Größen in (3.37a) eingesetzt werden.

$$\hat{t} = \frac{14{,}5 - 13{,}0}{\sqrt{\left[\frac{16+14}{16\cdot 14}\right]\cdot\left[\frac{60+39}{16+14-2}\right]}} = \frac{1{,}5}{0{,}6881} = 2{,}180$$

Es stehen $n_1 + n_2 - 2 = 28$ Freiheitsgrade zur Verfügung, d. h. $t_{28;0,05;\text{zweis.}} = 2{,}048$. Da $\hat{t} = 2{,}180 > 2{,}048$ ist, wird die Nullhypothese Gleichheit der Erwartungswerte auf dem 5%-Niveau abgelehnt und die Alternativhypothese $\mu_1 \neq \mu_2$ akzeptiert.

Wichtige Hinweise (vgl. auch [312] und [394])

A

Der *Vertrauensbereich für die Differenz zweier Erwartungswerte* unabhängiger Stichproben aus normalverteilten Grundgesamtheiten mit gleicher Varianz ist durch (3.57) gegeben:

$$(\bar{x}_1 - \bar{x}_2) \pm t \cdot \sqrt{} \tag{3.57}$$

mit $t = t_{n_1+n_2-2;\alpha;\text{zweis.}}$
und $\sqrt{}$ = der Nenner in (3.37a, 3.37b) bzw. (3.55, 3.56),
z. B. 95%-VB für $\mu_1 - \mu_2$ mit $t_{n_1+n_2-2;0,05;\text{zweis.}}$

Wenn σ bekannt ist, wird t durch die Standardnormalvariable z ersetzt.

Ein Unterschied zwischen μ_1, und μ_2 ist auf dem verwendeten Niveau statistisch signifikant, sobald der Vertrauensbereich den Wert $\mu_1 - \mu_2 = 0$ nicht einschließt. Statistische Testverfahren und Vertrauensbereiche (vgl. M: 66, 184) führen beide zu Entscheidungen. **Der Vertrauensbereich bietet darüber hinaus noch zusätzliche Informationen über den oder die Parameter!**

(1) Schließt ein Vertrauensbereich die **Null** aus, so sind **Vorzeichen, Lage** und **Breite** des Vertrauensbereiches aufschlußreich. **[36]**

(2) Vertrauensbereiche charakterisieren den Parameter, sind **einfacher zu verstehen als Tests und diesen praktisch gleichwertig:** eine H_0 bezüglich eines Parameters, die auf dem 5%-Niveau abgelehnt wird, wird auch abgelehnt, wenn der entsprechende 95%-VB den Nullwert-Parameter ausschließt.

(3) Im **Ein-Parameter-Fall ist der Vertrauensbereich dem Test fast stets überlegen** (vgl. z. B. [4211], [454] und [455]). Liegen zwei oder mehr Parameter vor, dann ist der P-Wert meist einfacher zu berechnen und wird dann routinemäßig angegeben. **!**

(4) Sind **mehrere** Vertrauensbereiche zu vergleichen, so bevorzuge man **99%-Vertrauensbereiche**.

Beispiel

Wir benutzen das letzte Beispiel und erhalten als 95%-VB:

$$(14{,}5-13{,}0)\pm 2{,}048\cdot 0{,}6881 \text{ bzw. } 1{,}5\pm 1{,}4$$

$$\text{d. h. 95\%-VB: } 0{,}1 \leqq \mu_1-\mu_2 \leqq 2{,}9.$$

Die Nullhypothese ($\mu_1 - \mu_2 = 0$) muß auch hier anhand der vorliegenden Stichproben auf dem 5%-Niveau verworfen werden, da der 95%-VB oberhalb der Null liegt.

B

Mit $t = t_{\nu;\alpha;\text{einseitig}}$ wird H_0 abgelehnt:

Für $H_{A1}: \mu_1 > \mu_2$ falls $\hat{t} > t$; $H_{A2}: \mu_1 < \mu_2$ falls $\hat{t} < -t$ [S. 195, 343, 359; mit $\hat{t}$ berechnet ohne | | im Zähler].

Prüft man $\boldsymbol{H_0 : \mu_1 - \mu_2 = \mu_0}$ gegen $\boldsymbol{H_A : \mu_1 - \mu_2 \neq \mu_0}$ so gilt **entsprechend den 3 Alternativen** auf S. 343 und Übersicht 63 auf S. 359 für die entsprechenden **Zähler** [die Nenner und Freiheitsgrade bleiben unverändert]:

$H_{A1}: \ldots > \mu_0$	$H_{A2}: \ldots < \mu_0$	$H_{A3}: \neq \mu_0$
$\bar{x}_1 - \bar{x}_2 - \mu_0$	$\bar{x}_1 - \bar{x}_2 - \mu_0$	$\lvert\bar{x}_1 - \bar{x}_2 - \mu_0\rvert$

C

Mittelwerte relativer Häufigkeiten $x_i/n_i = p_i$ dürfen nach den in diesem Abschnitt vorgestellten Verfahren (3.52 bis 3.59) **nicht** verglichen werden. Wenn alle relativen Häufigkeiten zwischen 0,30 und 0,70 liegen, ist ein approximativer Vergleich nach den im folgenden Abschnitt gegebenen Formeln (3.38a b bis 3.62) möglich. Besser ist es, wenn alle relativen Häufigkeiten zur Stabilisierung der Varianz und zur Normalisierung transformiert werden. Häufig verwendet wird die **Winkeltransformation** (Arcus-Sinus-Transformation, inverse Sinus-Transformation). Arcus sinus $\sqrt{p}$, abgekürzt arc sin $\sqrt{p}$ oder $\sin^{-1}\sqrt{p}$, bedeutet das Grad- bzw. Bogenmaß jenes Winkels, dessen Sinus gleich $\sqrt{p}$ ist. Für großes n ist arc sin $\sqrt{p}$ normalverteilt. Die Varianz von arc sin $\sqrt{p}$ ist unabhängig vom Parameter π, geschätzt durch p_i und nur von n abhängig. Relative Häufigkeiten $x_i/n_i = \hat{p}_i$ (mit $n_i \simeq$ konstant und $n_i\hat{p}_i > 0{,}7$ sowie $n_i(1-p_i) > 0{,}7$) zwischen 0 und 1 werden in Winkel von 0° bis 90° (Altgrad) umgewandelt. Es entsprechen sich somit (vgl. Tab. 93) z. B. rel. Häufigkeit 0,25 und Altgrad 30.

Beispielsweise liegen zwei Untersuchungsreihen vor, jeweils Gruppen zu n Individuen. In jeder Gruppe weist der Anteil $\hat{p}_i$ der Individuen ein bestimmtes Merkmal auf. Sollen nun die Prozentsätze der beiden Reihen verglichen werden, so werden die auf 2 Dezimalen gerundeten $\hat{p}_i$-Werte anhand der Tafel in x_i-Werte transformiert, die dann nach Berechnung der beiden Mittelwerte und Varianzen einen Vergleich der mittleren Prozentsätze beider Reihen ermöglichen (3.52 bis 3.62).

Binomialverteilte Werte lassen sich auch durch die Logit- oder die Probit-Transformation normalisieren. Näheres ist z. B. dem Tafelwerk von Fisher und Yates (1982) zu entnehmen, das auch eine
[36] ausführliche Tafel der Winkeltransformation enthält.

Tabelle 93. Winkeltransformation: Werte $x = \arcsin\sqrt{p}$ (x in Altgrad) (z. B. arc sin $\sqrt{0{,}25} = 30{,}0$; vgl. arc sin $\sqrt{1{,}00} = 90{,}0$).
[Umrechnung in Bogenmaß (Radiant): Tafelwerte durch 57,2958 teilen.]

p	0,00	0,01	0,02	0,03	0,04	0,05	0,06	0,07	0,08	0,09
0,0	0,000	5,739	8,130	9,974	11,537	12,921	14,179	15,342	16,430	17,457
0,1	18,435	19,370	20,268	21,134	21,973	22,786	23,578	24,350	25,104	25,842
0,2	26,565	27,275	27,972	28,658	29,334	30,000	30,657	31,306	31,948	32,583
0,3	33,211	33,833	34,450	35,062	35,669	36,271	36,870	37,465	38,057	38,646
0,4	39,231	39,815	40,397	40,976	41,554	42,130	42,706	43,280	43,854	44,427
0,5	45,000	45,573	46,146	46,720	47,294	47,870	48,446	49 024	49,603	50,185
0,6	50,769	51,354	51,943	52,535	53,130	53,729	54,331	54,938	55,550	56,167
0,7	56,789	57,417	58,052	58,694	59,343	60,000	60,666	61,342	62,028	62,725
0,8	63,435	64,158	64,896	65,650	66,422	67,214	68,027	68,866	69,732	70,630
0,9	71,565	72,543	73,570	74,658	75,821	77,079	78,463	80,026	81,870	84,261

2. Bei unbekannten Varianzen, die möglicherweise ungleich sind

Geprüft wird die Nullhypothese ($\mu_1 = \mu_2$) auf Gleichheit zweier Erwartungswerte bei nichtgleichen Varianzen ($\sigma_1^2 \neq \sigma_2^2$). Dies ist das sogenannte **Behrens-Fisher-Problem** (vgl. *Welch 1937, Linnik 1966* sowie Hoppe 1993: Chapter 27). Für praktische Zwecke geeignet (vgl. den Textkasten auf S. 357 und Übersicht 63 auf S. 359) ist (3.58):

$$\hat{t} = \frac{|\bar{x}_1 - \bar{x}_2|}{\sqrt{\frac{s_1^2}{n_1} + \frac{s_2^2}{n_2}}} \qquad (3.58)$$

Es gelte $n_1 \geqq 6$ und $n_2 \geqq 6$.

mit für $n_1 \geqq n_2$
$\nu = n_2 - 1$
Freiheitsgraden

$$\nu = \frac{\left(\frac{s_1^2}{n_1} + \frac{s_2^2}{n_2}\right)^2}{\frac{\left(\frac{s_1^2}{n_1}\right)^2}{n_1 - 1} + \frac{\left(\frac{s_2^2}{n_2}\right)^2}{n_2 - 1}} \qquad (3.59)$$

Die Formeln (3.59) und (3.61) sind weniger geeignet.

Die Verteilung der rechten Seite von (3.58) ohne Absolutzeichen heißt bei Gültigkeit von H_0 [$\mu_1 = \mu_2$] Behrens-Fisher-Verteilung mit den Parametern n_1, n_2 und σ_1^2/σ_2^2, beide Varianzen sind unbekannt. Diese Verteilung folgt keiner t-Verteilung. Näherungen [z. B. (3.58, 3.59)] sind möglich.
Man wird ν nur für $\hat{t} > z_\alpha$ (etwa 1,96 = $z_{0,05;\text{zweiseitig}}$) berechnen, da sich für $\hat{t} < z_\alpha$ $H_0 : \mu_1 = \mu_2$ auf dem $100\alpha\%$-Niveau nicht ablehnen läßt. Der für $\sigma_1^2 \neq \sigma_2^2$ approximierte VB für $\mu_1 - \mu_2$ ist z. B. M: 77 zu entnehmen [entsprechend (3.57) mit $\sqrt{}$ aus (3.58) und ν nach Hsu (S. 357)].

Im Falle gleicher Stichprobenumfänge ($n_1 = n_2 = n$) ergeben sich wieder folgende Vereinfachungen [Q wird nach (3.52) berechnet]

$$\hat{t} = \frac{|\bar{x}_1 - \bar{x}_2|}{\sqrt{\frac{Q_1 + Q_2}{n(n-1)}}} = \frac{|\bar{x}_1 - \bar{x}_2|}{\sqrt{\frac{s_1^2 + s_2^2}{n}}} \qquad \nu = n - 1 \qquad (3.60)$$

$$\nu = n - 1 + \frac{2n-2}{\frac{Q_1}{Q_2} + \frac{Q_2}{Q_1}} = n - 1 + \frac{2n-2}{\frac{s_1^2}{s_2^2} + \frac{s_2^2}{s_1^2}} = \frac{(n_1-1)(s_1^2+s_2^2)^2}{(s_1^2)^2+(s_2^2)^2} \quad (3.61)$$

Q wird nach (3.52) berechnet Für $n_1 = n_2 = n$ gilt $\nu = n - 1$

[36]

mit $\nu = n - 1$ Freiheitsgraden. Bei großen Stichprobenumfängen kann $\hat{t}$ wieder durch $\hat{z}$ ersetzt werden. Ausgewählte Wahrscheinlichkeitspunkte der Standardnormalverteilung sind der Tab. 29 (in [134]) zu entnehmen.

Feinheiten zum α-Niveau

Nennen wir (3.59) nach Welch ν_W und Min(n_1, n_2) - 1 = ν_H nach Hsu (vgl. *Scheffe 1970)*, dann gilt $\nu_H \leqq \nu_W \leqq n_1 + n_2 - 2$. Ersetzen wir ν_W durch ν_H, dann bleibt das vorgegebene Niveau: $\leqq \alpha$ gewährleistet; verwendet man ν_W, so kann dies nicht garantiert werden (d. h. Niveau: $\lesssim \alpha$; es liegt ein liberaler Test vor).

Für $n_1 \geqq n_2$ wählt man somit nach Hsu $\nu_H = n_2 - 1$.

Eine exakte zweistufige Lösung des Behrens-Fisher-Problems geben z. B. Dudewicz und Mishra (1988, pp. 503–514).

Kleine Stichprobenumfänge $(n_1, n_2 > 9)$ mit heterogenen Varianzen lassen sich nach *McCullough u. Mitarb. (1960)* sehr elegant auf Gleichheit der Erwartungswerte prüfen. Andere Möglichkeiten bietet das Tafelwerk von *Fisher und Yates (1982).*

Für den **Vergleich mehrerer Erwartungswerte bei nicht unbedingt gleichen Varianzen** existiert die sogenannte Welch-Statistik (vgl. z. B. M: 88, 89), eine hervorragende Approximation!

Für den Vergleich zweier Verteilungen mit **langen Verteilungsenden** (bei kurzen Verteilungsenden ist der t-Test ideal) und ungleichen Varianzen hat K.K. Yuen (1974, Biometrika **61**, 165–170) einen **robusten** t-Test beschrieben.

Einen Vertrauensbereich für das **Verhältnis zweier Erwartungswerte** unabhängiger Stichproben aus normalverteilten Grundgesamtheiten, über das Verhältnis der beiden Varianzen werden keine Annahmen gemacht, enthält M2:69.

Einen weiteren Weg zur Lösung des Behrens-Fisher-Problems hat *Weir (1960)* vorgeschlagen. Für uns ist interessant, daß ein *Erwartungswert-Unterschied auf dem 5%-Niveau statistisch gesichert* ist, sobald für Stichprobenumfänge $n_1 \geqq 3$ und $n_2 \geqq 3$ die Prüfgröße

$$\frac{|\bar{x}_1-\bar{x}_2|}{\sqrt{\frac{Q_1+Q_2}{n_1+n_2-4}\left[\frac{1}{n_1}+\frac{1}{n_2}\right]}} \geqq 2{,}0 \qquad \frac{|\bar{x}_1-\bar{x}_2|}{\sqrt{\frac{(n_1-1)s_1^2+(n_2-1)s_2^2}{n_1+n_2+4}\left[\frac{1}{n_1}+\frac{1}{n_2}\right]}} \geqq 2{,}0 \quad (3.62)$$

ist; unterschreitet der Quotient den Wert 2, dann läßt sich die Nullhypothese $\mu_1 = \mu_2$ auf dem 5%-Niveau nicht ablehnen.

[36]

Ein bizarres Beispiel

Vergleich zweier empirischer Mittelwerte auf dem 5%-Niveau:

$n_1 = 3$; 1,0 5,0 9,0; $\bar{x}_1 = 5{,}0$; $Q_1 = 32$; $s_1^2 = 16$

$n_2 = 3$; 10,9 11,0 11,1; $\bar{x}_2 = 11{,}0$; $Q_2 = 0{,}02$; $s_2^2 = 0{,}01$

Q läßt sich hier schnell nach $Q = \sum(x - \bar{x})^2$ berechnen. Nach (3.62):

$$\frac{|5{,}0 - 11{,}0|}{\sqrt{\dfrac{32 + 0{,}02}{3 + 3 - 4)}\left[\dfrac{1}{3} + \dfrac{1}{3}\right]}} = \frac{6}{3{,}27} < 2{,}0$$

Anhand der vorliegenden Stichproben läßt sich auf dem 5%-Niveau ein Unterschied nicht sichern. Das Standardverfahren (3.60; 3.61) (beachten Sie: n_1 und n_2 sind jetzt beide kleiner als 6)

$$\hat{t} = \frac{|5{,}0 - 11{,}0|}{\sqrt{\dfrac{32 + 0{,}02}{3(3 - 1)}}} = \frac{6}{3{,}31} < 4{,}303 = t_{2;0,05}$$

$$\left[\begin{array}{l}\text{Nach Hsu:}\\ \nu = 3 - 1 = 2\end{array} \text{ bzw. } \nu = 3 - 1 + \frac{2 \cdot 3 - 2}{\dfrac{32}{0{,}02} + \dfrac{0{,}02}{32}} \simeq 2\right] \text{ liefert die gleiche Entscheidung.}$$

Zum multivariaten Behrens-Fisher-Problem siehe S.J. Kim (1992, Biometrika **79**, 171–176).

3. Drei Bemerkungen zum Mittelwertvergleich

1. Stichproben, die nicht rein zufällig ausgewählt werden, sind gegenüber zufälligen Stichproben durch größere Ähnlichkeit der Stichprobenelemente untereinander und geringere Ähnlichkeit der Stichprobenmittelwerte charakterisiert. *Beim nicht-zufälligen Stichprobenziehen werden somit die Standardabweichungen verkleinert und die Mittelwertsunterschiede vergrößert.* Beide Effekte können damit einen „signifikanten Mittelwertsunterschied" vortäuschen! Daher müssen **knapp signifikante Resultate mit großer Vorsicht** interpretiert werden, sofern keine echten Zufallsstichproben vorgelegen haben.

2. Ein **Vergleich zweier Parameter aufgrund ihrer Vertrauensbereiche** ist möglich: (1) Überdecken sich die Vertrauensbereiche teilweise, so darf nicht gefolgert werden, daß sich die Parameter nicht signifikant unterscheiden. (2) Überdecken sich die Vertrauensbereiche nicht, so besteht zwischen den Parametern ein echter Unterschied: $H_0: \mu_1 = \mu_2$ läßt sich für $n_1 > 10$ und $n_2 > 10$ auf dem 5%-Niveau ablehnen, sobald sich die beiden 95%-Vertrauensbereiche nicht überlappen.

Übersicht 63. Vergleich zweier empirischer Mittelwerte unabhängiger Stichproben aus angenähert normalverteilten Grundgesamtheiten [vgl. auch Hinweis B auf S. 355 und Tabelle 94]

[36]

Stichproben-umfänge	Varianzen	
	gleich: $\sigma_1^2 = \sigma_2^2$	ungleich: $\sigma_1^2 \neq \sigma_2^2$
gleich: $n_1 = n_2 = n$	$\hat{t} = \frac{\lvert\bar{x}_1 - \bar{x}_2\rvert}{\sqrt{\frac{s_1^2 + s_2^2}{n}}}$ $FG = 2n - 2$	$\hat{t} = \frac{\lvert\bar{x}_1 - \bar{x}_2\rvert}{\sqrt{\frac{s_1^2 + s_2^2}{n}}}$ $FG = n - 1$
ungleich: $n_1 \neq n_2$	$\hat{t} = \frac{\lvert\bar{x}_1 - \bar{x}_2\rvert}{\sqrt{\left[\frac{n_1 + n_2}{n_1 n_2}\right] \cdot \left[\frac{(n_1 - 1)s_1^2 + (n_2 - 1)s_2^2}{n_1 + n_2 - 2}\right]}}$ $FG = n_1 + n_2 - 2$	$\hat{t} = \frac{\lvert\bar{x}_1 - \bar{x}_2\rvert}{\sqrt{\frac{s_1^2}{n_1} + \frac{s_2^2}{n_2}}}$ $FG = n_2 - 1$ für $n_1 > n_2$

Schranken der t-Verteilung enthält Tabelle 49 in [151]. **Erwartungswertvergleiche bei asymmetrischen Verteilungen** werden im Allgemeinen Statistischen Archiv **81** (1997), 141–157 behandelt.

Eigene wissenschaftliche Ergebnisse werden mitunter nicht veröffentlicht. Resultate anderer Wissenschaftler zur bearbeitenden Fragestellung werden gern in einer Gesamtschau zusammengefaßt. Hierzu zwei Bemerkungen.

Der Publikationsbias: negative Befunde werden seltener veröffentlicht

Das „File Drawer“ Problem besteht darin, daß wissenschaftliche Resultate, die statistisch nicht signifikant sind, häufig nicht veröffentlicht (vgl. S. 15 unten) sondern in der „Schublade abgelegt“ werden. Im Extremfall bedeutet dies, wenn man das 5%-Niveau zugrundelegt, daß 95% der nicht signifikanten Befunde in den Schubladen verschwinden. Vorausgesetzt wird, daß n angemessen gewählt wird, so daß die Alternativhypothese eine Chance hat, sich als richtig zu erweisen. Teamarbeit und Publikationsdruck reduzieren den Publikationsbias.

Bemerkungen zu einseitigen Tests mit zugehörigem P-Wert

Einseitige P-Werte unabhängiger Studien desselben Effektes lassen sich nach Umwandlung in entsprechende z-Werte anhand von $\hat{\chi}^2 = \sum(z_i - \bar{z})^2$ mit $\nu = k - 1$ [vgl. (3.33) Mitte, $\sigma^2 = 1$ sowie (3.33a), S. 345] auf *Homogenität* prüfen, wobei $\bar{z}$ der Mittelwert der k Werte z_i ist. Soll ein **gemeinsamer P-Wert** angegeben werden, so bildet man nach (1.73) $\hat{z} = \sum z_i/\sqrt{k}$. Bei beiden Verfahren versieht man diejenigen Werte z_i, deren P-Werte in die andere Richtung weisen, mit einem Minuszeichen. Beide Ansätze sind typisch für die auf S. 474 erwähnte **Meta-Analyse**.

Beispiel $P(A) = 0{,}10;\quad P(-B) = 0{,}05;\quad P(C) = 0{,}01$

d. h. $z_A = 1{,}28;\quad z_{-B} = -1{,}64;\quad z_C = 2{,}33;\quad \bar{z} = 1{,}97/3 = 0{,}66;$

$$\hat{\chi}^2 = [(1{,}28 - 0{,}66)^2 + (-1{,}64 - 0{,}66)^2 + (2{,}33 - 0{,}66)^2] = 8{,}46$$

$\hat{\chi}^2 = 8{,}46 > 5{,}99 = \chi^2_{2;0,05}$, d. h. nichthomogen;

$\hat{z} = 1{,}97/\sqrt{3} = 1{,}137$ oder $P = 0{,}128$, ein Wert.

der wegen der Heterogenität der P-Werte bedeutungslos ist.

Rechnet man mit $P(B) = 0{,}05$, d. h. $z_B = 1{,}64$, dann folgt auch wieder erwartungsgemäß mit $\bar{z} = 5{,}25/3 = 1{,}75$ $\hat{\chi}^2 = 0{,}569 < 5{,}99 = \chi^2_{2;0,05}$ und $\hat{z} = 5{,}25/\sqrt{3} = 3{,}031$ oder $P = 0{,}0013$.

[36] 3. Die **Anzahl der Stichprobenwerte**, die man für den Vergleich eines Stichprobenmittelwertes mit dem Parameter der Grundgesamtheit oder für den Vergleich zweier Stichprobenmittelwerte benötigt, wird in Tabelle 94 für kontrollierte Fehler 1. Art ($\alpha = 0{,}05$ und $\alpha = 0{,}01$) und 2. Art ($\beta = 0{,}5$; 0,3 sowie 0,1) und definierte Abweichungen gegeben.

Tabelle 94. Die Tabelle gibt bei einseitiger Fragestellung für den Ein- und Zweistichproben-t-Test den angenäherten Stichprobenumfang n (Zweistichprobentest: $n = n_1 = n_2$) an, der notwendig ist, um bei einer Irrtumswahrscheinlichkeit α mit der Power $1 - \beta$ eine Differenz auf dem $100\alpha\%$-Niveau als statistisch signifikant auszuweisen, wenn in der Grundgesamtheit eine Abweichung von $d = (\mu - \mu_0)/\sigma$ vorliegt, bzw. wenn sich die Erwartungswerte zweier Grundgesamtheiten mit gleicher Standardabweichung σ um $d = (\mu_1 - \mu_2)/(\sigma\sqrt{2})$ unterscheiden. Einige ausgewählte Werte aus Dixon und Massey (1983, S. 564, Table A-12c), für unsere Zwecke modifiziert. Um z. B. bei einseitiger Fragestellung auf dem 5%-Niveau eine Differenz $d = (\mu - \mu_0)/\sigma = 2/5 = 0{,}4$ mit einer Power von 0,7 als statistisch signifikant auszuweisen, benötigt man für den Einstichproben-t-Test 32 Beobachtungen; für den Zweistichproben-t-Test ($\alpha = 0{,}05$; Power = 0,7) und $d = (\mu_1 - \mu_2)/(\sigma\sqrt{2})$ = $4/(7{,}1 \cdot \sqrt{2}) = 0{,}4$ werden jeweils 31 Beobachtungen benötigt, Normalverteilung und gleiche Varianzen vorausgesetzt. Anhand der Approximation (3.17) und Tabelle 30: $\alpha_{\text{einseitig}} = 0{,}05$; $1 - \beta = 0{,}7$ resultieren $2 \cdot 4{,}7(7{,}1^2/4^2) = 30$ Beobachtungen.

Irrtumswahrscheinlichkeit: $\alpha = 0{,}05$						
$1-\beta$	0,5	0,7	0,9	0,5	0,7	0,9
d	Einstichprobentest			Zweistichprobentest		
0,1	273	473	859	272	472	858
0,2	70	120	217	69	119	216
0,3	33	55	98	32	54	97
0,4	19	32	56	18	31	55
0,5	13	21	37	12	20	36
0,7	8	12	20	7	11	19
1,0	5	7	11	4	6	10
2,0	3	4	5	2	3	4

Irrtumswahrscheinlichkeit: $\alpha = 0{,}01$						
$1-\beta$	0,5	0,7	0,9	0,5	0,7	0,9
d	Einstichprobentest			Zweistichprobentest		
0,1	545	816	1305	544	815	1304
0,2	139	207	329	138	206	328
0,3	64	94	148	63	93	147
0,4	37	54	85	36	53	84
0,5	25	36	56	24	35	55
0,7	15	20	30	14	19	29
1,0	9	12	17	8	11	16
2,0	5	6	7	4	5	6

Hinweise

1. Weitere Hilfsmittel geben *Owen (1965, 1968), Hodges und Lehmann (1968)* sowie Lovie (1986: Chapter 7) [vgl. auch Psychological Bulletin **93** (1983), 261–278] [vgl. auch S. 333].

2. *Vergleich zweier Variationskoeffizienten.* Der Standardfehler des Variationskoeffizienten ist $s_V = \frac{V}{\sqrt{2n}} \cdot \sqrt{1 + \frac{2V^2}{10^4}} \simeq \frac{V}{\sqrt{2n}}$. Die Differenz zweier Variationskoeffizienten läßt sich daher beim Vorliegen nicht zu kleiner Stichprobenumfänge ($n_1, n_2 \gtrsim 30$) überschlagsmäßig nach **[36]**

$$[H_0 : \gamma_1 = \gamma_2] \qquad \boxed{|V_1 - V_2| / \sqrt{V_1^2/2n_1 + V_2^2/2n_2}} \tag{3.63}$$

prüfen und anhand der Standardnormalverteilung beurteilen; z. B. erhält man für $V_1 = 0{,}10$, $V_2 = 0{,}13$ und $n_1 = n_2 = 30$; $\hat{z} = |0{,}10 - 0{,}13| / \sqrt{0{,}10^2/60 + 0{,}13^2/60} = 1{,}417$.
Da $1{,}42 < 1{,}96 = z_{0{,}05}$ ist, besteht keine Veranlassung an der Gleichheit der den beiden Variationskoeffizienten zugrundeliegenden Parameter zu zweifeln. R. K. Lohrding gibt einen exakten Test und kritische Werte für kleines n [J. Statist. Comp. Simul. **4** (1975), 31–36; vgl. auch Biometrical Journal **35** (1993), 355–359]. Mehrere Variationskoeffizienten vergleichen Doornbos und Dijkstra (1983) sowie Miller (1991), der auch die H_0: $\gamma = \gamma_0$ prüft.

3. Ein- und Zweistichproben-t-Tests bei gleichzeitiger Berücksichtigung einer diskreten Variablen (Erfolgsprozentsatz) stellt *Weiler (1964)* vor.

4. Einen 95%-Vertrauensbereich für den überlappenden Teil zweier Normalverteilungen (etwa Güteklassen) stellt H. Linhart (1962, Metrika **5**, 31–48) vor.

5. Tests, die eine spezifizierte **Überlappung zweier Normalverteilungen** prüfen, vergleichen S. K. Perng u. Mitarb. [Communications in Statistics – Theory and Methods **18** (1989), 1895–1912].

6. Ein Test, der zugleich H_0: $\mu_1 = \mu_2$ und $\sigma_1^2 = \sigma_2^2$ prüft, wird von S. K. Perng und R. C. Littell vorgestellt [Journal of the American Statistical Association **71** (1976), 968–971].

7. Ist $\sigma_1^2/\sigma_2^2 = K$ (weitgehend) bekannt, so prüfe man auf S. 353 anhand der folgenden von H. A. Lasater [Industrial Quality Control **21** (1964), 164–165] vorgeschlagenen Modifikation:
Formel (3.37b), Nenner, 2. eckige Klammer lautet:
$[(n_1 - 1)s_1^2 + K(n_2 - 1)s_2^2/[K(n_1 + n_2) - 2]$.

37 Schnelltests, die angenähert normalverteilte Meßwerte voraussetzen **[37]**

371 Vergleich der Streuung zweier kleiner Stichproben nach Pillai und Buenaventura **[371]**

Die Streuungen zweier unabhängiger Meßreihen können über die Spannweiten (R_1, R_2) verglichen werden. Man bildet zu diesem Zweck analog dem F-Test das Verhältnis R_1/R_2 wobei $R_1 > R_2$ anzunehmen ist, und prüft, ob der Quotient R_1/R_2 die entsprechende Schranke der, Tabelle 95 erreicht oder überschreitet.
Wenn beispielsweise die Meßreihe A mit $n_1 = 9$ und die Meßreihe B mit $n_2 = 10$ die Spannweiten $R_1 = 19$ und $R_2 = 10$ aufweisen, dann ist $R_1/R_2 = 1{,}9$ größer als der für

$\alpha = 5\%$ tabellierte Wert 1,82. Damit wird die Nullhypothese abgelehnt. Die Schranken der Tabelle 95 sind wie der Test für die einseitige Fragestellung eingerichtet.

[371] Wird nach $\sigma_1^2 = \sigma_2^2$ gegenüber $\sigma_1^2 \neq \sigma_2^2$ geprüft, dann sind die 5%- und 1%-Schranken dieser Tabelle als 10%- und 2%-Niveaus des zweiseitigen Tests aufzufassen. Für kleine Stichproben ist der Test hinreichend effizient.

Tabelle 95. Obere Signifikanzschranken der auf den Spannweiten basierenden F'-Verteilung (aus Pillai, K. C. S. und A. R. Buenaventura: Upper percentage points of a substitute F-ratio using ranges, Biometrica **48** (1961) 195 and 196)

oben: $\alpha = 0{,}05$
unten: $\alpha = 0{,}01$

n_2 \ n_1	2	3	4	5	6	7	8	9	10
2	12,71	19,08	23,2	26,2	28,6	30,5	32,1	33,5	34,7
3	3,19	4,37	5,13	5,72	6,16	6,53	6,85	7,12	7,33
4	2,03	2,66	3,08	3,38	3,62	3,84	4,00	4,14	4,26
5	1,60	2,05	2,35	2,57	2,75	2,89	3,00	3,11	3,19
6	1,38	1,74	1,99	2,17	2,31	2,42	2,52	2,61	2,69
7	1,24	1,57	1,77	1,92	2,04	2,13	2,21	2,28	2,34
8	1,15	1,43	1,61	1,75	1,86	1,94	2,01	2,08	2,13
9	1,09	1,33	1,49	1,62	1,72	1,79	1,86	1,92	1,96
10	1,05	1,26	1,42	1,54	1,63	1,69	1,76	1,82	1,85
2	63,66	95,49	116,1	131	143	153	161	168	174
3	7,37	10,00	11,64	12,97	13,96	14,79	15,52	16,13	16,60
4	3,73	4,79	5,50	6,01	6,44	6,80	7,09	7,31	7,51
5	2,66	3,33	3,75	4,09	4,36	4,57	4,73	4,89	5,00
6	2,17	2,66	2,98	3,23	3,42	3,58	3,71	3,81	3,88
7	1,89	2,29	2,57	2,75	2,90	3,03	3,13	3,24	3,33
8	1,70	2,05	2,27	2,44	2,55	2,67	2,76	2,84	2,91
9	1,57	1,89	2,07	2,22	2,32	2,43	2,50	2,56	2,63
10	1,47	1,77	1,92	2,06	2,16	2,26	2,33	2,38	2,44

372 Vergleich der Erwartungswerte zweier kleiner Stichproben nach Lord

[372] Für den Vergleich unabhängiger Meßreihen gleichen Umfanges ($n_1 = n_2 \leqq 20$) hinsichtlich ihrer zentralen Tendenz berechnet man die Differenz der Durchschnitte ($\bar{x}_1, \bar{x}_2$) und dividiert sie durch das arithmetische Mittel der Spannweiten (R_1, R_2)

$$\boxed{\hat{u} = \frac{|\bar{x}_1 - \bar{x}_2|}{(R_1 + R_2)/2}} \tag{3.64}$$

Erreicht oder überschreitet die der t-Statistik analoge Prüfgröße $\hat{u}$ die Schranke der Tabelle 96, so ist der Erwartungswertunterschied auf dem entsprechenden Niveau gesichert *(Lord 1947)*. Der Test setzt Normalverteilung und *Varianzgleichheit voraus;* seine Power ist im tabellierten Bereich praktisch ebenso groß wie die des t-Tests *(Lord 1950)*.

Beispiel

Sind die Meßreihen A: 2, 4, 1, 5 und B: 7, 3, 4, 6 zu vergleichen, dann erhält man (vgl. $R_1 = 5 - 1 = 4$, $R_2 = 7 - 3 = 4$)

$$\hat{u} = \frac{|3 - 5|}{(4 + 4)/2} = 0{,}5\,,$$

ein Wert, der bei $n_1 = n_2 = 4$ und zweiseitiger Fragestellung auf dem 5%-Niveau H_0 nicht abzulehnen gestattet. Beide Stichproben entstammen wohl einer gemeinsamen Grundgesamtheit mit dem Erwartungswert μ.

Moore (1957) hat diesen Test auch für ungleiche Stichprobenumfänge $n_1 + n_2 \leqq 39$ tabelliert; eine weitere Tafel ermöglicht die Schätzung der beiden Stichproben gemeinsamen Standardabweichung.

Tabelle 96. Schranken für den Vergleich zweier Mittelwerte aus unabhängigen Meßreihen gleichen Umfanges nach Lord (aus Lord, E.: The use of the range in place of the standard deviation in the t-test, Biometrika **34** (1947), 41–67, Table 10) [372]

	Einseitiger Test		Zweiseitiger Test	
$n_1 = n_2$	$u_{0,05}$	$u_{0,01}$	$u_{0,05}$	$u_{0,01}$
3	0,974	1,715	1,272	2,093
4	0,644	1,047	0,831	1,237
5	0,493	0,772	0,613	0,896
6	0,405	0,621	0,499	0,714
7	0,347	0,525	0,426	0,600
8	0,306	0,459	0,373	0,521
9	0,275	0,409	0,334	0,464
10	0,250	0,371	0,304	0,419
11	0,233	0,340	0,280	0,384
12	0,214	0,315	0,260	0,355
13	0,201	0,294	0,243	0,331
14	0,189	0,276	0,228	0,311
15	0,179	0,261	0,216	0,293
16	0,170	0,247	0,205	0,278
17	0,162	0,236	0,195	0,264
18	0,155	0,225	0,187	0,252
19	0,149	0,216	0,179	0,242
20	0,143	0,207	0,172	0,232

373 Vergleich der Erwartungswerte mehrerer Stichproben gleicher Umfänge nach Dixon [373]

Will man feststellen, ob der Mittelwert ($\bar{x}_1$) einer Meßreihe von den $k-1$ Mittelwerten anderer Meßreihen (alle weisen gleiche Umfänge auf mit $3 \leqq n \leq 25$) statistisch signifikant abweicht, so ordne man sie der Größe nach: Aufsteigend $\bar{x}_1 < \bar{x}_2 < \ldots \bar{x}_{k-1} < \bar{x}_k$, wenn der fragliche Mittelwert nach unten abweicht, oder absteigend $\bar{x}_1 > \bar{x}_2 > \ldots > \bar{x}_{k-1} > \bar{x}_k$, wenn er nach oben abweicht, so daß $\bar{x}_1$ in jedem Fall den extremen Mittelwert bezeichnet. Dann berechne man (z. B. für $3 \leqq n \leqq 7$) die Prüfgröße

$$\boxed{\hat{M} = \left|\frac{\bar{x}_1 - \bar{x}_2}{\bar{x}_1 - \bar{x}_k}\right|} \tag{3.65}$$

und entscheide anhand der Schranken der Tabelle 97 *(Dixon 1950, 1953)*. Wenn also die vier Mittelwerte 157, 326, 177 und 176 vorliegen und $\bar{x}_1$ = 326 herausragt, dann ist mit $\bar{x}_2$ = 177, $\bar{x}_3$ = 176 und $\bar{x}_4$ = 157 (wobei $\bar{x}_4 = \bar{x}_k$)

$$\hat{M} = \left|\frac{\bar{x}_1 - \bar{x}_2}{\bar{x}_1 - \bar{x}_k}\right| = \frac{326 - 177}{326 - 157} = 0{,}882\,,$$

ein Wert, der 0,765 (die 5%-Schranke für n = 4) überschreitet; die Nullhypothese, nach der μ_1, μ_2, μ_3 und μ_4 einer gemeinsamen, zumindest angenähert normalverteilten Grundgesamtheit entstammen, muß abgelehnt werden (Tabelle 97 enthält auch Prüfgrößen für $8 \leqq n \leqq 25$). Gegenüber Abweichungen von Normalität und Varianzhomogenität ist dieser Test erfreulicherweise ziemlich unempfindlich, da nach dem *Zentralen Grenzwertsatz* Mittelwerte aus nicht normalverteilten Meßreihen angenähert normalverteilt sind.

[373] **Tabelle 97.** Signifikanzschranken für die Prüfung von Mittel- und Extremwerten bei einseitiger Fragestellung. Vor der Datengewinnung ist festzulegen, welches Ende der geordneten Mittelwerte (oder Einzelwerte, vgl.[38]) geprüft werden soll. Für die zweiseitige Fragestellung ist das Signifikanzniveau zu verdoppeln. (Auszugsweise entnommen aus Dixon, W. J.: Processing data for outliers, Biometrics **9** (1953) 74–89, Appendix p. 89)

n	α = 0,10	α = 0,05	α = 0,01	Prüfgröße
3	0,886	0,941	0,988	
4	0,679	0,765	0,889	
5	0,557	0,642	0,780	$\left\|\frac{\bar{x}_1 - \bar{x}_2}{\bar{x}_1 - \bar{x}_k}\right\|$
6	0,482	0,560	0,698	
7	0,434	0,507	0,637	
8	0,479	0,554	0,683	
9	0,441	0,512	0,635	$\left\|\frac{\bar{x}_1 - \bar{x}_2}{\bar{x}_1 - \bar{x}_{k-1}}\right\|$
10	0,409	0,477	0,597	
11	0,517	0,576	0,679	
12	0,490	0,546	0,642	$\left\|\frac{\bar{x}_1 - \bar{x}_3}{\bar{x}_1 - \bar{x}_{k-1}}\right\|$
13	0,467	0,521	0,615	
14	0,492	0,546	0,641	
15	0,472	0,525	0,616	
16	0,454	0,507	0,595	
17	0,438	0,490	0,577	
18	0,424	0,475	0,561	
19	0,412	0,462	0,547	$\left\|\frac{\bar{x}_1 - \bar{x}_3}{\bar{x}_1 - \bar{x}_{k-2}}\right\|$
20	0,401	0,450	0,535	
21	0,391	0,440	0,524	
22	0,382	0,430	0,514	
23	0,374	0,421	0,505	
24	0,367	0,413	0,497	
25	0,360	0,406	0,489	

Für den Ausreißertest (vgl. [38]) sind in der Spalte „Prüfgröße" die Symbole $\bar{x}_1, \bar{x}_2, \bar{x}_3; \bar{x}_k, \bar{x}_{k-1}, \bar{x}_{k-2}$ zu ersetzen durch $x_1, x_2, x_3; x_n, x_{n-1}, x_{n-2}$.

Näheres zu diesem Ausreißertest ist M. R. Chernick, The American Statistician **36** (1982), 140 zu entnehmen.

[38]

38 Ausreißerproblem und Toleranzgrenzen

Extremwerte, Ausreißer
Ausreißertest für normalverteilte Beobachtungen
Winsorisieren
Standardisierte Extremabweichung für normalverteilte Beobachtungen
Toleranzgrenzen und Toleranzfaktoren für normalverteilte Beobachtungen
Verteilungsunabhängige Toleranzgrenzen
Einige Hinweise

1. Anordnungswerte und Anordnungsstatistik
2. Trimmen, Winsorisieren, Zensieren und Stutzen
3. Anordnung und Auswahl von Grundgesamtheiten, deren Parameter unbekannt sind: Parametrische und nichtparametrische Rangordnungs- und Auswahlverfahren

Zum Thema **Extremwerte:** Nach der „Ärzte Zeitung" vom 10. 12. 1990 ist [mit Foto dokumentiert (S. 24)] ein Herr Alam Channa (32) aus Pakistan mit 240 cm der größte und ein Herr Nelson de la Rosa (22) aus der Dominikanischen Republik mit 60 cm der kleinste Mann der Welt.

Ein statistisches Verfahren (Schätzfunktion oder Test), das **unempfindlich** ist **gegenüber verunreinigten Daten** (z. B. durch Ausreißer), wird **„resistant"**, widerstandsfähig, genannt; $\bar{X}$ und S sind äußerst „nonresistant", dagegen wird der Median $\tilde{X}$ erst bei mindestens 50% Verunreinigung verzerrt (vgl. die auf S. 338 genannte Literatur).

Ausreißer

Extrem hohe oder niedrige Werte innerhalb einer Reihe üblicher mäßig unterschiedlicher Meßwerte, von denen fraglich ist, ob sie unter den vorgegebenen Bedingungen möglich sind, dürfen unter gewissen Umständen vernachlässigt werden. Man bezeichnet sie als **Ausreißer.** Meßfehler, Beurteilungsfehler, Rechenfehler oder ein pathologischer Fall im Untersuchungsmaterial von Gesunden können zu Extremwerten führen, die, da sie anderen Grundgesamtheiten als die der Stichprobe entstammen, gestrichen werden müssen (sobald „zwingende sachlogische Begründungen" dies rechtfertigen). Saubere statistische Entscheidungen über die Wertung eines Meßwertes als Ausreißer sind nur selten möglich. **[38]**

Ausreißer sind aus Sicht eines Beobachters überraschend extrem gelegene Beobachtungen, wobei der Beobachter ein Modell voraussetzt und den **Ausreißer als Modell-Abweichung** auffaßt. Steht die Schätzung der Modellparameter im Vordergrund, dann stört er – andernfalls liegt ein erfreulicher Fund vor, der wie im Fall der Entdeckung des Penizillins Neuland erschließt.

Man unterscheide: (a) mutmaßliche Ausreißer, (b) Ziffernvertauschungen (z. B. 18,83 anstatt 18,38), (c) doppelte Eintragungen, spalten- oder zeilenweise, wobei die richtige Eintragung fehlt, sowie (d) falsche Zahlen in den entsprechenden Spalten. Ein Teil dieser Irrtümer läßt sich erfassen, wenn für jede Variable Variationsbereiche vorgegeben werden; mitunter hilft auch ein Blick auf die Tabelle, um sonderbare Zahlen rechtzeitig aufzuspüren. Je umfangreicher der Datenkörper ist, desto schwieriger wird es, Fehler der genannten Art vollständig zu vermeiden.
Wunder (vgl. S. 262) lassen sich als extreme Ausreißer nichtwissenschaftlicher Art auffassen.

Literatur zu Ausreißern

Aitchison (1987), Barnett und Lewis (1984), Beckman und Cook (1983), D'Agostino und Stephens (1986), Hawkins (1980), Lovie (1986), Madansky (1988) sowie Tiku (1986, Chapter 7).

Eine *allgemeine Regel* besagt, daß bei mindestens 10 Einzelwerten (besser: $n \gtrapprox 25$) dann ein Wert als *Ausreißer* verworfen werden darf, wenn er außerhalb des Bereiches $\bar{x} \pm 4s$ liegt, wobei Mittelwert und Standardabweichung ohne den ausreißerverdächtigen Wert berechnet werden. Der **„4-Sigma-Bereich"** ($\mu \pm 4\sigma$) umfaßt (große Stichprobenumfänge!) bei Normalverteilung 99,99% der Werte, bei symmetrisch-eingipfligen Verteilungen 97% und bei beliebigen Verteilungen noch 94% der Werte (vgl. auch Übersicht 32 in [134] sowie M2: 63, 64).

Ausreißer-Tests werden benutzt, um (1) routinemäßig die Zuverlässigkeit von Daten zu kontrollieren, (2) rechtzeitig gewarnt zu werden, die Datengewinnung besser zu kontrollieren und um (3) Beobachtungen, die extrem liegen und bedeutungsvoll sein könnten, zu erfassen.

Ausreißer sind um so unwahrscheinlicher, je kleiner die Stichproben sind. Tabelle 97 gestattet die Prüfung von Extremwerten einer Zufallsstichprobe ($n \leqq 25$) aus einer **normalverteilten Grundgesamtheit**. Getestet wird, ob ein als Ausreißer verdächtigter Extremwert einer anderen Grundgesamtheit zugehört als die übrigen Werte der Stichprobe (*Dixon 1950*; vgl. auch *Anscombe 1960, Grubbs 1969, Thompson und Willke 1963* sowie die dort gegebenen Ergänzungen). Die Einzelwerte der Stichprobe werden nach der Größe geordnet. Mit x_1 bezeichnen wir den Extremwert, den mutmaßlichen Ausreißer, vgl.: $x_1 < x_2 < \ldots < x_{n-1} < x_n$ bzw. $x_1 > x_2 > \ldots > x_{n-1} > x_n$.
Man verfährt mit den Einzelwerten der Stichprobe wie mit den Mittelwerten in [373].

In der Zahlenfolge 157, 326, 177 und 176 wird 326 auf dem 5%-Niveau als Ausreißer ausgewiesen. Beispielsweise liege die Meßreihe 1, 2, 3, 4, 5, 9 vor. Der Wert 9 wird als Ausreißer
[38] verdächtigt. Anhand von Tabelle 97 ($n = 6$) $\hat{M} = (9 - 5)/(9 - 1) = 0{,}5 < 0{,}560$ wird die Nullhypothese, es liege kein Ausreißer vor, auf dem 5%-Niveau beibehalten (Normalverteilung vorausgesetzt). $\hat{M}$ enthält im Zähler die Differenz zwischen der verdächtigten Beobachtung und seinem direkten Nachbar; der Nenner ist die Spannweite bzw. die um eine oder zwei Beobachtungen verminderte Spannweite.
Bei *Stichprobenumfängen über* $n = 25$ lassen sich die Extremwerte mit Hilfe der Tabelle 98 anhand der Prüfgröße

$$\boxed{T_1 = |(x_1 - \mu)/\sigma|} \qquad x_1 = \text{der mutmaßliche Ausreißer} \tag{3.66}$$

testen, wobei μ und σ durch $\bar{x}$ und s ersetzt werden. Erreicht oder überschreitet $\hat{M}$ oder T_1 für die vorgegeb. Irrtumswahrscheinlichkeit $\alpha = 1 - P$ die dem Stichprobenumfang n entsprechende Schranke der beiden Tafeln, so ist anzunehmen, daß der geprüfte Extremwert einer anderen Grundgesamtheit entstammt als die übrigen Werte der Reihe. Der Extremwert darf jedoch, auch wenn er durch diese Tests als Ausreißer ausgewiesen ist, nur dann gestrichen werden, wenn wahrscheinlich ist, daß die vorliegenden Werte **angenähert normalverteilt** sind (vgl. auch Tab. 135 auf S. 426).

!

Als gute Faustregel für viele Verteilungstypen gilt:

$$Q_1 - k(Q_3 - Q_1) \leqq \textbf{kein Ausreißer} \leqq Q_3 + k(Q_3 - Q_1)$$

für eher exploratorative / konfirmatorische Studien wähle man $k = 1{,}5$ / $k = 2$

Sind auf diese Art Ausreißer "identifiziert" und von der Stichprobe ausgeschlossen worden, dann muß dies bei der Analyse der Daten angemerkt werden; zumindest ihre Zahl sollte nicht verschwiegen werden. Vielleicht ist es am zweckmäßigsten, wenn eine Stichprobe Ausreißer enthält, einmal die statistische Analyse mit und einmal ohne die Ausreißer vorzunehmen. Unterscheiden sich die Schlußfolgerungen aus beiden Analysen, dann ist eine außerordentlich vorsichtige und umsichtige Interpretation der Daten zu empfehlen. So kann der Ausreißer auch einmal als Ausdruck der für die Grundgesamtheit typischen Variabilität der aufschlußreichste Wert einer Stichprobe sein und Ausgangspunkt einer neuen Meßreihe werden!

Günstig ist auch ein von Charles P. Winsor empfohlenes Verfahren *(Tukey 1962)*: 1. Die Stichprobenwerte der Größe nach ordnen. 2. Ausreißer durch benachbarte Werte ersetzen. So erhält man z. B. für: 26, 18, 21, 78, 23, 17 über 17, 18, 21, 23, 26, 78 die Werte 17, 18, 21, 23, 26, 26. Hierbei wird der Extremwert als unzuverlässig betrachtet, der Richtung der Abweichung jedoch eine gewisse Bedeutung zuerkannt.
Erscheint dies als nicht angebracht, dann wird man auf das **„Winsorieren“** verzichten und eher ein vorsichtiges **Stutzen** der Stichprobenverteilung erwägen: Beidseitig, d. h. vom unteren und oberen Ende der Stichprobenverteilung werden dann wie auf S. 123 gezeigt Stichprobenwerte vernachlässigt. Hierdurch erhält man **trimmed means**, für deren Parameter Vertrauensbereiche und Tests existieren (z. B. Wilcox 1996, 1997 sowie S. 338 unten und S. 372 unten).

Im Zusammenhang mit dem Studium von Ausreißern entstand die sogenannte **„Extremwert-Statistik“**, über die Kinnison (1985) eine interessante Monographie geschrieben hat. Auf dieses attraktive Thema sind wir auch schon in anderem Zusammenhang gestoßen: siehe [1385], Ende [1387], Hinweis 3 in [139], Übersicht 58 in [161] sowie [313].

Sind kleine Stichproben als nichthomogen anzusehen, dann ist die mittlere absolute [38] Abweichung (vgl. [313]) ein häufig empfohlenes Streuungsmaß, da sie den Einfluß der Extremwerte reduziert. Ähnlich wie die Standardabweichung am kleinsten ist, wenn die Abweichungen vom arithmetischen Mittelwert gemessen werden, gilt für die MA, daß sie ihr Minimum erreicht, sobald die Abweichungen vom Median gemessen werden. Eine Regel besagt, daß für symmetrische und schwach schiefe Verteilungen die MA etwa 4/5 der Standardabweichung ausmacht (MA/s $\simeq$ 0,8). Zur Median-Deviation siehe S. 338. **[38]**

Tabelle 98. Obere Signifikanzschranken der standardisierten Extremabweichung $(x_{\text{max}} - \mu)/\sigma$ oder $(\mu - x_{\text{min}})/\sigma$ (Normalverteilung vorausgesetzt) (auszugsweise aus Pearson, E. S. and H. O. Hartley: Biometrika Tables for Statisticians, Cambridge University Press 1954, Table 24)

n	$P = 95\%$	$P = 99\%$	n	$P = 95\%$	$P = 99\%$
1	1,645	2,326	55	3,111	3,564
2	1,955	2,575	60	3,137	3,587
3	2,121	2,712	65	3,160	3,607
4	2,234	2,806	70	3,182	3,627
5	2,319	2,877	80	3,220	3,661
6	2,386	2,934	90	3,254	3,691
8	2,490	3,022	100	3,283	3,718
10	2,568	3,089	200	3,474	3,889
15	2,705	3,207	300	3,581	3,987
20	2,799	3,289	400	3,656	4,054
25	2,870	3,351	500	3,713	4,106
30	2,928	3,402	600	3,758	4,148
35	2,975	3,444	700	3,797	4,183
40	3,016	3,479	800	3,830	4,214
45	3,051	3,511	900	3,859	4,240
50	3,083	3,539	1000	3,884	4,264

Für Probleme, die mit der *Qualitätsüberwachung* (vgl. [135]) zusammenhängen, hat Tabelle 98 eine besondere Bedeutung. Angenommen, von einem Gegenstand mit $\bar{x} = 888$ und $s = 44$ werden jeweils Stichproben des Umfangs $n = 10$ geprüft. Der niedrigste Stichprobenwert sollte dann höchstens einmal in hundert Fällen kleiner sein als $888 - 44 \cdot 3{,}089 = 752{,}1$ (vgl. für $n = 10$ und $P = 99\%$ erhält man den Faktor 3,089). Durch Vorzeichenwechsel $888 + 44 \cdot 3{,}089 = 1023{,}9$ erhält man den größten Stichprobenwert, der höchstens einmal in hundert Fällen rein zufällig überschritten werden dürfte. Treten Extremwerte dieser Art häufiger auf, muß die Produktion des betreffenden Gegenstandes überprüft werden. Details bieten Kotz und Lovelace (1998).

Wichtige Anregungen für den Einsatz der Statistik in der **Industrie** geben S. B. Dransfield u. Mitarb. (1999).

Toleranzgrenzen

Vertrauensgrenzen betreffen einen Parameter. **Grenzen für einen Anteil der Grundgesamtheit** werden als *Toleranzgrenzen* bezeichnet; sie grenzen statistische Anteilsbereiche ab und schaffen damit Toleranzbereiche; man spricht auch von Toleranzintervallen. Toleranzgrenzen geben an, innerhalb welcher Grenzen ein bestimmter Anteil der Grundgesamtheit mit vorgegebener Wahrscheinlichkeit $P = (1 - \alpha)$ erwartet werden kann. Für eine **normalverteilte Grundgesamtheit** sind diese Grenzen von der Form $\bar{x} \pm ks$, wobei k eine geeignete Konstante ist. Beispielsweise entnehmen wir zur Ermittlung eines Toleranzbereiches – in dem in durchschnittlich 95% aller Fälle (P = 0,95; α = 0,05) wenigstens der

Anteil $\gamma = 0{,}90$ der Grundgesamtheit liegt – der Tabelle 99 für einen Stichprobenumfang von *n = 50* den Faktor *k = 2,00.* Der gewünschte Toleranzbereich erstreckt sich damit von
[38] $\bar{x} - 2{,}00$ bis $\bar{x} + 2{,}00$. Hierbei ist s die aus den 50 Stichprobenelementen geschätzte Standardabweichung und $\bar{x}$ der zugehörige Mittelwert. Tabellen zur Berechnung von k geben *Weissberg und Beatty (1960)* sowie *Guttman (1970)*, der auch eine Übersicht bringt (vgl. auch *Owen und Frawley 1971*).

Zweiseitige Toleranzgrenzen für Normalverteilungen sind robust (Canavos und Koutrouvelis 1984) für $P \leqq 0{,}9$ [vgl. z. B. (3.67)], nicht zu stark ausgeprägter Schiefe und nicht extrem stark besetzten Verteilungsenden. Werte k geben Odeh und Owen (1980).

$$\text{Anteil} = \int_{\hat{X}-kS}^{\hat{X}+kS} f(t)dt = 0{,}9 \quad \text{oder} \quad P(\bar{X} - kS \leqq X \leqq \bar{X} + kS) = 0{,}9 \tag{3.67}$$

Übrigens sind einseitige Vertrauensbereiche für Quantile identisch mit einseitigen Toleranzgrenzen (vgl. z. B. Conover 1999, S. 153).

Faktoren für einseitige Toleranzgrenzen *(Lieberman 1958, Bowker und Lieberman 1959, Owen 1963, Burrows 1964)* gestatten die Angabe, daß unterhalb von $\bar{x} + ks$ bzw. oberhalb von $\bar{x} - ks$ in z. B. durchschnittlich 95% aller Fälle wenigstens der Anteil γ der Grundgesamtheit zu erwarten ist.

Tabelle 99. Toleranzfaktoren für die Normalverteilung. Faktoren k für den zweiseitigen Toleranzbereich normalverteilter Grundgesamtheiten: Mit der Vertrauenswahrscheinlichkeit P liegen wenigstens γ Prozent der Elemente der Grundgesamtheit innerhalb des Toleranzbereiches $\bar{x} \pm ks$; hierbei sind $\bar{x}$ und s aus einer Stichprobe vom Umfang n berechnet. Ausgewählte, gerundete Werte (aus A. H. Bowker: Tolerance Factors for Normal Distributions, p. 102, in (Statistical Research Group, Columbia University), Techniques of Statistical Analysis (edited by Churchill Eisenhart, Millard W. Hastay, and W. Allen Wallis) New York and London 1947, McGrawHill Book Company Inc.) (Copyright vom 1. März 1966)

	P = 0,95				P = 0,99			
n \ γ	0,90	0,95	0,99	0,999	0,90	0,95	0,99	0,999
3	8,38	9,92	12,86	16,21	18,93	22,40	29,06	36,62
6	3,71	4,41	5,78	7,34	5,34	6,35	8,30	10,55
12	2,66	3,16	4,15	5,29	3,25	3,87	5,08	6,48
24	2,23	2,65	3,48	4,45	2,52	3,00	3,95	5,04
30	2,14	2,55	3,35	4,28	2,39	2,84	3,73	4,77
50	2,00	2,38	3,13	3,99	2,16	2,58	3,39	4,32
100	1,87	2,23	2,93	3,75	1,98	2,36	3,10	3,95
300	1,77	2,11	2,77	3,54	1,82	2,17	2,85	3,64
500	1,74	2,07	2,72	3,48	1,78	2,12	2,78	3,56
1000	1,71	2,04	2,68	3,42	1,74	2,07	2,72	3,47
∞	1,65	1,96	2,58	3,29	1,65	1,96	2,58	3,29

Tabelle 99 wird z. B. durch die Ciba-Geigy-Tabellen (1980, S. 51/53 und 206/207) ergänzt.

Odeh (1978) gibt eine Tabelle der Toleranzfaktoren k (zweiseitig) für Zufallsstichproben des Umfangs n aus einer **normalverteilten Grundgesamtheit.** Der Toleranzbereich

$$\bar{X} - kS \leqq X_i \leqq \bar{X} + kS \qquad (3.68)$$

mit dem Stichprobenmittelwert $\bar{X}$ und der Stichprobenstandardabweichung S enthält mit der Vertrauenswahrscheinlichkeit γ den Anteil P einer normalverteilten Grundgesamtheit [P und γ jeweils in 7 Stufen für n = 2(1)100]. **[38]**
Erinnert sei: $P(\mu - 2{,}5\sigma \leqq X_i \leqq \mu + 2{,}5\sigma) = 1 - 2 \cdot 0{,}00621 = 0{,}98758$ oder fast 99%. Liegt nun anstatt der Grundgesamtheit eine Stichprobe des Umfangs n vor und postuliert man für (3.68), daß k den Wert 2,5 annehmen sollte, dann ergeben sich für die folgenden vier γ-Stufen und jeweils zwei P-Stufen die in Tabelle 100 genannten Stichprobenumfänge:

Tabelle 100. Benötigter Stichprobenumfang nach Odeh (1978) für vorgegebene Werte P, γ und $k = 2{,}5$. Demnach umfaßt das konkrete Intervall $\bar{x} - 2{,}5s$ bis $\bar{x} + 2{,}5s$ z. B. den Anteil (P =) 95% einer normalverteilten Grundgesamtheit (GG) mit einer Vertrauenswahrscheinlichkeit (von γ =) 90%, vorausgesetzt, eine Zufallsstichprobe des Umfangs n = 24 mit den aus ihr berechneten Werten $\bar{x}$ und s liegt vor.

Vertrauenswahrsch.	0,75		0,90		0,95		0,99	
Anteil der GG	0,90	0,95	0,90	0,95	0,90	0,95	0,90	0,95
Stichprobenumfang	6	11	11	24	15	35	26	62

Sobald der Stichprobenumfang n genügend groß ist, gilt näherungsweise $\bar{x} \pm z \cdot s$. Strenggenommen gilt dieser Ausdruck nur für $n \to \infty$. Für unbekannte Verteilungen ist die Ermittlung des Wertes k irrelevant. Hier geht man so vor, daß man denjenigen minimalen Stichprobenumfang angibt, bei dem mit einer *Vertrauenswahrscheinlichkeit* P angenommen werden darf, daß der Anteil γ der Grundgesamtheit zwischen dem kleinsten und dem größten Wert der Stichprobe liegen wird (vgl. auch *Weissberg und Beatty 1960, Owen 1968* sowie *Faulkenberry und Daly 1970*).

Toleranzintervalle enthalten einen genau spezifizierten Anteil β einer Grundgesamtheit. Man unterscheidet insbesondere auch beim Vorliegen einer Normalverteilung Toleranzintervalle, die **angenähert** $100\beta\%$ der Verteilung enthalten (β-expectation tolerance intervals, siehe Odeh u. Mitarb. 1989), und solche, die **mindestens** $100\beta\%$ der Verteilung enthalten (β-content tolerance intervals, siehe Odeh u. Mitarb. 1987).

Bei geringen Abweichungen von der Normalverteilung sind verteilungsunabhängige Toleranzgrenzen zu bevorzugen.

Eine Übersicht gibt Patel (1986). Die Normalverteilung betreffende Ansätze behandeln Eberhardt und Mitarb. (1989), Mee (1989 und 1990), Odeh u. Mitarb. (1987 und 1989) sowie Odeh und Owen (1980 und 1988). Verteilungsunabhängige Ansätze stellen Chou und Johnson (1987) sowie Guenther (1985) vor. Toleranzgrenzen für Varianzen geben Tietjen und Johnson (1986).

Verteilungsunabhängige Toleranzgrenzen

Wünschen wir mit einer Vertrauenswahrscheinlichkeit $P = 1 - \alpha$, daß der Anteil γ der Elemente einer beliebigen Grundgesamtheit zwischen dem größten und dem kleinsten Stichprobenwert liegt, so läßt sich der benötigte Stichprobenumfang n leicht abschätzen:

Aus den Tabellen 101 und 101a folgt, daß man mit rund 30 Beobachtungen einer Zufallsstichprobe und einer Wahrscheinlichkeit von 95% etwa 85% der Werte **einer beliebigen**
[38] **Grundgesamtheit** zwischen den Extremwerten bzw. oberhalb des kleinsten Extremwertes bzw. unterhalb des größten Extremwertes zu erwarten hat.

Tabelle 101. Stichprobenumfänge n für **zweiseitige** verteilungsunabhängige Toleranzgrenzen: zwischen den Extremwerten einer Zufallsstichprobe liegt mit der Wahrscheinlichkeit P mindestens der Anteil γ der Werte einer beliebigen Grundgesamtheit

Tabelle 101. ←

γ \ P	0,95	0,90	0,70	0,50
0,99	473	388	244	168
0,95	93	77	49	34
0,90	46	38	24	17
0,85	30	25	16	11

Tabelle 101 a. →

γ \ P	0,95	0,90	0,70	0,50
0,99	459	299	120	69
0,95	90	59	24	14
0,90	44	29	12	7
0,85	29	19	8	5

Tabelle 101a. Stichprobenumfänge für **einseitige** verteilungsunabhängige Toleranzgrenzen: unterhalb des größten Stichprobenwertes bzw. oberhalb des kleinsten Stichprobenwertes einer Zufallsstichprobe liegt mit der Wahrscheinlichkeit P mindestens der Anteil γ der Werte einer beliebigen Grundgesamtheit

Tabelle 101 enthält Stichprobenumfänge n für zweiseitige nichtparametrische Toleranzgrenzen, die der Gleichung von *Wilks (1941, 1942)* $n\gamma^{n-1} - (n-1)\gamma^n = 1 - P = \alpha$ genügen. Im Mittel liegt mit der Vertrauenswahrscheinlichkeit P mindestens der Anteil γ einer beliebigen Grundgesamtheit zwischen dem größten und dem kleinsten Wert einer der Grundgesamtheit entstammenden Zufallsstichprobe. Das heißt, in etwa $P100\%$ der Fälle, in denen einer beliebigen Grundgesamtheit Stichproben des Umfangs n entnommen werden, schließen die Extremwerte der Stichprobe mindestens $\gamma \cdot 100\%$ der Werte der Grundgesamtheit in sich ein. Ordnet man also die Werte einer Stichprobe der Größe nach, dann liegen mit einer durchschnittlichen Vertrauenswahrscheinlichkeit $P = 1 - \alpha$ innerhalb des durch den kleinsten und den größten Wert gegebenen Intervalls mindestens $\gamma \cdot 100\%$ der Elemente der Grundgesamtheit. Tabelle 103 gibt Werte von γ für verschiedene Irrtumswahrscheinlichkeiten α und Stichprobenumfänge n.
Die Tabellen 101 und 101a setzen eine sehr große Grundgesamtheit voraus; ist dies nicht der Fall, dann benötigt man kleinere Stichprobenumfänge wie Tabelle 102 zeigt: z. B. $n = 87$ für $\gamma = 0{,}95$ [jetzt β genannt], $P = 0{,}95$ und $N = 1000$ anstatt der 93 Beobachtungen (für $N \to \infty$).

Tabelle 102. Kleinster Stichprobenumfang n für ein zweiseitiges β-content-Toleranzintervall (TI) $[x_{(1)}, x_{(2)}]$ für eine endliche Grundgesamtheit des Umfangs N. Einige Werte aus Fountain und Chou (1991)

N	90%-TI		95%-TI	
	$\beta = 0{,}90$	$\beta = 0{,}95$	$\beta = 0{,}90$	$\beta = 0{,}95$
100	28	45	33	51
200	32	57	39	67
300	34	62	41	74
500	35	67	43	81
700	36	70	44	84
1 000	37	72	44	87
3 000	37	75	45	91
5 000	38	76	46	92
10 000	38	76	46	93
∞	38	77	46	93

Tabelle 103. Verteilungsunabhängige Toleranzgrenzen (auszugsweise aus Wetzel, W.: Elementare Statistische Tabellen, Kiel 1965; Berlin, De Gruyter 1966, S. 31)

[38]

n \ α	0,200	0,150	0,100	0,090	0,080	0,070	0,060	0,050	0,040	0,030	0,020	0,010	0,005	0,001
3	0,2871	0,2444	0,1958	0,1850	0,1737	0,1617	0,1490	0,1354	0,1204	0,1036	0,0840	0,0589	0,0414	0,0184
4	0,4175	0,3735	0,3205	0,3082	0,2950	0,2809	0,2656	0,2486	0,2294	0,2071	0,1794	0,1409	0,1109	0,0640
5	0,5098	0,4679	0,4161	0,4038	0,3906	0,3762	0,3603	0,3426	0,3222	0,2979	0,2671	0,2221	0,1851	0,1220
6	0,5776	0,5387	0,4897	0,4779	0,4651	0,4512	0,4357	0,4182	0,3979	0,3734	0,3417	0,2943	0,2540	0,1814
7	0,6291	0,5933	0,5474	0,5363	0,5242	0,5109	0,4961	0,4793	0,4596	0,4357	0,4044	0,3566	0,3151	0,2375
8	0,6696	0,6365	0,5938	0,5833	0,5719	0,5594	0,5453	0,5293	0,5105	0,4875	0,4570	0,4101	0,3685	0,2887
9	0,7022	0,6715	0,6316	0,6218	0,6111	0,5993	0,5861	0,5709	0,5530	0,5309	0,5017	0,4560	0,4150	0,3349
10	0,7290	0,7004	0,6632	0,6540	0,6439	0,6328	0,6202	0,6058	0,5888	0,5678	0,5398	0,4956	0,4557	0,3763
11	0,7514	0,7247	0,6898	0,6811	0,6716	0,6611	0,6493	0,6356	0,6195	0,5995	0,5727	0,5302	0,4914	0,4134
12	0,7704	0,7454	0,7125	0,7043	0,6954	0,6855	0,6742	0,6613	0,6460	0,6269	0,6013	0,5605	0,5230	0,4466
13	0,7867	0,7632	0,7322	0,7245	0,7160	0,7066	0,6959	0,6837	0,6691	0,6509	0,6264	0,5872	0,5510	0,4766
14	0,8008	0,7787	0,7493	0,7420	0,7340	0,7250	0,7149	0,7033	0,6894	0,6720	0,6485	0,6109	0,5760	0,5037
15	0,8132	0,7923	0,7644	0,7575	0,7499	0,7414	0,7317	0,7206	0,7073	0,6907	0,6683	0,6321	0,5984	0,5282
16	0,8242	0,8043	0,7778	0,7712	0,7639	0,7558	0,7467	0,7360	0,7234	0,7075	0,6859	0,6512	0,6186	0,5505
17	0,8339	0,8150	0,7898	0,7835	0,7765	0,7688	0,7600	0,7499	0,7377	0,7225	0,7018	0,6684	0,6370	0,5708
18	0,8426	0,8246	0,8005	0,7945	0,7879	0,7805	0,7721	0,7623	0,7507	0,7361	0,7162	0,6840	0,6537	0,5895
19	0,8505	0,8332	0,8102	0,8045	0,7981	0,7910	0,7830	0,7736	0,7624	0,7484	0,7293	0,6982	0,6689	0,6066
20	0,8576	0,8411	0,8190	0,8135	0,8074	0,8006	0,7929	0,7839	0,7731	0,7596	0,7412	0,7112	0,6829	0,6224
21	0,8640	0,8482	0,8271	0,8218	0,8159	0,8093	0,8019	0,7933	0,7829	0,7699	0,7521	0,7232	0,6957	0,6370
22	0,8699	0,8547	0,8344	0,8293	0,8237	0,8174	0,8102	0,8019	0,7919	0,7793	0,7622	0,7342	0,7076	0,6506
23	0,8753	0,8607	0,8412	0,8362	0,8308	0,8247	0,8178	0,8098	0,8002	0,7880	0,7715	0,7443	0,7186	0,6631
24	0,8803	0,8663	0,8474	0,8426	0,8374	0,8315	0,8249	0,8171	0,8078	0,7961	0,7800	0,7538	0,7287	0,6748
25	0,8849	0,8713	0,8531	0,8485	0,8435	0,8378	0,8314	0,8239	0,8149	0,8035	0,7880	0,7625	0,7382	0,6858
26	0,8892	0,8761	0,8585	0,8540	0,8491	0,8437	0,8374	0,8302	0,8215	0,8105	0,7954	0,7707	0,7471	0,6960
27	0,8931	0,8805	0,8634	0,8591	0,8544	0,8491	0,8431	0,8360	0,8276	0,8169	0,8023	0,7783	0,7554	0,7056
28	0,8968	0,8845	0,8681	0,8639	0,8593	0,8542	0,8483	0,8415	0,8333	0,8230	0,8088	0,7854	0,7631	0,7146
29	0,9002	0,8884	0,8724	0,8683	0,8639	0,8589	0,8532	0,8466	0,8387	0,8286	0,8148	0,7921	0,7704	0,7231
30	0,9035	0,8919	0,8764	0,8725	0,8682	0,8633	0,8578	0,8514	0,8437	0,8339	0,8205	0,7984	0,7772	0,7311
31	0,9065	0,8953	0,8802	0,8764	0,8722	0,8675	0,8622	0,8559	0,8484	0,8389	0,8258	0,8043	0,7837	0,7387
32	0,9093	0,8984	0,8838	0,8801	0,8760	0,8714	0,8662	0,8602	0,8528	0,8436	0,8309	0,8099	0,7898	0,7458
33	0,9120	0,9014	0,8872	0,8836	0,8796	0,8751	0,8701	0,8641	0,8570	0,8480	0,8356	0,8152	0,7956	0,7526
34	0,9145	0,9042	0,8903	0,8868	0,8830	0,8786	0,8737	0,8679	0,8610	0,8522	0,8401	0,8202	0,8010	0,7590
35	0,9169	0,9069	0,8934	0,8899	0,8862	0,8819	0,8771	0,8715	0,8647	0,8562	0,8444	0,8249	0,8062	0,7651
36	0,9191	0,9094	0,8962	0,8929	0,8892	0,8851	0,8804	0,8749	0,8683	0,8599	0,8484	0,8290	0,8111	0,7709
37	0,9212	0,9117	0,8989	0,8956	0,8921	0,8880	0,8834	0,8781	0,8716	0,8635	0,8522	0,8337	0,8158	0,7764
38	0,9232	0,9140	0,9015	0,8983	0,8948	0,8909	0,8864	0,8811	0,8748	0,8669	0,8559	0,8377	0,8202	0,7817
39	0,9252	0,9161	0,9039	0,9008	0,8974	0,8935	0,8892	0,8840	0,8779	0,8701	0,8594	0,8416	0,8244	0,7867
40	0,9270	0,9182	0,9062	0,9032	0,8998	0,8961	0,8918	0,8868	0,8808	0,8732	0,8627	0,8453	0,8285	0,7915
41	0,9287	0,9201	0,9084	0,9055	0,9022	0,8985	0,8943	0,8894	0,8836	0,8761	0,8658	0,8488	0,8323	0,7961
42	0,9304	0,9219	0,9105	0,9076	0,9044	0,9008	0,8967	0,8920	0,8862	0,8789	0,8688	0,8521	0,8360	0,8005
43	0,9320	0,9237	0,9125	0,9097	0,9066	0,9031	0,8990	0,8944	0,8887	0,8816	0,8717	0,8554	0,8396	0,8047
44	0,9335	0,9254	0,9145	0,9117	0,9086	0,9052	0,9012	0,8967	0,8911	0,8841	0,8745	0,8584	0,8430	0,8087
45	0,9349	0,9270	0,9163	0,9136	0,9106	0,9072	0,9034	0,8989	0,8934	0,8866	0,8771	0,8614	0,8462	0,8126
46	0,9363	0,9286	0,9181	0,9154	0,9124	0,9091	0,9054	0,9010	0,8957	0,8889	0,8796	0,8642	0,8493	0,8163
47	0,9376	0,9300	0,9197	0,9171	0,9142	0,9110	0,9073	0,9030	0,8978	0,8912	0,8821	0,8669	0,8523	0,8199
48	0,9389	0,9315	0,9214	0,9188	0,9160	0,9128	0,9092	0,9049	0,8998	0,8934	0,8844	0,8695	0,8552	0,8233
49	0,9401	0,9328	0,9229	0,9204	0,9176	0,9145	0,9110	0,9068	0,9018	0,8954	0,8866	0,8721	0,8579	0,8266
50	0,9413	0,9341	0,9244	0,9220	0,9192	0,9162	0,9127	0,9086	0,9037	0,8974	0,8888	0,8745	0,8606	0,8298
60	0,9509	0,9449	0,9367	0,9346	0,9323	0,9298	0,9268	0,9234	0,9192	0,9139	0,9066	0,8944	0,8826	0,8562
70	0,9578	0,9526	0,9456	0,9438	0,9418	0,9396	0,9370	0,9340	0,9304	0,9258	0,9195	0,9089	0,8986	0,8756
80	0,9630	0,9585	0,9522	0,9507	0,9489	0,9470	0,9447	0,9421	0,9389	0,9348	0,9292	0,9199	0,9108	0,8903
90	0,9671	0,9630	0,9575	0,9561	0,9545	0,9527	0,9507	0,9484	0,9455	0,9419	0,9369	0,9285	0,9203	0,9020
100	0,9704	0,9667	0,9617	0,9604	0,9590	0,9574	0,9556	0,9534	0,9509	0,9476	0,9431	0,9355	0,9280	0,9114
200	0,9851	0,9832	0,9807	0,9800	0,9793	0,9785	0,9776	0,9765	0,9752	0,9735	0,9712	0,9673	0,9634	0,9548
300	0,9901	0,9888	0,9871	0,9867	0,9862	0,9856	0,9850	0,9843	0,9834	0,9823	0,9807	0,9781	0,9755	0,9696
400	0,9925	0,9916	0,9903	0,9900	0,9896	0,9892	0,9887	0,9882	0,9875	0,9867	0,9855	0,9835	0,9816	0,9772
500	0,9940	0,9933	0,9922	0,9920	0,9917	0,9914	0,9910	0,9905	0,9900	0,9893	0,9884	0,9868	0,9852	0,9817
600	0,9950	0,9944	0,9935	0,9933	0,9931	0,9928	0,9926	0,9921	0,9917	0,9911	0,9903	0,9890	0,9877	0,9847
700	0,9957	0,9952	0,9945	0,9943	0,9941	0,9938	0,9936	0,9932	0,9929	0,9924	0,9917	0,9906	0,9894	0,9869
800	0,9963	0,9958	0,9951	0,9950	0,9948	0,9946	0,9944	0,9941	0,9937	0,9933	0,9927	0,9917	0,9907	0,9885
900	0,9967	0,9963	0,9957	0,9955	0,9954	0,9952	0,9950	0,9947	0,9944	0,9941	0,9935	0,9926	0,9918	0,9898
1000	0,9970	0,9966	0,9961	0,9960	0,9958	0,9957	0,9955	0,9953	0,9950	0,9947	0,9942	0,9934	0,9926	0,9908
1500	0,9980	0,9978	0,9974	0,9973	0,9972	0,9971	0,9970	0,9968	0,9967	0,9964	0,9961	0,9956	0,9951	0,9939

Beispiel zu den Tabellen 101 und 103

Für $P = 0{,}95$ und $\gamma = 0{,}85$ ergibt sich ein Stichprobenumfang von $n = 30$, d. h. eine zufällige Stichprobe des Umfangs $n = 30$ enthält in durchschnittlich 95% aller Fälle mindestens 85% der Grundgesamtheit. Zwischen dem kleinsten und dem größten Wert einer Zufallsstichprobe des Umfangs $n = 30$ aus jeder beliebigen Grundgesamtheit liegen in durchschnittlich 95% aller Fälle mindestens 85% der Werte der betreffenden Grundgesamtheit. Legt man beide Prozentsätze auf 90% (95%) fest, so benötigt man eine Zufallsstichprobe des Umfangs $n = 38$ (93).

Nelson (1963) gibt ein Nomogramm zur schnellen Ermittlung verteilungsfreier Toleranzgrenzen. Wichtige Tafeln geben *Danziger und Davis (1964)*. Eine ausführliche Tafel und ein Nomogramm
[38] zur Bestimmung einseitiger verteilungsfreier Toleranzgrenzen haben *Belson und Nakano (1965)* vorgestellt (vgl. auch *Harmann 1967* und *Guenther 1970)*. Toleranzintervalle für Variablen, die einer **Binomial- oder Poisson-Verteilung** folgen, geben Hahn und Chandra (1981, Journal of Quality Technology **13**, 100–110). Stichprobenumfänge für nichtparametrische **multivariate Toleranzregionen** geben H. Ackermann und K. Abt (1984, Biometrical Journal **26**, 723–734). Mehrdimensionale nichtparametrische Toleranz-, Diagnose-, Diskriminanz- und Clusterbereiche stellt Ackermann (1988) vor. Weitere Hinweise auf mehrdimensionale Ansätze enthalten z. B. die Seiten 53, 121, 321, 358, 373, 560, 568, 570, 573–580, 602 und 604.
Die gegen Ende von [311] erwähnten Prediction Intervals ergänzen diese Methoden.

Einige Hinweise

1. Anordnungswerte und Anordnungsstatistik
2. Trimmen, Winsorisieren, Zensieren und Stutzen
3. Anordnung und Auswahl von Grundgesamtheiten, deren Parameter unbekannt sind: Parametrische und nichtparametrische Rangordnungs und Auswahlverfahren

1. Anordnungswerte und Anordnungsstatistik

Die Stichprobenwerte $x_i, (i : 1, \dots, n)$ einer stetigen Zufallsvariablen werden der Größe nach aufsteigend geordnet und dann mit in Klammern gesetzten Indizes versehen (um sie von den die ursprüngliche Reihenfolge wiedergebenden Indizes zu unterscheiden): $x_{(1)}$ ist die kleinste Beobachtung, $x_{(n)}$ die größte. Der Wert $x_{(i)}$ heißt ***i*-ter Anordnungswert.** Sind alle Werte unterschiedlich, bezeichnet man den Index als **Rang**. Treten dem Wert nach gleiche Beobachtungen auf, so spricht man von **Bindungen** (engl. ties). In diesem Fall ordnet man den Beobachtungen, die dem Wert nach gleich sind, den Durchschnitt der hierfür vorgesehenen Rangzahlen zu (Mittelrangmethode): z. B. für 5,3 5,3 5,3 anstatt der Ränge 1, 2, 3 jeweils den mittleren Rang $(1 + 2 + 3)/3 = 2$, d. h. 2, 2, 2.

vgl. (3.70) auf S. 375

Die am häufigsten verwendeten **Anordnungswerte** (engl. **order statistics**) sind die Extremwerte $x_{(1)}$ und $x_{(n)}$ und der Medianwert $\tilde{x}$ (vgl. [1383]).

Anordnungswerte sind wichtig zur Schätzung von Quantilen und zur Schätzung verteilungsunabhängiger Toleranzintervalle; außerdem sind sie wichtig für multiple Vergleiche und Auswahlverfahren, für nichtparametrische Tests, für die Entdeckung von Ausreißern und für die Voraussage extremer Ereignisse wie z. B. Erdbeben. Näheres ist Arnold u. Mitarb. (1992), Balakrishnan und Cohen (1991) sowie David (1981) zu entnehmen (vgl. auch David 1988, Galambos 1987; Harter 1988, Hoppe 1993: Chapter 30, Kinnison 1985, Mosteller und Rourke 1973: Chapters 14 + 15, Patel u. Mitarb. 1976, Stuart und Ord 1994: Chapter 14 sowie Bosch 1998).

2. Trimmen, Winsorisieren, Zensieren und Stutzen

Robuste Schätzungen (vgl. [313]) sind dadurch ausgezeichnet, daß Ausreißer wenig Einfluß auf die Schätzung haben. Man führt daher vor der Schätzung einen Ausreißertest durch oder man entfernt symmetrisch die k extremen Stichprobenwerte – jeweils k an beiden Enden durch **„Trimmen“** oder man **„Winsorisiert“**, wobei die r kleinsten Werte gleich dem $(r + 1)$-kleinsten Wert und die s größten Werte gleich dem $(s + 1)$-größten gesetzt werden $(n > r + s)$. Dann wird die weitere Analyse mit den so bereinigten Werten durchgeführt. Näheres enthält die auf S. 338 genannte Literatur.

Typ I und Typ II einer zensierten Stichprobe

Eine zensierte (censored) Stichprobe liegt vor, wenn nur der nicht extreme Teil der Beobachtungen bei der Schätzung berücksichtigt wird, wobei ein oder beidseitig (zweiseitig) zensierte Stichproben resultieren. Man unterscheidet zwei Typen: bei Typ I wird der **Zensierungspunkt vorher festgelegt,** dann ist die ZAHL der zensierten Beobachtungen eine Zufallsvariable, bei Typ II wird ein **fester Anteil der Beobachtungen**, d. h. eine bestimmte Anzahl vorher festgelegt, jetzt ist der ZENSIERUNGSPUNKT eine Zufallsvariable. **[38]**

Etwas völlig anderes ist die **gestutzte Verteilung** (truncated distribution), die aus einer anderen Verteilung durch Vernachlässigung der Werte unterhalb eines Stutzungspunktes a und oberhalb eines Stutzungspunktes b entstanden ist. Man unterscheidet auch hier zwischen ein- und zweiseitiger Stutzung.
Näheres über zensierte und gestutzte Verteilungen ist Cohen (1991) und Rasch (1995: Kapitel 18) zu entnehmen.

3. Anordnung und Auswahl von Grundgesamtheiten, deren Parameter unbekannt sind:

Parametrische und nichtparametrische Verfahren

Rangordnungsverfahren (ranking procedures) dienen zur Ermittlung von Rangordnungen für Grundgesamtheiten.
Auswahlverfahren (selection procedures) dienen zur Auswahl von Grundgesamtheiten, etwa mit dem größten Erwartungswert, der kleinsten Varianz oder der größten Ereigniswahrscheinlichkeit. Sie sind häufig multiplen Vergleichen überlegen.

Eine hervorragende Monographie zu beiden Themen stammt von Gibbons u. Mitarb. (1977). Außerdem aufschlußreich sind Beirlant u. Mitarb. (1982), Desu und Raghavarao (1990: Chapter 6), Dudewicz (1985), Dudewicz und Koo (1982), Dudewicz und Mishra (1988), Gibbons (1982), Gibbons u. Mitarb. (1979), Gupta und Kim (1981), Gupta und McDonald (1986), Gupta und Panchapakesan (1979), Hoppe (1993), van der Laan und Verdooren (1989), Lovie (1986), Rizvi (1986), Robertson u. Mitarb. (1988), Santner und Duffy (1989), Smith und Sugden (1988) sowie Wilcox (1984, 1997).

39 Verteilungsunabhängige Verfahren für den Vergleich unabhängiger Stichproben [39]

395 Der Vergleich mehrerer unabhängiger Stichproben: H-Test von Kruskal und Wallis
Multiple paarweise Vergleiche mittlerer Ränge
[39] H-Test mit Stichproben-Untergruppen
396 Trendtest nach Jonckheere: Vergleich mehrerer geordneter Verteilungsfunktionen oder Mediane

Um einen Überblick zu gewinnen, ist es zweckmäßig, sich an die auf die Einleitung folgenden Übersichten 4 und 5 sowie an Übersicht 52 in [148] zu erinnern.

Übereinstimmung der Verteilungsformen zweier Stichproben gleicher Umfänge: die Werte jeweils aufsteigend ordnen, dann die i-ten Wertepaare ($i = 1, \ldots, n$) als Punktwolke auftragen. Bei gleicher Verteilungsform liegen diese Punkte auf einer Geraden.

Der einfachste verteilungsunabhängige Test für den Vergleich zweier unabhängiger Stichproben stammt von *Mosteller (1948).* Vorausgesetzt wird, daß beide Stichprobenumfänge gleich groß sind ($n_1 = n_2 = n$). Die Nullhypothese, beide Stichproben entstammen Grundgesamtheiten mit gleicher Verteilung, wird für $n > 5$ mit einer Irrtumswahrscheinlichkeit von 5% verworfen, wenn für

$$\begin{array}{l} n \leqq 25 \text{ die } k \geqq 5 \text{ größten oder kleinsten Werte} \\ n > 25 \text{ die } k \geqq 6 \text{ größten oder kleinsten Werte} \end{array} \tag{3.69}$$

derselben Stichprobe entstammen. Conover (1999) und andere geben interessante Weiterentwicklungen dieses Tests. Danach sind für $n_1 = n_2 \geqq 20$ die kritischen Werte $k \geqq 5$ ($\alpha = 0{,}05$) und $k \geqq 7$ ($\alpha = 0{,}01$).

Die Wahrscheinlichkeit dafür, daß sich für zwei Stichprobengruppen der Umfänge $n_1 = n_2 = 4$ die Beobachtungen nicht überlappen, beträgt

$$P = 2 \cdot 4! \cdot 4!/8! = 1/35 = 0{,}0286 < 0{,}05.$$

Näheres ist den Beispielen zum Permutationstest ([161] B113) zu entnehmen.

Rosenbaumsche Schnelltests

Beide Tests sind verteilungsunabhängig für unabhängige Stichproben. Wir setzen voraus, daß die Stichprobenumfänge gleich sind: $n_1 = n_2 = n$.

Lage-Test: Liegen mindestens 5 (von $n \geqq 16$; $\alpha = 0{,}05$) bzw. mindestens 7 (von $n \geqq 20$; $\alpha = 0{,}01$) Werte(n) *einer* Stichprobe, unterhalb bzw. oberhalb des Variationsbereiches der anderen Stichprobe, so ist die Nullhypothese (Gleichheit der Mediane) mit der angegebenen Irrtumswahrscheinlichkeit abzulehnen; vorausgesetzt wird, daß die Variationsbereiche nur zufällig verschieden sind; die Irrtumswahrscheinlichkeiten gelten für die einseitige Fragestellung, für die zweiseitige sind sie zu verdoppeln (*Rosenbaum 1954*).

Variabilitätstest: Liegen mindestens 7 (von $n \geqq 25$; $\alpha = 0{,}05$) bzw. mindestens 10 (von $n \geqq 51$; $\alpha = 0{,}01$) Werte(n) *einer* Stichprobe (derjenigen mit dem größeren Variationsbereich; einseitige Fragestellung) außerhalb des Variationsbereichs der anderen Stichprobe, so ist die Nullhypothese (Gleichheit der Variabilität, der Streuung) mit der angegebenen Irrtumswahrscheinlichkeit abzulehnen; vorausgesetzt wird, daß die Mediane nur zufällig verschieden sind. Ist unbekannt, ob die beiden Grundgesamtheiten dieselbe Lage haben, so prüft dieser Test Lage *und* Variabilität beider Grundgesamtheiten. Für $7 \leqq n \leqq 24$ darf die 7 durch eine 6 ersetzt werden ($\alpha = 0{,}05$), für $21 \leqq n \leqq 50$ (bzw. $11 \leqq n \leqq 20$) die 10 durch eine 9 (bzw. eine 8) (*Rosenbaum 1953*). [39]
Beide Arbeiten enthalten kritische Werte für den Fall ungleicher Stichprobenumfänge.

Rangsummentests

Werden n Stichprobenwerte der Größe nach aufsteigend geordnet und mit $x_{(1)}, x_{(2)}, \ldots$ $\ldots, x_{(n)}$ bezeichnet, so daß

$$x_{(1)} \leqq x_{(2)} \leqq \ldots \leqq x_{(i)} \leqq \ldots \leqq x_{(n)} \tag{3.70}$$

$x_{(1)}$ = kleinste Beobachtung,
$x_{(n)}$ = größte Beobachtung

gilt, dann heißt jede der Größen $x_{(i)}$ *Ranggröße* (order statistic). Man bezeichnet die Nummer, die jedem Stichprobenwert zukommt, als *Rang, Rangplatz, Rangwert* oder *Rangzahl* (rank). Der Ranggröße $x_{(i)}$ entspricht also der Rangwert i oder die Rangzahl i. Tests, bei denen anstelle der Stichprobenwerte deren Rangzahlen verwendet werden, bilden eine besonders wichtige Gruppe verteilungsunabhängiger Tests (vgl. [148]). Beachtet sei, daß der Erwartungswert von Rängen durch $(n+1)/2$ gegeben ist, die Varianz durch $(n^2-1)/12$. **Rangsummentests** weisen erstaunlicherweise eine relativ hohe asymptotische Effizienz auf.

391 Der Rangdispersionstest von Siegel und Tukey

[391]

Da der F-Test gegenüber Abweichungen von der Normalverteilung empfindlich ist, haben *Siegel und Tukey (1960)* ein verteilungsfreies Verfahren entwickelt, das auf dem Wilcoxon-Test basiert. Es gestattet die Prüfung der *Nullhypothese, daß zwei unabhängige Stichproben hinsichtlich ihrer Variabilität,* Streuung oder Dispersion *einer gemeinsamen Grundgesamtheit angehören* gegen die Alternativhypothese: Beide Stichproben entstammen keiner gemeinsamen Grundgesamtheit.
Mit zunehmendem Unterschied zwischen den Mittelwerten der Grundgesamtheiten wird allerdings die Wahrscheinlichkeit kleiner, daß die Nullhypothese beim Vorliegen echter Variabilitätsunterschiede abgelehnt wird, d. h. je größer der Mittelwertunterschied, desto größer auch die Wahrscheinlichkeit, einen Fehler zweiter Art zu begehen. Dies gilt insbesondere, wenn die Dispersionen klein sind. Wenn die Grundgesamtheiten sich nicht überdecken, ist die Power gleich Null. Diesen Test, der also beim Vorliegen fast gleicher Lokalisations-Parameter gegenüber Variabilitätsunterschieden sehr empfindlich ist, hat *Meyer-Bahlburg (1970)* auf k Stichproben verallgemeinert.

vgl. das ! auf S. 377

Zur Anwendung des Tests werden die vereinigten Stichproben ($n_1 + n_2$ mit $n_1 \leqq n_2$) in eine Rangordnung gebracht und den extremen Beobachtungswerten niedrige, den zentralen Beobachtungen hohe Rangwerte zugeteilt: Der kleinste Wert erhält den Rang 1, die beiden größten Werte bekommen die Ränge 2 und 3, 4 und 5 erhalten die nächst kleinsten Werte, 6 und 7 die nächst größten usw. Liegt eine ungerade Anzahl von Beobachtungen vor, so erhält die mittelste Beobachtung keinen Rang, damit der höchste Rang jeweils eine gerade

Zahl ist. Für jede Stichprobe wird die Summe der Rangzahlen (R_1, R_2) ermittelt. Für $n_1 = n_2$ gilt unter der Nullhypothese $(H_0) : R_1 \approx R_2$; je stärker sich beide Stichproben in
[391] ihrer Variabilität unterscheiden, desto unterschiedlicher dürften die Rangsummen sein. Als Kontrolle für die Rangsummen dient (3.71)

$$\boxed{R_1 + R_2 = (n_1 + n_2)(n_1 + n_2 + 1)/2} \tag{3.71}$$

Zur Beurteilung des Unterschiedes geben die Autoren für kleine Stichprobenumfänge ($n_1 \leqq n_2 \leqq 20$) exakte kritische Werte R_1 (Summe der Ränge der kleineren Stichprobe); einige enthält die folgende Tabelle:

Tabelle 104

n_1	4	5	6	7	8	9	10
$n_2 = n_1$	10–26	17–38	26–52	36–69	49– 87	62–109	78–132
$n_2 = n_1 + 1$	11–29	18–42	27–57	38–74	51– 93	65–115	81–139
$n_2 = n_1 + 2$	12–32	20–45	29–61	40–79	53– 99	68–121	84–146
$n_2 = n_1 + 3$	13–35	21–49	31–65	42–84	55–105	71–127	88–152
$n_2 = n_1 + 4$	14–38	22–53	32–70	44–89	58–110	73–134	91–159
$n_2 = n_1 + 5$	14–42	23–57	34–74	46–94	60–116	76–140	94–166

H_0 wird abgelehnt (α = 0:,05 zweis. bzw. α = 0:,025 eins.), wenn R_1 für $n_1 \leqq n_2$ die Schranken unterschreitet, überschreitet oder erreicht.

Für nicht zu kleine Stichprobenumfänge ($n_1 > 9; n_2 > 9$ bzw. $n_1 > 2; n_2 > 20$) läßt sich der Dispersionsunterschied mit ausreichender Genauigkeit anhand der Standardnormalvariablen beurteilen:

$$\boxed{\hat{z} = \frac{2R_1 - n_1(n_1 + n_2 + 1) + 1}{\sqrt{n_1(n_1 + n_2 + 1)(n_2/3)}}} \tag{3.72}$$

Wenn $2R_1 > n_1(n_1 + n_2 + 1)$, dann ersetze man in (3.72 oben) das letzte $+1$ durch -1.

Sehr unterschiedliche Stichprobenumfänge: Beim Vorliegen sehr unterschiedlicher Stichprobenumfänge ist (3.72) zu ungenau. Man benutze die Korrektur (3.72a)

$$\boxed{\hat{z}_{\text{korr}} = \hat{z} + \left(\frac{1}{10n_1} - \frac{1}{10n_2}\right) \cdot (\hat{z}^3 - 3\hat{z})} \tag{3.72a}$$

Viele gleichgroße Werte: Sind mehr als ein Fünftel der Beobachtungen in Gleichheiten oder **Bindungen** (ties) verwickelt – Bindungen innerhalb einer Stichprobe stören nicht –, so ist der Nenner der Prüfgröße (3.72) durch

$$\boxed{\sqrt{n_1(n_1 + n_2 + 1)(n_2/3) - 4[n_1 n_2/(n_1 + n_2)(n_1 + n_2 - 1)](S_1 - S_2)}} \tag{3.73}$$

zu ersetzen. Hierbei ist S_1 die Summe der Quadrate der Ränge gebundener Beobachtungen und S_2 ist die Summe der Quadrate der **mittleren Ränge** gebundener Beobachtungen. Für die Folge 9,7; 9,7; 9,7; 9,7 erhalten wir beispielsweise wie üblich die Ränge 1, 2, 3, 4 oder, wenn wir mittlere Rangwerte verteilen, 2,5; 2,5; 2,5; 2,5 (vgl. $1 + 2 + 3 + 4 = 2{,}5 + 2{,}5 + 2{,}5 + 2{,}5$); entsprechend liefert die Folge 9,7; 9,7; 9,7 die Ränge 1, 2, 3 und die mittleren Ränge 2, 2, 2.

Beispiel Gegeben: die beiden Stichproben A und B

A	10,1	7,3	12,6	2,4	6,1	8,5	8,8	9,4	10,1	9,8
B	15,3	3,6	16,5	2,9	3,3	4,2	4,9	7,3	11,7	13,1

[391]

Prüfe mögliche Dispersionsunterschiede auf dem 5%-Niveau. Da unklar ist, ob die Stichproben einer normalverteilten Grundgesamtheit entstammen, wenden wir den Siegel-Tukey-Test an. Wir ordnen die Werte und bringen sie in eine gemeinsame Rangordnung:

A	2,4	6,1	7,3	8,5	8,8	9,4	9,8	10,1	10,1	12,6
B	2,9	3,3	3,6	4,2	4,9	7,3	11,7	13,1	15,3	16,5

Wert	2,4	2,9	3,3	3,6	4,2	4,9	6,1	7,3	7,3	8,5	8,8	9,4	9,8	10,1	10,1	11,7	12,6	13,1	15,3	16,5
Stichpr.	A	B	B	B	B	B	A	A	B	A	A	A	A	A	A	B	A	B	B	B
Rang	1	4	5	8	9	12	13	16	17	20	19	18	15	14	11	10	7	6	3	2

Nach der Ermittlung der Rangsummen:

$R_A = 1 + 13 + 16 + 20 + 19 + 18 + 15 + 14 + 11 + 7 = 134$

$R_B = 4 + 5 + 8 + 9 + 12 + 17 + 10 + 6 + 3 + 2 \quad = \ 76$

und ihrer Kontrolle: $134 + 76 = 210 = (10 + 10)(10 + 10 + 1)/2$ ergibt sich mit $n(n_1 + n_2 + 1) = 10(10 + 10 + 1) = 210$:

(1) $2 \cdot 134 = 268 > 210$, d. h. „-1" in (3.72)

$\sqrt{\ }$ in (3.72): $\sqrt{10(10 + 10 + 1)(10/3)} = 700 = 26{,}4575$

$\hat{z} = [2 \cdot 134 - 210 - 1]/26{,}4575 = 2{,}154$ bzw.

(2) $2 \cdot 76 = 152 < 210$, d. h. (3.72) und somit

$\hat{z} = [2 \cdot 76 - 210 + 1]/26{,}4575 = -2{,}154$.

Einem $|\hat{z}| = 2{,}154$ entspricht nach Tabelle 22 eine Zufallswahrscheinlichkeit von $P \simeq 0{,}0156$. Für die zweiseitige Fragestellung erhalten wir mit $P \approx 0{,}03$ einen auf dem 5%-Niveau signifikanten Variabilitätsunterschied (vgl. auch Tab. 104: $n_1 = n_2 = 10$; $76 < 78$ und $134 > 132$): Anhand der vorliegenden Stichproben läßt sich auf dem 5%-Niveau ein Dispersionsunterschied der Grundgesamtheiten sichern.

Obwohl nur 10% der Beobachtungen in Bindungen zwischen den Stichproben verwickelt sind (7,3; 7,3; die Bindung 10,1; 10,1 stört nicht, da sie innerhalb der Stichprobe A auftritt), sei der Gebrauch der „langen Wurzel" (3.73) demonstriert: Unter Beachtung aller Bindungen ergibt sich über

$$S_1 = 11^2 + 14^2 + 16^2 + 17^2 = 862$$

$$S_2 = 12{,}5^2 + 12{,}5^2 + 16{,}5^2 + 16{,}5^2 = 857$$

und $\sqrt{10(10 + 10 + 1)(10/3) - 4[10 \cdot 10/(10 + 10)(10 + 10 - 1)](862 - 857)}$

$= \sqrt{700 - 100/19} = \sqrt{694{,}74} = 26{,}36$

$\hat{z} = -\dfrac{57}{26{,}36} = -2{,}162$ ein gegenüber $\hat{z} = -2{,}154$ minimal erhöhter $|\hat{z}|$-Wert; denn $P(Z > 2{,}162) = 0{,}0153$ (vgl. Tab. 27 auf S. 118), d.h. $P \approx 0{,}03$.

Differieren $\tilde{\mu}_A$ und $\tilde{\mu}_B$ stärker ($\tilde{\mu}_A > \tilde{\mu}_B$) dann ist es zweckmäßig, vor dem Test von allen Beobachtungen A den Wert $k = \tilde{\mu}_A - \tilde{\mu}_B$ abzuziehen. !

Andere Tests stellen Duran (1976) und Conover (1999) vor (vgl. auch Conover und Iman 1978 sowie Duran u. Mitarb. 1976).

Vegelius-Ansatz, der beim Vorliegen von Bindungen zu bevorzugen ist

Dem extremsten Wert wird der Rang 1 zugeordnet. Tritt dieser Wert mehrfach auf, so werden mittlere Ränge vergeben. Die Zahl der von dieser Seite, Seite 1, geordneten Werte sei n_1. Auf der anderen Seite werden jetzt $n_1 + 1$ Werte rangiert. Liegt der letzte Wert als Bindung

vor, so werden alle weiteren Werte dieser Bindung ebenfalls berücksichtigt. Es werden mittlere Ränge vergeben, so daß $n_2 \geqq n_1 + 1$. Zurück zu Seite 1: jetzt werden auf dieser
[391] Seite weitere Werte rangiert; und zwar $n_2 + 1$ Werte. Liegt der letzte Wert als Bindung vor, so ... bis $n_1 \geqq n_2 + 1$ gilt. Mit dieser Prozedur fährt man fort bis alle Werte rangiert sind (Vegelius 1982).

Beispiel:

Anhand von Tabelle VEG beginnen wir links. Wegen der Bindung geben wir den ersten beiden Werten die mittleren Ränge 1 1/2, d. h. $n_1 = 2$. Jetzt müssen wenigstens 3 Werte von rechts rangiert werden. Wegen der Bindung sind es 4, d. h. $n_2 = 4$. Um links $n_1 \geqq 5$ Werte zu haben, sind wenigstens 3 Werte zu rangieren. Da der letzte (-1) zum nächsten (0) keine Bindung aufweist, reichen die drei Werte. Entsprechend wird Tabelle VEG vervollständigt.

Tabelle VEG. Beispiel zum Vegelius-Ansatz

Beobachtung Nr.	1	2	3	4	5	6	7	8	9	10	11	12	13	14	15	16
Wert	−3	−3	−1	−1	−1	0	0	0	1	2	2	2	3	3	3	4
Rang o. Bindungen	1	2	7	8	9	13	14	15	16	12	11	10	6	5	4	3
Rang m. Bindungen	1 1/2	1 1/2	8	8	8	14	14	14	16	11	11	11	5	5	5	3

Einen **k-Stichproben Siegel-Tukey-Test** mit 2 Konkurrenten (vgl. auch Duran 1976) stellen Penfield und Koffler (1978) vor. Sie geben auch ein Beispiel mit $k = 4$ und jeweils $n_0 = 10$ Beobachtungen sowie, nach Ablehnung von H_0, den $\binom{4}{2} = 6$ paarweisen Kontrasten, die zeigen, welche Grundgesamtheiten unterschiedliche Varianzen aufweisen. Insbesondere bei Verteilungen mit stark besetzten Verteilungsenden hat der verallgemeinerte Siegel-Tukey-Test gegenüber seinen beiden Konkurrenten eine größere Power. Eine **Siegel-Tukey-Test-Variante für verbundene Stichproben** beschreibt K. Boehnke [Biometrical Journal **31** (1989), 421–430].

Andere Tests für den Vergleich mehrerer Varianzen behandeln Fujino (1979) und Madansky (1988) (vgl. auch Gibbons u. Mitarb. 1977, Hoaglin u. Mitarb. 1983 und 1985 sowie Miller 1986).

[392] 392 Der Vergleich zweier unabhängiger Stichproben: Schnelltest nach Tukey

Zwei Stichprobengruppen sind um so unterschiedlicher, je weniger sich ihre Werte überschneiden. Enthält eine Gruppe den höchsten und die andere Gruppe den niedrigsten Wert, dann sind zu zählen:

1. diejenigen a Werte einer Gruppe, die alle Werte der anderen Gruppe *übersteigen*, 2. diejenigen b Werte der anderen Gruppe, die alle Werte der Gruppe *unterschreiten*. Beide Häufigkeiten, jede muß größer als Null sein, werden addiert. Hierdurch erhält man den Wert der Prüfgröße $T = a + b$. Wenn beide Stichprobenumfänge etwa gleich groß sind, dann betragen die kritischen Werte der Prüfgröße 7, 10 und 13:

7 für einen zweiseitigen Test auf dem 5%-Niveau,
10 für einen zweiseitigen Test auf dem 1%-Niveau und
13 für einen zweiseitigen Test auf dem 0,1%-Niveau (*Tukey 1959*).

Für zwei gleiche Werte ist 0,5 zu zählen. Bezeichnen wir die beiden Stichprobenumfänge mit n_1 und n_2, wobei $n_1 \leqq n_2$, dann ist der Test (H_0: Gleichheit zweier Verteilungsfunktionen) gültig für nicht zu unterschiedliche Stichprobenumfänge, genau für

$$\boxed{n_1 \leqq n_2 \leqq 3 + 4n_1/3} \quad ! \qquad (3.74)$$

Für alle anderen Fälle ist vom Wert der berechneten Prüfgröße T ein Korrekturwert abzuziehen, bevor der Wert T mit 7, 10 und 13 verglichen wird. Dieser Korrekturwert beträgt:

[392]

$$1, \text{ wenn } 3 + 4n_1/3 < n_2 < 2n_1 \tag{3.75}$$

$$\text{die ganze Zahl in } \frac{n_2 - n_1 + 1}{n_1}, \quad \text{wenn } 2n_1 \leqq n_2 \tag{3.76}$$

Beispielsweise ist für $n_1 = 7$ und $n_2 = 13$ Formel (3.74) nicht erfüllt, da $3 + \frac{4 \cdot 7}{3} = \frac{37}{3} < 13$. Formel (3.75) entspricht den Tatsachen, somit ist der Korrekturwert 1 abzuziehen. Für $n_1 = 4$ und $n_2 = 14$ ergibt (3.76) $\frac{14 - 4 + 1}{4} = \frac{11}{4} = 2{,}75$ den Korrekturwert 2.

Übertrifft die eine Stichprobe die andere um mindestens 9 Werte ($n_2 - n_1 \geqq 9$), dann ist für das 0,1%-Niveau der kritische Wert 14 anstelle des Wertes 13 zu verwenden. Kritische Werte für den einseitigen Test (vgl. auch beide Schnelltests nach Rosenbaum, zu Beginn von [39]) (nur ein Verteilungsende interessiert und damit auch nur a oder b) gibt *Westlake (1971)*: 4 für $10 \leqq n_1 = n_2 \leqq 15$ und 5 für $n_1 = n_2 \geqq 16$ ($\alpha = 0{,}05$) sowie 7 für $n_1 = n_2 \geqq 20$ ($\alpha = 0{,}01$).

Beispiel: Es liegen die folgenden Werte vor:
A: 14,7 15,3 16,1 14,9 15,1 14,8 16,7 17,3* 14,6* 15,0
B: 13,9 14,6 14,2 15,0* 14,3 13,8* 14,7 14,4

Wir versehen die höchsten und niedrigsten Werte jeder Reihe mit einem Stern. Größer als 15,0* sind 5 Werte (unterstrichen), der Wert 15,0 der Stichprobe A wird als halber Wert gerechnet. Kleiner als 14,6* sind ebenfalls $5\frac{1}{2}$ Werte. Wir erhalten $T = 5\frac{1}{2} + 5\frac{1}{2} = 11$. Ein Korrekturwert entfällt, da ($n_1 \leqq n_2 \leqq 3 + 4n_1/3$) $8 < 10 < 13{,}7$. Da $T = 11 > 10$ ist, muß die Nullhypothese (Gleichheit der den beiden Stichproben zugrundeliegenden Verteilungsfunktionen) auf dem 1%-Niveau abgelehnt werden.

Exakte kritische Schranken für kleine Stichprobenumfänge können bei Bedarf der Originalarbeit entnommen werden. D. J. Gans (1981, Technometrics **23**, 193–195) gibt korrigierte und erweiterte Schranken. Eine Weiterentwicklung dieses Tests beschreibt *Neave (1966)*, der ebenfalls Tafeln zur Verfügung stellt (vgl. auch *Granger und Neave 1968* sowie *Neave und Granger 1968)*. Ein ähnlicher Test stammt von *Haga (1960)*. Die graphische Version des Tukey-Tests beschreibt *Sandelius (1968)*.

393 Der Vergleich zweier unabhängiger Stichproben nach Kolmogoroff und Smirnoff [393]

Sind zwei unabhängige Stichproben von Meßwerten (oder von Häufigkeitsdaten) hinsichtlich der Frage zu vergleichen, ob sie aus derselben Grundgesamtheit stammen, dann gilt der Test von *Kolmogoroff (1933)* und *Smirnoff (1939)* als SCHÄRFSTER HOMOGENITÄTSTEST. **Er erfaßt Unterschiede der Verteilungsform aller Art:** Insbesondere Unterschiede der zentralen Tendenz (Mittelwert, Median), der Streuung, der Schiefe und des Exzesses, d. h. Unterschiede der Verteilungsfunktion (vgl. auch *Darling 1957* und *Kim 1969*, Pratt und Gibbons 1981: Chapter 7, Bortz u. Mitarb. 1990 sowie Hinweis 6 in [395]), d. h. $H_0 : F_1 = F_2$ gegen $H_A : F_1 \neq F_2$. Dem Anfänger wird zunächst ein Blick auf das Beispiel (S. 381) empfohlen.

Als Prüfgröße dient die größte zu beobachtende Ordinatendifferenz zwischen den beiden relativierten Summenkurven. Hierzu werden (bei gleichen Klassengrenzen für beide Stich-
[393] proben) die empirischen Verteilungsfunktionen [vgl. S. 107 unten] $\hat{F}_1$ und $\hat{F}_2$ sowie ihre Differenzen $\hat{F}_1 - \hat{F}_2$ berechnet. Das Maximum der Absolutbeträge dieser Differenzen ist (für die hier hauptsächlich interessierende zweiseitige Fragestellung) die gesuchte Prüfgröße $\hat{D}$ [der maximale Absolutbetrag der Abweichungen der beiden empirischen Verteilungsfunktionen: vgl. (3.79) und S. 94]:

$$\hat{D} = \max \left| \left(\hat{F}_1 - \hat{F}_2 \right) \right| \tag{3.77}$$

Die Prüfverteilung D liegt tabelliert vor (*Smirnoff 1948, Massey 1951 /52* sowie *Kim 1969* und *1970* [S. 79–170 in den Tabellen von *Harter und Owen*, Bd. 1]). D kann für mittlere bis große Stichprobenumfänge $(n_1 + n_2 > 35)$ durch

$$D_\alpha = K_{(\alpha)} \sqrt{(n_1 + n_2)/(n_1 \cdot n_2)} \tag{3.78}$$

approximiert werden, wobei $K_{(\alpha)}$ eine von der Irrtumswahrscheinlichkeit α abhängige Konstante (vgl. auch Abschnitt 44) darstellt:

Tabelle 105
vgl. auch Tab. 138 auf S. 428

α	0,20	0,15	0,10	0,05	0,01	0,001
$K_{(\alpha)}$	1,07	1,14	1,22	1,36	1,63	1,95

Erreicht oder übersteigt ein aus zwei Stichproben ermittelter Wert $\hat{D}$ den kritischen Wert D_α, so liegt auf dem verwendeten Niveau (vgl. Tab. 106) hinsichtlich beider Verteilungsfunktionen ein statistisch signifikanter Unterschied vor.

Tabelle 106. Einige Werte $D_{n_1;n_2;\alpha}$ für die zweiseitige Fragestellung

$n_1 =$	6				9				12			
$n_2 =$	6	12	18	24	9	12	15	18	12	16	18	20
$D_{0,10}$	0,667	0,583	0,556	0,500	0,556	0,500	0,489	0,444	0,417	0,438	0,417	0,417
$D_{0,05}$	0,667	0,583	0,611	0,583	0,556	0,556	0,533	0,500	0,500	0,479	0,472	0,467
$D_{0,01}$	0,833	0,750	0,722	0,667	0,667	0,667	0,644	0,611	0,583	0,583	0,556	0,567

$n_1 = n_2 =$	7	8	10	11	13	14	15	16	17	18	19	20
$D_{0,10}$	0,571	0,500	0,500	0,454	0,462	0,429	0,400	0,375	0,412	0,389	0,368	0,350
$D_{0,05}$	0,714	0,625	0,600	0,545	0,462	0,500	0,467	0,438	0,412	0,444	0,421	0,400
D_{001}	0,714	0,750	0,700	0,636	0,615	0,571	0,533	0,563	0,529	0,500	0,473	0,500

$$\hat{D} = \max_x |\hat{F}_{1,n_1}(x) - \hat{F}_{2,n_2}(x)| = \max_x |\hat{P}(X_1 \leqq x) - \hat{P}(X_2 \leqq x)|$$
$$H_0: F_1(x) = F_2(x) \text{ für alle } x\,; \quad H_A: F_1(x) \neq F_2(x) \text{ für mindestens ein } x \tag{3.79}$$

Der Test erfaßt hauptsächlich **Verteilungsunterschiede,** die im **mittleren Bereich** auftreten. Interessieren die Verteilungsenden, so konsultiere man die Annals of Statistics **11** (1983), 933–946. Zu „heavy tailed distributions" siehe S. 109.

Der Test ist dem U-Test überlegen, wenn aufgrund unterschiedlicher Behandlung homogener Untersuchungseinheiten auch **unterschiedliche Verteilungsformen** erwartet werden.

Beispiel: Es sind zwei Meßreihen zu vergleichen. Über mögliche Unterschiede irgendwelcher Art ist nichts bekannt. Wir prüfen die Nullhypothese: Gleichheit beider Verteilungsfunktionen gegen die Alternativhypothese: Beide Verteilungsfunktionen sind ungleich (α = 0,05 für die zweiseitige Fragestellung). **[393]**

Meßreihe 1: 2,1 3,0 1,2 2,9 0,6 2,8 1,6 1,7 3,2 1,7
Meßreihe 2: 3,2 3,8 2,1 7,2 2,3 3,5 3,0 3,1 4,6 3,2

Die 10 Meßwerte jeder Reihe werden der Größe nach geordnet:

Meßreihe 1: 0,6 1,2 1,6 1,7 1,7 2,1 2,8 2,9 3,0 3,2
Meßreihe 2: 2,1 2,3 3,0 3,1 3,2 3,2 3,5 3,8 4,6 7,2

Aus den Häufigkeitsverteilungen (f_1 und f_2) beider Stichproben erhalten wir $\hat{F}_1$ und $\hat{F}_2$ (vgl. Tabelle 107).

Tabelle 107

Bereich	0,0 - 0,9	1,0 - 1,9	2,0 - 2,9	3,0 - 3,9	4,0 - 4,9	5,0 - 5,9	6,0 - 6,9	7,0 - 7,9
f_1	1	4	3	2	0	0	0	0
f_2	0	0	2	6	1	0	0	1
$\hat{F}_1$	1/10	5/10	8/10	10/10	10/10	10/10	10/10	10/10
$\hat{F}_2$	0/10	0/10	2/10	8/10	9/10	9/10	9/10	10/10
$\hat{F}_1 - \hat{F}_2$	1/10	5/10	6/10	2/10	1/10	1/10	1/10	0

Als absolut größte Differenz erhalten wir mit $\hat{D} = 6/10$ einen Wert, der den kritischen Wert $D_{10;10;0,05} = 0{,}600$ gerade erreicht, folglich ist die Homogenitätshypothese auf dem 5%-Niveau abzulehnen: Anhand der vorliegenden Stichproben besteht keine Veranlassung, eine beiden gemeinsame Grundgesamtheit anzunehmen.

Auf den einseitigen KS-Test [Formel (3.78) mit $K_{0,10} = 1{,}07$ bzw. $K_{0,05} = 1{,}22$ bzw. $K_{0,01} = 1{,}52$] gehen wir hier nicht näher ein, da er bei gleichen Verteilungsformen dem einseitigen U-Test von Wilcoxon, Mann und Whitney unterlegen ist. Kritische Schranken für den **Drei-Stichproben-Test** (gleicher Umfänge) geben *Birnbaum und Hall (1960)*, die auch den Zwei-Stichproben-Test für die einseitige Fragestellung tabelliert haben. Kritische Schranken zum **k-Stichproben-Test** geben E. H. Wolf und J.I. Naus [Journal of the American Statistical Association **68** (1973), 994–997]. In Abschnitt 44 wird der Kolmogoroff-Smirnoff-Test für den Vergleich einer beobachteten mit einer theoretischen Verteilung [d. h. n_1 oder n_2 in (3.77) wird sehr groß] benutzt.

394 Der Vergleich zweier unabhängiger Stichproben: U-Test nach Wilcoxon, Mann und Whitney **[394]**

Hinweis: Einstichproben-Median-Test nach Wilcoxon
Bemerkung: Prüfung der Lage-Änderung einer Zufallsvariablen

Der auf dem sogenannten Wilcoxon-Test für unabhängige Stichproben basierende Rangtest von *Mann und Whitney (1947)* ist das verteilungsunabhängige Gegenstück zum parametrischen t-Test für den Vergleich zweier Erwartungswerte *stetiger* Verteilungen.

Diese Stetigkeitsannahme ist, strenggenommen, in der Praxis nie erfüllt, da alle Meßergebnisse gerundete Zahlen sind. Die asymptotische Effizienz des U-Tests liegt bei
[394] $100 \cdot 3/\pi \simeq 95\%$, d. h. daß die Anwendung dieses Tests bei 1000 Werten die gleiche Teststärke aufweist wie die Anwendung des t-Tests bei etwa $0{,}95 \cdot 1000 = 950$ Werten, wenn in Wirklichkeit Normalverteilung vorliegt. Es wird also selbst dann, wenn dies tatsächlich der Fall ist, vorteilhaft sein, den U-Test anzuwenden, z. B. bei **Überschlagsrechnungen** oder zur Kontrolle hochsignifikanter t-Test-Befunde, denen man nicht so recht traut. Vorausgesetzt wird, daß die zu vergleichenden Stichproben die **gleiche Verteilungsform** aufweisen (*Gibbons 1964, Pratt 1964, Edington 1965*). Wenn nicht, ist der Median-Quartile-Test anzuwenden (vgl. Hinweis 6 am Ende dieses Abschnitts).

Voraussetzungen des U-Tests
„Stetige Verteilungsfunktionen"
Zwei unabhängige Zufallsstichproben von Meßwerten oder zumindest von Rangdaten aus Grundgesamtheiten mit ähnlicher bis gleicher Verteilungsform.

Wie die asymptotische Effizienz des H-Tests kann auch die des U-Tests bei beliebiger Verteilung der Grundgesamtheiten 86,4% nicht unterschreiten *(Hodges und Lehmann 1956);* minimal 100% beträgt sie bei den etwas aufwendigeren Tests von *Van der Waerden* (X-Test, vgl. *1965)*, Terry-Hoeffding und Bell-Doksum (siehe z. B. *Bradley 1968)*; durchgerechnete Beispiele und Hinweise zu wichtigen Tafeln geben auch *Rytz (1967/68)* sowie *Penfield und McSweeney (1968).*

Der U-Test ist ein besonders wichtiges statistisches Verfahren. Zu Erwartungswertvergleichen bei asymmetrischen Verteilungen siehe den Hinweis auf S. 359

Der U-Test von Wilcoxon, Mann und Whitney prüft die Nullhypothese: Die Wahrscheinlichkeit, daß eine Beobachtung der ersten Grundgesamtheit größer ist als eine beliebig gezogene Beobachtung der zweiten Grundgesamtheit, ist gleich $\frac{1}{2}$

$$\text{d. h.} \quad H_0: P(X_1 > X_2) = \frac{1}{2} \quad \text{gegen} \quad H_A: P(X_1 > X_2) \neq \frac{1}{2} \tag{3.80}$$

Beachtet sei, daß weder Parameter noch ihre Schätzwerte für die Berechnung der Prüfgröße U benötigt werden. Außerdem läßt sich auch das Hypothesenpaar ohne Parameter formulieren: Gleichheit bzw. Ungleichheit der beiden Verteilungsfunktionen, die vergleichbar sind und sich nicht schneiden:

$$\begin{array}{l} H_0: F_1(x) = F_2(x) \ \text{für alle } x \\ H_A: F_1(x) \neq F_2(x) \ \text{für mindestens ein } x \end{array} \tag{3.81}$$

Die entsprechenden einseitigen Fragestellungen sind ebenfalls möglich; wir schreiben sie jetzt:

$$H_{01}: P(X_1 > X_2) \geqq \tfrac{1}{2} \ \text{gegen} \ H_{A1}: P(X_1 > X_2) < \tfrac{1}{2} \tag{3.82}$$

bzw.

$$H_{02}: P(X_1 > X_2) \leqq \tfrac{1}{2} \ \text{gegen} \ H_{A2}: P(X_1 > X_2) > \tfrac{1}{2} \tag{3.83}$$

Gilt $F_1(x) = F_2(x + c)$, dann lassen sich mit U auch die Erwartungswerte prüfen, wie wir es vom t-Test her kennen: z. B. $H_0: \mu_1 \leqq \mu_2$ gegen $H_A: \mu_1 > \mu_2$.

Der Test ist empfindlich gegenüber Medianunterschieden, weniger empfindlich bei unterschiedlichen Schiefen und unempfindlich für Varianzunterschiede (diese werden bei Bedarf nach Siegel und Tukey geprüft, vgl. [391]). Für $n_1 = n_2$ ist der U-Test robust gegenüber Streuungsunterschieden: er prüft dann auch die Gleichheit zweier Mediane ($\tilde{\mu}_1, \tilde{\mu}_2$). [394]

Wird unter H_0 **ein bestimmter Unterschied oder Effekt** erwartet, so verfahre man entsprechend den Hinweisen auf den Seiten 419 und 355 (Hinweis B).

Prinzip des U-Tests:
Der U-Test, ein Rangsummentest für den Vergleich zweier unabhängiger Stichproben bei nicht-normalverteilten Grundgesamtheiten, geht davon aus, daß die $n = n_1 + n_2$ Beobachtungen der Größe nach angeordnet und durchnumeriert werden, und zwar von 1 bis n. Weist die eine Stichprobe **im Durchschnitt kleinere Werte** als die andere Stichprobe auf, so werden sich **die Rangsummen beider Stichproben unterscheiden:** etwa

Übersicht 64. Zum U-Test.

$$\left.\begin{array}{llll}\text{Stichprobe } A & x_i\text{:} & 6,\ 5,\ 11 & (n_A = 3)\\ \text{Stichprobe } B & x_i\text{:} & 17,\ 12,\ 16 & (n_B = 3)\end{array}\right\} n = 6$$

Gemeinsam geordnet:	5 <	6 <	11 <	12 <	16 <	17
Ränge:	1	2	3	4	5	6
Herkunft:	A	A	A	B	B	B

Rangsummen: $R_A = 6 \lll R_B = 15$

Ist $n_1 + n_2 = n$ genügend groß, so läßt sich die Verteilung der Rangsummen anhand der Standardnormalverteilung approximieren.

Zur Berechnung der Prüfgröße U bringt man die $(m + n)$ Stichprobenwerte in eine gemeinsame aufsteigende Rangfolge, wobei zu jeder Rangzahl vermerkt wird, aus welcher der beiden Stichproben der zugehörige Wert stammt. Die Summe der auf Stichprobe 1 entfallenden Rangzahlen sei R_1, die Summe der auf Stichprobe 2 entfallenden Rangzahlen sei R_2. Dann berechnet man (3.84) und kontrolliert die Rechnung nach (3.85)

$$U_1 = mn + \frac{m(m+1)}{2} - R_1 \quad U_2 = mn + \frac{n(n+1)}{2} - R_2 \tag{3.84}$$

$$U_1 + U_2 = mn \tag{3.85}$$

Die gesuchte Prüfgröße ist die kleinere der beiden Größen U_1 und U_2. Die Nullhypothese wird verworfen, wenn der berechnete U-Wert kleiner oder gleich dem kritischen Wert $U(m, n; \alpha)$ aus Tabelle 108 ist; ausführliche Tabellen sind den Selected Tables (*Harter und Owen 1970*, Bd. 1, S. 177–236 [erläutert auf S. 171–174]) zu entnehmen.

Für größere Stichprobenumfänge ($m + n > 60$) gilt die ausgezeichnete Approximation

[394]

$$U(m, n; \alpha) = \frac{nm}{2} - z \cdot \sqrt{\frac{nm(n+m+1)}{12}} \tag{3.86}$$

Geeignete Werte z sind für die zwei- und die einseitige Fragestellung Tabelle 29 in [134] zu entnehmen. Anstatt (3.86) benutzt man dann, wenn man ein festes α nicht vorgeben kann oder will bzw. wenn keine Tafeln der kritischen Werte $U(m, n; \alpha)$ zur Verfügung stehen und sobald die Stichprobenumfänge nicht zu klein sind ($m \geqq 8$, $n \geqq 8$; *Mann und Whitney 1947*), die Approximation (3.87) [eine bessere Approximation insbesondere für $\alpha = 0{,}001$ gibt Hodges, Journal of Educational Statistics **15** (1990), 249–265].

$$\hat{z} = \frac{\left| U - \frac{mn}{2} \right|}{\sqrt{\frac{mn(m+n+1)}{12}}} \tag{3.87}$$

Tabelle 108. Kritische Werte von U für den Test von Wilcoxon, Mann und Whitney für den einseitigen Test: $\alpha = 0{,}10$; zweiseitigen Test: $\alpha = 0{,}20$ (entnommen aus Milton, R. C.: An extended table of critical values for the Mann-Whitney (Wilcoxon) two-sample statistic, J. Amer. Statist. Ass. **59** (1964), 925–934)

m	n = 1	2	3	4	5	6	7	8	9	10	11	12	13	14	15	16	17	18	19	20
1	-																			
2	-	-																		
3	-	0	1																	
4	-	0	1	3																
5	-	1	2	4	5															
6	-	1	3	5	7	9														
7	-	1	4	6	8	11	13													
8	-	2	5	7	10	13	16	19												
9	0	2	5	9	12	15	18	22	25											
10	0	3	6	10	13	17	21	24	28	32										
11	0	3	7	11	15	19	23	27	31	36	40									
12	0	4	8	12	17	21	26	30	35	39	44	49								
13	0	4	9	13	18	23	28	33	38	43	48	53	58							
14	0	5	10	15	20	25	31	36	41	47	52	58	63	69						
15	0	5	10	16	22	27	33	39	45	51	57	63	68	74	80					
16	0	5	11	17	23	29	36	42	48	54	61	67	74	80	86	93				
17	0	6	12	18	25	31	38	45	52	58	65	72	79	85	92	99	106			
18	0	6	13	20	27	34	41	48	55	62	69	77	84	91	98	106	113	120		
19	1	7	14	21	28	36	43	51	58	66	73	81	89	97	104	112	120	128	135	
20	1	7	15	22	30	38	46	54	62	70	78	86	94	102	110	119	127	135	143	151
21	1	8	15	23	32	40	48	56	65	73	82	91	99	108	116	125	134	142	151	160
22	1	8	16	25	33	42	51	59	68	77	86	95	104	113	122	131	141	150	159	168
23	1	9	17	26	35	44	53	62	72	81	90	100	109	119	128	138	147	157	167	176
24	1	9	18	27	36	46	56	65	75	85	95	105	114	124	134	144	154	164	174	184
25	1	9	19	28	38	48	58	68	78	89	99	109	120	130	140	151	161	172	182	193
26	1	10	20	30	40	50	61	71	82	92	103	114	125	136	146	157	168	179	190	201
27	1	10	21	31	41	52	63	74	85	96	107	119	130	141	152	164	175	186	198	209
28	1	11	21	32	43	54	66	77	88	100	112	123	135	147	158	170	182	194	206	217
29	2	11	22	33	45	56	68	80	92	104	116	128	140	152	164	177	189	201	213	226
30	2	12	23	35	46	58	71	83	95	108	120	133	145	158	170	183	196	209	221	234
31	2	12	24	36	48	61	73	86	99	111	124	137	150	163	177	190	203	216	229	242
32	2	13	25	37	50	63	76	89	102	115	129	142	156	169	183	196	210	223	237	251
33	2	13	26	38	51	65	78	92	105	119	133	147	161	175	189	203	217	131	245	259
34	2	13	26	40	53	67	81	95	109	123	137	151	166	180	195	209	224	238	253	267
35	2	14	27	41	55	69	83	98	112	127	141	156	171	186	201	216	230	245	260	275
36	2	14	28	42	56	71	86	100	115	131	146	161	176	191	207	222	237	253	268	284
37	2	15	29	43	58	73	88	103	119	134	150	166	181	197	213	229	244	260	276	292$^+$
38	2	15	30	45	60	75	91	106	122	138	154	170	186	203	219	235	251	268	284	301$^+$
39	3	16	31	46	61	77	93	109	126	142	158	175	192	208	225	242	258	275	292$^+$	309$^+$
40	3	16	31	47	63	79	96	112	129	146	163	180	197	214	231	248	265	282	300$^+$	317$^+$

$^+$ anhand der Normalverteilung approximierte Werte

Tabelle 108. (1. Fortsetzung). Kritische Werte von U für den Test von Wilcoxon, Mann und Whitney für den einseitigen Test: $\alpha = 0{,}05$; zweiseitigen Test: $\alpha = 0{,}10$

[394]

m	n=1	2	3	4	5	6	7	8	9	10	11	12	13	14	15	16	17	18	19	20
1	-																			
2	-	-																		
3	-	-	0																	
4	-	-	0	1																
5	-	0	1	2	4															
6	-	0	2	3	5	7														
7	-	0	2	4	6	8	11													
8	-	1	3	5	8	10	13	15												
9	-	1	4	6	9	12	15	18	21											
10	-	1	4	7	11	14	17	20	24	27										
11	-	1	5	8	12	16	19	23	27	31	34									
12	-	2	5	9	13	17	21	26	30	34	38	42								
13	-	2	6	10	15	19	24	28	33	37	42	47	51							
14	-	3	7	11	16	21	26	31	36	41	46	51	56	61						
15	-	3	7	12	18	23	28	33	39	44	50	55	61	66	72					
16	-	3	8	14	19	25	30	36	42	48	54	60	65	71	77	83				
17	-	3	9	15	20	26	33	39	45	51	57	64	70	77	83	89	96			
18	-	4	9	16	22	28	35	41	48	55	61	68	75	82	88	95	102	109		
19	0	4	10	17	23	30	37	44	51	58	65	72	80	87	94	101	109	116	123	
20	0	4	11	18	25	32	39	47	54	62	69	77	84	92	100	107	115	123	130	138
21	0	5	11	19	26	34	41	49	57	65	73	81	89	97	105	113	121	130	138	146
22	0	5	12	20	28	36	44	52	60	68	77	85	94	102	111	119	128	136	145	154
23	0	5	13	21	29	37	46	54	63	72	81	90	98	107	116	125	134	143	152	161
24	0	6	13	22	30	39	48	57	66	75	85	94	103	113	122	131	141	150	160	169
25	0	6	14	23	32	41	50	60	69	79	89	98	108	118	128	137	147	157	167	177
26	0	6	15	24	33	43	53	62	72	82	92	103	113	123	133	143	154	164	174	185
27	0	7	15	25	35	45	55	65	75	86	96	107	117	128	139	149	160	171	182	192
28	0	7	16	26	36	46	57	68	78	89	100	111	122	133	144	156	167	178	189	200
29	0	7	17	27	38	48	59	70	82	93	104	116	127	138	150	162	173	185	196	208
30	0	7	17	28	39	50	61	73	85	96	108	120	132	144	156	168	180	192	204	216
31	0	8	18	29	40	52	64	76	88	100	112	124	136	149	161	174	186	199	211	224
32	0	8	19	30	42	54	66	78	91	103	116	128	141	154	167	180	193	206	218	231
33	0	8	19	31	43	56	68	81	94	107	120	133	146	159	172	186	199	212	226	239
34	0	9	20	32	45	57	70	84	97	110	124	137	151	164	178	192	206	219	233	247
35	0	9	21	33	46	59	73	86	100	114	128	141	156	170	184	198	212	226	241	255
36	0	9	21	34	48	61	75	89	103	117	131	146	160	175	189	204	219	233	248	263
37	0	10	22	35	49	63	77	91	106	121	135	150	165	180	195	210	225	240	255	271
38	0	10	23	36	50	65	79	94	109	124	139	154	170	185	201	216	232	247	263	278
39	1	10	23	38	52	67	82	97	112	128	143	159	175	190	206	222	238	254	270	286+
40	1	11	24	39	53	68	84	99	115	131	147	163	179	196	212	228	245	261	278	294+

+ anhand der Normalverteilung approximierte Werte

(3.87) läßt sich auch (3.88) schreiben:

$$\hat{z} = \frac{|(R_1/m) - (R_2/n)|}{\sqrt{\left[\frac{(m+n)^2-1}{12}\right] \cdot \left[\frac{1}{m}+\frac{1}{n}\right] \cdot \left[\frac{m+n}{(m+n)-1}\right]}} = \frac{|\bar{R}_1 - \bar{R}_2|}{\sqrt{\frac{(m+n)^2(m+n+1)}{12mn}}} \qquad (3.88)$$

Zur Berechnung von Erwartungswert und Varianz der Ränge X dienen die Summen der natürlichen Zahlen und deren Quadrate (vgl. Übersicht 59, (4) und (5) gegen Ende von [161]):

$$1 + 2 + \ldots + n = \tfrac{1}{2}n(n+1) = \tfrac{1}{2}(n+n^2)$$
$$1^2 + 2^2 + \ldots + n^2 = \tfrac{1}{6}n(n+1)(2n+1) = \tfrac{1}{6}(n+3n^2+2n^3)$$

Der erhaltene Wert $\hat{z}$ wird anhand der Standardnormalverteilung (Tab. 29) beurteilt.

Benötigte Stichprobenumfänge lassen sich anhand von Tabelle 94 auf S. 360 (jeweils $1{,}2n$ Beobachtungen) oder exakter nach Noether (1987) abschätzen.

Auf einen U-Test mit homogenen Stichproben-Untergruppen (Wilcoxon: Case III, groups of replicates [randomized Blocks]) gehen *Lienert und Schulz (1967)* sowie insbesondere *Nelson (1970)* näher ein. Mitunter ist auch der entsprechende t-Test (M2: 79/80) anwendbar.

[394]

Tabelle 108. (2. Fortsetzung). Kritische Werte von U für den Test von Wilcoxon, Mann und Whitney für den einseitigen Test: $\alpha = 0{,}025$; zweiseitigen Test: $\alpha = 0{,}05$

m	n																			
	1	2	3	4	5	6	7	8	9	10	11	12	13	14	15	16	17	18	19	20
1	-																			
2	-	-																		
3	-	-	-																	
4	-	-	-	0																
5	-	-	0	1	2															
6	-	-	1	2	3	5														
7	-	-	1	3	5	6	8													
8	-	0	2	4	6	8	10	13												
9	-	0	2	4	7	10	12	15	17											
10	-	0	3	5	8	11	14	17	20	23										
11	-	0	3	6	9	13	16	19	23	26	30									
12	-	1	4	7	11	14	18	22	26	29	33	37								
13	-	1	4	8	12	16	20	24	28	33	37	41	45							
14	-	1	5	9	13	17	22	26	31	36	40	45	50	55						
15	-	1	5	10	14	19	24	29	34	39	44	49	54	59	64					
16	-	1	6	11	15	21	26	31	37	42	47	53	59	64	70	75				
17	-	2	6	11	17	22	28	34	39	45	51	57	63	69	75	81	87			
18	-	2	7	12	18	24	30	36	42	48	55	61	67	74	80	86	93	99		
19	-	2	7	13	19	25	32	38	45	52	58	65	72	78	85	92	99	106	113	
20	-	2	8	14	20	27	34	41	48	55	62	69	76	83	90	98	105	112	119	127
21	-	3	8	15	22	29	36	43	50	58	65	73	80	88	96	103	111	119	126	134
22	-	3	9	16	23	30	38	45	53	61	69	77	85	93	101	109	117	125	133	141
23	-	3	9	17	24	32	40	48	56	64	73	81	89	98	106	115	123	132	140	149
24	-	3	10	17	25	33	42	50	59	67	76	85	94	102	111	120	129	138	147	156
25	-	3	10	18	27	35	44	53	62	71	80	89	98	107	117	126	135	145	154	163
26	-	4	11	19	28	37	46	55	64	74	83	93	102	112	122	132	141	151	161	171
27	-	4	11	20	29	38	48	57	67	77	87	97	107	117	127	137	147	158	168	178
28	-	4	12	21	30	40	50	60	70	80	90	101	111	122	132	143	154	164	175	186
29	-	4	13	22	32	42	52	62	73	83	94	105	116	127	138	149	160	171	182	193
30	-	5	13	23	33	43	54	65	76	87	98	109	120	131	143	154	166	177	189	200
31	-	5	14	24	34	45	56	67	78	90	101	113	125	136	148	160	172	184	196	208
32	-	5	14	24	35	46	58	69	81	93	105	117	129	141	153	166	178	190	203	215
33	-	5	15	25	37	48	60	72	84	96	108	121	133	146	159	171	184	197	210	222
34	-	5	15	26	38	50	62	74	87	99	112	125	138	151	164	177	190	203	217	230
35	-	6	16	27	39	51	64	77	89	103	116	129	142	156	169	183	196	210	224	237
36	-	6	16	28	40	53	66	79	92	106	119	133	147	161	174	188	202	216	231	245
37	-	6	17	29	41	55	68	81	95	109	123	137	151	165	180	194	209	223	238	252
38	-	6	17	30	43	56	70	84	98	112	127	141	156	170	185	200	215	230	245	259
39	0	7	18	31	44	58	72	86	101	115	130	145	160	175	190	206	221	236	252	267
40	0	7	18	31	45	59	74	89	103	119	134	149	165	180	196	211	227	243	258	274

Tabelle 108. (3. Fortsetzung). Kritische Werte von U für den Test von Wilcoxon, Mann und Whitney für den einseitigen Test: $\alpha = 0{,}01$; zweiseitigen Test: $\alpha = 0{,}02$

m	n																			
	1	2	3	4	5	6	7	8	9	10	11	12	13	14	15	16	17	18	19	20
1	-																			
2	-	-																		
3	-	-	-																	
4	-	-	-	-																
5	-	-	-	0	1															
6	-	-	-	1	2	3														
7	-	-	0	1	3	4	6													
8	-	-	0	2	4	6	7	9												
9	-	-	1	3	5	7	9	11	14											
10	-	-	1	3	6	8	11	13	16	19										
11	-	-	1	4	7	9	12	15	18	22	25									
12	-	-	2	5	8	11	14	17	21	24	28	31								
13	-	0	2	5	9	12	16	20	23	27	31	35	39							
14	-	0	2	6	10	13	17	22	26	30	34	38	43	47						
15	-	0	3	7	11	15	19	24	28	33	37	42	47	51	56					
16	-	0	3	7	12	16	21	26	31	36	41	46	51	56	61	66				
17	-	0	4	8	13	18	23	28	33	38	44	49	55	60	66	71	77			
18	-	0	4	9	14	19	24	30	36	41	47	53	59	65	70	76	82	88		
19	-	1	4	9	15	20	26	32	38	44	50	56	63	69	75	82	88	94	101	
20	-	1	5	10	16	22	28	34	40	47	53	60	67	73	80	87	93	100	107	114
21	-	1	5	11	17	23	30	36	43	50	57	64	71	78	85	92	99	106	113	121
22	-	1	6	11	18	24	31	38	45	53	60	67	75	82	90	97	105	112	120	127
23	-	1	6	12	19	26	33	40	48	55	63	71	79	87	94	102	110	118	126	134
24	-	1	6	13	20	27	35	42	50	58	66	75	83	91	99	108	116	124	133	141
25	-	1	7	13	21	29	36	45	53	61	70	78	87	95	104	113	122	130	139	148
26	-	1	7	14	22	30	38	47	55	64	73	82	91	100	109	118	127	136	146	155
27	-	2	7	15	23	31	40	49	58	67	76	85	95	104	114	123	133	142	152	162
28	-	2	8	16	24	33	42	51	60	70	79	89	99	109	119	129	139	149	159	169
29	-	2	8	16	25	34	43	53	63	73	83	93	103	113	123	134	144	155	165	176
30	-	2	9	17	26	35	45	55	65	76	86	96	107	118	128	139	150	161	172	182
31	-	2	9	18	27	37	47	57	68	78	89	100	111	122	133	144	156	167	178	189
32	-	2	9	18	28	38	49	59	70	81	92	104	115	127	138	150	161	173	185	196
33	-	2	10	19	29	40	50	61	73	84	96	107	119	131	143	155	167	179	191	203
34	-	3	10	20	30	41	52	64	75	87	99	111	123	135	148	160	173	185	198	210
35	-	3	11	20	31	42	54	66	78	90	102	115	127	140	153	165	178	191	204	217
36	-	3	11	21	32	44	56	68	80	93	106	118	131	144	158	171	184	197	211	224
37	-	3	11	22	33	45	57	70	83	96	109	122	135	149	162	176	190	203	217	231
38	-	3	12	22	34	46	59	72	85	99	112	126	139	153	167	181	195	209	224	238
39	-	3	12	23	35	48	61	74	88	101	115	129	144	158	172	187	201	216	230	245
40	-	3	13	24	36	49	63	76	90	104	119	133	148	162	177	192	207	222	237	252

Tabelle 108. (4. Fortsetzung). Kritische Werte von U für den Test von Wilcoxon, Mann und Whitney für den einseitigen Test: $\alpha = 0{,}005$; zweiseitigen Test: $\alpha = 0{,}01$ [394]

m	n: 1	2	3	4	5	6	7	8	9	10	11	12	13	14	15	16	17	18	19	20
1	-																			
2	-	-																		
3	-	-	-																	
4	-	-	-	-																
5	-	-	-	-	0															
6	-	-	-	0	1	2														
7	-	-	-	0	1	3	4													
8	-	-	-	1	2	4	6	7												
9	-	-	0	1	3	5	7	9	11											
10	-	-	0	2	4	6	9	11	13	16										
11	-	-	0	2	5	7	10	13	16	18	21									
12	-	-	1	3	6	9	12	15	18	21	24	27								
13	-	-	1	3	7	10	13	17	20	24	27	31	34							
14	-	-	1	4	7	11	15	18	22	26	30	34	38	42						
15	-	-	2	5	8	12	16	20	24	29	33	37	42	46	51					
16	-	-	2	5	9	13	18	22	27	31	36	41	45	50	55	60				
17	-	-	2	6	10	15	19	24	29	34	39	44	49	54	60	65	70			
18	-	-	2	6	11	16	21	26	31	37	42	47	53	58	64	70	75	81		
19	-	0	3	7	12	17	22	28	33	39	45	51	57	63	69	74	81	87	93	
20	-	0	3	8	13	18	24	30	36	42	48	54	60	67	73	79	86	92	99	105
21	-	0	3	8	14	19	25	32	38	44	51	58	64	71	78	84	91	98	105	112
22	-	0	4	9	14	21	27	34	40	47	54	61	68	75	82	89	96	104	111	118
23	-	0	4	9	15	22	29	35	43	50	57	64	72	79	87	94	102	109	117	125
24	-	0	4	10	16	23	30	37	45	52	60	68	75	83	91	99	107	115	123	131
25	-	0	5	10	17	24	32	39	47	55	63	71	79	87	96	104	112	121	129	138
26	-	0	5	11	18	25	33	41	49	58	66	74	83	92	100	109	118	127	135	144
27	-	1	5	12	19	27	35	43	52	60	69	78	87	96	105	114	123	132	142	151
28	-	1	5	12	20	28	36	45	54	63	72	81	91	100	109	119	128	138	148	157
29	-	1	6	13	21	29	38	47	56	66	75	85	94	104	114	124	134	144	154	164
30	-	1	6	13	22	30	40	49	58	68	78	88	98	108	119	129	139	150	160	170
31	-	1	6	14	22	32	41	51	61	71	81	92	102	113	123	134	145	155	166	177
32	-	1	7	14	23	33	43	53	63	74	84	95	106	117	128	139	150	161	172	184
33	-	1	7	15	24	34	44	55	65	76	87	98	110	121	132	144	155	167	179	190
34	-	1	7	16	25	35	46	57	68	79	90	102	113	125	137	149	161	173	185	197
35	-	1	8	16	26	37	47	59	70	82	93	105	117	129	142	154	166	179	191	203
36	-	1	8	17	27	38	49	60	72	84	96	109	121	134	146	159	172	184	197	210
37	-	1	8	17	28	39	51	62	75	87	99	112	125	138	151	164	177	190	203	217
38	-	1	9	18	29	40	52	64	77	90	102	116	129	142	155	169	182	196	210	223
39	-	2	9	19	30	41	54	66	79	92	106	119	133	146	160	174	188	202	216	230
40	-	2	9	19	31	43	55	68	81	95	109	122	136	150	165	179	193	208	222	237

Tabelle 108. (5. Fortsetzung). Kritische Werte von U für den Test von Wilcoxon, Mann und Whitney für den einseitigen Test: $\alpha = 0{,}001$; zweiseitigen Test: $\alpha = 0{,}002$

m	n: 1	2	3	4	5	6	7	8	9	10	11	12	13	14	15	16	17	18	19	20
1	-																			
2	-	-																		
3	-	-	-																	
4	-	-	-	-																
5	-	-	-	-	-															
6	-	-	-	-	-	-														
7	-	-	-	-	-	0	1													
8	-	-	-	-	0	1	2	4												
9	-	-	-	-	1	2	3	5	7											
10	-	-	-	0	1	3	5	6	8	10										
11	-	-	-	0	2	4	6	8	10	12	15									
12	-	-	-	0	2	4	7	9	12	14	17	20								
13	-	-	-	1	3	5	8	11	14	17	20	23	26							
14	-	-	-	1	3	6	9	12	15	19	22	25	29	32						
15	-	-	-	1	4	7	10	14	17	21	24	28	32	36	40					
16	-	-	-	2	5	8	11	15	19	23	27	31	35	39	43	48				
17	-	-	0	2	5	9	13	17	21	25	29	34	38	43	47	52	57			
18	-	-	0	3	6	10	14	18	23	27	32	37	42	46	51	56	61	66		
19	-	-	0	3	7	11	15	20	25	29	34	40	45	50	55	60	66	71	77	
20	-	-	0	3	7	12	16	21	26	32	37	42	48	54	59	65	70	76	82	88
21	-	-	1	4	8	12	18	23	28	34	40	45	51	57	63	69	75	81	87	94
22	-	-	1	4	8	13	19	24	30	36	42	48	54	61	67	73	80	86	93	99
23	-	-	1	4	9	14	20	26	32	38	45	51	58	64	71	78	85	91	98	105
24	-	-	1	5	10	15	21	27	34	40	47	54	61	68	75	82	89	96	104	111
25	-	-	1	5	10	16	22	29	36	43	50	57	64	72	79	86	94	102	109	117
26	-	-	1	6	11	17	24	31	38	45	52	60	68	75	83	91	99	107	115	123
27	-	-	2	6	12	18	25	32	40	47	55	63	71	79	87	95	104	112	120	129
28	-	-	2	6	12	19	26	34	41	49	57	66	74	83	91	100	108	117	126	135
29	-	-	2	7	13	20	27	35	43	52	60	69	77	86	95	104	113	122	131	140
30	-	-	2	7	14	21	29	37	45	54	63	72	81	90	99	108	118	127	137	146
31	-	-	2	7	14	22	30	38	47	56	65	75	84	94	103	113	123	132	142	152
32	-	-	2	8	15	23	31	40	49	58	68	77	87	97	107	117	127	138	148	158
33	-	-	3	8	15	24	32	41	51	61	70	80	91	101	111	122	132	143	153	164
34	-	-	3	9	16	25	34	43	53	63	73	83	94	105	115	126	137	148	159	170
35	-	-	3	9	17	25	35	45	55	65	76	86	97	108	119	131	142	153	165	176
36	-	-	3	9	17	26	36	46	57	67	78	89	101	112	123	135	147	158	170	182
37	-	-	3	10	18	27	37	48	58	70	81	92	104	116	127	139	151	164	176	188
38	-	-	3	10	19	28	39	49	60	72	83	95	107	119	131	144	156	169	181	194
39	-	-	4	11	19	29	40	51	62	74	86	98	110	123	136	148	161	174	187	200
40	-	-	4	11	20	30	41	52	64	76	89	101	114	127	140	153	166	179	192	206

Beispiel 1

Prüfe die beiden Stichproben A und B mit ihren der Größe nach geordneten Werten

[394] A: 7 14 22 36 40 48 49 52 (m = 8) [Stichprobe 1]
B: 3 5 6 10 17 18 20 39 (n = 8) [Stichprobe 2]

auf Gleichheit der Mittelwerte ($H_0 : \mu_A \leqq \mu_B$ gegen $H_A : \mu_A > \mu_B$ [d. h. einseitige Fragestellung (vgl. [146] bis [148])], $\alpha = 0{,}05$). Da wir keine Normalverteilung voraussetzen, wird der t-Test durch den U-Test ersetzt.

Tabelle 109

Rangzahl	1	2	3	4	5	6	7	8	9	10	11	12	13	14	15	16
Stichprobenwert	3	5	6	7	10	14	17	18	20	22	36	39	40	48	49	52
Stichprobe	B	B	B	A	B	A	B	B	B	A	A	B	A	A	A	A
$R_1 = 89$				4		+6				+10	+11		+13	+14	+15	+16
$R_2 = 47$	1	+2	+3		+5		+7	+8	+9			+12				

$$U_1 = 8 \cdot 8 + \frac{8(8+1)}{2} - 89 = 11$$

$$U_2 = 8 \cdot 8 + \frac{8(8+1)}{2} - 47 = 53$$

Kontrolle: $U_1 + U_2 = 64 = 8 \cdot 8 = mn$, da $U_1 = 11 < 53 = U_2$ ist, ist U_1 die Prüfgröße. Da $11 < 15 = U(8{,}8; 0{,}05;\text{einseitiger Test})$ ist, wird die Nullhypothese $\mu_A \leqq \mu_B$ auf dem 5%-Niveau abgelehnt, d. h. die Alternativhypothese $\mu_A > \mu_B$ wird akzeptiert. Nach (3.87) und (3.88) ergibt sich mit

$$\hat{z} = \frac{\left|11 - \dfrac{8 \cdot 8}{2}\right|}{\sqrt{\dfrac{8 \cdot 8(8+8+1)}{12}}} = 2{,}205 > 1{,}645 = z_{0{,}05;\text{eins.}}$$

$$\hat{z} = \frac{(89/8) - (47/8)}{\sqrt{\left[\dfrac{16^2-1}{12}\right] \cdot \left[\dfrac{1}{8} + \dfrac{1}{8}\right] \cdot \left[\dfrac{16}{16-1}\right]}} = \frac{211{,}125 - 5{,}875}{\sqrt{\dfrac{(8+8)^2(8+8+1)}{12 \cdot 8 \cdot 8}}} = 2{,}205$$

(vgl. Tab. 27 auf S. 118: $P = 0{,}014 < 0{,}05$) dieselbe Entscheidung.

Beispiel 2

Gegeben m = 6 Beobachtungen des Typs A und n = 5 Beobachtungen des Typs B. Prüfung auf dem 5%-Niveau bei zweiseitiger Fragestellung: Zunächst die gemeinsam ansteigend geordneten Beobachtungen mit Herkunft und Rangzahl (vgl. Tab. 110)

sowie den Summen der Rangzahlen (für A:) R_1 = 30 und (für B:) R_2 = 36.

Tabelle 110

63	68	70	81	91	92	95	96	97	99	104
A	A	A	A	B	B	B	B	A	B	A
1	2	3	4	5	6	7	8	9	10	11

[394]

$$U_1 = 6 \cdot 5 + \tfrac{6(6+1)}{2} - 30 = 21$$
$$U_2 = 6 \cdot 5 + \tfrac{5(5+1)}{2} - 36 = \underline{9}$$
$$30 = 6 \cdot 5 \text{ (Kontrolle)}$$

Die kleinere der beiden Prüfgrößen, d. h. $U_2 = 9$ dient als Prüfgröße U Für $U \leqq U(m; n; 0{,}05; \text{zweiseitig})$ (vgl. Tab. 108) wird H_0 auf dem 5%-Niveau verworfen. Da $U = 9 > 3 = U(6; 5; 0{,}05; \text{zweiseitig})$, ist H_0 auf dem 5%-Niveau nicht abzulehnen.

Der entsprechende t-Test für unbekannte Varianzen, die möglicherweise ungleich sind, kommt mit $\hat{t} = 2{,}02$ und $\nu = 5 - 1 = 4$ und $\hat{t} = 2{,}02 < 2{,}78 = t_{4;0{,}05;\text{zweiseitig}}$ zu derselben Entscheidung.

Der U-Test bei Rangaufteilung

Kommt bei zwei Stichproben, deren Elemente der Größe nach in eine Reihe gebracht werden, ein bestimmter Wert mehrfach vor – wir sprechen von einer **Bindung** –, dann erhalten die numerisch gleich großen Einzelwerte die mittlere Rangzahl. Beispielsweise [zweiseitige Fragestellung auf dem 5%-Niveau] für

Tabelle 111

Stichprobenwert	3	3	4	5	5	5	5	8	8	9	10	13	13	13	15	16
Stichprobe	B	B	B	B	B	A	A	A	B	A	B	A	A	A	A	B
Rangzahl	1,5	1,5	3	5,5	5,5	5,5	5,5	8,5	8,5	10	11	13	13	13	15	16

erhalten die ersten beiden B-Werte die Rangzahl $(1 + 2)/2 = 1{,}5$; die 4 Fünfen jeweils den Wert $5{,}5 = (4 + 5 + 6 + 7)/4$; für die beiden Achten erhält man dann 8,5; der Wert 13 kommt dreimal vor und erhält die Rangzahl $\dfrac{12 + 13 + 14}{3} = 13$.

Bindungen beeinflussen den Wert U nur dann, wenn sie zwischen den beiden Stichproben auftreten, nicht aber, wenn sie innerhalb einer oder innerhalb beider Stichproben beobachtet werden. Sind in beiden Stichproben Beobachtungswerte einander gleich, dann lautet die korrigierte Formel für den U-Test bei Rangaufteilung:

$$\hat{z} = \frac{\left| U - \dfrac{mn}{2} \right|}{\sqrt{\left[\dfrac{mn}{S(S-1)}\right] \cdot \left[\dfrac{S^3 - S}{12} - \sum_{i=1}^{i=r} \dfrac{t_i^3 - t_i}{12}\right]}} \quad \text{mit } S = m + n \tag{3.89}$$

In dem Korrekturglied $\sum_{i=1}^{r}(t_i^3 - t_i)/12$ (*Walter 1951*, nach einem Vorschlag *Kendalls 1945*) bezeichnet r die Anzahl der Bindungen, t_i ist die Vielfachheit der i-ten Bindung.
[394] Für jede Gruppe (i = 1 bis i = r) ranggleicher Werte bestimmen wir, wie oft ein Wert t erscheint und bilden $(t^3 - t)/12$. Die Summe dieser r Quotienten bildet das Korrekturglied. Für das obige Beispiel ergibt sich aus $r = 4$ Gruppen von Bindungen das Korrekturglied nach:

Gruppe 1: $t_1 = 2$: zweimal der Wert	3	mit dem Rang	1,5
Gruppe 2: $t_2 = 4$: viermal der Wert	5	mit dem Rang	5,5
Gruppe 3: $t_3 = 2$: zweimal der Wert	8	mit dem Rang	8,5
Gruppe 4: $t_4 = 3$: dreimal der Wert	13	mit dem Rang	13

$$\sum_{i=1}^{i=4} \frac{t_i^3 - t_i}{12} = \frac{2^3-2}{12} + \frac{4^3-4}{12} + \frac{2^3-2}{12} + \frac{3^3-3}{12}$$
$$= \frac{6}{12} + \frac{60}{12} + \frac{6}{12} + \frac{24}{12} = 8{,}00$$

$$\text{A: } m = 8,\ R_1 = 83{,}5 \qquad \text{B: } n = 8,\ R_2 = 52{,}5$$

$$U_1 = 8 \cdot 8 + \frac{8(8+1)}{2} - 83{,}5 = 16{,}5 \qquad U_2 = 8 \cdot 8 + \frac{8(8+1)}{2} - 52{,}5 = 47{,}5$$

$$U_1 + U_2 = 64 = mn \quad \text{d.h.} \quad \hat{z} = \frac{\left|16{,}5 - \dfrac{8 \cdot 8}{2}\right|}{\sqrt{\left[\dfrac{8 \cdot 8}{16(16-1)}\right] \cdot \left[\dfrac{16^3 - 16}{12} - 8{,}00\right]}} = 1{,}647$$

Da $1{,}65 < 1{,}96 = z_{0{,}05;\text{zweiseitig}}$ ist, kann bei zweiseitiger Fragestellung ($\alpha = 0{,}05$) die Nullhypothese (etwa: $\tilde{\mu}_A = \tilde{\mu}_B$) nicht abgelehnt werden.

Der U-Test ist eines der schärfsten nichtparametrischen Prüfverfahren. Da die Teststatistik U eine ziemlich komplizierte Funktion des Mittelwertes, der Wölbung und der Schiefe ist – der U-Test also nicht lediglich μ_i oder $\tilde{\mu}_i$ sondern mittlere Ränge vergleicht – , muß betont werden, daß *mit zunehmendem Verteilungsformunterschied der beiden Grundgesamtheiten, die Signifikanzschranken (hinsichtlich der Hypothese auf Unterschiede zweier Parameter allein) unzuverlässig werden.* Die **Power** des U-Tests braucht für endliches n nicht kleiner zu sein als die des t-Tests und des Permutationstests, die eine fast gleiche Power aufweisen (t-Test-Voraussetzungen erfüllt).
Weiterführende Literatur zum U-Test bieten z.B. The Canadian Journal of Statistics **28** (2000), 123–135 und 137–149 sowie Communications in Statistics – Theory and Methods **28** (1999), 2871–2878.
Sind mehr als 2 unabhängige Stichproben miteinander zu vergleichen, so nehme man den H-Test von Kruskal und Wallis (vgl. [395]). Der Vergleich zweier Beobachtungsreihen mit Häufungen bei Null ist nach P. A. Lachenbruch [Biometrische Z. **18** (1976), 351–356] anhand einer χ^2-Approximation möglich.

Weitere Hinweise

1. Der ursprüngliche *Zwei-Stichproben-Test von Wilcoxon* (vgl. *Jacobson 1963*) liegt jetzt auch vollständig tabelliert vor (*Wilcoxon u. Mitarb. 1963*; vgl. auch *1964*).

2. Da die Zuordnung der Ränge bei großen Stichprobenumfängen mit gruppierten Meßwerten sehr aufwendig sein kann, hat *Raatz (1966)* ein wesentlich einfacheres Verfahren vorgeschlagen, das exakt ist, wenn sich alle Meßwerte auf wenige Rangklassen verteilen; treten nur wenige oder keine gleichen Meßwerte auf, bietet dieser Test eine gute Näherung. Das Verfahren läßt sich auch auf den H-Test von Kruskal und Wallis anwenden.

3. **Power**-Tabellen für den U-Test gibt R.C. Milton (1970: Rank Order Probabilities. Wiley, pp 302, N.Y.: Tables B-1, B-2). **Stichprobenumfänge** berechnet man nach Noether (1987). Spezielle Modifikationen des U-Tests [vgl. auch Lora L. Bohn, Commun. Statist.-Theor. Meth. **25** (1996), 2675–2685] geben *Halperin (1960)* und *Saw (1966)*. Einen Wilcoxon-Zwei-Stichproben-„Folgetestplan“ [394]
für den Vergleich zweier Therapien, der die Anzahl notwendiger Beobachtungen unter Umständen beträchtlich zu reduzieren vermag, beschreibt *Alling* (*1963*, vgl. auch *Chun 1965*). Zwei interessante Zwei-Stichproben-Rang-Folgetests stellen *Wilcoxon u. Mitarb. (1963)* sowie *Bradley u. Mitarb. (1965, 1966)* vor.

4. Der U-Test reagiert empfindlicher auf Varianzheterogenität als der t-Test, hält aber besser das vorgegebene Niveau α ein als (3.37 und 3.38). Der H-Test reagiert ebenfalls empfindlich auf Varianzheterogenität; und zwar im Sinne eines liberalen Tests. Hettmansperger und McKean (1998) ergänzen diese Details.

5. *Einfacher und erweiterter Median-Test.* Der Median-Test ist recht einfach: Man ordnet die vereinigten aus den Stichproben I und II stammenden Werte ($n_1 + n_2$) der Größe nach aufsteigend, ermittelt den Medianwert $\tilde{x}$ und ordnet die Werte jeder Stichprobe danach, ob sie kleiner oder größer als $\tilde{x}$ ist, in folgendes Schema ein (a, b, c, d) sind Häufigkeiten):

Tabelle 112

	Anzahl der Werte	
	$<\tilde{x}$	$>\tilde{x}$
Stichprobe I	a	b
Stichprobe II	c	d

Die weitere Rechnung folgt den in [461], [467] gegebenen Vorschriften und Empfehlungen. Bei statistisch signifikanten Befunden wird dann die Nullhypothese $\tilde{\mu}_1 = \tilde{\mu}_2$ auf dem verwendeten Niveau abgelehnt. Die asymptotische Effizienz des MedianTests beträgt $2/\pi = 2/3{,}1416 = 0{,}6366$ oder 64% d. h. daß die Anwendung dieses Tests bei 1000 Werten die gleiche Power aufweist wie die Anwendungen des t-Tests bei etwa $0{,}64 \cdot 1000 = 640$ Werten, wenn in Wirklichkeit Normalverteilung vorliegt. Bei anderen Verteilungen kann das Verhältnis ganz anders sein. Der Median-Test wird daher auch bei Überschlagsrechnungen benutzt, außerdem dient er zur Kontrolle hochsignifikanter Befunde, denen man nicht so recht traut. Führt er zu einem anderen Ergebnis, so muß die Berechnung des fraglichen Befundes überprüft werden. Ein dem Behrens-Fisher Problem entsprechender U-Test, ein **Zweistichproben-Rang-Mediantest**, wird im J. Amer. Statist. Assoc. **76** (1981), 162–168 beschrieben.

Hauptanwendungsgebiet des Median-Tests und insbesondere des Median-Quartile-Tests (vgl. Tabelle 114) ist der **Vergleich zweier Medianwerte bei starken Verteilungsformunterschieden**: der U-Test darf dann im Gegensatz zum KS-Test ([393]) nicht angewandt werden.

Beispiel

Wir benutzen das Beispiel zum U-Test (ohne Rangaufteilung) und erhalten $\tilde{x}$ = 19 sowie die folgende Vierfeldertafel

Tabelle 113

	$<\tilde{x}$	$>\tilde{x}$
A	2	6
B	6	2

die nach Abschnitt 467 mit P = 0,066 die Nullhypothese auf dem 5%-Niveau nicht abzulehnen gestattet.

Prüfen wir nicht zwei sondern k unabhängige Stichproben, so erhalten wir den *erweiterten Mediantest:* Die Werte der k Stichproben werden der Größe nach in eine Rangfolge gebracht, man bestimmt den Medianwert und zählt, wie viele Meßwerte in jeder der k Stichproben oberhalb

und wie viele unterhalb des Medianwertes liegen. Die Nullhypothese, die Stichproben entstammen einer gemeinsamen Grundgesamtheit, läßt sich unter der Voraussetzung, daß die resultierende
[394] $k \cdot 2$-Felder-Tafel ausreichend besetzt ist (alle Erwartungshäufigkeiten müssen > 1 sein), nach den auf den Seiten 582 und 586 dargelegten Verfahren prüfen. Die Alternativhypothese lautet dann: Nicht alle k Stichproben entstammen einer gemeinsamen Grundgesamtheit (vgl. auch M:105). Das entsprechende optimale verteilungsfreie Verfahren ist der H-Test von Kruskal und Wallis.

6. Einen eleganten **Median-Quartile-Test,** bei dem die vereinigten Beobachtungswerte zweier unabhängiger Stichproben durch ihre drei Quartile: $Q_1, Q_2 = \tilde{x}$ und Q_3 (vgl. [1383]) auf die Häufigkeiten einer $2 \cdot 4$-Feldertafel reduziert werden,

Tabelle 114. Unbesetzte $2 \cdot 4$-Feldertafel

n \ Q	$\leqq Q_1$	$\leqq Q_2$	$\leqq Q_3$	$> Q_3$
n_1				
n_2				

beschreibt *Bauer* (1962). Bei ausreichend besetzter Tafel (alle Erwartungshäufigkeiten müssen > 1 sein) wird nach (6.1) (vgl. S. 582, 586) geprüft, ob beide Stichproben derselben Grundgesamtheit entstammen. Der sehr brauchbare Test prüft nicht nur Lage, sondern auch Dispersions und gewisse Verteilungsformunterschiede. Eine Verallgemeinerung des Tests auf mehr als zwei Stichproben ist möglich (vgl. [621]).

7. *Vertrauensbereich für Median-Differenzen.* Mit Hilfe des U-Tests läßt sich ein Vertrauensbereich für die Differenz zweier Mediane angeben $\tilde{\mu}_1 - \tilde{\mu}_2 = \Delta$, mit $\tilde{\mu}_1 > \tilde{\mu}_2$): $k_{\min} < \Delta < k_{\max}$. Hierzu: (1) addiert man eine Konstante k zu allen Werten der 2. Stichprobe und führt mit dieser und der 1. Stichprobe einen U-Test durch; (2) linke und rechte Schranke des Vertrauensbereiches für Δ sind der kleinste und der größte Wert k ($k_{\min}, k_{\max}$), die bei zweiseitiger Fragestellung auf dem gewählten Signifikanzniveau die Nullhypothese des U-Tests nicht abzulehnen gestatten; (3) geeignete extreme Werte k, die gerade noch zu einem nichtsignifikanten Ergebnis führen, erhält man durch geschicktes Probieren (etwa mit k = 0,1; k = 1; k = 10 beginnen). Eine gründliche Übersicht gibt *van der Laan (1970).*

Hinweis: Einstichproben-Median-Test nach Wilcoxon

Der Vorzeichen-Rangtest für den Median nach Wilcoxon prüft die Nullhypothese, die Beobachtungen – Realisierungen unabhängiger und identisch verteilter Zufallsvariablen – entstammen einer stetigen und symmetrischen Grundgesamtheit, deren Median $\tilde{\mu}_0$ eine vorgegebene Zahl ist:

$$H_0 : \tilde{\mu} = \tilde{\mu}_0 \, ; \quad H_A : \tilde{\mu} \neq \tilde{\mu}_0 \, .$$

Aus einer Zufallsstichprobe werden die Werte n berücksichtigt, die nicht gleich $\tilde{\mu}_0$ sind. Die n Absolutbeträge $|x_i - \tilde{\mu}_0|$ werden der Größe nach aufsteigend geordnet; ihnen werden Rangzahlen zugewiesen. Bei gleichgroßen Beträgen werden mittlere Rangzahlen zugeordnet. Dann werden die Summen $\hat{R}_p$ bzw. $\hat{R}_n$ gebildet, die von positiven bzw. von negativen Werten $(x_i - \tilde{\mu}_0)$ (i = 1, ..., n) stammen, und kontrolliert: $\hat{R}_p + \hat{R}_n = n(n+1)/2$.
H_0 wird auf dem 5%-Niveau abgelehnt, sobald die Summe R_n der negativen Rangzahlen oder die Summe $\hat{R}_p$ der positiven Rangzahlen außerhalb der beiden tabellierten T-Werte der Tabelle 115 liegt oder diese erreicht.
Weitere Schranken enthält Tabelle 128. Hier dient die kleinere der beiden Rangsummen, sie wird $\hat{R}$ genannt, als Prüfgröße. H_0 wird auf dem verwendeten Niveau abgelehnt, sobald $\hat{R}$ kleiner oder gleich dem kritischen Wert $R(n; \alpha)$ der Tabelle 128 ist.

Tabelle 115. 5%-Schranken für die zweiseitige Fragestellung

[394]

n	T		n	T	
6	0	21	13	17	74
7	2	26	14	21	84
8	3	33	15	25	95
9	5	40	16	30	106
10	8	47	17	35	118
11	10	56	18	40	131
12	13	65	19	46	144
13	17	74	20	52	158

Bei einseitiger Fragestellung wird nach I bzw. nach II

$$\text{(I)} \quad H_0 : \tilde{\mu} \leqq \tilde{\mu}_0 \quad \text{gegen} \quad H_A : \tilde{\mu} > \tilde{\mu}_0$$
$$\text{(II)} \quad H_0 : \tilde{\mu} \geqq \tilde{\mu}_0 \quad \text{gegen} \quad H_A : \tilde{\mu} < \tilde{\mu}_0$$

geprüft. Für $n > 25$ gelten die Approximationen (4.10) und (4.11) ohne bzw. mit Bindungskorrektur. Der benötigte Stichprobenumfang läßt sich nach Noether (1987) abschätzen.

Beispiel

Es liege eine Zufallsstichprobe vor. Entstammen die Daten: 24, 12, 38, 40, 16, 26, 18, 31, geordnet: 12, 16, 18, 24, 26, 31, 38, 40 mit $\tilde{x} = 25$ einer symmetrischen Grundgesamtheit mit $\tilde{\mu} = 30$ ($\alpha = 0{,}05$)?

Tabelle 116

x_i	Differenz $x_i - \tilde{\mu}_0$	Rangzahlen für $\lvert x_i - \tilde{\mu}_0 \rvert$
12	−18	8
16	−14	7
18	−12	6
24	−6	3
26	−4	2
31	+1	1
38	+8	4
40	+10	5

$\hat{R}_n = 8+7+\ldots+2 = 26$; $\hat{R}_p = 1+4+5 = 10$; Kontrolle $26+10 = 36 = 8(8+1)/2$.

Da 10 und 26 zwischen den T-Werten der Tabelle 115 (n = 8) 3 und 33 liegen [vgl. auch Tabelle 128: $\hat{R} = 10 > 3 = R(8; 0{,}05)$], kann $H_0 : \tilde{\mu} = \tilde{\mu}_0$ anhand der kleinen Stichprobe auf dem 5%-Niveau nicht abgelehnt werden. Mit einer Irrtumswahrscheinlichkeit von 5% ist (1) $\tilde{x} = 25$ mit $\tilde{\mu}_0 = 30$ verträglich bzw. (2) der dem $\tilde{x}$ zugrundeliegende Parameter $\tilde{\mu}$ nicht von $\tilde{\mu}_0$ zu unterscheiden.

Prüfung der Lage-Änderung einer Zufallsvariablen

Der U-Test kann auch dazu dienen, die **Änderung der mittleren Lage einer Reihe von Beobachtungen** zu erfassen, indem die Beobachtungen vor der Änderung mit denen danach verglichen werden. Erwartet man diese Änderung nach etwa $n/2 = 0{,}5n$ Beobachtungen, so prüfe man nach Pettitt (1979), ist sie nach etwa $0{,}3n$ oder $0{,}7n$ Beobachtungen zu erwarten, so prüfe man nach Schechtman (1982). Eine Übersicht über das **Change-Point Problem** gibt Zacks (1982). Weitere Hinweise geben James u. Mitarb. (1987), Lombard (1987) sowie Shaban (1980).

[394] Andere Ansätze zur **Änderungsmessung** geben Hagenaars und Cobben (1978) sowie Collins und Horn (1991).

[395]

395 Der Vergleich mehrerer unabhängiger Stichproben: H-Test von Kruskal und Wallis

Multiple paarweise Vergleiche mittlerer Ränge
H-Test mit StichprobenUntergruppen

Der H-Test von *Kruskal und Wallis (1952)* ist eine Verallgemeinerung des U-Tests (vgl. auch die Übersichten 4 und 5). Er prüft die **Nullhypothese, die *k* Stichproben entstammen derselben Grundgesamtheit: die *k* Verteilungsfunktionen sind gleich** (H_A: mindestens zwei sind ungleich).
Ähnlich wie der U-Test hat auch der H-Test, verglichen mit der bei Normalverteilung optimalen(!) Varianzanalyse (Kap. 7) eine asymptotische Effizienz von $100 \cdot 3/\pi \simeq 95\%$ (vgl. auch Hinweis 4 auf S. 391).

Die $n = \sum_{i=1}^{k} n_i$ Beobachtungen, Zufallsstichproben von Rangordnungen oder Meßwerten mit den Umfängen $n_1, n_2, \ldots, n_k$ aus umfangreichen Grundgesamtheiten, werden der Größe nach aufsteigend geordnet und mit Rängen von 1 bis n versehen (wie beim U-Test). R_i sei die Summe der Ränge der i-ten Stichprobe: Unter der Nullhypothese ist die Prüfgröße

$$\hat{H} = \left[\frac{12}{n(n+1)}\right] \cdot \left[\sum_{i=1}^{k} \frac{R_i^2}{n_i}\right] - 3(n+1) \tag{3.90}$$

($\hat{H}$ ist die Varianz der Stichproben-Rangsummen R_i) für großes n (d. h. praktisch für $n_i \geqq 5$ und $k \geqq 4$) χ^2-verteilt mit $k-1$ Freiheitsgraden; d. h. H_0 wird abgelehnt, sobald $\hat{H} > \chi^2_{k-1;\alpha}$ (vgl. Tab. 50). Für $n_i \leqq 8$ und $k = 3$ enthält Tab. 122 die exakten Überschreitungswahrscheinlichkeiten (H_0 wird mit P abgelehnt, wenn $\hat{H} \geqq H$ mit $P \leqq \alpha$). Für k = 3 und $n_1 = n_2 = n_3 = n$ sind die 5%-Schranken für n = 6 (7; 8) durch den Wert 5,8 [5,801; (5,819; 5,805)] gegeben. Für k = 4 bzw. 5 und kleine Stichprobenumfänge ($\sum n_i \leqq 16$) enthält Tab. 122 (Forts.) auf S. 401 kritische Schranken. Für „große" Stichprobenumfänge ($n_i \gtrsim 25$) benutze man die Schranken der Tabelle 117. **Der Vergleich mehrerer Behandlungen mit einem Standard (einer Kontrolle)** wird auf S. 609 vorgestellt.

Tabelle 117. Kritische Schranken $\chi^2_{k-1;\alpha}$ für den H-Test und den Friedman-Test für k = 3(1)7 und „große" Stichprobenumfänge; H-Test: $n_i \gtrsim 25$; Friedman-Test: $n \gtrsim 25$

k \ *P*	0,10	0,05	0,01
3	4,605	5,991	9,210
4	6,251	7,815	11,345
5	7,779	9,488	13,277
6	9,236	11,070	15,086
7	10,645	12,592	16,812

Zur Kontrolle der R_i benutze man die Beziehung

$$\boxed{\sum_{i=1}^{k} R_i = n(n+1)/2} \qquad (3.91)$$

[395]

Sind die *Stichproben gleich groß,* ist also $n_i = \frac{n}{k}$, rechnet man bequemer nach der vereinfachten Formel:

$$\boxed{\hat{H} = \left[\frac{12k}{n^2(n+1)}\right] \cdot \left[\sum_{i=1}^{k} R_i^2\right] - 3(n+1)} \qquad (3.90a)$$

Benötigte Stichprobenumfänge lassen sich nach S. 624 abschätzen.

Gehören mehr als 25% aller Werte zu *Bindungen,* d. h. zu Folgen gleicher Rangzahlen, dann muß $\hat{H}$ korrigiert werden. Die *Korrekturformel für* $\hat{H}$ lautet

$$\boxed{\hat{H}_{\text{korr}} = \frac{\hat{H}}{1 - \frac{\sum_{i=1}^{i=r}(t_i^3 - t_i)}{n^3 - n}}} \qquad (3.92)$$

wobei t_i die Anzahl der jeweils *gleichen Rangplätze* in der Bindung i bezeichnet. Da der korrigierte $\hat{H}$-Wert größer als der nicht korrigierte Wert ist, braucht man bei einem statistisch signifikanten $\hat{H}$-Wert $\hat{H}_{\text{korr}}$ nicht zu berechnen.

Beispiel Prüfe die 4 Stichproben (Tab. 118) mit dem H-Test ($\alpha = 0{,}05$).

Tabelle 118. Rechts neben den Beobachtungen stehen die Rangzahlen

	A		B		C		D	
	12,1	10	18,3	15	12,7	11	7,3	3
	14,8	12	49,6	21	25,1	16	1,9	1
	15,3	13	10,1	6 1/2	47,0	20	5,8	2
	11,4	9	35,6	19	16,3	14	10,1	6 1/2
	10,8	8	26,2	17	30,4	18	9,4	5
			8,9	4				
R_i	52,0		82,5		79,0		17,5	
R_i^2	2704,00		6806,25		6241,00		306,25	
n_i	5		6		5		5	
R_i^2/n_i	$540{,}800 + 1134{,}375 + 1248{,}200 + 61{,}250 = 2984{,}625 = \sum_{i=1}^{k=4} \frac{R_i^2}{n_i}$							

Kontrolle: $52{,}0 + 82{,}5 + 79{,}0 + 17{,}5 = 231 = 21(21+1)/2$

$$\hat{H} = \left[\frac{12}{21(21+1)}\right] \cdot [2984{,}625] - 3(21+1) = 11{,}523$$

Da $\hat{H} = 11{,}523 > 7{,}815 = \chi^2_{3;0,05}$ ist, ist nicht anzunehmen, daß die 4 Stichproben einer gemeinsamen Grundgesamtheit entstammen.

Multiple paarweise Vergleiche der mittleren Ränge: drei Approximationen

[395] χ^2-Ansatz
Harter-Ansatz
Tukey-Kramer-Ansatz

Ist $\hat{H}$ auf dem gewählten Niveau statistisch signifikant, so interessiert man sich dafür, welche Grundgesamtheiten differieren. Hierzu bildet man mittlere Ränge $\bar{R}_i$, indem die Rangsummen R_i durch ihre Stichprobenumfänge n_i dividiert werden: $\bar{R}_i = R_i/n_i$.

Die H_0: Gleichheit der erwarteten mittleren Ränge wird auf dem 5%-Niveau abgelehnt, sobald für $n_i \geqq 6$:

$$|\bar{R}_i - \bar{R}_{i'}| > \sqrt{d\chi^2_{k-1;0,05}\left[\frac{n(n+1)}{12}\right]\left[\frac{1}{n_i}+\frac{1}{n_{i'}}\right]} \tag{3.93}$$

mit d = 1; treten viele Bindungen auf, dann ist d der Nenner von (3.92) und damit kleiner als 1

Die Differenz ist dann auf diesem Niveau statistisch signifikant von Null verschieden.

Sind k Stichproben zu vergleichen, so bedeutet dies [vgl. (1.194) auf S. 236]:

$$\binom{k}{2} = \frac{k!}{(k-2)!2!} = \frac{k(k-1)(k-2)!}{(k-2)!2!} = k(k-1)/2 \tag{3.94}$$

Einzelvergleiche jeweils zweier Stichproben.
Die Nullhypothese lautet hier:
Die Stichproben i und i' entstammen derselben Grundgesamtheit:

für $i = 1, \ldots, k-1$,
$i' = i+1, \ldots, k$ mit $i < i'$

Beispiel

Tabelle 119. Rechts neben den Beobachtungen stehen die Ränge

	A		B		C	
	28	1	36	5	44	11
	30	2	39	7	45	12 1/2
	33	3	40	8	47	14
	35	4	43	10	49	15
	38	6	45	12 1/2	53	17
	41	9	50	16	54	18
$\tilde{x}$	34		41,5		48	
R_i		25,0		58,5		87,5
R_i^2		625,0		3422,25		7656,25
n_i		6		6		6

Kontrolle: $25{,}0 + 58{,}5 + 87{,}5 = 171 = 18(18+1)/2$
Nach (3.90a)

[395]

$$\hat{H} = \left[\frac{12 \cdot 3}{18^2(18+1)}\right][625{,}0 + 3422{,}25 + 7656{,}25] - 3(18+1) = 11{,}44$$

Mit $\hat{H} = 11{,}44 > 5{,}801 = H$ für $n = 6$, $k = 3$ und $P = 0{,}05$ wird H_0 auf dem 5%-Niveau abgelehnt. Wo liegen nun wohl die Unterschiede?

$$k = 3, \quad \text{d.h.} \quad \chi^2_{3-1;0,05} = 5{,}99$$

$$\sqrt{1 \cdot 5{,}99\left[\frac{18(18+1)}{12}\right]\left[\frac{1}{6}+\frac{1}{6}\right]} = 7{,}54$$

$$\textbf{AB:} \left|\frac{25}{6} - \frac{58{,}5}{6}\right| = \frac{33{,}5}{6} = 5{,}58 < 7{,}54$$

$$\textbf{AC:} \left|\frac{25}{6} - \frac{87{,}5}{6}\right| = \frac{62{,}5}{6} = 10{,}42 > 7{,}54$$

$$\textbf{BC:} \left|\frac{58{,}5}{6} - \frac{87{,}5}{6}\right| = \frac{29}{6} = 4{,}83 < 7{,}54$$

Damit läßt sich anhand der vorliegenden Beobachtungen nur zwischen A und C ein Unterschied auf dem 5%-Niveau feststellen.
Hier hätte man dann auch (A; C) von ungleichen Verteilungsfunktionen [$F_i \neq F_{i'}$] sprechen können. Liegen gleiche Stichprobenumfänge mit

$$\boxed{n_1 = n_2 = \ldots n_k = n \geqq 6}$$

vor, so läßt sich $H_0 : F_i = F_{i'}$ auch nach Harter (1960) prüfen, wobei wir hier auch eine kleinere (oder größere) Irrtumswahrscheinlichkeit als $\alpha = 0{,}05$ wählen dürfen. H_0 wird abgelehnt für

$$\boxed{|\bar{R}_i - \bar{R}_{i'}| > q_{k;\alpha}\sqrt{k(kn+1)/12}} \qquad (3.95)$$

Der Wert q ist für k und α der Tabelle 120 zu entnehmen.

Beispiel

Anhand der Rangsummen aus Tabelle 119 und des Wertes $q_{3;0,05} = 3{,}314$ aus der Tabelle 120 ergibt sich: $3{,}314\sqrt{3(3 \cdot 6+1)/12} = 7{,}22$

$$\textbf{AB:} \left|\frac{25}{6} - \frac{58{,}5}{6}\right| = \frac{33{,}5}{6} = 5{,}58 < 7{,}22$$

$$\textbf{AC:} \left|\frac{25}{6} - \frac{87{,}5}{6}\right| = \frac{62{,}5}{6} = 10{,}42 > 7{,}22$$

[395] **Tabelle 120.** Einige ausgewählte Schranken nach Harter (1960) für paarweise Vergleiche von mittleren Rängen (H-Test) und Rangsummen (Friedman-Test) für hinreichend große Stichprobenumfänge (Schranken der Spannweite k unabhängiger standardnormalverteilter Zufallsvariablen)

k \ α	0,10	0,05	0,01	0,001
2	2,326	2,772	3,643	4,654
3	2,902	3,314	4,120	5,063
4	3,240	3,633	4,403	5,309
5	3,478	3,858	4,603	5,484
6	3,661	4,030	4,757	5,619
7	3,808	4,170	4,882	5,730
8	3,931	4,286	4,987	5,823
9	4,037	4,387	5,078	5,903
10	4,129	4,474	5,157	5,973
11	4,211	4,552	5,227	6,036
12	4,285	4,622	5,290	6,092
13	4,351	4,685	5,348	6,144
14	4,412	4,743	5,400	6,191
15	4,468	4,796	5,448	6,234
16	4,519	4,845	5,493	6,274
17	4,568	4,891	5,535	6,312
18	4,612	4,934	5,574	6,347
19	4,654	4,974	5,611	6,380
20	4,694	5,012	5,645	6,411
22	4,767	5,081	5,709	6,469
24	4,832	5,144	5,766	6,520
26	4,892	5,201	5,818	6,568
28	4,947	5,253	5,866	6,611
30	4,997	5,301	5,911	6,651

$$\textbf{BC:}\quad \left|\frac{58{,}5}{6} - \frac{87{,}5}{6}\right| = \frac{29}{6} = 4{,}83 < 7{,}22$$

Damit läßt sich anhand der vorliegenden Beobachtungen nur zwischen A und C ein Unterschied auf dem 5%-Niveau feststellen.

Etwas weniger konservativ als (3.93) und das Nemenyi-Verfahren [752] ist der Vergleich nach Tukey und Kramer (z. B. M2: 125), wobei (3.93) durch (3.93 TK) ersetzt wird, hierbei wird meist $\alpha = 0{,}05$ vorgegeben:

$$|\bar{R}_i - \bar{R}_{i'}| > \frac{q_{\infty;k;0,05}}{\sqrt{2}} \cdot \sqrt{\left[\frac{n(n+1)}{12}\right]\left[\frac{1}{n_i} + \frac{1}{n_{i'}}\right]} \tag{3.93 TK}$$

$q_{\infty;k;0,05}$ wird Tabelle 268 aus [742] entnommen.

Hat man vorher anhand des H-Tests die globale H_0 auf dem 5%-Niveau abgelehnt, so ist es durchaus zulässig, Unterschiede anhand der 10%-Schranken (z. B. M2: 178) zu lokalisieren.

Wir nutzen unser Beispiel: [395]

$k = 3$, d. h. $q_{\infty;3;0,05} = 3{,}31$

$$\frac{3{,}31}{\sqrt{2}} \cdot \sqrt{\left[\frac{18(18+1)}{12}\right]\left[\frac{1}{6}+\frac{1}{6}\right]} = 7{,}21$$

Das Resultat wird wieder bestätigt.

H-Test mit Stichproben-Untergruppen

Sind k heterogene Stichprobengruppen in je m einander entsprechende, homogene Untergruppen zu je n Werten unterteilbar, dann berechne man (sobald $k \geqq 3$, $m \geqq 2$, $n \geqq 3$) die unter H_0 wie $\chi^2_{\nu=k-1}$ verteilte Prüfgröße $\hat{H}^+$ (*Lienert und Schulz 1967*):

$$\hat{H}^+ = \left[\frac{12}{kmn^2(kn+1)}\right]\left[\sum_{i=1}^{k} \dot{R}_i^2\right] - 3m(kn+1) \tag{3.96}$$

Dieser Test eliminiert die Varianz zwischen den Untergruppen und hebt die Varianz zwischen den Stichprobengruppen deutlicher hervor. Er setzt wie der H-Test voraus, daß die k Stichprobengruppen eine angenähert gleiche Verteilungsform aufweisen; überdies dürfen keine Wechselwirkungen auftreten, d. h. die k Rangsummen in den m Untergruppen sollten etwa proportional sein. Ein Beispiel mit $k = 3$, $m = 2$, $n = 4$ mag dies erläutern (vgl. Tab. 121)

Tabelle 121

k / m	k_1		k_2		k_3	
m_1	22,0	12	8,5	8	13,0	11
	12,5	10	6,5	5	7,5	6
	11,5	9	6,0	4	5,0	3
	8,0	7	3,5	1	4,5	2
m_2	6,0	12	4,5	9	5,5	11
	5,0	10	2,0	4	3,5	7
	4,0	8	1,5	3	2,5	5
	3,0	6	1,0	2	0,5	1
$\dot{R}_i$	$R_1 = 74$		$R_2 = 36$		$R_3 = 46$	

Die Proportionalitätsprobe zwischen den Rangsummen von m_1 und m_2, d. h. $38 : 18 : 22 \approx 36 : 18 : 24$ fällt zufriedenstellend aus.

$$\hat{H}^+ = \left[\frac{12}{3\cdot 2\cdot 4^2(3\cdot 4+1)}\right][74^2+36^2+46^2] - 3\cdot 2(3\cdot 4+1)$$

$$\hat{H}^+ = 7{,}46 > 5{,}99 = \chi^2_{2;0,05}$$

Ohne Untergruppierung ($k = 3$, $n = 8$) erhält man $\hat{H} = 3{,}33 < 5{,}99$.

Hinweise (vgl. auch S.609 und Hinweis 2 in [394])

1. Weitere verteilungsunabhängige paarweise Vergleiche werden in [752] beschrieben sowie in M: 84–86 und in M2: 122–125.

[395] **Tabelle 122.** Irrtumswahrscheinlichkeiten für den H-Test von Kruskal und Wallis [aus Kruskal, W. H. und W. A. Wallis: Use of ranks in one-criterion variance analysis, J. Amer. Statist. Ass. **47** (1952) 614–617, unter Berücksichtigung der Errata in J. Amer. Statist, Ass. **48** (1953) 910] sowie einiger Werte aus Iman u. Mitarb. (1975)

n_1	n_2	n_3	H	P	n_1	n_2	n_3	H	P	n_1	n_2	n_3	H	P	n_1	n_2	n_3	H	P
2	1	1	2,7000	0,500	4	3	2	6,4444	0,008	5	2	2	6,5333	0,008	5	4	4	5,6571	0,049
								6,3000	0,011				6,1333	0,013				6,5176	0,050
2	2	1	3,6000	0,200				5,4444	0,046				5,1600	0,034				4,6187	0,100
								5,4000	0,051				5,0400	0,056				4,5527	0,102
2	2	2	4,5714	0,067				4,5111	0,098				4,3733	0,090					
			3,7143	0,200				4,4444	0,102				4,2933	0,122	5	5	1	7,3091	0,009
3	1	1	3,2000	0,300														6,8364	0,011
					4	3	3	6,7455	0,010	5	3	1	6,4000	0,012				5,1273	0,046
3	2	1	4,2857	0,100				6,7091	0,013				4,9600	0,048				4,9091	0,053
			3,8571	0,133				5,7909	0,046				4,8711	0,052				4,1091	0,086
								5,7273	0,050				4,0178	0,095				4,0364	0,105
3	2	2	5,3572	0,029				4,7091	0,092				3,8400	0,123					
			4,7143	0,048				4,7000	0,101						5	5	2	7,3385	0,010
			4,5000	0,067						5	3	2	6,9091	0,009				7,2692	0,010
			4,4643	0,105	4	4	1	6,6667	0,010				6,8218	0,010				5,3385	0,047
								6,1667	0,022				5,2509	0,049				5,2462	0,051
3	3	1	5,1429	0,043				4,9667	0,048				5,1055	0,052				4,6231	0,097
			4,5714	0,100				4,8667	0,054				4,6509	0,091				4,5077	0,100
			4,0000	0,129				4,1667	0,082				4,4945	0,101					
								4,0667	0,102						5	5	3	7,5780	0,010
3	3	2	6,2500	0,011						5	3	3	7,0788	0,009				7,5429	0,010
			5,3611	0,032									6,9818	0,011				5,7055	0,046
			5,1389	0,061	4	4	2	7,0364	0,006				5,6485	0,049				5,6264	0,051
			4,5556	0,100				6,8727	0,011				5,5152	0,051				4,5451	0,100
			4,2500	0,121				5,4545	0,046				4,5333	0,097				4,5363	0,102
								5,2364	0,052				4,4121	0,109					
3	3	3	7,2000	0,004				4,5545	0,098						5	5	4	7,8229	0,010
			6,4889	0,011				4,4455	0,103	5	4	1	6,9545	0,008				7,7914	0,010
			5,6889	0,029									6,8400	0,011				5,6657	0,049
			5,6000	0,050	4	4	3	7,1439	0,010				4,9855	0,044				5,6429	0,050
			5,0667	0,086				7,1364	0,011				4,8600	0,056				4,5229	0,099
			4,6222	0,100				5,5985	0,049				3,9873	0,098				4,5200	0,101
								5,5758	0,051				3,9600	0,102					
4	1	1	3,5714	0,200				4,5455	0,099						5	5	5	8,0000	0,009
								4,4773	0,102	5	4	2	7,2045	0,009				5,7800	0,049
4	2	1	4,8214	0,057									7,1182	0,010				4,5600	0,100
			4,5000	0,076	4	4	4	7,6538	0,008				5,2727	0,049					
			4,0179	0,114				7,5385	0,011				5,2682	0,050					
								5,6923	0,049				4,5409	0,098					
4	2	2	6,0000	0,014				5,6538	0,054				4,5182	0,101	6	6	6	8,2222	0,010
			5,3333	0,033				4,6539	0,097									5,8011	0,049
			5,1250	0,052				4,5001	0,104	5	4	3	7,4449	0,010				4,6430	0,099
			4,4583	0,100									7,3949	0,011					
			4,1667	0,105	5	1	1	3,8571	0,143				5,6564	0,049	7	7	7	8,378	0,010
													5,6308	0,050				5,819	0,049
4	3	1	5,8333	0,021	5	2	1	5,2500	0,036				4,5487	0,099				4,594	0,099
			5,2083	0,050				5,0000	0,048				4,5231	0,103					
			5,0000	0,057				4,4500	0,071						8	8	8	8,465	0,010
			4,0556	0,093				4,2000	0,095	5	4	4	7,7604	0,009				5,805	0,050
			3,8889	0,129				4,0500	0,119				7,7440	0,011				4,595	0,099

Tabelle 122. (Fortsetzung)

n_1	n_2	n_3	n_4	n_5	P: 0,10	0,05	0,01	0,005	0,001
3	3	3	3	3	7,333	8,333	10,200	10,733	11,667
4	4	4	4	-	6,088	7,235	9,287	9,971	11,338
4	4	4	3	-	6,042	7,142	9,075	9,742	10,929
4	4	3	3	-	6,019	7,038	8,876	9,495	10,467
4	3	3	3	-	6,016	6,984	8,659	9,253	10,016

[395]

2. Die Teststärke des H-Tests läßt sich erhöhen, wenn beim Vorliegen gleicher Stichprobenumfänge der Nullhypothese: Gleichheit der Mediane (oder der Verteilungsfunktionen), die spezifische Alternativhypothese: Vorliegen einer bestimmten Rangordnung, Absteigen oder Abfallen der Mediane (oder der Verteilungsfunktionen), gegenübergestellt werden kann. Für die Verallgemeinerung eines einseitigen Tests gibt Chacko (1963) eine gegenüber (3.90a) etwas modifizierte Prüfgröße. Wir stellen im nächsten Abschnitt den Jonckheere-Test vor.

3. Für den Fall, daß nicht einzelne Beobachtungen, sondern Datenpaare zur Verfügung stehen, hat Glasser (1962) eine Modifikation des H-Tests gegeben, die es gestattet, gepaarte Beobachtungen auf Unabhängigkeit zu prüfen.

4. In den ersten Abschnitten des 4. Kap. werden zwei verbundene Stichproben verglichen. Der nichtparametrische Vergleich mehrerer verbundener Stichproben (Rangtest von Friedman) und der parametrische Vergleich mehrerer Mittelwerte (Varianzanalyse) folgen später (Kap. 7). Es sei betont, daß u. a. zwischen dem Wilcoxon-Test für verbundene Stichproben, dem Friedman-Test und dem H-Test enge Beziehungen bestehen.

5. Beim Vorliegen ungleicher Verteilungsformen ist der H-Test durch den entsprechenden $k \cdot 4$-Felder-Median-Quartile-Test zu ersetzen (vgl. S 392 und Hinweis 4 auf S. 391).

6. Ein Assoziationsmaß, das auf dem Verhältnis $\hat{\chi}^2$ zu $\hat{\chi}^2_{\max}$ basiert, ist von Acock und Stavig (1979) für die folgenden 5 Signifikanztests entwickelt worden: (1) Friedman-Test, (2) H-Test (Kruskal u. Wallis), (3) Kolmogoroff-Smirnoff-Test für 2 Stichproben, (4) McNemar-Test und (5) Q-Test (Cochran). Dieses Maß kann auch dann angewandt werden, wenn das Signifikanzniveau nicht erreicht worden ist oder wenn kein Test beabsichtigt ist, etwa wenn Daten einer Grundgesamtheit vorliegen.

7. Ein Ähnlichkeitsmaß für die Übereinstimmung etwa hinsichtlich der Körpergröße oder des Gewichts von Individuen, die in Familien vorliegen, gibt Rothery (1979).

396 Trendtest nach Jonckheere: Vergleich mehrerer geordneter Verteilungsfunktionen oder Mediane [396]

Läßt sich die Alternativhypothese als Trendhypothese angeben, etwa: die Verteilungsfunktionen F_i oder die Mediane $\tilde{\mu}_i$ der k Grundgesamtheiten ($i = 1, \ldots, k$) bilden eine bestimmte Rangordnung, sagen wir

$$\begin{aligned} &H_A: F_1 \leqq F_2 \leqq \ldots \leqq F_k \quad \text{bzw.} \quad \tilde{\mu}_1 \leqq \tilde{\mu}_2 \leqq \ldots \leqq \tilde{\mu}_k, \\ &\qquad \text{wobei wenigstens eine dieser } k-1 \text{ Ungleichungen gilt, dann läßt sich} \\ &H_0: F_1 = F_2 = \ldots = F_k \quad \text{bzw.} \quad \tilde{\mu}_1 = \tilde{\mu}_2 = \ldots = \tilde{\mu}_k \end{aligned} \tag{3.97}$$

nach Jonckheere (1954) ablehnen. Die Prüfgröße E läßt sich anhand der Standardnormalverteilung beurteilen: sie gilt sogar für **sehr ungleiche Stichprobenumfänge**, sobald der
[396] Gesamtumfang aller Stichproben mindestens gleich **12** ist. Die Voraussetzungen des Tests entsprechen denen des H-Tests. Natürlich müssen die Alternativhypothese und die Entscheidung, diesen Test anzuwenden, vor der Datengewinnung festgelegt werden; andernfalls ist der H-Test anzuwenden.
Der Test sei an einem Beispiel erläutert. Gegeben seien die geordneten Werte der Tabelle 123.

Tabelle 123

	A	B	C
	30	36	44
	31	38	45
	34	41	47
	34	41	49
	37	45	50
	39	48	50
$\tilde{x}$:	34	41	48

$n_A = n_B = n_C = 6$
$\sum n_i = 18 = N$

Beachtet sei: $\sum n_i > 12$ wobei die n_i ungleich sein dürfen; jede der k Stichprobengruppen sollte **mindestens 3 Beobachtungen** enthalten.

Läßt sich H_0 ablehnen und $H_A : \tilde{\mu}_A \leqq \tilde{\mu}_B \leqq \tilde{\mu}_C$ auf dem 5%-Niveau sichern?
Zur Prüfgröße E gelangt man, indem für jedes Stichprobenpaar AB, AC, BC ausgezählt wird, wie oft sich $B < A, C < A$ und $C < B$ ergeben; für jede Gleichheit $B = A$; $C = A$; $C = B$ wird 1/2 gezählt; E ist die Summe dieser drei Zählungen; sollte H_A gelten, so wird E klein sein.

$\boldsymbol{B < A}$:	36 < 37 und 39,	d. h.	2
	38 < 39		1
$\boldsymbol{C < A}$:	–		
$\boldsymbol{C < B}$:	44 < 45 und 48		2
	45 = 45 und 45 < 48		1,5
	47 < 48		1
	und somit $E =$		7,5

H_A wird auf dem 5%-Niveau (einseitige Fragestellung) abgelehnt, sobald ($N = \sum n_i$)

$$E \leqq \mu_E - 1{,}645\,\sigma_E \quad \text{mit} \quad \mu_E = [N^2 - \sum n_i^2]/4 \quad \sigma_E = \sqrt{\{N^2(2N+3) - \sum n_i^2(2n_i+3)\}/72} \tag{3.98}$$

Für das Beispiel:

$$\mu_E = [18^2 - (6^2 + 6^2 + 6^2)]/4 = 54{,}000$$

$$\sigma_E = \sqrt{\{18^2(2{\cdot}18+3) - [6^2(2{\cdot}6+3) + 6^2(2\cdot 6+3) + 6^2(2\cdot 6+3)]\}/72} = 12{,}369$$

$$\text{und} \quad E = 7{,}5 < 33{,}65 = 54 - 1{,}645 \cdot 12{,}369$$

Soll z. B. auf dem 1%-Niveau geprüft werden, so ist $z_{0,05;\text{einseitig}} = 1{,}645$ durch $z_{0,01;\text{einseitig}} = 2{,}326$ zu ersetzen.

Will man ein fest vorgegebenes α vermeiden, so prüfe man anhand der Standardnormalverteilung nach **[396]**

$$\boxed{\hat{z} = \frac{|E - \mu_E|}{\sigma_E}} \tag{3.99}$$

Für das Beispiel:

$$\hat{z} = \frac{|7{,}5 - 54{,}0|}{12{,}369} = 3{,}76 \quad \text{oder} \quad P < 0{,}001\,.$$

Beispiel 2

Für die Werte der Tabelle 124 mit $n_A = n_B = n_C = 5$ und $\sum n_i = 15 = N > 12$ erhält man

Tabelle 124

	A	B	C
	106	110	136
	114	125	139
	116	143	149
	127	148	160
	145	151	174
$\tilde{x}$:	116	143	149

$B < A$:	$110 < 114 - 145$,	d. h.	4
	$125 < 127 - 145$,		2
	$143 < 145$		1
$C < A$:	$136 < 145$		1
	$139 < 145$		1
$C < B$:	$136 < 143 - 151$		3
	$139 < 143 - 151$		3
	$149 < 151$		1
		$E =$	16

$$\mu_E = [15^2 - (5^2 + 5^2 + 5^2)]/4 = 37{,}5$$

$$\sigma_E = \sqrt{\{15^2(2{\cdot}15{+}3) - [5^2(2{\cdot}5{+}3) + 5^2(2{\cdot}5{+}3) + 5^2(2{\cdot}5{+}3)]\}/72} = 9{,}465$$

und damit $\hat{z} = |16 - 37{,}5|/9{,}465 = 2{,}27$ oder $P \approx 0{,}012$.

Hinweise

1. Für $k = 2$ ist (a) der Jonckheere-Test identisch mit dem einseitigen U-Test, (b) der H-Test identisch mit dem zweiseitigen U-Test.

2. Odeh (1971) gibt ausführliche kritische Schranken, die Hollander und Wolfe (1999: S. 649–662) in ihr Buch übernommen haben. Zur Teststärke siehe Odeh (1972) sowie Potter und Sturm (1981). Mack und Wolfe (1981) sowie Chen und Wolfe (1990) stellen eine interessante Variante dieses Tests vor: zuerst ansteigender und danach abfallender Trend („umbrella" alternative). Details und Beispiele geben Hollander und Wolfe (1999: Chapter 6). Aufschlußreich für Anwender ist auch das Buch von Leach (1979), das sich hauptsächlich mit ordinalskalierten Daten befaßt. Es enthält einfache und komplizierte Beispiele, behandelt das Problem der Bindungen ausführlich, geht näher ein auf den Übergang zur Mehrfeldertabelle mit vorgegebener Rangordnung der Kategorien und enthält kritische Schranken. Außerdem behandelt Leach (1979) auch die Assoziationsmaße Delta (Somers), Gamma (Goodman und Kruskal) und Tau (Kendall).

3. Vertiefendes zum Jonckheere-Test bieten Dietz (1989) und H. Büning [J. Appl. Statist. **26** (1999), 541–551].

4. Entsprechende Tests für **drei bis zehn geordnete Mittelwerte** gleicher Umfänge enthält M2: 117–119, 224–232. Näheres ist *Bartholomew (1959)* sowie Robertson u. Mitarb. (1988) zu entnehmen (vgl. auch den Kasten auf S. 127).

4 Weitere Prüfverfahren

Auch die Übersichten 52 und 53 in [148] sowie 65 in [42] geben einen Überblick über die in diesem Kapitel behandelten Themen.

[41] 41 Herabsetzung des Stichprobenfehlers durch gepaarte Beobachtungen: Paarige Stichproben

- Blockinterne Vergleiche
- Standardfehler einer Differenz

Wenn n Personen einen Sonnenbrand haben und zwei bewährte Behandlungsmöglichkeiten verfügbar sind, wird jede Person, die keine Behandlungserfahrung hat, gut beraten sein, beide Behandlungen an vergleichbar geschädigten und symmetrisch zueinander liegenden Hautpartien anzuwenden: es liegen dann **blockinterne Vergleiche** vor.

Eine schmale Grenzzone sei zugleich mit beiden behandelt, um zu sehen, ob sie sich gegenseitig beeinflussen, d. h. um eine mögliche **Wechselwirkung** zu erkunden: sollte dies der Fall sein, dann ist die Wirkung der Kombination keine mittlere, sondern deutlich schlechter oder besser als die der Einzelbehandlungen (vgl. S. 636 und 649 unten).

An jeder Person lassen sich dann als Resultat der Behandlungen **paarweise Beobachtungen** (z. B. Heilung nach ... Stunden) feststellen. Man spricht auch von verbundenen Stichproben oder von **paarigen Stichproben.**
Hätte man den Vergleich an zwei unabhängigen Stichproben durchgeführt, wären doppelt so viele Probanden nötig gewesen. Man hätte auch beachten müssen, daß sich beide Stichproben hinsichtlich Schweregrad, ..., möglichst wenig unterscheiden. Es wäre dann auch besser gewesen, jeweils **Probandenpaare zu bilden, die sich in wesentlichen Einflußgrößen ähneln.** Die Zuordnung der Partner zu den beiden Behandlungsgruppen wäre dann durch einen Zufallsprozeß bestimmt worden. Auch hier hätten wir dann paarige Stichproben; denn jedes Paar wäre ein Block. Dieser Block wäre dann aber deutlich we-

niger homogen als in dem von uns gewählten Ansatz, bei dem wir die Streuung im Block ausgeschaltet haben (gleichwertige Hautpartien!).

Beim Übergang von unabhängigen zu paarigen Stichproben sinkt die Zahl der Freiheitsgrade auf die Hälfte. Dieser Genauigkeitsverlust wird meist durch Blockbildung mehr als ausgeglichen. **[41]**

Bezeichnet man die Varianz zwischen den Differenzen und Summen der Einzelpaare mit s_d^2 und s_s^2, dann sind paarige Stichproben (n Paare) unabhängigen Stichproben (jeweils des Umfangs n) überlegen für

$$\boxed{\left[\frac{n(2n+1)}{(n+2)(2n-1)}\right]\left[\frac{(n-1)s_s^2+ns_d^2}{(2n-1)s_d^2}\right]>1} \qquad (4.1)$$

Nehmen wir z. B. die Werte der Tabelle 127: $s_d^2 = [20{,}04 - (9{,}2)^2/8]/7 = 1{,}35$; zur Berechnung von s_s^2 sind die Spalten $(x_i + y_i)$ und $(x_i + y_i)^2$ zu ergänzen, hieraus ergibt sich

$s_s^2 = [545{,}60 - (65{,}0)^2/8]/7 = 2{,}50$ und damit $\left[\frac{8\cdot 17}{10\cdot 15}\right]\left[\frac{7\cdot 2{,}50 + 8\cdot 1{,}35}{15\cdot 1{,}35}\right] = 1{,}27 > 1$;

d. h. auch für künftige Untersuchungen sind gepaarte Beobachtungen zu bevorzugen.

Paarige Stichproben erhält man nun nach folgenden beiden Prinzipien. Bekannt ist der Aufbau von Versuchen mit **Testwiederholung** an einer und derselben Stichprobe von Individuen. Versuchspersonen werden z. B. einmal unter Normalbedingungen und anschließend unter Streß getestet. Hierbei ist zu beachten, daß Faktoren wie z. B. Übung oder Ermüdung ausgeschaltet werden müssen. Das zweite Prinzip bildet die **Organisierung von paarigen Stichproben mit Hilfe einer Vortestung** oder eines meß- oder schätzbaren Merkmales, das mit dem zu untersuchenden Merkmal möglichst stark korreliert.

Die Individuen werden z. B. aufgrund des Vortests in eine Rangreihe gebracht. Je zwei in dieser Rangliste aufeinanderfolgende Individuen bilden ein Paar. Durch einen Zufallsprozeß etwa mit Hilfe eines Münzwurfes wird entschieden, welcher Partner zu welcher Stichprobengruppe gehören soll. Für die Standardabweichung der Differenz zwischen den Mittelwerten zweier Meßreihen oder Stichproben haben wir in Formel (3.58)

$$\boxed{s_{\bar{x}_1-\bar{x}_2} = s_{\text{Diff.}} = \sqrt{\frac{s_1^2}{n_1}+\frac{s_2^2}{n_2}} = \sqrt{s_{\bar{x}_1}^2 + s_{\bar{x}_2}^2}} \qquad (4.2)$$

benutzt. Diese Bezeichnung gilt aber nur dann, wenn beide Meßreihen oder Stichproben **stochastisch unabhängig voneinander** sind. Sind sie miteinander **verbunden**, voneinander abhängig, d. h. besteht ein Zusammenhang zwischen den Wertepaaren, so vermindert sich die Standardabweichung der Differenz und wir erhalten jetzt $s_{\text{Diff.};r}$

$$\boxed{s_{\text{Diff.};r} = \sqrt{s_{\bar{x}_1}^2 + s_{\bar{x}_2}^2 - 2rs_{\bar{x}_1}s_{\bar{x}_2}}} \qquad (4.3)$$

[vgl. $\text{Var}(\bar{X}_1 - \bar{X}_2) = [\sigma_1^2/n_1] + [\sigma_2^2/n_2] - 2\varrho\sqrt{[\sigma_1^2/n_1][\sigma_2^2/n_2]}$]

Aus (4.3) folgt: $r = (s_{\bar{x}_1}^2 + s_{\bar{x}_2}^2 - s_{\text{Diff.};r}^2)/(2s_{\bar{x}_1}s_{\bar{x}_2})$

Die **Größe des Subtraktionsgliedes** richtet sich nach der Größe des Korrelationskoeffizienten r, der den Grad des Zusammenhanges ausdrückt (Kapitel 5). Die Standardabwei-
[41] chung der Differenz nimmt ab, sobald r von -1 nach 1 zunimmt.
Bei $r = 0$, d. h. in stochastisch unabhängigen Stichproben, wird das Subtraktionsglied unter der Wurzel gleich Null; bei $r = 1$, d. h. bei maximaler Korrelation oder vollständiger Abhängigkeit erreicht das Subtraktionsglied sein Maximum und die Standardabweichung der Differenz ihr Minimum. Die Power, einen Unterschied $\mu_x - \mu_y$ zu erfassen, ist dann größer, vorausgesetzt, der Stichprobenumfang der verbundenen Stichproben ist hinreichend groß.

42 Paarweise angeordnete Beobachtungen

Verbundene Stichproben

Zwei Stichproben heißen verbunden, wenn:

JE EINE Beobachtung der einen Stichprobe genau einer Beobachtung der anderen Stichprobe entspricht, wenn PAARIGE Beobachtungen vorliegen.

entweder weil es **besonders ähnliche Untersuchungseinheiten** sind oder wenn **dieselben Untersuchungseinheiten** vorliegen.

Beispiele: Linkes und rechtes Vorderrad desselben Wagens, die beiden auf S. 404 erwähnten Hautpartien.

Dem Vergleich zweier bzw. mehrerer unabhängiger Stichproben entsprechend gibt es für paarige Stichproben (vgl. Tab. 125) und verbundene Stichproben (vgl. Tab. 125 und 126) z. B. die folgenden Tests:

I Paarige Stichproben (Modell I in Tab. 125)

(1) Vorzeichentest [424]
(2) Wilcoxon-Test für Paardifferenzen [422]
(3) t-Test für Paardifferenzen [421]

Tabelle 125. An n Patienten in Abständen von jeweils 2 Stunden erhobene Meßwerte. Die drei [8^{00}; 10^{00}; 12^{00}] (bzw. k) Meßreihen heißen verbundene Stichproben, sie bestehen aus n Blöcken zu jeweils drei (k) Beobachtungen (Modell II). n Blöcke, die jeweils nur zwei PAARIGE BEOBACHTUNGEN umfassen (Modell I), heißen auch paarige Stichproben

Nr.	Patient	8^{00}	10^{00}	12^{00}	…
Die Werte eines Patienten bilden einen Block		Modell II			
		Modell I			
1	G. A.	16	17	17	…
2	M. A.	14	14	15	…
⋮	⋮	⋮	⋮	⋮	⋮
n	R. Z.	15	16	18	…

II Verbundene Stichproben ($k \geqq 3$, Modell II): Kapitel 7

(1) Rang-Block-Varianzanalyse: Friedman-Test [76]

(2) Block-Varianzanalyse: man bevorzugt hier Doppel- bzw. Dreifachbestimmungen (bzw. m-fach-B.) (vgl. Tab. 126: z.B. 3 Meßwerte für jede Behandlung in jedem Block), etwa, Tabelle 125 jeweils 2 bzw. 3 Beobachtungen pro Patient und Zeitpunkt [74].

Tabelle 126. Tabellenstruktur für die Meßwerte aus k verbundenen Stichproben, die unterschiedlich behandelt werden, was dann auch, entsprechend den Erwartungen für die n blockinternen Vergleiche, in den unterschiedlichen Summen zum Ausdruck kommen sollte

Block Nr.	Behandlungen bzw. Bedingungen 1 2 … k
1 2 ⋮ n	nk bzw. mnk MESSWERTE
Summe	. . … .

Prüft man zwei Schlafmittel an jeweils denselben Patienten, so ergeben sich für die Schlafverlängerung in Stunden *gepaarte Meßwerte*, d. h. paarige Stichproben, auch verbundene Stichproben genannt, etwa die auf S. 757 oben oder die der Tabelle 127.

[42] **Übersicht 65.** Einige Zweistichprobentests mit zugehörigen Abschnittsnummern. Ergänzende Hinweise sind den Übersichten 4 und 5 sowie den Abschnitten [133]: Merkmalsarten und [148]: Skalenarten zu entnehmen

Stichproben	Daten	Test
unabhängige	Alternativ-	Vierfelder-χ^2-Homogenitätstest [461]
	kategorial gegliederte	$k \cdot 2$-Felder-χ^2-Homogenitätstest [612]
	Meßwerte	[a] *U*-Test und *KS*-Test [394] und [393]
		Bei *NV*: *t*-Test [36]
verbundene		Bei *NV*: *t*-Test [421]
	Meßwerte	[a] Wilcoxon-Test [422]
	kategorial gegliederte	Bowker-Test [624]
	Alternativ-	McNemar-Test [463]

[a] *U*-Test und Wilcoxon-Test (für Paardifferenzen) sind auch auf ordinalskalierte (rangkategoriale) Daten (Rangdaten) anwendbar

[421]
421 Der *t*-Test für paarweise angeordnete Meßwerte

4211 Prüfung des Erwartungswertes der Paardifferenzen auf Null

Die Werte der beiden verbundenen Meßreihen seien x_i und y_i. Für die Prüfung der Paar-
[4211] differenzen $x_i - y_i = d_i$ dient der Quotient

$$\hat{t} = \frac{\bar{d}}{s_{\bar{d}}} = \frac{(\sum d_i)/n}{\sqrt{\dfrac{\sum d_i^2 - (\sum d_i)^2/n}{n(n-1)}}} \qquad FG = n - 1 \tag{4.4}$$

aus dem Mittelwert der n Differenzen und der zugehörigen Standardabweichung mit $n-1$ Freiheitsgraden, wobei n die Anzahl der Paardifferenzen bezeichnet. Vorausgesetzt werden **unabhängige Differenzen aus Zufallsstichproben zumindest angenähert normalverteilter Differenzen** $N(\mu_d, \sigma_d)$. Getestet wird der aus den Paardifferenzen geschätzte Erwartungswert μ_d. Geprüft wird H_0: $\mu_d = 0$ gegen H_A: $\mu_d > 0$ bzw. $\mu_d < 0$ oder beim zweiseitigen Test $\mu_d \neq 0$. Ergänzend wird stets (4.5) berechnet.

Erhält man fast ausschließlich Werte $d_i \approx 1$, dann ist [z.B. für $n = 10$: $\sum d_i^2 \approx 10$ und $(\sum d_i)^2/n \approx 10^2/10 = 10$] der Zähler unter der Quadratwurzel praktisch gleich Null und die Formel nicht mehr anwendbar. In diesem Fall benutze man [422]. Zur graphischen Darstellung paarweise angeordneter Beobachtungen siehe D. McNeil (1992, The American Statistician **46**, 307–311).

Beispiel

Tabelle 127 enthalte Meßwerte (x_i, y_i) für Material, das nach zwei Verfahren behandelt wurde bzw. für unbehandeltes (x_i) und behandeltes Material (y_i). Das durchnumerierte

Tabelle 127

Nr.	x_i	y_i	d_i $(x_i - y_i)$	d_i^2
1	4,0	3,0	1,0	1,00
2	3,5	3,0	0,5	0,25
3	4,1	3,8	0,3	0,09
4	5,5	2,1	3,4	11,56
5	4,6	4,9	-0,3	0,09
6	6,0	5,3	0,7	0,49
7	5,1	3,1	2,0	4,00
8	4,3	2,7	1,6	2,56
n = 8			$\sum d_i = 9{,}2$	$\sum d_i^2 =$ 20,04

[4211]

Material sei unterschiedlicher Herkunft. Läßt sich die Nullhypothese, kein Behandlungsunterschied bzw. kein Behandlungseffekt auf dem 5%-Niveau sichern?

Es ist
$$\hat{t} = \frac{9{,}2/8}{\sqrt{\frac{20{,}04 - 9{,}2^2/8}{8(8-1)}}} = \left[\frac{\bar{d}}{s_{\bar{d}}}\right] = \frac{1{,}15}{0{,}4110} = 2{,}798 \text{ oder } 2{,}80$$

und, da $\hat{t} = 2{,}798 > 2{,}365 = \underset{\text{zweiseitig}}{t_{7;0,05}}$, ist der Verfahrensunterschied bzw. der Behandlungseffekt auf dem 5%-Niveau statistisch signifikant.

Benötigte Stichprobenumfänge und Power-Berechnungen sind z. B. *Guenther (1973)*, Dixon und Massey (1983) sowie Zar (1999) zu entnehmen.

Verglichen mit dem Standardverfahren für den Vergleich der Mittelwerte zweier unabhängiger Stichproben (vgl. die Übersichten 63 und 65), vermeidet man beim Arbeiten mit gepaarten Beobachtungen einmal störende Streuungen. Zum anderen sind die **Voraussetzungen schwächer.** Es kann sein, daß die Variablen x_i und y_i von der Normalverteilung beträchtlich abweichen, die Differenzen aber recht gut normalverteilt sind! Umfangreiche paarige oder verbundene Stichproben werden auch mit verteilungsunabhängigen Tests analysiert.

Werden Messungen, die in die Enden einer Verteilung fallen, nach einer Behandlung der Untersuchungseinheiten wiederholt, so ist zu erwarten, daß sie diesmal eher im mittleren Bereich der Verteilung liegen, so daß dann ein Behandlungseffekt vorgetäuscht wird.

Sind die Daten unvollständig, dann prüfe man nach Ekbohm (1981).

Der Vertrauensbereich für den Erwartungswert μ_d der Paardifferenzen ist durch

$$\boxed{\bar{d} \pm (t_{n-1;\alpha}) s_{\bar{d}}} \tag{4.5}$$

gegeben mit $\bar{d} = \frac{\sum d}{n}$ und $s_{\bar{d}} = \frac{s_d}{\sqrt{n}} = \sqrt{\frac{\sum d_i^2 - (\sum d_i)^2/n}{n(n-1)}}$ aus (4.4) sowie $t_{\text{zweiseitig}}$.

Für unser Beispiel erhält man den 95%Vertrauensbereich: $1{,}15 \pm 2{,}365 \cdot 0{,}411$ bzw. $1{,}15 \pm 0{,}97$, d. h. 95%-VB: $0{,}18 \leqq \mu_d \leqq 2{,}12$, der, dem Testresultat entsprechend, die Null nicht miteinschließt.

[4211] Einseitige Vertrauensgrenzen lassen sich auch angeben. Als obere 95%-Vertrauensgrenze erhielte man auch (4.5) mit $t_{7;0,05;\text{einseitig}} = 1{,}895$ über $1{,}15 + 1{,}895 \cdot 0{,}411 = 1{,}15 + 0{,}78$ den Wert 1,93, d. h. 95%-VG$_{\text{oben}}$: $\mu_d = 1{,}93$ bzw. $\mu_d \leqq 1{,}93$.

4212 Prüfung der Gleichheit zweier Varianzen paariger Stichproben

[4212] Soll die Variabilität eines Merkmals vor (x_i) und nach (y_i) einem Alterungsprozeß oder einer Behandlung verglichen werden, dann sind zwei Varianzen paarweise angeordneter Beobachtungen auf Gleichheit zu prüfen. Prüfgröße ist

$$\boxed{\hat{t} = \frac{|(Q_x - Q_y) \cdot \sqrt{n-2}|}{2\sqrt{Q_x Q_y - (Q_{xy})^2}}} \tag{4.6}$$

mit $n-2$ Freiheitsgraden. Q_x und Q_y werden nach (3.52, 3.53) berechnet. Q_{xy} (vgl. [543]) erhält man dementsprechend nach

$$\boxed{Q_{xy} = \sum xy - \frac{\sum x \sum y}{n}} \tag{4.7}$$

Beispielsweise ergibt sich für $\dfrac{x_i|21\ 18\ 20\ 21|\sum x = 80}{y_i|26\ 33\ 27\ 34|\sum y = 120}$ mit $Q_x = 6$, $Q_y = 50$ und

$$Q_{xy} = (21 \cdot 26 + 18 \cdot 33 + 20 \cdot 27 + 21 \cdot 34) - \frac{80 \cdot 120}{4} = -6$$

$$\hat{t} = \frac{|(6-50) \cdot \sqrt{4-2}|}{2 \cdot \sqrt{6 \cdot 50 - (-6)^2}} = 1{,}91 < 4{,}30 = t_{2;0,05;\text{zweis.}}$$

bei zweiseitiger Fragestellung auf dem 5%Niveau, daß die Nullhypothese: Gleichheit beider Varianzen, beibehalten werden muß. Bei begründeter einseitiger Fragestellung mit $\sigma_x^2 = \sigma_y^2$ gegen $\sigma_x^2 < \sigma_y^2$ wäre $t_{2;0,05;\text{eins.}} = 2{,}92$ die kritische Schranke.

Einen Test auf Gleichheit der Varianzen paariger Beobachtungen stellt auch McCulloch (1987) vor. Ekbohm (1981) behandelt den entsprechenden Test und den entsprechenden Mittelwertvergleich für den Fall, daß die paarigen Beobachtungen unvollständig sind.

Näheres zur **Meßfehler-Problematik** ist *Cochran (1968)*, Mandel und Lashof (1987) sowie Dunn (1989, 1992) zu entnehmen (vgl. auch S. 160).
Methoden-Vergleiche sind nicht trivial; weiterführende Ansätze bieten M2: 75, 76, Bablok und Passing (1985), Blackwood und Bradley (1991), Dunn (1992), Lin (1989, 1992) sowie J. Ludbrook, Clinical and Experimental Pharmacology and Physiology **24** (1997), 193–203.
Tests und Beispiele zu **Präzisionsvergleichen** zweier Instrumente oder Verfahren anhand der Schätzfunktionen nach Grubbs enthalten Biometrics **26** (1970), 671–676 und **27** (1971), 1097–1101 (vgl. auch S. 659, Hinweis 5). Zum Vergleich mehrerer Instrumente bzw. Verfahren siehe S. 614–619 sowie insbesondere Technometrics **35** (1993), 411–420. Die kleinste von mehreren Varianzen läßt sich nach L. S. Nelson prüfen [Journal of Quality Technology **25** (1993), 144–148].

422 Der Wilcoxon-Test für Paardifferenzen

Optimale Tests für den Vergleich zweier verbundener Stichproben, für den Vergleich gepaarter Beobachtungen, sind der t-Test bei normalverteilten Differenzen (4.4) und der Vorzeichen-Rang-Test von Wilcoxon (Wilcoxon matched pairs signed rank test) bei nicht normalverteilten Differenzen. Dieser Test, als Wilcoxon-Test für Paardifferenzen bekannt, kann auch auf Rangdaten angewendet werden. Er erfordert, verglichen mit dem t-Test, wesentlich weniger Rechenarbeit und testet normalverteilte Differenzen fast ebenso scharf; seine Wirksamkeit, Effizienz, liegt für große und kleine Stichprobenumfänge bei 95%. Der Vertrauensbereich für den Median der Paardifferenzen wird nach dem Test behandelt. [422]

Der Test gestattet die **Prüfung, ob die Differenzen paarig angeordneter Beobachtungen symmetrisch mit dem Median gleich Null verteilt sind**, d. h., unter der Nullhypothese entstammen die Paardifferenzen d_i einer Grundgesamtheit mit der Verteilungsfunktion $F(d)$ bzw. mit der Dichte $f(d)$, wobei:

$$\boxed{H_0 : F(+d) + F(-d) = 1 \quad \text{bzw.} \quad f(+d) = f(-d)}$$

Wird H_0 abgelehnt, so ist entweder die Grundgesamtheit nicht symmetrisch in bezug auf den Median, d. h. der Median der Differenzen ist ungleich Null ($\tilde{\mu}_d \neq 0$) oder den beiden Stichproben liegen unterschiedliche Verteilungen zugrunde. Von Paaren mit gleichen Einzelwerten abgesehen (vgl. jedoch auch *Cureton 1967*), bildet man für die restlichen n Wertepaare die Differenzen

$$\boxed{d_i = x_{i1} - x_{i2}} \tag{4.8}$$

und bringt die absoluten Beträge $|d_i|$ in eine ansteigende Rangordnung: Der kleinste erhält die Rangzahl 1, ..., und der größte die Rangzahl n. Bei gleichgroßen Beträgen werden mittlere Rangzahlen zugeordnet. Bei jeder Rangzahl wird vermerkt, ob die zugehörige Differenz ein positives oder ein negatives Vorzeichen aufweist. Man bildet die Summe der positiven und der negativen Rangzahlen ($\hat{R}_p$ und $\hat{R}_n$), kontrolliert sie nach

$$\boxed{\hat{R}_p + \hat{R}_n = n(n+1)/2} \tag{4.9}$$

und benutzt als Testgröße die **kleinere** der beiden Rangsummen ($\hat{R}$). Die Nullhypothese wird verworfen, wenn der berechnete $\hat{R}$-Wert kleiner oder gleich dem kritischen Wert $R(n;\alpha)$ der Tabelle 128 ist. Für $n > 25$ gilt die Approximation

$$\boxed{R(n;\alpha) = \frac{n(n+1)}{4} - z \cdot \sqrt{\frac{1}{24}n(n+1)(2n+1)}} \tag{4.10}$$

Geeignete Werte z sind für die zwei- und einseitige Fragestellung Tabelle 29 in [134] zu entnehmen. Anstatt (4.10) benutzt man dann, wenn man ein festes α nicht vorgeben kann oder will (und $n > 25$), die äquivalente Schreibweise (4.11)

Tabelle 128. Kritische Werte für den Wilcoxon-Paardifferenzen-Test (auszugsweise entnommen aus McCornack, R. L.: Extended tables of the Wilcoxon matched pair signed rank statistic. J. Amer. Statist. Assoc. **60** (1965), 864–871, 866 + 867). Beachtet sei, daß z. B. die einseitige 5%-Schranke zugleich zweiseitige 10%-Schranke ist und die zweiseitige 1%-Schranke zugleich einseitige
[422] 0,5%-Schranke ist

Test	zweiseitig			einseitig	
n	5%	1%	0,1%	5%	1%
6	0			2	
7	2			3	0
8	3	0		5	1
9	5	1		8	3
10	8	3		10	5
11	10	5	0	13	7
12	13	7	1	17	9
13	17	9	2	21	12
14	21	12	4	25	15
15	25	15	6	30	19
16	29	19	8	35	23
17	34	23	11	41	27
18	40	27	14	47	32
19	46	32	18	53	37
20	52	37	21	60	43
21	58	42	25	67	49
22	65	48	30	75	55
23	73	54	35	83	62
24	81	61	40	91	69
25	89	68	45	100	76
26	98	75	51	110	84
27	107	83	57	119	92
28	116	91	64	130	101
29	126	100	71	140	110
30	137	109	78	151	120
31	147	118	86	163	130
32	159	128	94	175	140
33	170	138	102	187	151
34	182	148	111	200	162
35	195	159	120	213	173
36	208	171	130	227	185
37	221	182	140	241	198
38	235	194	150	256	211
39	249	207	161	271	224
40	264	220	172	286	238
41	279	233	183	302	252
42	294	247	195	319	266
43	310	261	207	336	281
44	327	276	220	353	296
45	343	291	233	371	312
46	361	307	246	389	328
47	378	322	260	407	345
48	396	339	274	426	362
49	415	355	289	446	379
50	434	373	304	466	397
51	453	390	319	486	416
52	473	408	335	507	434
53	494	427	351	529	454

Test	zweiseitig			einseitig	
n	5%	1%	0,1%	5%	1%
54	514	445	368	550	473
55	536	465	385	573	493
56	557	484	402	595	514
57	579	504	420	618	535
58	602	525	438	642	556
59	625	546	457	666	578
60	648	567	476	690	600
61	672	589	495	715	623
62	697	611	515	741	646
63	721	634	535	767	669
64	747	657	556	793	693
65	772	681	577	820	718
66	798	705	599	847	742
67	825	729	621	875	768
68	852	754	643	903	793
69	879	779	666	931	819
70	907	805	689	960	846
71	936	831	712	990	873
72	964	858	736	1020	901
73	994	884	761	1050	928
74	1023	912	786	1081	957
75	1053	940	811	1112	986
76	1084	968	836	1144	1015
77	1115	997	862	1176	1044
78	1147	1026	889	1209	1075
79	1179	1056	916	1242	1105
80	1211	1086	943	1276	1136
81	1244	1116	971	1310	1168
82	1277	1147	999	1345	1200
83	1311	1178	1028	1380	1232
84	1345	1210	1057	1415	1265
85	1380	1242	1086	1451	1298
86	1415	1275	1116	1487	1332
87	1451	1308	1146	1524	1366
88	1487	1342	1177	1561	1400
89	1523	1376	1208	1599	1435
90	1560	1410	1240	1638	1471
91	1597	1445	1271	1676	1507
92	1635	1480	1304	1715	1543
93	1674	1516	1337	1755	1580
94	1712	1552	1370	1795	1617
95	1752	1589	1404	1836	1655
96	1791	1626	1438	1877	1693
97	1832	1664	1472	1918	1731
98	1872	1702	1507	1960	1770
99	1913	1740	1543	2003	1810
100	1955	1779	1578	2045	1850

$$\boxed{\hat{z} = \frac{\left|\hat{R} - \frac{n(n+1)}{4}\right|}{\sqrt{\frac{n(n+1)(2n+1)}{24}}}} \qquad (4.11)$$ **[422]**

Der erhaltene Wert $\hat{z}$ wird anhand der Standardnormalverteilung (Tabelle 29 in [134]) beurteilt. Eine Verallgemeinerung dieses Tests ist der Friedman-Test ([761]).

Beispiel

Ein Biochemiker prüft an 9 Probanden, ob sich die im Serum um 9.00 und um 18.00 Uhr bestimmten Konzentrationen des Metaboliten M bei zweiseitiger Fragestellung auf dem 5%-Niveau unterscheiden (H_0: $\tilde{\mu}_d = 0$; $H_A : \tilde{\mu}_d \neq 0$).

Tabelle 129

Proband Nr.		1	2	3	4	5	6	7	8	9
M [mmol/l]	9^{00}	0,47	1,02	0,33	0,70	0,94	0,85	0,39	0,52	0,47
	18^{00}	0,41	1,00	0,46	0,61	0,84	0,87	0,36	0,52	0,51
d_i		0,06	0,02	−0,13	0,09	0,10	−0,02	0,03	0	−0,04
Rangzahl f.d. $\lvert d_i \rvert$		5	1,5	8	6	7	1,5	3		4
$\hat{R}_p = 22{,}5$		(+)5	(+)1,5		(+)6	(+)7		(+)3		
$\hat{R}_n = 13{,}5$				(−)8			(−)1,5			(−)4
Kontrolle		$22{,}5 + 13{,}5 = 36 = 8(8+1)/2$ d.h. $\hat{R} = 13{,}5$								

Da $13{,}5 > 3 = R(8; 0{,}05)$, kann die Nullhypothese nicht abgelehnt werden.

Bei Bindungen (vgl. [394]) wird in (4.10; 4.11) die $\sqrt{A}$ durch $\sqrt{A - B/48}$ mit $B = \sum_{i=1}^{i=r}(t_i^3 - t_i)/12$ ersetzt [r = Anzahl der Bindungen, t_i = Vielfachheit der i-ten Bindung].

Eine ausführliche Tafel ($4 \leqq n \leqq 100$; 17 Signifikanzstufen zwischen $\alpha = 0{,}45$ und $\alpha = 0{,}00005$) gibt *McCornack (1965)*.

Verteilungsfreie Schnellverfahren zur Auswertung der Differenzen gepaarter Beobachtungen sind der sehr handliche Maximum-Test und der auch für andere Fragestellungen einsetzbare Vorzeichentest von Dixon und Mood.

Vertrauensbereich für den Median $\tilde{\mu}_d$ der Paardifferenzen

Der 95%-VB für $\tilde{\mu}_d$ ergibt sich aus den n geordneten Differenzen d_i, indem von den $n(n+1)/2$ möglichen Differenzen $(d_{i'} + d_{i''})/2$ für alle Paare i' und i'', einschließlich $i' = i''$ die k unteren und die k oberen gebildet werden. Den Wert k berechnet man nach (4.12) anhand der Werte $R_{n;0{,}05;\text{zweiseitig}}$ aus Tabelle 128

$$\boxed{k = 1 + R_{n;0,05;\text{zweiseitig}}} \tag{4.12}$$

[422] Dann bilden die k-ten Differenzen – jeweils von unten und von oben gerechnet – den 95%-VB für $\tilde{\mu}_d$, der hier eine Vertrauenswahrscheinlichkeit von mindestens 0,95 aufweist ($P \geqq 0{,}95$).
Für den 90%-VB mit $P \geqq 0{,}90$ wird in (4.12) der Tabellenwert $R_{n;0,05;\text{einseitig}}$ eingesetzt.
Für $n > 100$ berechnet man k nach (4.10) mit $z = 1{,}960$ (95%-VB) bzw. $z = 1{,}645$ (90%-VB); etwa für

$$n = 100 \quad \text{und} \quad \alpha_{\text{zweiseitig}} = 0{,}05$$

$$R(100; 0{,}05) = \frac{100(100+1)}{4} - 1{,}960 \cdot \sqrt{\frac{1}{24} 100(100+1)(2 \cdot 100 + 1)}$$
$$= 1954{,}955 \text{ oder } 1955$$

wie in Tabelle 128.

Beispiel

95%-VB für $\tilde{\mu}_d$: Für unsere neun geordneten Differenzen (vgl. Tab. 129) d_i: $-0{,}13$ $-0{,}04$ $-0{,}02$ 0 $0{,}02$ $0{,}03$ $0{,}06$ $0{,}09$ $0{,}10$ ergibt sich nach Tab. 128 der Wert $k = 1 + 5 = 6$.
Die geordneten mittleren Differenzen sind

von unten	*von oben*
$[(-0{,}13) + (-0{,}13)]/2 = -0{,}13$	$(0{,}10 + 0{,}10)/2 = 0{,}10$
$[(-0{,}13) + (-0{,}04)]/2 = -0{,}085$	$(0{,}10 + 0{,}09)/2 = 0{,}95$
$[(-0{,}13) + (-0{,}02)]/2 = -0{,}075$	$(0{,}09 + 0{,}09)/2 = 0{,}09$
$[(-0{,}13) + 0]/2 = -0{,}065$	$(0{,}10 + 0{,}06)/2 = 0{,}08$
$[(-0{,}13) + (0{,}02)]/2 = -0{,}055$	$(0{,}09 + 0{,}06)/2 = 0{,}075$
$[(-0{,}13) + (0{,}03)]/2 = \underline{-0{,}05}$	$(0{,}10 + 0{,}03)/2 = \underline{0{,}065}$
$[(-0{,}04) + (-0{,}04)]/2 = -0{,}04$	$(0{,}10 + 0{,}02)/2 = 0{,}06$
$[(-0{,}13) + (0{,}06)]/2 = -0{,}035$	$(0{,}09 + 0{,}03)/2 = 0{,}06$
	$(0{,}06 + 0{,}06)/2 = 0{,}06$ usw.

Somit folgt: $P(-0{,}050 \leqq \tilde{\mu}_d \leqq 0{,}065) \geqq 0{,}95$.
Da die Null miteingeschlossen ist, wird das Testresultat bestätigt.

423 Der Maximum-Test für Paardifferenzen

[423] Der *Maximum-Test* ist ein sehr einfacher Test für den Vergleich zweier gepaarter Meßreihen. Man braucht sich nur zu merken, daß – wenn die 5 absolut größten Differenzen das gleiche Vorzeichen haben – der Unterschied auf dem 10%-Niveau statistisch gesichert ist. Bei 6 Differenzen dieser Art ist der Unterschied auf dem 5%-Niveau statistisch signifikant, bei 8 Differenzen auf dem 1%-Niveau und bei 11 Differenzen auf dem 0,1%-Niveau. Diese Zahlen 5, 6, 8 und 11 gelten bei zweiseitiger Fragestellung für Stichprobenumfänge von $n \geqq 6$. Bei einseitiger Fragestellung entsprechen diesen Zahlen natürlich die 5%-, 2,5%-, 0,5%- und 0,05%-Schranken; treten zwei dem Absolutbetrag nach gleich große Differenzen mit verschiedenen Vorzeichen auf, so ordne man sie, um sicherzugehen, so ein, daß eine eventuell bestehende Folge gleicher Vorzeichen verkleinert wird (*Walter 1951/58*). Der Maximum-Test dient zur **unabhängigen Kontrolle** des t-Tests, ohne ihn jedoch zu ersetzen (*Walter 1958*).

Beispiel

Die Folge der Differenzen $+3{,}4$; $+2{,}0$; $+1{,}6$; $+1{,}0$; $+0{,}7$; $+0{,}5$; $-0{,}3$; $+0{,}3$ – beachte die ungünstigere Anordnung von $-0{,}3$ – führt bei zweiseitiger Fragestellung mit 6 typischen Differenzen auf dem 5%–Niveau zur Ablehnung der H_0: $\tilde{\mu}_d = 0$. **[423]**

Hinweise

1. Angenommen, die gepaarten Beobachtungen der Tabellen 127 und 129 seien keine Meßwerte, sondern zugeordnete bewertende ganze Zahlen, gleiche Abstände, etwa 1, 2, 3, 4, 5, 6, sind nicht notwendig, dann läßt sich für $n \gtrapprox 10$ H_0: $\tilde{\mu}_d = 0$ approximativ anhand der Standardnormalverteilung ablehnen, sobald $\hat{z} = (\sum d_i)/\sqrt{\sum d_i^2} > z_\alpha$. Für Tabelle 127: $\hat{z} = 9{,}2/\sqrt{20{,}04} = 2{,}055 > 1{,}96$.

2. Einen speziellen χ^2-Test zur Prüfung der Symmetrie einer Verteilung stellt *Walter (1954)* vor: Interessiert, ob das Medikament M z. B. die LDH beeinflußt, so wird diese vor und nach Gabe von M gemessen. Übt M keinen Einfluß aus, sind die Differenzen der Messungen bei den einzelnen Personen symmetrisch bezüglich Null verteilt.

3. Für die Prüfung gepaarter Beobachtungen auf Unabhängigkeit beschreibt *Glasser (1962)* einen einfachen nichtparametrischen Test. Zwei durchgerechnete Beispiele sowie eine Tafel mit kritischen Schranken erleichtern die Anwendung des Verfahrens.

424 Der Vorzeichentest von Dixon und Mood

Den Vorzeichen-Rangtest für den Median nach Wilcoxon haben wir in [394] kennengelernt. Er ist dem Vorzeichentest überlegen. Die Nullhypothese des Vorzeichentests lautet: **[424]**

$$P(X > Y) = P(X < Y) \quad \text{d. h.} \quad P(X > Y) = \tfrac{1}{2} \quad \text{und} \quad P(X < Y) = \tfrac{1}{2}$$

Der Name des Tests rührt daher, daß nur die Vorzeichen von Differenzen zwischen Beobachtungswerten gewertet werden. Vorausgesetzt wird die Stetigkeit der Zufallsvariablen. Der Test dient in erster Linie als Schnelltest zur **Prüfung des Unterschiedes der zentralen Tendenz zweier verbundener Stichproben** (*Dixon und Mood 1946*). *Die einzelnen Paare brauchen* – im Unterschied zum t-Test und zum Wilcoxon-Test – *nicht einer gemeinsamen Grundgesamtheit zu entstammen*; sie können beispielsweise hinsichtlich Alter, Geschlecht usw. verschiedenen Grundgesamtheiten angehören. Wesentlich ist, daß

Tabelle 130. Wertepaare $n; h$ für den Vorzeichentest ($\alpha = 0{,}05$). Um zumindest auf dem 5%-Niveau eine falsche Nullhypothese ($\pi_0 = 0{,}5$) mit einer Power von wenigstens P entdecken zu können, dürfen von mindestens n Nicht-Null-Differenzen höchstens h das seltenere Vorzeichen aufweisen

Power P	Alternativhypothese mit $\pi =$		
	0,90	0,75	0,60
$0{,}70 < P \leqq 0{,}75$	10; 1	25; 7	158; 66
$0{,}80 < P \leqq 0{,}85$	14; 2	30; 9	199; 85
$0{,}90 < P \leqq 0{,}95$	15; 3	42; 14	263; 115

Tabelle 131. Schranken für den Vorzeichentest (aus B.L. Van der Waerden: Mathematische Statistik, Springer, Berlin 1957, S. 345, Tafel 9)

[424]

Zweiseitig	5%		2%		1%		Zweiseitig	5%		2%		1%	
n = 5	0	5	0	5	0	5	n = 53	19	34	18	35	17	36
6	1	5	0	6	0	6	54	20	34	19	35	18	36
7	1	6	1	6	0	7	55	20	35	19	36	18	37
8	1	7	1	7	1	7	56	21	35	19	37	18	38
9	2	7	1	8	1	8	57	21	36	20	37	19	38
10	2	8	1	9	1	9	58	22	36	20	38	19	39
11	2	9	2	9	1	10	59	22	37	21	38	20	39
12	3	9	2	10	2	10	60	22	38	21	39	20	40
13	3	10	2	11	2	11	61	23	38	21	40	21	40
14	3	11	3	11	2	12	62	23	39	22	40	21	41
15	4	11	3	12	3	12	63	24	39	22	41	21	42
16	4	12	3	13	3	13	64	24	40	23	41	22	42
17	5	12	4	13	3	14	65	25	40	23	42	22	43
18	5	13	4	14	4	14	66	25	41	24	42	23	43
19	5	14	5	14	4	15	67	26	41	24	43	23	44
20	6	14	5	15	4	16	68	26	42	24	44	23	45
21	6	15	5	16	5	16	69	26	43	25	44	24	45
22	6	16	6	16	5	17	70	27	43	25	45	24	46
23	7	16	6	17	5	18	71	27	44	26	45	25	46
24	7	17	6	18	6	18	72	28	44	26	46	25	47
25	8	17	7	18	6	19	73	28	45	27	46	26	47
26	8	18	7	19	7	19	74	29	45	27	47	26	48
27	8	19	8	19	7	20	75	29	46	27	48	26	49
28	9	19	8	20	7	21	76	29	47	28	48	27	49
29	9	20	8	21	8	21	77	30	47	28	49	27	50
30	10	20	9	21	8	22	78	30	48	29	49	28	50
31	10	21	9	22	8	23	79	31	48	29	50	28	51
32	10	22	9	23	9	23	80	31	49	30	50	29	51
33	11	22	10	23	9	24	81	32	49	30	51	29	52
34	11	23	10	24	10	24	82	32	50	31	51	29	53
35	12	23	11	24	10	25	83	33	50	31	52	30	53
36	12	24	11	25	10	26	84	33	51	31	53	30	54
37	13	24	11	26	11	26	85	33	52	32	53	31	54
38	13	25	12	26	11	27	86	34	52	32	54	31	55
39	13	26	12	27	12	27	87	34	53	33	54	32	55
40	14	26	13	27	12	28	88	35	53	33	55	32	56
41	14	27	13	28	12	29	89	35	54	34	55	32	57
42	15	27	14	28	13	29	90	36	54	34	56	33	57
43	15	28	14	29	13	30	91	36	55	34	57	33	58
44	16	28	14	30	14	30	92	37	55	35	57	34	58
45	16	29	15	30	14	31	93	37	56	35	58	34	59
46	16	30	15	31	14	32	94	38	56	36	58	35	59
47	17	30	16	31	15	32	95	38	57	36	59	35	60
48	17	31	16	32	15	33	96	38	58	37	59	35	61
49	18	31	16	33	16	33	97	39	58	37	60	36	61
50	18	32	17	33	16	34	98	39	59	38	60	36	62
51	19	32	17	34	16	35	99	40	59	38	61	37	62
52	19	33	18	34	17	35	100	40	60	38	62	37	63
Einseitig	2,5%		1%		0,5%		Einseitig	2,5%		1%		0,5%	

Außerhalb der Schranken ist der Effekt gesichert.
Diese Tabelle wird durch die Tabellen 131 a und 131 b ergänzt.
In [165], Beispiel 164, wird diese Tabelle ebenfalls genutzt.

Vorzeichentest-Versionen in Gegenwart von Bindungen vergleichen C. W. Coakley und M. A. Heise in Biometrics **52** (1996), 1242–1251 [vgl. auch Biometrics **55** (1999), 663–665].

die Ergebnisse der einzelnen Paare unabhängig voneinander sind. Die **Nullhypothese** des Vorzeichentests lautet: **Die Differenzen gepaarter Beobachtungen unterscheiden sich im Durchschnitt nicht von Null;** man erwartet, daß etwa die Hälfte der Differenzen [424] kleiner als Null ist, also ein negatives Vorzeichen aufweist und die andere Hälfte größer als Null ist, also ein positives Vorzeichen aufweist. Der Vorzeichentest prüft damit die Nullhypothese: **die Verteilung der Differenzen hat den Median Null.**

Schranken oder Vertrauensgrenzen für den Median findet man in Tabelle 131. Die Nullhypothese wird abgelehnt, wenn zu wenige oder zu viele Differenzen eines Vorzeichens vorhanden sind, wenn die Schranken der Tabelle 131 unter- oder überschritten werden. Treten Null-Differenzen auf, so bleiben diese unberücksichtigt. Hierdurch vermindert sich der Stichprobenumfang entsprechend. Die Wahrscheinlichkeit für das Auftreten einer bestimmten Anzahl von Plus- oder Minuszeichen ergibt sich aus der Binomialverteilung für $p = q = 1/2$ (vgl. die oben genannte H_0 des Tests). Die Tafel der Binomialwahrscheinlichkeiten (Tab. 66) – letzte Spalte für $p = 0{,}5$ – zeigt, daß mindestens 6 Paare von Beobachtungen vorliegen müssen, wenn bei zweiseitiger Fragestellung ein Ergebnis auf dem 5%-Niveau gesichert sein soll: $n = 6$, $x = 0$ oder 6; der tabellierte P-Wert ist für den zweiseitigen Test zu verdoppeln: $P = 2 \cdot 0{,}0156 = 0{,}0312 < 0{,}05$. Auf ähnliche Weise sind auch die anderen Schranken der Tabelle 131 ermittelt worden. Die Power des Tests ist um so größer, je stärker p oder π von dem Wert $\pi_0 = 1/2$ abweicht, was in Tabelle 130 gut zum Ausdruck kommt.
Die Wirksamkeit des Vorzeichentests sinkt mit zunehmendem Stichprobenumfang von 95% bei $n = 6$ auf 64% bei $n \rightarrow$Unendlich; d. h. man nutzt ihn im allgemeinen für $6 \leqq n \lessapprox 40$. In [463] werden wir uns diesem Test noch einmal zuwenden. Eine umfangreiche Tafel für den Vorzeichentest ($n = 1(1)1000$) gibt *MacKinnon (1964)*.

Tabelle 131a

Linke Schranken für die zweiseitige Fragestellung																	
n	5%	1%	*n*	5%	1%	*n*	5%	1%	*n*	5%	1%	*n*	5%	1%	*n*	5%	1%
101	41	38	121	50	46	141	59	55	161	68	64	181	77	73	210	91	86
102	41	38	122	50	47	142	59	56	162	69	65	182	78	74	220	95	91
103	42	38	123	51	47	143	60	56	163	69	65	183	78	74	230	100	96
104	42	39	124	51	48	144	60	57	164	69	66	184	79	75	240	105	100
105	42	39	125	52	48	145	61	57	165	70	66	185	79	75	250	110	105
106	43	40	126	52	49	146	61	57	166	70	66	186	80	75	260	114	109
107	43	40	127	52	49	147	62	58	167	71	67	187	80	76	270	119	114
108	44	41	128	53	49	148	62	58	168	71	67	188	81	76	280	124	118
109	44	41	129	53	50	149	63	59	169	72	68	189	81	77	290	128	123
110	45	42	130	54	50	150	63	59	170	72	68	190	82	77	300	133	128
111	45	42	131	54	51	151	63	60	171	73	69	191	82	78	350	157	151
112	46	42	132	55	51	152	64	60	172	73	69	192	82	78	400	180	174
113	46	43	133	55	52	153	64	61	173	74	70	193	83	79	450	204	198
114	47	43	134	56	52	154	65	61	174	74	70	194	83	79	500	228	221
115	47	44	135	56	53	155	65	62	175	75	71	195	84	80	550	252	245
116	47	44	136	57	53	156	66	62	176	75	71	196	84	80	600	276	268
117	48	45	137	57	53	157	66	62	177	75	71	197	85	80	700	324	316
118	48	45	138	58	54	158	67	63	178	76	72	198	85	81	800	372	364
119	49	46	139	58	54	159	67	63	179	76	72	199	86	81	900	421	411
120	49	46	140	58	55	160	68	64	180	77	73	200	86	82	1000	469	459

Der rechte Schrankenwert (RS) von Tabelle 131a wird aus n und dem linken Schrankenwert (LS) nach $n - LS + 1$ berechnet.

Vertrauensbereich (VB) für den Median ($\tilde{\mu}$): 95%-VB und 99%-VB für $\tilde{\mu}$ (vgl. [314]) erhält man für

[424] $n \leqq 100$ anhand von Tab. 131, oben, Spalten 5% und 1% nach:
$LS \leqq \tilde{\mu} \leqq 1 + RS$;
z. B. $n = 60$, 95%-VB: (22. Wert) $\leqq \tilde{\mu} \leqq$ (39. Wert),

$n > 100$ anhand von Tab. 131a, 5%- und 1%-Spalten nach:
$LS \leqq \tilde{\mu} \leqq n - LS + 1$;
z. B. $n = 300$, 95%-VB: (133. Wert) $\leqq \tilde{\mu} \leqq$ (168. Wert).

Für ( ) setze man dann die entsprechenden geordneten Meßwerte.

Tabelle 131b. Schranken für den 90%-VB für $\tilde{\mu}$ (zugleich linke und rechte Schranken für die einseitige Fragestellung auf dem 5%-Niveau)

n	*LS*, *RS*	*n*	*LS*, *RS*	*n*	*LS*, *RS*	*n*	*LS*, *RS*
6	1, 6	41	15, 27	76	31, 46	111	47, 65
7	1, 7	42	16, 27	77	31, 47	112	47, 66
8	2, 7	43	16, 28	78	32, 47	113	48, 66
9	2, 8	44	17, 28	79	32, 48	114	48, 67
10	2, 9	45	17, 29	80	33, 48	115	49, 67
11	3, 9	46	17, 30	81	33, 49	116	49, 68
12	3, 10	47	18, 30	82	34, 49	117	50, 68
13	4, 10	48	18, 31	83	34, 50	118	50, 69
14	4, 11	49	19, 31	84	34, 51	119	51, 69
15	4, 12	50	19, 32	85	35, 51	120	51, 70
16	5, 12	51	20, 32	86	35, 52	121	51, 71
17	5, 13	52	20, 33	87	36, 52	122	52, 71
18	6, 13	53	21, 33	88	36, 53	123	52, 72
19	6, 14	54	21, 34	89	37, 53	124	53, 72
20	6, 15	55	21, 35	90	37, 54	125	53, 73
21	7, 15	56	22, 35	91	38, 54	126	54, 73
22	7, 16	57	22, 36	92	38, 55	127	54, 74
23	8, 16	58	23, 36	93	39, 55	128	55, 74
24	8, 17	59	23, 37	94	39, 56	129	55, 75
25	8, 18	60	24, 37	95	39, 57	130	56, 75
26	9, 18	61	24, 38	96	40, 57	131	56, 76
27	9, 19	62	25, 38	97	40, 58	132	57, 76
28	10, 19	63	25, 39	98	41, 58	133	57, 77
29	10, 20	64	25, 40	99	41, 59	134	57, 78
30	11, 20	65	26, 40	100	42, 59	135	58, 78
31	11, 21	66	26, 41	101	42, 60	136	58, 79
32	11, 22	67	27, 41	102	43, 60	137	59, 79
33	12, 22	68	27, 42	103	43, 61	138	59, 80
34	12, 23	69	28, 42	104	44, 61	139	60, 80
35	13, 23	70	28, 43	105	44, 62	140	60, 81
36	13, 24	71	29, 43	106	45, 62	141	61, 81
37	14, 24	72	29, 44	107	45, 63	142	61, 82
38	14, 25	73	29, 45	108	45, 64	143	62, 82
39	14, 26	74	30, 45	109	46, 64	144	62, 83
40	15, 26	75	30, 46	110	46, 65	145	63, 83

Beispiel: $n = 60$, 90%-VB: (24. Wert) $\leqq \tilde{\mu} \leqq$ (37. Wert)

Beispiel

Angenommen, wir beobachten bei zweiseitiger Fragestellung auf dem 5%Niveau 15 Paare, erhalten zwei Nulldifferenzen und 13 Differenzen, von denen 11 das Plus- und 2 das Minuszeichen aufweisen. Aus Tabelle 131 ergeben sich für $n = 13$ die Schranken 3 und

10. Unsere Werte liegen außerhalb der Grenzen; d. h. H_0: $\tilde{\mu}_d = 0$ wird auf dem 5%-Niveau abgelehnt ($\tilde{\mu}_0 \neq 0$). Tabelle 131b ermöglicht die einseitige Fragestellung.

[424]

Vorzeichentest: Die Zahl der Vorzeichen sei n, das seltenere Vorzeichen trete h mal auf. Dann wird H_0: $\tilde{\mu}_d = 0$ gegen H_A: $\tilde{\mu}_d \neq 0$ für

$$\hat{z} = (|n - 2h| - 1)/\sqrt{n} > 1{,}96 = z_{0{,}05} \quad (4.13)$$

auf dem 5%-Niveau abgelehnt, z. B. für $n = 6$, $h = 0$ mit $\hat{z} = 2{,}04$ für $n = 9$, $h = 1$ mit $z = 2$; in beiden Fällen ist somit der Median der Differenzen auf dem 5%-Niveau deutlich von Null verschieden [vgl. auch das Beispiel oben: $\hat{z} = (|13 - 2 \cdot 2| - 1)/\sqrt{13} = 2{,}22 > 1{,}96$] (vgl. auch M: 82/83).

Der benötigte Stichprobenumfang läßt sich nach Noether (1987) abschätzen.
(4.13) ohne die „1“ im Zähler: Lehne H_0 auf dem 5%-Niveau ab, sobald $\hat{T} = |n - 2h| > 1{,}96\sqrt{n} \approx 2\sqrt{n}$.

Diese von *Duckworth und Wyatt (1958)* vorgeschlagene Modifikation ist als **Schnellschätzung** brauchbar. Prüfgröße $\hat{T}$ ist die absolut genommene Differenz der Vorzeichen (d. h. | Anzahl der Pluszeichen minus Anzahl der Minuszeichen |). Das 5%-Niveau dieser Differenz ist gegeben durch $2 \cdot \sqrt{n}$, das 10%-Niveau durch $1{,}6 \cdot \sqrt{n}$ mit n als Gesamtzahl der Vorzeichen gebenden Differenzen. Wenn $\hat{T} > 2 \cdot \sqrt{n}$ oder wenn $\hat{T} > 1{,}6 \cdot \sqrt{n}$, dann ist bei zweiseitiger Fragestellung der Unterschied als statistisch signifikant anzusehen. Das soeben gegebene Beispiel führt mit $\hat{T} = 11 - 2 = 9$ und $2 \cdot \sqrt{n} = 2 \cdot \sqrt{13} = 7{,}21$ und damit $9 > 7{,}21$ auch zur Ablehnung von H_0 auf dem 5%-Niveau [vgl. $\hat{T} = |13 - 2 \cdot 2| = 9 = |13 - 2 \cdot 11|$]. Das 10%-Niveau wird nur in besonderen Fällen genutzt [vgl. S. 188 und 345].

Hinweis: Die Nullhypothese des Vorzeichentests läßt sich schreiben H_0: $P(Y > X) = 1/2$ (zu Y, X siehe [125], erster Absatz). Der Test ist auch anwendbar, wenn unter H_0 ein bestimmter Unterschied angenommen wird. Etwa, Y sei durchschnittlich 10% größer als X (beide positiv) oder Y sei durchschnittlich 5 Einheiten kleiner als X; d. h. H_0: $P(Y > 1{,}10X) = 1/2$ bzw. H_0: $P(Y > [X - 5]) = 1/2$. Gezählt werden dann die Vorzeichen der Differenzen $(Y - 1{,}10X)$ bzw. $(Y - X + 5)$.
Entsprechende sogenannte **Minimum-Effekt Nullhypothesen** sind natürlich den reinen Nullhypothesen („kein Effekt“) überlegen (vgl. Murphy und Myors 1998).

Der Vorzeichentest ist eine Anwendungsform des sogenannten **Binomialtests,** bei dem ein beobachteter Anteil einer Merkmalsausprägung in einer Grundgesamtheit mit einem hypothetischen (erwarteten) Anteil verglichen wird. Diesen Test haben wir in [162], Tabelle 70, Beispiel 150, behandelt. Details zu beiden Tests bieten Hollander und Wolfe (1999: 20–29, B.; 60–85, V.).

Weitere Anwendungen des Vorzeichentests zur Schnellorientierung

1. Vergleich zweier unabhängiger Stichproben

Will man zwei unabhängige Stichproben auf Unterschiede der zentralen Tendenz vergleichen, dann kann auf die Berechnung der Mittelwerte verzichtet werden. Man paart die Stichprobenwerte in zufälliger Reihenfolge, ermittelt die Vorzeichen der Differenzen und testet in üblicher Weise.

2. Prüfung der Zugehörigkeit zu einer Grundgesamtheit

Beispiel

[424] Können die folgenden Zahlen 13, 12, 11, 9, 12, 8, 13, 12, 11, 11, 12, 10, 13, 11, 10, 14, 10, 10, 9, 11, 11 einer Grundgesamtheit mit dem Erwartungswert $\mu_0 = 10$ entstammen (H_0: $\mu = \mu_0$; H_A: $\mu \neq \mu_0$; $\alpha = 0{,}05$)? Wir zählen die Zahlen, die kleiner als 10 sind, und diejenigen, die größer als 10 sind, bilden die Differenz und testen sie:

$$\hat{T} = 14 - 3 = 11 > 8{,}2 = 2 \cdot \sqrt{17}.$$

Anhand dieses Tests auf dem 5%-Niveau ist daher nicht anzunehmen, daß obige Stichprobe einer Grundgesamtheit mit $\mu_0 = 10$ entstammt (H_0 wird abgelehnt, H_A wird akzeptiert) (vgl. auch den in [394] vorgestellten Einstichprobentest).

3. Prüfung eines Trends

Beispiel

Entstammen die in der angegebenen Reihenfolge erhaltenen Werte 24, 27, 26, 28, 30, 35, 33, 37, 36, 37, 34, 32, 32, 29, 28, 28, 31, 28, 26, 25 derselben Grundgesamtheit? Zur Beantwortung dieser Frage empfiehlt Taylor (vgl. *Duckworth und Wyatt 1958*) eine andere Modifikation des Vorzeichentests zur **Erfassung der Variabilität der zentralen Tendenz** innerhalb einer Grundgesamtheit. Zunächst ermittelt man den Median der Stichprobe, dann wird ausgezählt, wie oft aufeinanderfolgende Zahlenpaare den Medianwert zwischen sich einschließen. Diesen Wert nennen wir x^*. Liegt ein Trend vor, d. h. ändert sich der Mittelwert der Grundgesamtheit, dann ist x^* klein im Verhältnis zum Stichprobenumfang n. Die Nullhypothese, das Vorliegen einer Zufallsstichprobe aus einer Grundgesamtheit ist dann auf dem 5%-Niveau abzulehnen, wenn

$$\boxed{|n - 2x^* - 1| \geqq 2\sqrt{n-1}\,.} \tag{4.13a}$$

Der Median der Stichprobe mit dem Umfang $n = 20$ ist $\tilde{x} = 29\frac{1}{2}$ An den $x^* = 4$ unterstrichenen Zahlenpaaren ändert sich der Trend. Wir erhalten $n - 2x^* - 1 = 20 - 8 - 1 = 11$ und $2\sqrt{n-1} = 2\sqrt{20-1} = 8{,}7$. Da $11 > 8{,}7$, ist anzunehmen, daß die Beobachtungen einer zeitabhängigen Grundgesamtheit entstammen.

Modelle und ihre Anpassung an Daten

Statistische Methoden geben eine unvollständige aber **aufschlußreiche Beschreibung von Phänomenen**, die zu kompliziert sind, um vollständig durch ein Modell erfaßt zu werden.

Die Wahl eines Modells hängt ab von dem zu modellierenden Objekt oder Prozeß und von der Aufgabenstellung und dem Ziel der Untersuchung. Bei der Wahl des Modells wird man bestrebt sein, alle wesentlichen Umstände zu berücksichtigen, damit die aufgrund dieses Modells erzielten Ergebnisse der Wirklichkeit entsprechen, wobei, falls möglich, ein eher einfaches Modell zu bevorzugen ist. Die Wahl eines geeigneten Modells ist dann, wenn viele Modell-Varianten existieren, ein mühevoller Prozeß, der mit einer langen Literaturliste (z.B. S. 123, 127, 473) beginnt (vgl. auch S. 690).

Ein **statistisches** oder **stochastisches Modell** ist ein mathematisches Modell, das neben strukturgebenden Konstanten **Zufallsvariable** enthält, um Erscheinungen zu beschreiben, in denen der Zufall eine wesentliche Rolle spielt. Gedanklich gehen wir hierbei von **Zufallsexperimenten** aus. Die Konstanten heißen **Parameter**; sie charakterisieren als Kennzahlen einer Grundgesamtheit, etwa einer normalverteilten Grundgesamtheit, das Modell, die den Zufallsvariablen zugrundeliegende **Wahrscheinlichkeitsverteilung**: das ist die Gesetzmäßigkeit, nach der die betrachtete Zufallsvariable ihre Werte annimmt.

Modelle sind um so flexibler, je mehr Parameter sie haben. Einen Parameter enthält z. B. die Poisson-Verteilung, zwei Parameter, Mittelwert und Standardabweichung, charakterisieren eine Normalverteilung. Parameter sind meist unbekannt. Man schätzt sie aus den **Beobachtungen,** die als **Realisierungen von Zufallsvariablen** angesehen werden (die einer konkreten Zufallsstichprobe entstammen). Eine wichtige dreiparametrige Verteilung ist z. B. die Weibull-Verteilung (Literaturhinweise hierzu in [123] zum Thema Überlebenswahrscheinlichkeiten, am Ende von Beispiel 22). **Mehrere Parameter zugleich aus dem vorliegenden Datenkörper richtig zu schätzen, ist jedoch schwierig.** Aus diesem Grunde beschränkt man sich oft lieber auf einfache, übersichtliche Modelle, auch wenn man weiß, daß es sich um eine Approximation handelt. In manchen Fällen läßt sich durch **Transformation** der Realisierungen von Zufallsvariablen eine der bekannten Verteilungen annähern, z. B. eine Normalverteilung. Dann ist es möglich, die für dieses Modell entwickelten Standardverfahren der Beurteilenden Statistik auf die vorliegenden Beobachtungen anzuwenden [aufschlußreich ist die Bibliographie von Hamilton (1991)]. [424]

Dies erfordert: (1) Umsicht und Beherrschung des Fachgebietes, (2) Vertrautheit mit der statistischen Terminologie, mit den wichtigen Modellen und Methoden, einschließlich ihrer **Voraussetzungen** sowie (3) eine gründliche Überprüfung, ob im Anwendungsfalle die gewonnenen Daten diese Voraussetzungen

auch voraussetzungsarmer sogenannter verteilungsunabhängiger
statistischer Verfahren notfalls wenigstens teilweise

erfüllen bzw. inwieweit **Abweichungen** noch toleriert werden dürfen und wie sich diese auf die **Resultate** auswirken werden. !

Literatur zur statistischen Modellbildung

Bowerman und O'Connell (1990), Box und Draper (1987), Box u. Mitarb. (1978), Collett (1991), Cox (1990), Dobson (1990), Härtler (1976), Hamilton (1991), Hinkley u. Mitarb. (1991), Kanji u. Mitarb. (1986), McCullagh und Nelder (1989), McPherson (1989, 1990), Montgomery u. Peck (1992), Neter u. Mitarb. (1989), Pereira (1977), Roth (1987) sowie Whittaker (1990) [vgl. auch Chatfield 1995ab, Draper 1987, Nelder 1994, Rescher 1987, Stuart u. Mitarb. 1999 sowie Toutenburg 1992].

43 Die Prüfung von Verteilungen mit dem χ^2-Anpassungstest

[43]

Als Anfänger lese man zuerst [432]

Gegeben sei eine Stichprobe aus einer Grundgesamtheit mit unbekannter Verteilungsfunktion $F(x)$ und eine ganz bestimmte theoretische Verteilungsfunktion $F_0(x)$. Ein Anpassungstest prüft die Nullhypothese $(H_0) : F(x) = F_0(x)$ gegen die Alternativhypothese: $F(x) \neq F_0(x)$. Wird H_0 nicht abgelehnt, so sind – allein aufgrund des Tests – Folgerungen derart: beim Zustandekommen der empirischen Verteilung sind die gleichen Ursachen wirksam, die der empirischen Verteilung zugrunde liegen, nur unter Vorbehalt zu ziehen.

Die Prüfgröße (4.14), knapp als $\hat{\chi}^2$ bezeichnet [vgl. auch (4.14A) auf S. 487],

[43]

$$\sum_{i=1}^{k} \frac{(B_i - E_i)^2}{E_i} = \sum_{i=1}^{k} \frac{B_i^2}{E_i} - n \quad \text{bzw.} \quad \sum_{i=1}^{k} \frac{(n_i - np_i)^2}{np_i} = \frac{1}{n} \sum_{i=1}^{k} \frac{n_i^2}{p_i} - n \qquad (4.14)$$

ist unter H_0 asymptotisch (für $n \to \infty$) χ^2-verteilt mit ν Freiheitsgraden; H_0 wird abgelehnt, sobald für nicht zu kleines n (vgl. weiter unten) die Prüfgröße (4.14) d. h. $\hat{\chi}^2 > \chi^2_{\nu;\alpha}$ mit $\nu = k - 1$ (Tab. 50 und Tab. 50a in [152]). Nun zur Erläuterung von (4.14):

k = Klassenzahl der Stichprobe des Umfangs n;

$B_i = n_i$ = Beobachtete Häufigkeit (Besetzungszahl) der Klasse i, d. h. $n = \sum_{i=1}^{k} n_i$;

$E_i = np_i$ = (unter H_0) Erwartete (angepaßte) Häufigkeit; für eine diskrete Verteilung und für jedes i liege unter H_0 eine bestimmte gegebene oder hypothetische Wahrscheinlichkeit p_i vor $\left(\sum_{i=1}^{k} p_i = 1\right)$, dann lassen sich die n_i mit den erwarteten np_i vergleichen. Werden anhand der Zufallsstichprobe (die p_i als $\hat{p}_i$ bzw.) insgesamt α unbekannte Parameter geschätzt, dann verringert sich ν auf $\nu = k - 1 - a$; bei der Anpassung an eine Binomialverteilung oder an eine Poissonverteilung ist $a = 1$, bei der Anpassung an eine Normalverteilung ist $a = 3$, 2 oder 1 [vgl. weiter unten].

Bei *Anpassungstests* dieser Art sollten die Stichproben als Ganzes nicht zu klein und die der Nullhypothese entsprechenden erwarteten Häufigkeiten E nicht unter 1 liegen ($E > 1$). Sind sie kleiner, so werden sie durch Zusammenlegen von 2, 3, ... benachbarten Klassen auf das geforderte Niveau erhöht. Dies ist aber nur dann nötig, wenn die Anzahl der Klassen klein ist. Für den Fall $\nu \gtrsim 8$ und einem nicht zu kleinen Stichprobenumfang $n \gtrsim 40$ dürfen die Erwartungshäufigkeiten in vereinzelten Klassen bis unter 1 absinken. Bei großem n und $\alpha = 0{,}05$ wähle man 16 Klassen.

Bei der Berechnung von $\hat{\chi}^2$ sind die *Vorzeichen der Differenzen* $B - E$ zu beachten: + und − sollten miteinander abwechseln und keine systematischen Zyklen zeigen. Wir werden hierauf in [434] noch einmal zurückkommen.

431 Vergleich von beobachteten Häufigkeiten mit Spaltungsziffern

[431]

Bei einem als Vorversuch geplanten Spaltungsversuch werden 3 Phänotypen im Verhältnis 1 : 2 : 1 erwartet; gefunden werden die Häufigkeiten 14 : 50 : 16. Entspricht das gefundene Verhältnis der 1 : 2 : 1-Spaltung? Tabelle 132 (mit $FG = k - 1 = 3 - 1 = 2$) zeigt ($\hat{\chi}^2 = 5{,}10 < 5{,}99 = \chi^2_{2;0,05}$ [Tab. 50]), daß die H_0: Verträglichkeit der beobachteten mit den theoretischen Häufigkeiten, auf dem 5%-Niveau nicht abzulehnen ist.

Tabelle 132. Spaltungsversuch

B	E	B - E	$(B - E)^2$	$\frac{(B-E)^2}{E}$
14	20	-6	36	1,80
50	40	10	100	2,50
16	20	-4	16	0,80
80	80	$\hat{\chi}^2 = \sum \frac{(B-E)^2}{E}$ =		5,10

432 Vergleich einer empirischen Verteilung mit einer Gleichverteilung

Zur Prüfung eines Würfels werden 60 Würfe durchgeführt. Die beobachteten Häufigkeiten (B) für die 6 Augenzahlen sind: **[432]**

Tabelle 133

Augenzahl	1	2	3	4	5	6
Häufigkeit	7	16	8	17	3	9

Die Nullhypothese – es liegt ein „guter" Würfel vor – sagt für jede Augenzahl eine theoretische oder [unter H_0] erwartete Häufigkeit (E) von 10 voraus, eine sogenannte Gleichverteilung. Wir testen auf dem 5%-Niveau und erhalten nach (4.14 links), vorausgesetzt $E \geqq 0{,}3$ [vgl. M. J. Slakter 1966: Biometrika **53**, 619–622]:

$$\hat{\chi}^2 = \sum \frac{(B-E)^2}{E} = \frac{(7-10)^2}{10} + \frac{(16-10)^2}{10} + \ldots + \frac{(9-10)^2}{10} [= (1/E)\sum(B-E)^2]$$

$\hat{\chi}^2 = 14{,}8$, ein Wert, der größer ist als der für $k-1 = 6-1 = 5$ Freiheitsgrade auf dem 5%-Niveau tabellierte χ^2-Wert (11,07): H_0 wird abgelehnt (s. auch Beispiel 2 in [44]).

Oder: mit den auf k Klassen verteilten Besetzungszahlen n_i und $n = \sum_{i=1}^{k} n_i$ nach

$$\hat{\chi}^2 = \left[(k/n)\sum_{i=1}^{k} n_i^2\right] - n = [(6/60)(7^2 + 16^2 + \ldots + 9^2)] - 60 = 14{,}8\,.$$

Den Spezialfall $E = 1$ behandeln wir auf S. 487.

433 Vergleich einer empirischen Verteilung mit einer Normalverteilung

Erfahrungsgemäß sind Stichprobenverteilungen höchstens im mittleren Bereich angenähert normalverteilt. Das folgende alte und grobe Verfahren hat daher für den Praktiker einige Bedeutung, wenn man vom Wahrscheinlichkeitsnetz (vgl. [137] und [139]) absieht. Wir geben ein sehr einfaches Zahlenbeispiel. Spalte 1 der Tabelle 134 enthält die Klassenmitten x, die Klassenbreite b beträgt $b = 1$. Die beobachteten Häufigkeiten sind in Spalte 2 notiert. Die 3., 4. und 5. Spalte dienen zur Berechnung von $\bar{x}$ und s. In den Spalten 6, 7 und 8 wird der Weg über die Standardnormalvariable z zur Ordinate von z (Tabelle 38) gezeigt. Die Multiplikation mit der Konstanten K in Spalte 9 dient zur Anpassung der Gesamtzahl der Erwartungshäufigkeiten. Klassen mit $E < 1$ sind mit den Nachbarklassen zusammenzufassen. Dann liegen insgesamt k Klassen vor (Tab.134: $k = 5$). Geschätzt werden $\bar{x}$ und s aus den klassierten Daten [hierfür werden 3 FG benötigt (würden $\bar{x}$ und s direkt aus den Originaldaten berechnet, so benötigte man 2 FG, ist μ oder σ bekannt und wird der unbekannte Parameter aus den Originaldaten geschätzt, so benötigte man nur noch 1 FG)], so daß insgesamt $\nu = k-1-a$, hier $k-1-3 = 5-4 = 1$ Freiheitsgrad zur Verfügung steht. Mit $2{,}376 < 2{,}706 = \chi^2_{1;0,10}$ ist gegen die Normalitätshypothese nichts einzuwenden (eleganter prüft man nach [44]: Lilliefors, Mason und Bell auf S. 429). **[433]**

Im praktischen Fall einer **groben Prüfung** auf Abweichungen vom Typ der Normalverteilung anhand des χ^2-Anpassungstests sollte gelten:

1) $n \geqq 60$ 2) $k \geqq 7$ 3) $\alpha = 0{,}10$ bzw. 0,05 [oder 0,01] .

Ein ähnliches Verfahren beschreiben *Croxton und Cowden* (1955, S. 616/19) für den Vergleich einer empirischen Verteilung mit einer *logarithmischen Normalverteilung.*

Tabelle 134

[433]

x	B	x^2	Bx	Bx^2	$x-\bar{x}$	$\left\|\frac{x-\bar{x}}{s}\right\| = \hat{z}$	Ordinate von $\hat{z} = f(\hat{z})$	$f(\hat{z})\cdot K$	E	$B-E$	$(B-E)^2$	$(B-E)^2/E$
(1)	(2)	(3)	(4)	(5)	(6)	(7)	(8)	(9)	(10)	(11)	(12)	(13)
1	1	1	1	1	−2,6	2,31	0,0277	0,983	} 6,15	−1,15	1,322	0,215
2	4	4	8	16	−1,6	1,42	0,1456	5,168				
3	16	9	48	144	−0,6	0,53	0,3467	12,305	12,30	3,70	13,690	1,113
4	10	16	40	160	0,4	0,35	0,3752	13,317	13,32	−3,32	11,022	0,827
5	7	25	35	175	1,4	1,24	0,1849	6,562	6,56	0,44	0,194	0,030
6	2	36	12	72	2,4	2,13	0,0413	1,466	1,47	0,53	0,281	0,191
Σ	40		144	568					39,80	+0,2	$\hat{\chi}^2 = 2{,}376$	
									=40	=0	$\nu = 5-4 = 1$	

$$\bar{x} = \frac{\sum Bx}{n} = \frac{144}{40} = 3{,}60 \qquad K = \frac{nb}{s} = \frac{40\cdot 1}{1{,}127} = 35{,}492$$

$$s = \sqrt{\frac{\sum Bx^2 - (\sum Bx)^2/n}{n-1}} = \sqrt{\frac{568 - 144^2/40}{39}} = 1{,}127$$

Dieser Ansatz ist eine grobe Approximation. Exakte Methoden behandeln Greenwood und Nikulin (1996).

$$\hat{\chi}^2 = 2{,}376 < 2{,}706 = \chi^2_{0{,}10}$$

Faustregel: Für $0{,}9 < (\tilde{x}/\bar{x}) < 1{,}1$ und $3s < \bar{x}$ wird eine Stichprobenverteilung als angenähert normalverteilt aufgefaßt.
Mit den Daten der Tabelle 134 und (1.102) ergibt sich: $\tilde{x} = 2{,}5 + 1\{([40/2] - 5)/16\} = 3{,}4375$ oder 3,44 und $\tilde{x}/\bar{x} = 3{,}44/3{,}60 = 0{,}956$ oder 0,96; $0{,}9 < 0{,}96 < 1{,}1$ und $3s = 3 \cdot 1{,}127 = 3{,}381 < 3{,}60 = \bar{x}$.

Ein eleganter Test auf Nichtnormalität, auch für kleines n, wird in [44] (Tabelle 140) als **Lilliefors-Modifikation des Kolmogoroff-Smirnoff-Tests** vorgestellt (vgl. auch S. 425 unten).

vgl. S. 115

Quantile der Normalverteilung: Mitunter interessieren die Dezile und Quartile einer Normalverteilung (vgl. [134] und [1383]; $DZ_5 = Q_2 = \mu$). Dezile: $DZ_{1;9} = \mu \mp 1{,}28\sigma$; $DZ_{2;8} = \mu \mp 0{,}842\sigma$; $DZ_{3;7} = \mu \mp 0{,}525\sigma$; $DZ_{4;6} = \mu \mp 0{,}253\sigma$; Quartile: $Q_{1,3} = \mu \mp 0{,}674\sigma$.

vgl. S. 2

Ein auf den **Momentenkoeffizienten** (vgl. [1387]) **der Schiefe $\sqrt{b_1} = a_3$ und der Wölbung $b_2 = a_4 + 3$** basierender eleganter Test, der auch schon bei kleinen Stichprobenumfängen ($n \geqq 7$) Abweichungen von der Normalverteilung erfaßt, ist mit kritischen Schranken $\sqrt{b_1}$ und b_2 E:325/327 oder Pearson und Hartley (1970, Tab. 34B/C) zu entnehmen [vgl. auch die Beispiele von E. S. Pearson und N. W. Please, Biometrika **62** (1975), 225].

Für jede Stichprobe des Umfangs n aus einer beliebigen Grundgesamtheit gelten nach Johnson und Lowe (1979) die folgenden drei Ungleichungen:

$\|\sqrt{\hat{b}_1}\| \leqq \sqrt{n-1}$	$\hat{b}_2 \leqq n$	$\hat{b}_2 - \hat{b}_1 - 1 \geqq 0$	(4.15, 4.16, 4.17)

Die Kurtosis b_2 mit $b_2 \geqq 1$ ist ein Dispersionsmaß für $\mu - \sigma$ und $\mu + \sigma$: b_2 ist groß, sobald die Wahrscheinlichkeitsmasse sich entweder auf μ oder auf die Verteilungsenden konzentriert [J.J.A. Moors 1986, The American Statistician **40**, 283–284; vgl. auch **53** (1999), 239–246; ein Homogenitätstest wird von Maria Berkane und P. M. Bentler, Statistics and Probability Letters **5** (1987), 201–207 beschrieben (vgl. auch Statistica **56** 1996), 87–102)].

Für sehr großes n ist auch eine approximative Prüfung auf Nichtnormalität möglich; für Schiefe und Kurtosis (Wölbung) gemeinsam ($n \gtrapprox 1000$): **[433]**

$$\hat{\chi}^2 \approx \frac{(\hat{a}_3)^2}{6/n} + \frac{(\hat{a}_4)^2}{24/n} = n\left[\frac{(\hat{a}_3)^2}{6} + \frac{(\hat{a}_4)^2}{24}\right] = n\left[\frac{\hat{b}_1}{6} + \frac{(\hat{b}_2 - 3)^2}{24}\right] \quad FG = 2 \quad (4.18)$$

bzw. einzeln (für a_3: $n \gtrapprox 120$; für a_4: $n \gtrapprox 1000$):

$$\hat{z} \simeq \frac{\hat{a}_3}{\sqrt{6/n}}, \quad \hat{z} \simeq \frac{\hat{a}_4}{2 \cdot \sqrt{6/n}} \quad (4.19)$$

Für großes n und beim Vorliegen einer Normalverteilung ist (Schiefe III)/$\sqrt{1{,}839/n}$ [vgl. (1.128)] angenähert standardnormalverteilt.
Soll eine Entscheidung über Anwendung oder Nicht-Anwendung parametrischer Verfahren gefällt werden (Vortest), so ist das **10%-Niveau** zu bevorzugen. Ein Verfahren zur *schnellen Prüfung einer Stichprobe auf Nicht-Normalität* stammt von *David u. Mitarb. (1954)*. Diese Autoren haben die Verteilung des Quotienten

$$\frac{\text{Spannweite}}{\text{Standardabweichung}} = \frac{R}{s} \quad (4.20)$$

in Stichproben des Umfangs n aus einer normalverteilten Grundgesamtheit mit Standardabweichung σ untersucht. Sie geben eine Tafel der kritischen Schranken dieses Quotienten. Werden die für die üblichen Irrtumswahrscheinlichkeiten tabellierten Grenzwerte erreicht oder nach außen hin überschritten, dann ist mit der vorgegebenen Irrtumswahrscheinlichkeit die Normalitätshypothese abzulehnen. Umfangreiche Tafeln für dieses auch als Homogenitätstest auffaßbare Verfahren haben *Pearson und Stephens (1964)* vorgestellt.
Wenden wir dieses Verfahren auf ein Beispiel an: n = 40; R = 5; s = 1,127; so erhalten wir als Testquotienten $R/s = 5/1{,}127 = 4{,}44$.
Für n = 40 entnehmen wir Tabelle 135 die folgenden Schranken (vgl. Tabelle 136).
Unser Quotient liegt innerhalb dieser Bereiche. Strenggenommen ist damit jedoch nur eine Aussage über die Spannweite der Stichprobenverteilung möglich, die in unserem Fall weitgehend der einer Normalverteilung entspricht. Dies kann natürlich nur ein erster Hinweis sein. Exakt ist z. B. das auf den Seiten 429–431 vorgestellte Verfahren. Hervorgehoben sei, daß die unteren Schranken für eine Irrtumswahrscheinlichkeit von α = 0% für $n \geqq 25$ oberhalb von 1,96 und unterhalb von 2,00 liegen (z. B. 1,990 für n = 100); die oberen 0%-Schranken lassen sich leicht als $\sqrt{2(n-1)}$ schätzen (z. B. 4 für $n = 9$); diese Schranken ($\alpha = 0{,}000$) gelten für beliebige Grundgesamtheiten (*Thomson 1955*).

Die Anpassung an eine Normalverteilung, die Prüfung auf Abweichungen von einer Normalverteilung behandeln auch Baringhaus u. Mitarb. (1989), D'Agostino und Stephens (1986: Chapter 9) sowie Madansky (1988: Chapter 1).
Anpassungstests stellen D'Agostino und Stephens (1986) sowie Tiku (1986: Chapter 6) vor (vgl. auch Stuart und Ord 1999, Vol. 2A: Chapter 25). Die Tests von Shapiro und Wilk bzw. von Shapiro und Francia werden von Sahai und Ageel (2000) ausführlich dargestellt.

[433] **Tabelle 135.** Kritische Grenzen des Quotienten R/s. Ist in einer Stichprobe der Quotient aus Spannweite und Standardabweichung, R/s, kleiner als die untere Schranke oder größer als die obere Schranke, so ist mit der betreffenden Irrtumswahrscheinlichkeit zu schließen, daß keine Normalverteilung vorliegt. Wird der obere kritische Schrankenwert überschritten, so liegen gewöhnlich Ausreißer vor. Besonders wichtig sind die 10%-Schranken. (Aus E. S. Pearson and M. A. Stephens: The ratio of range to standard deviation in the same normal sample. Biometrika **51** (1964) 484–487, p. 486, table 3).

Stichprobenumfang	Untere Schranken						Obere Schranken					
	Irrtumswahrscheinlichkeit α											
n	0,000	0,005	0,01	0,025	0,05	0,10	0,10	0,05	0,025	0,01	0,005	0,000
3	1,732	1,735	1,737	1,745	1,758	1,782	1,997	1,999	2,000	2,000	2,000	2,000
4	1,732	1,83	1,87	1,93	1,98	2,04	2,409	2,429	2,439	2,445	2,447	2,449
5	1,826	1,98	2,02	2,09	2,15	2,22	2,712	2,753	2,782	2,803	2,813	2,828
6	1,826	2,11	2,15	2,22	2,28	2,37	2,949	3,012	3,056	3,095	3,115	3,162
7	1,871	2,22	2,26	2,33	2,40	2,49	3,143	3,222	3,282	3,338	3,369	3,464
8	1,871	2,31	2,35	2,43	2,50	2,59	3,308	3,399	3,471	3,543	3,585	3,742
9	1,897	2,39	2,44	2,51	2,59	2,68	3,449	3,552	3,634	3,720	3,772	4,000
10	1,897	2,46	2,51	2,59	2,67	2,76	3,57	3,685	3,777	3,875	3,935	4,243
11	1,915	2,53	2,58	2,66	2,74	2,84	3,68	3,80	3,903	4,012	4,079	4,472
12	1,915	2,59	2,64	2,72	2,80	2,90	3,78	3,91	4,02	4,134	4,208	4,690
13	1,927	2,64	2,70	2,78	2,86	2,96	3,87	4,00	4,12	4,244	4,325	4,899
14	1,927	2,70	2,75	2,83	2,92	3,02	3,95	4,09	4,21	4,34	4,431	5,099
15	1,936	2,74	2,80	2,88	2,97	3,07	4,02	4,17	4,29	4,44	4,53	5,292
16	1,936	2,79	2,84	2,93	3,01	3,12	4,09	4,24	4,37	4,52	4,62	5,477
17	1,944	2,83	2,88	2,97	3,06	3,17	4,15	4,31	4,44	4,60	4,70	5,657
18	1,944	2,87	2,92	3,01	3,10	3,21	4,21	4,37	4,51	4,67	4,78	5,831
19	1,949	2,90	2,96	3,05	3,14	3,25	4,27	4,43	4,57	4,74	4,85	6,000
20	1,949	2,94	2,99	3,09	3,18	3,29	4,32	4,49	4,63	4,80	4,91	6,164
25	1,961	3,09	3,15	3,24	3,34	3,45	4,53	4,71	4,87	5,06	5,19	6,93
30	1,966	3,21	3,27	3,37	3,47	3,59	4,70	4,89	5,06	5,26	5,40	7,62
35	1,972	3,32	3,38	3,48	3,58	3,70	4,84	5,04	5,21	5,42	5,57	8,25
40	1,975	3,41	3,47	3,57	3,67	3,79	4,96	5,16	5,34	5,56	5,71	8,83
45	1,978	3,49	3,55	3,66	3,75	3,88	5,06	5,26	5,45	5,67	5,83	9,38
50	1,980	3,56	3,62	3,73	3,83	3,95	5,14	5,35	5,54	5,77	5,93	9,90
55	1,982	3,62	3,69	3,80	3,90	4,02	5,22	5,43	5,63	5,86	6,02	10,39
60	1,983	3,68	3,75	3,86	3,96	4,08	5,29	5,51	5,70	5,94	6,10	10,86
65	1,985	3,74	3,80	3,91	4,01	4,14	5,35	5,57	5,77	6,01	6,17	11,31
70	1,986	3,79	3,85	3,96	4,06	4,19	5,41	5,63	5,83	6,07	6,24	11,75
75	1,987	3,83	3,90	4,01	4,11	4,24	5,46	5,68	5,88	6,13	6,30	12,17
80	1,987	3,88	3,94	4,05	4,16	4,28	5,51	5,73	5,93	6,18	6,35	12,57
85	1,988	3,92	3,99	4,09	4,20	4,33	5,56	5,78	5,98	6,23	6,40	12,96
90	1,989	3,96	4,02	4,13	4,24	4,36	5,60	5,82	6,03	6,27	6,45	13,34
95	1,990	3,99	4,06	4,17	4,27	4,40	5,64	5,86	6,07	6,32	6,49	13,71
100	1,990	4,03	4,10	4,21	4,31	4,44	5,68	5,90	6,11	6,36	6,53	14,07
150	1,993	4,32	4,38	4,48	4,59	4,72	5,96	6,18	6,39	6,64	6,82	17,26
200	1,995	4,53	4,59	4,68	4,78	4,90	6,15	6,39	6,60	6,84	7,01	19,95
500	1,998	5,06	5,13	5,25	5,37	5,49	6,72	6,94	7,15	7,42	7,60	31,59
1000	1,999	5,50	5,57	5,68	5,79	5,92	7,11	7,33	7,54	7,80	7,99	44,70

Tabelle 136

Beispiel: $n = 40$
(S. 425)

α	Bereich
0 %	1,98 - 8,83
1 %	3,47 - 5,56
5 %	3,67 - 5,16
10 %	3,79 - 4,96

434 Vergleich einer empirischen Verteilung mit einer Poisson-Verteilung

Wir nehmen das Pferdehufschlagbeispiel aus [166], Tabelle 78, fassen die schwach besetzten drei Endklassen zusammen und erhalten die folgende Tabelle: [434]

Tabelle 137

B	E	B - E	$(B - E)^2$	$(B - E)^2/E$
109	108,7	0,3	0,09	0,001
65	66,3	-1,3	1,69	0,025
22	20,2	1,8	3,24	0,160
4	4,8	-0,8	0,64	0,133
200	200,0	0	$\hat{\chi}^2$ =	0,319

Es liegen $k = 4$ Klassen vor, geschätzt wurde $a = 1$ Parameter (λ aus $\hat{\lambda} = \bar{x}$). Damit stehen insgesamt $\nu = k - 1 - a = 4 - 1 - 1 = 2FG$ zur Verfügung. Der ermittelte $\hat{\chi}^2$-Wert ist so niedrig ($\chi^2_{2;0,05} = 5{,}991$), daß die Übereinstimmung als gut zu bezeichnen ist.

Die letzten drei Beispiele sind dadurch ausgezeichnet, daß eine größere Anzahl von Klassen auftreten kann. Hier läßt sich anhand des **Iterationstests** prüfen, ob die Vorzeichen der Differenzen $B - E$ durch nichtzufällige Einflüsse bedingt sein können. Es besteht natürlich ein Unterschied, ob dieses Vorzeichen selten oder fast stets positiv bzw. negativ ist oder ob beide Vorzeichen etwa gleich häufig und zufallsgemäß verteilt auftreten. Bei gegebenen Differenzen $B - E$ wird die Anpassung um so besser sein, je regelmäßiger die Vorzeichen wechseln (vgl. auch den Test von *David 1947*).

Der Vergleich zweier unabhängiger empirischer Verteilungen wird in Kapitel 6 behandelt. Eine *„zu gute" Übereinstimmung* zwischen Beobachtung und Hypothese kann zu sehr kleinen Werten von $\hat{\chi}^2$ führen. Angenommen, $\hat{\chi}^2$ sei beispielsweise auf dem linksseitigen 5%-Niveau (bzw. auf dem rechtsseitigen 95%-Niveau) signifikant, dann heißt das: Seltener als einmal in 20 Versuchen würden wir anhand von Zufallsstichproben eine so gute oder eine noch bessere Übereinstimmung beobachten. Wir könnten dann weiter schließen, daß die Übereinstimmung zu gut sei, um allein durch den Zufall bedingt zu sein. Der nächste Schritt wäre dann eine nähere Untersuchung der bei der Datengewinnung benutzten Prinzipien.

44 Der Kolmogoroff-Smirnoff-Test für die Güte der Anpassung

[44]

- Lilliefors-Modifikation nach:
  - Dallal und Wilkinson
  - Mason und Bell
- Anpassung an eine Poisson-Verteilung
- Angabe des 95%-Vertrauensbereiches für die Verteilungsfunktion einer stetigen Zufallsvariablen

Der Test von *Kolmogoroff (1941)* und *Smirnoff (1948)* (vgl. [393]) prüft die Anpassung einer beobachteten an eine theoretisch erwartete Verteilung (vgl. *Massey 1951)*. Dieser Test
[44] ist **verteilungsunabhängig;** er entspricht dem χ^2-Anpassungstest. Besonders beim Vorliegen kleiner Stichprobenumfänge entdeckt der Kolmogoroff-Smirnoff-Test (K-S-Test) eher Abweichungen von der Normalverteilung. Verteilungsirregularitäten sind im allgemeinen besser mittels des χ^2-Tests nachzuweisen, Abweichungen in der Verteilungsform dagegen eher mit Hilfe des K-S-Tests. Strenggenommen setzt dieser Test **stetige** Verteilungen voraus. Er ist jedoch auch bei diskreten Verteilungen anwendbar (vgl. z. B. Conover 1999). Näheres ist Dallal und Wilkinson (1986), Mason und Bell (1986) sowie Pettitt und Stephens (1977) zu entnehmen. Geprüft wird die Nullhypothese: Die Stichprobe entstammt der bekannten Verteilung $F_0(x)$ gegen die Alternativhypothese: Die Stichprobe entstammt nicht der bekannten Verteilung $F_0(x)$; d. H. H_0: $F = F_0$ gegen H_A: $F :\neq F_0$.

Man bestimmt die unter der Nullhypothese erwarteten **absoluten Häufigkeiten** E, bildet die Summenhäufigkeiten dieser Werte F_E und der beobachteten absoluten Häufigkeiten (B), also F_B, bildet die Differenzen $F_B - F_E$ und dividiert die absolut größte Differenz durch den Stichprobenumfang n. Die Prüfgröße (4.21) [vgl. (1.23) auf S. 94]

$$\frac{\max|F_B - F_E|}{n} = \hat{D} \qquad \text{Für relative Häufigkeiten gilt: } \hat{D} = \max|F_B - F_E|. \tag{4.21}$$

wird für Stichprobenumfänge $n > 35$ anhand der folgenden kritischen Werte beurteilt:

Tabelle 138

Schranken für D	Signifikanzniveau α
$1{,}073/\sqrt{n}$	0,20
$1{,}138/\sqrt{n}$	0,15
$1{,}224/\sqrt{n}$	0,10
$1{,}358/\sqrt{n}$	0,05
$1{,}517/\sqrt{n}$	0,02
$1{,}628/\sqrt{n}$	0,01
$1{,}731/\sqrt{n}$	0,005
$1{,}949/\sqrt{n}$	0,001

Kritische Schranken für kleinere Stichprobenumfänge sind den Tafeln von *Massey (1951)* und *Birnbaum (1952)* zu entnehmen. *Miller (1956)* gibt für n = 1 bis 100 und α = 0,20, 0,10, 0,05, 0,02 und 0,01 exakte kritische Werte: Die besonders wichtigen 10%- und 5%-Grenzen für kleine und mittlere Stichprobenumfänge haben wir gerundet notiert (Tabelle 139). Ein beobachteter $\hat{D}$-Wert, der den Tabellenwert erreicht oder überschreitet, ist auf dem entsprechenden Niveau statistisch signifikant. Für andere Werte α erhält man den Zähler der Schranke als $\sqrt{-0{,}5 \cdot \ln(\alpha/2)}$ (in [393] $K_{(\alpha)}$ genannt) (z. B. α = 0,10; $\ln(0{,}10/2) = \ln 0{,}05 = -2{,}996$ (in [152] Tabelle 51), d. h. $\sqrt{(-0{,}5)(-2{,}996)} = 1{,}224$).

Tabelle 139. Kritische Werte D für den Kolmogoroff-Smirnoff-Anpassungstest (aus Miller, L. H.: Table of percentage points of Kolmogorov statistics. J. Amer. Statist. Assoc. **51** (1956) 111–121, p. 113–115, part of table 1)

[44]

n	$D_{0,10}$	$D_{0,05}$	n	$D_{0,10}$	$D_{0,05}$	n	$D_{0,10}$	$D_{0,05}$	n	$D_{0,10}$	$D_{0,05}$
3	0,636	0,708	23	0,247	0,275	13	0,325	0,361	33	0,208	0,231
4	0,565	0,624	24	0,242	0,269	14	0,314	0,349	34	0,205	0,227
5	0,509	0,563	25	0,238	0,264	15	0,304	0,338	35	0,202	0,224
6	0,468	0,519	26	0,233	0,259	16	0,295	0,327	36	0,199	0,221
7	0,436	0,483	27	0,229	0,254	17	0,286	0,318	37	0,196	0,218
8	0,410	0,454	28	0,225	0,250	18	0,278	0,309	38	0,194	0,215
9	0,387	0,430	29	0,221	0,246	19	0,271	0,301	39	0,191	0,213
10	0,369	0,409	30	0,218	0,242	20	0,265	0,294	40	0,189	0,210
11	0,352	0,391	31	0,214	0,238	21	0,259	0,287	50	0,170	0,188
12	0,338	0,375	32	0,211	0,234	22	0,253	0,281	100	0,121	0,134

Lilliefors-Modifikation des Kolmogoroff-Smirnoff-Tests

Müssen für die Anpassung an eine Normalverteilung Mittelwert und Varianz aus den Stichprobenwerten geschätzt werden, dann sind die auf Tab. 138 basierenden Resultate sehr konservativ; exakte Schranken (vgl. *Lilliefors 1967*) geben Dallal und Wilkinson (1986); einige Werte:

Tabelle 140

n	5	8	10	12	15	17	20	25	30	40
10%	0,319	0,265	0,241	0,222	0,201	0,190	0,176	0,159	0,146	0,128
5%	0,343	0,288	0,262	0,242	0,219	0,207	0,192	0,173	0,159	0,139
1%	0,397	0,333	0,304	0,281	0,254	0,240	0,223	0,201	0,185	0,162

Für $n > 30$ gelten nach Mason und Bell (1986) mit $d_n = \sqrt{n} - 0{,}01 + 0{,}83/\sqrt{n}$ die approximierten Schranken $0{,}741/d_n$ (α = 0,20), $0{,}775/d_n$ (α = 0,15), $0{,}819/d_n$ (α = 0,10), $0{,}895/d_n$ (α = 0,05) und $1{,}035/d_n$ (α = 0,01). Beispiel: n = 40, α = 0,05, d. h. $d_n = (\sqrt{40} - 0{,}01 + 0{,}83/\sqrt{40}) = 6{,}446$ und damit $0{,}895/6{,}446 = 0{,}139$.

Die Anpassung an eine Exponentialverteilung behandeln *Finkelstein und Schafer (1971)* sowie Mason und Bell (1986). Näheres über den K-S-Test ist auch Pettitt und Stephens (1977) zu entnehmen.

Beispiel 1

[S. 424: Vergleich der Spalten (2) und (9) der Tabelle 134]

Wir verwenden das Beispiel in [433], Tabelle 134 und erhalten über $2{,}55/40 = 0{,}063 < 0{,}127 = 0{,}819/6{,}446$ [mit $d_{40} = (\sqrt{40} - 0{,}01 + 0{,}83/\sqrt{40}) = 6{,}446$] ebenfalls das Resultat: Die Nullhypothese läßt sich auf dem 10%-Niveau nicht ablehnen.

Tabelle 141

B	1	4	16	10	7	2
E	0,98	5,17	12,30	13,32	6,56	1,47
F_B	1	5	21	31	38	40
F_E	0,98	6,15	18,45	31,77	38,33	39,80
$\|F_B - F_E\|$	0,02	1,15	2,55	0,77	0,33	0,20

Beispiel 2

[44] Ein Würfel wird zur Kontrolle 120mal geworfen. Die Häufigkeiten für die 6 Augen sind: 18, 23, 15, 21, 25, 18. Entspricht das gefundene Verhältnis der Nullhypothese, nach der ein idealer Würfel vorliegt? Wir prüfen mit $\alpha = 0{,}01$ die aufsteigend geordneten Häufigkeiten: 15, 18, 18, 21, 23, 25 [d.h. $15 + 18 = 33$; $33 + 18 = 51$; ...].

Tabelle 142

F_E	20	40	60	80	100	120
F_B	15	33	51	72	95	120
$\lvert F_E - F_B \rvert$	5	7	9	8	5	0

Da $9/120 = 0{,}075 < 0{,}1486 = 1{,}628/\sqrt{120} = D_{120;0,01}$ (Tab. 138) ist, wird die Nullhypothese auf dem 1%-Niveau nicht abgelehnt.

Der χ^2-Test setzt einen großen Stichprobenumfang n voraus, der K-S-Anpassungstest setzt viele Klassen k voraus. Beide Tests können jedoch auch beim Vorliegen kleiner Stichproben mit wenigen Klassen $n \gtrsim 10$, $k \gtrsim 5$) eingesetzt werden wie *Slakter (1965)* gezeigt hat; dann ist der χ^2-Anpassungstest zu bevorzugen. Während der χ^2-Test (n hinreichend groß; Erwartungshäufigkeiten pro Klasse sollten nicht zu klein und nicht zu unterschiedlich sein) vertikale Abweichungen zwischen beobachtetem und erwartetem Histogramm erfaßt, prüft der K-S-Test (n beliebig) vertikale Abweichungen zwischen beobachteter und erwarteter Verteilungsfunktion.

Beispiel 3: Werte der Tabelle 21 aus Übersicht 31 in [133]

$$n = 60; \quad \bar{x} = 56{,}1; \quad s = 5{,}34; \quad \alpha = 0{,}05$$

Tabelle 143 enthält in Spalte (1) die Klassenmitten, in Spalte (2) die empirische Verteilungsfunktion für die 60 klassierten Beobachtungen, in Spalte (3) die in Standardnormalvariablen transformierten Klassenmitten und in Spalte (4) die angepaßte Verteilungsfunktion.

Tabelle 143

x	$\hat{F}_{60}(x)$	$\hat{z} = \frac{x - \bar{x}}{s}$	$\hat{F}_{60}(z)$	
(1)	(2)	(3)	(4)	
44,5	0,017	−2,2	0,014	
47,5	0,100	−1,6	0,055	
50,5	0,217	−1,0	0,159	
53,5	0,417	−0,5	0,309	
56,5	0,667	0,075	0,530	←
59,5	0,817	0,6	0,726	
62,5	0,933	1,2	0,885	
65,5	0,983	1,8	0,964	
68,5	0,983	2,3	0,989	
71,5	1,000	2,9	0,998	

Angepaßt unter der Annahme, die x-Werte sind Realisierungen einer Normalverteilung $[N(\mu \approx 56{,}1; \sigma \approx 5{,}34)]$. Die Werte $\hat{F}_{60}(z)$ ergeben sich aus den $\hat{z}$-Werten anhand der für Anpassungen dieser Art ausreichenden Tabelle ausgewählter $F(z)$-Werte (Tab. 23 in [134]). **[44]**

Die Maximaldifferenz zwischen beiden Verteilungsfunktionen an der Stelle x_i = 56,5:

$$0{,}667 - 0{,}530 = 0{,}137 > 0{,}114 = 0{,}895/7{,}843 \text{ für } \alpha = 0{,}05$$
$$[d_{60} = (\sqrt{60} - 0{,}01 + 0{,}83/\sqrt{60}) = 7{,}843]$$

widerspricht der Annahme (H_0), die Zufallsstichprobe entstamme der oben spezifizierten Normalverteilung. Wegen der klassierten Beobachtungen entscheidet das Verfahren konservativ (d. h. entscheidet eher zugunsten der H_0 [was uns in diesem Beispiel nicht beunruhigt]); besser ist es, den Test anhand der Meßwerte durchzuführen. Auf alle Fälle sind bei großem n kleine Klassenbreiten zu bevorzugen.

Alle drei Anpassungstest prüfen nur die Schärfe oder Enge der Anpassung (closeness of the fit). Das Wissen um die „*Zufälligkeit der Anpassung*" (randomness of the fit) geht verloren. Es besteht natürlich ein Unterschied, ob beispielsweise beim χ^2-Test die Differenzen $B - E$ fast durchweg einen positiven bzw. einen negativen Wert aufweisen, oder ob beide Vorzeichen etwa gleich häufig, d. h. **zufallsgemäß** auftreten. Je regelmäßiger die Vorzeichen wechseln, desto besser wird bei gegebenen Abweichungen $B - E$ die Anpassung sein! Eine einfache Möglichkeit, die Zufälligkeit einer Anpassung zu prüfen, bietet der Iterations-Test (vgl. [472]).

Weitere wichtige Anpassungstests stellen D'Agostino und Stephens (1986) sowie Tiku (1986: Chapter 6) vor.

Zur Anpassung an eine Poisson-Verteilung

Tabelle 144. Verteilung von Hefezellen auf 400 Quadrate eines Hämazytometers („Student" 1907, p. 357) mit $\bar{x} = 1{,}8$ Zellen pro Quadrat

Zellzahl pro Quadrat x	B	Empir. Vert.-Funktion $F_B(x)$	Angepaßte Vert.-F. $F_A(x)$	$\lvert F_B(x) - F_A(x)\rvert$
(1)	(2)	(3)	(4)	(5)
0	75	0,1875	0,165	0,0225 = $\hat{D}$
1	103	0,4450	0,463	0,0180
2	121	0,7475	0,731	0,0165
3	54	0,8825	0,891	0,0085
4	30	0,9575	0,964	0,0065
5	13	0,9900	0,990	0,0000
6	2	0,9950	0,997	0,0020
7	1	0,9975	0,999	0,0015
8	0	0,9975	1,000	0,0025
9	1	1,0000	1,0000	0,0000

Hinweise zu Spalte:

(3) $75/400 = 0{,}1875$; $(75 + 103)/400 = 0{,}445$ usw.;

(4) $P(X = 0|\lambda = 1{,}8) = 1{,}8^0 e^{-1{,}8}/0! = 1/e^{1{,}8}/1 = 1/6{,}05/1 = 0{,}1653$;
$P(X \leq 1|\lambda{=}1{,}8) = 0{,}1653 + P(X{=}1|\lambda{=}1{,}8) = 0{,}1653 + 1{,}8^1 e^{-1{,}8}/1! = 0{,}46284$ bzw.
$P(0+1) = \lambda P(0)/(0+1) = 1{,}8 \cdot 0{,}1653/1 = 0{,}29754$ und $0{,}16530 + 0{,}29754 = 0{,}46284$ usw.
[vgl. (1.261) auf S. 289]

Weitere Hinweise

Anpassung an eine Poisson-Verteilung

[44] Die Nullhypothese, nach der die Daten einer PoissonVerteilung entstammen, wird auf dem $100\alpha\%$-Niveau abgelehnt, sobald das empirische $\hat{D}$ größer ist als das D aus Tabelle 145.

Beispiel

Wir prüfen die Stichprobenverteilung der Tabelle 144 [die Beobachtungen B], ob sie einer PoissonVerteilung mit $\bar{x} = (0 \cdot 75 + 1 \cdot 103 + 2 \cdot 121 + \ldots + 9 \cdot 1)/400 = 720/400 = 1{,}8$ entstammen könnte ($\alpha = 0{,}01$). Wir berechnen die empirische Verteilungsfunktion $F_B(x)$, die angepaßte ($\lambda = 1{,}8$) Verteilungsfunktion $F_A(x)$ und die maximale Differenz $\hat{D}$. Mit $\hat{D} = 0{,}0225 < 0{,}043 = 0{,}86/\sqrt{400} = D$ (vgl. Tabelle 145) läßt sich die Nullhypothese auf dem 1%-Niveau nicht ablehnen.

Tabelle 145. Kritische Schranken D für den Kolmogoroff-Smirnoff-Anpassungstest an eine Poisson-Verteilung mit aus der Zufallsstichprobe geschätztem Mittelwert $\bar{x}$ ($\bar{x} \leqq 10$) für 5 Mittelwertsbereiche, 6 Stichprobenumfänge ($n \geqq 6$) und drei Signifikanzniveaus: ist $\bar{x}$ keine ganze Zahl, so benutze den nächst größeren vorgegebenen Wert und die entsprechende Spalte. Einige Werte nach Campbell und Oprian (1979)

α: 0,10 / 0,05 / 0,01

n	$\bar{x} \leqq 1$	$1 < \bar{x} \leqq 2$	$2 < \bar{x} \leqq 3$	$3 < \bar{x} \leqq 5$	$5 < \bar{x} \leqq 10$
6	0,202	0,214	0,226	0,237	0,254
	0,234	0,242	0,254	0,265	0,281
	0,290	0,300	0,310	0,324	0,334
12	0,152	0,166	0,172	0,179	0,185
	0,180	0,188	0,194	0,199	0,206
	0,223	0,234	0,236	0,243	0,249
20	0,120	0,132	0,140	0,144	0,149
	0,141	0,151	0,156	0,160	0,165
	0,176	0,185	0,188	0,195	0,197
30	0,100	0,112	0,116	0,120	0,124
	0,116	0,125	0,129	0,134	0,140
	0,149	0,154	0,158	0,160	0,168
40	0,087	0,097	0,102	0,106	0,110
	0,101	0,108	0,113	0,118	0,122
	0,130	0,135	0,137	0,143	0,146
>40	$0{,}55/\sqrt{n}$	$0{,}61/\sqrt{n}$	$0{,}65/\sqrt{n}$	$0{,}67/\sqrt{n}$	$0{,}70/\sqrt{n}$
	$0{,}64/\sqrt{n}$	$0{,}69/\sqrt{n}$	$0{,}72/\sqrt{n}$	$0{,}75/\sqrt{n}$	$0{,}77/\sqrt{n}$
	$0{,}82/\sqrt{n}$	$0{,}86/\sqrt{n}$	$0{,}87/\sqrt{n}$	$0{,}90/\sqrt{n}$	$0{,}93/\sqrt{n}$

Weiterführendes zur Anpassung an eine Poisson-Verteilung ist N. Gürtler und N. Henze (2000) zu entnehmen (Journal of Statistical Planning and Inference **90**, 207–225).

Angabe des 95%-Vertrauensbereiches für die Verteilungsfunktion einer stetigen Zufallsvariablen [95%-VB für $F(x)$]

Vorausgesetzt wird eine stetige Verteilung, deren Verteilungsfunktion $F(x)$ anhand n unabhängiger Beobachtungen, die ansteigend geordnet vorliegen, geschätzt werden soll. Die aus den Daten gewonnene empirische Verteilungsfunktion bezeichnen wir mit $\hat{F}_n(x)$. Gegeben seien 8 Meßwerte der Tabelle 146. Den 95%-VB für $F(x)$ an den Stellen x_i erhält man anhand des $D_{0,05}$-Wertes für n = 8 aus Tabelle 139 (Abschnitt 44): $D_{0,05;8} = 0{,}454$ nach $\hat{F}_8(x_i) \mp 0{,}454$, z. B. für x_i = 68,25: $4/8 \mp 0{,}454$ = 0,046 bis 0,954; hierbei ist zu beachten, daß $0 \leqq F(x) \leqq 1$ gilt. [44]

Tabelle 146. 95%-Vertrauensbereich für $F(x)$ aufgrund von acht Meßwerten

x_i	$\hat{F}_8(x_i)$	95%-VB für $F(x_i)$
62,34	1/8	0 bis 0,579
65,18	2/8	0 bis 0,704
66,76	3/8	0 bis 0,829
68,25	4/8	0,046 bis 0,954
70,09	5/8	0,171 bis 1
71,63	6/8	0,296 bis 1
73,51	7/8	0,421 bis 1
75,86	8/8	0,546 bis 1

Die folgenden Abschnitte sind sehr wichtig (vgl. auch die Übersichten 4 und 5).

45 Die Häufigkeit von Ereignissen

451 Vertrauensgrenzen anhand eines beobachteten Anteilswertes aus einer dichotomen Grundgesamtheit. Der Vergleich einer relativen Häufigkeit mit dem zugrundeliegenden Parameter [45]
- Prozentangaben
- Vertrauensbereich für π:
  exakt bzw. kleine Tabelle
  Approximationen
  Sonderfälle, mit kleiner Tabelle
- Vergleich zweier relativer Häufigkeiten
  $\hat{p}_1$ mit π: d. h. π_1 mit π
  $\hat{p}_1$ mit $\hat{p}_2$: d. h. π_1 mit π_2
  H_0: $\pi_1 - \pi_2 = d_0$ gegen H_A: $\pi_1 - \pi_2 \neq d_0$

452 Schnellschätzung der Vertrauensgrenzen anhand einer beobachteten relativen Häufigkeit nach Clopper und Pearson
453 Schätzung des Mindestumfanges einer Stichprobe bei ausgezählten Werten
454 Der Vertrauensbereich für den Erwartungswert einer Poisson-Verteilung
455 Vergleich zweier Häufigkeiten: die Prüfung, ob sie in einem bestimmten Verhältnis zueinander stehen

[451]

451 Vertrauensgrenzen anhand eines beobachteten Anteilswertes aus einer dichotomen Grundgesamtheit. Der Vergleich einer relativen Häufigkeit mit dem zugrundeliegenden Parameter

Die Quotienten 2/5, 12/30 und 80/200 liefern jeweils die Dezimalzahl 0,4, die nur dann, wenn der Nenner (die Basis) größer als 100 ist, als Prozentzahl 40% geschrieben werden darf und deren Aussagekraft mit zunehmendem Nenner (z. B. 400/1000) ansteigt.

Bedeutet x die Anzahl der Treffer unter n Beobachtungen der Stichprobe, dann ist $\hat{p} = x/n$ die relative Häufigkeit. Die prozentuale Häufigkeit der Treffer in der Stichprobe ist

$$\boxed{\hat{p} = \frac{x}{n} \cdot 100 \quad \text{mit} \quad n \geqq 100}$$

Für $n < 80$ gibt man „x von n“ oder x/n an, jedoch keine Prozentzahlen. (4.22)

und für $80 \lessapprox n < 150$ ohne Kommastelle zu schreiben [für $80 \leqq n < 100$ schreibt man, falls aus Vergleichsgründen erwünscht, z. B. 29/80 = 0,3625 als „(36%)“], erst ab etwa n = 2000 mit zwei Stellen nach dem Komma. Beispiel: $\hat{p}$ = 33/189 = 0,17460 wird als Prozentzahl 17,5% angegeben.

Beachtet sei der Unterschied zwischen „Prozente“ und „Prozentpunkte“, der Differenz zweier Prozente: nimmt z. B. etwas von 70% auf 77% zu, so wächst es um 10% bzw. um sieben Prozentpunkte. Steigt dagegen etwas von 143% auf 144% an, d.h. akkurat um einen Prozentpunkt, so erhöht es sich nur um 1/143, d.h. 100/143% = 0,7%. Nur für die Zunahme von 100% auf 101% erhöht sich etwas um genau 1/100, d. h. um 100/100% = 1%. Je nachdem, welche Tendenz dem Leser suggeriert werden soll, wird mit Prozentpunkten oder mit Erhöhung um ... % „argumentiert“.

Auf die herausragende Bedeutung von Vertrauensbereichen sind wir in [1361], [141] und [31] näher eingegangen.

Konfidenzintervalle oder **Vertrauensbereiche** für ausgewählte beobachtete Anteilswerte n und x (95%-VBe) enthält Tabelle 147. Weitere Werte lassen sich nach (4.24) berechnen; Formeln (4.25) bis (4.30) sind Näherungslösungen (vgl. auch Blyth 1986) bzw. Sonderfälle. Ausführliche Tabellen geben Crow (1956), *Blyth und Hutchinson (1960)*, Blyth und Still (1983), Wissenschaftliche Tabellen der Ciba-Geigy AG (1980) und *Pachares (1960)*. Zur Übersicht [vgl. Metron **54** (1996), 153–180 und Statistics in Medicine **17** (1998), 857–872 sowie The American Statistician **54** (2000), 280–288] reicht oft Abb. 44 auf S. 444, bessere Nomogramme geben Wilrich und Henning (1998, S. 496/497); Tabelle 147 ermöglicht meist eine erste Abschätzung [vgl. auch S. 437, 442 und 444].

Exakte zweiseitige Grenzen, untere und obere Vertrauensgrenzen ($\pi_u; \pi_o$), für den Vertrauensbereich (VB) des Parameters π [vgl. (4.23); erinnert sei: für $x/n = \hat{p}$ gilt:

$$\boxed{x/n \to \pi \quad \text{sobald} \quad n \to \infty}$$]

$$\boxed{\text{VB: } \pi_u \leqq \pi \leqq \pi_o} \qquad (4.23)$$

lassen sich nach (4.24) berechnen.

$$\begin{aligned} \pi_0 &= \frac{(x+1)F}{n-x+(x+1)F} \quad \text{mit } F_{\{FG_1=2(x+1), FG_2=2(n-x)\}} \\ \pi_u &= \frac{x}{x+(n-x+1)F} \quad \text{mit } F_{\{FG_1=2(n-x+1), FG_2=2x\}} \end{aligned} \qquad (4.24)$$

Tabelle 147. Ausgewählte 95%-Vertrauensbereiche für π: n = Stichprobenumfang, x = Trefferzahl; z. B. $\hat{p} = x/n = 10/300$ oder 3,3%, 95%-VB: $1{,}60\% \leqq \pi \leqq 6{,}07\%$

x	n: 25	50	75	100	200	300	400	500	1000	x
0	0,00 – 13,72	0,00 – 7,11	0,00 – 4,80	0,00 – 3,62	0,00 – 1,83	0,00 – 1,22	0,00 – 0,92	0,00 – 0,74	0,00 – 0,37	0
1	0,10 – 20,35	0,05 – 10,65	0,03 – 7,21	0,03 – 5,45	0,01 – 2,75	0,01 – 1,84	0,01 – 1,38	0,01 – 1,11	0,00 – 0,56	1
2	0,98 – 26,03	0,49 – 13,71	0,32 – 9,30	0,24 – 7,04	0,12 – 3,57	0,08 – 2,39	0,06 – 1,79	0,05 – 1,44	0,02 – 0,72	2
3	2,55 – 31,22	1,25 – 16,55	0,83 – 11,25	0,62 – 8,52	0,31 – 4,32	0,21 – 2,89	0,16 – 2,18	0,12 – 1,74	0,06 – 0,87	3
4	4,54 – 36,08	2,22 – 19,23	1,47 – 13,10	1,10 – 9,93	0,55 – 5,04	0,36 – 3,38	0,27 – 2,54	0,22 – 2,04	0,11 – 1,02	4
5	6,83 – 40,70	3,33 – 21,81	2,20 – 14,88	1,64 – 11,28	0,80 – 5,78	0,53 – 3,88	0,40 – 2,92	0,32 – 2,34	0,16 – 1,17	5
6	9,36 – 45,13	4,53 – 24,31	2,99 – 16,60	2,23 – 12,60	1,09 – 6,46	0,73 – 4,33	0,54 – 3,26	0,43 – 2,61	0,22 – 1,31	6
7	12,07 – 49,39	5,82 – 26,74	3,84 – 18,29	2,86 – 13,89	1,40 – 7,12	0,93 – 4,77	0,70 – 3,59	0,56 – 2,88	0,28 – 1,44	7
8	14,95 – 53,50	7,17 – 29,11	4,72 – 19,94	3,52 – 15,16	1,73 – 7,76	1,15 – 5,21	0,86 – 3,92	0,69 – 3,14	0,34 – 1,58	8
9	17,97 – 57,48	8,58 – 31,44	5,64 – 21,56	4,20 – 16,40	2,07 – 8,40	1,37 – 5,64	1,03 – 4,25	0,82 – 3,40	0,41 – 1,71	9
10	21,13 – 61,33	10,03 – 33,72	6,58 – 23,16	4,90 – 17,62	2,41 – 9,03	1,60 – 6,07	1,20 – 4,57	0,96 – 3,66	0,48 – 1,84	10
11	24,40 – 65,07	11,53 – 35,96	7,56 – 24,73	5,62 – 18,83	2,77 – 9,66	1,84 – 6,49	1,37 – 4,88	1,10 – 3,92	0,55 – 1,97	11
12	27,80 – 68,69	13,06 – 38,17	8,55 – 26,28	6,36 – 20,02	3,13 – 10,28	2,08 – 6,90	1,55 – 5,20	1,24 – 4,17	0,62 – 2,09	12
13	31,31 – 72,20	14,63 – 40,34	9,57 – 27,81	7,11 – 21,20	3,50 – 10,89	2,32 – 7,32	1,74 – 5,51	1,39 – 4,42	0,69 – 2,22	13
14	34,93 – 75,60	16,23 – 42,49	10,60 – 29,33	7,87 – 22,37	3,88 – 11,49	2,57 – 7,73	1,92 – 5,82	1,54 – 4,67	0,77 – 2,34	14
15	38,67 – 78,87	17,86 – 44,61	11,65 – 30,83	8,65 – 23,53	4,26 – 12,09	2,82 – 8,13	2,11 – 6,12	1,69 – 4,91	0,84 – 2,47	15
16	42,52 – 82,03	19,52 – 46,70	12,71 – 32,32	9,43 – 24,68	4,64 – 12,69	3,08 – 8,53	2,30 – 6,43	1,84 – 5,16	0,92 – 2,59	16
17	46,50 – 85,05	21,21 – 48,77	13,79 – 33,79	10,23 – 25,82	5,03 – 13,29	3,33 – 8,94	2,49 – 6,73	1,99 – 5,40	0,99 – 2,71	17
18	50,61 – 87,93	22,92 – 50,81	14,89 – 35,25	11,03 – 26,95	5,42 – 13,88	3,59 – 9,33	2,69 – 7,03	2,14 – 5,64	1,07 – 2,84	18
19	54,87 – 90,64	24,65 – 52,83	15,99 – 36,70	11,84 – 28,07	5,82 – 14,46	3,85 – 9,73	2,88 – 7,33	2,30 – 5,88	1,15 – 2,96	19
20	59,30 – 93,17	26,41 – 54,82	17,11 – 38,14	12,67 – 29,18	6,22 – 15,04	4,12 – 10,12	3,08 – 7,63	2,46 – 6,12	1,22 – 3,08	20
21	63,92 – 95,46	28,19 – 56,79	18,24 – 39,56	13,49 – 30,29	6,62 – 15,62	4,38 – 10,52	3,28 – 7,93	2,62 – 6,36	1,30 – 3,20	21
22	68,78 – 97,45	29,99 – 58,75	19,38 – 40,98	14,33 – 31,39	7,03 – 16,20	4,65 – 10,91	3,48 – 8,22	2,78 – 6,60	1,38 – 3,32	22
23	73,97 – 99,02	31,81 – 60,68	20,53 – 42,38	15,17 – 32,49	7,44 – 16,78	4,92 – 11,30	3,68 – 8,51	2,94 – 6,83	1,46 – 3,44	23
24	79,65 – 99,90	33,66 – 62,58	21,69 – 43,78	16,02 – 33,57	7,85 – 17,35	5,19 – 11,68	3,88 – 8,81	3,10 – 7,07	1,54 – 3,55	24
25	86,28 – 100	35,53 – 64,47	22,86 – 45,17	16,88 – 34,66	8,26 – 17,92	5,47 – 12,07	4,08 – 9,10	3,26 – 7,30	1,62 – 3,67	25

Für $x/n > 0{,}5$ lese man den 95%-VB für $(1 - x/n)$ ab und subtrahiere beide Grenzen von 100; z. B. $\hat{p} = x/n = 20/25$, für $(1 - 20/25) = (5/25)$ liest man 6,83 bis 40,70 ab und erhält den 95%-VB: 100 − 40,70 = 59,30 bis 93,17 = 100 − 6,83, d. h. $0{,}593 \leqq \pi \leqq 0{,}932$.

[451]

x	n: 40	50	75	100	200	300	400	500	1000	x
26	48,32 – 79,37	37,42 – 66,34	24,04 – 46,54	17,74 – 35,73	8,68 – 18,49	5,74 – 12,45	4,29 – 9,39	3,42 – 7,54	1,70 – 3,79	26
27	50,87 – 81,43	39,32 – 68,19	25,23 – 47,91	18,61 – 36,80	9,10 – 19,05	6,02 – 12,84	4,49 – 9,68	3,59 – 7,77	1,79 – 3,91	27
28	53,47 – 83,44	41,25 – 70,01	26,43 – 49,27	19,48 – 37,87	9,52 – 19,61	6,29 – 13,22	4,70 – 9,97	3,75 – 8,00	1,87 – 4,03	28
29	56,11 – 85,40	43,21 – 71,81	27,64 – 50,62	20,36 – 38,93	9,94 – 20,18	6,57 – 13,60	4,91 – 10,26	3,92 – 8,23	1,95 – 4,14	29
30	58,80 – 87,31	45,18 – 73,59	28,85 – 51,96	21,24 – 39,98	10,37 – 20,73	6,85 – 13,98	5,12 – 10,54	4,08 – 8,46	2,03 – 4,26	30
31	61,55 – 89,16	47,17 – 75,35	30,08 – 53,30	22,13 – 41,03	10,79 – 21,29	7,13 – 14,36	5,33 – 10,83	4,25 – 8,69	2,12 – 4,38	31
32	64,35 – 90,95	49,19 – 77,08	31,31 – 54,62	23,02 – 42,08	11,22 – 21,85	7,41 – 14,74	5,54 – 11,12	4,42 – 8,92	2,20 – 4,49	32
33	67,22 – 92,66	51,23 – 78,79	32,55 – 55,94	23,92 – 43,12	11,65 – 22,40	7,70 – 15,11	5,75 – 11,40	4,59 – 9,15	2,28 – 4,61	33
34	70,16 – 94,29	53,30 – 80,48	33,79 – 57,25	24,82 – 44,15	12,08 – 22,95	7,98 – 15,49	5,96 – 11,69	4,76 – 9,38	2,37 – 4,72	34
35	73,20 – 95,81	55,39 – 82,14	35,05 – 58,55	25,73 – 45,18	12,52 – 23,51	8,27 – 15,86	6,17 – 11,97	4,92 – 9,61	2,45 – 4,84	35
36	76,34 – 97,21	57,51 – 83,77	36,31 – 59,85	26,64 – 46,21	12,95 – 24,05	8,55 – 16,24	6,38 – 12,25	5,09 – 9,84	2,53 – 4,95	36
37	79,61 – 98,43	59,66 – 85,37	37,58 – 61,14	27,56 – 47,24	13,39 – 24,60	8,84 – 16,61	6,60 – 12,53	5,26 – 10,06	2,62 – 5.07	37
38	83,08 – 99,39	61,83 – 86,94	38,86 – 62,42	28,48 – 48,25	13,83 – 25,15	9,13 – 16,98	6,81 – 12,82	5,43 – 10,29	2,70 – 5,18	38
39	86,84 – 99,94	64,04 – 88,47	40,15 – 63,69	29,40 – 49,27	14,27 – 25,69	9,42 – 17,35	7,03 – 13,10	5,61 – 10,52	2,79 – 5,30	39
40	91,19 – 100	66,28 – 89,97	41,45 – 64,95	30,33 – 50,28	14,71 – 26,24	9,71 – 17,72	7,24 – 13,38	5,78 – 10,74	2,87 – 5,41	40
42		70,89 – 92,83	44,06 – 67,45	32,20 – 52,29	15,59 – 27,32	10,29 – 18,46	7,68 – 13,49	6,12 – 11,19	3,04 – 5,64	42
45		78,19 – 69,67	48,04 – 71,15	35,03 – 55,27	16,93 – 28,94	11,16 – 19,56	8,33 – 14,77	6,64 – 11,86	3,30 – 5,98	45
50		92,89 – 100	54,83 – 77,14	39,83 – 60,17	19,18 – 31,61	12,64 – 21,39	9,43 – 16,15	7,52 – 12,98	3,73 – 6,54	50
60			69,17 – 88,35	49,72 – 69,67	23,77 – 36,88	15,63 – 24,99	11,65 – 18,89	9,29 – 15,18	4,61 – 7,66	60
70			85,12 – 97,80	60,02 – 78,76	28,44 – 42,06	18,68 – 28,55	13,91 – 21,59	11,08 – 17,36	5,50 – 8,76	70
80				70,82 – 87,33	33,19 – 47,16	21,76 – 32,06	16,20 – 24,27	12,90 – 19,52	6,40 – 9,86	80
90				82,38 – 95,10	38,02 – 52,18	24,89 – 35,54	18,51 – 26,92	14,74 – 21,66	7,30 – 10,95	90
100				96,38 – 100	42,89 – 57,11	28,04 – 38,99	20,84 – 29,55	16,59 – 23,78	8,21 – 12,03	100
150					68,39 – 80,82	44,21 – 55,79	32,75 – 42,45	26,02 – 34,23	12,84 – 17,37	150
200					98,17 – 100	61,01 – 71,96	45,00 – 55,00	35,69 – 44,45	17,56 – 22,64	200
250						78,61 – 87,36	57,55 – 67,25	45,54 – 54,46	22,35 – 27,81	250
500								99,26 – 100	46,85 – 53,15	500

Beispiel

Berechne den 95%-Vertrauensbereich (95%-VB) für π aufgrund von $\hat{p} = x/n = 7/20$ (F-Werte sind Tab. 52c in [153] zu entnehmen). $= 0{,}35$ **[451]**

F-Werte: $2(7+1) = 16$; $2(20-7) = 26$; $F_{16;26;0{,}025} = 2{,}36$

$2(20-7+1) = 28$; $2 \cdot 7 = 14$; $F_{28;14;0{,}025} = 2{,}75$

VB-Grenzen: $\pi_u = \dfrac{7}{7+(20-7+1)2{,}75} = 0{,}154$ und $\pi_0 = \dfrac{(7+1)2{,}36}{20-7+(7+1)2{,}36} = 0{,}592$

95%-VB: $0{,}154 \leqq \pi \leqq 0{,}592$, d.h. $0{,}15 \leqq \pi \leqq 0{,}60$.

Anhand von $F_{16;26;0{,}05} = 2{,}05$ und $F_{28;14;0{,}05} = 2{,}32$ (vgl. Tab. 52b, S. 220) läßt sich auch der entsprechende 90%-VB: $0{,}177 \leqq \pi \leqq 0{,}558$ als $0{,}18 \leqq \pi \leqq 0{,}56$ angeben.

Hinweise

1. Vorausgesetzt wird, daß $\hat{p} = x/n$ anhand einer **Zufallsstichprobe** geschätzt worden ist.
2. Nur für $\hat{p} = 0{,}5$ erhält man **symmetrisch** liegende Vertrauensgrenzen (vgl. obiges Beispiel: $0{,}592 - 0{,}350 = 0{,}242 > 0{,}196 = 0{,}350 - 0{,}154$).
3. Näheres über Vertrauensbereiche für π ist Angus (1987), Blyth (1986), Blyth u. Mitarb. (1983), Chen (1990), Odeh und Owen (1983) sowie Wright (1990) zu entnehmen.
4. Ein 95%-Vertrauensbereich für die prozentuale Zunahme eines kleinen Anteils wird auf S. 457, 458 gegeben.

Approximation durch die Normalverteilung

Eine gute Approximation für $0{,}3 \leqq \pi \leqq 0{,}7$ mit $n \geqq 10$ und $0{,}05 \leqq \pi \leqq 0{,}95$ mit $n \geqq 60$ ist, als 95%-Vertrauensbereich geschrieben, (4.25) [vgl. Tab. 29 in [134] mit $z_{0{,}05}$ = 1,96; $1{,}95 = (1{,}96^2 + 2)/3$ sowie $0{,}18 = (7 - 1{,}96^2)/18$] (*Molenaar 1970*).

$$\pi_o = [x+1{,}95+1{,}96\sqrt{(x+1-0{,}18)(n-x-0{,}18)/(n+11\cdot 0{,}18-4)}]/(n+2\cdot 1{,}95-1)$$

$$\pi_u = [x-1+1{,}95-1{,}96\sqrt{(x-0{,}18)(n+1-x-0{,}18)/(n+11\cdot 0{,}18-4}]/(n+2\cdot 1{,}95-1) \quad (4.25)$$

Beispiel

95%-VB für π aufgrund von $\hat{p} = x/n = 7/20$.

$\pi_o = [7+1{,}95+1{,}96\sqrt{(7+1-0{,}18)(20-7-0{,}18)/(20+11\cdot 0{,}18-4)}]/(20+2\cdot 1{,}95-1)$

$\pi_u = [7-1+1{,}95-1{,}96\sqrt{(7-0{,}18)(20+1-7-0{,}18)/(20+11\cdot 0{,}18-4)}]/$
$(20+2\cdot 1{,}95-1)$

95%-VB: $0{,}151 \lessapprox \pi \lessapprox 0{,}593$, d.h. $0{,}15 \lessapprox \pi \lessapprox 0{,}59$.

Den 90%-VB nach (4.25) mit „1,96“ durch 1,645 ersetzt (entsprechend auch „1,95“ durch 1,57 und „0,18“ durch 0,24), erhält man für unser Beispiel ($\hat{p} = x/n = 7/20$) als 90%-VB: $0{,}176 \lessapprox \pi \lessapprox 0{,}555$ bzw. 90%-VB: $0{,}18 \lessapprox \pi \lessapprox 0{,}56$.

Für nicht zu kleine Stichprobenumfänge n und nicht zu extreme relative Häufigkeiten $\hat{p}$; d. h. für $n\hat{p} > 5$ und $n(1-p) > 5$ kann **zur groben Übersicht** (4.26) benutzt werden [vgl. (4.26a)].

$$\pi_o \approx \left(\hat{p} + \frac{1}{2n}\right) + z \cdot \sqrt{\frac{\hat{p}(1-\hat{p})}{n}}$$

$$\pi_u \approx \left(\hat{p} - \frac{1}{2n}\right) - z \cdot \sqrt{\frac{\hat{p}(1-\hat{p})}{n}}$$

Stichprobenziehen mit Zurücklegen. Man vergleiche (4.26) und (4.27): (4.26)

Diese Approximation dient zur Groborientierung; sind die Bedingungen von Tab. 148 erfüllt, dann ist sie zwar schlechter als (4.25), aber noch brauchbar, deutlich besser ist

[451]

$$\frac{1}{n+z^2}\left(x+\frac{z^2}{2}-z\cdot\sqrt{x(1-\hat{p})+\frac{z^2}{4}}\right) \lessapprox \pi \lessapprox \frac{1}{n+z^2}\left(x+\frac{z^2}{2}+z\cdot\sqrt{x(1-\hat{p})+\frac{z^2}{4}}\right) \quad (4.26a)$$

Mit $z = 1{,}96$ für den 95%-VB bzw. $z = 1{,}645$ für den 90%-VB.

Beispiel

95%-VB für n aufgrund von $\hat{p} = x/n = 70/200 = 0{,}35$.
Mit $z = 1{,}96$ erhält man den angenäherten 95%-VB für π über

$$\frac{1}{200+1{,}96^2}\left(70+\frac{1{,}96^2}{2}-1{,}96\sqrt{70(1-0{,}35)+\frac{1{,}96^2}{4}}\right) = 0{,}287$$

$$\frac{1}{200+1{,}96^2}\left(70+\frac{1{,}96^2}{2}+1{,}96\sqrt{70(1-0{,}35)+\frac{1{,}96^2}{4}}\right) = 0{,}418$$

als 95%-VB: $0{,}287 \lessapprox \pi \lessapprox 0{,}418$.
Die exakten Grenzen (vgl. Tabelle 147) sind 0,2844 und 0,4206.

Hinweise

1. Die Größe $\frac{1}{2n}$ in (4.26) wird als *Kontinuitätskorrektur* bezeichnet. Sie weitet den Vertrauensbereich! Die Ausgangswerte sind Häufigkeiten, also diskrete Variable; für den Vertrauensbereich benutzen wir die Standardnormalvariable, eine stetige Zufallsvariable. Der Fehler, den wir durch den Übergang von der diskreten auf die Normalverteilung machen, wird durch die Kontinuitätskorrektur verringert.

2. Für *endliche Grundgesamtheiten* des Umfangs N kann man zur Groborientierung (4.27) benutzen; $\sqrt{(N-n)/(N-1)}$ ist [vgl. (3.13)] eine Größe, die für $N \to \infty$ den Wert 1 erreicht (vgl. $\sqrt{\ } = \sqrt{(1-n/N)/(1-1/N)} \to \sqrt{1} = 1$) und dann vernachlässigt werden darf (vgl. z. B. (4.26)). Das gilt auch für den Fall, wenn N gegenüber n ausreichend groß ist, d. h. wenn z. B. n kleiner als 5% von N ist. Die Approximation (4.27) darf nur angewandt werden, wenn die in Tabelle 148 angegebenen Voraussetzungen erfüllt sind.

3. Wird eine relative Häufigkeit auf rund 70% geschätzt, d. h. man ist fast sicher, daß sie zwischen 60% und 80% liegt, so heißt dies, daß der 95%-VB für π, d. h. (z = 1,96 oder 2) mit

$$\begin{aligned} \pm 2\cdot\sqrt{0{,}3\cdot 0{,}7/n} &= \pm 0{,}1 \\ 2\cdot\sqrt{0{,}21/n} &= 0{,}1|10 \quad \text{(d.h. mit 10 multipliziert)} \\ 20\cdot\sqrt{0{,}21/n} &= 1 \\ 400\cdot 0{,}21 = 84 &= n\,, \end{aligned}$$

auf, sagen wir 85, Beobachtungen basieren dürfte mit $\hat{p} = 60/85 = 0{,}7$. Nach den Ciba-Geigy (1980) Tabellen lautet der entsprechende 95%-VB: $0{,}60 \leqq \pi \leqq 0{,}80$.

Bei endlicher Grundgesamtheit (vgl. Hinweis 2)

[451]

$$\pi_o \approx \left(\hat{p} + \frac{1}{2n}\right) + z \cdot \sqrt{\left\{\frac{\hat{p}(1-\hat{p})}{n}\right\}\left\{\frac{N-n}{N-1}\right\}}$$
$$\pi_u \approx \left(\hat{p} - \frac{1}{2n}\right) - z \cdot \sqrt{\left\{\frac{\hat{p}(1-\hat{p})}{n}\right\}\left\{\frac{N-n}{N-1}\right\}}$$

Stichprobenziehen ohne Zurücklegen (4.27)

d. h.

$$\left(\hat{p}-\frac{1}{2n}\right) - z \cdot \sqrt{\left\{\frac{\hat{p}(1-\hat{p})}{n}\right\}\left\{\frac{N-n}{N-1}\right\}} \lessapprox \pi \lessapprox \left(\hat{p}+\frac{1}{2n}\right) + z \cdot \sqrt{\left\{\frac{\hat{p}(1-\hat{p})}{n}\right\}\left\{\frac{N-n}{N-1}\right\}} \quad (4.27)$$

Tabelle 148. (Aus W. G. Cochran, Sampling Techniques, 2nd edition, J. Wiley, New York, 1963, p. 57, table 3.3)

Für $\hat{p}$ gleich	und sowohl $n\hat{p}$ als auch $n(1-\hat{p})$ mindestens gleich	bei n gleich oder größer als
0,5	15	30
0,4 oder 0,6	20	50
0,3 oder 0,7	24	80
0,2 oder 0,8	40	200
0,1 oder 0,9	60	600
0,05 oder 0,95	70	1400
darf (4.27) angewandt werden		

Wenn in einer Stichprobe des Umfangs n aus einer Grundgesamtheit des Umfangs N genau Null Stichprobenelemente mit einer bestimmten Eigenschaft gefunden werden und wir mit einer Vertrauenswahrscheinlichkeit von sagen wir 95% auf die Grundgesamtheit schließen wollen, dann sollte hierfür der Auswahlsatz n/N mindestens 0,95 betragen (Wright 1990).

Sonderfälle $\hat{p} = 0$ bzw. $\hat{p} = 1$ (mit 4 Beispielen)

Die einseitige obere Vertrauensgrenze (VG) für $\hat{p} = 0$ (Nullergebnis, vgl. Tab. 149) erhält man nach

$$\pi_0 = \frac{F}{n+F} \quad \text{mit} \quad F_{FG_1=2;FG_2=2n)} \quad (4.28)$$

Berechne die einseitige obere 95%-Vertrauensgrenze π_0 aufgrund von $\hat{p} = 0$ für $n = 60$.

[451] $$F_{2;120;0{,}05} = 3{,}07 \quad \text{(Tab. 52b in [153])}$$

$$95\%\text{-VG: } \pi_0 = \frac{3{,}07}{60 + 3{,}07} = 0{,}0487 \quad [\text{d. h. } \pi \leqq 0{,}049]$$

Die einseitige untere Vertrauensgrenze für $\hat{p} = 1$ (Vollergebnis, vgl. Tab. 149) ist durch (4.29) gegeben.

$$\boxed{\pi_u = \frac{n}{n + F} \quad \text{mit} \quad F_{FG_1=2;FG_2=2n)}} \tag{4.29}$$

Berechne die einseitige untere 99%-Vertrauensgrenze π_u aufgrund von $\hat{p} = 1$ für $n = 60$.

$$F_{2;120;0{,}01} = 4{,}79 \quad \text{(Tab. 52d in [153])}$$

$$99\%\text{-VG: } \pi_u = \frac{60}{60 + 4{,}79} = 0{,}9261 \quad [\text{d. h. } \pi \geqq 0{,}93]$$

Für die einseitigen 95%-Vertrauensgrenzen mit $n > 50$ und

$$\boxed{\begin{array}{l} \hat{p} = 0 \text{ gilt näherungsweise } \pi_0 \approx \dfrac{3}{n} \\ \hat{p} = 1 \text{ gilt näherungsweise } \pi_u \approx 1 - \dfrac{3}{n} \end{array}} \tag{4.30}$$

$\hat{p} = 0,\ n = 100$; 95%-VG: $\pi_0 \approx 3/100 = 0{,}03$
$\hat{p} = 1,\ n = 100$; 95%-VG: $\pi_u \approx 1 - (3/100) = 0{,}97$

Zum Vergleich: $F_{2;200;0{,}05} = 3{,}04$ und damit nach (4.28, 4.29)

$\hat{p} = 0$; 95%-VG: $\pi_0 = 3{,}04/(100 + 3{,}04) = 0{,}0295 = 0{,}03$
$\hat{p} = 1$; 95%-VG: $\pi_u = 100/(100 + 3{,}04) = 0{,}9705 = 0{,}97$.

Wenn somit bei 100 Patienten, die mit einem bestimmten Medikament behandelt worden sind, keine unerwünschten Nebenerscheinungen auftreten, dann ist mit höchstens 3% unerwünschten Nebenerscheinungen zu rechnen ($\alpha = 0{,}05$) (vgl. auch Tab. 149 sowie auf S. 448 die Beispiele und den Spezialfall $x = 0$).

Wenn bei n Patienten keine Nebenwirkungen beobachtet werden, dann ist es:

(1) unwahrscheinlich ($P \approx 0{,}05$), daß Nebenwirkungen bei mehr als $(3/n)$ 100% auftreten;
(2) treten doch Nebenwirkungen auf, so ist deren Wahrscheinlichkeit fast sicher ($P \approx 0{,}99$) nicht größer als $(5/n)$ 100%

Für n = 100 Fälle ohne Nebenwirkungen ist somit mit höchstens 3% Nebenwirkungen in der Grundgesamtheit aller Fälle zu rechnen ($P \approx 0{,}95$). Will man eine schärfere Aussage ($P \approx 0{,}99$), so steigt der Anteil von 3% auf maximal 5%. Um den Anteil von Nebenwirkungen in der Grundgesamtheit aller Fälle fast sicher ($P \approx 0{,}99$) auf weniger als 0,5% anzusetzen, müßten demnach 1000 Fälle ohne Nebenwirkungen vorliegen.

Tabelle 149. Einseitige untere und obere 90%-, 95%- und 99%-Vertrauensgrenzen ($\alpha = 0{,}10$; $\alpha = 0{,}05$; $\alpha = 0{,}01$) in % für ausgewählte Stichprobenumfänge n und Nullergebnis bzw. Vollergebnis [451]

α	n	10	30	50	80	100	150	200	300	500	1000
10%	π_0	21	7,4	4,5	2,8	2,3	1,5	1,1	0,77	0,46	0,23
	π_u	79	92,6	95,5	97,2	97,7	98,5	98,9	99,23	99,54	99,77
5%	π_0	26	9,5	5,8	3,7	3,0	2,0	1,5	0,99	0,60	0,30
	π_u	74	90,5	94,2	96,3	97,0	98,0	98,5	99,01	99,40	99,70
1%	π_0	37	14	8,8	5,6	4,5	3,0	2,3	1,5	0,92	0,46
	π_u	63	86	91,2	94,4	95,5	97,0	97,7	98,5	99,08	99,54

Beispiel für $\alpha = 5\%$ und $n = 100$: sind an 100 Objekten einer Zufallsstichprobe keine Fehler (Nullergebnis) festgestellt worden, so ist für den betrachteten Zeitraum in der Grundgesamtheit aller Objekte dieses Types mit höchstens 3% Fehlern (obere 95%-Vertrauensgrenze) zu rechnen, d. h. mindestens 97% aller Objekte (untere 95%-Vertrauensgrenze für das Vollergebnis) sind als fehlerfrei aufzufassen. Dies setzt voraus, daß das Null-Fehler-Resultat exakt bestimmbar ist, d. h. eine Sensitivität und Spezifität von 100% aufweist. Sinken diese Werte, so ist die Drei durch größere Werte zu ersetzen, wobei der Effekt der Sensitivität deutlich größer is als der der Spezifität: einige gerundete Werte nach Reibnegger und Mitarbeitern (1989). Entsprechende Ausweitungen gelten dann auch für die anderen Vertrauensgrenzen der Tabelle 149, deren Zahlen im gestrichelten Rechteck ($n < 80$) als relative Häufigkeiten zu interpretieren sind: z.B. ist für $n = 30$ und $\hat{p} = 0$ die 95%-VG für π_0 gleich 0.095.

Sensitivität (%)	Spezifität (%)			
	100	90	80	70
100	3			
90			4	
80			5	6
70			6	8

Zur klinischen Prüfung von Arzneimitteln auf Nebenwirkungen

Für die präklinische Prüfung (Tierversuch) gilt, daß Wahrscheinlichkeitsaussagen vom Tier auf den Menschen nicht möglich sind. **Unerwünschte Nebenwirkungen gehören zum Wirkungsspektrum einer Substanz.** Ihre Unerwünschtheit ist ein subjektiver Maßstab. Der Verdacht, daß eine Substanz beim Menschen schädliche Nebenwirkungen verursacht, läßt sich ohne kontrollierten Versuch mit Zufallszuteilung weder bestätigen noch widerlegen; die Unschädlichkeit läßt sich nicht „beweisen". Die Problematik der Unterscheidung von zufälligen Zusammenhängen, Assoziationen durch Drittvariable und möglichen Kausalzusammenhängen spielt eine wichtige Rolle. Allen Aussagen haftet eine erhebliche Unsicherheit an, die nur aufgrund von Plausibilitätsüberlegungen eingeengt werden kann.

Vergleich zweier relativer Häufigkeiten

Der Vergleich zweier relativer Häufigkeiten ist ein *Vergleich der Grundwahrscheinlichkeiten zweier Binomialverteilungen.* Hierfür sind gute Methoden (vgl. [467]) und gute Näherungsverfahren (vgl. [461]) bekannt. Bei nicht zu kleinen Stichprobenumfängen (mit $n\hat{p}$ sowie $n(1-\hat{p}) > 5$) ist auch eine Approximation durch die Normalverteilung möglich:

1. **Vergleich einer relativen Häufigkeit $\hat{p}_1$ mit dem zugrundeliegenden Parameter π** ohne (4.31) bzw. mit (4.31a) Endlichkeitskorrektur [vgl. die Beispiele nach (4.33)]

$$\hat{z} = \frac{|\hat{p}_1 - \pi| - \dfrac{1}{2n}}{\sqrt{\dfrac{\pi(1-\pi)}{n}}} \qquad \hat{z} = \frac{|\hat{p}_1 - \pi| - \dfrac{1}{2n}}{\sqrt{\left\{\dfrac{\pi(1-\pi)}{n}\right\} \cdot \left\{\dfrac{N-n}{N-1}\right\}}} \qquad (4.31, 4.31a)$$

Nullhypothese: $\pi_1 = \pi$. Die Alternativhypothese lautet: $\pi_1 \neq \pi$ (oder bei einseitiger Fragestellung: $\pi_1 > \pi$ bzw. $\pi_1 < \pi$ (vgl. auch [455]).

2. **Vergleich zweier relativer Häufigkeiten $\hat{p}_1$ und $\hat{p}_2$** (Vergleich zweier Prozentsätze). Vorausgesetzt wird a) $n_1 \geq 50$, $n_2 \geq 50$, b) $n\hat{p} > 5$, $n(1-\hat{p}) > 5$ (vgl. auch Tabelle 150).

[451] [Alternative: (4.41a) auf S. 452 bis 455.]

$$\hat{z} = \frac{|\hat{p}_1 - \hat{p}_2|}{\sqrt{\hat{p}(1-\hat{p})[(1/n_1) + (1/n_2)]}} \tag{4.32}$$

mit $\hat{p}_1 = x_1/n_1$, $\hat{p}_2 = x_2/n_2$, $\hat{p} = (x_1 + x_2)/(n_1 + n_2)$. Nullhypothese: $\pi_1 = \pi_2$; Alternativhypothese: $\pi_1 \neq \pi_2$ (bei einseitiger Fragestellung: $\pi_1 > \pi_2$ bzw. $\pi_1 < \pi_2$). So ergibt sich für $n_1 = n_2 = 300$, $\hat{p}_1 = 54/300 = 0{,}18$, $\hat{p}_2 = 30/300 = 0{,}10$ (beachte $n\hat{p}_2 = 300 \cdot 0{,}10 = 30 > 5$), $\hat{p} = (54 + 30)/(300 + 300) = 0{,}14$, $\hat{z} = (0{,}18 - 0{,}10)/\sqrt{0{,}14 \cdot 0{,}86(2/300)} = 2{,}82$, d. h. $P \approx 0{,}005$.

Man beachte, daß auch mit den Prozentzahlen gerechnet werden kann: ($\hat{z} = (18 - 10)/\sqrt{14 \cdot 86(2/300)} = 2{,}82$), und daß (für $n_1 = n_2 = n$) Differenzen größer oder gleich D (in %) nach Tabelle 150 (vgl. auch M: 95/96, Tab. 20 für $n_1 = n_2 \geqq 100$ und $n_1 > n_2 \geqq 100$)

Tabelle 150. Differenzen D der Prozentsätze für $n = n_1 = n_2 \geqq 100$, die zumindest auf dem 5%-Niveau statistisch signifikant sind

n	100	150	200	300	500	1000	5000
D	14	11,5	10	8	6,3	4,5	2

auf dem 5%-Niveau bedeutsam sind. Liegen die zu vergleichenden Prozentsätze unterhalb von 40% bzw. oberhalb von 60%, so gilt für diese D-Werte, daß ihnen ein wesentlich kleinerer P-Wert entspricht (im Beispiel: $18\% - 10\% = 8\%$ mit $P \approx 0{,}005$).

Etwas exakter als (4.32) und nicht so strengen Voraussetzungen unterworfen ($n\hat{p}$ und $n(1-\hat{p}) \geqq 1$ für n_1 und $n_2 \geqq 25$) ist eine auf der Winkeltransformation (Tab. 93 in [36]) basierende Approximation: $\hat{z} = (|\arcsin\sqrt{\hat{p}_1} - \arcsin\sqrt{\hat{p}_2}|)/28{,}648\sqrt{1/n_1 + 1/n_2}$; für das Beispiel ergibt sich $\hat{z} = (25{,}104 - 18{,}435)/28{,}648\sqrt{2/300} = 2{,}85$ (vgl. auch [461]).

Für die Prüfung der Nullhypothese: $\pi_1 - \pi_2 = d_0$ gegen H_A: $\pi_1 - \pi_2 \neq d_0$ (bzw. $< d_0$ oder $> d_0$) verwende man ($\hat{p}_1 = x_1/n_1$, $\hat{p}_2 = x_2/n_2$, $\hat{q}_1 = 1 - \hat{p}_1$, $\hat{q}_2 = 1 - \hat{p}_2$)

$$\hat{z} = \frac{|(\hat{p}_1 - \hat{p}_2) - d_0)|}{\sqrt{(\hat{p}_1\hat{q}_1/n_1) + (\hat{p}_2\hat{q}_2/n_2)}} \tag{4.33}$$

Hinweis: Nach A. J. Scott und G. A. F. Seber vergleicht man Anteile aus derselben Stichprobe (A), überlappen sich die Anteile, so gilt (B): The American Statistician **37** (1983), 319–320 (A), **47** (1993), 178–181 (B). Weitere Spezialliteratur zum Vergleich von Anteilen auch anhand von Vertrauensbereichen für $\pi_1 - \pi_2$ finden Sie auf S. 444 oben.

Beispiele

1. In einer Großstadt erhielten $\pi = 20\%$ der Familien eine bestimmte Zeitschrift. Es besteht Grund zu der Annahme, daß die Zahl der Abonnenten jetzt unter 20% liegt. Um diese Hypothese zu überprüfen, wird eine Zufallsstichprobe, bestehend aus 100 Familien, ausgewählt und ausgewertet, wobei $\hat{p}_1 = 0{,}16$ (16%) gefunden wurde. Getestet wird die Nullhypothese $\pi_1 = 20\%$ gegen die Alternativhypothese $\pi_1 < 20\%$ (Signifikanzniveau $\alpha = 0{,}05$). Auf die Endlichkeitskorrektur können wir verzichten, da die Grundgesamtheit im Verhältnis zur Stichprobe sehr groß ist. Da $n\hat{p}_1 > 5$ und $n(1 - \hat{p}_1) > 5$, benutzen wir die Approximation über die Normalverteilung (4.31)

$$\hat{z} = \frac{|\hat{p}_1 - \pi| - \dfrac{1}{2n}}{\sqrt{\dfrac{\pi(1-\pi)}{n}}} = \frac{|0{,}16 - 0{,}20| - \dfrac{1}{2 \cdot 200}}{\sqrt{\dfrac{0{,}20 \cdot 0{,}08}{100}}} = 0{,}875$$ **[451]**

Ein Wert $z = 0{,}875$ entspricht einer Irrtumswahrscheinlichkeit $P\{\hat{p}_1 \leqq 0{,}16|\pi = 0{,}20\} = 0{,}19 > 0{,}05$. Damit weisen 19 von 100 Zufallsstichproben aus einer Grundgesamtheit mit $\pi = 0{,}20$ einen Abonnentenanteil $\hat{p}_1 \leqq 0{,}16$ auf. Wir behalten daher die Nullhypothese bei.

2. Von 2000 Händlern entscheiden sich π = 40%, ihre Aufträge zu erhöhen. Kurze Zeit später wird angenommen, daß sich dieser Prozentsatz wieder erhöht habe. Eine Zufallsstichprobe von 400 Händlern zeigt, daß der Prozentsatz mit $\hat{p}_1$ = 46% tatsächlich höher liegt.
Gefragt ist, ob diese Zunahme als statistisch signifikant gelten kann. Getestet wird die Nullhypothese π_1 = 0,40 gegen die Alternativhypothese $\pi_1 > 0{,}40$ mit $\hat{p}_1 = 0{,}46$ (Signifikanzniveau $\alpha = 0{,}05$). Da die Stichprobe 20% der Grundgesamtheit umfaßt, muß die Endlichkeitskorrektur und damit (4.31a) benutzt werden.

$$\hat{z} = \frac{|\hat{p}_1 - \pi| + \dfrac{1}{2n}}{\sqrt{\left[\dfrac{\pi(1-\pi)}{n}\right] \cdot \left[\dfrac{N-n}{N-1}\right]}} = \frac{|0{,}64 - 0{,}40| - \dfrac{1}{2 \cdot 400}}{\sqrt{\left[\dfrac{0{,}40 \cdot 0{,}60}{400}\right] \cdot \left[\dfrac{2000-400}{2000-1}\right]}} = 2{,}68$$

$$P\{\hat{p}_1 \leqq 0{,}46|\pi = 0{,}40\} = 0{,}0037 < 0{,}05$$

Die Nullhypothese wird auf dem 5%-Niveau abgelehnt: Es besteht eine echte Zunahme.

Angenäherter 95%-Vertrauensbereich für $\pi_1 - \pi_2$ (n_1 und n_2 groß)

Für $n_1 \gtrapprox 50$ und $n_2 \gtrapprox 50$ mit $\hat{p}_1 > \hat{p}_2$ läßt sich anhand von $\sqrt{\quad}$ in (4.33) ein angenäherter 95%-VB für $\pi_1 - \pi_2$ angeben:

$$\boxed{\hat{p}_1 - \hat{p}_2 - 1{,}96\sqrt{\quad} \lessapprox \pi_1 - \pi_2 \lessapprox \hat{p}_1 - \hat{p}_2 + 1{,}96\sqrt{\quad}} \qquad (4.33A)$$

(4.33A) läßt sich verbessern, indem für $\hat{p}_1 - \hat{p}_2 < 0$ zu dieser Differenz der Wert $0{,}5[(1/n_1) + (1/n_2)]$ addiert (bzw. für … > 0, … subtrahiert) wird.

Vorausgesetzt werden (wie üblich) zwei unabhängige Zufallsstichproben. Für den entsprechenden 90%-VB wird 1,96 (wie üblich) durch 1,645 ersetzt (vgl. $z_{\text{zweiseilig}}$ aus Tab. 25). Werden mehrere 95%-VBe angegeben, so ist 1,96 durch einen Tabellenwert aus M2:137 zu ersetzen (vgl. auch [46]: insbesondere die Tabellen 157 und 161).

Beispiel

$$\hat{p}_1 = 140/200 = 0{,}7 \quad \text{und} \quad \hat{p}_2 = 150/250 = 0{,}6\,; \quad \hat{p}_1 - \hat{p}_2 = 0{,}1\,;$$

$$\sqrt{\frac{0{,}7 \cdot 0{,}3}{200} + \frac{0{,}6 \cdot 0{,}4}{250}} = 0{,}0448\,; \quad 1{,}96 \cdot 0{,}0448 = 0{,}0878$$

$$0{,}5[(1/200) + (1/250)] = 0{,}0045 \qquad 0{,}0955 \pm 0{,}0878$$

$$0{,}7 - 0{,}6 - 0{,}0045 = 0{,}0955\,; \qquad 95\%\text{-VB: } 0{,}008 \lessapprox \pi_1 - \pi_2 \lessapprox 0{,}183\,.$$

Da die Null ausgeschlossen ist, besteht zwischen den Wahrscheinlichkeiten π_1 und π_2 auf dem 5%-Niveau ein statistisch signifikanter Unterschied.

[451] **Bessere Ansätze** sind A. P. Soms, Communications in Statistics – Simulation and Computation **18** (1989), 1325–1357 sowie M. Conlon und R. G. Thomas, Computational Statistics and Data Analysis **9** (1990), 237–241 zu entnehmen [vgl. auch Statistics in Medicine **17** (1998), 873–890 und Biometrics **55** (1999), 1202–1209].

[452] 452 Schnellschätzung der Vertrauensgrenzen anhand einer beobachteten relativen Häufigkeit nach Clopper und Pearson

Eine Schnellmethode, aus dem Anteil oder dem Prozentsatz in der Stichprobe auf den Parameter in der Grundgesamtheit zu schließen (indirekter Schluß), bietet Abb. 44 von Clopper und Pearson. Diese Zeichnung gibt die Vertrauensgrenzen für π anhand von $\hat{p} = x/n$ mit einer Vertrauenswahrscheinlichkeit von 95%, d. h. den 95%-VB für π. Die Zahlen an den Kurven bezeichnen den Stichprobenumfang. **Die Vertrauensgrenzen werden mit zunehmendem Stichprobenumfang n enger und symmetrischer**, da die Binomialverteilung in eine Normalverteilung übergeht, für $\hat{p}$ = 0,5 ist der Vertrauensbereich auch bei kleinen n-Werten symmetrisch. Aus der Abbildung läßt sich auch das zur Erreichung einer bestimmten Genauigkeit notwendige n abschätzen.

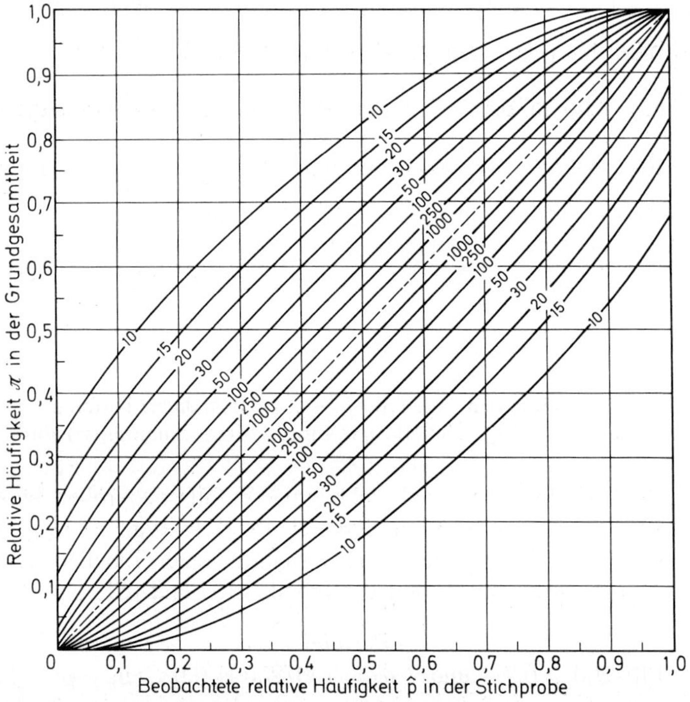

Abb. 44. 95%-VBe für π anhand relativer Häufigkeiten $\hat{p}$. Die Zahlen an den Kurven bezeichnen den Stichprobenumfang n (aus C. J. Clopper and E. S. Pearson: The use of confidence or fiducial limits illustrated in the case of the binomial. Biometrika **26** (1934) 404–413, p. 410)

Für den **praktischen Gebrauch** bevorzuge man Tabelle 147 oder Tabelle 41 der Biometrika Tables Vol. I (Pearson and Hartley 1970).

[452]

Beispiele

1. In einer Stichprobe von n = 10 Werten sei das Ereignis x 7mal beobachtet worden, d. h. $\hat{p} = \frac{x}{n} = \frac{7}{10} = 0{,}7$. Abbildung 44: Die Schnittpunkte der Vertikalen über 0,7 mit der unteren und der oberen Kurve n = 10 bestimmen dann die Grenzen des 95%-Vertrauensbereiches für den Parameter π der Grundgesamtheit. Erst ein außerhalb dieses Intervalles $0{,}34 \lessapprox \pi \lessapprox 0{,}93$ auftretendes $\hat{p}$ würde (mit einer Vertrauenswahrscheinlichkeit von 95%) auf eine Stichprobe hinweisen, die einer anderen Grundgesamtheit entstammt (direkter Schluß von dem Parameter der Grundgesamtheit auf den Variationsbereich der Stichproben-Kennzahl).

2. Ein in der Nähe von 40% liegender Prozentsatz soll so geschätzt werden, daß der resultierende 95%-VB einen 20%-Bereich bildet. Nach Abbildung 44 ist diese Bedingung bei etwa $n \approx 100$ erfüllt.

Dieses Nomogramm und (4.35) liefern für $n = 1000$ [2000, 4000, 10 000] einen Zufallsfehler von rund ±3% [±2%, ±1,5%, ±1%].

453 Schätzung des Mindestumfanges einer Stichprobe bei ausgezählten Werten

[453]

Aus der Formel für die Vertrauensgrenzen einer prozentualen Häufigkeit

$\hat{p} \pm z \cdot \sqrt{\frac{\hat{p}(1-\hat{p})}{n}}$ folgt, wenn $z \cdot \sqrt{\frac{\hat{p}(1-\hat{p})}{n}}$ der Abweichung a gleichgesetzt wird

$$\sqrt{n} = \frac{z\sqrt{\hat{p}(1-\hat{p})}}{a} \quad \text{und } n = \frac{z^2\hat{p}(1-\hat{p})}{a^2}$$

Setzt man z = 2 (d. h. $\alpha = 0{,}0456$ oder $1 - \alpha \approx 0{,}9544$ oder $> 0{,}95$), dann wird der geschätzte Mindestumfang

$$\boxed{\hat{n} = \frac{4 \cdot \hat{p}(1-\hat{p})}{a^2}} \tag{4.34}$$

Da n sein Maximum erreicht, wenn $\hat{p}(1-\hat{p})$ am größten ist – dies ist für $\hat{p}$ = 50% der Fall –, wird, wenn wir $\hat{p}$ = 50% setzen, der Stichprobenumfang größer, als im allgemeinen notwendig ist und

$$\hat{n} = \frac{4 \cdot 0{,}5^2}{a^2} \quad \boxed{\hat{n} = \frac{1}{a^2}} \tag{4.35}$$

Hätten wir den Vertrauensbereich der prozentualen Häufigkeit mit der vereinfachten Formel für die Endlichkeitskorrektur

$$\sqrt{\frac{N-n}{n}} \text{ anstatt } \sqrt{\frac{N-n}{N-1}} \text{ geschrieben, } \hat{p} \pm z \cdot \sqrt{\frac{\hat{p}(1-\hat{p})}{n}}\sqrt{\frac{N-n}{N}}$$

dann erhielten wir für den geschätzten Mindestumfang

[453]
$$\boxed{\hat{n} = \frac{N}{1 + a^2 N}} \qquad (4.36)$$

Beispiele

1. Angenommen, wir interessieren uns für den Prozentsatz von Familien eines genau lokalisierten ländlichen Gebietes, die ein bestimmtes Fernsehprogramm sehen. Es wohnen dort etwa 1000 Familien. Alle Familien zu befragen erscheint zu umständlich. Die Untersucher entschließen sich, eine Stichprobe zu ziehen und mit einer Abweichung a von $\pm 10\%$ und einer Vertrauenswahrscheinlichkeit von 95% zu schätzen. Wie groß muß die Stichprobe sein? Nach (4.36) erhalten wir

$$\hat{n} = \frac{1000}{1 + 0{,}10^2 \cdot 1000} \simeq 91$$

Damit sind nur 91 Familien zu befragen. Man erhält eine Schätzung von π mit einem Fehler von $a = 0{,}10$ und einer Vertrauenswahrscheinlichkeit von 95%. Nach (4.35) hätten wir ganz grob $n = \frac{1}{0{,}10^2} = \frac{1}{0{,}01} = 100$ erhalten. Erwarteten wir, daß $\pi = 0{,}30$ beträgt, dann ist unser geschätzter Stichprobenumfang natürlich zu hoch, wir benötigen dann nur etwa $n' = 4n \cdot \pi(1 - \pi) = 4 \cdot 91 \cdot 0{,}3 \cdot 0{,}7 = 76$ Einzelwerte.

$$\boxed{\hat{n}' = 4n\hat{p}(1 - \hat{p})} \qquad (4.37)$$

Für $\hat{n} > 0{,}5N$ wird (4.34) ersetzt durch (4.38)

$$\boxed{\hat{n}_{\text{korr.}} = \frac{N(a^2/4) + Np - Np^2}{N(a^2/4) + p - p^2}} \qquad (4.38)$$

d. h.
$$\hat{n}_{\text{korr.}} = \frac{1000(0{,}10^2/4) + 1000 \cdot 0{,}30 - 1000 \cdot 0{,}30^2}{1000(0{,}10^2/4) + 0{,}30 - 0{,}30^2} \approx 74$$

Bei Bedarf ist in beiden Formeln die 4 durch den entsprechenden Wert z^2 zu ersetzen: 2,6896 ($\alpha = 0{,}10$), 3,8416 ($\alpha = 0{,}05$) und 6,6564 ($\alpha = 0{,}01$).

2. Es wird nach dem Prozentsatz von Familien gefragt, die in einer kleinen Stadt von 3000 Einwohnern ein bestimmtes Fernsehprogramm gesehen haben. Gefordert wird eine Vertrauenswahrscheinlichkeit von 95% mit einer Abweichung von $\pm$ 3%.

$$\hat{n} = \frac{N}{1 + a^2 N} = \frac{3000}{1 + 0{,}0009 \cdot 3000} \simeq 811$$

Nach Entnahme einer Zufallsstichprobe von 811 Familien ergibt sich, daß 243 Familien dem Fernsehprogramm gefolgt waren, d. h. $\hat{p} = \frac{243}{811} \simeq 0{,}30$. Damit erhalten wir den 95%-Vertrauensbereich zu

$$0{,}30 - 0{,}03 \leqq \pi \leqq 0{,}30 + 0{,}03$$
$$0{,}27 \leqq \pi \leqq 0{,}33.$$

454 Der Vertrauensbereich für den Erwartungswert λ einer Poisson-Verteilung

Wir knüpfen hier an das in [164] über Vertrauensgrenzen der Poisson-Verteilung Gesagte an und erläutern den Gebrauch der Tabelle 151: In der *Beobachtungseinheit* von [454]

Tabelle 151. Vertrauensbereiche für den Erwartungswert einer Poisson-Verteilung (auszugsweise entnommen aus E. L. Crow and R. S. Gardner: Confidence intervals for the expectation of a Poisson variable, Biometrika **46** (1959) 441–453).
Diese Tabelle gestattet nicht die Angabe einseitiger Vertrauensgrenzen

x	95		99		x	95		99		x	95		99	
0	0	3,285	0	4,771	**100**	80,25	120,36	76,61	127,31	**200**	172,38^{5}	227,73	164,31	238,01
1	0,051	5,323	0,010	6,914	**101**	81,61	121,06	76,61	128,70	**201**	173,79	228,99	165,33	239,46
2	0,355	6,686	0,149	8,727	**102**	83,14	122,37	77,15	130,27^{5}	**202**	175,48^{5}	230,28	166,71	241,32
3	0,818	8,102	0,436	10,473	**103**	84,57	123,77	78,71	131,50	**203**	176,23	231,65	168,29	241,32
4	1,366	9,598	0,823	12,347	**104**	84,57	125,46	80,06	131,82	**204**	176,23	233,19	169,49	242,01
5	1,970	11,177	1,279	13,793	**105**	84,67	126,26	80,06	133,21	**205**	176,23	234,53	169,49	243,31^{5}
6	2,613	12,817	1,785	15,277	**106**	86,01	126,48	80,65	134,79	**206**	177,48	234,53	169,64	244,69
7	3,285	13,765	2,330	16,801	**107**	87,48	127,78	82,21	135,99	**207**	178,77	235,14^{5}	170,98	246,24
8	3,285	14,921	2,906	18,362	**108**	89,23	129,14	83,56	136,30	**208**	180,14	236,39	172,41	247,54^{5}
9	4,460	16,768	3,507	19,462	**109**	89,23	130,68	83,56	137,68	**209**	181,67	237,67	174,36	247,54^{5}
10	5,323	17,633	4,130	20,676	**110**	89,23	132,03	84,12	139,24	**210**	183,05	239,00	174,36	248,62
11	5,323	19,050	4,771	22,042	**111**	90,37	132,03	85,65	140,54	**211**	183,05	240,45	174,36	249,94
12	6,686	20,335	4,771	23,765	**112**	91,78	133,14^{5}	87,12	140,76	**212**	183,05	242,27	175,25	251,35
13	6,686	21,364	5,829	24,925	**113**	93,48	134,48	87,12	142,12	**213**	183,86	242,27	176,61	253,14
14	8,102	22,945	6,668	25,992	**114**	94,23	135,92	87,55	143,64	**214**	185,13	242,53	178,11	253,65
15	8,102	23,762	6,914	27,718	**115**	94,23	137,79	89,05	145,13	**215**	186,46	243,76	179,67	253,92
16	9,598	25,400	7,756	28,852	**116**	94,70^{5}	137,79	90,72	145,19	**216**	187,89	245,02	179,67	255,20
17	9,598	26,306	8,727	29,900	**117**	96,06	138,49	90,72	146,54	**217**	189,83	246,32^{5}	179,67	256,54
18	11,177	27,735	8,727	31,839	**118**	97,54^{5}	139,79	90,96	148,01	**218**	189,83	247,70	180,84	258,00
19	11,177	28,966	10,009	32,547	**119**	99,17	141,16	92,42	149,76	**219**	189,83	249,28	182,22	259,78
20	12,817	30,017	10,473	34,183	**120**	99,17	142,70	94,34^{5}	149,76	**220**	190,21	250,43	183,81	259,78
21	12,817	31,675	11,242	35,204	**121**	99,17	144,01	94,34^{5}	150,93	**221**	191,46	250,43	184,97^{5}	260,47
22	13,765	32,277	12,347	36,544	**122**	100,32	144,01	94,35	152,35^{5}	**222**	192,76	251,11	184,97^{5}	261,77
23	14,921	34,048	12,347	37,819	**123**	101,71	145,08	95,76	154,18	**223**	194,11^{5}	252,35	185,08	263,12^{5}
24	14,921	34,665	13,793	38,939	**124**	103,31^{5}	146,39	97,42	154,60	**224**	195,63	253,63	186,40	264,63
25	16,768	36,030	13,793	40,373	**125**	104,40	147,80	98,36	155,31	**225**	197,09	254,95	187,81	266,15
26	16,77	37,67	15,28	41,39	**126**	104,40	149,53	98,36	156,69	**226**	197,09	256,37	189,50	266,15
27	17,63	38,16^{5}	15,28	42,85	**127**	104,58	150,19	99,09	158,25	**227**	197,09	258,34	190,28	267,01
28	19,05	39,76	16,80	43,91	**128**	105,90^{5}	150,36	100,61	159,53	**228**	197,78	258,34	190,28	268,31
29	19,05	40,94	16,80	45,26	**129**	107,32	151,63	102,16^{5}	159,67	**229**	199,04	258,45	190,61^{5}	269,68
30	20,33^{5}	41,75	18,36	46,50	**130**	109,11	152,96	102,16^{5}	161,01	**230**	200,35	259,67	191,94	271,22
31	21,36	43,45	18,36	47,62	**131**	109,61	154,39	102,42	162,46	**231**	201,73	260,92	193,36	272,56
32	21,36	44,26	19,46	49,13	**132**	109,61	156,32	103,84	164,31	**232**	203,35^{5}	262,20	195,19	272,56
33	22,94^{5}	45,28	20,28^{5}	49,96	**133**	110,11	156,32	105,66	164,31	**233**	204,36	263,54	195,59	273,53
34	23,76	47,02^{5}	20,68	51,78	**134**	111,44	156,87	106,12	165,33	**234**	204,36	265,00	195,59	274,83
35	23,76	47,69	22,04	52,28	**135**	112,87	158,15	106,12	166,71	**235**	204,36	266,71	196,13	276,20^{5}
36	25,40	48,74	22,04	54,03	**136**	114,84	159,48	107,10	168,29	**236**	205,31^{5}	266,71	197,46	277,77
37	26,31	50,42	23,76^{5}	54,74	**137**	114,84	160,92^{5}	108,61^{5}	169,49	**237**	206,58	266,97	198,88	279,01^{5}
38	26,31	51,29	23,76^{5}	56,14	**138**	114,84	162,79	110,16	169,64	**238**	207,90	268,19	200,84	279,01^{5}
39	27,73^{5}	52,15	24,92^{5}	57,61^{5}	**139**	115,60^{5}	162,79	110,16	170,98	**239**	209,30	269,44	200,94	280,02
40	28,97	53,72	25,83	58,35	**140**	116,93	163,35	110,37	172,41	**240**	211,03	270,73	200,94	281,32
41	28,97	54,99	25,99	60,39	**141**	118,35	164,63	111,78	174,36	**241**	211,69	272,08	201,62	282,70
42	30,02	55,51	27,72	60,59	**142**	120,36	165,96	113,45	174,36	**242**	211,69	273,57	202,94	284,25
33	31,67^{5}	56,99	27,72	62,13	**143**	120,36	167,39	114,33	175,25	**243**	211,69	275,15	204,36	285,53
44	31,67^{5}	58,72	28,85	63,63^{5}	**144**	120,36	169,33	114,33	176,61	**244**	212,82	275,15	206,19	285,53
45	32,28	58,84	29,90	64,26	**145**	121,06	169,33	114,99	178,11	**245**	214,09	275,46	206,60	286,50
46	34,05	60,24	29,90	65,96	**146**	122,37	169,80	116,44	179,67	**246**	215,40	276,69	206,60	287,79
47	34,66^{5}	61,90	31,84	66,81^{5}	**147**	123,77	171,07	118,33	179,67	**247**	216,81	277,94	207,08	289,16
48	34,66^{5}	62,81	31,84	67,92	**148**	125,46	172,38^{5}	118,33	180,84	**248**	218,56	279,22	208,40	290,68
49	36,03	63,49	32,55	69,83	**149**	126,26	173,79	118,33	182,22	**249**	219,16	280,57	209,81	292,10
50	37,67	64,95	38,18	70,05	**150**	126,26	175,48^{5}	119,59	183,81	**250**	219,16	282,05	211,50	292,10
51	37,67	66,76	34,18	71,56	**151**	126,48	176,23	121,09	184,97^{5}	**251**	219,16	283,67	212,29	292,95
52	38,16^{5}	66,76	35,20	73,20	**152**	127,78	176,23	122,69	185,08	**252**	220,29	283,67	212,29	294,24
53	39,76	68,10	36,54	73,62	**153**	129,14	177,48	122,69	186,40	**253**	221,56	283,93	212,53	295,59
54	40,94	69,62	36,54	75,16	**154**	130,68	178,77	122,78	187,81	**254**	222,86^{5}	285,15	213,84	297,07
55	40,94	71,09	37,82	76,61	**155**	132,03	180,14	124,16	189,50	**255**	224,26	286,40	215,22	298,71
56	41,75	71,28	38,94	77,15	**156**	132,03	181,67	125,70	190,28	**256**	225,90^{5}	287,68	216,80	298,71
57	43,45	72,66	38,94	78,71	**157**	132,03	183,05	127,07	190,61^{5}	**257**	226,81	289,01	217,98	299,39
58	44,26	74,22	40,37	80,06	**158**	133,14^{5}	183,05	127,07	191,94	**258**	226,81	290,46	217,98	300,67
59	44,26	75,49	41,39	80,65	**159**	134,48	183,86	127,31	193,36	**259**	226,81	292,26	217,98	302,00
60	45,28	75,78^{5}	41,39	82,21	**160**	135,92	185,13	128,70	195,19	**260**	227,73	292,26	219,25	303,43
61	47,02^{5}	77,16	42,85	83,56	**161**	137,79	186,46	130,27^{5}	195,59	**261**	228,99	292,37	220,61	305,35
62	47,69	78,73	43,91	84,12	**162**	137,79	187,89	131,50	196,13	**262**	230,28	293,59	222,10^{5}	305,35
63	47,69	79,98	43,91	85,65	**163**	137,79	189,83	131,50	197,46	**263**	231,65	294,82^{5}	223,67^{5}	305,81
64	48,74	80,25	45,26	87,12	**164**	138,49	189,83	131,82	198,88	**264**	233,19	296,09	223,67^{5}	307,07
65	50,42	81,61	46,50	87,55	**165**	139,79	190,21	133,21	200,84	**265**	234,53	297,41	223,67^{5}	308,38
66	51,29	83,14	46,50	89,05	**166**	141,16	191,46	134,79	200,94	**266**	234,53	298,81	224,65	309,77^{5}
67	51,29	84,57	47,62	90,72	**167**	142,70	192,76	135,99	201,62	**267**	234,53	300,56	225,98	311,41
68	52,15	84,67	49,13	90,96	**168**	144,01	194,11^{5}	135,99	202,94	**268**	235,14^{5}	301,16	227,41	312,38

Fortsetzung auf S. 448

A3

8 Stunden seien 26 Ereignisse registriert worden. Die 95%-Grenzen (x = 26) für (a) die Beobachtungseinheit sind 16,77 $\simeq$ 17 und 37,67 $\simeq$ 38 Ereignisse und für (b) eine Stunde
[454] sind 16,77/8 $\simeq$ 2 und 37,67/8 $\simeq$ 5 Ereignisse. Andere Vertrauensbereiche, z. B. 80%-VBe für λ, [vgl. auch Anhang 3] lassen sich schnell nach H. Burstein [Journal of the American Statistical Association **68** (1973), 581–584] berechnen.

Beispiele

1. Für ein bestimmtes Gebiet seien in einem Jahrhundert vier Sturmfluten beobachtet worden. Angenommen, die Zahl der Sturmfluten in verschiedenen Jahrhunderten folge einer Poisson-Verteilung, dann kann damit gerechnet werden, daß nur in einem von 20 Jahrhunderten (P = 0,95; Tabelle 151) die Zahl der Sturmfluten außerhalb der Grenzen 1,366 $\simeq$ 1 und 9,598 $\simeq$ 10 liegen wird; d. h. 95%-VB: $1 \lessapprox \lambda \lessapprox 10$.

2. Eine Telefonzentrale erhalte während einer Minute 23 Anrufe. Gewünscht sind die 95%-Vertrauensgrenzen für die erwarteten Anrufe in 1 Min. bzw. in 1 Stunde. Nehmen wir an, daß die Zahl der Anrufe im betrachteten Zeitraum relativ konstant ist und (da die Anlage sagen wir 1000 Anrufe/min vermitteln kann) einer Poisson-Verteilung folgt, dann sind die 95%-Vertrauensgrenzen für 1 Minute (nach Tabelle 151) 14,921 $\simeq$ 15 und 34,048 $\simeq$ 34. In einer Stunde ist mit $60 \cdot 14{,}921 \simeq 895$ bis $60 \cdot 34{,}048 \simeq 2043$ Anrufen zu rechnen (P = 0,95); d. h. 95%-VB: $15 \lessapprox \lambda_{1\,\mathrm{min}} \lessapprox 34$ bzw. $895 \lessapprox \lambda_{1\,\mathrm{h}} \lessapprox 2043$.

Tabelle 151 dient auch zur Prüfung der Nullhypothese: $\lambda = \lambda_x$ (λ ist vorgegeben; x ist die beobachtete Erfolgszahl, λ_x ist der zugehörige Parameter). Wenn der VB für λ_x den Parameter λ nicht überdeckt, wird die Nullhypothese: $\lambda = \lambda_x$ zugunsten der Alternativhypothese $\lambda \neq \lambda_x$ verworfen.

Spezialfall x = 0: Für $x = 0$ ergibt sich die einseitige untere Vertrauensgrenze $\lambda_u = 0$, die obere (einseitige) Vertrauensgrenze λ_0 ist der Tabelle 74 in [164] zu entnehmen (z.B. für $P = 95\%$; $\lambda_0 = 2{,}996 \approx 3{,}00$) oder nach $\lambda_0 = \frac{1}{2}\chi^2_{2;\alpha}$ zu berechnen ($\chi^2_{2;0,05} = 5{,}99$; $\lambda_0 = 0{,}5 \cdot 5{,}99 \approx 3{,}00$). Zu Nullereignissen siehe auch M2: 143/144.

Tabelle 151. (Fortsetzung)

x	95		99		x	95		99		x	95		99	
69	53,72	86,01	49,13	92,42	**169**	144,01	195,63	136,30	204,36	**269**	236,39	301,16	229,37	312,38
70	54,99	87,48	49,96	94,34^5	**170**	144,01	197,09	137,68	206,19	**270**	237,67	302,00	229,37	313,46
71	54,99	89,23	51,78	94,35	**171**	145,08	197,09	139,24	206,60	**271**	239,00	303,22	229,37	314,75^5
72	55,51	89,23	51,78	95,76	**172**	146,39	197,78	140,54	207,08	**272**	240,45	304,48	230,03	316,11
73	56,99	90,37	52,28	97,42	**173**	147,80	199,04	140,54	208,40	**273**	242,27	305,77	231,33	317,60
74	58,72	91,78	54,03	98,36	**174**	149,53	200,35	140,76	209,81	**274**	242,27	307,13	232,71	319,19
75	58,72	93,48	54,74	99,09	**175**	150,19	201,73	142,12	211,50	**275**	242,27	308,64^5	234,28	319,19
76	58,84	94,23	54,74	100,61	**176**	150,19	203,35^5	143,64	212,29	**276**	242,53	310,07	235,50	319,84
77	60,24	94,70^5	56,14	102,16^5	**177**	150,36	204,36	145,13	212,53	**277**	243,76	310,07	235,50	321,11
78	61,90	96,06	57,61^5	102,42	**178**	151,63	204,36	145,13	213,84	**278**	245,02	310,38	235,50	322,43
79	62,81	97,54^5	57,61^5	103,84	**179**	152,96	205,31^5	145,19	215,22	**279**	246,32^5	311,60	236,68	323,84
80	61,81	99,17	58,35	105,66	**180**	154,39	206,58	146,54	216,80	**280**	247,70	312,83^5	238,01	325,58
81	63,49	99,17	60,39	106,12	**181**	156,32	207,90	148,01	217,98	**281**	249,28	314,10	239,46	326,21
82	64,95	100,32	60,39	107,10	**182**	156,32	209,30	149,76	217,98	**282**	250,43	315,42	241,32	326,21
83	66,76	101,71	60,59	108,61^5	**183**	156,32	211,03	149,76	219,25	**283**	250,43	316,83	241,32	327,46
84	66,76	103,31^5	62,13	110,16	**184**	156,87	211,69	149,76	220,61	**284**	250,43	318,63	241,32	328,75
85	66,76	104,40	63,63^5	110,37	**185**	158,15	211,69	150,93	222,10^5	**285**	251,11	319,09	242,01	330,10
86	68,10	104,58	63,63^5	111,78	**186**	159,48	212,82	152,35^5	223,67^5	**286**	252,35	319,09	243,31^5	331,59
87	69,62	105,90^5	64,26	113,45	**187**	160,92^5	214,09	154,18	223,67^5	**287**	253,63	319,95	244,69	333,20
88	71,09	107,32	65,96	114,33	**188**	162,79	215,40	154,60	224,65	**288**	254,95	321,17	246,24	333,20
89	71,09	109,11	66,81^5	114,99	**189**	162,79	216,81	154,60	225,98	**289**	256,37	322,42	247,54^5	333,80
90	71,28	109,61	66,81^5	116,44	**190**	162,79	218,56	155,31	227,41	**290**	258,34	323,70	247,54^5	335,06^5
91	72,66	110,11	67,92	118,33	**191**	163,35	219,16	156,69	229,37	**291**	258,34	325,04	247,54^5	336,37
92	74,22	111,44	69,83	118,33	**192**	164,63	219,16	158,25	229,37	**292**	258,34	326,50	248,62	337,76
93	75,49	112,87	69,83	119,59	**193**	165,96	220,29	159,53	230,03	**293**	258,45	328,21	249,94	339,38
94	75,49	114,84	70,05	121,09	**194**	167,39	221,56	159,53	231,33	**294**	259,67	328,21	251,35	340,41
95	75,78^5	114,84	71,56	122,69	**195**	169,33	222,86^5	159,67	232,71	**295**	260,92	328,28^5	253,14	340,41
96	77,16	115,60^5	73,20	122,78	**196**	169,33	224,26	161,01	234,28	**296**	262,20	329,49	253,65	341,38
97	78,73	116,93	73,20	124,16	**197**	169,33	225,90^5	162,46	235,50	**297**	263,54	330,72	253,65	342,65
98	79,98	118,35	73,62	125,70	**198**	169,80	226,81	164,31	235,50	**298**	265,00	331,97	253,92	343,98
99	79,98	120,36	75,16	127,07	**199**	171,07	226,81	164,31	236,68	**299**	266,71	333,26	255,20	345,41
100	80,25	120,36	76,61	127,31	**200**	172,38^5	227,73	164,31	238,01	**300**	266,71	334,62	256,54	347,37^5

455 Vergleich zweier Häufigkeiten: die Prüfung, ob sie in einem bestimmten Verhältnis zueinander stehen [455]

Die mitunter auftretende Frage, ob zwei beobachtete Häufigkeiten (a und b, wobei $a \leqq b$ [für einen Vergleich beider siehe z. B. S. 298 oder M: 92/93]) einem bestimmten Verhältnis H_0: $\beta/\alpha = \xi$ (griech. xi) entsprechen, wird mit der χ^2-Verteilung entschieden –

für große Werte a und b ohne Kontinuitätskorrektur [(4.39)]

$$\hat{\chi}^2 = \frac{\{|\xi a - b| - (\xi + 1)/2\}^2}{\xi \cdot (a+b)} \qquad \hat{\chi}^2 = \frac{(\xi a - b)^2}{\xi(a+b)} \qquad (4.39a, 4.39)$$

– wobei ein Freiheitsgrad zur Verfügung steht. Ist das berechnete $\hat{\chi}^2$ kleiner oder gleich χ^2 = 3,841, so läßt sich die Nullhypothese, die beobachteten Häufigkeiten entsprechen dem Verhältnis ξ, auf dem 5%-Niveau nicht ablehnen.

Beispiel

Entsprechen die Häufigkeiten $a = 6$ und $b = 25$ dem Verhältnis $\xi = \beta/\alpha = 5/1$ ($\alpha = 0{,}05$)?

$$\hat{\chi}^2 = \frac{\{|5 \cdot 6 - 25| - (5+1)/2\}^2}{5(6+25)} = 0{,}026 < 3{,}841.$$

Die Abweichung 25/6 = 4,17 gegenüber 5,00 ist zufälliger Natur.

Ist wie hier H_0 auf dem 5%-Niveau nicht abzulehnen, so gibt man gern den zugehörigen P-Wert an. Nach (1.168 oder 1.186 mit $\nu = 1$) sowie Übersicht 66 (1. Zeile) auf S. 453 gilt dann $P(\chi_1^2 \geqq 0{,}026|H_0) = P(Z \geqq \sqrt{0{,}026}|H_0) = P(|Z| \geqq 0{,}161|H_0) \approx 0{,}87$.

Lautet die zu prüfende Nullhypothese: Gleichheit zweier Häufigkeiten (Erfolgszahlen), so kann man für das Verhältnis beider: β/α, geschätzt durch b/a, einen Vertrauensbereich angeben. Schließt (4.39b) den Wert 1 nicht mit ein, so wird H_0 abgelehnt.

$$b/[(a+1)F_1] \leqq \beta/\alpha \leqq [(b+1)F_2]/a \quad \text{mit} \quad F_1 = F_{2a+2;2b} \qquad F_2 = F_{2b+2;2a} \qquad (4.39b)$$

Beispiel

Von 40 Kunden bevorzugen 25 den Typ B und 6 den Typ A eines Produktes; d. h. b/a = 25/6 = 4,17. Wir prüfen H_0 anhand des 95%-Vertrauensbereiches: $F_1 = F_{14;50;0,025}$ = 2,14; $F_2 = F_{52;12;0,025}$ = 2,86; $25/[7 \cdot 2{,}14] = 1{,}7$ $[26 \cdot 2{,}86]/6 = 12{,}4$; d. h. 95%-VB: $1{,}7 \leqq \beta/\alpha \leqq 12{,}4$, daß H_0: $\beta = \alpha$ erwartungsgemäß auf dem 5%-Niveau abgelehnt wird.

[46]

46 Die Auswertung von Vierfeldertafeln

Analyse kategorialer Daten

Ein kategoriales oder qualitatives Merkmal weist Ausprägungen auf, die in bestimmten, qualitativ verschiedenen Kategorien oder Klassen zusammengefaßt werden. Neben dichotomen oder Alternativmerkmalen mit nur zwei Ausprägungen (z. B. einwandfrei – nicht einwandfrei) (vgl. [162] bis [168] und [451] bis [455]) unterscheidet man nominal skalierte Merkmale, wobei Namen oder Bezeichnungen für bestimmte Kategorien existieren (z. B. ledig, verheiratet, geschieden) (vgl. S. 204) sowie ordinal skalierte Merkmale, bei denen die Kategorien aus Namen oder Bezeichnungen für Ränge, d. h. für Intensitätsstufen des Merkmals bestehen (z. B. die Benotungsskala in der Schule).

Werden die Ausprägungen zweier kategorialer Merkmale gemeinsam betrachtet, so liegt im einfachsten Fall eine Vierfeldertafel vor. Ziel der Analyse einer Vier- oder Mehrfeldertafel ist die Erfassung der Beziehungsstruktur der in der Tafel verknüpften kategorialen Merkmale. Wird die stochastische Unabhängigkeit beider Merkmale geprüft, so liegt eine Kontingenztafel vor. In Kapitel 6 wird die Auswertung von Mehrfeldertafeln behandelt. Vertiefendes bieten Andress u. Mitarb. (1997).

461 Der Vergleich zweier Prozentsätze – die Analyse von Vierfeldertafeln

[461]

Besonders in der Medizin ist der Vergleich zweier aus Häufigkeiten ermittelter relativer Häufigkeiten wichtig. Es ist ein neues Heilmittel oder eine neue Operationsmethode entwickelt worden: Früher starben von 100 Patienten 15, nach der Umstellung aber von 81 Patienten nur 4 (vgl. Tabelle 153). Ist das neue Medikament oder die neue Operationstechnik erfolgversprechender oder liegt ein Zufallsbefund vor?

Allgemein führt die Klassifizierung von $n_1 + n_2$ Objekten nach einem Merkmalspaar $(+/-)$ (Tabelle 153) bzw. von n Objekten nach zwei Merkmalspaaren zu vier Klassen – den beobachteten Häufigkeiten a, b, c, d – und damit zu einer sogenannten Vierfeldertafel (Tabelle 152). Grenzfälle, die je zur Hälfte den beiden möglichen Klassen zugeordnet werden, können zu halbzahligen Werten führen. Die beiden Stichproben von Alternativdaten werden daraufhin untersucht, ob sie als Zufallsstichproben aus einer durch die Randsummen repräsentierten Grundgesamtheit aufgefaßt werden können, d. h. ob die 4 Besetzungszahlen z. B. von Tabelle 153 sich **proportional zu den Randsummen** verteilen und Abweichungen der Verhältnisse a/n_1 und c/n_2 von dem Verhältnis $(a + c)/n$

Tabelle 152. Vierfeldertafel für den Vergleich zweier Stichproben oder allgemeiner für den Vergleich zweier Alternativmerkmale

[461]

Merkmalspaar II / Merkmalspaar I	Ereignisse (+)	Komplementärereignisse (-)	Insgesamt
Erste Stichprobe	a	b	$a + b = n_1$
Zweite Stichprobe	c	d	$c + d = n_2$
Insgesamt	a + c	b + d	$n_1 + n_2 = n$

(entsprechend der Homogenität: $a/n_1 = c/n_2 = (a + c)/n$) als Zufallsabweichungen auffaßbar sind.

Das oben angedeutete Beispiel führt zum Vierfelderschema (Tabelle 153) mit der Fragestellung: Beruht die für die neue Behandlung ermittelte niedrigere relative Häufigkeit von Todesfällen auf einem Zufall?

Die Nullhypothese lautet: **Der Heilungsprozentsatz ist stochastisch unabhängig von der angewandten Therapie** (vgl. Beispiel 64 in [123]). Oder: Beide Stichproben, die Gruppe der konventionell behandelten Patienten und die mit der neuen Therapie behandelte Patientengruppe, stammen in bezug auf den Therapie-Effekt aus einer gemeinsamen Grundgesamtheit, d. h. **der Therapie-Effekt ist bei beiden Behandlungen der gleiche** (vgl. auch den Hinweis auf S. 441/442 sowie [621]).

Tabelle 153. Vierfeldertafel

Behandlung	Patienten gestorben	geheilt	Insgesamt
Übliche Therapie	15	85	100
Neue Therapie	4	77	81
Insgesamt	19	162	181

Die beiden Behandlungsgruppen sind eigentlich Stichproben zweier Binomialverteilungen. **Verglichen werden somit die Grundwahrscheinlichkeiten von Binomialverteilungen,** d. h. etwa (vgl. Tab. 153) anhand der Anteile Geheilter in beiden Therapiegruppen 85/100 = 0,85 und 77/81 = 0,95 sowie insgesamt 162/181 = 0,895.

Nullhypothese [H_0]:	Beide Stichproben entstammen einer gemeinsamen Grundgesamtheit mit der Erfolgswahrscheinlichkeit π.
Alternativhypothese:	Beide Stichproben entstammen zwei verschiedenen Grundgesamtheiten mit den Erfolgswahrscheinlichkeiten π_1 und π_2.

Dies wird in Übersicht 88 auf S. 595 als Modell (2) bezeichnet; die zugehörigen Web-Sites nach Martin Andrés u. Mitarb. (1998) sind

http://www/ugr.es/~bioest/SMP.EXE
http://www.mailbase.ac.uk/lists/exact-stats/files/smpexe.uue

Die Nullhypothese auf Gleichheit oder Homogenität beider Parameter (π_1, π_2) [oder auf stochastische Unabhängigkeit beider Merkmalsalternativen (vgl. auch die Tabellen 5, 14 und 15 (d. h. die Beispiele 16, 64 und 65) in [123] sowie die drei Modelle der Übersicht

88 in [621] auf S. 595, zu Modell (1) siehe z. B. Kocherlakota und Kocherlakota (1992, S. 79–86 mit Beispiel)] wird anhand des χ^2-Tests nicht abgelehnt oder abgelehnt.

[461] Vorher ist noch folgende Frage zu klären:

Verteilen sich die Felderhäufigkeiten proportional zu den Randsummen? Um dies zu entscheiden, bestimmen wir die unter dieser Annahme zu erwartenden Häufigkeiten, kurz **Erwartungshäufigkeiten** E genannt. Wir multiplizieren die Zeilensumme mit der Spaltensumme des Feldes a $(100 \cdot 19 = 1900)$ und dividieren das Produkt durch den Umfang n der vereinten Stichproben $1900/181 = 10{,}497$; $E_a = 10{,}50$). Entsprechend verfahren wir mit den übrigen Feldern und erhalten: $E_b = 89{,}50$, $E_c = 8{,}50$, $E_d = 72{,}50$.

Zur Beurteilung, ob die beobachteten Werte, a, b, c, d mit den erwarteten Werten E_a, E_b, E_c, E_d im Sinne der Nullhypothese übereinstimmen, bilden wir die Prüfgröße $\hat{\chi}^2$

$$\hat{\chi}^2 = \frac{(a-E_a)^2}{E_a} + \frac{(b-E_b)^2}{E_b} + \frac{(c-E_c)^2}{E_c} + \frac{(d-E_d)^2}{E_d} \qquad \text{[vgl. (4.14), links]}$$

und erhalten hieraus nach einigen Umformungen (4.40) bzw. (4.41):

$$\boxed{\hat{\chi}^2 = \Delta^2 \left(\frac{1}{E_a} + \frac{1}{E_b} + \frac{1}{E_c} + \frac{1}{E_d} \right)} \tag{4.40}$$

mit $|\Delta| = |a - E_a| = |b - E_b| = |c - E_c| = |d - E_d|$ und $n = a + b + c + d$

$$\boxed{\hat{\chi}^2 = \frac{n(ad-bc)^2}{(a+b)(c+d)(a+c)(b+d)}} \tag{4.41}$$

Man beachte die auf (4.42a) folgenden Hinweise

Das Vierfelder-χ^2 besitzt nur **einen Freiheitsgrad**, da bei gegebenen Randsummen nur eine der 4 Häufigkeiten frei gewählt werden kann: H_0 wird abgelehnt, falls $\hat{\chi}^2 > \hat{\chi}^2_{\nu=1;\alpha} = \chi^2_\alpha$.

Für kleines n ist n in (4.41) durch $(n-1)$ zu ersetzen: $\hat{\chi}^2$ wird dann $\underset{*}{\hat{\chi}}^2$ (Chiquadrat-Stern)

[vgl. (2.8) auf S. 315 und Zeile 4 auf S. 515]

$$\boxed{\underset{*}{\hat{\chi}}^2 = \frac{(n-1)(ad-bc)^2}{(a+b)(c+d)(a+c)(b+d)}} \tag{4.41a}$$

Beispiele:

1	5	6
5	1	6
6	6	12

$\longrightarrow \underset{*}{\hat{\chi}}^2 = (12-1)(1\cdot 1 - 5\cdot 5)^2/6^4 = 4{,}89 > 3{,}84 = \chi^2_{0,05}$;

1	5	
4	2	
		12

$\underset{*}{\hat{\chi}}^2 = 2{,}83 < 3{,}84$.

Tab. 154 S. 454

genannt und als (4.41a) berechnet, diese Formel ist **GENERELL ANWENDBAR, SOBALD $n_1 \geqq n_2 \geqq 6$**; günstig ist es, wenn dann auch gilt: $n_1 \approx n_2$ bzw. $n_2 \gtrapprox \sqrt{n_1}$ für $n_1 > n_2$ (*Pearson 1947, p. 156; Van der Waerden 1965, Berchtold 1969*, Sachs 1986); zur Power siehe J. E. Overall [Psychological Bulletin **87** (1980), 132–135]. Bei noch kleinerem n prüfe man nach [467].

Zur Verbindlichkeit von Resultaten: Hierzu sind (vgl. S. 580) zwei weitere Fragen zu beantworten: (1) Welchen Einfluß haben kleine Änderungen an den Daten [z. B. fragliche Zuordnungen bei kleinem n, vgl. S. 480] auf das Resultat? (2) Welche Wirkung auf das Resultat ist bei experimentellen und insbesondere bei beobachtenden Studien [selektiertes Untersuchungsgut?; mit welchen Einflüssen (Störungen) auf die (der) Zielgrößen ist zu rechnen?] auf nicht berücksichtigte Einfluß- und Störgrößen zurückzuführen (vgl. auch S. 456)?

Übersicht 66

[461]

Drei **gleichwertige** Schreibweisen (vgl. $\sqrt{\hat{\chi}_1^2} = \hat{z}$): Die Differenz zweier relativer Häufigkeiten dividiert durch ihren Standardfehler, die Differenz von a zum zugehörigen Erwartungswert unter H_0 dividiert durch den zugehörigen Standardfehler sowie die Quadratwurzel aus (4.41 a):

$$\underset{*}{\hat{z}} = \frac{\dfrac{a}{(a+b)} - \dfrac{c}{(c+d)}}{\sqrt{\dfrac{(a+c)(b+d)}{(n-1)(a+b)(c+d)}}} \qquad \begin{array}{cc|c} a & b & \\ c & d & \\ \hline & & n \end{array} \tag{4.43}$$

$$\underset{*}{\hat{z}} = \frac{a - \dfrac{(a+b)(a+c)}{n}}{\sqrt{\dfrac{(a+b)(c+d)(a+c)(b+d)}{n^2(n-1)}}} \tag{4.44}$$

$$\underset{*}{\hat{z}} = \frac{\sqrt{n-1}(ad-bc)}{\sqrt{(a+b)(c+d)(a+c)(b+d)}} \tag{4.45}$$

$\hat{\chi}^2$-Variationsbereich: Für eine Vierfelder-Tabelle gilt, wenn das entsprechende $\hat{\chi}^2$ nach (4.41a) berechnet worden ist:

$$0 \leqq \underset{*}{\hat{\chi}^2} \leqq (n-1) \tag{4.46}$$

So ergibt sich als ideale Besetzungszahl-Anordnung für die kleinsten mit der „$(n-1)$"-Formel berechenbaren Stichprobenumfänge:

$$\begin{array}{cc|c} 0 & 6 & 6 \\ 0 & 6 & 6 \\ \hline 6 & 6 & 12 \end{array} \qquad \underset{*}{\hat{\chi}^2} = \frac{(12-1)(6\cdot 6 - 0\cdot 0)^2}{6\cdot 6\cdot 6\cdot 6} = 11$$

Für $n_1 = n_2$ geht (4.41) über in

$$\hat{\chi}^2 = \frac{n(a-c)^2}{(a+c)(b+d)} \quad \text{bzw. für kleines } n \quad \underset{*}{\hat{\chi}^2} = \frac{(n-1)(a-c)^2}{(a+c)(b+d)} \tag{4.42, 4.42a}$$

Die Nullhypothese auf Homogenität oder stochastische Unabhängigkeit wird abgelehnt, sobald das nach (4.40) bis (4.42a) berechnete $\hat{\chi}^2$ größer ist als der Tabellenwert $\chi^2_{1;\alpha}$ (vgl. Tab. 154 bis 156). Dies gilt für das erste Beispiel zu (4.41a).

Hinweis: Der Vierfelder-χ^2-Test wird ebenso wie der Zweistichproben-t-Test (vgl. S. 354) unüberlegt häufig (vgl. S. 466) angewandt. Interessiert die Homogenitäts- bzw. die Unabhängigkeitshypothese wirklich? Ist nicht eher ein Assoziationsmaß (vgl. S. 602) gefragt oder eine Mehrfeldertafel, etwa mit Trend (vgl. S. 590 und 604)?

Tabelle 154. Schranken für den Vierfelderχ^2-Test auf Homogenität (Hypothesenpaare angegeben) und auf stochastische Unabhängigkeit

[461]

Irrtumswahrscheinlichkeit α	0,10	0,05	0,01	0,001
Zweiseitiger Test (H_0: $\pi_1 = \pi_2$, H_A: $\pi_1 \neq \pi_2$)	2,706	3,841	6,635	10,828
Einseitiger Test (H_0: $\pi_1 = \pi_2$, H_A: $\pi_1 > \pi_2$ od. $\pi_1 < \pi_2$)	1,642	2,706	5,412	9,550

Ein Blick auf Tabelle 157 zeigt, daß bei kleinen Stichprobenumfängen die Power des Tests fast stets extrem niedrig ist; dann sollte auf den Test verzichtet werden.

Im allgemeinen wird der zweiseitige Test angewandt. Zur Verallgemeinerung des Vierfelder-χ^2-Tests siehe [621]. Tabelle 155 gibt exakte Wahrscheinlichkeiten für $\chi^2 = 0{,}0\ (0{,}1)\ 10{,}0$. Sie wird ergänzt durch Tabelle 156.

Tabelle 155. χ^2-Tabelle für einen Freiheitsgrad (auszugsweise entnommen aus Kendall, M. G. and A. Stuart: The Advanced Theory of Statistics, Vol. II, Griffin, London 1961, pp. 629 and 630): zweiseitige Wahrscheinlichkeiten

χ^2	P	χ^2	P	χ^2	P	χ^2	P	χ^2	P
0	1,00000	2,1	0,14730	4,0	0,04550	6,0	0,01431	8,0	0,00468
0,1	0,75183	2,2	0,13801	4,1	0,04288	6,1	0,01352	8,1	0,00443
0,2	0,65472	2,3	0,12937	4,2	0,04042	6,2	0,01278	8,2	0,00419
0,3	0,58388	2,4	0,12134	4,3	0,03811	6,2	0,01207	8,3	0,00396
0,4	0,52709	2,5	0,11385	4,4	0,03594	6,4	0,01141	8,4	0,00375
0,5	0,47950	2,6	0,10686	4,5	0,03389	6,5	0,01079	8,5	0,00355
0,6	0,43858	2,7	0,10035	4,6	0,03197	6,6	0,01020	8,6	0,00336
0,7	0,40278	2,8	0,09426	4,7	0,03016	6,7	0,00964	8,7	0,00318
0,8	0,37109	2,9	0,08858	4,8	0,02846	6,8	0,00912	8,8	0,00301
0,9	0,34278	3,0	0,08326	4,9	0,02686	6,9	0,00862	8,9	0,00285
1,0	0,31731	3,1	0,07829	5,0	0,02535	7,0	0,00815	9,0	0,00270
1,1	0,29427	3,2	0,07364	5,1	0,02393	7,1	0,00771	9,1	0,00256
1,2	0,27332	3,3	0,06928	5,2	0,02259	7,2	0,00729	9,2	0,00242
1,3	0,25421	3,3	0,06928	5,3	0,02133	7,3	0,00690	9,3	0,00229
1,4	0,23672	3,4	0,06520	5,4	0,02014	7,4	0,00652	9,4	0,00217
1,5	0,22067	3,5	0,06137	5,5	0,01902	7,5	0,00617	9,5	0,00205
1,6	0,20590	3,6	0,05778	5,6	0,01796	7,6	0,00584	9,6	0,00195
1,7	0,19229	3,7	0,05441	5,7	0,01697	7,7	0,00552	9,7	0,00184
1,8	0,17971	3,8	0,05125	5,8	0,01603	7,8	0,00522	9,8	0,00174
1,9	0,16808	3,9	0,04829	5,9	0,01514	7,9	0,00494	9,9	0,00165
2,0	0,15730	4,0	0,04550	6,0	0,01431	8,0	0,00468	10,0	0,00157

Beispiel

Wir prüfen Tabelle 153 auf dem 5%-Niveau (einseitiger Test, Voraussetzung: neue Therapie nicht schlechter!) anhand von (4.41), (4.41a) und (4.45).

$$\hat{\chi}^2 = \frac{181(15 \cdot 77 - 4 \cdot 85)^2}{100 \cdot 81 \cdot 19 \cdot 162} = 4{,}822 \quad \text{bzw.} \quad \underset{*}{\hat{\chi}}^2 = 180 \cdot 0{,}0266417 = 4{,}7955$$

$$\text{bzw. } \underset{*}{\hat{z}} = \sqrt{180 \cdot 0{,}0266417} = 2{,}190 > 1{,}645 = z_{0{,}05;\text{einseitig}}$$

Da $\hat{\chi}^2 = 4{,}822 > 2{,}706 = \chi^2_{0{,}05}$ (Tabelle 154), wird die Homogenitätshypothese (Unabhängigkeitshypothese) anhand der vorliegenden Daten auf dem 5%-Signifikanzniveau abgelehnt. Die neue Therapie ist besser. Die Therapie-Unterschiede sind auf dem

Tabelle 156. χ^2-Tabelle für einen Freiheitsgrad: ein und zweiseitige Schranken. Einige Werte aus Kohnen, Lotz und Busch (1987)

[461]

P	χ^2 einseitig	χ^2 zweiseitig
0,0001	13,83	15,14
0,0002	12,53	13,83
0,0003	11,78	13,07
0,0004	11,24	12,53
0,0005	10,83	12,12
0,0006	10,49	11,78
0,0007	10,21	11,49
0,0008	9,96	11,24
0,0009	9,74	11,02
0,0010	9,55	10,83

P	χ^2 einseitig	χ^2 zweiseitig
0,001	9,55	10,83
0,002	8,28	9,55
0,003	7,55	8,81
0,004	7,03	8,28
0,005	6,63	7,88
0,006	6,31	7,55
0,007	6,04	7,27
0,008	5,80	7,03
0,009	5,60	6,82
0,010	5,41	6,63

P	χ^2 einseitig	χ^2 zweiseitig
0,01	5,41	6,63
0,02	4,22	5,41
0,03	3,54	4,71
0,04	3,06	4,22
0,05	2,71	3,84
0,06	2,42	3,54
0,07	2,18	3,28
0,08	1,97	3,06
0,09	1,80	2,87
0,10	1,64	2,71

Minimales n für den Vierfeldertest

Tabelle 157. Minimale Stichprobenumfänge ($n_1 = n_2$) für den Zweistichproben-Fisher-Test bei einseitiger Fragestellung; nach Haseman, J. K. (1978): Exact sample sizes for use with the Fisher-Irwin-Test for 2 × 2 tables. Biometrics **34**: 106–109 [der auch Stichprobenumfänge für die Power = 0,5 gibt, die im allgemeinen im Bereich 1/2 bis 1/3 der oberen Zahlen (Power = 0,9) liegen]

oberes Dreieck: $\alpha = 0{,}01$; obere Zahl: Power = 0,9
unteres Dreieck: $\alpha = 0{,}05$; untere Zahl: Power = 0,8

π_2 \ π_1	0,95	0,9	0,8	0,7	0,6	0,5	0,4	0,3	0,2	0,1	0,05
0,95		745	130	60	37	25	18	14	12	9	8
		583	101	49	31	20	16	12	9	8	6
0,9	503		344	108	56	35	24	18	13	9	9
	371		269	86	46	29	20	15	12	9	8
0,8	89	232		503	143	69	42	28	18	13	12
	67	173		393	113	55	34	22	16	12	9
0,7	42	74	338		609	163	77	43	28	18	14
	34	56	249		475	129	60	35	22	15	12
0,6	25	39	97	408		667	171	77	42	24	18
	20	30	73	302		519	137	60	34	20	16
0,5	18	25	47	111	445		667	163	69	35	25
	14	19	36	84	321		519	129	55	29	20
0,4	13	17	30	53	116	445		609	143	56	37
	11	13	23	41	85	321		475	113	46	31
0,3	10	12	18	31	53	111	408		503	108	60
	9	10	15	23	41	84	302		393	86	49
0,2	8	10	12	18	30	47	97	338		334	130
	6	8	10	15	23	36	73	249		269	101
0,1	6	8	10	12	17	25	39	74	232		745
	5	6	8	10	13	19	30	56	173		583
0,05	5	6	8	10	13	18	25	42	89	503	
	5	5	6	9	11	14	20	34	67	371	

5%-Niveau statistisch signifikant. Zwischen der neuen Behandlung und dem Absinken der Sterblichkeit besteht auf dem 5%-Niveau ein statistisch signifikanter Zusammenhang.

[461] Nach Tabelle 157 benötigt man für den Test H_0: $\pi_1 = \pi_2$; H_A: $\pi_1 > \pi_2$ mit π_1 = 0,7, π_2 = 0,3 bei einer Irrtumswahrscheinlichkeit α = 0,05 und einer Power von 0,9 $n_1 = n_2$ = 31 Beobachtungen, d. h. stehen für den Test zwei Zufallsstichproben dieser Umfänge aus Grundgesamtheiten mit π_2 = 0,3 und π_1 = 0,7 zur Verfügung, dann besteht bei einseitiger Fragestellung auf dem 5%-Niveau eine Chance von 90%, die Differenz $\delta = \pi_1 - \pi_2$ = 0,7 – 0,3 = 0,4, als statistisch signifikant auszuweisen.

Weitere Beispiele

Gibt man eine Power von 80% vor und prüft auf dem 5%-Niveau, so benötigt man, um die extrem liegende Differenz $\pi_2 - \pi_1 = 0{,}9 - 0{,}6 = 0{,}3$ als statistisch signifikant auszuweisen (unteres Dreieck, untere Zahl) $n_1 = n_2 = 30$ Beobachtungen. Für die mehr in der Skalenmitte liegende Differenz $\pi_1 - \pi_2 = 0{,}7 - 0{,}4 = 0{,}3$ sind es jeweils bereits 41 Beobachtungen (vgl. S. 887 unten).
Für $\pi_1 - \pi_2 = 0{,}95 - 0{,}90 = 0{,}05$ benötigt man unter den genannten Bedingungen schon jeweils 371 Beobachtungen; läßt man diese Differenz in Richtung auf die Skalenmitte wandern ($0{,}525 - 0{,}475 = 0{,}05$) und schrumpfen, etwa auf $\pi_1 - \pi_2 = 0{,}51 - 0{,}49 = 0{,}02$, so werden jeweils mehr als 1000 Beobachtungen benötigt, was im allgemeinen kaum möglich sein wird; dagegen ist die Erfassung der Differenz $\pi_1 - \pi_2 = 0{,}9 - 0{,}1 = 0{,}8$ mit $n_1 = n_2$ = 6 eher trivial [vgl. auch S. 600: Hinweis 1 und S. 537: unten (2)].

Bemerkung: Erwartet man, daß Therapie 2 um 10% bessere Heilungschancen als Therapie 1 (z.B. Standard) aufweist, d. h. $\pi_1 - \pi_2$ = 0,1, und wird mit α = 0,05 sowie einer Power von etwa 0,8 geprüft, so benötigt man insgesamt etwa 600 Beobachtungen, wenn man diese so aufteilt, daß n_1 = 240 und n_2 = 360 Beobachtungen umfaßt; für $n_1 = n_2$ wären jeweils etwa 400 Beobachtungen notwendig (vgl. R. F. Mould 1979, Clinical Radiology **30**, 371–381).

In [233] haben wir Parameter kennengelernt, die aus Vierfeldertafeln geschätzt werden. Angenäherte 95%-Vertrauensbereiche für die dort genannten Parameter wird man auch für ähnliche Fragestellungen angeben.

Vorsicht vor Trugschlüssen

1. Sind zwei Merkmale von einem dritten Merkmal abhängig und läßt sich für die beiden erstgenannten die Unabhängigkeitshypothese ablehnen und ein stochastischer Zusammenhang sichern, so liegt ein Trugschluß vor.

2. Ein anderer Trugschluß kann bei Vierfeldertafeln auftreten, indem eine Ablehnung der Nullhypothese (Unabhängigkeit bzw. Homogenität), etwa auf dem 5%-Niveau, als Artefakt der Addition zweier der Nullhypothese entsprechender Vierfeldertafeln auftritt (vgl. auch 12, 18, 3, 9 mit 7, 3, 29, 19 sowie 19, 21, 32, 28):

$$\underset{*}{\hat{\chi}}^2 = \frac{241}{121^4}(101^2 - 20^2)^2 = 108$$

$$\boxed{\begin{matrix} 1 & 10 \\ 10 & 100 \end{matrix}} + \boxed{\begin{matrix} 100 & 10 \\ 10 & 1 \end{matrix}} = \boxed{\begin{matrix} 101 & 20 \\ 20 & 101 \end{matrix}}$$

$$\underset{*}{\hat{\chi}}^2 = 0 \qquad \underset{*}{\hat{\chi}}^2 = 0 \qquad \underset{*}{\hat{\chi}}^2 = 108$$

Übrigens gilt dann, wenn alle 4 Randsummen gleich sind

$$[a + b = c + d = a + c = b + d]:$$

$$\hat{\chi}^2_{*} = (n-1)\left[\frac{a-c}{a+c}\right]^2 \qquad (4.42b)$$

[461]

$$\hat{\chi}^2_{*} = 241\left[\frac{101-20}{101+20}\right]^2 = 108$$

Hinweise

1. Bei Vorversuchen ohne vorher spezifizierte Irrtumswahrscheinlichkeiten vergleiche man den gefundenen $\hat{\chi}^2$-Wert mit den in Tabelle 155 tabellierten (zweiseitige Fragestellung). Tabelle 156 ergänzt Tabelle 155 und bietet auch einseitige Schranken.

2. Wird beachtet, daß sich der Zahlenwert des Quotienten (4.41) nicht ändert, wenn man die vier inneren Feldhäufigkeiten (a, b, c, d) und die vier Randhäufigkeiten $(a+b, c+d, a+c, b+d)$ durch eine Konstante k dividiert (der Stichprobenumfang n darf nicht durch k dividiert werden), so läßt sich die Rechenarbeit merklich verringern. Für eine überschlagweise Berechnung von $\hat{\chi}^2$ kann man außerdem die durch k dividierten Häufigkeiten noch runden.
Für großes n wird die Rechnung nach (4.40 bzw. 4.41) jedoch umständlich, man bevorzuge Formel (4.32).

3. Da der Vierfelder-χ^2-Test eine Approximation darstellt, sind von **Yates** korrigierte Formeln (4.40a, 4.40b) vorgeschlagen worden (die Größen $\frac{1}{2}$ bzw. $\frac{n}{2}$ werden als Kontinuitätskorrektur bezeichnet)

$$\hat{\chi}^2 = \left(|\Delta| - \frac{1}{2}\right)^2 \left(\frac{1}{E_a} + \frac{1}{E_b} + \frac{1}{E_c} + \frac{1}{E_d}\right) \qquad (4.40a)$$

$$\hat{\chi}^2 = \frac{n(|ad-bc| - n/2)^2}{(a+b)(c+d)(a+c)(b+d)} \qquad (4.40b)$$

Grizzle (1968) hat gezeigt, daß man auf (4.40a,4.40b) verzichten kann (vgl. auch Haviland 1990 sowie Storer und Kim 1990). Nur wenn unbedingt die Wahrscheinlichkeiten des exakten Tests nach Fisher (vgl. [467]), eines konservativen Verfahrens, approximiert werden sollen, sind sie angebracht (vgl. *Placket 1964, 1974*). Dann ist aber der F-Test nach Gart in [467] handlicher.

4. Die **Standardisierung** von Vierfeldertafeln (Gesamtsumme gleich 1 und 4 Randsummen gleich 0,5) erhält man über $a_{\text{standardisiert}} = (v - \sqrt{v})/[2(v-1)]$ mit $v = ad/(bc)$. So ergibt sich für Tab. 153 mit v = 3,397 der Wert $a_{\text{st.}}$ = 0,324, d. h. $d_{\text{st.}}$ = 0,324; $b_{\text{st.}} = c_{\text{st.}}$ = 0,176.
Zur Standardisierung quadratischer Tafeln (alle Randsummen gleich 100) multipliziert man jede Zeile mit dem zugehörigen Wert (100/Zeilensumme), entsprechend verfährt man mit den Spalten, anschließend wieder mit den neuen Zeilen usw., bis alle Randsummen gleich 100,0 sind.

5. Weitere Hinweise befinden sich in [233], [234], [462], [466], [467] sowie in Kapitel 6: z. B. Übersicht 87 vor [62], (6.5a) in [621] und (1.202a) auf S. 251.

6. **95%-Vertrauensbereich für die prozentuale Zunahme eines kleinen Anteils: Zufällige oder nicht zufällige Zunahme?**

Liegen zwei Stichproben der Umfänge n_1 und n_2 (jeweils > 120) mit den kleinen prozentualen Anteilen $\hat{p}_1$ und $\hat{p}_2$ vor, $\hat{p}_1 = 100(k_1/n_1)\%$, $\hat{p}_2 = 100(k_2/n_2)\%$ mit $\hat{p}_2 > \hat{p}_1$, $\hat{p}_1 < (1-\hat{p}_1)$ und $\hat{p}_2 < (1-\hat{p}_2)$, dann lassen sich eine prozentuale Zunahme $\hat{h}$

$$\hat{h} = 100(\hat{p}_2 - \hat{p}_1)/\hat{p}_1 [\%]$$

und nach Bross (1954) der Vertrauensbereich (VB) für h angeben.

Auch ERGÄNZUNGEN ZU KAPITEL 1 und 2

Hierzu bilden wir die relative Häufigkeit $k_1/(k_1+k_2)$ und den zugehörigen 95%-VB (vgl. S. 433
[461] bis 439) mit der unteren Grenze G_1 und der oberen Grenze G_2. Dann ist der 95%-VB für h:

$$100\frac{n_1-(n_1+n_2)G_2}{n_2G_2} \leqq h \leqq 100\frac{n_1-(n_1+n_2)G_1}{n_2G_1} \qquad (4.47)$$

bzw. für $n_1 = n_2$

$$100\frac{1-2G_2}{G_2} \leqq h \leqq 100\frac{1-2G_1}{G_1} \qquad (4.47a)$$

Umschließt dieser 95%-VB den Wert „0%“, dann kann eine auf dem 5%-Niveau statistisch signifikante prozentuale Zunahme ausgeschlossen werden.

Beispiel

$$\hat{p}_1 = 100\frac{14}{200} = 7\% \qquad \hat{h} = 100(14-7)/7 = 100\%$$

$$\hat{p}_2 = 100\frac{28}{200} = 14\%$$

$$k_1/(k_1+k_2) = 14/(14+28) = 14/42 (= 0{,}333)$$

Der entsprechende 95%-VB reicht von G_1 = 0,196 bis G_2 = 0,496; der 95%-VB für h ist dann:

$$100\frac{1-2\cdot 0{,}496}{0{,}496} = 1{,}61\% \leqq h \leqq 310{,}2\% = 100\frac{1-2\cdot 0{,}196}{0{,}196}$$

Somit liegt eine auf dem 5%-Niveau statistisch signifikante prozentuale Zunahme vor.

[Nach (4.42) mit Tab. 154

14	186	200
28	172	200
42	358	400

$$\hat{\chi}^2 = \frac{400(-14)^2}{42\cdot 358} = 5{,}214 \begin{array}{l} > 3{,}841 = \chi^2_{1;0{,}05;\text{zweis.}} \\ > 2{,}706 = \chi^2_{1;0{,}05;\text{eins.}} \end{array}$$]

Vier Ergänzungen zu den Kapiteln 1 und 2

Es folgen die Ergänzungen A bis D

A. Vier Tabellen zur Wahrscheinlichkeitsrechnung [„mindestens ein Erfolgsereignis ...“; Formel (1.9c), S. 42 und 62] und zur Poisson-Verteilung [„Aussagen über Lambda“, vgl. S. 294 und 299].
B. P-Wert und Power-Berechnungen zum Einstichproben-Gauß-Test: Übersicht 68 (vgl. auch S. 185/199).
C. Einige Beispiele zum Thema Standardisierungen: einfache Standardisierungen; altersstandardisierte Sterbeziffer; Incidence Density Ratio; Standardized Mortality Ratio.
D. S^2 ist eine unverzerrte Schätzfunktion, nicht aber S.

A. Hinweis zu 4 Tabellen

[4] **Zu Seite 62 Wahrscheinlichkeitsrechnung:**

Tabelle 12A ergänzt Tabelle 12

Tabelle 12B bringt Beispiele zu Formel (1.9c)

Tabelle 12A. S. 459 — Wahrscheinlichkeiten P für wenigstens einen Erfolg in n unabhängigen Versuchen mit den Erfolgswahrscheinlichkeiten p = 0,001; p = 0,01; p = 0,05 sowie $p \geqq 0{,}10$.

Tabelle 12B. S. 459 — Benötigte Stichprobenumfänge, um bei einer Erfolgswahrscheinlichkeit p (0,001 bis 0,25) mit der Wahrscheinlichkeit P (0,5 bis 0,99) wenigstens einen Erfolg zu erzielen.

Zu den Seiten 294 und 299. Poisson-Verteilung

Tabelle 158 S. 460 — Obere Vertrauensgrenzen für Lambda für die Vertrauenswahrscheinlichkeiten $P = 0{,}75$ bis $0{,}999$ und für $x = 0$ bis 50 Ereignisse [d. h. z. B. [4] $P(X > 0|\lambda = 3) = 0{,}95$].

Tabelle 159 S. 461 — Kumulierte Poisson-Wahrscheinlichkeiten P für $k = 1(1)10$ Ereignisse und Werte Lambda, die so gewählt sind, daß die links angegebenen Schranken von $P = 10\%$, 5%, 1% gerade noch unterschritten werden.

Ergänzt S. 62 — **Tabelle 12A.** Wahrscheinlichkeiten P für wenigstens einen Erfolg in n unabhängigen Versuchen mit den Erfolgswahrscheinlichkeiten $p = 0{,}001$ (Block 1), $p = 0{,}01$ (Block 2), $p = 0{,}05$ (Block 3) sowie $p \geqq 0{,}10$ (Block 4)

1	*p*	0,001															
	n	10	20	30	40	50	60	70	80	90	100	150	200	250	500	750	1000
	P	0,010	0,020	0,030	0,039	0,049	0,058	0,068	0,077	0,086	0,095	0,139	0,181	0,221	0,394	0,528	0,632
2	*p*	0,01															
	n	1	5	10	15	20	30	40	50	70	100	150	200	300	400	500	750
	P	0,010	0,049	0,096	0,140	0,182	0,260	0,331	0,395	0,505	0,634	0,779	0,866	0,951	0,982	0,993	0,999
3	*p*	0,02						0,05									
	n	2	5	10	15	30	50	2	5	10	15	20	30	40	50	70	100
	P	0,040	0,096	0,183	0,261	0,455	0,636	0,098	0,226	0,401	0,537	0,642	0,785	0,871	0,923	0,972	0,994
4	*p*	0,10				0,20				0,30		0,50		0,75		0,90	
	n	2	5	10	15	5	10	15	30	5	10	5	10	2	5	2	3
	P	0,190	0,410	0,651	0,794	0,672	0,893	0,965	0,999	0,832	0,972	0,969	0,999	0,937	0,999	0,990	0,999

Aus $P = 1 - (1 - p)^n$, Formel (1.9c), folgt: $n = [\lg(1 - P)]/[\lg(1 - p)]$, etwa für $p = 0{,}1$ und $P = 0{,}9$, d. h. $n = [\lg 0{,}1]/[\lg 0{,}9] = [-1]/[-4{,}576 \cdot 10^{-2}] = 21{,}853$ oder 22.

Benötigte Stichprobenumfänge für bestimmte Werte p und P enthält Tabelle 12 B.

Tabelle 12B. Benötigte Stichprobenumfänge, um bei einer Erfolgswahrscheinlichkeit p (0,001 bis 0,25) mit der Wahrscheinlichkeit P (0,5 bis 0,99) wenigstens einen Erfolg zu erzielen

p \ *P*	0,50	0,60	0,70	0,80	0,90	0,95	0,99
0,001	693	916	1203	1609	2301	2994	4603
0,005	138	183	240	321	459	598	919
0,01	69	91	120	160	229	298	458
0,05	14	18	23	31	45	58	90
0,07	10	13	17	22	32	41	63
0,10	7	9	11	15	22	28	44
0,15	4	6	7	10	14	18	28
0,20	3	4	5	7	10	13	21
0,25	2	3	4	6	8	10	16

Beispiel: Für $p = 0{,}01$ und $P = 0{,}50$ benötigt man 69 Beobachtungen; vgl. Tabelle 12 A: $p = 0{,}01$; $n = 70$; $P = 0{,}505$.

Zur Poisson-Verteilung

Obere Vertrauensgrenzen für den Erwartungswert Lambda einer Poisson-Verteilung

[4] Obere 75%- bis 99,9%-Vertrauensgrenzen für λ und $x \leqq 50$ Ergänzt die S. 293/294

Vergleiche auch S. 885.

Tabelle 158. Obere Vertrauensgrenzen für Lambda für die Vertrauenswahrscheinlichkeiten P = 0,75 bis 0,999 und für x = 0 bis 50 Ereignisse [d. h. z. B. $P(X > 0|\lambda = 3) = 0{,}95$]

x	P: 0,750	0,900	0,950	0,975	0,990	0,995	0,999
0	1,39	2,30	3,00	3,69	4,61	5,30	6,91
1	2,69	3,89	4,74	5,57	6,64	7,43	9,23
2	3,92	5,32	6,30	7,22	8,41	9,27	11,23
3	5,11	6,68	7,75	8,77	10,05	10,98	13,06
4	6,27	7,99	9,15	10,24	11,60	12,59	14,79
5	7,42	9,27	10,51	11,67	13,11	14,15	16,45
6	8,56	10,53	11,84	13,06	14,57	15,66	18,06
7	9,68	11,77	13,15	14,42	16,00	17,13	19,63
8	10,80	12,99	14,43	15,76	17,40	18,58	21,16
9	11,91	14,21	15,71	17,08	18,78	20,00	22,66
10	13,02	15,41	16,96	18,39	20,14	21,40	24,13
11	14,12	16,60	18,21	19,68	21,49	22,78	25,59
12	15,22	17,78	19,44	20,96	22,82	24,14	27,03
13	16,31	18,96	20,67	22,23	24,14	25,50	28,45
14	17,40	20,13	21,89	23,49	25,45	26,84	29,85
15	18,49	21,29	23,10	24,74	26,74	28,16	31,24
16	19,57	20,45	24,30	25,98	28,03	29,48	32,62
17	20,65	23,61	25,50	27,22	29,31	30,79	33,99
18	21,73	24,76	26,69	28,45	30,58	32,09	35,35
19	22,81	25,90	27,88	29,67	31,85	33,38	36,70
20	23,88	27,05	29,06	30,89	33,10	34,67	38,04
21	24,96	28,18	30,24	32,10	34,35	35,95	39,37
22	26,03	29,32	31,41	33,31	35,60	37,22	40,70
23	27,10	30,45	32,59	34,51	36,84	38,48	42,02
24	28,17	31,58	33,75	35,71	38,08	39,75	43,33
25	29,23	32,71	34,92	36,90	39,31	41,00	44,64
26	30,30	33,84	36,08	38,10	40,53	42,25	45,94
27	31,36	34,96	37,23	39,28	41,76	43,50	47,23
28	32,43	36,08	38,39	40,47	42,98	44,74	48,52
29	33,49	37,20	39,54	41,65	44,19	45,98	49,80
30	34,55	38,32	40,69	42,83	45,40	47,21	51,08
31	35,61	39,43	41,84	44,00	46,61	48,44	52,36
32	36,67	40,54	42,98	45,17	47,81	49,67	53,63
33	37,73	41,65	44,13	46,34	49,01	50,89	54,90
34	38,79	42,76	45,27	47,51	50,21	52,11	56,16
35	39,85	43,87	46,40	48,68	51,41	53,32	57,42
36	40,90	44,98	47,54	49,84	52,60	54,54	58,67
37	41,96	46,08	48,68	51,00	53,79	55,75	59,93
38	43,01	47,19	49,81	52,16	54,98	56,96	61,17
39	44,07	48,29	50,94	53,31	56,16	58,16	62,42
40	45,12	49,39	52,07	54,47	57,35	59,36	63,66
41	46,17	50,49	53,20	55,62	58,53	60,56	64,90
42	47,22	51,59	54,32	56,77	59,71	61,76	66,14
43	48,27	52,69	55,45	57,92	60,88	62,96	67,37
44	49,33	53,78	56,57	59,07	62,06	64,15	68,60
45	50,38	54,88	57,69	60,21	63,23	65,34	69,83
46	51,42	55,97	58,82	61,36	64,40	66,53	71,06
47	52,47	57,07	59,94	62,50	65,57	67,72	72,28
48	53,52	58,16	61,05	63,64	66,74	68,90	73,51
49	54,57	59,25	62,17	64,78	67,90	70,08	74,72
50	55,62	60,34	63,29	65,92	69,07	71,27	75,94

Beispiele: $P(X > 31|\lambda = 44{,}00) = 0{,}975$ sowie $P(X > 7|\lambda = 16{,}00) = 0{,}990$

A3

Zur Poisson-Verteilung und zum Gauß-Test

Ergänzt S. 299

Abweichungen relativ seltener Ereignisse von Lambda

[4]

Tabelle 159 gestattet die Angabe, daß bei fest vorgegebenem Wert Lambda λ, einer Poisson-Verteilung mit einer Wahrscheinlichkeit von knapp $P\%$ höchstens k Ereignisse ($k \leqq 10$) zu erwarten sind. So ergibt sich für P = 5% und k = 4 der Wert λ = 9,2, d. h. genauer: $P(X \leqq 4|\lambda = 9{,}2) = 0{,}0486 < 0{,}05$. Damit wäre für k = 4 Ereignisse in einer Zufallsstichprobe aus einer nach Poisson verteilten Grundgesamtheit mit dem Erwartungswert λ = 9,2 die Nullhypothese H_0: λ = 9,2 auf dem 5%-Niveau abzulehnen. Für k = 5 Ereignisse [vgl. $P(X = 5|\lambda = 9{,}2) = 0{,}0555$] und damit $P(X \leqq 5|\lambda = 9{,}2) = 0{,}0486 + 0{,}0555 = 0{,}1041 > 0{,}05$ hätte man H_0 auf diesem Niveau nicht ablehnen können.

Die Tabelle dient etwa zur Kontrolle von Störfällen bzw. von nicht einwandfreien Objekten.

Tabelle 159. Kumulierte Poisson-Wahrscheinlichkeiten P für k Ereignisse und Werte Lambda, die so gewählt sind, daß die links angegebenen Schranken von P gerade noch unterschritten werden

P \ k	1	2	3	4	5	6	7	8	9	10
10%	3,9	5,4	6,7	8,0	9,3	10,6	11,8	13,0	14,3	15,5
5%	4,8	6,3	7,8	9,2	10,6	11,9	13,2	14,5	15,8	17,0
1%	6,7	8,5	10,1	11,7	13,2	14,6	16,1	17,5	18,8	20,2

So läßt sich H_0: λ = 13,2 für $k \leqq 5$ auf dem 1%-Niveau ablehnen, für $k \leqq 7$ auf dem 5%-Niveau.

Ist bisher mit durchschnittlich 13,2 Störfällen pro entsprechender Einheit gerechnet worden, so weisen die neuerdings festgestellten höchstens 5 (bzw. 7) Störfälle pro Einheit auf eine Prozeßverbesserung hin.

B. Übersicht 68

Einseitiger Einstichproben-Gauß-Test

Es liegt eine normalverteilte Grundgesamtheit vor deren Standardabweichung $\sigma = \sigma_0$ bekannt ist.

Ergänzt die S. 185/199

(1) Test, (2) P-Wert, (3) Power.

(1) Test: H_0: $\mu = \mu_0$ H_A: $\mu < \mu_0$

Für
$$\bar{X} < \mu_0 - z_{\alpha;\,\text{eins.}}\,\sigma/\sqrt{n} \qquad (1)$$
wird H_0 auf dem $100\alpha\%$-Niveau abgelehnt.

(2) P-Wert:
$$P = F\left(\frac{\bar{X} - \mu_0}{\sigma}\sqrt{n}\right)$$

(3) Power:
$$\text{Power} = F\left(-z_{\alpha;\,\text{eins.}} + \frac{\mu_0 - \mu}{\sigma}\sqrt{n}\right) \qquad (2, 3)$$

Beachtet sei: $F(-z) = P(Z \geqq z)$ | $F(0) = 0{,}5$ | $F(+z) = 1 - P(Z \geqq z)$ (4)

Beispiel für H_0: $\mu = \mu_0$, H_A: $\mu < \mu_0$

$\alpha = 0{,}05$
$\mu_0 = 20{,}0$
$\sigma = 10$
$n = 25$
$\bar{x} = 17{,}0$

$$\bar{x} = 17{,}0 > 16{,}71 = 20{,}0 - 1{,}645 \cdot 10/\sqrt{25}$$

$$P = F\left(\frac{17{,}0 - 20{,}0}{10}\sqrt{25}\right) = F(-1{,}5) = P(Z \geqq 1{,}5) = 0{,}067$$

Forts. S. 462

Übersicht 68 (Forts.): Zum einseitigen Einstichproben-Gauß-Test

[4] H_0 läßt sich bei einseitiger Fragestellung auf dem 5%-Niveau nicht ablehnen; dieselbe Entscheidung liefert auch der P-Wert: $P = 0{,}067 > 0{,}05$.
Wir lassen nun μ die Werte 20, 19, 17, 15 und 13 durchlaufen und erhalten z. B. für

$$\mu = 19\ , \quad \text{Power} = F\left(-1{,}645 + \frac{20-19}{10}\sqrt{25}\right) = F(-1{,}145) = 0{,}13$$

$$\mu = 15\ , \quad \text{Power} = F\left(-1{,}645 + \frac{20-15}{10}\sqrt{25}\right) = F(0{,}855) = 1 - 0{,}20 = 0{,}80$$

und insgesamt

vorgegebenes μ	20	19	17	15	13
Power	0,05	0,13	0,44	0,80	0,97

Wie groß ist die Power für $\mu = 16$?

Interessiert die andere Fragestellung, H_A: $\mu > \mu_0$ (H_0: $\mu = \mu_0$), so wird

H_0 abgelehnt, sobald
$$\bar{X} > \mu_0 + z_{\alpha;\,\text{eins.}}\,\sigma/\sqrt{n} \qquad (1')$$

Weiter gelten:
$$P = 1 - F\left(\frac{\bar{X}-\mu_0}{\sigma}\sqrt{n}\right) \qquad (2')$$

und
$$\text{Power} = F\left(-z_{\alpha;\,\text{eins.}} + \frac{\mu-\mu_0}{\sigma}\sqrt{n}\right) \qquad (3')$$

Beispiel für H_0: $\mu = \mu_0$; H_A: $\mu > \mu_0$

$\alpha = 0{,}05$
$\mu_0 = 20{,}0$
$\sigma = 10$
$n = 25$
$\bar{x} = 23{,}0$

$$\bar{x} = 23{,}0 < 23{,}29 = 20{,}0 + 1{,}645 \cdot 10/\sqrt{25}$$

$$P = 1 - F\left(\frac{23{,}0-20{,}0}{10}\sqrt{25}\right) = 1 - F(1{,}5) = 1 - 1 + P(Z \geqq 1{,}5) = 0{,}067$$

H_0 wird auf dem 5%-Niveau nicht abgelehnt.

$$\text{Power [für } \mu = 24{,}0] = F\left(-1{,}645 + \frac{24{,}0-20{,}0}{10}\sqrt{25}\right)$$
$$= F(0{,}355) = 1 - P(Z \geqq 0{,}355) = 1 - 0{,}36 = 0{,}64$$

Für das Beispiel auf S. 192, dort liegt eine zweiseitige Fragestellung vor, läßt sich der Nichtablehnungsbereich für H_0 auch schreiben:

$$\left|\frac{\bar{X}-25}{6/\sqrt{49}}\right| = \left|\frac{\bar{X}-25}{6/7}\right| \leqq 1{,}96\ ; \quad \text{d.h. } 25 - 1{,}96 \cdot 0{,}857 \leqq \bar{X} \leqq 25 + 1{,}96 \cdot 0{,}857$$
$$23{,}32 \leqq \bar{X} \leqq 26{,}68\ .$$

Die Power z. B. für H_A: $\mu = 22{,}5$ ist dann

$$\text{Power} = 1 - \beta = 1 - P(23{,}32 \leqq \bar{X} \leqq 26{,}68 \mid \mu = 22{,}5)$$
$$= 1 - P\left[\frac{23{,}32-22{,}5}{6/7} \leqq \frac{\bar{X}-22{,}5}{6/7} \leqq \frac{26{,}68-22{,}5}{6/7}\right]$$
$$= 1 - P(0{,}957 \leqq Z \leqq 4{,}877)$$
$$= 1 - 0{,}17 = 0{,}83 \text{ zufriedenstellend.}$$

Zur Bevölkerungsstatistik
C. Standardisierungen

[4]

(1) Einfache Standardisierungen
- Käse-Trockenmasse
- Raucher pro Bevölkerung

(2) Altersstandardisierte Sterbeziffer
(3) Incidence Density Ratio
(4) Standardized Mortality Ratio

(1) **Einfache Standardisierungen**

Eine Käsemasse mit $< 54\%$ Wasser heißt Hartkäse, etwa einer mit 40% Wasser, d. h. 60% Trockenmasse. Mit 50% Fett in der Trockenmasse liegt der absolute Fettgehalt dieses Käses bei $[0{,}50 \cdot 0{,}60 = 0{,}30]$ 30%; 100 g dieses Käses enthalten 30 g Fett.

Die standardisierten Anteile der Raucherinnen und Raucher in der Bevölkerung: Eine Bevölkerung Erwachsener bestehe zu einem bestimmten Zeitpunkt aus den Anteilen p_{F} und p_{M}. Die Anteile der Raucherinnen bzw. der Raucher betragen p_{RF} und p_{RM}; dann ist der standardisierte Anteil der Raucherinnen in der Bevölkerung $p_{\mathrm{RFS}} = p_{\mathrm{F}} \cdot p_{\mathrm{RF}}$ und der entsprechende standardisierte Anteil der Raucher $p_{\mathrm{RMS}} = p_{\mathrm{M}} \cdot p_{\mathrm{RM}}$ und insgesamt der standardisierte Anteil beider in der Bevölkerung der Erwachsenen: $p_{\mathrm{RS}} = p_{\mathrm{RFS}} + p_{\mathrm{RMS}}$.
Mit $\hat{p}_{\mathrm{F}} = 0{,}53$ und $\hat{p}_{\mathrm{M}} = 0{,}47$ sowie $\hat{p}_{\mathrm{RF}} = 0{,}3$ und $\hat{p}_{\mathrm{RM}} = 0{,}4$ erhält man $\hat{p}_{\mathrm{RFS}} = 0{,}159$ und $\hat{p}_{\mathrm{RMS}} = 0{,}188$ sowie $\hat{p}_{\mathrm{RS}} = 0{,}347$.

Eine hervorragende Übersicht über Standardisierungen gibt Kalton (1968) (vgl. auch Ferschl 1985, Fleiss 1981, Hochstädter 1991 und Kitagawa 1964); viele Lehrbücher der Epidemiologie bieten weitere Hinweise.

(2) **Berechnung altersstandardisierter Sterbeziffern**

Sind für ein bestimmtes Jahr die altersstandardisierten Sterbeziffern von Gebieten (A, B, ...) mit UNTERSCHIEDLICHER ALTERSVERTEILUNG zu vergleichen, so bezieht man die Todesfälle dieser Gebiete auf eine Standardbevölkerung mit z. B. 10 000 Säuglingen ($<$ 1 J.,) ..., ... über 90-Jährigen (insgesamt 800 000 Personen). Sind in A von 182 Säuglingen 2 gestorben (vgl. Bundesrepublik 1990: 5 von 1000), so bedeutet dies für die säuglingsbezogene Sterbeziffer, jeweils auf 1000 Säuglinge bezogen ($x/1000 = 2/182$; $x = 11$), eine Sterbeziffer von 11 pro 1000. Entsprechende Werte berechnet man für sämtliche Altersgruppen und alle zu vergleichenden Gebiete.
Für jede Altersgruppe werden jetzt die entsprechenden erwarteten Todesfälle, bezogen auf die Standardbevölkerung, berechnet. Für Säuglinge (10 000 in der Standardbevölkerung) aus A ($x/10000 = 11/1000$; $x = 110$) erhält man 110 erwartete Todesfälle. Die Summe der erwarteten Todesfälle aller Altersgruppen (sagen wir 8000) wird jetzt durch die gesamte Standardbevölkerung (800 000) dividiert: $8000/800\,000 = 8/800 = x/1000$; 10 pro 1000; dies ist die altersstandardisierte Sterbeziffer für das Gebiet A, die mit denen anderer Gebiete direkt vergleichbar ist.
Näheres ist z. B. Kahn und Sempos (1989: Chapter 5) zu entnehmen.

(3) **Die Incidence Density Ratio (IDR)**

Die IDR ist das Verhältnis zweier Neuerkrankungsraten: „Fälle pro Personen-Jahre“ für eine Risikogruppe zu „Fälle pro Personen-Jahre“ für eine Gruppe, die diesem Risiko nicht ausgesetzt war.

Tabelle 160a

[4]

	Exponierte	Nicht Exponierte	Summe
Fälle Länge*	a L_1	b L_0	$m = a + b$ $L = L_1 + L_0$

* Beobachtungszeit für alle Personen der jeweiligen Studiengruppe

$$\widehat{\text{IDR}} = \frac{a/L_1}{b/L_0} \quad \text{(A)}$$

Schadeffekt, sobald IDR > 1

Approximativer Test:

H_0: IDR $\leqq 1$ d. h. H_0: kein Schadeffekt;
H_A: IDR > 1 H_0 wird auf dem 5%-Niveau abgelehnt, sobald $\hat{z} > 1{,}645$.

$$\hat{z} = \frac{a - m(L_1/L)}{\sqrt{m(L_1/L)(L_0/L)}} \quad \text{(B)}$$

Beispiel

$$\begin{array}{rl} a = & 10 \\ b = & 239 \\ \hline m = & 249 \end{array} \qquad \begin{array}{rl} L_1 = & 2\,935 \\ L_0 = & 135\,130 \\ \hline L = & 138\,065 \end{array}$$

Zu vergleichen sind 10 Fälle in 2935 Personen-Jahren (341 F pro 100 000 P-J) mit 239 Fällen in 135 130 Personen-Jahren (177 F pro 100 000 P-J).

$$\hat{z} = \frac{10 - 249(2935/138\,065)}{\sqrt{249(2935/138\,065)(135\,130/138\,065)}} = 2{,}07 > 1{,}645$$

Somit läßt sich auf dem 5%-Niveau ein Schadeffekt sichern.
Näheres ist z. B. Lemeshow u. Mitarb. (1990) zu entnehmen.

(4) **Die Standardized Mortality Ratio (SMR)**

Die SMR ist eine geschlechtsspezifische Sterberate, die altersstandardisiert ist und indirekt berechnet wird:

$$\widehat{\text{SMR}} = 100 \frac{\text{Todesfälle in der untersuchten Bevölkerung}}{\left(\begin{array}{c}\text{Todesfälle der Gesamtbev.}\\ \text{pro 1000}\end{array}\right)\left(\begin{array}{c}\text{Unters. Bev.}\\ \text{in 1000}\end{array}\right)} \quad \text{(A)}$$

$$\widehat{\text{SMR}} = 100 \frac{\text{Beobachtete T.}}{\text{Erwartete T.}} = 100 \frac{\text{B}}{\text{E}} \quad \text{(B)}$$

Somit gilt für eine untersuchte Bevölkerung, daß sie rein formal (beschreibend) für eine

$$\widehat{\text{SMR}} \left\{ \begin{array}{l} > 100 \text{ einem höheren} \\ = 100 \text{ demselben} \\ < 100 \text{ einem niedrigeren} \end{array} \right\} \text{Risiko}$$

ausgesetzt ist.
Ein stark vereinfachtes Beispiel, das nur drei Altersklassen (Männer) umfaßt, enthält Tabelle 160b.

SMR, Varianz und Standardabweichung im Vergleich

Tabelle 160b. Berechnung der $\widehat{\text{SMR}}$ für die untersuchte Bevölkerung [4]

Altersgruppe in Jahren	Todesfälle der Gesamtbev. pro 1000	Untersuchte Bevölkerung in 1000	Erwartete Todesfälle (2)·(3)	Beobachtete Todesfälle [benöt. wird $\sum$]
(1)	(2)	(3)	(4)	(5)
21 – 35	0,042	25	1,05	3
36 – 50	0,507	40	20,28	38
51 – 65	2,072	10	20,72	12
			Summe: $E = 42{,}05$	$B = 53$
$\widehat{\text{SMR}} = 100(53/42{,}05) = 126 > 100$				

Ob diese Erhöhung auch für den Parameter gilt, läßt sich anhand des 95%-Vertrauensbereiches (95%-VB) prüfen:

$$\text{95\%-VB: } 100(B+1-1{,}96\sqrt{B})/E \leqq SMR \leqq 100(B+2+1{,}96\sqrt{B})/E \qquad \text{(C)}$$

$$100(53+1-1{,}96\sqrt{53})/42{,}05 \leqq \text{SMR} \leqq 100(53+2+1{,}96\sqrt{53})/42{,}05$$
$$\text{95\%-VB: } 94{,}4 \leqq \text{SMR} \leqq 164{,}7.$$

Da der Wert 100 im 95%-VB liegt, kann für die untersuchte Bevölkerung von einer erhöhten Sterberate nicht gesprochen werden. Näheres zur SMR ist Tsai u. Mitarb. (1986), Whittemore (1987), Checkoway u. Mitarb. (1989), Rao und Marsh (1990) sowie Kahn und Sempos (1989) zu entnehmen. Tsai u. Mitarb. (1992) zeigen, daß die SMR in enger Beziehung zur Lebenserwartung steht.

D. S^2 ist eine unverzerrte Schätzfunktion, nicht aber S

Diese Aussage (vgl. auch den 1. Satz in Punkt 3 auf S. 133) läßt sich beweisen: Um zu zeigen, daß der Erwartungswert von S^2 gleich σ^2 ist, benötigen wir folgende Zerlegung der Summe der Abweichungsquadrate:

Mit $X_i - \bar{X} = (X_i - \mu) + (\mu - \bar{X})$
wird $(X_i - \bar{X})^2 = (X_i - \mu)^2 + (\mu - \bar{X})^2 + 2(X_i - \mu)(\mu - \bar{X})$;
entsprechend:

$$\sum(X_i - \bar{X})^2 = \sum(X_i - \mu)^2 + n(\mu - \bar{X})^2 + 2(\mu - \bar{X})\sum(X_i - \mu)$$

$$\left[\text{vgl.} \sum(X_i - \mu) = \sum X_i - n\mu = n\bar{X} - n\mu\right]$$

$$\sum(X_i - \bar{X})^2 = \sum(X_i - \mu)^2 + n(\bar{X} - \mu)^2 - 2n(\bar{X} - \mu)^2$$

$$= \sum(X_i - \mu)^2 - n(\bar{X} - \mu)^2 \quad \text{[Verschiebungssatz von Steiner (1)]}$$

dann gilt: $E(S^2) = E\left[\frac{1}{n-1}\sum(X_i - \bar{X})^2\right]$; die X_i sind stochastisch unabhängig und identisch verteilt (vgl. auch S. 95);

$$= \frac{1}{n-1}E[\sum(X_i - \bar{X})^2]$$

$$= \frac{1}{n-1}E[\sum(X_i - \mu)^2 - n(\bar{X} - \mu)^2]$$

$$= \frac{1}{n-1}[\sum E(X_i - \mu)^2 - nE(\bar{X} - \mu)^2]$$

$$= \frac{1}{n-1}\left[n\sigma^2 - n\frac{\sigma^2}{n}\right]$$

$$= \frac{1}{n-1}[(n-1)\sigma^2]$$

$$= \sigma^2 .$$

Nun zu S.

ENDE der Ergänzungen zum 1. und 2. Kapitel

Dagegen ist S keine unverzerrte Schätzfunktion für σ:

$$\begin{aligned}\text{Mit Var}(X) &= E((X-\mu)^2) = E(X^2 - 2\mu X + \mu^2)\\ &= E(X^2) - 2\mu E(X) + \mu^2 = E(X^2) - 2\mu^2 + \mu^2\\ &= E(X^2) - \mu^2 \quad \text{[Verschiebungssatz von Steiner (2)]}\end{aligned}$$

gilt: $\text{Var}(S) = E(S^2) - [E(S)]^2 > 0$ d. h. $[E(S)]^2 < E(S^2) = \sigma^2$ $E(S) < \sigma$.

462 Mehrfache Anwendung des Vierfelder-χ^2-Tests

[462]

In diesem Abschnitt wird auf einen häufig gemachten Fehler hingewiesen und gezeigt wie er zu vermeiden ist. Zur Mehrfachtestung siehe auch [142] mit Übersicht 43.

Die Tabelle 154 gilt wie viele andere in diesem Buch (z.B. Tab. 49, 50, 50a, 52, 155) für die **einmalige „isolierte" Anwendung** des betreffenden Tests (vgl. Übersicht 67) und nicht für eine Folge von Tests.

Angenommen, es liegen Daten vor, die zur Prüfung von τ (gr. tau) = 30 Vierfelder-χ^2-Tests (zweiseitig; α = 0,05) führen. Hier wäre es falsch, die 30 Tests mit der Schranke 3,841 durchzuführen. Statt dessen ist für alle τ = 30 Tests auf dem 5%-Niveau die Schranke $S_{0,05}$ = 9,885 der Tabelle 161 zu benutzen. Näheres ist [621] zu entnehmen. 10%-, 5%- und 1%-Schranken für ν = 1 und $\tau \leqq 12$ enthält dort Tab. 227, deren Quelle auch die folgenden Schranken S für $\tau > 12$ (Tabelle 161) entstammen. Resultate wird man dann z. B. als Tabelle 162 angeben.

Tabelle 161. Ergänzt und wird ergänzt durch Tabelle 227

τ	13	14	15	16	18	20	22	24	26	28	30
$S_{0,10}$	7,104	7,237	7,360	7,477	7,689	7,879	8,052	8,210	8,355	8,490	8,615
$S_{0,05}$	8,355	8,490	8,615	8,733	8,948	9,141	9,315	9,475	9,622	9,758	9,885
$S_{0,01}$	11,314	11,452	11,580	11,700	11,919	12,116	12,293	12,456	12,605	12,744	12,873

Wenn 20 gültige Nullhypothesen mit der Irrtumswahrscheinlichkeit α = 0,05 geprüft werden, wird mit der Wahrscheinlichkeit P = 0,64 MINDESTENS EINE auf dem 5%-Niveau fälschlich als statistisch signifikant ausgewiesen (vgl. Tab. 12a auf S. 459). Vorausgesetzt, die zu prüfenden Nullhypothesen werden VOR der Datengewinnung formuliert und anhand des vorab gewählten Tests geprüft. Führt man **Mehrfachtests** durch, so muß das α (wie in Tab. 161) adjustiert werden. Ist durch Vorwissen oder durch Planungsvorgaben die Nullhypothese als nicht mehr plausibel oder sogar als deutlich falsch anzusehen, so wird man überlegen müssen, ob man generell auf Tests verzichtet und (vgl. M: 142 unten) rein beschreibend vorgeht, oder – seltener – ohne α-Adjustierung testet und die Resultate als formalisierte Datenbeschreibung auffaßt.

Übersicht 67. Bemerkung zu den anhand konkreter Stichprobenwerte geschätzten (berechneten) Prüfgrößen $\hat{z}$, $\hat{\chi}^2$ bzw. $\hat{\chi}^2_*$, $\hat{t}$ und $\hat{F}$

Beachtet sei, daß bei Gültigkeit der Nullhypothese (knapp: unter H_0): (1) $\hat{z}$ nur für $n \to \infty$, (2) $\hat{\chi}^2$ nur für $n \to \infty$ (d. h. auch große Erwartungshäufigkeiten), (3) $\hat{t}$ und $\hat{F}$ jedoch für beliebiges n exakt wie die entsprechenden theoretischen Verteilungen verteilt sind.

Tabelle 162. k Vierfeldertabellen mit zugehörigem $\hat{\chi}^2$-Wert. Für $\hat{\chi}^2 >$ Schrankenwert für $\alpha = 0{,}05$ aus Tabelle 161 bzw. Tabelle 227 für $k = \tau$ (gr. tau) wird in der Spalte „$P < 0{,}05$" ein „+" gesetzt, für $\hat{\chi}^2 \leqq$ dieser Schrankenwerte ein „–". Ein „+" bezeichnet somit ein auf dem 5%-Niveau statistisch signifikantes Ergebnis des $\hat{\chi}^2$-Homogenitätstests bzw. des $\hat{\chi}^2$-Unabhängigkeitstests. Setzt man den Test bevorzugt explorativ ein, um neue Hypothesen aufzuspüren, so ist in Spalte (5), sie erhält dann die Überschrift „P", anhand der Tabellen 155 und 156 der entsprechende P-Wert einzutragen

Nr.	n	$a\ b\ c\ d$	$\hat{\chi}^2$	$P<0{,}05$
(1)	(2)	(3)	(4)	(5)
1 ⋮ k				

Weitere Hinweise

1. Für den *Vergleich zweier Vierfeldertafeln* hat *Le Roy (1962)* einen einfachen χ^2-Test vorgeschlagen. Nullhypothese: die analogen Stichproben-Verteilungen zweier Vierfeldertafeln entstammen ein und derselben Grundgesamtheit (Alternativhypothese: Ungleichheit der Grundgesamtheiten).

Gehen wir von Material I und II aus

Material I

a_1	b_1	
c_1	d_1	
		n_1

Material II

a_2	b_2	
c_2	d_2	
		n_2

[vgl. auch [466] mit ähnlicher Thematik]

dann läßt sich die Gleichwertigkeit der beiden Vierfeldertafeln anhand von

$$\hat{\chi}^2 = \frac{n_1 + n_2}{n_1 n_2} \cdot (n_1 Q + n_2 q) - (n_1 + n_2) \qquad FG = 3 \tag{4.48}$$

prüfen. Tabelle 163 erklärt über die Quotienten a, b, c, d (Spalte 4) und die Differenzen A, B, C, D (Spalte 5) die Berechnung der Produktsummen q und Q [(4.48) ist (vgl. Kapitel 6) mit (6.1 /6.1b) in [611] und [613] für $k = 4$ identisch].

Tabelle 163

1	2	3	4	5	6	7
a_1	a_2	$a_1 + a_2$	$a_1/(a_1 + a_2) = a$	$A = 1 - a$	$a_1 a$	$a_2 A$
b_1	b_2	$b_1 + b_2$	$b_1/(b_1 + b_2) = b$	$B = 1 - b$	$b_1 b$	$b_2 B$
c_1	c_2	$c_1 + c_2$	$c_1/(c_1 + c_2) = c$	$C = 1 - c$	$c_1 c$	$c_2 C$
d_1	d_2	$d_1 + d_2$	$d_1/(d_1 + d_2) = d$	$D = 1 - d$	$d_1 d$	$d_2 D$
n_1	n_2	$n_1 + n_2$	-	-	q	Q

Wird darauf geachtet, daß keine der acht Besetzungszahlen < 3 ist, so darf dieser Test durchgeführt werden; er wird jedoch für schwach besetzte Tafeln als Näherungswert beurteilt werden müssen.

2. Lassen sich die Häufigkeiten einer Vierfeldertafel durch Berücksichtigung einer weiteren Variablen aufgliedern, dann ist ein von *Bross* (1964) (vgl. auch *Ury* 1966) beschriebener *verallgemeinerter Vorzeichentest* zu empfehlen. In der zitierten Arbeit findet sich ein instruktives Beispiel.

3. Vierfeldertafeln mit vorgegebenen Wahrscheinlichkeiten zerlegt *Rao (1973)* in drei χ^2-Komponenten.

463 Der von McNemar modifizierte Vorzeichentest

[463] *Zwei Versuche an denselben Individuen: Signifikanz einer Änderung des Häufigkeitsverhältnisses zweier abhängiger Verteilungen von Alternativdaten*

Wird eine Stichprobe *zweimal* – etwa in einem gewissen zeitlichen Abstand oder unter veränderten Bedingungen – auf ein bestimmtes alternatives Merkmal hin untersucht, so haben wir es im allgemeinen nicht mehr mit unabhängigen, sondern mit *abhängigen Stichproben* zu tun. Jedes Stichprobenelement liefert zwei Beobachtungsdaten, die paarweise einander zugeordnet sind.
Das Häufigkeitsverhältnis der beiden Alternativen wird sich von der ersten zur zweiten Untersuchung mehr oder weniger verändern. Die Intensität dieser Änderung prüft der als χ^2-Test von *McNemar (1947)* bekannte Vorzeichentest, genauer, er schöpft die Information aus, wie viele Individuen von der ersten zur zweiten Untersuchung in eine andere Kategorie übergewechselt sind. Wir haben eine Vierfeldertafel mit einem Eingang für die erste Untersuchung und mit einem zweiten Eingang für die zweite Untersuchung vorliegen (wie in [461] sind auch hier halbzahlige Werte zugelassen):

Tabelle 164

I. Untersuchung \ II. Untersuchung	+	-
+	a	b
-	c	d

Die **Nullhypothese** lautet: Die Häufigkeiten in der Grundgesamtheit sind für beide Untersuchungen nicht unterschiedlich, d. h. **die Nichtübereinstimmungen anzeigenden Häufigkeiten *b* und *c* zeigen nur zufällige Stichprobenschwankungen.** Da diese beiden Häufigkeiten die einzig möglichen Häufigkeiten darstellen, die sich von Untersuchung I zu Untersuchung II ändern, wobei b von $+$ nach $-$ und c von $-$ nach $+$ wechselt, konnte von McNemar gezeigt werden, daß sich Änderungen dieser Art mit *Bennett und Underwood (1970)* (vgl. auch *Gart 1969* und *Bennett 1971*) für $(b+c) \geqq 30$ nach (4.49)

$$\hat{\chi}^2 = \frac{(b-c)^2}{b+c+1} \qquad FG = 1 \tag{4.49}$$

und – wenn $8 \leqq (b+c) < 30$ – mit Kontinuitätskorrektur nach (4.49a) prüfen lassen.

$$\hat{\chi}^2 = \frac{(|b-c|-1)^2}{b+c+1} \qquad FG = 1 \tag{4.49a}$$ [463]

Man vergleicht somit die Häufigkeiten b und c und prüft, ob sie eine deutliche Abweichung vom Verhältnis 1 : 1 aufweisen (vgl. auch [455] und [166]). Unter der Nullhypothese gilt für beide beobachteten Häufigkeiten b und c eine Erwartungshäufigkeit $(b+c)/2$. Je mehr b und c von diesem Erwartungswert abweichen, um so weniger wird man auf die Nullhypothese vertrauen. Näheres ist Übersicht 68 zu entnehmen.

Übersicht 68

I \ II	+	−	Σ	
+	a	b	$a+b$	$\rightarrow p_1 = (a+b)/n$
−	c	d	$c+d$	
Σ	$a+c$	$b+d$	$a+b+c+d=n$	H_0: $\pi_1 = \pi_2$ H_A: $\pi_1 \neq \pi_2$

↓

$p_2 = (a+c)/n$

$p_1 - p_2 = [(a+b)/n] - [(a+c)/n] = (b-c)/n$

H_0: $\pi_1 - \pi_2 = 0$ wird approximativ anhand des McNemar-Tests geprüft

Wenn über die Richtung der zu erwartenden Änderung bereits vor Durchführung des Versuches eine begründete Annahme gemacht werden kann, darf anhand der Tabellen 154 oder 156 [oder anhand von $\sqrt{\hat{\chi}^2} = \hat{z}$ und Tabelle 29] einseitig getestet werden. Benötigte Stichprobenumfänge sind E. J. Feuer und L. G. Kessler (1989, Biometrics **45**, 629–636) zu entnehmen [vgl. auch Statistics in Medicine **11** (1992), 1239/51, 1521/25].

Die Berechnung des entsprechenden Vertrauensbereiches für den $(b+c)/2$ entsprechenden Parameter (der bei Gültigkeit von H_0: $\pi = 1/2$ ist) ist z. B. M: 107 zu entnehmen. Die Formeln (4.49b,c) sind Approximationen. Einen 9-Felder-McNemar-Test [mit zusätzlicher Klassifikation fraglicher Fälle] beschreibt H. Fink (1972, Arzneimittel-Forschung **22**, 606–609].

Beispiel

An einer Stichprobe von 40 Patienten wird ein Präparat mit einem Placebo (Leer- oder Scheinpräparat) verglichen ($\alpha = 0{,}05$). Die Patienten beginnen je zur Hälfte mit dem einen bzw. dem anderen Präparat. Zwischen beiden Therapiephasen wird eine genügend lange therapiefreie Phase eingeschaltet. Aufgrund der Aussagen der Patienten stuft der Arzt die Wirkung als „[höchstens] schwach" oder „stark" ein (Tabelle 165).

Der Nullhypothese (gleiche Wirksamkeit beider Präparate) wird die einseitige Alternativhypothese (das Präparat ist wirksamer als das Leerpräparat) gegenübergestellt, deren Überlegenheit im Test (unter Tab. 165) zum Ausdruck kommt.
Hiermit wird H_0 bei einseitiger Fragestellung auf dem 5%-Niveau abgelehnt. Der Wert $\hat{\chi}^2 = 4{,}545$ entspricht nach Tabelle 155 für den vorliegenden einseitigen Test einer Wahrscheinlichkeit von $P \approx 0{,}0165$. Betrachten wir das Beispiel noch etwas genauer: In Tabelle 165 sagen uns die 11 Patienten, die auf beide Präparate schwach reagiert haben, und die

[463]

Tabelle 165

		Placebo-Wirkung (Wirkg. d. Leerpräp.) stark	Placebo-Wirkung (Wirkg. d. Leerpräp.) schwach
Wirkung des Präparates	stark	8 a	16 b
	schwach	c 5	d 11

$$\hat{\chi}^2 = \frac{(16-5-1)^2}{16+5+1} = 4{,}545 > 2{,}706 = x_{1;0{,}05;\text{eins.}} \quad \text{[vgl. die Tabelle 154].}$$

8 Patienten, die in beiden Fällen eine starke Wirkung erkennen ließen, nichts über den möglichen Unterschied zwischen Präparat und Placebo. Die wesentliche Auskunft entnimmt man den Feldern b und c mit den nicht übereinstimmenden Paaren: $16+5=21$. Bestünde zwischen den beiden Präparaten kein echter Unterschied, dann sollten wir erwarten, daß sich die Häufigkeiten b und c wie 1 : 1 verhalten. Abweichungen von diesem Verhältnis lassen sich auch mit Hilfe der Binomialverteilung prüfen. Für die einseitige; Fragestellung erhalten wir

$$P(X \leqq 5 | n=21, p=0{,}5) = \sum_{x=0}^{x=5} \binom{21}{x} \left(\frac{1}{2}\right)^x \left(\frac{1}{2}\right)^{21-x} = 0{,}0133$$

oder anhand der Approximation $\hat{z} = \dfrac{|5+0{,}5-21\cdot 0{,}5|}{\sqrt{21\cdot 0{,}5\cdot 0{,}5}} = 2{,}182$, d. h. $P(X \leqq 5) \approx 0{,}0146$.

KM		B: L	B: $\bar{L}$
A	L		
	$\bar{L}$		

Andere Beispiele: (1) Zwei Kopfschmerzmittel (A und B), um zu sehen, welches eine bessere Linderung ($L, \bar{L}$) verschafft. Ehepaare, M und F werden nach ihren Urlaubswünschen gefragt (Berge B oder Strand S).

EP		M: B	M: S
F	B		
	S		

Die Differenz der Anteile nicht übereinstimmender Paare wird durch

$$\hat{p}_1 - \hat{p}_2 = b/n - c/n = (b-c)/n$$

geschätzt, der entsprechende angenäherte 95%-Vertrauensbereich durch

$$(b-c)/n - 1{,}96\sqrt{b+c}/n < \pi_1 - \pi_2 < (b-c)/n + 1{,}96\sqrt{b+c}/n \qquad (4.49b)$$

Beispiel (Tabelle 165)

$$(16-5)/40 - 1{,}96\sqrt{16+5}/40 < \pi_1 - \pi_2 < (16-5)/40 + 1{,}96\sqrt{16+5}/40$$

95%-VB: $0{,}05 < \pi_1 - \pi_2 < 0{,}50$

Dieser Bereich liegt deutlich oberhalb von Null, wodurch das Resultat des Tests bestätigt wird. Der angenäherte 95%-VB für den wahren Anteil $b/(b+c)$ der die b-Version bevorzugenden nicht übereinstimmenden Paare ist gegeben durch

$$\underbrace{\frac{b}{b+c}}_{①} \pm \underbrace{\frac{1}{2(b+c)}}_{②} \pm 1{,}96\sqrt{\frac{bc}{(b+c)^3}} \qquad (4.49c)$$

Für ① $\begin{matrix} < 0{,}5 \\ \geqq 0{,}5 \end{matrix}$ gilt vor ② das $\begin{matrix} „+“ \\ „-“ \end{matrix}$

$$\text{Beispiel: } \frac{16}{16+5} - \frac{1}{2(16+5)} \pm 1{,}96\sqrt{\frac{16 \cdot 5}{(16+5)^3}}$$ **[463]**

$$0{,}762 - 0{,}024 \pm 0{,}182 \text{ , d. h. } 0{,}556 \text{ bis } 0{,}920.$$

Einige weitere Beispiele zu (4.49a) [vgl. $\chi^2_{1;0,05} = 3{,}841$ und $\chi^2_{1;0,01} = 6{,}635$]:

$\frac{(7-0-1)^2}{7+0+1}=4{,}50$	$\frac{(9-1-1)^2}{9+1+1}=4{,}45$	$\frac{(10-0-1)^2}{10+0+1}=7{,}36$	$\frac{(12-1-1)^2}{12+1+1}=7{,}14$

Vergleiche auch Tabelle 131 in [424].

Die **praktische Relevanz** des McNemar-Tests wird von Zimmermann (1984) als

$$w^2 = \hat{\chi}^2/(a+b+c+d) \qquad (4.50)$$

definiert; als Richtwerte gelten:

$w^2 = 0{,}01$ für „kleine praktische Relevanz",
$w^2 = 0{,}10$ für „mittlere praktische Relevanz" und
$w^2 = 0{,}25$ für „große praktische Relevanz".

Für Tabelle 165 ergibt sich so: $w^2 = 4{,}545/40 = 0{,}11$.

Übersicht 69. Unabhängiger oder verbundener Ansatz?

Beim Vierfelder-χ^2-Ansatz liegen *n* Fälle (*F*) und *n* Kontrollen (*K*) vor, jeweils exponiert (*E*) oder nicht ($\bar{E}$). Beim McNemar-Ansatz werden *n* Fälle gewählt und jeweils eine Kontrolle zugeordnet; für die *n* resultierenden Paare ergeben sich dann jeweils eines der vier (*a'*, *b'*, *c'*, *d'*) Felder

Vierfelder-χ^2-Test

	F	*K*	Σ
E	*a*	*b*	*a*+*b*
$\bar{E}$	*c*	*d*	*c*+*d*
Σ	*n*	*n*	2*n*

McNemar-Test

F \ *K*	*E*	$\bar{E}$	Σ
E	*a'*	*b'*	*a*
$\bar{E}$	*c'*	*d'*	*c*
Σ	*b*	*d*	*n*

Für $a'd' \approx b'c'$ sind die Testresultate ähnlich: sie werden um so unterschiedlicher, je stärker $a'd'$ und $b'c'$ differieren.

Grundsätzlich ist der McNemar-Ansatz durch eine bessere Power ausgezeichnet (Biometrics **38** (1982), 801–812).

Spielt beim McNemar-Modell die Reihenfolge eine Rolle, dann ist der Mainland-Gart-Test anzuwenden, dessen Power – verglichen mit der des McNemar-Tests – wesentlich größer
[463] ist, sonst ist sie ähnlich. Näheres sowie Beispiele sind Prescott (1981) zu entnehmen (vgl. auch *Gart 1969* sowie Jones u. Kenward 1989, S. 113).

Aufschlußreich sind auch weitere Hinweise zum McNemar-Test von Marascuilo und Serlin (1979), von Zwick u. Mitarb. (1982) sowie von Plewis (1985) [vgl. auch Biometrics: **40** (1984), 1005–1015, **43** (1987), 207–211, **45** (1989), 629–636].

Eine Verallgemeinerung dieses Tests für den Vergleich mehrerer verbundener Stichproben von Alternativdaten ist der Q-Test von *Cochran (1950)*, der in [624] vorgestellt wird. Er ist wie der McNemar-Test ein Spezialfall des Friedman-Tests.

Liegen Fall-Kontroll-Daten vor, so sind, entsprechend der Bedeutsamkeit der Paarbildungen (matched pairs), Analysen anhand des Vierfelder-χ^2-Tests (schwach korrelierte Paare) oder des McNemar-Tests (stark korrelierte Paare) möglich (vgl. Übersicht 69). Im Zweifelsfalle führe man beide Tests durch (vgl. Feinstein 1987) und überlasse dem Leser die Entscheidung.

Überkreuzversuch (cross-over design)

Reihenfolge-Effekte (A, B) sind durch ausbalancierte Chancengleichheit (AB, BA) bzw. $(A, B, C \ldots)$ durch Randomisierung (S. 680) zu vermeiden.

Der Überkreuzversuch ist dadurch charakterisiert, daß zwei Behandlungen (A, B) nacheinander „über Kreuz" auf die Untersuchungseinheiten, vor allem Probanden, angewandt werden, so daß ein intraindividueller Vergleich möglich wird. Jeder Proband erhält die beiden Behandlungen in aufeinanderfolgenden Perioden [(1) und (2)], wobei ein Zufallsverfahren die Reihenfolge entscheidet. Wir unterscheiden hier nur zwei Resultate: erfolgreiche Behandlung bzw. nicht erfolgreiche Behandlung. Hierbei ist es möglich, daß der Behandlungserfolg von der Reihenfolge abhängt: A kann B hemmen oder verstärken. Kann dies ausgeschlossen werden, so prüft man nach McNemar. Ist ein Reihenfolge-Effekt nicht auszuschließen, so interessiert zunächst nur ein Vergleich von (1) anhand des Vierfelder-χ^2-Tests. Wird weiterer Aufschluß gewünscht, so müssen beide Behandlungsfolgen gleiche Probandenzahlen aufweisen. Dann ist auch der McNemar-Test anzuwenden.

Für „Zustand gebessert" schreiben wir „+":

McNemar-Test

Folge		BA +	BA −
AB	+		
	−		

Vierfelder-χ^2-Test

Nach (1):	+	−
A		
B		

Ansätze dieser Art werden auch bei Therapiestudien mit schnellem Wirkungseintritt angewandt, mitunter mit einer behandlungsfreien Zwischenperiode. Literaturhinweise zum Überkreuzversuch insbesondere mit gemessenen Beobachtungen enthält Hinweis 5 (Gruppen-Perioden-Versuchspläne) in [77], die den erwähnten Mainland-Gart-Test ergänzen.

Hinweis: **Der Kappa-Index**

Ein Maß der Übereinstimmung zweier Beobachter ($A; B$) bezüglich einer Alternative ($+; -$) an denselben Objekten ist der Konkordanzindex Kappa (κ). **[463]**

Tabelle 166

	B +	B −	Σ
A +	a	b	a+b
A −	c	d	c+d
Σ	a+c	b+d	n

$$\text{Kappa} = \frac{2(ad - bc)}{(a+c)\cdot(c+d)+(a+b)\cdot(b+d)} \qquad (4.51)$$

Die Stärke der Übereinstimmung läßt sich beurteilen anhand von

Tabelle 167

Kappa	Übereinstimmung
<0,10	keine
0,10 – 0,40	schwache
0,41 – 0,60	deutliche
0,61 – 0,80	starke
0,81 – 1,00	fast vollständige

Näheres ist bei Bedarf Fleiss (1981, Kapitel 13) zu entnehmen, der auch Tests, Vertrauensbereiche und den 3 und mehr Kategorien-Fall behandelt (siehe auch Flack 1987, Flack u. Mitarb. 1988, Gjorup 1988, Kramer und Feinstein 1981 sowie Lienert 1978, II, S. 635–647) [vgl. auch Bortz u. Mitarb. 1990, Biometrics: **50** (1994), 309–310; **52** (1996), 176–183 und 695–702 sowie Informatik, Biometrie und Epidemiologie in Medizin und Biologie **30** (1999), 3–20].

Beispiel

Beurteilung von 40 Schülern hinsichtlich ihrer Aufmerksamkeit ($+; -$) im Unterricht durch zwei Beobachter ($A; B$).

Tabelle 168

	B +	B −	Σ
A +	14	3	17
A −	5	18	23
Σ	19	21	40

$$\text{Kappa} = \frac{2(14\cdot 18 - 3\cdot 5)}{19\cdot 23 + 17\cdot 21} = 0{,}60$$

Es besteht erwartungsgemäß eine deutliche Übereinstimmung.

Neben dem Kappa-Index dient auch die sogenannte **„Intraklass-Korrelation"** (vgl. z. B. Rothery 1979, Kramer und Feinstein 1981, Shirahata 1982, Lahey u. Mitarb. 1983 sowie

Zar 1999) als **Konkordanzmaß** zur Prüfung der Übereinstimmung von Beurteilungen und **von Methoden**, wie sie z. B. in Psychologie und Medizin (Kramer und Feinstein 1981)
[463] nicht selten sind (vgl. auch *Weber 1972 (Kap. 52)*, Lin 1989, 1992: Konkordanzkorrelation, McNemar 1969, Shrout und Fleiss 1979, Snedecor und Cochran 1981, Fleiss 1981 und 1986, Qu u. Mitarb. 1990 sowie Stuart und Ord 1999, Vol. 2A). Siehe auch S. 160 und 410.

Nicht unabhängige Beobachtungen, etwa beide Augen derselben Person oder Cliquen innerhalb einer Schulklassen-Gemeinschaft betreffend, lassen sich gut durch die Intraklass-Korrelation beschreiben.

464 Die additive Eigenschaft von χ^2

[464] Wiederholt durchgeführte Experimente an heterogenem Material, die sich nicht gemeinsam analysieren lassen, mögen folgende $\hat{\chi}^2$-Werte $\hat{\chi}_1^2, \hat{\chi}_2^2, \hat{\chi}_3^2, \ldots$ mit $\nu_1, \nu_2, \nu_3 \ldots$ Freiheitsgraden liefern. Dann kann bei einheitlichem Zusammenhang in einer bestimmten Richtung das Ergebnis aller Versuche als äquivalent einem $\hat{\chi}^2$-Wert aufgefaßt werden, der durch $\hat{\chi}_1^2 + \hat{\chi}_2^2 + \hat{\chi}_3^2 + \ldots$ mit $\nu_1 + \nu_2 + \nu_3 + \ldots$ Freiheitsgraden gegeben ist.

Beispiel

Bei der Prüfung einer Nullhypothese (α = 0,05) sei ein Experiment – sagen wir an unterschiedlichen Orten und an unterschiedlichem Material – viermal durchgeführt worden. Die entsprechenden $\hat{\chi}^2$-Werte seien für jeweils einen Freiheitsgrad 2,30; 1,94; 3,60 und 2,92. Die Nullhypothese kann nicht abgelehnt werden. Aufgrund der additiven Eigenschaft von χ^2 lassen sich die Ergebnisse zusammenfassen:

$$\hat{\chi}^2 = 2{,}30 + 1{,}94 + 3{,}60 + 2{,}92 = 10{,}76 \quad \text{mit} \quad 1 + 1 + 1 + 1 = 4FG.$$

Da $\hat{\chi}^2_{4;0,05}$ = 9,488, muß für alle vier Experimente die Nullhypothese auf dem 5%-Niveau abgelehnt werden.

Hinweis: Kombination exakter Wahrscheinlichkeiten aus unabhängigen Signifikanztests mit gleicher Tendenz

Mitunter liegen über einen bestimmten Sachverhalt mehrere Untersuchungen vor, für die unterschiedliche statistische Tests (z. B. U-Test und t-Test) benutzt worden sind. Will man nun diese *vergleichbaren* statistischen Aussagen mit gleicher Tendenz zu einem Gesamtergebnis zusammenfassen, so „meta-analysiert“ man. Näheres über die **”Meta-Analyse”,** die Suche nach typischen Gemeinsamkeiten – zwei Ansätze enthält S. 359 – ist Eddy u. Mitarb. (1992), Hunter und Schmidt (1990), Olkin u. Mitarb. (1992) sowie Rosenthal (1991) zu entnehmen (vgl. auch Greenland 1987, Mullen und Rosenthal 1985 sowie Rosenthal und Rosnow 1991) (vgl. auch M2: 145 sowie W. Du Mouchel in Berry 1990 und auch *Birnbaum 1954, Moses 1956 und Lancaster 1967)*. Einen auf Vertrauensbereichen basierenden Ansatz zur Meta-Analyse geben Walker u. Mitarb. (1988). P-Werte, die nichtunabhängigen Tests/Studien entstammen, lassen sich nach Strube (1985) vergleichen und kombinieren.

Für die kombinierte Beurteilung mehrerer unabhängiger Vierfeldertafeln, die eine gemeinsame Tendenz erkennen lassen, gibt es Verfahren, die wir in [465] vorstellen.

465 Die Kombination von Vierfeldertafeln

[465] Geprüft wird die Nullhypothese der stochastischen Unabhängigkeit in k vergleichbaren Vierfeldertafeln mit fast einheitlicher Tendenz.

Liegen mehrere Vierfeldertafeln vor, die nicht als Wiederholungen aufgefaßt werden können, da sich von Tafel zu Tafel die Bedingungen für die jeweils gemeinsam betrachteten Stichproben n_1 und n_2 ($n_1 + n_2 = n$) ändern, dann empfiehlt *Cochran (1954)* die beiden folgenden Verfahren als ausreichend genaue Näherungslösungen (vgl. auch M: 101/102 und den praktisch gleichwertigen Mantel-Haenszel-Test M: 204/205, den Hollander und Wolfe (1999: 477–492) gemeinsam mit dem exakten Test nach Zelen ausführlich darstellen). **[465]**

I. Die Stichprobenumfänge n_i der k Vierfeldertafeln (i = 1, …, k) unterscheiden sich nicht sehr stark voneinander (höchstens um den Faktor 2); die Anteile $a/(a+b)$ und $c/(c+d)$ (Tabelle 152) liegen für alle Tafeln im Bereich von etwa 20% bis 80%. Dann läßt sich die Frage nach der Bedeutsamkeit einer Aussage aufgrund von k kombinierten Vierfeldertafeln anhand der Standardnormalverteilung nach

$$\boxed{\hat{z} = \frac{\sum \hat{\chi}}{\sqrt{k}}} \qquad (4.52)$$

testen. Die Prüfung im einzelnen:

1. Aus den nur nach (4.40) oder (4.41) für die k Vierfeldertafeln ermittelten $\hat{\chi}^2$-Werten (vgl. [461], zweite Hälfte) die Quadratwurzel ziehen.
2. Die Vorzeichen dieser Werte sind durch die Vorzeichen der Differenzen $a/(a+b) - c/(c+d)$ gegeben.
3. Die Summe der $\hat{\chi}$-Werte bilden (Vorzeichen beachten!).
4. Aus der Anzahl der kombinierten Vierfeldertafeln die Quadratwurzel ziehen.
5. Nach obiger Formel den Quotienten $\hat{z}$ bilden.
6. Die Bedeutsamkeit von $\hat{z}$ anhand von Tafeln der Standardnormalvariablen (Tabelle 23 bzw. Tabelle 29) prüfen.

Auf ein Beispiel wird verzichtet.

II. Hinsichtlich der Stichprobenumfänge n_i der k Vierfeldertafeln und der jeweiligen Anteile $a/(a+b)$ und $c/(c+d)$ werden keinerlei Voraussetzungen gemacht. Hier läßt sich die Frage nach der Bedeutsamkeit einer Aussage anhand der Standardnormalverteilung nach

$$\boxed{\hat{z} = \frac{\sum W_i \cdot D_i}{\sqrt{\sum W_i \cdot p_i(1-p_i)}}} \qquad (4.53)$$

prüfen. Hierin bedeuten: W_i = das „Gewicht" der i-ten Stichprobe mit den Häufigkeiten a_i, b_i, c_i und d_i (Tabelle 152), definiert als $W_i = (n_{i1} \cdot n_{i2})/n_i$,

wobei $n_{i1} = a_i + b_i$; $n_{i2} = c_i + d_i$ und $n_i = n_{i1} + n_{i2}$; p_i = der durchschnittliche Anteil, gegeben durch $p_i = (a_i + c_i)/n_i$

und D_i = die Differenz zwischen den Anteilen: $D_i = a_i/n_{i1} - c_i/n_{i2}$.

Zur Illustration geben wir das von Cochran zitierte Beispiel. Benötigte Stichprobenumfänge sind R. F. Woolson u. Mitarb. [Biometrics **42** (1986), 927–932] zu entnehmen.

Beispiel

Die Neugeborenen-Erythroblastose beruht auf der Unverträglichkeit zwischen rh-negativem mütterlichen und Rh-positivem embryonalen Blut, die u. a. zur Zerstörung embryonaler Erythrocyten führt, ein Prozeß, der nach der Geburt durch Austauschtransfusion behandelt wird: Das Blut des Kindes wird durch gruppengleiches rh-negatives Spenderblut ersetzt.

An 179 Neugeborenen einer Bostoner Klinik (Allen, Diamond and Watrous: The New Engl. J. Med. **241** [1949] 799–806) ist beobachtet worden, daß das Blut weiblicher Spen-
[465] der von den Kindern besser vertragen wird als das männlicher Spender. Es soll geprüft werden, ob ein Zusammenhang zwischen dem Geschlecht des Blutspenders und der Alternative Sterben oder Überleben nachweisbar ist. Die 179 Fälle konnten wegen der unterschiedlichen Symptomatik nicht als einheitlich angesehen werden. So wurden sie nach der Schwere der Symptome als einer möglicherweise intervenierenden Variablen in 4 in sich homogenere Gruppen geteilt. Die Ergebnisse sind in Tabelle 169 zusammengefaßt:

Tabelle 169. Die Stichprobenumfänge variieren zwar nur von 33–60, die Anteile der Verstorbenen jedoch von 3% bis 46%, so daß die 4 Tafeln nach dem zweiten Verfahren kombiniert werden

Symptome	Geschlecht des Blutspenders	Anzahl der Verstorbenen	Anzahl der Oberlebenden	Insgesamt	Anteil der Verstorbenen in Prozent
keine	männlich	2	21	$23 = n_{11}$	$8{,}7 = p_{11}$
	weiblich	0	10	$10 = n_{12}$	$0{,}0 = p_{12}$
	Insgesamt	2	31	$33 = n_1$	$6{,}1 = p_1$
geringe	männlich	2	40	$42 = n_{21}$	$4{,}8 = p_{21}$
	weiblich	0	18	$18 = n_{22}$	$0{,}0 = p_{22}$
	Insgesamt	2	58	$60 = n_2$	$3{,}3 = p_2$
mäßige	männlich	6	33	$39 = n_{31}$	$15{,}4 = p_{31}$
	weiblich	0	10	$10 = n_{32}$	$0{,}0 = p_{32}$
	Insgesamt	6	43	$49 = n_3$	$12{,}2 = p_3$
starke	männlich	17	16	$33 = n_{41}$	$51{,}5 = p_{41}$
	weiblich	0	4	$4 = n_{42}$	$0{,}0 = p_{42}$
	Insgesamt	17	20	$37 = n_4$	$45{,}9 = p_4$

Anhand einer Hilfstafel (Tabelle 170) mit p_i in % und $H = 100$

Tabelle 170

Symptome	D_i	p_i	$p_i(H - p_i)$	$W_i = \frac{n_{i1} \cdot n_{i2}}{n_i}$	$W_i D_i$	$W_i p_i (H - p_i)$
keine	8,7 - 0,0 = 8,7	6,1	573	7,0	60,90	4011,0
geringe	4,8 - 0,0 = 4,8	3,3	319	12,6	60,48	4019,4
mäßige	15,4 - 0,0 = 15,4	12,2	1071	8,0	123,20	8568,0
starke	51,5 - 0,0 = 51,5	45,9	2483	3,6	185,40	8938,8
					429,98	25537,2
					$\sum W_i D_i$	$\sum W_i p_i (H - p_i)$

erhalten wir $\hat{z} = \dfrac{429{,}98}{\sqrt{25\,537{,}2}} = 2{,}69.$

Bei der vorliegenden zweiseitigen Fragestellung entspricht diesem $\hat{z}$-Wert eine Irrtumswahrscheinlichkeit von 0,0072. Wir dürfen also darauf vertrauen, daß männliche Blutspender bei fetaler Erythroblastose weniger geeignet sind als weibliche – eine Tendenz, die sich vor allem bei stärker hervortretenden Symptomen auswirkt.

Nebenbei bemerkt sei, daß sich dieses Ergebnis durch andere Autoren nicht bestätigen ließ: Das Geschlecht des Blutspenders ist ohne Einfluß auf die Prognose der fetalen Erythroblastose.

Wenden wir uns wieder der Ausgangstafel zu, dann fällt der relativ hohe Anteil männlicher Blutspender auf ($> 76\%$), der mit zunehmender Schwere der Symptome ansteigt, so daß hierdurch für weibliche Spender günstigere Bedingungen vorliegen. Trotzdem sind diese Befunde sachlogisch schwer zu deuten. Bei der Kombination von Vierfeldertafeln kann manches Seltsame zutage treten, wie Y. Mittal [Journal of the American Statistical Association **86** (1991) 167–172] überzeugend darlegt, etwa das **Paradoxon nach Simpson** [vgl. Szekely (1987), The American Statistician **36** (1982), 43-48 und 395, **43** (1989). 92–97 sowie J. Amer. Statist. Assoc. **88** (1993), 81–88]. **[465]**
Ein weiterer Test zur Kombination geeigneter Vierfeldertafeln bzw. Chancenverhältnisse stammt von *Mantel und Haenszel (1959)*. Fleiss (1981: Chapter 10), Kahn und Sempos (1989: Chapters 5–7) sowie Paul und Donner (1989) vergleichen mehrere Konkurrenten dieser Tests. Neben dem **Mantel-Haenszel-Test** (vgl. z. B. M: 204/205), einer Variante des **Logrank-Tests** (vgl. z. B. M: 196/197) und dem Ansatz nach Grizzle, Starmer und Koch (**GSK-Ansatz**; vgl. z. B. Dobson 1990 sowie Andress u. Mitarb. 1997) stellen Lee (1992) und Woolson (1987) anhand durchgerechneter instruktiver Beispiele den Logrank-Test und den **Gehan-Test** vor, die beide Überlebenszeiten zweier Personengruppen vergleichen, der Gehan-Test wichtet kurze Überlebenszeiten stärker (vgl. auch Manly 1997: Chapter 13).

Zusammenhang (Z)

(1)	Kategorialer	Z: Kontingenzkoeffizient	[466], [622]
(2)	Monotoner	Z: r_s nach Spearman	[53], [531]
(3)	Linearer	Z: r	[51] bis [55]
(4)	Linearer	Z: $a_{yx}, b_{yx}, a_{xy}, b_{xy}$	[51] bis [55]

466 Der Kontingenzkoeffizient von Pearson

Das Merkmal der Vierfeldertafel in ihrer Eigenschaft als *Kontingenztafel* besteht darin, daß beide Eingänge mit Merkmalsalternativen besetzt sind. Im Häufigkeitsvergleich ist der eine Eingang mit einer Merkmalsalternative, der andere mit einer Stichprobenalternative besetzt. **χ^2-Tests können lediglich die Existenz eines Zusammenhanges aufzeigen**. Über die Stärke des Zusammenhanges sagen sie nichts aus. Eine Maßzahl für den Grad des Zusammenhanges ist – wenn ein Zusammenhang, eine **KONTINGENZ**, zwischen den beiden Alternativmerkmalen gesichert ist – der *Kontingenzkoeffizient von Pearson.* Er ist als Maß für die Straffheit des Zusammenhanges der beiden Merkmale von Vier- und Mehrfeldertafeln aus dem $\hat{\chi}^2$-Wert nach der Formel **[466]**

$$CC = \sqrt{\frac{\hat{\chi}^2}{n + \hat{\chi}^2}} \tag{4.54}$$

erhältlich. Der maximale Kontingenzkoeffizient für die Vierfeldertafel beträgt 0,7071; er tritt stets bei vollkommener Kontingenz auf, also wenn die Felder b und c unbesetzt bleiben. Für Tabelle 153 erhält man $CC = \sqrt{4{,}822/(181 + 4{,}822)} = 0{,}1611 \ll 0{,}7071$ sowie den wichtigeren korrigierten Kontingenzkoeffizienten $CC_{\text{korr}} = CC/CC_{\max} = 0{,}1611/0{,}7071 = 0{,}228$.

$$CC_{\text{korr}} = CC/CC_{\max} \tag{4.55}$$

Quadratische Mehrfeldertafeln mit unbesetzten Diagonalfeldern von „links unten“ nach „rechts oben“ weisen einen maximalen Kontingenzkoeffizienten auf, der durch

$$CC_{\max} = \sqrt{(r-1)/r} \tag{4.56}$$

[466] gegeben ist, wobei r die Anzahl der Zeilen bzw. der Spalten angibt, d. h. für die Vierfeldertafel

$$CC_{\max} = \sqrt{(2-1)/2} = \sqrt{1/2} = 0{,}7071 \tag{4.57}$$

Abschnitt 622 ergänzt diese Überlegungen.

Hinweis

Die exakte Berechnung des von Pearson entwickelten Korrelationskoeffizienten (vgl. Kap. 5) für Vierfeldertafeln ist außerordentlich umständlich; ein einfaches und ausreichend genaues Verfahren zur Schätzung von Vierfelderkorrelationen mit Hilfe zweier Diagramme stellt *Klemm (1964)* vor. Näheres über den sogenannten tetrachorischen Korrelationskoeffizienten ist den am Ende von [532] genannten Autoren zu entnehmen.

[467] 467 Der sogenannte „exakte Test" von R. A. Fisher auf Unabhängigkeit, zugleich eine Approximation für den Vergleich der Grundwahrscheinlichkeiten zweier Binomialverteilungen aufgrund kleiner bis sehr kleiner Stichprobenumfänge

Bei Vierfeldertafeln mit sehr kleinen Besetzungszahlen geht man von dem Feld aus mit dem kleinsten Produkt der Diagonalen und dem am schwächsten besetzten Feld (Tab. 171: $2 \cdot 4 < 8 \cdot 10$, d. h. 2) und stellt unter Konstanz der Randsummen alle Vierfeldertafeln auf, die in dem betreffenden Feld **noch schwächer besetzt** sind. In der Gesamtheit aller dieser Vierfeldertafeln haben diejenigen mit der beobachteten oder einer noch geringeren Besetzung des am schwächsten besetzten Feldes die Wahrscheinlichkeit P. Anders ausgedrückt: Nimmt man die Randsummen der Vierfeldertafel als gegeben und fragt nach der Wahrscheinlichkeit dafür, daß die beobachtete Besetzung der Tafel oder eine **noch weniger wahrscheinliche** rein zufällig zustandekommt (einseitige Fragestellung), so ergibt sich diese Wahrscheinlichkeit P als eine *Summe von Gliedern der hypergeometrischen Verteilung:*

$$P = \frac{(a+b)!(c+d)!(a+c)!(b+d)!}{n!} \sum_i \frac{1}{a_i!b_i!c_i!d_i!} \tag{4.58}$$

Der Index i bedeutet, daß für jede der aufgestellten Tafeln der hinter dem Summenzeichen stehende Ausdruck zu berechnen und dann in der Summe zusammenzufassen ist.

Der „exakte" Test nach R. A. Fisher prüft die Nullhypothese, die **Odds Ratio ist gleich Eins** (vgl. z. B. [233]).

Der Fisher-Test ist „exakt", wenn **beide Randsummenpaare fest vorgegeben** sind: dann ist auch die berechnete hypergeometrische Wahrscheinlichkeit die exakte Lösung. Nicht aber für den Fall, daß die Vierfeldertafel auf Unabhängigkeit (n fest vorgegeben) oder Homogenität (ein Randsummenpaar fest vorgegeben) geprüft wird (vgl. auch S. 595: Übersicht 88).

Ist auf Unabhängigkeit oder Homogenität zu prüfen, so entscheidet der exakte Fisher-Test **zu konservativ.** Dies läßt sich nach J. E. Overall (1990, Statistics in Medicine **9**, 379–382) korrigieren, indem zu denjenigen beiden Besetzungszahlen, deren beobachtete Häufigkeiten größer sind als die bei Unabhängigkeit erwarteten Häufigkeiten, je ein „+1" addiert wird („augmented $2 \cdot 2$ table"); [benötigte Stichprobenumfänge siehe Controlled Clinical Trials **13** (1992), 134–147].

Exakter Test nach R. A. Fisher

Beispiel
Tabelle 171 [467]

a				b				c		
2	8	10	→	1	9	10	→	0	10	10
10	4	14		11	3	14		12	2	14
12	12	24		12	12	24		12	12	24

Aus der Grundtafel erhalten wir zwei Tafeln mit extremeren Verteilungen. Die Wahrscheinlichkeit, daß die in der Grundtafel vorliegende Verteilung auftritt, ist

$$P = \frac{10! \cdot 14! \cdot 12! \cdot 12!}{24!} \cdot \frac{1}{2! \cdot 8! \cdot 10! \cdot 4!}$$

Die Gesamtwahrscheinlichkeit für die beobachtete und noch extremere Verteilungen ergibt sich zu

$$P = \frac{10!\,14!\,12!\,12!}{24!}\left(\frac{1}{2!\,8!\,10!\,4!} + \frac{1}{1!\,9!\,11!\,13!} + \frac{1}{0!\,10!\,12!\,2!}\right)$$

$P = 0{,}018$ (einseitiger Test) (vgl. Tab. 55 in [161])

Ein besonders einfaches Beispiel:

4	0	4
0	2	2
4	2	6

$$P = \frac{4!\,2!\,4!\,2!}{6!\,4!\,0!\,0!\,2!} = \frac{1}{15} = 0{,}067 > 0{,}05.$$

Bei symmetrischer hypergeometrischer Verteilung (d. h. hier, Tab. 171: Zeilen oder Spaltensummen gleich groß) gilt für die zweiseitige Fragestellung $2P$, d. h. im Beispiel $P = 0{,}036$. In beiden Fällen wird die Nullhypothese ($\pi_1 = \pi_2$ bzw. Unabhängigkeit) (wegen $P < 0{,}05$) auf dem 5%-Niveau abgelehnt.

Übrigens: $\hat{\chi}^2_* = \frac{23(2 \cdot 4 - 8 \cdot 10)^2}{10 \cdot 14 \cdot 12 \cdot 12} = 5{,}914$ und nach Tabelle 155: $P \approx 0{,}015$ [vgl. auch S. 281].

Elegant löst man Aufgaben dieser Art anhand einer von Gart (1962, S. 458, Formel 11) angegebenen guten Approximation, vorausgesetzt die Ungleichung (4.59) gilt.

Tabelle 172

		Alternative		Σ
		1	2	
Stichprobe oder Alternative	1	a	b	n_1
	2	c	d	n_2
	Σ	a+c	b+d	n

$$\frac{ac}{(n_1+n_2)} < 1 \qquad (4.59)$$

Eine Vierfeldertabelle wie z. B. Tabelle 171a wird, wenn notwendig, durch Umstellung so geschrieben, daß folgende Ungleichungen erfüllt sind

$$a + c \leqq b + d \quad \text{und} \quad a/n_1 \leqq c/n_2 \qquad (4.60)$$

H_0 wird dann auf dem $100\alpha\%$-Niveau abgelehnt für

$$\hat{F} = \frac{c(2n_1 - a)}{(a+1)(2n_2 - c + 1)} > F_{\nu_1;\nu_2,\alpha} \quad \text{mit} \quad \begin{array}{l}\nu_1 = 2(a+1)\\ \nu_2 = 2c\end{array} \qquad (4.61)$$

Als Beispiel wählen wir Tabelle 171a:

$$\frac{2 \cdot 10}{10 + 14} < 1\,; \quad \hat{F} = \frac{10(2 \cdot 10 - 2)}{(2+1)(2 \cdot 14 - 10 + 1)} = 3{,}158 \begin{array}{l} > 2{,}60 = F_{6;20;0{,}05} \\ < 3{,}87 = F_{6;20;0{,}01}\end{array}$$

Für $n_1 = n_2 \leqq 20$ existiert ein exakter Schnelltest, den ich in M: 99 übernommen habe.

Der P-Wert als Überschreitungswahrscheinlichkeit

Tabelle 173

[467] Bei der Interpretation schwach besetzter Tafeln ist die „Grobkörnigkeit“ der P-Werte zu bedenken, wobei falschen Feld-Zuordnungen eine große Bedeutung zukommt. Man vergleiche die drei (einseitigen) P-Werte für $n_1 + n_2 = 10$:

0	5	$P = 0{,}004$;	0	5	$P = 0{,}024$;	1	4	$P = 0{,}103$.
5	0		4	1		4	1	

Schneller als (4.58) sind die *Rekursionsformeln (Feldman und Klinger 1963):*

Für $ad - bc < 0$ Für $ad - bc > 0$

$$P_{i+1} = \frac{a_i \cdot d_i}{b_{i+1} \cdot c_{i+1}} P_i \qquad P_{i+1} = \frac{b_i \cdot c_i}{a_{i+1} d_{i+1}} P_i \qquad (4.62, 4.62a)$$

Bezeichnen wir die 3 Tabellen der Tabelle 171 von links nach rechts mit 1, 2, 3, so ergibt sich für die Grundtabelle (171a)

$$P = \frac{10! \cdot 14! \cdot 12! \cdot 12! \cdot 1!}{24! \cdot 2! \cdot 8! \cdot 10! \cdot 4!} = 0{,}016659$$

für die Tabelle 171b $$P_{1+1} = P_2 = \frac{2 \cdot 4}{9 \cdot 11} \cdot P_1 = 0{,}0808 \cdot 0{,}016659 = 0{,}001346$$

und für die Tabelle 171c $$P_{2+1} = P_3 = \frac{1 \cdot 3}{10 \cdot 12} \cdot P_2 = 0{,}0250 \cdot 0{,}001346 = 0{,}000034$$

$$\text{Insgesamt: } P = P_1 + P_2 + P_3 = 0{,}0167 + 0{,}0013 + 0{,}0000 = 0{,}018.$$

P-Werte dieser Art werden heute fast stets per Programm berechnet. Früher haben wir Tabellen benutzt. Eine moderne Version für $5 \leqq n_1 + n_2 \leqq 40$ stammt von Martin Andrés u. Mitarb. (1991): einige Werte für die ein und zweiseitige Fragestellung enthält Tabelle 174. Weitere Hinweise geben Agresti (1992), Basler (1987, 1988), Engeman und Swanson (1990), Storer und Kim (1990) sowie Martin Andrés u. Mitarb. (1991–2000).

P-Wert: Signifikanztest und Hypothesentest

Der P-Wert nach *R. A. Fisher (1973)* ist unter der Annahme einer Nullhypothese H_0 die Wahrscheinlichkeit (Signifikanzwahrscheinlichkeit, genauer: Likelihood der H_0 bei gegebenen Daten) für eine gegebene (beobachtete) experimentelle Situation und **extremere** Situationen (vgl. Tab. 171a: die Randsummen werden als fest vorgegeben aufgefaßt). Ist diese Wahrscheinlichkeit, als **Überschreitungswahrscheinlichkeit** bezeichnet,

die, entsprechend dem Vorwissen und der Problemlage als Evidenzmaß für die Glaubwürdigkeit der H_0 der gerade hier vorliegenden und extremerer Daten aufzufassen ist,

und nicht als beobachtete Irrtumswahrscheinlichkeit eines Hypothesentests nach *Neyman* und *Pearson (1933)*,

klein, so läßt sich H_0 ablehnen; diese Prozedur wird Signifikanztest genannt.
Dagegen ist der genannte Hypothesentest eine **Entscheidungshilfe,** die mit fest vorgegebener Irrtumswahrscheinlichkeit bei wiederholter Anwendung eine falsche H_0 hinreichend häufig zugunsten der Alternativhypothese ablehnen wird.

Tabelle 174. Exakter Test nach R. A. Fisher: Einige Werte n_0 für $8 \leqq n_1 + n_2 \leqq 16$ nach Martin Andrés und Mitarbeitern (1991)

x_1	y_1	n_1
x_2	y_2	n_2
a_1	a_2	N

1) a_1 = kleinste der 4 Randsummen [467]
2) x_1 so, daß $x_1/n_1 < x_2/n_2$
$\hat{p}_1 < \hat{p}_2$

H_0: $p_1 = p_2$; H_{A1}: $p_1 < p_2$; H_{A2}: $p_1 \neq p_2$.
Für $n_1 \geqq n_0$ (tabelliert für N, a_1 und x_1) wird H_0 abgelehnt.

N	Test: a_1	x_1	einseitig 10%	5%	1%	zweiseitig 10%	5%	1%
8	2	0	6	6	–	6	6	–
	3	0	4	5	–	5	5	–
	4	0	4	4	–	4	4	–
9	2	0	6	7	–	6	7	–
	3	0	5	5	–	5	5	–
	4	0	4	4	5	4	4	5
10	1	0	9	–	–	9	–	–
	2	0	7	8	–	7	8	–
	3	0	5	6	7	6	6	7
	4	0	4	5	6	4	5	6
	5	0	5	5	5	5	5	5
11	1	0	10	–	–	10	–	–
	2	0	8	9	–	8	9	–
	3	0	6	7	8	6	7	8
	4	0	5	5	7	5	6	7
		1	7	–	–	7	–	–
	5	0	5	5	6	5	5	6
		1	6	–	–	6	–	–
12	1	0	11	–	–	11	–	–
	2	0	8	9	–	8	9	–
	3	0	6	7	9	7	7	9
	4	0	5	6	8	5	7	8
		1	8	–	–	8	–	–
	5	0	5	5	6	5	5	7
	5	1	7	7	–	7	–	–
	6	0	6	6	6	6	6	6
		1	6	6	–	6	–	–
13	1	0	12	–	–	12	–	–
	2	0	9	10	–	9	10	–
	3	0	7	8	10	7	8	10
	4	0	5	6	8	6	7	8
		1	9	–	–	9	–	–
	5	0	5	5	7	5	6	7
		1	7	8	–	8	8	–
	6	0	6	6	6	6	6	6
		1	6	7	–	7	7	–

Test: a_1	x_1	einseitig 10%	5%	1%	zweiseitig 10%	5%	1%	N
1	0	13	–	–	13	–	–	14
2	0	10	11	–	10	11	–	
3	0	7	9	11	8	9	11	
	1	11	–	–	11	–	–	
4	0	6	7	9	6	8	9	
	1	9	10	–	9	10	–	
5	0	5	6	8	5	6	8	
	1	8	9	–	8	9	–	
6	0	6	6	6	6	6	6	
	1	7	8	–	8	8	–	
7	0	7	7	7	7	7	7	
	1	7	7	–	7	7	–	
1	0	14	–	–	14	–	–	15
2	0	10	12	13	10	12	13	
3	0	8	9	11	8	9	11	
	1	12	–	–	12	–	–	
4	0	6	8	10	7	8	10	
	1	10	11	–	10	11	–	
5	0	5	6	8	6	6	8	
	1	9	9	–	9	10	–	
6	0	6	6	7	6	6	7	
	1	7	8	–	8	8	–	
7	0	7	7	7	7	7	7	
	1	7	7	8	7	7	–	
1	0	15	–	–	15	–	–	16
2	0	11	12	14	11	12	14	
3	0	8	10	12	9	10	12	
	1	13	–	–	13	–	–	
4	0	7	8	10	7	9	10	
	1	11	12	–	11	12	–	
5	0	6	7	9	6	7	9	
	1	9	10	–	10	10	–	
6	0	6	6	8	6	6	8	
	1	8	9	10	9	9	10	
	2	10	–	–	–	–	–	
7	0	7	7	7	7	7	7	
	1	7	8	9	7	8	9	
	2	9	–	–	–	–	–	
8	1	8	8	8	8	8	–	
	2	8	–	–	–	–	–	

Beispiel:

$x_1 = 1$	9	$10 = n_1$
4	2	6
$a_1 = 5$	11	$16 = N$

$p_1 \neq p_2$ wird mit $P < 0{,}05$ akzeptiert, da für N, a_1 und x_1 $n_1 = n_0 = 10$ gilt

[47] 47 Prüfung der Zufallsmäßigkeit einer Folge von Alternativdaten oder von Meßwerten

471 Die sukzessive Differenzenstreuung

[471] Ein einfacher **Trendtest** (von *Neumann u. Mitarb. 1941*, vgl. auch *Moore 1955*) anhand der Dispersion zeitlich aufeinanderfolgender Stichprobenwerte $x_1, x_2, \ldots, x_i, \ldots, x_n$, die einer **normalverteilten Grundgesamtheit** entstammen, basiert auf der in üblicher Weise ermittelten Varianz und dem mittleren Quadrat der $n-1$ Differenzen aufeinanderfolgender Werte, der sukzessiven Differenzenstreuung (mean square successive difference) Δ^2 (Delta-Quadrat):

$$\Delta^2 = [(x_1-x_2)^2+(x_2-x_3)^2+(x_3-x_4)^2+\ldots+(x_i-x_{i+1})^2+\ldots+(x_{n-1}-x_n)^2]/(n-1)$$

d. h.

$$\boxed{\Delta^2 = \sum(x_i - x_{i+1})^2/(n-1)} \tag{4.63}$$

Sind die aufeinanderfolgenden Werte unabhängig, dann gilt $\Delta^2 \simeq 2s^2$ oder $\Delta^2/s^2 \simeq 2$. Sobald ein Trend vorliegt, wird $\Delta^2 < 2s^2$, da dann benachbarte Werte ähnlicher sind als entferntere, d. h. $\Delta^2/s^2 < 2$. Die Nullhypothese, aufeinanderfolgende Werte sind unabhängig, muß zugunsten der Alternativhypothese, es besteht ein Trend, aufgegeben werden, sobald der Quotient

$$\boxed{\Delta^2/s^2 = \sum(x_i - x_{i+1})^2/\sum(x_i - \bar{x})^2} \tag{4.64}$$

die kritischen Schranken der Tabelle 175 erreicht oder unterschreitet.

Beispielsweise läßt sich für die Reihe: 2, 3, 5, 6 mit $\sum(x_i - \bar{x})^2 = 10$ und $\sum(x_i - x_{i+1})^2 = (2-3)^2 + (3-5)^2 + (5-6)^2 = 6$, d. h. $\Delta^2/s^2 = 6/10 = 0{,}60 < 0{,}626$ die Nullhypothese auf dem 1%-Niveau ablehnen. Für große Stichprobenumfänge kann man über die Normalverteilung approximierte Schranken nach (4.65) oder (4.65a)

$$\boxed{2 - 2z \cdot \sqrt{\frac{n-2}{(n-1)(n+1)}}} \qquad \boxed{2 - 2z \cdot \frac{1}{\sqrt{n+1}}} \tag{4.65, 4.65a}$$

berechnen, wobei der Wert der Standardnormalvariablen z für die 5%-Schranke 1,645, für die 1%-Schranke 2,326 und für die 0,1%-Schranke 3,090 beträgt. Beispielsweise erhalten wir für n = 200 als approximierte 5%-Schranke (4.65, 4.65a)

$$2 - 2 \cdot 1{,}645 \cdot \sqrt{\frac{200-2}{(200-1)(200+1)}} = 1{,}77 \quad \text{bzw.} \quad 2 - 2 \cdot 1{,}645 \cdot \frac{1}{\sqrt{200+1}} = 1{,}77\,.$$

Tabelle 175. Kritische Schranken für den Quotienten aus der mittleren quadratischen sukzessiven Differenzenstreuung und der Varianz (auszugsweise entnommen und mit dem Faktor $(n-1)/n$ korrigiert aus B.I. Hart: Significance levels for the ratio of the mean square successive difference to the variance. Ann. Math. Statist. **13** (1942) 445–447) [471]

n	0,1%	1%	5%	n	0,1%	1%	5%
4	0,5898	0,6256	0,7805	33	1,0055	1,2283	1,4434
5	0,4161	0,5379	0,8204	34	1,0180	1,2386	1,4511
6	0,3634	0,5615	0,8902	35	1,0300	1,2485	1,4585
7	0,3695	0,6140	0,9359	36	1,0416	1,2581	1,4656
8	0,4036	0,6628	0,9825	37	1,0529	1,2673	1,4726
9	0,4420	0,7088	1,0244	38	1,0639	1,2763	1,4793
10	0,4816	0,7518	1,0623	39	1,0746	1,2850	1,4858
11	0,5197	0,7915	1,0965	40	1,0850	1,2934	1,4921
12	0,5557	0,8280	1,1276	41	1,0950	1,3017	1,4982
13	0,5898	0,8618	1,1558	42	1,1048	1,3096	1,5041
14	0,6223	0,8931	1,1816	43	1,1142	1,3172	1,5098
15	0,6532	0,9221	1,2053	44	1,1233	1,3246	1,5154
16	0,6826	0,9491	1,2272	45	1,1320	1,3317	1,5206
17	0,7104	0,9743	1,2473	46	1,1404	1,3387	1,5257
18	0,7368	0,9979	1,2660	47	1,1484	1,3453	1,5305
19	0,7617	1,0199	1,2834	48	1,1561	1,3515	1,5351
20	0,7852	1,0406	1,2996	49	1,1635	1,3573	1,5395
21	0,8073	1,0601	1,3148	50	1,1705	1,3629	1,5437
22	0,8283	1,0785	1,3290	51	1,1774	1,3683	1,5477
23	0,8481	1,0958	1,3425	52	1,1843	1,3738	1,5518
24	0,8668	1,1122	1,3552	53	1,1910	1,3792	1,5557
25	0,8846	1,1278	1,3671	54	1,1976	1,3846	1,5596
26	0,9017	1,1426	1,3785	55	1,2041	1,3899	1,5634
27	0,9182	1,1567	1,3892	56	1,2104	1,3949	1,5670
28	0,9341	1,1702	1,3994	57	1,2166	1,3999	1,5707
29	0,9496	1,1830	1,4091	58	1,2227	1,4048	1,5743
30	0,9645	1,1951	1,4183	59	1,2288	1,4096	1,5779
31	0,9789	1,2067	1,4270	60	1,2349	1,4144	1,5814
32	0,9925	1,2177	1,4354	∞	2,0000	2,0000	2,0000

472 Der Iterationstest für die Prüfung, ob eine Folge von Alternativdaten oder von Meßwerten zufallsgemäß ist [472]

(vgl. den Hinweis am Ende von [146])

Der Iterationstest ist wie die folgenden beiden Tests (vgl. [473] und [48]) **verteilungsunabhängig.** Er dient zur **Prüfung der Unabhängigkeit, der zufälligen Anordnung von Stichprobenwerten.** Eine Iteration (run) ist eine Folge identischer Symbole. So bildet die Münzwurf-Folge (W = Wappen, Z = Zahl): W, W, W, Z, W, W, Z, Z für die 8 Würfe $\frac{W,W,W}{1}; \frac{Z}{2}; \frac{W,W}{3}; \frac{Z,Z}{4}\, \hat{r} = 4$ Iterationen (n = 8). Iterationen erhält man nicht nur bei Alternativdaten, sondern auch bei Meßwerten, die nach ihrem Medianwert in über- oder unterdurchschnittlich gruppiert werden.

Für gegebenes n weist ein kleines $\hat{r}$ auf Klumpungen ähnlicher Beobachtungen hin, ein großes $\hat{r}$ auf einen regelmäßigen Wechsel. Der Nullhypothese (H_0), die Reihenfolge ist zufällig, d. h. es liegt eine Zufallsstichprobe vor, wird bei zweiseitiger Fragestellung die Alternativhypothese (H_A), es liegt keine Zufallsstichprobe vor, d. h. die Stichprobenwerte sind nicht unabhängig voneinander, gegenübergestellt. Bei einseitiger Fragestellung wird der H_0 entweder die H_{A1}: **„Klumpungseffekt"** oder die H_{A2}: **„Regelmäßiger Wechsel"** gegenübergestellt. Die kritischen Schranken $r_{\text{unten}} = r_u$ und $r_{\text{oben}} = r_o$ für n_1 und

$n_2 \leqq 20$ bzw. für $20 \leqq n_1 = n_2 \leqq 100$ sind der Tabelle 176 zu entnehmen; für n_1 oder $n_2 > 20$ benutze man die Approximation (4.66) bzw. (4.66a) (vgl. Tab. 29 in [134]).

[472]

$$\hat{z} = \frac{|\hat{r} - \mu_r|}{\sigma_r} = \frac{\left|\hat{r} - \left(\dfrac{2n_1n_2}{n_1+n_2} + 1\right)\right|}{\sqrt{\dfrac{2n_1n_2(2n_1n_2 - n_1 - n_2}{(n_1+n_2)^2(n_1+n_2-1)}}} = \frac{\begin{array}{c} n = n_1 + n_2 \\ |n(\hat{r}-1) - 2n_1n_2| \end{array}}{\sqrt{\dfrac{2n_1n_2(2n_1n_2 - n)}{n-1}}} \tag{4.66}$$

Für $n_1 = n_2 = \dfrac{n}{2}$ (d.h. $n = 2n_1 = 2n_2$):

$$\hat{z} = \left[\left|\hat{r} - \left(\frac{n}{2} + 1\right)\right|\right] \Big/ \sqrt{n(n-2)/[4(n-1)]} \tag{4.66a}$$

Zweiseitiger Test: Für $r_u < \hat{r} < r_o$ wird H_0 beibehalten; H_0 wird abgelehnt, sobald $\hat{r} \leqq r_u$ bzw. $\hat{r} \geqq r_o$ bzw. $\hat{z} \geqq z_{\text{zweiseitig}}$

Einseitiger Test: H_0 wird gegen $\begin{matrix} H_{A1} \\ H_{A2} \end{matrix}$ abgelehnt, sobald $\begin{matrix} \hat{r} \leqq r_u \\ \hat{r} \geqq r_o \end{matrix}$ bzw. $\hat{z} \geqq z_{\text{einseitig}}$.

Näheres ist bei Bedarf den Arbeiten von *Stevens (1939), Bateman (1948), Kruskal (1952), Levene (1952), Wallis (1952), Ludwig (1956), Olmstead (1958)* und *Dunn (1969)* zu entnehmen [vgl. auch Biometrics **32** (1976), 391–401 und **41** (1985), 237–244, 1071–1072]. Der Iterationstest kann auch zur Prüfung der Nullhypothese dienen, zwei Stichproben etwa gleichen Umfangs entstammen derselben Grundgesamtheit ($n_1 + n_2$ Beobachtungen der Größe nach ordnen; für kleines $\hat{r}$ wird H_0 verworfen). Dies ist der Iterationstest von Wald und Wolfowitz für die zweiseitige Fragestellung. Näheres, insbesondere für den Fall, daß Bindungen auftreten, ist Yassouridis (1990) zu entnehmen.

Beispiele

1. Prüfung von Meßwerten auf Nichtzufälligkeit (α = 0,10). Nacheinander erhalte man folgende 11 Beobachtungen 18, 17, 18, 19, 20, 19, 19, 21, 18, 21, 22, die größer oder gleich (G) bzw. kleiner (K) als der Median $\tilde{x}$ = 19 sind. Die Folge $KKKGGGGGKGG$ ist bei n_1 = 4 (K), n_2 = 7 (G) mit $\hat{r}$ = 4 auf dem 10%-Niveau (Tab. 176; P = 0,10; $r_{u;5\%} = 3$ wird nicht erreicht bzw. $3 = r_{u;5\%} < \hat{r} < r_{o;5\%} = 9$) mit der Zufälligkeitshypothese verträglich.
2. Prüfung von Beobachtungen auf Nichtklumpungseffekt (α = 0,05) (d. h. Prüfung von H_0 gegen H_{A1} auf dem 5%-Niveau anhand der unteren 5%-Schranken der Tab. 176 bzw. der Standardnormalverteilung). Anhand von Zufallsstichproben der Umfänge n_1 = 20, n_2 = 20 ergebe sich $\hat{r}$ = 15. Da nach Tab. 176 $r_{u;5\%}$ = 15 ist und für $\hat{r} \leqq r_{u;5\%}$ H_0 abgelehnt wird, akzeptiert man die Klumpungseffekt-Hypothese auf dem 5%-Niveau (vgl. auch Tab. 176 Forts.).

Dieses Resultat erhält man auch nach (4.66a) und (4.66):

$$\hat{z} = [|15 - (20+1)|]/\sqrt{40(40-2)/[4(40-1)]} = 1{,}922$$
$$\hat{z} = |40(15-1) = 2 \cdot 20 \cdot 20|/\sqrt{[2 \cdot 20 \cdot 20(2 \cdot 20 \cdot 20 - 40)]/(40-1)} = 1{,}922$$

da $z_{5\%;\text{eins.}}$ = 1,645 ist und H_0 für $\hat{z} \geqq z_{5\%;\text{eins.}}$ abgelehnt wird.

Tabelle 176. Kritische Werte für den Iterationstest (Run-Test) (aus Swed, Frida S. und C. Eisenhart: Tables for testing randomness of grouping in a sequence of alternatives, Ann. Math. Statist. **14**, 66–87 (1943)

$P=0{,}01$

Untere 0,5%-Schranken $r_{u;0,5\%}$

n_1 \ n_2	6	7	8	9	10	11	12	13	14	15	16	17	18	19	20
5	2														
6	2	2	3												
7	2	3	3	3											
8	3	3	3	3											
9	3	3	3	4	4										
10	3	3	4	4	5	5									
11	3	4	4	5	5	5	6								
12	3	4	4	5	5	6	6	6							
13	3	4	5	5	5	6	6	7							
14	4	4	5	5	6	6	7	7	7						
15	4	4	5	6	6	7	7	7	8	8					
16	4	5	5	6	6	7	7	8	8	9	9				
17	4	5	5	6	7	7	8	8	8	9	9	10			
18	4	5	6	6	7	7	8	8	9	9	10	10	11		
19	4	5	6	6	7	8	8	9	9	10	10	10	11	11	
20	4	5	6	7	7	8	8	9	9	10	10	11	11	12	12

Obere 0,5%-Schranken $r_{o;0,5\%}$

n_1 \ n_2	6	7	8	9	10	11	12	13	14	15	16	17	18	19	20
5	11														
6	12														
7	13	13													
8	13	14	15												
9		15	15	16											
10		15	16	17	17										
11		15	16	17	18	19									
12			17	18	19	19	20								
13			17	18	19	20	21	21							
14			17	18	19	20	21	22	23						
15				19	20	21	22	22	23	24					
16				19	20	21	22	23	24	24	25				
17				19	20	22	22	23	24	25	26	26			
18					21	22	23	24	25	25	26	27	27		
19					21	22	23	24	25	26	27	27	28	29	
20					21	22	23	24	25	26	27	28	29	29	30

$P=0{,}05$

Untere 2,5%-Schranken $r_{u;2,5\%}$

n_1 \ n_2	2	3	4	5	6	7	8	9	10	11	12	13	14	15	16	17	18	19	20
5			2	2															
6		2	2	3	3														
7		2	2	3	3	3													
8		2	3	3	3	4	4												
9		2	3	3	4	4	5	5											
10		2	3	3	4	5	5	5	6										
11		2	3	4	4	5	5	0	0	7									
12	2	2	3	4	4	5	6	6	7	7	7								
13	2	2	3	4	5	5	6	6	7	7	8	8							
14	2	2	3	4	5	5	6	7	7	8	8	9	9						
15	2	3	3	4	5	6	6	7	7	8	8	9	9	10					
16	2	3	4	4	5	6	6	7	8	8	9	9	10	10	11				
17	2	3	4	4	5	6	7	7	8	9	9	10	10	11	11	11			
18	2	3	4	5	5	6	7	8	8	9	9	10	10	11	11	12	12		
19	2	3	4	5	6	6	7	8	8	9	10	10	11	11	12	12	13	13	
20	2	3	4	5	6	6	7	8	9	9	10	10	11	12	12	13	13	13	14

Obere 2,5%-Schranken $r_{o;2,5\%}$

n_1 \ n_2	4	5	6	7	8	9	10	11	12	13	14	15	16	17	18	19	20
5	9	10															
6	9	10	11														
7		11	12	13													
8		11	12	13	14												
9			13	14	14	15											
10			13	14	15	16	16										
11			13	14	15	10	17	17									
12			13	14	16	16	17	18	19								
13				15	16	17	18	19	19	20							
14				15	16	17	18	19	20	20	21						
15				15	16	18	18	19	20	21	22	22					
16					17	18	19	20	21	21	22	23	23				
17					17	18	19	20	21	22	23	23	24	25			
18					17	18	19	20	21	22	23	24	25	25	26		
19					17	18	20	21	22	23	23	24	25	26	26	27	
20					17	18	20	21	22	23	24	25	25	26	27	27	28

$P=0{,}10$

Untere 5%-Schranken $r_{u;5\%}$

n_1 \ n_2	4	5	6	7	8	9	10	11	12	13	14	15	16	17	18	19	20
4	2																
5	2	3															
6	3	3	3														
7	3	3	4	4													
8	3	3	4	4	5												
9	3	4	4	5	5	6											
10	3	4	5	5	6	6	6										
11	3	4	5	5	6	6	7	7									
12	4	4	5	6	6	7	7	8	8								
13	4	4	5	6	6	7	8	8	9	9							
14	4	5	5	6	7	7	8	8	9	9	10						
15	4	5	6	6	7	8	8	9	9	10	10	11					
16	4	5	6	6	7	8	8	9	10	10	11	11	11				
17	4	5	6	7	7	8	9	9	10	10	11	11	12	12			
18	4	5	6	7	8	8	9	10	10	11	11	12	12	13	13		
19	4	5	6	7	8	8	9	10	10	11	12	12	13	13	14	14	
20	4	5	6	7	8	9	9	10	11	11	12	12	13	13	14	14	15

Obere 5%-Schranken $r_{o;5\%}$

n_1 \ n_2	4	5	6	7	8	9	10	11	12	13	14	15	16	17	18	19	20
4	8																
5	9	9															
6	9	10	11														
7	9	10	11	12													
8		11	12	13	13												
9		11	12	13	14	14											
10		11	12	13	14	15	16										
11			13	14	15	15	16	17									
12			13	14	15	16	17	17	18								
13			13	14	15	16	17	18	18	19							
14			13	14	16	17	17	18	19	20	20						
15				15	16	17	18	19	19	20	21	21					
16				15	16	17	18	19	20	21	21	22	23				
17				15	16	17	18	19	20	21	22	22	23	24			
18				15	16	18	19	20	21	21	22	23	24	24	25		
19				15	16	18	19	20	21	22	23	23	24	25	25	26	
20				15	17	18	19	20	21	22	23	24	25	25	26	27	27

473 Phasenhäufigkeitstest von Wallis und Moore

Untersucht werden die Abweichungen einer Meßreihe $x_1, x_2, \ldots, x_i, \ldots, x_n$ $(n > 10)$ von der Zufallsmäßigkeit. Die Indizes $1, 2, \ldots, i, \ldots n$ bezeichnen eine *zeitliche Reihenfolge.* Ist die vorliegende Stichprobe zufälliger Art, so sollten die Vorzeichen der Diffe-

[473]

Tabelle 176. (Fortsetzung)

$n_1 = n_2 = n$

n	$P=0{,}10$	$P=0{,}05$	$P=0{,}02$	$P=0{,}01$	n	$P=0{,}10$	$P=0{,}05$	$P=0{,}02$	$P=0{,}01$
20	15–27	14–28	13–29	12–30	60	51–71	49–73	47–75	46–76
21	16–28	15–29	14–30	13–31	61	52–72	50–74	48–76	47–77
22	17–29	16–30	14–32	14–32	62	53–73	51–75	49–77	48–78
23	17–31	16–32	15–33	14–34	63	54–74	52–76	50–78	49–79
24	18–32	17–33	16–34	15–35	64	55–75	53–77	51–79	49–81
25	19–33	18–34	17–35	16–36	65	56–76	54–78	52–80	50–82
26	20–34	19–35	18–36	17–37	66	57–77	55–79	53–81	51–83
27	21–35	20–36	19–37	18–38	67	58–78	56–80	54–82	52–84
28	22–36	21–37	19–39	18–40	68	58–80	57–81	54–84	53–85
29	23–37	22–38	20–40	19–41	69	59–81	58–82	55–85	54–86
30	24–38	22–40	21–41	20–42	70	60–82	58–84	56–86	55–87
31	25–39	23–41	22–42	21–43	71	61–83	59–85	57–87	56–88
32	25–41	24–42	23–43	22–44	72	62–84	60–86	58–88	57–89
33	26–42	25–43	24–44	23–45	73	63–85	61–87	59–89	57–91
34	27–43	26–44	24–46	23–47	74	64–86	62–88	60–90	58–92
35	28–44	27–45	25–47	24–48	75	65–87	63–89	61–91	59–93
36	29–45	28–46	26–48	25–49	76	66–88	64–90	62–92	60–94
37	30–46	29–47	27–49	26–50	77	67–89	65–91	63–93	61–95
38	31–47	30–48	28–50	27–51	78	68–90	66–92	64–94	62–96
39	32–48	30–50	29–51	28–52	79	69–91	67–93	64–96	63–97
40	33–49	31–51	30–52	29–53	80	70–92	68–94	65–97	64–98
41	34–50	32–52	31–53	29–55	81	71–93	69–95	66–98	65–99
42	35–51	33–53	31–54	30–56	82	71–95	69–97	67–99	66–100
43	35–53	34–54	32–56	31–57	83	72–96	70–98	68–100	66–102
44	36–54	35–55	33–57	32–58	84	73–97	71–99	69–101	67–103
45	37–55	36–56	34–58	33–59	85	74–98	72–100	70–102	68–104
46	38–56	37–57	35–59	34–60	86	75–99	73–101	71–103	69–105
47	39–57	38–58	36–60	35–61	87	76–100	74–102	72–104	70–106
48	40–58	38–60	37–61	36–63	88	77–101	75–103	73–105	71–107
49	41–59	39–61	38–62	36–64	89	78–102	76–104	74–106	72–108
50	42–60	40–62	38–64	37–65	90	79–103	77–105	74–108	73–109
51	43–61	41–63	39–65	38–66	91	80–104	78–106	75–109	74–110
52	44–62	42–64	40–66	39–67	92	81–105	79–107	76–110	75–111
53	45–63	43–65	41–67	40–68	93	82–106	80–108	77–111	75–113
54	45–65	44–66	42–68	41–69	94	83–107	81–109	78–112	76–114
55	46–66	45–67	43–69	42–70	95	84–108	82–110	79–113	77–115
56	47–67	46–68	44–70	42–72	96	85–109	82–112	80–114	78–116
57	48–68	47–69	45–71	43–73	97	86–110	83–113	81–115	79–117
58	49–69	47–71	46–72	44–74	98	87–111	84–114	82–116	80–118
59	50–70	48–72	46–74	45–75	99	87–113	85–115	83–117	81–119
60	51–71	49–73	47–75	46–76	100	88–114	86–116	84–118	82–120

renzen $(x_{i+1} - x_i)$ ein zufälliges Bild bieten (Nullhypothese). Die Alternativhypothese wäre dann: Die Reihenfolge der Plus- und Minuszeichen weicht statistisch signifikant von der Zufallsmäßigkeit ab. Der vorliegende Test ist somit als ein **Differenzenvorzeichen-Iterationstest** aufzufassen.

Die Aufeinanderfolge gleicher Vorzeichen wird von *Wallis und Moore (1941)* als „*Phase*" bezeichnet; der Test basiert auf der Häufigkeit der Plus- und Minusphasen. Wird die Gesamtzahl der Phasen mit h bezeichnet (kleines h als Maß der Trendbeharrlichkeit), wobei Anfangs- und Endphase weggelassen werden, dann ist unter der Voraussetzung der Zufälligkeit einer Meßreihe die Prüfgröße (4.67a, 4.67) für nicht zu kleines n angenähert standardnormalverteilt:

$n > 10$ für $n > 30$

$$\hat{z} = \frac{\left|h - \dfrac{2n-7}{3}\right| - 0{,}5}{\sqrt{\dfrac{16n-29}{90}}} \qquad \hat{z} = \frac{\left|h - \dfrac{2n-7}{3}\right|}{\sqrt{\dfrac{16n-29}{90}}} \qquad (4.67a, 4.67)$$

Beispiel

Es liege eine aus 22 Werten bestehende Reihe von Meßwerten vor: **Tabelle 177** [473]

Meßwert	5 6 2 3 5 6 4 3 7 8 9 7 5 3 4 7 3 5 6 7 8 9
Vorzeichen	+ - + + + - - + + + - - - + + - + + + + +
Nr. der Phase	1 2 3 4 5 6 7

Für h =7 wird $\hat{z} = [|7 - (2 \cdot 22 - 7)/3| - 0{,}5]/\sqrt{(16 \cdot 22 - 29)/90} = 4{,}83/1{,}89 = 2{,}56 > 1{,}96 = z_{0,05}$. Die Nullhypothese wird auf dem 5%-Niveau abgelehnt.

Bemerkung zum χ^2-Anpassungstest: Erwartungshäufigkeiten gleich Eins

Wenn N unabhängige Objekte auf N Felder verteilt werden – n_i $(i = 1, 2, \ldots, N)$ Objekte auf Feld i $[0 \leqq n_i \leqq N; \sum n_i = N]$ – jedes Feld weist die Erwartungshäufigkeit 1 auf, gilt für $N > 25$ die nach χ^2_{N-1} verteilte Approximation zur Prüfung der Gleichverteilung (H_0) gegenüber deutlichen Abweichungen (H_A) [vgl. (4.14), S. 422]:

$$\hat{\chi}^2 = \sum_{\text{Felder}} (B_i - E_i)^2/E_i = \sum_{i=1}^{N}(n_i - 1)^2/1 = \sum_{i=1}^{N} n_i^2 - N = \sum_{i=1}^{N} n_i(n_i - 1) \qquad (4.14\text{A})$$

Angenommen 30 Schüler werden nach dem beliebtesten gefragt, jeder darf nur 1 Person nennen, wobei Selbstnennung erlaubt ist. Wie übereinstimmend urteilt die Klasse?
Genannt werden: eine Person 5mal, eine Person 4mal, zwei Personen jeweils 3mal, 4 Personen jeweils 2mal und 7 Personen jeweils 1mal:

$$\hat{\chi}^2 = \sum_{i=1}^{N} n_i^2 - N = (1 \cdot 5^2 + 1 \cdot 4^2 + 2 \cdot 3^2 + 4 \cdot 2^2 + 7 \cdot 1^2) - 30 = 82 - 30 = 52$$

Nach Tabelle 50a (S. 214) gilt mit $\chi^2_{29;0,01}$ = 49,59, d. h. $P(\chi^2_{29} \geqq 52) < 0{,}01$, daß auf dem 1%-Niveau keine Gleichverteilung auftritt sondern deutliche Bevorzugungen (Klumpungen) [vgl. auch: $\hat{\chi}^2 = (30 \cdot 1^2) - 30 = 0$ sowie $\hat{\chi}^2 = (1 \cdot 30^2) - 30 = 870$] . Näheres sowie kritische Schranken sind Zahn und Roberts (1971) zu entnehmen.

48 Prüfung einer Zeitreihe auf Trendänderung: Der Vorzeichen-Trendtest von Cox und Stuart [48]

- Literaturhinweise zur Zeitreihenanalyse und zur Entdeckung von Lageänderungen

Eine **Zeitreihe** ist eine Folge historischer Daten, sie bringt die Ausprägungen einer Veränderlichen im Zeitablauf zum Ausdruck, etwa monatliche Verkaufszahlen für Wein. Für die Prüfung einer Zeitreihe (vgl. die weiter unten genannte Literatur) auf **Trendänderung** werden die n Werte der Reihe in drei Gruppen geteilt, so daß die erste und die letzte mit $n' = n/3$ gleich viele Meßwerte enthält. Das mittlere Drittel wird bei Stichprobenumfängen n, die nicht durch 3 teilbar sind, um ein bis zwei Werte reduziert. Man vergleicht jede Beobachtung des ersten Drittels der Meßreihe mit der ihr entsprechenden

Beobachtung des letzten Drittels der Meßreihe und markiert ein „Plus“ bei aufsteigendem Trend, ein „Minus“ bei absteigendem Trend, also je nachdem, ob eine positive oder eine
[48] negative Differenz erscheint (*Cox und Stuart 1955*).
Die Summe der Plus bzw. Minuszeichen S ist über einem Erwartungswert von $n/6$ mit einer Standardabweichung von $\sqrt{n/12}$ angenähert normalverteilt, so daß

$$\boxed{\hat{z} = \frac{|S - n/6|}{\sqrt{n/12}}} \tag{4.68}$$

bzw. bei kleinen Stichproben ($n < 30$) nach Yates korrigiert:

$$\boxed{\hat{z} = \frac{|S - n/6| - 0{,}5}{\sqrt{n/12}}} \tag{4.68a}$$

Je nachdem, ob ein- oder zweiseitig getestet wird, gelten die Schranken $z = 1{,}64$ und $z = 1{,}96$ für $\alpha = 5\%$ bzw. $z = 2{,}33$ und $z = 2{,}58$ für $\alpha = 1\%$ (vgl. Tab. 29 in [134]).

Bezeichnen wir die Anzahl der Differenzen mit n^+, dann ist das Prüfmaß des Tests genau das gleiche wie das des Vorzeichentests mit n^+ Beobachtungen, die jeweils ungleich Null sind.

Beispiel

Wir benutzen die Werte des letzten Beispiels. Da 22 nicht durch 3 teilbar ist, bemessen wir die beiden Drittel so, als wenn $n = 24$ wäre.

Tabelle 176

Meßwerte des letzten Drittels	4	7	3	5	6	7	8	9
Meßwerte des ersten Drittels	5	6	2	3	5	6	4	3
Vorzeichen der Differenz	-	+	+	+	+	+	+	+

Wir finden 7 von 8 Vorzeichen positiv. Die Prüfung auf ansteigenden Trend ergibt

$$\hat{z} = \frac{\left|7 - \dfrac{22}{6}\right| - 0{,}5}{\sqrt{11/12}} = \frac{2{,}83}{1{,}35} = 2{,}10$$

Einem $\hat{z} = 2{,}10$ entspricht bei zweiseitiger Fragestellung nach Tabelle 22 in [134] eine Zufallswahrscheinlichkeit von $P \simeq 0{,}0357$. Der ansteigende Trend ist auf dem 5%-Niveau statistisch signifikant.
Näheres zur Trendanalyse enthalten auch die folgenden Hinweise.

Hinweise

1. **Literatur zur Zeitreihenanalyse:** Chatfield (1982, 1988 und 1989), Cook und Campbell (1979), Diggle (1990), Hartung u. Mitarb. (1989), Metzler und Nickel (1986), Nesselroade und Baltes (1979), Newbold (1988), Ostrom (1990), Pinnekamp und Siegmann

(1988), Schmitz (1989) sowie Tiede (1987) (vgl. auch Hinkley u. Mitarb. 1991: Chapter 7, Hochstädter 1991, Kendall und Ord 1993, Manly 1997: Chapter 11, Maxwell und Delaney 1990: Chapter 6, Michels 1992, Petermann 1989: S. 167–234, Polasek 1994, Schlittgen und Streitberg 1999, Strecker 1987 sowie von Eye 1990). **[48]**

2. **Glättung:** Zur „Glättung" (smoothing) zufälliger Unregelmäßigkeiten von Zeitreihen, Wirkungskurven und Häufigkeitsverteilungen kann man eine Anpassung nach Augenmaß vornehmen. Andere Verfahren stellen z. B. Chatfield (1982, 1989), Fox und Long (1990, Übersicht von C. Goodall) sowie Hartung u. Mitarb. (1989) vor (vgl. auch Diggle 1990, Hoaglin u. Mitarb. 1985: Chapter 6 sowie Hochstädter 1991).

3. Ändert sich bei einer Meßreihe zu einem bestimmten Zeitpunkt, sagen wir nach n_1 Beobachtungen, der Mittelwert abrupt, so läßt sich (*Cochran 1954*) die Differenz der beiden Mittelwerte $\bar{x}_1 - \bar{x}_2$, $\bar{x}_2$ ist der Mittelwert der folgenden n_2 Beobachtungen, nach

$$\boxed{\hat{\chi}^2 = \frac{n_1 n_2}{n} \cdot \frac{(\bar{x}_1 - \bar{x}_2)^2}{\bar{x}}} \qquad (4.69)$$

(mit einem Freiheitsgrad) prüfen, $n = n_1 + n_2$, $\bar{x}$ = Gesamtmittel aller Meßwerte. Der Unterschied zwischen den beiden Zeitreihenabschnitten kann, sofern eine begründete Annahme über die Richtung der Änderung vorliegt, einseitig getestet werden; andernfalls ist die zweiseitige Fragestellung zu wählen (vgl. Tab. 156 in [461]) [vgl. auch Punkt 4].

4. **Literatur zur Entdeckung von Lageänderungen (changepoint problem)** (vgl. auch [394]): James u. Mitarb. (1987), Lombard (1987), Pettitt (1979), Schechtman (1982), Shaban (1980) sowie Zacks (1982). Zur Messung von **Veränderungen** siehe auch Bryk und Raudenbush (1992), Hoaglin u. Mitarb. (1991: Chapter 11), Petermann (1989) sowie Plewis (1985).

5. Für den **Vergleich zweier Verlaufskurven** bilde man die vertikalen Differenzen und prüfe sie nach [473] (unter Umständen auch nach [421] bzw. nach [422]). Siehe auch die Hinweise 3 und 5 auf S. 565.

6. **Signifikanztests für den Fall, daß die Daten Kurven sind**, stellen J. Fan und S.-K. Lin vor; mit 4 Beispielen [Journal oft the American Statistical Association **93** (1998), 1007–1021]. Weitere Literatur zum **Studium von Verlaufskurven** (repeated measures designs) ist Übersicht 86 (am Ende von [58]) zu entnehmen (vgl. auch den am Ende von [743] gegebenen dritten Hinweis sowie Nesselroade und Baltes 1979).

7. In den Briefen an die Herausgeber gehen S. D. Walter sowie J. Nam und J. Scotto im „American Journal of Epidemiology" **116** (1982), 192–196 näher auf die **Erkundung jahreszeitlich bedingter Trends** ein: etwa die Zahl bestimmter Ereignisse im Juli bzw. in einem Dreimonatsintervall im Vergleich zur Zahl der Ereignisse für sämtliche 12 Monate desselben Jahres.
Näheres zur **„Klumpung" von Krankheiten** (timespace clustering of diseases) ist z. B. Cornell (1984: Chapter 5), Wallenstein u. Mitarbeiter (1989), Selvin (1996), Walter (1992), Wynder (1987), sowie dem Supplement zum „American Journal of Epidemiology" **132** (July 1990), Number 1, S 1 bis S 202 zu entnehmen.
Mortalitätsdaten für bestimmte Gebiete leiten über zu **geostatistischen** und ähnlichen **Ansätzen (spatial data** and the modeling of spatial processes). Monographien geben Cressie (1991), Haining (1993) und Samet (1990) (vgl. auch Manly 1997: Chapters 9+10).

5 Abhängigkeitsmaße: Korrelation und Regression

[5]

Eine knappe (30 Seiten umfassende) **Einführung** in die Analyse ungerichteter und gerichteter Zusammenhänge, in die Korrelations und Regressionsanalyse, enthält M: 118–138 (sowie 51–54, 117, 255–258).

51 Vorbemerkung und Übersicht

[51]

- Streuung und Form einer Punktwolke
- Der Korrelationskoeffizient als lineares Abhängigkeitsmaß
- Übersicht zur Korrelationsanalyse
- Übersicht zur Regressionsanalyse
- Stärke und Art einer linearen Abhängigkeit
- Voraussetzungen des Korrelationskoeffizienten
- Etwas Theorie: Kovarianz und Korrelationskoeffizient
  1. Einführendes zur Kovarianz
  2. Einiges zur Kovarianz-Algebra
  3. Der Korrelationskoeffizient als normierte Kovarianz
     Hinweise
     1. Negative Korrelation zwischen Ausgangswert und Zuwachs
     2. Korrelation zwischen einer Differenz und einer weiteren Variablen
  4. Unkorreliertheit und stochastische Unabhängigkeit
  5. Regression und Korrelation: zweidimensional normalverteilte Zufallsvariablen
- Die Gleichung der geraden Linie
  Zwei Punkte reichen?
- Beide Regressionsgeraden einer zweidimensionalen Normalverteilung
- Bestimmtheitsmaß und Restvarianz
- Zerlegung der Summe der Abweichungsquadrate insgesamt in zwei Anteile
- Beide Variablen fehlerbehaftet
  1. Bartlett-Verfahren
  2. Kerrich-Verfahren

[51]

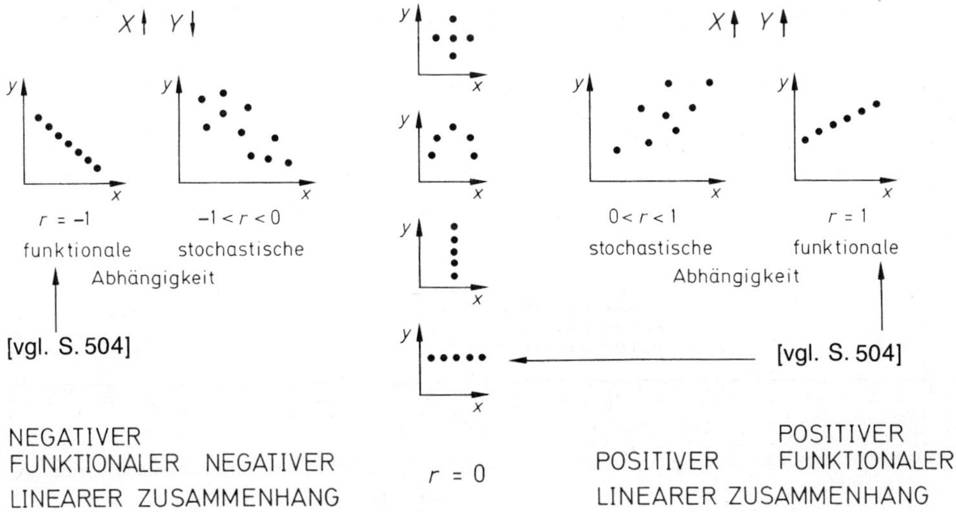

Abb. 45. Das **lineare Abhängigkeitsmaß** r:
Die Beziehung zwischen X und Y ist für: (a) $r = \pm 1$ perfekt oder funktional, (b) $r < 0$ negativ linear (gegenläufig), (c) $r > 0$ positiv linear (gleichläufig) und (d) $r = 0$ linear unkorreliert bzw. linear unabhängig; die sogenannte empirische Kovarianz s_{xy} (vgl. S. 525) ist wie r für die Punktwolken links **negativ**, für die Punktwolken rechts **positiv** und für die mittleren Punktwolken gleich **Null**

In vielen Situationen ist es wünschenswert, etwas über die Abhängigkeit zwischen zwei Merkmalen eines Individuums, Materials, Produktes oder Prozesses zu erfahren. In einigen Fällen mag es auf Grund theoretischer Überlegungen sicher sein, daß zwei Merkmale, X und Y, miteinander zusammenhängen (vgl. auch [123]: nach (1.11A) und nach Übersicht 17). Das Problem besteht dann darin, Art und Grad des Zusammenhanges zu ermitteln. Zunächst wird man die **Wertepaare** (x_i, y_i) in ein *Koordinatensystem* eintragen. Hierdurch erhält man eine Grundvorstellung über **Streuung und Form der Punktwolke** (vgl. Abb. 45). Liegt ein linearer Zusammenhang zwischen X und Y vor, so läßt sich ein Stichproben-Korrelationskoeffizient r angeben, der den entsprechenden Parameter ϱ (Rho) schätzt. Aufschlußreich sind häufig nach einem **dritten Merkmal** nebeneinander angeordnete Punktwolken.

vgl. S. 59/60

Drei Bemerkungen zum Drahtmodell

1. An **Drahtstücken** (Material einheitlich, Durchmesser konstant) unterschiedlicher Länge werden von jedem Stück Länge und Gewicht gemessen. Die Punkte bilden eine Gerade. Mit zunehmender Länge steigt in gleichem Maße das Gewicht: gleiche Längen geben stets dasselbe Gewicht und umgekehrt. Das Gewicht (y) der Drahtstücke ist eine Funktion ihrer Länge (x). Zwischen X und Y besteht ein **funktionaler Zusammenhang.** Hierbei ist es egal, welche Variable man fest vorgibt und welche man mißt. So ist auch die Kreisfläche F eine Funktion des Radius r, und umgekehrt ($F = \pi r^2$ bzw. $r = \sqrt{F/\pi}$ mit $\pi \approx 3{,}1416$): Jedem Radius entspricht eine ganz bestimmte Fläche, und umgekehrt. Von nun an sei mit r der Stichproben-Korrelationskoeffizient (vgl. Abb. 45 und 46) gemeint.

[51]

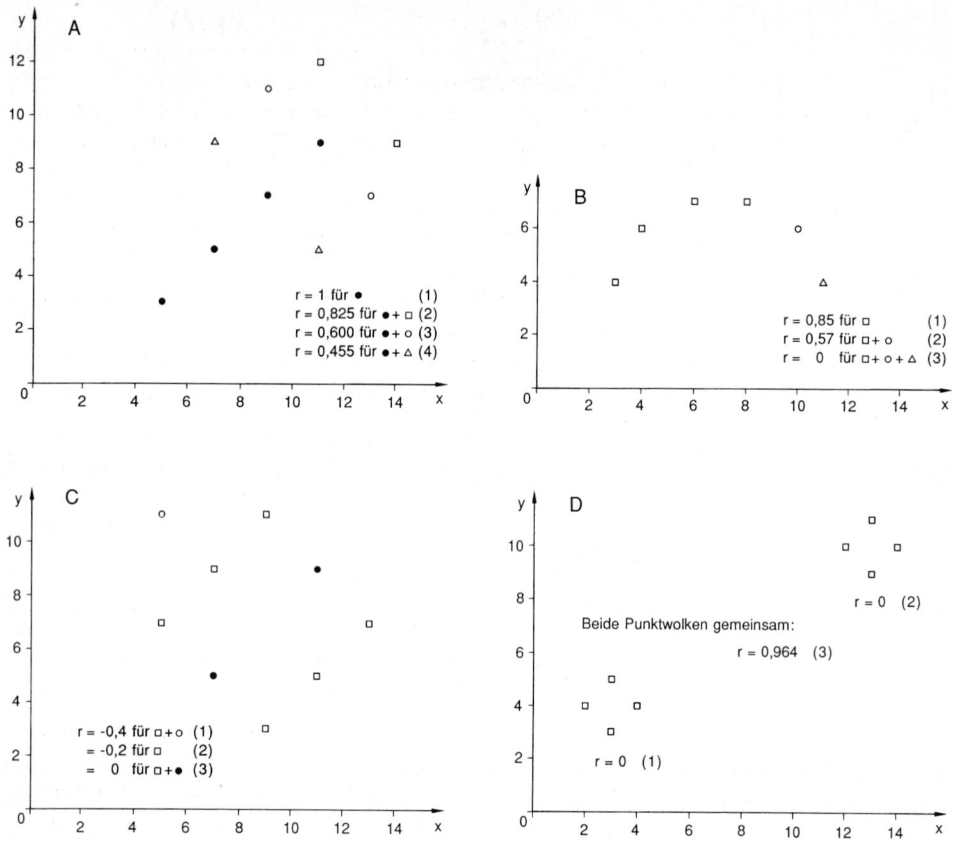

Abb. 46. Beispiele zum Korrelationskoeffizienten r

Bemerkung zu Abb. 46, A bis D: A1 mit $r = 1$ wird durch jeweils zwei zusätzliche Wertepaare, die von „rechts oben" in Richtung auf den Schwerpunkt (8; 6) zuwandern über A2 und A3 zu A4 mit $r = 0{,}455$. B zeigt den Übergang zur Symmetrie. C3 ist ein „Viereck" aus 8 Wertepaaren. Bei Beeinträchtigung der Symmetrie (C2) bestimmen die Wertepaare (7; 9) und (11; 5) das negative Vorzeichen; durch das Wertepaar (5; 11) wird der negative lineare Zusammenhang verstärkt. D ist ein Beispiel zur **Inhomogenitätskorrelation:** isoliert betrachtet zeigen beide Punktwolken (D1 und D2) keinen linearen Zusammenhang, keine Korrelation.

2. Treten Meßfehler auf, dann entspricht einer bestimmten Länge nicht immer das gleiche Gewicht. Es resultiert eine Punktwolke mit klar erkennbarem Trend (vgl. z. B. Abb. 45): Im allgemeinen steigt mit wachsender Länge das Gewicht an. Die durch die Punktwolke nach Augenmaß (durchsichtiges Lineal) gezeichnete sogenannte **Ausgleichsgerade** gestattet es abzulesen: (1) welche y-Werte zu einem vorgegebenen x-Wert und (2) welche x-Werte zu einem vorgegebenen y-Wert erwartet werden können. Anstelle des funktionalen Zusammenhanges ist eine mehr oder weniger lose Verkettung getreten, die wir als STOCHASTISCHE ABHÄNGIGKEIT (Abb. 45) oder als **stochastischen Zusammenhang** bezeichnen. Er tritt in 2 Hauptvarianten auf, die in Übersicht 70 näher charakterisiert werden. Bemerkung 3 zum Drahtmodell folgt auf S. 495.

Übersicht 70

[51]

I. Korrelationsanalyse

Die Korrelationsanalyse untersucht stochastische Zusammenhänge zwischen gleichwertigen Zufallsvariablen anhand einer Stichprobe. Eine Maßzahl für die **Stärke und Richtung** [vgl. auch Abb. 45 und 46] eines **linearen Zusammenhanges** (l. Z.) ist der Korrelationskoeffizient. Er ist gleich Null, wenn kein l. Z. besteht. Für den Korrelationskoeffizienten ϱ der beiden Zufallsvariablen X und Y gilt:

(1) $-1 \leqq \varrho \leqq +1$ (ϱ ist der Parameter Rho).

(2) Für $\varrho = \pm 1$ besteht zwischen X und Y ein **funktionaler** Zusammenhang, alle Punkte liegen auf einer Geraden (vgl. II, 7).

(3) Ist $\varrho = 0$, so heißen X und Y **unkorreliert** (unabhängige Zufallsvariable [ZV] sind unkorreliert; zwei ZV sind um so stärker korreliert, je näher $|\varrho|$ bei 1 liegt).

Korrelationskoeffizient ϱ und Typ des linearen Zusammenhangs:

Mit $-1 \leqq \varrho \leqq 1$ ergibt sich für								
$\varrho = -1$	<	ϱ	<	0	<	ϱ	<	$\varrho = 1$
ein funktionaler	|	STOCHASTISCHER	|	kein	|	STOCHASTISCHER	|	ein funktionaler
linearer Zusammenhang								

(4) Für zweidimensional normalverteilte Zufallsvariable folgt aus $\varrho = 0$ die **stochastische Unabhängigkeit** von X und Y. vgl. S. 506

Die zweidimensionale Normalverteilung (vgl. Abb. 55) ist ein glockenförmiges Gebilde im Raum ($\varrho \approx 0$, $n \to \infty$), das durch ϱ (und 4 weitere Parameter: μ_x, μ_y, σ_x, σ_y) charakterisiert ist. Die Schnittfigur parallel zur xy-Ebene ist für $\varrho = 0$ und $\sigma_x = \sigma_y$ ein Kreis und für $\sigma_x \neq \sigma_y$ eine **Ellipse**, die für $|\varrho| \to 1$ immer schmaler wird. Der Parameter ϱ wird durch den Stichprobenkorrelationskoeffizienten r geschätzt ([541]); r ist für nicht normalverteilte Zufallsvariable mit angenähert **linearer Regression** (vgl. II,2) ein Maß für die Stärke und Richtung [vgl. Abb. 45 und 46] des stochastischen Zusammenhangs. Man unterscheidet:

1. Korrelationskoeffizient ([541]) [Bestimmtheitsmaß: (5.39) und (5.39a)].
2. Partieller Korrelationskoeffizient ([58]).
3. Multipler Korrelationskoeffizient ([58]).
4. Rangkorrelationskoeffizient von Spearman ([53] und [531]).
5. Quadrantenkorrelation ([532]) und Eckentest ([533]). Beide gestatten es, die Existenz einer Korrelation zu prüfen, ohne die exakten Werte zu kennen; und zwar ohne Berechnung, allein durch Analyse der Punktwolke, wobei für den Eckentest „weiter außen“ liegende Punkte entscheidend sind.

In [52] folgen einige Warnungen.

Den Kontingenzkoeffizienten behandeln wir im nächsten Kapitel ([622]).

[51]

II. Regressionsanalyse

Auf S. 529, Mitte wird das WOZU? knapp beantwortet.

1. Durch die Regressionsanalyse wird einer beobachteten Punktwolke eine Regressionsgleichung angepaßt (vgl. auch S. 529).
2. Setzt man die Gleichung einer Geraden (vgl. die Abbildungen 46 bis 50 und 59: geschätzt wird die Gerade Y aus oder auf X)

Y	$=\alpha+\beta X$
Zielgröße	**Einflußgröße**

Siehe S. 501, 502 und 520 unten.

voraus – die (abhängige) Zufallsvariable Y (predictor) wird als Zielgröße bezeichnet, die fehlerfrei vorgegebene (unabhängige) Variable X (regressor) als Einflußgröße –, so spricht man von linearer Regression.
Sind Y und X zweidimensional normalverteilte Zufallsvariable, dann läßt sich die obige Gleichung auch schreiben: $(Y-\mu_y)/\sigma_y=\varrho(X-\mu_x)/\sigma_x$ bzw. $Y=\mu_y+\varrho(\sigma_y/\sigma_x)(X-\mu_x)$.
3. Die Parameter (z.B. α und β) werden aus den Stichprobenwerten geschätzt: meist nach der Methode der kleinsten Quadrate anhand der sogenannten Normalgleichungen ([542]) [bzw. nach der Maximum-Likelihood-Methode].
4. Schätzungen und Prüfungen der Parameter werden in [54] und [55] behandelt, wobei häufig nur die Datenpaare (x_i, y_i) vorliegen. Da nach II, 2 die Variable X fest vorgegeben und Y eine Zufallsvariable ist, wird man für jedes x mehrere Werte y ablesen (jeweils $\bar{y}$ bilden) und untersuchen, wie sehr sich nun im Mittel die Zielgröße $(\bar{y}_i)$ mit der Einflußgröße verändert (Regression als „Abhängigkeit im Mittel", vgl. auch [553]).
5. Häufig ist es nicht möglich, X frei von Fehlern (Beobachtungsfehler, Meßfehler) vorzugeben. Dann sind Einflußgröße und Zielgröße fehlerbehaftet. Spezielle Methoden (Bartlett- und Kerrich-Verfahren) helfen auch hier weiter.

vgl. S. 506 bis 508

6. Neben der einfachen linearen Regression unterscheidet man die nichtlineare (curvilinear) Regression ([56] und [57]) und die durch mehrere Einflußgrößen gekennzeichnete mehrfache oder multiple Regression [58].
7. **Korrelation und Regression:** Sind beide Variablen zweidimensional normalverteilte Zufallsvariable, so existieren 2 Regressionsgeraden. Die eine schließt von X auf $\hat{Y}$ (Zielgröße $\hat{Y}$), die andere von Y auf $\hat{X}$ (Zielgröße $\hat{X}$). Beide Regressionsgeraden schneiden sich im Schwerpunkt $(\bar{X}, \bar{Y})$ und bilden eine **„Schere"** (vgl. Abb. 52, 53 und 60); je enger sie ist, desto straffer ist der stochastische Zusammenhang. Für $|\varrho| = 1$ (bzw. $|r| = 1$) schließt sie sich, es gilt $\hat{Y}=\hat{X}$, beide Regressionsgeraden fallen zusammen; es besteht ein funktionaler Zusammenhang. Daher ist ϱ ein Maß für den **linearen Zusammenhang** zwischen X und Y.

vgl. S. 504

Für $\varrho=0$ gilt: beide Regressionsgeraden stehen senkrecht aufeinander und verlaufen parallel zu den Koordinatenachsen (stochastische Unabhängigkeit) [vgl. Abb. 52 und (5.32a)].

Während sich ein funktionaler oder kausaler Zusammenhang durch einen stochastischen Zusammenhang nachweisen lassen sollte, wird ein nachgewiesener stochastischer Zusammenhang sorgfältig daraufhin untersucht werden müssen, ob er tatsächlich kausal bedingt ist (vgl. [52]). ! [51]

3. In Gebieten wie Biologie und Soziologie tritt zum Meß- oder Beobachtungsfehler noch die meist größere natürliche Variation der Untersuchungsobjekte. Im Drahtmodell hieße dies: nicht einheitliches Material mit unterschiedlichem Durchmesser. Die Punktwolke wird größer und büßt vielleicht ihren klar erkennbaren Trend ein. Bei stochastischen Zusammenhängen unterscheidet man **Korrelation** (existiert zwischen X und Y ein linearer stochastischer Zusammenhang? Wie stark ist er?) und **Regression** (welcher Zusammenhang besteht zwischen Y und X? Läßt sich Y aus X schätzen?) (vgl. auch Stuart und Ord 1999, Vol. 2A: Chapter 27).

Aus 1. bis 3. folgt, daß ein durch eine Regression erfaßbarer funktionaler Zusammenhang durch Störgrößen in eine Korrelation übergeht. !

Einfache Beispiele enthalten die Seiten 491–492, 502, 514–515 und 522–525.

Einige Formeln zur linearen Abhängigkeit:

Vorausgesetzt wird ihre Existenz: Punktwolke mit linearer Tendenz
Ihre STÄRKE mißt der Korrelationskoeffizient

$$r = \frac{\sum(X_i - \bar{X})(Y_i - \bar{Y})}{\sqrt{[\sum(X_i - \bar{X})^2 \sum(Y_i - \bar{Y})^2]}} \tag{5.1}$$

$$\text{berechnet nach: } r = \frac{\sum XY - \frac{1}{n}(\sum X)(\sum Y)}{\sqrt{[X^2 - \frac{1}{n}(\sum X)^2][\sum Y^2 - \frac{1}{n}(\sum Y)^2]}} \tag{5.2}$$

Es gilt $r_{xy} = r_{yx}$ [und mit der Konstanten c; f.j. = für jedes]:
$r_{x+c,y} = r_{xy}$ f.j. c; $r_{cx,y} = r_{xy}$ f.j. $c > 0$; $r_{cx,y} = -r_{xy}$ f. $c < 0$.

ihre ART messen die Regressionskoeffizienten

$$b_{yx} = \frac{\sum(X_i - \bar{X})(Y_i - \bar{Y})}{\sum(X_i - \bar{X})^2}, \qquad b_{xy} = \frac{\sum(X_i - \bar{X})(Y_i - \bar{Y})}{\sum(Y_i - \bar{Y})^2} \tag{5.3, 5.4}$$

berechnet nach:

$$b_{yx} = \frac{\sum XY - \frac{1}{n}(\sum X)(\sum Y)}{\sqrt{X^2 - \frac{1}{n}(\sum X)^2}}, \; b_{xy} = \frac{\sum XY - \frac{1}{n}(\sum X)(\sum Y)}{\sqrt{Y^2 - \frac{1}{n}(\sum Y)^2}} \tag{5.5, 5.6}$$

bzw. mit α_{yx} und α_{xy} die Regressionsgeraden

$$\hat{Y} = \alpha_{yx} + b_{yx}X \; , \quad \hat{X} = \alpha_{xy} + b_{xy}Y \tag{5.7, 5.8}$$

berechnet nach:

[51] $$\alpha_{yx} = \frac{\sum Y - b_{yx}\sum X}{n} \qquad \alpha_{xy} = \frac{\sum X - b_{xy}\sum Y}{n} \tag{5.9, 5.10}$$

$$\alpha_{yx} = \bar{Y} - b_{yx}\bar{X}\,, \quad \alpha_{xy} = \bar{X} - b_{xy}\bar{Y} \quad \text{oder nach} \tag{5.11, 5.12}$$

$$\alpha_{yx} = \frac{(\sum Y)(\sum X^2) - (\sum X)(\sum XY)}{n\sum X^2 - (\sum X)^2} \tag{5.13}$$

$$\alpha_{xy} = \frac{(\sum X)(\sum Y^2) - (\sum Y)(\sum XY)}{n\sum Y^2 - (\sum Y)^2} \tag{5.14}$$

Anhand der berechneten Werte r bzw. b_{yx} bzw. b_{xy} wird die NULLHYPOTHESE

$$H_0\colon \varrho = 0 \quad \text{bzw.} \quad \beta_{yx} = 0 \quad \text{bzw.} \quad \beta_{xy} = 0$$

zweiseitig (einseitig) geprüft; im Fall der Ablehnung von H_0 gilt die EXISTENZ einer linearen (positiven bzw. negativen) Abhängigkeit auf dem verwendeten Signifikanz-Niveau als statistisch signifikant nachgewiesen, sofern die Voraussetzungen erfüllt sind.

Voraussetzungen des Korrelationskoeffizienten

(1) Linearer Zusammenhang zwischen (2) stetigen Zufallsvariablen, die (3) bivariat (zweidimensional) normalverteilt sind und als (4) unabhängige Beobachtungspaare vorliegen, wobei (1) und (4) besonders wichtig sind (Edgell und Noon 1984).

Voraussetzungen der Regressionsanalyse werden in [553] genannt.

Mehr Theorie ist bei Bedarf dem folgenden Abschnitt zu entnehmen, der einmal die Bedeutung der Kovarianz herausstellt, zum anderen im Unterabschnitt 5 den engen Zusammenhang zwischen Korrelation und Regression aufzeigt.

Kovarianz und Korrelationskoeffizient

1. Einführendes zur Kovarianz
2. Einiges zur Kovarianz-Algebra
3. Der Korrelationskoeffizient als normierte Kovarianz

   Hinweise
   1. Negative Korrelation zwischen Ausgangswert und Zuwachs
   2. Korrelation zwischen einer Differenz und einer weiteren Variablen

4. Unkorreliertheit und stochastische Unabhängigkeit
5. Regression und Korrelation: zweidimensional normalverteilte Zufallsvariablen

1. Einführendes zur Kovarianz

Ein Maß für den wechselseitigen linearen Zusammenhang zweier Zufallsvariablen X und Y ist die sogenannte Kovarianz, das erste zentrale Produkt-Moment (5.15):

Kovarianz:

$$\boxed{\mathrm{Cov}(X,Y) = E\{[X-E(X)][Y-E(Y)]\} = \sigma_{xy} = \sigma_{yx} = \mathrm{Cov}(Y,X)} \qquad (5.15)$$ **[51]**

$$\boxed{-\infty \leqq \sigma_{xy} = \sigma_{yx} \leqq \infty} \qquad (5.16)$$

Die Kovarianz ist gleich Null [vgl. (5.19) und Abb. 45, Mitte auf S. 491], sobald alle Punkte auf der $\bar{x}$-Linie oder auf der $\bar{y}$-Linie liegen oder symmetrisch um den Mittelpunkt verteilt sind.
Mit Hilfe der Kovarianz läßt sich auch die **Varianz der Summe bzw. der Differenz zweier Zufallsvariablen** bilden:

$$\boxed{\mathrm{Var}(X \pm Y) = \mathrm{Var}(X) + \mathrm{Var}(Y) \pm 2\,\mathrm{Cov}(X,Y)} \qquad (5.17)$$

Für beliebige Zufallsvariablen X und Y mit endlichen Mittelwerten und Varianzen (vgl. S. 95) gilt:

$$\begin{aligned}\mathrm{Var}(X+Y) &= E\{[(X+Y)-(\mu_x+\mu_y)]^2\} = E[(X+Y-\mu_x-\mu_y)^2] = E\{[(X-\mu_x)+(Y-\mu_y)]^2\}\\ &= E\{(X-\mu_x)^2+(Y-\mu_y)^2+2(X-\mu_x)(Y-\mu_y)\} = E[(X-\mu_x)^2]+E[(Y-\mu_y)^2]+2E[(X-\mu_x)(Y-\mu_y)]\\ &= \mathrm{Var}(X)+\mathrm{Var}(Y)+2\,\mathrm{Cov}(X,Y)\end{aligned}$$

Sind X und Y stochastisch unabhängige Zufallsvariablen, so gilt:

$$\boxed{\mathrm{Var}(X \pm Y) = \mathrm{Var}(X) + \mathrm{Var}(Y)} \qquad (5.17a)$$

2. Einiges zur Kovarianz-Algebra

Wichtige Regeln enthält Übersicht 71

Übersicht 71

Regeln der Kovarianz-Algebra
(1) $\mathrm{Cov}(X,k) = 0$
(2) $\mathrm{Cov}(X,Y) = \mathrm{Cov}(Y,X)[= \varrho\sigma_x\sigma_y]$
(3) $\mathrm{Cov}(X,X) = \mathrm{Var}(X)$
(4) $\mathrm{Cov}(X,X+Y) = \mathrm{Cov}(X,X)+\mathrm{Cov}(X,Y) = \mathrm{Var}(X)+\mathrm{Cov}(X,Y)$
(5) $\mathrm{Cov}(kX,Y) = k\cdot\mathrm{Cov}(X,Y)$
(6) $\mathrm{Cov}(X+Y,Z) = \mathrm{Cov}(X,Z)+\mathrm{Cov}(Y,Z)$
(7) $\mathrm{Cov}(aX+b,\ cY+d) = ac\cdot\mathrm{Cov}(X,Y)$
(3) ist die Definition der Varianz als Spezialfall der Kovarianz

Zu (7) und (5.19): $\varrho(aX+b, cY+d) = \varrho(X,Y)$.

3. Der Korrelationskoeffizient als normierte Kovarianz

Der Erwartungswert

$$\boxed{E\left\{\frac{[X-E(X)]}{\sigma_x}\cdot\frac{[Y-E(Y)]}{\sigma_y}\right\}} \qquad (5.18)$$

heißt Korrelationskoeffizient ϱ („rho“) zweier gemeinsam normalverteilter (binormalverteilter) Zufallsvariablen X und Y. Der Korrelationskoeffizient $\varrho(X,Y)$ ist die **normierte Kovarianz**

[51]

$$\varrho(X,Y) = \frac{\operatorname{Cov}(X,Y)}{\sqrt{\operatorname{Var}(X)\cdot\operatorname{Var}(Y)}} = \varrho(Y,X) \quad \text{mit} \quad \operatorname{Var}(X) > 0 \quad \text{und} \quad \operatorname{Var}(Y) > 0 \tag{5.19}$$

der Parameter (das Maß) für den **linearen Zusammenhang** zweier Zufallsvariablen mit

$$-1 \leqq \varrho(X,Y) \leqq 1 \tag{5.20}$$

$$\text{Ungleichung von Cauchy-Schwarz:} \quad \operatorname{Cov}(X,Y) \leqq \sqrt{\operatorname{Var}(X)\cdot\operatorname{Var}(Y)} \tag{5.21}$$

$\boldsymbol{\varrho}$ mißt (1) Richtung (+; −) und (2) Stärke ($|\varrho|$) eines linearen Zusammenhangs.

$$\varrho(X,Y) \lesseqgtr 0 \Leftrightarrow \operatorname{Cov}(X,Y) \lesseqgtr 0 \Rightarrow X \text{ und } Y \text{ variieren } \begin{matrix}\text{gegenläufig}\\ \text{gleichläufig}\end{matrix}$$

[vgl. S. 491 oben]

$$\varrho_{XY} = \pm 1 \quad \text{gilt genau dann, wenn } X \text{ und } Y \text{ linear abhängig sind:} \quad Y = \alpha_{yx} + \beta_{yx}X \quad \text{und} \quad X = \alpha_{xy} + \beta_{xy}Y \tag{5.22}$$

$\boldsymbol{\varrho^2}$ gestattet es, die Stärke als jenen Teil der Gesamtvarianz zu interpretieren, der durch die Regressionsgeraden erklärt wird.
Die Größe ϱ^2 heißt **Bestimmtheitsmaß:** je näher ϱ^2 bei Eins liegt, desto besser läßt sich die Abhängigkeit zwischen X und Y durch eine Gerade beschreiben; je näher ϱ^2 bei Null liegt, um so schlechter ist dies der Fall [ϱ^2 ist nur für $\alpha \neq 0$ sinnvoll]. Der Parameter ϱ^2 wird B genannt; das empirische Bestimmtheitsmaß $\hat{B} = r^2$ ist ein Schätzwert (Schätzfunktion ist R^2). Näheres über B enthält S. 503.

Der enge Zusammenhang zwischen dem Korrelationskoeffizienten und der zweidimensionalen Normalverteilung kommt in (5.18a) zum Ausdruck

$$\varrho = E[Z_x Z_y] = E\left[\left(\frac{X-\mu_X}{\sigma_X}\right)\left(\frac{Y-\mu_Y}{\sigma_Y}\right)\right] \tag{5.18a}$$

Schätzfunktion $R(X,Y)$

Der Stichproben-Korrelationskoeffizient $R(X,Y)$ ist definiert durch

$$R(X,Y) = \frac{\sum_{i=1}^{n}(X_i-\bar{X})(Y_i-\bar{Y})}{\sqrt{\sum_{i=1}^{n}(X_i-\bar{X})^2\sum_{i=1}^{n}(Y_i-\bar{Y})^2}} \tag{5.1a}$$

Für hinreichend großes n gilt mit $R(X,Y) = R$ und $\varrho(X,Y) = \varrho$:

$$E(R) \approx \varrho\left[1 - \frac{(1-\varrho^2)}{2n}\right] \tag{5.23}$$

$$\boxed{\operatorname{Var}(R) \approx \frac{(1-\varrho^2)^2}{n-1}} \qquad (5.24)$$

[51]

Um zu zeigen, daß $-1 \leqq \varrho \leqq< 1$ gilt, gehen wir von der folgenden Ungleichung aus:

$$E\left\{\frac{X-\mu_x}{\sigma_x} \pm \frac{Y-\mu_y}{\sigma_y}\right\}^2 \geqq 0$$

$$E\left\{\left(\frac{X-\mu_x}{\sigma_x}\right)^2 + \left(\frac{Y-\mu_y}{\sigma_y}\right)^2 \pm 2\left(\frac{X-\mu_x}{\sigma_x}\right)\left(\frac{Y-\mu_y}{\sigma_y}\right)\right\} \geqq 0$$

$$\frac{\operatorname{Var}(X)}{\operatorname{Var}(X)} + \frac{\operatorname{Var}(Y)}{\operatorname{Var}(Y)} \pm 2\varrho \geqq 0$$

$$2 \pm 2\varrho \geqq 0$$

Dies ist äquivalent mit $-1 \leqq \varrho \leqq 1$.
$$\begin{bmatrix} 2+2\varrho \geqq 0 & 2-2\varrho \geqq 0 \mid (-1) \\ 1+\varrho \geqq 0 & -1+\varrho \leqq 0 \\ \varrho \geqq -1 & \varrho \leqq 1 \end{bmatrix}.$$

Hinweise

1. Negative Korrelation zwischen Ausgangswert und Zuwachs

Wird für zwei Variablen X_1 und X_2 mit $\sigma_{x_1} = \sigma_{x_2}$ und $\varrho(X_1, X_2)$ die Korrelation $\varrho([X_2 - X_1], X_2)$ bestimmt, so gilt

$$\boxed{\varrho([X_2 - X_1], X_2) = -\sqrt{0{,}5[1 - \varrho(X_1, X_2)]}} \qquad (5.25)$$

d.h. für $\varrho(X_1 X_2) = 0$ erhielte man rein formal:

$$\boxed{\varrho([X_2 - X_1], X_2) \approx -0.071} \qquad (5.26)$$

eine negative Korrelation für $\varrho = 0{,}5$ den Wert $-0{,}5$ und für $\varrho = 0{,}9$ den Wert $-0{,}22$. Näheres ist z. B. R. J. Hayes (1988, Statistics in Medicine **7**, 915–927) zu entnehmen.

2. Korrelation zwischen einer Differenz und einer weiteren Variablen

Für die Korrelation der Differenzen $X_2 - X_1$ der Variablen X_1 und X_2 mit der Variablen W gilt:

$$\boxed{\varrho([X_2 - X_1], W) = \frac{\varrho(X_2, W)\sigma_{x_1} - \varrho(X_1, W)\sigma_{x_2}}{\sqrt{\sigma_{x_1}^2 + \sigma_{x_2}^2 - 2\varrho(X_1, X_2)\sigma_{x_1}\sigma_{x_2}}}} \qquad (5.27)$$

und für $\sigma_{x_1} = \sigma_{x_2}$:

$$\boxed{\varrho([X_2 - X_1], W) = \frac{\varrho(X_2, W) - \varrho(X_1, W)}{\sqrt{2[1 - \varrho(X_1, X_2)]}}} \qquad (5.28)$$

Bei gleichen Varianzen muß somit jede Variable W, die mit X_1 stärker korreliert als mit X_2, mit dem Zuwachs negativ korrelieren.

4. Unkorreliertheit und stochastische Unabhängigkeit

Ist $\varrho(X, Y) = 0$, d. h. $\mathrm{Cov}(X, Y) = 0$, so heißen X und Y **unkorreliert.** Sind X und Y
[51] unkorreliert, so gelten die folgenden äquivalenten Beziehungen:

$$\boxed{\varrho(X,Y) = 0 \;\Big|\; \mathrm{Cov}(X,Y) = 0 \;\Big|\; E(X\,Y) = E(X)E(Y)} \tag{5.29}$$

Aus der stochastischen Unabhängigkeit von X und Y folgt ihre Unkorreliertheit.

> Aus der Unkorreliertheit folgt nur für zweidimensional normalverteilte Zufallsvariable ihre stochastische Unabhängigkeit.

$$\text{Für} \quad \left.\begin{array}{r} \sigma_{xy} = 0 \\ \\ \varrho(X,Y) = 0 \end{array}\right\} \text{ sind } \left\{ \begin{array}{l} X \text{ und } Y \text{ unkorreliert} \\ \text{binormalverteilte } X \text{ und } Y \text{ unkorreliert} \\ \text{und stochastisch unabhängig} \end{array}\right.$$

Entsprechend dem wohlbekannten Ansatz

$$s^2 = \frac{\sum(x_i - \bar{x})^2}{n-1} = \frac{\sum x_i^2 - (\sum x_i)^2/n}{n-1} = \frac{\sum x_i^2}{n-1} - \frac{(\sum x_i)^2/n}{n-1}$$

gilt auch die sogenannte **Zerlegungsregel für Varianzen, der Verschiebungssatz von Steiner:**

$$\boxed{\sigma^2 = \mathrm{Var}(X) = E[(X-\mu)^2] = E(X^2) - \mu^2}$$

[vgl. S. 95 mit Übersicht 25]

wobei der Erwartungswert $E(X^2)$ endlich sein muß und μ^2 existieren muß, erst dann ist die Varianz definiert.

Für die Zufallsvariablen X und Y gilt entsprechend

$$\boxed{\mathrm{Cov}(X,Y) = E(X\,Y) - \mu_x\mu_y} \tag{5.30}$$

X und Y können abhängig aber unkorreliert sein: gilt $X = Z$ und $Y = Z^2$ so sind beide abhängig, dagegen resultiert nach (5.30): $\mathrm{Cov}(X,Y) = \mathrm{Cov}(Z, Z^2) = E(Z\,Z^2) - E(Z) \cdot E(Z^2) = 0$. Existieren die Erwartungswerte, so gilt nach Schwarz die Ungleichung:

$$\boxed{[E(X\,Y)]^2 \leqq E(X^2) \cdot E(Y^2)} \tag{5.31}$$

Für **stochastisch unabhängige Zufallsvariablen,** X und Y, deren Mittelwerte existieren, gilt:

$$\boxed{E(XY) = E(X) \cdot E(Y) = \mu_x \cdot \mu_y} \tag{5.29a}$$

d. h.

$$\boxed{\mathrm{Cov}(X,Y) = E(X) \cdot E(Y) - \mu_x \cdot \mu_y = 0} \tag{5.29b}$$

und weiter

$$\boxed{\varrho = \varrho(X,Y) = \frac{E(XY) - \mu_x\mu_y}{\sigma_x\sigma_y} = \frac{\mu_x\mu_y - \mu_x\mu_y}{\sigma_x\sigma_y} = 0} \tag{5.32}$$

5. Regression und Korrelation: zweidimensional normalverteilte Zufallsvariablen

X und Y seien binormalverteilte Zufallsvariablen:

[51]

$$E(Y|X=x) = \mu_y + \varrho\frac{\sigma_y}{\sigma_x}(x-\mu_x) = a_{yx} + \beta_{yx}X = \hat{Y} \quad (5.22a)$$

$$E(X|Y=y) = \mu_x + \varrho\frac{\sigma_x}{\sigma_y}(y-\mu_y) = \alpha_{xy} + \beta_{xy}Y = \hat{X} \quad (5.22b)$$

$$\beta_{yx} = \frac{\mathrm{Cov}(X,Y)}{\mathrm{Var}(X)} \qquad \beta_{xy} = \frac{\mathrm{Cov}(X,Y)}{\mathrm{Var}(Y)} \quad (5.33, 5.34)$$

$$\mathrm{Var}(\hat{Y}) = \varrho^2\mathrm{Var}(Y) \quad (5.35)$$

$$\mathrm{Var}(Y-\hat{Y}) = \mathrm{Var}(Y) - \varrho^2\mathrm{Var}(Y) \quad (5.36)$$

Bei stochastischer Unabhängigkeit [vgl. auch Übersicht 70, I, (1) bis (4)] gilt

$\varrho = 0$, d. h. $\hat{X}$ und $\hat{Y}$ stehen senkrecht aufeinander (5.32a)

d.h. $E(Y|X=x) = \mu_y$ und $E(X|Y=y) = \mu_x$ (5.22a', 5.22b')

Die **Ränge** R_i mit den Realisierungsmöglichkeiten $1, 2, \ldots, n$ weisen die folgenden Parameter auf ($i = 1, \ldots, n$; $1 \leqq i, j \leqq n$ mit $i \neq j$):

$$E(R_i) = (n+1)/2 \qquad \mathrm{Cov}(R_i, R_j) = -(n+1)/12$$
$$\mathrm{Var}(R_i) = (n+1)(n-1)/12 \qquad \varrho(R_i, R_j) = -1/(n-1) \quad (5.19a)$$

Nun zurück zur **Gleichung der geraden Linie** [vgl. auch Übersicht 70, II, 1. bis 3.].

Ziel der Regressionsanalyse ist es, anhand einer empirischen Funktion $\bar{y}_i(x_i)$, der graphischen Darstellung der bedingten Mittelwerte $\bar{y}_i(x_i)$ als Funktion von x_i eine *funktionale Beziehung* zwischen Y und X zu finden, die es gestattet, aus vorgegebenen bzw. zu beliebigen Werten der unabhängigen Einflußgröße X die jeweils abhängige Zielgröße Y zu schätzen.

Man sollte beachten, daß der **Variationsbereich der x-Werte hinreichend groß** ist und daß die ersten Differenzen $(y_{i+1} - y_i) = d_i$ und die zweiten Differenzen $(d_{i+1} - d_i)$ keinen Trend aufweisen.

vgl. S. 555 oben

!

Liegen nur Datenpaare (x_i, y_i) vor, so ist diese Beziehung $y_i(x_i)$, d. h. $y_i(x_i)$ als Funktion von x_i im einfachsten Fall die *Gleichung der geraden Linie* (Abb. 47). Zunächst werfen Sie bitte einen Blick auf diese und die folgende Abbildung (S. 502)

Die Kennzahlen der Regressionsgeraden sind, wenn $y = a + bx$ die allgemeine Gleichung der Geraden darstellt (Abb. 48), a und b: a stellt den Abschnitt auf der y-Achse dar, der von ihrem Nullpunkt 0 (Ursprung, lat. origo) gerechnet, durch die Regressionsgerade abgetrennt wird, a wird als **Achsenabschnitt** (auf der Ordinate) bezeichnet (engl. intercept); b gibt die mittlere Änderung im Merkmal Y an, wenn zu Beobachtungseinheiten übergegangen wird, die im Merkmal X eine Einheit größer sind und heißt die Richtungskonstante, die **Steigung** (engl. slope) oder der **Regressionskoeffizient**.

[51]

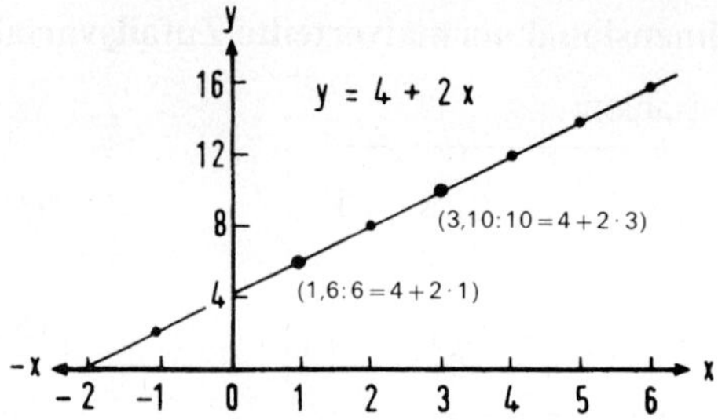

Abb. 47. Die Gerade $y = 4 + 2x$

$$y = a + bx = \bar{y} - b\bar{x} + bx = \bar{y} + b(x - \bar{x}) \quad \text{bzw.} \quad y - \bar{y} = b(x - \bar{x})$$

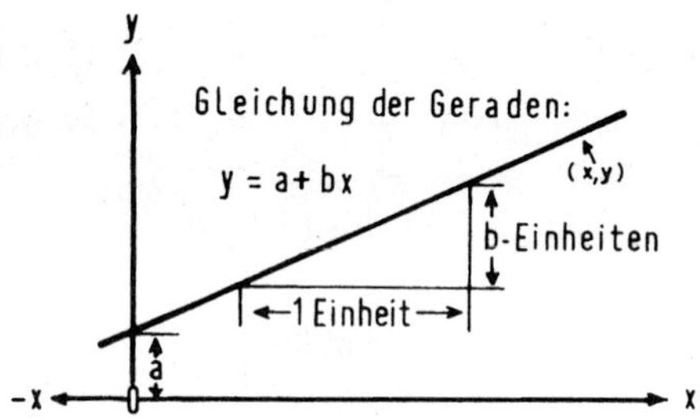

Zu den Beobachtungsergebnissen x und y:
y ist die zu erklärende empirische Zufallsvariable,
x ist die erklärende empirische Zufallsvariable
bzw. x ist eine fest vorgegebene Einflußgröße
(vgl. S. 520 unten)

Abb. 48. Die Gleichung der Geraden

Zum Wort **„Regression“** und zum **Regressionseffekt:** Große Väter haben eher kleinere Söhne und kleine Väter eher größere Söhne. Das wird „Regression (Zurückgehen) zum Mittelwert“ genannt, weil es aussieht wie eine Rückentwicklung oder „Regression“ der Gesamtheit zum allgemeinen Mittelmaß (was einen Behandlungseffekt vortäuschen kann).
Für die Anpassung der Geraden $y = a + bx$, a ist der Achsenabschnitt, b die Steigung, „reichen“ bekanntlich zwei Punkte (x_1, y_1) und (x_2, y_2):

$$\begin{array}{ll} y = y_1 + b(x_2 - x_1) & \text{mit } b = (y_2 - y_1)/(x_2 - x_1) \\ y = a + bx & \text{mit } a = y_1 - bx_1 \end{array} \tag{5.37}$$

Hat der Regressionskoeffizient einen negativen Wert, so bedeutet dies, daß y im Durchschnitt abnimmt, wenn x zunimmt (Abb. 49).

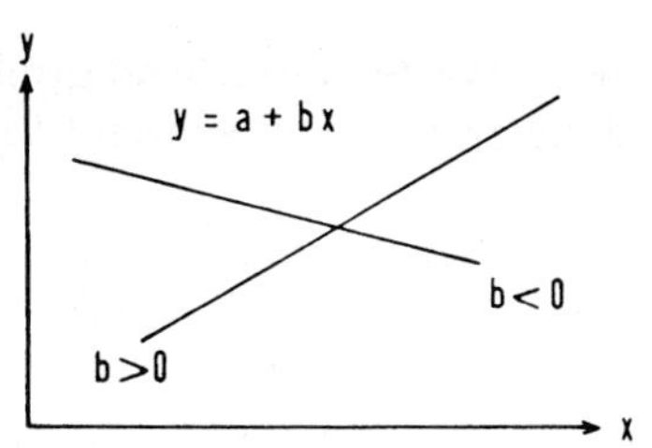

Abb. 49. Der Regressionskoeffizient b bestimmt, ob mit zunehmenden x-Werten die zugehörigen y-Werte ansteigen (b positiv) oder abfallen (b negativ).
So ist b (genauer b_{yx}) positiv für die Abhängigkeit des Körpergewichts von der Körpergröße, negativ dagegen für die Abhängigkeit des Gebrauchtwagenpreises vom Kilometerstand

Für die Schätzung der Kennzahlen der Regressionsgeraden, genauer der Regressionsgeraden „von Y auf X“, hierfür verwenden wir den Doppel-Index „yx“, $y = a_{yx} + b_{yx}x$, d. h. für die Schätzung des Achsenabschnittes a_{yx} oder a und der Steigung b_{yx} geht man von dem Prinzip aus, daß die Gerade eine möglichst gute Anpassung an sämtliche empirisch ermittelten y-Werte darstellen soll. Die Summe der Quadrate der **vertikalen Abweichungen**

[51]

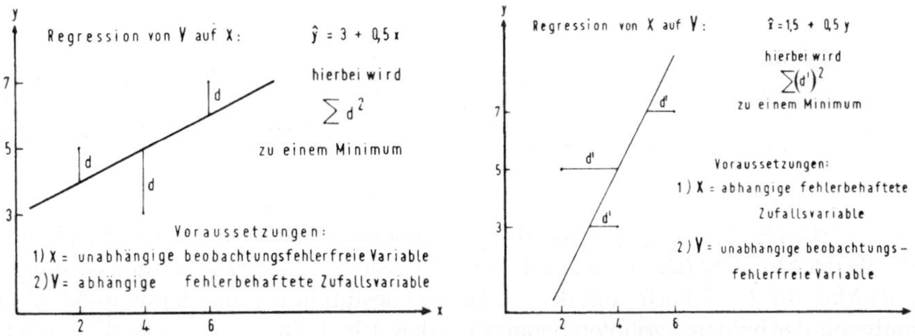

Abb. 50, 51. Die beiden Regressionslinien: Vertauschung der abhängigen und unabhängigen Variablen. Die Schätzung von $\hat{y}$ aus gegebenen x-Werten ist nicht die Umkehrung der Schätzung von $\hat{x}$ aus y-Werten: Schätzen wir mit Hilfe der Regressionslinie von Y auf X, $\hat{y}$ aus x, dann machen wir die Summe der vertikalen Quadrate d^2 zu einem Minimum; schätzen wir mit Hilfe der Regressionslinie von X auf Y, $\hat{x}$ aus y, dann machen wir die Summe der horizontalen Quadrate $(d')^2$ zu einem Minimum

(d) (Abb. 50) der empirischen y-Werte von der geschätzten Geraden soll kleiner sein als die von irgendeiner anderen Geraden. Nach dieser **„Methode der kleinsten Quadrate"** (siehe Harter 1974/75) kann man die beiden Koeffizienten a_{yx} und b_{yx} für die Vorhersage von Y aus X bestimmen.
Soll die Regressionsgerade von X auf Y bzw. $\hat{x}$ aus y geschätzt werden (vgl. Abb.51–53): $\hat{x} = a_{xy} + b_{xy}y$, dann wird die Summe der Quadrate der **horizontalen Abweichungen** (d') zu einem Minimum gemacht.

Bei funktionaler Abhängigkeit zwischen X und Y fallen beide Regressionsgeraden (vgl. die Abbildungen 52 und 53) zusammen.

Vergleicht man beide Regressionsgeraden, so verläuft $\hat{y}$ flacher als $\hat{x}$; denn ohne Kenntnis von $\hat{y}$ wird y als $\bar{y}$ („flach") geschätzt bzw. ohne Kenntnis von $\hat{x}$ wird x als $\bar{x}$ („steil") geschätzt. Für $r = |1|$ gilt $b_{yx} = b_{xy}$; der **Winkel** $\boldsymbol{\alpha}$, den beide Regressionsgeraden sonst bilden [sie schneiden sich im „Schwerpunkt" mit den Koordinaten $(\bar{x}, \bar{y})$, vgl. Abb.53], ist um so kleiner, je größer $|r|$ ist.

Den engen Zusammenhang zwischen dem Korrelationskoeffizienten r (mit $-1 \leqq r \leqq 1$, vgl. Abb. 45), den Regressionskoeffizienten b_{yx} und b_{xy} sowie den Standardabweichungen s_y und s_x betonen (5.38). Da s_y und s_x beide positiv sind, müssen r und b

$$\left.\begin{aligned} b_{yx} &= r\frac{s_y}{s_x} \\[2ex] b_{xy} &= r\frac{s_x}{s_y} \end{aligned}\right\} b_{yx} \cdot b_{xy} = r^2 \leqq 1, \quad \text{d.h.} \quad b_{yx} \leqq 1/b_{xy} \tag{5.38}$$

das gleiche Vorzeichen haben. Für $s_y = s_x$ wird $r = b$. Der Wert r^2 wird als **Bestimmtheitsmaß** $\hat{B}$ (coefficient of determination) bezeichnet. $\hat{B}$ gibt den Anteil der Varianz von y an, der durch die Einflußgröße (den Regressor) x erklärt wird. Es gilt $0 \leqq \hat{B} \leqq 1$. In den Abschnitten 542, 543 und 557 wird hierzu und zur sogenannten **Restvarianz** (residual variance) [vgl. (5.39), (5.40), Abbildung 54 und S. 526] einiges ergänzt.

[51]

Bestimmtheitsmaß $\hat{B} = 1 - \frac{\sum_{i=1}^{n}(y_i - \hat{y}_i)^2}{Q_y} = \frac{Q_{xy}^2}{Q_x \cdot Q_y}$	Zur Q-Symbolik siehe [543]	(5.39)
Empirische Restvarianz $s_{y \cdot x}^2 = \frac{\sum_{i=1}^{2}(y_i - \hat{y}_i^2)^2}{n-2} = \frac{(n-1)(s_y^2 - b_{yx}^2 s_x^2)}{n-2} = \frac{Q_y - Q_{xy}^2/Q_x}{n-2}$		(5.40)

Je größer $\hat{B}$ ist, desto besser passen sich die Werte der Regressionsgeraden an. Das Verhältnis des Anteils der Streuung der Punkte (auf) der Regressionsgeraden zur Gesamtstreuung kann daher als Maß für die Schärfe, mit der die Gerade bestimmt ist, und damit als Maß für die Abhängigkeit der beiden Variablen benutzt werden. Liegt ein $r^2 = \hat{B} = 0{,}9^2 = 0{,}81$ vor, dann lassen sich also 81% der Varianz der Zielgröße Y durch die lineare Regression zwischen Y und der Einflußgröße X erklären [vgl. (5.39a) Mitte] [vorausgesetzt, die Achsenabschnitte sind ungleich Null]. Weiterführende Literatur enthält Übersicht 79 (Punkt 14) auf S. 560.

$r^2 \left\{ \begin{matrix} = 1 \\ = 0 \end{matrix} \right\}$ bedeutet mit $\left\{ \begin{matrix} \hat{y}_i = y_i\text{: alle Daten liegen auf einer Geraden,} \\ \hat{y}_i = \bar{y}\text{: } X \text{ und } Y \text{ sind unkorreliert, die „Regressions-} \\ \text{gerade“ ist eine durch } \bar{y} \text{ gehende Parallele zur } x\text{-Achse.} \end{matrix} \right.$

vgl. S. 491

$$r^2 = \hat{B} = \frac{\text{Durch die Regression erklärte Varianz auf der Regressionsgeraden}}{\text{Gesamtvarianz}} = \frac{\sum(\hat{y} - \bar{y})^2}{\sum(y - \bar{y})^2} \qquad (5.39a)$$

Für kleine Freiheitsgrade weist B eine positive Verzerrung auf, ist also im allgemeinen größer als ϱ^2 Man berechnet dann besser $\hat{B}'$ anhand von

$$\hat{B}' = 1 - \frac{\sum(y_i - \hat{y})^2/(n-2)}{\sum(y_i - \bar{y})^2/(n-1)} \qquad (5.39b)$$

Näheres über die **Gesamtvarianz** in (5.39a) **und ihre Zerlegung** ist Abbildung 54 und Übersicht 75 (S. 532) zu entnehmen.

Werden an jedem Element einer Zufallsstichprobe die beiden Merkmale X und Y ermittelt, so sind die Meßfehler im Vergleich zu den Unterschieden zwischen den individuellen x- und y-Werten *zu vernachlässigen*. Das klassische Beispiel ist der Zusammenhang zwischen Körpergröße und Körpergewicht bei Männern. Beide Veränderliche sind Zufallsvariable. Abb. 55 auf S. 506 gibt eine idealisierte Häufigkeitsoberfläche für Verteilungen dieser Art [vgl. auch Übersicht 70, I, (4)].

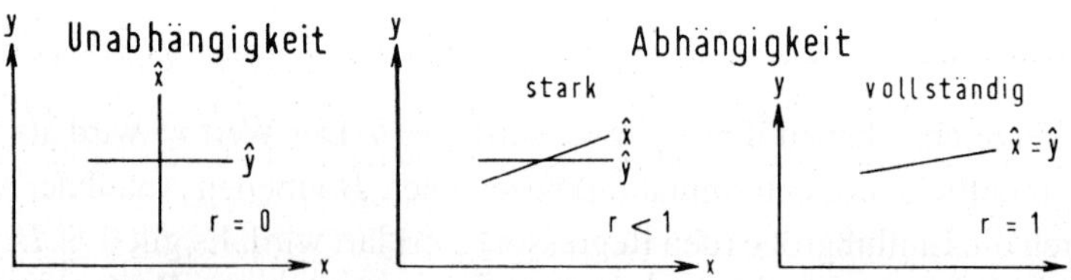

Abb. 52. Mit zunehmender Abhängigkeit oder Korrelation fallen die beiden Regressionsgeraden $\hat{y} = a_{yx} + b_{yx}x$ und $\hat{x} = a_{xy} + b_{xy}y$ zusammen

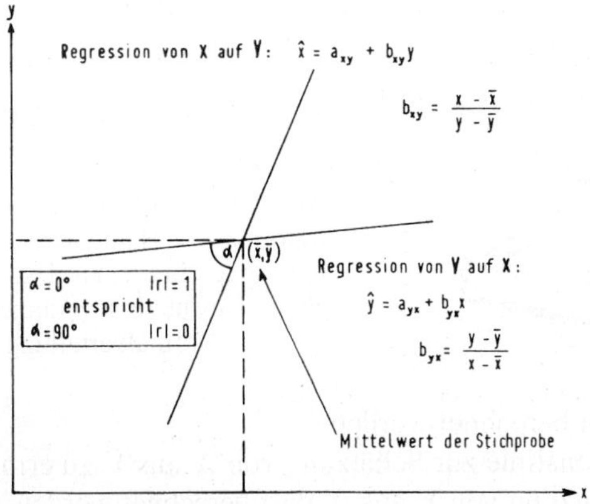

Abb. 53. Zusammenhang zwischen Korrelation und Regression: Der absolute Wert des Korrelationskoeffizienten kann als Maß für den Winkel zwischen den beiden Regressionslinien aufgefaßt werden. Für $r = 0$ mit $\alpha = 90°$ sind beide Regressionsgeraden orthogonal **[51]**

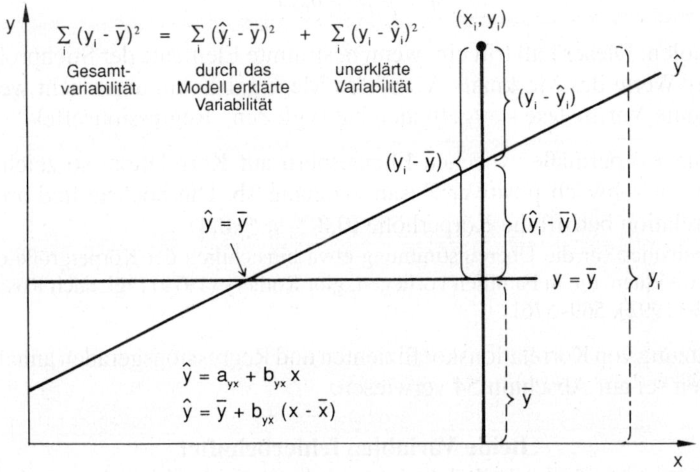

Abb. 54. Aufteilung von $y_i = \bar{y} + (\hat{y}_i - \bar{y}) + (y_i - \hat{y}_i)$ in die dem Mittelwert $\bar{y}$ der Regression $b_{xy}(x_i - \bar{x}) = (\hat{y}_i - \bar{y})$ und dem Rest oder Residuum $y_i - a_{yx} - b_{yx}x_i = y_i - \hat{y}_i$ zuzuordnenden Teilstrecken; links oben die Zerlegung der Summe der Abweichungsquadrate insgesamt in die beiden Anteile. Beachte: $y - \bar{y} = y_i - \hat{y}_i + \hat{y}_i - \bar{y}_i$ = Residuum + Regressionsanteil

Darstellung der Wahrscheinlichkeiten zweier stetiger Zufallsvariablen

Für eine stetige Zufallsvariable stellen wir Wahrscheinlichkeiten als Flächen oberhalb einer Geraden dar; für zwei stetige Zufallsvariablen stellen wir Wahrscheinlichkeiten als Volumina oberhalb einer Ebene dar. Die Dichtefunktion der gemeinsamen Verteilung zweier stochastisch unabhängiger Zufallsvariablen mit gleichen Standardabweichungen ist bergartig: dann ist der Korrelationskoeffizient ϱ gleich Null und Schnitte durch diesen Berg sind Kreise. Bei korrelierten Zufallsvariablen sind diese Schnitte **Ellipsen**, deren Achsen um so unterschiedlicher werden, je höher die Korrelation ist (Abb. 55).

Nur hier gibt es zwei Regressionslinien: Eine zur Schätzung von Y aus X und eine andere zur Schätzung von X aus Y. Nur hier hat der *Korrelationskoeffizient* r der Stichprobe eine Bedeutung als Assoziationsmaß zwischen X und Y in der Grundgesamtheit. Wird aus einer Grundgesamtheit keine Zufallsstichprobe entnommen, d. h. werden nur bestimmte Elemente der Grundgesamtheit – sagen wir alle Männer, die genau x oder 169,5 cm bis 170,5 cm, 179,5 cm bis 180,5 cm usw. groß sind – ausgewählt und auf ihr Körpergewicht hin untersucht, dann darf:

[51]

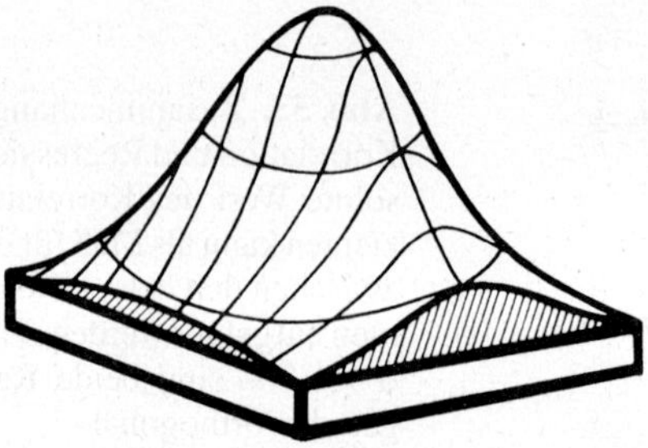

Abb. 55. Ideale symmetrische („normale") Häufigkeitsoberfläche mit abgeschnittenen Extrembereichen: Gestutzte zweidimensionale Normalverteilung

1. Weder ein Korrelationskoeffizient berechnet werden,
2. noch ist es erlaubt, eine Regressionslinie zur Schätzung von X aus Y zu ermitteln,
3. nur die Regressionslinie zur Schätzung von Y aus X darf berechnet werden:

$$\hat{y} = a_{yx} + b_{yx}x \; .$$

Wir wiederholen: Dieser Fall tritt ein, wenn bestimmte Elemente der Stichprobe aufgrund ausgewählter Werte des Merkmals X auf das Merkmal Y hin untersucht werden, wenn eine sogenannte **Vorauslese** stattgefunden hat (vgl. den „Regressionseffekt", S. 502).

Prüft man die Körpermaße zwischen Ehepartnern auf Korrelation, so zeichnet sich im allgemeinen ein schwach positiver Zusammenhang ab. Die höchste und am sichersten belegte Korrelation betrifft die Körperhöhe ($0{,}3 \lesssim r \lesssim 0{,}4$).

Ein Ähnlichkeitsmaß für die Übereinstimmung etwa hinsichtlich der Körpergröße oder des Gewichts von Individuen, die in Familien vorliegen, gibt Rothery (1979) [vgl. auch Rosner 1990 und Biometrics **49** (1992), 569–576].

Für die Schätzung von Korrelationskoeffizienten und Regressionsgeraden anhand der Standardmethoden sei auf Abschnitt 54 verwiesen.

Beide Variablen fehlerbehaftet

Im folgenden werden für den Fall, daß nicht nur die Variable Y, sondern auch die Variable X fehlerbehaftet ist (vgl. *Tukey 1951, Acton 1959, Madansky 1959, Carlson u. Mitarb. 1966*), Schnellschätzungen der Regressionsgeraden nach Bartlett und Kerrich gegeben (vgl. auch die auf S. 561 gegebenen Hinweise).

1. Bartlett-Verfahren

Nach *Bartlett (1949)* ermittelt man die Steigung der Geraden $y = a + bx$, indem man die n Punkte in der x-Richtung in drei sich nicht überlappende, möglichst gleich große Gruppen teilt, wobei die erste und dritte Gruppe genau k Punkte enthalten und k möglichst nahe an $n/3$ herankommen sollte. Dann ist der Regressionskoeffizient

$$\boxed{\hat{b} = \frac{\bar{y}_3 - \bar{y}_1}{\bar{x}_3 - \bar{x}_1}} \qquad (5.41)$$

mit $\bar{y}_3$ = Mittelwert y der dritten Gruppe; $\bar{y}_1$ = Mittelwert y der ersten Gruppe; $\bar{x}_3$ = Mittelwert x der dritten Gruppe; $\bar{x}_1$ = Mittelwert x der ersten Gruppe. Der Achsenabschnitt errechnet sich dann nach

$$\boxed{\hat{a} = \bar{y} - \hat{b}\bar{x}} \qquad (5.42)$$

wobei $\bar{x}$ und $\bar{y}$ die Mittelwerte aller n Punkte darstellen.

Wenn der Abstand aufeinanderfolgender x-Werte konstant gehalten wird, hat diese Methode eine überraschend hohe Wirksamkeit. *Wendy Gibson und Jowett (1957)* erwähnen in einer interessanten Studie, daß das Verhältnis der drei Gruppen zueinander etwa $1:2:1$ betragen sollte. Doch ist der Unterschied zum Gruppenverhältnis $1:1:1$ nicht sehr kritisch: Bei U-förmigen und rechteckigen Verteilungen ist dieses Verhältnis optimal, während das $1:2:1$-Verhältnis bei J-förmigen und schiefen Verteilungen so wie beim Vorliegen einer Normalverteilung zu bevorzugen ist. **[51]**

Nach Pal und Bhaumik (1981) sollte man generell die kleinsten 40% der Beobachtungen in die erste Gruppe der Beobachtungen nehmen und die größten 10% bis 20% in die letzte Gruppe.

Zur Kontrolle kann die Schnellschätzung $\hat{b} \simeq \sum y / \sum x$ benutzt werden. Geht die Gerade nicht durch den Nullpunkt, so lassen sich anhand der oberen 30% und anhand der unteren 30% der Werte die Kennzahlen a und b abschätzen (*Cureton 1966*):

$$\hat{b} \simeq \frac{\sum y_{\text{ob.}} - \sum y_{\text{unt.}}}{\sum x_{\text{ob.}} - \sum x_{\text{unt.}}} \qquad \hat{a} \simeq \sum y_{\text{unt.}} - \hat{b} \sum x_{\text{unt.}} \tag{5.43, 5.44}$$

Beispiel

Schätzung der Regressionsgeraden, wenn beide Variablen (x, y) Meßfehler aufweisen: Der Vergleich zweier Bestimmungsmethoden, zwischen denen ein linearer Zusammenhang angenommen wird (vgl. auch den Hinweis zum Vergleich zweier Methoden am Ende von [4212]).

Tabelle 179

Stichprobe (Nr.)	Methode I (x)	Methode II (y)
1	38,2	54,1
2	43,3	62,0
3	47,1	64,5
4	47,9	66,6
5	55,6	75,7
6	64,0	83,3
7	72,8	91,8
8	78,9	100,6
9	100,7	123,4
10	116,3	138,3

Die angepaßte Gerade geht durch den Punkt $(\bar{x}, \bar{y})$ mit den Werten $\bar{x} = 66{,}48$ und $\bar{y} = 86{,}03$. Den Regressionskoeffizienten schätzen wir anhand der Mittelwerte des ersten und letzten Drittels beider Reihen nach (5.41):

$$\hat{b} = (\bar{y}_3 - \bar{y}_1)/(\bar{x}_3 - \bar{x}_1) = (120{,}767 - 60{,}200)/(98{,}633 - 42{,}867) = 1{,}0861.$$

Den Achsenabschnitt erhalten wir nach (5.42) über die Gesamtmittelwerte zu $\hat{a} = \bar{y} - \hat{b}\bar{x} = 86{,}03 - 1{,}0861 \cdot 66{,}48 = 13{,}826$. Die angepaßte Regressionsgerade lautet somit $\hat{y} = 13{,}826 + 1{,}0861x$.

Zur Übung sei die graphische Darstellung dieser Aufgabe und die Berechnung nach Cureton (5.43, 5.44) empfohlen. Die Berechnung der Vertrauensellipsen für die geschätzen Parameter (vgl. *Mandel und Linnig 1957*) ist *Bartlett (1949)* zu entnehmen (vgl. auch S. 560).

2. Kerrich-Verfahren

[51] Wenn beide Variablen fehlerbehaftet sind, ausschließlich positive Werte x_i und y_i auftreten und die Punktwolke sich einer durch den Koordinatenursprung gehenden Geraden ($y = bx$) anschmiegt, kann man zur Schätzung von b folgendes elegante Verfahren (*Kerrich 1966*) benutzen:

Man bildet für die n unabhängigen Datenpaare (x_i, y_i) die Differenzen $d_i = \lg y_i - \lg x_i$, ihren Mittelwert $\bar{d}$ und die Standardabweichung

$$s_d = \sqrt{\sum (d_i - \bar{d})^2/(n-1)} \quad (5.45)$$

Da jeder Quotient y_i/x_i eine Schätzung von b darstellt, ist jedes d_i eine Schätzung von $\lg b$. Ein brauchbarer Schätzwert von $\lg b$ ist $\bar{d}$, und zwar insbesondere dann, wenn die Werte x_i und y_i kleine Variationskoeffizienten aufweisen. Vorausgesetzt, $\lg y_i$ und $\lg x_i$ sind wenigstens angenähert normalverteilt.

Den 95%Vertrauensbereich für β erhält man über $\boxed{\lg b \pm s_d t_{n-1;0,05}/\sqrt{n}}$ (5.45a)

Beispiel

Gegeben: $n = 16$ Datenpaare (angepaßte Gerade geht durch den Nullpunkt!) mit $\bar{d} = 9{,}55911 - 10 = \lg b$ und $s_d = 0{,}00555$; d. h. $t_{15;0,05} = 2{,}131$ und $s_d \cdot t_{n-1;0,05}\sqrt{n} = 0{,}00555 \cdot 2{,}131/\sqrt{16} = 0{,}00296$. Der 95%-Vertrauensbereich für $\lg \beta$ lautet $9{,}55911 - 10 \pm 0{,}00296$; d. h. $\hat{b} = 0{,}362$ und $0{,}359 \leqq \beta \leqq 0{,}365$.

Mehr über angepaßte Geraden mit Achsenabschnitt Null ist Hahn (1977) zu entnehmen.

Übersicht 71a. Orthogonale kleinste Quadrate

Sind beide Variablen (*X, Y*) fehlerbehaftet, dann ist es sinnvoll, die Gerade zu bestimmen, die die senkrecht auf ihre stehenden (orthogonalen) Abweichungen minimiert; diese Gerade liegt dann natürlich zwischen $\hat{y}$ und $\hat{x}$. Man schätzt sie anhand von (5.46)

$$b = \frac{-(Q_x - Q_y) + \sqrt{(Q_x - Q_y)^2 + 4Q_{xy}^2}}{2Q_{xy}} \qquad a = \bar{y} - b\bar{x} \quad (5.46)$$

Näheres ist z. B. Casella und Berger (1990: Section 12.3) zu entnehmen.

Beispiel: Mit den Werten der Tabelle 187 (S. 523) und den Q-Werten auf S. 528 ergibt sich:

$$b = \frac{-(77{,}429 - 28{,}000) + \sqrt{(77{,}429 - 28{,}000)^2 + 4 \cdot 33^2}}{4 \cdot 33} = 0{,}5004$$

$$a = \frac{98}{7} - 0{,}5004\,\frac{103}{7} = 6{,}637\,, \quad \text{d. h. } \hat{y}_{\text{orthogonal}} = 6{,}637 + 0{,}5004x\,.$$

Diese Gerade liegt zwischen den beiden der Abbildung 60 auf S. 524.

52 Typisierung korrelativer Zusammenhänge

[52] Man spricht von stochastischer Abhängigkeit oder von einem **stochastischen Zusammenhang**, wenn die Nullhypothese, es bestehe stochastische Unabhängigkeit, widerlegt wird. Die sachliche Deutung gefundener statistischer Zusammenhänge und ihre Prüfung auf mögliche kausale Zusammenhänge liegt außerhalb der statistischen Methodenlehre.

„Kausalität“ in der Statistik läßt sich auffassen als stochastischer Zusammenhang, der durch Störgrößen nicht zu erklären ist und weitgehend vom Fachwissen und nicht von der Statistik begründet wird. Kausale Schlüsse aus statistischer Sicht setzen voraus, daß wiederholbare randomisierte Experimente vorliegen: die Untersuchungseinheiten sind vor den unterschiedlichen Behandlungen als gleichwertig und die Behandlungsresultate als möglicherweise kausal unterschiedlich aufzufassen. Echte Kausaleffekte sind nicht beobachtbar, da jeder Untersuchungseinheit nur eine Behandlung zugeordnet werden kann. Werden kausale Schlüsse bei Erhebungen angestrebt, so sollten es Längsschnittstudien vom Typ der Kohortenstudie sein. [52]

Erscheint die stochastische Abhängigkeit gesichert, dann ist zu bedenken, daß die Existenz eines funktionalen Zusammenhanges – beispielsweise die Zunahme der Störche und der Neugeborenen während eines gewissen Zeitraumes in Schweden – nichts aussagt über den kausalen Zusammenhang. So kann zwischen der Dosis eines Arzneimittels und der Letalität einer Krankheit eine ausgesprochen positive Korrelation bestehen, da bei sehr ernsten Erkrankungen die Letalität nicht wegen der größeren Dosis des Medikaments, sondern trotz derselben erhöht ist. Eine Korrelation kann durch direkte *kausale Zusammenhänge* zwischen X und Y, durch eine *gemeinsame Abhängigkeit von dritten Größen* oder durch *Heterogenität des Materials* oder *rein formal* bedingt sein.

Kausale Korrelationen existieren z. B. zwischen Begabung und Leistung, zwischen Dosis und Wirkung von Heilmitteln, zwischen Arbeitszeit und Preis von Produkten. Beispiele für eine **Gemeinsamkeitskorrelation** sind der Zusammenhang zwischen Körpermaßen, etwa zwischen der Länge des rechten und linken Armes oder zwischen Körperlängen und Körpergewicht sowie die Korrelation zwischen Zeitreihen: Die Abnahme der Zahl der Storchennester in Ostpreußen und die Abnahme der Zahl der Geburten: Basis war die zunehmende Industrialisierung [zu „spurious correlation" (Schein-K.) siehe R. A. Kronmal 1993, Journal of the Royal Statistical Society **A 156**, 379–392].

Bei der **Inhomogenitätskorrelation** besteht das Material aus verschiedenen Teilmassen, die in verschiedenen Bereichen des Koordinatensystems liegen. Unterscheidet man die Teilmassen nicht, so wird durch die Lageunterschiede der Punktwolken ein Korrelationseffekt erzielt, der die Korrelationsverhältnisse innerhalb der Teilmassen völlig verändern kann. Besonders eindrucksvoll ist folgendes Beispiel: Der Hämoglobingehalt des Blutes und die Oberflächengröße der Blutkörperchen zeigen weder bei Neugeborenen noch bei Männern noch bei Frauen eine Korrelation. Die Werte sind $-0{,}06$ bzw. $-0{,}03$ bzw. $+0{,}07$. Würde man das Material zusammenfassen, so erhielte man für das Gesamtmaterial einen Korrelationskoeffizienten von $+0{,}75$. Vergleiche auch die Abbildungen 46D und 56 auf den Seiten 492 und 511.

Auch die positive Korrelation zwischen Schuhgröße und Einkommen gehört hierher. Sie kam zustande, wenn man Männer und Frauen gemeinsam betrachtete. Da Frauen durchschnittlich kleinere Schuhe und niedrigere Einkommen hatten, kam bei gemeinsamer Betrachtung aller Daten eine deutliche Korrelation zustande, obwohl sie weder bei den Männern noch bei den Frauen auftrat.

Werden zwei unabhängige Variablen X und Y durch die Variable Z dividiert, so wird hiermit zwischen X/Z und Y/Z eine sog. **Indexkorrelation** erzeugt (vgl. McNemar 1969, S. 180). Sind beispielsweise X und Y sich zu 100% ergänzende Prozentsätze, so muß zwangsläufig eine negative Korrelation zwischen ihnen auftreten, Eiweiß und Fettanteile in Nahrungsmitteln usw. Der Ausdruck „Scheinkorrelation" ist für diese Zusammenhänge üblich, er ist jedoch besser zu vermeiden, da ja auch eine Scheinkorrelation zwischen zwei Prozentzahlen nicht Schein, sondern für die betrachteten Variablen Tatsache ist. Neben dieser **formalen Korrelation** gibt es, wie oben angedeutet worden ist, noch eine Reihe weiterer nichtkausaler Korrelationen. In einer Deutungsanalyse von Korrelationen im praktischen Anwendungsfall gibt *Koller (1955 und 1963)* Richtlinien, die es gestatten, durch Ausschließung anderer Möglichkeiten (vgl. die Selektionskorrelation) echte oder besser kausale Korrelationen zu erkennen.

Danach kann man zur Deutung einer Korrelation so vorgehen, daß man prüft, ob eine formale Korrelation vorliegt. Kann dies verneint werden, so wird nach folgendem Schema
[52] weitergeprüft:

```
Formale Korrelation
         /   \
        ja   nein
              ↓
             Inhomogenitätskorrelation
                       /   \
                      ja   nein
                             ↓
                            Gemeinsamkeitskorrelation
                                      |    |
                                     ja   nein
                                            ↓
                                           Kausale Korrelation
```

Die Anerkennung einer kausalen Korrelation erfolgt also durch Ausschließen der anderen Möglichkeiten. Wegen der möglichen Überschneidung der Typen läßt sich das Schema in der Praxis nicht immer so streng und ausschließend anwenden, wie es im Modell dargestellt wird. Häufig wird man auch nicht bis zum Typ der kausalen Korrelation vordringen, sondern bereits vorher stehenbleiben und diesen Typ für den jeweiligen Fall nicht widerlegen können. Die Höhe des Korrelationskoeffizienten wird dabei nur selten eine Rolle spielen. Inhomogenitätskorrelation und Gemeinsamkeitskorrelation sind als Scheinkorrelationen (vgl. auch Aitchison 1987) durch Drittvariablen bedingt; diese können natürlich auch eine Korrelation zwischen X und Y verdecken. Mehr hierüber sowie die Beziehungen zur **kollektiven Korrelation**, auch **Gruppenfehlschluß** genannt, ist Tiede (1987) zu entnehmen, der auf die sogenannte **Kovarianz-Zerlegung** näher eingeht.

Selektionskorrelation: Besteht in einer bestimmten Grundgesamtheit zwischen zwei Krankheiten stochastische Unabhängigkeit und sind die Wahrscheinlichkeiten, in die Klinik aufgenommen zu werden, für diese beiden Krankheiten unterschiedlich, dann werden im Krankengut „Abhängigkeiten" erzeugt (vgl. auch Hinweis 7 am Ende von [48]).

Kausalaussagen: Eine Bemerkung zur statistischen Ursachenforschung. Ursache ist jede Bedingung, die nicht hinweggedacht werden kann – die wesentlichen Anteil an dem Eintritt der Wirkung hat. Zu prüfen ist, ob die vorhandene statistische Information für die Annahme einer zur Wirkung adäquaten Verursachung ausreicht. Näheres über mögliche Aussagen bei Fragen der statistischen Ursachenforschung ist *Koller (1971)* sowie Cox (1992), Elwood (1988), Kelsey u. Mitarb. (1996), Rothman (1988) und Stone (1993) zu entnehmen. Multivariante Ansätze (z. B. Structural Equation Modeling und Neural Networks) findet man bei Hair u. Mitarb. (1998).

Hinweis: Korrelation zwischen Zeitreihen

Zeitreihen (einige Literaturhinweise enthält [48]) zeigen fast stets einen allgemeinen Trend, eine Zu- oder Abnahme. Korreliert man zwei ansteigende Reihen, z. B. die Bevölkerungszahl, den Anteil an Senioren, den Preisindex und die Zahl der Verkehrsunfälle, oder zwei absteigende Reihen, z. B. die Säuglingssterblichkeit und den Anteil der in der Landwirtschaft Tätigen an der Erwerbsbevölkerung, so findet man positive Korrelationen, die sogar von beträchtlicher Höhe sein können (Gemeinsamkeitskorrelationen). Fehldeutungen sind hier häufig. Durch Berücksichtigung zusätzlicher Kontrollvariablen mit gleichem Trend kann man sich vor der Überbewertung zeitlicher Korrelationen schützen. Wenn sich dann die ursprünglich bearbeitete Korrelation (z. B. Zunahme einer Krankheit und Zunahme des Verbrauchs eines bestimmten Genußmittels) nicht sehr wesentlich von den Kontrollkorrelationen (z. B. Produktion von Fernsehapparaten) unterscheidet, oder wenn durch Berechnung partieller Korrelationen (vgl. Abschnitt 58) unter Konstanthaltung der Kontrollvariablen die ursprüngliche Korrelation zusammenschrumpft, lassen sich Gemeinsamkeitskorrelationen ausschalten.

53 Verteilungsunabhängige Abhängigkeitsmaße

[53]

Wird geprüft, ob eine Korrelation zwischen zwei Reihen von Meßwerten besteht, dann impliziert die Anwendung der *parametrischen Produktmoment-Korrelation* mit dem durch r geschätzten Parameter ϱ das Vorliegen weitgehend binormaler Grundgesamtheiten, eine Voraussetzung, die häufig nicht oder nur zum Teil erfüllt ist. In diesen Fällen benutzt man den **Rangkorrelations-Koeffizienten von Spearman** (r_S); die Prüfung ist dann auch bei kleinem Stichprobenumfang und nicht binormalverteilten Meßwerten exakt; außerdem wird die Wirkung von Ausreißern, die die Größe des Produktmoment-Korrelationskoeffizienten (r) stark beeinflussen können, abgeschwächt. Beachtet sei: r und r_S setzen Zufallsvariablen voraus, die als unabhängige Paare vorliegen; im Falle von r_S müssen die Zufallsvariablen zumindest einer Rang- oder Ordinalskala genügen. Der Rangkorrelationskoeffizient ändert im Gegensatz zum gewöhnlichen Korrelationskoeffizienten seinen Wert nicht, wenn bei unveränderter Reihenfolge der beobachteten Werte statt x eine monotone Funktion $f(x)$ verwendet wird; außerdem ist er unabhängig vom Maßsystem. Für umfangreiche Stichproben aus binormalen Grundgesamtheiten mit genugend kleinem Produktmoment-Korrelationskoeffizienten (Korrelationsparameter $|\varrho| < 0{,}25$) gilt, daß man bei Verwendung von r_S die gleiche Schärfe der Aussage erzielt wie bei Verwendung von r in einer Stichprobe, die nur $0{,}91 \cdot n$ Beobachtungen umfaßt, wobei n groß sein muß. Der Rangkorrelationskoeffizient nutzt also 91% der Beobachtungen aus. Liegt Normalverteilung vor, wird $|\varrho|$ etwas überschätzt. **Mit wachsendem Stichprobenumfang strebt r_S nicht wie r gegen ϱ, sondern gegen ϱ_S. Der Unterschied zwischen ϱ und ϱ_S ist aber stets kleiner als 0,018** (vgl. *Walter 1963*).
Beträchtliche Vorteile besitzt die Verwendung von r_S bei nichtlinearer, monotoner Regression: z. B. bei Merkmalen zwischen denen ein logarithmischer oder exponentieller Zusammenhang besteht und wo beim Wachstum einer Variablen die andere im Mittel entweder stets steigt oder stets fällt. Eine Verwendung von r als Korrelationsmaß macht es notwendig, die Meßwerte so zu transformieren, daß ein Zusammenhang linear wird.

Sehr handlich ist auch die aus dem **Eckentest** entwickelte, zu Übersichtszwecken geeignete, mediale oder **Quadranten-Korrelation** nach Quenouille.
Ähnlich wie der Rangkorrelationskoeffizient hat der Quadranten-Korrelationskoeffizient

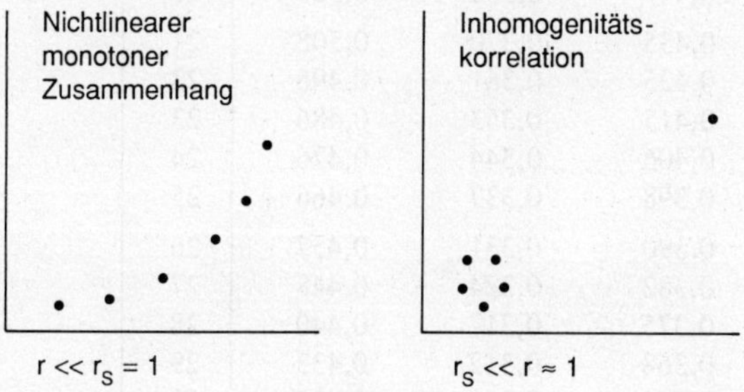

Ein $r \approx 1$ kann durch einen Ausreißer bedingt sein.

Abb. 56. r und r_s im Vergleich

und die Prüfgröße des Eckentests den Vorteil, bei jeder Verteilungsfunktion einen *gültigen Test* zu liefern, die *Wirkung von Ausreißern abzuschwächen* und *unabhängig vom Maßsystem* zu sein!

[53] **Bivariate Boxplots** (Bagplots) werden beschrieben in The American Statistician **53** (1999), 382–387.

531 Der Spearmansche Rang-Korrelationskoeffizient

[531] Sind Zusammenhänge zwischen nicht normalverteilten Reihen zu ermitteln, entstammt also die zweidimensionale Stichprobe (x_i, y_i) einer beliebigen stetigen Verteilung, dann läßt sich die Abhängigkeit von Y und X durch den Spearmanschen Rang-Korrelationskoeffizienten r_S (vgl. auch Henze 1979) beurteilen (vgl. auch [53]):

$$r_S = 1 - \frac{6\sum D^2}{n(n^2-1)} \qquad (5.47)$$

[(5.47) ist mit (5.2) identisch, wenn in (5.2) die Meßwerte durch Rangzahlen ersetzt werden.]
D = Differenzen D_i der Rangplätze ; $n \geqq 6$

Tabelle 180. Einige besonders wichtige Schranken für den Rangkorrelationskoeffizienten r_S nach Spearman aus Zar (1999) [weitere Werte sind dort bzw. M2: 257/258 oder E: 398/399 zu entnehmen]

n	Test:		zweiseitig		einseitig	n
	α: 0,001	0,01	0,05	0,10 0,05	0,01	
6	–	1,000	0,886	0,829	0,943	6
7	1,000	0,929	0,786	0,714	0,893	7
8	0,976	0,881	0,738	0,643	0,833	8
9	0,933	0,833	0,700	0,600	0,783	9
10	0,903	0,794	0,648	0,564	0,745	10
11	0,873	0,755	0,618	0,536	0,709	11
12	0,846	0,727	0,587	0,503	0,678	12
13	0,824	0,703	0,560	0,484	0,648	13
14	0,802	0,679	0,538	0,464	0,626	14
15	0,779	0,654	0,521	0,446	0,604	15
16	0,762	0,635	0,503	0,429	0,582	16
17	0,748	0,615	0,485	0,414	0,566	17
18	0,728	0,600	0,472	0,401	0,550	18
19	0,712	0,584	0,460	0,391	0,535	19
20	0,696	0,570	0,447	0,380	0,520	20
21	0,681	0,556	0,435	0,370	0,508	21
22	0,667	0,544	0,425	0,361	0,496	22
23	0,654	0,532	0,415	0,353	0,486	23
24	0,642	0,521	0,406	0,344	0,476	24
25	0,630	0,511	0,398	0,337	0,466	25
26	0,619	0,501	0,390	0,331	0,457	26
27	0,608	0,491	0,382	0,324	0,448	27
28	0,598	0,483	0,375	0,317	0,440	28
29	0,589	0,475	0,368	0,312	0,433	29
30	0,580	0,467	0,362	0,306	0,425	30

Zur Berechnung des Rangkorrelationskoeffizienten, es gilt $-1 \leqq r_S \leqq 1$, transformiert man beide Reihen durch Zuordnung von Rangzahlen (vgl. Abschnitt 39) in Rangreihen, bildet die Differenzen D der n Rangpaare, quadriert und summiert sie zu $\sum D^2$ und setzt diesen Wert in obige Formel ein. Bei gleichen Werten, man spricht von sogenannten Bindungen (engl. ties), werden mittlere Rangplätze zugeordnet; in einer der beiden Reihen dürfen höchstens etwa 1/5 der Beobachtungen ranggleich sein. Sind viele Bindungen vorhanden, so berechnet man r_S, indem man r aus den Rängen berechnet [vgl. den Text zu (5.47)]. Wenn zwei Rangordnungen gleich sind, werden die Differenzen Null, d. h. $r_S = 1$. Wenn eine Rangordnung die Umkehrung der anderen ist, also vollständig Diskrepanz besteht, erhält man $r_S = -1$. Dieser Test gestattet damit die Beantwortung der Frage, ob eine positive oder eine negative Korrelation vorliegt. [531]

Die Signifikanz von r_S wird für $n \leqq 30$ Wertepaare der Tabelle 180 entnommen.
Anhand von Tabelle 180 wird H_0 für den zweiseitigen und den einseitigen Test auf dem $100\alpha\%$-Niveau abgelehnt, sobald ein beobachteter absoluter r_S-Wert den Tabellenwert r_S^* erreicht oder übersteigt:

$$|r_s| \geqq \text{Schranke} = r_S^* \text{ für } \begin{bmatrix} \text{1) Seitigkeit} \\ \text{2) } \alpha \\ \text{3) } n\text{: 6 bis 30} \end{bmatrix} \tag{5.48}$$

Für $n > 30$ wird r_S anhand der Approximation

$$\hat{J}_S = \frac{r_S}{2}\left[\sqrt{(n-1)} + \sqrt{(n-2)/(1-r_S^2)}\right] \tag{5.49}$$

geprüft.
Dieser Wert wird mit $J_{S;\alpha} = [z_\alpha + t_{n-2;\alpha}]/2$ verglichen.

Beispiel: $n = 30$ und $r_S = 0{,}3061$

$$H_0\text{: } \varrho_S = 0 \text{ gegen } H_A\text{: } \varrho_S \neq 0\,;\ \alpha = 0{,}05$$

$$\hat{J}_S = \frac{0{,}3061}{2}\left[\sqrt{30-1} + \sqrt{(30-2)/(1-0{,}3061^2)}\right]$$

$$\hat{J}_S = 1{,}675 < 2{,}004 = (1{,}960 + 2{,}048)/2 = J_{S;0{,}05}$$

H_0 kann auf dem 5%-Niveau nicht abgelehnt werden.
Auch nach Tabelle 180 gilt dieses Resultat: $r_S = 0{,}3061 < 0{,}362$. Mit $r_S = 0{,}3061 = 0{,}306$ erhielte man für den einseitigen Test (vgl. [146]), H_0: $\varrho_S = 0$ gegen H_A: $\varrho_S > 0$, gerade noch ein auf dem 5%-Niveau statistisch signifikantes Resultat.

Zwei Bemerkungen zu ϱ_S und ϱ

1. Im Vergleich zu r schätzt r_S für sehr großes n und beim Vorliegen einer binormalen Grundgesamtheit mit $\varrho = 0$ den Parameter ϱ mit einer asymptotischen Effizienz von $9/\pi^2$ oder 91,2% (vgl. S. 511).
2. Für wachsendes n und binormalverteilte Zufallsvariable ist $2\sin\left(\frac{\pi}{6}r_S\right)$ asymptotisch gleich r. Für $n \geqq 100$ kann man daher neben r_S auch r angeben. So erhält man für
   $r_S = 0{,}840$ mit $\pi/6 = 0{,}5236$ ein
   $r = 2\sin(0{,}5236 \cdot 0{,}840) = 2\sin 0{,}4398 = 2 \cdot 0{,}426 = 0{,}852$.

Beispiel

Tabelle 181 zeigt, wie zehn nach dem Alphabet geordnete Studenten aufgrund ihrer Lei-
[531] stungen im Praktikum und im Seminar – in beiden Fällen sind die Noten schief verteilt
– in eine Rangordnung gebracht wurden. Läßt sich eine positive Korrelation auf dem
1%-Niveau sichern?

Tabelle 181

Praktikum	7	6	3	8	2	10	4	1	5	9
Seminar	8	4	5	9	1	7	3	2	6	10

Nullhypothese: Zwischen beiden Leistungen besteht keine positive Korrelation, sondern Unabhängigkeit. Wir ermitteln die Rangdifferenzen, ihre Quadrate und deren Summe:

Tabelle 181a

											Σ
Rangdifferenzen D	-1	2	-2	-1	1	3	1	-1	-1	-1	0
D^2	1	4	4	1	1	9	1	1	1	1	24

Kontrolle: Die Summe der D-Werte muß gleich Null sein. Wir erhalten

$$r_S = 1 - \frac{6\sum D^2}{n(n^2-1)} = 1 - \frac{6 \cdot 24}{10(10^2-1)} = 0{,}8545 \,.$$

Ein für $n = 10$ errechneter Rangkorrelationskoeffizient dieser Größe ist nach Tabelle 180 auf dem 1%-Niveau statistisch signifikant ($0{,}8545 > 0{,}745$). Zwischen den beiden Leistungen besteht ein echter Zusammenhang ($P < 0{,}01$).

Ein weiteres Beispiel ist [542], Beispiel 2, Tabelle 187 und insbesondere Tabelle 187a auf S. 523 zu entnehmen.

Spearmansche Rangkorrelation bei Bindungen

Nur wenn Bindungen (gleiche Werte) gehäuft auftreten [vgl. auch den Text auf S. 513], lohnt sich die Verwendung der Prüfgröße (vgl. *Kendall 1962, Yule und Kendall 1965*)

$$\begin{gathered} r_{S,B} = 1 - \frac{6\sum D^2}{(n^3-n)-(T_{x'}+T_{y'})} \\ T_{x'} = \frac{1}{2} \cdot \sum (t_{x'}^3 - t_{x'}) \,; \quad T_{y'} = \frac{1}{2} \cdot \sum (t_{y'}^3 - t_{y'}) \end{gathered} \tag{5.50}$$

mit $t_{x'}$ (der Strich am x deutet an, daß wir uns auf Ranggrößen beziehen) gleich der Anzahl der Bindungen in aufeinanderfolgenden Gruppen (gleicher Ranggrößen) der x'-Reihe, $t_{y'}$ gleich der Anzahl der Bindungen in aufeinanderfolgenden Gruppen (gleicher Ranggrößen) der y'-Reihe: Man zählt also an der ersten Gruppe, wie oft derselbe Wert erscheint, setzt diese Häufigkeit in die dritte Potenz und subtrahiert hiervon die Häufigkeit. Entsprechend verfährt man mit allen Gruppen und bildet schließlich die Summen $T_{x'}$ und $T_{y'}$.

Basler (1988) hat gezeigt, daß r_S auch bei vielen Bindungen zu einwandfreien Resultaten führt und (5.47) mit (4.41a) äquivalent ist. Weitere Hinweise zur Gleichwertigkeit einiger Tests geben A. Martin Andrés u. Mitarb. (1995, The Statistician **44**, 441–450 [Correspondence **45** (1996), 263–264]). [531]

Beispiel

Prüfung der Unabhängigkeit zwischen mathematischer und altsprachlicher Begabung von 8 Schülern (S) anhand von Schulnoten in Latein (L) und in Mathematik (M) (α = 0,05; R seien die Ranggrößen; H_0: $\varrho_S \leqq 0$, H_A: $\varrho_S > 0$).

Tabelle 182

S	D	B	G	A	F	E	H	C	
L	1	2	2	2	3	3	4	4	
M	2	4	1	3	4	3	4	3	
R_L	1	3	3	3	5,5	5,5	7,5	7,5	
R_M	2	7	1	4	7	4	7	4	
D	-1	-4	2	-1	-1,5	1,5	0,5	3,5	$\sum D = 0$
D^2	1	16	4	1	2,25	2,25	0,25	12,25	

$$\sum D^2 = 39 \qquad T_L = \tfrac{1}{2}[(3^3-3)+(2^3-2)+(2^3-2)] = 18$$

$$T_M = \tfrac{1}{2}[(3^3-3)+(3^3-3)] = 24$$

$$r_{S,B} = 1 - \frac{6 \cdot 39}{(8^3-8)-(18+24)} = 0{,}4935$$

Ohne Berücksichtigung der Bindungen: $r_S = 1 - \dfrac{6 \cdot 39}{(8^3-8)} = 0{,}536$ $(0{,}536 > 0{,}494)$ wird die Korrelation überschätzt. Da $0{,}494 < 0{,}643$ ist, läßt sich anhand der vorliegenden Schulnoten die Unabhängigkeitshypothese auf dem 5%-Niveau nicht widerlegen.

Der Rangkorrelationskoeffizient (*Spearman 1904*) wird auch angewandt:

1. Wenn *schnell eine angenäherte Schätzung des Korrelationskoeffizienten erwünscht* ist.
2. Wenn die *Übereinstimmung zwischen 2 Richtern hinsichtlich der gewählten Rangordnung von Objekten* überprüft werden soll, beispielsweise bei einem Schönheitswettbewerb. Man kann auch mit seiner Hilfe die Urteilskraft testen, indem man Gegenstände ordnen läßt und diese Rangordnung mit einer standardisierten Rangordnung vergleicht. Das Ordnen von unterschiedlich großen Bauklötzen durch Kinder ist ein Beispiel hierfür.
3. Wenn *Verdacht auf monotonen Trend* besteht: Man korreliert die in Ränge transformierten n Meßwerte mit der natürlichen Zahlenreihe von 1 bis n und testet den Koeffizienten auf statistische Signifikanz.
4. Liegen zwei unabhängige Stichproben gleicher Umfänge vor, dann läßt sich H_0: $\varrho_{S_1} = \varrho_{S_2}$ mit Hilfe des auf die absoluten Rangdifferenzen angewandten U-Tests ablehnen.

5. Aus einer bivariaten Häufigkeitstabelle (z. B. Abb. 61) berechnet man r_S nach U. Raatz, Biometrische Zeitschrift **13** (1971), 208–214 [vgl. auch A. Stuart, The American
[531] can Statistician **17** (Oct. 1963), 23+24].
6. Für die $\dot{z}_S$-Transformation (vgl. [551] und [552]) gilt die Standardabweichung $s_{\dot{z}} = 1{,}03/\sqrt{n-3}$.
7. Im Gegensatz zu r ist r_S auch berechenbar, wenn eine abgeschnittene Verteilung vorliegt, etwa nur Wertepaare für Werte unterhalb bzw. oberhalb eines Grenzwertes der einen Variablen.

Schwieriger als r_S zu berechnen ist ein von *Kendall (1938)* vorgeschlagener Rangkorrelationskoeffizient τ (gr. tau). *Griffin (1957)* beschreibt ein graphisches Verfahren zur Schätzung von τ; eine vereinfachte Berechnung geben *Lieberson (1961)* sowie *Stilson und Campbell (1962)* an (vgl. auch Fisher 1983 sowie insbesondere Hollander und Wolfe 1999: Chapter 8).
Eine Diskussion über gewisse Vorteile von τ gegenüber ϱ und ϱ_S findet man bei *Schaeffer und Levitt (1956)*; indessen ist bei gleicher Irrtumswahrscheinlichkeit die Power (Prüfung auf Nicht-Null) für τ kleiner als für ϱ_S.
Die Korrelation zwischen r_S und $\hat{\tau}$ ist für großes n und ϱ nicht nahe 1 sehr ausgeprägt. Der Quotient $r_S/\hat{\tau}$ strebt für großes n gegen $3\sin^{-1} 0{,}5\varrho/\sin^{-1}\varrho$ (Variationsbereich von 1,3 für $\varrho = 0$ bis 1 für $\varrho = 1$). Daher ist dann, wenn beide von 1 abweichen, r_S oft 40% oder 50% größer als $\hat{\tau}$. Näheres zur Rangkorrelation (vgl. Hutchinson und Lai 1990: Chapt. 13) und zur partiellen Rangkorrelation sowie zum Konkordanzkoeffizienten nach Kendall ist Kendall und Gibbons (1990) zu entnehmen (vgl. auch Bortz u. Mitarb. 1990 sowie Gibbons und Chakraborti 1992). Zur Rangkorrelation in Gegenwart einer Blocking-Variablen siehe Taylor (1987). Lehmann (1977) behandelt **partielle und multiple Rangkorrelationen**.

Hinweis: Assoziation und Skalentyp

Assoziationen zwischen zwei intervallskalierten Zufallsvariablen lassen sich anhand von r beschreiben und anhand von H_0: $\varrho = 0$ und der entsprechenden Tabelle bzw. Prüfgröße testen. Berücksichtigt man auch nominal und ordinalskalierte Zufallsvariablen sowie Kombinationen zwischen diesen Typen von Zufallsvariablen, so ergeben sich mit r insgesamt sechs verschiedene Assoziationsformen und Prüfverfahren, die von Freeman (1965) ausführlich und anhand instruktiver Beispiele dargestellt werden (vgl. auch Kurtz und Mayo 1979 sowie Tiede 1987).

532 Quadrantenkorrelation

[532] Dieser Schnelltest *(Blomqvist 1950, 1951)* prüft, ob zwischen zwei als Meßwerten gegebenen Merkmalen x und y Unabhängigkeit besteht. Zunächst zeichnet man die Wertepaare (x_i, y_i) als Punktwolke in ein Koordinatensystem ein, das durch die beiden Medianwerte

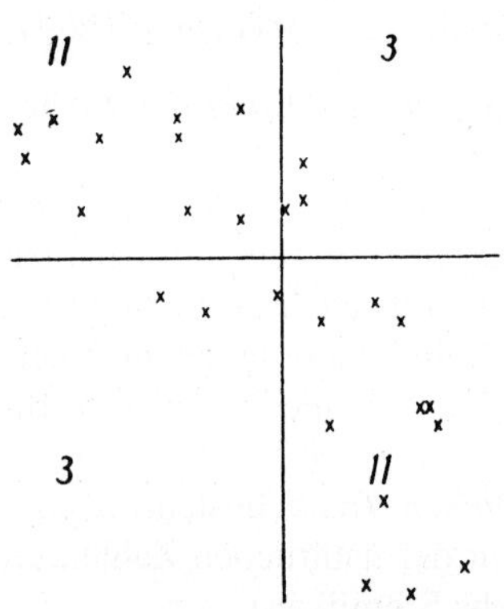

Abb. 57. Quadrantenkorrelation (aus Quenouille, M. H.: Rapid Statistical Calculations, Griffin, London 1959, p. 28)

$\tilde{x}$ und $\tilde{y}$ in 4 Quadranten bzw. in 2mal 2 Hälften geteilt wird, und zwar so, daß jede Hälfte gleich viele Wertepaare enthält. Liegt eine ungerade Anzahl von Beobachtungspaaren vor, dann ist die horizontale Medianlinie durch einen Punkt zu legen, der anschließend ignoriert wird. Ein echter Merkmalszusammenhang besteht, sobald die Anzahl der Wertepaare in den einzelnen Quadranten die Schranken der Tabelle 183 erreicht bzw. nach außen überschreitet. Liegen Stichproben aus einer zweidimensionalen Normalverteilung vor, dann hat dieser Test eine asymptotische Effizienz gegenüber dem Produktmoment-Korrelationskoeffizienten von $(2/\pi)^2 = 0{,}405$ oder 41%. Näheres ist *Konijn (1956)* und *Elandt (1962)* zu entnehmen. [532]

Tabelle 183. Unterer und oberer kritischer Punktwert eines Quadranten für die Beurteilung einer Quadranten-Korrelation (aus Quenouille, M. H.: Rapid Stastistical Calculations, Griffin, London 1959, Table 6)

Kritischer Punktwert									
n	unterer 5%	unterer 1%	oberer 5%	oberer 1%	n	unterer 5%	unterer 1%	oberer 5%	oberer 1%
8-9	0	-	4	-	74-75	13	12	24	25
10-11	0	0	5	5	76-77	14	12	24	26
12-13	0	0	6	6	78-79	14	13	25	26
14-15	1	0	6	7	80-81	15	13	25	27
16-17	1	0	7	8	82-83	15	14	26	27
18-19	1	1	8	8	84-85	16	14	26	28
20-21	2	1	8	9	86-87	16	15	27	28
22-23	2	2	9	9	88-89	16	15	28	29
24-25	3	2	9	10	90-91	17	15	28	30
26-27	3	2	10	11	92-93	17	16	29	30
28-29	3	3	11	11	94-95	18	16	29	31
30-31	4	3	11	12	96-97	18	17	30	31
32-33	4	3	12	13	98-99	19	17	30	32
34-35	5	4	12	13	100-101	19	18	31	32
36-37	5	4	13	14	110-111	21	20	34	35
38-39	6	5	13	14	120-121	24	22	36	38
40-41	6	5	14	15	130-131	26	24	39	41
42-43	6	5	15	16	140-141	28	26	42	44
44-45	7	6	15	16	150-151	31	29	44	46
46-47	7	6	16	17	160-161	33	31	47	49
48-49	8	7	16	17	170-171	35	33	50	52
50-51	8	7	17	18	180-181	37	35	53	55
52-53	8	7	18	19	200-201	42	40	58	60
54-55	9	8	18	19	220-221	47	44	63	66
56-57	9	8	19	20	240-241	51	49	69	71
58-59	10	9	19	20	260-261	56	54	74	76
60-61	10	9	20	21	280-281	61	58	79	82
62-63	11	9	20	22	300-301	66	63	84	87
64-65	11	10	21	22	320-321	70	67	90	93
66-67	12	10	21	23	340-341	75	72	95	98
68-69	12	11	22	23	360-361	80	77	100	103
70-71	12	11	23	24	380-381	84	81	106	109
72-73	13	12	23	24	400-401	89	86	111	114

Beispiel

Die 28 Beobachtungspaare in Abb. 57 verteilen sich so auf die Quadranten, daß die Schranken der Tabelle 183 erreicht weren. Die negative Korrelation ist auf dem 1% Niveau gesichert.

Hinweis

Dieser Test ist praktisch der *Median-Test auf Unabhängigkeit*, bei dem die nach x oder y geordneten Paare jeweils danach aufgeteilt werden, ob die Paarlinge kleiner oder größer sind als ihr Median:

Tabelle 184

		Anzahl der x-Werte	
		$< \tilde{x}$	$> \tilde{x}$
Anzahl der y-Werte	$< \tilde{y}$	a	b
	$> \tilde{y}$	c	d

Die Analyse der Vierfeldertafel erfolgt dann nach [467] oder nach [461] (vgl. auch die Hinweise am Ende von [394]). Der mitunter interessierende **tetrachorische Korrelations-**
[532] **koeffizient** wird von Bennett (1980), *Cohen und Cohen (1975)* sowie von Digby (1983) und Divgi (1979) ausführlich behandelt (vgl. auch Stuart und Ord 1999, Vol. 2A, Chapter 27 sowie den Hinweis zu Maxwell u. Mitarb. 1984 [bivariate median splits]).

533 Der Eckentest nach Olmstead und Tukey

[533] Dieser Test nutzt im allgemeinen mehr Information als die Quadrantenkorrelation. Er ist besonders geeignet zum Nachweis der Korrelation, die weitgehend auf Extremwertepaaren basiert *(Olmstead und Tukey 1947)*. Prüfgröße dieses wichtigen Schnelltests auf Unabhängigkeit (asymptot. Effiz.: etwa 25%) ist die Summe S von 4 „Quadrantsummen" (vgl. Pkt. 1 – 3). Für $|S| \geqq S_\alpha$ wird, dem Vorzeichen von S entsprechend, ein positiver bzw. negativer Zusammenhang angenommen.

1. Die n Paare von Beobachtungen (x_i, y_i) wie bei der besprochenen Quadrantenkorrelation als Punktmarken in eine Korrelationstafel eintragen und sie dann durch eine horizontale und eine vertikale Medianlinie jeweils in zwei gleich große Gruppen teilen.

2. Die Punkte im rechten oberen und im linken unteren Quadranten sind positiv zu rechnen, die in den beiden anderen Quadranten sind negativ zu rechnen.

3. Man beginnt in der rechten Seite des Diagramms längs der Abszisse in Richtung auf den Schnittpunkt der Medianlinien zu mit dem Abzählen der Punkte und zählt so lange, bis man auf einen Punkt auf der anderen Seite der horizontal verlaufenden Medianlinie trifft. Die Summe der Punkte, die man vor Überschreiten der Linie abgezählt hat, wird mit dem charakteristischen Quadrantenvorzeichen versehen. Dieser Zählvorgang wird von unten, von links und von oben wiederholt.

Bewegt man sich längs einer Medianlinie auf den Schnittpunkt beider Medianlinien zu, dann wird durch den ersten Punkt, der sich auf der anderen Seite der Medianlinie befindet, eine gestrichelte Linie gezogen. Die Anzahl der Punkte vor dieser Linie bildet eine der insgesamt 4 „Quadrantsummen", deren Summe S ist.

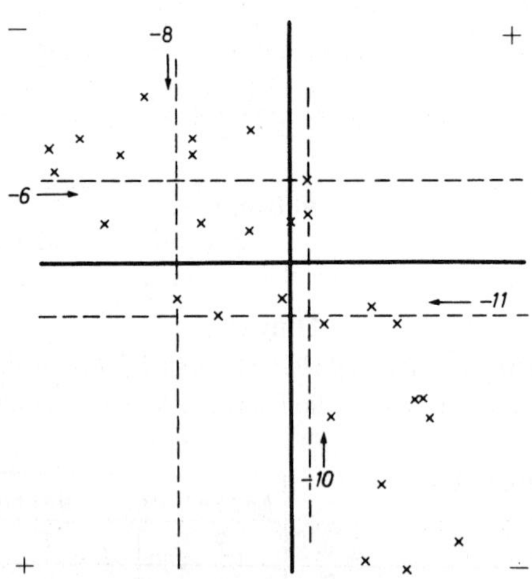

Abb. 58. Eckentest nach Olmstead und Tukey (aus Quenouille, M. H.: Rapid Statistical Calculations, Griffin, London 1959, p. 29)

Tabelle 185

α	0,10	0,05	0,02	0,01	0,005	0,002	0,001
S_α	9	11	13	14 – 15	15 – 17	17 – 19	18 – 21

[533]

1) Für $\alpha \leqq 0{,}01$ gilt für kleines n der größere Wert S_α, für größeres n der kleinere Wert.
2) Für $|S| \geqq 2n - 6$ sollte man auf den Test verzichten.

Beispiel

Die 28 Beobachtungspaare der Abb. 58 liefern eine Summe von $(-8)+(-10)+(-11)+(-6) = -35$; die negative Korrelation ist deutlich gesichert.

Bezeichnet man die absolut genommene Summe der vier Zählungen mit k, dann läßt sich bei großem Stichprobenumfang die Wahrscheinlichkeit P nach

$$P \simeq \frac{9k^3 + 9k^2 + 168k + 208}{216 \cdot 2^k} \qquad k = |S| > 0 \qquad (5.51)$$

abschätzen.

54 Schätzverfahren

[54]

Eine knappe [30 Seiten umfassende] Einführung in die Analyse ungerichteter und gerichteter Zusammenhänge, in die Korrelations und Regressionsanalyse, enthält M: 118–138 (sowie 51–54, 117, 255–258).

541 Schätzung des Korrelationskoeffizienten

[541]

Schätzung des Korrelationskoeffizienten,

- der ungeeignet ist für einen Vergleich zweier Methoden,
- der dann, wenn eines der beiden Merkmale alternativverteilt ist, durch die punktbiseriale Korrelation ersetzt wird.

Der Korrelationskoeffizient wird nach (5.2) geschätzt (für kleines n bevorzugt man mitunter (5.1)) [vgl. (5.1a) auf S. 498]:

$$r = \frac{\sum(x-\bar{x})(y-\bar{y})}{\sqrt{\sum(x-\bar{x})^2 \sum(y-\bar{y})^2}} = \frac{\sum xy - 1/n(\sum x)(\sum y)}{\sqrt{[\sum x^2 - 1/n(\sum x)^2][\sum y^2 - 1/n(\sum y)^2]}}$$

(5.1, 5.2)

Bei kleinem Stichprobenumfang n unterschätzt r den Parameter ϱ. Eine verbesserte Schätzung für ϱ mit geringerer Varianz um den Erwartungswert erhält man nach (5.1b) (*Olkin und Pratt 1958*):

[541]

$$r^* = r\left[1 + \frac{1-r^2}{2(n-3)}\right] \qquad \text{für } n \geqq 8 \qquad (5.1b)$$

So ergeben sich z. B. die folgenden Werte r^* (r Stern): Für n = 10 und r = 0,5: r^* = 0,527. Für n = 10 und r = 0,9: r^* = 0,912. Für n = 30 und r = 0,5: r^* = 0,507.
Für n= 30 und r = 0,9: r^* = 0,903. Im allgemeinen wird man den Stichprobenumfang nicht zu klein wählen und auf die Korrektur (5.1b) verzichten.

1. Hinweis: Für einen Vergleich zweier Methoden ist r ungeeignet

Der Korrelationskoeffizient ist abhängig von der Länge des Meßbereiches: je länger der Meßbereich ist, um so höher ist bei gleichen Streuungsverhältnissen der Korrelationskoeffizient. Daher ist der Korrelationskoeffizient für einen Vergleich zweier Methoden oder als Reproduzierbarkeitsmaß ungeeignet (vgl. den Hinweis am Ende von [421] sowie Applied Statistics **34** (1985), 258–263 und **40** (1991), 105–112).

2. Hinweis: Punktbiseriale Korrelation

Ist eines der beiden Merkmale alternativverteilt, dann wird (5.1) durch (5.1c) ersetzt.
Der Zusammenhang zwischen einem kontinuierlich und einem alternativ verteilten Merkmal wird durch den punktbiserialen Korrelationskoeffizienten geschätzt (n Merkmalsträger werden alternativ in n_1 und n_2 gruppiert, an jedem wird x bestimmt, die zugehörige Standardabweichung s sowie $\bar{x}_1$, und $\bar{x}_2$ berechnet):

$$r_{pb} = \frac{\bar{x}_1 - \bar{x}_2}{ns}\sqrt{n_1 n_2} \qquad (5.1c)$$

und anhand von Tab. 193 oder (5.71, 5.71a, b) in [551] auf Bedeutsamkeit geprüft. r_{pb} kann zur Schätzung von ϱ dienen, insbesondere, wenn $|r_{pb}| < 1$; für $r_{pb} > 1$ schätze man $\varrho = 1$, für $r_{pb} < -1$ entsprechend $\varrho = -1$. Näheres ist *Tate (1954, 1955), Prince und Tate (1966)* und *McNemar (1969)* zu entnehmen (vgl. auch *Meyer-Bahlburg 1969*, Kurtz und Mayo 1979, Tiede 1987, Stuart und Ord (1999, Vol. 2A: Chapt. 27) sowie E. J. Bedrick, Psychometrika **57**, 1992, 183–201).

542 Schätzung beider Regressionsgeraden

[542]

Stets sind die folgenden beiden Modelle der Regressionsanalyse zu unterscheiden:

Modell **I**: Die Zielgröße Y ist eine Zufallsvariable; die Werte der Einflußgröße **X sind fest vorgegeben** [Formel (5.3)]. Die y_i sind für jedes feste x normalverteilt mit gleichen Varianzen, d. h. die Varianz von y hat einen von x unabhängigen konstanten Wert.

Modell **II**: Sowohl die Variable Y als auch die Variable X sind Zufallsvariable. **Beide sind zweidimensional normalverteilt.** Nur hier sind zwei Regressionen möglich, die von $\hat{y}$ aus x und die von $\hat{x}$ aus y [(5.7) und (5.8)].

Anhand der Beobachtungen (Daten) schätzen wir für beide Modelle jeweils die unbekannten Parameter: Regressionskoeffizienten, Achsenabschnitte und Restvarianzen.

Stichprobenumfänge zur Schätzung eines Regressionskoeffizienten aus einer bivariaten Normalverteilung für vorgegebene Korrelationskoeffizienten ($\varrho = 0{,}2 \quad 0{,}3 \quad 0{,}5 \quad 0{,}8$) und vorgegebene relative Schätzfehler $\delta = |(\hat{\beta} - \beta)/\beta|$ ($\delta = 0{,}05\ 0{,}10\ 0{,}20$) für $\alpha = 0{,}05$ hat Thigpen (1987) tabelliert, sie sind überraschend groß, z. B. für $\varrho = 0{,}8$ und $\delta = 0{,}10$ $n = 225$ sowie für $\varrho = 0{,}5$ und $\delta = 0{,}10$ $n = 1200$. **[542]**

Achsenabschnitte und Regressionskoeffizienten (vgl. auch Übersicht 74, den Hinweis über die Voraussetzungen in [553] sowie [559]) werden durch folgende Beziehungen geschätzt:

$$\hat{y} = a_{yx} + b_{yx}x \qquad \hat{x} = a_{xy} + b_{xy}y \tag{5.7; 5.8}$$

$$b_{yx} = \frac{\sum xy - \dfrac{(\sum x)(\sum y)}{n}}{\sum x^2 - \dfrac{(\sum x)^2}{n}} \qquad b_{xy} = \frac{\sum xy - \dfrac{(\sum x)(\sum y)}{n}}{\sum y^2 - \dfrac{(\sum y)^2}{n}} \tag{5.5; 5.6}$$

$$a_{yx} = \frac{\sum y - b_{yx}\sum x}{n} \qquad a_{xy} = \frac{\sum x - b_{xy}\sum y}{n} \tag{5.9; 5.10}$$

a_{yx} und a_{xy} lassen sich auch direkt aus den Summen ermitteln (5.13; 5.14) bzw.

$$a_{yx} = \frac{(\sum y)(\sum x^2) - (\sum x)(\sum xy)}{n\sum x^2 - (\sum x)^2} \tag{5.13}$$

$$a_{xy} = \frac{(\sum x)(\sum y^2) - (\sum y)(\sum xy)}{n\sum y^2 - (\sum y)^2} \tag{5.14}$$

anhand der Mittelwerte, der Kovarianz (5.54, 5.55) und der Varianzen (5.9a, 5.10a) vgl. S. 525, 526

$$a_{yx} = \bar{y} - \frac{s_{xy}}{s_x^2}\bar{x} \qquad a_{xy} = \bar{x} - \frac{s_{xy}}{s_y^2}\bar{y} \tag{5.9a; 5.10a}$$

Rekursionsansatz: Für die **Berücksichtigung zusätzlicher Werte** gibt I. H. W. M. Grant vier Formeln und ein Beispiel [Teaching Statistics **9** (1987), 15–18]; Details sind J. H. Klotz (1995, Statistica Sinica **5**, 399–403) zu entnehmen.

Das empirische Bestimmtheitsmaß $\hat{B}$ [(vgl. S. 503); $\hat{B} = 1$, wenn alle beobachteten Punkte auf einer Geraden liegen, d.h. $\hat{y}_i = y_i$]

$$\hat{B} = \frac{\sum(\hat{y} - \bar{y})^2}{\sum(y - \bar{y})^2} = \frac{a\sum y + b\sum xy - n\bar{y}^2}{\sum y^2 - n\bar{y}^2} \tag{5.39a}$$

hat für Tabelle 186 mit $\hat{y} = 3 + 0{,}6x$, d. h. $a = 3$ und $b = 0{,}6$ den Wert

[542]
$$\hat{B} = \frac{3 \cdot 33 + 0{,}6 \cdot 222 - 5(33/5)^2}{235 - 5(33/5)^2} = \frac{14{,}4}{17{,}2} = 0{,}8372 \quad [= 0{,}915^2].$$

Oder nach (5.38) und den Werten von Beispiel 1 (Tab. 186): $\hat{B} = 0{,}6 \cdot 1{,}395 = 0{,}837$. Hier ($n = 5$), $\hat{B}$ (vgl. S. 504) ist positiv verzerrt, gilt mit (5.39b) Zähler: $(0{,}2^2 + 0{,}4^2 + \ldots)/(5-2) = 0{,}933$; $\hat{B}' = 1 - \{0{,}933/[17{,}2/(5-1)]\} = 0{,}783$.

Beispiel 1

Tabelle 186.

x	y	xy	x^2	y^2	$\hat{y}$
2	4	8	4	16	4,2
4	5	20	16	25	5,4
6	8	48	36	64	6,6
8	7	56	64	49	7,8
10	9	90	100	81	9,0
30	33	222	220	235	33
$\sum x$	$\sum y$	$\sum xy$	$\sum x^2$	$\sum y^2$	$\sum \hat{y}$

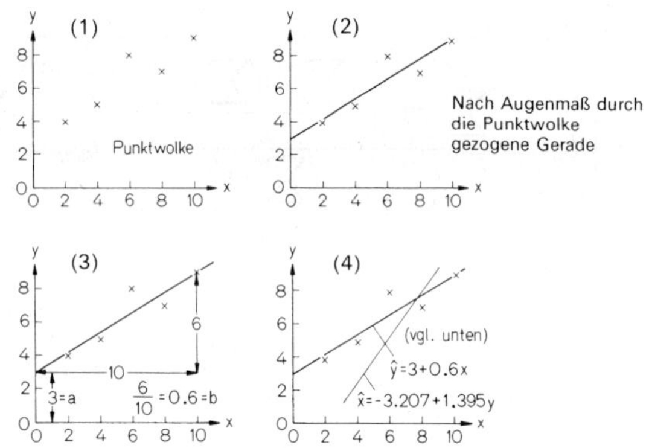

Abb. 59. Gleichung der in (2) grafisch bestimmten Regressionsgeraden: $\hat{y} \approx 3 + 0.6x$

Berechnung der Regressionsgeraden und des Korrelationskoeffizienten

1) $\boxed{\hat{y} = a_{yx} + b_{yx}x}$

$$b_{yx} = \frac{\sum xy - \frac{1}{n}(\sum x)(\sum y)}{\sum x^2 - \frac{1}{n}(\sum x)^2} = \frac{222 - \frac{1}{5}30 \cdot 33}{220 - \frac{1}{5}30^2} = 0{,}600$$

$$a_{yx} = \frac{\sum y - b_{yx} \sum x}{n} = \frac{33 - 0{,}6 \cdot 30}{5} = 3{,}000$$

$\underline{\underline{\hat{y} = 3 + 0{,}6x}}$ Geschätzte Regressionsgerade zur Voraussage von $\hat{y}$ aus x (Tab. 186, letzte Spalte); auch Regression von Y auf X genannt (vgl. a_{yx}, b_{yx}).

2) $\boxed{\hat{x} = a_{xy} + b_{xy}y}$

$$b_{xy} = \frac{\sum xy - \frac{1}{n}(\sum x)(\sum y)}{\sum y^2 - \frac{1}{n}(\sum y)^2} = \frac{222 - \frac{1}{5}30 \cdot 33}{235 - \frac{1}{5}33^2} = 1{,}395$$

$$a_{xy} = \frac{\sum x - b_{xy} \sum y}{n} = \frac{30 - 1{,}395 \cdot 33}{5} = -3{,}207$$

$\underline{\underline{\hat{x} = -3{,}207 + 1{,}395y}}$ Geschätzte Regressionsgerade zur Voraussage von $\hat{x}$ aus y.

Den Vergleich der Flächen unter zwei Regressionsgeraden ($\hat{y}_1$ und $\hat{y}_2$ zwischen x_a und x_b) beschreiben R. Suich und H. Rutemiller (1982, Teaching Statistics **4**, 17–20).

3)

$$r = \frac{\sum xy - \frac{1}{n}(\sum x)(\sum y)}{\sqrt{\left[\sum x^2 - \frac{1}{n}(\sum x)^2\right]\left[\sum y^2 - \frac{1}{n}(\sum y)^2\right]}}$$ **[542]**

$$r = \frac{222 - \frac{1}{5}30 \cdot 33}{\sqrt{\left[220 - \frac{1}{5}30^2\right]\left[235 - \frac{1}{5}33^2\right]}} = 0{,}915$$

$\underline{\underline{r = 0{,}915}}$ Geschätzter Korrelationskoeffizient, ein LINEARES Abhängigkeitsmaß.

Kontrolle für r, b_{yx} und b_{xy}: $r = \sqrt{b_{yx} \cdot b_{xy}}$, $\sqrt{0{,}6 \cdot 1{,}395} = 0{,}915$

Beispiel 2

Tabelle 187

x	y	x^2	y^2	xy
13	12	169	144	156
17	17	289	289	289
10	11	100	121	110
17	13	289	169	221
20	16	400	256	320
11	14	121	196	154
15	15	225	225	225
103	98	1593	1400	1475

Tabelle 187a

Beispiel zu [531]			
Ränge		D	D^2
x	y		
3	2	1	1
5,5	7	−1,5	2,25
1	1	0	0
5,5	3	2,5	6,25
7	6	1	1
2	4	−2	4
4	5	−1	1
		0	15,50

Mit $r_S = 1 - \frac{6 \cdot 15{,}5}{7(49-1)} = 0{,}723 < 0{,}786$ kann [für $n = 7$] H_0: $\varrho_S = 0$ bei zweiseitiger Fragestellung auf dem 5%-Niveau (vgl. Tab. 180) nicht abgelehnt werden.

Den Achsenabschnitt ermitteln wir jetzt einmal nach (5.13)

$$a_{yx} = \frac{(\sum y)(\sum x^2) - (\sum x)(\sum xy)}{n\sum x^2 - (\sum x)^2} = \frac{98 \cdot 1593 - 103 \cdot 1475}{7 \cdot 1593 - 103^2} = 7{,}729$$

und den Regressionskoeffizienten nach (5.5) [„ausmultiplizierte“ Version]

[542]
$$b_{yx} = \frac{n\sum xy - (\sum x)(\sum y)}{n\sum x^2 - (\sum x)^2} = \frac{7 \cdot 1475 - 103 \cdot 98}{7 \cdot 1593 - 103^2} = 0{,}426$$

Die Regressionsgerade von Y auf X lautet dann:

$$\hat{y} = a_{yx} + b_{yx}x \quad \text{oder} \quad \underline{\hat{y} = 7{,}73 + 0{,}426x.}$$

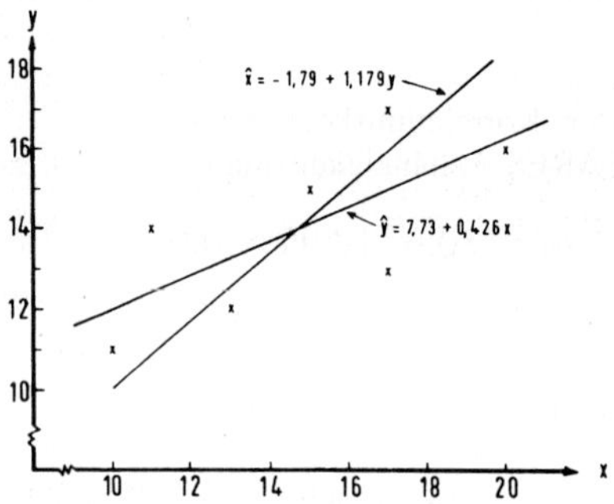

Abb. 60. Die beiden Regressionsgeraden des Beispiels 2

Man kann auch eleganter und schneller vorgehen: Zuerst b_{yx} nach der gegebenen Beziehung ermitteln und dann die Mittelwerte $\bar{x}, \bar{y}$ bestimmen und diese dann in die Beziehung

$$\boxed{a_{yx} = \bar{y} - b_{yx}\bar{x}} \tag{5.11}$$

einsetzen
$$\bar{x} = \frac{103}{7} = 14{,}714 \qquad \bar{y} = \frac{98}{7} = 14;$$
$$a_{yx} = 14 - 0{,}426 \cdot 14{,}714 = 7{,}729$$

Für die Regressionsgerade von X auf Y erhalten wir nach (5.14) und (5.6)

$$a_{xy} = \frac{(\sum x)(\sum y^2) - (\sum y)(\sum xy)}{n\sum y^2 - (\sum y)^2} = \frac{103 \cdot 1400 - 98 \cdot 1475}{7 \cdot 1400 - 98^2} = -1{,}786$$

$$b_{xy} = \frac{n\sum xy - (\sum x)(\sum y)}{n\sum y^2 - (\sum y)^2} = \frac{7 \cdot 1475 - 103 \cdot 98}{7 \cdot 1400 - 98^2} = 1{,}179$$

$$\hat{x} = a_{xy} + b_{xy}y \quad \text{oder} \quad \underline{\hat{x} = -1{,}79 + 1{,}179y}$$

Da $\bar{x} = \frac{103}{7} = 14{,}714$ und $\bar{y} = \frac{98}{7} = 14$, lauten die Regressionsgleichungen (vgl. Abb. 60):

$$\boxed{y - \bar{y} = b_{yx}(x - \bar{x}), \quad \text{d. h.} \quad y = \bar{y} - b_{yx}\bar{x} + b_{yx}x} \tag{5.52}$$

oder
$$y = 14 - 0{,}426 \cdot 14{,}714 + b_{yx}x$$
$$\underline{\hat{y} = 7{,}73 + 0{,}426x}$$

und $$x - \bar{x} = b_{xy}(y - \bar{y}), \quad \text{d.h.} \quad x = \bar{x} - b_{xy}\bar{y} + b_{xy}y \tag{5.53}$$

[542]

oder $$x = 14{,}71 - 1{,}179 \cdot 14 + b_{xy}y$$

$$\underline{\hat{x} = -1{,}79 + 1{,}179y}$$

Die Lage der Regressionsgeraden im Koordinatensystem ist damit bestimmt. Den Korrelationskoeffizienten schätzen wir aus den Regressionskoeffizienten nach (5.38) und nach (5.1b)

$r = \sqrt{b_{yx} \cdot b_{xy}} = \sqrt{0{,}426 \cdot 1{,}179} = 0{,}709$ und $r^* = 0{,}753$ (wobei wir hier vernachlässigen, daß $n = 7 < 8$ ist).

543 Die Schätzung einiger Standardabweichungen

[543]

- Restvarianz und Bestimmtheitsmaß
- zur Residualanalyse
- zum Kalibrierungsproblem

Die Standardabweichungen s_x und s_y werden über die Summen der Abweichungsquadrate der Variablen x und y ermittelt. Wir erinnern uns (vgl. Kapitel 3) an die Formeln (3.52) bis (3.54):

$$Q_x = \sum(x - \bar{x})^2 = \sum x^2 - \left(\sum x\right)^2/n \quad \text{und} \quad Q_y = \sum(y - \bar{y})^2 = \sum y^2 - \left(\sum y\right)^2/n$$

$$s_x = \sqrt{\frac{Q_x}{n-1}} \qquad s_y = \sqrt{\frac{Q_y}{n-1}}$$

Jede Beobachtung einer bivariaten oder zweidimensionalen Häufigkeitsverteilung besteht aus einem Paar von Beobachtungswerten (x, y). Das Produkt der beiden Abweichungen vom jeweiligen Mittelwert ist daher ein geeignetes Maß für den Grad des Miteinandervariierens der Beobachtungen:

$$Q_{xy} = \sum(x - \bar{x})(y - \bar{y})$$

Das **„mittlere" Abweichungsprodukt**

s_{xy} ist die **empirische Kovarianz**

$$\frac{\sum(x - \bar{x})(y - \bar{y})}{n-1} = \frac{Q_{xy}}{n-1} = s_{xy} \tag{5.54}$$

vgl. Abb. 45 auf S. 491

ist die Schätzung s_{xy} der sogenannten **Kovarianz** σ_{xy} (vgl. auch (5.15) bis (5.21)). Die Berechnung der Summe der Abweichungsprodukte, kurz Q_{xy} genannt, wird durch folgende Identitäten erleichtert:

$$Q_{xy} = \sum xy - \bar{x}\sum y \tag{5.55a}$$

[543]

$$Q_{xy} = \sum xy - \bar{y}\sum x \tag{5.55b}$$

!

$$Q_{xy} = \sum xy - \frac{\sum x \sum y}{n} \tag{5.55}$$

(5.55) ist rechentechnisch am günstigsten. Über Q_{xy} erhält man den Korrelationskoeffizienten r sowie die beiden Regressionskoeffizienten b_{yx} und b_{xy} nach (vgl. (5.18))

$$r = \frac{Q_{xy}}{\sqrt{Q_x \cdot Q_y}} = \frac{s_{xy}}{s_x \cdot s_y} = \frac{1}{n-1}\sum\left(\frac{x-\bar{x}}{s_x}\right)\left(\frac{y-\bar{y}}{s_y}\right) \tag{5.56}$$

Dem Summenzeichen in (5.56) rechts folgt dann, wenn X und Y normalverteilt sind, das Produkt zweier Standardnormalvariablen: r als **normierte Produktsumme von Standardnormalvariablen** [(5.38) wird durch (5.57) und (5.58) ergänzt]:

$$b_{yx} = \frac{Q_{xy}}{Q_x} = \frac{s_{xy}}{s_x^2} = r\frac{s_y}{s_x} \qquad b_{xy} = \frac{Q_{xy}}{Q_y} = \frac{s_{xy}}{s_y^2} = r\frac{s_x}{s_y} \qquad (5.57), (5.58)$$

Die Standardabweichung für Y unter der Bedingung, daß X bestimmte Werte annimmt, ist

$$s_{y.x} = \sqrt{\frac{\sum(y-\hat{y})^2}{n-2}} = \sqrt{\frac{\sum(y-a_{yx}-b_{yx}x)^2}{n-2}} \tag{5.59}$$

Hinweis:

[MSE (S. 128) als unverzerrter Schätzer (S. 126) der Restvarianz $\quad \text{MSE} = \sum_{i=1}^{n}\frac{Y_i-\hat{Y})^2}{n-2}$]

Das Symbol $s_{y.x}$, *die Standardabweichung der $\hat{y}$-Werte für ein gegebenes x*, wird gelesen „sy Punkt x“. Der Zähler unter der Wurzel stellt die Summe der Quadrate der Abweichungen der beobachteten y-Werte von den entsprechenden Werten auf der Regressionsgeraden dar. Diese Summe wird durch $n-2$ und nicht durch $n-1$ dividiert, da wir aus den Daten *zwei* Kennwerte a_{yx} und b_{yx} geschätzt haben. Der Wert $s_{y.x}$ könnte erhalten werden, indem man für jeden Wert x anhand der Regressionsgeraden den zugehörigen $\hat{y}$-Wert ermittelt, die Quadrate der einzelnen Differenzen $(y-\hat{y})^2$ summiert und durch den um zwei verminderten Stichprobenumfang teilt. Die Wurzel aus der Restvarianz (5.40) wäre dann $s_{y.x}$. Schneller und exakter erhält man diese Standardabweichung nach

$$s_{y.x} = \sqrt{\frac{Q_y - (Q_{xy})^2/Q_x}{n-2}} \tag{5.59a}$$

Da $s_{y.x}$ ein Maß für die Fehler ist, die man bei der Schätzung oder Voraussage von Y aus vorgegebenen Werten X macht, wird diese Standardabweichung auch als *Standardfehler der Schätzung* oder als *Standardfehler der Voraussage* bezeichnet. Ein **Variationskoeffizient für die Regression** ist $V_R = s_{y.x}/\bar{y}$. Mit Hilfe von $s_{y.x}$ läßt sich nach Dixon und Massey (1983) ein Toleranzintervall approximieren (vgl. auch den „Kasten" vor [554]). **[543]**
Bezeichnen wir nun die *Standardabweichung des Achsenabschnittes* a (auf der Ordinatenachse) mit s_a und die *Standardabweichung des Regressionskoeffizienten* $b_{yx} = b$ mit s_b, dann ist ihr Quotient durch (5.62a) gegeben; die exakt indizierten Standardabweichungen erhält man aus (5.60) bis (5.62):

$$s_{a_{yx}} = s_{y.x} \cdot \sqrt{\frac{1}{n} + \frac{\bar{x}^2}{Q_x}} \tag{5.60}$$

$$s_{b_{yx}} = \frac{s_{y.x}}{\sqrt{Q_x}} = \sqrt{s^2_{y.x}/Q_x} \tag{5.61}$$

Für die Standardabweichung des Regressionskoeffizienten, für $s_{b_{yx}}$ gilt, daß sie bei konstanter Restvarianz um so kleiner wird, je größer der **Definitionsbereich** $x_{\max} - x_{\min}$ ist, je größer Q_x ist, weil dann r meist groß und die Steigung der Regressionsgeraden besser geschätzt werden kann.

$$s_{a_{yx}} = s_{b_{yx}} \cdot \sqrt{\frac{\sum x^2}{n}} \tag{5.62}$$

Damit ist eine Kontrolle für s_a und s_b möglich;

$$\frac{s_a}{s_b} = \sqrt{\frac{\sum x^2}{n}} \tag{5.62a}$$

Zwischen der **empirischen Restvarianz** $s^2_{y.x}$ und s^2_y besteht eine interessante Beziehung: (5.40a) rechts.

$$s^2_{y.x} = (s^2_y - b^2_{yx}s^2_x)\frac{n-1}{n-2} = s^2_y(1-r^2)\frac{n-1}{n-2} \tag{5.40a}$$

Für große Stichprobenumfänge gilt:

$$s_{y.x} \approx s_y\sqrt{1-r^2} \tag{5.63}$$

$$s_{x.y} \approx s_x\sqrt{1-r^2} \tag{5.64}$$

[543] Für r = 0 wird $\begin{matrix} s_{y.x} \approx s_y \\ s_{x.y} \approx s_x \end{matrix}$ und für $r \approx 1$ wird $\begin{matrix} s_{y.x} \approx 0\,. \\ s_{x.y} \approx 0\,. \end{matrix}$ (5.65)

Nach der Quadrierung von (5.63) und (5.64), der Division durch s_y^2 bzw. s_x^2, der Subtraktion von 1 ergibt sich die Varianz-Interpretation des Bestimmtheitsmaßes $\hat{B} = r^2$ (vgl. auch (5.39a)):

$$r^2 \approx 1 - \frac{s_{y.x}^2}{s_y^2} \approx 1 - \frac{s_{x.y}^2}{s_x^2} \qquad (5.66)$$

Beispiel

Nehmen wir unser letztes Beispiel (Tabelle 187) mit $n = 7$ und den Summen:

$$\begin{aligned} \sum x &= 103, & \sum y &= 98 \\ \sum x^2 &= 1593, & \sum y^2 &= 1400 \\ & & \sum xy &= 1475 \end{aligned}$$

Zunächst berechnen wir

$$\begin{aligned} Q_x &= 1593 - (103)^2/7 = 77{,}429 \\ Q_y &= 1400 - (98)^2/7 = 28 \\ Q_{xy} &= 1475 - 103 \cdot 98/7 = 33, \end{aligned}$$ und hieraus bei Bedarf den

Korrelationskoeffizienten nach (5.56)

$$r = \frac{Q_{xy}}{\sqrt{Q_x Q_y}} = \frac{33}{\sqrt{77{,}429 \cdot 28}} = 0{,}709$$

Aus Q_x und Q_y erhält man schnell die entsprechenden Standardabweichungen

$$s_x = \sqrt{\frac{77{,}429}{6}} = 3{,}592$$

$$s_y = \sqrt{\frac{28}{6}} = 2{,}160\,;$$

dann ermitteln wir die Standardabweichung der y-Werte für ein gegebenes x (5.59a)

$$s_{y.x} = \sqrt{\frac{28 - 33^2/77{,}429}{5}} = 1{,}670$$

und hiermit die Standardabweichung des Achsenabschnittes $s_{a_{yx}}$ und die Standardabweichung des Regressionskoeffizienten $s_{b_{yx}}$:

$$s_{a_{yx}} = 1{,}670 \cdot \sqrt{\frac{1}{7} + \frac{14{,}714^2}{77{,}429}} = 2{,}862$$

$$s_{b_{yx}} = \frac{1{,}670}{\sqrt{77{,}429}} = 0{,}190$$

Kontrolle: $$\frac{s_{a_{yx}}}{s_{b_{yx}}} = \frac{2{,}862}{0{,}190} \simeq 15 \simeq \sqrt{\frac{1593}{7}} = \sqrt{\frac{\sum x^2}{n}}$$ **[543]**

Kontrollen

Zur Kontrolle der Rechnungen bediene man sich der folgenden Beziehungen:

1) $$\sum(x+y)^2 = \sum x^2 + \sum y^2 + 2\sum xy \quad (5.67)$$

2) $$\sum(x+y)^2 - \frac{1}{n}[\sum(x+y)]^2 = Q_x + Q_y + 2Q_{xy} \quad (5.68)$$

3) $$s^2_{y.x} = \frac{\sum(y-\hat{y})^2}{n-2} \quad (5.40)$$

Die **Regressionsanalyse** hilft: (1) die Variabilität summarisch zu modellieren, (2) die Größe eines Effektes zu messen und Voraussagen zu machen, (3) eine Kausalanalyse und Schlußfolgerungen zu ermöglichen sowie (4) den Einfluß weiterer Variablen näher zu untersuchen, unter Mithilfe der Korrelationsanalyse. **!**

Beispiel

Wir kontrollieren die Resultate des Beispiels 2 (Tabelle 187) und ermitteln mit Hilfe von Tabelle 188 $\sum(x+y)$ und $\sum(x+y)^2$.
Bekannt sind $\sum x^2 = 1593$, $\sum y^2 = 1400$ und $\sum xy = 1475$. Haben wir richtig gerechnet, dann muß nach der ersten Kontrollgleichung (5.67) $5943 = 1593 + 1400 + 2 \cdot 1475 = 5943$ sein.

Tabelle 188

x	y	x + y	$(x+y)^2$
13	12	25	625
17	17	34	1156
10	11	21	441
17	13	30	900
20	16	36	1296
11	14	25	625
15	15	30	900
103	98	201	5943

Nun zur Kontrolle der Abweichungsquadratsummen $Q_x = 77{,}429$, $Q_y = 28$, $Q_{xy} = 33$ nach der 2. Kontrollgleichung (5.68) $5943 - (1/7)201^2 = 171{,}429 = 77{,}429 + 28 + 2 \cdot 33$. Für die letzte Kontrolle benötigen wir die aufgrund der Regressionsgeraden $\hat{y} = 7{,}729 + 0{,}426x$ für die 7 gegebenen x-Werte erhaltenen Schätzwerte $\hat{y}$ aus der Tabelle 189.

[543]

Tabelle 189

x	y	ŷ	y - ŷ	(y - ŷ)²
13	12	13,267	- 1,267	1,6053
17	17	14,971	2,029	4,1168
10	11	11,989	- 0,989	0,9781
17	13	14,971	- 1,971	3,8848
20	16	16,249	- 0,249	0,0620
11	14	12,415	1,585	2,5122
15	15	14,119	0,881	0,7762
			+ 0,019 ≈ 0	13,9354

Für $s_{y.x}$ hatten wir 1,67 erhalten, in die dritte Kontrollgleichung (5.40) eingesetzt:

$$1{,}67^2 = 2{,}79 = \frac{13{,}9354}{5}$$

Übersicht 72. Zur Residualanalyse

Voraussetzungen des Regressionsmodells sind auf S. 551 genannt; sie lassen sich anhand der Residualanalyse überprüfen. Sehr einfache Beispiele und graphische Darstellungen gibt z. B. J. W. Cotts (1987, Teaching Statistics **9**, 82–89) [vgl. auch D. R. Cox und E. J. Snell, Journal of the Royal Statistical Society B **30** (1968), 248–275 sowie Schnell 1994].

Eine Analyse der Modellabweichungen „$y - \hat{y}$", genauer „$y_i - \hat{y}_i$" [vgl. (5.39) und (5.40)], der **Residuen** gibt Aufschluß über Abweichungen von der: Linearität (1), Normalität (2), Varianzhomogenität (3) und natürlich über mögliche Ausreißer (4). Näheres ist Atkinson (1985: Chapter 1), Draper und Smith (1998 u. Ryan '97) sowie der Übersicht, die Neill und Johnson (1984) geben, zu entnehmen (vgl. auch Myers 1990: Chapter 5 sowie Hoaglin und Moore 1991: Chapter 8).

Übersicht 73. Zur Eichkurve, das Kalibrierungsproblem

Anhand der Regressionslinie $\hat{y}$ soll der unbekannte Wert $\dot{x}$ aus dem Meßwert $\dot{y}$ geschätzt werden. Der Ansatz (vgl. (5.53))

$$\dot{x} = \bar{x} + b_{xy}(\dot{y} - \bar{y})$$

ist mit einem systematischen Fehler behaftet, dessen Standardfehler unbekannt ist. Wenn $\dot{x}$ **nahe bei** $\bar{x}$ liegt, läßt sich $\dot{x}$ aus

$$\dot{x} = \bar{x} + b_{xy}(\dot{y} - \bar{y}) = \bar{x} + (\dot{y} - \bar{y})Q_{xy}/Q_y \qquad (5.53\,a)$$

schätzen. Näheres ist Hunter (1981), Mandel (1984), Miller (1986), Draper und Smith (1998), Draper (1990, 1992), Osborne (1991) sowie Chow und Shao (1990) zu entnehmen. Zur multivariaten Kalibrierung siehe auch Martens und Naes (1989).

D. Kuhnert und M. Horn (1980, Biometrical Journal **22**, 339–344) berechnen [Modell I (x fest)] einen Vertrauensbereich für die Stelle x_0, an der die „wahre Gerade" einen vorgegebenen Wert y_0 erreicht (etwa ED_{50} oder LD_{50}).

544 Schätzung des Korrelationskoeffizienten und der Regressionsgeraden aus einer Korrelationstabelle

[544]

- Rechenschema für Regression und Korrelation
- Schema zur varianzanalytischen Prüfung der Regression

Übersicht 74. Rechenschema für Regression und Korrelation

1. Schritt: Berechnung von $\bar{x}$, $\bar{y}$, Q_x, Q_y, Q_{xy} anhand von n und

$$\sum x \quad \sum y$$
$$\sum x^2 \quad \sum y^2 \quad \sum xy$$

Rechenkontrollen:

$$\sum(x+y)^2 = \sum x^2 + \sum y^2 + 2\sum xy$$
$$\sum(x+y)^2 - \frac{1}{n}\{\sum(x+y)\}^2 = Q_x + Q_y + 2Q_{xy}$$

$$\bar{x} = \frac{1}{n}\sum x \qquad \bar{y} = \frac{1}{n}\sum y$$

$$Q_x = \sum x^2 - \frac{1}{n}(\sum x)^2$$

$$Q_y = \sum y^2 - \frac{1}{n}(\sum y)^2$$

$$Q_{xy} = \sum xy - \frac{1}{n}(\sum x)(\sum y)$$

2. Schritt: Berechnung von $Q_{y.x}$, b_{yx}, a_{yx}, r, s_x, s_y, s_{xy}, $s_{y.x}$, $s_{b_{yx}}$ und $s_{a_{yx}}$

$$Q_{y.x} = Q_y - b_{yx}Q_{xy}$$

$$b_{yx} = \frac{Q_{xy}}{Q_x} \qquad s_x = \sqrt{\frac{Q_x}{n-1}} \qquad s_{y.x} = \sqrt{\frac{Q_{y.x}}{n-2}}$$

$$a_{yx} = \bar{y} - b_{yx}\bar{x} \qquad s_y = \sqrt{\frac{Q_y}{n-1}} \qquad s_{b_{yx}} = \frac{s_{y.x}}{\sqrt{Q_x}}$$

$$r = \frac{Q_{xy}}{\sqrt{Q_xQ_y}} \qquad s_{xy} = \frac{Q_{xy}}{n-1} \qquad s_{a_{yx}} = s_{y.x}\sqrt{\frac{1}{n} + \frac{\bar{x}^2}{Q_x}}$$

Rechenkontrollen:

$$r = \frac{s_{xy}}{s_xs_y} = \sqrt{b_{yx}b_{xy}} \qquad \frac{s_{a_{yx}}}{s_{b_{yx}}} = \sqrt{\frac{\sum x^2}{n}}$$

$$s^2_{y.x} = \frac{\sum(y-\hat{y})^2}{n-2} \qquad s_{y.x} = s_y\sqrt{(1-r^2)\frac{n-1}{n-2}}$$

Übersicht 75. Schema zur varianzanalytischen Prüfung der Regression

[544]

Ursache	SAQ	FG	MQ (SAQ/FG)	MQR ($MQ_{Regr.}/MQ_{Rest}$)	$F_{(1,n-2;\alpha)}$
Regression	$(Q_{xy})^2/Q_x$	1		$\hat{F}$	
Rest	$Q_y - (Q_{xy})^2/Q_x$	n-2		—	—
Insgesamt	Q_y	n-1	—	—	—

Wenn $MQ_{\text{Regr.}}/MQ_{\text{Rest}} = \hat{F}_{\text{Regr.}} > F_{1,n-2;\alpha}$ ist, wird H_0: $\beta = 0$ auf dem $100\alpha\%$-Niveau abgelehnt. Näheres (vgl. Kapitel 7) ist Draper und Smith (1998) und Draper (1990, 1992) zu entnehmen.

$$\hat{F}_{\text{Regression}} = \frac{SAQ_{\text{Regression}}/1}{\dfrac{SAQ_{\text{total}} - SAQ_{\text{Regression}}}{n-2}} = \frac{\sum_{i=1}^{n}(\hat{y}_i - \bar{y})^2/1}{\left[\sum_{i=1}^{n}(y_i - \bar{y})^2 - \sum_{i=1}^{n}(\hat{y}_i - \bar{y})^2\right] \Big/ (n-2)}$$

Mit dem Bestimmtheitsmaß r^2:

$$\hat{F}_{\text{Regression}} = \frac{r^2 \sum_{i=1}^{2}(y_i - \bar{y})^2/1}{\left[\sum_{i=1}^{n}(y_i - \bar{y})^2 - r^2 \sum_{i=1}^{n}(y_i - \bar{y})^2\right] \Big/ (n-2)}$$

$$= \frac{r^2 \sum_{i=1}^{2}(y_i - \bar{y})^2}{(1-r^2)\sum_{i=1}^{2}(y_i - \bar{y})^2/(n-2)} = \frac{r^2(n-2)}{1-r^2} \quad \{\text{vgl. (5.71a)}\}$$

Werden Konfektschachteln nach den Kantenlängen der Grundfläche oder Individuen nach Körperlänge und -gewicht klassifiziert, jeweils liegen Paare von Zufallsvariablen vor, so kann die Frage nach der möglichen Korrelation zwischen den jeweiligen Zufallsvariablen aufgeworfen werden. **Korrelationskoeffizienten existieren** stets dann, wenn die Varianzen existieren und ungleich Null sind [$\varrho = \sigma_{xy}/(\sigma_x\sigma_y)$]. Allgemein läßt sich eine zweidimensionale Häufigkeitsverteilung mit bestimmten Merkmalskombinationen in einer k Spalten und l Zeilen umfassenden **Korrelationstabelle** übersichtlich darstellen. Für jedes der beiden Merkmale muß hierbei eine *konstante Klassenbreite* b gewählt werden. Weiter sollte b möglichst nicht zu groß sein, da bei gröberer Klasseneinteilung r im allgemeinen unterschätzt wird. Die Klassenmitten werden, wie üblich, mit x_i bzw. mit y_j bezeichnet. Anhand der Urliste wird eine Strichliste oder ein **Punktdiagramm** (Abb. 61) mit durchnumerierten Klassen (Spalten und Zeilen) angelegt.
Jedes Feld der Tabelle weist eine bestimmte Besetzungszahl auf, zwei gegenüberliegende Eckenbereiche der Tabelle bleiben meist unbesetzt oder schwach besetzt. Die Besetzungs-

zahl eines Feldes der i-ten Spalte (Merkmal I) und der j-ten Zeile (Merkmal II) bezeichnen wir mit n_{ij}. Dann sind die

[544]

$$\text{Zeilensummen} = \sum_{i=1}^{k} n_{ij} = \sum_{i} n_{ij} = n_{.j}$$

$$\text{Spaltensummen} = \sum_{j=1}^{l} n_{ij} = \sum_{j} n_{ij} = n_{i.}$$

$$\text{natürlich ist } n = \sum_{i=1}^{k} \sum_{j=1}^{l} n_{ij} = \sum_{i} n_{i.} = \sum_{j} n_{.j}$$

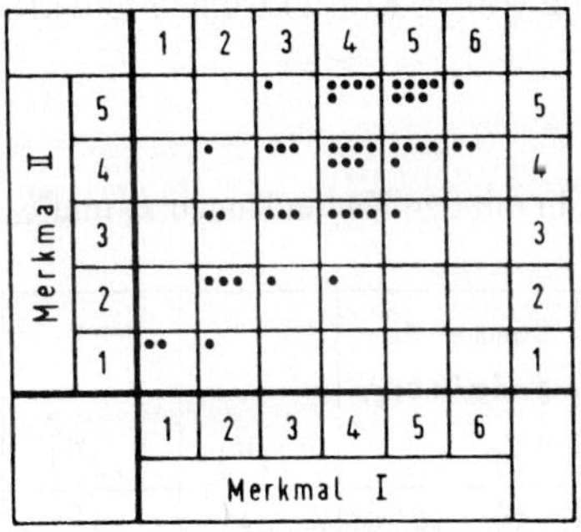

Abb. 61. Punktdiagramm einer bivariaten Häufigkeitsverteilung

Tabelle 190. Korrelationstabelle

			Merkmal I					
		Kl. Nr.	1	…	i	…	k	Zeilen-
	Kl. Nr.	$y\uparrow$ \ $\vec{x}$	x_1	…	x_i	…	x_k	summe
Merkmal II	1	y_1	n_{11}	…	n_{i1}	…	n_{k1}	$n_{.1}$
	⋮	⋮	⋮		⋮		⋮	⋮
	j	y_j	n_{1j}	…	n_{ij}	…	n_{kj}	$n_{.j}$
	⋮	⋮	⋮		⋮		⋮	⋮
	l	y_l	n_{1l}	…	n_{il}	…	n_{kl}	$n_{.l}$
	Spaltensumme		$n_{1.}$	…	$n_{i.}$	…	$n_{k.}$	n

Mit den Klassenbreiten b_x und b_y, der zur größten Besetzungszahl (bzw. eine der größten Besetzungszahlen) gehörenden Spalte x_a und Zeile y_b, den Spalten x_i und den Zeilen y_j ergibt sich, sobald man

$$\boxed{\frac{x_i - x_a}{b_x} = v_i \quad \text{und} \quad \frac{y_j - y_b}{b_y} = w_j} \tag{5.69}$$

setzt, v_i und w_j sind dann ganze Zahlen, der Korrelationskoeffizient nach (5.70):

[544]

$$r = \frac{n \sum_i \sum_j n_{ij} v_i w_j - (\sum_i n_{i.} v_i)(\sum_j n_{.j} w_j)}{\sqrt{[n \sum_i n_{i.} v_i^2 - (\sum_i n_{i.} v_i)^2][n \sum_j n_{.j} w_j^2 - (\sum_j n_{.j} w_j)^2]}} \tag{5.70}$$

Beispiel

Berechne r für die Kantenlängen der Grundfläche von 50 Konfektschachteln (Tabelle 191; x_i und y_j sind Klassenmitten).

Tabelle 191. Grundflächen von 50 Konfektschachteln mit den Kantenlängen x_i und y_i, gemessen in cm

	x_i	12	16	20	24	28	32	Summe der j Zeilen		
	v_i	-3	-2	-1	0	1	2			
y_j	w_j							$n_{.j}$	$n_{.j}w_j$	$n_{.j}w_j^2$
21	1			1	5	7	1	14	14	14
18	0		1	3	7	5	2	18	0	0
15	-1		2	3	4	1		10	-10	10
12	-2		3	1	1			5	-10	20
9	-3	2	1					3	- 9	27
Summe der i Spalten $n_{i.}$		2	7	8	17	13	3	50 n	-15 $\sum n_{.j}w_j$	71 $\sum n_{.j}w_j^2$
$n_{i.}v_i$		-6	-14	-8	0	13	6	-9 $\sum n_{i.}v_i$		
$n_{i.}v_i^2$		18	28	8	0	13	12	79 $\sum n_{i.}v_i^2$		

Zunächst werden die v_i und die w_j berechnet: Wir wählen $x_a = 24$ und $y_b = 18$

$$v_i\colon \quad \frac{12-24}{4} = -3 \qquad \frac{16-24}{4} = -2 \quad \text{usw.}$$

$$w_j\colon \quad \frac{21-18}{3} = 1 \qquad \frac{18-18}{3} = 0 \quad \text{usw.,}$$

dann die Summen (vgl. Tabelle 191) der Spalten und Zeilen und die vier Summen der Produkte. Zur Berechnung der Summe $\sum_i \sum_j n_{ij} v_i w_j$ bilden wir eine kleine Hilfstafel.

Wir berechnen für jede Besetzungszahl das Produkt $v_i\, w_j$ und multiplizieren dieses Produkt mit der zugehörigen Besetzungszahl n_{ij}:

Tabelle 192 [544]

		-1	0	7	2	8
	0	0	0	0	0	0
	4	3	0	-1		6
	12	2	0			14
18	6					24
18	+22	+4	+0	+6	+2	52

$$\sum_i \sum_j n_{ij} v_i w_j = 52$$

Nach (5.70) ergibt sich dann $r = \dfrac{50 \cdot 52 - (-9)(-15)}{\sqrt{[50 \cdot 79 - (-9)^2][50 \cdot 71 - (-15)^2}} = 0{,}6872$

Man hätte natürlich auch direkt mit den Summen

$$\sum_i n_{i.} x_i \quad = 2 \cdot 12 + 7 \cdot 16 + \ldots + 3 \cdot 32 = 1164$$

$$\sum_i n_{i.} x_i^2 \quad = 2 \cdot 12^2 + 7 \cdot 16^2 + \ldots + 3 \cdot 32^2 = 28\,336$$

$$\sum_j n_{.j} y_j \quad = 3 \cdot 9 + 5 \cdot 12 + \ldots + 14 \cdot 21 = 855$$

$$\sum_j n_{.j} y_j^2 \quad = 3 \cdot 9^2 + 5 \cdot 12^2 + \ldots + 14 \cdot 21^2 = 15\,219$$

$$\sum_{ij} x_i(n_{ij} y_j) = 12(2{\cdot}9) + 16(9 + 3{\cdot}12 + 2{\cdot}15 + 18) + \ldots + 32(2{\cdot}18 + 21) = 20\,496$$

nach (5.2) rechnen können

$$r = \frac{\sum x_i y_j - \frac{1}{n} \sum x_i \sum y_j}{\sqrt{\left[\sum x_i^2 - \frac{1}{n}(\sum x_i)^2\right]\left[\sum y_j^2 - \frac{1}{n}(\sum y_j)^2\right]}}$$

$$= \frac{20\,496 - \frac{1}{50} 1164 \cdot 855}{\sqrt{\left[28\,336 - \frac{1}{50} 1164^2\right]\left[15\,219 - \frac{1}{50} 855^2\right]}} = 0{,}6872$$

Auf S. 543 wird die Bedeutsamkeit dieses $r = 0{,}6872$ geklärt und der 95%-Vertrauensbereich für den Parameter ϱ angegeben.
Wenn eine der beiden untersuchten Größen als von der anderen abhängig aufgefaßt werden kann, sollte die Korrelationsrechnung durch eine Regressionsbetrachtung ergänzt werden. Man erhält dann die beiden Mittelwerte, Standardabweichungen, Restvarianzen und Regressionsgeraden sowie andere interessierende Größen (vgl. auch Übersicht 74 sowie die Hinweise in [553]) nach (b_x und b_y sind Klassenbreiten):

[544]

$$\bar{x} = b_x \frac{\sum_i n_{i.} v_i}{n} + x_a = 4\frac{(-9)}{50} + 24 = 23{,}28$$

$$\bar{y} = b_y + \frac{\sum_j n_{.j} w_j}{n} + y_b = 3\frac{(-15)}{50} + 18 = 17{,}10$$

$$s_x = b_x \sqrt{\frac{\sum_i n_{i.} v_i^2}{n} - \left[\frac{\sum_i n_{i.} v_i}{n}\right]^2} = 4 \cdot \sqrt{\frac{79}{50} - \left[\frac{(-9)}{50}\right]^2} = 4{,}976$$

$$s_y = b_y \sqrt{\frac{\sum_j n_{.j} w_j^2}{n} - \left[\frac{\sum_j n_{.j} w_j}{n}\right]^2} = 3 \cdot \sqrt{\frac{71}{50} - \left[\frac{(-15)}{50}\right]^2} = 3{,}460$$

$$(s_{y.x})^2 = s_y^2(1 - r^2)\frac{n-1}{n-2} = 3{,}46^2(1 - 0{,}6872^2)\frac{49}{48} = 6{,}4497$$

$$(s_{x.y})^2 = s_x^2(1 - r^2)\frac{n-1}{n-2} = 4{,}976^2(1 - 0{,}6872^2)\frac{49}{48} = 13{,}3398$$

$$b_{yx} = r\frac{s_y}{s_x} = 0{,}6872\frac{3{,}460}{4{,}976} = 0{,}4778$$

$$b_{xy} = r\frac{s_x}{s_y} = 0{,}6872\frac{4{,}976}{3{,}460} = 0{,}9883$$

$$a_{yx} = \bar{y} - b_{yx}\bar{x} = 17{,}10 - 0{,}4778 \cdot 23{,}28 = 5{,}977$$

$$a_{xy} = \bar{x} - b_{xy}\bar{y} = 23{,}28 - 0{,}9883 \cdot 17{,}10 = 6{,}380$$

d. h. $\underline{\hat{y} = 5{,}977 + 0{,}478x}$ $\underline{\bar{x} = 6{,}380 + 0{,}988y}$

Abschließend sei an die 5. Bemerkung zu r_S in [531] erinnert.

545 Der Vertrauensbereich für den Korrelationskoeffizienten ϱ

[545] Den 95%-Vertrauensbereich für ϱ entnimmt man Abb. 62 an der über r errichteten Senkrechten zwischen den beiden mit dem betreffenden n versehenen Kurven. Nur dann, wenn der Vertrauensbereich den Wert $\varrho = 0$ nicht einschließt, kann von einer echten Korrelation ($\varrho \neq 0$) gesprochen werden. Vertrauensgrenzen für großes n findet man mit Hilfe von (5.82) in [551].

Vertrauensbereiche für ϱ für $r = -0{,}95(0{,}05)0{,}95$; $n = 3(1)30$, 40, 60, 100, 120, 150, 200, 400 und 6 Signifikanzniveaus geben Odeh und Owen (1980, S. 230–264).

[545]

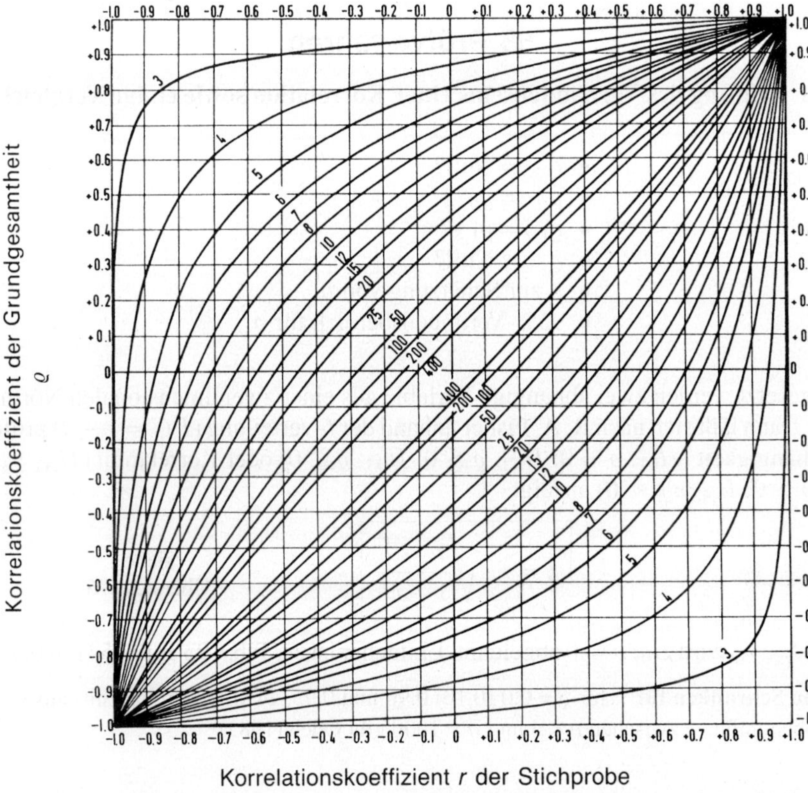

Abb. 62. Vertrauensgrenzen des Korrelationskoeffizienten: 95%-Vertrauensbereich für ϱ: Die Zahlen an den Kurven bezeichnen den Stichprobenumfang (aus F. N. David: Tables of the Ordinates and Probability Integral of the Distribution of the Correlation Coefficient in Small Samples, The Biometrika Office, London 1938)

Beispiele

1. Ein extremes Beispiel mit r = 0,5 und n = 3 mag dies illustrieren.
Wir gehen mit $r = +0{,}5$ (Abszisse: Mitte der rechten Hälfte) in das Nomogramm ein und lesen über $r = 0{,}5$ die Höhen der beiden Kurven n = 3 auf der Ordinate ab: $\varrho_1 \simeq -0{,}91$ und $\varrho_2 \simeq +0{,}98$. Der Vertrauensbereich ist riesig (95%-VB: $-0{,}91 \lessapprox \varrho \lessapprox +0{,}98$) und läßt praktisch keine Aussage zu.

2. Für r = 0,68 und n = 50 (vgl. Abb. 62) erhalten wir den 95%-VB: $0{,}50 \lessapprox \varrho \lessapprox 0{,}80$ und damit die Bestätigung einer echten formalen Korrelation (P = 0,05).

Power-Abschätzungen: Benötigtes n, um r und $\begin{array}{cc|} a & b \\ c & d \\ \hline & & n \end{array}$ mit $\alpha_{\text{zweiseitig}}$ = 0,05 und einer recht anspruchsvollen Power (vgl. S. 197) von $0{,}8 < (1-\beta) \leqq 0{,}9$ als statistisch signifikant auszuweisen:

(1) Erwartet man $r \approx 0{,}5$, so gilt mit $n = 8/r^2$ Meßwertpaaren n = 32 [vgl. Tab. 194 auf S. 542].

(2) S. 451: $K = (ad - bc)^2/[(a+b)(c+d)(a+c)(b+d)]$ und $n = 8/K$; z. B. Tab. 153: K = 0,0266 [= 4,822/181] und n = 301.

Nach W. P. Dunlap und Leann Myers, Psychological Methods **2** (1997), 186–191.

55 Prüfverfahren

[55]

[551]

551 Prüfung des Vorhandenseins einer Korrelation sowie einige Vergleiche

- ϱ = Null?
- ϱ = ϱ_0?
- $\varrho_{1,2} = \varrho_{1,3}$?
- $\bar{\varrho}$ = Null?
- n zur Schätzung von ϱ
- 95%-Vertrauensbereich für ϱ

Vorausgesetzt werden zwei abhängige Variable aus einer zweidimensionalen Normalverteilung. Dann läßt sich nach R. A. Fisher anhand der t-Verteilung ($FG = n-2$) prüfen, ob r Unabhängigkeit (H_{01}: $\varrho = 0$; H_{02}: $\varrho \leqq 0$; H_{03}: $\varrho \geqq 0$) oder Korrelation ($H_{A1} : \varrho \neq 0$; $H_{A2} : \varrho > 0$; $H_{A3} : \varrho < 0$) anzeigt.

$$\boxed{\hat{t} = r \cdot \sqrt{\frac{n-2}{1-r^2}}} \qquad \text{siehe Übersicht 76} \qquad (5.71)$$

Für $\hat{t} \geqq t_{n-2;\alpha}$ wird H_0: $\varrho = 0$ abgelehnt. Einfacher ist es, Tab. 193 auf S. 541 zu benutzen.

Kritische Schranken für r für ϱ = 0,0 (0,10) 0,90 und 0,95, zwölf Signifikanzniveaus sowie 50 Stichprobenumfänge zwischen n = 4 und n = 1000 gibt Odeh (1982).

Übersicht 76. Prüfung eines Korrelationskoeffizienten

Anhand der Prüfgröße $\hat{t} = r\sqrt{(n-2)/(1-r^2)}$ wird eine der folgenden drei Nullhypothesen abgelehnt, sobald:

$$\begin{array}{llll} \text{(I) } H_0\text{: } \varrho = 0 & [\text{gegen } H_A\text{: } \varrho \neq 0]\text{:} & |\hat{t}| & \geqq t_{n-2;\alpha;\text{zweiseitig}} \\ \text{(II) } H_0\text{: } \varrho \leqq 0 & [\text{gegen } H_A\text{: } \varrho > 0]\text{:} & \hat{t} & \geqq t_{n-2;\alpha;\text{einseitig}} \\ \text{(III) } H_0\text{: } \varrho \geqq 0 & [\text{gegen } H_A\text{: } \varrho < 0]\text{:} & \hat{t} & \leqq -t_{n-2;\alpha;\text{einseitig}} \end{array}$$

Dann liegt auf dem 100α%-Niveau eine: Korrelation (I), positive Korrelation (II), negative Korrelation (III) vor.
Für Prüfungen auf dem 5%-, 1%- oder 0,1%-Niveau wird man Tabelle 193 bevorzugen.

Für (5.71) wird vorausgesetzt, daß ϱ = Null ist.

Denn r ist angenähert normalverteilt, wenn:
(1) X, Y zumindest angenähert normalverteilt sind,
(2) $|r|$ genügend weit vom Wert 1 entfernt ist sowie
(3) n hinreichend groß ist.

Kann nicht angenommen werden, daß $\varrho = 0$ ist, dann muß man die Transformation der r-Werte in $\dot{z}$-Werte nach R. A. Fisher anwenden (vgl. [552]); man prüft dann anhand von:

$$\hat{t} = \frac{\dot{z} - \dot{z}_0}{\sigma_{\dot{z}}} = 1{,}1513 \left| \lg \frac{1+r}{1-r} - \lg \frac{1+\varrho}{1-\varrho} \right| \sqrt{n-3} \qquad (5.72)$$

mit $\nu = n - 2$ Freiheitsgraden

[551]

Beispiel

$$n = 14; \quad r = 0{,}9660; \quad H_0\colon \varrho = 0{,}8; \quad H_A\colon \varrho > 0{,}8; \quad \alpha = 0{,}05$$

$$\hat{t} = 1{,}1513 \left| \lg \frac{1+0{,}966}{1-0{,}966} - \lg \frac{1+0{,}8}{1-0{,}8} \right| \sqrt{14-3}$$

$$\hat{t} = 1{,}1513(|1{,}7621 - 0{,}9542|)3{,}3166 = 3{,}0849$$

Mit $\hat{t} = 3{,}085 > 1{,}782 = t_{12;0{,}05;\text{einseitig}}$ kann auf dem 5%-Niveau angenommen werden, daß zwischen X und Y ein wesentlich stärkerer Zusammenhang als ϱ = 0,8 besteht. Dieses Resultat erhält man auch nach (5.74): $\hat{t} = [(0{,}966 - 0{,}8)\sqrt{14-2}]/\sqrt{(1-0{,}966^2)(1-0{,}8^2)}$
$\hat{t} = 3{,}707 > 1{,}782 = t_{12;0{,}05;\text{einseitig}}$

Hinweise

1. Die Nullhypothese: $\varrho = 0$ kann auch anhand der F-Verteilung abgelehnt werden:

$$\hat{F} = \frac{r^2(n-2)}{1-r^2} \qquad FG_1 = 1 \quad FG_2 = n-2 \qquad (5.71a)$$

Beachte: (5.71) und (5.71 a) sind gleichwertig [vgl. (1.182), links] [vgl. auch Übersicht 75 und die Legende der Tab. 193]

$$\hat{F} = \frac{1+r}{1-r} \qquad FG_1 = FG_2 = n-2 \qquad (5.73)$$

Kymn (1968)

2. Ein Vergleich mit einem vorgegebenen Wert ϱ ist auch nach *Samiuddin (1970)* möglich:

$$\hat{t} = \frac{(r-\varrho)\sqrt{n-2}}{\sqrt{(1-r^2)(1-\varrho^2)}} \qquad FG = n-2 \qquad (5.74)$$

Beachte das Beispiel zu (5.72)

3. Prüfung der Differenz zweier nichtunabhängiger Korrelationskoeffizienten:

$$\hat{t} = (r_{12} - r_{13})\sqrt{(n-1)(1+r_{23})/A}$$

$$\text{mit} \quad A = 2\frac{n-1}{n-3}|R| + \frac{(r_{12}+r_{13})^2}{2}(1-r_{23})^3 \qquad (5.75)$$

und der Determinanten $|R|$

$$|R| = (1 - r_{12}^2 - r_{13}^2 - r_{23}^2) + (2r_{12}r_{13}r_{23})$$

Für $\hat{t} > t_{n-3;\alpha}$ wird $H_0\colon \varrho_{12} = \varrho_{13}$ nach Williams (1959) [vgl. auch Neill und Dunn (1975), Bennett (1978), Steiger (1980) sowie Wilson und Martin (1983)] auf dem 100α%-Niveau abgelehnt.

Beispiel

[551]

$$n = 30: \quad r_{12} = 0{,}85 \quad r_{13} = 0{,}71 \quad r_{23} = 0{,}80 \quad \text{für } \alpha = 0{,}05$$

$$|R| = (1 - 0{,}85^2 - 0{,}71^2 - 0{,}80^2) + (2 \cdot 0{,}85 \cdot 0{,}71 \cdot 0{,}80) = 0{,}099$$

$$A = 2\frac{29}{27}0{,}099 + \frac{(0{,}85 + 0{,}71)^2}{2}(1 - 0{,}80)^3 = 0{,}222$$

$$\hat{t} = (0{,}85 - 0{,}71)\sqrt{29(1 + 0{,}80)/0{,}222} = 2{,}15 > 2{,}052 = t_{27;0{,}05}$$

Für 3 Variablen X_i, X_j, X_k gilt, daß die Korrelation zwischen X_i und X_j im Bereich:

$$\boxed{r_{ik}r_{jk} \pm \sqrt{(1 - r_{ik}^2)(1 - r_{jk}^2)}} \qquad (5.75a)$$

liegen muß; etwa für r_{ik} = 0,6 und r_{jk} = 0,9 gilt:

$$0{,}6 \cdot 0{,}9 \pm \sqrt{(1 - 0{,}36)(1 - 0{,}81)} = 0{,}54 \pm 0{,}35\,, \quad \text{d. h.} \quad 0{,}19 \leqq r_{ij} \leqq 0{,}89\,.$$

Für mehr als drei Variablen gilt Entsprechendes für jede Dreiergruppe.
Mehrere nichtunabhängige r_i werden nach Meng u. Mitarb. (1992) verglichen, wobei auch Kontraste geprüft werden können.

4. Berechnung und Prüfung eines gemeinsamen Korrelationskoeffizienten [vgl. (5.88), (5.91)]. Liegen mindestens zwei Zufallsstichproben vor ($k \geqq 2$) und ist ein gemeinsamer Korrelationskoeffizient r_{gem} zu berechnen und zu prüfen, so ist es nicht zulässig, r_{gem} aus allen $n = \sum_{i=1}^{k} n_i$ Beobachtungspaaren zu berechnen. Statt dessen berechne man jeweils r_i und

$$\boxed{r_{\text{gem}} = \frac{\sum_{i=1}^{k}(n_i - 1)r_i}{\sum_{i=1}^{k}(n_i - 1)}} \qquad (5.76)$$

und prüfe nach

$$\boxed{\hat{t} = r_{\text{gem}} \cdot \sqrt{\frac{n - k - 1}{1 - r_{\text{gem}}^2}}} \qquad (5.77)$$

Beispielsweise erhält man für $n_1 = n_2 = n_3 = 30$ und r_1 = 0,422, r_2 = 0,388 und r_3 = 0,569; d. h. hier (n_i = konstant)

$$\boxed{r_{\text{gem}} = \sum_{i=1}^{3} r_i/3} \qquad (5.76a)$$

$r_{\text{gem}} = (0{,}422 + 0{,}388 + 0{,}569)/3 = 0{,}460$ sowie $\hat{t} = 0{,}460\sqrt{(90 - 3 - 1)/(1 - 0{,}460^2)} = 4{,}80$ für $FG = n - k - 1 = 90 - 3 - 1 = 86$ den deutlichen Hinweis, daß ϱ positiv ist (vgl. $t_{86;0{,}01;\text{einseitig}}$ = 2,37).

5. Benötigte Stichprobenumfänge zur Schätzung des Korrelationskoeffizienten lassen sich anhand von Tabelle 194 auf S. 542 abschätzen.

Beispiel

Um einen Korrelationskoeffizienten von etwa ϱ = 0,6 auf dem 5%-Niveau mit einer Power von 0,9 zu schätzen, benötigt man nach Tabelle 194 (mindestens) n = 24 Beobachtungspaare, für ϱ = 0,2 wären es n = 258 Beobachtungspaare [vgl. auch S. 537, unten (1)].

Tabelle 193. Prüfung des Korrelationskoeffizienten r auf Signifikanz gegen Null. Die Nullhypothese ($\varrho = 0$) wird zugunsten der Alternativhypothese (zweiseitige Fragestellung: $\varrho \neq 0$, einseitige Fragestellung: $\varrho > 0$ bzw. $\varrho < 0$) abgelehnt, wenn $|r|$ den für die geeignete Fragestellung, die gewählte Irrtumswahrscheinlichkeit und den vorliegenden Freiheitsgrad ($FG = n - 2$) tabellierten Wert erreicht oder überschreitet (dann sind auch die beiden Regressionskoeffizienten β_{yx} und β_{xy} von Null verschieden). Der einseitige Test darf nur durchgeführt werden, wenn vor der Erhebung der n Datenpaare das Vorzeichen des Korrelationskoeffizienten sicher ist. [551]

Diese Tafel ersetzt Formel (5.71): z. B. ist ein auf $60 FG$ ($n = 62$) basierender Wert r = 0,25 auf dem 5%-Niveau statistisch signifikant ($\varrho \neq 0$)

FG	Zweiseitiger Test			Einseitiger Test		
	5 % #	1 %	0,1 %	5 %	1 %	0,1 %
1	0,9969	A*	B*	0,9877	0,9995	C*
2	0,9500	0,9900	0,9990	0,9000	0,9800	0,9980
3	0,8783	0,9587	0,9911	0,805	0,934	0,986
4	0,811	0,917	0,974	0,729	0,882	0,963
5	0,754	0,875	0,951	0,669	0,833	0,935
6	0,707	0,834	0,925	0,621	0,789	0,905
7	0,666	0,798	0,898	0,582	0,750	0,875
8	0,632	0,765	0,872	0,549	0,715	0,847
9	0,602	0,735	0,847	0,521	0,685	0,820
10	0,576	0,708	0,823	0,497	0,658	0,795
11	0,553	0,684	0,801	0,476	0,634	0,772
12	0,532	0,661	0,780	0,457	0,612	0,750
13	0,514	0,641	0,760	0,441	0,592	0,730
14	0,497	0,623	0,742	0,426	0,574	0,711
15	0,482	0,606	0,725	0,412	0,558	0,694
16	0,468	0,590	0,708	0,400	0,543	0,678
17	0,456	0,575	0,693	0,389	0,529	0,662
18	0,444	0,561	0,679	0,378	0,516	0,648
19	0,433	0,549	0,665	0,369	0,503	0,635
20	0,423	0,537	0,652	0,360	0,492	0,622
21	0,413	0,526	0,640	0,352	0,482	0,610
22	0,404	0,515	0,629	0,344	0,472	0,599
23	0,396	0,505	0,618	0,337	0,462	0,588
24	0,388	0,496	0,607	0,330	0,453	0,578
25	0,381	0,487	0,597	0,323	0,445	0,568
26	0,374	0,478	0,588	0,317	0,437	0,559
27	0,367	0,470	0,579	0,311	0,430	0,550
28	0,361	0,463	0,570	0,306	0,423	0,541
29	0,355	0,456	0,562	0,301	0,416	0,533
30	0,349	0,449	0,554	0,296	0,409	0,526
35	0,325	0,418	0,519	0,275	0,381	0,492
40	0,304	0,393	0,490	0,257	0,358	0,463
50	0,273	0,354	0,443	0,231	0,322	0,419
60	0,250	0,325	0,408	0,211	0,295	0,385
70	0,232	0,302	0,380	0,195	0,274	0,358
80	0,217	0,283	0,357	0,183	0,257	0,336
90	0,205	0,267	0,338	0,173	0,242	0,318
100	0,195	0,254	0,321	0,164	0,230	0,302
120	0,178	0,232	0,294	0,150	0,210	0,277
150	0,159	0,208	0,263	0,134	0,189	0,249
200	0,138	0,181	0,230	0,116	0,164	0,216
250	0,124	0,162	0,206	0,104	0,146	0,194
300	0,113	0,148	0,188	0,095	0,134	0,177
350	0,105	0,137	0,175	0,0878	0,124	0,164
400	0,0978	0,128	0,164	0,0822	0,116	0,154
500	0,0875	0,115	0,146	0,0735	0,104	0,138
700	0,0740	0,0972	0,124	0,0621	0,0878	0,116
1000	0,0619	0,0813	0,104	0,0520	0,0735	0,0975
1500	0,0505	0,0664	0,0847	0,0424	0,0600	0,0795
2000	0,0438	0,0575	0,0734	0,0368	0,0519	0,0689

A* = 0,999877 B* = 0,99999877 C* = 0,9999951

Bei Bedarf läßt sich die 5%-Schranke durch $2/\sqrt{\nu + 2}$ mit $\nu = FG$ approximieren, z. B. $\nu = 14$, $2/\sqrt{14 + 2} = 0{,}5$.

[551] **Tabelle 194.** Benötigte Stichprobenumfänge zur Schätzung des Korrelationskoeffizienten bei vorgegebener Power auf dem 5%-Niveau. Einige Werte aus Gatsonis und Sampson (1989)

$\|\varrho\|$\Power:	0,50	0,60	0,70	0,80	0,90
0,10	384	489	616	782	1046
0,15	171	217	273	346	462
0,20	96	122	153	193	258
0,25	62	78	97	123	164
0,30	43	54	67	84	112
0,35	31	39	49	61	81
0,40	24	30	37	46	61
0,45	19	23	29	36	47
0,50	15	19	23	29	37
0,55	13	15	19	23	30
0,60	11	13	15	19	24
0,65	9	11	13	16	20
0,70	8	9	11	13	17
0,75	7	8	9	11	14
0,80	6	7	8	9	11
0,85	5	6	7	8	9
0,90	5	5	6	6	8

Wenn sich der Korrelationskoeffizient statistisch signifikant von Null unterscheidet, weicht seine Verteilung um so stärker von der zweidimensionalen Normalverteilung ab, je kleiner die Anzahl der Beobachtungspaare n und je größer sein Absolutwert ist. Durch die $\dot{z}$-Transformation nach R. A. Fisher wird die Verteilung des Korrelationskoeffizienten approximativ normalisiert. Diese Approximation ist umso besser, je kleiner $|\varrho|$ ist und je größer n ist. Diese Transformation („z-Punkt"-Transformation) basiert auf (5.78'); tabelliert ist sie auf S. 544.

$$\dot{z} = r + \tfrac{1}{3}r^3 + \tfrac{1}{5}r^5 + \tfrac{1}{7}r^7 + \ldots\,, \tag{5.78'}$$

$$\dot{z} = 0{,}5\ln[(1+r)/(1-r)] = 1{,}1513\lg[(1+r)/(1-r)] \text{ mit } s_{\dot{z}} = 1/\sqrt{n-3} \tag{5.78}$$

$$r = (e^{2\dot{z}} - 1)/(e^{2\dot{z}} + 1) = (10^{\dot{z}/1{,}1513} - 1)/(10^{\dot{z}/1{,}1513} + 1) \tag{5.79}$$

[vgl. (5.78'): für $r < 0{,}3$ erhalten wir $\dot{z} \approx r$]

Wir haben damit das Intervall $-1 < r < +1$ zu $-\infty < \dot{z} < +\infty$ geweitet. Dieses Transformations-$\dot{z}$ (r ist der Tangens hyperbolicus von $\dot{z}$, $r = \tanh\dot{z}$ und $\dot{z} = \tanh^{-1} r$), $\dot{z}$ heißt **Korrelationsziffer**, darf nicht mit der Standardnormalvariablen z verwechselt werden. Man benutze diese Transformation nur für $n > 10$. Für $n < 50$ empfiehlt *Hotelling (1953)* $\dot{z}$ durch $\dot{z}_H$ und $s_{\dot{z}}$ durch $s_{\dot{z}_H}$ zu ersetzen:

$$\dot{z}_H = \dot{z} - (3\dot{z} + r)/4n\,; \quad s_{\dot{z}_H} = 1/\sqrt{n-1} \tag{5.80}$$

In den Beispielen verzichten wir auf diese Korrektur. Die Umrechnung von r in $\dot{z}$ und umgekehrt erfolgt mit Hilfe der Tabellen 195 und 196: In der ersten Spalte der Tabelle 195 stehen die $\dot{z}$-Werte mit der ersten Dezimalstelle, während die zweite Dezimalstelle in der obersten Zeile zu finden ist. [551]
Die Signifikanz des Korrelationskoeffizienten (vgl. Tab. 193) läßt sich dann auch nach

$$\boxed{\hat{z} = \frac{\dot{z}}{s_{\dot{z}}} = \dot{z}\sqrt{n-3}} \tag{5.81}$$

prüfen. Der 95%-Vertrauensbereich für ϱ ist durch (5.82) gegeben.

$$\boxed{\dot{z} \pm 1{,}960 s_{\dot{z}}} \tag{5.82}$$

Mit Hilfe der Tabelle 196 können wir die erhaltenen oberen und unteren $\dot{z}$-Werte wieder in r-Werte zurückverwandeln. Dann liegt der unbekannte Korrelationskoeffizient der Grundgesamtheit ϱ mit der geforderten Vertrauenswahrscheinlichkeit innerhalb des durch die beiden r-Werte gegebenen Intervalles.

Beispiel

Für die 50 Beobachtungspaare der Tabelle 191 erhielten wir einen Korrelationskoeffizienten von $r = 0{,}6872 \simeq 0{,}687$. Ist dieser Wert statistisch signifikant von Null verschieden?

Für $48FG$ ist ein Korrelationskoeffizient dieser Größe nach Tabelle 193 deutlich von Null verschieden. Damit ist die Frage beantwortet. Wir wollen jedoch noch den 95%-Vertrauensbereich ermitteln. Aus Tabelle 195 folgt $\dot{z} = 0{,}842$ und weiter $\hat{z} = \dot{z}\sqrt{n-3} = 0{,}842\sqrt{47} = 5{,}772$. Diesem $\hat{z}$-Wert entspricht ein $P \ll 0{,}001$. Den 95%-Vertrauensbereich erhält man über

$$s_{\dot{z}} = \frac{1}{\sqrt{n-3}} = \frac{1}{\sqrt{50-3}} = 0{,}146$$

und

$$\dot{z} \pm 1{,}96 \cdot 0{,}146 = \dot{z} \pm 0{,}286$$

$$0{,}556 \leqq \dot{z} \leqq 1{,}128$$

zu

$$\text{95\%-VB:} \quad 0{,}505 \leqq \varrho \leqq 0{,}810.$$

552 Weitere Anwendungen der $\dot{z}$-Transformation

[552]

- $\varrho_1 = \varrho_2$?
- $\bar{\varrho}$ = Null?
- $\varrho_1 = \varrho_2 = \ldots = \varrho_k = \varrho$?
- 95%-Vertrauensbereich für den gemeinsamen Parameter ϱ

1. Die Prüfung der Differenz zwischen einem geschätzten Korrelationskoeffizienten r_1 und einem hypothetischen oder theoretischen Wert, dem Parameter ϱ, erfolgt auch [vgl. (5.72) und (5.74)] anhand der Standardnormalvariablen z nach (5.83).

Tabelle 195. Umrechnung des Korrelationskoeffizienten $\dot{z} = \frac{1}{2} \ln \frac{1+r}{1-r}$ (auszugsweise entnom-
[552] men aus Fisher, R. A. und F. Yates: Statistical Tables for Biological, Agricultural and Medical Research, published by Oliver and Boyd Ltd., Edinburgh, 1963, p. 63)

ż	0,00	0,01	0,02	0,03	0,04	0,05	0,06	0,07	0,08	0,09
0,0	0,0000	0,0100	0,0200	0,0300	0,0400	0,0500	0,0599	0,0699	0,0798	0,0898
0,1	0,0997	0,1096	0,1194	0,1293	0,1391	0,1489	0,1586	0,1684	0,1781	0,1877
0,2	0,1974	0,2070	0,2165	0,2260	0,2355	0,2449	0,2543	0,2636	0,2729	0,2821
0,3	0,2913	0,3004	0,3095	0,3185	0,3275	0,3364	0,3452	0,3540	0,3627	0,3714
0,4	0,3800	0,3885	0,3969	0,4053	0,4136	0,4219	0,4301	0,4382	0,4462	0,4542
0,5	0,4621	0,4699	0,4777	0,4854	0,4930	0,5005	0,5080	0,5154	0,5227	0,5299
0,6	0,5370	0,5441	0,5511	0,5580	0,5649	0,5717	0,5784	0,5850	0,5915	0,5980
0,7	0,6044	0,6107	0,6169	0,6231	0,6291	0,6351	0,6411	0,6469	0,6527	0,6584
0,8	0,6640	0,6696	0,6751	0,6805	0,6858	0,6911	0,6963	0,7014	0,7064	0,7114
0,9	0,7163	0,7211	0,7259	0,7306	0,7352	0,7398	0,7443	0,7487	0,7531	0,7574
1,0	0,7616	0,7658	0,7699	0,7739	0,7779	0,7818	0,7857	0,7895	0,7932	0,7969
1,1	0,8005	0,8041	0,8076	0,8110	0,8144	0,8178	0,8210	0,8243	0,8275	0,8306
1,2	0,8337	0,8367	0,8397	0,8426	0,8455	0,8483	0,8511	0,8538	0,8565	0,8591
1,3	0,8617	0,8643	0,8668	0,8692	0,8717	0,8741	0,8764	0,8787	0,8810	0,8832
1,4	0,8854	0,8875	0,8896	0,8917	0,8937	0,8957	0,8977	0,8996	0,9015	0,9033
1,5	0,9051	0,9069	0,9087	0,9104	0,9121	0,9138	0,9154	0,9170	0,9186	0,9201
1,6	0,9217	0,9232	0,9246	0,9261	0,9275	0,9289	0,9302	0,9316	0,9329	0,9341
1,7	0,9354	0,9366	0,9379	0,9391	0,9402	0,9414	0,9425	0,9436	0,9447	0,9458
1,8	0,94681	0,94783	0,94884	0,94983	0,95080	0,95175	0,95268	0,95359	0,95449	0,95537
1,9	0,95624	0,95709	0,95792	0,95873	0,95953	0,96032	0,96109	0,96185	0,96259	0,96331
2,0	0,96403	0,96473	0,96541	0,96609	0,96675	0,96739	0,96803	0,96865	0,96926	0,96986
2,1	0,97045	0,97103	0,97159	0,97215	0,97269	0,97323	0,97375	0,97426	0,97477	0,97526
2,2	0,97574	0,97622	0,97668	0,97714	0,97759	0,97803	0,97846	0,97888	0,97929	0,97970
2,3	0,98010	0,98049	0,98087	0,98124	0,98161	0,98197	0,98233	0,98267	0,98301	0,98335
2,4	0,98367	0,98399	0,98431	0,98462	0,98492	0,98522	0,98551	0,98579	0,98607	0,98635
2,5	0,98661	0,98688	0,98714	0,98739	0,98764	0,98788	0,98812	0,98835	0,98858	0,98881
2,6	0,98903	0,98924	0,98945	0,98966	0,98987	0,99007	0,99026	0,99045	0,99064	0,99083
2,7	0,99101	0,99118	0,99136	0,99153	0,99170	0,99186	0,99202	0,99218	0,99233	0,99248
2,8	0,99263	0,99278	0,99292	0,99306	0,99320	0,99333	0,99346	0,99359	0,99372	0,99384
2,9	0,99396	0,99408	0,99420	0,99431	0,99443	0,99454	0,99464	0,99475	0,99485	0,99495
	0,0	0,1	0,2	0,3	0,4	0,5	0,6	0,7	0,8	0,9
3,3	0,99505	0,99595	0,99668	0,99728	0,99777	0,99818	0,99851	0,99878	0,99900	0,99918
4,4	0,99933	0,99945	0,99955	0,99963	0,99970	0,99975	0,99980	0,99983	0,99986	0,99989

Die Umwandlung kleiner Werte r $(0 < r < 0{,}20)$ in $\dot{z} = \tanh^{-1} r$ erfolgt ausreichend genau nach $\dot{z} = r + (r^3/3)$ (z. B. $\dot{z} = 0{,}100$ für $r = 0{,}10$); $\dot{z}$-Werte für r gleich 0,00(0,01)0,99 sind der folgenden Tafel zu entnehmen (für $r = 1$ wird $\dot{z} = \infty$).

Tabelle 196

r	0,00	0,01	0,02	0,03	0,04	0,05	0,06	0,07	0,08	0,09
0,0	0,00000	0,01000	0,02000	0,03001	0,04002	0,05004	0,06007	0,07011	0,08017	0,09024
0,1	0,10034	0,11045	0,12058	0,13074	0,14093	0,15114	0,16139	0,17167	0,18198	0,19234
0,2	0,20273	0,21317	0,22366	0,23419	0,24477	0,25541	0,26611	0,27686	0,28768	0,29857
0,3	0,30952	0,32055	0,33165	0,34283	0,35409	0,36544	0,37689	0,38842	0,40060	0,41180
0,4	0,42365	0,43561	0,44769	0,45990	0,47223	0,48470	0,49731	0,51007	0,52298	0,53606
0,5	0,54931	0,56273	0,57634	0,59015	0,60416	0,61838	0,63283	0,64752	0,66246	0,67767
0,6	0,69315	0,70892	0,72501	0,74142	0,75817	0,77530	0,79281	0,81074	0,82911	0,84796
0,7	0,86730	0,88718	0,90764	0,92873	0,95048	0,97296	0,99622	1,02033	1,04537	1,07143
0,8	1,09861	1,12703	1,15682	1,18814	1,22117	1,25615	1,29334	1,33308	1,37577	1,42193
0,9	1,47222	1,52752	1,58903	1,65839	1,73805	1,83178	1,94591	2,09230	2,29756	2,64665

$$\boxed{\hat{z} = |\dot{z}_1 - \dot{z}|\sqrt{n_1 - 3}} \tag{5.83}$$

Ist das Prüfprodukt kleiner als die Signifikanzschranke (Tab. 29 in [134]), so kann angenommen werden, daß $\varrho_1 = \varrho$ ist. **[552]**

2. Der Vergleich zweier geschätzter Korrelationskoeffizienten r_1 und r_2 erfolgt nach

$$\boxed{\hat{z} = \frac{|\dot{z}_1 - \dot{z}_2|}{\sqrt{\dfrac{1}{n_1 - 3} + \dfrac{1}{n_2 - 3}}}} \tag{5.84}$$

Ist der Prüfquotient kleiner als die Signifikanzschranke, so kann angenommen werden, daß die zugrundeliegenden Parameter gleich sind ($\varrho_1 = \varrho_2$). Die Schätzung des *gemeinsamen Korrelationskoeffizienten* $\bar{r}$ erfolgt dann über $\overset{\vartriangle}{z}$:

$$\boxed{\overset{\vartriangle}{z} = \frac{\dot{z}_1(n_1 - 3) + \dot{z}_2(n_2 - 3)}{n_1 + n_2 - 6}} \tag{5.85}$$

mit

$$\boxed{s_{\overset{\vartriangle}{z}} = \frac{1}{\sqrt{n_1 + n_2 - 6}}} \tag{5.86}$$

Der 95%-Vertrauensbereich für ϱ ergibt sich aus:

$$\boxed{\overset{\vartriangle}{z} \pm 1{,}960 s_{\overset{\vartriangle}{z}}} \tag{5.87}$$

Beispiele

1. Gegeben r_1 = 0,3; n_1 = 40; ϱ = 0,4. Kann angenommen werden, daß $\varrho_1 = \varrho$ (α = 0,05 mit H_A: $\varrho_1 \neq \varrho$)? Nach (5.83) gilt (Tab. 196):

$$\hat{z} = (|0{,}30952 - 0{,}423651|)\sqrt{40 - 3} = 0{,}694 < 1{,}96.$$

Mit $\hat{z} = 0{,}694 < 1{,}96 = z_{0,05;\text{zweiseitig}}$ läßt sich H_0: $\varrho_1 = \varrho$ anhand der vorliegenden Stichprobe auf dem 5%-Niveau nicht ablehnen.

2. Gegeben r_1 = 0,97; n_1 = 14; ϱ = 0,8. Kann angenommen werden, daß $\varrho_1 \leqq \varrho$ (α = 0,05 mit H_A: $\varrho_1 > \varrho$ = 0,8)? Nach (5.83):

$$\hat{z} = |2{,}09230 - 1{,}09861|\sqrt{14 - 3} = 3{,}296$$

mit $\hat{z} = 3{,}296 > 1{,}645 = z_{0,05;\text{einseitig}}$ kann auf dem 5%-Niveau angenommen werden, daß zwischen X und Y ein wesentlich stärkerer Zusammenhang als ϱ = 0,8 besteht. Für kleines n ist (5.72) oder (5.74) zu bevorzugen.

3. Gegeben r_1 = 0,6; n_1 = 28 und r_2 = 0,8; n_2 = 23. Kann angenommen werden, daß $\varrho_1 = \varrho_2$ (α = 0,05 mit H_A: $\varrho_1 \neq \varrho_2$)? Nach (5.84) gilt:

[552]

$$\hat{z} = \frac{|0{,}6932 - 1{,}0986|}{\sqrt{\dfrac{1}{28-3} + \dfrac{1}{23-3}}} = 1{,}35 < 1{,}96\,.$$

Da $\hat{z} = 1{,}35 < 1{,}96$ ist, kann die Nullhypothese $\varrho_1 = \varrho_2$ auf dem 5%-Niveau nicht abgelehnt werden. Der 95%-Vertrauensbereich für ϱ ist dann (5.85) bis (5.87):

$$\overset{\vartriangle}{z} = \frac{17{,}330 + 21{,}972}{28 + 23 - 6} = 0{,}8734$$

$$s_{\overset{\vartriangle}{z}} = \frac{1}{\sqrt{28 + 23 - 6}} = 0{,}1491$$

$$\begin{aligned} \overset{\vartriangle}{z} \pm 1{,}960 s_{\overset{\vartriangle}{z}} &= 0{,}8734 \pm 1{,}96 \cdot 0{,}1491 \\ &= 0{,}8734 \pm 0{,}2922 \end{aligned}$$

$$0{,}5812 \leqq \overset{\vartriangle}{z} \leqq 1{,}1656$$

$$\text{95\%-VB: } 0{,}5235 \leqq \varrho \leqq 0{,}8223 \quad \text{oder} \quad 0{,}52 \leqq \varrho \leqq 0{,}82$$

3. Der Vergleich mehrerer Korrelationskoeffizienten aus unabhängigen Schätzungen. Ergänzt (5.77)

Gegeben seien k Schätzungen $r_1, r_2, \ldots, r_i, \ldots, r_k$ mit den Stichprobenumfängen $n_1, n_2, \ldots, n_i, \ldots, n_k$. Die Prüfung auf Homogenität der Korrelationskoeffizienten (Nullhypothese: $\varrho_1 = \varrho_2 = \ldots = \varrho_i = \ldots = \varrho_k = \varrho$, wobei ϱ ein rein hypothetischer Wert ist) erfolgt nach

$$\boxed{\hat{\chi}^2 = \sum_{i=1}^{k} (n_i - 3)(\dot{z}_i - \dot{z})^2} \qquad (5.88)$$

mit k Freiheitsgraden. Ist die Prüfgröße gleich dem Tabellenwert $\chi^2_{k;\alpha}$ oder kleiner – wenn beispielsweise $k = 4$ Korrelationskoeffizienten verglichen werden, dann ist mit einer Irrtumswahrscheinlichkeit $\alpha = 0{,}05$ die Schranke durch den Wert $\chi^2_{0{,}05}$ für $FG = k = 4$ gleich 9,49 gegeben – , dann weisen die Korrelationskoeffizienten nur zufällige Abweichungen vom theoretischen Wert ϱ auf, die Nullhypothese kann nicht abgelehnt werden.

Ist der hypothetische Wert nicht bekannt, dann wird er nach

$$\boxed{\overset{\vartriangle}{z} = \frac{\sum\limits_{i=1}^{k} \dot{z}_i (n_i - 3)}{\sum\limits_{i=1}^{k} (n_i - 3)}} \qquad (5.89)$$

geschätzt; die zugehörige Standardabweichung ist

$$s_{\hat{z}} = \frac{1}{\sqrt{\sum_{i=1}^{k}(n_i - 3)}} \tag{5.90}$$

[552]

Die Prüfung der Nullhypothese $\varrho_1 = \varrho_2 = \ldots = \varrho_k = \varrho$ [ϱ unbekannt] erfolgt dann nach

$$\hat{\chi}^2 = \sum_{i=1}^{k}(n_i - 3)(\dot{z}_i - \hat{z})^2 \tag{5.91}$$

mit $FG = k - 1$. Ist $\hat{\chi}^2$ kleiner oder gleich dem Tabellenwert $\chi^2_{k-1;\alpha}$, so darf die Nullhypothese beibehalten und ein **durchschnittlicher Korrelationskoeffizient** $\bar{r}$ geschätzt werden. Die Vertrauensgrenzen für den gemeinsamen Korrelationskoeffizienten, für den Parameter ϱ, erhält man in bekannter Weise über den entsprechenden $\hat{z}$-Wert und seine Standardabweichung $s_{\hat{z}}$

[95%-VB] $$\hat{z} \pm 1{,}960 s_{\hat{z}} \tag{5.92}$$

[99%-VB] $$\hat{z} \pm 2{,}576 s_{\hat{z}} \tag{5.92a}$$

indem man die oberen und unteren Grenzen in die entsprechenden r-Werte transformiert. Andere Möglichkeiten, r_i zu kombinieren, enthält das Bulletin of the Psychonomic Society **28** (1990), 335–336 und **31** (1993), 123–124 sowie das Psychological Bulletin **117** (1995), 530–546. Homogenitätstests für unabhängige Korrelationskoeffizienten stellt Kraemer (1979) vor.

Beispiel **Tabelle 197**

r_i	$\dot{z}_i$	n_i	$n_i - 3$	$\dot{z}_i(n_i - 3)$	$\dot{z}_i - \hat{z}$	$(\dot{z}_i - \hat{z})^2$	$(n_i - 3)(\dot{z}_i - \hat{z})^2$
0,60	0,6932	28	25	17,330	0,1777	0,03158	0,7895
0,70	0,8673	33	30	26,019	0,0036	0,00001	0,0003
0,80	1,0986	23	20	21,972	0,2277	0,05185	1,0369
$\sum(n_i - 3)$ =			75	65,321		$\hat{\chi}^2$ =	1,8268

Da $\hat{\chi}^2 = 1{,}83$ wesentlich kleiner ist als $\chi^2_{2;0,05} = 5{,}99$, darf ein mittlerer Korrelationskoeffizient geschätzt werden

$$\hat{z} = 65{,}321/75 = 0{,}8709\ ; \quad \bar{r} = 0{,}702$$

$$s_{\hat{z}} = 1/\sqrt{75} = 0{,}115\ ; \quad \hat{z} \pm 1{,}96 \cdot 0{,}115 = \hat{z} \pm 0{,}2254 \quad \text{bzw.} \quad 0{,}6455 \text{ bis } 1{,}0963;$$

$$95\%\text{-VB für } \varrho\text{:} \quad 0{,}5686 \leqq \varrho \leqq 0{,}7992 \quad \text{oder} \quad 0{,}57 \leqq \varrho \leqq 0{,}80$$

Mit den durchschnittlichen Korrelationskoeffizienten lassen sich dann wieder Vergleiche zwischen zwei Schätzwerten $\bar{r}_1$ und $\bar{r}_2$ bzw. Vergleiche zwischen einem Schätzwert $\bar{r}_1$ und einem hypothetischen Korrelationskoeffizienten ϱ durchführen.

553 Prüfung der Linearität einer Regression

[553]

- Mehr y- als x-Werte
- Korrelationstabelle
- Voraussetzungen der Regressionsanalyse

Die Prüfung der Nullhypothese, es liegt eine lineare Regression vor, ist möglich, wenn die Gesamtzahl n der y-Werte größer ist als die Anzahl k der x-Werte: Zu jedem Wert x_i der k x-Werte liegen also n_i y-Werte vor. [Wenn der Punkteschwarm die Linearität oder Nichtlinearität deutlich zum Ausdruck bringt, kann man auf den Linearitätstest verzichten.]

Beim Vorliegen einer linearen Regression müssen die Gruppenmittelwerte $\bar{y}_i$ angenähert auf einer Geraden liegen, d. h. ihre Abweichung von der Regressionsgeraden darf nicht zu groß sein im Verhältnis zur Abweichung der Werte einer Gruppe von ihrem zugehörigen Mittelwert. Erreicht oder übersteigt somit das Verhältnis

$$\frac{\text{Abweichung der Mittelwerte von der Regressionsgeraden}}{\text{Abweichung der } y\text{-Werte von ihrem Gruppenmittelwert}}$$

d.h. die Prüfgröße

$$\hat{F} = \frac{\dfrac{1}{k-2}\displaystyle\sum_{i=1}^{k} n_i(\bar{y}_i - \hat{y}_i)^2}{\dfrac{1}{n-k}\displaystyle\sum_{i=1}^{k}\sum_{j=1}^{n_i}(y_{ij} - \bar{y}_i)^2} \qquad \begin{array}{l}\nu_1 = k-2\\ \nu_2 = n-k\end{array} \tag{5.93}$$

mit $(k-2, n-k)$ Freiheitsgraden den Tabellenwert $F_{k-2;n-k;\alpha}$, so muß die Linearitätshypothese verworfen werden. Die nichtlineare Regression wird in Abschnitt 56 behandelt.

Die Summen in (5.93) sind die beiden Komponenten der Gesamtstreuung der Werte y_{ij} um die Regressionsgerade (vgl. auch Abb. 54)

$$\sum_{i=1}^{k}\sum_{j=1}^{n_i}(y_{ij} - \hat{y}_i)^2 = \sum_{i=1}^{k}\sum_{j=1}^{n_i}(y_{ij} - \bar{y}_i)^2 + \sum_{i=1}^{k} n_i(\bar{y}_i - \hat{y}_i)^2 \tag{5.94}$$

Beispiel: Gegeben Tabelle 198: n = 8 Beobachtungen liegen in k = 4 Gruppen vor.

Prüfe die Linearität auf dem 5%-Niveau. Zunächst schätzen wir anhand der folgenden Übersicht die Regressionsgerade und berechnen für die vier x_i-Werte die entsprechenden $\hat{y}_i$-Werte. Die für (5.93) benötigten Summen sind den Tabellen 199 und 200 zu entnehmen.

[553]

Tabelle 198

x_i		1	5	9	13
y_{ij}	$j = 1$	1	2	4	5
	$j = 2$	2	3		6
	$j = 3$		3		
n_i		2	3	1	2

Übersicht 77

$$\bar{x} = \frac{\sum_{i=1}^{k} n_i x_i}{n} = \frac{52}{8} = 6{,}5 \qquad \bar{y} = \frac{\sum_{i=1}^{k} \sum_{j=1}^{n_i} y_{ij}}{n} = \frac{26}{8} = 3{,}25$$

$$Q_x = \sum_{i=1}^{k} n_i x_i^2 - (\sum_{i=1}^{k} n_i x_i)^2/n = 496 - 52^2/8 = 158$$

$$Q_y = \sum_{i=1}^{k} \sum_{j=1}^{n_i} y_{ij}^2 - (\sum_{i=1}^{k} \sum_{j=1}^{n_i} y_{ij})^2/n = 104 - 26^2/8 = 19{,}5$$

$$Q_{xy} = \sum_{i=1}^{k} \sum_{j=1}^{n_i} x_i y_{ij} - (\sum_{i=1}^{k} n_i x_i)(\sum_{i=1}^{k} \sum_{j=1}^{n_i} y_{ij})/n = 222 - 52 \cdot 26/8 = 53$$

$$b_{yx} = \frac{Q_{xy}}{Q_x} = \frac{53}{158} = 0{,}335$$

$$a_{yx} = \bar{y} - b_{yx}\bar{x} = 3{,}25 - 0{,}335 \cdot 6{,}5 = 1{,}07$$

$$\underline{\hat{y} = 1{,}07 + 0{,}335x}$$

Tabelle 199

x_i	y_{ij}	n_i	$\bar{y}_i$	$\hat{y}_i$	$\lvert\bar{y}_i - \hat{y}_i\rvert$	$(\bar{y}_i - \hat{y}_i)^2$	$n_i(\bar{y}_i - \hat{y}_i)^2$
1	1;2	2	1,50	1,41	0,09	0,0081	0,0162
5	2;3;3	3	2,67	2,75	0,08	0,0064	0,0192
9	4	1	4,00	4,09	0,09	0,0081	0,0081
13	5;6	2	5,50	5,43	0,07	0,0049	0,0098
					$\sum_i n_i(\bar{y}_i - \hat{y}_i)^2$	=	0,0533

Tabelle 200

x_i	y_{ij}	$\bar{y}_i$	$\lvert y_{ij} - \bar{y}_i\rvert$	$(y_{ij} - \bar{y}_i)^2$	$\sum_j (y_{ij} - \bar{y}_i)^2$
1	1;2	1,50	0,5;0,5	0,25;0,25	0,50
5	2;3;3	2,67	0,67;0,33;0,33	0,45;0,11;0,11	0,67
9	4	4,00	0	0	0
13	5;6	5,50	0,5;0,5	0,25;0,25	0,50
			$\sum_i \sum_j (y_{ij} - \bar{y}_i)^2$	=	1,67

Als Prüfgröße ergibt sich dann

[553]

$$\hat{F} = \frac{\frac{1}{4-2}0{,}0533}{\frac{1}{8-4}1{,}67} = 0{,}064\,.$$

Da $\hat{F} = 0{,}064 < 6{,}94 = F_{2;4;0{,}05}$ ist, wird die Linearitätshypothese beibehalten.

Prüfung der Linearität einer aus einer Korrelationstabelle geschätzten Regression

Liegt den Daten eine Korrelationstabelle zugrunde, dann ist eine andere Modifikation des Linearitätstests üblich. Ausgangspunkt ist das sogenannte **Korrelationsverhältnis** von Y zu X, als Schätzwert geschrieben E_{yx}, das den Grad der Abweichung der Spaltenhäufigkeiten von den Spaltenmittelwerten erfaßt.

$$\boxed{r^2 \leqq E_{yx}^2 \leqq 1} \tag{5.95}$$

[der zugehörige Parameter ist η_{yx}^2 (Eta-Quadrat)]
Liegt eine lineare Regression vor, dann stimmen Korrelationsverhältnis und Korrelationskoeffizient annähernd überein. Je stärker die Spaltenmittelwerte von einer Geraden abweichen, desto ausgeprägter ist der Unterschied zwischen E_{yx} und r. Diese Differenz zwischen beiden Kennzahlen kann zur Prüfung der Linearität verwendet werden.

$$\boxed{\hat{F} = \frac{\frac{1}{k-2}(E_{yx}^2 - r^2)}{\frac{1}{n-k}(1 - E_{yx}^2)} \quad \begin{array}{l} \nu_1 = k-2 \\ \\ \nu_2 = n-k \end{array}} \quad k = \text{Anzahl der Spalten} \tag{5.96}$$

Anhand der Prüfgröße (5.96) wird die Nullhypothese: $\eta_{yx}^2 - \varrho^2 = 0$, d. h. zwischen X und Y besteht ein linearer Zusammenhang, für $\hat{F} > F_{k-2;n-k;\alpha}$ auf dem $100\alpha\%$-Niveau abgelehnt; es besteht dann eine statistisch signifikante **Abweichung von der Linearität.** Das Quadrat des Korrelationsverhältnisses wird nach

$$\boxed{E_{yx}^2 = \frac{S_1 - R}{S_2 - R}} \tag{5.97}$$

geschätzt, wobei die Berechnung von S_1, S_2, R dem folgenden Beispiel entnommen werden kann. Bilden wir in Tabelle 191 für jedes x_i die Summe $\sum_j n_{ij}w_j$, d. h. $\{2(-3)\}$, $\{1(-3)+3(-2)+2(-1)+1(-0)\}$, $\{1(-2)+3(-1)+3(0)+1(1)\}$, $\{1(-2)+4(-1)+7(0)+5(1)\}$, $\{1(-1)+5(0)+7(1)\}$, $\{2(0)+1(1)\}$, dividieren wir die Quadrate dieser Summen durch die zugehörigen $n_{i.}$ und summieren die Quotienten über alle i, so erhalten wir S_1

$$S_1 = \frac{(-6)^2}{2} + \frac{(-11)^2}{7} + \frac{(-4)^2}{8} + \frac{(-1)^2}{17} + \frac{6^2}{13} + \frac{1^2}{3} = 40{,}447$$

S_2 liegt in Tabelle 191 als $\sum_j n_{.j}w_j^2 = 71$ vor

R läßt sich aus $\sum_j n_{.j} w_j$ und n berechnen, E_{yx} nach (5.97) und $\hat{F}$ nach (5.96)

$$R = (\sum n_{.j} w_j)^2/n = (-15)^2/50 = 4{,}5 \quad E^2_{yx} = \frac{S_1 - R}{S_2 - R} = \frac{40{,}447 - 4{,}5}{71 - 4{,}5} = 0{,}541$$ [553]

$$\hat{F} = \frac{\frac{1}{k-2}(E^2_{yx} - r^2)}{\frac{1}{n-k}(1 - E^2_{yx})} = \frac{\frac{1}{6-2}(0{,}541 - 0{,}472)}{\frac{1}{50-6}(1 - 0{,}541)} = 1{,}653\,.$$

Da $\hat{F} = 1{,}65 < 2{,}55 = F_{4;54;0{,}05}$ ist, besteht keine Veranlassung, an der Linearitätshypothese zu zweifeln.

Hinweis: Die H_0: $\eta_{yx} = 0$, d. h. zwischen X und Y besteht kein nichtlinearer Zusammenhang, läßt sich nach $\hat{F} = [E^2_{yx}(n-k)]/[(1-E^2_{yx})(k-1)]$ mit $\nu_1 = k-1$, $\nu_2 = n-k$ prüfen.

Ein **Rangkorrelationsverhältnis** wird von G. A. Lienert und U. Raatz [1971, Biometrische Zeitschrift **13**, 407–415] vorgestellt.

Voraussetzungen der Regressionsanalyse

Wir haben damit die Prüfung einer wichtigen Voraussetzung der Regressionsanalyse besprochen. Andere Annahmen oder Voraussetzungen seien kurz angedeutet, da wir sie bei der Besprechung der Prüfverfahren als approximativ gegeben voraussetzen. Neben der Existenz einer linearen Regression für die Grundgesamtheit der Ausgangsdaten oder der transformierten Daten müssen die Werte y der abhängigen Zufallsvariablen Y_i für gegebene beobachtungsfehlerfreie Werte x der unabhängigen Variablen X untereinander unabhängig und *normalverteilt* sein und die gleiche Restvarianz $\sigma_{y.x}$ aufweisen. Diese **Homogenität der Restvarianz** wird *Homoskedastizität* genannt. Geringe Abweichungen von der Homoskedastizität und von der Normalität können vernachlässigt werden. **Modellabweichungen sind unabhängig und normalverteilt mit Mittelwert Null und konstanter Varianz σ^2.** Näheres ist der Spezialliteratur zu entnehmen. Für die *praktische Arbeit* ist noch folgender Punkt wesentlich: Die Daten entstammen *wirklich der Grundgesamtheit*, über die Aussagen erwünscht werden. Dies ist das klassische Modell der linearen Regression mit **nicht-stochastischem Regressor** x. Dagegen setzt die Korrelationsanalyse (vgl. S. 493, 494, 501, 520) einen (nicht fehlerfrei vorgegebenen) stochastischen Regressor X voraus.

Voraussetzungen des Korrelationskoeffizienten werden auf S. 496 genannt. Zur **nichtparametrischen Regression** siehe z. B. The American Statistician **46** (1992), 175–180 und **50** (1996), 284–293 (Neural Networks!) sowie Hollander und Wolfe (1999, Chapter 9) [vgl. auch Birkes und Dodge (1993: Chapter 6) sowie Scott (1992: Chapter 8)].

Wenn die Linearitätsprüfung eine statistisch signifikante Abweichung von der Linearität ergibt, ist es am zweckmäßigsten, durch Transformation der Variablen Linearität zu erreichen. Bei der Besprechung der Varianzanalyse werden wir näher auf das Transformationsproblem eingehen. Gelingt es nicht, eine geeignete Transformation ausfindig zu machen, dann kann man statt einer linearen Funktion eine Funktion zweiten Grades durch die Beobachtungswerte legen (vgl. Abschnitt 56).

554 Prüfung des Regressionskoeffizienten gegen Null

[554] Spricht nichts gegen die Linearität einer Regression, so prüft man H_0: $\beta_{yx} = 0$ gegen H_A: $\beta_{yx} \neq 0$ bzw. gegen eine der beiden einseitigen Alternativhypothesen anhand des entsprechenden t-Tests (5.98) mit $FG = n-2$ (vgl. Übersicht 75 in [544] und die Legende der Tabelle 193).

Beispiel

Gegeben b_{yx} = 0,426; $s_{b_{yx}}$ = 0,190; n = 80, α = 0,05 bei zweiseitiger Fragestellung: $\hat{t} = \frac{0{,}426}{0{,}109} = 2{,}24 > 1{,}99 = t_{78;0{,}05}$. H_0: $\beta_{yx} = 0$ wird auf dem 5%-Niveau verworfen, d. h. der zugrunde liegende Parameter β_{yx} unterscheidet sich statistisch signifikant von Null.
Ist r berechnet worden, so gilt dann, wenn $\varrho = 0$, auch β_{yx} (und β_{xy}) = 0.

H_0	H_A	H_0 wird abgelehnt für	
$\beta_{yx} = 0$ $\beta_{yx} \leqq 0$ $\beta_{yx} \geqq 0$	$\beta_{yx} \neq 0$ $\beta_{yx} > 0$ $\beta_{yx} < 0$	$\hat{t} = \lvert b_{yx} \rvert / s_{b_{yx}} \geqq t_{n-2;\alpha;\text{zweis.}}$ $\hat{t} = b_{yx}/s_{b_{yx}} \geqq t_{n-2;\alpha;\text{eins.}}$ $\hat{t} = b_{yx}/s_{b_{yx}} \leqq -t_{n-2;\alpha;\text{eins.}}$	(5.98)
$\beta_{0;yx} = \beta_{yx}$ $\beta_{0;yx} \leqq \beta_{yx}$ $\beta_{0;yx} \geqq \beta_{yx}$	$\beta_{0;yx} \neq \beta_{yx}$ $\beta_{0;yx} > \beta_{yx}$ $\beta_{0;yx} < \beta_{yx}$	$\hat{t} = \lvert b_{yx} - \beta_{yx} \rvert s_{b_{yx}} \geqq t_{n-2;\alpha;\text{zweis.}}$ $\hat{t} = (b_{yx} - \beta_{yx})/s_{b_{yx}} \geqq t_{n-2;\alpha;\text{eins.}}$ $\hat{t} = (b_{yx} - \beta_{yx})/s_{b_{yx}} \leqq -t_{n-2;\alpha;\text{eins.}}$	(5.99)

[555]
555 Prüfung der Differenz zwischen einem geschätzten und einem hypothetischen Regressionskoeffizienten

Für die Prüfung, ob ein geschätzter Regressionskoeffizient b_{yx} mit einem theoretischen Parameterwert β_{yx} verträglich ist, benutzt man – entsprechend der vorliegenden Frage-

> Verträglichkeit heißt hier und weiter unten, daß der unter H_0 zum Schätzwert (z. B. b_{yx}) gehörige Parameter (d. h. hier $\beta_{0,yx}$) mit dem theoretischen Parameter (d. h. hier β_{yx}) identisch ist; d. h. z. B. H_0: $\beta_{0;yx} = \beta_{yx}$ [sowie H_A: $\beta_{0;yx} \neq \beta_{yx}$ (Nichtverträglichkeit)].

stellung – den t-Test (5.99) mit $FG = n - 2$. Bemerkt sei, daß für die zweiseitige Fragestellung (5.99) als (5.99a) geschrieben werden kann.

$$\hat{t} = \frac{|b_{yx} - \beta_{yx}|}{s_{y.x}/s_x} \cdot \sqrt{n-1} = \frac{|b_{yx} - \beta_{yx}|}{\sqrt{1-r^2}} \cdot \frac{s_x}{s_y} \cdot \sqrt{n-2} = \frac{|b_{yx} - \beta_{yx}|}{s_{b_{yx}}} \quad \text{mit} \quad FG = n-2$$

(5.99a)

Beispiel

Gegeben: b_{yx} = 0,426; β_{yx} = 0,500; $s_{b_{yx}}$ = 0,190; n = 80; α = 0,05 bei zweiseitiger

Fragestellung: $\hat{t} = \dfrac{|0{,}426 - 0{,}500|}{0{,}190} = 0{,}39 < 1{,}99 = t_{78;0,05}$ **[555]**

Die Nullhypothese wird auf dem 5%-Niveau nicht abgelehnt.

Die Formeln (5.100), (5.104) und (5.106) sind für die zweiseitige Fragestellung angegeben; die entsprechenden einseitigen Tests lassen sich (5.99) entsprechend formulieren.

556 Prüfung der Differenz zwischen einem geschätzten und einem hypothetischen Achsenabschnitt **[556]**

Für die Prüfung der Nullhypothese: a_{yx} ist mit α_{yx} verträglich, benutzt man (5.100)

$$\hat{t} = \frac{|a_{yx} - \alpha_{yx}|}{s_{a_{yx}}} \qquad FG = n - 2 \tag{5.100}$$

Beispiel

Gegeben: a_{yx} = 7,729; α_{yx} = 15,292; $s_{a_{yx}}$ = 2,862; n = 80; α = 0,05 bei zweiseitiger

Fragestellung: $\hat{t} = \dfrac{|7{,}729 - 15{,}292|}{2{,}862} = 2{,}64 > 1{,}99 = t_{78;0,05}$

Beide Achsenabschnitte und damit beide Regressionsgeraden unterscheiden sich auf dem 5%-Niveau statistisch signifikant.

557 Vertrauensgrenzen für den Regressionskoeffizienten, für den Achsenabschnitt und für die Restvarianz **[557]**

Die Vertrauensbereiche für Regressionskoeffizient und Achsenabschnitt sind durch (5.101) und (5.102) gegeben; für beide t gilt: $FG = n - 2$.

$$b_{yx} \pm t \cdot s_{b_{yx}} \quad \text{und} \quad a_{yx} \pm t \cdot s_{a_{yx}} \tag{5.101; 5.102}$$

Beispiele für 95%-Vertrauensbereiche

Gegeben: b_{yx} = 0,426; $s_{b_{yx}}$ = 0,190; n = 80; d. h. $t_{78;0,05}$ = 1,99 $1{,}99 \cdot 0{,}19 = 0{,}378$
$b_{yx} \pm ts_{b_{yx}} = 0{,}426 \pm 0{,}378$ 95%-VB: $0{,}048 \leqq \beta_{yx} \leqq 0{,}804$

Gegeben: a_{yx} = 7,729; $s_{a_{yx}}$ = 2,862; n = 80; d. h. $t_{78;0,05}$ = 1,99 $1{,}99 \cdot 2{,}862 = 5{,}695$
$a_{yx} \pm ts_{a_{yx}} = 7{,}729 \pm 5{,}695$ 95%-VB: $2{,}034 \leqq \alpha_{yx} \leqq 13{,}424$

Den *Vertrauensbereich für die Restvarianz* $\sigma^2_{y \cdot x}$ erhält man nach

$$\frac{s^2_{y\cdot x}(n-2)}{\chi^2_{(n-2;\alpha/2)}} \leqq \sigma^2_{y\cdot x} \leqq \frac{s^2_{y\cdot x}(n-2)}{\chi^2_{(n-2;1-\alpha/2)}} \tag{5.103}$$

Beispiel

Gegeben: $s_{y\cdot x} = 0{,}138$; $n = 80$; $P = 95\%$ (d. h. $\alpha = 5\% = 0{,}05$; $\alpha/2 = 0{,}025$;

[557]

$1 - 0{,}025 = 0{,}975$) $\chi^2_{78;0,025} = 104{,}31$ $\chi^2_{78;0,975} = 55{,}47$

Der 95%-Vertrauensbereich lautet damit: $$\frac{0{,}138 \cdot 78}{104{,}31} \leqq \sigma^2_{y.x} \leqq \frac{0{,}138 \cdot 78}{55{,}47}$$

$$95\%\text{-VB: } 0{,}103 \leqq \sigma_{y.x} \leqq 0{,}194.$$

Gibt man im konkreten Fall jeweils die drei 95%-VBe (5.101 bis 103) an, so gilt nach Bonferroni [(1.7b) auf S. 60] für die Wahrscheinlichkeit, daß diese drei die entsprechenden Parameter erfassen oder überdecken $P \geqq 1 - (0{,}05 + 0{,}05 + 0{,}05) = 0{,}85$ (simultane Wahrscheinlichkeit: bei Unabhängigkeit $P_{\text{sim}} = 0{,}95^3 = 0{,}8573$). Für α und β allein läßt sich mühelos anhand der beiden 95%-Vertrauensbereiche ($0{,}95^2 = 0{,}9025$) ein **simultaner 90%-Vertrauensbereich** angeben. Sonst bevorzugt man bei t-Tests generell die Maximum Modulus t Prozedur, d. h. zweiseitige Schranken der Studentisierten Maximum Modulus-Verteilung für Rho gleich Null (vgl. M2:192, 193 [Tabelle A5]). Erhält man z. B. für n Beobachtungspaare (x_i, y_i) die vier Schätzwerte in (5.101; 5.102), dann ist der Wert $t_{n-2;0,05;\text{zweiseitig}}$ durch den Wert $|M|_{10;2;0,05}$ zu ersetzen, um Vertrauensbereiche zu erhalten, die mit einer Wahrscheinlichkeit von mindestens $[1 - 0{,}05 =]$ 0,95 beide Parameter enthalten.

[558]

558 Vergleich zweier Regressionskoeffizienten und zweier Achsenabschnitte

- Hinweis zum Standardfehler der Differenz
- Vertrauensbereich für die Differenz beider Regressionskoeffizienten
- Der Schnittpunkt beider Geraden
- Gemeinsamer Regressionskoeffizient
- Der Vergleich zweier Achsenabschnitte

Zwei Regressionskoeffizienten b_1 und b_2 lassen sich nach (5.104) vergleichen.

$$\hat{t} = \frac{|b_1 - b_2|}{\sqrt{\dfrac{s^2_{y_1.x_1}(n_1-2) + s_{y_2.x_2}(n_2-2)}{n_1+n_2-4}\left[\dfrac{1}{Q_{x_1}} + \dfrac{1}{Q_{x_2}}\right]}} = \frac{\text{Differenz}}{\text{Standardfehler der Differenz}} \quad FG = n_1+n_2-4 \tag{5.104}$$

Unter der Quadratwurzel ist das Produkt aus der gemeinsamen empirischen Restvarianz und der Summe beider reziprok genommener Abweichungsquadratsummen.

Nullhypothese: $\beta_1 = \beta_2$ (Parallelität). Vorausgesetzt werden unabhängige Stichproben (n_1, n_2) aus Grundgesamtheiten mit gleicher Restvarianz ($\sigma^2_{y_1\cdot x_1} = \sigma^2_{y_2\cdot x_2}$) und gleichen Varianzen: $\sigma^2_{x_1} = \sigma^2_{x_2}$.

Hinweis zum Standardfehler der Differenz

Ist der Variationsbereich für x $\genfrac{}{}{0pt}{}{\text{klein}}{\text{groß}}$, so heißt dies: [558]

b ist $\genfrac{}{}{0pt}{}{\text{kaum}}{\text{gut}}$ schätzbar,

d. h. der Standardfehler der Differenz ist $\genfrac{}{}{0pt}{}{\text{groß}}{\text{klein}}$,

d. h. b_1 und b_2 sind $\genfrac{}{}{0pt}{}{\text{kaum}}{\text{leicht}}$ zu unterscheiden.

Beispiel

Gegeben: $n_1 = 40$; $s^2_{y_1\cdot x_1} = 0{,}14$; $Q_{x_1} = 163$; $b_1 = 0{,}40$

$n_2 = 50$; $s^2_{y_2\cdot x_2} = 0{,}16$; $Q_{x_2} = 104$; $b_2 = 0{,}31$

Nullhypothese: a) $\beta_1 \leqq \beta_2$; b) $\beta_1 = \beta_2$

a) Einseitige Fragestellung ($\alpha = 0{,}05$): Alternativhypothese: $\beta_1 > \beta_2$
b) Zweiseitige Fragestellung ($\alpha = 0{,}05$): Alternativhypothese: $\beta_1 \neq \beta_2$

$$\hat{t} = \frac{|0{,}40 - 0{,}31|}{\sqrt{\dfrac{0{,}14(40-2) + 0{,}16(50-2)}{40+50-4}\left(\dfrac{1}{163} + \dfrac{1}{104}\right)}} = 1{,}85$$

Zu a: Da $\hat{t} = 1{,}85 > 1{,}66 = t_{86;0{,}05;\text{einseitig}}$ ist, wird H_0 auf dem 5%-Niveau abgelehnt.
Zu b: Da $\hat{t} = 1{,}85 < 1{,}99 = t_{86;0{,}05;\text{zweiseitig}}$ ist, wird H_0 auf dem 5% Niveau nicht abgelehnt.

Für den Fall ungleicher Restvarianzen (zur Benennung: die größere dient als Zähler), d. h. wenn

$$\boxed{\frac{s_{y_1\cdot x_1}}{s_{y_2\cdot x_2}} > F_{(n_1-2;n_2-2;0{,}10)}} \tag{5.105}$$

ist, läßt sich der Vergleich approximativ nach

$$\boxed{\hat{z} = \frac{|b_1 - b_2|}{\sqrt{\dfrac{s_{y_1\cdot x_1}}{Q_{x_1}} + \dfrac{s_{y_2\cdot x_2}}{Q_{x_2}}}}} \tag{5.106}$$

durchführen, sobald beide Stichprobenumfänge > 20 sind. Ist ein Stichprobenumfang kleiner, dann kann die Verteilung der Prüfgröße durch die t-Verteilung mit ν Freiheitsgraden approximiert werden, wobei ν

[558]

$$\nu = \frac{1}{\dfrac{c^2}{n_1-2}+\dfrac{(1-c)^2}{n_2-2}} \quad \text{mit} \quad c = \frac{\dfrac{s^2_{y_1.x_1}}{Q_{x_1}}}{\dfrac{s^2_{y_1.x_1}}{Q_{x_1}}+\dfrac{s^2_{y_2.x_2}}{Q_{x_2}}} \qquad n_1 \leqq n_2 \tag{5.107}$$

stets zwischen dem kleineren Wert von $(n_1 - 2)$ und $(n_2 - 2)$ sowie $(n_1 + n_2 - 4)$ liegt (vgl. auch *Potthoff 1965*).

Bei Bedarf läßt sich ein **Vertrauensbereich** für $\beta_1 - \beta_2$ angeben:

$$b_1 - b_2 \pm t\sqrt{} \quad \text{mit} \quad \sqrt{} \text{ aus (5.104) oder (5.106)} \tag{5.108}$$

Wird H_0: $\beta_1 = \beta_2$ abgelehnt, so kann es interessant sein, den **Schnittpunkt beider Geraden** zu bestimmen:

$$\begin{aligned} x_1 &= (a_2 - a_1)/(b_1 - b_2) \\ y_1 &= a_1 + b_1 x_1 = a_2 + b_2 x_1 \end{aligned} \tag{5.109}$$

Wird H_0 nicht abgelehnt, d. h. kann man für beide einen **gemeinsamen Regressionskoeffizienten** β_{yx} annehmen, so läßt er sich durch

$$b_{yx} = (Q_{x_1y_1} + Q_{x_2y_2})/(Q_{x_1} + Q_{x_2}) \tag{5.110}$$

schätzen, seine Standardabweichung, sein Standardfehler durch

$$s_{b_{yx}} = \sqrt{\frac{s^2_{y_1\cdot x_1}(n_1 - 2 + s_{y_2\cdot x_2}(n_2-2)}{n_1+n_2-4} \Bigg/ (Q_{x_1}+Q_{x_2})} \tag{5.111}$$

Der Vergleich zweier Achsenabschnitte

Für den Vergleich zweier Achsenabschnitte a_1 und a_2 (H_0: $\alpha_1 = \alpha_2$; H_A: $\alpha_1 \neq \alpha_2$) dient

$$\hat{t} = \frac{|a_1 - a_2|}{\sqrt{\dfrac{s^2_{y_1\cdot x_1}(n_1-2)+s^2_{y_2\cdot x_2}(n_2-2)}{n_1+n_2-4}\left[\dfrac{\sum x_1^2}{n_1 Q_{x_1}}+\dfrac{\sum x_2^2}{n_2 Q_{x_2}}\right]}} \tag{5.112}$$

Liegen für jeden Wert x_i n_i y-Werte vor, so sind im eckig geklammerten zweiten Term des Nenners beide Summen der Quadrate, d. h. $\sum x_1^2$ und $\sum x_2^2$ durch $\sum n_{i1}x_{i1}^2$ und $\sum n_{i2}x_{i2}^2$ zu ersetzen ($n_1 = \sum n_{i1}$; $n_2 = \sum n_{i2}$).

Einen Test auf Äquivalenz („ Homogenität") zweier Regressionsgeraden stellt Eva Bofinger vor [Australian and New Zealand Journal of Statistics **41** (1999), 481–491].

Mehrere Regressionsgeraden lassen sich z. B. nach E: 442 (vgl. S. 2) vergleichen. Näheres hierzu ist z. B. Bosch (1998), Fleiss (1986), Hewett und Lababidi (1982), Rogosa (1980) sowie Wilcox (1987) zu entnehmen [vgl. auch die Übersicht in Psychological Methods **1** (1996), 261–277]. **[558]**

559 Vertrauensbereiche für die Regressionsgerade

[559]

- für die gesamte Regressionsgerade
- für den Erwartungswert von Y an der Stelle $X = x$
- Der Voraussagebereich für eine zukünftige Beobachtung Y an der Stelle $X = x$
- Literaturhinweise zur Korrelationsanalyse und Regressionsanalyse

Jede gegebene Regressionsgerade erfährt durch Veränderung von $\bar{y}$ eine Parallelverschiebung nach oben oder unten. Verändert man den Regressionskoeffizienten b, so beginnt die Gerade um ihren Mittelpunkt (x, y) zu rotieren (vgl. Abb. 63).

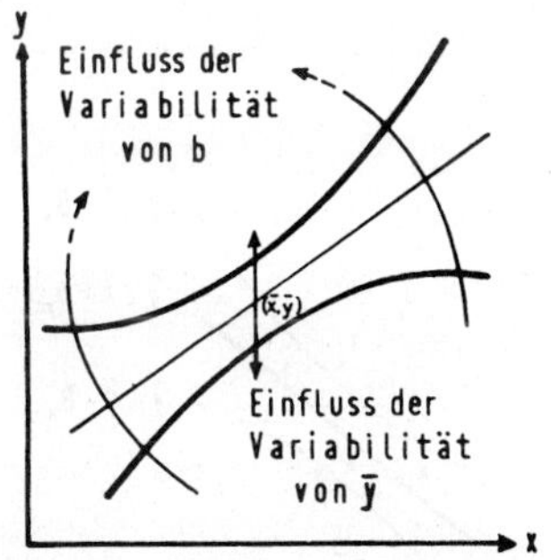

Abb. 63. Vertrauensband für die lineare Regression

Wir benötigen zunächst zwei Standardabweichungen:

1. Die Standardabweichung für einen geschätzten Mittelwert $\underline{\hat{y}}$ an der Stelle x

$$s_{\underline{\hat{y}}} = s_{y.x} \cdot \sqrt{\frac{1}{n} + \frac{(x-\bar{x})^2}{Q_x}} \qquad (5.113)$$

2. Die Standardabweichung für einen vorausgesagten Einzelwert $\hat{y}$ an der Stelle x

$$s_{\dot{\hat{y}}} = s_{y.x} \cdot \sqrt{1 + \frac{1}{n} + \frac{(x-\bar{x})^2}{Q_x}} \qquad (5.114)$$

Folgende Vertrauensbereiche (VB) gelten für:

1. die gesamte Regressionsgerade:

$$\hat{y} \pm \sqrt{2F_{(2,n-2)}}s_{\underline{\hat{y}}} \qquad (5.115)$$

!

2. den Erwartungswert von Y $[E(Y)]$ an der Stelle $X = x$:

[559]
$$\boxed{\hat{y} \pm t_{(n-2)} s_{\underline{\hat{y}}}} \tag{5.116}$$

Ein Voraussagebereich (prediction interval) für eine zukünftige Beobachtung Y an der Stelle $X = x$ (vgl. auch *Hahn 1972*) ist:

$$\boxed{\hat{y} \pm t_{(n-2)} s_{\dot{\hat{y}}}} \tag{5.117}$$

! Diese Bereiche gelten nur für den Meßbereich. Sie werden in Abhängigkeit von x durch Hyperbeläste begrenzt. Abbildung 64 deutet die zunehmende Unsicherheit an, Voraussagen zu machen, wenn x sich vom Mittelpunkt der Regressionsgeraden entfernt. Das Vertrauensband (5.115) ist von den drei Bereichen das weiteste, (5.116) ist das engste; für $n \to \infty$ schrumpfen (5.115) und (5.116) gegen Null, (5.117) schrumpft gegen einen Streifen der Breite $z\sigma_{y.x}$.

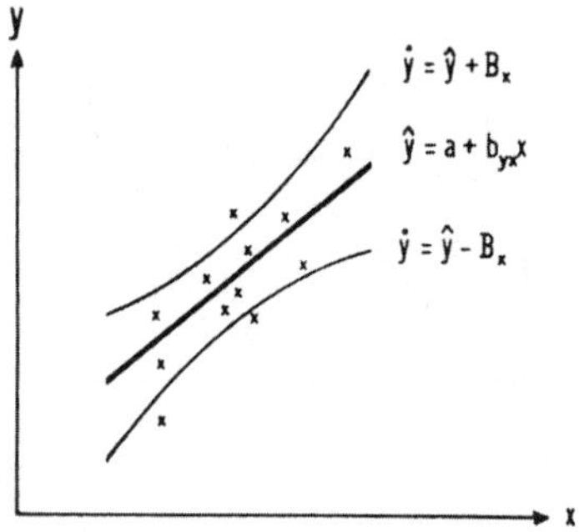

Abb. 64. Vertrauensband-Schema mit den von x abhängigen Bereichswerten B_x für die lineare Regression

Beispiel

Wir nehmen wieder das einfache Modellbeispiel (Tabelle 187), wählen vier x-Werte aus, zu denen die entsprechenden Punkte des Vertrauensbandes ermittelt werden sollen (95%-VB: d. h. $F_{(2;5;0,025)}$ = 8,43). Die x-Werte sollten innerhalb des gemessenen Bereiches liegen, sie mögen gleiche Abstände voneinander aufweisen. In Tabelle 201 bilden diese vier x-Werte Spalte 1, ihre Abweichungen vom Mittelwert ($\bar{x}$ = 14,714) sind in der folgenden Spalte notiert. Spalte 3 enthält die aufgrund der Regressionsgeraden $\hat{y} = 7{,}729 + 0{,}426x$ für die ausgewählten x-Werte geschätzten $\hat{y}$-Werte. Die Abweichungen der x-Werte von ihrem Mittelwert werden quadriert, durch Q_x = 77,429 dividiert und um $(1/n) = (1/7)$ vermehrt. Die Quadratwurzel aus diesem Zwischenergebnis liefert, mit $\sqrt{2F} \cdot s_{y \cdot x} = \sqrt{2 \cdot 8{,}43} \cdot 1{,}67 = 6{,}857$ multipliziert, die entsprechenden B_x Werte (vgl. $\hat{y} \pm B_x$ mit $B_x = \sqrt{2F_{(2;n-2)}} s_{\hat{y}}$). Verbindet man die erhaltenen Punkte des Vertrauensbereiches ($y \pm B_x$) (Tabelle 202) durch einen die oberen Punkte und einen die unteren Punkte erfassenden Kurvenzug, dann erhält man das 95%-Vertrauensband für die gesamte Regressionsgerade. Werden mehr Punkte benötigt, dann sollte beachtet werden, daß aus Symmetriegründen die vier B_x-Werte praktisch acht B_x-Werte darstellen, es sind dann jeweils nur noch die

[559]

Tabelle 201

x	$x-\bar{x}$ $(\bar{x}=14{,}714)$	$\hat{y}$	$\frac{1}{n}+\frac{(x-\bar{x})^2}{Q_x}$	$\sqrt{\frac{1}{n}+\frac{(x-\bar{x})^2}{Q_x}}$	B_x
12	-2,714	12,84	0,2380	0,488	3,35
14	-0,714	13,69	0,1494	0,387	2,65
16	1,286	14,54	0,1642	0,405	2,78
18	3,286	15,40	0,2823	0,531	3,64

vier restlichen $\hat{y}$-Werte zu ermitteln. Beispielsweise hat B_x denselben Wert bei $x = 14$, d. h. $(\bar{x} - 0{,}714)$ und bei $x = 15{,}428$, d. h. $(\bar{x} + 0{,}714)$.
Im folgenden werden wir die beiden anderen Vertrauensbereiche ($t_{5;0{,}05} = 2{,}57$) für den Punkt $x = 16$ ermitteln, wobei wir zunächst $B_{x=16}$ nach (5.116) und anschließend $B'_{x=16}$ nach (5.117) berechnen wollen:

Tabelle 202

$\hat{y}-B_x$	$\hat{y}+B_x$
9,49	16,19
11,04	16,34
11,76	17,32
11,76	19,07

Formel	Kurzform
(5.115)	$y \pm B_x$
(5.116)	$y \pm B_{x=\text{konst.}}$
(5.117)	$y \pm B'_{x=\text{konst.}}$

$$B_{x=\text{konst.}} = ts_{y\cdot x}\cdot\sqrt{\frac{1}{n}+\frac{(x-\bar{x})^2}{Q_x}},\ \text{d.h. z.B. } B_{16} = 2{,}57\cdot 1{,}67\cdot\sqrt{\frac{1}{7}+\frac{(16-14{,}714)^2}{77{,}429}} = 1{,}74$$

Der 95%-Vertrauensbereich für eine Schätzung des Mittelwertes von y an der Stelle x = 16 ist durch das Intervall $14{,}54 \pm 1{,}74$ gegeben. Die Grenzwerte des Bereiches sind 12,80 und 16,28.

$$B'_{x=\text{konst.}} = ts_{y\cdot x}\cdot\sqrt{1+\frac{1}{n}+\frac{(x-\bar{x})^2}{Q_x}},\ \text{z. B.}$$

$$B'_{16} = 2{,}57\cdot 1{,}67\cdot\sqrt{1+\frac{1}{7}+\frac{(16-14{,}714)^2}{77{,}429}} = 4{,}63$$

Der 95%-Vertrauensbereich für eine Schätzung des Wertes y an der Stelle $x = 16$ ist durch das Intervall $14{,}54 \pm 4{,}63$ gegeben. Die Grenzwerte dieses Bereiches sind 9,91 und 19,17. Dieses Intervall ist als Bereich für Einzelwerte wesentlich größer als der oben berechnete Mittelwert-Bereich.

95%-Vertrauensgrenzen für eine zukünftige Beobachtung Y an der Stelle X = x lassen sich für $n \gtrsim 50$ in 1. Näherung an die Hyperbeläste nach $\hat{y} = (a \pm D) + bx$ mit $D = t_{n-2;0{,}05}s_{y.x}$ schätzen (insbesondere auch dann, wenn bei stark streuender Punktwolke n groß ist); vorausgesetzt, es liegt wirklich ein linearer Zusammenhang vor und für gegebenes x sind die y-Werte bei gleicher Varianz normalverteilt.

[559] Die Konstruktion von Vertrauens- und Toleranzellipsen ist den Wissenschaftlichen Tabellen der Ciba-Geigy AG (1980) zu entnehmen [vgl. auch Applied Statistics **21** (1972), 202–204; **27** (1978), 347–349]. Toleranzbereiche lassen sich nach *Weissberg und Beatty (1960)* angeben.

Literaturhinweise zur Korrelationsanalyse und Regressionsanalyse

Weitere Hinweise sind den folgenden drei Abschnitten zu entnehmen.

Übersicht 78. Literatur zu r

Eine Darstellung der Korrelationsanalyse geben Cohen und Cohen (1975), Förster und Rönz (1979) sowie Tiede (1987) (vgl. auch Hutchinson und Lai 1990: Ch. 11 – 13, 1991: Ch. 13 sowie Tutz 1990). Näheres über den Korrelationskoeffizienten r bieten Donner und Rosner (1980) sowie Rodgers und Nicewander (1988). Kritische Schranken gibt Odeh (1982). Die Bedeutung von $r^2 = \hat{B}$ erläutern Day (1985), Griffiths (1982), Helland (1987) und Ozer (1985). Korrelationen auf dem Kreis behandeln Fisher u. Mitarb. (1987) (vgl. auch Mardia 1988).

Interessante Beispiele für nichttriviale lineare Regressionen gibt Bissell (1986/1987).

Übersicht 79

Einige Literaturhinweise zur Regressionsanalyse

1. Ausreißer-Erkennung: Rousseeuw und Leroy (1987)
2. Graphische Methoden: Atkinson (1985) sowie Saville und Wood (1991)
3. Isotone Regression: Robertson u. Mitarb. (1988: Chapter 1)
4. Kalibrierungen: Hunter (1981), Miller (1986), Martens und Naes (1989), Montgomery und Peck (1992), Osborne (1992), Draper (1990, 1992) sowie Chow und Shao (1990)
5. Kategoriale Variablen: Madansky (1988)
6. Kollinearität, Multikollinearität: Montgomery und Peck (1991), Rawlings (1988: Chapters 12 + 13) sowie Vinod und Ullah (1981: Chapter 5) [vgl. auch G. W. Stewart 1987, Statistical Science **2**, 68–100 und Toutenburg 1992]
7. Kurvenanpassung mit linearen Abschnitten: Prunty (1983) sowie Draper (1990, 1992)
8. Logitmodelle: Andersen (1991), Fox und Long (1990), Goodman (1978), Hartung u. Mitarb. (1989), Hubert (1992), Urban (1993) sowie Pruscha (1989)
9. Mehrphasenregression: Schulze (1987) [vgl. S. 561]
10. Minimum Sum of Absolute Errors Regression: Narula und Wellington (1982) sowie Narula (1987)
11. Nonlinear Model Fitting with Errors in Both Variables: Singh und Kanji (1988)
12. Orthogonale Polynome: Narula (1978, 1979)
13. Probit- und Logitmodelle: Collett (1991), DeMaris (1992), Fox und Long (1990), Montgomery und Peck (1992) sowie Urban (1993)
14. $R^2, r^2 = \hat{B}$: Day (1985), Griffiths (1982), Helland (1987) sowie Ozer (1985)
15. Recent Advances: Vinod und Ullah (1981), Fox und Long (1990)
16. Regressionsdiagnostik, Prüfung der Modellanpassung: Atkinson (1985), Chatterjee und Hadi (1988), Fox und Long (1990), Hinkley u. Mitarb. (1991: Chapter 4), Hoaglin u. Mitarb. (1983: Chapter 7), Montgomery und Peck (1992), Neter u. Mitarb. (1989) sowie Rawlings (1988)
17. Ridge Regression: Montgomery und Peck (1992), Myers (1990: Chapter 7), Neter u. Mitarb. (1989), Draper (1990, 1992) sowie Draper und Smith (1998:Chapter 17) [vgl. auch Martens und Naes 1989 sowie Technometrics **35** (1993), 109–148 und 204–214 sowie **42** (2000), 80–86]
18. Zweiphasenregression: Shaban (1980) [vgl. S. 561]

Neuere Ansätze zur Regressionsanalyse finden sich in dem von Fox und Long (1990) herausgegebenen Band zur Datenanalyse. Erwähnt seien die Stichworte: Glättung, Transformationen, Regressionsdiagnostik, robuste Regression, fehlende Beobachtungen und „Selection Bias" im Rahmen der linearen Regression sowie der Logit- und Probitmodelle. **[559]** Interessante Alternativen und Vergleiche bieten Birkes und Dodge (1993). Weiterführendes zur **Regressionsanalyse** enthalten insbesondere auch Atkinson (1985), Chatterjee und Price (1991), Draper (1990, 1992), Draper und Smith (1998), Dunn und Clark (1987), Förster und Rönz (1979), Kleinbaum u. Mitarb. (1998), Mason u. Mitarb. (1989: Chapt. 21–28), Myers (1990), Neter u. Mitarb. (1989) sowie Rawlings (1988).

Sind **beide Variablen fehlerbehaftet**, so konsultiere man Brown (1982), Cheng und Van Ness (1999), Draper (1990, 1992), Feldmann (1992), Mandel (1984), Reilman u. Mitarb. (1986) sowie Singh und Kanji (1988). Näheres zur **robusten Regression**, zu robusten Schätzungen, bieten Brown (1982), Draper (1990, 1992), Draper u. Smith (1998: Chapter 25), Fox und Long (1990), Hoaglin u. Mitarb. (1985), Montgomery und Peck (1992), Rousseeuw und Leroy (1987), Vinod und Ullah (1981: Chapter 13) sowie Wilcox (1997). Weitere Themen enthält Übersicht 79.

56 Nichtlineare Regression

- Die allgemeine Gleichung zweiten Grades **[56]**
- Drei Bemerkungen zur nichtlinearen Regression
- Die Exponentialfunktion
- Exakte und approximierte Normalgleichungen wichtiger Funktionsgleichungen
- Literatur zur nichtlinearen Regression
- Einige Kurvenformen

Die Bestimmung des Punktes (x_c, y_{x_c}), an dem zwei Regressionsgeraden (G_1, G_2) ineinander übergehen (bzw. aufeinandertreffen) [zunächst erfaßt G_1 einen Zusammenhang, dann ab x_c die Gerade G_2], beschreibt R. S. Bogartz (1968, Psychological Bulletin **70**, 749–755). T. S. Lee (1993, Statistics and Probability Letters **18**, 113–120) nennt weitere Details zu dieser **Zweiphasen-Linear-Regression**.
Läßt sich eine Abhängigkeit stückweise durch unterschiedliche Funktionen beschreiben, im einfachsten Falle durch unterschiedliche Regressionsgeraden, so spricht man von **Mehrphasenregression**. Eine Monographie bietet Schulze (1987) (vgl. auch Shaban 1980 und Alley 1987).

In vielen Fällen zeigt eine graphische Darstellung (vgl. z. B. M: 120 und 123), daß die interessierende Beziehung nicht durch eine Regressionsgerade beschrieben werden kann. Sehr oft entspricht eine *Gleichung zweiten Grades* ausreichend genau den tatsächlichen Verhältnissen. Wir bedienen uns im folgenden wieder der Methode der kleinsten Quadrate. Die **allgemeine Gleichung zweiten Grades** lautet (vgl. Abb. 65 und 67 auf S. 567):

$$\boxed{y = a + bx + cx^2} \qquad (5.118)$$

Die Konstanten a, b und c für die gesuchte Funktion zweiten Grades gewinnt man aus folgenden *Normalgleichungen*:

$$\boxed{\begin{array}{llll} \text{I}\; an & + b\sum x & + c\sum x^2 & = \sum y \\ \text{II}\; a\sum x & + b\sum x^2 & + c\sum x^3 & = \sum xy \\ \text{III}\; a\sum x^2 & + b\sum x^3 & + c\sum x^4 & = \sum x^2 y \end{array}} \qquad (5.119abc)$$

Ein einfaches Beispiel (vgl. auch M: 136–138) wird dies erläutern.

Beispiel

[56] **Tabelle 203**

x	y	xy	x^2	x^2y	x^3	x^4
1	4	4	1	4	1	1
2	1	2	4	4	8	16
3	3	9	9	27	27	81
4	5	20	16	80	64	256
5	6	30	25	150	125	625
15	19	65	55	265	225	979

Diese Werte werden in die Normalgleichungen eingesetzt:

$$\begin{array}{lrcl} \text{I} & 5a + 15b + 55c &=& 19 \\ \text{II} & 15a + 55b + 225c &=& 65 \\ \text{III} & 55a + 225b + 979c &=& 265 \end{array}$$

Aus I und II sowie aus III wird zuerst die Unbekannte a beseitigt:

$$\begin{array}{ll} 5a+15b+55c=19 \quad \cdot 3 & 15a+55b+225c=65 \quad \cdot 11 \\ 15a+55b+225c=65 & 55a+225b+979c=265 \quad \cdot 3 \\ \hline 15a+45b+165c=57 & 165a+605b+2475c=715 \\ 15a+55b+225c=65 & 165a+675b+2937c=795 \\ \hline \text{IV} \quad 10b+60c=8 & \text{V} \quad 70b+462c=80 \end{array}$$

Aus IV und V beseitigen wir b und erhalten c:

$$\begin{array}{l} 70b+462c=80 \\ 10b+60c=8 \quad \cdot 7 \\ \hline 70b+462c=80 \\ 70b+420c=56 \\ \hline \end{array}$$

$$42c=24, \text{ d. h. } c = \frac{24}{42} = \frac{12}{21} = \frac{4}{7} (= 0{,}571)$$

Durch Einsetzen von c in IV erhalten wir b:

$$\begin{aligned} 10b + 60c &= 8 \\ 10b + \frac{60 \cdot 4}{7} &= 8 \\ 70b + 240 &= 56 \text{ und } b = \frac{56-240}{70} = -\frac{184}{70} = -\frac{92}{35} (= -2{,}629) \end{aligned}$$

Durch Einsetzen von b und c in I erhalten wir a:

$$\begin{aligned} 5a + 15 \cdot \left(-\frac{92}{35}\right) + 55 \cdot \left(\frac{4}{7}\right) &= 19 \\ 5a - \frac{15 \cdot 92}{35} + \frac{55 \cdot 4 \cdot 5}{7 \cdot 5} &= 19 \\ 35 \cdot 5a - 15 \cdot 92 + 55 \cdot 20 &= 19 \cdot 35 \\ 175a - 1380 + 1100 &= 665 \\ 175a - 280 = 665 \text{ und } a &= \frac{945}{175} = \frac{189}{35} (= 5{,}400) \end{aligned}$$

Kontrolle: Einsetzen der Werte in die Normalgleichung I:

$$5{\cdot}5{,}400 - 15{\cdot}2{,}629 + 55{\cdot}0{,}571 = 27{,}000 - 39{,}435 + 31{,}405 = 18{,}970 \simeq 19{,}0$$

[56]

Die Gleichung zweiten Grades lautet:

$$\hat{y} = \frac{189}{35} - \frac{92}{35}x + \frac{4}{7}x^2 \simeq 5{,}400 - 2{,}629x + 0{,}5714x^2$$

Tabelle 204 zeigt die Güte der Anpassung. Die Abweichungen $y - \hat{y}$, Residuen genannt, sind beträchtlich. Mitunter ist die Anpassung an $y = a + bx + c\sqrt{x}$ (vgl. Übersicht 81) günstiger.

Tabelle 204

x	y	$\hat{y} = \frac{189}{35} - \frac{92}{35}x + \frac{4}{7}x^2$	$y - \hat{y}$	$(y - \hat{y})^2$
1	4	$\frac{189}{35} - \frac{92}{35} \cdot 1 + \frac{20}{35} \cdot 1 = \frac{117}{35} = 3{,}343$	0,657	0,432
2	1	" - " · 2 + " · 4 = $\frac{85}{35}$ = 2,429	−1,429	2,042
3	3	" - " · 3 + " · 9 = $\frac{93}{35}$ = 2,657	0,343	0,118
4	5	" - " · 4 + " · 16 = $\frac{141}{35}$ = 4,029	0,971	0,943
5	6	" - " · 5 + " · 25 = $\frac{229}{35}$ = 6,543	−0,543	0,295
	19	19,00	−0,001	3,830

Zur **eingipfligen Regression** (Pharmakologie, Ökonometrie) siehe M. Frisen (1986, The Statistician **35**, 479–485).

Übersicht 80

Drei Bemerkungen zur nichtlinearen Regression:

(1) Stimmt das Modell, dann sind für jedes Regressionsmodell die **Residuen** $y - \hat{y}$ als beobachtete zufällige Fehler aufzufassen. Aufschluß hierüber verschafft die graphische Darstellung: (a) als Histogramm, (b) $y_i - \hat{y}_i$ (Ordinate) gegen i, (c) gegen $\hat{y}_i$, (d) gegen x_i [(b) und (d) sollten „horizontale Bänder" ergeben] und (e) gegen eine möglicherweise wichtige Variable, die bisher unberücksichtigt geblieben ist (vgl. auch Draper und Smith 1998 [Ryan '97], Atkinson 1985, Hoaglin und Moore 1991: Chapters 1 + 7, Hinkley u. Mitarb. 1991: Chapter 4 sowie Neill und Johnson 1984).

(2) Als **nichtlineares Bestimmtheitsmaß** ($\hat{B}_{\mathrm{nl}} = r^2_{\mathrm{nl}}$) gilt allgemein $\hat{B}_{\mathrm{nl}} = 1 - (A/Q_y)$ mit $A = \sum(y - \hat{y})^2$; für (5.118) elegant [vgl. (5.119abc) rechts]:

$$A = \sum y^2 - a\sum y - b\sum xy - c\sum x^2 y$$

d. h. für unser Beispiel: $A = 87 - (189/35)19 + (92/35)65 - (4/7)265 = 87 - 102{,}6000 + 170{,}8571 - 151{,}4286 = 3{,}8285$ (vgl. Tab. 204: $A = 3{,}83$); Q_y (vgl. Übersicht 74) $= 87 - (19)^2/5 = 14{,}8000$; $\hat{B}_{\mathrm{nl}} = 1 - (3{,}8285/14{,}8000) = 0{,}7413$ und der nichtlineare Korrelationskoeffizient $r_{\mathrm{nl}} = \sqrt{0{,}7413} = 0{,}8610$.

(3) Zur Zusammenfassung kann man für (5.118) als **durchschnittliche Änderungsrate** die Steigung $b + 2cx$ der Kurve an der Stelle $(x_1 + x_n)/2$ angeben.

Ist der Zusammenhang durch eine Exponentialfunktion des Typs

[56]
$$\boxed{y = ab^x} \tag{5.120}$$

darstellbar, dann ergibt sich, wenn beide Seiten der Gleichung logarithmiert werden:

$$\boxed{\lg y = \lg a + x \cdot \lg b} \tag{5.120a}$$

Die entsprechenden *Normalgleichungen* lauten:

$$\boxed{\begin{array}{ll} \text{I} & n \cdot \lg a + (\sum x) \cdot \lg b = \sum \lg y \\ \text{II} & (\sum x) \cdot \lg a + (\sum x^2) \cdot \lg b = \sum (x \cdot \lg y) \end{array}} \tag{5.121ab}$$

Da die hiernach angepaßte Exponentialfunktion meist etwas verzerrte Schätzwerte a und b liefert, ist es im allgemeinen günstiger (5.120) durch $y = ab^x + d$ zu ersetzen und a, b, d nach *Hiorns (1965)* zu schätzen.

Beispiel

Tabelle 205

x	y	lg y	x lg y	x^2
1	3	0,4771	0,4771	1
2	7	0,8451	1,6902	4
3	12	1,0792	3,2376	9
4	26	1,4150	5,6600	16
5	51	1,7076	8,5380	25
15	99	5,5240	19,6029	55

Die Summen werden in die Gleichung eingesetzt:

$$\begin{array}{ll} \text{I} & 5 \lg a + 15 \lg b = 5{,}5240 \quad \cdot 3 \\ \text{II} & 15 \lg a + 55 \lg b = 19{,}6029 \\ \hline & 15 \lg a + 45 \lg b = 16{,}5720 \\ & 15 \lg a + 55 \lg b = 19{,}6029 \\ \hline & 10 \lg b = 3{,}0309 \\ & \lg b = 0{,}30309, \text{ in I eingesetzt:} \end{array}$$

$$\begin{aligned} 5 \lg a + 15 \cdot 0{,}30309 &= 5{,}5240 \\ 5 \lg a + 4{,}54635 &= 5{,}5240 \\ 5 \lg a &= 0{,}9776 \\ \lg a &= 0{,}19554 \end{aligned}$$

Die entsprechenden entlogarithmierten Werte sind

$$a = 1{,}569 \qquad b = 2{,}009 \,.$$

Tabelle 206

x	y	lg $\hat{y}$	$\hat{y}$
1	3	0,1955 + 1·0,3031 = 0,4986	3,15
2	7	0,1955 + 2·0,3031 = 0,8017	6,33
3	12	0,1955 + 3·0,3031 = 1,1048	12,73
4	26	0,1955 + 4·0,3031 = 1,4079	25,58
5	51	0,1955 + 5·0,3031 = 1,7110	51,40
	99		99,19

[56]

Die den obigen Werten angepaßte Exponentialgleichung zur Schätzung von y aus x lautet somit $\hat{y} = 1{,}569 \cdot 2{,}009^x$.

Hinweise

1. **Vertrauensbereiche für eine quadratische Regression** [vgl. (5.118)] vergleicht J. D. Spurrier (1993, Technometrics **35**, 315–320).

2. Zur **nichtlinearen Kalibrierung** (vgl. auch S. 530 und 560) in der Chemie siehe L. M. Schwartz (1976, 1977, Analytical Chemistry **48**, 2287–2289, **49**, 2062–2068) sowie J. R. Schwenke und G. A. Milliken (1991, Biometrics **47**, 563–574).

3. **Anpassungen der Art:** $\boldsymbol{\hat{y} = b_0 + b_1x_1 + b_2x_2 + b_{11}x_1^2 + b_{22}x_2^2 + b_{12}x_1x_2}$ **Wirkungsflächen-Erkundungsmethoden** (vgl. S. 576) zur günstigeren Gestaltung von Prozessen (Qualität, Produktivität, ...), **Evolutionary Operation** (EVOP, „an aggressive management strategy“) genannt, werden in Steinberg und Hunter (1984) im Rahmen der Beratung und der **Planung von Experimenten** (Ziel: „more design and less analysis“) neben zahlreichen anderen Ansätzen (z. B. optimale, robuste und nichtlineare Modelle, Blockversuche, faktorielle und Mischungsexperimente) kritisch referiert und von anderen Experten kommentiert und vertieft (vgl. S. 612, 686).

4. **Interpolation und Standardisierung nach Gans**
Sind an mehreren Objekten zu unterschiedlichen Zeitpunkten x_i Messungen y_i gemacht worden und will man aus Standardisierungsgründen Messungen für ausgesuchte, im allgemeinen nicht gemessene, Zeitpunkte interpolieren, so verwende man die **„Broken-Line“-Interpolation.**
Zu interpolieren ist y für den Zeitpunkt x zwischen (y_1, x_1) und (y_2, x_2):

$$\boxed{y = \frac{x_2 - x}{x_2 - x_1} y_1 + \frac{x - x_1}{x_2 - x_1} y_2} \qquad (5.122)$$

d. h. y als gewogener Durchschnitt von y_1 und y_2, wobei die Wichtung durch y_1 umso kleiner und die durch y_2 umso größer wird, je näher man x_2 kommt (vgl. das Beispiel). Näheres zur Varianz von y ist bei Bedarf Gans (1982) zu entnehmen.

Ein einfaches Beispiel:

$$\begin{array}{ll} x_1 = 4 & y_1 = 22 \\ x_2 = 7 & y_2 = 30 \end{array} \quad x = 6, y = ? \quad y = 7\frac{7-6}{7-4}22 + \frac{6-4}{7-4}30 = \frac{1}{3}22 + \frac{2}{3}30 = 27{,}3\,.$$

5. **Zum Vergleich von Kurven** lassen sich z. B. **zunächst** für jede Kurve mit den y-Werten $y_1, \ldots, y_{n-1}, y_n$ die Statistiken $\bar{y}$, $D = (y_{n-1} + y_n)/2 - y_1$ und $D/\bar{y}$ bilden bzw. die $y_{\max}$ oder die Zeiten bis zum $y_{\max}$, die Regressionskoeffizienten oder die Flächen (S. 28) unter den Kurven (vgl. auch S. 489), jeweils der Fragestellung entsprechend.

Übersicht 81 gibt für die besprochenen sowie für weitere Funktionsgleichungen die entsprechenden Normalgleichungen.

[56]

Übersicht 81. Exakte und approximierte Normalgleichungen wichtiger Funktionsgleichungen

Funktionsgleichung	Normalgleichungen
$y = a + bx$	$a \cdot n + b\sum x = \sum y$ $a\sum x + b\sum x^2 = \sum (xy)$
$\lg y = a + bx$	$a \cdot n + b\sum x = \sum \lg y$ $a\sum x + b\sum x^2 = \sum (x \cdot \lg y)$
$y = a + b \cdot \lg x$	$a \cdot n + b\sum \lg x = \sum y$ $a\sum \lg x + b\sum (\lg x)^2 = \sum (y \cdot \lg x)$
$\lg y = a + b \cdot \lg x$	$a \cdot n + b\sum \lg x = \sum \lg y$ $a\sum \lg x + b\sum (\lg x)^2 = \sum (\lg x \cdot \lg y)$
$y = a \cdot b^x$ bzw. $\lg y = \lg a + x \cdot \lg b$	$n \cdot \lg a + \lg b\sum x = \sum \lg y$ $\lg a\sum x + \lg b\sum x^2 = \sum (x \cdot \lg y)$
$y = a + bx + cx^2$	$a \cdot n + b\sum x + c\sum x^2 = \sum y$ $a\sum x + b\sum x^2 + c\sum x^3 = \sum xy$ $a\sum x^2 + b\sum x^3 + c\sum x^4 = \sum (x^2 y)$
$y = a + bx + c\sqrt{x}$	$a \cdot n + b\sum x + c\sum \sqrt{x} = \sum y$ $a\sum x + b\sum x^2 + c\sum \sqrt{x^3} = \sum xy$ $a\sum \sqrt{x} + b\sum \sqrt{x^3} + c\sum x = \sum (y\sqrt{x})$
$y = a \cdot b^x \cdot c^{x^2}$ bzw. $\lg y = \lg a + x \cdot \lg b + x^2 \cdot \lg c$	$n \cdot \lg a + \lg b\sum x + \lg c\sum x^2 = \sum \lg y$ $\lg a\sum x + \lg b\sum x^2 + \lg c\sum x^3 = \sum (x \cdot \lg y)$ $\lg a\sum x^2 + \lg b\sum x^3 + \lg c\sum x^4 = \sum (x^2 \cdot \lg y)$
$y = b_0 + b_1 x + b_2 x^2 + b_3 x^3$ $\log y = b_0 + b_1 x + b_2 x^2 + b_3 x^3$	$b_0 n + b_1\sum x + b_2\sum x^2 + b_3\sum x^3 = \sum y$ $b_0\sum x + b_1\sum x^2 + b_2\sum x^3 + b_3\sum x^4 = \sum xy$ $b_0\sum x^2 + b_1\sum x^3 + b_2\sum x^4 + b_3\sum x^5 = \sum x^2 y$ $b_0\sum x^3 + b_1\sum x^4 + b_2\sum x^5 + b_3\sum x^6 = \sum x^3 y$ wie oben mit $y = \log y$

Hinweis

Der Vergleich einer empirischen Kurve mit einer zweiten, nach einem experimentellen Eingriff gefundenen – in beiden Fällen liegen für vorgegebene Werte x_i, beispielsweise aufeinanderfolgende Tage, die Mittelwerte $\bar{y}_{1i}$ und $\bar{y}_{2i}$ vor – ist in den naturwissenschaftlichen Disziplinen recht häufig. Nach einer von *Gebelein und Ruhenstroth-Bauer (1952)* gegebenen Approximation läßt sich die Quadratsumme der **Abweichungen für n Tage** nach

$$\hat{\chi}^2 = \frac{\sum_{i=1}^{n} (\bar{y}_{1i} - \bar{y}_{2i})^2}{s_1^2 + s_2^2}, \quad FG = n \tag{5.123}$$ [56]

prüfen. Zuerst werden die Beobachtungen der ersten beiden Tage gemeinsam betrachtet, dann die der ersten drei, die der ersten vier usw. Selbstverständlich läßt sich auch eine Prüfung der Quadratsumme für ein beliebiges Intervall durchführen, sagen wir vom 5. bis zum 12. Tag, wenn dies sachlogisch gerechtfertigt erscheint.
Dieses Verfahren gestattet die Prüfung, ob die Abweichungen noch auf zufällige Schwankungen zurückgeführt werden können. Es setzt unabhängige **normalverteilte Grundgesamtheiten** mit den Standardabweichungen σ_1 und σ_2 voraus (vgl. auch P. G. Hoel [Biometrics **20** (1964), 859–872]).

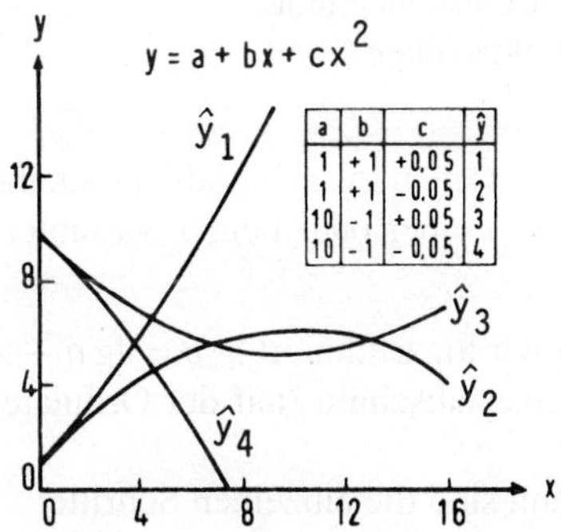

Abb. 65. Kurvenformen I

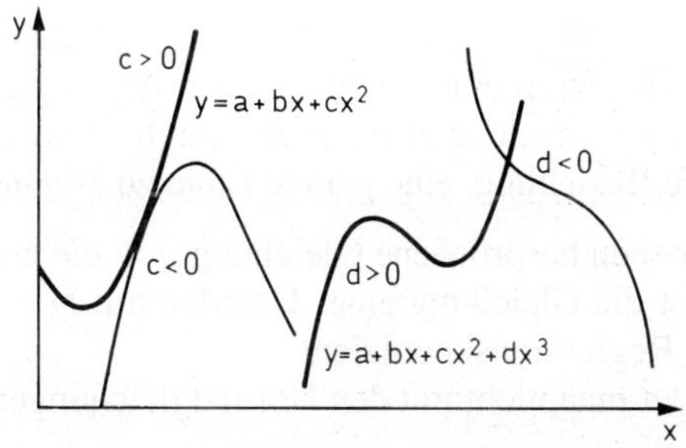

Abb. 67. Kurvenformen III

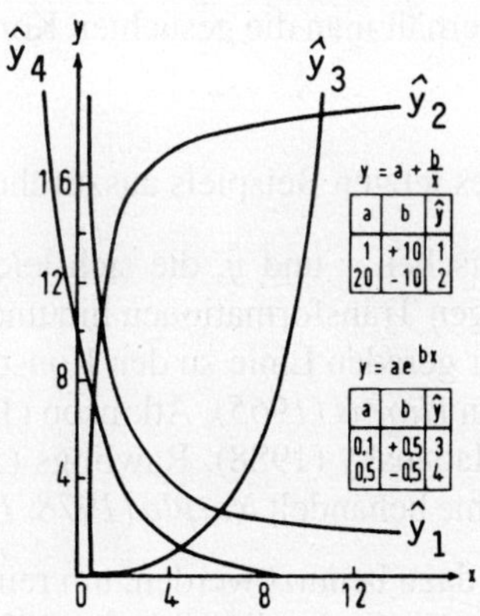

Abb. 66. Kurvenformen II

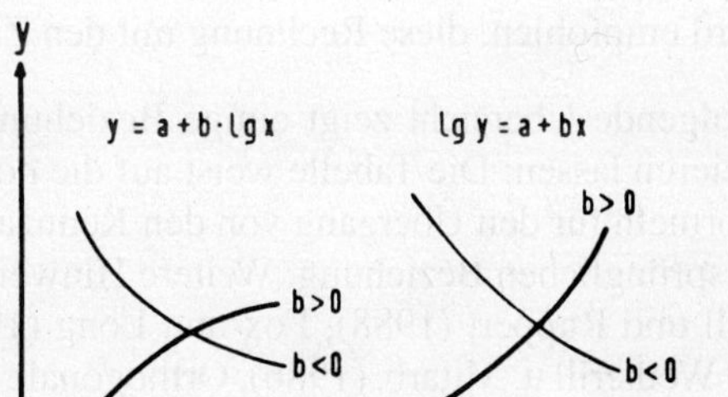

Abb. 68. Kurvenformen IV (vgl. S. 566)

[56] Mehr über die **NICHTLINEARE REGRESSION** enthalten die folgenden Monographien: Bates und Watts (1988), Gallant (1987), Neter u. Mitarb. (1989), Ratkowsky (1983), Saville und Wood (1991), Seber und Wild (1989), Singh und Kanji (1988) sowie Draper und Smith (1998: Chapter 24) (vgl. auch Draper 1990, 1992). Näheres über **Verlaufskurven** ist der Übersicht 86 (am Ende von [58]) zu entnehmen.

In den Abbildungen 65–68 sind **einige nichtlineare Funktionen** dargestellt.
Übersicht 83 auf S. 570 enthält vier Punktwolkenformen, die sich anhand von $y = (a+bx)/(c+dx)$ gut anpassen lassen [E. E. Johnson, Chemical Engineering **76** (1969), 122–126].

[57]

57 Einige linearisierende Transformationen

- Modifizierte und erweiterte Natrella-Übersicht
- Linearisierung gekrümmter Punktwolken

Wenn die Form einer nicht-linearen Abhängigkeit zwischen zwei Variablen bekannt ist, dann ist es manchmal möglich, durch Transformation einer oder beider Variablen eine lineare Beziehung, eine gerade Linie zu erhalten.

Die soeben besprochene Gleichung $y = ab^x$ hatten wir logarithmiert $\lg y = \lg a + x \lg b$; dies ist die Gleichung einer Geraden mit $\lg a$ = Achsenabschnitt (auf der Ordinate) und $\lg b$ = Regressionskoeffizient.
Rechnet man nicht mit den Normalgleichungen, dann sind die einzelnen Schritte:

1. Man transformiert alle y-Werte in $\lg y$-Werte und rechnet mit den Logarithmen der beobachteten y-Werte ($y^{\cdot} = \lg y$).
2. Die Regressionsgerade $\hat{y}^{\cdot} = a^{\cdot} + b^{\cdot} x$ wird wie üblich geschätzt.
3. Durch Entlogarithmierung von $a^{\cdot} = \lg a$, $b^{\cdot} = \lg b$ erhält man die gesuchten Konstanten a und b der Originalgleichung $y = ab^x$.

Es wird empfohlen, diese Rechnung mit den Zahlen des letzten Beispiels auszuführen.

Die folgende Übersicht zeigt einige Beziehungen zwischen x und y, die sich leicht linearisieren lassen: Die Tabelle weist auf die notwendigen Transformationen hin und gibt die Formeln für den Übergang von den Kennzahlen der geraden Linie zu den Konstanten der ursprünglichen Beziehung. Weitere Hinweise geben *Hiorns (1965)*, Atkinson (1985), Carroll und Ruppert (1988), Fox und Long (1990), Madansky (1988), Rawlings (1988) sowie Wetherill u. Mitarb. (1986). Orthogonale Polynome behandelt *Narula (1978, 1979)*.

Diese linearisierenden Transformationen können auch dazu benutzt werden, um rein empirisch die Form eines Zusammenhanges zu ermitteln. Wir lesen die Übersicht 82 jetzt von den transformierten Werten zur Art des Zusammenhanges:

1. Trage y gegen $1/x$ in ein normales Koordinatensystem ein. Liegen die Punkte auf einer geraden Linie, so gilt die Beziehung $y = a + \frac{b}{x}$.

Übersicht 82. Verändert und erweitert nach Natrella, M. G.: Experimental Statistics, National Bureau of Standards Handbook 91, US. Government Printing Office, Washington 1963, p. 5–31 [57]

Besteht eine Beziehung der Form	Trage die transformierten Variablen in das Koordinatensystem ein		Ermittle aus $a^\cdot$ und $b^\cdot$ die Konstanten a und b	
	$y^\cdot =$	$x^\cdot =$	$a^\cdot =$	$b^\cdot =$
$y = a + \frac{b}{x}$	y	$\frac{1}{x}$	a	b
$y = \frac{a}{b+x}$	$\frac{1}{y}$	x	$\frac{b}{a}$	$\frac{1}{a}$
$y = \frac{ax}{b+x}$ [a]	$\frac{1}{y}$	$\frac{1}{x}$	$\frac{1}{a}$	$\frac{b}{a}$
$y = \frac{x}{a+bx}$ [b]	$\frac{x}{y}$	x	a	b
$y = ab^x$	$\lg y$	x	$\lg a$	$\lg b$
$y = ax^b$ [c]	$\lg y$	$\lg x$	$\lg a$	b
$y = ae^{bx}$ [d]	$\ln y$	x	$\ln a$	b
$y = ae^{\frac{b}{x}}$	$\ln y$	$\frac{1}{x}$	$\ln a$	b
$y = a + bx^n$, wobei n bekannt ist [e]	y	x^n	a	b
	und schätze $\hat{y}^\cdot = a^\cdot + b^\cdot x^\cdot$			

[a] Hyperbel: Zur Michaelis-Menten-Gleichung siehe Raaijmakers (1987) und Tez (1991).
[b] B.D. Bunday und V.A. Kiri diskutieren für einen konkreten Fall vier Lösungsansätze [The Mathematical Gazette **70** (1986), 146–149].
[c] Potenzfunktion.
[d] Zweiparametrige Exponentialfunktion (vgl. Abb. 66).
[e] Modifizierte Potenzfunktion.

2. Trage $\frac{1}{y}$ gegen x in ein normales Koordinatensystem ein. Liegen die Punkte auf einer geraden Linie, so gilt die Beziehung $y = a/(b + x)$.
3. Trage in ein einfach logarithmisches Papier (halblogarithmisches Netz, Exponentialpapier) y (logarithmische Teilung) gegen x (arithmetische Teilung) ein. Liegen die Punkte auf einer geraden Linie, so gilt die Beziehung

$$y = ab^x \quad \text{oder} \quad y = ae^{bx}.$$

4. Trage in ein doppelt logarithmisches Papier (logarithmisches Netz, Potenzpapier) y gegen x ein. Liegen die Punkte auf einer geraden Linie, so gilt die Beziehung

$$y = ax^b.$$

Papiere, deren Koordinatenraster nicht wie bei gewöhnlichem Millimeterpapier gleich förmig (äquidistant, linear) ist, sondern bei denen die Koordinatenachsen beliebige Funk-

tionsskalen tragen, nennt man *Funktionspapiere.* Neben dem Exponential- und dem Potenzpapier gibt es noch andere wichtige Papiere, die komplizierte nichtlineare Funktionen
[57] linearisieren. Erwähnt sei das Sinuspapier, bei dem eine Achse gleichförmig, die andere nach einer Sinusleiter geteilt ist und in dem man Funktionen der Art

$$\boxed{ax + b\sin y + c = 0} \quad \text{durch die gerade Linie} \quad \boxed{ax' + by' + c = 0}$$

darstellen kann ($x' = x \cdot e_x$, $y' = (\sin y)e_y$ mit $e_x = e_y = 1$).
Exponentialpapiere sind wichtig für das Studium radioaktiver und chemischer Zerfallsprozesse wie für die Analyse des Längenwachstums vieler Lebewesen. In der theoretischen Biologie und in der Physik spielen Potenzgesetze und damit auch Potenzpapiere eine gewisse Rolle (vgl. Batschelet 1980).
Näheres über **Wachstumskurven** (vgl. H. Winter, MNU Der mathematisch-naturwissenschaftliche Unterricht **47** (1994), 330–339, Draper und Smith 1998, Draper 1990, 1992, *Hiorns 1965*, Inst. Terr. Ecology 1984, Seber und Wild 1989: Chapter 7, D. R. Causton: Biometrics **25** (1969), 401–409, Singh und Kanji 1988, Bryk und Raudenbush 1992: Chapter 6, Crowder und Hand 1990, Kaufman 1981, Manly 1997: Chapter 11; J. of Zoology **242** (1997), 193–207 und von Rosen 1991) und andere Themen aus dem Bereich der **Biomathematik** ist Batschelet (1980, 1981) und Peil (1985) zu entnehmen. Zum halblogarithmischen Netz siehe z. B. C. F. Schmid (1986, The American Statistician **40**, 238–244).

Linearisierung gekrümmter Punktwolken

Zur Linearisierung kurvilinearer Zusammenhänge wählt man für y (oder x) eine geeignete Transformation. Übersicht 83 (links) zeigt, daß dann, wenn y gegen x aufgetragen, eine Gerade resultiert, sich für x gegen y^3 aufwärts, für x gegen $(-1/y^2)$ abwärts gekrümmte Kurven ergeben. Erhält man also für eine Punktwolke x gegen y einen aufwärts gekrümmten Zusammenhang, so wird man, dem Krümmungsgrad entsprechend, die geeignete Transformation, z. B. $(-1/y)$ wählen, um eine Gerade zu erhalten; man hätte auch, anstatt y durch $(-1/y)$ zu ersetzen, x durch x^3 ersetzen können (vgl. Übersicht 83, rechts), um dann die Gerade $\hat{y} = a + bz$ mit $z = x^3$ zu erhalten.

Übersicht 83. Transformation der Werte y oder x zur Linearisierung von Punktwolken; rechts Begradigungen der vier Krümmungsfälle mit den jeweiligen x- oder/und y-Transformationen

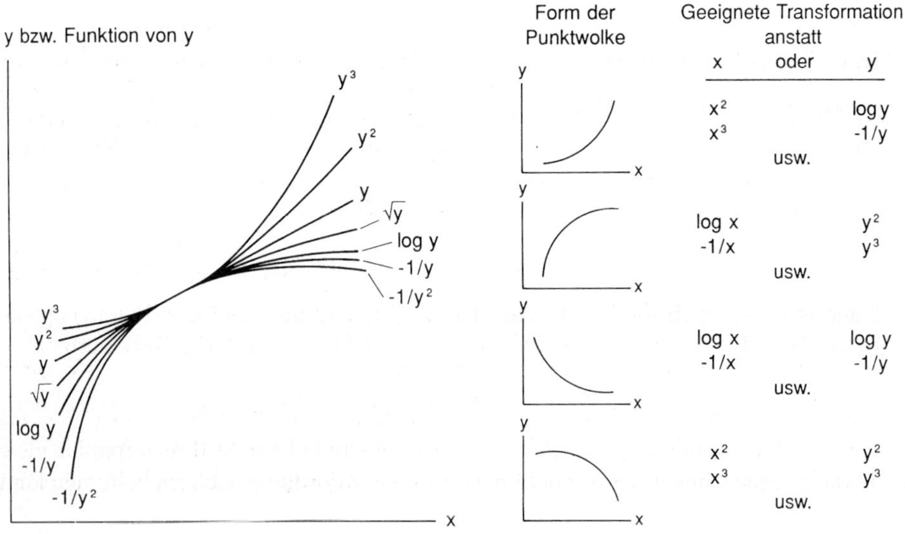

So resultiert für Punktwolken (y gegen x) des Typs  durch das Auftragen von $\log y$ oder $\sqrt{y}$ gegen x (bzw. von y gegen x^2) häufig eine Gerade.

In Übersicht 83 links nicht berücksichtigt ist die Transformation $(-1/\sqrt{y})$, die zwischen [57]
$\log y$ und $(-1/y)$ steht, wie die folgende Transformations-„Leiter" zeigt, die für x und für $x = 100$ angegeben wird:

Tabelle 207

...	$-1/x^2$	$-1/x$	$1/\sqrt{x}$	$\log x$	$\sqrt{x}$	x	x^2	x^3	...
...	−0,0001	−0,01	0,1	2	10	100	10000	1000000	...

Näheres zum Thema Transformationen im Rahmen der Regressionsanalyse (vgl. S. 568) (Draper und Smith 1998: Chapter 13) und der Varianzanalyse ist insbesondere Hoyle (1973), Box und Draper (1987: Chapter 8), Tukey (1977) sowie Hoaglin, Mosteller und Tukey (1983, 1985) zu entnehmen [vgl. auch Atkinson 1985: Chapters 6–9, 12 sowie Draper (1990, 1992); S. Analytis linearisiert S-förmige Kurven: Phytopathologische Zeitschrift **96** (1979), 156–171].

Optimale Transformationen – auch im Rahmen der **Korrelationsanalyse** – behandeln L. Breiman und J. H. Friedman (1985, Journal of the American Statistical Association **80**, 580–619).

58 Partielle und multiple Korrelationen und Regressionen

[58]

- Partieller Korrelationskoeffizient
- Multipler Korrelationskoeffizient
- Einfachste multiple lineare Regression
- Literatur zur multiplen Regressionsanalyse
- Literatur zu linearen Modellen
- Literatur zur Wirkungsflächen-Erkundung
- Literatur zu Dosis-Wirkungs-Studien
- Literatur zur multiplen logistischen Regression
- Multivariate Methoden: Datenmatrix
- Weitere Literaturhinweise zu multivariaten statistischen Methoden

Vorbemerkung: Aufgrund korrelationsstatistischer Berechnungen an einem zahlenmäßig recht umfangreichen Krankengut war man zu dem Ergebnis gekommen, daß eine Reihe äußerlich sichtbarer Gefäßveränderungen – wie Krampfadern, Haemorrhoiden, kutane Venenerweiterungen usw. – deutlich überzufällig häufig miteinander korreliert auftreten und als Ausdruck einer „allgemeinen ererbten Venenwanddysplasie" anzusehen seien. *Wagner (1955)* konnte zeigen, daß alle diese im sogenannten „Status varicosus" zusammengefaßten Veränderungen eine parallel mit dem Alter zunehmende Manifestationshäufigkeit haben und nur hierdurch ein außerhalb des Zufallsbereiches liegender Zusammenhang zwischen den Merkmalen vorgetäuscht wird. Schaltet man nämlich den Einfluß des Alters durch die „partielle Korrelation" aus, dann haben die im „Status varicosus" zusammengefaßten Merkmale untereinander keinen engeren Zusammenhang mehr als jedes von ihnen mit beispielsweise der ebenfalls altersgebundenen Grauhaarigkeit.

Im allgemeinen müssen wir damit rechnen, daß eine Korrelation zwischen zwei bestimmten Variablen von anderen, weiteren Variablen mitbestimmt wird. Betrachten wir die Abhängigkeit von mehr als zwei Zufallsvariablen, so setzt man voraus, daß die beobachtete

Stichprobe einer mehrdimensionalen Normalverteilung entstammt. Als Maß des linearen Zusammenhanges zwischen zwei beliebigen Zufallsvariablen kann in diesem Falle ein
[58] partieller Korrelationskoeffizient definiert werden. Dieser gibt den Grad der Abhängigkeit zwischen zwei Variablen an, wobei die übrigen Variablen konstant gehalten werden.

Liegen lineare Korrelationen von x, y und z vor und sind r_{xy}, r_{xz} und r_{yz} die drei paarweise berechneten Korrelationskoeffizienten, so ist $r_{xy.z}$ der **partielle Korrelationskoeffizient** zwischen x und y, der sich bei Konstanthaltung von z ergibt:

$$r_{xy.z} = \frac{r_{xy} - r_{xz} \cdot r_{yz}}{\sqrt{(1 - r_{xz}^2)(1 - r_{yz}^2)}} \tag{5.124}$$

Die partielle Korrelation erklärt die Beziehung zwischen einer abhängigen und einer unabhängigen Variablen unter Ausschluß des Einflusses weiterer Einflußgrößen. Wenn statt der Buchstaben x, y, z die Zahlen 1, 2, 3 gewählt werden, ist der partielle Korrelationskoeffizient zwischen x_1 und x_2, während x_3 konstant bleibt:

$$r_{12.3} = \frac{r_{12} - r_{13} \cdot r_{23}}{\sqrt{(1 - r_{13}^2)(1 - r_{23}^2)}} \tag{5.124a}$$

und durch zyklische Vertauschung

$$r_{13.2} = \frac{r_{13} - r_{12} \cdot r_{23}}{\sqrt{(1 - r_{12}^2)(1 - r_{23}^2)}} \tag{5.124b}$$

$$r_{23.1} = \frac{r_{23} - r_{12} \cdot r_{13}}{\sqrt{(1 - r_{12}^2)(1 - r_{13}^2)}} \tag{5.124c}$$

Ein Nomogramm zur Ermittlung des partiellen Korrelationskoeffizienten geben *Koller (1969)* sowie *Lees und Lord (1961/62)*.
Die Berechnung der partiellen Korrelationen kann bei unübersichtlichen Abhängigkeitsverhältnissen Klarheit über die gegenseitige Bedeutung der Variablen bringen. Wenn beispielsweise die Korrelation zwischen x_1 und x_2 nur auf einer gemeinsamen Beeinflussung durch x_3 beruht, so wird $r_{12.3} = 0$ werden. Es kann auch vorkommen, daß eine Korrelation durch die Ausschaltung einer Störvariablen erst hervortritt.

Sind nicht nur drei, sondern vier Variable bekannt, so errechnet sich die partielle Korrelation zwischen x_1 und x_2, wenn die Einflüsse von x_3 und x_4 ausgeschaltet werden sollen, nach

$$r_{12.34} = \frac{r_{12.4} - r_{13.4} \cdot r_{23.4}}{\sqrt{(1 - r_{13.4}^2)(1 - r_{23.4}^2)}} = \frac{r_{12.3} - r_{14.3} \cdot r_{24.3}}{\sqrt{(1 - r_{14.3}^2)(1 - r_{24.3}^2)}} \tag{5.125}$$

Der partielle Korrelationskoeffizient wird wie der normale Korrelationskoeffizient geprüft. Zu beachten ist jedoch, daß die Zahl der Freiheitsgrade für jede ausgeschaltete Variable noch um den Wert 1 verringert werden muß. Ist nur eine Variable ausgeschaltet, dann [58]
beträgt die Zahl der Freiheitsgrade $n - 2 - 1 = n - 3FG$. Die Berechnung des partiellen Korrelationskoeffizienten gibt im allgemein eine Möglichkeit, die Störungen durch diejenigen Faktoren auszuschalten, die im Versuch nur schlecht oder überhaupt nicht kontrolliert werden können.

Bevor wir ein Beispiel geben, sei noch auf ein Verfahren aufmerksam gemacht, das eine an Untersuchungsobjekten beobachtete größere Anzahl abhängiger Merkmale oder Variablen auf eine kleinere Anzahl unabhängiger echter Einflußgrößen („Faktoren") zurückführt, wobei diejenigen Merkmale, die untereinander stark korreliert sind, zusammengefaßt werden. Viele manifeste (beobachtbare) Variablen werden auf wenige reduziert, die „Faktoren"" oder latente (nicht beobachtbare) Variablen genannt werden (etwa Intelligenz und „liberale" Einstellung). Die **Faktorenanalyse** fragt, welcher „Faktor" beeinflußt mindestens zwei Merkmale (Variablen)? Näheres über die Faktorenanalyse ist z. B. Backhaus u. Mitarb. (2000), Jackson (1980/81), Fahrmeir und Hamerle (1996), Bernstein (1987) sowie Hair u. Mitarb. (1998) zu entnehmen [vgl. auch Krzanowski u. Marriott 1995, Chapters 11 + 12: Path Analysis + Structural Equation Modeling].

Beispiel

In Iowa und Nebraska wurde eine Zufallsstichprobe von 142 älteren Frauen gründlich untersucht (Swanson, Pearl P., Ruth Leverton, Mary R. Gram, Harriet Roberts and Isabel Pesek, Journal of Gerontology 10 (1955) 41, zitiert von Snedecor, G. W., Statistical Methods, 5, ed., Ames, 1959, p. 430).

Drei der Variablen waren Alter, Blutdruck und die Cholesterin-Konzentration im Blut mit den Korrelationskoeffizienten

$$r_{AB} = 0{,}3332, \quad r_{AC} = 0{,}5029\,, \quad r_{BC} = 0{,}2495\,.$$

Da ein erhöhter Blutdruck mit einer vermehrten Cholesterineinlagerung in den Wänden der Blutgefäße zusammenhängen könnte, erscheint es uns interessant, dieser Frage näher nachzugehen. Da B und C mit dem Alter zunehmen, ergibt sich die Frage, ob der an sich schwache Zusammenhang lediglich auf das Alter zurückzuführen ist, oder ob auf jeder Altersstufe ein echter Zusammenhang existiert. Der Alterseffekt wird eliminiert durch die Berechnung von $r_{BC.A}$ [vgl. (5.124c)]:

$$r_{BC.A} = \frac{r_{BC} - r_{AB} \cdot r_{AC}}{\sqrt{(1 - r_{AB}^2)(1 - r_{AC}^2)}}$$

$$r_{BC.A} = \frac{0{,}2495 - 0{,}3332 \cdot 0{,}5029}{\sqrt{(1 - 0{,}3332^2)(1 - 0{,}5029^2)}} = 0{,}1005\,.$$

Für $142 - 3 = 139FG$ läßt sich diese Korrelation auf dem 5%-Niveau nicht sichern.

Lautet die Frage, in welcher Weise hängt die Zufallsvariable x_1 zugleich von den Zufallsvariablen x_2 und x_3 ab, haben wir es also mit einer Zielgröße und zwei Einflußgrößen zu tun, dann mißt der **multiple Korrelationskoeffizient** $\hat{R}_{1.23}$ (vgl. auch Cohen und Cohen 1975, Chun u. Mitarb. 1989, Dunn und Clark 1987: Chapter 14 sowie Gatsonis und Sampson 1989) den Grad des Zusammenhangs zwischen x_1 und dem Erwartungswert von x_1 bei gegebenen Einflußgrößen x_2 und x_3. Der Punkt im $\hat{R}_{1.23}$ trennt die zuerst geschriebene Zielgröße von den beiden Einflußgrößen.

[58]

$$\boxed{\hat{R}_{1.23} = \sqrt{\frac{r_{12}^2 + r_{13}^2 - 2r_{12}r_{13}r_{23}}{1 - r_{23}^2}}} \tag{5.126}$$

Der multiple Korrelationskoeffizient ist der normale Produktmoment-Korrelationskoeffizient zwischen Zielgröße (Regressand) und dem Erwartungswert der Zielgröße als lineare Funktion aus mindestens zwei Einflußgrößen (Regressoren). $\hat{B} = 1$ bedeutet, daß die Werte der Zielgröße aus den Werten der Einflußgrößen anhand einer mehrfachen (multiplen) linearen Regressionsfunktion (z. B. $\hat{y} = a + b_1x_1 + b_2x_2$) exakt errechenbar sind. Die multiplen Korrelationskoeffizienten liegen immer zwischen 0 und 1.

Lord (1955) gibt ein Nomogramm zur Ermittlung von $\hat{R}_{1.23}$.
Das Quadrat des multiplen Korrelationskoeffizienten wird als multiples Bestimmtheitsmaß bezeichnet: $\hat{B} = \hat{R}^2$ (Modell II, vgl. [542]).
Neben

$$\boxed{\hat{R}_{1.23} = r_{12}^2 + r_{13.2}^2(1 - r_{12}^2)} \tag{5.127}$$

seien die weiterführenden Beziehungen

$$1 - \hat{R}_{1.23}^2 = (1 - r_{12}^2)(1 - r_{13.2}^2) \tag{5.128}$$

$$1 - \hat{R}_{1.234}^2 = (1 - r_{12}^2)(1 - r_{13.2}^2)(1 - r_{14.23}^2) \tag{5.129}$$

genannt. Partielle Korrelationskoeffizienten zweiter Ordnung, z. B. $r_{14.23}$, erhält man nach

$$\begin{aligned} r_{14.23} &= \frac{r_{14.2} - r_{13.2}r_{34.2}}{\sqrt{(1 - r_{13.2}^2)(1 - r_{34.2}^2)}} = \frac{r_{14.3} - r_{12.3}r_{24.3}}{\sqrt{(1 - r_{12.3}^2)(1 - r_{24.3}^2)}} \\ r_{12.34} &= \frac{r_{12.3} - r_{14.3}r_{24.3}}{\sqrt{(1 - r_{14.3}^2)(1 - r_{24.3}^2)}} = \frac{r_{12.4} - r_{13.4}r_{23.4}}{\sqrt{(1 - r_{13.4}^2)(1 - r_{23.4}^2)}} \end{aligned} \tag{5.125}$$

Vergleiche auch

$$\boxed{r_{14.23}^2 = \frac{\hat{R}_{1.234}^2 - \hat{R}_{1.23}^2}{1 - \hat{R}_{1.23}^2}} \tag{5.130}$$

Die Nullhypothese, nach der der $\hat{R}$ entsprechende Parameter gleich Null ist (gegen > 0), wird anhand des F-Tests

$$\begin{aligned} \hat{F} &= \frac{\hat{R}^2}{1 - \hat{R}^2} \cdot \frac{n - k - 1}{k} = \frac{\hat{R}^2(n - k - 1)}{(1 - \hat{R}^2)k} \\ \nu_1 &= k, \quad \nu_2 = n - k - 1 \end{aligned} \tag{5.131}$$

geprüft (k = Zahl der Einflußgrößen).

Häufig möchte man wissen, ob ein $\hat{R}_1$ mit mehreren Einflußgrößen u_1 statistisch signifikant größer ist als ein $\hat{R}_2$ mit einer geringeren Anzahl u_2. Der entsprechende F-Test ist: [58]

$$\boxed{\begin{gathered}\hat{F} = \frac{(\hat{R}_1^2 - \hat{R}_2^2)(n - u_1 - 1)}{(1 - \hat{R}_1^2)(u_1 - u_2)} \\ \nu_1 = u_1 - u_2, \quad \nu_2 = n - u_1 - 1\end{gathered}} \tag{5.132}$$

Insbesondere dann, wenn n klein ist und die Zahl der Einflußgrößen k relativ groß ist, muß $\hat{R}^2$ durch den unverfälschten Schätzwert ${}_u\hat{R}^2$ ersetzt werden

$$\boxed{{}_u\hat{R}^2 = 1 - (1 - \hat{R}^2)\frac{n-1}{n-k}} \tag{5.133}$$

Übersicht 84

Einfachste multiple lineare Regression
(Drei Zufallsvariable: 2 Einflußgrößen $[x_1, x_2]$, 1 Zielgröße $[y]$)

$$\underline{\hat{y} = a + b_1 x_1 + b_2 x_2}\ , \qquad \underline{b_1} = (Q_{yx_1} Q_{x_2} - Q_{yx_2} Q_{x_1 x_2})/C$$

$$b_2 = (Q_{yx_2} Q_{x_1} - Q_{yx_1} Q_{x_1 x_2})/C\ , \quad C = Q_{x_1} Q_{x_2} - (Q_{x_1 x_2})^2$$

(vgl. $Q_{x_1 x_2} = \sum x_1 x_2 - \frac{1}{n}(\sum x_1)(\sum x_2)$ sowie Übersicht 74 und S. 579 unten)

Kontrolle: $b_1 Q_{x_1} + b_2 Q_{x_1 x_2} = Q_{yx_1}$ und $b_1 Q_{x_1 x_2} + b_2 Q_{x_2} = Q_{yx_2}$

$$\underline{a} = \bar{y} - b_1 \bar{x}_1 - b_2 \bar{x}_2\ , \qquad R^2_{y.x_1 x_2} = B_{y.12} = D/Q_y$$

$$D = b_1 Q_{yx_1} + b_2 Q_{yx_2}$$

Prüfung der Regression ($H_0\colon \beta_1 = \beta_2 = 0$) und damit auch, ob der $\hat{B}$ entsprechende Parameter signifikant von Null verschieden ist:

$$\hat{F} = \frac{D(n-2-1)}{(Q_y - D)2}\ , \quad \nu_1 = 2\ , \quad \nu_2 = n - 2 - 1$$

Es läßt sich auch prüfen, ob die Schätzung von y aus x_1 durch Hinzunahme von x_2 wesentlich verbessert wird:

$$\hat{F} = \frac{D - E}{Q_y - D} \quad \text{mit} \quad \begin{matrix}\nu_1 = 1 \\ \nu_2 = n - 3\end{matrix} \qquad E = \frac{(Q_{yx_1})^2}{Q_{x_1}}$$

Mehrere Variablen können paarweise, gruppenweise oder insgesamt stochastisch unabhängig voneinander sein. Sind sie abhängig voneinander, so unterscheiden wir den ungerichteten Fall (Korrelation: beide Variablen sind gleichberechtigt) und den gerichteten Fall (Regression: der Schluß von der Einflußgröße auf die Zielgröße). Vielfach beeinflussen bzw. bestimmen mehrere (p) Einflußgrößen eine Zielgröße (z. B. [multiple Regression:] $y = b_0 + b_1 x_1 + b_2 x_2 + \ldots + b_p x_p$) oder wenige Zielgrößen (z. B. [kanonische Korrelation:] $a_1 y_1 + a_2 y_2 + a_3 y_3 = b_0 + b_1 x_1 + b_2 x_2 + \ldots + b_p x_p$).

Näheres zur **kanonischen Korrelation** enthalten z. B. Box und Draper (1987: Chapters 9–11), Gifi (1990: Chapters 5, 6), Jobson (1992), Johnson und Wichern (1998: Chapter 10),

Khuri und Cornell (1996: Chapter 5), Krzanowski und Mariott 1994: Chapter 4, Krzysko (1982) sowie Kullback u. Mitarb. (1987). Eine sehr übersichtliche Darstellung fast aller
[58] multivariater Verfahren findet man z. B. bei Hair u. Mitarb. (1998).

Literatur zur multiplen Regressionsanalyse

Atkinson (1985), Bowerman u. Mitarb. (1986), Bowerman und O'Connell (1990), Chatterjee und Hadi (1988), Chatterjee und Price (1991), Cohen und Cohen (1975), Cox und Snell (1989), Dobson (1990), Draper (1990, 1992), Draper und Smith (1998 u. a. Chapter 7: Serial Correlation), Fahrmeir und Hamerle (1996), Kleinbaum u. Mitarb. (1998), Kshirsagar (1983), Madansky (1988), Miller (1984), Montgomery und Peck (1992), Myers (1990), Neter u. Mitarb. (1989), Ott (1988, S. 467–654), Tiede (1987), Toutenburg (1992) sowie Wetherill u. Mitarb. (1986).

Literatur zu linearen Modellen

Der t-Test und die Varianzanalyse sind Spezialfälle des sogenannten linearen Modells. Besonders wichtig ist das Schätzen und Testen von Regressionskoeffizienten β_i im Rahmen der linearen Regressionsanalyse. Näheres über **lineare Modelle** und **verallgemeinerte lineare Modelle** (generalized linear models; GLIM [Generalized Linear Interactive Modelling ist der Name eines Software-Paketes zur Anpassung dieser Modelle]) ist Aitkin u. Mitarb. (1988: GLIM), Andress (1986: GLIM), Bowerman u. Mitarb. (1986), Dobson (1990: GLIM), Draper (1990, 1992), Draper und Smith (1998: Chapter 18), McCullagh und Nelder (1989), Searle (1987) sowie den Monographien zur multivariaten Statistik zu entnehmen (GLIM-3 für Fall-Kontroll-Studien [Epidemiologie] stellen Adena und Wilson 1982 vor) (vgl. auch Toutenburg 1992 und *Rao 1973,* 1993).
Lineare Modelle [vgl. z.B. Nelder 1994 und Bapat 1999] mit fehlerbehafteten Daten behandeln Schneeweiss und Mittag (1986).

Literatur zur Wirkungsflächen-Erkundung/Response Surface Experimentation

Um Optimalbedingungen aufzuspüren (etwa wichtige unabhängige Variablen X, die eine Zielgröße [response variable] Y bestimmen), werden als Approximation Parameter von Polynomen geschätzt. Näheres entnehme man *Box (1954)*, Box u. Mitarb. (1978: Chapter 15), Box und Draper (1987), Dean und Voss (1999: Chapter 16), Khuri und Cornell (1996), Mead (1988: Chapter 18), Mead und Pike (1975), Montgomery (1997: Chapter 14), Morton (1983), Myers u. Mitarb. (1989), Petersen (1985), Rawlings (1988: Chapters 14, 15) sowie Wetherill u. Mitarb. (1986) [vgl. auch Krzanowski u. Marriott 1994/5, Technometrics **42** (2000), 111–112 sowie Statistics and Probability Letters **48** (2000), 131–140].

Biologische Prüfung, Bioassay
Qualitative Dosis-Wirkungs-Analysen

Diese Methode dient zur **Schätzung der Wirksamkeit eines Präparates**, etwa eines Giftes, Medikamentes oder Hormons, absolut oder relativ zu einem Standardpräparat, wobei biologische Objekte wie z. B. Mikroorganismen, Gewebestücke oder Pflanzen als Untersuchungseinheiten dienen. Es interessiert die Beziehung zwischen Dosis und Wirkung, die **Dosis-Wirkungs-Regressionsfunktion.** Näheres entnehme man z. B. Berry (1990), Collett (1991), Govindarajulu (1988), Hubert (1992), Kinnison (1985: Chapter 14), Peace (1988: Chapter 3) sowie Unkelbach und Wolf (1985) (vgl. auch *Weber 1972 (Kap. 75–80)* sowie Pearson und Hartley 1972, II, Chapters 21–25 und Tables 39–46). Zum Thema „Dilution Assay" siehe L. W. G. Strijbosch u. Mitarb., Statistica Neerlandica **44** (1990), 241–261.

Ausprägungen von Alternativmerkmalen werden meist wie die von **binären** Merkmalen (dichotome Daten) mit 0 und 1 skaliert. Beispielsweise Erkrankungswahrscheinlichkeiten werden anhand der sogenannten **multiplen logistischen Regressionsanalyse** modelliert. Näheres enthalten Andersen (1991), Balakrishnan (1991), Breslow und Day (1980), Collett (1991), Cornell (1984), Cox und Snell (1989), Dobson (1990), Freeman (1987: Chapter 7), Hosmer und Lemeshow (2000), Hosmer u. Mitarb. (1991), Kahn und Sempos (1989), Kleinbaum u. Mitarb. (1982), Kleinbaum (1994), Lee (1992), Neter u. Mitarb. (1989), Pruscha (1989), Roberts u. Mitarb. (1987), Santner und Duffy (1989), Strauss (1992), Andress u. Mitarb. (1997) sowie Hair u. Mitarb. (1998); [n?: Statistics in Medicine **8** (1989), 795–802, **12** (1993), 1079–1084; vgl. auch J. Amer. Statist. Assoc. **95** (2000), 51–61, 99–108]. **[58]**

Multivariate statistische Verfahren

Abbildung 61 und Tabelle 191 geben zweidimensionale Stichprobenverteilungen. Messen wir Gewicht und Größe an Studenten eines Studentenheimes, so erhalten wir eine Verteilung dieses Typs. Stellen wir außerdem bei jedem Studenten noch das Lebensalter fest, so erhalten wir mit jeweils 3 Daten eine dreidimensionale Stichprobenverteilung. Die Analyse dieser und komplizierterer n-dimensionaler Verteilungen – an einer Reihe von Personen oder Objekten werden mehrere Variable gemessen und gemeinsam ausgewertet – bildet das Gebiet der mehrdimensionalen oder multivariaten Analyse (multivariate analysis). Anders ausgedrückt: Die multivariate Analyse beschäftigt sich mit der **Entwicklung mathematischer Modelle zur Analyse einer nicht näher spezifizierten Anzahl abhängiger Variablen. Es werden Parameter geschätzt und die Zusammenhänge zwischen den Variablen ermittelt**. Diese Verfahren haben bei der Analyse komplexer Fragestellungen eine entscheidend wichtige Bedeutung erlangt. Wegen des hohen rechentechnischen Aufwandes müssen elektronische Rechenanlagen zur Verfügung stehen. Eine anwendungsorientierte Einführung und Übersicht bieten Backhaus u. Mitarb. (2000) (vgl. auch Bortz 1999: Teil III sowie Rosenthal und Rosnow 1991: Chapter 24). Eine detaillierte Darstellung bieten Hartung und Elpelt (1989) [vgl. auch Rinne 1997 (Kapitel 4) und 2000].

vgl. S. 578

Wichtige Tabellen sind Kres (1983) und dem Band 2 der Biometrika Tables (*Pearson und Hartley 1972*, S. 333–358 [erläutert auf S. 98–117]) zu entnehmen.

Weitere Literatur zu multivariaten Methoden (vgl. auch S. 579)

Bernstein (1987), Fahrmeir und Hamerle (1996), Flury (1997), Gifi (1990), Green (1978), Hair u. Mitarb. (1998), Hawkins (1982), Jobson (1992), Johnson und Wichern (1998), Kleinbaum u. Mitarb. (1998), Krzanowski (1988 sowie Krzanowski und Marriott 1994/5), Marascuilo und Levin (1983), Schnell (1994), Scott (1992) sowie Timm (1975).

Graphischer Vergleich weniger Untersuchungseinheiten, an denen jeweils k Merkmale ($k \leqq 12$) erfaßt sind

Multivariate Daten lassen sich z. B. als Vieleck oder **Polygon in einem Kreis** darstellen; jeder Untersuchungseinheit entspricht ein Vieleck in einem Kreis, deren k („Radspeichen") Radien, außen wird das Merkmal genannt, die Merkmalsskalen von innen nach außen abgetragen enthalten, so daß sich bei kleinen Merkmalswerten ein kleines um das Zentrum liegendes Polygon ergibt (vgl. Übersicht 86: graphische Methoden).

Hinweis: Graphischer Vergleich mehrerer Relativer Risikos

Sind mehrere Relative Risikos oder Chancenverhältnisse (vgl. [233] und [234]) anhand z. B. ihrer 95%-Vertrauensbereiche (95%-VBe) zu vergleichen, so zeichnet man diese horizontal über einer logarithmisch geteilten x-Achse, wobei symmetrische VBe entstehen. Über die 1 wird eine Senkrechte gezeichnet. Schließen die 95%-VBe die Eins aus, so entspricht dies einem Test mit $P < 0{,}05$. Für das Beispiel zu (2.9) auf S. 316 mit den unsymmetrisch zueinander liegenden Werten 1,703; 2,6667; 4,175 ergibt sich so anhand ihrer dekadischen Logarithmen 0,231; 0,426; 0,621 Symmetrie: $0{,}621 - 0{,}426 = 0{,}195 = 0{,}426 - 0{,}231$.

Mischungsanalysen mit dem Ziel, geeignete Anteile mehrerer Komponenten für eine optimale Mischung (z. B. Cocktail, Glas, Beton) aufzuspüren, beschreiben Cornell (1990)
[58] und Spenhoff (1991) sowie Draper u. Smith (1998: Chapter 19).

Übersicht 85

Viele Daten faßt man bevorzugt als Matrizen zusammen

An n Objekten oder Individuen seien jeweils p Variablen gemessen worden. Die Daten lassen sich dann als Matrix schreiben, als **Datenmatrix** X:

$$X = \begin{bmatrix} x_{11} & x_{12} \ldots x_{1p} \\ x_{21} & x_{22} \ldots x_{2p} \\ \vdots & \vdots \quad\quad \vdots \\ x_{n1} & x_{n2} \ldots x_{np} \end{bmatrix}$$

Wichtig sind Zusammenfassungen aufschlußreicher Maßzahlen (Statistiken) für weiterführende multivariate Studien:

(1) als Stichproben-**Kovarianzmatrix** S mit den Kovarianzen s_{ij}, die Varianzen s_i^2 werden hier s_{ii} geschrieben, sie bilden die Diagonale;
(2) als Stichproben-**Korrelationsmatrix** R mit $r_{ij} = s_{ij}/(s_i s_j)$, s_i und s_j sind die Standardabweichungen. Die Werte r_{ij} werden

$$S = \begin{bmatrix} s_{11} & s_{12} \ldots s_{1p} \\ s_{11} & s_{22} \ldots s_{2p} \\ \vdots & \vdots \quad\quad \vdots \\ s_{p1} & s_{p2} \ldots s_{pp} \end{bmatrix} \qquad R = \begin{bmatrix} 1 & r_{12} \ldots r_{1p} \\ r_{21} & 1 \quad \ldots r_{2p} \\ \vdots & \vdots \quad\quad \vdots \\ r_{p1} & r_{p2} \ldots 1 \end{bmatrix}$$

zur besseren Übersicht auf drei oder zwei Dezimalstellen gerundet, wobei die Null vor dem Komma nicht geschrieben wird, ebenso wird auf die Einsen der Diagonalen verzichtet. Zur Matrix-Algebra siehe z. B. Green (1976).

Nie zuvor war der Anteil an Nichtstatistikern, die sich statistischer Methoden bedienen, so groß wie heute, wo dieses Gebiet für Uneingeweihte trotz PC und entsprechender Software immer weniger überschaubar wird. Handlungsanweisendes **Fakten- oder Verfügungswissen** ist schnell angeeignet. **Orientierungswissen** ist schwieriger mizuteilen. Es betrifft Ziele und Zwecke und vermittelt Kompetenz. Einiges versucht dieser Text anzuregen.

Zur Variablen und Datenreduktion

An den p abhängigen und unabhängigen Variablen werden **Hypothesen** über ihr Zusammenwirken **gewonnen** bzw. **geprüft.** Hierbei sind die wechselseitig wenig korrelierenden Variablen besonders aufschlußreich. Viele statistische Verfahren sind als Spezialfälle der **kanonischen Korrelation** (vgl. S. 575 unten) auffaßbar, die den Zusammenhang zwischen zwei Variablensätzen beschreibt, wobei die Anzahl der kanonischen Korrelationen der Anzahl der Variablen im kleineren Variablensatz entspricht. Die Korrelation zwischen beiden Variablensätzen führt zur sogenannten kanonischen Faktorenanalyse. Alle **Faktorenanalysen** (vgl. S. 573 oben) ermöglichen viele mehr oder weniger hoch korrelierende Variablen durch wenige voneinander unabhängige Faktoren zu ersetzen, wobei die **Hauptkomponentenanalyse** (vgl. S. 579) eine besondere Rolle spielt. Große Datenkörper helfen manche Probleme zu lösen, bringen aber mindestens ebenso viele neue Probleme mit sich. Bei schwierigen Problemen wird man die Hilfe eines Statistikers in Anspruch nehmen und sein auf Erfahrung und Umsicht basierendes Orientierungswissen nutzen.

Übersicht 86

Literaturhinweise zu Spezialthemen aus dem Bereich multivariater Methoden

Anteile: Aitchison (1987), Collett (1991), Cornell (1990), Cox und Snell (1989) sowie Dobson (1990) [58]

Assoziation in Kontingenztafeln: Becker (1989), Tutz (1990); [vgl. auch S. 595, 601 u. 604]

Ausreißer: Barnett und Lewis (1984: Chapter 9)

Clusteranalyse: Everitt (1993), Kaufman und Rousseeuw (1990) sowie Mucha (1992)

Diskrete Daten: Bishop u. Mitarb. (1978) sowie Read und Cressie (1988)

Diskriminanzanalyse: Aitchison (1987), Backhaus u. Mitarb. (2000), Hawkins (1982), Huberty (1984, 1994), Klecka (1980), Lachenbruch (1975), Lachenbruch und Clarke (1980), Lachenbruch und Goldstein (1979) sowie Hair u. Mitarb. (1998)

Graphische Methoden: du Toit u. Mitarb. (1986), Whittaker (1990) sowie Schnell (1994)

Hauptkomponentenanalyse: Aitchison (1987), Flury (1997), Gifi (1990), Jackson (1980/81, 1992), Johnson und Wichern (1998: Chapter 8) sowie Myers (1990: Chapter 7)

Konfigurationsfrequenzanalyse: Perli (1985) sowie Perli u. Mitarb. (1987)

Labordaten: Albert und Harris (1987)

Latent Class Analysis: Hagenaars (1990)

Latent Structure Analysis: Goodman (1978) und Andersen (1982, 1991: Chapter 12)

Loglineare Modelle, Kontingenztafelanalyse: Agresti (1990), Andersen (1991), Brown (1990), Chuang-Stein und Francom (1988), Dobson (1990: Chapter 9), Fahrmeir und Hamerle (1996), Fienberg (1980 und 1981), Freeman (1987), Goodman (1978, 1983 und 1986), Goodman und Kruskal (1979), Hagenaars (1990), Hartung u. Mitarb. (1989), Healy (1988), Jolliffe (1986: Chapter 6), Kennedy (1983), Knoke und Burke (1980), Ku und Kullback (1974), Langeheine (1980), McCullagh und Nelder (1989: Chapter 6), Pruscha (1989), Read und Cressie (1988), Reynolds (1977), Rochel (1983), Santner und Duffy (1989), Toutenburg (1992: Kapitel 7), Whittaker (1990), Le (1998) sowie Andress u. Mitarb. (1997)

Longitudinalstudien, Datenanalyse: Wu und McCurrie (1988) sowie Hagenaars (1990)

Mathematik zum Verständnis multivariater Methoden: z.B. Green (1976)

Multikollinearität: Montgomery und Peck (1992) sowie A. R. Willan und D. G. Watts (1978, Technometrics **20**, 407–412)

Multidimensionale Skalierung: Backhaus u. Mitarb. (2000) sowie Jackson (1992)

Multiple Korrelationen: Gatsonis und Sampson (1989)

Multivariate Kalibrierung: Martens und Naes (1989) sowie Osborne (1991)

Multivariate Normalverteilung: Tong (1990)

Multivariate Varianzanalyse: Jobson (1992), Johnson und Wichern (1998), Timm (1975) und Lindman (1992), Edwards (1993) Bernstein (1987) sowie Hair u. Mitarb. (1998)

Nichtlineare multivariate Methoden: Gifi (1990)

Procrustes-Analyse: Huitson (1989)

Verlaufskurven (Repeated Measures Designs): Barcikowski und Robey (1984), Crowder und Hand (1991), Diggle (1990), Diggle und Donnelly (1989), Dunn und Clark (1987), Dwyer u. Mitarb. (1992), Edwards (1993), Fleiss (1986), Gill (1988), Hand und Taylor (1987), Howell (1987: Chapter 14), Jäckel und Wolter (1984), Jones und Kenward (1989: Chapter 6), Koch u. Mitarb. (1980), Lehmacher (1987), Looney und Stanley (1989), Metzler und Nickel (1986), Milliken, G. A. in Berry (1990), O'Brien und Kaiser (1985), Ott (1988), Pahnke (1984), Rogan u. Mitarb. (1979), Rosenthal und Rosnow (1991: Chapter 18), Tandon und Moeschberger (1989), Thompson und Amman (1990), Vonesh und Schork (1986), von Eye (1990) sowie Wu und McCurry (1988)

Hinweis zur Multikollinearität: Lineare Abhängigkeiten zwischen den Regressoren können zu großen Varianzen und Kovarianzen der geschätzten Regressionskoeffizienten führen und damit zu großen Vertrauensbereichen für die β_i. Etwa für β_1 und β_2 aus $\hat{y} = b_1x_1 + b_2x_2$ (vgl. S. 575, Übersicht 84) mit r_{12} [= r zwischen x_1 und x_2] über $b_1 = (r_{1y} - r_{12}r_{2y})/(1 - r_{12}^2)$ und $b_2 = (r_{2y} - r_{12}r_{1y})/(1 - r_{12}^2)$ bei großem r, wenn für dieselben x-Werte unterschiedliche Stichproben gezogen werden, die dann zu sehr unterschiedlichen Schätzwerten für b_1 und b_2 führen. Hier helfen einige Verfahren weiter, etwa die sogenannte **Ridge Regression** [vgl. S. 560, Übersicht 79, The American Statistician **29** (1975), 3–20, **39** (1985) 186–192 und Technometrics **29** (1987), 161–172 sowie Birkes und Dodge 1993: Chapters 8, 9].

6 Die Auswertung von Mehrfeldertafeln (Zweiwegtafeln)

[6]

Vierfeldertafeln haben wir im Abschnitt 46 kennengelernt. Wir befassen uns hier fast nur mit den einfachsten Mehrfeldertafeln: **Zweiwegtafeln** (a) des Typs $k{\cdot}2$ mit $k \geqq 3$ und (b) des Typs $r{\cdot}c$ mit $r \geqq 3$ und $\geqq 3$. Die einfachste **Dreiwegtafel** (Typ: $2 \cdot 2 \cdot 2$) wird in M2: 155–160 analysiert. Näheres ist z. B. Upton (1978) und Upton in Lovie (1986: Chapter 4) zu entnehmen [vgl. auch Andersen 1991: Chapters 5 + 6 und 1997].

Der Informationsgehalt von Häufigkeiten ist gering. Trotzdem bietet die Analyse von *Vierfeldertafeln*, der einfachsten Zweiwegtafel, eine Reihe von Möglichkeiten. Wir können diese einfachste Zweiwegtafel auf Unabhängigkeit, Trend und Symmetrie prüfen. In diesem Kapitel werden diese und andere Prüfungen an Kontingenztafeln beschrieben, die für jedes der beiden Merkmale nicht nur eine Alternative, also 2 Klassifikationsmöglichkeiten, sondern mehrere aufweisen. Beispielsweise lassen sich Besitzer von Führerscheinen hinsichtlich der Altersgruppe und der Anzahl der Unfälle – 0, 1, 2, mehr als 2 – vergleichen. Andere Vergleichspaare, die ebenfalls zu Zweiwegtafeln führen, sind z. B. Schulbildung und Einkommen, Körperbautyp von Eheleuten sowie die Beurteilung des Eheglücks durch beide Partner. Ebenso wie eine Stichprobe nach zwei Merkmalsreihen kombiniert aufgeteilt auf Unabhängigkeit geprüft werden kann, lassen sich eine Reihe von Stichproben mit zwei oder mehr Ausprägungen auf Gleichartigkeit oder Homogenität testen.

Die Prüfung einer Zweiwegtafel auf *Trend* bietet die Möglichkeit, den Anteil der linearen Regression an der Gesamtvariation abzuschätzen. Vergleiche von Zweiwegtafeln hinsichtlich ihrer *Regressionskoeffizienten* ergänzen den Vergleich hinsichtlich der Stärke des Zusammenhanges anhand der korrigierten Kontingenzkoeffizienten.
Zwei- und mehrdimensionale Kontingenztafeln (vgl. auch den Hinweis zur Kombinationstabelle auf S. 598) werden heute meist als **loglineares Modell** dargestellt und per Programm analysiert. Das log-lineare Modell ist ein lineares Modell für die Logarithmen theoretischer Häufigkeiten einer zwei-, drei- oder mehrdimensionalen Kontingenztafel. Eine sehr schöne Einführung mit zahlreichen Beispielen bietet Christensen (1990), der auch auf das Vorgehen bei kleinen Erwartungshäufigkeiten näher eingeht sowie auf die enge Beziehung zum Chancen-Verhältnis und zu Logit-Modellen. Weitere Literaturhinweise enthält Übersicht 86 auf Seite 579 sowie Seite 602 (vgl. auch Agresti 1992, Brown 1990 sowie Marascuilo und McSweeney 1977: Chapters 6–9).

61 Vergleich mehrerer Stichproben von Alternativdaten und die Analyse einer $k{\cdot}2$-Felder-Kontingenztafel [61]

611 Der $k{\cdot}2$-Felder-χ^2-Test nach Brandt und Snedecor
• Scoring I (Homogenitätstest) [611]

Mit dem Vierfelder-χ^2-Test lassen sich 2 Stichproben von Alternativdaten daraufhin untersuchen, ob sie als Zufallsstichproben aus einer durch die vier Randsummen repräsentierten Grundgesamtheit stammen. Vergleichen wir nun mehrere sagen wir k Stichproben von Alternativdaten miteinander, wobei natürlich nur die zweiseitige Fragestellung möglich ist, so erhalten wir als *Ausgangsschema eine* $k{\cdot}2$-Tafel der folgenden Art (siehe die Tabellen 208 und 212).

Dabei sei angenommen, daß x kleiner als $n - x$ ist (Tab. 208, 1. Spalte „Stichprobe"). Die Nullhypothese lautet: Der Anteil des Merkmals „+" ist in den k Grundgesamtheiten gleich. In den k Stichproben wird er durch x/n geschätzt. Unter der Nullhypothese ist für die $k{\cdot}2$-Felder der Tabelle eine zu den Randsummen weitgehend proportionale Häufigkeitsverteilung zu erwarten. Anhand des $k{\cdot}2$-Felder-χ^2-Tests wird somit geprüft, ob die relativen Häufigkeiten in den k Klassen mit der über alle k Klassen berechneten durchschnittlichen relativen Häufigkeit übereinstimmen. **Vorausgesetzt werden n unabhängige Beobachtungen sowie sich gegenseitig ausschließende und die beobachtete Mannigfaltigkeit erschöpfende Alternativen.**

Tabelle 208

Stichprobe [oder 2. Merkmal]	Merkmal		$\sum$
	+	−	
1	x_1	$n_1 - x_1$	n_1
2	x_2	$n_2 - x_2$	n_2
⋮	⋮	⋮	⋮
j	x_j	$n_j - x_j$	n_j
⋮	⋮	⋮	⋮
k	x_k	$n_k - x_k$	n_k
$\sum$	x	$n - x$	n

In dieser Tabelle werden nicht 2, sondern k Zufallsstichproben der Umfänge n_1 bis n_k auf Homogenität verglichen. Es resultiert ein **HOMOGENITÄTSTEST**.

Lassen sich n Individuen **einer** Zufallsstichprobe zugleich nach zwei Merkmalen A und B mit den $\geqq 2$ zugehörigen Ausprägungen (siehe z. B. Abschnitt 461, Tab. 153: 181 Pat. nach Behandlung und
[611] Krankheitsverlauf) klassifizieren, dann resultiert eine **Kontingenztafel.** Faßt man Tabelle 208 so auf (A als Alternativmerkmal [$+, -$]; B in k Ausprägungen), dann läßt sich die Nullhypothese; A und B sind voneinander stochastisch unabhängig ablehnen, sobald das z. B. nach (6.1) berechnete $\hat{\chi}^2$ größer ist als $\chi^2_{k-1;\alpha}$ (vgl. insbesondere [621] und [622]).

Zur Entscheidung über Beibehaltung oder Ablehnung der Nullhypothese der **HOMOGENITÄT** (Gleichheit) ***K*** **BINOMIALER GRUNDGESAMTHEITEN** dient der χ^2-Test (Karl Pearson 1857–1936). Wir benutzen dabei die Formel von Brandt und Snedecor

$$\boxed{\hat{\chi}^2 = \frac{n^2}{x(n-x)}\left[\sum_{j=1}^{k}\frac{x_j^2}{n_j} - \frac{x^2}{n}\right]} \qquad \text{[vgl. auch S. 886 oben]} \qquad (6.1)$$

mit $FG = k - 1$. In dieser Formel bedeuten (vgl. Tabelle 208):
n = Umfang der gesamten Stichproben, die „Ecksumme",
n_j = Umfang der einzelnen Stichprobe j,
x = Gesamtzahl der Stichprobenelemente mit dem Merkmal „+",
x_j = Häufigkeit des Merkmals „+" in der Stichprobe j.

An dieser Stelle sei noch einmal auf den Unterschied zwischen dem tabelliert vorliegenden χ^2-Wert und dem nach einer Formel berechneten Wert der Prüfgröße $\hat{\chi}^2$ aufmerksam gemacht. **Nur bei Gültigkeit der Nullhypothese sowie für großes n und große Erwartungshäufigkeiten stimmen beide überein.** Die Approximation ist bei nicht zu schwach besetzten Feldern ausreichend. Als Maß der Besetzung einer $k{\cdot}2$- oder Mehrfeldertafel dienen die bei Annahme der Homogenität zu erwartenden **Erwartungshäufigkeiten**. Sie werden berechnet als Quotient aus dem Produkt der Randsummen und dem Gesamtstichprobenumfang (vgl. Tabelle 208: Die Erwartungshäufigkeit E für das Feld x_j beträgt $E(x_j) = n_j x/n$).

Für kleine $k{\cdot}2$-Feldertafeln ($k < 5$) müssen alle Erwartungshäufigkeiten mindestens gleich 2 sein; stehen wenigstens 4 Freiheitsgrade zur Verfügung ($k \geqq 5$), dann sollten alle Erwartungshäufigkeiten $\gtrsim 1$ sein (*Lewontin und Felsenstein 1965*). Lassen sich diese Forderungen nicht erfüllen, dann muß die Tafel durch Zusammenfassung unterbesetzter Felder vereinfacht werden (vgl. Hinweis 5).

Hinweise

1. Liegen mehrere relative Häufigkeiten vor, wobei das Bestreben besteht, jeweils zwei auf Gleichheit (Homogenität) der zugrundeliegenden Binomialwahrscheinlichkeiten zu prüfen, so wende man das in M2: 152 bis 154 gegebene Verfahren an.

2. Sind schwach besetzte Kontingenztafeln vom Typ 3·2 zu analysieren, dann wird man die von *Bennett und Nakamura* (*1963*, vgl. auch *1964*) berechneten Tafeln (für $n_1 = n_2 = n_3 \leqq 20$ und $0{,}05 \geqq \alpha \geqq 0{,}001$) benutzen [für $n_1 \geqq n_2 \geqq n_3$ mit $n_1 + n_2 + n_3 = 6(1)15$ und $P \leqq 0{,}2$ siehe EDV Medizin Biol. **5** (1974), 73–82] (vgl. auch Bortz u. Mitarb. 1990).

3. Die Kombination von $k{\cdot}2$-Feldertafeln (k = fest) behandelt *Kincaid (1962)*.

4. Einzelfelder einer $k{\cdot}2$- oder $r{\cdot}c$-Feldertabelle lassen sich für nicht zu kleines B angenähert anhand von $\hat{z} = \sqrt{B} + \sqrt{B+1} - \sqrt{4E+1}$ (Symbolik: vgl. S. 583, 584) auf Abweichungen prüfen, wobei das α adjustiert werden muß (vgl. auch S. 600).

5. Nach (6.4a) auf S. 595 gilt z. B. für $\begin{array}{ccc|c} 1 & 1 & 5 & 7 \\ 4 & 7 & 2 & 13 \\ \hline 5 & 8 & 7 & 20 \end{array}$ obwohl $5 \cdot 7/20 = 1{,}75 < 2$ mit $\hat{\chi}^2 = 6{,}36$ und $\hat{\chi}^2_{\text{LU}} = 6{,}45 > 5{,}99 = \chi^2_{2;0,05}$ [vgl. auch den krit. Wert 6,06 auf S. 176 in Applied Statistics **19** (1970), 173–181; d.h. die Empfehlung von *Lewontin und Felsenstein (1965)*, für $k = 3$ ein $E < 2$ zu fordern, kann für $n \geqq 20$ in ein $E \lessapprox 2$ modifiziert werden; vgl. auch Übersicht 88 auf S. 595].

Beispiel *Problem:* Vergleich zweier Therapieformen (vgl. S. 596)

Versuchsplan: In einer Epidemie seien insgesamt 80 Personen behandelt worden. Eine Gruppe von 40 Kranken erhielt eine Standarddosis eines neuen spezifischen Mittels. **[611]**
Die andere Gruppe von 40 Kranken sei nur symptomatisch behandelt worden (Behandlung der Krankheitserscheinungen, nicht aber ihrer Ursachen) (Quelle: Martini, P.: Methodenlehre der therapeutisch-klinischen Forschung, Springer-Verlag, Berlin-Göttingen-Heidelberg 1953, S. 83, Tab. 14). Das Resultat der Behandlung wird ausgedrückt in Besetzungszahlen für drei Klassen: schnell geheilt, langsam geheilt, gestorben (Tabelle 209).

Tabelle 209

Therapeutischer Erfolg	Therapie symptomatisch	spezifisch (Normaldosis)	Insgesamt
Geheilt in x Wochen	14	22	36
Geheilt in x + y Wochen	18	16	34
Gestorben	8	2	10
Insgesamt	40	40	80

Nullhypothese: Die therapeutischen Ergebnisse sind für beide Therapieformen gleich.
Alternativhypothese: Die therapeutischen Ergebnisse sind $\cdots$ nicht gleich.
Signifikanzniveau: α = 0,05 (zweiseitig).
Testwahl: Es kommt nur der $k \cdot 2$-Felder-χ^2-Test in Frage (vgl. Erwartungshäufigkeiten der dritten Zeile, Tabelle 209:

$$x_k = 8,\ n_k - x_k = 2,\ E(2) = \frac{10 \cdot 40}{80} = 5 > 2 \quad \text{sowie} \quad E(8) = \frac{10 \cdot 40}{80} = 5 > 2).$$

Ergebnisse und Auswertung:

$$\hat{\chi}^2 = \frac{80^2}{40 \cdot 40}\left[\left(\frac{14^2}{36} + \frac{18^2}{34} + \frac{8^2}{10}\right) - \frac{40^2}{80}\right] = 5{,}495$$

Entscheidung: Da $\hat{\chi}^2 = 5{,}495 < 5{,}99 = \chi^2_{2;0,05;\text{zweiseitig}}$, können wir die Nullhypothese nicht ablehnen. Ist auf dem gewünschten Niveau die H_0 nicht abzulehnen, so interessiert meist der zugehörige P-Wert, das heißt hier $P \approx 0{,}07$ [nach Tabelle 50 und (1.170/170a)] [vgl. auch S. 886].
Interpretation: Aufgrund der vorliegenden Stichprobe läßt sich ein Unterschied zwischen den beiden Therapieformen auf dem 5%-Niveau nicht sichern.
Bemerkung: Interessiert ein Vergleich der mittleren therapeutischen Erfolge beider Therapien, dann prüfe man nach (6.2).

Dieses Resultat hätte man natürlich auch nach (4.14 links) in [43] erhalten, wobei die bei Annahme der Nullhypothese auf Homogenität oder Unabhängigkeit zu erwartenden Häufigkeiten E als Quotienten des Produktes der Randsummen der Tafel und des Gesamtstichprobenumfanges ermittelt werden. So ist z. B. in Tabelle 209 und 210 links oben die beobachtete Häufigkeit $B = 14$, die zugehörige Erwartungshäufigkeit $E = 36 \cdot 40/80 = 18$. Bildet man für jedes Feld der $k{\cdot}2$-Tafel den Quotienten $(B - E)^2/E$ und addiert die einzelnen $k{\cdot}2$ Quotienten, dann erhält man wieder $\hat{\chi}^2$ [vgl. auch Hinweis 4 auf S. 582].
Dieses Vorgehen wäre umständlicher gewesen (Tabelle 210), hätte aber die Anteile der Einzelfelder am Gesamt-$\hat{\chi}^2$ erkennen lassen und die entscheidende Bedeutung der unterschiedlichen Letalität herausgearbeitet. Da beide Krankengruppen 40 Personen umfassen, sind die $\hat{\chi}^2$-Anteile paarweise gleich.

Tabelle 210. (vgl. Tabelle 209)

[611]

Therapeutischer Erfolg Berechnung von $\hat{\chi}^2$	*Therapie* symptomatisch	spezifisch (Normaldosis)	Ingesamt
Geheilt in X Wochen:			
Beobachtet B	14	22	36
Erwartet E	18,00	18,00	36
Abweichung B − E	− 4,00	4,00	0,0
(Abweichung)^2 (B − E)^2	16,00	16,00	
Chi-Quadrat $\frac{(B-E)^2}{E}$	0,8889	0,8889	1,7778
Geheilt in X + Y Wochen:			
Beobachtet B	18	16	34
Erwartet E	17,00	17,00	34
Abweichung B − E	1,00	− 1,00	0,0
(Abweichung)^2 (B − E)^2	1,00	1,00	
Chi-Quadrat $\frac{(B-E)^2}{E}$	0,0588	0,0588	0,1176
Gestorben:			
Beobachtet B	8	2	10
Erwartet E	5,00	5,00	10
Abweichung B − E	3,00	− 3,00	0,0
(Abweichung)^2 (B − E)^2	9,00	9,00	
Chi-Quadrat $\frac{(B-E)^2}{E}$	1,8000	1,8000	3,6000
Insgesamt: B = E	40	40	80
$\hat{\chi}^2$-Spaltensumme:	2,7477	2,7477	$\hat{\chi}^2 = 5{,}4954$

Besonders erwähnt sei noch, daß jeder Beitrag zum $\hat{\chi}^2$-Wert relativ zur Erwartungshäufigkeit E erfolgt: Eine große Abweichung $B - E$ mit großer E steuert etwa einen gleichen Betrag zu $\hat{\chi}^2$ bei wie eine kleine Abweichung mit kleiner E:

$$\text{vgl. z. B.} \frac{(15-25)^2}{25} = 4 = \frac{(3-1)^2}{1} .$$

Angenäherte 95%-Vertrauensbereiche für $p_i - p_{i'}$

Zum $k{\cdot}2$-Felder-χ^2-Homogenitätstest; Voraussetzungen:

1. Es liegen k Zufallsstichproben vor.
2. Die Beobachtungen sind Anteilswerte dichotomer Grundgesamtheiten mit den Parametern p_i und $p_{i'}$.

Für nicht zu kleine Werte n_i und $n_{i'}$ mit den Anteilen $x_i/n_i = \hat{p}_i$ und $x_{i'}/n_{i'} = \hat{p}_{i'}$ lassen sich für die Differenzen $\hat{p}_i - \hat{p}_{i'}$ angenäherte simultane 95%-Vertrauensbereiche angeben:

$$(\hat{p}_i - \hat{p}_{i'}) \pm \sqrt{\chi^2_{k-1;0,05}\left[\frac{\hat{p}_i(1-\hat{p}_i)}{n_i} + \frac{\hat{p}_{i'}(1-\hat{p}_{i'})}{n_{i'}}\right]}$$

bzw.

$$\begin{array}{cc|c} \vdots & \vdots & \vdots \\ n_{1i} & n_{2i} & n_{.i} \\ \vdots & \vdots & \vdots \\ \hline n_{1.} & n_{2.} & n_{..} \end{array} \quad \left[\frac{n_{1i}}{n_{1.}} - \frac{n_{2i}}{n_{2.}}\right] \pm \sqrt{\chi^2_{k-1;0,05}\left[\frac{n_{1i}(n_{1.}-n_{1i})}{n_{1.}^3} + \frac{n_{2i}(n_{2.}-n_{2i})}{n_{2.}^3}\right]} \qquad (6.1a)$$

Tabelle 210A. Modell einer $k{\cdot}3$-Felder-Tabelle

Gruppe	1	2	···	k	Summe
Kategorie 1	n_{11}	n_{21}		n_{k1}	$n_{\cdot 1}$
Kategorie 2	n_{12}	n_{22}		n_{k2}	$n_{\cdot 2}$
Kategorie 3	n_{13}	n_{23}		n_{k3}	$n_{\cdot 3}$
Summe	$n_{1\cdot}$	$n_{2\cdot}$	···	$n_{k\cdot}$	$n_{\cdot\cdot} = n$

[611]

Schließt ein 95%-Vertrauensbereich die Null mit ein, so läßt sich H_0: $p_i = p_{i'}$ auf dem 5%-Niveau nicht ablehnen, andernfalls ist H_A: $p_i \neq p_{i'}$ auf diesem Niveau zu akzeptieren.
Für den entsprechenden $k{\cdot}3$-Felder-χ^2-Homogenitätstest (vgl. Tabelle 210A) und einander entsprechenden Anteilsdifferenzen $\hat{p}_i - \hat{p}_{i'}$, etwa $\hat{p}_1 = n_{12}/n_{1.}$ und $\hat{p}_2 = n_{22}/n_{2.}$, ergeben sich die entsprechenden simultanen 95%-Vertrauensbereiche nach (6.1a) indem $\chi^2_{k-1;0,05}$ durch $\chi^2_{2(k-1);0,05}$ ersetzt wird. Der H_0: „die jeweils drei Anteile in den k Gruppen entsprechen einander" wird die H_A: „nicht alle drei Anteile in den k Gruppen entsprechen einander" gegenübergestellt. Entschieden wird wie im Fall (6.1a). Der χ^2-Test für 210A wird nach (6.4) auf S. 594 vorgenommen.

Scoring I (Homogenitätstest)

Im hier (Tabelle 209) vorliegenden Zweistichprobenfall wird die Nullhypothese: Gleichheit der den beiden Stichproben zugrundeliegenden Mittelwerte für $\hat{z} > z_\alpha$ auf dem 100α%-Niveau verworfen, sobald $n_1 \approx n_2$ und $n_1 + n_2 > 14$:

$$\hat{z} = \frac{|(\sum B_1x/n_1 - \sum B_2x/n_2)| - n/(2n_1n_2)}{\sqrt{\left[\frac{\sum Bx^2 - (\sum Bx)^2/n}{n_1+n_2-1}\right] \cdot \left[\frac{n_1+n_2}{n_1n_2}\right]}} \tag{6.2}$$

Die Kontinuitätskorrektur $n/2n_1n_2$ gilt für den Fall des Scoring (vgl. [614]) mit Schrittweite 1, mit Schrittweite c lautet sie $cn/2n_1n_2$. Für das oben genannte Beispiel ergibt sich ($\alpha = 0{,}05$):

Tabelle 211

B_1	B_2	B	Score x	B_1x	B_2x	Bx	Bx^2
14	22	36	1	14	22	36	36
18	16	34	0	0	0	0	0
8	2	10	−1	−8	−2	−10	10
40	40	80	–	6	20	26	46

$$\hat{z} = \frac{|6/40 - 20/40| - 80/(2\cdot 40\cdot 40)}{\sqrt{\left[\frac{46-26^2/80}{40+40-1}\right]\left[\frac{40+40}{40\cdot 40}\right]}} = 2{,}108 > 1{,}960$$

eine Ablehnung der H_0 auf dem 5%-Niveau.

Nach Tabelle 27 auf S. 118 ist $P'(Z \leqq 2{,}108) = 0{,}0175$, so daß für die vorliegende zweiseitige Fragestellung ein $P = 0{,}035 < 0{,}05$ resultiert.

612 Der Vergleich zweier unabhängiger empirischer Verteilungen von Häufigkeitsdaten nach Brandt-Snedecor

[612] Uns interessiert, ob zwei unabhängige Stichproben von Häufigkeitsdaten aus unterschiedlichen Grundgesamtheiten stammen. Diese Prüfung der Gleichheit zweier Grundgesamtheiten anhand zweier Stichproben erfolgt mit der Formel von Brandt-Snedecor (6.1) (vgl. auch [43]). Vorausgesetzt wird, daß die Kategorien des Merkmals sich gegenseitig ausschließen und die Merkmalsvariation erschöpfen.

Beispiel

Entstammen die Verteilungen B_{I} und B_{II} derselben Grundgesamtheit ($\alpha = 0{,}01$)?

Tabelle 212

Kategorie	Häufigkeiten B_{I}	B_{II}	Σ
1	60	48	108
2	52	50	102
3	30	36	66
4	31	20	51
5	10	15	25
6	12	10	22
7	4 } 5	8 } 8	13
8	1	0	
Σ	$n_1 = 200$	$n_2 = 187$	$n = 387$

$$\hat{\chi}^2 = \frac{387^2}{200 \cdot 187}\left[\left(\frac{60^2}{108} + \frac{52^2}{102} + \ldots + \frac{5^2}{13}\right) - \frac{200^2}{387}\right] = 5{,}734$$

$$\left(\text{bzw. } \hat{\chi}^2 = \frac{387}{200 \cdot 187}\left[\left(\frac{48^2}{108} + \frac{50^2}{102} + \ldots + \frac{8^2}{13}\right) - \frac{187^2}{387}\right] = 5{,}734\right)$$

Da dieser $\hat{\chi}^2$-Wert wesentlich kleiner ist als $\chi^2_{6;0,01} = 16{,}81$, kann die Nullhypothese, nach der beide Stichproben einer gemeinsamen Grundgesamtheit entstammen, auf dem 1%-Niveau nicht abgelehnt werden.

Der Anfänger überschlage [613] und [614].

613 Zerlegung der Freiheitsgrade einer $k \cdot 2$-Feldertafel

[613] Für die $k{\cdot}2$-Feldertafel bezeichnen wir die Häufigkeiten, besser die Besetzungszahlen, entsprechend dem folgenden gegenüber Tabelle 208 erweiterten Schema (Tabelle 213). Es gestattet den direkten Vergleich der Erfolgsprozentsätze – den Anteil der Plus-Merkmalsträger an dem jeweiligen Stichprobenumfang – für alle Stichproben. Die Formel für den χ^2-Test nach Brandt-Snedecor lautet dann

$$\hat{\chi}^2 = \frac{\sum_{j=1}^{k} x_j p_j - x\hat{p}}{\hat{p}(1-\hat{p})} \tag{6.1b}$$

mit $FG = k - 1$.
Hierin bedeuten:

x = Gesamtzahl der Stichprobenelemente mit dem Merkmal „+“,
x_j = Besetzungszahl des Merkmals „+“ in der Stichprobe j,
$\hat{p}$ = Quotient aus x und n; der aus dem Gesamtstichprobenumfang ermittelte Anteil der Merkmalsträger („+“).

Unter der Nullhypothese: alle Stichproben entstammen Grundgesamtheiten mit π = konst., geschätzt durch $\hat{p} = x/n$, erwarten wir auch hier für alle Stichproben eine diesem Verhältnis entsprechende Häufigkeitsverteilung.

Tabelle 213

[613]

Stichprobe	Merkmal +	Merkmal −	Insgesamt	Anteil
1	x_1	$n_1 - x_1$	n_1	$p_1 = x_1/n_1$
2	x_2	$n_2 - x_2$	n_2	$p_2 = x_2/n_2$
.	.	.	.	.
.	.	.	.	.
.	.	.	.	.
j	x_j	$n_j - x_j$	n_j	$p_j = x_j/n_j$
.	.	.	.	.
.	.	.	.	.
.	.	.	.	.
k	x_k	$n_k - x_k$	n_k	$p_k = x_k/n_k$
Insgesamt	x	n − x	n	
		$\hat{p} = x/n$		

Die Brandt-Snedecor-Formel (6.1)gilt nicht nur für den gesamten auf Homogenität zu prüfenden Stichprobenumfang von k Stichproben, sondern natürlich auch für jeweils zwei (d. h. $FG = 1$) oder mehr – sagen wir j (mit $FG = j-1$) – Stichproben, die als Gruppe aus den k Stichproben ausgewählt werden. Auf diese Weise gelingt es, die $k-1$ Freiheitsgrade in Komponenten $\{1 + (j-1) + (k-j-1) = k-1\}$ zu zerlegen (Tabelle 214).

Tabelle 214

Komponenten von $\hat{\chi}^2$	Freiheitsgrade
Unterschiede zwischen p's zweier Stichprobengruppen mit n_1 und n_2 Beobachtungen ($n = n_1 + n_2$)	1
Variation innerhalb der p's in den ersten j Reihen	j - 1
Variation innerhalb der p's in den letzten k - j Reihen	k - j - 1
Gesamt-$\hat{\chi}^2$	k - 1

Anders ausgedrückt: Das Gesamt-$\hat{\chi}^2$ wird in Anteile zerlegt. Damit ist ein Test gegeben, der auf eine Veränderung des p-Niveaus innerhalb einer Stichprobenfolge von Alternativdaten anspricht. Nehmen wir ein einfaches Beispiel (Tabelle 215).

$$\hat{\chi}^2\text{-Gesamtabweichungen der } p\text{'s von } \hat{p} = \frac{15{,}300 - 38 \cdot 0{,}380}{0{,}380 \cdot 0{,}620} = 3{,}650$$

$\hat{\chi}^2$Unterschiede zwischen den mittleren p's der Stichprobengruppen n_1 (= Nr. 1–3) und n_2 (= Nr. 4 + 5)

[613]

Beispiel

Tabelle 215

Nr.	x_j	$n_j - x_j$	n_j	$p_j = x_j/n_j$	$x_j p_j$
1	10	10	20	0,500	5,000
2	8	12	20	0,400	3,200
3	9	11	20	0,450	4,050
4	5	15	20	0,250	1,250
5	6	14	20	0,300	1,800
$\sum$	38	62	100		15,300
$\hat{p} = 38/100 = 0,380$					

Tabelle 216

Nr.	Gruppe	x_i	n_i	$p_i = \bar{p}$	$x_i p_i$
1+2+3	n_1	27	60	0,450	12,150
4 + 5	n_2	11	40	0,275	3,025
$\sum$	n	38	100		15,175

Hinweis: $\bar{p}$ für Gruppe $1(n_1)$ ist das arithmetische Mittel der drei Anteile: $(0{,}500+0{,}400+0{,}450)/3 = 0{,}450$; Entsprechendes gilt für $\bar{p}$ von Gruppe $2(n_2)$.
$\hat{\chi}^2$-Unterschiede zwischen den $\bar{p}$'s von n_1 und n_2

$$\frac{15{,}175 - 38 \cdot 0{,}380}{0{,}380 \cdot 0{,}620} = 3{,}120$$

$\hat{\chi}^2$Variation zwischen den p's innerhalb von n_1

$$\frac{12{,}250 - 27 \cdot 0{,}450}{0{,}380 \cdot 0{,}620} = 0{,}424$$

$\hat{\chi}^2$Variation zwischen den p's innerhalb von n_2

$$\frac{3{,}050 - 11 \cdot 0{,}275}{0{,}380 \cdot 0{,}620} = 0{,}106$$

Diese Komponenten werden in Tabelle 217 zusammengefaßt und anhand von Tabelle 227 beurteilt. Für $\tau = 3$ Komponenten ist auf dem 10%-Niveau die entsprechende χ^2-Schranke für $\tau = 1$ Freiheitsgrad durch den Wert 4,529 gegeben, für $\tau = 2$ durch den Wert 6,802; beide Werte werden in Tabelle 217 deutlich unterschritten, was auch das Gesamt-$\hat{\chi}^2$ erwarten ließ.
Eine andere *Zerlegung* sei ebenfalls an diesem Beispiel demonstriert. Auf die allgemeine Formulierung wird verzichtet, da das Zerlegungsprinzip, die Aufspaltung der Tabelle in unabhängige Komponenten mit je einem Freiheitsgrad, recht einfach ist. Tabelle 215a haben wir gegenüber Tabelle 215 etwas anders geschrieben.

Tabelle 217

[613]

Variationskomponenten	$\hat{\chi}^2$	FG	P-Wert
Unterschiede zwischen den $\bar{p}$'s der Stichprobengruppen n_1 (= Nr. 1 – 3) und n_2 (= Nr. 4 + 5)	3,120	1	$P>0{,}10$
Variation zwischen den p's innerhalb von n_1	0,424	2	$P>0{,}10$
Variation zwischen den p's innerhalb von n_2	0,106	1	$P>0{,}10$
Gesamtabweichungen der p's von $\hat{p}$ in $n=n_1+n_2$	3,650	4	$0{,}40<P<0{,}50$

Tabelle 215a

Typ	A	B	C	D	E	∑
I	10	8	9	5	6	38
II	10	12	11	15	14	62
∑	20	20	20	20	20	100

Wir betrachten nun mit Ausnahme der ersten Vierfeldertafel durch spezielle Summenbildungen entstandene Vierfeldertafeln, benutzen daher auch eine Formel, die (4.41) in [461] ähnelt. Zunächst vergleichen wir die Homogenität der Stichproben A und B (im Hinblick auf I und II) unter Berücksichtigung des gesamten Stichprobenumfanges und benutzen hierfür das Symbol $A \times B$. Hierzu bilden wir die Differenz der „Diagonalprodukte", quadrieren sie und multiplizieren sie mit dem Quadrat der Summe aller Häufigkeiten (= 100 in Tabelle 215a). Der Divisor besteht aus dem Produkt von 5 Faktoren, den Zeilensummen I und II, den Spaltensummen A und B und der von uns in Klammern gesetzten Summe der Spaltensummen von A und B:

$$A \times B\colon \hat{\chi}^2 = \frac{100^2(10 \cdot 12 - 8 \cdot 10)^2}{38 \cdot 62 \cdot 20 \cdot 20(20+20)} = 0{,}4244$$

Die Homogenität von $(A+B)$, der Summe der Spalten A und B, im Vergleich zu C, wir verwenden das Symbol $(A+B) \times C$, läßt sich dementsprechend nach

$$(A+B) \times C\colon \hat{\chi}^2 = \frac{100^2\{(10+8)11 - 9(10+12)\}^2}{38 \cdot 62(20+20)20(40+20)} = 0$$

ermitteln, in entsprechender Weise erhält man für

$$(A+B+C) \times D\colon \hat{\chi}^2 = \frac{100^2\{(10{+}8{+}9)15 - 5(10{+}12{+}11)\}^2}{38 \cdot 62(20{+}20{+}20)20(60{+}20)} = 2{,}5467$$

und für

$$(A+B+C+D) \times E: \hat{\chi}^2 = \frac{100^2\{(10+8+9+5)14 - 6(10+12+11+15)\}^2}{38 \cdot 62(20+20+20+20)20(80+20)} = 0{,}6791$$

[613] Wir fassen unsere Ergebnisse mit Hilfe von Tabelle 227 ($\tau = 4$; $\nu = 1$ und die 10%-Schranke dann 5,024) zusammen (Tabelle 218).

Tabelle 218. $\hat{\chi}^2$-Tafel für die 5·2-Felder der Tabelle 215a

Variabilität	*FG*	$\hat{\chi}^2$	*P*
(1) $A \times B$	1	0,4244	n.s.
(2) $(A+B) \times C$	1	0,0000	n.s.
(3) $(A+B+C) \times D$	1	2,5467	n.s.
(4) $(A+B+C+D) \times E$	1	0,6791	n.s.
Insgesamt	4	3,6502	n.s.

Die Summe der vier $\hat{\chi}^2$-Werte ist 3,650 (vgl. Tabelle 217). Charakteristische Unterschiede zwischen den „Stichprobenpaaren" (1), (2), (3) und (4) sind nicht zu erkennen. Eine Sonderstellung von D im Häufigkeitsverhältnis I/II wird angedeutet (3). Zur Prüfung der Homogenität weniger vorausgewählter (!) „Stichprobenpaare" kann die Tabelle durch Vertauschung der Spalten umgeschrieben werden.

Besonders einfache Zerlegungen enthält M: 149–151.

[614] 614 Prüfung einer k·2-Feldertafel auf Trend: Der Anteil der linearen Regression an der Gesamtvariation

Vergleicht man in Tabelle 209 ([611]) den zunehmenden therapeutischen Erfolg der spezifisch behandelten Patientengruppe, die p_j-Werte 2/10, 16/34, 22/36 (vgl. Tabelle 219), dann zeigt sich erwartungsgemäß ein Ansteigen der p_j-Werte

Tabelle 219

z_j (Score)	x_j	$n_j - x_j$	n_j	$p_j = x_j/n_j$	$x_j z_j$	$n_j z_j$	$n_j z_j^2$
+1	22	14	36	0,611	22	36	36
0	16	18	34	0,471	0	0	0
-1	2	8	10	0,200	-2	-10	10
	x = 40	40	n = 80		20	26	46
$\hat{p}$ = x/n = 40/80 = 0,50							

Erfolgt die Zunahme der relativen Häufigkeiten *regelmäßig*, dann ist eine Prüfung auf *lineare Regression* angebracht. Das $\hat{\chi}^2$ läßt sich dann in zwei Anteile zerlegen:
Der eine entfällt auf die als linear ansteigend gedachten Häufigkeiten, der restliche Anteil entspricht den Unterschieden zwischen den beobachteten Häufigkeiten und den als linear ansteigend vorausgesetzten theoretischen Häufigkeiten. So kann man den Regressionsgeraden-Anteil mit einem Freiheitsgrad von dem Anteil abgrenzen, der durch die Abweichungen von der Regressionsgeraden bestimmt ist. Dieser Anteil wird als Differenz zwischen $\hat{\chi}^2$ und $\hat{\chi}^2_{\mathrm{Regression}}$ berechnet.

Für den Fall einer $k{\cdot}2$-Feldertafel hat *Cochran (1954)* einen einfachen Weg zur Berechnung der linearen Regressionskomponente gegeben. Für die Restkomponente gilt dann: $FG = k - 2$. Zunächst muß die „natürliche" Rangfolge der k Merkmale, in unserem Falle **[614]**
des Therapie-Effektes, durch eine Zahlenfolge, durch **„Punktwerte"** (*scores*) ersetzt werden. Hierfür werden meist Zahlen verwendet, die symmetrisch zur Null liegen, d. h. z. B. $-2, -1, 0, 1, 2$ bzw. $-4, -2, 0, 1, 2, 3$, da sich dann die Berechnung vereinfacht; dieses **„Scoring"** soll vor Gewinnung der Daten vorgenommen werden. Die Abstände zwischen den Punktwerten brauchen nicht gleich zu sein! In der Reihe $-2, -1, 0, 3, 6$ werden die letzten beiden Kategorien aufgrund herausragender Eigenschaften durch größeres Gewicht hervorgehoben. Beispielsweise könnten wir in Tabelle 219 die Zahlenfolge $-2, 0, 1$ oder $-3, 0, 1$ verwenden, um den prinzipiellen Unterschied zwischen Tod und langsamer Heilung gegenüber dem graduellen Unterschied zwischen langsamer und schneller Heilung zu kennzeichnen.

Das $\hat{\chi}^2$ für die *lineare Regression* ist nach *Cochran (1954)* (vgl. auch *Armitage 1955, Bartholomew 1959* sowie *Bennett und Hsu 1962*) gegeben durch:

$$\hat{\chi}^2_{\text{Regr.}} = \frac{\left(\sum x_j z_j - \dfrac{x \sum n_j z_j}{n}\right)^2}{\hat{p}(1-\hat{p})\left(\sum n_j z_j^2 - \dfrac{(\sum n_j z_j)^2}{n}\right)} \quad \text{mit } FG = 1. \tag{6.3}$$

Man kann auch $\hat{b} = S_1/S_2$ mit $S_1 = \sum n_j(p_j - \hat{p})(z_j - \bar{z})$ und $S_2 = \sum n_j z_j^2 - (\sum n_j z_j)^2/n$ schätzen und H_0: $\beta = 0$ anhand der Standardnormalvariablen z (Tab. 29 in [134]) nach $\hat{z} = \hat{b}/s_b$ mit $s_b = \sqrt{\hat{p}(1-\hat{p})/S_2}$ prüfen; man beachte, daß die Summe der Punktwerte (scores) hier ungleich Null sein sollte (vgl. auch Pearce und Cryer 1986). Benötigte Stichprobenumfänge enthält Biometrics **43** (1987), 703.

Beispiel

Wenden wir Formel (6.3) auf die Werte der Tabelle 219 an, so erhalten wir für den Anteil der linearen Regression

$$\hat{\chi}^2_{\text{Regr.}} = \left(20 - \frac{40{\cdot}26}{80}\right)^2 \Bigg/ \left[0{,}50{\cdot}0{,}50\left(46 - \frac{26^2}{80}\right)\right] = 5{,}220 > 5{,}024 \left[\begin{array}{c} =\chi^2;\ \text{Tab. } 227 \\ \alpha = 0{,}05 \\ \tau = 2,\ \nu = 1 \end{array}\right]$$

Der Wert 5,22 ist auf dem 5%-Niveau statistisch signifikant. Bei dem Beispiel (vgl. Tab. 209 in [611]) war für $\hat{\chi}^2 = 5{,}495$ und $FG = 2$ die Homogenitätshypothese mit einer Irrtumswahrscheinlichkeit von $\alpha = 0{,}05$ nicht abgelehnt worden.

Tabelle 220 zeigt den entscheidenden Anteil der linearen Regression an der Gesamtvariation, der schon in der Spalte der p_j Werte (Tabelle 219) erkennbar ist und die Überlegenheit der spezifischen Therapie zum Ausdruck bringt.

Tabelle 220

Variationsursache	$\hat{\chi}^2$	FG	Signifikanzniveau
Lineare Regression	5,220	1	0,01 < P < 0,05
Abweichungen von der Regression	0,275	1	P = 0,60
Insgesamt	5,495	2	0,05 < P < 0,10

Tabelle 219 läßt sich als Tabelle 219a schreiben und der **mögliche Trend** der den p_j zugrundeliegenden Wahrscheinlichkeiten π_j anhand der Standardnormalverteilung

[614]

Tabelle 219a

x_j	22	16	2
$n_j - x_j$	14	18	8
n_j	36	34	10
p_j	0,611	0,471	0,200
$p_j(1-p_j)/n_j$	0,00660	0,00733	0,01600
z_j	+1	0	−1

beurteilen:

$$\hat{z} = \frac{\sum z_j p_j}{\sqrt{\sum z_j^2 [p_j(1-p_j)/n_j]}} \tag{6.3a}$$

$$\hat{z} = \frac{1 \cdot 0{,}611 - 1 \cdot 0{,}200}{\sqrt{1 \cdot 0{,}00660 + 1 \cdot 0{,}01600}} = \frac{0{,}411}{0{,}15033} = 2{,}73$$

[Für $z_j = +2; 0, -2$ erhielte man

$$\hat{z} = \frac{2 \cdot 0{,}611 - 2 \cdot 0{,}200}{\sqrt{4 \cdot 0{,}00660 + 4 \cdot 0{,}01600}} = \frac{0{,}824}{0{,}30067} = 2{,}74] \,.$$

Der Trend ist somit deutlich $[P(Z > 2{,}73) = 0{,}003]$ erkennbar.

Übersicht 87. Ergänzendes zum χ^2-Test für $r \cdot c$-Tabellen

Nr.	Themen aus M und M2	Seite
	I. Vergleich unabhängiger Vierfeldertafeln	
1	Vergleich der Assoziation in unabhängigen Vierfeldertafeln nach Andel aufgrund der Logarithmen der Wechselwirkungen	M: 203, 204
	II. *k*·2-Tabelle	
2	Homogenitätstest nach Ryan für den multiplen Vergleich jeweils zweier relativer Häufigkeiten aus einer Gruppe von *k* relativen Häufigkeiten	M2: 152 – 154
	III. *r*·*c*-Tabelle	
3	Chiquadrat-Zerlegung kleiner Mehrfeldertafeln	M2: 149 – 151
4	Strukturvergleich einander entsprechender Besetzungszahlen gleichgroßer und vergleichbarer *r*·*c*-Tabellen	M: 211, 212
5	Ein Punktvergabe-System zur summarischen Beurteilung einer Veränderung von Ausprägungen ordinaler Merkmale nach einer Behandlung für den Vergleich mehrerer unabhängiger Stichproben anhand des erweiterten Mediantests	M: 206 – 209
	Homogenitätstest	
6	Simultane Paarvergleiche für den χ^2-Homogenitätstest nach Royen, wobei eine Stichprobe als Kontrolle vorliegen kann	M: 213 – 218
	Unabhängigkeitstest	
7	Lokalisation der stochastischen Abhängigkeit anhand eines multiplen Unabhängigkeitstests für Einzelfelder einer *r*·*c*-Tabelle ($r \geqq 3$ und $c \geqq 3$) nach Hommel und Mitarbeitern	M: 209 – 211

Außerdem gehören hierhin der **Logrank-Test** (M: 196, 197), der Überlebenszeiten anhand zweier Zufallsstichproben vergleicht, und der eng verwandte Mantel-Haenszel-Test (M: 204, 205), der mehrere geordnete Vierfeldertafeln kombiniert auf stochastische Unabhängigkeit prüft. **Benötigte Stichprobenumfänge für den Logrank-Test** enthalten zwei Tabellen (α = 0,05; Power: 0,8 und 0,9; ein- bzw. zweiseitiger Test) von L.S. Freedman (1982, Statistics in Medicine **1**, 121–129).

62 Die Analyse von Zweiwegtafeln des Typs $r{\cdot}c$

[62]

621 Prüfung auf Unabhängigkeit oder Homogenität

[621]

Zur Darstellung von Häufigkeitsdaten

Mehrere Merkmale zugleich erfassende Kombinationstabellen wie die in M: 6 (vgl. auch M2: 156, Tabelle 26A) gestatten es, Häufigkeitsdaten sehr übersichtlich darzustellen, wobei insbesondere die Summenfelder interessieren, die auch erste Vergleiche ermöglichen.

$r{\cdot}c$-Tafel

Eine Erweiterung der Vierfeldertafel als einfachste Zweiwegtafel auf den allgemeinen Fall führt zur $r{\cdot}c$-, Mehrfelder- oder Kontingenztafel, einer Tafel, die r Zeilen oder Reihen (rows) und c Spalten (columns) aufweist. Zwei Merkmale mit r bzw. c verschiedenen Ausprägungen werden in $r{\cdot}c$ verschiedenen Feldern oder Kombinationen übersichtlich dargestellt (Tabelle 221).

Eine Stichprobe vom Umfang n wird aus einer Verteilung **zufällig** entnommen. Jedes Element dieser Stichprobe wird dann nach den zwei verschiedenen diskreten Merkmalen klassifiziert. Zu prüfen ist die Hypothese der **Unabhängigkeit**: Merkmal I hat keinen Einfluß auf Merkmal II. Anders ausgedrückt: Es wird getestet, ob die Verteilung qualitativer Merkmale nach einer Merkmalsreihe unabhängig ist von der Einteilung nach einer zweiten Merkmalsreihe (vgl. Tab. 208: Legende) bzw. ob eine zu den Randsummen weitgehend proportionale Häufigkeitsverteilung vorliegt.

Bei **stochastischer Unabhängigkeit** gilt für jedes Feld n_{ij} einer Kontingenztafel [vgl. Tab. 221 und (6.4) auf S. 594]: $n_{ij} = (n_{i.}n_{.j})/n$ für alle i und j.

Tabelle 221. Schema für die zweifache Klassifikation: Eine der beiden Merkmalsreihen dieser $r{\cdot}c$-Tafel ist auch als Stichprobenreihe auffaßbar

[621]

1. Merkmal (r Zeilen) \ 2. Merkmal (c Spalten)	1	2	-	j	-	c	Zeilensumme
1	n_{11}	n_{12}	-	n_{1j}	-	n_{1c}	$n_{1.}$
2	n_{21}	n_{22}	-	n_{2j}	-	n_{2c}	$n_{2.}$
-	-	-	-	-	-	-	-
i	n_{i1}	n_{i2}	-	n_{ij}	-	n_{ic}	$n_{i.}$
-	-	-	-	-	-	-	-
r	n_{r1}	n_{r2}	-	n_{rj}	-	n_{rc}	$n_{r.}$
Spaltensumme	$n_{.1}$	$n_{.2}$	-	$n_{.j}$	-	$n_{.c}$	$n_{..} = n$ Ecksumme

Es sei an dieser Stelle vermerkt, daß ein Vergleich von r *verschiedenen Stichproben* mit den Umfängen $n_{1.}, n_{2.}, \dots n_{i.}, \dots n_{r.}$ aus r verschiedenen diskreten Verteilungen auf Gleichartigkeit oder Homogenität zu demselben Testverfahren führt. Die Alternativhypothese lautet hier: mindestens zwei Verteilungsfunktionen sind ungleich. Wir haben daher genau die gleiche Testgröße, gleichgültig ob wir eine Kontingenztafel auf stochastische Unabhängigkeit testen wollen (die Ecksumme n ist fest vorgegeben), oder ob wir r Stichproben (die Stichprobenumfänge [Randsummen] sind fest vorgegeben) dahingehend vergleichen wollen, ob sie aus derselben Grundgesamtheit stammen (Vergleich der r Verteilungsfunktionen bzw. der Grundwahrscheinlichkeiten von r Multinomialverteilungen). Das ist erfreulich, da es bei vielen Problemstellungen keineswegs klar ist, welche Auffassung eher angemessen erscheint. Die Prüfgröße ist

$$\hat{\chi}^2 = \sum_{i=1}^{r} \sum_{j=1}^{c} \left[\frac{\left(n_{ij} - \frac{n_{i.} n_{.j}}{n} \right)^2}{\frac{n_{i.} n_{.j}}{n}} \right] = n \left[\sum_{i=1}^{r} \sum_{j=1}^{c} \frac{n_{ij}^2}{n_{i.} n_{.j}} - 1 \right] \qquad (6.4)$$

[(6.4) folgt aus (4.14), [43], mit $k = r \cdot c$ und $\sum B = \sum E = n$ sowie $E_{ij} = (n_{i.} n_{j.})/n$]

mit $(r-1)(c-1)$ Freiheitsgraden. Hierin bedeuten:

- n = Umfang der Stichprobe bzw. Gesamtstichprobenumfang
- n_{ij} = Besetzungszahl des Feldes in der i-ten Zeile und der j-ten Spalte
- $n_{i.}$ = Summe der Besetzungszahlen der i-ten Zeile (Zeilensumme)
- $n_{.j}$ = Summe der Besetzungszahlen der j-ten Spalte (Spaltensumme)
- $n_{i.} n_{.j}$ = Produkt der Randsummen

Vertauscht man in einer $r \cdot c$-Tabelle Zeilen und/oder Spalten, so bleibt das berechnete $\hat{\chi}^2$ unverändert.

Die Erwartungshäufigkeiten berechnen sich (unter der Nullhypothese) nach $n_{i.} n_{.j}/n$. Sind die beiden Merkmale stochastisch unabhängig, so gilt $n_{ij} = n_{i.} n_{.j}/n$ und es folgt $\hat{\chi}^2 = 0$.

Bei Gültigkeit der Nullhypothese auf UNABHÄNGIGKEIT oder HOMOGENITÄT und für hinreichend große n ist die obige Prüfgröße $\hat{\chi}^2$ wie das tabelliert vorliegende χ^2 mit $(r-1)(c-1)FG$ verteilt. Dies ist die Zahl der Felder einer Tafel, für die man die Häufigkeiten frei wählen kann, wenn die Randsummen gegeben sind. Die Besetzungszahlen der übrigen Felder lassen sich dann durch Subtraktion ermitteln.

Der Test darf angewandt werden, wenn **alle Erwartungshäufigkeiten** $\gtrsim 1$ sind. Treten kleinere Erwartungshäufigkeiten auf, dann ist die Tafel durch Zusammenfassung unterbesetzter Felder zu vereinfachen. Hierbei ist zu beachten, daß man ein möglichst objektives Schema anwenden sollte, um nicht durch mehr oder minder bewußte Willkür bei dieser Zusammenfassung das Ergebnis zu beeinflussen. Günstig ist es, vor der Datengewinnung festzulegen, wie eine mögliche Vereinfachung von Mehrfeldertafeln durch Zusammenfassung von Zeilen und/oder Spalten zu erfolgen hat. **[621]**
Prüft man eine **schwach besetzte Kontingenztafel** mit ν Freiheitsgraden auf dem 5%-Niveau, so sollte nach Lawal und Upton (1990) das modifizierte

$$\boxed{\hat{\chi}^2_{\text{LU}} = \hat{\chi}^2/[1-(1-1/\sqrt{\nu})/n]} \tag{6.4a}$$

benutzt werden, für das 1%-Niveau verwende man

$$\boxed{\hat{\chi}^2_{\text{LU}} = \hat{\chi}^2/[1-(3/2n)]} \tag{6.4b}$$

Die H_0 wird anhand der üblichen $\chi^2_{\nu;\alpha}$-Schranken abgelehnt, sobald $\hat{\chi}^2_{\text{LU}} > \chi^2_{\nu;\alpha}$. So erhält man z. B. für Tabelle 223

$$\hat{\chi}^2_{\text{LU}} = 21{,}576/[1-(1-1/\sqrt{4})/120] = 21{,}666\ .$$

Die Zahl unterschiedlicher $r{\cdot}c$-Tabellen, die sich ergibt, wenn n Objekte zugleich auf r Zeilen und c Spalten verteilt werden, beträgt

$$\boxed{N^{(n)}_{rc} = \binom{n+rc-1}{rc-1}}$$

$$\text{z. B. } n=10;\quad r=c=2;\quad N^{(4)}_{2\cdot 2} = \binom{10+2\cdot 2-1}{2\cdot 2-1} = \binom{13}{3} = 286\ .$$

Übersicht 88. Zum χ^2-Test für eine $r\cdot c$-Tafel

> Einer $r{\cdot}c$-Tafel können drei Modelle zugrundeliegen:
> (1) Keine Randsummen fest vorgegeben.
> (2) Eine Serie von Randsummen fest vorgegeben
> (3) Beide Serien von Randsummen fest vorgegeben.
>
> In allen drei Fällen ist die Prüfgröße (6.4) für großes n und großes $\hat{\chi}^2$ ($P \gtrsim 0{,}1$) nach χ^2_ν verteilt, mit $\nu=(r-1)(c-1)$ Freiheitsgraden.
> Für kleines n und $\hat{\chi}^2$-Werte mit $P<0{,}1$ ist die χ^2_ν-Verteilung nur eine grobe Approximation: für alle drei Fälle resultiert gegenüber dem exakten P-Wert ein zu kleiner Wert P, und zwar im allgemeinen für $P\approx 0{,}05$ etwas zu klein, für $P\approx 0{,}01$ und besonders für $P\approx 0{,}001$ deutlich zu klein (vgl. Haynam und Leone 1965).

$\hat{\chi}^2$-Variationsbereich für $r{\cdot}c$-Tabellen

Allgemein gilt für das aus einer $r{\cdot}c$-Tabelle mit der Ecksumme n berechnete $\hat{\chi}^2$:

$$\boxed{0 \leqq \hat{\chi}^2 \leqq n\cdot \text{Min}[(r-1),(c-1)]} \tag{6.5}$$

Beachten Sie (6.5a) auf S. 600.

Kontingenztafeln mit natürlicher Reihenfolge der Kategorien, mit geordneten Merkmalsausprägungen, behandeln z. B. Agresti (1990), Agresti u. Mitarb. (1990), Andersen
[621] (1991), Chuang-Stein und Francom (1988), Goodman (1983), Marascuilo und McSweeney (1977: 315–320), Patefield (1982), Tutz (1990) sowie Andress u. Mitarb. (1997).

Bemerkungen zur Analyse quadratischer Tafeln ($r = c$) enthalten [461] (4. Hinweis), [466], [621] nach Tab. 227, [624] sowie *Bishop, Fienberg und Holland (1975).*

Tabelle 222

24	7	7	38
76	38	70	184
69	32	82	183
27	9	55	91
196	86	214	496

$(4-1)(3-1) = 6FG$

Beispiel 1 ($\alpha = 0{,}01$)

nach (6.4):

$$\hat{\chi}^2 = 496\left[\frac{24^2}{38\cdot 196}+\frac{7^2}{38\cdot 86}+\frac{7^2}{38\cdot 214}+\frac{76^2}{184\cdot 196}+\frac{38^2}{184\cdot 86}+\ldots\right.$$
$$\left.+\frac{27^2}{91\cdot 196}+\frac{9^2}{91\cdot 86}+\frac{55^2}{91\cdot 214}-1\right] = 24{,}939$$

Da $24{,}94 > 16{,}81 = \chi^2_{6;0{,}01}$ ist, muß für die vorliegende Mehrfeldertafel die Nullhypothese auf Unabhängigkeit oder Homogenität auf dem 1%-Niveau abgelehnt werden.

Beispiel 2

Problem: Vergleich dreier Therapieformen an randomisierten (vgl. S. 680/682) prognostisch nahezu gleichwertigen Patienten (vgl. Tabelle 224 und A4).

Versuchsplan: Drei Gruppen von je 40 Kranken wurden behandelt. Zwei Gruppen sind in Tabelle 209 verglichen worden. Die dritte Gruppe (vgl. Tabelle 223) erhielt eine spezifische Therapie mit doppelter Normaldosis (Quelle: Martini, P.: Methodenlehre der therapeutisch-klinischen Forschung, Springer-Verlag, Berlin-Göttingen-Heidelberg 1953, S. 79, Tab. 13). Entsprechend der Auswertung der Tabelle 209 wählen wir auch hier den χ^2-Test auf dem 5%-Niveau. Die H_0 kann einmal lauten „Gleichheit dreier Verteilungsfunktionen" (den drei Therapien entsprechend), zum anderen „Unabhängigkeit von Therapie und Therapie-Erfolg".

Tabelle 223

Therapeutischer Erfolg	Therapie: symptomatisch	Therapie: spezifisch Normaldosis	Therapie: spezifisch 2x Normaldosis	Insgesamt
Geheilt in x Wochen	14	22	32	68
Geheilt in x + y Wochen	18	16	8	42
Gestorben	8	2	0	10
Insgesamt	40	40	40	120

Ergebnisse und Auswertung: $\hat{\chi}^2 = 120\left[\frac{14^2}{68\cdot 40}+\ldots+\frac{0^2}{10\cdot 40}-1\right] = 21{,}5765$

Entscheidung: Da $21{,}58 > 9{,}49 = \chi^2_{4;0{,}05}$ ist, wird die Nullhypothese abgelehnt.

Interpretation: Der Zusammenhang zwischen dem therapeutischen Erfolg und besonders der spezifischen Therapie mit doppelter Normaldosis erscheint gesichert. Diese Therapie ist auf dem 5%-Niveau den anderen beiden Therapieformen überlegen [vgl. auch S. 605–607].

Vergleicht man konservativ behandelte mit operierten Patienten, so ist die **Vergleichbarkeit** der Patienten vor der Zuordnung entscheidend wichtig; mitunter kommen die konservativ behandelten für

eine Operation nicht (mehr) infrage; d. h. die zu operierenden Patienten haben, auch wenn sie nicht operiert werden, eine bessere Überlebenschance. Auch sind Patienten, die auf eine bestimmte Behandlung ansprechen, weniger krank als andere, die keine Wirkung zeigen. Schwierigkeiten derart, [621]
daß in Behandlungsgruppen einander widersprechende **Untergruppeneffekte** auftreten können, erschweren außerdem die erwünschten Verallgemeinerungen, deren Berechtigung sorgfältig zu prüfen ist.

95%-Vertrauensbereiche für multiple Vergleiche zweier einander entsprechender Wahrscheinlichkeiten einer Homogenitätstafel

Effekt E in der Gruppe G

E\G	SY	$N1$	$N2$	$\sum$
+ +	14	22	32	68
+	18	16	8	42
−	8	2	0	10
$\sum$	40	40	40	120

Etwa für den Vergleich des „+"-Effektes in den Gruppen „SY" und „N2" anhand von 18/40 = 0,45 und 8/40 = 0,20: 95%-VB für $\pi_{SY;+} - \pi_{N2;+} = (0{,}45 - 0{,}20) \pm \sqrt{9{,}49} \cdot \sqrt{[(0{,}45 \cdot 0{,}55)/40] + [(0{,}2 \cdot 0{,}8)/40]}$ oder $0{,}25 \pm 0{,}31$: da dieses Intervall die Null enthält, läßt sich ein unterschiedlicher „+"-Effekt in den zugrundeliegenden Grundgesamtheiten auf dem 5%-Niveau nicht sichern. Entsprechend sind auch die anderen 8 Vergleiche auf dem 5%-Niveau (ohne α-Korrektur) möglich [vgl. auch S. 600: Mitte].

Für $n_1 = n_2$ und $n_1 = n_2 = n_3$ existieren Spezialformeln:

$$\hat{\chi}^2 = \sum_{j=1}^{k} \frac{(n_{1j} - n_{2j})^2}{n_{1j} + n_{2j}} \quad \text{und} \quad \hat{\chi}^2 = \sum_{j=1}^{k} \frac{(n_{1j} - n_{2j})^2 + (n_{1j} - n_{3j})^2 + (n_{2j} - n_{3j})^2}{n_{1j} + n_{2j} + n_{3j}} \tag{6.6, 6.7}$$
$$FG = k - 1 \qquad\qquad FG = 2(k-1)$$

Scoring II (Homogenitätstest)

Etwas teststärker als (6.4) ist folgendes Verfahren. H_0: Gleichheit der den k Stichproben zugrundeliegenden Verteilungen wird für $\hat{\chi}^2 > \chi^2_{k-1;\alpha}$ auf dem 100α%-Niveau verworfen. Die Umfänge der k-Stichproben sollten hierbei nicht zu unterschiedlich und hinreichend groß sein. Im vorliegenden Fall mit $k = 3$, $n_1 = n_2 = n_3 = 40$ und $n = 120$ ergibt sich:

Tabelle 224

B_s	B_e	B_d	B	Score x	$B_s x$	$B_e x$	$B_d x$	Bx	Bx^2
14	22	32	68	1	14	22	32	68	68
18	16	8	42	0	0	0	0	0	0
8	2	0	10	−1	−8	−2	0	−10	10
40	40	40	120	−	6	20	32	58	78

$$\hat{\chi}^2 = \frac{(n-1)\{[(\sum B_s x)^2/n_1 + (\sum B_e x)^2/n_2 + (\sum B_d x)^2/n_3] - (\sum Bx)^2/n\}}{\sum Bx^2 - (\sum Bx)^2/n} \tag{6.8}$$

$$\hat{\chi}^2 = \frac{119\{[6^2/40 + 20^2/40 + 32^2/40] - 58^2/120\}}{78 - 58^2/120} = 20{,}164$$

[Mit den Scores 1, 2, 3 hätte man dasselbe Resultat erhalten.]

Da $\hat{\chi}^2 = 20{,}164 > 5{,}9915 = \chi^2_{2;0{,}05}$ ist, wird H_0 auf dem 5%-Niveau ebenfalls abgelehnt.

Hinweis: Bei größeren Kontingenztafeln ist man mitunter an den **normierten Wechselwirkungs-**
effekten $(B - E)/\sqrt{E}$ der Einzelfelder (vgl. die Symbolik von Tab. 210, S. 584) interessiert. So
[621] ergibt sich z. B. für Tabelle 223 auf S. 596: Feld links oben ($B = 14$, $E = 68 \cdot 40/120 = 22{,}667$)
die negative Wechselwirkung $(14 - 22{,}667)/\sqrt{22{,}667} = -1{,}820$. Entsprechend ergeben sich die
anderen acht Werte.

Erfassung homogener Merkmalskombinationen

Das Aufspüren von Kombinationen wichtiger
Eigenschaften aus den Daten

Liegen beide Merkmale einer Kontingenztabelle in jeweils mehreren geordneten Kategorien (etwa: kaum, leicht, mittel ....) vor und enthalten die Einzelfelder, die Randsummenfelder und das Eckfeld Anteile mit zugehörigen, in Klammern gesetzten relativen Häufigkeiten,

etwa $\begin{matrix} 7/48 \\ (0{,}146) \end{matrix}$

dann wird man sie gern etwas vereinfachen, sagen wir eine $4 \cdot 5$-Felder-Tabelle durch Zusammenfassen geeigneter Merkmalskombinationen in eine $3 \cdot 3$-Felder-Tabelle umwandeln, aus der sich dann bezüglich der Anteile wenige, sagen wir 4 oder 5 in sich weitgehend homogen zusammengesetzte Gruppierungen herausschälen lassen, etwa in der Art der Tabelle 225, wobei dann auch bei hinreichend großem Nenner Prozente angegeben werden.

Tabelle 225. Übersichtsschema zur zusammenfassenden Gruppierung weitgehend homogener Merkmalskombinationen

Merkmal 1	Merkmal 2	Gruppe	Anteil
{leicht	leicht	A	{24/531
leicht	mittel		(4,5%)
mittel	leicht}		
⋮	⋮	B	⋮
		C	
{stark	stark}	D	{31/118 (26,3%)

Ähnlich faßt auch der Mediziner bestimmte Erscheinungen einer Krankheit als „Stadium I", „Stadium II" usw. zusammen.

Mehrfache Anwendung von Tests auf denselben Datenkörper

(1) Werden insgesamt τ Tests gemacht, jeweils auf dem Signifikanzniveau α_i, so ist die Gesamtsignifikanz der τ Tests kleiner oder gleich $\sum_{i=1}^{\tau} \alpha_i$ (vgl. S. 183/184 u. 466). Gewöhnlich wählt man für jeden Test $\alpha_i = \alpha/\tau$, α ist dann das nominelle Signifikanzniveau für diese Folge von Tests (Bonferroni-Verfahren).

(2) Im Rahmen einer Erhebung seien τ χ^2-Tests geplant (Typ: $k \cdot 1$; $k{\cdot}2$ und $k \geqq 2$ bzw. $r{\cdot}c$ mit $r, c > 2$) mit jeweils ν_i Freiheitsgraden. Dann sind die kritischen Schranken der Bonferroni-χ^2-Tabelle (Tab. 227 sowie Tab. 161 in [462]) anzuwenden. **Die Wahrscheinlichkeit, mindestens eine der Nullhypothesen fälschlich abzulehnen, ist dann nicht größer als das nominelle Signifikanzniveau α.**
Die folgende Tabelle gibt ein Beispiel für τ = 12 Test (α = 0,05).

Tabelle 226

[621]

Nr.	Abschnitt	Tabelle	$\hat{\chi}^2$	ν	$\hat{\chi}^2(0{,}05/12;\nu)$	Entscheidung
1	612	212	5,734	6	18,998	H_0
2	621	222	24,939	6	18,998	~~H_0~~
3	621	223	21,576	4	15,273	~~H_0~~
	(9 weitere Tabellen)					

Tabelle 227. Obere Schranken der Bonferroni-Statistik $\chi^2(a/\tau;\nu)$. Auszugsweise aus Kramer, C.Y.: A First Course in Methods of Multivariate Analysis, Virginia Polytechnic Institute and State University, Blacksburg 1972, Appendix D: G.B. Beus und D.R. Jensen, Sept. 1967, pp. 327–351 [$\nu \leq 120$ (42 Werte), $\tau \leq 30$ (25 Werte) sowie $a = 0{,}005; 0{,}01; 0{,}025; 0{,}05; 0{,}10$]; mit Genehmigung des Autors

0,10
$a =$ 0,05
0,01

ν	τ : 1	2	3	4	5	6	7	8	9	10	11	12
1	2,706	3,841	4,529	5,024	5,412	5,731	6,002	6,239	6,447	6,635	6,805	6,960
2	4.605	5.991	6.802	7.378	7.824	8.189	8.497	8.764	9.000	9.210	9.401	9.575
3	6.251	7.815	8.715	9.348	9.837	10.236	10.571	10.861	11.117	11.345	11.551	11.739
4	7.779	9.488	10.461	11.143	11.668	12.094	12.452	12.762	13.034	13.277	13.496	13.695
5	9.236	11.070	12.108	12.833	13.388	13.839	14.217	14.544	14.831	15.086	15.317	15.527
6	10.645	12.592	13.687	14.449	15.033	15.506	15.903	16.245	16.545	16.812	17.053	17.272
8	13.362	15.507	16.705	17.535	18.168	18.680	19.109	19.478	19.802	20.090	20.350	20.586
9	14.684	16.919	18.163	19.023	19.679	20.209	20.653	21.034	21.368	21.666	21.934	22.177
10	15.987	18.307	19.594	20.483	21.161	21.707	22.165	22.558	22.903	23.209	23.485	23.736
12	18.549	21.026	22.394	23.337	24.054	24.632	25.115	25.530	25.894	26.217	26.508	26.772
14	21.064	23.685	25.127	26.119	26.873	27.480	27.987	28.422	28.803	29.141	29.446	29.722
15	22.307	24.996	26.473	27.488	28.259	28.880	29.398	29.843	30.232	30.578	30.889	31.171
16	23.542	26.296	27.808	28.845	29.633	30.267	30.796	31.250	31.647	32.000	32.317	32.605
1	3,841	5,024	5,731	6,239	6,635	6,960	7,237	7,477	7,689	7,879	8,052	8,210
2	5.991	7.378	8.189	8.764	9.210	9.575	9.883	10.150	10.386	10.597	10.787	10.961
3	7.815	9.348	10.236	10.861	11.345	11.739	12.071	12.359	12.612	12.838	13.043	13.229
4	9.488	11.143	12.094	12.762	13.277	13.695	14.048	14.358	14.621	14.860	15.076	15.273
5	11.070	12.833	13.839	14.544	15.086	15.527	15.898	16.217	16.499	16.750	16.976	17.182
6	12.592	14.449	15.506	16.245	16.812	17.272	17.659	17.993	18.286	18.548	18.783	18.998
8	15.507	17.535	18.680	19.478	20.090	20.586	21.002	21.360	21.675	21.955	22.208	22.438
9	16.919	19.023	20.209	21.034	21.666	22.177	22.607	22.976	23.301	23.589	23.850	24.086
10	18.307	20.483	21.707	22.558	23.209	23.736	24.178	24.558	24.891	25.188	25.456	25.699
12	21.026	23.337	24.632	25.530	26.217	26.772	27.237	27.637	27.987	28.300	28.581	28.836
14	23.685	26.119	27.480	28.422	29.141	29.722	30.209	30.627	30.993	31.319	31.613	31.880
15	24.996	27.488	28.880	29.843	30.578	31.171	31.668	32.095	32.469	32.801	33.101	33.373
16	26.296	28.845	30.267	31.250	32.000	32.605	33.111	33.547	33.928	34.267	34.572	34.850
1	6.635	7.879	8.615	9.141	9.550	9.885	10.169	10.415	10.633	10.828	11.004	11.165
2	9.210	10.597	11.408	11.983	12.429	12.794	13.102	13.369	13.605	13.816	14.006	14.180
3	11.345	12.838	13.706	14.320	14.796	15.183	15.510	15.794	16.043	16.266	16.468	16.652
4	13.277	14.860	15.777	16.424	16.924	17.331	17.675	17.972	18.233	18.467	18.678	18.871
5	15.086	16.750	17.710	18.386	18.907	19.332	19.690	20.000	20.272	20.515	20.735	20.935
6	16.812	18.548	19.547	20.249	20.791	21.232	21.603	21.924	22.206	22.458	22.685	22.892
8	20.090	21.955	23.024	23.774	24.352	24.821	25.216	25.557	25.857	26.124	26.366	26.586
9	21.666	23.589	24.690	25.462	26.056	26.539	26.945	27.295	27.603	27.877	28.125	28.351
10	23.209	25.188	26.320	27.112	27.122	28.216	28.633	28.991	29.307	29.588	29.842	30.073
12	26.217	28.300	29.487	30.318	30.957	31.475	31.910	32.286	32.615	32.909	33.175	33.416
14	29.141	31.319	32.559	33.426	34.091	34.631	35.084	35.475	35.818	36.123	36.399	36.650
15	30.978	32.801	34.066	34.950	35.628	36.177	36.639	37.037	37.386	37.697	37.978	38.233
16	32.000	34.267	35.556	36.456	37.146	37.706	38.175	38.580	38.936	39.252	39.538	39.798

Nach Bonferroni adjustierte Z-, t- und F-Schranken enthält das Biometrical Journal **24** (1982), 239–255; **26** (1984), 351–381 und **28** (1986), 547–576.

Quadratische Tafeln ($r = c$) (z.B. Tabelle 223) weisen bei *vollständiger Abhängigkeit* den Wert

[621] $$\boxed{\hat{\chi}^2_{\text{Max.}} = n(r-1)} \qquad (6.5a)$$

auf z. B.

20	0	20
0	20	20
20	20	40

$\hat{\chi}^2 = [40(20 \cdot 20)^2/20^4 =]4 \cdot 10 = 40$

$\hat{\chi}^2_{\text{Max.}} = 40(2-1) = 40$; für $\begin{matrix} r > c \\ r < c \end{matrix}$ gilt: $\hat{\chi}^2_{\text{Max.}} \begin{matrix} = n(c-1) \\ = n(r-1) \end{matrix}$.

Einige weitere Hinweise

1. Die **Power** eines χ^2-Tests auf Homogenität oder Unabhängigkeit, allgemein: auf „Proportionalität", für $r \geqq 2$, $c \geqq 2$ Kategorien hängt in komplizierter Weise ab vom Wert $\hat{\chi}^2$, von n, von den Randsummen und vom Freiheitsgrad. Nur dieser wird für die Beurteilung von $\hat{\chi}^2$ herangezogen. Hierdurch wird der Fehler erster Art kontrolliert, nicht aber die Power. Ein größeres $\hat{\chi}^2$ bedeutet nicht unbedingt eine größere Power.

vgl. S. 582 unten

2. Ist im Verlauf der Analyse von Mehrfeldertafeln die Nullhypothese zugunsten der Alternativhypothese auf Abhängigkeit oder Heterogenität abzulehnen, dann besteht zuweilen das Interesse, die **Ursache der Signifikanz zu lokalisieren.** Man wiederhole dann den Test an einer Tafel, die um die betreffende Zeile oder Spalte vermindert ist; besser ist es, M:209–211 anzuwenden. Andere Möglichkeiten, interessante Teilhypothesen zu prüfen, bietet die Auswahl von 4 symmetrisch zueinander gelegenen Feldern, je zwei Felder liegen in einer Zeile und einer Spalte, die dann mit einem Vierfeldertest geprüft werden. Dies sollte jedoch als **„experimentieren"** aufgefaßt werden (vgl. [144]); die Ergebnisse können lediglich als Anhaltspunkte für künftige Untersuchungen dienen. Ein echter Wert ist ihnen nur dann zuzuerkennen, wenn die entsprechenden Teilhypothesen schon vor Erhebung der Daten konzipiert worden waren.
Ein anderer Hinweis sei hier angeschlossen. Erscheint die Abhängigkeit gesichert, dann ist zu bedenken, daß die Existenz eines formalen Zusammenhanges nichts aussagt über den kausalen Zusammenhang. Es ist durchaus möglich, daß indirekte Zusammenhänge einen Teil der Abhängigkeit bedingen (vgl. auch [51] und [52]).

3. *Jede Kontingenztafel vom allgemeinen Typ* $r{\cdot}c$ *läßt sich in* $(r-1)(c-1)$ **unabhängige Komponenten mit je einem Freiheitsgrad** *zerlegen* (vgl. *Kastenbaum 1960, Castellan 1965* sowie *Bresnahan und Shapiro 1966*). Mit der Symbolik von Tabelle 221 ergeben sich z. B. für eine 3·3-Tafel, $2 \cdot 2 = 4$ Freiheitsgrade stehen zur Verfügung, die folgenden vier Komponenten (vgl. M2: 150, III und 151, 2):

$$\boxed{(1)\ \hat{\chi}^2 = \frac{n\{n_{2.}(n_{.2}n_{11} - n_{.1}n_{12}) - n_{1.}(n_{.2}n_{21} - n_{.1}n_{22})\}^2}{n_{1.}n_{2.}n_{.1}n_{.2}(n_{1.} + n_{2.})(n_{.1} + n_{.2})}} \qquad (6.9a)$$

$$\boxed{(2)\ \hat{\chi}^2 = \frac{n^2\{n_{23}(n_{11} + n_{12}) - n_{13}(n_{21} + n_{22})\}^2}{n_{1.}n_{2.}n_{.3}(n_{1.} + n_{2.})(n_{.1} + n_{.2})}} \qquad (6.9b)$$

$$\boxed{(3)\ \hat{\chi}^2 = \frac{n^2\{n_{32}(n_{11} + n_{21}) - n_{31}(n_{12} + n_{22})\}^2}{n_{3.}n_{.1}n_{.2}(n_{1.} + n_{2.})(n_{.1} + n_{.2})}} \qquad (6.9c)$$

$$(4)\ \hat{\chi}^2 = \frac{n\{n_{33}(n_{11}+n_{12}+n_{21}+n_{22}) - (n_{13}+n_{23})(n_{31}+n_{32})\}^2}{n_{3.}n_{.3}(n_{1.}+n_{2.})(n_{.1}+n_{.2})} \qquad (6.9d)$$

[621]

Nehmen wir Tabelle 223 mit vereinfachten Kategorien ($A, B, C; I, II, III$; vgl. Tabelle 223a). Die folgenden 4 Vergleiche sind möglich:

(1) Der Vergleich I gegen II hinsichtlich A gegen B (Symbolik: $I \times II \div A \times B$)
(2) Der Vergleich I gegen II hinsichtlich $\{A+B\}$ gegen C ($I \times II \div \{A+B\} \times C$)
(3) Der Vergleich $\{I+II\}$ gegen III hinsichtlich A gegen B ($\{I+II\} \times III \div A \times B$)
(4) Der Vergleich $\{I+II\}$ gegen III hinsichtlich $\{A+B\}$ gegen C ($\{I+II\} \times III \div \{A+B\} \times C$)

Tabelle 223a

Typ	A	B	C	∑
I	14	22	32	68
II	18	16	8	42
III	8	2	0	10
∑	40	40	40	120

Tabelle 228. $\hat{\chi}^2$-Tafel, Zerlegung des $\hat{\chi}^2$-Wertes einer 3·3-Feldertafel (Tabelle 223a) in vier spezifische Komponenten mit je einem Freiheitsgrad; aus Tabelle 227 entnehmen wir die entsprechenden Schranken für $\tau = 4$

Unabhängigkeit	*FG*	$\hat{\chi}^2$	*P*
(1) $I \times II \div A \times B$	1	1,0637	n.s.
(2) $I \times II \div \{A+B\} \times C$	1	9,1673	<0,01
(3) $\{I+II\} \times III \div A \times B$	1	5,8909	<0,10
(4) $\{I+II\} \times III \div \{A+B\} \times C$	1	5,4545	<0,10
Insgesamt	4	21,5764	<0,001

$$(1)\ \hat{\chi}^2 = \frac{120\{42(40 \cdot 14 - 40 \cdot 22) - 68(40 \cdot 18 - 40 \cdot 16)\}^2}{68 \cdot 42 \cdot 40 \cdot 40 \cdot (68+42)(40+40)} = 1{,}0637 < 5{,}024$$

$$(2)\ \hat{\chi}^2 = \frac{120^2\{8(14+22) - 32(18+16)\}^2}{68 \cdot 42 \cdot 40 \cdot (68+42)(40+40)} = 9{,}1673 > 9{,}141$$

$$(3)\ \hat{\chi}^2 = \frac{120^2\{2(14+18) - 8(22+16)\}^2}{10 \cdot 40 \cdot 40 \cdot (68+42)(40+40)} = 5{,}8909 > 5{,}024$$

$$(4)\ \hat{\chi}^2 = \frac{120\{0(14+22+18+16) - (32+8)(8+2)\}^2}{10 \cdot 40 \cdot (68+42)(40+40)} = 5{,}4545 > 5{,}024$$

Wenn andere spezifische Vergleiche geprüft werden sollen, sind Zeilen oder Spalten (bzw. beide) entsprechend zu vertauschen.

4. **Latente Variablen** sind nicht direkt beobachtbar (etwa: die „liberale“ bzw. „konservative“ Einstellung von Personen), lassen sich aber anhand einiger Testfragen indirekt erkunden. Näheren
[621] Aufschluß bietet dann die sogenannte **Latent-Structure-Analysis** (vgl. z. B. Andersen 1982, 1991, Hagenaars 1990 sowie Andress u. Mitarb. 1997).

5. **Benötigte Stichprobenumfänge**, um mit festem α und vorgegebener Power einen χ^2-Test ($r \geqq 2$, $c \geqq 2$) durchzuführen, lassen sich nach W.C. Guenther [The American Statistician **31** (1977), 83–85] bestimmen [vgl. auch Biometrics **33** (1977), 315–324].

> Weiteres zur Analyse von Kontingenztafeln (vgl. auch die Hinweise in Übersicht 86 am Ende des 5. Kapitels ist insbesondere den folgenden Arbeiten zu entnehmen: Agresti (1990, 1992, 1996), Agresti u. Mitarb. (1990), Andersen (1991), Becker (1989), Bortz u. Mitarb. (1990), Brown (1990), Chuang-Stein und Francom (1988), Cox und Snell (1989), Everitt (1992), Fahrmeir und Hamerle (1996), Farley und Jolliffe (1987), Fienberg (1980, 1981), Freeman (1987), Goodman (1978, 1983, 1986), Goodman und Kruskal (1979), Hartung u. Mitarb. (1989), Healy (1988), Hoaglin u. Mitarb. (1985), Jolliffe (1986), Ku und Kullback (1974), Kullback und Cornfield (1976), Kullback und Keegel (1985), Kullback u. Mitarb. (1987), Lawal und Upton (1990), Patefield (1982), Read und Cressie (1988), Reynolds (1977), Rochel (1983), Santner und Duffy (1989), Töwe u. Mitarb. (1985), Tutz (1990), Upton (1978) sowie Upton und Fingleton (1985, 1989). Zur **Konfigurationsfrequenzanalyse** siehe Perli (1985) sowie Perli u. Mitarb. (1987). Zur **Korrespondenzanalyse** siehe Goodman (1986) sowie Andersen (1991: Chapter 11; s. auch B. Böhm). Zusammenhänge zwischen Korrespondenzanalyse, Hauptkomponentenanalyse und Multidimensionaler Skalierung (vgl. z. B. Backhaus u. Mitarb. 2000) erläutern Gifi (1990), Jackson (1992) sowie Hair u. Mitarb. (1998).

[622]

622 Prüfung der Stärke des Zusammenhanges zwischen zwei kategorial aufgegliederten Merkmalen. Der Vergleich mehrerer Kontingenztafeln hinsichtlich der Stärke des Zusammenhanges anhand des korrigierten Kontingenzkoeffizienten nach Pawlik

Der $\hat{\chi}^2$-Wert einer Kontingenztafel sagt nichts aus über die Stärke des Zusammenhanges zwischen zwei Klassifikationsmerkmalen. Das ist leicht einzusehen, da er bei gegebenem Verhältnis der Häufigkeiten einer Tafel der Gesamtzahl der Beobachtungen proportional ist. Für Mehrfeldertafeln wird daher wenn die Existenz des Zusammenhanges gesichert ist als **Maß der Straffheit des Zusammenhanges** der Pearsonsche *Kontingenzkoeffizient*

$$CC = \sqrt{\frac{\hat{\chi}^2}{n + \hat{\chi}^2}} \tag{6.10}$$

benutzt (vgl. auch [466]).

Dieses Korrelationsmaß weist bei völliger Unabhängigkeit den Wert Null auf. Im Falle völliger Abhängigkeit der beiden qualitativen Variablen ergibt CC jedoch nicht 1, sondern einen Wert, der schwankend nach der Felderzahl der Kontingenztafel kleiner als 1 ist. Damit sind verschiedene CC-Werte nur dann hinsichtlich ihrer Größenordnung vergleichbar, wenn sie an gleichgroßen Kontingenztafeln berechnet wurden.

Dieser Nachteil des CC wird dadurch kompensiert, daß für jede mögliche Felderanordnung einer Kontingenztafel der *größtmögliche Kontingenzkoeffizient* $CC_{\max}$, bekannt ist, so daß der gefundene CC relativ zu diesem ausgedrückt werden kann. Der größtmögliche Kontingenzkoeffizient $CC_{\max}$ ist dabei definiert als jener Wert, den CC für eine bestimmte Felderanordnung der Tafel bei völliger Abhängigkeit der Variablen erreicht. Für quadratische Kontingenztafeln (Zahl der Zeilen = Zahl der Spalten, d. h. $r = c$) hat M.G. Kendall (1907–1983) gezeigt, daß der Wert von $CC_{\max}$ lediglich von der Klassenzahl r abhängig ist, es gilt

$$\boxed{CC_{\max} = \sqrt{\frac{r-1}{r}}} \tag{6.11}$$

[622]

Der *maximale Kontingenzkoeffizient nicht-quadratischer Kontingenztafeln* ist nach *Pawlik (1959)* ebenfalls durch (6.11) gegeben, wobei die Bezeichnung so zu wählen ist, daß $r < c$. Um CC-Werte, die für verschieden große Kontingenztafeln berechnet worden sind, vergleichen zu können, empfiehlt es sich, den gefundenen CC-Wert in Prozenten des entsprechenden $CC_{\max}$ auszudrücken; dieser *korrigierte Kontingenzkoeffizient* CC_{korr} lautet

$$\boxed{CC_{\text{korr}} = \frac{CC}{CC_{\max}} 100} \quad \text{bzw.} \quad \boxed{CC_{\text{korr}} = \frac{CC}{CC_{\max}}} \tag{6.12a, 6.12}$$

Er liegt zwischen 0 und 100% bzw. zwischen 0 und 1 und ist von der Tafelgröße unabhängig!
Zur leichteren Berechnung von CC_{korr} sind in Tabelle 229 die Werte von $CC_{\max}$ für $r = 2$ bis $r = 10$ gemäß Formel (6.11) angeführt, außerdem jeweils das Korrekturglied $\frac{1}{CC_{\max}}$ mit dem der unkorrigierte CC-Wert zu multiplizieren ist.

Tabelle 229

r = c	CC_{max}	$\frac{1}{CC_{max}}$
2	0,7071	1,4142
3	0,8165	1,2247
4	0,8660	1,1547
5	0,8944	1,1181
6	0,9129	1,0954
7	0,9258	1,0801
8	0,9354	1,0691
9	0,9428	1,0607
10	0,9487	1,0541

Mit der Bezeichnung $r \leqq c$ läßt sich ein Kontingenzkoeffizient nach H. Cramér $K = \sqrt{\hat{\chi}^2/(n[r-1])}$ mit $0 \leqq K \leqq 1$ definieren; für die Vierfeldertafel ist $K = \sqrt{\hat{\chi}^2/n} = \sqrt{\hat{\chi}^2_*/(n-1)}$ (vgl. [461]).

Beispiele sind der Tabelle 230 zu entnehmen.

Tabelle 230

Tafel Nr.	Tafel-typ	n	$\hat{\chi}^2$	$CC = \sqrt{\frac{\hat{\chi}^2}{n+\hat{\chi}^2}}$	$CC_{\text{korr}} = \frac{CC}{CC_{\max}}$	$K = \sqrt{\hat{\chi}^2/(n[r-1])}$
222	3·4	496	24,932	0,21877	0,26793	0,12944
223	3·3	120	20,844	0,38470	0,47114	0,24062

Näheres über **Assoziationsmaße** enthalten *Mosteller (1968), Goodman und Kruskal (1972)*; Agresti (199$^{0}_{6}$), Andersen (1991), Becker (1989), Brown (1990), Farley und Jol-
[622] liffe (1987) sowie Reynolds (1977). Eine Übersicht geben Goodman und Kruskal (1979), wobei die Autoren betonen, daß idealerweise jedes Problem sein eigenes, speziell für den konkreten Zweck entwickeltes Abhängigkeitsmaß haben müßte (vgl. auch Tutz 1990). Zur **graphischen Darstellung von Kontingenztafeln** siehe R.D. Snee [Am. Stat. **28** (1974), 9–12] und M. Friendly [J. Amer. Stat. Assoc. **89** (1994), 190–200].

623 Prüfung auf Trend: Der Anteil der linearen Regression
[623] an der Gesamtvariation. Der Vergleich der Regressionskoeffizienten einander entsprechender Mehrfeldertafeln

Ist die Frage, ob die Verteilung qualitativer Merkmale nach einer Merkmalsreihe von der Einteilung nach einer zweiten Merkmalsreihe abhängig ist, aufgrund des bedeutsamen $\hat{\chi}^2$-Wertes positiv beantwortet, dann kann man weiter untersuchen, ob *die Zunahme der Häufigkeiten regelmäßig* ist; anders gesagt, ob die Häufigkeiten in Abhängigkeit von einer Merkmalsreihe linear zunehmen oder ob dieser *Trend* komplizierterer Natur ist. Das $\hat{\chi}^2$ läßt sich dann – wie für die $k{\cdot}2$-Tafel gezeigt worden ist – in zwei Anteile zerlegen: Der eine mit einem FG entfällt auf die als linear ansteigend gedachten Häufigkeiten, der sogenannte Regressionsgeraden-Anteil – der restliche Anteil entspricht den Unterschieden zwischen den beobachteten Häufigkeiten und den als linear ansteigend vorausgesetzten theoretischen Häufigkeiten. Dieser Anteil wird wieder als Differenz zwischen $\hat{\chi}^2$ und $\hat{\chi}^2_{\text{Regression}}$ berechnet.
Durch Zuordnung von Punktwerten (scores), x- und y-Werten, werden beide Merkmale einer $r{\cdot}c$-Tafel in ein möglichst einfaches Koordinatensystem überführt. Nach dieser „Quantifizierung" der Daten wird die bivariate Häufigkeitstafel auf Korrelation beider Variablen untersucht (vgl. Tabelle 190). Praktisch geht man nach *Yates (1948)* so vor, daß man die Regression einer dieser Variablen auf die andere prüft: Man ermittelt den Regressionskoeffizienten b_{yx} (bzw. b_{xy}), die zugehörige Varianz $V(b_{yx})$ [bzw. $V(b_{xy})$] und testet die *Signifikanz der linearen Regression* nach

$$\boxed{\hat{\chi}^2 = \frac{(b_{yx})^2}{V(b_{yx})} = \frac{(b_{xy})^2}{V(b_{xy})}} \qquad (6.13)$$

mit 1 FG. Der Regressionskoeffizient von Y auf X ist bestimmt durch

$$\boxed{b_{yx} = \sum xy \sum x^2} \qquad (6.14a)$$

Beachte den Abschnitt unter Formel (6.15 b) **!**

der von X auf Y durch (6.14b)

$$\boxed{b_{xy} = \sum xy / \sum y^2}$$

Die Varianzen beider Regressionskoeffizienten sind bei Annahme der Nullhypothese

$$\boxed{V(b_{yx}) = \frac{s_y^2}{\sum x^2} = \frac{\sum y^2}{n \sum x^2}} \qquad (6.15a)$$

$$V(b_{xy}) = \frac{s_x^2}{\sum y^2} = \frac{\sum x^2}{n \sum y^2} \qquad (6.15b)$$

[623]

In diesen Gleichungen stellen die x- und y-Werte die **Abweichungen vom Mittelwert** der jeweiligen Variablen dar, s_y^2 ist eine Schätzung der Varianz der Variablen Y, s_x^2 eine Schätzung der Varianz der Variablen X. Zur Berechnung der Ausdrücke (6.13 /6.15b) werden drei Häufigkeitsverteilungen – die der Größen x, y und $(x-y)$ – benötigt: Man erhält dann $\sum x^2$, $\sum y^2$, und $\sum (x-y)^2$.

Beispiel

Nehmen wir Tabelle 223 aus [621]. Nach Zuordnung der Punktwerte (scores) zu den Kategorien der beiden Merkmale (Tabelle 231) werden die Produkte gebildet aus den Randsummen und den entsprechenden Punktwerten sowie aus den Randsummen und den Quadraten der Punktwerte. Die Summen dieser Produkte sind (vgl. die Symbolik von Tabelle 221 aus [621]):

$$\sum n_{i.}y = 58, \quad \sum n_{i.}y^2 = 78$$
$$\sum n_{.j}x = \;\; 0, \quad \sum n_{.j}x^2 = 80$$

Diese Produktsummen liefern $\sum x^2$ und $\sum y^2$ nach

$$\sum y^2 = \sum n_{i.}y^2 - \frac{(\sum n_{i.}y)^2}{\sum n_{i.}} = 78 - \frac{58^2}{120} = 49{,}967$$

$$\sum x^2 = \sum n_{.j}x^2 - \frac{(\sum n_{.j}x)^2}{\sum n_{.j}} = 80 - \frac{0^2}{120} = 80$$

Tabelle 231

Beide Reihen von Punktwerten müssen symmetrisch zum Wert Null liegen

!

y \ x: Score	-1	0	1	$n_{i.}$	$n_{i.}y$	$n_{i.}y^2$
1	14	22	32	68	68	68
0	18	16	8	42	0	0
-1	8	2	0	10	-10	10
$n_{.j}$	40	40	40	120	58	78
$n_{.j}x$	-40	0	40	0		
$n_{.j}x^2$	40	0	40	80		

Zur Berechnung von $\sum (x-y)^2$ wird die entsprechende Häufigkeitsverteilung (Tabelle 232) notiert. Die Spalte 2 dieser Tabelle enthält die „Diagonalsummen" der Tabelle 231. Es sind die „Diagonalsummen" von links unten nach rechts oben zu nehmen. Man erhält also $14, 18 + 22 = 40, 8 + 16 + 32 = 56, 2 + 8 = 10$ und 0.

Spalte 1 enthält die Differenzen $x - y$ für alle Felder der Tabelle 231, jeweils die der „Diagonale" zusammengefaßt, da diese identische $(x-y)$-Werte aufweisen: Beispielsweise

Tabelle 232

[623]

x - y		$n_{Diag.}$	$n_{Diag.}(x - y)$	$n_{Diag.}(x - y)^2$
-1-(+1)	= -2	14	-28	56
0-1 = -1-0	= -1	40	-40	40
1-1 = 0-0 = -1-(-1)	= 0	56	0	0
1-0 = 0-(-1)	= +1	10	10	10
1-(-1)	= +2	0	0	0
Insgesamt		120	-58	106

erhält man für alle Felder der Diagonalen von links unten nach rechts oben, d. h. für die Felder mit den Besetzungszahlen 8, 16, 32 für die Differenz $x - y$ den Wert Null:

für Feld „8", links unten: $x = -1, \quad y = -1$
$x - y = -1 - (-1) = -1 + 1 = 0$

für Feld „16", Tafelmitte: $x = 0, \quad y = 0$
$x - y = 0 - 0 = 0$

für Feld „32", rechts oben: $x = 1, \quad y = 1$
$x - y = 1 - 1 = 0$

d. h. $x - y = 0$ gilt für $8 + 16 + 32 = 56$ usw.

Aus den Summen der Produkte erhält man:

$$\sum (x-y)^2 = \sum n_{\text{Diag.}}(x-y)^2 - \frac{[\sum n_{\text{Diag.}}(x-y)]^2}{\sum n_{\text{Diag.}}}$$

$$= 106 - \frac{(-58)^2}{120} = 77{,}967$$

Wir erhalten dann nach (6.13, 6.14a, 6.15a)

$$\hat{\chi}^2 = \frac{(b_{yx})^2}{V(b_{yx})} = \frac{[(80 + 49{,}967 - 77{,}967)/(2 \cdot 80)]^2}{49{,}967/(120 \cdot 80)} = 20{,}2935$$

oder nach (6.13, 6.14 b, 6.15 b)

$$\hat{\chi}^2 = \frac{(b_{xy})^2}{V(b_{xy})} = \frac{[(80 + 49{,}967 - 77{,}967)/(2 \cdot 49{,}967)]^2}{80/(120 \cdot 49{,}967)} = 20{,}2935$$

Die ausgeprägte statistische Signifikanz beider Regressionskoeffizienten (vgl. Tab. 223 und Tab. 227: $\tau = 4$, $\alpha = 0{,}01$, $\nu = 1$, d. h. $\hat{\chi}^2 = 9{,}141$) ließe sich auch über die Standardnormalverteilung ermitteln:

$$\boxed{\hat{z} = b/\sqrt{V(b)}} \tag{6.16}$$

$$\hat{z} = \frac{b_{yx}}{\sqrt{V(b_{yx})}} = \frac{0{,}325000}{0{,}005205} = 4{,}505$$

$$\hat{z} = \frac{b_{xy}}{\sqrt{V(b_{xy})}} = \frac{0{,}520343}{0{,}013342} = 4{,}505$$

Auch hier ist natürlich die statistische Signifikanz gesichert.

Tabelle 233

Variationsursache	$\hat{\chi}^2$	FG	Signifikanzniveau
Lineare Regression	20,2935	1	$P<0{,}001$
Abweichungen von der Regression	1,2830	3	$P=0{,}73$
Gesamtvariation	21,5765	4	$P<0{,}001$

[623]

Stellen wir die Ergebnisse in einer Übersicht (Tabelle 233) zusammen, dann zeigt sich, daß die Abweichungen der Besetzungszahlen der Tabelle 231 von der Proportionalität fast vollständig durch die Existenz einer linearen Regression bedingt sind; mit der Therapie der doppelten Normaldosis steigt der therapeutische Erfolg markant an. Wenn diese Feststellung auch banal klingt, so darf nicht übersehen werden, daß sie erst aufgrund der Tabelle 233 ihre eigentliche Bedeutung erhält (vgl. $\hat{\chi}^2_{1;0,001} = 10{,}828$).

Besteht das Bedürfnis, Regressionslinien einander entsprechender Tafeln zu vergleichen, so prüft man anhand von (6.17), ob sich die Regressionskoeffizienten unterscheiden (*Fairfield Smith 1957*).

$$\hat{z} = \frac{|b_1 - b_2|}{\sqrt{V(b_1) + V(b_2)}} \tag{6.17}$$

Die Bedeutsamkeit des Unterschiedes wird anhand der Standardnormalverteilung entschieden.

Beispiel

Angenommen, die in den Tabellen 223 und 231 dargelegten Besetzungszahlen seien an Personen eines Geschlechtes, einer Altersgruppe usw. ermittelt worden und uns stünde das Ergebnis eines entsprechenden Versuches zur Verfügung, das an Personen einer anderen Altersgruppe gewonnen wurde (wir prüfen zweiseitig):

$$b_1 = 0{,}325 \qquad b_2 = 0{,}079$$
$$V(b_1) = 0{,}00521 \qquad V(b_2) = 0{,}00250$$

Dann ist mit $\hat{z} = \dfrac{|0{,}325 - 0{,}079|}{\sqrt{0{,}00521 + 0{,}00250}} = 2{,}80$ [nach Tab. 22: $P(Z \geqq 2{,}80) = 0,00256$; zweiseitige Fragestellung: $P = 2 \cdot 0,00256 = 0,0051$] die Nullhypothese auf Gleichheit der Regressionskoeffizienten auf dem 1%-Niveau abzulehnen.

624 Prüfung quadratischer Mehrfeldertafeln auf Symmetrie [624]

• Q-Test nach Cochran

Der McNemar-Test gab uns die Möglichkeit, zu prüfen, ob eine 2·2-Tafel bezüglich ihrer Diagonalen symmetrisch ist. Ein analoger Symmetrie-Test für eine $r \cdot r$-Tafel stammt von *Bowker (1948)*. Dieser Test prüft die Nullhypothese, daß je zur Hauptdiagonalen, der Diagonalen mit den größten Besetzungszahlen, symmetrisch gelegene Felder gleiche Häufigkeiten aufweisen. Unter der Nullhypothese (Symmetrie) erwarten wir, daß

[624]

$B_{ij} = B_{ji}$, wobei
B_{ij} = beobachtete Häufigkeit in dem von der i-ten Zeile und der j-ten Spalte gebildeten Feld,
B_{ji} = beobachtete Häufigkeit in dem von der j-ten Zeile und der i-ten Spalte gebildeten Feld.

Zur Entscheidung der Frage, ob die Nullhypothese aufrechterhalten werden kann, berechnet man

$$\hat{\chi}^2_{\text{sym}} = \sum_{j=1}^{r-1} \sum_{i>j} \frac{(B_{ij} - B_{ji})^2}{B_{ij} + B_{ji}} \quad \text{mit } FG = r(r-1)/2. \tag{6.18}$$

Man bilde alle Differenzen der symmetrisch gelegenen Besetzungszahlen, für die $i > j$ ist, quadriere sie, dividiere sie durch die Summe der Besetzungszahlen und addiere die $r(r-1)/2$ Glieder. Wenn nicht mehr als 1/5 der $r \cdot r$ Felder Erwartungshäufigkeiten $E < 3$ aufweisen, darf man ohne Bedenken nach $\hat{\chi}^2_{\text{sym}}$ testen (vgl. auch *Ireland, Ku und Kullback 1969, Bennett 1972* sowie *Hettmansperger und McKean 1973*).

Tabelle 234

0	10	16	15	41
4	2	10	4	20
12	4	3	6	25
8	4	1	1	14
24	20	30	26	100

Da $(0 + 2 + 3 + 1)$ kleiner ist als $(8 + 4 + 10 + 15)$, verläuft die Hauptdiagonale von links unten nach rechts oben.

$$\hat{\chi}^2_{\text{sym}} = \frac{(12-4)^2}{12+4} + \frac{(4-1)^2}{4+1} + \frac{(0-1)^2}{0+1} + \frac{(2-3)^2}{2+3} + \frac{(10-6)^2}{10+6} + \frac{(16-4)^2}{16+4} = 15{,}2$$

Die Tabelle enthält 4 Zeilen und Spalten, damit stehen $4(4-1)/2 = 6$ Freiheitsgrade zur Verfügung. Das entsprechende $\chi^2_{0,05}$ beträgt 12,59; die Nullhypothese auf Symmetrie ist daher mit einer Irrtumswahrscheinlichkeit von 5% abzulehnen.

Ein an einer größeren Personengruppe durchgeführter Vergleich der Intensität von Hand- und Fußschweiß führt ebenso wie eine Gegenüberstellung der Sehschärfen des linken und rechten Auges und ein Vergleich hinsichtlich der Schulbildung oder Hobbies von Ehepartnern zu typischen Symmetrieproblemen. Darüber hinaus bietet fast jede quadratische Mehrfeldertafel, die auf Symmetrie geprüft wird, interessante Aspekte: So zeigt Tabelle 223 in [621] eine deutliche Asymmetrie

$$\left[\hat{\chi}^2_{\text{sym}} = \frac{(18-2)^2}{18+2} + \frac{(14-0)^2}{14+0} + \frac{(22-8)^2}{22+8} = 33{,}333 > 16{,}266 = \chi^2_{3;0,001}\right],$$

sie ist bedingt durch den bei einfacher und besonders bei doppelter Normaldosis stark reduzierten Anteil gestorbener und langsam genesender Patienten.

Ein anderer Test aus der Klasse der Symmetrietests ist der Q-Test nach *Cochran (1950)*; vgl. Tab. 235], [vgl. *Bennett 1967*, *Tate und Brown 1970* u. S. 441, Hinweis 6] ein **Homogenitätstest für mehrere verbundene Stichproben** (v. S.; z. B. Behandlungsarten oder Zeitpunkte) von Alternativdaten (+; −). H_A: mindestens zwei der v.S. entstammen unterschiedlichen Grundgesamtheiten; H_0 (alle v.S. entstammen einer gemeinsamen Grundgesamtheit) wird, nachdem Zeilen, die nur „+" oder nur „−" enthalten, gestrichen werden, für die dann verbleibende Tabelle mit $ns \geqq 24$ Zeichen , wobei $n \geqq 4$ gelten muß, auf dem $100\alpha\%$-Niveau verworfen (vgl. z. B. das Beispiel in M: 199/200), sobald [624]

Tabelle 235

$v.S.$ / $I.$	verb. Stichpr. 1 2 . j . s	$\sum$
Individuen 1		
2		
.		
i		L_i
.		
n		
$\sum$	T_j	

$$Q = \frac{(s-1)\left[s\sum_{j=1}^{s} T_j^2 - \left(\sum_{j=1}^{s} T_j\right)^2\right]}{s\sum_{i=1}^{n} L_i - \sum_{i=1}^{n} L_i^2} > \chi^2_{s-1;\alpha} \qquad (6.19)$$

L_i = Summe der Pluszeichen des Individuums i über alle s verbundenen Stichproben.

T_j = Summe der Pluszeichen der n Individuen für die Behandlung j.

Multiple Vergleiche sind möglich: man prüft jeweils 2 der s Behandlungen simultan anhand des McNemar-Tests auf dem $[100\alpha/\binom{s}{2}]\%$-Niveau, d. h. für $\alpha = 0{,}05$ und $s = 4$, $\binom{4}{2} = 6$, auf dem 0,83%- oder 1%-Niveau. Andere Ansätze bieten Fleiss (1981, S. 126–133) sowie Marascuilo und McSweeney (1977, S. 176–181).

625 H-Test und Friedman-Test-Vergleiche eines Standards bzw. einer Kontrolle mit mehreren Behandlungen sowie Bemerkungen zu faktoriellen Plänen [625]

A. H-Test-Variante: Vergleich eines Standards mit mehreren Behandlungen

Vergleiche aller Behandlungen mit einer Kontrolle im Rahmen einer Rang-Varianzanalyse ($n \geqq 5$)

Ergänzt [395]

Jeweils liegen mindestens 5 Beobachtungen vor. Die Kontrollgruppe wird mit den k Gruppen verglichen.

H_0: $\tilde{\mu} = \tilde{\mu}_i$ für $i = 1, 2, \ldots, k$ wird bei zweiseitiger Fragestellung (H_A: $\tilde{\mu} \neq \tilde{\mu}_i$) auf dem 5%-Niveau abgelehnt, sobald

$$|\hat{z}_i| > z_{0,05/(2k)} \qquad (6.N1)$$

mit

$$\hat{z}_i = \frac{\bar{R}_{\text{Kontrolle}} - \bar{R}_i}{\sqrt{[n(n+1)/12](1/n_{\text{Kontrolle}} + 1/n_i)}} \qquad (6.N2)$$

Vergleiche mit einer Kontrolle

Beispiel 1

[625]

Tabelle 236A. Vergleich zweier Behandlungen mit einer Kontrolle, Rangzahlen in Klammern

Ansatz		
Kontrolle	$i = 1$	$i = 2$
44 (8) 52 (10) 56 (12) 61 (14) 64 (15) 70 (16)	23 (1) 28 (2) 40 (7) 45 (9) 58 (13)	29 (3) 31 (4) 35 (5) 39 (6) 53 (11)
$R_{\text{Kontr.}} = 75$	$R_1 = 32$	$R_2 = 29$
Kontrolle der Rangsummen: $\sum R_i = 136 = 16 \cdot 17/2$		
$n_{\text{Kontr.}} = 6$	$n_1 = 5$	$n_2 = 5$
$\bar{R}_{\text{Kontr.}} = 12{,}5$	$\bar{R}_1 = 6{,}4$	$\bar{R}_2 = 5{,}8$

$$z_{0,05/(2\cdot 2)} = z_{0,0125}$$

$$\text{d. h. } z_{0,0125} = 2{,}24$$

$$\sqrt{[16(16+1)/12](1/6+1/5)} = 2{,}883$$

$$\hat{z}_1 = (12{,}5-6{,}4)/2{,}883 = 2{,}12<2{,}24$$

$$\hat{z}_2 = (12{,}5-5{,}8)/2{,}883 = 2{,}32>2{,}24$$

Für die unbekannten Median-Parameter $\tilde{\mu}_1$, $\tilde{\mu}_2$ und $\tilde{\mu}_{\text{Kontrolle}}$ läßt sich auf dem 5%-Signifikanzniveau H_0: $\tilde{\mu}_{\text{Kontrolle}} = \tilde{\mu}_1$ nicht ablehnen; dagegen wird H_0: $\tilde{\mu}_{\text{Kontrolle}} = \tilde{\mu}_2$ abgelehnt. Diese Aussagen sind vorsichtig zu interpretieren, da beide Prüfgrößen nur wenig von der kritischen Schranke der Standardnormalverteilung abweichen.

Beispiel 2

Tabelle 236B. Vergleich zweier Behandlungen mit einer Kontrolle, Rangzahlen in Klammern

Kontrolle	A	B
7,43 (2) 8,51 (6) 7,20 (1) 8,27 (4) 9,84 (13) 8,32 (5)	9,76 (12) 8,80 (7) 7,68 (3) 9,35 (10) 8,83 (8)	12,80 (16) 9,68 (11) 12,16 (15) 9,20 (9) 10,55 (14)
$R_{\text{Kontr.}} = 31$	$R_A = 40$	$R_B = 65$
Kontrolle der Rangsummen: $\sum R = 136 = 16 \cdot 17/2$		
$n_{\text{Kontr.}} = 6$	$n_A = 5$	$n_B = 5$
$\bar{R}_{\text{Kontr.}} = 31/6 = 5{,}17$	$\bar{R}_A = 40/5 = 8{,}00$	$\bar{R}_B = 65/5 = 13{,}00$

$$z_{0,05/(2\cdot 2)} = z_{0,0125}$$

$$\text{d. h. } z_{0,0125} = 2{,}24$$

$$\sqrt{[16(16+1)/12](1/6+1/5)} = 2{,}883$$

$$\hat{z}_A = \frac{|5{,}17 - 8{,}00|}{2{,}883} = 0{,}982 < 2{,}24$$

$$\hat{z}_B = \frac{|5{,}17 - 13{,}00|}{2{,}883} = 2{,}716 > 2{,}24$$

Für die unbekannten Median-Parameter $\tilde{\mu}_A$, $\tilde{\mu}_B$ und $\tilde{\mu}_{\text{Kontrolle}}$ läßt sich auf dem 5%-Signifikanzniveau H_0: $\tilde{\mu}_{\text{Kontrolle}} = \tilde{\mu}_A$ klar erkennbar nicht ablehnen; dagegen wird H_0: $\tilde{\mu}_{\text{Kontrolle}} = \tilde{\mu}_B$ deutlich abgelehnt.

Ein entsprechendes varianzanalytisches Verfahren für die zwei und die einseitige Fragestellung (H_0: $\mu_i = \mu_0$ bzw. H_0: $\mu_i \leqq \mu_0$, mit dem Sollwert μ_0) geben Mee u. Mitarb. (1987).

B. Friedman-Test-Variante: Vergleich eines Standards mit mehreren Behandlungen

Vergleiche aller Behandlungen mit einer Kontrolle im Rahmen einer Rang-Block-Varianzanalyse ($n \geqq 15$) [625]

Ergänzt [76]

Experiment mit einer Kontrolle (einem Standard S) und $k \geqq 2$ Behandlungen in $n \geqq 15$ Blöcken. Jeder Block enthält $1 + k$ Einheiten (vgl. Tab. 236C) und zwar so, daß blockintern jeweils eine Kontrolle (Standard) und k Behandlungen streng zufällig zugeordnet werden und die Zuordnungen zu den unterschiedlichen Blöcken unabhängig sind. Dem Resultat des Experiments entsprechend erhalten in jedem Block die Einheiten Rangzahlen von 1 bis $k + 1$ zugeordnet. Die Summe aller Rangzahlen derselben Behandlung über alle Blöcke bilden die Friedman-Summen.

Liegen mindestens n = 15 Blöcke vor und ist die Kontrolle, der Standard S, ihre Rangsumme sei R_s, mit den k ($i = 1, \ldots, k$) Rangsummen zu vergleichen,

H_0: alle $[(1 + k)!]^n$ Rangordnungen sind gleichwahrscheinlich, d. h. die Kontrolle (Standardbehandlung) und alle zu prüfenden Behandlungen sind gleich wirksam.
H_A: mindestens eine Behandlung unterscheidet sich von der Kontrolle (Standardbehandlung).

so wird H_0 auf dem 100%-Niveau zugunsten von H_A abgelehnt, sobald

$$|R_s - R_i| > G_{k;\alpha} \cdot \sqrt{n(k+1)(k+2)/6} \qquad (6.N\,3)$$

Der Wert $G_{k;\alpha}$ ist M2: 208 für $\nu = \infty$ zu entnehmen, etwa wenn vier Behandlungen mit einer Kontrolle, einem Standard, verglichen werden, für α = 0,05 und k = 4 der Wert $\nu_{4;0,05}$ = 2,44.

Beispiel

Unterscheiden sich die Kartoffelsorten A bis D bezüglich ihrer Erträge von einer Standardsorte S (α = 0,05)? Der schlechteste Ertrag erhält die Rangzahl 1, der beste die Rangzahl 5 (vgl. Tabelle 236C). Berechnet und verglichen werden die Sorten-Rangsummen A bis D mit S. Rangsummen dieser Art heißen Friedman-Rangsummen.

Ort	S	A	B	C	D
1	1	4	2	5	3
2	1	3	5	4	2
3	2	4	3	5	1
4	1	3	4	5	2
5	1	2	5	4	3
6	1	3	4	5	2
7	2	4	3	5	1
8	1	2	5	4	3
9	2	3	5	4	1
10	1	4	2	5	3
11	3	2	5	4	1
12	1	3	4	5	2
13	1	4	2	5	3
14	2	5	3	4	1
15	1	3	5	4	2
Summe	$R_S = 21$	$R_A = 49$	$R_B = 57$	$R_C = 68$	$R_D = 30$

Tabelle 236C. Vergleich der Ertragsanordnungen von $k = 4$ Kartoffelsorten (A, B, C, D) mit einer Standardsorte (S) an 15 Standorten ($n = 15$ Blöcke; 1 Standard; $k = 4$ Behandlungen A bis D)

Kontrolle: Summe aller Rangsummen = $n(k + 1)(k + 2)/2$

$21 + 49 + 57 + 68 + 30 = 225 = 15(4 + 1)(4 + 2)/2.$

Zu faktoriellen Versuchsplänen

[625] Mit $G_{4;0,05} = 2{,}44$ erhält man die kritische Schranke $2{,}44 \cdot \sqrt{15(4+1)(4+2)/6} = 21{,}13$. Die absolut genommenen Differenzen

$$\left.\begin{array}{lclcl} |R_S - R_C| &=& |21-68| &=& 47 \\ |R_S - R_B| &=& |21-57| &=& 36 \\ |R_S - R_A| &=& |21-49| &=& 28 \end{array}\right\} > 21{,}13$$
$$\begin{array}{lclcl} |R_S - R_D| &=& |21-30| &=& 9 \end{array} \quad < 21{,}13$$

zeigen auf dem 5%-Signifikanzniveau, daß sich die Sorten A und B und besonders die Sorte C, die auch die kleinste Streuung der Rangzahlen aufweist, von der Standardsorte deutlich unterscheiden.

C. Bemerkungen zu faktoriellen Versuchsplänen

Ergänzt [77]

1. Faktorielle Versuchspläne

Ein faktorieller Versuchsplan ist ein Experiment zur Prüfung der Wirkung von mindestens 2 Prüffaktoren (Einflußgrößen) auf eine Zielgröße, wobei zugleich auch Wechselwirkungen erfaßt werden. Sind z. B. 3 Einflußgrößen (A, B, C) auf zwei Stufen (fehlend bzw. vorhanden) zu prüfen, so liegt ein 2^3-Plan vor. Die Untersuchungseinheiten werden randomisiert und zu gleichen Anteilen auf die 8 Ansätze, Kontrolle und 7 Behandlungen, verteilt (vgl. Tabelle 236D). Die Schätzungen der Hauptwirkungen der 3 Faktoren und ihrer Wechselwirkungen ergeben sich dann aus dieser Tabelle (vgl. z. B. Montgomery 1997).

	Ansätze:							
A:	−	+	−	−	+	+	−	+
B:	−	−	+	−	+	−	+	+
C:	−	−	−	+	−	+	+	+
Mittelwerte:	$\bar{x}$	$\bar{x}_A$	$\bar{x}_B$	$\bar{x}_C$	$\bar{x}_{AB}$	$\bar{x}_{AC}$	$\bar{x}_{BC}$	$\bar{x}_{ABC}$

Hauptwirkung A:

$$\tfrac{1}{4}[(\bar{x}_A - \bar{x}) + (\bar{x}_{AB} - \bar{x}_B) + (\bar{x}_{AC} - \bar{x}_C) + (\bar{x}_{ABC} - \bar{x}_{BC})]$$

Wechselwirkung AB:

$$\tfrac{1}{2}\{[(\bar{x}_A - \bar{x}) - (\bar{x}_{AB} - \bar{x}_B)] + [(\bar{x}_{AC} - \bar{x}_C)(\bar{x}_{ABC} - \bar{x}_{BC})]\}$$

Wechselwirkung ABC:

$$[(\bar{x}_A - \bar{x}) - (\bar{x}_{AB} - \bar{x}_B)] - [(\bar{x}_{AC} - \bar{x}_C) - (\bar{x}_{ABC} - \bar{x}_{BC})]$$

Tabelle 236D. Schätzung der Parameter eines faktoriellen Versuchs vom Typ 2^3

2. Wechselwirkungen

Existiert eine Wechselwirkung AB, dann ist die Wirkung von A (bzw. B) unterschiedlich, je nachdem, ob B (bzw. A) vorliegt oder nicht. Entsprechend gilt für die Dreifachwechselwirkung ABC, daß dann, wenn sie existiert, die Wechselwirkung AB (bzw. AC, BC) unterschiedlich ist, je nachdem ob C (bzw. B, A) vorliegt oder nicht.

3. Schätzungen

Die Hauptwirkung ergibt sich als Mittelwert aus 4 Schätzungen, die Wechselwirkung als Mittelwert aus zweien. Für die Dreifachwechselwirkung steht nur eine Schätzung zur Verfügung. Ist man somit an der Schätzung von Wechselwirkungen besonders interessiert, so muß die Zahl der Untersuchungseinheiten pro Ansatz erhöht werden.

4. Einführung in besonders einfache unvollständige und vollständige faktorielle Versuchspläne

Betont anschauliche und instruktive Einführungen in die **Versuchsplanung** mit zahlreichen Übersichten, Beispielen und unterschiedlichen graphischen Darstellungen zum Thema faktorielle Experimente bieten Ross (1996), Haaland (1989) sowie Moen und Mitarb. (1991). Ross (1996) geht ausführlich auf die Taguchi-Technik ein, die der Verbesserung eines Produktes oder Prozesses dient. Moen und Mitarb. (1991), mit derselben Zielsetzung, illustrieren ihre Methoden anhand zweier ausführlich dargestellter Fallstudien: Qualitätsverbesserung von Ziegeln und Entwicklung einer neuen Tapete. Haaland (1989) nennt auch die wichtigsten vollständigen und unvollständigen faktoriellen Versuchspläne für Übersichtsversuche mit maximal 11 Faktoren und für **Wirkungsflächen** (response surfaces) mit bis zu 5 Faktoren sowie den jeweils benötigten Stichprobenumfang.

Ziel der **Methode von Genichi Taguchi** ist es, anhand unvollständiger faktorieller Versuchspläne und der Varianzanalyse mit möglichst geringem Aufwand die Optimalbedingungen eines Produktionsprozesses zu bestimmen, wobei den Wechselwirkungen (zunächst) eine untergeordnete Bedeutung zugeordnet wird [vgl. Technometrics **34** (1992), 127–161, 162–175, Details geben Khuri und Cornell (1996) sowie Toutenburg u. Mitarb. (1998)]. Literaturangaben auch zu komplizierten Ansätzen werden auf S. 686 gegeben.

7 Varianzanalytische Methoden

Maßnahmen für vergleichende Studien

1. Untersuchungseinheiten zu homogenen Untergruppen zusammenfassen, in denen unterschiedliche Behandlungen bei **gleichen Ausgangschancen** verglichen werden können. [7]
2. Möglichst unterschiedliche Untergruppen bilden, um die Resultate **verallgemeinern** zu können.
3. In jeder Untergruppe durch zufällige Zuordnung der unterschiedlichen Behandlungen zu den Untersuchungseinheiten unbekannte systematische Fehler vermeiden und hierdurch **gleiche Ausgangschancen** erzwingen (Randomisierung).
4. Falls zur Ausschaltung von **Suggestionen** notwendig, dürfen die Probanden und diejenigen, die die Probanden am Ende der Studie zu beurteilen haben, vor dieser Beurteilung über die Behandlungs-Zuordnungen nicht informiert werden (Blindversuche).

71 Vorbemerkung und Übersicht

[71]

Eine ausführliche (mit Tabellen 115 Seiten umfassende) Darstellung simultaner **paarweiser Vergleiche von Mittelwerten** (und Rangsummen) enthält M2: 87–125, 163–168 und 171–241.

Auf S. 576 haben wir unter dem Begriff Wirkungsflächen-Erkundung, Response Surface Experimentation, einige Literaturhinweise gegeben. Ein wesentlicher Teil dieser speziellen *Theorie der optimalen Versuchsplanung* basiert auf der Regressionsanalyse und auf der sogenannten Varianzanalyse, die R.A. Fisher (1890–1962) für die Planung und Auswertung von Experimenten, insbesondere von Feldversuchen (vgl. auch Pearce 1983), geschaffen hat und die es gestattet, *wesentliche von unwesentlichen Einflußgrößen zu unterscheiden.* Eine besondere Rolle spielen hierbei Vergleiche von Mittelwerten. Da die Varianzanalyse wie der t-Test *Normalverteilung und Gleichheit der Varianzen* voraussetzt, wollen wir zunächst dem F-Test entsprechende Verfahren kennenlernen, die zur Prüfung der Gleichheit oder der Homogenität mehrer Varianzen dienen. Sind die Varianzen mehrerer Stichprobengruppen gleich, dann lassen sich auch die Mittelwerte mühelos (vgl. [36]) vergleichen. Dies ist die einfachste Form der Varianzanalyse. Für die sichere Erfassung *mehrerer* wesentlicher Einflußgrößen ist es notwendig, daß die Beobachtungswerte aus speziellen *Versuchsanordnungen* gewonnen werden (vgl. Abschnitt 77).
Die Varianzanalyse dient zur quantitativen Untersuchung von Einflußgrößen auf Versuchsergebnisse; in erster Linie interessiert der Vergleich mehrerer Mittelwerte: Geprüft wird die Gleichheit von ERWARTUNGSWERTEN (H_0). Varianzanalytische Schnelltests werden in [75] vorgestellt.
Über die benötigten Stichprobenumfänge informiere man sich anhand der Tabellen 243 in [731] und 269 in [742].

Eine Einführung in zahlreiche explorative (vgl. S. 31) Aspekte und Methoden der Varianzanalyse mit vielen graphischen Darstellungen und durchgerechneten Beispielen geben
[71] Hoaglin u. Mitarb. (1991).

Unabhängige Stichprobengruppen nicht normalverteilter Daten mit nicht unbedingt gleichen Varianzen, aber angenähert gleichem Verteilungstyp lassen sich anhand des H-Tests ([395]) und nach Nemenyi ([752]) vergleichen. Bei verbundenen Stichprobengruppen angenähert gleichen Verteilungstyps ist der Friedman-Test mit den entsprechenden multiplen Vergleichen ([76]) angezeigt (vgl. auch Tabelle 237 sowie [625]).

Tabelle 237. Tests für den verteilungsunabhängigen Vergleich mehrerer Stichproben mit zugehörigen Abschnittsnummern

Stichproben	Geordnete Alternativen?	
	nein	ja
unabhängig	H-Test [395]	Jonckheere-Test [396]
verbunden	Friedman-Test [761]	Page-Test [763]

[72]

72 Prüfung der Gleichheit mehrerer Varianzen

Vorausgesetzt werden unabhängige Zufallsstichproben aus normalverteilten Grundgesamtheiten.

[721]

721 Prüfung der Gleichheit mehrerer Varianzen gleichgroßer Stichprobengruppen nach Hartley

Einen relativ einfachen Test zur Ablehnung der Nullhypothese auf Gleichheit oder Homogenität der Varianzen $\sigma_1^2 = \sigma_2^2 = \ldots = \sigma_i^2 = \ldots = \sigma_k^2 = \sigma^2$ hat Hartley vorgeschlagen. Unter den Bedingungen *gleicher Gruppenumfänge* (n_0) kann diese Hypothese nach

$$\hat{F}_{\max} = \frac{\text{größte Stichproben-Varianz}}{\text{kleinste Stichproben-Varianz}} = \frac{s_{\max}^2}{s_{\min}^2} \tag{7.1}$$

getestet werden. Die Stichprobenverteilung der Prüfgröße $\hat{F}_{\max}$ ist Tabelle 238 zu entnehmen. Die Parameter dieser Verteilung sind die Anzahl k der Gruppen und die Anzahl der Freiheitsgrade $\nu = n_0 - 1$ für jede Gruppenvarianz. Wenn $\hat{F}_{\max}$ für eine vorgegebene Irrtumswahrscheinlichkeit den tabellierten Wert überschreitet, dann wird die Gleichheits- oder Homogenitätshypothese abgelehnt und die Alternativhypothese: $\sigma_i^2 \neq \sigma^2$ für bestimmte i akzeptiert (*Hartley 1950*).

Beispiel

Prüfe die Homogenität der folgenden drei Stichprobengruppen mit den Umfängen $n_0 = 8$; $s_1^2 = 6{,}21$; $s_2^2 = 1{,}12$; $s_3^2 = 4{,}34$ ($\alpha = 0{,}05$). $\hat{F}_{\max} = (6{,}21/1{,}12) = 5{,}54 < 6{,}94 = F_{\max}$ {für $k = 3$, $\nu = n_0 - 1 = 7$ und $\alpha = 0{,}05$}. Anhand der vorliegenden Stichproben läßt sich auf dem 5%-Niveau die Nullhypothese auf Homogenität der Varianzen nicht ablehnen. **[721]**

Einen auf dem Quotienten aus größter und kleinster Spannweite basierenden Schnelltest haben *Leslie und Brown (1966)* vorgestellt. Obere kritische Schranken für 4 Signifikanzstufen sind der Originalarbeit zu entnehmen.

Tabelle 238. Verteilung von $F_{\max}$ nach Hartley für die Prüfung mehrerer Varianzen auf Homogenität (auszugsweise entnommen aus Pearson, E.S. und H.O. Hartley: Biometrika Tables for Statisticians, vol. 1 (2nd ed.), Cambridge 1958, Table 31)

$\alpha = 0{,}05$

ν \ k	2	3	4	5	6	7	8	9	10	11	12
2	39,0	87,5	142	202	266	333	403	475	550	626	704
3	15,4	27,8	39,2	50,7	62,0	72,9	83,5	93,9	104	114	124
4	9,60	15,5	20,6	25,2	29,5	33,6	37,5	41,1	44,6	48,0	51,4
5	7,15	10,8	13,7	16,3	18,7	20,8	22,9	24,7	26,5	28,2	29,9
6	5,82	8,38	10,4	12,1	13,7	15,0	16,3	17,5	18,6	19,7	20,7
7	4,99	6,94	8,44	9,70	10,8	11,8	12,7	13,5	14,3	15,1	15,8
8	4,43	6,00	7,18	8,12	9,03	9,78	10,5	11,1	11,7	12,2	12,7
9	4,03	5,34	6,31	7,11	7,80	8,41	8,95	9,45	9,91	10,3	10,7
10	3,72	4,85	5,67	6,34	6,92	7,42	7,87	8,28	8,66	9,01	9,34
12	3,28	4,16	4,79	5,30	5,72	6,09	6,42	6,72	7,00	7,25	7,48
15	2,86	3,54	4,01	4,37	4,68	4,95	5,19	5,40	5,59	5,77	5,93
20	2,46	2,95	3,29	3,54	3,76	3,94	4,10	4,24	4,37	4,49	4,59
30	2,07	2,40	2,61	2,78	2,91	3,02	3,12	3,21	3,29	3,36	3,39
60	1,67	1,85	1,96	2,04	2,11	2,17	2,22	2,26	2,30	2,33	2,36
∞	1,00	1,00	1,00	1,00	1,00	1,00	1,00	1,00	1,00	1,00	1,00

$\alpha = 0{,}01$

ν \ k	2	3	4	5	6	7	8	9	10	11	12
2	199	448	729	1036	1362	1705	2063	2432	2813	3204	3605
3	47,5	85	120	151	184	21(6)	24(9)	28(1)	31(0)	33(7)	36(1)
4	23,2	37	49	59	69	79	89	97	106	113	120
5	14,9	22	28	33	38	42	46	50	54	57	60
6	11,1	15,5	19,1	22	25	27	30	32	34	36	37
7	8,89	12,1	14,5	16,5	18,4	20	22	23	24	26	27
8	7,50	9,9	11,7	13,2	14,5	15,8	16,9	17,9	18,9	19,8	21
9	6,54	8,5	9,9	11,1	12,1	13,1	13,9	14,7	15,3	16,0	16,6
10	5,85	7,4	8,6	9,6	10,4	11,1	11,8	12,4	12,9	13,4	13,9
12	4,91	6,1	6,9	7,6	8,2	8,7	9,1	9,5	9,9	10,2	10,6
15	4,07	4,9	5,5	6,0	6,4	6,7	7,1	7,3	7,5	7,8	8,0
20	3,32	3,8	4,3	4,6	4,9	5,1	5,3	5,5	5,6	5,8	5,9
30	2,63	3,0	3,3	3,4	3,6	3,7	3,8	3,9	4,0	4,1	4,2
60	1,96	2,2	2,3	2,4	2,4	2,5	2,5	2,6	2,6	2,7	2,7
∞	1,00	1,0	1,0	1,0	1,0	1,0	1,0	1,0	1,0	1,0	1,0

Die in Klammern gesetzten Ziffern (für $\nu = 3$, $7 \leqq k \leqq 12$) sind unsicher, z. B $\hat{F}_{\max}$ für $\nu = 3$, $k = 7$ ist etwa 216.

10%- und 25%-Schranken geben Beckman und Tietjen (1973, Biometrika **60**, 213–214).

Tabellierte **obere 90%-Vertrauensgrenzen** für den Quotienten $\sigma^2_{\max}/\sigma^2_{\min}$ „nicht zu unterschiedlicher" Varianzen [eine andere H_0 als zu (7.1) gehörig!] geben Eva Bofinger und Kerrie Mengersen (1993, Communications in Statistics – Theory and Methods **22**, 1907–1922).

Die Erstlektüre sollte mit Abschnitt 73 auf S. 619 fortgeführt werden.

722 Prüfung der Gleichheit mehrerer Varianzen nach Cochran

[722]

Wenn eine Gruppenvarianz ($s^2_{\max}$) wesentlich größer ist als die übrigen, bevorzuge man diesen Test (*Cochran 1941*). Prüfgröße ist

[722]

$$\boxed{\hat{G}_{\max} = \frac{s^2_{\max}}{s^2_1 + s^2_2 + \ldots + s^2_k}} \tag{7.2}$$

Die Beurteilung von $\hat{G}_{\max}$ erfolgt mit Hilfe der Tabelle 239: Ist $\hat{G}_{\max}$ größer als der für $k, \nu = n_0 - 1$ und das gewählte Niveau tabellierte Wert, wobei n_0 den Umfang der einzelnen Gruppen darstellt, dann muß die Nullhypothese auf Gleichheit der Varianzen abgelehnt und die Alternativhypothese: $\sigma^2_{\max} \neq \sigma^2$ akzeptiert werden.

Tabelle 239. Signifikanzschranken für den Test nach Cochran (aus Eisenhart, C., Hastay, M.W., und W.A. Wallis: Techniques of Statistical Analysis, McGraw-Hill, New York 1947)

α = 0,05

k \ ν	1	2	3	4	5	6	7	8	9	10	16	36	144	∞
2	0,9985	0,9750	0,9392	0,9057	0,8772	0,8534	0,8332	0,8159	0,8010	0,7880	0,7341	0,6602	0,5813	0,5000
3	0,9669	0,8709	0,7977	0,7457	0,7071	0,6771	0,6530	0,6333	0,6167	0,6025	0,5466	0,4748	0,4031	0,3333
4	0,9065	0,7679	0,6841	0,6287	0,5895	0,5598	0,5365	0,5175	0,5017	0,4884	0,4366	0,3720	0,3093	0,2500
5	0,8412	0,6838	0,5981	0,5441	0,5065	0,4783	0,4564	0,4387	0,4241	0,4118	0,3645	0,3066	0,2513	0,2000
6	0,7808	0,6161	0,5321	0,4803	0,4447	0,4184	0,3980	0,3817	0,3682	0,3568	0,3135	0,2612	0,2119	0,1667
7	0,7271	0,5612	0,4800	0,4307	0,3974	0,3726	0,3535	0,3384	0,3259	0,3154	0,2756	0,2278	0,1833	0,1429
8	0,6798	0,5157	0,4377	0,3910	0,3595	0,3362	0,3185	0,3043	0,2926	0,2829	0,2462	0,2022	0,1616	0,1250
9	0,6385	0,4775	0,4027	0,3584	0,3286	0,3067	0,2901	0,2768	0,2659	0,2568	0,2226	0,1820	0,1446	0,1111
10	0,6020	0,4450	0,3733	0,3311	0,3029	0,2823	0,2666	0,2541	0,2439	0,2353	0,2032	0,1655	0,1308	0,1000
12	0,5410	0,3924	0,3264	0,2880	0,2624	0,2439	0,2299	0,2187	0,2098	0,2020	0,1737	0,1403	0,1100	0,0833
15	0,4709	0,3346	0,2758	0,2419	0,2195	0,2034	0,1911	0,1815	0,1736	0,1671	0,1429	0,1144	0,0889	0,0667
20	0,3894	0,2705	0,2205	0,1921	0,1735	0,1602	0,1501	0,1422	0,1357	0,1303	0,1108	0,0879	0,0675	0,0500
24	0,3434	0,2354	0,1907	0,1656	0,1493	0,1374	0,1286	0,1216	0,1160	0,1113	0,0942	0,0743	0,0567	0,0417
30	0,2929	0,1980	0,1593	0,1377	0,1237	0,1137	0,1061	0,1002	0,0958	0,0921	0,0771	0,0604	0,0457	0,0333
40	0,2370	0,1576	0,1259	0,1082	0,0968	0,0887	0,0827	0,0780	0,0745	0,0713	0,0595	0,0462	0,0347	0,0250
60	0,1737	0,1131	0,0895	0,0765	0,0682	0,0623	0,0583	0,0552	0,0520	0,0497	0,0411	0,0316	0,0234	0,0167
120	0,0998	0,0632	0,0495	0,0419	0,0371	0,0337	0,0312	0,0292	0,0279	0,0266	0,0218	0,0165	0,0120	0,0083
∞	0	0	0	0	0	0	0	0	0	0	0	0	0	0

α = 0,01

k \ ν	1	2	3	4	5	6	7	8	9	10	16	36	144	∞
2	0,9999	0,9950	0,9794	0,9586	0,9373	0,9172	0,8988	0,8823	0,8674	0,8539	0,7949	0,7067	0,6062	0,5000
3	0,9933	0,9423	0,8831	0,8335	0,7933	0,7606	0,7335	0,7107	0,6912	0,6743	0,6059	0,5153	0,4230	0,3333
4	0,9676	0,8643	0,7814	0,7212	0,6761	0,6410	0,6129	0,5897	0,5702	0,5536	0,4884	0,4057	0,3251	0,2500
5	0,9279	0,7885	0,6957	0,6329	0,5875	0,5531	0,5259	0,5037	0,4854	0,4697	0,4094	0,3351	0,2644	0,2000
6	0,8828	0,7218	0,6258	0,5635	0,5195	0,4866	0,4608	0,4401	0,4229	0,4084	0,3529	0,2858	0,2229	0,1667
7	0,8376	0,6644	0,5685	0,5080	0,4659	0,4347	0,4105	0,3911	0,3751	0,3616	0,3105	0,2494	0,1929	0,1429
8	0,7945	0,6152	0,5209	0,4627	0,4226	0,3932	0,3704	0,3522	0,3373	0,3248	0,2779	0,2214	0,1700	0,1250
9	0,7544	0,5727	0,4810	0,4251	0,3870	0,3592	0,3378	0,3207	0,3067	0,2950	0,2514	0,1992	0,1521	0,1111
10	0,7175	0,5358	0,4469	0,3934	0,3572	0,3308	0,3106	0,2945	0,2813	0,2704	0,2297	0,1811	0,1376	0,1000
12	0,6528	0,4751	0,3919	0,3428	0,3099	0,2861	0,2680	0,2535	0,2419	0,2320	0,1961	0,1535	0,1157	0,0833
15	0,5747	0,4069	0,3317	0,2882	0,2593	0,2386	0,2228	0,2104	0,2002	0,1918	0,1612	0,1251	0,0934	0,0667
20	0,4799	0,3297	0,2654	0,2288	0,2048	0,1877	0,1748	0,1646	0,1567	0,1501	0,1248	0,0960	0,0709	0,0500
24	0,4247	0,2871	0,2295	0,1970	0,1759	0,1608	0,1495	0,1406	0,1338	0,1283	0,1060	0,0810	0,0595	0,0417
30	0,3632	0,2412	0,1913	0,1635	0,1454	0,1327	0,1232	0,1157	0,1100	0,1054	0,0867	0,0658	0,0480	0,0333
40	0,2940	0,1915	0,1508	0,1281	0,1135	0,1033	0,0957	0,0898	0,0853	0,0816	0,0668	0,0503	0,0363	0,0250
60	0,2151	0,1371	0,1069	0,0902	0,0796	0,0722	0,0668	0,0625	0,0594	0,0567	0,0461	0,0344	0,0245	0,0167
120	0,1225	0,0759	0,0585	0,0489	0,0429	0,0387	0,0357	0,0334	0,0316	0,0302	0,0242	0,0178	0,0125	0,0083
∞	0	0	0	0	0	0	0	0	0	0	0	0	0	0

Bei nicht zu ungleichen Stichprobenumfängen [vgl. die fettgedruckte Bemerkung in [731] unter (7.14)] berechne man ihr harmonisches Mittel $\bar{x}_H$ und interpoliere in Tabelle 239 für $\nu = \bar{x}_H - 1$. Schranken für α = 0,10 gibt Hawkins (1980).

Solomon und Stephens (1990) geben Schranken für $k = 2(1)20(5)30$, 60, 120, $\nu = 1(1)12(2)20(5)30(10)50$ und α = 0,01; 0,025; 0,05; 0,10; 0,50; 0,90; 0,95; 0,975; 0,99. Die Schranken für $\alpha \geqq 0{,}90$ dienen zur Erfassung extrem homogener Varianzen, die dann erreicht und unterschritten werden, wenn man stark streuende Werte entfernt hat.

Beispiel

Angenommen, es liegen die folgenden 5 Varianzen vor: $s_1^2 = 26$, $s_2^2 = 51$, $s_3^2 = 40$, $s_4^2 = 24$ und $s_5^2 = 28$, wobei jede Varianz auf 9 Freiheitsgraden basiert. Getestet werden soll auf dem 5%-Niveau. Dann ist $\hat{G}_{\max} = 51/(26 + 51 + 40 + 24 + 28) = 0{,}302$. Für $\alpha = 0{,}05$, $k = 5$, $\nu = 9$ erhalten wir den Tabellenwert $0{,}4241$. Da $0{,}302 < 0{,}4241$, kann an der Gleichheit der vorliegenden Varianzen nicht gezweifelt werden ($P = 0{,}05$). **[722]**

Ein sehr ähnlicher Test, der jedoch auf den Spannweiten der einzelnen Stichproben basiert, ist von *Bliss, Cochran und Tukey (1956)* beschrieben worden; Beispiele und die oberen 5%-Schranken sind der Originalarbeit zu entnehmen.

In den meisten Fällen führen die Tests von Hartley und Cochran zu denselben Entscheidungen. Da der Cochran-Test mehr Informationen nutzt, ist er im allgemeinen etwas *empfindlicher.* Weitere Empfehlungen (vgl. Abschnitt 723) enthält Übersicht 89.

Übersicht 89

Grundgesamtheit	Test
leicht schief verteilt	Cochran
normalverteilt, $N(\mu,\sigma)$	$k<10$: Hartley, Cochran; $k \geqq 10$: Bartlett
flacher als $N(\mu,\sigma)$	Levene
höher als $N(\mu,\sigma)$	$k<10$: Cochran; $k \geqq 10$: Levene

723 Prüfung der Gleichheit mehrerer Varianzen gleicher oder unterschiedlich großer Stichprobengruppen nach Bartlett **[723]**

Die Nullhypothese, Homogenität mehrerer Varianzen, kann beim Vorliegen *gut normalverteilter Daten* nach *Bartlett (1937)* geprüft werden. Bartletts Test ist die Kombination eines empfindlichen Tests auf Normalität, besser „longtailedness" einer Verteilung, mit einem weniger empfindlichen Test auf Gleichheit der Varianzen.

$$\hat{\chi}^2 = \frac{1}{c}\left[2{,}3026\left(\nu \lg s^2 - \sum_{i=1}^{k} \nu_i \lg s_i^2\right)\right]$$

$$\text{mit} \quad c = \frac{\displaystyle\sum_{i=1}^{k} \frac{1}{\nu_i} - \frac{1}{\nu}}{3(k-1)} + 1 \tag{7.3}$$

$$s^2 = \frac{\displaystyle\sum_{i=1}^{k} \nu_i s_i^2}{\nu} \quad \text{und} \quad FG = k - 1$$

ν $= n - k$ = Gesamtzahl der Freiheitsgrade = $\sum_{i=1}^{k} \nu_i$

k = Anzahl der Gruppen: Jede Gruppe muß mindestens 5 Beobachtungen enthalten

s^2 = Schätzung der gewogenen Varianz

ν_i = Anzahl der Freiheitsgrade in der i-ten Gruppe = $n_i - 1$
s_i^2 = Schätzung der Varianz der i-ten Gruppe

[723]

Für nicht zu kleine Freiheitsgrade ν_i ist c praktisch gleich Eins, d. h. c braucht nur berechnet zu werden, wenn der Wert der eckigen Klammer ein statistisch signifikantes $\hat{\chi}^2$ erwarten läßt.
Liegen k Stichprobengruppen gleichen Umfangs n_0 vor, wobei $n_0 \geqq 5$, dann ergeben sich folgende Vereinfachungen

$$\hat{\chi}^2 = \frac{1}{c}\left[2{,}3026k(n_0-1)\left\{\lg s^2 - \frac{1}{k}\sum_{i=1}^{k}\lg s_i^2\right\}\right]$$

$$\text{mit} \quad \boxed{c = \frac{k+1}{3k(n_0-1)} + 1} \tag{7.4}$$

$$s^2 = \frac{1}{k}\sum_{i=1}^{k} s_i^2 \quad (FG = k-1)$$

Übersteigt die nach (7.3) bzw. (7.4) berechnete Prüfgröße $\hat{\chi}^2$ die für die geforderte Irrtumswahrscheinlichkeit α gegebene Signifikanzschranke, so ist die Nullhypothese (H_0) $\sigma_1^2 = \sigma_2^2 = \ldots = \sigma_i^2 = \ldots = \sigma_k^2 = \sigma^2$ abzulehnen (Alternativhypothese $\sigma_i^2 \neq \sigma^2$ für bestimmte i). *Harsaae (1969)* gibt exakte kritische Schranken, die Table 32 der Biometrika Tables (Pearson und Hartley 1970, S. 204, 205) ergänzen. Weitere exakte Schranken geben R.E. Glaser (1976, Journal of the American Statistical Association **71**, 488–490), der auch mit M.-T. Chao (1978; **73**, 422–426) den Fall ungleicher n_i behandelt sowie E.B. Manoukian u. Mitarb., Metrika **33** (1986), 275–289.

Beispiel

Gegeben: Drei Stichprobengruppen mit den Umfängen $n_1 = 9$, $n_2 = 6$ und $n_3 = 5$ sowie den in Tabelle 240 angegebenen Varianzen. Prüfe die Gleichheit der Varianzen auf dem 5%-Niveau.

Tabelle 240

Nr.	s_i^2	$n_i - 1$ ν_i	$\nu_i s_i^2$	$\lg s_i^2$	$\nu_i \lg s_i^2$
1	8,00	8	64,00	0,9031	7,2248
2	4,67	5	23,35	0,6693	3,3465
3	4,00	4	16,00	0,6021	2,4084
		17	103,35		12,9797

$$s^2 = \frac{103{,}35}{17} = 6{,}079, \quad \lg s^2 = 0{,}7838$$

$$\hat{\chi}^2 = \frac{1}{c}[2{,}3026(17 \cdot 0{,}7838 - 12{,}9797)] = \frac{1}{c} \cdot 0{,}794$$

Da $\chi^2_{2;0,05} = 5{,}99$ wesentlich größer ist als 0,794, wird H_0 auf dem 5%-Niveau nicht abgelehnt. Mit c

$$c = \frac{\left[\frac{1}{8} + \frac{1}{5} + \frac{1}{4}\right] - \frac{1}{17}}{3(3-1)} + 1 = 1{,}086$$ [723]

ergibt sich $\hat{\chi}^2 = 0{,}794/1{,}086 = 0{,}731 < 5{,}99 = \chi^2_{2;0,05}$.

Sind viele viele Varianzen auf Gleichheit zu prüfen, so kann man die von Hartley vorgeschlagene Modifikation des Bartlett-Tests (vgl. *Barnett 1962*) verwenden. Da der Bartlett-Test gegen *Abweichungen von der Normalverteilung sehr empfindlich* ist (*Box 1953, Box und Andersen 1955*), bevorzuge man im Zweifelsfalle das **Levene-Verfahren in der Brown-Forsythe-Version** (vgl. [35]). Der multiple Vergleich mehrerer Varianzen läßt sich elegant nach *David* (*1956, Tietjen und Beckman 1972* geben weitere Tabellenwerte) durchführen. Der Test: H_0: $\sigma_1^2 = \ldots = \sigma_k^2 = \sigma^2$ gegen H_A: $\sigma_1^2 \leqq \ldots \leqq \sigma_k^2$ mit wenigstens einer gültigen Ungleichung läßt sich nach Fujino (1979) durchführen, der auch Tabellen für die entsprechenden Tests nach Hartley bzw. Bartlett gibt. J.J. Bau u. Mitarb. vergleichen σ_i^2 aus Normalverteilungen, H_0: $\sigma_k^2/\sigma_i^2 > \delta$, anhand kritischer Schranken [Communications in Statistics – Simulation and Computation B **26** (1997), 443–465]. Den Vergleich mit einem Standard beschreibt Spurrier (1980). Siehe auch S. 609–612.

73 Einfache Varianzanalyse [73]

731 Varianzanalytischer Vergleich mehrerer Erwartungswerte [731]

- Benötigte Stichprobenumfänge
- Spannweiten-Ansätze

Der Vergleich zweier Erwartungswerte normalverteilter Grundgesamtheiten (Abschnitt 36) läßt sich auf den Vergleich einer beliebigen Zahl von Erwartungswerten erweitern.

Gegeben seien k Stichprobengruppen mit je n_i und insgesamt n Stichprobenelementen, also:

$$\sum_{i=1}^{k} n_i = n$$

Jede Stichprobengruppe entstamme einer normalverteilten Grundgesamtheit. Die ***k*** **normalverteilten Grundgesamtheiten haben gleiche Varianzen;** diese sind unbekannt: **„Zufallsstichproben mit unbekannter gemeinsamer Varianz"**.

Näheres zu den Voraussetzungen der Varianzanalyse (vgl. auch S. 637, 656 und 658) siehe z. B. *Cochran (1947)* und *Eisenhart (1947)* sowie die Monographien; Konsequenzen der Nicht-Unabhängigkeit der Beobachtungen behandeln D.A. Kenny und Ch.M. Judd (1986, Psychological Bulletin **99**, 422–431) (vgl. auch S. 659, Hinweis 5).

Die Stichprobenwerte x_{ij} erhalten **zwei Indizes:** x_{ij} ist der j-te Wert in der i-ten Stichprobe ($1 \leqq i \leqq k;\ 1 \leqq j \leqq n_i$).

[731] Die *Gruppenmittelwerte* $\bar{x}_{i.}$ sind gegeben durch

$$\bar{x}_{i.} = \frac{1}{n_i} \sum_{j=1}^{n_i} x_{ij} \tag{7.5}$$

Der Punkt deutet den Index an, über den summiert worden ist; so ist z. B.
$$x_{..} = \sum_{i=1}^{k} \sum_{j=1}^{n_i} x_{ij}$$
die Summe aller x-Werte

Das *Gesamtmittel* $\bar{x}$:

$$\bar{x} = \frac{1}{n} \sum_{i=1}^{k} \sum_{j=1}^{n_i} x_{ij} = \frac{1}{n} \sum_{i=1}^{k} n_i \bar{x}_{i.} \tag{7.6}$$

in vereinfachter Schreibweise:

$$\bar{x} = \frac{1}{n} \sum_{i,j} x_{ij} = \frac{1}{n} \sum_{i} n_i \bar{x}_{i.} \tag{7.7}$$

Wesentlich für die einfache „Varianzanalyse“, auch einfache „Streuungszerlegung“ genannt, ist, daß sich die Summe der Abweichungsquadrate (SAQ oder Q) der Stichprobenwerte um das Gesamtmittel („Q insgesamt“) in *zwei Anteile zerlegen* läßt, in die

1. SAQ der Einzelwerte um die *Gruppenmittelwerte*, „SAQ *innerhalb* der Gruppen“ genannt („Q innerhalb“) und in die
2. SAQ der Gruppenmittelwerte um das *Gesamtmittel*, „SAQ *zwischen* den Gruppen“ genannt („Q zwischen“), d. h.

$$Q_{\text{insgesamt}} = Q_{\text{innerhalb}} + Q_{\text{zwischen}}$$

$$\sum_{i,j} (x_{ij} - \bar{x})^2 = \sum_{i,j} (x_{ij} - \bar{x}_{i.})^2 + \sum_{i} n_i (\bar{x}_{i.} - \bar{x})^2 \tag{7.8}$$

mit den zugehörigen Freiheitsgraden

$$(n-1) = (n-k) + (k-1) \tag{7.9}$$

Die Quotienten aus den SAQ und den zugehörigen FG, d. h. die Varianzen Q/ν bezeichnet man in der Varianzanalyse als *Mittlere Quadrate* (MQ). Entstammen alle Gruppen derselben Grundgesamtheit, dann sollten die Varianzen, also die Mittleren Quadrate

$$s^2_{\text{zwischen}} = MQ_{\text{zwischen}} = \frac{1}{k-1} \sum_{i} n_i (\bar{x}_{i.} - \bar{x})^2 \tag{7.10}$$

und

$$s^2_{\text{innerhalb}} = MQ_{\text{innerhalb}} = \frac{1}{n-k} \sum_{i,j} (x_{ij} - \bar{x}_{i.})^2 \qquad (7.11)$$ [731]

ungefähr **gleich groß** sein. Sind sie es nicht, d. h. ist der Quotient aus MQ_{zwischen} und $MQ_{\text{innerhalb}}$ größer als der durch $\nu_1 = k-1, \nu_2 = n-k$ und α festgelegte kritische Wert der F-Verteilung, so befinden sich unter den Gruppen solche **mit unterschiedlichen Erwartungswerten** μ_i. Die Nullhypothese $\mu_1 = \mu_2 = \ldots = \mu_i = \ldots = \mu_k = \mu$ wird somit anhand der Prüfgröße (7.12) [d. h. (7.13) bzw. (7.14)] abgelehnt, wenn $\hat{F} > F_{(k-1;n-k;\alpha)}$. In diesem Fall sind mindestens zwei μ_i voneinander verschieden, d. h. die Alternativhypothese $\mu_i \neq \mu$ für bestimmte i wird akzeptiert.

Wenn $MQ_{\text{zwischen}} < MQ_{\text{innerhalb}}$ ist, läßt sich die Nullhypothese nicht ablehnen, dann sind (7.6) und (7.11) Schätzungen für μ sowie für σ^2 mit $n-k$ Freiheitsgraden.
Man bezeichnet MQ_{zwischen} auch als „Stichprobenfehler" und $MQ_{\text{innerhalb}} = s^2_{\text{innerhalb}}$ als „Versuchsfehler".

$$\hat{F} = \frac{MQ_{\text{zwischen}}}{MQ_{\text{innerhalb}}} = \frac{\frac{1}{k-1}\sum_i n_i(\bar{x}_{i.} - \bar{x})^2}{\frac{1}{n-k}\sum_{i,j}(x_{ij} - \bar{x}_{i.})^2} = \frac{\frac{1}{k-1}\sum_i n_i(\bar{x}_{i.} - \bar{x})^2}{\frac{1}{n-k}\sum_i s_i^2(n_i - 1)} \qquad (7.12)$$

$\hat{F}$ wird berechnet nach (7.13):

$$\hat{F} = \frac{\frac{1}{k-1}\left[\sum_i \frac{x_{i.}^2}{n_i} - \frac{x_{..}^2}{n}\right]}{\frac{1}{n-k}\left[\sum_{i,j} x_{ij}^2 - \sum_i \frac{x_{i.}^2}{n_i}\right]} \qquad (7.13)$$

Für **Stichprobengruppen gleicher Umfänge** ($n_i = n_0$) bevorzugt man (7.14):

$$\hat{F} = \frac{\left[k\sum_i x_{i.}^2 - x_{..}^2\right] \Big/ (k-1)}{\left[n_0 \sum_{i,j} x_{ij}^2 - \sum_i x_{i.}^2\right] \Big/ (n_0 - 1)} \qquad (7.14)$$

Die Wahl gleichgroßer Stichprobenumfänge pro Gruppe bietet mehrere Vorteile: (1) Abweichungen von der Varianzgleichheit sind nicht so schwerwiegend. (2) Der beim F-Test auftretende Fehler 2. Art wird minimal. (3) Weitere Erwartungswertvergleiche (vgl. [732] und [742]) sind einfacher durchzuführen (vgl. auch S. 609 und 610).

Rechentechnik

[731] Die Prüfgröße (7.13) wird nach (7.15)

$$\hat{F} = \frac{MQ_{\text{zwischen}}}{MQ_{\text{innerhalb}}} = \frac{\frac{1}{k-1}[Q_{\text{zwischen}}]}{\frac{1}{n-k}[Q_{\text{innerhalb}}]} = \frac{\frac{1}{k-1}[B-K]}{\frac{1}{n-k}[A-B]}$$

mit insgesamt n Beobachtungen aus k Stichprobengruppen

$$A = \sum (\text{Beobachtungen})^2 = \sum_{i,j} x_{ij}^2$$

$$B = \sum \frac{(\text{Gruppensumme})^2}{\text{Gruppenumfang}} = \sum_i \frac{x_{i.}^2}{n_i} \tag{7.15}$$

mit den Gruppensummen $x_{i.} = \sum_j x_{ij}$

$$K = \frac{(\text{Summe aller Beobachtungen})^2}{\text{Anzahl aller Beobachtungen}} = \frac{(\sum_i x_{i.})^2}{n} = \frac{x_{..}^2}{n}$$

berechnet. Zur Kontrolle berechne man $Q_{\text{insgesamt}}$ indirekt

$$Q_{\text{insgesamt}} = [Q_{\text{zwischen}}] + [Q_{\text{innerhalb}}] = [B-K] + [A-B] \tag{7.16}$$

und direkt

$$Q_{\text{insgesamt}} = \sum_{i,j} x_{ij}^2 - \left(\sum_{i,j} x_{ij}\right)^2 \Big/ n = A - K \tag{7.17}$$

Betont einfache Beispiele

1. Ungleiche Stichprobenumfänge n_i pro Gruppe (Tabelle 241):

Tabelle 241

	Stichprobengruppe			
j \ i	1	2	3	
1	3	4	8	
2	7	2	4	
3		7	6	
4		3		
$x_{i.}$	10	16	18	$x_{..} = 44$
n_i	2	4	3	$n = 9$
$\bar{x}_i$	5	4	6	

Wenig elegant (direkt) nach (7.10; 7.11) berechnet:

$$MQ_{\text{zwischen}} = \frac{2\left(5-\frac{44}{9}\right)^2+4\left(4-\frac{44}{9}\right)^2+3\left(6-\frac{44}{9}\right)^2}{3-1} = \frac{6{,}89}{2}$$ **[731]**

$MQ_{\text{innerhalb}}$

$$= \frac{[(3-5)^2+(7-5)^2]+[(4-4)^2+(2-4)^2+(7-4)^2+(3-4)^2]+[(8-6)^2+(4-6)^2+(6-6)^2]}{9-3}$$

$$= \frac{30}{6}$$

Nach (7.13) und (7.15):

$$\hat{F} = \frac{\frac{1}{3-1}\left[\left(\frac{10^2}{2}+\frac{16^2}{4}+\frac{18^2}{3}\right)-\frac{44^2}{9}\right]}{\frac{1}{9-3}\left[(3^2+7^2+4^2+2^2+7^2+3^2+8^2+4^2+6^2)-\left(\frac{10^2}{2}+\frac{16^2}{4}+\frac{18^2}{3}\right)\right]}$$

$$\hat{F} = \frac{\frac{1}{2}[6{,}89]}{\frac{1}{6}[30]} = 0{,}689$$

Kontrolle (7.16, 7.17): $[6{,}89] + [30] = 36{,}89$

$$(3^2+7^2+4^2+2^2+7^2+3^2+8^2+4^2+6^2) - 44^2/9 = 36{,}89$$

Da $\hat{F} = 0{,}689 < 5{,}14 = F_{(2;6;0{,}05)}$, läßt sich die Nullhypothese, alle drei Erwartungswerte entstammen derselben Grundgesamtheit

mit (7.6) $\bar{x} = (2\cdot 5 + 4\cdot 4 + 3\cdot 6)/9 = 4{,}89$

und (7.11) $s^2_{\text{innerhalb}} = 30/6 = 5$

auf dem 5%-Niveau nicht ablehnen.

2. Gleichgroße Stichprobenumfänge (n_i = konst. = n_0) pro Gruppe (Tabelle 242):

Tabelle 242

	Stichprobengruppe			
j \ i	1	2	3	
1	6	5	7	
2	7	6	8	
3	6	4	5	
4	5	5	8	
$x_{i.}$	24	20	28	$x_{..}$ = 72
$n_i = n_0$	4	4	4	n = 12
$\bar{x}_i$	6	5	7	$\bar{x}$ = 6

Nach (7.13):

[731]

$$\hat{F} = \frac{\frac{1}{3-1}\left[\frac{1}{4}(24^2+20^2+28^2)-\frac{72^2}{12}\right]}{\frac{1}{12-3}\left[(6^2+7^2+\ldots+8^2)-\frac{1}{4}(24^2+20^2+28^2)\right]} = \frac{\frac{1}{2}[8]}{\frac{1}{9}[10]} = 3{,}60$$

Kontrolle: $[8]+[10]=18;\ (6^2+7^+\ldots+5^2+8^2)-72^2/12=18$

Nach (7.14):

$$\hat{F} = \frac{[3(24^2+20^2+28^2)-72^2]/(3-1)}{[4(6^2+7^2+\ldots+8^2)(24^2+20^2+28^2)]/(4-1)} = \frac{96/2}{40/3} = 3{,}60$$

Da $\hat{F} = 3{,}60 < 4{,}26 = F_{(2;9;0{,}05)}$, läßt sich die Nullhypothese, Gleichheit der 3 Erwartungswerte ($\bar{x} = 6$, $s^2_{\text{innerhalb}} = 10/9 = 1{,}11$), auf dem 5%-Niveau nicht ablehnen.

Liegen Stichproben gleicher Umfänge aus zumindest angenähert normalverteilten Grundgesamtheiten mit unbekannter gemeinsamer Varianz vor, dann ist folgender **Test für *k* geordnete Mittelwerte** ($k = 3, 4, \ldots, 10$) möglich. Man prüft H_0: $\mu_1 = \mu_2 = \ldots = \mu_k$ gegen H_A: $\mu_1 \leqq \mu_2 \leqq \ldots \leqq \mu_k$, wobei mindestens eine Ungleichung gilt. Test, kritische Schranken und Beispiele enthalten M 2: 117–119 und 224–232.

Benötigte Stichprobenumfänge für den varianzanalytischen Mittelwertvergleich von maximal sechs Stichprobengruppen

Sind Mittelwerte mehrerer Stichprobengruppen zu vergleichen, so wird man zunächst $(\bar{x}_{\max} - \bar{x}_{\min})/s = \hat{\tau}$ schätzen und sich dann überlegen, wie umfangreich die k möglichst gleichgroßen Stichprobengruppen sein sollten. Tabelle 243 basiert auf einer Power von nur 70%; wird eine größere Power verlangt, so steigen die jeweils benötigten Stichprobenumfänge schnell an, schneller als einem lieb ist (vgl. Kastenbaum u. Mitarb. 1970). Für **rangvarianzanalytische Vergleiche vom Typ des *H*-Tests** wird man mit, sagen wir, etwa $1{,}2n$ Beobachtungen pro Stichprobengruppe rechnen müssen, um mit einer Power von 0,7 auf dem 5%-Niveau statistisch signifikante Unterschiede erfassen zu können.

Tabelle 243. Jeweils benötigte Stichprobenumfänge für den varianzanalytischen k-Stichproben-Vergleich sind für festes k und τ der Kopfzeile zu entnehmen; unter ihnen die entsprechenden Werte einer erwarteten standardisierten Maximalabweichung $\tau = (\mu_{\max} - \mu_{\min})/\sigma$, die auf dem 5%-Niveau mit einer Power von 0,7 bei einem Vergleich von k Stichprobengruppen der Umfänge n zu erfassen ist; einige Werte aus den von Kastenbaum und Mitarbeitern (1970) gegebenen Tabellen

k \ n	6	10	20	30	40	60
3	1,8	1,3	0,90	0,73	0,63	0,51
4	1,9	1,4	0,96	0,78	0,67	0,55
5	2,0	1,5	1,01	0,82	0,70	0,57
6	2,0	1,5	1,05	0,85	0,73	0,60

Beispiel

Fünf Mittelwerte sind zu vergleichen ($\alpha = 0{,}05$; Power: 0,7); für $\hat{\tau} = (\bar{x}_{\text{max}} - \bar{x}_{\text{min}})/s = (36-30)/6 = 1$ sollten jeweils 20 Beobachtungen zur Verfügung stehen (Normalverteilung und homogene Varianzen vorausgesetzt). Insgesamt werden somit mindestens 100 Beobachtungen benötigt. **[731]**

Bei der **Erstlektüre** sollte **direkt zu den S. 650–652** übergegangen werden.

Hinweise

Die relative Wirksamkeit von R gegenüber s beträgt 1 für $n = 2$; sie sinkt dann schnell: 0,992 ($n = 3$); 0,975 (4); 0,955 (5); ...; 0,850(10); ...; 0,766(15); ...; 0,700 ($n = 20$).

1. *Schätzung der Standardabweichung aus der Spannweite.* Ist anzunehmen, daß eine Stichprobe des Umfangs n einer angenähert normalverteilten Grundgesamtheit entstammt, dann läßt sich aus der Spannweite R die Standardabweichung schätzen:

$$\boxed{\hat{s} = R(1/d_n)} \tag{7.18}$$

Der Faktor $1/d_n$ ist für gegebenes n Tabelle 244 zu entnehmen. Im allgemeinen wird $n > 12$ sein. Es ist dann zweckmäßig, die Stichprobe anhand eines Zufallsprozesses in k Gruppen zu 8 oder wenigstens zu 6 bis 10 Einzelwerten einzuteilen, von jeder Gruppe des Umfangs n das zugehörige R festzustellen und die mittlere Spannweite $\bar{R}$ zu berechnen:

$$\boxed{\bar{R} = \frac{1}{k}\sum R_i} \tag{7.19}$$

Tabelle 244 wird durch L.S. Nelson (J. Qual. Technol. **7** [1975], 46–48) ergänzt (n: 2–15; k 1–15, 20, 30, 50) und anhand weiterer Beispiele (vgl. auch den in [721] erwähnten Schnelltest von Leslie und Brown) illustriert.

Die hieraus nach

$$\boxed{\hat{s} = \bar{R}(1/d_n)} \tag{7.20}$$

ermittelte Standardabweichung („innerhalb der Stichprobe“) basiert dann auf der in Tabelle 244 rechts angegebenen Zahl der effektiven Freiheitsgrade ν. Für $n \geqq 5$ und $k > 1$ ist stets $\nu < k(n-1)$.

In der Größenordnung sollten $\hat{s}^2$ und $MQ_{\text{innerhalb}}$ übereinstimmen (vgl. Tab. 242 mit $\bar{R} = (2+2+3)/3 = 2{,}33$; $\hat{s} = 2{,}33 \cdot 0{,}486 = 1{,}13$; $\hat{s}^2 = 1{,}28$ gegenüber $MQ_{\text{innerhalb}} = 10/9 = 1{,}11$).

Tabelle 244. Faktoren für die Schätzung der Standardabweichung der Grundgesamtheit aus der Spannweite der Stichprobe (auszugsweise entnommen aus Patnaik, P.B.: The use of mean range as an estimator of variance in statistical tests, Biometrika **37**, 78–87 [1950])

Umfang der Stichprobe bzw. der Gruppe n	Faktor $1/d_n$	Effektive Zahl der Freiheitsgrade ν für k Gruppen der Größe n: $k=1$	$k=2$	$k=3$	$k=4$	$k=5$
2	0,8862	1				
3	0,5908	2				
4	0,4857	3				
5	0,4299	4	7	11	15	18
6	0,3946	5	9	14	18	23
7	0,3698	5	11	16	21	27
8	0,3512	6	12	18	24	30
9	0,3367	7	14	21	27	34
10	0,3249	8	15	23	30	38
11	0,3152	9				
12	0,3069	10				
13	0,2998	11				

2. Mit Hilfe der Tabelle 244 ließe sich eine vereinfachte Varianzanalyse durchführen. Wir verzichten auf diese Darstellung und verweisen auf den in Abschnitt 751 vorgestellten *Test von Link*
[731] *und Wallace*, der ebenfalls auf Spannweiten basiert, jedoch dank Tabelle 274 viel ökonomischer ist (vgl. auch das graphische ANOM-Verfahren von Ott 1988, das Gruppenmittelwerte mit dem Gesamtmittel vergleicht).

3. *Der Vertrauensbereich einer Spannweite* läßt sich mit Hilfe von Tabelle 245 schätzen. Angenommen, mehrere Stichprobengruppen des Umfangs $n = 6$ seien einer zumindest angenähert normalverteilten Grundgesamtheit entnommen. Die mittlere Spannweite $\bar{R}$ betrage 3,4 Einheiten. Eine brauchbare Schätzung der Standardabweichung ist dann nach (7.20) $3{,}4 \cdot 0{,}3946 = 1{,}34$. Ist geplant, den Umfang künftiger Stichproben auf $n = 4$ festzulegen, so erhalten wir für den 90%-Vertrauensbereich aus Tabelle 245 die Faktoren 0,760 und 3,633 und die Grenzen $1{,}34 \cdot 0{,}760 = 1{,}02$ sowie $1{,}34 \cdot 3{,}633 = 4{,}87$. Angenommen, es liege eine normalverteilte Grundgesamtheit mit $\sigma = 1{,}34$ vor, dann ist dieser Bereich (für künftige Zufallsstichproben des Umfangs $n = 4$) der exakte 90%-Spannweiten-Vertrauensbereich.
Die Schätzung der *Standardabweichung der mittleren Spannweite* $s_{\bar{R}}$ erfolgt nach

$$s_{\bar{R}} = \frac{v_n \cdot (1/d_n)^2 \cdot \bar{R}}{\sqrt{k}} \tag{7.21}$$

v_n = Faktor aus Tabelle 245 } vgl. S. 627 oben
$1/d_n$ = Faktor aus Tabelle 244 }
$\bar{R}$ = die mittlere Spannweite
k = Anzahl der Stichprobengruppen mit den Umfängen n, aus denen Spannweiten berechnet worden sind.

Beispielsweise ergibt sich für $k = 5$, $n = 6$, $\bar{R} = 7$, $(1/d_n) = 0{,}3946$ und $v_n = 0{,}848$

$$s_{\bar{R}} = \frac{0{,}848 \cdot 0{,}3946^2 \cdot 7}{\sqrt{5}} = 0{,}413$$

Tabelle 245. Faktoren zur Schätzung eines Vertrauensbereiches um die Spannweite: Das Produkt einer nach Tabelle 244 aus der Spannweite geschätzten Standardabweichung und den für denselben oder einen beliebigen gewünschten Stichprobenumfang und Sicherheitsgrad gegebenen Faktoren liefert für Spannweiten aus Stichproben des gewählten Umfangs untere und obere Grenzen und damit den Vertrauensbereich. Spalte 6 enthält einen Faktor v_n zur Schätzung der Standardabweichung der mittleren Spannweite. Näheres ist dem Text zu entnehmen (auszugsweise entnommen aus E.S. Pearson: The probability integral of the range in samples of n observations from a normal distribution. I. Foreword and tables. Biometrika **32** [1941/42] 301–308, p. 308, table 2, right part. Die von Harter H.L., D.S. Clemm und E.H. Guthrie [The Probability Integrals of the Range and of the Studentized Range. Vol. I. Wright Air Development Center Technical Report 58–484, 1959] korrigierten Werte sind berücksichtigt worden)

n	1 %-Schranken untere	1 %-Schranken obere	5 %-Schranken untere	5 %-Schranken obere	Faktor v_n
2	0,018	3,643	0,089	2,772	0,853
3	0,191	4,120	0,431	3,314	0,888
4	0,434	4,403	0,760	3,633	0,880
5	0,665	4,603	1,030	3,858	0,864
6	0,870	4,757	1,253	4,030	0,848
7	1,048	4,882	1,440	4,170	0,833
8	1,205	4,987	1,600	4,286	0,820
9	1,343	5,078	1,740	4,387	0,808
10	1,467	5,157	1,863	4,474	0,797
11	1,578	5,227	1,973	4,552	0,787
12	1,679	5,290	2,071	4,622	0,778

Bemerkung zu den Faktoren $1/d_n$ und v_n: Für Stichproben des Umfangs n aus einer normalverteilten Grundgesamtheit mit der Standardabweichung σ ist d_n der Mittelwert und v_n die Standardabweichung der standardisierten Spannweite $w = R/\sigma$.

732 Beurteilung linearer Kontraste nach Scheffé

[732]

- Williams-Ansatz
- Modifizierter LSD-Test

Wenn die einfache Varianzanalyse zu einem statistisch signifikanten Befund führt, wird man bestrebt sein, herauszufinden, welche der Parameter $\mu_1, \mu_2, \ldots, \mu_i, \ldots, \mu_k$, besser, welche zwei Gruppen A und B von Parametern mit den Erwartungswerten μ_A und μ_B sich unterscheiden. Liegen z. B. Schätzungen der fünf Parameter $\mu_1, \mu_2, \mu_3, \mu_4, \mu_5$ vor, dann lassen sich unter anderen die folgenden *Erwartungswerte vergleichen*:

$$\begin{array}{lll} V_1\colon & \mu_1 = \mu_2 = \mu_A \quad \text{mit} & \mu_3 = \mu_4 = \mu_5 = \mu_B \\ & \mu_A = \frac{1}{2}(\mu_1 + \mu_2) \quad \text{mit} & \mu_B = \frac{1}{3}(\mu_3 + \mu_4 + \mu_5) \\ V_2\colon & \mu_1 = \mu_A \quad \text{mit} & \mu_2 = \mu_3 = \mu_4 = \mu_5 = \mu_B \\ & \mu_A = \mu_1 \quad \text{mit} & \mu_B = \frac{1}{4}(\mu_2 + \mu_3 + \mu_4 + \mu_5) \end{array}$$

Vergleiche dieser Art, geschrieben

$$V_1\colon \quad \boxed{\tfrac{1}{2}(\mu_1 + \mu_2) - \tfrac{1}{3}(\mu_3 + \mu_4 + \mu_5)}$$

$$V_2\colon \quad \boxed{\mu_1 - \tfrac{1}{4}(\mu_2 + \mu_3 + \mu_4 + \mu_5)}$$

heißen **lineare Kontraste**. Sie sind lineare Funktionen der k Erwartungswerte μ_i (7.22), die durch k bekannte Konstanten c_i die die Bedingung (7.23)

$$\boxed{\sum_{i=1}^{k} c_i \mu_i} \quad \boxed{\sum_{i=1}^{k} c_i = 0} \qquad (7.22, 7.23)$$

erfüllen, festgelegt sind. Diese Konstanten sind für

$$V_1\colon c_1 = c_2 = \tfrac{1}{2};\, c_3 = c_4 = c_5 = -\tfrac{1}{3};\, \tfrac{1}{2} + \tfrac{1}{2} - \tfrac{1}{3} - \tfrac{1}{3} - \tfrac{1}{3} = 0$$

$$V_2\colon c_1 = 1;\, c_2 = c_3 = c_4 = c_5 = -\tfrac{1}{4};\, 1 - \tfrac{1}{4} - \tfrac{1}{4} - \tfrac{1}{4} - \tfrac{1}{4} = 0$$

Wenn

$$\boxed{\hat{S} = \frac{|\bar{x}_A - \bar{x}_B|}{s_{\bar{x}_A - \bar{x}_B}} > \sqrt{(k-1)F_{(k-1;n-k;\alpha)}} = S_\alpha} \qquad (7.24)$$

mit

[732]

$$s_{\bar{x}_A - \bar{x}_B} = \sqrt{s_{in}^2 \sum_{i=1}^{k} \frac{c_i^2}{n_i}} \qquad s_{in}^2 = MQ_{\text{innerhalb}} \tag{7.24a}$$

unterscheiden sich die den Kontrasten zugrundeliegenden Parameter (*Scheffé 1953*). Sind nur 2 von k Werten μ_i zu vergleichen, etwa μ_3 und μ_5, dann setzt man, wenn z. B. $k = 6$ ist, $c_1 = c_2 = c_4 = c_6 = 0$ und lehnt H_0: $\mu_3 = \mu_5$ ab, sobald

$$\hat{S} = \frac{|\bar{x}_3 - \bar{x}_5|}{\sqrt{s_{in}^2 \left(\frac{1}{n_3} + \frac{1}{n_5}\right)}} > \sqrt{(k-1)F_{(k-1;n-k;\alpha)}} = S_\alpha \tag{7.25}$$

Für den Fall markant ungleich großer Gruppen bildet man *gewichtete* lineare Kontraste, also z. B. für V_1

$$\frac{n_1\mu_1 + n_2\mu_2}{n_1 + n_2} - \frac{n_3\mu_3 + n_4\mu_4 + n_5\mu_5}{n_3 + n_4 + n_5}$$

geschätzt nach

$$\frac{n_1\bar{x}_1 + n_2\bar{x}_2}{n_1 + n_2} - \frac{n_3\bar{x}_3 + n_4\bar{x}_4 + n_5\bar{x}_5}{n_3 + n_4 + n_5} .$$

Für Kontraste mit mehreren bis vielen Erwartungswerten ist dieser Ansatz hervorragend geeignet [S.K. Tse, Communications in Statistics – Theory and Methods **18** (1989), 613–632].

Beispiele

Tabelle 246

Nr. (i)	$\bar{x}_i$	s_i^2	n_i I	n_i II
1	10	10	10	15
2	9	8	10	5
3	14	12	10	15
4	13	11	10	10
5	14	7	10	5

$$\sum n_I = \sum n_{II} = 50$$

Mittelwerte nach (1.64) berechnet: $\bar{x}_I = 12{,}0$; $\bar{x}_{II} = 12{,}1$

Nach (7.15) ergibt sich für den Fall gleicher (I) und ungleicher (II) Stichprobenumfänge:

$$\hat{F}_I = \frac{10[(10-12)^2 + (9-12)^2 + (14-12)^2 + (13-12)^2 + (14-12)^2]/(5-1)}{9 \cdot 48/(50-5)}$$

$$\hat{F}_I = \frac{55}{9{,}6} = 5{,}73$$

[732]

$$\hat{F}_{II} = \frac{[15(10-12{,}1)^2+5(9-12{,}1)^2+15(14-12{,}1)^2+10(13-12{,}1)^2+5(14-12{,}1)^2]/(5-1)}{(10\cdot 14+8\cdot 4+12\cdot 14+11\cdot 9+7\cdot 4)/(50-5)}$$

$$\hat{F}_{II} = \frac{48{,}75}{10{,}38} = 4{,}69$$

Da 5,73 und 4,69 $> 3{,}77 = F_{(4;45;0{,}01)}$, prüfen wir $\mu_1 = \mu_2 < \mu_3 = \mu_4 = \mu_5$ nach (7.24, 7.24a) und bilden

für *I*

$$|\bar{x}_A - \bar{x}_B| = \tfrac{1}{2}(\bar{x}_1 + \bar{x}_2) - \tfrac{1}{3}(\bar{x}_3 + \bar{x}_4 + \bar{x}_5) = \tfrac{1}{2}(10+9) - \tfrac{1}{3}(14+13+14) = 4{,}17$$

$$\sqrt{s_{in}^2 \sum_{i=1}^{5} c_i^2 \left(\frac{1}{n_i}\right)} = \sqrt{9{,}6\left[\frac{1}{2^2}\left(\frac{1}{10}+\frac{1}{10}\right)+\frac{1}{3^2}\left(\frac{1}{10}+\frac{1}{10}+\frac{1}{10}\right)\right]} = \sqrt{0{,}8} = 0{,}894$$

für *II*

$$|\bar{x}_A - x_B| = \frac{n_1\bar{x}_1 + n_2\bar{x}_2}{n_1+n_2} - \frac{n_3\bar{x}_3 + n_4\bar{x}_4 + n_5\bar{x}_5}{n_3+n_4+n_5}$$

$$|\bar{x}_A - \bar{x}_B| = \frac{15\cdot 10 + 5\cdot 9}{15+5} - \frac{15\cdot 14 + 10\cdot 13 + 5\cdot 14}{15+10+5} = 3{,}92$$

und

$$\sqrt{s_{in}^2 \sum_{i=1}^{5} c_i^2 \left(\frac{1}{n_i}\right)}$$

$$= \sqrt{10{,}38\left[\left\{\left(\frac{3}{4}\right)^2\cdot\frac{1}{15}+\left(\frac{1}{4}\right)^2\cdot\frac{1}{5}\right\}+\left\{\left(\frac{3}{6}\right)^2\cdot\frac{1}{15}+\left(\frac{2}{6}\right)^2\cdot\frac{1}{10}+\left(\frac{1}{6}\right)^2\cdot\frac{1}{5}\right\}\right]} = 0{,}930$$

vgl. $\frac{3}{4} = n_1/(n_1+n_2) = 15/(15+5)$

und erhalten

für *I*	für *II*
$\frac{4{,}17}{0{,}894} = 4{,}66$	$\frac{3{,}92}{0{,}930} = 4{,}21$

mit $F_{(4;45;0{,}01)} = 3{,}77$ und $\sqrt{(5-1)3{,}77} = 3{,}88$ in beiden Fällen (***I***: $\hat{S}_I = 4{,}66 > 3{,}88 = S_{0{,}01}$; ***II***: $\hat{S}_{II} = 4{,}21 > 3{,}88 = S_{0{,}01}$) statistisch signifikante Unterschiede ($P = 0{,}01$).

Hinweis zur Maximalzahl linearer Kontraste

[732] Bei drei Mittelwerten gibt es bereits

$$\begin{array}{ll} \bar{x}_1 - (\bar{x}_2 + \bar{x}_3)/2 & (\bar{x}_1 + \bar{x}_2)/2 - \bar{x}_3 \\ \bar{x}_2 - (\bar{x}_1 + \bar{x}_3)/2 & (\bar{x}_1 + \bar{x}_3)/2 - \bar{x}_2 \\ \bar{x}_3 - (\bar{x}_1 + \bar{x}_2)/2 & (\bar{x}_2 + \bar{x}_3)/2 - \bar{x}_1 \end{array}$$

6 Kontraste, bei 15 Mittelwerten sind es bereits über 7 Millionen:

Tabelle 247. Zahl maximaler Kontraste für 3 bis 15 Mittelwerte

Mittelwerte	Maximalzahl der Kontraste
3	6
4	25
5	90
6	301
7	966
8	3 025
9	9 330
10	28 501
11	86 526
12	261 625
13	788 970
14	2 375 101
15	7 141 686

Hinweis zum Vergleich vieler empirischer Mittelwerte

Formel (7.49) in [742] ist für bestimmte Aufgaben praktischer als (7.24; 7.24a) ($\nu_{s^2_{in}} = n-k$). Nach *Williams (1970)* läßt sich der Arbeitsaufwand bei der einfachen Varianzanalyse mit nicht zu kleinem k dadurch verringern, daß man (a) für das kleinste n ($n_{\min}$) die größte nicht signifikante Differenz $D_{I;\text{unten}}$ berechnet und (b) für das größte n ($n_{\max}$) die kleinste signifikante Differenz $D_{I,\text{oben}}$; D_I (7.49) braucht dann nur noch für diejenigen Differenzen bestimmt zu werden, die zwischen $D_{I,\text{unten}}$ und $D_{I,\text{oben}}$ liegen. Man berechnet

$D_{I,\text{unten}} = \sqrt{W/n_{\min}}$ und $D_{I,\text{oben}} = \sqrt{W/n_{\max}}$ mit $W = 2s^2_{in}(k-1)F_{(k-1;n-k;\alpha)}$

> Sind zugleich (simultan) **Vertrauensbereiche für mehrere Erwartungswerte μ_i** oder für **Differenzen $\mu_i - \mu_0$** zwischen k Erwartungswerten (i = 1, 2, ..., k) und dem Erwartungswert μ_0 einer **Kontrolle** oder eines **Standards** anzugeben, so erfolgt dies am besten nach dem in M2: 109–113 und 184–211 angegebenen Verfahren.

Hinweis: Bildung homogener Gruppen von Mittelwerten anhand des nach Hayter modifizierten LSD-Tests, eines Lücken-Tests für geordnete μ_i

Wenn der F-Test H_0 ($\mu_i = \mu$) abzulehnen gestattet, ordnet man die k Mittelwerte aus Stichprobengruppen gleichen Umfangs (n_i = konst., $n = \sum_i n_i$) der Größe nach absteigend ($\bar{x}_{(1)} \geqq \bar{x}_{(2)} \geqq \bar{x}_{(3)} \geqq \ldots$) und prüft, ob benachbarte Mittelwerte eine größere Differenz Δ (Delta) aufweisen als die kleinste signifikante Differenz (least significant difference, LSD, besser LSD_H nach Hayter 1986):

$$LSD_H = q_{\nu;k;\alpha}\sqrt{s_{in}^2/n_i} \qquad (7.26)$$ [732]

n_i = konstant; s_{in}^2 basiert auf ν Freiheitsgraden; $q_{\nu;k;\alpha}$ ist der Tabelle 268 (S. 653/654) mit $\nu = \nu_2$ zu entnehmen

Für ungleiche Stichprobenumfänge ($n_i \neq$ konst.) ergibt sich

$$LSD_{H(a,b)} = \frac{q_{\nu;k;\alpha}}{\sqrt{2}}\sqrt{s_{in}^2\left[\frac{1}{n_a}+\frac{1}{n_b}\right]} \qquad (7.27)$$

Für $\Delta \leqq LSD_H$ bzw. $\Delta_{(a,b)} \leqq LSD_{H(a,b)}$ läßt sich H_0 (Gleichheit benachbarter Erwartungswerte) nicht ablehnen; man unterstreicht die Mittelwerte durch eine gemeinsame Linie.

Tabelle 248

$\bar{x}_i$	Δ
$\bar{x}_{(1)} = 26{,}8$	
	0,5
$\bar{x}_{(2)} = 26{,}3$	
	1,1
$\bar{x}_{(3)} = 25{,}2$	
	5,4
$\bar{x}_{(4)} = 19{,}8$	
	5,5
$\bar{x}_{(5)} = 14{,}3$	
	2,5
$\bar{x}_{(6)} = 11{,}8$	

Beispiel

$n_i = 8$; $k = 6$; $s_{in}^2 = 10{,}38$; $\nu = 48 - 6 = 42$

$q_{42;6;0,05} = 4{,}22$

$LSD_H = 4{,}22\sqrt{10{,}38/8} = 4{,}81$ bzw.

$$LSD_{H(a,b)} = 4{,}22\sqrt{10{,}38 \cdot 0{,}5\left[\frac{1}{8}+\frac{1}{8}\right]} = 4{,}81$$

Auf dem 5%-Niveau lassen sich drei Bereiche erkennen: $\underline{\bar{x}_{(1)}\bar{x}_{(2)}\bar{x}_{(3)}}\ \underline{\bar{x}_{(4)}}\ \underline{\bar{x}_{(5)}\bar{x}_{(6)}}$ [Anwendung von (7.27): $n_4 = 6$; $n_5 = 10$; sonst unverändert;

$$LSD_{H(4,5)} = \frac{4{,}22}{\sqrt{2}}\sqrt{10{,}38\left[\frac{1}{6}+\frac{1}{10}\right]} = 4{,}96\ ;$$

dieser Wert ist zwar größer als 4,81, am Resultat ändert sich nichts. Geordnete Mittelwerte gleicher Umfänge lassen sich auch elegant nach M 2: 117–119, 224–232 vergleichen und gruppieren].

Im Falle gleicher Stichprobenumfänge (n_i) kann man nach *Tukey (1949)* Gruppen von jeweils 3 oder mehr Mittelwerten noch weiter untersuchen. Hierzu bilde man für jede Gruppe das Gruppenmittel $\bar{x}$, die größte Abweichung $d = |\bar{x}_i - \bar{x}|$ innerhalb der Gruppe und prüfe, ob $d\sqrt{n_i/s_{in}^2}$ den Wert von Table 26 (s. u.) übersteigt. Ist dies der Fall, wird $\bar{x}_i$ isoliert, ein neues Gruppenmittel gebildet und weiter versucht, Mittelwerte abzuspalten, solange bis jede Gruppe nicht mehr als 3 Mittelwerte umfaßt.
Die zitierte Tabelle befindet sich auf S. 185/186 der Biometrika Tables (Pearson und Hartley 1970) (n = Zahl der Mittelwerte in der Gruppe, ν = Zahl der zu s_{in}^2, gehörenden Freiheitsgrade). Ist diese Tabelle schwer zu beschaffen, so berechne man für Gruppen von:

[732]

3 Mittelwerten	**> 3 Mittelwerten**
$\hat{z} = \dfrac{\lvert d/s_{in} - 0{,}5\rvert}{3(0{,}25 + 1/\nu)}$	$\hat{z} = \dfrac{\lvert d/s_{in} - 1{,}2 \cdot \lg n'\rvert}{3(0{,}25 + 1/\nu)}$

ν = Zahl der zu s^2_{in}, gehörenden Freiheitsgrade
n' = Zahl der Mittelwerte in der Gruppe

Für $\hat{z} < 1{,}96 = z_{0{,}05}$ gilt die Gruppe als auf dem 5%-Niveau homogen. Andere Schranken der Standardnormalverteilung sind bei Bedarf der Tabelle 29 in [134] zu entnehmen. Für $\hat{z} \geqq z_a$ ist $\bar{x}_i$ zu isolieren und ein neues Gruppenmittel zu bilden, für das wieder d und $\hat{z}$ berechnet werden.

Hinweise: Gruppenbildungen sowie Trendtests

Andere Gruppenbildungen, bei k Mittelwerten gibt es $2^{k-1} - 1$ Zerlegungen in 2 Gruppen, bei geordneten Mittelwerten nur $k - 1$, beschreibt L. S. Nelson (1979, 1990, Journal of Quality Technology **11**, 218–219 und **22**, 74–77). Weitere Literaturhinweise enthält M2: 121. Trendtests nach Art von [396] stellen *Bartholomew (1959)*, Nelson (1977) sowie Robertson u. Mitarb. (1988) vor (vgl. auch den Kasten auf S. 127).

733 Transformationen

[733]

Gemessene Werte

Schiefe Verteilungen, Stichproben mit heterogenen Varianzen und Häufigkeitsdaten müssen vor Durchführung einer Varianzanalyse **zur Erzielung normalverteilter Werte mit homogenen Varianzen transformiert werden.** Vergleichen wir beispielsweise die Spannweiten oder Variationsbreiten der 4 Stichproben (Tabelle 249):

Tabelle 249

Stichprobe		Variationsbreite der Stichproben			
Nr.	Extremwerte	Original-daten	Quadrat-wurzeln	Logarithmen (Basis 10)	Kehrwerte (Reziproken)
1	5,00 u. 9,00	4,00	0,764	0,255	0,089
2	0,20 u. 0,30	0,10	0,100	0,176	1,667
3	1,10 u. 1,30	0,20	0,091	0,072	0,140
4	4,00 u. 12,00	8,00	1,464	0,477	0,168

wobei: $9{,}00 - 5{,}00 = 4{,}00$; $\sqrt{9} - \sqrt{5} = 3 - 2{,}236 = 0{,}764$; $\lg 9 - \lg 5 = 0{,}954 - 0{,}699 = 0{,}255$; $\frac{1}{5} - \frac{1}{9} = 0{,}2 - 0{,}111 = 0{,}089$; in entsprechender Weise sind auch die anderen Werte ermittelt worden. Die Spannweiten-Heterogenität der Originaldaten wird durch die *Wurzeltransformation* etwas reduziert, stärker noch durch die *logarithmische Transformation*. Die *Kehrwert-* oder *„Reziproken"-Transformation* ist zu mächtig, sie vergrößert die winzigen Spannweiten zu stark. Die Spannweiten der Logarithmen zeigen keine größere Heterogenität, als man aufgrund eines Zufallsprozesses erwarten sollte. Wenn man weiter annimmt, daß sich die Standardabweichung proportional zur Spannweite verhält, dann erscheint hier die logarithmische Transformation als geeignet. Eine Mittelstellung zwischen der logarithmischen Transformation und der „Reziproken"-Transformation nimmt die auf den *Kehrwerten der Quadratwurzeln* $(1/\sqrt{x})$ basierende Transformation ein. Auf unsere vier Stichproben bezogen, erhalten wir über $1/\sqrt{5} - 1/\sqrt{9} = 0{,}114$ und entsprechend 0,410, 0,076, 0,211 eine noch bessere Homogenität der Spannweiten. Der Unterschied zu den Werten der logarithmischen Transformation ist jedoch gering, so daß im vorliegenden Fall dieser, nicht zuletzt auch wegen ihrer Handlichkeit, der Vorzug zu geben ist. Eingipflig-schiefe Verteilungen werden häufig durch die Transformation $x' = \lg(x \pm a)$ in eine Normalverteilung überführt (vgl. auch *Knese und Thews 1960*); die Konstante a (in [139] F genannt) läßt sich nach *Lehmann (1970)* schnell approximieren. Andere wichtige Transformationstypen sind $x' = (x + a)^c$ mit a = 1/2 oder a = 1 und $x' = a + bx^c$ mit $-3 < c < 6$. **[733]**

Gezählte Werte

Werden *Zählungen* durchgeführt, beispielsweise die Anzahl der Keime pro Volumeneinheit Milch, so sind die möglichen Werte 0, 1, 2, 3 usw. In diesem Fall erhält man häufig eine brauchbare Homogenität, sobald statt 0, 1, 2, 3 ... die transformierten Werte:

$$\sqrt{\frac{3}{8}}, \quad \sqrt{1+\frac{3}{8}}, \quad \sqrt{2+\frac{3}{8}}, \ldots, \quad \text{d. h.}$$

$$0{,}61, \quad 1{,}17, \quad 1{,}54, \quad 1{,}84 \ldots \text{ benutzt werden.}$$

Auch bei der logarithmischen Transformation von Häufigkeiten ist es angebracht, $\lg(x + 3/8)$ gegenüber $\lg x$ zu bevorzugen. Man vermeidet hierdurch den Logarithmus von Null, der ja bekanntlich nicht definiert ist. Für die Quadratwurzel-Transformation nach *Freeman und Tukey (1950)* von Häufigkeiten (Poisson-Verteilung) –

$$0 \leqq x \leqq 50 \text{ liefert nach } g = \sqrt{x} + \sqrt{x+1} \text{ transformiert } 1{,}00 \leqq y \leqq 14{,}21 \quad -$$

geben *Mosteller und Youtz (1961)* eine geeignete Tafel, die auch die Quadrate der transformierten Werte enthält. Die Arbeit enthält außerdem noch eine ausführliche Tafel der Winkeltransformation (vgl. auch Tabelle 93) für binomialverteilte relative Häufigkeiten ($n_i \simeq$ konst und nicht zu klein), auf die verzichtet werden kann, wenn alle Werte zwischen 30% und 70% liegen, da sich dann ($\pi \simeq 0{,}5$) die Binomialverteilung durch eine Normalverteilung annähern läßt.

Die Winkeltransformation dient auch zur Normalisierung rechtsgipfliger Verteilungen, für die allerdings auch die Potenz-Transformation ($x' = x^n$), Tafeln geben *Healy und Taylor (1962)*, verwendet wird: mit n = 1,5 bei mäßiger und n = 2 bei ausgepräger Rechtsgipfligkeit.

Rangzahlen

Zur varianzanalytischen Auswertung von Rangzahlen normalverteilter Variabler, die einer Zufallsstichprobe entstammen, ist die Normalrang-Transformation geeignet, die im Tafelwerk von Fisher und Yates (1982) tabelliert vorliegt (Table XX). Bei bekanntem Stichprobenumfang kann zu jedem Rangplatz sofort der zugehörige Normalrang abgelesen werden.

Bemerkungen

1. Die Transformation $1/x$ dient zur „Normalisierung“ von Verweildauern, die sehr große Zeiträume (∞) umfassen können; durch die **Kehrwert-Transformation** werden diese auf Null reduziert.
2. Eine Zufallsvariable x, die nur **Werte zwischen 0 und 1** annehmen kann, ist für $\ln(-\ln x)$ normalverteilt [$N(\mu, \sigma)$].
3. Die sogenannte **Logit-Transformation** für x/n weitet den Bereich $0 \leqq x/n \leqq 1$ anhand von logit $(x/n) = \ln\{(x/n)/[1-(x/n)]\}$ zum Bereich $-\infty \leqq \text{logit}(x/n) \leqq \infty$, wobei die Varianz angenähert konstant bleibt.

4. **Hat man mit riesigen Zahlen zu rechnen**, so erwäge man die Transformation $x' = \ln\ln x$ [z. B. $\ln\ln 10^9 = \ln(9 \cdot \ln 10) = 3{,}0313$].

[733]

Tabelle 250

x	$\ln\ln x$
10^2	1,527
10^4	2,220
10^9	3,031
10^{25}	4,053
10^{65}	5,008
10^{1300}	8,004
10^{9566}	10,000
10^{522300}	14,000
$10^{9566 \cdot 10^6}$	23,816

5. **Bei der Auswahl der geeigneten Transformation helfen graphische Methoden.** Trägt man beispielsweise auf (vgl. auch Übersicht 90):

   (a) die Varianz s^2 gegen das arithmetische Mittel $\bar{x}$,
   (b) die Standardabweichung s (oder die Spannweite R) gegen das arithmetische Mittel $\bar{x}$,
   (c) die Standardabweichung s gegen das Quadrat des arithmetischen Mittels $\bar{x}^2$,

   und läßt sich durch die Punktwolke bequem eine Gerade legen, dann ist im Falle:

   (a) [s^2 gegen $\bar{x}$] eine Quadratwurzel-Transformation,
   (b) [s gegen $\bar{x}$] eine logarithmische Transformation (!),
   (c) [s gegen $\bar{x}^2$] eine Kehrtwert-Transformation

   angezeigt. Liegen Körperlängen, -flächen, -volumina oder -gewichte biologischer Objekte vor, dann wird man fast stets die logarithmische Transformation bevorzugen, da Geneffekte weitgehend multiplikativ (logarithmisch additiv) sind. Beim Lebensalter und bei Entwicklungsdauern ist häufig die Kehrwert-Transformation angebracht.

Übersicht 90. Transformation von Prozentwerten, Häufigkeiten und Meßwerten zur Erzielung von Normalität und Gleichheit der Varianzen. Entscheidend ist, welche Parameter einander proportional sind.

Daten		Geeignete Transformation
Prozentwerte 0% – 100%	$\sigma^2 = k\mu(1-\mu)$	*Winkeltransformation:* $x' = \arcsin\sqrt{x/n}$ bzw. $\arcsin\sqrt{\frac{x+3/8}{n+3/4}}$ Für Prozentwerte zwischen 30% und 70% kann auf die Transformation verzichtet werden
Häufigkeiten und Meßwerte	$\sigma^2 = k\mu$	*Quadratwurzel-Transformation:* $x' = \sqrt{x}$ bzw. $\sqrt{x+3/8}$ 1. Insbesondere für absolute Häufigkeiten relativ seltener Ereignisse 2. Bei kleinen absoluten Häufigkeiten einschließlich der Null: $x' = \sqrt{x+0{,}4}$
Meßwerte (Häufigkeiten)	$\sigma = k\mu$	*Logarithmische Transformation:* $x' = \lg x$ 1. Auch: $x' = \lg(x \pm a)$, vgl. [139] 2. Bei gemessenen Werten zwischen 0 und 1: $x' = \lg(x+1)$
	$\sigma = k\mu^2$	*Reziproken-Transformation:* $x' = 1/x$ Insbesondere für viele zeitabhängige Variablen

Auf die transformierten Werte werden dann die Schätz- und Prüfverfahren angewandt. Die vor der Rücktransformation gemachten Signifikanzaussagen gelten dann auch für die ursprünglichen Variablen. Die durch Rücktransformation erhaltenen Mittelwerte und [733]
Varianzen sind jedoch nicht immer unverfälscht (unbiased). Näheres ist *Neyman und Scott (1960)* zu entnehmen. Tröstlich ist, daß sich Varianzanalysen, mit und ohne Transformation gerechnet, in den Resultaten meist weniger unterscheiden als erwartet wird.

Ergänzende Bemerkungen enthalten S. 658 (Hinweis 2), D'Agostino und Stephens (1986: Chapter 6), Hoyle (1973) und Madansky (1988: Chapter 5) sowie Hoaglin u. Mitarb. (1983: Chapters 4 + 8, 1991: Chapter 13). Hierzu gehören auch Details zur **Residualanalyse** (die durch die EDA ergänzt werden); eine Einführung gibt W.M. Wooding (1969, Journal of Quality Technology **1**, 175–188).

74 Zweifache und dreifache Varianzanalyse

[74]

741 Varianzanalyse für die dreifache Klassifizierung mit $2ab$ Beobachtungen

- Bemerkungen zu den Eisenhart-Modellen [741]

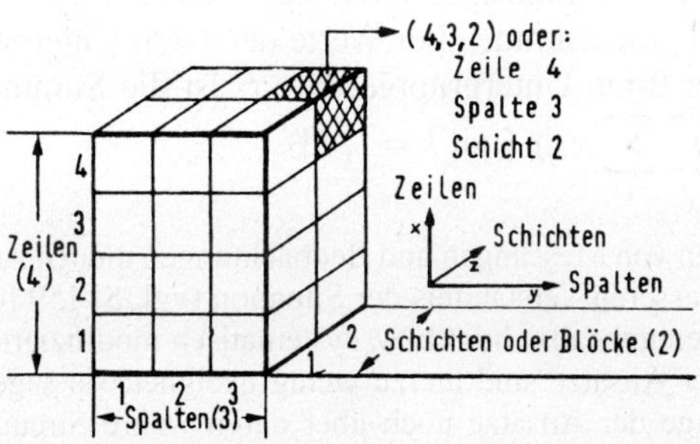

Abb. 69. Geometrisches Bild der Dreiwegklassifizierung: Die Zahlen werden für eine Dreiweg-Varianzanalyse in Zeilen, Spalten und Schichten angeordnet.

Wenn eine Klassifizierung der Daten nach mehr als einem Gesichtspunkt getroffen werden muß, ist die Benutzung von doppelten oder mehrfachen Indizes sehr dienlich. Hierbei bezeichnet der erste Index stets die Zeile, der zweite die Spalte, der dritte die Schicht (Block, Untergruppe oder Tiefe). So bezeichnet x_{251} den Beobachtungswert einer dreidimensionalen Häufigkeitsverteilung in der zweiten Zeile, fünften Spalte und ersten Schicht. Allgemein formuliert bezeichnet x_{ijk} eine Beobachtung, die in der i-ten Zeile, j-ten Spalte

und k-ten Schicht liegt (vgl. Abb. 69). Das Schema der dreifachen Klassifikation mit $i = 1$
bis $i = a$ Gruppen der A-Klassifikation und $j = 1$ bis $j = b$ Gruppen der B-Klassifikation
[741] sowie 2 Gruppen der C-Klassifikation sieht folgendermaßen aus, wobei ein Punkt jeweils
den laufenden Index angibt (1, 2 bis a bzw. 1, 2, bis b bzw. 1 und 2) (Tabelle 251).

Tabelle 251

A \ B	B_1	B_2	.	B_j	.	B_b	Σ
A_1	x_{111}	x_{121}	.	x_{1j1}	.	x_{1b1}	$S_{1..}$
	x_{112}	x_{122}	.	x_{1j2}	.	x_{1b2}	
A_2	x_{211}	x_{221}	.	x_{2j1}	.	x_{2b1}	$S_{2..}$
	x_{212}	x_{222}	.	x_{2j2}	.	x_{2b2}	
.	.	.	.	.	.	.	.
A_i	x_{i11}	x_{i21}	.	x_{ij1}	.	x_{ib1}	$S_{i..}$
	x_{i12}	x_{i22}	.	x_{ij2}	.	x_{ib2}	
.	.	.	.	.	.	.	.
A_a	x_{a11}	x_{a21}	.	x_{aj1}	.	x_{ab1}	$S_{a..}$
	x_{a12}	x_{a22}	.	x_{aj2}	.	x_{ab2}	
Σ	$S_{.1.}$	$S_{.2.}$	.	$S_{.j.}$	.	$S_{.b.}$	S

Hierbei bezeichnet $S_{i..}$ die Summe aller Werte der i-ten Zeile, $S_{.j.}$ die Summe aller Werte der j-ten Spalte und $S_{..1}$ die Summe aller Werte der 1-ten Untergruppierung und $S_{..2}$ die Summe aller Werte der 2-ten Untergruppierung; S ist die Summe aller Beobachtungen (d. h. $S = S_{...} = \sum_i \sum_j \sum_k x_{ijk}$ [mit k = 1, 2]).

Hinweis: Wiederholungen von Messungen und Beobachtungen dienen zur Kontrolle, Präzisierung und auch generell zum besseren Verständnis der Situation (vgl. S. 159 [und 160–163], indem die Beobachtungsbedingungen unbeabsichtigt bzw. systematisch modifiziert werden). Doppelbestimmungen unterschiedlicher Ansätze sind hierzu wenig geeignet: sie sagen weder etwas Genaues aus über die mittlere Lage der Ansätze noch über deren wahre Streuung. In sauber geplanten umfangreichen Versuchen haben sie ihre Berechtigung (vgl. Tab. 251 und 253). Besser sind ≥ 3 Beobachtungen pro Ansatz (vgl. z. B. *Weber 1972*, S. 291–300: Zweiwegklassifikation mit einem Beispiel zu Dreifachbesetzungen).

Varianzanalyse für die dreifache Klassifizierung mit $2ab$ Beobachtungen

Beobachtet seien Werte eines Versuchs mit den drei Faktoren ABC zu a, b, c ($c = 2$) Stufen $A_1, \ldots, A_a$, $B_1, \ldots, B_b$, C_1, C_2 (vgl. Tab. 251 und 253). Diese Stufen sind systematisch ausgewählt und von besonderer Bedeutung (Modell I: Mit festen Effekten, siehe den Text zwischen Tab. 264 und Tab. 265 auf den S. 647/648). Für jede mögliche Kombination (A_i, B_j, C_k) liege eine Beobachtung x_{ijk} vor. Die Modellgleichung laute:

$$x_{ijk} = \mu + \alpha_i + \beta_j + \gamma_k + (\alpha\beta)_{ij} + (\alpha\gamma)_{ik} + (\beta\gamma)_{ik} + \varepsilon_{ijk} \tag{7.28}$$

[741]

- x_{ijk}: Beobachteter Wert
- μ: Erwartungswert
- α_i: Zeileneffekt
- β_j: Spalteneffekt
- γ_k: Schichteneffekt
- $(\alpha\beta)_{ij} + (\alpha\gamma)_{ik} + (\beta\gamma)_{ik}$: Wechselwirkungen
- ε_{ijk}: Versuchsfehler [zugleich die Wechselwirkung zweiter Ordnung]

[vgl. auch (7.51) auf S. 656]

> (7.28) ist ein Spezialfall des sogenannten allgemeinen linearen Modells. Gegen Ende des 5. Kapitels sind einige weiterführende Literaturhinweise zu den linearen Modellen angegeben.

α_i sind die Abweichungen der Zeilenmittel vom Erwartungswert μ, der Effekt der i-ten Stufe des Faktors A ($i = 1, 2, \ldots, a$); β_j sind die Abweichungen der Spaltenmittel von μ, der Effekt der j-ten Stufe des Faktors B ($j = 1, 2, \ldots, b$); γ_k sind die Abweichungen der „Doppelwerte" von μ, der Effekt der k-ten Stufe des Faktors C (k = 1, 2) (etwa: k = 1 ist der beobachtete Wert beim 1. Versuch zum Zeitpunkt t_1; k = 2 ist der beobachtete Wert beim 2. Versuch zum Zeitpunkt t_2) (vgl. weiter unten). Ein **Wechselwirkungseffekt** liegt vor, wenn die Summe der isolierten Effekte nicht gleich dem kombinierten Effekt ist, d. h. die *Wirkungen sind nicht unabhängig* und damit nicht additiv; gegenüber der Summe der Einzelwirkungen besteht entweder ein abgeschwächter oder ein verstärkter Gesamteffekt. $(\alpha\beta)_{ij}$ ist der Wechselwirkungseffekt zwischen der i-ten Stufe des Faktors A und der j-ten Stufe des Faktors B ($i = 1, 2, \ldots, a$; j= $1, 2, \ldots, b$); $(\alpha\gamma)_{ik}$ ist der Wechselwirkungseffekt zwischen der i-ten Stufe des Faktors A und der k-ten Stufe des Faktors C ($i = 1, 2, \ldots, a$; k = 1, 2); $(\beta\gamma)_{ik}$ ist der Wechselwirkungseffekt zwischen der j-ten Stufe des Faktors B und der k-ten Stufe des Faktors C ($j = 1, 2, \ldots, b$; k = 1, 2). Der Versuchsfehler ε_{ijk} sei unabhängig und normalverteilt mit dem Mittelwert Null und der Varianz σ^2 für alle i, j und k. [vgl. S.404]

Weitere Voraussetzungen: Die Beobachtungen entstammen Zufallsstichproben aus zumindest angenähert normalverteilten Grundgesamtheiten mit zumindest angenähert gleichen Varianzen; für die Stichprobenvariablen wird eine Zerlegbarkeit der Form (7.28) vorausgesetzt.

In diesem Modell sind $\alpha_i, \beta_j, \gamma_k, (\alpha\beta)_{ij}, (\alpha\gamma)_{ik}, (\beta\gamma)_{jk}$ unbekannte Konstanten, die als *systematische Anteile der Zufallskomponenten* ε_{ijk} gegenübergestellt werden. Anhand des Versuchsfehlers ε_{ijk} prüft man Hypothesen über die systematischen Komponenten. !

Entsprechend den zu prüfenden Hypothesen gelten die folgenden einschränkenden Bedingungen:

$$\begin{array}{ll}
\sum_i \alpha_i = 0, \quad \sum_j \beta_j = 0, & \sum_k \gamma_k = 0 \\
\sum_i (\alpha\beta)_{ij} = 0 \text{ für alle } j & \sum_i (\alpha\gamma)_{ik} = 0 \text{ für alle } k \\
\sum_j (\alpha\beta)_{ij} = 0 \text{ für alle } i & \sum_k (\alpha\gamma)_{ik} = 0 \text{ für alle } i \\
\sum_j (\beta\gamma)_{jk} = 0 \text{ für alle } k & \sum_k (\beta\gamma)_{jk} = 0 \text{ für alle } j
\end{array} \tag{7.29–7.37}$$

Dann ergeben sich die Schätzwerte für die Parameter

[741]

$$\hat{\mu} = (\sum_i \sum_j \sum_k x_{ijk})/2ab = S/2ab \tag{7.38}$$

$$\hat{\alpha}_i = \hat{\mu}_{i..} - \hat{\mu} \quad (\alpha\beta)_{ij} = \hat{\mu}_{ij.} - \hat{\mu}_{i..} - \hat{\mu}_{.j.} + \hat{\mu} \qquad (7.39)\ (7.42)$$

$$\hat{\beta}_j = \hat{\mu}_{.j.} - \hat{\mu} \quad (\alpha\gamma)_{ik} = \hat{\mu}_{i.k} - \hat{\mu}_{i..} - \hat{\mu}_{..k} + \hat{\mu} \qquad (7.40)\ (7.43)$$

$$\hat{\gamma}_k = \hat{\mu}_{..k} - \hat{\mu} \quad (\beta\gamma)_{jk} = \hat{\mu}_{.jk} - \hat{\mu}_{.j.} - \hat{\mu}_{..k} + \hat{\mu} \qquad (7.41)\ (7.44)$$

Weitere Nullhypothesen

$H_A : \alpha_i = 0$	für alle i	$H_{AB} : (\alpha\beta)_{ij} = 0$	für alle i, j
$H_B : \beta_j = 0$	für alle j	$H_{AC} : (\alpha\gamma)_{ik} = 0$	für alle i, k
$H_C : \gamma_k = 0$	für beide k	$H_{BC} : (\beta\gamma)_{jk} = 0$	für alle j, k

In Worten:

H_A : Für den Faktor A gibt es keine Zeileneffekte oder $\alpha_i = 0$ für alle i Stufen; nach der Alternativhypothese sind nicht alle α_i gleich Null, d. h. mindestens ein $\alpha_i \neq 0$.

H_B : Entsprechendes gilt für die Spalteneffekte.

H_C : Entsprechendes gilt für die Schichteneffekte ($\gamma_k = 0$) für beide Schichten; Alternativhypothese: nicht beide γ_k sind gleich Null.

H_{AB}, H_{AC}, H_{BC} Für die Wechselwirkungen: Es gibt keine Wechselwirkungen. Alternativhypothesen: Mindestens eine $(\alpha\beta)_{ij} \neq 0$ bzw. mindestens eine $(\alpha\gamma)_{ik} \neq 0$ bzw. mindestens eine $(\beta\gamma)_{jk} \neq 0$.

Zur Ablehnung dieser Hypothesen benötigen wir die entsprechenden Varianzen. Wir erinnern uns, daß wir die Varianz, hier wird sie *Mittleres Quadrat* (MQ) genannt, die *durchschnittliche Variation pro Freiheitsgrad*,

$$\text{Mittleres Quadrat} = \frac{\text{Variation}}{\text{Freiheitsgrade}} = \frac{\text{Summe der Abweichungsquadrate}}{\text{Freiheitsgrade}} = \frac{Q}{FG} = MQ \tag{7.45}$$

als Quotient der Summe der Abweichungsquadrate Q und dem Freiheitsgrad $\nu = n - 1$ geschätzt haben:

$$s^2 = \frac{\sum(x - \bar{x})^2}{n - 1} = \frac{Q}{n - 1}$$

wobei $Q = \sum x^2 - (\sum x)^2/n$ durch Subtraktion eines Restgliedes von einer Quadratsumme erhalten wird. Für die dreifache Klassifizierung mit $2ab$ Beobachtungen lautet dieser Korrekturwert $\frac{1}{2ab}S^2$. Die Summen der Abweichungsquadrate und die zugehörigen FG sind Tabelle 252 zu entnehmen. Die MQ der 6 Effekte werden dann mit dem F-Test gegen das MQ des Versuchsfehlers geprüft.

Diese Hypothesen H_x mit den zugehörigen Mittleren Quadraten MQX – berechnet als Quotienten aus den zugehörigen Summen der Abweichungsquadrate QX und der Freiheitsgrade FG_x, (vgl. Tabelle 252) – und dem Mittleren Quadrat des Versuchsfehlers $MQV = QV/FG_V = \hat{\sigma}^2$ lassen sich ablehnen, sobald

[741]

$$\hat{F} = \frac{MQX}{\hat{\sigma}^2} = \frac{QX/FG_x}{QV/[(a-1)(b-1)]} > F_{\nu_1;\nu_2;\alpha} \quad \text{mit} \begin{array}{l}\nu_1 = FG_x \\ \nu_2 = (a-1)(b-1)\end{array} \tag{7.46}$$

Darüber hinaus lassen sich noch die Schätzwerte

$$\hat{\mu} = \frac{S}{2ab} \tag{7.38}$$

$$\hat{\alpha}_i = \frac{S_{i..}}{2b} - \hat{\mu} \tag{7.39}$$

$$\hat{\beta}_j = \frac{S_{.j.}}{2a} - \hat{\mu} \tag{7.40}$$

$$\hat{\gamma}_k = \frac{S_{..k}}{ab} - \hat{\mu} \tag{7.41}$$

$$(\alpha\beta)_{ij} = \frac{S_{ij.}}{2} - \frac{S_{i..}}{2b} - \frac{S_{.j.}}{2a} + \hat{\mu} \tag{7.42}$$

$$(\alpha\gamma)_{ik} = \frac{S_{i.k}}{b} - \frac{S_{i..}}{2b} - \frac{S_{..k}}{ab} + \hat{\mu} \tag{7.43}$$

$$(\beta\gamma)_{jk} = \frac{S_{.jk}}{a} - \frac{S_{.j.}}{2a} - \frac{S_{..k}}{ab} + \hat{\mu} \tag{7.44}$$

der mittlere Zeileneffekt

$$\hat{\sigma}^2_{\text{Zei.}} = \frac{\sum \alpha_i^2}{a} \tag{7.39a}$$

der mittlere Spalteneffekt

$$\hat{\sigma}^2_{\text{Spa.}} = \frac{\sum \beta_j^2}{b} \tag{7.40a}$$

[741]

Tabelle 252. Varianzanalyse für die dreifache Klassifizierung mit $2ab$ Beobachtungen

Ursache der Variation	Summe der Abweichungsquadrate Q	Freiheitsgrade FG	Mittleres Quadrat MQ	$\hat{F}$
Zwischen den Stufen des Faktors A	$QA=\frac{1}{2b}\sum_{i=1}^{a}S_{i..}^2-\frac{1}{2ab}S^2$	$FG_A=a-1$	$MQA=\frac{QA}{FG_A}$	$\hat{F}_A=\frac{MQA}{MQV}$
Zwischen den Stufen des Faktors B	$QB=\frac{1}{2a}\sum_{j=1}^{b}S_{.j.}^2-\frac{1}{2ab}S^2$	$FG_B=b-1$	$MQB=\frac{QB}{FG_B}$	$\hat{F}_B=\frac{MQB}{MQV}$
Zwischen den Stufen des Faktors C	$QC=\frac{1}{ab}\sum_{k=1}^{2}S_{..k}^2-\frac{1}{2ab}S^2$	$FG_C=2-1=1$	$MQC=\frac{QC}{FG_C}$	$\hat{F}_C=\frac{MQC}{MQV}$
Wechselwirkung AB	$Q(AB)=\frac{1}{2}\sum_{i=1}^{a}\sum_{j=1}^{b}S_{ij.}^2-\frac{1}{2b}\sum_{i=1}^{a}S_{i..}^2-\frac{1}{2a}\sum_{j=1}^{b}S_{.j.}^2+\frac{1}{2ab}S^2$	$FG_{AB}=$ $(a-1)(b-1)$	$MQ(AB)=\frac{Q(AB)}{FG_{AB}}$	$\hat{F}_{AB}=\frac{MQ(AB)}{MQV}$
Wechselwirkung AC	$Q(AC)=\frac{1}{b}\sum_{i=1}^{a}\sum_{k=1}^{2}S_{i.k}^2-\frac{1}{2b}\sum_{i=1}^{a}S_{i..}^2-\frac{1}{ab}\sum_{k=1}^{2}S_{..k}^2+\frac{1}{2ab}S^2$	$FG_{AC}=$ $(a-1)(2-1)$	$MQ(AC)=\frac{Q(AC)}{FG_{AC}}$	$\hat{F}_{AC}=\frac{MQ(AC)}{MQV}$
Wechselwirkung BC	$Q(BC)=\frac{1}{a}\sum_{j=1}^{b}\sum_{k=1}^{2}S_{.jk}^2-\frac{1}{2a}\sum_{j=1}^{b}S_{.j.}^2-\frac{1}{ab}\sum_{k=1}^{2}S_{..k}^2+\frac{1}{2ab}S^2$	$FG_{BC}=$ $(b-1)(2-1)$	$MQ(BC)=\frac{Q(BC)}{FG_{BC}}$	$\hat{F}_{BC}=\frac{MQ(BC)}{MQV}$
Versuchsfehler V	$QV=\sum_i\sum_j\sum_k x_{ijk}^2-\frac{1}{2}\sum_i\sum_j S_{ij.}^2-\frac{1}{b}\sum_i\sum_k S_{i.k}^2-\frac{1}{a}\sum_j\sum_k S_{.jk}^2$ $+\frac{1}{2b}\sum_i S_{i..}^2+\frac{1}{2a}\sum_j S_{.j.}^2+\frac{1}{ab}\sum_k S_{..k}^2-\frac{1}{2ab}S^2$	$FG_V=$ $(a-1)(b-1)(2-1)$	MQV $=\frac{QV}{FG_V}=\hat{\sigma}^2$	
Gesamtvariation G	$QG=\sum_{i=1}^{a}\sum_{j=1}^{b}\sum_{k=1}^{2}x_{ijk}^2-\frac{1}{2ab}S^2$	$FG_G=2ab-1$		

sowie der mittlere Schichteneffekt

[741]

$$\boxed{\hat{\sigma}^2_{\text{Sch.}} = \frac{\sum \gamma_k^2}{2}} \qquad (7.41a)$$

bestimmen.
Ein einfaches Zahlenbeispiel (Tabelle 253) mag dies illustrieren.

Tabelle 253

A \ B	B_1	B_2	B_3	Σ
A_1	6 5	6 4	7 6	34
A_2	5 4	5 5	5 5	29
A_3	6 6	7 7	4 4	34
A_4	8 7	6 5	5 2	33
Σ	47	45	38	130

Tabelle 254. (ijk)

C	C_1			C_2			
A \ B	B_1	B_2	B_3	B_1	B_2	B_3	Σ
A_1	6	6	7	5	4	6	34
A_2	5	5	5	4	5	5	29
A_3	6	7	4	6	7	4	34
A_4	8	6	5	7	5	2	33
Σ	25	24	21	22	21	17	130

Tabelle 255. (ij)

A \ B	B_1	B_2	B_3	Σ
A_1	11	10	13	34
A_2	9	10	10	29
A_3	12	14	8	34
A_4	15	11	7	33
Σ	47	45	38	130

Tabelle 256. (ik)

A \ C	C_1	C_2	Σ
A_1	19	15	34
A_2	15	14	29
A_3	17	17	34
A_4	19	14	33
Σ	70	60	130

Tabelle 257. (jk)

B \ C	C_1	C_2	Σ
B_1	25	22	47
B_2	24	21	45
B_3	21	17	38
Σ	70	60	130

Beim **Split-Plot-Design** werden pro „Feld" einer Blockvarianzanalyse (wie in Tabelle 253) mindestens zwei Untereinheiten gebildet, so daß eine weitere Einflußgröße auf mindestens zwei Stufen [vgl. z. B. W.M. Wooding (1973, Journal of Quality Technology **5**, 16–33) sowie G.E.P. Box und S. Jones (1992, Journal of Applied Statistics **19**, 3–26)] berücksichtigt werden kann (hier: Tab. 254: C_1 und C_2 bzw. zunächst A und C, dann jeweils 3 B-Untereinheiten). Multiple Vergleiche sind möglich (Hoppe 1993: Chapter 4) [vgl. auch Montgomery (1997: Chapter 12) sowie Dean und Voss (1999: Chapter 19)].

Tabelle 253 (oder Tab. 254) enthalte die gerundeten Ausbeuten einer chemischen Reaktion. A_{1-4} seien Konzentrationsstufen, B_{1-3} Temperaturstufen; C_1 und C_2 seien Zeitpunkte,
[741] an denen die Versuche vorgenommen wurden. Die Tabellen 255 bis 257 sind durch Summierung gebildete Hilfstabellen.

Nach Tabelle 252 ergibt sich zunächst das Restglied $(\sum x)^2/n$ für alle Abweichungsquadratsummen

$$\frac{1}{2ab}S^2 = \frac{130^2}{2 \cdot 4 \cdot 3} = \frac{16\,900}{24} = 704{,}167$$

und dann unter Beachtung von Tabelle 258

Tabelle 258

$(34^2+29^2+34^2+33^2)/6$	$=707{,}000$
$(47^2+45^2+38^2)/8$	$=709{,}750$
$(70^2+60^2)/12$	$=708{,}333$
$(11^2+10^2+\ldots+7^2)/2$	$=735{,}000$
$(19^2+15^2+\ldots+14^2)/3$	$=714{,}000$
$(25^2+22^2+\ldots+17^2)/4$	$=714{,}000$
$6^2+6^2+7^2+\ldots+5^2+2^2$	$=744{,}000$

$$QA = \frac{1}{2 \cdot 3}(34^2 + 29^2 + 34^2 + 33^2) - 704{,}167 = 2{,}833$$

$$QB = \frac{1}{2 \cdot 4}(47^2 + 45^2 + 38^2) - 704{,}167 = 5{,}583$$

$$QC = \frac{1}{4 \cdot 3}(70^2 + 60^2) - 704{,}167 = 4{,}166$$

$$Q(AB) = \frac{1}{2}(11^2 + 10^2 + 13^2 + 9^2 + \ldots + 7^2) \quad \text{[siehe Tab. 255]}$$

$$-\frac{1}{2 \cdot 3}(34^2 + 29^2 + 34^2 + 33^2) - \frac{1}{2 \cdot 4}(47^2 + 45^2 + 38^2)$$

$$+704{,}167 = 22{,}417$$

$$Q(AC) = \frac{1}{3}(19^2 + 15^2 + 15^2 + 14^2 + 17^2 + 17^2 + 19^2 + 14^2) \quad \text{[s. Tab. 256]}$$

$$-\frac{1}{2 \cdot 3}(34^2 + 29^2 + 34^2 + 33^2) - \frac{1}{4 \cdot 3}(70^2 + 60^2) + 704{,}167 = 2{,}834$$

$$Q(BC) = \frac{1}{4}(25^2 + 22^2 + 24^2 + 21^2 + 21^2 + 17^2) \quad \text{[s. Tab. 257]}$$

$$-\frac{1}{2 \cdot 4}(47^2 + 45^2 + 38^2) - \frac{1}{4 \cdot 3}(70^2 + 60^2) + 704{,}167 = 0{,}084$$

$$QV = (6^2+6^2+7^2+5^2+\ldots+7^2+5^2+2^2) \quad \text{[s. Tab. 254]}$$

$$-\frac{1}{2}(11^2+10^2+\ldots+7^2)-\frac{1}{3}(19^2+15^2+\ldots+14^2)$$ **[741]**

$$-\frac{1}{4}(25^2+22^2+\ldots+17^2)+\frac{1}{2\cdot 3}(34^2+29^2+34^2+33^2)$$

$$+\frac{1}{2\cdot 4}(47^2+45^2+38^2)+\frac{1}{4\cdot 3}(70^2+60^2)-704{,}167=1{,}916$$

$$QG = (6^2+6^2+7^2+5^2+\ldots+7^2+5^2+2^2)-704{,}167=39{,}833$$

Diese Befunde werden in Tabelle 259 zusammengefaßt, die auch das Resultat der

Tabelle 259. Varianzanalyse nach Tabelle 258 für Tabelle 254

Ursache der Variation	Summe der Abweichungsquadrate	FG	MQ	$\hat{F}$ $F_{0{,}05}$
Faktor A	$QA=$ 2,833	$4-1=3$	0,944	2,96<4,76
Faktor B	$QB=$ 5,583	$3-1=2$	2,792	8,75>5,14
Faktor C	$QC=$ 4,166	1	4,166	13,06>5,99
Wechselwirkung AB	$Q(AB)=$22,417	6	3,736	11,71>4,28
Wechselwirkung AC	$Q(AC)=$ 2,834	3	0,948	2,97<4,76
Wechselwirkung BC	$Q(BC)=$ 0,084	2	0,042	0,13<5,14
Versuchsfehler V	$QV=$ 1,916	6	$0{,}319=MQV=\hat{\sigma}^2$	
Gesamtvariation G	$QG=$39,833	23		

Hypothesenprüfungen nach Formel (7.46) enthält. Die Nullhypothesen

$$\beta_1=\beta_2=\beta_3=0\,,\quad \gamma_1=\gamma_2=0\,,\quad (\alpha\beta)_{11}=\ldots=(\alpha\beta)_{43}=0$$

lassen sich nach

$$\hat{F}_B=\frac{2{,}792}{0{,}319}=8{,}75>5{,}14=F_{2;6;0{,}05}$$

$$\hat{F}_C=\frac{4{,}166}{0{,}319}=13{,}06>5{,}99=F_{1;6;0{,}05}$$

$$\hat{F}_{AB}=\frac{3{,}736}{0{,}319}=11{,}71>4{,}28=F_{6;6;0{,}05}$$

auf dem 5%-Niveau ablehnen. Die entsprechenden Schätzwerte $\hat{\beta}_j, \hat{\gamma}_k, (\alpha\beta)_{ij}$ sind Tabelle 260 zu entnehmen. Der mittlere Spalteneffekt und der mittlere Schichteneffekt:

$$\sigma^2_{\text{Spa.}}=\frac{QB}{abc}=\frac{5{,}583}{4\cdot 3\cdot 2}=0{,}233 \quad \text{und} \quad \sigma^2_{\text{Sch.}}=\frac{QC}{abc}=\frac{4{,}166}{4\cdot 3\cdot 2}=0{,}174\,.$$

Varianzanalyse für die zweifache Klassifizierung mit $2ab$ Beobachtungen

[741] Ohne Berücksichtigung des Faktors C hätten wir das Modell

$$\boxed{x_{ijk} = \mu + \alpha_i + \beta_j + (\alpha\beta)_{ij} + \varepsilon_{ijk}} \tag{7.47}$$

(das auf S. 647 kommentiert wird).

Tabelle 260. Schätzwerte: Beachte, daß die Summe einander entsprechender Schätzwerte (z. B. der $\hat{\alpha}_i$) gleich Null ist. Die stärksten positiven Wechselwirkungen, die höchsten Beobachtungswerte weisen die Felder A_1B_3 $(\alpha\beta)_{13}$ und A_4B_1 $(\alpha\beta)_{41}$ auf, die stärksten negativen Wechselwirkungen zeigen die Felder A_3B_3 $(\alpha\beta)_{33}$ und A_4B_3 $(\alpha\beta)_{43}$

$\hat{\mu} = \frac{130}{2\cdot4\cdot3} = 5{,}417$	$(\widehat{\alpha\beta})_{11} = \frac{11}{2} - \frac{34}{2\cdot3} - \frac{47}{2\cdot4} + 5{,}42 = -0{,}63$
$\hat{\alpha}_1 = \frac{34}{2\cdot3} - 5{,}42 = 0{,}25$	$(\widehat{\alpha\beta})_{12} = \frac{10}{2} - \frac{34}{2\cdot3} - \frac{45}{2\cdot4} + 5{,}42 = -0{,}87$
$\hat{\alpha}_2 = \frac{29}{2\cdot3} - 5{,}42 = -0{,}59$	$(\widehat{\alpha\beta})_{13} = \frac{13}{2} - \frac{34}{2\cdot3} - \frac{38}{2\cdot4} + 5{,}42 = 1{,}50$
$\hat{\alpha}_3 = \hat{\alpha}_1 = 0{,}25$	$(\widehat{\alpha\beta})_{21} = \frac{9}{2} - \frac{29}{2\cdot3} - \frac{47}{2\cdot4} + 5{,}42 = -0{,}79$
$\hat{\alpha}_4 = \frac{33}{2\cdot3} - 5{,}42 = 0{,}08$	$(\widehat{\alpha\beta})_{22} = \frac{10}{2} - \frac{29}{2\cdot3} - \frac{45}{2\cdot4} + 5{,}42 = -0{,}04$
$\hat{\beta}_1 = \frac{47}{2\cdot4} - 5{,}42 = 0{,}46$	$(\widehat{\alpha\beta})_{23} = \frac{10}{2} - \frac{29}{2\cdot3} - \frac{38}{2\cdot4} + 5{,}42 = 0{,}84$
$\hat{\beta}_2 = \frac{45}{2\cdot4} - 5{,}42 = 0{,}21$	$(\widehat{\alpha\beta})_{31} = \frac{12}{2} - \frac{34}{2\cdot3} - \frac{47}{2\cdot4} + 5{,}42 = -0{,}13$
$\hat{\beta}_3 = \frac{38}{2\cdot4} - 5{,}42 = -0{,}67$	$(\widehat{\alpha\beta})_{32} = \frac{14}{2} - \frac{34}{2\cdot3} - \frac{45}{2\cdot4} + 5{,}42 = 1{,}12$
$\hat{\gamma}_1 = \frac{70}{4\cdot3} - 5{,}42 = 0{,}42$	$(\widehat{\alpha\beta})_{33} = \frac{8}{2} - \frac{34}{2\cdot3} - \frac{38}{2\cdot4} + 5{,}42 = -1{,}00$
$\hat{\gamma}_2 = \frac{60}{4\cdot3} - 5{,}42 = -0{,}42$	$(\widehat{\alpha\beta})_{41} = \frac{15}{2} - \frac{33}{2\cdot3} - \frac{47}{2\cdot4} + 5{,}42 = 1{,}54$
	$(\widehat{\alpha\beta})_{42} = \frac{11}{2} - \frac{33}{2\cdot3} - \frac{45}{2\cdot4} + 5{,}42 = -0{,}21$
	$(\widehat{\alpha\beta})_{43} = \frac{7}{2} - \frac{33}{2\cdot3} - \frac{38}{2\cdot4} + 5{,}42 = -1{,}33$

Tabelle 261. Zweifache Varianzanalyse mit Wechselwirkung

Ursache der Variation	Summe der Abweichungs-quadrate Q	Freiheits-grade FG	Mittleres Quadrat MQ
Faktor A	QA	$a-1$	$MQA = \frac{QA}{a-1}$
Faktor B	QB	$b-1$	$MQB = \frac{QB}{b-1}$
Wechselwirkung AB	$Q(AB)$	$(a-1)(b-1)$	$MQ(AB) = \frac{Q(AB)}{(a-1)(b-1)}$
Versuchsfehler V	QV	ab	$MQV = \frac{QV}{ab}$
Insgesamt	QG	$2ab-1$	

[741]

Tabelle 262. Varianzanalyse für die dreifache Klassifizierung mit $2ab$ Beobachtungen. Modell: $x_{ijk} = \mu + \alpha_i + \beta_j + \gamma_k + (\alpha\beta)_{ij} + \varepsilon_{ijk}$

Ursache der Variation	Summe der Abweichungsquadrate Q	FG	MQ	$\hat{F}$
Zwischen den Stufen des Faktors A	$QA = \frac{1}{2b}\sum_i S_{i..}^2 - \frac{1}{2ab}S^2$	$FG_A = a-1$	$MQA = \frac{QA}{FG_A}$	$\hat{F}_A = \frac{MQA}{MQV}$
Zwischen den Stufen des Faktors B	$QB = \frac{1}{2a}\sum_j S_{.j.}^2 - \frac{1}{2ab}S^2$	$FG_B = b-1$	$MQB = \frac{QB}{FG_B}$	$\hat{F}_B = \frac{MQB}{MQV}$
Zwischen den Stufen des Faktors C	$QC = \frac{1}{ab}\sum_{k=1}^{2} S_{..k}^2 - \frac{1}{2ab}S^2$	$FG_C = 2-1 = 1$	$MQC = \frac{QC}{FG_C}$	$\hat{F}_C = \frac{MQC}{MQV}$
Wechsel-wirkung AB	$Q(AB) = QG - (QA + QB + QC + QV)$	$FG_{AB} = (a-1)(b-1)$	$MQ(AB) = \frac{Q(AB)}{FG_{AB}}$	$\hat{F}_{AB} = \frac{MQ(AB)}{MQV}$
Versuchs-fehler V	$QV = \sum_i\sum_j\sum_k x_{ijk}^2 - \frac{1}{ab}\sum_k S_{..k}^2 - \frac{1}{2}\sum_i\sum_j S_{ij.}^2 + \frac{1}{2ab}S^2$	$FG_V = (ab-1)(2-1)$ $= ab-1$	$MQV = \frac{QV}{FG_V} = \hat{\sigma}^2$	
Gesamt-variation G	$QG = \sum_i\sum_j\sum_k x_{ijk}^2 - \frac{1}{2ab}S^2$	$FG_G = 2ab-1$		

[741]

Tabelle 263. Varianzanalyse für die dreifache Klassifizierung mit $2ab$ Beobachtungen. Modell: $x_{ijk} = \mu + \alpha_i + \beta_j + (\alpha\beta)_{ij} + \varepsilon_{ijk}$

Ursache der Variation	Summe der Abweichungsquadrate Q	FG	MQ	$\hat{F}$
Zwischen den Stufen des Faktors A	$QA = \frac{1}{2b}\sum_i S_{i..}^2 - \frac{1}{2ab}S^2$	$FG_A = a-1$	$MQA = \frac{QA}{FG_A}$	$\hat{F}_A = \frac{MQA}{MQV}$
Zwischen den Stufen des Faktors B	$QB = \frac{1}{2a}\sum_j S_{.j.}^2 - \frac{1}{2ab}S^2$	$FG_B = b-1$	$MQB = \frac{QB}{FG_B}$	$\hat{F}_B = \frac{MQB}{MQV}$
Wechsel-wirkung AB	$Q(AB) = QG - (QA + QB + QV)$	$FG_{AB} = (a-1)(b-1)$	$MQ(AB) = \frac{Q(AB)}{FG_{AB}}$	$\hat{F}_{AB} = \frac{MQ(AB)}{MQV}$
Versuchs-fehler V	$QV = \sum_i\sum_j\sum_k x_{ijk}^2 - \frac{1}{2}\sum_i\sum_j S_{ij.}^2$	$FG_V = ab(2-1)$ $= ab$	$MQV = \frac{QV}{FG_V} = \hat{\sigma}^2$	
Gesamt-variation G	$QG = \sum_i\sum_j\sum_k x_{ijk}^2 - \frac{1}{2ab}S^2$	$FG_G = 2ab-1$		

– wobei γ_k, $(\alpha\gamma)_{ik}$, $(\beta\gamma)_{jk}$ im Versuchsfehler enthalten sind – mit den drei Einschränkungen

$$\sum_{i=1}^{a} \alpha_i = 0; \quad \sum_{j=1}^{b} \beta_j = 0; \quad \sum_{i=1}^{a}\sum_{j=1}^{b} (\alpha\beta)_{ij} = 0 \qquad (7.48)$$ **[741]**

und den entsprechenden Nullhypothesen (vgl. Tabelle 261). Der Versuchsfehler enthält jetzt die Variationsursachen C, AC, BC und ABC, d. h.

$$QV \text{ aus Tab. 261} = QC + Q(AC) + Q(BC) + QV \text{ aus Tab. 252}$$

und (vgl. Tab. 264; QV ist nach Tab. 259 berechnet: $QV = 4{,}166+2{,}834+0{,}084+1{,}916$) lediglich die Wechselwirkung AB ist auf dem 5%-Niveau statistisch signifikant.

Tabelle 264. Varianzanalyse nach Tabelle 261 für Tabelle 253

Variationsursache	Summe der Abweichungsquadrate Q	FG	Mittleres Quadrat MQ	$\hat{F}$ $F_{0,05}$
Faktor A	2,833	3	0,944	1,26 < 3,49
Faktor B	5,583	2	2,792	3,72 < 3,89
Wechselwirkung AB	22,417	6	3,736	4,98 > 3,00
Versuchsfehler V	9,000	12	0,750	
Insgesamt	39,833	23		

Für den Versuchfehler sollten mindestens 12 FG zur Verfügung stehen, da sonst $\mathrm{Var}(V)$ zu groß wird [vgl. (1.43) und S. 686].

Die Varianzanalyse für die dreifache Klassifizierung mit $2ab$ Beobachtungen [Modell (7.28); Tabelle 252] läßt sich somit unter Verzicht auf die beiden weniger wichtigen Wechselwirkungen (Tabelle 262 mit den vier Einschränkungen $\sum_i \alpha_i = \sum_j \beta_j = \sum_k \gamma_k = \sum_i \sum_j (\alpha\beta)_{ij} = 0$) und der Wirkung des Faktors C wesentlich vereinfachen [Tabelle 263 mit (7.48)], wobei für Tabelle 252 und Tabelle 262 zwei sog. randomisierte Blöcke (vgl. Tabelle 190) C_1 und C_2 (Zeitpunkt t_1 und Zeitpunkt t_2) vorliegen, die Zuordnung der Behandlungen zu den A_iB_j folgt innerhalb jedes Blockes nach dem Zufallsprinzip. Für Tabelle 263 (261, 264) liegt eine sog. vollständig randomisierte Zwei-Variablen-Klassifikation mit Wiederholung vor.

Unserem Beispiel liegt nach Fragestellung und Datensammlung ein Modell mit festen Effekten zugrunde; hauptsächlich interessieren die systematisch ausgewählten Stufen der Faktoren.

Versuche werden geplant, um die Wirkung bestimmter Einflußgrößen auf die Zielgröße abzuschätzen. Diese Einflußgrößen seien als „*Faktoren*“ bezeichnet. Von den zu prüfenden Faktoren können oft alle Faktorstufen (z. B. weibliche und männliche Tiere) oder nur ein Teil der möglichen Faktorstufen berücksichtigt werden. Im letzteren Fall unterscheiden wir zwischen:

1. Systematischer Auswahl: z. B. *bewußt ausgewählte* Sorten, Düngerformen, Standweiten, Saatzeiten, Saatmengen oder Druck-, Temperatur-, Zeit-, Konzentrationsstufen eines
[741] chemischen Prozesses und
2. Zufälliger Auswahl: z. B. Böden, Orte und Jahre, Versuchstiere oder andere Versuchsobjekte, die als *Zufallsstichproben* aus einer gedachten Grundgesamtheit auffaßbar sind.

Nach *Eisenhart (1947)* unterscheidet man in der Varianzanalyse zwei Modelle:

Modell I mit *systematischen Komponenten* oder festen Effekten, als Modell **„fixed"** (fest) bezeichnet (Typ I): Spezielle Behandlungen, Arzneien, Methoden, Stufen eines Faktors, Sorten, Versuchstiere, Maschinen werden *bewußt ausgewählt* und in den Versuch einbezogen, weil gerade sie (etwa die Spritzmittel A, B und C) von praktischem Interesse sind und man etwas über ihre mittleren Effekte und deren Bedeutsamkeit erfahren möchte. Vergleiche von Erwartungswerten stehen somit hier im Vordergrund!

Tabelle 265. Modell **„fixed"**

Variation	FG	MQ	Test	$\hat{F}$	$F_{0,05}$
A	3	0,94	→ V	$\hat{F}_A = \frac{0,944}{0,75} = 1,26 <$	3,49
B	2	2,79	→ V	$\hat{F}_B = \frac{2,79}{0,75} = 3,72 <$	3,89
AB = W	6	3,74	→ V	$\hat{F}_W = \frac{3,74}{0,75} = 4,99 >$	3,00
V	12	0,75			

Modell II mit zufälligen Effekten oder *Zufallskomponenten*, als Modell **„random"** (zufällig) bezeichnet (Typ II): Die Behandlungen, Methoden, Versuchspersonen oder Untersuchungsobjekte sind *zufällige Stichproben* aus einer Grundgesamtheit, über die eine Aussage erwünscht ist. Es interessieren die Variabilitätsanteile der einzelnen Faktoren an der Gesamtvariabilität. Hier werden **Varianzkomponenten** sowie Vertrauensbereiche geschätzt und Hypothesen über die Varianzkomponenten geprüft („echte Varianzanalyse") (vgl. z. B. *Koch 1967, Wang 1967, Harvey 1970, Searle 1971, Dunn und Clark 1987*, Hoaglin u. Mitarb. 1991: Chapter 9, McPherson 1990, Miller 1986, Robinson 1987 sowie Searle u. Mitarb. 1992).
Die Power von Modell I ist deutlich größer als die von Modell II; gegenüber Nichtnormalität ist Modell II viel empfindlicher als Modell I.
Eine Übersicht gibt *Searle (1971)*. Beispiele sind z. B. Bortz (1999), Collyer und Enns (1987), Diehl (1983), Lindman (1991) sowie Searle u. Mitarb. (1992) zu entnehmen.

Feste Effekte werden mit griechischen Buchstaben bezeichnet, zufällige mit lateinischen.

> Nur beim Modell „fixed" dürfen die Mittleren Quadrate (MQ) gegen das MQ des Versuchsfehlers geprüft werden! [Bei „mixed" wird „f"/ W und „r"/ V geprüft.] Beim Modell „random" werden die MQ der Zeilen- und Spalteneffekte gegen das MQ der Wechselwirkung getestet und dieses gegen das MQ des Versuchsfehlers.

Näheres ist z. B. *Hartley (1955), Wilk und Kempthorne (1955), Harter (1957), Le Roy (1957/1972), Scheffé (1959), Plackett (1960), Federer (1961), Searle (1971),* Lindman (1992) sowie Hoaglin u. Mitarb. (1991) zu entnehmen. **[741]**
Zur Blockvarianzanalyse und höheren Verfahren **mit ungleichen Besetzungszahlen** pro Zelle konsultiere man Hemmerle (1979), Li (1982), Overall u. Mitarb. (1981), Rawlings (1988: Chapters 16 + 17), Searle (1987), Searle u. Mitarb. (1992), Edwards (1993) sowie Speed u. Mitarb. (1978).

Nun zurück zu unserem Beispiel [das durch Sahai und Ageel (2000: Chapter 4) hervorragend ergänzt wird].
Wir erhalten ebenfalls nur eine statistisch signifikante Wechselwirkung (Tabelle 266).

Tabelle 266. Modell **„random"**. Für das Beispiel weniger geeignet

Variation	FG	MQ	Test	$\hat{F}$	$F_{0,05}$
A	3	0,94		$\hat{F}_A = \frac{0,944}{3,74} = 0,25$	$< 4,76$
B	2	2,79		$\hat{F}_B = \frac{2,79}{3,74} = 0,75$	$< 5,14$
AB = W	6	3,74		$\hat{F}_W = \frac{3,74}{0,75} = 4,99$	$> 3,00$
V	12	0,75			

Es kann auch vorkommen, daß für die Stufen des einen Merkmals die Hypothese „fixed" und für die Stufen des anderen Merkmals die Hypothese „random" zutrifft (Modell „mixed" oder III). Angenommen, wir setzten die Stufen des Merkmals A als „random" und die des Merkmals B als „fixed" voraus (damit sind die Wechselwirkungen „random"), dann ergibt sich (Tabelle 267) für unser Beispiel im Gegensatz zum Modell „random" ein zwar erhöhter, jedoch noch durchaus zufälliger (A-) Zeileneffekt.

Tabelle 267. Modell **„mixed"**

Variation	FG	MQ	Test	$\hat{F}$	$F_{0,05}$
A	3	0,94		$\hat{F}_A = \frac{0,944}{0,75} = 1,26$	$< 3,49$
B	2	2,79		$\hat{F}_B = \frac{2,79}{3,74} = 0,75$	$< 5,14$
AB = W	6	3,74		$\hat{F}_W = \frac{3,74}{0,75} = 4,99$	$> 3,00$
V	12	0,75			

Die Analyse **gemischter Modelle** ist nicht einfach [*Wilk und Kempthorne 1955, Scheffé 1959, Searle und Henderson 1961, Hays 1963, Bancroft 1964, Eisen 1966, Cunningham und Henderson 1968, Koch und Sen 1968, Harvey 1970, Rasch 1971, Searle 1971* und Searle 1987: Chapter 13, Edwards (1993) sowie Searle u. Mitarb. 1992 und The American Statistician **47** (1993), 48–59, **49** (1995), 323–324, **53** (1999), 352–356 sowie Technometrics **40** (1998), 62–71]. Weerahandi (1995: Chapter 9) gibt eine Übersicht; eine ausführlichere Darstellung bieten Sahai und Ageel (2000). Ein anderes Problem, das beim Testen auftreten kann, betrifft „(in ANOVA-Tables) the possible POOLING of insignificant effects into one or more error terms" [vgl. The American Statistician **50** (1996), 127–139 und **54** (2000), 269–279].

Näheres über **Wechselwirkungen** ist Brown (1975), Freeman (1985), Hoaglin u. Mitarb. (1991), Kacker und Tsui (1990) sowie Rosenthal und Rosnow (1989, 1991: Chapter 17) zu entnehmen.
Der auf S. 615 genannte **Bofinger-Mengersen-Ansatz** zum Vergleich von Maschinen und Verfahren kann auch benutzt werden, um geeignete multiple Vergleiche oder Auswahlprozeduren anzuwenden.

[742]

742 Multiple Vergleiche von Erwartungswerten nach Scheffé, Tukey, Tukey-Kramer und nach Games-Howell

Ergänzt und wird ergänzt durch [732]

- Scheffé-Verfahren
- Tukey-Verfahren
- Tukey-Kramer-Verfahren
- Games-Howell-Verfahren
- Benötigte Stichprobenumfänge für die Blockvarianzanalyse

!

Eine ausführliche [mit Tabellen 115 Seiten umfassende] Darstellung simultaner paarweiser Vergleiche von empirischen Mittelwerten (und Rangsummen) enthält M2: 87–125, 163–168 und 171–241.

Es liegen k der Größe nach absteigend geordnete Mittelwerte vor: $\bar{x}_{(1)} \geqq \bar{x}_{(2)} \geqq \ldots \geqq \bar{x}_{(k)}$. Wird bei den multiplen (mehrfachen) paarweisen Mittelwertvergleichen eine kritische Differenz D_α überschritten, so ist H_0: $\mu_{(i)} = \mu_{(j)}$ auf dem $100\alpha\%$-Niveau zu verwerfen und H_A: $\mu_{(i)} > \mu_{(j)}$ zu akzeptieren. Bevorzugt wird das 5%-Niveau.

I. Nach *Scheffé (1953)* gilt für ungleich große und gleich große Stichprobengruppen und beliebige Paare von Mittelwerten (vgl. auch [732]):

$$D_I = \sqrt{s_{in}^2(1/n_i + 1/n_j)(k-1)F_{(k-1;\nu_{s_{in}^2};\alpha)}} \tag{7.49}$$

s_{in}^2 = Mittleres Quadrat des Versuchsfehlers, n_i, n_j = Stichprobenumfänge der verglichenen Mittelwerte, $\nu_{s_{in}^2}$ = Anzahl der Freiheitsgrade für s_{in}^2.

II. Nach Tukey gilt für gleich große Stichprobengruppen des Umfangs n:

$$D_{II} = q \cdot \sqrt{\frac{s_{in}^2}{n}} \qquad \text{Approximation für } n_i \neq n_j\text{:} \quad D'_{II} = q\sqrt{s_{in}^2 0{,}5(1/n_i + 1/n_j)} \tag{7.50}$$

q = Faktor aus Tabelle 268 für P = 0,05 bzw. P = 0,01 (für P = 0,10 bzw. 0,20 siehe M2: 178 und 179) abhängig von k = Anzahl der Mittelwerte im betrachteten Bereich (für $\bar{x}_{(4)} - \bar{x}_{(2)}$ also k = 3) und den zu $MQV = s_{in}^2$ gehörenden Freiheitsgraden ν_2.

Ein D_{II}, das auf q mit k = Gesamtzahl aller Mittelwerte basiert, ist nach Tukey (vgl. z. B. *Scheffé 1953*) für die Prüfung zweier beliebiger Mittelwerte $\bar{x}_{(i)} - \bar{x}_{(j)}$ bzw. zweier beliebiger Gruppen von Mittelwerten, etwa $(\bar{x}_{(1)} + \bar{x}_{(2)} + \bar{x}_{(3)})/3 - (\bar{x}_{(4)} + \bar{x}_{(5)})/2$ geeignet. Für die $k(k-1)/2$ Mittelwertdifferenzen lassen sich 95%-Vertrauensbereiche angeben: $\bar{x}_{(i)} - \bar{x}_{(j)} \pm D_{II}$ bzw. D'_{II} mit P = 0,05.

Wir benutzen das Beispiel der Tabelle 248; α = 0,05; $\bar{x}_{(1)}$ bis $\bar{x}_{(6)}$: 26,8 26,3 25,2 19,8 14,3 11,8; n_i = 8; s^2_{in} = 10,38; $\nu = 48 - 6 = 42$.

$D_{I;0,05} = \sqrt{10{,}38(1/8+1/8)(6-1)2{,}44} = 5{,}63$ **[742]**

$D_{II;6;0,05} = 4{,}22\sqrt{10{,}38/8} = 4{,}81$ und entsprechend: $D_{II;5;0,05} = 4{,}59$; $D_{II;4;0,05} = 4{,}31$

$D_{II;3;0,05} = 3{,}91$; $D_{II;2;0,05} = 3{,}25$

Resultate:

D_I: $\mu_{(1)} = \mu_{(2)} = \mu_{(3)}, \mu_{(1)} > \mu_{(4)-(6)}, \mu_{(2)} > \mu_{(5),(6)}, \mu_{(3)} = \mu_{(4)},$
$\mu_{(3)} > \mu_{(5),(6)}, \mu_{(4)} = \mu_{(5)}, \mu_{(4)} > \mu_{(6)}, \mu_{(5)} = \mu_{(6)}$

D_{II}: z. B. $\mu_{(1)} = \mu_{(2)} = \mu_{(3)} > \mu_{(4)} > \mu_{(5)} = \mu_{(6)}$

D_I und D_{II} sind Approximationen : D_I ist eher konservativ, D_{II} eher liberal; D_I ist robuster, wird bei $n_i \neq n_0$ und bei Verdacht auf $\sigma_i^2 \neq \sigma_0^2$ bevorzugt; D_{II} ist trennschärfer, wobei jedoch der Fehler erster Art α übersteigen kann.

Weitere Hinweise zu multiplen Vergleichen von Erwartungswerten

1. Führt man eine Varianzanalyse durch, so interessiert meist weniger, ob aufgrund eines Globaltests „irgendwo" Unterschiede vorliegen. Eher interessieren Tests „kleinerer" Globalhypothesen bzw. a posteriori Tests, wie sie nach Scheffé im Anschluß an eine Varianzanalyse möglich sind. Multiple Vergleiche sollten wegen des α-Fehlers (falsche Positive) und des β-Fehlers (falsche Negative), beide sind kaum zugleich zu kontrollieren, gehörig durchdacht und **aufs Notwendige beschränkt** werden. Diese Befunde sind dann in einer einzigen Arbeit wahrheitsgemäß zu dokumentieren – mögen sie auch kaum mit der Erwartung übereinstimmen.

2. Im Gegensatz zum Scheffé-Test, d. h. I, darf der Tukey-Test, d. h. II, auch dann zum Vergleich von Erwartungswerten benutzt werden, wenn das $\hat{F}$ der Varianzanalyse (Globaltest) **kleiner** als der zugehörige tabellierte F-Wert ist, wenn also H_0: $\mu_i = \mu$ auf dem verwendeten Signifikanzniveau nicht abgelehnt werden kann (Ramsay 1981). Der LSD_H-Test (S. 630) setzt Signifikanz des Globaltests voraus.

3. Besteht bei paarweisen multiplen Vergleichen von Erwartungswerten **Unklarheit darüber, ob die Varianzen der Grundgesamtheiten gleich sind**, so muß das Games-Howell-Verfahren angewandt werden (vgl. Übersicht 91). Beachtet sei, daß alle drei Modelle auf kritischen Schranken der Studentisierten Spannweite basieren (vgl. Tab. 268).

Übersicht 91. Simultane paarweise multiple Vergleiche für Mittelwerte

Nr.	Varianzen	Stichprobenumfänge	Modell
1	$\sigma_i^2 = \sigma_j^2$	$n_i = n_j$	Tukey (*II*)
2		$n_i \neq n_j$	Tukey und Kramer
3	$\sigma_i^2 \overset{?}{\underset{?}{=}} \sigma_j^2$	beliebig	Games und Howell

Es interessiert, ob H_A: $\mu_i \neq \mu_j$ für wenigstens ein (i, j)-Paar gilt.

4. **Übersicht 92.** Stark schematisierter Vergleich dreier Mittelwerte bei extrem kleinen und gleichen Stichprobenumfängen und als gleich vorausgesetzten Varianzen σ_i^2 auf dem 5%-Niveau nach Tukey (II)

[742]

n_i: 3 3 3
$\bar{x}_i$: 15 20 21 $\quad s_{in}^2 = 4{,}00$ mit $\nu = 6$

Nach Tabelle 268 gilt für $\nu_2 = 6$ und $k = 3$ der Wert $q = 4{,}34$.

$\bar{x}_1 = 15$ ——— Mit $n_1 = n_2 = n_3 = n = 3$ ergibt sich:

5

$\bar{x}_2 = 20$ ⑥

1

$\bar{x}_3 = 21$ ———

$$\sqrt{\frac{s_{in}^2}{n}} = \sqrt{\frac{4{,}00}{3}} = 1{,}155.$$

Jede beobachtete Differenz, die, absolut genommen, größer als $D_{II} = q\sqrt{s_{in}^2/n} = 4{,}34 \cdot 1{,}155 = 5{,}01$ ist, gilt auf dem 5%-Niveau als statistisch signifikant. Die entsprechenden wahren Differenzen dürften dann ungleich Null sein. Die statistisch signifikante Differenz ist durch einen Kreis gekennzeichnet.

5. **Vertrauensbereiche** für alle Paare $\mu_i - \mu_j$ lassen sich nach Games und Howell (1976) bilden. Bei Varianzgleichheit ist das Tukey-Kramer-Verfahren optimal (vgl. auch Hochberg und Tamhane 1987 [sowie dort: Hsu 1996]).

I. Tukey-Kramer-Verfahren (Varianzgleichheit):

$$\bar{x}_i - \bar{x}_j \pm q \cdot \sqrt{s_{in}^2 0{,}5 \left[\frac{1}{n_i} + \frac{1}{n_j}\right]} \tag{7.50a}$$

mit $q_{\nu_2;k;\alpha}$ und den zu s_{in}^2 gehörenden Freiheitsgraden ν_2

II. Games-Howell-Verfahren (Varianzheterogenität zugelassen):

$$\bar{x}_i - \bar{x}_j \pm \frac{q}{\sqrt{2}} \cdot \sqrt{\frac{s_i^2}{n_i} + \frac{s_j^2}{n_j}} \tag{7.50b}$$

mit $q_{\nu_2;k;\alpha}$

und $\nu_2 = \dfrac{[s_i^2/n_i + s_j^2/n_j]^2}{s_i^4/[n_i^2(n_i-1)] + s_j^4/[n_j^2(n_j-1)]}$

95%-Vertrauensbereiche für $\mu_i - \mu_j$ bildet man anhand der $P = 0{,}05$-Schranken der Tabelle 268. Beispiele sind z. B. M 2: 96–101 zu entnehmen. Die für 90%-Vertrauensbereiche benötigten $P = 0{,}10$-Schranken enthält M 2: 178.

Zur Auswahl von $\mu_{\max}$ (vgl. auch S. 127 u. 373): die P, daß der größte von k Mittelwerten $\bar{x}_i$ höchstens um δ von $\mu_{\max}$ abweicht, ist gegeben durch $\delta = h_{k;P} \cdot \sigma/\sqrt{n}$, σ wird durch s_{in} geschätzt. Einige Werte $h_{k;P}$ für $P = 0{,}95$:

k	3	4	5	6	7	8	9	10	20	30	40
$h_{k;0,95}$	2,71	2,92	3,06	3,16	3,24	3,31	3,37	3,42	3,72	3,88	3,99

Beispiel: $n_i = 5$, $k = 6$, $s_{in} = 4{,}30$, $\bar{x}_{\max} = 32{,}85$, d. h. mit $P = 0{,}95$ wird dieser innerhalb von $\delta = 3{,}16 \cdot 4{,}30/\sqrt{5} = 5{,}81$ Einheiten vom wahren besten Mittelwert liegen. Die beste Untergruppe bilden alle $\bar{x}_i$ mit $\bar{x}_i \geqq 27{,}04 = 32{,}85 - 5{,}81$.

[742]

Tabelle 268. Obere Signifikanzschranken des studentisierten Extrembereiches: $P = 0{,}05$ (aus Documenta Geigy: Wissenschaftliche Tabellen, 7. Aufl., Basel)

ν_2 \ k	2	3	4	5	6	7	8	9	10	11	12	13	14	15	16	17	18	19	20
1	17,969	26,98	32,82	37,08	40,41	43,12	45,40	47,36	49,07	50,59	51,96	53,20	54,33	55,36	56,32	57,22	58,04	58,83	59,56
2	6,085	8,33	9,80	10,88	11,74	12,44	13,03	13,54	13,99	14,39	14,75	15,08	15,38	15,65	15,91	16,14	16,37	16,57	16,77
3	4,501	5,91	6,82	7,50	8,04	8,48	8,85	9,18	9,46	9,72	9,95	10,15	10,35	10,52	10,69	10,84	10,98	11,11	11,24
4	3,926	5,04	5,76	6,29	6,71	7,05	7,35	7,60	7,83	8,03	8,21	8,37	8,52	8,66	8,79	8,91	9,03	9,13	9,23
5	3,635	4,60	5,22	5,67	6,03	6,33	6,58	6,80	6,99	7,17	7,32	7,47	7,60	7,72	7,83	7,93	8,03	8,12	8,21
6	3,460	4,34	4,90	5,30	5,63	5,90	6,12	6,32	6,49	6,65	6,79	6,92	7,03	7,14	7,24	7,34	7,43	7,51	7,59
7	3,344	4,16	4,68	5,06	5,36	5,61	5,82	6,00	6,16	6,30	6,43	6,55	6,66	6,76	6,85	6,94	7,02	7,10	7,17
8	3,261	4,04	4,53	4,89	5,17	5,40	5,60	5,77	5,92	6,05	6,18	6,29	6,39	6,48	6,57	6,65	6,73	6,80	6,87
9	3,199	3,95	4,41	4,76	5,02	5,24	5,43	5,59	5,74	5,87	5,98	6,09	6,19	6,28	6,36	6,44	6,51	6,58	6,64
10	3,151	3,88	4,33	4,65	4,91	5,12	5,30	5,46	5,60	5,72	5,83	5,93	6,03	6,11	6,19	6,27	6,34	6,40	6,47
11	3,113	3,82	4,26	4,57	4,82	5,03	5,20	5,35	5,49	5,61	5,71	5,81	5,90	5,98	6,06	6,13	6,20	6,27	6,33
12	3,081	3,77	4,20	4,51	4,75	4,95	5,12	5,27	5,39	5,51	5,61	5,71	5,80	5,88	5,95	6,02	6,09	6,15	6,21
13	3,055	3,73	4,15	4,45	4,69	4,88	5,05	5,19	5,32	5,43	5,53	5,63	5,71	5,79	5,86	5,93	5,99	6,05	6,11
14	3,033	3,70	4,11	4,41	4,64	4,83	4,99	5,13	5,25	5,36	5,46	5,55	5,64	5,71	5,79	5,85	5,91	5,97	6,03
15	3,014	3,67	4,08	4,37	4,59	4,78	4,94	5,08	5,20	5,31	5,40	5,49	5,57	5,65	5,72	5,78	5,85	5,90	5,96
16	2,998	3,65	4,05	4,33	4,56	4,74	4,90	5,03	5,15	5,26	5,35	5,44	5.52	5,59	5,66	5,73	5,79	5,84	5,90
17	2,984	3,63	4,02	4,30	4,52	4,70	4,86	4,99	5,11	5,21	5,31	5,39	5,47	5,54	5,61	5,67	5,73	5,79	5,84
18	2,971	3,61	4,00	4,28	4,49	4,67	4,82	4,96	5,07	5,17	5,27	5,35	5,43	5,50	5,57	5,63	5,69	5,74	5,79
19	2,960	3,59	3,98	4,25	4,47	4,65	4,79	4,92	5,04	5,14	5,23	5,31	5,39	5,46	5,53	5,59	5,65	5,70	5,75
20	2,950	3,58	3,96	4,23	4,45	4,62	4,77	4,90	5,01	5,11	5,20	5,28	5,36	5,43	5,49	5,55	5,61	5,66	5,71
21	2,941	3,56	3,94	4,21	4,43	4,60	4,74	4,87	4,98	5,08	5,17	5,25	5,33	5,40	5,46	5,52	5,58	5,62	5,67
22	2,933	3,55	3,93	4,20	4,41	4,58	4,72	4,85	4,96	5,05	5,15	5,23	5,30	5,37	5,43	5,49	5,55	5,59	5,64
23	2,926	3,54	3,91	4,18	4,39	4,56	4,70	4,83	4,94	5,03	5,12	5,20	5,27	5,34	5,40	5,46	5,52	5,57	5,62
24	2,919	3,53	3,90	4,17	4,37	4,54	4,68	4,81	4,92	5,01	5,10	5,18	5,25	5,32	5,38	5,44	5,49	5,55	5,59
25	2,913	3,52	3,89	4,16	4,36	4,52	4,66	4,79	4,90	4,99	5,08	5,16	5,23	5,30	5,36	5,42	5,48	5,52	5,57
26	2,907	3,51	3,88	4,14	4,34	4,51	4,65	4,78	4,89	4,97	5,06	5,14	5,21	5,28	5,34	5,40	5,46	5,50	5,55
27	2,902	3,51	3,87	4,13	4,33	4,50	4,63	4,76	4,87	4,96	5,04	5,12	5,19	5,26	5,32	5,38	5,43	5,48	5,53
28	2,897	3,50	3,86	4,12	4,32	4,48	4,62	4,75	4,86	4,94	5,03	5,11	5,18	5,24	5,30	5,36	5,42	5,46	5,51
29	2,892	3,49	3,85	4,11	4,31	4,47	4,61	4,73	4,84	4,93	5,01	5,09	5,16	5,23	5,29	5,35	5,40	5,44	5,49
30	2,888	3,49	3,85	4,10	4,30	4,46	4,60	4,72	4,82	4,92	5,00	5,08	5,15	5,21	5,27	5,33	5,38	5,43	5,47
31	2,884	3,48	3,83	4,09	4,29	4,45	4,59	4,71	4,82	4,91	4,99	5,07	5,14	5,20	5,26	5,32	5,37	5,41	5,46
32	2,881	3,48	3,83	4,09	4,28	4,44	4,58	4,70	4,81	4,89	4,98	5,06	5,13	5,19	5,24	5,30	5,35	5,40	5,45
33	2,877	3,47	3,82	4,08	4,27	4,44	4,57	4,69	4,80	4,88	4,97	5,04	5,11	5,17	5,23	5,29	5,34	5,39	5,44
34	2,874	3,47	3,82	4,07	4,27	4,43	4,56	4,68	4,79	4,87	4,96	5,03	5,10	5,16	5,22	5,28	5,33	5,37	5,42
35	2,871	3,46	3,81	4,07	4,26	4,42	4,55	4,67	4,78	4,86	4,95	5,02	5,09	5,15	5,21	5,27	5,32	5,36	5,41
36	2,868	3,46	3,81	4,06	4,25	4,41	4,55	4,66	4,77	4,85	4,94	5,01	5,08	5,14	5,20	5,26	5,31	5,35	5,40
37	2,865	3,45	3,80	4,05	4,25	4,41	4,54	4,65	4,76	4,84	4,93	5,00	5,08	5,14	5,19	5,25	5,30	5,34	5,39
38	2,863	3,45	3,80	4,05	4,24	4,40	4,53	4,64	4,75	4,84	4,92	5,00	5,07	5,13	5,18	5,24	5,29	5,33	5,38
39	2,861	3,44	3,79	4,04	4,24	4,40	4,53	4,64	4,75	4,83	4,92	4,99	5,06	5,12	5,17	5,23	5,28	5,32	5,37
40	2,858	3,44	3,79	4,04	4,23	4,39	4,52	4,63	4,73	4,82	4,90	4,98	5,04	5,11	5,16	5,22	5,27	5,31	5,36
50	2,841	3,41	3,76	4,00	4,19	4,34	4,47	4,58	4,69	4,76	4,85	4,92	4,99	5,05	5,10	5,15	5,20	5,24	5,29
60	2,829	3,40	3,74	3,98	4,16	4,31	4,44	4,55	4,65	4,73	4,81	4,88	4,94	5,00	5,06	5,11	5,15	5,20	5,24
120	2,800	3,36	3,68	3,92	4,10	4,24	4,36	4,47	4,56	4,64	4,71	4,78	4,84	4,90	4,95	5,00	5,04	5,09	5,13
∞	2,772	3,31	3,63	3,86	4,03	4,17	4,29	4,39	4,47	4,55	4,62	4,68	4,74	4,80	4,85	4,89	4,93	4,97	5,01

Bemerkung zu Tabelle 268: Einige weitere Werte für $k \leqq 40$ sowie Schranken für $P = 0{,}10$ und 0,20 enthält M 2: 176–179. Ausführliche Tabellen sind dem Band 1 des Tabellenwerkes (Order Statistics) von *Harter* (*1970*, S. 623–661 [erläutert auf S. 21–23]) zu entnehmen; Schranken für $k > 20$, $P = 0{,}05$ und $P = 0{,}01$ befinden sich dort auf den Seiten 653 und 657.

[742]

Tabelle 268. (Fortsetzung) Obere Signifikanzschranken des studentisierten Extrembereiches: $P = 0{,}01$

ν_2 \ k	2	3	4	5	6	7	8	9	10	11	12	13	14	15	16	17	18	19	20
1	90,025	135,0	164,3	185,6	202,2	215,8	227,2	237,0	245,6	253,2	260,0	266,2	271,8	277,0	281,8	286,3	290,4	294,3	298,0
2	14,036	19,02	22,29	24,72	26,63	28,20	29,53	30,68	31,69	32,59	33,40	34,13	34,81	35,43	36,00	36,53	37,03	37,50	37,95
3	8,260	10,62	12,17	13,33	14,24	15,00	15,64	16,20	16,69	17,13	17,53	17,89	18,22	18,52	18,81	19,07	19,32	19,55	19,77
4	6,511	8,12	9,17	9,96	10,58	11,10	11,55	11,93	12,27	12,57	12,84	13,09	13,32	13,53	13,73	13,91	14,08	14,24	14,40
5	5,702	6,98	7,80	8,42	8,91	9,32	9,67	9,97	10,24	10,48	10,70	10,89	11,08	11,24	11,40	11,55	11,68	11,81	11,93
6	5,243	6,33	7,03	7,56	7,97	8,32	8,61	8,87	9,10	9,30	9,48	9,65	9,81	9,95	10,08	10,21	10,32	10,43	10,54
7	4,949	5,92	6,54	7,01	7,37	7,68	7,94	8,17	8,37	8,55	8,71	8,86	9,00	9,12	9,24	9,35	9,46	9,55	9,65
8	4,745	5,64	6,20	6,62	6,96	7,24	7,47	7,68	7,86	8,03	8,18	8,31	8,44	8,55	8,66	8,76	8,85	8,94	9,03
9	4,596	5,43	5,96	6,35	6,66	6,91	7,13	7,33	7,49	7,65	7,78	7,91	8,03	8,13	8,23	8,33	8,41	8,49	8,57
10	4,482	5,27	5,77	6,14	6,43	6,67	6,87	7,05	7,21	7,36	7,49	7,60	7,71	7,81	7,91	7,99	8,08	8,15	8,23
11	4,392	5,15	5,62	5,97	6,25	6,48	6,67	6,84	6,99	7,13	7,25	7,36	7,46	7,56	7,65	7,73	7,81	7,88	7,95
12	4,320	5,05	5,50	5,84	6,10	6,32	6,51	6,67	6,81	6,94	7,06	7,17	7,26	7,36	7,44	7,52	7,59	7,66	7,73
13	4,260	4,96	5,40	5,73	5,98	6,19	6,37	6,53	6,67	6,79	6,90	7,01	7,10	7,19	7,27	7,35	7,42	7,48	7,55
14	4,210	4,89	5,32	5,63	5,88	6,08	6,26	6,41	6,54	6,66	6,77	6,87	6,96	7,05	7,13	7,20	7,27	7,33	7,39
15	4,167	4,84	5,25	5,56	5,80	5,99	6,16	6,31	6,44	6,55	6,66	6,76	6,84	6,93	7,00	7,07	7,14	7,20	7,26
16	4,131	4,79	5,19	5,49	5,72	5,92	6,08	6,22	6,35	6,46	6,56	6,66	6,74	6,82	6,90	6,97	7,03	7,09	7,15
17	4,099	4,74	5,14	5,43	5,66	5,85	6,01	6,15	6,27	6,38	6,48	6,57	6,66	6,73	6,81	6,87	6,94	7,00	7,05
18	4,071	4,70	5,09	5,38	5,60	5,79	5,94	6,08	6,20	6,31	6,41	6,50	6,58	6,65	6,73	6,79	6,85	6,91	6,97
19	4,045	4,67	5,05	5,33	5,55	5,73	5,89	6,02	6,14	6,25	6,34	6,43	6,51	6,58	6,65	6,72	6,78	6,84	6,89
20	4,024	4,64	5,02	5,29	5,51	5,69	5,84	5,97	6,09	6,19	6,28	6,37	6,45	6,52	6,59	6,65	6,71	6,77	6,82
21	4,004	4,61	4,99	5,26	5,47	5,65	5,80	5,92	6,04	6,14	6,24	6,32	6,39	6,47	6,53	6,59	6,65	6,70	6,76
22	3,986	4,58	4,96	5,22	5,43	5,61	5,76	5,88	6,00	6,10	6,19	6,27	6,35	6,42	6,48	6,54	6,60	6,65	6,70
23	3,970	4,56	4,93	5,20	5,40	5,57	5,72	5,84	5,96	6,06	6,15	6,23	6,30	6,37	6,43	6,49	6,55	6,60	6,65
24	3,955	4,55	4,91	5,17	5,37	5,54	5,69	5,81	5,92	6,02	6,11	6,19	6,26	6,33	6,39	6,45	6,51	6,56	6,61
25	3,942	4,52	4,89	5,15	5,34	5,51	5,66	5,78	5,89	5,99	6,07	6,15	6,22	6,29	6,35	6,41	6,47	6,52	6,57
26	3,930	4,50	4,87	5,12	5,32	5,49	5,63	5,75	5,86	5,95	6,04	6,12	6,19	6,26	6,32	6,38	6,43	6,48	6,53
27	3,918	4,49	4,85	5,10	5,30	5,46	5,61	5,72	5,83	5,93	6,01	6,09	6,16	6,22	6,28	6,34	6,40	6,45	6,50
28	3,908	4,47	4,83	5,08	5,28	5,44	5,58	5,70	5,80	5,90	5,98	6,06	6,13	6,19	6,25	6,31	6,37	6,42	6,47
29	3,898	4,46	4,82	5,07	5,26	5,42	5,56	5,67	5,78	5,87	5,95	6,03	6,10	6,17	6,23	6,29	6,34	6,39	6,44
30	3,889	4,45	4,80	5,05	5,24	5,40	5,54	5,65	5,76	5,85	5,93	6,01	6,08	6,14	6,20	6,26	6,31	6,36	6,41
31	3,881	4,44	4,79	5,03	5,22	5,38	5,52	5,63	5,74	5,83	5,91	5,99	6,06	6,12	6,18	6,23	6,29	6,34	6,38
32	3,873	4,43	4,78	5,02	5,21	5,37	5,50	5,61	5,72	5,81	5,89	5,97	6,03	6,09	6,16	6,21	6,26	6,31	6,36
33	3,865	4,42	4,76	5,01	5,19	5,35	5,48	5,59	5,70	5,79	5,87	5,95	6,01	6,07	6,13	6,19	6,24	6,29	6,34
34	3,859	4,41	4,75	4,99	5,18	5,34	5,47	5,58	5,68	5,77	5,86	5,93	5,99	6,05	6,12	6,17	6,22	6,27	6,31
35	3,852	4,41	4,74	4,98	5,16	5.33	5,45	5,56	5,67	5,76	5,84	5,91	5,98	6,04	6,10	6,15	6,20	6,25	6,29
36	3,846	4,40	4,73	4,97	5,15	5,31	5,44	5,55	5,65	5,74	5,82	5,90	5,96	6,02	6,08	6,13	6,18	6,23	6,28
37	3,841	4,39	4,72	4,96	5,14	5,30	5,43	5,54	5,64	5,73	5,81	5,88	5,94	6,00	6,06	6,12	6,17	6,22	6,26
38	3,835	4,38	4,72	4,95	5,13	5,29	5,41	5,52	5,62	5,72	5,80	5,87	5,93	5,99	6,05	6,10	6,15	6,20	6,24
39	3,830	4,38	4,71	4,94	5,12	5,28	5,40	5,51	5,61	5,70	5,78	5,85	5,91	5,97	6,03	6,08	6,13	6,18	6,23
40	3,825	4,37	4,70	4,93	5,11	5,26	5,39	5,50	5,60	5,69	5,76	5,83	5,90	5,96	6,02	6,07	6,12	6,16	6,21
50	3,787	4,32	4,64	4,86	5,04	5,19	5,30	5,41	5,51	5,59	5,67	5,74	5,80	5,86	5,91	5,96	6,01	6,06	6,09
60	3,762	4,28	4,59	4,82	4,99	5,13	5,25	5,36	5,45	5,53	5,60	5,67	5,73	5,78	5,84	5,89	5,93	5,97	6,01
120	3,702	4,20	4,50	4,71	4,87	5,01	5,12	5,21	5,30	5,37	5,44	5,50	5,56	5,61	5,66	5,71	5,75	5,79	5,83
∞	3,643	4,12	4,40	4,60	4,76	4,88	4,99	5,08	5,16	5,23	5,29	5,35	5,40	5,45	5,49	5,54	5,57	5,61	5,65

Minimale Stichprobenumfänge zur blockvarianzanalytischen Prüfung der Abwesenheit eines Behandlungseffektes

[742]

Tabelle 269. Zur zweifachen Varianzanalyse mit mehreren Beobachtungen ($n \leqq 7$) pro Zelle; einige gerundete Werte τ (in Abhängigkeit von k, b und n nach Kastenbaum und Mitarbeitern (1970a und b) für den blockvarianzanalytischen Mittelwertvergleich von k gleich 3 bis 5 Behandlungen (Blockzahl b = 2 bis 5), um einen Behandlungseffekt [eine erwartete standardisierte Maximalabweichung (treatment effect)] $\tau = (\mu_{\max} - \mu_{\min})/\sigma$ auf dem 5%-Niveau mit einer Power von 0,7 zu erfassen

$\alpha = 0{,}05$, $1-\beta = 0{,}70$

k	b	n: 1	2	3	4	5	6	7
3	2	6,8	2,6	1,8	1,5	1,3	1,2	1,1
	3	3,4	1,9	1,4	1,2	1,1	1,0	0,9
	4	2,6	1,6	1,2	1,0	0,9	0,8	0,8
	5	2,1	1,4	1,1	0,9	0,8	0,7	0,7
4	2	5,8	2,7	1,9	1,6	1,4	1,3	1,2
	3	3,4	2,0	1,5	1,3	1,1	1,0	0,9
	4	2,6	1,7	1,3	1,1	1,0	0,9	0,8
	5	2,2	1,5	1,1	1,0	0,9	0,8	0,7
5	2	5,5	2,8	2,0	1,7	1,5	1,3	1,2
	3	3,4	2,1	1,6	1,3	1,1	1,1	1,0
	4	2,7	1,7	1,3	1,1	1,0	0,9	0,8
	5	2,3	1,5	1,2	1,0	0,9	0,8	0,8

743 Zweifache Varianzanalyse mit einer Beobachtung pro Zelle: Modell ohne Wechselwirkung

[743]

• Hinweise zur Varianzanalyse

Läßt sich *eine Wechselwirkung* ausschließen(?), dann genügt *eine Beobachtung* pro Zelle. Das entsprechende Schema umfaßt r Zeilen (*Reihen*) und c Spalten (*Columnen*) (Tabelle 270).

Tabelle 270

A \ B	1	2	...	j	...	c	Σ
1	x_{11}	x_{12}	...	x_{1j}	...	x_{1c}	$S_{1.}$
2	x_{21}	x_{22}	...	x_{2j}	...	x_{2c}	$S_{2.}$
.	.	.	.	.	.	.	.
.	.	.	.	.	.	.	.
i	x_{i1}	x_{i2}	...	x_{ij}	...	x_{ic}	$S_{i.}$
.	.	.	.	.	.	.	.
.	.	.	.	.	.	.	.
.	.	.	.	.	.	.	.
r	x_{r1}	x_{r2}	...	x_{rj}	...	x_{rc}	$S_{r.}$
Σ	$S_{.1}$	$S_{.2}$	...	$S_{.j}$	...	$S_{.c}$	S

Das entsprechende Modell lautet:

[743]

Beobachteter Wert	=	Erwartungswert	+	Zeileneffekt	+	Spalteneffekt	+	Versuchsfehler
x_{ij}	=	μ	+	α_i	+	β_j	+	ε_{ij}

(7.51)

Der Versuchsfehler ε_{ij} sei unabhängig und normalverteilt mit dem Erwartungswert Null und der Varianz σ^2 für alle i und j. Das Schema der Varianzanalyse ist Tabelle 271 zu entnehmen. Die Variabilität eines Beobachtungswertes dieser Tabelle wird durch drei Faktoren bedingt, die voneinander unabhängig sind und zugleich wirken: Durch den Zeileneffekt, den Spalteneffekt und den Versuchsfehler.

Tabelle 271. Varianzanalyse für eine zweifache Klassifikation: 1 Beobachtungswert pro Klasse, keine Wechselwirkung

Variabilität	Summe der Abweichungsquadrate	FG	Mittleres Quadrat
Zwischen den r Zeilen (Zeilen-Mittelwerte)	$\sum_{i=1}^{r}\frac{S_{i.}^2}{c} - \frac{S^2}{r\cdot c} = Q_r$	$r - 1$	$\frac{Q_r}{r-1}$
Zwischen den c Spalten (Spalten-Mittelwerte)	$\sum_{j=1}^{c}\frac{S_{.j}^2}{r} - \frac{S^2}{r\cdot c} = Q_c$	$c - 1$	$\frac{Q_c}{c-1}$
Rest oder Versuchsfehler	$Q_G - Q_r - Q_c = Q_{Rest}$	$(c-1)(r-1)$	$\frac{Q_{Rest}}{(c-1)(r-1)}$
Gesamtvariabilität	$\sum_{i=1}^{r}\sum_{j=1}^{c}x_{ij}^2 - \frac{S^2}{r\cdot c} = Q_G$	$rc - 1$	

1. Nullhypothesen:
   H_{01} Die Zeileneffekte sind Null: Zeilen-Homogenität
   H_{02} Die Spalteneffekte sind Null: Spalten-Homogenität
   Beide Nullhypothesen sind unabhängig voneinander.
2. Wahl des Signifikanzniveaus: $\alpha = 0{,}05$
3. Entscheidung: Unter den üblichen Voraussetzungen wird
   H_{01} abgelehnt, wenn $\hat{F} > F_{(r-1);(r-1)(c-1);0{,}05}$
   H_{02} abgelehnt, wenn $\hat{F} > F_{(c-1);(r-1)(c-1);0{,}05}$.

Beispiel

Beispiel zur zweifachen Varianzanalyse: 1 Beobachtungswert pro Klasse, keine Wechselwirkung.

Wir nehmen unser altes Beispiel und fassen jeweils die Doppelbeobachtungen zusammen (vgl. Tabelle 272).

Tabelle 272

[743]

B / A	B_1	B_2	B_3	$\sum$
A_1	11	10	13	34
A_2	9	10	10	29
A_3	12	14	8	34
A_4	15	11	7	33
$\sum$	47	45	38	130

Zeilen (rows) 1 bis 4
Spalten (columns) 1 bis 3

Rechengang. Summen der Quadrate der Abweichungen insgesamt

$$\sum_{i=1}^{r=4}\sum_{j=1}^{c=3} x_{ij}^2 - \frac{S^2}{r \cdot c} = 11^2 + 10^2 + 13^2 + \ldots + 7^2 - \frac{130^2}{4 \cdot 3} = 61{,}667$$

Summe der Quadrate der Abweichungen zwischen den Zeilen

$$\sum_{i=1}^{r=4} \frac{S_{i.}^2}{c} - \frac{S^2}{r \cdot c} = \frac{34^2}{3} + \frac{29^2}{3} + \frac{34^2}{3} + \frac{33^2}{3} - \frac{130^2}{12} = \frac{1}{3}(34^2+29^2+34^2+33^2) - \frac{130^2}{12} = 5{,}667$$

Summe der Quadrate der Abweichungen zwischen den Spalten

$$\sum_{j=1}^{c=3} \frac{S_{.j}^2}{r} - \frac{S^2}{r \cdot c} = \frac{47^2}{4} + \frac{45^2}{4} + \frac{38^2}{4} - \frac{130^2}{12} = \frac{1}{4}(47^2+45^2+38^2) - \frac{130^2}{12} = 11{,}167,$$

vgl. Tab. 273.

Ergebnis. Beide Nullhypothesen lassen sich auf dem 5%-Niveau nicht ablehnen.

Tabelle 273

Variabilität	Summe der Abweichungsquadrate	FG	Mittleres Quadrat	$\hat{F}$	$F_{0,05}$
Zwischen den Zeilen (Zeilen-Mittelwerte)	5,667	4-1 = 3	1,889	0,253	< 4,76
Zwischen den Spalten (Spalten-Mittelwerte)	11,167	3-1 = 2	5,583	0,747	< 5,14
Rest oder Versuchsfehler	44,833	(4-1)(3-1) = 6	7,472		
Gesamtvariabilität	61,667	4·3-1 = 11			

Diese Befunde erklären sich dadurch, daß die Restvarianz durch die starke Wechselwirkungsvarianz – ein Hinweis auf das *Vorliegen nichtlinearer Effekte,* wir können auch von einem Regressionseffekt sprechen (vgl. die gegenläufige Besetzung der Spalten 1 und 3!) – viel zu hoch geschätzt, einen an sich gegebenen Spalteneffekt nicht erfassen kann. Hierauf wird näher einzugehen sein (vgl. 2. Hinweis).

Literatur zur Varianzanalyse

[743] Bortz (1999), Collyer und Enns (1987), Diehl (1983), Dobson (1990), Dunn und Clark (1987), Edgington (1995), Edwards (1983), Fleiss (1986), Gnanadesikan (1983), Hoaglin u. Mitarb. (1991), Hochstädter und Kaiser (1988), Howell (1987), Kshirsagar (1983), Lindman (1992), Maxwell und Delaney (1990), Miller (1986), Ott (1988), Pruscha (1989), Rasch (1995: Kapitel 11–14), Saville und Wood (1991), Searle u. Mitarb. (1992), Snedecor und Cochran (1980), du Toit u. Mitarb. (1986), *Weber (1972: Kap. 32–44)*, Wilcox (1987) sowie Sahai und Ageel (2000).
Voraussetzungen der Varianzanalyse und ihre Überprüfung behandelt Cobb (1998: Chapters 2 + 12) anschaulich und ausführlich.

Hinweise:

1. Die Zweiwegklassifikation mit *ungleicher Besetzung der Zellen* behandeln *Kramer (1955)*, *Rasch (1960)* und *Bancroft (1968)*. Näheres über diese sogenannten **unbalancierten Versuchspläne** (aufgrund unbalancierter Daten) ist insbesondere dem brillant geschriebenen Buch von Li (1982) für Praktiker zu entnehmen. Weiterführendes bieten Hemmerle (1979), Rawlings (1988: Chapters 16+17), Searle (1987), Searle u. Mitarb. (1992) sowie Speed u. Mitarb. (1978) (vgl. auch S. 649).

2. *Der Test auf* **Nicht-Additivität** *von Mandel.* Unter den Voraussetzungen der Varianzanalyse nimmt die *Additivität* eine besonders wichtige Rolle ein. Nichtadditive Effekte pflegen als Wechselwirkungen (siehe *Weiling 1972*) in Erscheinung zu treten. Bei einer mehrfachen, d. h. nach mehr als zwei Faktoren (Wiederholungseffekte eingeschlossen) analysierenden Varianzanalyse kann man die nichtadditiven Effekte, wie wir gesehen haben, leicht von den Wirkungen des Zufallsfehlers abtrennen. Für den Fall der zweifachen Varianzanalyse mit einem Beobachtungswert pro Klasse lassen sich nach *Mandel (1961)* von der Wechselwirkung nichtadditive Effekte abtrennen und in zwei Komponenten zerlegen. Der erste Anteil, dem ein Freiheitsgrad zugeordnet ist, kann als Streuung einer Regression, der zweite mit $r - 2$ Freiheitsgraden als Streuung um die Regression gedeutet werden. Mandel verwendet für diese beiden Anteile auch die Bezeichnung „Concurrence“ und „Non-Concurrence“. Der bekannte Test von *Tukey (1949)* für die Prüfung des „Fehlens der Additivität“ erfaßt nur die erste, die Regressionskomponente. *Weiling (1963)* hat nun eine Möglichkeit aufgezeigt, wie sich die nichtadditiven Effekte nach Mandel auf elegante Weise ermitteln lassen. Der interessierte Leser sei auf die Arbeit von Weiling hingewiesen. Dort wird das Verfahren an einem Beispiel demonstriert. Die *Prüfung auf Nicht-Additivität ist anzuraten*, sofern im Falle einer zweifachen Varianzanalyse, wie der in Tabelle 264, keine oder nur schwache Signifikanz ermittelt wurde und der Verdacht besteht, daß nichtadditive Effekte vorliegen könnten. Unter diesen Umständen wird die als Prüfgröße dienende Restvarianz nämlich zu hoch geschätzt, da dieser Wert neben dem eigentlichen Versuchsfehler noch die Wirkung nicht-additiver Effekte enthält. Damit gibt diese Prüfung zugleich Aufschluß über die wirkliche Höhe des zufälligen Fehlers. **Wenn es möglich ist, sollte man daher die Varianzanalyse mit wenigstens zwei Wiederholungen durchführen!**
Näheres ist A.M. Kshirsagar in Edwards (1993) zu entnehmen [vgl. auch Biometrics **49** (1993), 1225–1230].
Der Test auf Nicht-Additivität dient zur Entscheidung, ob eine Transformation zu empfehlen ist, und wenn ja, welche Transformation die geeignete ist und inwieweit sie als erfolgreich angesehen werden kann. Einführungen in das außerordentlich interessante Gebiet der *Transformationen* (vgl. [733]) geben *Grimm (1960)* und *Lienert (1962)* (vgl. auch *Tukey 1957* und *Taylor 1961*). *Dolby (1963)* stellt ein originelles Schnellverfahren vor; es gestattet unter 5 gängigen Transformationen die brauchbarste auszuwählen. Auf die besondere Bedeutung von Transformationen für die klinisch-therapeutische Forschung geht *Martin (1962)* ausführlich ein (vgl. auch *Snell 1964*).

3. **Wiederholte Messungen an Objekten** (Repeated Measurement Design, Repeated Measures Designs): an Objekten werden nacheinander mehrere Beobachtungen vorgenommen, die gemeinsam analysiert werden. Einführungen in dieses nicht einfache Gebiet geben z. B. Howell (1987, Chapter 14), Kirk (1995) und Fleiss (1986, Chapter 8) (vgl. auch den 3. Hinweis auf S. 565).

Weitere Literaturhinweise zur Analyse von **Verlaufskurven** sind Übersicht 86 auf S. 579 zu entnehmen. Eine Übersicht geben H.J. Keselman u. Mitarb. (1999, British Journal of Mathematical and Statistical Psychology **52**, 63–78) (vgl. auch Petermann 1989, S. 235–256).
Multiple Vergleiche mehrerer Stichproben zu unterschiedlichen Zeitpunkten behandeln Pocock u. Mitarb. (1987). **[743]**

4. **Der „intraclass correlation coefficient"** gibt an, wie ähnlich die Elemente innerhalb von Klassen sind im Vergleich zur Gesamtähnlichkeit aller Elemente der Grundgesamtheit. In einer Einwegvarianzanalyse gibt der Koeffizient den Anteil der Gesamtvarianz, der auf die Variabilität zwischen den Klassen entfällt. Je größer dieser Koeffizient ist, desto homogener sind die Elemente innerhalb der Klassen. Der Extremwert $+1$ besagt für den Koeffizienten, daß alle Elemente in jeder Klasse denselben Wert haben, d. h. die Gesamtvarianz entspricht vollständig der Variation zwischen den Klassen (Literaturhinweise hierzu befinden sich am Ende von Abschnitt 463).

5. Zur **robusten Varianz- und Kovarianzanalyse** siehe Maxwell und Delaney (1990: Chapter 15).

6. Zur Prüfung der **Varianzhomogenität** für eine Blockvarianzanalyse **(Zweiwegklassifikation)** gibt G.K. Shukla (1982, Biometrika **69**, 411–416) eine Bartlett-Test-Approximation.

7. Zur **multivariaten Varianzanalyse** siehe z.B. Flury (1997, Chapter 6: Mittelwertvergleiche) sowie die Übersicht 86 auf S. 579.

75 Varianzanalytische Schnelltests **[75]**

751 Varianzanalytischer Schnelltest und multiple Vergleiche von Mittelwerten nach Link und Wallace **[751]**

Vorausgesetzt werden zumindest angenäherte *Normalverteilung, Gleichheit der Varianzen und gleiche Umfänge* n der einzelnen Stichprobengruppen *(Link und Wallace 1952*, vgl. auch *Kurtz u. Mitarb. 1965*). Dieser Schnelltest darf auch bei Zweiwegklassifikation mit einer Beobachtung pro Zelle angewandt werden.
Man benötigt k Spannweiten R_i der Einzelgruppen und die Spannweite der Mittelwerte $R_{(\bar{x}_i)}$. Die Nullhypothese $\mu_1 = \mu_2 = \ldots = \mu_i = \ldots = \mu_k$ wird zugunsten der Alternativhypothese, nicht alle μ_i sind gleich, verworfen, sobald

$$\frac{nR_{(\bar{x}_i)}}{\sum R_i} > K \tag{7.52}$$

Der kritische Wert K wird für gegebenes n, k und α = 0,05 bzw. α = 0,01 Tabelle 274 entnommen. *Multiple Vergleiche* von Mittelwerten mit dem Mittelwertsunterschied $\hat{D}$ sind auf dem verwendeten Niveau statistisch signifikant, wenn

$$\hat{D} > \frac{K \sum R_i}{n} \tag{7.52a}$$

Beispiele

1. Gegeben seien die drei Meßreihen A, B, C mit den folgenden Werten (vgl. Tabelle 275):

[751]

Tabelle 274. Kritische Werte K für den Test von Link und Wallace. $P = 0{,}05$. k: Anzahl der Stichprobengruppen, n: Umfang der Stichprobengruppen (auszugsweise aus Kurtz, T.E., R.F. Link, J.W. Tukey und D.L. Wallace: Shortcut multiple comparisons for balanced single and double classifications: Part 1, Results: Technometrics **7** [1965] 95–161)

n \ k	2	3	4	5	6	7	8	9	10	11	12	13	14	15	16	17	18	19	20	30	40	50
2	3,43	2,35	1,74	1,39	1,15	0,99	0,87	0,77	0,70	0,63	0,58	0,54	0,50	0,47	0,443	0,418	0,396	0,376	0,358	0,245	0,187	0,151
3	1,90	1,44	1,14	0,94	0,80	0,70	0,62	0,56	0,51	0,47	0,43	0,40	0,38	0,35	0,335	0,317	0,301	0,287	0,274	0,189	0,146	0,119
4	1,62	1,25	1,01	0,84	0,72	0,63	0,57	0,51	0,47	0,43	0,40	0,37	0,35	0,33	0,310	0,294	0,279	0,266	0,254	0,177	0,136	0,112
5	1,53	1,19	0,96	0,81	0,70	0,61	0,55	0,50	0,45	0,42	0,39	0,36	0,34	0,32	0,303	0,287	0,273	0,260	0,249	0,173	0,134	0,110
6	1,50	1,17	0,95	0,80	0,69	0,61	0,55	0,49	0,45	0,42	0,39	0,36	0,34	0,32	0,302	0,287	0,273	0,260	0,249	0,174	0,135	0,110
7	1,49	1,17	0,95	0,80	0,69	0,61	0,55	0,50	0,45	0,42	0,39	0,36	0,34	0,32	0,304	0,289	0,275	0,262	0,251	0,175	0,136	0,111
8	1,49	1,18	0,96	0,81	0,70	0,62	0,55	0,50	0,46	0,42	0,39	0,37	0,35	0,33	0,308	0,292	0,278	0,265	0,254	0,178	0,138	0,113
9	1,50	1,19	0,97	0,82	0,71	0,62	0,56	0,51	0,47	0,43	0,40	0,37	0,35	0,33	0,312	0,297	0,282	0,269	0,258	0,180	0,140	0,115
10	1,52	1,20	0,98	0,83	0,72	0,63	0,57	0,52	0,47	0,44	0,41	0,38	0,36	0,34	0,317	0,301	0,287	0,274	0,262	0,183	0,142	0,117
11	1,54	1,22	0,99	0,84	0,73	0,64	0,58	0,52	0,48	0,44	0,41	0,38	0,36	0,34	0,322	0,306	0,291	0,278	0,266	0,186	0,145	0,119
12	1,56	1,23	1,01	0,85	0,74	0,65	0,58	0,53	0,49	0,45	0,42	0,39	0,37	0,35	0,327	0,311	0,296	0,282	0,270	0,189	0,147	0,121
13	1,58	1,25	1,02	0,86	0,75	0,66	0,59	0,54	0,49	0,46	0,42	0,40	0,37	0,35	0,332	0,316	0,300	0,287	0,274	0,192	0,149	0,122
14	1,60	1,26	1,03	0,87	0,76	0,67	0,60	0,55	0,50	0,46	0,43	0,40	0,38	0,36	0,337	0,320	0,305	0,291	0,279	0,195	0,152	0,124
15	1,62	1,28	1,05	0,89	0,77	0,68	0,61	0,55	0,51	0,47	0,44	0,41	0,38	0,36	0,342	0,325	0,310	0,295	0,283	0,198	0,154	0,126
16	1,64	1,30	1,06	0,90	0,78	0,69	0,62	0,56	0,52	0,48	0,44	0,41	0,39	0,37	0,348	0,330	0,314	0,300	0,287	0,201	0,156	0,128
17	1,66	1,32	1,08	0,91	0,79	0,70	0,63	0,57	0,52	0,48	0,45	0,42	0,39	0,37	0,352	0,335	0,319	0,304	0,291	0,204	0,158	0,130
18	1,68	1,33	1,09	0,92	0,80	0,71	0,64	0,58	0,53	0,49	0,46	0,43	0,40	0,38	0,357	0,339	0,323	0,308	0,295	0,207	0,161	0,132
19	1,70	1,35	1,10	0,93	0,81	0,72	0,64	0,59	0,54	0,50	0,46	0,43	0,41	0,38	0,362	0,344	0,327	0,312	0,299	0,210	0,163	0,134
20	1,72	1,36	1,12	0,95	0,82	0,73	0,65	0,59	0,54	0,50	0,47	0,44	0,41	0,39	0,367	0,348	0,332	0,317	0,303	0,212	0,165	0,135
30	1,92	1,52	1,24	1,05	0,91	0,81	0,73	0,66	0,60	0,56	0,52	0,49	0,46	0,43	0,408	0,387	0,369	0,352	0,337	0,237	0,184	0,151
40	2,08	1,66	1,35	1,14	0,99	0,88	0,79	0,72	0,66	0,61	0,57	0,53	0,50	0,47	0,444	0,422	0,402	0,384	0,367	0,258	0,201	0,165
50	2,23	1,77	1,45	1,22	1,06	0,94	0,85	0,77	0,71	0,65	0,61	0,57	0,53	0,50	0,476	0,453	0,431	0,412	0,394	0,277	0,216	0,177
100	2,81	2,23	1,83	1,55	1,34	1,19	1,07	0,97	0,89	0,83	0,77	0,72	0,67	0,64	0,60	0,573	0,546	0,521	0,499	0,351	0,273	0,224
200	3,61	2,88	2,35	1,99	1,73	1,53	1,38	1,25	1,15	1,06	0,99	0,93	0,87	0,82	0,78	0,74	0,70	0,67	0,64	0,454	0,353	0,290
500	5,15	4,10	3,35	2,84	2,47	2,19	1,97	1,79	1,64	1,52	1,42	1,32	1,24	1,17	1,11	1,06	1,01	0,96	0,92	0,65	0,504	0,414
1000	6,81	5,43	4,44	3,77	3,28	2,90	2,61	2,37	2,18	2,02	1,88	1,76	1,65	1,56	1,47	1,40	1,33	1,27	1,22	0,86	0,669	0,549

[751]

Tabelle 274. (Fortsetzung) Kritische Werte K für den Test von Link und Wallace. $P = 0{,}01$

n \ k	2	3	4	5	6	7	8	9	10	11	12	13	14	15	16	17	18	19	20	30	40	50
2	7,92	4,32	2,84	2,10	1,66	1,38	1,17	1,02	0,91	0,82	0,74	0,68	0,63	0,58	0,54	0,51	0,480	0,454	0,430	0,285	0,214	0,172
3	3,14	2,12	1,57	1,25	1,04	0,89	0,78	0,69	0,62	0,57	0,52	0,48	0,45	0,42	0,39	0,37	0,352	0,334	0,318	0,217	0,165	0,134
4	2,48	1,74	1,33	1,08	0,91	0,78	0,69	0,62	0,56	0,51	0,47	0,44	0,41	0,38	0,36	0,34	0,323	0,307	0,293	0,200	0,153	0,125
5	2,24	1,60	1,24	1,02	0,86	0,75	0,66	0,59	0,54	0,49	0,46	0,42	0,40	0,37	0,35	0,33	0,314	0,299	0,285	0,196	0,151	0,123
6	2,14	1,55	1,21	0,99	0,85	0,74	0,65	0,59	0,53	0,49	0,45	0,42	0,39	0,37	0,35	0,33	0,313	0,298	0,284	0,196	0,151	0,123
7	2,10	1,53	1,20	0,99	0,84	0,73	0,65	0,59	0,53	0,49	0,45	0,42	0,39	0,37	0,35	0,33	0,314	0,299	0,286	0,198	0,152	0,124
8	2,09	1,53	1,20	0,99	0,85	0,74	0,66	0,59	0,54	0,49	0,46	0,43	0,40	0,37	0,35	0,33	0,318	0,303	0,289	0,200	0,154	0,126
9	2,09	1,54	1,21	1,00	0,85	0,75	0,66	0,60	0,54	0,50	0,46	0,43	0,40	0,38	0,36	0,34	0,322	0,307	0,293	0,203	0,156	0,127
10	2,10	1,55	1,22	1,01	0,86	0,76	0,67	0,61	0,55	0,51	0,47	0,44	0,41	0,38	0,36	0,34	0,327	0,311	0,297	0,206	0,159	0,129
11	2,11	1,56	1,23	1,02	0,87	0,76	0,68	0,61	0,56	0,51	0,48	0,44	0,42	0,39	0,37	0,35	0,332	0,316	0,302	0,209	0,161	0,132
12	2,13	1,58	1,25	1,04	0,89	0,78	0,69	0,62	0,57	0,52	0,48	0,45	0,42	0,40	0,37	0,35	0,337	0,321	0,306	0,213	0,164	0,134
13	2,15	1,60	1,26	1,05	0,90	0,79	0,70	0,63	0,58	0,53	0,49	0,46	0,43	0,40	0,38	0,36	0,342	0,326	0,311	0,216	0,166	0,136
14	2,18	1,62	1,28	1,06	0,91	0,80	0,71	0,64	0,58	0,54	0,50	0,46	0,43	0,41	0,39	0,36	0,347	0,330	0,316	0,219	0,169	0,138
15	2,20	1,63	1,30	1,08	0,92	0,81	0,72	0,65	0,59	0,54	0,50	0,47	0,44	0,41	0,39	0,37	0,352	0,335	0,320	0,222	0,171	0,140
16	2,22	1,65	1,31	1,09	0,93	0,82	0,73	0,66	0,60	0,55	0,51	0,48	0,45	0,42	0,40	0,38	0,357	0,340	0,325	0,226	0,174	0,142
17	2,25	1,67	1,33	1,10	0,95	0,83	0,74	0,67	0,61	0,56	0,52	0,48	0,45	0,43	0,40	0,38	0,362	0,345	0,329	0,229	0,176	0,144
18	2,27	1,69	1,34	1,12	0,96	0,84	0,75	0,68	0,62	0,57	0,53	0,49	0,46	0,43	0,41	0,39	0,367	0,350	0,334	0,232	0,179	0,146
19	2,30	1,71	1,36	1,13	0,97	0,85	0,76	0,68	0,62	0,57	0,53	0,50	0,46	0,44	0,41	0,39	0,372	0,354	0,338	0,235	0,181	0,148
20	2,32	1,73	1,38	1,14	0,98	0,86	0,77	0,69	0,63	0,58	0,54	0,50	0,47	0,44	0,42	0,40	0,376	0.359	0.343	0,238	0,184	0,150
30	2,59	1,95	1,54	1,27	1,09	0,96	0,85	0,77	0,70	0,65	0,60	0,56	0,52	0,49	0,46	0,44	0,419	0,399	0,381	0,266	0,205	0,168
40	2,80	2,11	1,66	1,38	1,18	1,04	0,93	0,84	0,76	0,70	0,65	0,61	0,57	0,54	0,51	0,48	0,456	0,435	0,415	0,289	0,223	0,183
50	2,99	2,25	1,78	1,48	1,27	1,11	0,99	0,90	0,82	0,75	0,70	0,65	0,61	0,57	0,54	0,51	0,489	0,466	0,446	0,310	0,240	0,196
100	3,74	2,83	2,24	1,86	1,60	1,40	1,25	1,13	1,03	0,95	0,88	0,82	0,77	0,73	0,69	0,65	0,62	0,590	0,564	0,393	0,304	0,248
200	4,79	3,63	2,88	2,39	2,06	1,81	1,61	1,46	1,33	1,23	1,14	1,06	0,99	0,94	0,88	0,84	0,80	0,76	0,73	0,507	0,392	0,320
500	6,81	5,16	4,10	3,41	2,93	2,58	2,30	2,08	1,90	1,75	1,62	1,52	1,42	1,34	1,26	1,20	1,14	1,09	1,04	0,73	0,560	0,458
1000	9,01	6,83	5,42	4,52	3,88	3,41	3,05	2,76	2,52	2,32	2,15	2,01	1,88	1,77	1,68	1,59	1,51	1,44	1,38	0,96	0,743	0,608

[751]

Tabelle 275

	A	B	C
	3	4	6
	5	4	7
	2	3	8
	4	8	6
	8	7	7
	4	4	9
	3	2	10
	9	5	9
$\bar{x}_i$	4,750	4,625	7,750
R_i	7	6	4

$n = 8, k = 3, \alpha = 0{,}05$

$$n = 8 \qquad k = 3 \qquad \frac{nR_{(\bar{x}_i)}}{\sum R_i} = \frac{8(7{,}750 - 4{,}625)}{7 + 6 + 4} = 1{,}47$$

Da $1{,}47 > 1{,}18 = K_{(8;3;0{,}05)}$, wird die Nullhypothese $\mu_A = \mu_B = \mu_C$, abgelehnt. Die entsprechende Varianzanalyse liefert mit $\hat{F} = 6{,}05 > 3{,}47 = F_{(2;21;0{,}05)}$ dieselbe Entscheidung. Mit

$$\begin{aligned} \bar{x}_C - \bar{x}_B &= 3{,}125 \\ \bar{x}_C - \bar{x}_A &= 3{,}000 \end{aligned} > 2{,}51 = \frac{1{,}18 \cdot 17}{8}$$

lassen sich auch die Nullhypothesen $\mu_A = \mu_C$ und $\mu_B = \mu_C$ auf dem 5%-Niveau zurückweisen; da $\bar{x}_A - \bar{x}_B = 0{,}125 < 2{,}51$ ist, gilt: $\mu_A = \mu_B \neq \mu_C$

2. Gegeben: 4 Stichprobengruppen mit je 10 Beobachtungen (Tabelle 276).

Tabelle 276

$\bar{x}_i$	R_i
$\bar{x}_1 = 10$	$R_1 = 3$
$\bar{x}_2 = 11$	$R_2 = 3$
$\bar{x}_3 = 11$	$R_3 = 2$
$\bar{x}_4 = 12$	$R_4 = 4$
$R_{(\bar{x}_i)} = 2$	$\sum R_i = 12$

$n = 10,\ k = 4,\ \alpha = 0{,}01$

$$\frac{nR_{(\bar{x}_i)}}{\sum R_i} = \frac{10 \cdot 2}{12} = 1{,}67 > 1{,}22 = K_{(10;4;0{,}01)}$$

	$\bar{x}_1$	$\bar{x}_2$	$\bar{x}_3$	$\bar{x}_4$
$\bar{x}_4$	2	1	1	
$\bar{x}_3$	1			
$\bar{x}_2$	1			
$\bar{x}_1$				

$$\frac{K \sum R_i}{n} = \frac{1{,}22 \cdot 12}{10} = 1{,}46$$

Das „Dreieck" der Differenzen D der Mittelwerte zeigt, $\bar{x}_4 - \bar{x}_1 = 2 > 1{,}46$, daß die spezielle Hypothese $\mu_1 = \mu_4$ auf dem 1%-Niveau verworfen werden muß.

S.-Y. Chen und H.J. Chen stellen einen **Spannweitentest** vor für die **Gleichheit von Mittelwerten bei ungleichen Varianzen**; mit kritischen Schranken und einem Beispiel [Technometrics **41** (1999), 250–260].

752 Multiple Vergleiche unabhängiger Stichproben nach Nemenyi

Liegen mehrere unterschiedlich behandelte Stichprobengruppen gleicher Umfänge vor [752]
und sollen alle diese Gruppen oder Behandlungen miteinander verglichen und auf mögliche Unterschiede geprüft werden, dann bietet sich für Daten mit angenähert gleicher Verteilungsform ein von *Nemenyi (1963)* vorgeschlagener *Rangtest* an (vgl. auch [395] und [396] sowie M: 84–86, 259 und M 2: 122–125, 176–183, 235–241).

Der Test im einzelnen: Es liegen k Behandlungsgruppen mit je n Elementen vor. Den $n \cdot k$ Beobachtungswerten der vereinigten Stichprobe werden Rangordnungszahlen zugeordnet; die kleinste Beobachtung erhält den Rang 1, die größte den Rang $n \cdot k$. Gleich großen Beobachtungswerten werden mittlere Ränge zugeteilt. Addiert man die Ränge der einzelnen Behandlungsgruppen und bildet alle möglichen absoluten Differenzen dieser Summen, dann lassen sich diese anhand eines kritischen Wertes D prüfen. Ist die berechnete Differenz gleich groß oder größer als der für ein gewähltes Signifikanzniveau und die Werte n und k der Tabelle 277 zu entnehmende kritische Wert D, dann besteht zwischen den beiden Behandlungen ein echter Unterschied. Ist sie kleiner, so kann an der Gleichheit der beiden Gruppen nicht gezweifelt werden. Bei ungleichen Stichprobenumfängen rechnet man dann, wenn keine oder nur wenige Bindungen auftreten, nach Formel (7.53). Treten viele Bindungen auf, so wird Formel (3.93) aus [395] bevorzugt.

Beispiel

Es werden in einem Vorversuch 20 Ratten auf 4 Futtergruppen verteilt. Die Gewichte nach 70 Tagen enthält Tabelle 278, rechts neben den Gewichten sind die Rangzahlen sowie deren Spaltensummen notiert (Tab. 278). Die absoluten Differenzen der Spaltenrangsummen (Tab. 279) werden dann mit der kritischen Differenz D für $n = 5$ und $k = 4$ auf dem 10%-Niveau verglichen.

Tabelle 277. Kritische Differenzen D für die Einwegklassifizierung: Vergleich aller möglichen Paare von Behandlungen nach Nemenyi. $P = 0{,}10$ (zweiseitig) (aus Wilcoxon, F. und Roberta A. Wilcox: Some Rapid Approximate Statistical Procedures, Lederle Laboratories, Pearl River, New York 1964, pp. 29–31)

n	k = 3	k = 4	k = 5	k = 6	k = 7	k = 8	k = 9	k = 10
1	2,9	4,2	5,5	6,8	8,2	9,6	11,1	12,5
2	7,6	11,2	14,9	18,7	22,5	26,5	30,5	34,5
3	13,8	20,2	26,9	33,9	40,9	48,1	55,5	63,0
4	20,9	30,9	41,2	51,8	62,6	73,8	85,1	96,5
5	29,0	42,9	57,2	72,1	87,3	102,8	118,6	134,6
6	37,9	56,1	75,0	94,5	114,4	134,8	155,6	176,6
7	47,6	70,5	94,3	118,8	144,0	169,6	195,8	222,3
8	58,0	86,0	115,0	145,0	175,7	207,0	239,0	271,4
9	69,1	102,4	137,0	172,8	209,4	246,8	284,9	323,6
10	80,8	119,8	160,3	202,2	245,1	288,9	333,5	378,8
11	93,1	138,0	184,8	233,1	282,6	333,1	384,6	436,8
12	105,9	157,1	210,4	265,4	321,8	379,3	438,0	497,5
13	119,3	177,0	237,1	299,1	362,7	427,6	493,7	560,8
14	133,2	197,7	264,8	334,1	405,1	477,7	551,6	626,6
15	147,6	219,1	293,6	370,4	449,2	529,6	611,6	694,8
16	162,5	241,3	323,3	407,9	494,7	583,3	673,6	765,2
17	177,9	264,2	353,9	446,6	541,6	638,7	737,6	837,9
18	193,7	287,7	385,5	486,5	590,0	695,7	803,4	912,8
19	210,0	311,9	417,9	527,5	639,7	754,3	871,2	989,7
20	226,7	336,7	451,2	569,5	690,7	814,5	940,7	1068,8
21	243,8	362,2	485,4	612,6	743,0	876,2	1012,0	1149,8
22	261,3	388,2	520,4	656,8	796,6	939,4	1085,0	1232,7
23	279,2	414,9	556,1	702,0	851,4	1004,1	1159,7	1317,6
24	297,5	442,2	592,7	748,1	907,4	1070,2	1236,0	1404,3
25	316,2	470,0	630,0	795,3	964,6	1137,6	1314,0	1492,9

[752]

Tabelle 277. (Fortsetzung). $P = 0{,}05$ (zweiseitig)

n	k = 3	k = 4	k = 5	k = 6	k = 7	k = 8	k = 9	k = 10
1	3,3	4,7	6,1	7,5	9,0	10,5	12,0	13,5
2	8,8	12,6	16,5	20,5	24,7	28,9	33,1	37,4
3	15,7	22,7	29,9	37,3	44,8	52,5	60,3	68,2
4	23,9	34,6	45,6	57,0	68,6	80,4	92,4	104,6
5	33,1	48,1	63,5	79,3	95,5	112,0	128,8	145,8
6	43,3	62,9	83,2	104,0	125,3	147,0	169,1	191,4
7	54,4	79,1	104,6	130,8	157,6	184,9	212,8	240,9
8	66,3	96,4	127,6	159,6	192,4	225,7	259,7	294,1
9	78,9	114,8	152,0	190,2	229,3	269,1	309,6	350,6
10	92,3	134,3	177,8	222,6	268,4	315,0	362,4	410,5
11	106,3	154,8	205,0	256,6	309,4	363,2	417,9	473,3
12	120,9	176,2	233,4	292,2	352,4	413,6	476,0	539,1
13	136,2	198,5	263,0	329,3	397,1	466,2	536,5	607,7
14	152,1	221,7	293,8	367,8	443,6	520,8	599,4	679,0
15	168,6	245,7	325,7	407,8	491,9	577,4	664,6	752,8
16	185,6	270,6	358,6	449,1	541,7	635,9	732,0	829,2
17	203,1	296,2	392,6	491,7	593,1	696,3	801,5	907,9
18	221,2	322,6	427,6	535,5	646,1	758,5	873,1	989,0
19	239,8	349,7	463,6	580,6	700,5	822,4	946,7	1072,4
20	258,8	377,6	500,5	626,9	756,4	888,1	1022,3	1158,1
21	278,4	406,1	538,4	674,4	813,7	955,4	1099,8	1245,9
22	298,4	435,3	577,2	723,0	872,3	1024,3	1179,1	1335,7
23	318,9	465,2	616,9	772,7	932,4	1094,8	1260,3	1427,7
24	339,8	495,8	657,4	823,5	993,7	1166,8	1343,2	1521,7
25	361,1	527,0	698,8	875,4	1056,3	1240,4	1427,9	1617,6

Tabelle 277. (Fortsetzung) $P = 0{,}01$ (zweiseitig)

n	k = 3	k = 4	k = 5	k = 6	k = 7	k = 8	k = 9	k = 10
1	4,1	5,7	7,3	8,9	10,5	12,2	13,9	15,6
2	10,9	15,3	19,7	24,3	28,9	33,6	38,3	43,1
3	19,5	27,5	35,7	44,0	52,5	61,1	69,8	78,6
4	29,7	41,9	54,5	67,3	80,3	93,6	107,0	120,6
5	41,2	58,2	75,8	93,6	111,9	130,4	149,1	168,1
6	53,9	76,3	99,3	122,8	146,7	171,0	195,7	220,6
7	67,6	95,8	124,8	154,4	184,6	215,2	246,3	277,7
8	82,4	116,8	152,2	188,4	225,2	262,6	300,6	339,0
9	98,1	139,2	181,4	224,5	268,5	313,1	358,4	404,2
10	114,7	162,8	212,2	262,7	314,2	366,5	419,5	473,1
11	132,1	187,6	244,6	302,9	362,2	422,6	483,7	545,6
12	150,4	213,5	278,5	344,9	412,5	481,2	551,0	621,4
13	169,4	240,6	313,8	388,7	464,9	542,4	621,0	700,5
14	189,1	268,7	350,5	434,2	519,4	606,0	693,8	782,6
15	209,6	297,8	388,5	481,3	575,8	671,9	769,3	867,7
16	230,7	327,9	427,9	530,1	634,2	740,0	847,3	955,7
17	252,5	359,0	468,4	580,3	694,4	810,2	927,8	1046,5
18	275,0	391,0	510,2	632,1	756,4	882,6	1010,6	1140,0
19	298,1	423,8	553,1	685,4	820,1	957,0	1095,8	1236,2
20	321,8	457,6	597,2	740,0	885,5	1033,3	1183,3	1334,9
21	346,1	492,2	642,4	796,0	952,6	1111,6	1273,0	1436,0
22	371,0	527,6	688,7	853,4	1021,3	1191,8	1364,8	1539,7
23	396,4	563,8	736,0	912,1	1091,5	1273,8	1458,8	1645,7
24	422,4	600,9	784,4	972,1	1163,4	1357,6	1554,8	1754,0
25	449,0	638,7	833,8	1033,3	1236,7	1443,2	1652,8	1864,6

Weitere Tabellenwerte D für $k > 10$ und $n = 1(1)20$ sind bei Bedarf nach $D = W\sqrt{n(nk)(nk+1)/12}$ zu berechnen, wobei W für $P = 0{,}05$ (0,01) der Tabelle 268 letzte Zeile, entnommen bzw. für anderes P in Tabelle 23 der Biometrika Tables (Pearson

und Hartley 1970, S. 178/183) interpoliert wird: z. B. Tabelle 277; $P = 0{,}05$; $n = 25$; $k = 10$: 1617,6; $\sqrt{25(25 \cdot 10)(25 \cdot 10 + 1)/12} = \sqrt{} = 361{,}5649$; (1) Tabelle 268 $k = 10$: $W = 4{,}47$ und $W\sqrt{} = 1616{,}2$; (2) [Table 23, Seite 180; Spalte 10] $P' = 0{,}95$: [752]
$W = 4{,}4745$ und $W\sqrt{} = 1617{,}8$.

Tabelle 278

I		II		III		IV	
203	12	213	16	171	5	207	13
184	7 1/2	246	18	208	14	152	2
169	4	184	7 1/2	260	19	176	6
216	17	282	20	193	10	200	11
209	15	190	9	160	3	145	1
	55 1/2		70 1/2		51		33

Tabelle 279

	II $(70\frac{1}{2})$	III (51)	IV (33)
I $(55\frac{1}{2})$	15	$4\frac{1}{2}$	$22\frac{1}{2}$
II $(70\frac{1}{2})$		$19\frac{1}{2}$	$37\frac{1}{2}$
III (51)			18

Tabelle 277 ($P = 0{,}10$; $k = 4$; $n = 5$) zeigt $D = 42{,}9$. Dieser Wert wird von keiner Differenz erreicht. Möglicherweise ließe sich bei vergrößertem Stichprobenumfang ein Unterschied zwischen den Futtergruppen II und IV sichern.

Bei **ungleichen Stichprobenumfängen** mit jeweils 6 oder mehr Beobachtungen $n_i, n_{i'}, n_{i''}, \ldots \geqq 6$) und $k \geqq 4$ Stichprobengruppen mit insgesamt n Beobachtungen, von denen wenigstens 75% unterschiedliche Werte aufweisen (d. h. höchstens 25% Bindungen sind zulässig), ordnet man Ränge zu, bildet die Stichprobenrangsumme $R_i, R_{i'}, R_{i''}, \ldots$ und dividiert sie durch die zugehörigen Stichprobenumfänge, so daß mittlere Stichprobenränge (z. B. $\bar{R}_{i'} = R_{i'}/n_{i'}$) entstehen. Ein Behandlungsunterschied wird dann nach Nemenyi auf dem $100\alpha\%$-Niveau akzeptiert, sobald

$$\left|\frac{R_i}{n_i} - \frac{R_{i'}}{n_{i'}}\right| > \sqrt{\chi^2_{k-1;\alpha}\left[\frac{n(n+1)}{12}\right]\left[\frac{n_i + n_{i'}}{n_i n_{i'}}\right]} \qquad (7.53)$$

Für $\alpha = 0{,}05$ und $k = 4$ ergibt sich z. B. der Wert $\chi^2_{4-1;0,05} = \chi^2_{3;0,05} = 7{,}81$ (vgl. Tab. 50 in [152]).

76 Rangvarianzanalyse für mehrere verbundene Stichproben

[76]

761 Friedman-Test: Doppelte Zerlegung mit einer Beobachtung pro Zelle

In den Abschnitten 395 und 752 haben wir uns mit dem verteilungsfreien Vergleich meh- [761]
rerer *unabhängiger* Stichproben befaßt. Für den verteilungsunabhängigen *Vergleich mehrerer verbundener Stichproben* von Meßwerten hinsichtlich ihrer zentralen Tendenz steht die von *Friedman (1937)* entwickelte Rangvarianzanalyse, eine zweifache Varianzanalyse mit Rangzahlen, zur Verfügung. Untersucht werden n Individuen, Stichprobengruppen oder Blöcke (vgl. Abschnitt 77) unter k Bedingungen. Wird die Gesamtstichprobe anhand eines mit dem untersuchten Merkmal möglichst hoch korrelierten Kontrollmerkmals in

Gruppen zu je k Individuen aufgeteilt, so muß beachtet werden, daß die Individuen eines Blockes bezüglich des Kontrollmerkmals gut übereinstimmen. Die k Individuen eines
[761] jeden Blockes werden dann nach Zufall auf die k Bedingungen verteilt.

Unter der Hypothese, daß die verschiedenen Bedingungen keinen Einfluß auf die Verteilung der betroffenen Meßwerte nehmen, werden sich die *Rangplätze der n Individuen*

Übersicht 93. Friedman-Test für k verbundene Stichproben. Eine Rang-Block-Varianzanalyse. Experiment mit $k \geqq 3$ Behandlungen in $n \geqq 2$ Blöcken. Jeder Block enthält k Einheiten; und zwar so, daß blockintern jeweils k Behandlungen streng zufällig zugeordnet werden und die Zuordnungen zu den unterschiedlichen Blöcken unabhängig sind. Dem Resultat des Experiments entsprechend erhalten in jedem Block die Einheiten Rangzahlen von 1 bis k zugeordnet. Die Summe aller Rangzahlen derselben Behandlung über alle Blöcke bilden die Friedman-Summen.

Friedman-Schema, d. h. die Meßwerte jeder Zeile werden in Ränge von 1 bis k umgewandelt, die spaltenweise zu den Rangsummen R_i addiert werden

Block	Behandlungen bzw. Bedingungen 1 2 ... k
1 2 ⋮ n	Meßwerte Zumindest ordinal-skalierte Daten

Für jede Blockbildung gilt es, die Zwischenblock-Variation zu maximieren und die Variation der Untersuchungseinheiten innerhalb der Blöcke zu minimieren, um unterschiedlichen Behandlungen der Untersuchungseinheiten eines Blockes vor der Zuordnung der Behandlung gleiche Ausgangschancen zu gewähren.

⇒

Block	Behandlungen bzw. Beding. 1 2 ...... k	$\sum$
1 2 ⋮ n	Ränge Innerhalb eines jeden Blockes werden den k Beobachtungen Ränge von 1 bis k zugewiesen	$k(k+1)/2$ $k(k+1)/2$ ⋮ $k(k+1)/2$
R_i	$R_1\ R_2\ \ldots\ldots\ R_k$	$nk(k+1)/2$
R_i^2	$R_1^2\ R_2^2\ \ldots\ldots\ R_k^2$	$\sum_{i=1}^{i=k} R_i^2$

Die Blöcke sind Individuen oder Gruppen jeweils gleichartiger Untersuchungseinheiten. An n Blöcken werden dann jeweils k Behandlungen oder k Bedingungen verglichen.

H_0: Alle $(k!)^n$ Ranganordnungen sind gleichwahrscheinlich, d. h. die k Behandlungen haben gleiche Wirkungen (die k Spalten entstammen derselben Grundgesamtheit).

H_A: Mindestens 2 der k Behandlungen haben unterschiedliche Wirkungen (mindestens 2 Spalten entstammen nicht derselben Grundgesamtheit).

Bei Gültigkeit von H_0 sollten die k Spalten-Rang-Summen R_i sehr ähnlich sein und von ihrem Mittelwert $n(k+1)/2$ nur wenig abweichen.

Geprüft wird H_0: Für n Blöcke mit jeweils k Behandlungen lassen sich keine Behandlungseffekte (Behandlungsunterschiede) feststellen. Prüfgrößen: (7.54) bis (7.59).

oder Blöcke nach Zufall auf die k Bedingungen verteilen. Bildet man unter Annahme der Nullhypothese die Rangsumme für jede der k Bedingungen, so werden diese nicht oder nur zufällig voneinander abweichen. Üben einzelne Bedingungen jedoch einen systematischen Einfluß aus, so werden die k Spalten überzufällig unterschiedliche Rangsummen aufweisen. Zur Prüfung der Nullhypothese: es gibt keinen Behandlungseffekt für die k Behandlungen in n Blöcken, sämtliche Behandlungen entstammen einer gemeinsamen Grundgesamtheit – Näheres ist Übersicht 93 zu entnehmen – hat Friedman eine Prüfgröße $\hat{\chi}^2_R$ angegeben. **[761]**

$$\hat{\chi}^2_R = \left[\frac{12}{nk(k+1)}\sum_{i=1}^{k} R_i^2\right] - 3n(k+1) \tag{7.54}$$

n = Anzahl der Zeilen (die voneinander unabhängig, aber untereinander nicht homogen zu sein brauchen): Blöcke, Individuen, Wiederholungen, Stichprobengruppen

k = Anzahl der Spalten (mit zufälliger Zuordnung der): Bedingungen, Behandlungen, Sorten, Faktoren (zu den Versuchseinheiten)

$\sum_{i=1}^{k} R_i^2$ = Summe der Quadrate der Spaltenrangsummen für die k zu vergleichenden Behandlungen oder Bedingungen.

Die Prüfstatistik $\hat{\chi}^2_R$ ist für nicht zu kleines n angenähert wie χ^2 für $k-1$ Freiheitsgrade verteilt. Für kleine Werte von n ist diese Approximation unzureichend. Tabelle 280 enthält 5%- und 1%-Schranken. Werden sie durch $\hat{\chi}^2_R$ erreicht oder überstiegen, dann entstammen nicht alle k Spalten einer gemeinsamen Grundgesamtheit. So ist ein $\hat{\chi}^2_R$ = 9,000 für k = 3 und n = 8 auf dem 1%-Niveau statistisch signifikant.

Bindungen innerhalb einer Zeile (d. h. gleiche Meßwerte bzw. mittlere Rangplätze) sind streng genommen nicht zulässig; man berechne dann nach *Victor (1972)*

$$\hat{\chi}^2_{R,B} = \left\{ n \Big/ \left[n - \frac{1}{k^3 - k}\left(\sum_{i=1}^{n}\sum_{j=1}^{r_i} t_{ij}^3 - t_{ij})\right)\right]\right\} \cdot \hat{\chi}^2_R \tag{7.55}$$

(7.55) mit r_i = Anzahl der Bindungen innerhalb der i-ten Zeile, des i-ten Blockes und t_{ij} = Vielfachheit [vgl. auch (3.89) auf S. 389] der j-ten Bindung im i-ten Block.

Der Friedman-Test ist ein Homogenitäts-Test. Welche Bedingungen oder Behandlungen untereinander statistisch signifikante Unterschiede aufweisen, kann z. B. nach (7.59) oder nach Wilcoxon und Wilcox ([762]) geprüft werden.
Die Methode im einzelnen (vgl. Übersicht 93 auf S. 666):

1. Die Beobachtungswerte werden in eine Zweiwegtafel eingetragen; *horizontal* k Behandlungen oder Bedingungen, *vertikal*: n Individuen, Blöcke, Stichprobengruppen oder Wiederholungen.
2. Die Werte jeder Zeile werden in eine Rangordnung gebracht; jede Zeile weist also die Rangzahlen 1 bis k auf.
3. Für jede Spalte wird die Rangsumme R_i (für die i-te Spalte) ermittelt; alle Rangsummen werden nach $\sum_i R_i = \frac{1}{2}nk(k+1)$ kontrolliert.
4. $\hat{\chi}^2_R$ wird nach (7.54) berechnet (bei Bindungen wird $\hat{\chi}^2_{R,B}$ nach (7.55) berechnet).

5. Beurteilung von $\hat{\chi}_R^2$ (bzw. von $\hat{\chi}_{R,B}^2$) anhand der Tabellen 280 und 281 bzw. für großes n anhand der χ^2-Tabelle oder besser anhand von (7.58).

[761]

$\hat{\chi}_R^2$ ist für **nicht zu kleines n angenähert** nach χ_{k-1}^2 verteilt, wobei ein eher konservativer Test vorliegt. Strebt man einen etwas liberalen Test an, so vergleiche man

$$\hat{F} = \frac{(n-1)\hat{\chi}_R^2}{n(k-1)-\hat{\chi}_R^2} \quad \text{mit} \quad F_{(k-1);(n-1)(k-1);\alpha} \tag{7.56}$$

Optimal erscheint eine lineare Kombination beider:

$$\hat{J} = [\hat{\chi}_R^2 + (k-1)\hat{F}]/2 = \frac{\hat{\chi}_R^2}{2}\left[1 + \frac{(n-1)(k-1)}{n(k-1)-\hat{\chi}_R^2}\right] \tag{7.57}$$

Tabelle 280. 5% und 1%-Schranken für den Friedman-Test (aus Michaelis, J.: Schwellenwerte des Friedman-Tests, Biometr. Zeitschr. **13** (1971), 118–129, S. 122 mit Genehmigung des Autors und des Akademie-Verlages Berlin).
Nach der F-Verteilung approximierte kritische Schranken von χ_R^2 für $P = 0{,}05$; links oben: exakte Werte für $P \leqq 0{,}05$; nach Odeh (1977) korrigierte exakte Werte werden für $k = 5$ und $n = 6$ bis 8 sowie für $k = 6$ und $n = 4$ bis 6 gegeben

$n \backslash k$	3	4	5	6	7	8	9	10	11	12	13	14	15
3	6,000	7,4	8,53	9,86	11,24	12,57	13,88	15,19	16,48	17,76	19,02	20,27	21,53
4	6,500	7,8	8,8	10,29	11,63	12,99	14,34	15,67	16,98	18,3	19,6	20,9	22,1
5	6,400	7,8	8,96	10,49	11,84	13,23	14,59	15,93	17,27	18,6	19,9	21,2	22,4
6	7,000	7,6	9,07	10,57	11,97	13,38	14,76	16,12	17,4	18,8	20,1	21,4	22,7
7	7,143	7,8	9,14	10,62	12,07	13,48	14,87	16,23	17,6	18,9	20,2	21,5	22,8
8	6,250	7,65	9,20	10,68	12,14	13,56	14,95	16,32	17,7	19,0	20,3	21,6	22,9
9	6,222	7,66	9,22	10,73	12,19	13,61	15,02	16,40	17,7	19,1	20,4	21,7	23,0
10	6,200	7,67	9,25	10,76	12,23	13,66	15,07	16,44	17,8	19,2	20,5	21,8	23,1
11	6,545	7,68	9,27	10,79	12,27	13,70	15,11	16,48	17,9	19,2	20,5	21,8	23,1
12	6,167	7,70	9,29	10,81	12,29	13,73	15,15	16,53	17,9	19,3	20,6	21,9	23,2
13	6,615	7,70	9,30	10,83	12,32	13,76	15,17	16,56	17,9	19,3	20,6	21,9	23,2
14	6,143	7,71	9,32	10,85	12,34	13,78	15,19	16,58	17,9	19,3	20,6	21,9	23,2
15	6,400	7,72	9,33	10,87	12,35	13,80	15,20	16,6	18,0	19,3	20,6	21,9	23,2
16	5,99	7,73	9,34	10,88	12,37	13,81	15,23	16,6	18,0	19,3	20,7	22,0	23,2
17	5,99	7,73	9,34	10,89	12,38	13,83	15,2	16,6	18,0	19,3	20,7	22,0	23,3
18	5,99	7,73	9,36	10,90	12,39	13,83	15,2	16,6	18,0	19,4	20,7	22,0	23,3
19	5,99	7,74	9,36	10,91	12,40	13,8	15,3	16,7	18,0	19,4	20,7	22,0	23,3
20	5,99	7,74	9,37	10,92	12,41	13,8	15,3	16,7	18,0	19,4	20,7	22,0	23,3
∞	5,99	7,82	9,49	11,07	12,59	14,07	15,51	16,92	18,31	19,68	21,03	22,36	23,69

Wenn $\hat{\chi}^2$ den für k, n und P tabellierten Wert erreicht oder übersteigt, entstammen nicht alle k Spalten einer gemeinsamen Grundgesamtheit [vgl. auch Tabelle 281].

Benötigte Stichprobenumfänge lassen sich nach Noether (1987) bestimmen.

$\hat{J}$ wird mit J_α verglichen, dem Durchschnitt beider kritischen Werte:

$$J_\alpha = [\chi^2_{k-1;\alpha} + (k-1)F_{(k-1);(n-1)(k-1);\alpha}]/2 \qquad (7.58)$$ [761]

Für $k + n \geqq 10$ mit $k > 3$ und $n > 3$ benutze man die Approximation $\hat{J}$

Paarweise multiple Vergleiche der Rangsummen R_i lassen sich für nicht zu kleines n ($n \geqq 5$) approximativ nach (7.59) durchführen (vgl. Tab. 120 auf S. 398). Für

$$|R_i - R_{i'}| > q_{k;\alpha}\sqrt{nk(k+1)/12} \qquad (7.59)$$

wird H_0: „Gleichheit der beiden betrachteten Behandlungen" auf dem $100\alpha\%$-Niveau abgelehnt. Einfacher ist der in [762] gegebene Ansatz.

Der Vergleich mehrerer Behandlungen mit einem Standard (einer Kontrolle) wird auf den Seiten 609 bis 612 vorgestellt.

Tabelle 280. (Fortsetzung). Nach der F-Verteilung approximierte kritische Schranken χ^2_R für $P = 0{,}01$; links oben: exakte Werte für $P \leqq 0{,}01$; nach Odeh (1977) korrigierte exakte Werte werden für $k = 5$ und $n = 6$ bis 8 sowie für $k = 6$ und $n = 4$ bis 6 gegeben

n\k	3	4	5	6	7	8	9	10	11	12	13	14	15
3	–	9,000	10,13	11,76	13,26	14,78	16,28	17,74	19,19	20,61	22,00	23,38	24,76
4	8,000	9,600	11,20	12,71	14,19	15,75	17,28	18,77	20,24	21,7	23,1	24,5	25,9
5	8,400	9,960	11,68	13,23	14,74	16,32	17,86	19,37	20,86	22,3	23,7	25,2	26,6
6	9,000	10,200	11,87	13,62	15,10	16,69	18,25	19,77	21,3	22,7	24,2	25,6	27,0
7	8,857	10,54	12,11	13,69	15,35	16,95	18,51	20,04	21,5	23,0	24,4	25,9	27,3
8	9,000	10,50	12,30	13,87	15,53	17,15	18,71	20,24	21,8	23,2	24,7	26,1	27,5
9	9,556	10,44	12,27	14,01	15,68	17,29	18,87	20,42	21,9	23,4	24,95	26,3	27,7
10	9,600	10,53	12,38	14,12	15,79	17,41	19,00	20,53	22,0	23,5	25,0	26,4	27,9
11	9,455	10,60	12,46	14,21	15,89	17,52	19,10	20,64	22,1	23,6	25,1	26,6	28,0
12	9,500	10,68	12,53	14,28	15,96	17,59	19,19	20,73	22,2	23,7	25,2	26,7	28,0
13	9,385	10,72	12,58	14,34	16,03	17,67	19,25	20,80	22,3	23,8	25,3	26,7	28,1
14	9,143	10,76	12,64	14,40	16,09	17,72	19,31	20,86	22,4	23,9	25,3	26,8	28,2
15	8,933	10,80	12,68	14,44	16,14	17,78	19,35	20,9	22,4	23,9	25,4	26,8	28,2
16	8,79	10,84	12,72	14,48	16,18	17,81	19,40	20,9	22,5	24,0	25,4	26,9	28,3
17	8,81	10,87	12,74	14,52	16,22	17,85	19,50	21,0	22,5	24,0	25,4	26,9	28,3
18	8,84	10,90	12,78	14,56	16,25	17,87	19,5	21,1	22,6	24,1	25,5	26,9	28,3
19	8,86	10,92	12,81	14,58	16,27	17,90	19,5	21,1	22,6	24,1	25,5	27,0	28,4
20	8,87	10,94	12,83	14,60	16,30	18,00	19,5	21,1	22,6	24,1	25,5	27,0	28,4
∞	9,21	11,35	13,28	15,09	16,81	18,48	20,09	21,67	23,21	24,73	26,22	27,69	29,14

Wenn $\hat{\chi}^2$ den für k, n und P tabellierten Wert erreicht oder übersteigt, entstammen nicht alle k Spalten einer gemeinsamen Grundgesamtheit.

Tabelle 281. Einige exakte Werte für $P \leqq 0{,}10$ nach Odeh (1977)

[761]

$n \backslash k$	3	4	5	6
3	6,00	6,60	7,47	8,71
4	6,00	6,30	7,60	9,00
5	5,20	6,36	7,68	9,00
6	5,30	6,40	7,73	9,05
7	5,43	6,43	7,77	–
8	5,25	6,30	7,70	–

Betrachten wir noch einmal Übersicht 93. Im allgemeinen werden nk Individuen, ihrer Ähnlichkeit entsprechend, in n unterschiedliche Blöcke mit jeweils k möglichst gleichartigen Individuen („verbundene Stichproben") eingeteilt. Jedes der k Individuen eines Blockes erhält anhand eines Zufallsverfahrens genau eine der k Behandlungen zugeordnet. Die k Behandlungen sind somit als **„fixed"** aufzufassen, die n Blöcke als **„random"**. Differenzen zwischen den Beobachtungen innerhalb eines Blockes werden als unterschiedliche Wirkungen der Behandlungen interpretiert. Je unterschiedlicher die Blöcke untereinander sind, um so besser lassen sich übereinstimmende blockinterne Behandlungswirkungen verallgemeinern.

Mit jeweils c **Wiederholungen** (Doppel- oder Mehrfachbeobachtungen) wird (7.54) zu (7.54a),

$$\hat{\chi}_R^2 = \left[\frac{12}{nkc^2(ck+1)}\sum_{i=1}^{k} R_i^2\right] - 3n(ck+1) \tag{7.54a}$$

beurteilt wie (7.54) [Marascuilo und McSweeney: 376–379 (vgl. auch 384–388, 452); für variables c siehe Technometrics **23** (1981), 171–177].

Beispiel 1

Sind z. B. drei halbbittere Schokoladensorten A, B und C an vier Personen einer Zufallsstichprobe Erwachsener zu testen (α = 0,05), so ergebe sich die Tabelle 282 der Ränge (Rang 1 gelte als beste Note):
Man hätte auch nach den möglichen Preisen in DM fragen können, die die betreffenden Personen für eine entsprechende Tafel für angemessen hielten; z. B. erhielte man

Tabelle 282

Block	A	B	C
1	1	2	3
2	1	2	3
3	1	2	3
4	3	1	2

Tabelle 283

Block	A	B	C
1	2,20	2,00	1,80
2	2,40	1,80	1,60
3	2,50	1,90	1,70
4	1,70	2,50	1,90

und damit (Rang 1 gelte für den höchsten Tafelpreis) wieder obige Tabelle der Ränge, aus der sich $\sum_{i=1}^{i=k} R_i^2 = 206$ nach [761]

1	2	3
1	2	3
1	2	3
3	1	2
6	7	11

36 + 49 + 121 = 206 ergibt und damit

$$\hat{\chi}_R^2 = \left[\frac{12}{4\cdot 3\cdot(3+1)}206\right] - 3\cdot 4\cdot(3+1) = 3{,}5 < 6{,}5 = \chi^2_{R;0,05} \quad \text{für} \quad \begin{matrix} n=4 \\ k=3 \end{matrix}$$

d. h., H_0: die drei Schokoladensorten sind nicht zu unterscheiden, läßt sich auf dem 5%-Niveau nicht ablehnen. Für n = 4 und k = 3 gibt es insgesamt $(k!)^n = (3!)^4 = (3\cdot 2\cdot 1)^4 = 6^4 = 1296$ mögliche Aufteilungen der Ränge, von denen wir noch weitere fünf herausgreifen und in der folgenden Tabelle vergleichen:

Tabelle 284

Tab.-Nr.	1	2	3	4	5	6
Ausge- wählte Permu- tationen	1 2 3 1 2 3 3 2 1 3 2 1	1 2 3 1 2 3 2 3 1 3 1 2	1 2 3 1 2 3 1 3 2 3 2 1	1 2 3 1 2 3 1 2 3 3 1 2	1 2 3 1 2 3 1 2 3 1 3 2	1 2 3 1 2 3 1 2 3 1 2 3
$\hat{\chi}_R^2$	0	0,5	1,5	3,5	6,5	8,0

Zum Vergleich: $\chi^2_{R(n=4,k=3,\alpha=0{,}05)} = 6{,}5$ und $\chi^2_{R(n=4,k=3,\alpha=0{,}01)} = 8{,}0$

Beispiel 2

Tabelle 285. Ränge der 25 Meßwerte, die im Bereich 63,7 bis 96,8 variieren

Block	Behandlung A	B	C	D	E
1	3	4	2	5	1
2	3	4	2	5	1
3	5	3	1	4	2
4	5	3	2	4	1
5	4	3	1	5	2
R_i	20	17	8	23	7

$\sum R_i = 75 = 5\cdot 5(5+1)/2$

$$\hat{\chi}_R^2 = \left[\frac{12}{5\cdot 5(5+1)}(20^2+17^2+8^2+23^2+7^2)\right] - 3\cdot 5(5+1) = 16{,}48 > 8{,}96$$

aus Tabelle 280 für α = 0,05 und $n = k$ = 5.

Wilcoxon-Wilcox-Vergleiche für Tabelle 285

Für $\alpha = 0{,}05$ und $n = k = 5$ erhält man den Wert 13,6 als kritische Differenz der
[761] Rangsummen (vgl. Tabelle 287, 1. Forts.). Sie wird nur von $R_D - R_E = 23 - 7 = 16$ und $R_D - R_C = 23 - 8 = 15$ überschritten.

Nach (7.59) ergibt sich für Tabelle 285 als kritische Differenz der Rangsummen (vgl. $\alpha = 0{,}05$; $k = 5$, d. h. q aus Tabelle 120 ist gleich 3,858; $n = 5$) der Wert $3{,}858\sqrt{5 \cdot 5(5+1)/12} = 13{,}64$ als gute Approximation. Dieser Wert wird nur von den Differenzen $R_D - R_E = 23 - 7 = 16$ und $R_D - R_C = 23 - 8 = 15$ überschritten.

Beispiel 3

Tabelle 286. 9 Gutachter (G) mit den von ihnen vorgeschlagenen Rangordnungen für die vier Objekte (A, B, C, D)

G	A	B	C	D
1	3	2	1	4
2	4	2	3	1
3	4	1	2	3
4	4	2	3	1
5	3	2	1	4
6	4	1	2	3
7	4	3	2	1
8	3	1	2	4
9	3	1	4	2
R_i	32	15	20	23

$$\hat{\chi}_R^2 = \left[\frac{12}{9 \cdot 4(4+1)}(32^2+15^2+20^2+23^3)\right] - 3 \cdot 9(4+1) = [(12/180)(2178)] - 135 = 10{,}2;$$

$$10{,}2 > 7{,}66 \text{ für } \alpha = 0{,}05 \text{ mit } n = 9 \text{ und } k = 4;$$

d. h. die Gutachter unterscheiden sich hinsichtlich der Beurteilung der Objekte auf dem 5%-Niveau.

Für $9 + 4 = 13 > 10$ [vgl. den Kasten zwischen (7.58) und (7.59)] und (7.56) erhält man

$$\hat{F} = \frac{(9-1)10{,}2}{9(4-1) - 10{,}2} = \frac{81{,}6}{16{,}8} = 4{,}86 > 4{,}07 = F_{(4-1);(9-1);0{,}05}$$

und nach (7.57)

$$\hat{J} = [10{,}2 + (4-1)4{,}86]/2 = \frac{10{,}2}{2}\left[1 + \frac{(9-1)(4-1)}{9(4-1) - 10{,}2}\right] = 12{,}39$$

und (7.58)

$$J_{0{,}05} = [7{,}815 + (4-1)4{,}07]/2 = 10{,}01\,.$$

Mit $\hat{J} = 12{,}39 > 10{,}01 = J_{0{,}05}$ wird H_0 ebenfalls auf dem 5%-Niveau abgelehnt.

Hinweise

1. Liegen nur 2 Behandlungen vor, so geht der Friedman-Test in den Vorzeichentest über.
2. Andere Spezialfälle sind der Q-Test von Cochran und der McNemar-Test. **[761]**

Wie Friedman gezeigt hat, ist $\hat{\chi}^2 R$ für n Individuen und $k = 2$ Bedingungen mit dem Rangkorrelationskoeffizienten von Spearman r_S (vgl. Abschnitt 531) nach der folgenden Beziehung verknüpft:

$$\boxed{\hat{\chi}^2_R = (n-1)(1+r_S)} \quad \text{oder} \quad \boxed{r_S = \frac{\hat{\chi}^2_R}{n-1} - 1} \qquad \begin{matrix}(7.60)\\(7.60\text{ a})\end{matrix}$$

Man kann damit über $\hat{\chi}^2_R$ eine Maßzahl für die Größe des Unterschiedes zwischen 2 Meßreihen bestimmen.

Hinweise

1. Sind *mehrere Rangreihen* gewonnen durch Schätzungen mehrerer Beurteiler oder durch Transformationen aus Meßwerten – auf den Grad ihrer Übereinstimmung hin zu beurteilen – ein Weg übrigens, um nichtquantifizierbare biologische Merkmale zu objektivieren, so ist der Friedman-Test anzuwenden. Bitten wir neun ($n = 9$) Personen, vier ($k = 4$) Filmstars hinsichtlich ihrer schauspielerischen Leistungen in eine Rangfolge zu bringen, dann hätte sich z. B. Tab. 286 (mit dem Resultat: Keine Übereinstimmung [$\alpha = 0{,}05$] ergeben können.

2. Ein **Assoziationsmaß**, das auf dem Verhältnis $\hat{\chi}^2$ zu $\hat{\chi}^2_{\max}$ basiert, ist von Acock und Stavig (1979) für die folgenden 5 Signifikanztests entwickelt worden: (1) Friedman-Test, (2) H-Test (Kruskal u. Wallis), (3) Kolmogoroff-Smirnoff-Test fur 2 Stichproben, (4) McNemar-Test und (5) Q-Test (Cochran). Dieses Maß kann auch dann angewandt werden, wenn das Signifikanzniveau nicht erreicht worden ist oder wenn kein Test beabsichtigt ist, etwa wenn Daten einer Grundgesamtheit vorliegen.

3. Sind mehrere Produkte, sagen wir Käsearten, Tabaksorten oder Kohlepapiere im subjektiven Vergleich zu prüfen, so ist die Technik der **paarweisen Vergleiche** (paired comparisons) angebracht: Mehrere unterschiedliche Ausprägungen eines Produktes, z. B. die Sorten A, B, C, D werden, jeweils als Paare gruppiert (AB, AC, AD, BC, BD, CD), verglichen. Näheres ist Gibbons u. Mitarb. (1977: Chapter 8 und der Monographie von David (1988) (vgl. auch *Trawinski (1965)* und *Linhart (1966)* zu entnehmen. Für den von *Scheffé (1952)* dargestellten varianzanalytischen paarweisen Vergleich haben *Mary Fleckenstein u. Mitarb. (1958)* ein Beispiel gegeben, das *Starks und David (1961)* anhand weiterer Tests sehr ausführlich analysieren. Ein einfaches Verfahren mit Hilfstafeln und einem Beispiel stellen *Terry u. Mitarb. (1952)* vor (vgl. auch *Bose 1956, Jackson und Fleckenstein 1957, Rao und Kupper 1967* sowie *Imberty 1968*). Übersicht und Bibliographie: Biometrics **32** (1976), 213–252 (vgl. auch Bortz u. Mitarb. 1990: Paarvergleiche sowie Kendall und Gibbons 1990: Chapters 11 + 12).

4. Sind n Varianten eines Nahrungsmittels nach m Merkmalen zu beurteilen und liegen von p Personen erstellte $n \cdot m$-Matrizen dieser Art zum Vergleich vor, so kann man eine sogenannte **Prokrustes-Analyse** durchführen (vgl. z. B. Huitson 1989).

5. Vor internationalen sportlichen Wettkämpfen finden nationale Ausscheidungskämpfe statt, in denen die Eiskunstläuferinnen, Eiskunstläufer, Tanzpaare und Leichtathleten anhand einer Skala, die von 0 bis 10 reicht, klassifiziert werden. Die Reihenfolge, in der die Sportler ihre Leistungen erbringen, wird durch ein Zufallsverfahren festgelegt. Das Handicap der hier zuerst angetretenen Sportler besteht darin, daß diejenigen, die die Beurteilung vorzunehmen haben, zu Beginn der Wettkämpfe eher schlechter als besser urteilen, um für eine noch bessere Leistung auch eine bessere Note vergeben zu können. **Einen Test, der dieses Handicap prüft,** haben Fligner und Verducci (1988) vorgestellt, die auch ein Beispiel geben.

6. Der Page-Test für geordnete Alternativen, die auf Friedman-Rangsummen basieren, wird in [763] behandelt; zunächst folgen multiple Vergleiche.

[762] 762 Multiple Vergleiche verbundener Stichproben nach Wilcoxon und Wilcox

Der Friedman-Test ist eine zweifache Varianzanalyse mit Rangzahlen; der entsprechende multiple Vergleich stammt von *Wilcoxon und Wilcox (1964)*. Der Test ähnelt dem von Nemenyi gegebenen Verfahren.

Tabelle 287. Kritische Differenzen für die Zweiwegklassifizierung: Vergleich aller möglichen Paare von Behandlungen. $P = 0{,}10$ (zweiseitig) (aus Wilcoxon, F. and Roberta A. Wilcox: Some Rapid Approximate Statistical Procedures, Lederle Laboratories, Pearl River, New York 1964, pp. 36–38)

n	k = 3	k = 4	k = 5	k = 6	k = 7	k = 8	k = 9	k = 10
1	2,9	4,2	5,5	6,8	8,2	9,6	11,1	12,5
2	4,1	5,9	7,8	9,7	11,6	13,6	15,6	17,7
3	5,0	7,2	9,5	11,9	14,2	16,7	19,1	21,7
4	5,8	8,4	11,0	13,7	16,5	19,3	22,1	25,0
5	6,5	9,4	12,3	15,3	18,4	21,5	24,7	28,0
6	7,1	10,2	13,5	16,8	20,2	23,6	27,1	30,6
7	7,7	11,1	14,5	18,1	21,8	25,5	29,3	33,1
8	8,2	11,8	15,6	19,4	23,3	27,2	31,3	35,4
9	8,7	12,5	16,5	20,5	24,7	28,9	33,2	37,5
10	9,2	13,2	17,4	21,7	26,0	30,4	35,0	39,5
11	9,6	13,9	18,2	22,7	27,3	31,9	36,7	41,5
12	10,1	14,5	19,0	23,7	28,5	33,4	38,3	43,3
13	10,5	15,1	19,8	24,7	29,7	34,7	39,9	45,1
14	10,9	15,7	20,6	25,6	30,8	36,0	41,4	46,8
15	11,2	16,2	21,3	26,5	31,9	37,3	42,8	48,4
16	11,6	16,7	22,0	27,4	32,9	38,5	44,2	50,0
17	12,0	17,2	22,7	28,2	33,9	39,7	45,6	51,5
18	12,3	17,7	23,3	29,1	34,9	40,9	46,9	53,0
19	12,6	18,2	24,0	29,9	35,9	42,0	48,2	54,5
20	13,0	18,7	24,6	30,6	36,8	43,1	49,4	55,9
21	13,3	19,2	25,2	31,4	37,7	44,1	50,7	57,3
22	13,6	19,6	25,8	32,1	38,6	45,2	51,9	58,6
23	13,9	20,1	26,4	32,8	39,5	46,2	53,0	60,0
24	14,2	20,5	26,9	33,6	40,3	47,2	54,2	61,2
25	14,5	20,9	27,5	34,2	41,1	48,1	55,3	62,5

Für $n > 25$ siehe (7.59)

Der Vergleich im einzelnen: Verglichen werden wieder k Behandlungen mit je n Wiederholungen. Jeder Behandlung ist eine Rangzahl von 1 bis k zuzuordnen, so daß n Rangordnungen resultieren. Die Ränge der einzelnen Stichproben werden addiert; ihre Differenzen vergleicht man mit dem Wert der kritischen Differenz aus Tabelle 287. Wird die tabellierte kritische Differenz erreicht oder überschritten, dann entstammen die dem Vergleich zugrunde liegenden Behandlungen unterschiedlichen Grundgesamtheiten. Unterschreitet die berechnete differenz die tabellierte D dann gilt der Unterschied noch als zufällig.

weitere Tabellenwerte D für $k > 10$ und n = 1(1)20 sind bei Bedarf nach $D = W\sqrt{nk(k+1)/12}$ zu berechnen, wobei W für P = 0,05 (0,01) der Tabelle 268 letzte Zeile, entnommen bzw. für anderes P in Table 23 der Biometrika tables (Pearson und Hartley 1970, S. 178/183) interpoliert wird (z. b. $D = 67{,}7$ [Tab. 187; $P = 0{,}05$; $n = 25$; $k = 10$], für $P' = 0{,}95$ ergibt sich (Table 23, S. 180, Spalte 10) $W = 4{,}4745$ und $4{,}4745\sqrt{25 \cdot 10(10+1)/12} = 67{,}736$; mit Tab 268 für $k = 10$; $W = 4{,}47$ und $D = 67{,}668$).

Tabelle 287. (1. Fortsetzung) $P = 0{,}05$ (zweiseitig)

[762]

n	k = 3	k = 4	k = 5	k = 6	k = 7	k = 8	k = 9	k = 10
1	3,3	4,7	6,1	7,5	9,0	10,5	12,0	13,5
2	4,7	6,6	8,6	10,7	12,7	14,8	17,0	19,2
3	5,7	8,1	10,6	13,1	15,6	18,2	20,8	23,5
4	6,6	9,4	12,2	15,1	18,0	21,0	24,0	27,1
5	7,4	10,5	13,6	16,9	20,1	23,5	26,9	30,3
6	8,1	11,5	14,9	18,5	22,1	25,7	29,4	33,2
7	8,8	12,4	16,1	19,9	23,9	27,8	31,8	35,8
8	9,4	13,3	17,3	21,3	25,5	29,7	34,0	38,3
9	9,9	14,1	18,3	22,6	27,0	31,5	36,0	40,6
10	10,5	14,8	19,3	23,8	28,5	33,2	38,0	42,8
11	11,0	15,6	20,2	25,0	29,9	34,8	39,8	44,9
12	11,5	16,2	21,1	26,1	31,2	36,4	41,6	46,9
13	11,9	16,9	22,0	27,2	32,5	37,9	43,3	48,8
14	12,4	17,5	22,8	28,2	33,7	39,3	45,0	50,7
15	12,8	18,2	23,6	29,2	34,9	40,7	46,5	52,5
16	13,3	18,8	24,4	30,2	36,0	42,0	48,1	54,2
17	13,7	19,3	25,2	31,1	37,1	43,3	49,5	55,9
18	14,1	19,9	25,9	32,0	38,2	44,5	51,0	57,5
19	14,4	20,4	26,6	32,9	39,3	45,8	52,4	59,0
20	14,8	21,0	27,3	33,7	40,3	47,0	53,7	60,6
21	15,2	21,5	28,0	34,6	41,3	48,1	55,1	62,1
22	15,5	22,0	28,6	35,4	42,3	49,2	56,4	63,5
23	15,9	22,5	29,3	36,2	43,2	50,3	57,6	65,0
24	16,2	23,0	29,9	36,9	44,1	51,4	58,9	66,4
25	16,6	23,5	30,5	37,7	45,0	52,5	60,1	67,7

Für $n > 25$ siehe (7.59)

Tabelle 287. (2. Fortsetzung) $P = 0{,}01$ (zweiseitig)

n	k = 3	k = 4	k = 5	k = 6	k = 7	k = 8	k = 9	k = 10
1	4,1	5,7	7,3	8,9	10,5	12,2	13,9	15,6
2	5,8	8,0	10,3	12,6	14,9	17,3	19,7	22,1
3	7,1	9,8	12,6	15,4	18,3	21,2	24,1	27,0
4	8,2	11,4	14,6	17,8	21,1	24,4	27,8	31,2
5	9,2	12,7	16,3	19,9	23,6	27,3	31,1	34,9
6	10,1	13,9	17,8	21,8	25,8	29,9	34,1	38,2
7	10,9	15,0	19,3	23,5	27,9	32,3	36,8	41,3
8	11,7	16,1	20,6	25,2	29,8	34,6	39,3	44,2
9	12,4	17,1	21,8	26,7	31,6	36,6	41,7	46,8
10	13,0	18,0	23,0	28,1	33,4	38,6	44,0	49,4
11	13,7	18,9	24,1	29,5	35,0	40,5	46,1	51,8
12	14,3	19,7	25,2	30,8	36,5	42,3	48,2	54,1
13	14,9	20,5	26,2	32,1	38,0	44,0	50,1	56,3
14	15,4	21,3	27,2	33,3	39,5	45,7	52,0	58,4
15	16,0	22,0	28,2	34,5	40,8	47,3	53,9	60,5
16	16,5	22,7	29,1	35,6	42,2	48,9	55,6	62,5
17	17,0	23,4	30,0	36,7	43,5	50,4	57,3	64,4
18	17,5	24,1	30,9	37,8	44,7	51,8	59,0	66,2
19	18,0	24,8	31,7	38,8	46,0	53,2	60,6	68,1
20	18,4	25,4	32,5	39,8	47,2	54,6	62,2	69,8
21	18,9	26,0	33,4	40,9	48,3	56,0	63,7	71,6
22	19,3	26,7	34,1	41,7	49,5	57,3	65,2	73,2
23	19,8	27,3	34,9	42,7	50,6	58,6	66,7	74,9
24	20,2	27,8	35,7	43,6	51,7	59,8	68,1	76,5
25	20,6	28,4	36,4	44,5	52,7	61,1	69,5	78,1

Beispiel

Quelle: Wilcoxon, F. and Roberta A. Wilcox: Some Approximate Statistical Procedures,
[762] Lederle Laboratories, New York 1964, pp. 11 und 12.

Tabelle 288

Person	A		B		C		D		E		F	
1	3,88	1	30,58	5	25,24	3	4,44	2	29,41	4	38,87	6
2	5,64	1	30,14	3	33,52	6	7,94	2	30,72	4	33,12	5
3	5,76	2	16,92	3	25,45	4	4,04	1	32,92	5	39,15	6
4	4,25	1	23,19	4	18,85	3	4,40	2	28,23	6	28,06	5
5	5,91	2	26,74	5	20,45	3	4,23	1	23,35	4	38,23	6
6	4,33	1	10,91	3	26,67	6	4,36	2	12,00	4	26,65	5
		8		23		25		10		27		33

Sechs Personen erhalten je 6 verschiedene Diuretika (Harntreibende Mittel A bis F). Zwei Stunden nach der Behandlung wird die Natriumausscheidung (in mval) bestimmt. Gefragt wird nach den Diuretika, die sich aufgrund der Natriumausscheidung von den anderen unterscheiden. Tabelle 288 enthält die Daten, rechts daneben jeweils die Rangzahlen mit den Spaltenrangsummen.
Die absoluten Differenzen sind in Tabelle 289 zusammengestellt.

Tabelle 289

		D	B	C	E	F
		10	23	25	27	33
A	8	2	15	17	19*	25**
D	10		13	15	17	23**
B	23			2	4	10
C	25				2	8
E	27					6

Die kritische Differenz für $k = 6$ und $n = 6$ beträgt auf dem 5%-Niveau (vgl. Tabelle 287) 18,5, auf dem 1%-Niveau 21,8. Die auf dem 5%-Niveau statistisch signifikanten Differenzen sind mit einem Stern (*) versehen, die auf dem 1%-Niveau statistisch signifikanten Differenzen sind mit 2 Sternen (**) ausgezeichnet.
Man kann also feststellen, daß sich das Präparat F aufgrund einer starken Natriumdiurese auf dem 1%-Niveau von den Diuretika A und D unterscheidet. Das Präparat E unterscheidet sich auf dem 5%-Niveau vom Präparat A; andere Differenzen sind auf dem 5%-Niveau nicht bedeutsam.

[763] 763 Page-Test für geordnete Alternativen, die auf Friedman-Rangsummen basieren

Nach Page (1963) läßt sich, bei entsprechendem Vorwissen, der Nullhypothese: Gleichheit der Behandlungseffekte [H_0: $E(\bar{R}_1) = E(\bar{R}_2) = \ldots = E(\bar{R}_k)$] die Alternativhypothese: monoton ansteigender Behandlungseffekt (Aufwärtstrend) [H_A: $E(\bar{R}_1) \leqq E(\bar{R}_2) \leqq \ldots \leqq E(\bar{R}_k)$] mit wenigstens einer gültigen Ungleichung gegenüberstellen.

H_0 wird abgelehnt, wenn auf dem vorgewählten Niveau die Summe der Produkte aus hypothetischem Rang und zugehöriger Rangsumme den entsprechenden Wert der Tabelle 290 erreicht oder übersteigt. **[763]**

$$L = 1R_1 + 2R_2 + \ldots + kR_k = \sum_{i=1}^{i=k} iR_i \qquad (7.61)$$

H_0 wird für $L \geqq$ krit. Wert aus Tab. 290 abgelehnt.

Für nicht zu kleine Stichprobenumfänge läßt sich L auch anhand der Approximation (7.62) ablehnen, sobald

$$\begin{gathered} L \geqq \mu + z\sigma + 1/2 \\ \mu = nk(k+1)^2/4 \\ \sigma = \sqrt{nk^2(k+1)(k^2-1)/144} \\ z_{0,05;\text{einseitig}} = 1{,}645 \end{gathered} \qquad (7.62)$$

gilt; und zwar mit dem in (7.62) unten angegebenen Wert z auf dem 5%-Niveau. Da unter H_A: Aufwärtstrend eine einseitige Fragestellung vorliegt, sind für z auch die entsprechenden einseitigen Schranken der Standardnormalverteilung zu wählen, etwa $z_{0,01;\text{einseitig}} = 2{,}326$ für den Test auf dem 1%-Niveau. Der Wert $1/2$ in (7.62) ist die Stetigkeitskorrektur.

Tabelle 290. Einige 5% und 1%-Schranken für den Page-Test Weitere Schranken für $\alpha = 0{,}05$; 0,01; 0,001 und $n = 2(1)50$ sowie $k = 3(1)10$ sind bei Bedarf Page (1963) zu entnehmen. Ausführliche Schranken für $\alpha \leqq 0{,}20$, $n = 2(1)10$ und $k = 3(1)8$ gibt Odeh (1977). Exakte P-Werte berechnet man nach Wellek (1989)

P	0,05						0,01					
n \ k	3	4	5	6	7	8	3	4	5	6	7	8
3	41	84	150	244	370	532	42	87	155	252	382	549
4	54	111	197	321	487	701	55	114	204	331	501	722
5	66	137	244	397	603	869	68	141	251	409	620	893
6	79	163	291	474	719	1037	81	167	299	486	737	1063
7	91	189	338	550	835	1204	93	193	346	563	855	1232
8	104	214	384	640	950	1371	106	220	393	625	972	1401
9	116	240	431	718	1065	1537	119	246	441	701	1088	1569
10	128	266	477	793	1181	1704	131	272	487	777	1205	1737
11	141	292	523	869	1295	1868	144	298	534	852	1321	1905
12	153	317	570	946	1410	2035	156	324	581	928	1437	2072
13	165	343	615	1003	1525	2201	169	350	628	1022	1553	2240

Beispiel

Angenommen, wir hätten aufgrund unseres Vorwissens für die 4 Objekte der Tabelle 286
[763] die Reihenfolge: $R_B < R_C < R_D < R_A$ unter H_A erwartet ($\alpha = 0{,}05$). Mit

$$L = 1 \cdot 15 + 2 \cdot 20 + 3 \cdot 23 + 4 \cdot 32 = 252$$

$$L = 252 > 240 \quad \text{für} \quad n = 9, k = 4 \text{ und } \alpha = 0{,}05 \text{ (Tab. 290)}$$

wird H_0 auf dem 5%-Niveau zugunsten eines Aufwärtstrends abgelehnt.
Und nach (7.62):

$$\mu = 9 \cdot 4(4+1)^2/4 = 225$$

$$\sigma = \sqrt{9 \cdot 4^2(4+1)(4^2-1)/144} = 8{,}660$$

$$225 + 1{,}645 \cdot 8{,}660 + 0{,}5 = 239{,}7 \text{ oder } 240$$

$$L = 252 > 240 \quad \text{für} \quad n = 9, k = 4 \text{ und } \alpha = 0{,}05.$$

Näheres zum Friedman-Test, zum Page-Test und zum Umfeld beider ist Hollander und Wolfe (1999: Chapter 7) sowie Marascuilo und McSweeney (1977: Chapter 14: Friedman-Test für jeweils 3 Beobachtungen pro Feld [S. 376/379]) zu entnehmen. Eine Verallgemeinerung des Friedman-Tests beschreiben Norwood u. Mitarb. (1989).

!

Gemeinsamkeiten und Unterschiede zwischen beobachtenden Studien, Stichprobenerhebungen und **Experimenten** behandeln Chatfield (1995a), Fienberg und Tanur (1987), Kish (1987), McPherson (1990) sowie Smith und Sugden (1987).

77 Prinzipien der Versuchsplanung

[77] Man vergleiche die Übersichten 1, 4, 5, 8 und 9.

- Experimente
- Vergleichbarkeit und Verallgemeinerungsfähigkeit
- Wiederholung, Randomisierung und Blockbildung
- Zur Ausschaltung von Störgrößen
- Beispiele zur Randomisierung
- Hinweis: Einfache Versuchspläne
- Literatur zur Versuchsplanung
- Literatur zu Gruppen-Perioden-Versuchsplänen

Experimente sind dadurch charakterisiert, daß:

(1) materielle Systeme Einflüssen ausgesetzt werden,
(2) Indikatoren des Systemverhaltens in Abhängigkeit von diesen Einflüssen beobachtbar werden, wobei diese
(3) **kontrolliert variierbar und wiederholbar** zur Klärung hypothetischer kausaler Zusammenhänge dienen.

Der Hauptzweck vergleichender Experimente besteht darin:

(1) die Resultate unterschiedlicher Behandlungen zu ermitteln und
(2) kausale Zusammenhänge aufzuspüren.

Bei der Versuchsplanung sind nach *Koller (1964)* zwei entgegengesetzte Gesichtspunkte aufeinander abzustimmen: Das Prinzip der **Vergleichbarkeit** und das Prinzip der **Verallgemeinerungsfähigkeit.** [77]

Zwei Versuche, bei denen die Wirkungen zweier Behandlungsarten verglichen werden sollen, sind miteinander vergleichbar, wenn sie sich nur in den Behandlungsarten unterscheiden, aber sonst in jeder Hinsicht übereinstimmen. Die Übereinstimmung betrifft die folgenden Versuchsbedingungen und Variationsfaktoren: (1) die Beobachtungs- und Meßverfahren, (2) die Versuchsausführung, (3) die individuellen Besonderheiten der Versuchsobjekte, (4) die zeitlich-örtlich-persönlichen Besonderheiten der Versuche.

Vorversuche (preexperiments, trial runs) sind meist unerläßlich, um (1) zu optimieren, (2) den Versuchsfehler abzuschätzen, (3) die Datengewinnung zu kontrollieren und (4) aufgrund unerwarteter Resultate den Versuchsplan zu modifizieren.

Vergleichbarkeit von Einzelversuchen ist kaum erreichbar, wohl aber eine solche für Versuchsgruppen. In den zu vergleichenden Versuchsgruppen müssen die einzelnen Variationsfaktoren die gleiche Häufigkeitsverteilung haben.

Wenn zur Erzielung einer guten Vergleichbarkeit z. B. nur jüngere Medizinstudenten in die Studie aufgenommen werden, so ist zwar die Vergleichbarkeit gesichert, aber die Verallgemeinerungsfähigkeit beeinträchtigt; denn aus den Versuchen geht nicht hervor, wie sich ältere Medizinstudentinnen oder andere Personen(gruppen) verhalten würden. Diese Versuchsreihe hätte nur eine schmale induktive Basis (vgl. auch [41] sowie die vor [23] erwähnten Empfehlungen, die für Mensch und Tier gelten).

Verallgemeinerung bedeutet das Erkennen und Beschreiben derjenigen Kollektive und ihrer Merkmalsverteilungen, aus denen die vorliegenden Beobachtungswerte als **repräsentative Stichproben** angesehen werden können. Erst durch Einblick in Variationskollektive mit möglichst unterschiedlichen Personen(gruppen) (Alter, Geschlecht, ...), verschiedenen Untersuchungszeiten, verschiedenen Versuchsarten, verschiedenen Experimentatoren, durch verschiedene Versuchstechnik, Meßtechnik usw. kann beurteilt werden, inwieweit die Ergebnisse von diesen Variations- und Störfaktoren unabhängig sind, d. h. in dieser Hinsicht verallgemeinert werden dürfen. **Vergleichbarkeit** und Verallgemeinerungsfähigkeit sind versuchstechnisch Gegensätze; denn Vergleichbarkeit erfordert homogenes Material, Verallgemeinerungsfähigkeit dagegen Heterogenität zur Gewinnung einer breiten, induktiven Basis: **Vergleiche erfordern Wiederholungskollektive, Verallgemeinerungen Variationskollektive!** Beide Prinzipien müssen in der Versuchsplanung ineinandergreifen. Besonders günstig sind Vergleiche verschiedener Verfahren an demselben Individuum (vgl. S. 404 und S. 666). Dabei ist die Vergleichbarkeit optimal, gleichzeitig ist das Variationskollektiv der Individuen beliebig weit ausdehnbar.

Eine brillante Übersicht zur Versuchsplanung geben *Herzberg und Cox (1969)*, Hahn (1984) und Federer (1980/81) [vgl. auch Seite 565 (3. Hinweis), Seite 612 und die Literaturhinweise am Ende dieses Kapitels, T.D. Murphy, Jr. 1977 (Chemical Engineering **84**, 168–182) sowie N.R. Draper und F. Pukelsheim 1996 (Statistical Papers **37**, 1–32)].

Die Grundprinzipien der Versuchsplanung sind:

1. Wiederholung (replication): Gewährt einen Einblick in die Streuung der Beobachtungen, gestattet die Schätzung des Versuchsfehlers, sorgt zugleich für seine Verkleinerung (vgl. [1384]) und gibt erste Hinweise auf die Verallgemeinerungsfähigkeit der Befunde.

2. Randomisierung (randomisation, Zufallszuteilung) sorgt für die:

- Ausgewogenheit der Störgrößen in allen Behandlungsgruppen,
- [77] Ausschaltung systematischer Fehler, bei der Zuordnung der Behandlungen,
- Möglichkeit, den Differenzen der Resultate zwischen den Gruppen gleichwirksamer Behandlungen eine Wahrscheinlichkeitsverteilung zuzuordnen.

3. Blockbildung (block division, planned grouping): Erhöht die Genauigkeit blockinterner Vergleiche (vgl. Tab. 125 und Tab. 126 in [42], Übersicht 93 in [761] sowie insbesondere Abb. 70 auf S. 683).

> Die Idee der zufälligen Zuordnung der Verfahren zu den Versuchseinheiten, kurz **RANDOMISIERUNG** genannt – sie stammt von R.A. Fisher –, kann als Grundlage jeder Versuchsplanung angesehen werden. Durch sie erhält man (a) eine erwartungstreue Schätzung des interessierenden **Effektes**, (b) eine erwartungstreue Schätzung des **Versuchsfehlers** und (c) eine verbesserte **Normalität der Daten.** Damit werden unerwünschte und unbekannte Korrelationssysteme zerstört, so daß wir unkorrelierte und **unabhängige Versuchsfehler** erhalten und unsere **Standard-Signifikanztests anwenden dürfen.**
>
> **Randomisierung** ist die zufällige Zuordnung der Behandlungen zu den gegebenen Untersuchungseinheiten bei der Anlage von Versuchen. Sie soll die **Zufälligkeit der Stichprobe** im Sinne der Mathematischen Statistik garantieren, entsprechend der Auswahl einer Zufallsstichprobe. Diese zufällige Zuordnung wird mit **Tabellen von Zufallszahlen** vorgenommen (vgl. S. 100 bis 103 und S. 681 bis 684). Unerwünschte Strukturen sind vor der Randomisierung zu formulieren und wenn sie auftreten zu verwerfen; dann ist erneut zu randomisieren. Mitunter muß eine weitere Einflußgröße berücksichtigt werden. Liegen die Untersuchungseinheiten in mehreren Blöcken vor, so werden die zu vergleichenden Behandlungen blockintern randomisiert, d. h. anhand von Zufallszahlen zugeordnet.

Sind die *Versuchseinheiten sehr unterschiedlich,* dann wird die Isolierung interessierender Effekte durch die Heterogenität des Materials erschwert. In diesen Fällen ist vor der unterschiedlichen Behandlung der Versuchseinheiten zur Schaffung konstanter Bedingungen eine Zusammenfassung möglichst ähnlicher Versuchseinheiten zu empfehlen (vgl. Abb. 70). Man bildet Untergruppen von Versuchseinheiten, die in sich gleichförmiger sind als das gesamte Material: *homogene „Versuchsblöcke"*. Innerhalb eines Blockes gilt dann für die Zuordnung der Behandlungen zu den Versuchseinheiten wieder das Randomisierungsprinzip.

Beispiele für Blöcke sind Versuche an demselben Patienten oder Probanden, an eineiigen Zwillingen oder an paarigen Organen oder bei Wurfgeschwistern oder an Blättern derselben Pflanze, oder die mit derselben Stammlösung durchgeführten Versuche, die nebeneinander liegenden Parzellen eines Feldes in einem landwirtschaftlichen Versuch oder andere versuchstechnische Gruppierungen, die natürliche oder künstliche Blöcke darstellen. Man vereinigt diejenigen Versuche zu einem Block, die in einem besonders wichtigen Variationsfaktor übereinstimmen. Von Block zu Block, also (zwischen den Blöcken) bestehen erhebliche Unterschiede in gerade diesem Faktor. Die einzelnen Blöcke sollten stets gleichen Umfang aufweisen. Die für das Versuchsziel wichtigen Vergleiche müssen möglichst innerhalb der Blöcke vorgenommen werden (vgl. S. 613).

Randomisierung ist problematisch für kleines n und für großes n bei kleinem Effekt

Zur Ausschaltung von Störgrößen

Bekanntlich unterscheidet man Identifikations-, Einfluß-, Ziel- und Störgrößen: Zielgrößen sind die als Ergebnis der Untersuchung interessierenden Beobachtungen. Einflußgrößen sind Größen, deren Einfluß auf die Zielgrößen zu untersuchen ist. STÖRGRÖSSEN sind weitere Merkmale, die unerwünscht die Variabilität der Befunde erhöhen und miterfaßt werden, um nach Möglichkeit ihren Einfluß abzuschätzen, etwa Selektionseffekte, Veränderungen der experimentellen Hilfsmittel und Reifungs- oder Alterungsprozesse (vgl. z. B. auch M: 154, 162 164, 179 und M2: 26 34 sowie Kish 1987: Chapter 4). **[77]**

Wird für einen bestimmten Wagentyp die Abhängigkeit der Länge des Bremsweges von der Geschwindigkeit untersucht, so ist diese eine Einflußgröße. Die Bremsweglänge ist die Zielgröße. Weitere Einflußgrößen können wegen der unerwünschten Variabilität, die sie auf die Zielgröße ausüben (Reifentyp, Straßenbelag, Nässe, ...), als Störgrößen miterfaßt werden. Als Identifikationsgrößen kommen schließlich Nr. des Wagens bzw. Nr. der Mannschaft (Wagen + Fahrer) in Frage. Je nach der Fragestellung wird man bestimmte Einflußgrößen als Störgrößen auffassen.

Die Verfälschung eines Effektes durch die Wirkung einer unbeachteten Einfluß- oder Störgröße bezeichnet man als „confounding"; die entsprechende Größe heißt im Englischen „confounding factor" bzw. „confounding variable". Sie wird ausgeschaltet, indem z. B. hinsichtlich dieser Größe homogenere oder homogene Untergruppen in bezug auf den Effekt hin untersucht werden. Mitunter hilft es, weitgehend homogene Merkmalskombinationen zu definieren (vgl. Tabelle 225 in [621]).

„Mitursachen" genannte Störgrößen sind in der Medizin verantwortlich für das Auftreten oder Nichtauftreten bestimmter Erkrankungen bzw. für divergierende Therapie-Resultate (zur „Confounding"-Kontrolle [vgl. S. 321, 1. Hinweis] siehe Kelsey u. Mitarb. 1996).

Zwei zu vergleichende Gruppen sollten in allen wichtigen Merkmalen übereinstimmen. Nur die Behandlungen A und B dürfen dann die Zielgröße beeinflussen. **Störgrößen** sind dann diejenigen Variablen (Merkmale), die (a) in beiden Gruppen unterschiedlich verteilt sind und (b) die Zielgröße beeinflussen.

Durch Randomisierung werden Störgrößen über beide Gruppen gleichmäßig verteilt, bevor die Behandlungen zugeordnet werden.

Nach einer Behandlung auftretende Störgrößen-Wirkungen lassen sich durch Matching (engl. paired matching) aufspüren und ausschalten, vorausgesetzt, es gibt genug Probanden, so daß sich genügend Paare (Matched Pairs; vgl. [232]) bilden lassen. Wichtige Einflußgrößen hat man vor der Behandlung durch Block- bzw. Schichtenbildung kontrolliert.

Die Randomisierung wird einmal zur Geheimhaltung angewandt, etwa bei Weinproben, zum zweiten bildet sie einen Schutz vor unerwarteten Strukturen der Variabilität: mischen, „umrühren" bzw. man wiederholt Experimente an verschiedenen Tagen, mit unterschiedlichen Geräten, Beobachtern, ..., um systematische Fehler auszuschließen. Hier ist die Randomisierung mit dem Prinzip der Wiederholung verknüpft. Schlecht ist es, zu randomisieren, wenn spezielles Wissen über die Form der Variabilität bekannt ist, etwa, wenn ein Trend vorliegt. Blockbildung, Kovarianzanalyse oder eine unterschiedliche systematische Reihenfolge in Teilabschnitten der Experimente helfen hier weiter.

Randomisierung und Zufallsstichproben (vgl. [132]) dienen zur Gewinnung zuverlässiger Aussagen über die Variabilität der Untersuchungseinheiten!

> Beim vergleichenden Experiment führen Blockbildung und Randomisierung innerhalb der Blöcke zu gleichen Ausgangschancen für die blockinternen Vergleiche.

„Overblocking" ist zu vermeiden

[77] Randomisierung kann Vergleichbarkeit nicht erzwingen: die möglicherweise resultierende Nichtvergleichbarkeit ist dann aber zufallsbedingt. Wichtig ist, daß die Randomisierung im Verlauf der Studie nicht durch weitere Maßnahmen ungültig gemacht wird.

Randomisierte Blöcke

Randomisierte Blöcke ermöglichen blockinterne Vergleiche. Umfaßt der Block 4 Elemente und sind die Behandlungen A und B zu vergleichen, so gibt es 6 Kombinationen von Behandlungszuordnungen: $AABB, BBAA, ABBA, BAAB, ABAB$ und $BABA$. Mit einem Würfel läßt sich eine bestimmte Anordnung auswählen, nach der die 4 Elemente zugeordnet werden. Bei 4 Behandlungen A, B, C und D ergeben sich bereits $4! = 4 \cdot 3 \cdot 2 = 24$ unterschiedliche Anordnungen. Jeweils 4 zweistellige Zufallszahlen bestimmen dann die Zuordnung. So legen z. B. 38, 93, 14, 72 die Reihenfolge C, A, D, B fest. Entsprechend werden die Zuordnungen der anderen Blöcke gewonnen. Ausgewertet werden dann paarige bzw. 4 verbundene Stichproben. Wird die Blockbildung bei der Auswertung nicht berücksichtigt, so ist die Power des Tests etwas geringer und das wahre Signifikanzniveau P kleiner als das berechnete.

Für k Behandlungen ordne man den diese symbolisierenden Buchstaben die Zufallsziffern der Tabelle 291 zu:, so daß z. B. für $k = 3$ die Zufallsziffern 8 2 7 5 die Liste $C, A, C, B, \ldots$ erzeugen.

Tabelle 291

k	Buchst.	Zufallsziffer
2	A	0 – 4
	B	5 – 9
3	A	1 – 3
	B	4 – 6
	C	7 – 9
		0 wird ignoriert
4	A	1 – 2
	B	3 – 4
	C	5 – 6
	D	7 – 8
		0 und 9 werden ignoriert

Angepaßte Randomisierung in „Spiel-den-Sieger"-Manier

Erweist sich während eines Vergleichs zweier Behandlungsmethoden die Überlegenheit der einen, so wäre es unfair, dies nicht zu nutzen, allerdings so, daß man nicht vorschnell auf einen Zufallsbefund hereinfällt. Den Behandlungen A und B entsprechen zwei Kugeln einer Urne, die als A und B gekennzeichnet sind. Jedem Patienten wird die Behandlung zugeordnet, die sich bei der Entnahme einer Kugel aus der Urne ergibt. Nach jeder Entnahme erfolgt die entsprechende Behandlung, ihr Resultat wird erfaßt, die Kugel wird in die Urne zurückgelegt und eine neue Kugel hinzugefügt. War die Behandlung erfolgreich, so erhält die neue Kugel denselben Buchstaben, andernfalls den anderen. Der Versuch wird beendet, sobald 10 Kugeln desselben Typs hinzugefügt worden sind; dieser Typ wird dann zum Sieger erklärt. Dieses Urnenschema erfordert mindestens 10 und höchstens 19 Patienten. Praktisch wird man jedoch nicht von einem Patienten- (bzw. Urnen-) Versuchspaar ausgehen, sondern von zweien oder dreien, um beim Start einen Zufallseffekt unwahrscheinlich zu machen.

Etwa **gleichgroße Stichprobenumfänge** pro Behandlung erzielt man, wenn man vor Versuchsbeginn festlegt, daß eine Randomisierung, die zu einer Ungleichheit von mindestens k Untersuchungseinheiten führt ($n_{\max} - n_{\min} \geqq k$), wiederholt wird (Replacement Ran-

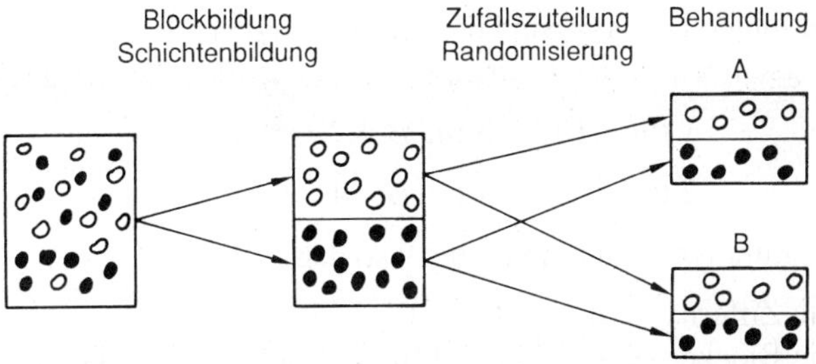

Abb. 70. Zur Versuchsplanung für den Vergleich zweier Behandlungen. Deutlich sich unterscheidende Untersuchungseinheiten werden durch lokale Kontrolle (Block- bzw. Schichtenbildung) getrennt erfaßt und nach Zufallszuteilung (Randomisierung) zwei zu vergleichenden Einflüssen, Behandlungen (A und B), ausgesetzt. Durch lokale Kontrolle und möglichst zahlreiche Untersuchungseinheiten wird der zufällige Fehler verringert, durch Zufallszuteilung wird ein systematischer Fehler vermieden

domisation). Bei der **adaptiven Randomisierung** werden neue Probanden entsprechend der bis zu diesem Zeitpunkt bereits erfolgten Zuordnungen so zugeteilt, daß die Gruppen insgesamt besser vergleichbar werden.

Sind nur zwei Behandlungen zu vergleichen, wobei möglichst gleichgroße Gruppen angestrebt werden und liegen **Therapievergleiche** vor, dann wird es sinnvoll sein, wenn eine Therapiegruppe aufgrund bisheriger Randomisierung deutlich weniger Patienten zugeordnet bekam, dieser Therapiegruppe den nächsten Patienten mit der Wahrscheinlichkeit $P > 1/2$ zuzuordnen (Biassed Coin Method). Für größere Patientenzahlen ($n \approx 100$) wählt man gern $P = 3/5$, für kleinere $P = 2/3$.

Für $P = 3/5$ (d. h. $6/10$ oder $6:4$) verwendet man die Zufallsziffern
0 bis 5 für die unterbesetzte Gruppe,
6 bis 9 für die überbesetzte Gruppe,
liegen gleiche Patientenzahlen vor, so gilt: 0 bis 4 für A,
5 bis 9 für B

Für $P = 2/3$ (d. h. $6/9$ oder $6:3$) verwendet man die Zufallsziffern
0 bis 5 für die unterbesetzte Gruppe,
6 bis 8 für die überbesetzte Gruppe
die 9 bleibt unberücksichtigt.

Mitunter dient der Therapievergleich der Frage, ob eine neue Therapie besser ist als eine Standardtherapie. Hier wird man die Patienten im Verhältnis 3 : 2 („neu" zu „Standard") randomisieren (d. h. 6 : 4 oder 0 bis 5 gegen 6 bis 9).

Ist eine neue Therapie (NT) mit einer Standardtherapie (ST) zu vergleichen, so behandle man 1/3 der Patienten nach der ST; die restlichen 2/3 Patienten werden gefragt, ob sie einverstanden sind, nach der NT behandelt zu werden. Falls nicht, erhalten sie die ST. Nach Möglichkeit sollte die Zahl der NT-Patienten etwas größer sein als die der ST-Patienten, auf keinen Fall aber kleiner. Ist die NT aus der Sicht der Patienten attraktiv, so wird man z. B. 2/5 mit der ST behandeln und die restlichen 3/5 ihre Therapie wählen lassen.

Weitere Zufallszuteilungen (Randomisierungsmethoden) geben Adam (1992), Edgington (1995), Friedman u. Mitarb. (1998), Pocock (1979, 1983) sowie Whitehead (1983).

Zu gleichgroßen Stichprobenumfängen gelangt man auch über Blöcke. B Behandlungen werden dann blockintern verglichen. Pro Block werden die n_0 Untersuchungen randomisiert (Random Permuted Blocks). Sind drei Behandlungen (A, B, C) Blöcken von jeweils drei Untersuchungseinheiten zuzuordnen, so verwende man die Zufallsziffern

[77] 1 für ABC 3 für BAC 5 für CAB

2 für ACB 4 für BCA 6 für CBA

und übergehe die Zufallsziffern 0 und 7 bis 9 so daß z. B.

die Ziffern	6	0	1	5	...	
die Blöcke	CBA	–	ABC	CAB	...	erzeugen.

Für größere Blöcke benutzt man Tabellen permutierter Zufallszahlen (Permutationen; *Moses und Oakford 1963* sowie *Plackett 1968*) von 1 bis n mit $n > n_0$ und wertet nur die Ziffern 1 bis n_0; etwa für drei Behandlungen an jeweils 15 Untersuchungseinheiten

1 bis 5 für A	0 und die Zahlen > 15
6 bis 10 für B	bleiben unberücksichtigt.
11 bis 1 für C	

Anhand der Permutationen gewinnt man die 15 Zuordnungen zu Block 1, dann die zu weiteren Blöcken.

Zurück zu den Störgrößen

Störgrößen wird man (1) ausschalten, (2) konstant halten, (3) in unabhängige Variable umwandeln, (4) randomisieren oder (5) durch Block- oder Schichtenbildung kontrollieren. Störgrößen lassen sich ausschließen, indem man (1) bestimmten Untersuchungseinheiten die Aufnahme in die Studie verwehrt bzw. diese Untersuchungseinheiten gesondert auswertet, (2) (vorher) Blockbildung, Matching und Randomisierung bzw. (nachher) Schichtenbildung und multivariate Methoden anwendet.

Die **AUSSCHALTUNG VON STÖRGRÖSSEN ODER STÖRFAKTOREN** erfolgt:

1. Bei *bekannten quantitativ meßbaren Störfaktoren* durch die **Kovarianzanalyse**, bei der Klassifikationsfaktoren und Einflußgrößen (Kovariable wie z. B. Gewicht oder Blutdruck am Anfang der Versuchsperiode) linear auf die beeinflußte Variable einwirken. Sie dient zum Ausschalten störender Einflüsse auf den Versuch bei varianzanalytischer Auswertung und zum Studium von Regressionsbeziehungen in klassifiziertem Material. Näheres bieten Aitchison (1987), Cohen und Cohen (1975), Diehl und Kohr (1977), Dunn und Clark (1987), Fleiss (1986), Hochstädter und Kaiser (1988), Howell (1987), Huitema (1980), Kirk (1995), Kshirsagar (1983), Maxwell u. Mitarb. (1984), Maxwell und Delaney (1990: Chapters 9 + 15), Ott (1988), Searle (1987: Chapters 6 + 11), Snedecor und Cochran (1980), das September-Heft der Zeitschrift Biometrics **38** (1982), 541–753, J.R. Schwenke, Biometrical Journal **32** (1990), 441–447, Amini und Woolson (1991), Lindman (1992), Montgomery (1996: Chapter 17), Edwards (1993) sowie Dean und Voss (1999: Chapter 9).
2. Bei *bekannten nicht meßbaren Störfaktoren* durch **Blockbildung** (Gruppen von im Störfaktor möglichst übereinstimmenden Versuchen) (vgl. z. B. Lorenzen 1984, Fleiss 1986 und Mead 1988) oder durch **Paarbildung**; Durchführung der Experimente unter speziellen Bedingungen (z. B. im Gewächshaus).
3. Bei *unbekannten Störfaktoren* durch **Randomisierung** (vgl. z. B. Lorenzen 1984, Fleiss 1986 und Mead 1988) und **Wiederholung** sowie durch Berücksichtigung weiterer Merkmale, die eine künftige Erfassung der Störgrößen ermöglichen.

Im Gegensatz zum *absoluten Experiment,* beispielsweise die Bestimmung einer Naturkonstanten wie der Lichtgeschwindigkeit, gehört die überwältigende Menge der Experimente in die Kategorie der **vergleichenden Experimente:** Wir vergleichen z. B. Ernteerträge, die unter bestimmten Bedingungen (Saatgut, Dünger usw.) erzielt werden. *Vergleichswerte* liegen entweder als *Sollwerte* vor oder sind durch *Kontrollversuche* zu bestimmen. Vergleichende Experimente – auffaßbar als durch verschiedene Bedingungen oder „Behandlungen" beeinflußte Prozesse, nach deren Ablauf die Resultate gegenübergestellt und als „Wirkungen" der Behandlungen, als spezifische Effekte, interpretiert werden – zielen darauf ab: (a) zu prüfen, ob ein Effekt existiert und (b) die Größe dieses Effektes zu messen, wobei nach Möglichkeit Fehler 1. und 2. Art klein zu halten sind, d. h. es sollten weder nichtexistente Effekte in das Material *„hineingesehen"* noch echte Effekte „übersehen" werden. Außerdem ist festzulegen, wie groß der kleinste noch als statistisch signifikant angesehene **Effekt** sein soll. Echte Effekte lassen sich nur dann finden, wenn sichergestellt werden kann, daß (a) weder die Heterogenität der Versuchseinheiten (z. B. Bodenunterschiede im Ernteertragbeispiel) noch (b) zufällige Einflüsse *für den Effekt allein verantwortlich* gemacht werden können. Notwendige Stichprobenumfänge sind z.B. den Tabellen 243 in [731] und 269 in [742] zu entnehmen. **[77]** **!**

Die **moderne Versuchsplanung** (experimental design) unterscheidet sich von dem klassischen oder traditionellen Vorgehen dadurch, daß stets mindestens 2 Faktoren zugleich untersucht werden. Früher wurden dann, wenn die Wirkung mehrerer Faktoren analysiert werden sollte, die Faktoren nacheinander durchgetestet, wobei nur jeweils ein Faktor auf mehreren Stufen geprüft wurde. Es läßt sich zeigen, daß dieses Verfahren nicht nur *unwirksam* sein, sondern auch *falsche Ergebnisse* liefern kann. Der im allgemeinen gesuchte *optimale Arbeitsbereich* für den kombinierten Einsatz aller Faktoren kann so nicht gefunden werden. Außerdem lassen sich mit dem klassischen Verfahren zwischen den Faktoren keine Wechselwirkungen erkennen. Das Prinzip der modernen statistischen Versuchsplanung besteht darin, die Faktoren so einzusetzen, daß sich ihre *Effekte und Wechselwirkungen* sowie die Variabilität dieser Effekte *messen*, untereinander *vergleichen* und gegen die zufällige Variabilität *abgrenzen* lassen. Näheres ist z. B. Box u. Mitarb. (1978), Cox (1992), Kirk (1995) und Ross (1996), der Übersicht 94 (Nr. 4) und den weiter unten folgenden Literaturhinweisen zu entnehmen. vgl. S. 612

Zusätzlich zu den drei Grundprinzipien der Versuchsplanung wird man (1) Kontrollen (vgl. S. 609–612) mitlaufen lassen, (2) möglichst unterschiedliche Behandlungen wählen, die zur Vermeidung subjektiver Einflüsse auch noch verschlüsselt werden (vgl. z. B. M: 159, 164) und (3) die Zahl der Wiederholungen für $\sigma \neq$ konst. proportional aufteilen: $n_1/n_2 = \sigma_1/\sigma_2$.

Blindversuche sind bei Beurteilungen, etwa von Nahrungsmitteln wichtig, um nicht dem Image eines bestimmten Herstellers zu erliegen. Generell sollten bei Beurteilungen zur Ausschaltung von Autosuggestionen und Suggestionen seitens anderer Verschlüsselungen und Randomisierungen selbstverständlich sein.

Hinweis: Einfache Versuchspläne (siehe Übersicht 94)

1. Versuchsanordnung in Blöcken mit zufälliger Zuordnung der Verfahren zu den Versuchseinheiten

Das Versuchsmaterial wird in möglichst homogene Blöcke aufgeteilt. Jeder Block enthält mindestens so viele Einheiten wie Faktoren (Behandlungsmethoden, Verfahren) geprüft werden sollen *(vollständige randomisierte Blöcke) bzw.* ganze Vielfache dieser Zahl. Die Faktoren werden den untereinander ähnlichen Versuchseinheiten jedes Blockes mit Hilfe eines Zufallsverfahrens (Tafel der Zufallszahlen) zugeordnet. Durch Wiederholung des Versuchs mit sehr verschiedenen Blöcken

wird der Vergleich zwischen den Faktoren genauer. Für die Varianzanalyse dieser *verbundenen Stichproben* wird das Modell der zweifachen Klassifikation ohne Wechselwirkung verwendet. An-
[77] stelle der Bezeichnungen Zeile und Spalte gelten jetzt „Block" und „Faktor".

Vielleicht sollten wir noch betonen, daß die Bildung von Blöcken genauso wie die Bildung paariger Beobachtungen nur dann sinnvoll ist, wenn die Streuung zwischen den Versuchseinheiten deutlich größer ist als die zwischen den Paarlingen bzw. den Blockeinheiten; denn verbundene Stichproben (paarige Beobachtungen, Blöcke) weisen *weniger* Freiheitsgrade auf als die entsprechenden unabhängigen Stichproben. Besteht ein deutlicher Streuungsunterschied im oben angegebenen Sinne, dann ist der Genauigkeitsgewinn durch Bildung verbundener Stichproben größer als der Genauigkeitsverlust durch die verringerte Anzahl von Freiheitsgraden (vgl. [41]).

Ist die Anzahl der Versuchseinheiten pro Block kleiner als die Anzahl der zu prüfenden Faktoren, dann spricht man von *unvollständigen randomisierten Blöcken.* Sie werden häufig benutzt, wenn eine natürliche Blockbildung nur wenige Elemente umfaßt, z. B. bei Vergleichen an Zwillingspaaren, Rechts-Links-Vergleichen, bei technischen oder zeitlichen Beschränkungen der Durchführbarkeit von Parallelversuchen am gleichen Tag usw.

2. Das Lateinische Quadrat

Während durch die Blockbildung ein Variationsfaktor ausgeschaltet wird, dient der Versuchsplan eines sogenannten *Lateinischen Quadrates* zur Ausschaltung zweier Variationsfaktoren. So zeigt es sich häufig, daß ein Versuchsfeld deutlich nach zwei Richtungen Unterschiede in der Bodenbeschaffenheit aufweist. Durch geschicktes Parzellieren gelingt es mit Hilfe dieses Modells die Unterschiede nach zwei Richtungen auszuschalten. Sind k Faktoren (z. B. die Kunstdünger A und B und die Kontrolle C) zu prüfen, so benötigt man k Versuche und damit k^2 (9) Versuchseinheiten (Parzellen). Ein einfaches lateinisches Quadrat ist z. B.

A	B	C
B	C	A
C	A	B

Jeder Faktor tritt in jeder Zeile und jeder Spalte dieses Quadrates genau einmal auf. Im allgemeinen verwendet man nur Quadrate mit $k \geqq 5$, da bei kleineren Quadraten für die Ermittlung des Versuchsfehlers nur wenige Freiheitsgrade zur Verfügung stehen. Erst bei $\boldsymbol{k = 5}$ sind es **12**. Entsprechende Versuchspläne, die natürlich nicht nur in der Landwirtschaft benutzt werden, sondern überall da, wo sich Versuchseinheiten nach zwei Richtungen oder Merkmalen randomisiert gruppieren lassen, findet man z. B. in dem Tafelwerk von Fisher und Yates (1982). Beim griechisch-lateinischen Quadrat erfolgt eine Randomisierung in drei Richtungen. Näheres ist z. B. Cox (1958, 1992), Hoaglin u. Mitarb. (1991), Kirk (1995), Odeh und Fox (1991) sowie Edwards (1993) zu entnehmen.

3. Faktorielle Experimente (vgl. S. 612)

Sollen n Faktoren je auf 2, 3 oder k Stufen gleichzeitig verglichen werden, so benötigt man Versuchspläne mit **Kombinationsvergleichen,** sogenannte **2^n-, 3^n-, k^n-Pläne** oder -Experimente. Näheres ist z. B. Box und Draper (1987), Dunn und Clark (1987), Kirk (1995), Maxwell und Delaney (1990), Mead (1988) sowie Petersen (1985) zu entnehmen [vgl. auch P.W.M. John,.Technometrics **32** (1990), 275–282]. Einführendes enthält Li (1982). Das Umfeld dieser insbesondere für Techniker und Ingenieure sehr wichtigen Versuchspläne (siehe Übersicht 94, Nr. 4 beleuchten Hahn (1984; vgl. auch Lenz u. Mitarb. 1981/01), Kacker und Tsui (1990), Gunst und Mason (1991) sowie Woodward und Bonett (1991). Montgomery (1997) behandelt neben den Faktoriellen Plänen (Chapters 6–11) auch **Response Surfaces**, den **Steepest Ascent-** und den **Taguchi-Ansatz** (Chapter 14).

4. Hierarchische Versuchspläne

Bei der hierarchischen Klassifikation besteht eine Stichprobengruppe aus Stichproben-Untergruppen, z. B. 1. und 2. Art (etwa: Straßen, Häuser und Wohnungen). Man spricht hier von **„Schachtelmodellen" (nested designs)**: Alle Stufen eines Faktors treten immer nur mit einer Stufe eines anderen Faktors gemeinsam auf (z. B. Bryk und Raudenbush 1992, Hoaglin u. Mitarb. 1991, Kirk 1995, Mason u. Mitarb. 1998: Chapter 10, Moen u. Mitarb. 1991: Chapter 8, Montgomery 1997: Chapter 12, Searle u. Mitarb. 1992, Edwards 1993, Dean und Voss 1999: Chapter 18 sowie Sahai und Ageel 2000: Chapters 6–8).

Übersicht 94. Die wichtigsten Versuchsanordnungen zur Prüfung von Unterschieden zwischen unterschiedlichen Stufen eines Faktors oder mehrerer Faktoren (verändert nach Juran, J.M. (Ed.): Quality Control Handbook, 2nd ed., New York 1962, Table 44, pp. 13–122/123)

Versuchsplan	Prinzip	Kommentar
1. Vollständige Randomisierung	Stufen eines Faktors werden nach einem Zufallsverfahren den experimentellen Einheiten zugeordnet	Zahl der Versuche kann von Stufe zu Stufe variieren; im Hinblick auf die Entdeckung signifikanter Effekte wenig empfindlich
2. Randomisierte Blöcke	Zusammenfassung möglichst ähnlicher experimenteller Einheiten zu Blöcken, denen jeweils die Stufen eines Faktors zugeordnet werden	Zahl der Versuche kann von Stufe zu Stufe variieren; empfindlicher als der vollständig randomisierte Plan
3. Lateinische Quadrate	Versuchsplan zur Prüfung von k Faktoren: aus k^2 Versuchseinheiten bestehend, die (nach zwei Merkmalen mit je k Stufen) so den Zeilen und Spalten eines Quadrates zugeordnet werden, daß jeder Faktor in jeder Zeile und jeder Spalte genau einmal auftritt	Gemeinsames Studium zweier oder mehrerer Faktoren! Vorausgesetzt wird, daß die Faktoren unabhängig voneinander wirken (keine Wechselwirkungen)
4. Faktorielle Experimente	Versuche mit beliebig vielen Faktoren, die jeweils auf beliebig vielen Stufen geprüft werden. Ein Experiment, das z. B. vier Faktoren jeweils auf 3 Stufen prüft, erfordert $3^4 = 81$ Versuchskombinationen	Exaktes Experiment; erfaßt neben den Hauptfaktoren insbesondere auch alle Wechselwirkungen; werden alle Kombinationen von Faktoren und Stufen geprüft, dann kann das Experiment leicht zu unhandlich werden, außerdem erfordert es homogeneres Material als die anderen Pläne
5. Unvollständige faktorielle Experimente	Nur der zur Auswertung von Hauptfaktoren und wichtigeren Wechselwirkungen notwendige Teil der gesamten Kombinationen eines faktoriellen Experimentes wird ausgewählt	Ökonomische Experimente Verglichen mit einem faktoriellen Experiment ist der Versuchsfehler größer und die Schätzung der Hauptfaktoren nicht so exakt; außerdem können einige mögliche Wechselwirkungen nicht berücksichtigt werden

5. Gruppen-Perioden-Versuchspläne (crossover trials)

(vgl. auch [463])

[77] Sollen zwei Behandlungen A und B nacheinander an denselben Individuen geprüft werden, so ist nicht auszuschließen, daß trotz einer dazwischengeschobenen Zeit ohne Behandlung, einer Ausgleichsperiode, A nachwirkt und B verfälscht bzw. umgekehrt, wenn die Behandlung mit B begonnen wird und alle anderen Bedingungen unverändert bleiben. Bei diesen Versuchen werden die einzelnen Behandlungen nacheinander „über Kreuz" auf die Probanden oder Patienten angewandt, so daß ein intraindividueller Vergleich möglich wird. Versuchspläne hierfür behandelt z. B. Petersen (1985, Chapter 12: Change-Over Trials, z. B. auch Cross-Over Designs). Näheres bieten Grieve, A.P. in Berry (1990), Chassan (1964), Cotton (1989), Crowder und Hand (1991), Fleiss (1986, 1989), Huitson u. Mitarb. (1982), Jones und Kenward (1989), Lehmacher (1987), Matthews (1988), Mead (1988), Petersen (1985), Prescott (1981) sowie Willan und Pater (1986) (vgl. auch Adam 1992, Chow und Liu 1999 (dort auch Chow 2000), Cornell 1991 und Senn 1999).

Weitere Literatur zur Versuchsplanung

Atkinson (1982 und 1988), Box und Draper (1987), Dean und Voss (1999), Dodge u. Mitarb. (1988), Federer (1980/81), Fienberg und Tanur (1987), Fleiss (1986), Härtler (1976), Hahn (1984), Kirk (1995), Lentner und Bishop (1986), Lorenzen (1984), Mason u. Mitarb. (1989), Maxwell und Delaney (1990), Mead (1988), Ott (1988), Pearce u. Mitarb. (1988), Petersen (1985), Rasch (1988), Smith und Sugden (1988) sowie Steinberg und Hunter (1984).
Einführungen in das umfangreiche Gebiet der **Industrie-Experimente** und zur **Prozeßsicherheit** – siehe S. 123 und 612 bieten Meeker u. Escobar (1998), Moen u. Mitarb. (1991), Kotz u. Lovelace (1998), Ross (1996), Spenhoff (1991) sowie D.E. Coleman und D.C. Montgomery (1993, Technometrics **35**, 1–27). Screening-Experimente stellt L.S. Nelson vor [Journal of Quality Technology **14** (April 1982), 99–100].

Wie auf den Seiten 14, 15 und 30 dargelegt, ist **„statistisches Denken"** ein iteratives Prozeßdenken, eine Philosophie oder Strategie, die den Zusammenhang zwischen einem die Wirklichkeit betreffenden Problem und zu seiner Lösung zu gewinnende relevante Daten erkundet und sich bemüht Unsicherheit zu quantifizieren und teilweise zu verringern, oft indem die vorgefundene Variabilität der gewonnenen Daten auf unterschiedliche Ursachen zurückgeführt wird und Voraussagen möglich werden [vgl. Pfannkuch und Wild 1999, 2000].

Im Vordergrund steht häufig die **stetige Verbesserung eines** (Daten liefernden) **Prozesses** [vgl. G.C. McDonald sowie G.J. Hahn u. Mitarb., Amer Statist. **53** (1999), 203–207, 208–215]. Hierbei ist das Umfeld einzubeziehen.
Mitunter interessieren auch **ergänzende Überlegungen** zur Erkennung von Strukturen (vgl. EDA), Gruppenbildung, Klassifizierung und zum Aufspüren eines Trends in bereits vorliegenden **großen Datensammlungen**, die meist stetig zunehmen: **Data Mining, Knowledge Discovery in Databases** [vgl. D.J. Hand, Amer. Statist. **52** (1998), 112–118 sowie M.J. Mackinnon und N. Glick, Austral. and New Zealand J. Statist. **41** (1999), 255–275]. So gewonnene Informationen helfen Entscheidungen mitzubegründen, wobei der **Selektionsbias** zu bedenken ist.

Der schöpferische Prozeß in der Wissenschaft beginnt mit dem Wissen um ein Nichtwissen und gipfelt in der Entwicklung einer Theorie. Wichtigstes Bindeglied ist die Formulierung und Prüfung von Hypothesen. Nach Möglichkeit sind **mehrere** prüfbare und damit **zurückweisbare Hypothesen** zu formulieren, die scharf genug sind, so daß ihre Ablehnung durch Beobachtung und/oder Experiment keine Schwierigkeiten bereitet. Hierdurch wird das Studienobjekt von möglichst vielen Seiten betrachtet, ohne daß sich Mühen, Interessen und besonders Emotionen nur der Lieblingshypothese zuwenden.

Fünf Jahreszahlen zur Geschichte der Wahrscheinlichkeitsrechnung und der Statistik [77]

1654 Der Chevalier de Méré fragt Blaise Pascal (1623–1662), warum es vorteilhaft sei, beim Würfelspiel auf das Erscheinen der Sechs in 4 Würfen, aber nicht vorteilhaft sei, beim Spiel mit zwei Würfeln auf das Erscheinen der Doppelsechs in 24 Würfen zu wetten. Hierüber korrespondiert Pascal mit Pierre de Fermat (1601–1665): Die beiden Wahrscheinlichkeiten sind 0,518 und 0,491. Die Frage nach den Aussagen, die aufgrund der erhaltenen Spielausgänge über die zugrundeliegenden Wahrscheinlichkeitsgesetze zu treffen sind, d. h. die Frage nach der Wahrscheinlichkeit für die Richtigkeit von Modellen oder Hypothesen untersucht Thomas Bayes (1702–1761).

1713/18 erscheinen die Lehrbücher der Wahrscheinlichkeitsrechnung von Jakob Bernoulli (1654–1705; Ars Conjectandi, opus posthumum, 1713) mit dem Begriff, Stochastik, der Binomialverteilung und dem Gesetz der großen Zahlen und Abraham de Moivre (1667–1754; The Doctrine of Chances, 1718) mit dem Begriff der stochastischen Unabhängigkeit und im Jahre **1733** mit dem Grenzübergang von der Binomial- zur **Normalverteilung**.

1812 Pierre Simon de Laplace (1749–1827): Theorie Analytique des Probabilites, die erste zusammenfassende Übersicht über die Wahrscheinlichkeitsrechnung.

1901 Gründung der auch heute noch richtungweisenden Zeitschrift Biometrika als Kristallisationspunkt der angelsächsischen Schule der Statistik durch Karl Pearson (1857–1936), der mit Ronald Aylmer Fisher (1890–1962), dem u. a. Versuchsplanung und Varianzanalyse zu verdanken sind (1935 erscheint The Design of Experiments), die Mehrzahl der biometrischen Methoden entwickelt, die Jerzy Neyman (1894–1981) und Egon S. Pearson [(1895–1980) in den dreißiger Jahren durch den Vertrauensbereich (confidence interval) und die allgemeine Testtheorie erweitern. Nach der Axiomatisierung der Wahrscheinlichkeitsrechnung (1933) baut Andrej Nikolajewitsch Kolmogoroff (1903–1987) die von russischen Mathematikern geschaffene Theorie der stochastischen Prozesse aus.

1950 erscheint Statistical Decision Functions von Abraham Wald (1902–1950), in der die während des Zweiten Weltkrieges entwickelte, als stochastischer Prozeß auffaßbare Sequentialanalyse als Spezialfall der statistischen Entscheidungstheorie enthalten ist, die Richtlinien für das Verhalten in ungewissen Situationen liefert: Statistische Schlußweisen werden als Entscheidungsprobleme aufgefaßt.

S.E. Fienberg (1992: Statistical Science **7**, 208–225) gibt einen sehr instruktiven Überblick über die Geschichte der Statistik, indem er sieben einschlägige Bücher bespricht, die in den Jahren 1986/90 erschienen sind; zur Vertiefung nennt er weitere 50 Biographien, Monographien, Übersichten und Nachrufe.

Weitere Daten enthalten Gottwald u. Mitarb. (1990) sowie Peters (1987, S. 254/255).

Ausblick

Moderne Ansätze für Freunde der Beurteilenden Statistik bieten z. B. Abt (1987), Andersen (1991), Bauer (1989), Bauer u. Mitarb. (1988), Büning (1991), Chatfield (1995 b), Dobson (1990), Dudewicz (1985), Eddy (1986), Efron und Tibshirani (1986), Galambos (1987), Haux (1989), Hinkley u. Mitarb. (1991), Johnsson (1988), Laviolette u. Mitarb. (1995), McCullagh und Nelder (1989), Olkin u. Mitarb. (1990), Perlman und Wu (1999), Rao (1993), Ripley (1986), Robertson u. Mitarb. (1988), van Ryzin (1988), Stuart und Ord (1999, Vol. 2A), Tukey (1986), Viertl (1995, 1997) sowie Vovk (1993).

Benutztes Schrifttum und weiterführende Literatur

> Das Literaturverzeichnis enthält einige ältere Arbeiten aus der 1. bis 6. Auflage, im Text kursiv gesetzt, etwa „(*Alluisi 1965*)“; es folgt dann der für die 7. bis 10. Auflage charakteristische Teil, der auch wieder Quellen und Weiterführendes enthält, das dem Leser anhand zahlreicher Hinweise im Text hilft, bemerkenswertes Neuland zu erschließen.

Nicht hier aufgeführt sind knappe Literaturangaben, die nur im Text erscheinen, wie etwa das auf S. XXXVII genannte Taschenbuch der Mathematik, ein umfassendes Nachschlagewerk.

I. Literaturverzeichnis mit einigen Arbeiten aus der 1. bis 6. Auflage, teilweise aktualisiert

Seiten: 691–709

Da die Mathematisierung aller Wissenschaften und damit auch der Statistik im Zusammenhang mit den Möglichkeiten, die die EDV bietet, in den letzten Jahren stark zugenommen hat, um das Jahr 1950 konnte ein interessierter Abiturient, nichttheoretische Fachaufsätze der meisten Fachzeitschriften der Statistik verstehen, wird der weniger Eingeweihte gern ältere Aufsätze lesen, zumal sie häufig neben **einfacheren Lösungsansätzen** auch ein **durchgerechnetes Beispiel** enthalten, das im allgemeinen zugleich den **Anlaß des Aufsatzes** skizziert.

II. Literaturverzeichnis zur 7. bis 10. Auflage, teilweise aktualisiert

Seiten: 710–735

> Wer an den im Buch angesprochenen Themen näher interessiert ist, wird gern die Zeitschrift “**The American Statistician**” lesen: weiterführende Aufsätze und Hinweise machen die Lektüre zum Genuß. Aufschlußreich sind schon die 6 Abschnitte, die
>
> **Sections**
> - Statistical Practice
> - General
> - Teacher’s Corner
> - Statistical Computing and Graphics
> - Statistical Computing Software Reviews
> - Review of Books and Teaching Materials;
>
> Angesprochen wird somit ein großer Leserkreis, insbesondere Praktiker und Dozenten, die nicht zu sehr ins Detail geführt werden möchten, aber sich gern generell über Neuentwicklungen in unterschiedlichen Bereichen informieren. Im Text und im Literaturverzeichnis wird diese Zeitschrift auch knapp als “Amer. Statist.” oder als “Am. Stat.“ bezeichnet.

I. Literaturverzeichnis mit einigen Arbeiten aus der 1. bis 6. Auflage, teilweise aktualisiert

Acton, F.S.: Analysis of Straight-Line Data. (Dover) New York 1959

Alling, D.W.: (1) Early decision in the Wilcoxon two–sample test. J. Amer. Statist. Assoc. **58** (1963), 713–720 [vgl. auch **69** (1974), 414–422]. (2) Closed sequential tests for binomial probabilities. Biometrika **53** (1966), 73–84

Alluisi, E.A.: Tables of binary logarithms, uncertainty functions, and binary log functions. Perceptual and Motor Skills **20** (1965), 1005–1012

Anscombe, F.J.: Rejection of outliers. Technometrics **2** (1960), 123–166 [vgl. auch **11** (1969), 527–550, **13** (1971), 110–112, **15** (1973), 385–404, 723–737]

Armitage, P.: Tests for linear trends in proportions and frequencies. Biometrics **11** (1955), 375–386 [vgl. **53** (1997), 1163–1169, **54** (1998), 1147–1154, 1615–1621, **55** (1999), 264–267, 317–320]

Bancroft, T.A.: (1) Analysis and inference for incompletely specified models involving the use of preliminary test(s) of significance. Biometrics **20** (1964), 427–442. [mixed model: vgl. auch Industrial Quality Control **13** (1956), 5–8]. (2) Topics in Intermediate Statistical Methods. Vol. I. (Iowa State University Press; pp. 129) Ames, Iowa 1968, Chapters 1 and 6 [Nonorthog. ANCOVA: siehe W.J. Hemmerle, J. Amer. Statist. Assoc. **71** (1976), 195–199]

Barnard, G.A.: The Bayesian controversy in statistical inference. J. Institute Actuaries **93** (1967), 229–269 [vgl. auch J. Amer. Statist. Assoc. **64** (1969), 51–57 und Statistical Science **3** (1988), 386–412, Bayesian Experimental Design: **10** (1995), 273–304, vgl. auch 3–66]

Barnett, V.: Comparative Statistical Inference. 3rd ed. (Wiley; pp 381) Chichester 1999 [zum Signifikanztest und zum Hypothesentest: E.L. Lehmann, Journal of the American Statistical Association **88** (1993), 1242–1249; vgl. auch Moses 1956]

Barnett, V.D.: Large sample tables of percentage points for Hartley's correction to Bartlett's criterion for testing the homogeneity of a set of variances. Biometrika **49** (1962), 487–494

Bartholomew, D.J.: A test of homogeneity for ordered alternatives, I and II. Biometrika **46** (1959), 36–48 and 328–335 [vgl. auch **63** (1976), 177–183, 647–654; J. Roy. Statist. Soc. B **23** (1961), 239–281, J. Amer. Statist. Assoc. **67** (1972), 55–63; Statistics in Medicine **4** (1985), 489–496, Biometrics **30** (1974), 589–597, sowie Psychological Bulletin **113** (1993), 379–395]

Bartlett, M.S.: (1) Properties of sufficiency and statistical tests. Proc. Roy. Soc. A **160** (1937), 268–282. (2) Some examples of statistical methods of research in agriculture and applied biology. J. Roy. Statist. Soc. Suppl. **4** (1937), 137–170. (3) Fitting a straight line when both variables are subject to error. Biometrics **5** (1949), 207–212. (4) The use of transformations. Biometrics **3** (1947), 39–52 [vgl. auch Technometrics 11 (1969), 23–40]

Bateman, G.: On the power function of the longest run as a test for randomness in a sequence of alternatives. Biometrika **35** (1948), 97–112 (vgl. auch **34**, 335/9; **44**, 168/78; **45**, 253/6; **48**, 461/5) [vgl. exact runs test: Brit. J. Math. Statist. Psychol. **39** (1986), 168–182]

Bauer, R.K.: Der „Median-Quartile-Test": Ein Verfahren zur nichtparametrischen Prüfung zweier unabhängiger Stichproben auf unspezifizierte Verteilungsunterschiede. Metrika **5** (1962), 1–16

Behrens, W.U.: Ein Beitrag zur Fehlerberechnung bei wenigen Beobachtungen. Landwirtschaftliche Jahrbücher **68** (1929), 807–837

Belson, I., and Nakano, K.: Using single-sided non-parametric tolerance limits and percentiles. Industrial Quality Control **21** (May 1965), 566–569

Bennett, B.M.: (1) Tests of hypotheses concerning matched samples. J. Roy. Statist. Soc. B **29** (1967), 468–474. (2) On tests for order and treatment differences in a matched 2×2. Biometrische Zeitschr. **13** (1971), 95–99. (3) Tests for marginal symmetry in contingency tables. Metrika **19** (1972), 23–26 [vgl. Biom. J. **38** (1996), 203–220]

–, and Hsu, P.: (1) On the power function of the exact test for the 2×2 contingency table. Biometrika **47** (1960), 393–397 [editorial note 397, 398, correction **48** (1961), 475]. (2) Sampling studies on a test against trend in binomial data. Metrika **5** (1962), 96–104

–, and Nakamura, E.: (1) Tables for testing significance in a 2×3 contingency table. Technometrics **5** (1963), 501–511. (2) The power function of the exact test for the 2×2 contingency table. Technometrics **6** (1964), 439–458 [vgl. The American Statistician **47** (1993), 91–98]

–, and Underwood, R.E.: On McNemar's test for the 2×2 table and its power function. Biometrics **26** (1970), 339–343 [benötigte n_i: M.A. Schork and G.W. Williams 1980, Communications in Statistics – Simulation and Computation B **9**, 349–357]

Berchtold, W.: Die Irrtumswahrscheinlichkeiten des χ^2-Kriteriums für kleine Versuchszahlen. Z. angew. Math. Mech. **49** (1969), 634–636

Beyer, W.H. (Ed.): CRC Handbook of Tables for Probability and Statistics. 2nd ed. (The Chemical Rubber Co., pp. 642) Cleveland, Ohio 1968

Bhattacharya, C.G.: A simple method of resolution of a distribution into Gaussian components. Biometrics **23** (1967), 115–135 [vgl. auch **25** (1969), 79–93 u. **29** (1973), 781–790]

Birnbaum, A.: Combining independent tests of significance. J. Amer. Statist. Assoc. **49** (1954), 559–574 [vgl. auch **66** (1971), 802–806, **73** (1978), 753–763, **74** (1979), 812–814 und **88** (1993), 650–655, 912–919]

Birnbaum, Z.W.: Numerical tabulation of the distribution of Kolmogorov's statistic for finite sample size. J. Amer. Statist. Assoc. **47** (1952), 425–441

–, and Hall, R.A.: Small sample distribution for multisample statistics of the Smirnov type. Ann. Math. Stat. **31** (1960), 710–720 [vgl. auch **40** (1969), 1449–1466 sowie J. Amer. Statist. Assoc. **71** (1976), 757–762]

Bishop, Yvonne M.M.: Full contingency tables, logits, and split contingency tables. Biometrics **25** (1969), 383–399 (vgl. auch 119–128)

–, Fienberg, S.E., and Holland, P.W.: Discrete Multivariate Analysis. Theory and Practice. (MIT Press; pp. 557) Cambridge, Mass. 1975

Bliss, C.I., Cochran W.G., and Tukey, J.W.: A rejection criterion based upon the range. Biometrika **43** (1956), 418–422

Blomqvist, N.: (1) On a measure of dependence between two random variables. Ann. Math. Statist. **21** (1950), 593–601. (2) Some tests based on dichotomization. Ann. Math. Statist. **22** (1951), 362–371

Blyth, C.R., and Hutchinson, D.W.: Table of Neyman-shortest unbiased confidence intervals for the binomial parameter. Biometrika **47** (1960), 381–391 [vgl. auch The American Statistician **50** (1996), 63–68]

Bolch, B.W.: More on unbiased estimation of the standard deviation. The American Statistician **22** (June 1968), 27 (vgl. auch **25** [April 1971], 40, 41 u. [Oct. 1971], 30–32)

Bose, R.C.: Paired comparison designs for testing concordance between judges. Biometrika **43** (1956), 113–121

Botts, R.R.: "Extreme value" methods simplified. Agric. Econom. Research **9** (1957), 88–95

Bowker, A.H.: A test for symmetry in contingency tables. J. Amer. Statist. Assoc. **43** (1948), 572–574 [vgl. auch Biometrics **27** (1971), 1074–1978]

–, and Lieberman, G.J.: Engineering Statistics. (Prentice-Hall) Englewood Cliffs, N.J. 1959

Box, G.E.P.: (1) Non-normality and tests on variances: Biometrika **40** (1953), 318–335. (2) The exploration and exploitation of response surfaces. Biometrics **10** (1954), 16–60 [vgl. Technometrics **35** (1993), 436–445]

–, and Andersen, S.L.: Permutation theory in the derivation of robust criteria and the study of departures from assumption. With discussion. J. Roy. Statist. Soc., Ser. **B 17** (1955), 1–34 [vgl. Statistical Papers **37** (1996), 291–305]

–, and Cox, D.R.: An analysis of transformations. With discussion. J. Roy. Statist. Soc. Ser. **B 26** (1964), 211–252 [vgl. B **35** (1973), 473–479 u. J.J. Schlesselman: J. Amer. Statist. Assoc. **68** (1973), 369–378 sowie D.M. Rocke: Technometrics **35** (1993), 72–81]

Boyd, W.C.: A nomogram for chi-square. J. Amer. Statist. Assoc. **60** (1965), 344–346 (vgl. **61** [1966] 1246)

Bradley, J.V.: Distribution-Free Statistical Tests. (Prentice-Hall, pp. 388) Englewood Cliffs, N.J. 1968, Chapters 5 and 6 [vgl. W. Baumgartner u. Mitarb.: Biometrics **54** (1998), 1129–1135]

Bradley, R.A., Martin, D.C., and Wilcoxon, F.: Sequential rank-tests I. Monte Carlo studies of the two–sample procedure. Technometrics **7** (1965), 463–483

Bradley, R.A., Merchant, S.D., and Wilcoxon, F.: Sequential rank tests II. Modified two–sample procedures. Technometrics **8** (1966), 615–623

Bresnahan, J.L., and Shapiro M.M.: A general equation and technique for the exact partitioning of chi-square contingency tables. Psychol. Bull. **66** (1966), 252–262

Bross, I.D.J.: (1) Sequential medical plans. Biometrics **8** (1952), 188–205. (2) Sequential clinical trials. J. Chronic Diseases **8** (1958), 349–365. (3) Taking a covariable into account. J. Amer. Statist. Assoc. **59** (1964), 725–736

Brugger, R.M.: A note on unbiased estimation of the standard deviation. The American Statistician **23** (October 1969), 32 (vgl. auch **26** [Dec. 1972], 43)

Bunt, L.: Das Testen einer Hypothese. Der Mathematikunterricht **8** (1962), 90–108

Burrows, G.L.: (1) Statistical tolerance limits – what are they? Applied Statistics **12** (1963), 133–144. (2) One–sided normal tolerance factors. New tables and extended use of tables. Mimeograph, Knolls Atomic Power Lab., General Electric Company, USA 1964

Cacoullos, T.: A relation between t and F-distributions. J. Amer. Statist. Assoc. **60** (1965), 528–531 [vgl. auch J.H. Cadwell, Biometrika **39** (1952), 204–207]

Cadwell, J.H.: (1) Approximating to the distributions of measures of dispersion by a power of chi-square. Biometrika **40** (1953), 336–346. (2) The statistical treatment of mean deviation. Biometrika **41** (1954), 12–18

Carlson, F.D., Sobel, E., and Watson, G.S.: Linear relationships between variables affected by errors. Biometrics **22** (1966), 252–267 [vgl. auch The American Statistician **50** (1996), 1–6]

Castellan, N.J.: On the partitioning of contingency tables. Psychol. Bull. **64** (1965), 330–338

Chacko, V.J.: Testing homogeneity against ordered alternatives. Ann. Math. Statist. **34** (1963), 945–956 [vgl. auch **38** (1967), 1740–1752]

Chissom, B.S.: Interpretation of the kurtosis statistic. The American Statistician **24** (Oct. 1970), 19–22 [vgl. **52** (1998), 325–329, **53** (1999), 267–269 und Psychological Methods **2** (1997), 292–307]

Chun, D.: On an extreme rank sum test with early decision. J. Amer. Statist. Assoc. **60** (1965), 859–863

Cochran, W.G.: (1) Note on an approximate formula for the significance levels of z. Ann. Math. Statist. **11** (1940), 93–95. (2) The distribution of the largest of a set of estimated variances as a fraction of their total. Ann. Eugen. (Lond.) **11** (1941), 47–61. (3) Some consequences when assumptions for the analysis of variance are not satisfied. Biometrics **3** (1947), 22–38. (4) The comparison of percentages in matched samples. Biometrika **37** (1950), 256–266. (5) Testing a linear relation among variances. Biometrics **7** (1951), 17–32. (6) The χ^2-test of goodness of fit. Ann. Math. Statist. **23** (1952), 315–345. (7) Some methods for strengthening the common chi-square tests. Biometrics **10** (1954), 417–451. (8) Analysis of covariance: its nature and use. Biometrics **13** (1957), 261–281 [vgl. Industr. Qual. Contr. **22** (1965), 282–286]. (9) Analyse des classifications d'ordre. Revue Statistique Appliquée **14**, 2 (1966), 5–17. (10) Errors of measurement in statistics. Technometrics **10** (1968), 637–666 [vgl. auch Biometrics **49** (1993), 1262–1267]. (11) The effectiveness of adjustment by sub–classification in removing bias in observational studies. Biometrics **24** (1968), 295–313

Cole, L.M.C.: A closed sequential test design for toleration experiments. Ecology **43** (1962), 749–753

Cornfield, J.: (1) Bayes theorem. Rev. Internat. Statist. Inst. **35** (1967), 34–49. (2) The Bayesian outlook and its application. With discussion. Biometrics **25** (1969), 617–642 and 643–657

Cox, D.R.: (1) Some simple approximate tests for Poisson variates. Biometrika **40** (1953), 354–360. (2) Some problems connected with statistical inference. Ann. Math. Statist. **29** (1958), 357–372

–, and Stuart, A.: Quick sign tests for trend in location and dispersion. Biometrika **42** (1955), 80–95

Craig, I.: On the elementary treatment of index numbers. Applied Statistics **18** (1969), 141–152 [vgl. auch F.G. Forsyth, J. Roy. Statist. Soc. A **141** (1978), 348–358 and P.K. Trivedi, Int. Econ. Rev. **22** (1981), 71–77]

Crow, E.L.: Confidence intervals for a proportion. Biometrika **43** (1956), 423–435

Crow, E.L., and Gardner, R.S.: Confidence intervals for the expectation of a POISSON variable. Biometrika **46** (1959), 441–453

Crowe, W.R.: Index Numbers, Theory and Applications. London 1965

Croxton, F.E. and Cowden, D.J.: Applied General Statistics. 2nd ed. (Prentice-Hall) New York 1955

Cunningham, E.P. and Henderson, C.R.: An iterative procedure for estimating fixed effects and variance components in mixed model situations. Biometrics **24** (1968), 13–25 [vgl. auch The American Statistician **45** (1991), 54–64]

Cureton, E.E.: (1) Quick fits for the lines $y = bx$ and $y = a + bx$ when errors of observation are present in both variables. The American Statistician **20** (June 1966), 49. (2) The normal approximation to the signed-rank sampling distribution when zero differences are present. J. Amer. Statist. Assoc. **62** (1967), 1068+1069 [vgl. auch **69** (1974), 368–373]

D'Agostino, R.B.: Linear estimation of the normal distribution standard deviation. The American Statistician **24** (June 1970), 14+15 [vgl. auch J. Amer. Statist. Assoc. **68** (1973), 207–210]

Dalenius, T.: (1) The mode – a neglected statistical parameter. J. Roy. Statist. Soc. A **128** (1965), 110–117 [vgl. auch Ann. Math. Statist. **36** (1965), 131–138 u. **38** (1967), 1446–1455]. (2) Bibliography on non-sampling errors in surveys. Internat. Stat. Rev. **45** (1977), 71–89, 181–197, 303–317

Danziger, L., and Davis, S.A.: Tables of distribution-free tolerance limits. Ann. Math. Statist. **35** (1964), 1361–1365 [vgl. auch J. Qual. Technol. **7** (1975), 109–114]

Darling, D.A.: The Kolmogorov–Smirnov, Cramér–von Mises tests. Ann. Math. Statist. **28** (1957), 823–838 [vgl. auch Allgem. Statist. Archiv **83** (1999), 190–210]

Darlington, R.B.: Is kurtosis really "peakedness"? The American Statistician **24** (April 1970), 19–22 (vgl. auch **24** [Dec. 1979], 41, **25** [Febr. 1971], 42, 43, 60 und **30** [1976], 8–12, **40** [1986], 283, 284, **42** [1988], 111–119 sowie **51** [1998], 325–329)

David, Florence N.: (1) A χ^2 "smooth" test for goodness of fit. Biometrika **34** (1947), 299–310. (2) Two combinatorial tests of whether a sample has come from a given population. Biometrika **37** (1950), 97–110 [vgl. auch Communications in Statistics – Theory and Methods **22** (1993), 1299–1314] (3) Games, Gods and Gambling, New York 1963 [vgl. History: D. Freedman, Statistical Science **14** (1999), 234–258]

David, H.A.: (1) Further applications of range to the analysis of variance. Biometrika **38** (1951), 393–409. (2) The ranking of variances in normal populations. J. Amer. Statist. Assoc. **51** (1956), 621–626. (3) The Method of Paired Comparisons. (Griffin, pp 124) London 1969

–, Hartley H.O. and Pearson, E.S.: The distribution of the ratio, in a single normal sample of range to standard deviation. Biometrika **41** (1954), 482–493

Davies, O.L.: The Design and Analysis of Industrial Experiments. (Oliver and Boyd) London 1956 [3rd ed. 1963]

Day, N.E.: Estimating the components of a mixture of normal distributions. Biometrika **56** (1969), 463–474 (vgl. auch **59** [1972], 639–648 und Technometrics **12** [1970], 823–833) [vgl. auch Pattern Recognition Letters **3** (1985), 79–84 und Journal of the American Statistical Association **73** (1978), 821–826]

Defense Systems Department, General Electric Company: Tables of the Individual and Cumulative Terms of Poisson Distribution. Princeton, N.J. 1962

DeLury, D.B., and Chung, J.H.: Confidence Limits for the Hypergeometric Distribution. Toronto 1950

Dixon, W.J.: (1) Analysis of extreme values. Ann. Math. Statist. **21** (1950), 488–506. (2) Processing data for outliers. Biometrics **9** (1953), 74–89. (3) Rejection of Observations. In Sarhan, A.E., and Greenberg, B.G. (Eds.): Contributions to Order Statistics. New York 1962, pp. 299–342

–, and Mood, A.M.: The statistical sign test. J. Amer. Statist. Assoc. **41** (1946), 557–566

–, and Tukey, J.W.: Approximate behavior of the distribution of Winsorized t (trimming/Winsorization 2). Technometrics **10** (1968), 83–98 [vgl. auch Statist. Hefte **15** (1974), 157–170]

Dolby, J.L.: A quick method for choosing a transformation. Technometrics **5** (1963), 317–325 [vgl. auch **35** (1993), 72–81]

Dubey, S.D.: Graphical tests for discrete distributions. The American Statistician **20** (June 1966), 23 + 24 [vgl. auch D.C. Hoaglin **34** (August 1980), 146–149 sowie D.I. Holmes, The Statistician **23** (1974), 129–134]

Duckworth, W.E., and Wyatt, J.K.: Rapid statistical techniques for operations research workers. Oper. Res. Quarterly **9** (1958), 218–233

Dudewicz, E.J. and Dalal, S.R.: On approximations to the t-distribution. J. Qual. Technol. **4** (1972), 196–198 [vgl. auch Ann. Math. Statist. **34** (1963), 335–337 u. Biometrika **61** (1974), 177–180]

Duncan, D.B.: (1) Multiple range and multiple F tests. Biometrics **11** (1955), 1–42 (vgl. auch für $n_i \neq \text{konst.}$ C.Y. Kramer **12** [1956], 307/310), (vgl. auch Technometrics **11** [1969], 321/329). (2) Multiple range tests for correlated and heteroscedastic means. Biometrics **13** (1957), 164–176

Dunn, J.E.: A compounded multiple runs distribution. J. Amer. Statist. Assoc. **64** (1969), 1415–1423

Edington, E.S.: The assumption of homogeneity of variance for the t-test and nonparametric tests. Journal of Psychology **59** (1965), 177–179

Eisen, E.J.: The quasi-F test for an unnested fixed factor in an unbalanced hierarchal design with a mixed model. Biometrics **22** (1966), 937–942 [vgl. J. Amer. Statist. Assoc. **69** (1974), 765–771 and **79** (1984), 853–862]

Eisenhart, Ch.: The assumptions underlying the analysis of variance. Biometrics **3** (1947), 1–21 [vgl. auch D.W. Zimmerman u. Mitarb. 1993, Communications in Statistics – Simulation and Computation **22**, 779–789]

Elandt, Regina C.: Exact and approximate power function of the non-parametric test of tendency. Ann. Math. Statist. **33** (1962), 471–481

Fairfield Smith, H.: On comparing contingency tables. The Philippine Statistician **6** (1957), 71–81

Faulkenberry, G.D., and Daly, J.C.: Sample size for tolerance limits on a normal distribution. Technometrics **12** (1970), 813–821

Faulkner, E.J.: A new look at the probability of coincidence of birthdays in a group. Mathematical Gazette **53** (1969), 407–409 (vgl. auch **55** [1971], 70–72)

Federer, W.T.: Experimental error rates. Proc. Amer. Soc. Hort. Sci. **78** (1961), 605–615

Federighi, E.T.: Extended tables of the percentage points of Student's t-distribution. J. Amer. Statist. Assoc. **54** (1959), 683–688

Feldman, S.E., and Klinger, E.: Short cut calculation of the Fisher–Yates "exact test". Psychometrika **28** (1963), 289–291

Fenner, G.: Das Genauigkeitsmaß von Summen, Produkten und Quotienten der Beobachtungsreihen. Die Naturwissenschaften **19** (1931), 310

Ferris, C.D., Grubbs, F.E., and Weaver, C.L.: Operating characteristics for the common statistical tests of significance. Ann. Math. Statist. **17** (1946), 178–197

Finkelstein, J.M., and Schafer, R.E.: Improved goodness-of-fit tests. Biometrika **58** (1971), 641–645

Finucan, H.M.: A note on kurtosis. J. Roy. Statist. Soc. Ser. B **26** (1964), 111 + 112, p. 112

Fisher, R.A.: (1) Theory of statistical estimation. Proc. Cambr. Phil. Soc. **22** (1925), 700–725. (2) The Design of Experiments. 7th ed. (1st ed. 1935) (Oliver and Boyd) Edinburgh 1960, Chapter II [vgl. auch J. Roy. Statist. Soc. **B 37** (1975), 49–53] [zur Würdigung von R.A. Fisher siehe Biometrika **50** (1963), 1–15, Biometrics **46** (1990), 897–961 und Statistical Science **7** (1992), 5–48]. (3) Statistical Methods for Research Workers. 13th rev. ed. (Oliver and Boyd; pp. 356) Edinburgh and London 1958. (4) Statistical Methods and Scientific Inference. 3rd ed. (Macmillan, Hafner; pp. 180) New York 1973 [vgl. auch zum Test: The American Statistician **48** (1994), 2–11 und **49** (1995), 400–401]

–, and Yates, F.: Statistical Tables for Biological, Agricultural and Medical Research. 6th ed. (Oliver and Boyd, pp. 146) Edinburgh and London 1963

Fisz, M.: Wahrscheinlichkeitsrechnung und mathematische Statistik. 10. Aufl. (VEB Deutscher Vlg. d. Wissenschaften; 777 S.) Berlin 1980, S. 628–675

Fleckenstein, Mary, Freund, R.A., and Jackson, J.E.: A paired comparison test of typewriter carbon papers. Tappi **41** (1958), 128–130

Freeman, M.F., and Tukey, J.W.: Transformations related to the angular and the square root. Ann. Math. Statist. **21** (1950), 607–611

Freudenthal, H., und Steiner, H.-G.: Aus der Geschichte der Wahrscheinlichkeitstheorie und der mathematischen Statistik. In H. Behnke, G. Bertram und R. Sauer (Herausgeb.): Grundzüge der

Mathematik. Bd. IV: Praktische Methoden und Anwendungen der Mathematik. Göttingen 1966, Kapitel 3, S. 149–195, vgl. S. 168 [vgl. Math. Scientist **19** (1994), 119–139]

Friedman, M.: (1) The use of ranks to avoid the assumption of normality implicit in the analysis of variance. J. Amer. Statist. Assoc. **32** (1937), 675–701. (2) A comparison of alternative tests of significance for the problem of m rankings. Ann. Math. Statist. **11** (1940), 86–92

Garland, L.H.: Studies on the accuracy of diagnostic procedures. Amer. J. Roentg. **82** (1959), 25–38 (insbesondere S. 28) [vgl. auch M. Jacobsen, Applied Statistics **24** (1975), 229–249]

Gart, J.J.: An exact test for comparing matched proportions in cross-over designs. Biometrika **56** (1969), 75–80 [vgl. auch Biometrics **27** (1971), 945–959 und Rev. Int. Stat. Inst. **39** (1971), 148–169 sowie Biometrics 53 (1997), 1416–1421]

Geary, R.C.: (1) Moments of the ratio of the mean deviation to the standard deviation for normal samples. Biometrika **28** (1936), 295–305 (vgl. auch **27**, 310/32, **34**, 209/42, **60**, 613/22 sowie **61**, 181/184). (2) Tests de la normalité. Ann. Inst. Poincaré **15** (1956), 35–65

Gebelein, H., und Ruhenstroth-Bauer, G.: Über den statistischen Vergleich einer Normalkurve und einer Prüfkurve. Die Naturwissenschaften **39** (1952), 457–461

Gebhardt, F.: (1) On the effect of stragglers on the risk of some mean estimators in small samples. Ann. Math. Statist. **37** (1966), 441–450. (2) Some numerical comparisons of several approximations to the binomial distribution. J. Amer. Statist. Assoc. **64** (1969), 1638–1646 (vgl. auch 66 [1971], 189–191)

Gehan, E.A.: Note on the "Birthday Problem". The American Statistician **22** (April 1968), 28

Gibbons, J.D.: On the power of two-sample rank tests on the equality of two distribution functions. J. Roy. Statist. Soc. B **26** (1964), 293–304

Gibson, Wendy M., and Jowett, G.H.: "Three-group" regression analysis. Part. I. Simple regression analysis. Part II. Multiple regression analysis. Applied Statistics **6** (1957), 114–122 and 189–197

Gilbert, J.P., and Mosteller, F.: Recognizing the maximum of a sequence. J. Amer. Statist. Assoc. **61** (1966), 35–73 [s.a. **70** (1975), 357–361 u. Oper. Res. **29** (1981), 130–145]

Glasser, G.J.: A distribution-free test of independence with a sample of paired observations. J. Amer. Statist. Assoc. **57** (1962), 116–133

Glick, N.: Hijacking planes to Cuba: an up-dated version of the birthday problem. The American Statistician **24** (Febr. 1970), 41–44 [vgl. auch **30** (1976), 197 + 198 und **47** (1993), 312]

Goodman, L.A., and Kruskal, W.H.: Measures of association for cross classifications, IV. Simplification of asymptotic variances. J. Amer. Statist. Assoc. **67** (1972), 415–421 [vgl. auch **74** (1979), 537–552 sowie (A. Agresti) **71** (1976), 49–551

Granger, C.W.J., and Neave, H.R.: A quick test for slippage. Rev. Inst. Internat. Statist. **36** (1968), 309–312

Graybill, F.A., and Connell, T.L.: Sample size required to estimate the ratio of variances with bounded relative error. J. Amer. Statist. Assoc. **58** (1963), 1044–1047

Gridgeman, N.T.: The lady tasting tea, and allied topics. J. Amer. Statist. Assoc. **54** (1959), 776–783 [vgl. auch D.V. Lindley, Teaching Statistics **15** (1993), 22–25]

Griffin, H.D.: Graphic calculation of Kendall's tau coefficient. Educ. Psychol. Msmt. **17** (1957), 281–285

Grimm, H.: (1) Transformation von Zufallsvariablen. Biometrische Zeitschr. **2** (1960), 164–182. (2) Tafeln der negativen Binomialverteilung. Biometrische Zeitschr. **4** (1962), 239–262. (3) Tafeln der Neyman–Verteilung Typ A. Biometrische Zeitschr. **6** (1964), 10–23. (4) Graphical methods for the determination of type and parameters of some discrete distributions. In G.P. Patil (Ed.): Random Counts in Scientific Work. Vol. I: Random Counts in Models and Structures. (Pennsylvania State University Press, pp. 268) University Park and London 1970, pp. 193–206 (siehe auch J.J. Gart: 171–191)

Grizzle, J.E.: Continuity correction in the χ^2-test for 2×2 tables. The American Statistician **21** (Oct. 1967), 28–32 (sowie **23** [April 1969], 35; vgl. J. Amer. Statist. Assoc. **69** [1974], 374–382 sowie Statistics in Medicine **9** [1990], 363–367)

Groot, M.H., de: Optimal Statistical Decisions. (McGraw–Hill, pp. 489) New York 1970

Gross, A.J., and Clark, Virginia A.: Survival Distributions. Reliability Applications in the Biomedical Sciences. (Wiley; pp. 331) New York 1975

Grubbs, F.E.: Procedures for detecting outlying observations in samples. Technometrics **11** (1969), 1–21 [vgl. auch 527–550 und **14** (1972), 847–854; **15** (1973), 429 und Ursula Gather, Allgemeines Statistisches Archiv **74** (1990), 413–428 sowie J. Munoz–Garcia u. Mitarb., International Statistical Review **58** (1990), 215–226]

Guenther, W.C.: (1) Determination of sample size for distribution-free tolerance limits. The American Statistician **24** (Febr. 1970), 44–46 (2) Concepts of Statistical Inference. 2nd ed., Mc Graw–Hill, pp. 553, New York 1973 [zu n? siehe auch Statistica Neerlandica **27** (1973), 103–110, The American Statistician **29** (1975), 120–121, **43** (1989), 101–105 und Communications in Statistics – Simulation and Computation **11** (1982), 727–732]

Gumbel, E.J.: (1) Probability Tables for the Analysis of Extreme-Value Data. National Bureau of Standards, Appl. Mathem. Ser. **22**, Washington, D.C., July 1953. (2) Statistics of Extremes. New York 1958 [vgl. auch Biometrics **23** (1967), 79–103 und J. Qual. Technol. **1** (Oct. 1969), 233–236]. (3) Technische Anwendungen der statistischen Theorie der Extremwerte. Schweiz. Arch. angew. Wissenschaft Technik **30** (1964), 33–47 [vgl. A. Fransén (Febr. 1974): Tables of ... for the Gumbel Distribution ... $n \leq 31$. FOA Reports **8**, Suppl. 1, pp. 1–102, Stockholm 80]

Guterman, H.E.: An upper bound for the sample standard deviation. Technometrics **4** (1962), 134+135 [vgl. auch Amer. Stat. **46** (1992), 205–209]

Guttman, I.: Statistical Tolerance Regions. Classical and Bayesian.(Griffin, pp. 150) London 1970

Haga T.: A two–sample rank test on location. Annals of the Institute of Statistical Mathematics (Tokyo) **11** (1960), 211–219

Hahn, G.J.: (1) Statistical intervals for a normal population. Part I and II. J. Qual. Technol. **2** (1970), 115–125 and 195–206 [vgl. auch **9** (1977), 6–12, **5** (1973), 178–188, Biometrika **58** (1971), 323–332, J. Amer. Statist. Assoc. **67** (1972), 938–942 sowie Technometrics **15** (1973), 897–914]. (2) Simultaneous prediction intervals for a regression model. Technometrics **14** (1972) 203–214

Haight, F.A.: (1) Index to the distributions of mathematical statistics. J. Res. Nat. Bur. Stds. **65 B** (1961), 23–60. (2) Handbook of the Poisson Distribution. New York 1967 [zu (2): Statistica Neerlandica **54** (2000), 374–376]

Hald, A.: (1) Statistical Tables and Formulas. New York 1952, pp. 47–59. (2) Statistical Theory with Engineering Applications. New York 1960, Chapter 7

Halperin, M.: Extension of the Wilcoxon–Mann–Whitney test to samples censored at the same fixed point. J. Amer. Statist. Assoc. **55** (1960), 125–138 [vgl. Biometrika **52** (1965), 650–653]

Harmann, A.J.: Wilks' tolerance limit sample sizes. Sankhya **A 29** (1967), 215–218

Harris, D.: A method of separating two superimposed normal distributions using arithmetic probability paper. J. Animal Ecol. **37** (1968), 315–319

Harsaae, E.: On the computation and use of a table of percentage points of Bartlett's M. Biometrika **56** (1969), 273–281

Harter, H.L.: (1) Error rates and sample sizes for range tests in multiple comparisons. Biometrics **13** (1957), 511–536. (2) Tables of range and Studentized range. Ann. Math. Statist. **31** (1960), 1122–1147. (3) Expected values of normal order statistics. Biometrika **48** (1961), 151–165. (4) A new table of percentage points of the chisquare distribution. Biometrika **51** (1964), 231–239. (5) The use of order statistics in estimation. Operations Research **16** (1968), 783–798. (6) Order Statistics and their use in Testing and Estimation. Vol. 1: Tests Based on Range and Studentized Range of Samples from a Normal Population. Vol. 2: Estimates Based on Order Statistics of Samples from Various Populations. (ARL, USAF; U.S. Government Printing Office; pp. 761 and 805) Washington 1970. (7) The method of least squares and some alternatives – part I/VI. Int. Stat. Rev. **42** (1974), 147–174, 235–264, **43** (1975), 1–44, 269–278, **44** (1976), 113–159 [vgl. auch Ch. Eisenhart: Journal of the Washington Academy of Sciences **54** (1964), 24–33]. (8) A bibliography of extreme-value theory. Int. Stat. Rev. **46** (1978), 279–306

–, and Owen, D.B. (Eds.): Selected Tables in Mathematical Statistics. Vol. I (Markham, pp 405) Chicago 1970

Hartley, H.O.: (1) The use of range in analysis of variance. Biometrika **37** (1950). 271–280. (2) The maximum F-ratio as a short cut test for heterogeneity of variance. Biometrika **37** (1950), 308–312 [vgl. auch **60** (1973), 213–214 and J. Amer. Statist. Assoc. **70** (1975), 180–183]. (3)

Some recent developments in the analysis of variance. Comm. Pure and Applied Math. **8** (1955), 47–72

Harvard University, Computation Laboratory: Tables of the Cumulative Binomial Probability Distribution; Annals of the Computation Laboratory of Harvard University, Cambridge, Mass. 1955 1. Foreword and tables. Biometrika **38** (1951), 463 + 464

Harvey, W.R.: Estimation of variance and covariance components in the mixed model. Biometrics **26** (1970), 485–504 [vgl. auch **30** (1974), 157–169 u. Technometrics **15** (1973), 819–831]

Hays, W.L.: Statistics for Psychologists. (Holt, Rinehart and Winston, pp 719), New York 1963, pp. 439–455

Healy, M.J.R., and Taylor L.R.: Tables for power-law transformations. Biometrika **49** (1962), 557–559

Hemelrijk, J.: Back to the Laplace definition. Statistica Neerlandica **22** (1968), 13–21

Herdan, G.: (1) The relation between the dictionary distribution and the occurrence distribution of word length and its importance for the study of quantitative linguistics. Biometrika **45** (1958), 222–228. (2) The Advanced Theory of Language as Choice and Chance. Berlin-Heidelberg-New York 1966, pp. 201–206

Herold, W.: Ein Verfahren der Dekomposition einer Mischverteilung in zwei normale Komponenten mit unterschiedlichen Varianzen. Biometrische Zeitschr. **13** (1971), 314–328

Herrey, Erna M.J.: Confidence intervals based on the mean absolute deviation of a normal sample. J. Amer. Statist. Assoc. **60** (1965), 257–269 (vgl. auch **66** [1971], 187 + 188)

Herzberg, Agnes M., and Cox, D.R.: Recent work on the design of experiments: a bibliography and a review. J. Roy. Statist. Soc. **A 132** (1969), 29–67 [vgl. auch **153** (1990), 151–201]

Hettmansperger, T.P., and McKean, J.W.: On testing for significant change in $c \times c$ tables. Commun. Statist. **2** (1973), 551–560 [vgl. auch J. Roy. Statist. Soc. **A 159** (1996), 309–321 und The American Statistician **50** (1996), 300–305]

Hill, G.W.: Reference table. "Student's" t-distribution quantiles to 20 D. CSIRO Div. Math. Statist. Tech. Paper **35** (1972), 1–24

Hiorns, R.W.: The Fitting of Growth and Allied Curves of the Asymptotic Regression Type by Stevens's Method. Tracts for Computers No. 28. Cambridge Univ. Press 1965

Hodges, J.L., Jr., and Lehmann, E.L.: (1) The efficiency of some nonparametric competitors of the t-test. Ann. Math. Statist. **27** (1956), 324–335. (2) A compact table for power of the t-test. Ann. Math. Statist. **39** (1968), 1629–1637. (3) Basic Concepts of Probability and Statistics. 2nd ed. (Holden–Day, pp. 401) San Francisco 1970

Hotelling, H.: New light on the correlation coefficient and its transforms. J. Roy. Statist. Soc. **B 15** (1953), 193–232

Huddleston, H.F.: Use of order statistics in estimating standard deviations. Agric. Econom. Research **8** (1956), 95–99

Imberty, M.: Esthétique expérimentale: la methode de comparison par paires appliquée à l'étude de l'organisation perceptive de la phrase musicale chez l'enfant. Revue de Statistique Appliquée **16**, No. 2 (1968), 25–63

Ireland, C.T., Ku, H.H., and Kullback, S.: Symmetry and marginal homogeneity of an $r \cdot r$ contingency table. J. Amer. Statist. Assoc. **64** (1969), 1323–1341

Isaacs, G.L., Christ, D.E., Novick, M.R., and Jackson, P.H.: Tables for Bayesian Statisticians. (Univ. of Iowa; pp. 377) Iowa City, Iowa 1974 [vgl. Appl. Stat. **24** (1975), 360 + 361]

Jackson, J.E., and Fleckenstein, Mary: An evaluation of some statistical techniques used in the analysis of paired comparison data. Biometrics **13** (1957), 51–64

Jacobson, J.E.: The Wilcoxon two-sample statistic: tables and bibliography. J. Amer. Statist. Assoc. **58** (1963), 1086–1103

Jaech, J.L.: The latin square. J. Qual. Technol. **1** (1969), 242–255 [vgl. Biom. Z. **17** (1975), 447–454]

Johnson, E.E.: Nomograph for binomial and Poisson significance tests. Industrial Quality Control **15** (March 1959), 22+24

Johnson, E.M.: The Fisher–Yates exact test and unequal sample sizes. Psychometrika **37** (1972), 103–106 [vgl. auch Applied Stat. **28** (1979), 302 u. J. Qual. Technol. **11** (1979), 44–47]

Johnson, N.L., and Welch, B.L.: Applications of the noncentral t-distribution. Biometrika **31** (1940), 362–389

Jolly, G.M.: Estimates of population parameters from multiple recapture data with both death and dilution-deterministic model. Biometrika **50** (1963), 113–126 [vgl. auch **52** (1965), 225–259 und B.F.J. Manly, Biometrics **40** (1984), 749–758 sowie **52** (1996), 703–709] [Obituary: Biometrics **56** (2000), 1278]

Kastenbaum, M.A.: (1) A note on the additive partitioning of chi-square in contingency tables. Biometrics **16** (1960), 416–422. (2) Analysis of categorical data: some well-known analogues and some new concepts. Commun. Statist. **3** (1974), 401–417

Kendall, M.G.: (1) A new measure of rank correlation. Biometrika **30** (1938), 81–93. (2) The treatment of ties in ranking problems. Biometrika **33** (1945), 239–251. (3) Ronald Aylmer Fisher, 1890–1962. Biometrika **50** (1963), 1–15

Kerrich, J.E.: Fitting the line $y = ax$ when errors of observation are present in both variables. The American Statistician **20** (February 1966), 24

Keuls, M.: The use of the studentized range in connection with an analysis of variance. Euphytica **1** (1952), 112–122

Kim, P.J.: On the exact and approximate sampling distribution of the two sample Kolmogorov–Smirnow criterion D_{mn}, $m \geqq n$. J. Amer. Statist. Assoc. **64** (1969), 1625–1637 [vgl. auch **68** (1973), 994–997 und Ann. Math. Statist. **40** (1969), 1449–1466]

Kincaid, W.M.: The combination of $2 \times m$ contingency tables. Biometrics **18** (1962), 224–228

King, A.C., and Read, C.B.: Pathways to Probability. History of the Mathematics of Certainty and Chance. (Holt, Rinehart and Winston, pp. 139) New York 1963

King, J.R.: Probability Charts for Decision Making. (Industrial Press; pp. 290) New York 1971 [vgl. auch D. Quade: The pair chart. Statistica Neerlandica **27** (1973), 29–45 und D.T. Mage, The American Statistician **36** (1982), 116–120]

Kitagawa, T.: Tables of Poisson Distribution. (Baifukan) Tokyo 1952

Kleiter, G.B.: Bayes-Statistik. Grundlagen und Anwendungen. (de Gruyter; 569 S.) Berlin 1981

Klemm, P.G.: Neue Diagramme für die Berechnung von Vierfelderkorrelationen. Biometrische Zeitschr. **6** (1964), 103–109 [vgl. auch U. Raatz, Archiv für Psychologie **123** (1971), 189–194]

Knese, K.H., und Thews, G.: Zur Beurteilung graphisch formulierter Häufigkeitsverteilungen bei biologischen Objekten. Biometrische Zeitschr. **2** (1960), 183–193

Koch, G.G.: A general approach to the estimation of variance components. Technometrics **9** (1967), 93–118 [vgl. **5** (1963), 421–440, 441–450, **10** (1968), 551–558 u. **13** (1971), 635–650]

–, and Sen, K.P.: Some aspects of the statistical analysis of the „mixed model". Biometrics **24** (1968), 27–48 [vgl. auch **32** (1976), 320–395, Industr. Qual. Contr. **13** (1956), 5–8 u. Amer. Statist. **27** (1973), 148–152]

Koller, S.: (1) Statistische Auswertung der Versuchsergebnisse. In Hoppe-Seyler/Thierfelder's Handb. d. physiologisch- und pathologisch-chemischen Analyse, 10. Aufl., Bd. II, S. 931–1036. Berlin–Göttingen–Heidelberg 1955. (2) Typisierung korrelativer Zusammenhänge. Metrika **6** (1963), 65–75 [vgl. auch **17** (1971), 30–42]. (3) Die Aufgaben der Statistik und Dokumentation in der Medizin. Dtsch. med. Wschr. **88** (1963), 1917–1924. (4) Einführung in die Methoden der ätiologischen Forschung – Statistik und Dokumentation. Method. Inform. Med. **2** (1963), 1–13. (5) Systematik der statistischen Schlußfehler. Method. Inform. Med. **3** (1964), 113–117. (6) Statistische Auswertungsmethoden. In: H.M. Rauen (Hrsg.) Biochemisches Taschenbuch, II. Teil, S. 959–1046, Berlin–Göttingen–Heidelberg–New York 1964. (7) Problems in defining normal values. Bibliotheca Haematologica **21** (1965), 125–128. (8) Mathematisch-statistische Grundlagen der Diagnostik. Klin. Wschr. **45** (1967), 1065–1072. (9) Neue graphische Tafeln zur Beurteilung statistischer Zahlen. (D. Steinkopff; 167 S.) Darmstadt 1969. (10) Mögliche Aussagen bei Fragen der statistischen Ursachenforschung. Metrika **17** (1971), 30–42 [vgl. D. Freedman (1987), J. Educat. Statist. **12** (1987), 101–223: Path Analysis sowie Stat. Science **14** (1999), 243–258: Causation]. (11) Vom Wesen der Erfahrung. (TRIAS; 235 S.) Stuttgart 1989

Kolmogoroff, A.N.: (1) Sulla determinazione empirica di una legge di distribuzione. Giornale Instituto Italiano Attuari **4** (1933), 83–91. (2) Grundbegriffe der Wahrscheinlichkeitsrechnung. (Springer) Berlin 1933. (3) Confidence limits for an unknown distribution function. Ann. Math.

Statist. **12** (1941), 461–463 [vgl. auch Annals of Statistics **18** (1990), 987–998, 1011–1016 und 1017–1031. [Zur Würdigung von A.N: Kolmogoroff siehe auch Biometrika **87** (2000), 145–156]

Konijn, H.S.: On the power of certain tests for independence in bivariate populations. Ann. Math. Statist. **27** (1956), 300–323

Kramer, C.Y.: On the analysis of variance of a two-way classification with unequal sub-class numbers. Biometrics **11** (1955), 441–452 [vgl. auch Psychometrika **36** (1971), 31–34]

Kramer, G.: Entscheidungsproblem, Entscheidungskriterien bei völliger Ungewißheit und Chernoffsches Axiomensystem. Metrika **11** (1966), 15–38 (vgl. Tab. 1, S. 22 u. 23)

Kruskal, W.H.: A nonparametric test for the several sampling problem. Ann. Math. Statist. **23** (1952), 525–540

–, and Wallis, W.A.: Use of ranks in one-criterion variance analysis. J. Amer. Statist. Assoc. **47** (1952), 583–621 und **48** (1953), 907–911

Krutchkoff, R.G.: The correct use of the sample mean absolute deviation in confidence intervals for a normal variate. Technometrics **8** (1966), 663–674

Kurtz, T.E., Link, R.F., Tukey, J.W., and Wallace, D.L.: (1) Short-cut multiple comparisons for balanced single and double classifications: Part 1, Results. Technometrics **7** (1965), 95–161. (2) Short-cut multiple comparisons for balanced single and double classifications: Part 2, Derivations and approximations. Biometrika **52** (1965), 485–498

Kymn, K.O.: The distribution of the sample correlation coefficient under the null hypothesis. Econometrica **36** (1968), 187–189

Laan, P. van der: Simple distribution-free confidence intervals for a difference in location. Philips Res. Repts. Suppl. 1970, No. 5, pp. 158

Lancaster, H.O.: (1) The combination of probabilities. (Query 237) Biometrics **23** (1967) 840–842 [vgl. **31** (1975), 987–992 u. Ann. Math. Statist. **38** (1967), 659–680]. (2) The Chi-Squared Distribution. (Wiley, pp 356), New York 1969

Larson, H.R.: A nomograph of the cumulative binomial distribution. Industrial Quality Control **23** (Dec. 1966), 270–278 [vgl. auch Qualität u. Zuverlässigkeit **17** (1972) 231–242 u. 247–254]

Laubscher, N.F.: Interpolation in F-tables. The American Statistician **19** (February 1965), 28+40

Lees, Ruth W., and Lord, F.M.: (1) Nomograph for computing partial correlation coefficients. J. Amer. Statist. Assoc. **56** (1961), 995–997. (2) Corrigenda **57** (1962), 917 + 918

Lehmann, W.: Einige Probleme der varianzanalytischen Auswertung von Einzelpflanzenergebnissen. Biometrische Zeitschr. **12** (1970), 54–61 [vgl. auch Biometrics **43** (1987), 439–456]

Le Roy, H.L.: (1) Wie finde ich den richtigen F-Test? Mitteilungsbl. f. math. Statistik **9** (1957), 182–195. (2) Ein einfacher χ^2-Test für den Simultanvergleich der inneren Struktur von zwei analogen 2×2-Häufigkeitstabellen mit freien Kolonnen- und Zeilentotalen. Schweizer. Landw. Forschg. **1** (1962), 451–454. (3) Testverhältnisse bei der doppelten Streuungszerlegung (Zweiwegklassifikation). Schweiz. Landw. Forschg. **2** (1963), 329–340. (4) Testverhältnisse beim $a \cdot b \cdot c$- und $a \cdot b \cdot c \cdot d$-Faktorenversuch. Schweiz. Landw. Forschg. **3** (1964), 223–224. (5) Vereinfachte Regel zur Bestimmung des korrekten F-Tests beim Faktorenversuch. Schweiz. Landw. Forschg. **4** (1965), 277–283. (6) Verbale und bildliche Interpretation der Testverhältnisse beim Faktorenversuch. Biometrische Zeitschr. **14** (1972), 419–427 [vgl. auch Metrika **17** (1971), 233–242]

Lesky, Erna: Ignaz Philipp Semmelweis und die Wiener medizinische Schule. Österr. Akad. Wiss., Philos.-histor. Kl. **245** (1964), 3. Abh. (93 S.) [vgl. Dtsch. Med. Wschr. **97** (1972), 627–632]

Leslie, R.T., and Brown, B.M.: Use of range in testing heterogeneity of variance. Biometrika **53** (1966), 221–227 [vgl. L. S. Nelson: J. Qual. Technol. **7** (1975), 99+100]

Levene, H.: (1) On the power function of tests of randomness based on runs up and down. Ann. Math. Statist. **23** (1952), 34–56. (2) Robust tests for equality of variances. In I. Olkin and others (Eds.): Contributions to Probability and Statistics. Essays in Honor of Harold Hotelling, pp. 278–292. Stanford 1960 [vgl. J. Statist. Comput. Simul. **1** (1972), 183–194 u. J. Amer. Statist. Assoc. **69** (1974), 364–367 u. Biometrics **53** (1997), 340–351]

Lewontin, R.C., and Felsenstein, J.: The robustness of homogeneity tests in $2 \times n$ tables. Biometrics **21** (1965), 19–33

Lieberman, G.J.: Tables for one-sided statistical tolerance limits. Industrial Quality Control **14** (Apr. 1958), 7–9

–, and Owen, D.B.: Tables of the Hypergeometric Probability Distribution. Stanford, Calif. 1961 [vgl. auch A.M. Mathai and R.K. Saxena, Metrika **14** (1969), 21–39]

Lieberson, S.: Non-graphic computation of Kendall's tau. Amer. Statist. **15** (Oct. 1961), 20+21

Liebscher, Klaudia: Die Abhängigkeit der Gütefunktion des F-Testes von den Freiheitsgraden. Operationsforschung u. math. Statistik I (Akademie–Verlag, 151 S.) Berlin 1968, S. 121–136

Lienert, G.A.: Über die Anwendung von Variablen-Transformationen in der Psychologie, Biometrische Zeitschr. **4** (1962), 145–181

–, und Schulz, H.: Zum Nachweis von Behandlungswirkungen bei heterogenen Patientenstichproben. Ärztliche Forschung **21** (1967), 448–455

Lilliefors, H.W.: (1) On the Kolmogorov–Smirnov test for normality with mean and variance unknown. J. Amer. Statist. Assoc . **62** (1967), 399–402, Corrigenda **64** (1969), 1702. (2) On the Kolmogorov–Smirnov test for the exponential distribution with mean unknown. J. Amer. Statist. Assoc. **64** (1969), 387–389 [vgl. auch Biometrika **63** (1976), 149–160]

Lindley, D.V., East, D.A., and Hamilton, P.A.: Tables for making inferences about the variance of a normal distribution. Biometrika **47** (1960), 433–437

Linhart, H.: Streuungszerlegung für Paar-Vergleiche. Metrika **10** (1966), 16–38

Link, R.F., and Wallace, D.L.: Some Short Cuts to Allowances. Princeton University, March 1952

Linnik, Y.V.: Latest investigation on Behrens-Fisher-problem. Sankhya **28 A** (1966), 15–24 [vgl. auch Technometrics **29** (1987), 205–210 u. Commun. Stat.-Theor. Meth. **18** (1989, 1201–1216]

Lord, E.: (1) The use of range in place of standard deviation in the t-test. Biometrika **34** (1947), 41–67. (2) Power of the modified t-test (u-test) based on range. Biometrika **37** (1950), 64–77

Lord, F.M.: Nomograph for computing multiple correlation coefficients. J. Amer. Statist. Assoc. **50** (1955), 1073–1077 [vgl. auch Biometrika **59** (1972), 175–189]

Lubin, A.: Statistics. Annual Review of Psychology **13** (1962), 345–370

Ludwig, O.: Über die stochastische Theorie der Merkmalsiterationen. Mitteilungsbl. math. Statistik **8** (1956), 49–82

Mace, A.E.: Sample-Size Determination. (Reinhold; pp. 226) New York 1964

MacKinnon, W.J.: Table for both the sign test and distribution-free confidence intervals of the median for samples sizes to 1,000. J. Amer. Statist. Assoc. **59** (1964), 935–956 [vgl. Communications in Statistics – Theory and Methods **22** (1993), 1235–1255]

Madansky, A.: The fitting of straight lines when both variables are subject to error. J. Amer. Statist. Assoc. **54** (1959), 173–205 [vgl. auch **66** (1971), 587–589]

Mallows, C.L.: Generalizations of Tchebycheff's inequalities. With discussion. J. Roy. Statist. Soc., Ser. **B 18** (1956), 139–176 [vgl. auch Metrika **43** (1996), 107–121]

Mandel, J.: (1) Fitting a straight line to certain types of cumulative data. J. Amer. Statist. Assoc. **52** (1957), 552–566. (2) Non-additivity in two-way analysis of variance. J. Amer. Statist. Assoc. **56** (1961), 878–888 [vgl. auch Biometrics **49** (1993), 1275–1280]. (3) Estimation of weighting factors in linear regression and analysis of variance. Technometrics **6** (1964), 1– 25

–, and Linnig, F.J.: Study of accuracy in chemical analysis using linear calibration curves. Analyt. Chem. **29** (1957), 743–749 [zu Streuungsellipsen vgl. auch G. Hoyer, Methods of Information in Medicine **11** (1972), 37–48]

Manly, B.F.J., and Parr, M.J.: A new method of estimating population size, survivorship, and birth rate from capture-recapture data. Trans. Soc. Br. Ent. **18** (1968), 81– 89 [vgl. Biometrika **56** (1969), 407–410 u. Biometrics **27** (1971), 415–424, **28** (1972), 337–343, **29** (1973), 487–500, **39** (1983), 1035–1049, **40** (1984), 329–340, **42** (1986), 267–292, **45** (1989), 395–413, **46** (1990), 157–162, **52** (1996), 860–873, **55** (1999), 294–301, 366–375, 387–395]

Mann, H.B., and Whitney, D.R.: On a test of whether one of two random variables is stochastically larger than the other. Ann. Math. Statist. **18** (1947), 50–60

Mantel, N.: Chi-square tests with one degree of freedom; extension of the Mantel-Haenszel procedure. J. Amer. Statist. Assoc. **58** (1963), 690–700 [vgl. auch Biometrics **29** (1973), 479–486 und American Journal of Epidemiology **135** (1992), 96–104]

–, and Haenszel, W.: Statistical aspects of the analysis of data from retrospective studies of disease. J. Natl. Cancer Institute **22** (1959), 719–748 [vgl. auch Amer. J. Epidemiology **112** (1980), 129–134, Biometrics **36** (1980), 381–399, **54** (1998), 1602–1614, **55** (1999), 264–267, 302–307 u. JASA **93** (1998), 1294–1320 und W.J. Youden: Cancer **3** (1950), 32–35]

Marascuilo, L.A., and Levin, J.R.: Appropriate post hoc comparisons for interaction and nested hypotheses in analysis of variance designs. The elimination of type IV errors. Amer. Educat. Res. J. **7** (1970), 397–421 [vgl. auch Psychol. Bull. **78** (1972), 368–374 u. **81** (1974), 608–609 sowie A. W. Kimball: J. Amer. Statist. Assoc. **52** (1957), 133–142 und **86** (1991), 4]

Maritz, J.S.: Empirical Bayes Methods. (Methuen, pp. 192) London 1970

Martin, J.D., and Gray, L.N.: Measurement of relative variation: sociological examples. Amer. Sociol. Rev. **36** (1971), 496–502

Martin, L.: Transformations of variables in clinical-therapeutical research. Method. Inform. Med. **1** (1962), 1938–1950 [vgl. auch Statistics in Medicine **14** (1995), 811–819]

Massey, F.J., Jr.: (1) The distribution of the maximum deviation between two sample cumulative step functions. Ann. Math. Statist. **22** (1951), 125–128. (2) The Kolmogorov-Smirnov test for goodness of fit. J. Amer. Statist. Assoc. **46** (1951), 68–78 [vgl. auch Allgem. Stat. Arch. **59** (1975), 228–250]. (3) Distribution table for the deviation between two sample cumulatives. Ann. Math. Statist. **23** (1952), 435–441

Matthijssen, C., and Goldzieher, J.W.: Precision und reliability in liquid scintillation counting. Analyt. Biochem. **10** (1965), 401–408

McCornack, R.L.: Extended tables of the Wilcoxon matched pair signed rank statistic. J. Amer. Statist. Assoc. **60** (1965), 864–871 [vgl. auch **65** (1970), 974–975, **69** (1974), 255–258, 368–373 u. Method. Inform. Med. **14** (1975), 224–230]

McCullough, R.S., Gurland, J., and Rosenberg, L.: Small sample behaviour of certain tests of the hypothesis of equal means under variance heterogeneity. Biometrika **47** (1960), 345–353

McNemar, Q.: (1) Note on sampling error of the differences between correlated proportions or percentages. Psychometrika **12** (1947), 153–154 [Several Populations: **40** (1975), 153–161; zum VB: J. Amer. Statist. Assoc. **85** (1990), 1154–1158; vgl. auch The American Statistician **54** (2000), 57–62]. (2) Psychological Statistics. 4th ed. (Wiley; pp. 529) New York 1969

Meyer-Bahlburg, H.F.L.: (1) Spearmans rho als punktbiserialer Korrelationskoeffizient. Biometrische Zeitschr. **11** (1969), 60–66. (2) A nonparametric test for relative spread in k unpaired samples. Metrika **15** (1970), 23–29

Miller, L.H.: Table of percentage points of Kolmogorov statistics. J. Amer. Statist. Assoc. **51** (1956), 111–121

Milton, R.C.: An extended table of critical values for the Mann-Whitney (Wilcoxon) two-sample statistic. J. Amer. Statist. Assoc. **59** (1964), 925–934

Molenaar, W.: Approximations to the Poisson, Binomial, and Hypergeometric Distribution Functions. (Mathematisch Centrum, pp. 160) Amsterdam 1970

Molina, E.C.: Poisson's Exponential Binomial Limit. (Van Nostrand) New York 1945

Moore, P.G.: (1) The properties of the mean square successive difference in samples from various populations. J. Amer. Statist. Assoc. **50** (1955), 434–456. (2) The two sample t-test based on range. Biometrika **44** (1957), 482–489

Morice, E.: Puissance de quelques tests classiques effectif d'échantillon pour des risques α, β fixes. Revue de Statistique Appliquée **16** (No. 1, 1986), 77–126

Moses, L.E.: Statistical theory and research design. Annual Review of Psychology **7** (1956), 233–258 [vgl. Psychological Methods **1** (1996), 331–340; **2** (1997), 3–19, 20–33, 161–172]

–, and Oakford, R.V.: Tables of Random Permutations. (Allen and Unwin, pp. 233) London 1963

Moshman, J.: Critical values of the log-normal distribution. J. Amer. Statist. Assoc. **48** (1953), 600–605 [Vergleich zweier μ_i: Biometrics **53** (1997), 1129–1135]

Mosteller, F.: (1) A k-sample slippage test for an extreme population. Ann. Math. Stat. **19** (1948), 58–65 (vgl. auch **21** [1950], 120–123). (2) Association and estimation in contingency tables. J. Amer. Statist. Assoc. **63** (1968), 1–28 [vgl. auch J.R. Landis and G.G. Koch, Statistica Neerlandica **29** (1975), 101–123, 151–161]

–, and Tukey, J.W.: The uses and usefulness of binomial probability paper. J. Amer. Statist. Assoc. **44** (1949), 174–212

–, and Youtz, C.: Tables of the Freeman-Tukey transformations for the binomial and Poisson distributions. Biometrika **48** (1961), 433–440

National Bureau of Standards: Tables of the Binomial Probability Distribution. Applied Math. Series No. 6, Washington 1950

Natrella, Mary G.: Experimental Statistics. NSB Handbook 91. (U.S.Gvt.Print.Office) Washington 1963

Naus, J.I.: An extension of the birthday problem. The American Statistician **22** (Febr. 1968), 227–229

Neave, H.R.: (1) A development of Tukeys quick test of location. J. Amer. Statist. Assoc. **61** (1966), 949–964. (2) Some quick tests for slippage. The Statistician **21** (1972), 197–208 [vgl. **22**, 269–280]

–, and Granger, C.W.J.: A Monte Carlo study comparing various two-sample tests for differences in mean. Technometrics **10** (1968), 509–522

Nelson, L.S.: (1) Nomograph for two-sided distribution-free tolerance intervals. Industrial Quality Control **19** (June 1963), 11–13. (2) Tables for Wilcoxon's rank sum test in randomized blocks. J. Qual. Technol. **2** (Oct. 1970), 207–218

Nemenyi, P.: Distribution-Free Multiple Comparisons. New York, State University of New York. Downstate Medical Center 1963

Neumann, J. von: Zur Theorie der Gesellschaftsspiele. Math. Ann. **100** (1928), 295–320 [vgl. auch H. Baumgärtel, Mitt. Math. Ges. DDR, No. 3–4 (1982), 87–98]

–, Kent, R.H., Bellinson, H.B., and Hart, B.I.: The mean square successive difference. Ann. Math. Statist. **12** (1941), 153–162

Neyman, J.: (1) First Course in Probability and Statistics. New York 1950, Chapter V: Elements of the Theory of Testing Statistical Hypotheses; Part 5 · 2 · 2: Problem of the Lady Tasting Tea. (2) Lectures and Conferences on Mathematical Statistics and Probability, 2nd rev. and enlarged ed. (Graduate School, U.S. Dept. of Agriculture) Washington 1952 [vgl. auch The American Statistician **36** (1982), 161–162, Biometrics **40** (1985), 1163–1167 sowie Statistical Science **5** (1990), 463–480] [zur Testtheorie siehe E.L. Lehmann J. Amer. Statist. Assoc. **88** (1993), 1242–1249]

–, and Pearson, E.S.: (1) On the use and interpretation of certain test criteria for purposes of statistical inference. Part I and II. Biometrika **20 A** (1928), 175–240 and 263–294. (2) On the problem of the most efficient type of statistical hypotheses. Philosophical Transactions of the Royal Society **A 231** (1933), 289–337 [vgl. Psychological Methods **2** (1997), 161–172]

–, and Scott, E.L.: Correction for bias introduced by a transformation of variables. Ann. Math. Statist. **31** (1960), 643–655 [vgl. auch Int. Statist. Rev. **41** (1973), 203–223, The American Statistician **38** (1984), 124–126 sowie Metrika **37** (1990), 345–351]

Newman, D.: The distribution of the range in samples from normal population, expressed in terms of an independent estimate of standard deviation. Biometrika **31** (1939), 20–30

Nicholson, W.L.: Occupancy probability distribution critical points. Biometrika **48** [1961], 175–180 [vgl. auch Metrika **1** (1958), 3–20 und Technometrics **4** (1962), 235–247]

Nothnagel, K.: Ein graphisches Verfahren zur Zerlegung von Mischverteilungen. Qualitätskontrolle **13** (1968), 21–24

Olkin, I., and Pratt, J.W.: Unbiased estimation of certain correlation coefficients. Ann. Math. Statist. **29** (1958), 201–211

Olmstead, P.S.: Runs determined in a sample by an arbitrary cut. Bell Syst. Techn. J. **37** (1958), 55–82

–, and Tukey, J.W.: A corner test of association. Ann. Math. Statist. **18** (1947), 495–513

Ord, J.K.: Graphical methods for a class of discrete distributions. J. Roy. Statist. Soc. **A 130** (1967), 232–238

Owen, D.B.: (1) Handbook of Statistical Tables. London 1962 (Errata: Mathematics of Computation **18**, 87; Mathematical Reviews **28**, 4608). (2) Factors for one-sided tolerance limits and for variables sampling plans. Sandia Corporation, Monograph 607, Albuquerque, New Mexico, March 1963. (3) The power of Student's t-test. J. Amer. Statist. Assoc. **60** (1965), 320–333 and 1251. (4) A survey of properties and applications of the noncentral t-distribution. Technometrics **10** (1968), 445–478

–, and Frawley, W.H.: Factors for tolerance limits which control both tails of the normal distribution. J. Qual. Technol. **3** (1971), 69–79

Pachares, J.: (1) Table of the upper 10% points of the Studentized range. Biometrika **46** (1959), 461–466. (2) Table of confidence limits for the binomial distribution. J. Amer. Statist. Assoc. **55** (1960), 521–533 [vgl. auch **70** (1975), 67–69]

Page, E.B.: Ordered hypotheses for multiple treatments: A significance test for linear ranks. J. Amer. Statist. Assoc. **58** (1963), 216–230 [vgl. auch **67** (1972), 850–854 und Psychological Review **71** (1964), 505–513 sowie Psychometrika **38** (1973), 249–259]

Paradine, C.G.: The probability distribution of χ^2. Mathematical Gazette **50** (1966), 8–18

Parren, J.L. Van der: Tables for distribution-free confidence limits for the median. Biometrika **57** (1970), 613–617

Patil, G.P., and Joshi, S.W.: A Dictionary and Bibliography of Discrete Distributions. (Oliver and Boyd, pp. 268) Edinburgh 1968

Paulson, E.: An approximate normalization of the analysis of variance distribution. Ann. Math. Statist. **13** (1942), 233–235 [vgl. auch J. Statist. Comput. Simul. **3** (1974), 81–93 sowie Applied Statistics **40** (1991), 123–126]

Pawlik, K.: Der maximale Kontingenzkoeffizient im Falle nichtquadratischer Kontingenztafeln. Metrika **2** (1959), 150–166

Pearson, E.S., and Hartley, H.O. (Eds.): Biometrika Tables for Statisticians. I, 3rd ed., II (Univ. Press, pp. 264, 385) Cambridge 1966 (with additions 1969), 1972

–, and Kendall, M.G. (Eds.): Studies in the History of Statistics and Probability. (Griffin, pp. 481) London 1970 [zur Korrelation: vgl. Statistical Science **10** (1995), 364–376]

–, and Stephens, M.A.: The ratio of range to standard deviation in the same normal sample. Biometrika **51** (1964), 484–487

Penfield, D.A., and McSweeney, Maryellen: The normal scores test for the two-sample problem. Psychological Bull. **69** (1968), 183–191

Pfanzagl, J.: (1) Verteilungsunabhängige statistische Methoden. Zschr. angew. Math. Mech. **42** (1962), T71–T77. (2) Allgemeine Methodenlehre der Statistik, Bd. I, II (Sammlung Göschen), Berlin 1967, 1968, Bd. I, S. 37–97; Bd. 11, S. 63–66

Pierson, R.H.: Confidence interval lengths for small numbers of replicates. U.S. Naval Ordnance Test Station. China Lake, Calif. 1963

Pitman, E.J.G.: (1) Lecture Notes on Nonparametric Statistics. Columbia University, New York 1949. (2) Statistics and science. J. Amer. Statist. Assoc. **52** (1957), 322–330

Plackett, R.L.: (1) Models in the analysis of variance. J. Roy. Statist. Soc. B **22** (1960), 195–217. (2) The continuity correction in 2×2 tables. Biometrika **51** (1964), 327–337 [vgl. Biometrical Journal **22** (1980), 241–248]. (3) Random permutations. J. Roy. Statist. Soc. **B 30** (1968), 517–534. (4) The Analysis of Categorical Data. (Griffin [GSMC No. 35]; pp. 153) London 1974 (2nd ed. 1981)

Potthoff, R.F.: Some Scheffe-type tests for some Behrens-Fisher type regression problems. J. Amer. Statist. Assoc. **60** (1965), 1163–1190

Pratt, J.W.: Robustness of some procedures for the two-sample location problem. J. Amer. Statist. Assoc. **59** (1964), 665–680

Prescott, P.: A simple method of estimating dispersion from normal samples. Applied Statistics **17** (1968), 70–74 [vgl. auch **24** (1975), 210–217 und Biometrika **58** (1971), 333–340]

Prince, B.M., and Tate, R.F.: The accuracy of maximum likelihood estimates of correlation for a biserial model. Psychometrika **31** (1966), 85–92

Quenouille, M.H.: Rapid Statistical Calculations. London 1959

Raatz, U.: Eine Modifikation des White-Tests bei großen Stichproben. Biometrische Zeitschr. **8** (1966), 42–54 [vgl. auch Arch. ges. Psychol. **118** (1966), 86–92]

Rao, C.R.: Linear Statistical Inference and its Applications. 2nd ed. (Wiley) New York 1973, pp. 404/10 [Linear Models. Least Squares and Alternatives. (Springer; pp. 352) 1995]

–, and Chakravarti, I.M.: Some small sample tests of significance for a Poisson distribution. Biometrics **12** (1956), 264–282

–, Mitra, S.K., and Matthai, A. (Eds.): Formulae and Tables for Statistical Work. (Statistical Publishing Society, pp. 234) Calcutta 1966 (auf weitere Tafeln wird hingewiesen)

Rao, P.V., and Kupper, L.L.: Ties in paired-comparison experiments: a generalization of the Bradley-Terry model. J. Amer. Statist. Assoc. **62** (1967), 194–204 (siehe **63**, 1550)

Rasch, D.: (1) Probleme der Varianzanalyse bei ungleicher Klassenbesetzung. Biometrische Zeitschr. **2** (1960), 194–203. (2) Zur Problematik statistischer Schlußweisen. Wiss. Z. Humboldt-Univ. Berlin, Math.-Nat. R. **18** (1969) (2), 371–383. (3) Gemischte Klassifikationen der dreifachen Varianzanalyse. Biometrische Zeitschr. **13** (1971), 1–20 [s. **16** (1974), 2–14 u. J. Qual. Technol. **6** (1974), 98–106, 187]

Reiter, S.: Estimates of bounded relative error for the ratio of variances of normal distributions. J. Amer. Statist. Assoc. **51** (1956), 481–488

Rider, P.R.: The distribution of the quotient of ranges in samples from a rectangular population. J. Amer. Statist. Assoc. **46** (1951), 502–507

Rigas, D.A.: A nomogram for radioactivity counting statistics. International Journal of Applied Radiation and Isotopes **19** (1968), 453–457

Roberts, H.V.: Informative stopping rules and inferences about population size. J. Amer. Statist. Assoc. **62** (1967), 763–775

Robson, D.S.: Mark-Recapture Methods of Population Estimation. In N.L. Johnson and H. Smith, Jr. (Eds.): New Developments in Survey Sampling. (Wiley-Interscience, pp. 732) New York 1969, pp. 120–146 [vgl. auch Biometrics **30** (1974), 77–87, **45** (1989), 1223–1237, **46** (1990), 157–162, 231–238]

Romig, H.G.: 50–100 Binomial Tables. (Wiley) New York 1953

Rosenbaum, S.: (1) Tables for a nonparametric test of dispersion. Ann. Math. Statist. **24** (1953), 663–668. (2) Tables for a nonparametric test of location. Ann. Math. Statist. **25** (1954), 146–150. (3) On some two-sample non-parametric tests. J. Amer. Statist. Assoc. **60** (1965), 1118–1126

Rümke, Chr.L.: Über die Gefahr falscher Schlußfolgerungen aus Krankenblattdaten (Berkson's Fallacy). Method Inform. Med. **9** (1970), 249–254 [vgl. Zbl. allg. Path. **110** (1967), 67 + 68]

Rusch, E., und Deixler, A.: Praktische und theoretische Gesichtspunkte für die Wahl des Zentralwertes als statistische Kenngröße für die Lage eines Verteilungszentrums. Qualitätskontrolle **7** (1962), 128–134 [vgl. Stat. Neerl. **32** (1978), 73–79; Austral. J. Stat. **39** (1997), 219–224]

Rytz, C.: Ausgewählte parameterfreie Prüfverfahren im 2- und k-Stichproben-Fall. Metrika **12** (1967), 189–204 und **13** (1968), 17–71

Samiuddin, M.: On a test for an assigned value of correlation in a bivariate normal distribution. Biometrika **57** (1970), 461–464 [vgl. K. Stange: Statist. Hefte **14** (1973), 206–236 und M.V. Muddapur: Sankhya B **50** (1988), 60–68]

Sandelius, M.: A graphical version of Tukey's confidence interval for slippage. Technometrics **10** (1968), 193 + 194

Savage, I.R.: Probability inequalities of the Tchebycheff type. J. Res. Nat. Bur. Stds. **65 B** (1961), 211–222 [vgl. auch The American Statistician **31** (1977), 35–36, **38** (1984), 130–132, **48** (1994), 88–91, **51** (1997), 34–40 sowie Int. Stat. Rev. **66** (1998), 291–301]

Saw, J.G.: A non-parametric comparison of two samples one of which is censored. Biometrika **53** (1966), 599–602 [vgl. auch **52** (1965), 203–223 und **56** (1969), 127–132]

Schaeffer, M.S., and Levitt, E.E.: Concerning Kendall's tau, a nonparametric correlation coefficient. Psychol. Bull. **53** (1956), 338–346

Scheffé, H.: (1) An analysis of variance for paired comparisons. J. Amer. Statist. Assoc. **47** (1952), 381–400. (2) A method for judging all contrasts in the analysis of variance. Biometrika **40** (1953), 87–104, Corrections **56** (1969), 229. (3) The Analysis of Variance. (Wiley, pp. 477), New York 1959. (4) Practical solutions of the Behrens-Fisher problem. J. Amer. Statist. Assoc. **65** (1970), 1501–1508 [vgl. auch **66** (1971), 605–608 und J. Pfanzagl, Biometrika **61** (1974), 39–47, 647]

Schmitt, S.A.: Measuring Uncertainty. An Elementary Introduction to Bayesian Statistics. (Addison-Wesley; pp. 400) Reading, Mass. 1969 [s. Stat. in Med. **10** (1992), 875/9, 1377/89]

Searle, S.R.: (1) Linear Models. (Wiley, pp. 532) London 1971. [vgl. auch The American Statistician **45** (1991), 54–64]. (2) Topics in variance component estimation. Biometrics **27** (1971), 1–76 [vgl. auch **30** (1974), 157–169]

–, and Henderson, C.R.: Computing procedures for estimating components of variance in the two-way classification, mixed model. Biometrics **17** (1961), 607–616 [vgl. auch **52** (1996), 306–314]

Severo, N.C., and Zelen, M.: Normal approximation to the chi-square and non-central F probability functions. Biometrika **47** (1960), 411–416 [vgl. auch J. Amer. Statist. Assoc. **66** (1971), 577–582 und Applied Statistics **40** (1991), 123–126]

Siegel, S.: Nonparametric Statistics for the Behavioral Sciences. New York 1956, p. 278

–, and Tukey, J.W.: A nonparametric sum of ranks procedure for relative spread in unpaired samples. J. Amer. Statist. Assoc. **55** (1960), 429–445 [Errata **56** (1961), 1005]

Slakter, M.J.: A comparison of the Pearson chi-square and Kolmogorov goodness-of-fit tests with respect to validity. J. Amer. Statist. Assoc. **60** (1965), 854–858; Corrigenda: **61** (1966), 1249

Smirnoff, N.W.: (1) On the estimation of the discrepancy between empirical curves of distribution for two independent samples. Bull. Université Moskov. Ser. Internat., Sect **A 2**. (2) (1939), 3–16. (2) Approximation of distribution laws of random variables from empirical data. Uspehi Mat. Nauk **10** (1944), 179–206 (beide in Russisch)

Smirnov, N.V. (Ed.): Tables for the Distribution and Density Functions of t-Distribution. London, Oxford 1961

Smirnov, N. V.: Tables for estimating the goodness of fit of empirical distributions. Ann. Math. Statist. **19** (1948), 279–281 [vgl. J. Roy. Statist. Soc. **B 38** (1976), 152–156]

Smith, J.H.: Some properties of the median as an average. The American Statistician **12** (October 1958), 24, 25, 41 [vgl. auch J. Amer. Statist. Assoc. **63** (1968), 627–635]

Snell, E.J.: A scaling procedure for ordered categorical data. Biometrics **20** (1964), 592–607

Southwood, T.R.E.: Ecological Methods with Particular Reference to the Study of Insect Populations. (Methuen, pp. 391), London 1966 [vgl. auch Science **162** (1968), 675+676]

Spearman, C.: (1) The proof and measurement of association between two things. Amer. J. Psychol. **15** (1904), 72–101. (2) The method of "right and wrong cases" ("constant stimuli") without Gauss' formulae. Brit. J. Psychol. **2** (1908), 227–242

Spicer, C.C.: Some new closed sequential designs for clinical trials. Biometrics **18** (1962), 203–211

Starks, T.H., and David, H.A.: Significance tests for paired-comparison experiments. Biometrika **48** (1961), 95–108, Corrigenda 475 [vgl. Hoaglin u. Mitarb. (1985: Chapter 2)]

Stephenson, C.E.: Letter to the editor. The American Statistician **24** (April 1970), 37 + 38

Stevens, S.S.: On the theory of scales of measurement. Science **103** (1946), 677–680 [vgl. auch The American Statistician **47** (1993), 65–72, 314–316 und JRSS A **159** (1996), 445–492]

Stevens, W.L.: (1) Distribution of groups in a sequence of alternatives. Ann. Eugenics **9** (1939), 10–17. (2) Accuracy of mutation rates. J. Genetics **43** (1942), 301–307

Stilson, D.W., and Campbell, V.N.: A note on calculating tau and average tau and on the sampling distribution of average tau with a criterion ranking. J. Amer. Statist. Assoc. **57** (1962), 567–571

Student: (1) The probable error of a mean. Biometrika **6** (1908), 1–25 [vgl. auch **30** (1939), 210–250, Metron **5** (1925), 105–120 sowie The American Statistician **26** (Dec. 1972), 43+44]. (2) Probable error of a correlation coefficient. Biometrika **6** (1908), 302–310. (3) Errors of routine analysis. Biometrika **19** (1927), 151–164 [vgl. P. J. Boland, Irish Math. Soc. Newsletter No. **8** (1983), 45–56 und The American Statistician **38** (1984), 179–183 (Biographisches)]

Sturges, H.A.: The choice of a class interval. J. Amer. Statist. Assoc. **21** (1926), 65 + 66

Swed, Frieda S., and Eisenhart, Ch.: Tables for testing randomness of grouping in a sequence of alternatives. Ann. Math. Statist. **14** (1943), 83–86

Tate, M.W., and Brown, Sara M.: Note on the Cochran Q-test. J. Amer. Statist. Assoc. **65** (1970), 155–160 (vgl. auch **68** [1973], 989–993; **70** [1975], 186–189; Biometrics **21** [1965], 1008–1010)

Tate, R.F.: (1) Correlation between a discrete and a continuous variable. Pointbiserial correlation. Ann. Math. Statist. **25** (1954), 603–607. (2) The theory of correlation between two continuous variables when one is dichotomized. Biometrika **42** (1955), 205–216. (3) Applications of correlation models for biserial data. J. Amer. Statist. Assoc. **50** (1955), 1078–1095 [vgl. auch Psychometrika **55** (1990), 217–228 und **57** (1992), 183–201]. (4) Conditional-normal regression models. J. Amer. Statist. Assoc. **61** (1966), 477–489

Taylor, L.R.: Aggregation, variance and the mean. Nature **189** (1961), 723–735 [vgl. auch Biometrika **49** [1962], 557–559 und J. Amer. Statist. Assoc. **76** (1981), 296–311]

Terry, M.E., Bradley, R.A., and Davis, L.L.: New designs and techniques for organoleptic testing. Food Technology **6** (1952), 250–254 [vgl. auch Biometrics **20** (1964), 608–625]

Thompson, W.A., and Willke, T.A.: On an extreme rank sum test for outliers. Biometrika **50** (1963), 375–383 [vgl. auch J. Qual. Technol. **9** (1977), 38–41 u. 208]
Thomson, G.W.: Bounds for the ratio of range to standard deviation. Biometrika **42** (1955), 268 + 269
Thorndike, Frances: Applications of Poisson's probability summation. Bell System Techn. J. **5** (1926), 604–624
Tietjen, G.L., and Beckman, R.J.: Tables for use of the maximum F-ratio in multiple comparison procedures. J. Amer. Statist. Assoc. **67** (1972), 581–583 [vgl. auch Biometrika **60** (1973), 213 + 214]
–, and Moore, R.H.: On testing significance of components of variance in the unbalanced nested analysis of variance. Biometrics **24** (1968), 423–429
Tiku, M.L.: Tables of the power on the F-test. J. Amer. Statist. Assoc. **62** (1967), 525–539 [vgl. auch **63** (1968), 1551 u. **66** (1971), 913–916 sowie **67** (1972), 709+710]
Trawinski, B.J.: An exact probability distribution over sample spaces of paired comparisons. Biometrics **21** (1965), 986–1000
Troughton, F.: The rule of seventy. Mathematical Gazette **52** (1968), 52 + 53
Tukey, J.W.: (1) Comparing individual means in the analysis of variance. Biometrics **5** (1949), 99–114. (2) One degree of freedom for non-additivity. Biometrics **5** (1949), 232–242 (vgl. **10** [1954], 562–568). (3) Some sampling simplified. J. Amer. Statist. Assoc. **45** (1950), 501–519. (4) Components in regression. Biometrics **7** (1951), 33–70. (5) Some selected quick and easy methods of statistical analysis. Trans. N.Y. Acad. Sciences (II) **16** (1953), 88–97. (6) Unsolved problems of experimental statistics. J. Amer. Statist. Assoc. **49** (1954), 706–731. (7) Answer to query 113. Biometrics **11** (1955), 111–113. (8) On the comparative anatomy of transformations. Ann. Math. Statist. **28** (1957), 602–632. (9) A quick, compact, two-sample test to Duckworth's specifications. Technometrics **1** (1959), 31–48. (10) A survey of sampling from contaminated distributions. In I. Olkin and others (Eds.): Contributions to Probability and Statistics. Essays in Honor of Harold Hotelling. pp. 448–485, Stanford 1960. (11) Conclusions vs. decisions. Technometrics **2** (1960), 423–433 [vgl. auch P. Meier, Biometrics **31** (1975), 511–529]. (12) The future of data analysis. Ann. Math. Statist. **33** (1962), 1–67, 812. (13) Data analysis, computation and mathematics. Quart. Appl. Math. **30** (1972), 51–65 [vgl. auch Statistical Science **6** (1991), 100–116 und **15** (2000), 79–94]
Ury, H.K.: A note on taking a covariable into account. J. Amer. Statist. Assoc. **61** (1966), 490–495
Vahle, H., und Tews, G.: Wahrscheinlichkeiten einer χ^2-Verteilung. Biometrische Zeitschr. **11** (1969), 175–202 [vgl. auch **18** (1976), 13–221
Victor, N.: Beschreibung und Benutzeranleitung der interaktiven Statistikprogramme ISTAP. Gesellschaft für Strahlen- und Umweltforschung mbH., 52 S.) München 1972, S. 39
Waerden, B.L., van der: (1) Der Begriff Wahrscheinlichkeit. Studium Generale **4** (1951), 65–68; s. 67 linke Spalte. (2) Mathematische Statistik, 2. Aufl., (Springer, 360 S.), Berlin 1965, S. 224/226, 285, 295, 324, 334, 335, 348, 349 [vgl. X-Test Schranken: Math. Operat-forsch. u. Statist. **3** (1972), 389–400]
Wagner, G.: Zur Methodik des Vergleichs altersabhängiger Dermatosen. (Zugleich korrelationsstatistische Kritik am sogenannten „Status varicosus"). Zschr. menschl. Vererb.-Konstit.-Lehre **53** (1955), 57–84
Wald, A.: Statistical Decision Functions. (Wiley) New York 1950 [vgl. auch J. Amer. Statist. Assoc. **79** (1984), 259–271]
Wallis, W.A.: Rough-and-ready statistical tests. Industrial Quality Control **8** (1952) (5), 35–40
–, and Moore, G.H.: A significance test for time series analysis. J. Amer. Statist. Assoc. **36** (1941), 401–409
Walter, E.: (1) Über einige nichtparametrische Testverfahren. I, II. Mitteilungsbl. Mathemat. Statistik **3** (1951), 31– 44, 73–92. (2) χ^2-Test zur Prüfung der Symmetrie bezüglich Null. Mitteilungsbl. Mathemat. Statistik **6** (1954), 92–104. (3) Einige einfache nichtparametrische überall wirksame Tests zur Prüfung der Zweistichprobenhypothese mit paarigen Beobachtungen. Metrika **1** (1958), 81– 88. (4) Rangkorrelation und Quadrantenkorrelation. Züchter Sonderh. 6, Die

Frühdiagnose in der Züchtung und Züchtungsforschung II (1963), 1–11. (5) Rezension des Buches „Verteilungsfreie Methoden in der Biostatistik“ von G. Lienert. Biometrische Zeitschr. **6** (1964), 61+62. (6) Persönliche Mitteilung, 1966

Wang, Y.Y.: A comparison of several variance component estimators. Biometrika **54** (1967), 301–305

Weber, Erna: Grundriß der Biologischen Statistik. 7. überarb. Aufl., Stuttgart 1972, S. 143–160 [9. durchgesehene Aufl. 1986, 652 S.]

Weibull, W.: Fatigue Testing and Analysis of Results. New York 1961 [siehe die Übersicht über die W.-Verteilung: A.J. Hallinan, Jr., Journal of Quality Technology **25** (1993), 85–93]

Weiler, H.: A significance test for simultaneous quantal and quantitative responses. Technometrics **6** (1964), 273–285

Weiling, F.: (1) Weitere Hinweise zur Prüfung der Additivität bei Streuungszerlegungen (Varianzanalysen). Der Züchter **33** (1963), 74–77. (2) Die Mendelschen Erbversuche in biometrischer Sicht. Biometrische Zeitschr. **7** (1965), 230–262, S. 240. (3) Möglichkeiten der Analyse von Haupt- und Wechselwirkungen bei Varianzanalysen mit Hilfe programmgesteuerter Rechner. Biometrische Zeitschr. **14** (1972), 398–408 [vgl. auch EDV in Med. u. Biol. **4** (1973), 88–98]

Weintraub, S.: Tables of the Cumulative Binomial Probability Distribution for Small Values of p. (The Free Press of Glencoe, Collier-Macmillan) London 1963

Weir, J.B. de V.: Significance of the difference between two means when the population variances may be unequal. Nature **187** (1960) 438

Weiss, L.L.: (1) A nomogram based on the theory of extreme values for determining values for various return periods. Monthly Weather Rev. **83** (1955), 69–71. (2) A nomogram for lognormal frequency analysis. Trans. Amer. Geophys. Union **38** (1957), 33–37

Weissberg, A., and Beatty, G.H.: Tables of tolerance-limit factors for normal distributions. Technometrics 2 (1960), 483–500 [vgl. auch J. Amer. Statist. Assoc. **52** (1957), 88–94 u. **64** (1969), 610–620 sowie Industrial Quality Control **19** (Nov. 1962), 27 + 28]

Welch, B.L.: (1) The significance of the difference between two means when the population variances are unequal. Biometrika **29** (1937), 350–362 [vgl. Technometrics **29** (1987), 205–210]. (2) The generalization of “Student's” problem when several different population variances are involved. Biometrika **34** (1947), 28–35 [und **38** (1951), 330–336] [vgl. H. Büning (1997) Journal of Applied Statistics **24**, 319–332; The Canad. J. Stat. **29** (2001), 5–17]

Westlake, W.J.: A one-sided version of the Tukey-Duckworth test. Technometrics **13** (1971) 901–903

Wilcoxon, F.: Individual comparisons by ranking methods. Biometrics **1** (1945), 80–83

–, Katti, S.K., and Wilcox, Roberta A.: Critical Values and Probability Levels for the Wilcoxon Rank Sum Test and the Wilcoxon Signed Rank Test. Lederle Laboratories, Division Amer. Cyanamid Company, Pearl River, New York, August 1963

–, Rhodes, L.J., and Bradley, R.A.: Two sequential two-sample grouped rank tests with applications to screening experiments. Biometrics **19** (1963), 58–84 (vgl. **20** [1964], 892)

–, and Wilcox, Roberta A.: Some Rapid Approximate Statistical Procedures. Lederle Laboratories, Pearl River, New York 1964

Wilk, M.B., and Kempthorne, O.: Fixed, mixed, and random models. J. Amer. Statist. Assoc. **50** (1955), 1144–1167 [vgl. auch J. Qual. Technol. **6** (1974), 98–106, 187 sowie The American Statistician **45** (1991), 54–64]

Wilks, S.S.: (1) Determination of sample sizes for setting tolerance limits. Ann. Math. Statist. **12** (1941), 91–96 [vgl. auch The American Statistician **26** (Dec. 1972), 21]. (2) Statistical prediction with special reference to the problem of tolerance limits. Ann. Math. Statist. **13** (1942), 400–409

Williams, C.B.: (1) A note on the statistical analysis of sentence length as a criterion of literary style. Biometrika **31** (1940), 356–361. (2) Patterns in the Balance of Nature. New York 1964 [vgl. K.-H. Best (Ed.; 1997): The Distribution of Word and Sentence Length. (WVT; 288 S.) Trier]

Williams, J.D.: (Letter) Quick calculations of critical differences for Scheffé's test for unequal sample sizes. The American Statistician **24** (April 1970), 38 + 39

Williamson, E., and Bretherton, M.H.: Tables of the Negative Binomial Distribution. London 1963

Wilson, E.B., and Hilferty, M.M.: The distribution of chi-square. Proc. Nat. Acad. Sci. **17** (1931), 684–688 (vgl. auch Pachares, J.: Letter to the Editor. The American Statistician **22** [Oct. 1968], 50)

Winne, D.: Zur Planung von Versuchen: Wieviel Versuchseinheiten? Arzneim.-Forschg. **18** (1968), 1611–1618

Yamane, T.: Statistics. An Introductory Analysis. Chapter 8, pp. 168– 226. New York 1964

Yates, F.: The analysis of contingency tables with groupings based on quantitative characters. Biometrika **35** (1948), 176–181 [vgl. auch **39** (1952), 274–289 sowie insbesondere Journal of the Royal Statistical Society A **147** (1984), 426–463 und Biometrics **43** (1987), 471–476]

Yule, G.U., and Kendall, M.G.: Introduction to the Theory of Statistics. London 1965, pp. 264–266

Zinger, A.: On interpolation in tables of the F-distribution. Applied Statistics **13** (1964), 51–53

II. Literaturverzeichnis zur 7 bis 10. Auflage

Umfangreiche Literaturhinweise folgen z. B. in Abschnitt 123 nach Punkt 4 der Hinweise zur Berechnung von Überlebenswahrscheinlichkeiten sowie am Ende der Abschnitte 132, 238, 24, 48, 58, 621 und 77.

Zum Nachschlagen

Bosch (1998), CIS Extended Database (1993), Kendall und Buckland (1982), Kotz u. Mitarb. (1982/00), Krishnaiah und Rao (1980–2001), Last (1988), Lienert (1975/86), Marriott (1990), Mathai (1993), Müller (1991), O'Hagan (1992), Patel u. Mitarb. (1976), Patil u. Mitarb. (1985), Rasch (1988), Rasch u. Mitarb. (1999), Rinne (1997), Rosner (1990), Sachs (1986), Schneider u. Mitarb. (1995), Seelos (1990), Stuart und Ord (1994, 1999, 1991), Tietjen (1986), Vogel (1995), Voß 2000 sowie Wilrich und Henning (1998).

Insbesondere **Tabellen** bieten Ciba-Geigy (1980), Fisher und Yates (1982), Harter u. Mitarb. (1973 bis 1988), Kokoska und Nevison (1988), Kres (1983), Machin und Campbell (1987), Mathai (1993) sowie Pearson und Hartley (1970, 1972).

Weitere bibliographische Hinweise bieten der "Current Index to Statistics Extended Database" (CIS/ED) mit Online-Recherchen [vgl. auch CIS auf S. 716]

Abdel-Hamid, A.R., Bather, J.A., and Trustrum, G.B. (1982): The secretary problem with an unknown number of candidates: Journal of Applied Probability **19**, 619–630

Abel, U. (1993): Die Bewertung diagnostischer Tests. (Hippokrates Vlg.; 216 S.) Stuttgart

Abernethy, R.B. (1996): The New Weibull Handbook. 2nd ed. (Gulf Publ. Co.; pp. 252) Houston, TX

Abt, K. (1987): Descriptive data analysis: a concept between confirmatory and exploratory data analysis. Methods of Information in Medicine **26**, 77–88 [vgl. auch Statistics in Medicine **10** (1991), 777–795 und J. Business Economic Statistics **1** (1983), 292–298]

Ackermann, H. (1988): Mehrdimensionale Diagnosebereiche. (Vlg. Josef Eul; 222 S.) Bergisch Gladbach und Köln

Acock, A.C., and Stavig, G.R. (1979): A measure of association for nonparametric statistics. Social Forces **57**, 1381–1386 [vgl. Journal of Educational and Psychological Measurement **40** (1980), 679–685]

Adam, J. (Hrsg.; 1992): Statistisches Know-how in der medizinischen Forschung. (Ullstein Mosby; 636 S.) Berlin [vgl. W. Wang (1999), Biometrika **86**, 395–402: multivariate Bioäquivalenz]

Adena, M.A., and Wilson, S.R. (1982): Generalised Linear Models in Epidemiologic Research: Case-Control Studies. (INSTAT; pp. 165) Forestville, NSW 2087, Australia

Agresti, A. (1990): Categorical Data Analysis. (Wiley; pp. 558) New York [vgl. auch Statistical Methods in Medical Research **1** (1992), 201–218, J. Amer. Statist. Assoc. **90** (1995), 640–648 und Int. Stat. Rev. **66** (1998), 137–156, 181–199]; vgl. auch das Buch von C.J. Lloyd (1999; Wiley, N.Y.; pp. 468) sowie J. Comput. Graph. Statist. **10** (2001), 134–157]

Agresti, A. (1992): A survey of exact inference for contingency tables. With discussion. Statistical Science **7**, 131–177 [vgl. Fisher-Test: S. 134/136, 147/148, 158/161, 166, 171/176]

Agresti, A. (1996): An Introduction to Categorical Data Analysis. (Wiley; pp. 314) New York

Agresti, A., Mehta, C.R., and Patel, N.R. (1990): Exact inference for contingency tables with ordered categories. Journal of the American Statistical Association **85**, 453–458 [vgl. auch A. Agresti u. Mitarb., Communications in Statistics – Simulation and Computation **22** (1993), 1–18]

Aitchison, J. (1987): The Statistical Analysis of Compositional Data. (Chapman & Hall; pp. 416) London and New York

Aitkin, M., Francis, B., Hinde, J., and Anderson, Dorothy (1988): Statistical Modelling in GLIM. (Oxford Univ. Press; pp. 300) Oxford [vgl. auch J.M. Hilbe (1994), The American Statistician **48**, 255-265]

Albert, A., and Harris, E.K. (1987): Multivariate Interpretation of Clinical Laboratory Data. (Statistics, Vol. 75) (M. Dekker; pp. 328) New York and Basel

Alley, W.M. (1987): A note on stagewise regression. The American Statistician **41**, 132–134 and 42 (1988), 91 [vgl. auch American Journal of Epidemiology **131** (1990), 365–372]

Amini, S.B., and Woolson R.F. (1991): Rank covariance methods for the analysis of survival data. Biometrical Journal **33**, 429–439 [vgl. Biometrics **51** (1995), 920–931 und Biometrika **87** (2000), 507–526]

Andersen, B. (1990): Methodological Errors in Medical Research. An Incomplete Catalogue. (Blackwell Scentific; pp. 270) Oxford [B. Böhm, Österr. Z. f. Stat. **27** (1998), 127–138]

Andersen, E.B. (1982): Latent structure analysis: a survey. Scandinavian Journal of Statistics **9**, 1–12 [vgl. auch Journal of the American Statistical Association **88** (1993), 421–427 und **95** (2000), 561–572]

Andersen, E.B. (1) (1991): The Statistical Analysis of Categorical Data. 2nd rev. + enl. ed. (Springer, pp. 532) Berlin [zur Korrespondenzanalyse: Schnell 1994]
(2) (1997): Introduction to the Statistical Analysis of Categorical Data. (Springer; pp. 265) Berlin

Anderson, O., Popp, W., Schaffranek, M., Stenger, H., und Szameitat, K. (1988): Grundlagen der Statistik. Amtliche Statistik und beschreibende Methoden. 2. verb. Aufl. (Heidelberger TB, Bd. 195) (Springer; 225 S.) Berlin, Heidelberg, New York

Anderson, O., Schaffranek, M., Stenger, H., und Szameitat, K. (1983): Bevölkerungs- und Wirtschaftsstatistik. Aufgaben, Probleme und beschreibende Methoden. (Heidelberger TB, Bd. 223) (Springer; 444 S.) Berlin, Heidelberg, New York

Andress, H.-J. (1986): GLIM: verallgemeinerte Modelle. (Vieweg; 250 S.) Braunschweig

Andress, H.-J., J.A. Hagenaars und S. Kühnel (1997): Analyse von Tabellen und kategorialen Daten. Log-lineare Modelle, latente Klassenanalyse, logistische Regression und GSK-Ansatz. (Springer; 455 S.) Berlin

Angus, J.E. (1987): Confidence coefficient of approximate two-sided confidence intervals for the binomial probability. Naval Research Logistics **34**, 845–851 [vgl. auch The American Statistician **38** (1984), 189–191 und **39** (1985), 81]

Angus, J.E. (1988): Inferences on the lognormal mean for complete samples. Communications in Statistics-Simulation and Computation **17**, 1307–1331

Angus, J.E. (1990): (Review of) Extreme Value Theory in Engineering, by Enrique Castillo, San Diego, Academic Press, 1988. Technometrics **32**, 107–110

Arbuthnot, J. (1710/12): An argument for devine providence, taken from the constant regularity observed in the births of both sexes. Philosophical Transactions of The Royal Society of London **27**, 186–190 [vgl. Eisenhart und Birnbaum 1967]

Armitage, P., and Berry, G. (1994): Statistical Methods in Medical Research. 3rd ed. (Blackwell; pp. 620) Oxford

Armitage, P., and Gehan E.A. (1974): Statistical methods for the identification and use of prognostic factors. International Journal of Cancer **13**, 16–36

Arnold, B.C. (1983): Pareto Distributions. (International Cooperative Publ. House; pp. 326) Burtonsville, MD [vgl. auch R.E. Quandt, Metrika **10** (1966), 55–82, **44** (1996), 191–197 und **51** (2000), 105–116 sowie S.D. Grimshaw, Technometrics **35** (1993), 185–191]

Arnold, B.C., Balakrishnan, N., and Nagaraja, H.N. (1) (1992): A First Course in Order Statistics. (Wiley; pp. 279) New York and Chichester. **(2)** Records. (Wiley; pp. 312) New York and Chichester [vgl. auch Statistical Papers **42** (2001), 171–185, 225–242]

Atkinson, A.C. (1982/1988): Developments in the design of experiments. International Statistical Review **50**, 161–177; **56**, 99–115 [vgl. auch Hinkley u. Mitarb. 1991: Chapter 9]

Atkinson, A.C. (1985): Plots, Transformations, and Regression. An Introduction to Graphical Methods of Diagnostic Regression Analysis. (Oxford Univ. Press; Clarendon Press; pp. 282)

Oxford [vgl. auch The American Statistcian **48** (1994), 307–312, Biometrika **87** (2000), 954–959, Technometrics **42** (2000), 384–398; D.M. Rocke, Technometrics **35** (1993), 72–81 sowie **37** (1995), 385–398 und auch Statistica Sinica **8** (1998), 445–465]

Atkinson, A.C., and Donev, A.N. (1996): Optimum Experimental Designs. (Clarendon Press; pp. 328) Oxford [vgl. Biometrics **56** (2000), 113–117 und Biometrika **88** (2001), 53–97]

Bablok, W., and Passing, H. (1985): Application of statistical procedures in analytical instrument testing. Journal of Automatic Chemistry **7**, 74–79 [vgl. auch U. Feldmann u. B. Schneider: Methods of Information in Medicine **26** (1987), 205–214]

Backhaus, K., Erichson, B., Plinke W., und Weiber, R. (2000): Multivariate Analysemethoden. Eine anwendungsorientierte Einführung. 9. überarb. u. erw. Aufl. (Springer; 661 S.) Berlin, Heidelberg, New York

Bain, L.J.:. (1978): Statistical Analysis of Reliability and Life Testing Models. (M. Dekker; pp. 450) New York [zu "structural reliability" vgl. H.O. Madsen and T. Egeland, International Statistical Review **57** (1989), 185–203]

Bain, L.J., and Engelhardt, M. (1987): Introduction to Probability and Mathematical Statistics. (Duxbury Press; pp. 546) Boston, Mass.

Bain, L.J., and Engelhardt, M. (1991): Statistical Analysis of Reliability and Life Testing Models. 2nd ed. (STATISTICS, Vol. 115) (M. Dekker; pp. 496) New York

Balakrishnan, N. (Ed.; 1991): Handbook of the Logistic Distribution. (STATISTICS, Vol. 123) (M. Dekker; pp. 616) N.Y., Basel [vgl. Amer. Stat. **50** (1996), 117/119; **52** (1998), 10–14]

Balakrishnan, N., and Cohen, A.C. (1991): Order Statistics and Inference. Estimation Methods. (Academic Press; pp. 377) San Diego, Calif.

Bamberg, G., and Baur, F. (1998): Statistik. 10. überarb. u. erweiterte Aufl. (R. Oldenbourg; 343 S.) München und Wien [zu Dispar.- u. Konz.-Maßen: Jb. Nationalök. Stat. **217** (1998), 61–71]

Bamberg, G., und Baur, F. (1997): Statistik-Arbeitsbuch. Übungsaufgaben – Fallstudien – Lösungen. 5. Aufl. (R. Oldenbourg; 190 S.) München und Wien

Bapat, R.B. (1999): Linear Algebra and Linear Models. 2nd ed. (Springer; pp. 138) New York

Barcikowski, R.S., and Robey, R.R. (1984): Decisions in single group repeated measures analysis: statistical tests and three computer packages. The American Statistician **38**, 148–150

Baringhaus, L., Danschke, R., and Henze, N. (1989): Recent and classical tests for normality – a comparative study. Communications in Statistics – Simulation and Computation **18**, 363–379 [vgl. auch JASA **91** (1996), 1668–1675]

Barnett, V., and Lewis, T. (1984): Outliers in Statistical Data. 2nd ed. (Wiley; pp. 463) New York (3rd ed. 1994, pp. 584) [vgl. auch JASA **85** (1990), 633–639 und Biometrics **55** (1999), 523–529]

Basler, H. (1987): Verbesserung des nichtrandomisierten exakten Tests von Fisher. Metrika **34**, 287–322

Basler, H. (1988): Equivalence between tie-corrected Spearman test and a Chi-square test in a fourfold contingency table. Metrika **35**, 203–209

Basler, H. (1991): Aufgabensammlung zur statistischen Methodenlehre und Wahrscheinlichkeitsrechnung. Mit Anhang „Tipp-Strategien für das Lotto". 4. verb. u. erweit. Aufl. (Physica-Verlag; 200 S.) Würzburg und Wien

Bates, D.M., and Watts, D.G. (1988): Nonlinear Regression Analysis and Its Applications. (Wiley; pp. 365) New York [vgl. Biometrika **81** (1994), 731–737 und Amer. Statist. **52** (1998), 233–243]

Bather, J.A. (1985): On the allocation of treatments in sequential medical trials. With discussion. International Statistical Review **53**, 1–13 and 25–36

Batschelet, E. (1980): Einführung in die Mathematik für Biologen. (Springer; 557 S.) Berlin, Heidelberg, New York [zur Stereology siehe Physiological Reviews **51** (1971), 158–200]

Batschelet, E. (1981): Circular Statistics in Biology. (Academic Press; pp. 388) London

Bauer, P. (1989): Multistage testing with adaptive designs. Biometrie und Informatik in Medizin und Biologie **20**, 130–148

Bauer, P., Hommel, G., und Sonnemann, E. (Hrsg.; 1988): Multiple Hypothesenprüfung. Multiple Hypotheses Testing. (Symposium in Gerolstein am 6. und 7.11.1987; Mediz. Informatik und Statistik, Bd. 70) (Springer; 234 S.) Berlin, Heidelberg, New York [vgl. auch Biometrics **49** (1993), 941–945]

Bauer, P., Scheiber, V., and Wohlzogen, F.X. (1986): Sequentielle statistische Verfahren. (G. Fischer; 162 S.) Stuttgart und New York

Baxter, M., and Stevenson, R. (1988): Discriminating between the Poisson and negative binomial distributions: an application to goal scoring in association football. Journal of Applied Statistics **15**, 347–354 [vgl. auch The Statistician **44** (1995), 509–521, 523–528]

Beasley, J.D., and Springer, S.G. (1977): The percentage points of the normal distribution. Applied Statistics **26**, 118–121

Beaumont, J.J., and Breslow, N.T. (1981): Power considerations in epidemiologic studies of vinyl chloride workers. American Journal of Epidemiology **114**, 725–734

Becher, H., und Steindorf, Karen (1993): Epidemiologische Methoden und Wege der Risikoabschätzung. Informatik, Biometrie und Epidemiologie in Medizin und Biologie **24**, 14–27 [vgl. auch Internat. Stat. Rev. **61** (1993), 203–244 und Psychol. Methods **4** (1999), 257–271 sowie J. Amer. Statist. Assoc. **95** (2000), 289–292 und M.J. Crowder (2001)]

Becker, M.P. (1989): Models for the analysis of association in multivariate contingency tables. Journal of the American Statistical Association **84**, 1014–1019

Beckman, R.J., and Cook, R.D. (1983): Outlier ... s. With discussion and response. Technometrics **25**, 119–163 [vgl. auch International Statistical Review **58** (1990), 215–226]

Beirlant, J., Dudewicz, E.J., and van der Meulen, E.C. (1982): Complete statistical ranking of populations, with tables and applications. Journal of Computational and Applied Mathematics (Belgien) **8**, 187–201

Bellhouse, D.R. (1989): A manuscript on chance written by John Arbuthnot. International Statistical Review **57**, 249–259

Bennett, B.M. (1975): On indices for diagnostic screening. Biometrical Journal **17**, 303–307

Bennett, B.M. (1978): On a test for equality of dependent correlation coefficients. Statistische Hefte **19**, 71–76

Bennett, B.M. (1980): Use of the tetrachoric correlation model in assessing clinical tests. Biometrical Journal **22**, 335–338

Bennett, B.M. (1982): On generalized indices of diagnostic efficiency. Biometrical Journal **24**, 59–62 [vgl. auch Meth. Inform. Med. **33** (1994), 180–186 u. **37** (1998), 307–310]

Bennett, B.M. (1983): Further results in indices for diagnostic screening II. Biometrical Journal **25**, 453–457 [vgl. auch Biometrics **48** (1992), 131–145]

Bennett, B.M. (1985): On tests for equality of predictive values for t diagnostic procedures. Statistics in Medicine **4**, 535–539 [Diagn.; Progn.: Statistica Neerlandica **55** (2001), 3–16, 35–52]

Bennett, Jay (1998): Statistics in Sport (Oxford Univ. Press/Arnold; pp. 312) London

Beran, R. (1986): Simulated power functions. The Annals of Statistics **14**, 151–173

Bernstein, Ira H. [Garbin, C.P., and Teng, G.K.] (1987): Applied Multivariate Analysis. (Springer; pp. 508) New York, Berlin, Heidelberg [vgl. Psychol. Methods **4** (1999), 272–314]

Berry, D.A. (Ed.; 1990): Statistical Methodology in the Pharmaceutical Sciences. (Statistics, Vol. 104) (M. Dekker; pp. 578) New York and Basel

Bickel, P.J. (1976): Another look at robustness: a review of reviews and some new developments. Scandinavian Journal of Statistics **3**, 145–168

Biemer, P.P., Groves, R.M., Lyberg, L.E., Matniowetz, Nancy, A., and Sudman, S. (Eds.; 1992): Measurement Errors in Survey. (Wiley; pp. 760) New York

Birkes, D., and Dodge, Yadolah (1993): Alternative Methods of Regression. (Wiley; pp. 228) New York [ergänzt durch Y. Dodge und Jana Jurečková (2000): Adaptive Regression. (Springer; pp. 177) New York

Bishop, Yvonne M.M., Fienberg, S.E., Holland P.W., Light, R.J., and Mosteller F. (1978): Discrete Multivariate Analysis: Theory and Practice. (MIT Press; pp. 557) Cambridge, Mass.

Bissell, A.F. (1986, 1987): Not-so-linear regression. Part 1–3. Journal of Applied Statistics **13**, 3–11, **14**, 3–13 and 189–194

Bitz, M. (1981): Entscheidungstheorie. (Vahlen; 439 S.) München [vgl. M.J. Crowder (2001)]

Blackwood, L.G., and Bradley, E.L. (1991): An omnibus test for comparing two measuring devices. Journal of Quality Technology **23**, 12–16

Blossfeld, H.-P., Hamerle, A., und Mayer, K.U. (1989): Hazardraten-Modelle in den Wirtschafts- und Sozialwissenschaften. Allgemeines Statistisches Archiv **73**, 213–238

Blower, J.G., Cook, L.M., and Bishop, J.A. (1981): Estimating the Size of Animal Populations. (George Allen & Unwin; pp. 128) London [vgl. auch Biometrika **76** (1989), 133–140, **79** (1992), 543–553, 677–683, 833–836, **83** (1996), 477–483 sowie Biometrical Journal **35** (1992), 29–45]

Blyth, C.R. (1986): Approximate binomial confidence limits. Journal of the American Statistical Association **81**, 843–855 [vgl. auch M. Schader und F. Schmid, Statistical Papers **31** (1990), 251–264]

Blyth, C.R., and Still, H.A. (1983): Binomial confidence intervals. Journal of the American Statistical Association **78**, 108–116 [vgl. auch Amer. Statist. **52** (1998), 119–126 sowie **54** (2000), 88 und 105–111 mit **55** (2001), 55–61]

Böltken, F. (1976): Auswahlverfahren. Eine Einführung für Sozialwissenschaftler. (Studienskripten, Bd. 38) (Teubner; 407 S.) Stuttgart

Bogart, K.P. (1990): Introductory Combinatorics. 2nd ed. (Harcourt Brace Jovanovich; pp. 622) San Diego

Bohley, P. (1989): Statistik. Einführendes Lehrbuch für Wirtschafts- und Sozialwissenschaftler. 3. überarb. Aufl. (Oldenbourg; 799 S. + 5 S. Anhang) München und Wien

Bortz, J. (1985): Lehrbuch der empirischen Forschung. Für Sozialwissenschaftler. 2. Aufl. (Springer; 898 S.) Berlin, Heidelberg, New York, Tokyo

Bortz, J. (1999): Statistik für Sozialwissenschaftler. 5. vollständig überarbeitete und aktualisierte Aufl. (Springer; 836 S.) Berlin, Heidelberg, New York

Bortz, J., Lienert, G.A., und Boehnke, K. (1990): Verteilungsfreie Methoden in der Biostatistik. (Springer; 939 S.) Berlin, Heidelberg, New York [vgl. 2·3 Table: Biom. J. **35** (1993), 451–454; **38** (1996), 711–715]

Bosch, K. (1998): Statistik-Taschenbuch. 3. verbesserte Aufl. (R. Oldenbourg; 814 S.) München

Bowerman, B.L., and O'Connell, R.T. (1990): Linear Statistical Models. An Applied Approach. 2nd ed. (Duxbury Press; pp. 1024) Boston

Bowerman, B.L., O'Connell, R.T., and Dickey, D.A. (1986): Linear Statistical Models. An Applied Approach. (Duxbury Press; pp. 690) Boston, Mass.

Bowman, K.O., and Shenton, L.R. (1988): Properties of Estimators for the Gamma Distribution. (M. Dekker; pp. 268) New York

Box, G., and Luceno, A. (1997): Statistical Control. By Monitoring and Feedback Adjustment. (Wiley; pp. 327) New York [vgl. Commun. Statist.-Simula. **28** (1999), 849–866]

Box, G.E.P., and Draper, N.R. (1987): Empirical Model-Building and Response Surfaces. (Wiley; pp. 669) New York [vgl. auch Technometrics **28** (1986), 321–327 und 339–346]

Box, G.E.P., Hunter, W.G., and Hunter, J.S. (1978): Statistics for Experimenters. An Introduction to Design, Data Analysis, and Model Building. (Wiley; pp. 653) New York

Bradburn, N.M., and Sudman, S. (1988): Polls and Surveys: Understanding What They Tell Us. (Jossey-Bass; pp. 249) San Francisco [zu Sample Surveys: Biometrika **88** (2001), 167–194]

Breslow, N.E. (1982): Design and analysis of case-control studies. Annual Review of Health **3**, 29–54 [vgl. auch Biometrics **44** (1988), 891–899 und Biometrika **75** (1988), 11–20 sowie J. Amer. Statist. Assoc. **91** (1996), 14–28]

Breslow, N.E., and Day, N.E. (1980, 1987): Statistical Methods in Cancer Research. Vol. I: The Analysis of Case-Control Studies. Vol. II: The Design and Analysis of Cohort Studies. (IARC Scientific Publ. No. 32 and 82; International Agency for Research on Cancer [auch: Oxford Univ. Press]; pp. 338 and 406) Lyon [Oxford] [vgl. auch Vol. III and IV]

Bristol, D.R. (1989): Sample sizes for constructing confidence intervals and testing hypotheses. Statistics in Medicine **8**, 803–811 [vgl. auch The Statistician **46** (1997), 127–283]

Bross, I. (1954): A confidence interval for a percentage increase. Biometrics **10**, 245–250

Brown, M.B. (1975): Exploring interaction effects in the ANOVA. Applied Statistics **24**, 288–298

Brown, M.B., and Forsythe, A.B. (1974): Robust tests for the equality of variances. Journal of the American Statistical Association **69**, 364–367 [vgl. Biometrics **55** (1999), 645–651 und **56** (2000), 451–454]

Brown, M.L. (1982): Robust line estimation with errors in both variables. Journal of the American Statistical Association **77**, 71–79 [vgl. auch K.L. Kaila, Sankhya **B 42** (1980), 81–97]

Brown, M.L. (1990): Fitting and interpreting loglinear interactions in cross-classifications from health policy and medicine. Methods of Information in Medicine **29**, 104–112 [vgl. auch Biometrics **50** (1994), 194–203]

Bryant, V. (1993): Aspects of Combinatorics. (Cambridge University Press; pp. 266) Cambridge

Bryk, A.S., and Raudenbush, W. (1992): Hierarchical Linear Models. Applications and Data Analysis Methods. (Sage; pp. 265) Newbury/Calif. and London

Büning, H. (1991): Robuste und adaptive Tests. (de Gruyter; 339 S.) Berlin [vgl. auch Biometrical Journal **40** (1998), 573–587 sowie Allgem. Statist. Archiv **83** (1999), 190–210 und Statistical Papers **41** (2000), 381–407]

Büning, H., und Trenkler, G. (1994): Nichtparametrische statistische Methoden. 2. erweiterte und überarbeitete Aufl. (de Gruyter; 485 S.) Berlin und New York

Bullen, P.S. (1998): A Dictionary of Inequalities. (Longman, pp. 283) Harlow, Essex CM 20 2JE

Cacoullos, T. (1989): Exercises in Probability. (Springer; pp. 248) New York

Campbell, D.B., and Oprian, C.A. (1979): On the Kolmogorov-Smirnov test for the Poisson distribution with unknown mean. Biometrical Journal **21**, 17–24

Campbell, H. (Overall Ed.; 1980): Manual of Mortality Analysis. A Manual on Methods of Analysis of National Mortality Statistics for Public Health Purposes. (Reprint of the 1977 ed.) (W.H.O.; pp. 245) Geneva

Canavos, G.C., and Koutrouvelis, I.A. (1984): The robustness of two-sided tolerance limits for normal distributions. Journal of Quality Technology **16**, 144–149 [vgl. auch **2** (1970), 115–126, 195–206 und **3** (1971), 69–79]

Carroll, R.J., and Ruppert, D (1988): Transformation and Weighting in Regression. (Chapman and Hall; pp. 250) London

Casella, G., and Berger, R.L. (1990): Statistical Inference. (Wadsworth & Brooks/Cole; pp. 650) Pacific Grove, CA [vgl. D.Freedman, Foundation of Science **1** (1995), 19–83]

Castillo, E. (1988): Extreme Value Theory in Engineering. (Academic Press; pp. 389) Boston

Chambers, J., Cleveland, W., Kleiner, B., and Tukey, P. (1983): Graphical Methods for Data Analysis. (Wadsworth; pp. 395) Belmont, Calif. [vgl. Science **229** (1985), 828–833 und Amer. Stat. **54** (1999), 29–37, 73–84]

Chassan, J.B. (1964): On the analysis of simple cross-overs with unequal numbers of replicates. Biometrics **20**, 206–208 [vgl. auch **46** (1990), 689–696 und **48** (1992), 1157–1164]

Chatfield, C. (1982): Analyse von Zeitreihen. Eine Einführung. Übers. aus d. Engl. (2nd ed. 1980) durch H. Grimm. (Teubner; 239 S.) Leipzig [vgl. auch R. Schlittgen (1990): Robuste Glättung von Zeitreihen. Allgemeines Statistisches Archiv **74**, 223–250 u. **75** (1991), 1–131]

Chatfield, C. (1988): What is the "best" method of forecasting? Journal of Applied Statistics **15**, 19–38

Chatfield, C. (1989): The Analysis of Time Series. An Introduction. 4th ed. (Chapman and Hall; pp. 241) London (5th ed. 1996, pp. 283) [vgl. J. Amer. Statist. Assoc. **95** (2000), 638–643]

Chatfield, C.: (1995a): Problem Solving. A Statistician's Guide. 2nd ed. (Chapman and Hall; pp. 325) London and New York

Chatfield, C. (1995b): Model uncertainty, data mining and statistical inference. With discussion. Journal of the Royal Statistical Society **A 158**, 419–466

Chatterjee, S., and Hadi, A.S. (1988): Sensitivity Analysis in Linear Regression. (Wiley; pp. 315) New York [zu Influential Observations in Linear Regression: R.D. Cook. Technometrics **42** (2000), 65–68; vgl. auch: Residual Plots 249–261]

Chatterjee, S., and Price B. (1991): Regression Analysis by Example. 2nd ed. (Wiley; pp. 278) New York [zum Cp-Plot von C.L. Mallows siehe Technometrics **15** (1973), 661–676 und **42** (2000), 87–94]

Chatterjee, S., Yilmaz, M.R., and Berliner, L.M. (1992): Chaos, fractals and statistics. Statistics, probability and chaos. With discussion. Statistical Science **7**, 49–122

Chaudhuri, A., and Vos, J.W.E. (1988): Unified Theory and Strategies of Survey Sampling. (North-Holland; pp. 414) Amsterdam

Checkoway, H., Pearce, N., and Crawford-Brown, D.J. (1989): Research Methods in Occupational Epidemiology. (Oxford University Press; pp. 344) New York and Oxford [vgl. auch Epidemiology **3** (1992), 279–281]

Chen, H. (1990): The accuracy of approximate intervals for a binomial parameter. Journal of the American Statistical Association **85**, 514–518

Chen, Y.I., and Wolfe, D.A. (1990): A study of distribution-free tests for umbrella alternatives. Biometrical Journal **32**, 47–57 [vgl. auch Communications in Statistics – Simulation and Computation **22** (1993), 749–764]

Cheng, C.-L. and Van Ness, J.W. (1999): Statistical Regression with Measurement Error. (Arnold; pp. 262) London

Cheung, Y.L. (1989): Why poker is played with five cards. The Mathematical Gazette **73**, 313–315

Chhikara, S., and Folks, J.L. (1989): The Inverse Gaussian Distribution. Theory, Methodology and Applications. (Dekker; pp. 214) New York [vgl. Commun. Statist.-Simul. **28** (1999), 1051–1071]

Chiang, C.L. (1980): An Introduction to Stochastic Processes and their Applications. (R.E. Krieger; pp. 517) Huntington, N.Y.

Chiang, C.L. (1984): The Life Table and its Applications. (R.E. Krieger; pp. 316) Malabar, Florida [vgl. auch The American Statistician **40** (1986), 185–190]

Chou, Y.-M., and Johnson, G.M. (1987): Sample sizes for strong two-sided distribution-free tolerance limits. Statistische Hefte **28**, 117–131

Chou, Y.-M., and Owen, D.B. (1986): One-sided simultaneous lower prediction intervals for future samples from a normal distribution. Technometrics **28**, 247–251

Chow, S.-C., and Shao, J. (1990): On the difference between the classical and inverse methods of calibration. Applied Statistics **39**, 219–228

Chow, S.-C., and Liu, J.-P. (1999): Design and Analysis of Bioavailability and Bioequivalence Studies. 2nd ed., rev. + expanded (M. Dekker; pp. 600) New York sowie S.-C. Chow (Ed.; 2000): Encyclopedia of Biopharmaceutical Statistics. (M. Dekker; pp. 552) New York, Basel [u.a. mit den Themen: Bioassay, Clinical Endpoint/Trials, Crossover Design, Power, Sample Size]

Christensen, R. (1984): Data Distributions. (Entropy Ltd.; pp. 300) Lincoln, MA

Christensen, R. (1990): Log-Linear Models. (Springer; pp. 408), New York, Berlin, Heidelberg

Chuang-Stein, Christy, and Francom, St.F. (1988): Some simple loglinear models for the analysis of ordinal response data. Journal of Applied Statistics **15**, 285–294

Chun, C.S.Y., Dunn, O.J., and Yu, Mimi C. (1989): Tests on the equality of two multiple correlation coefficients. Communications in Statistics – Theory and Methods **18**, 909–928

Chung, K.L. (1978): Elementare Wahrscheinlichkeitstheorie und stochastische Prozesse. (Übers. aus d. Engl. von H. Vogt) (Springer; 343 S.) Berlin, Heidelberg, New York

Ciba-Geigy AG (Hrsg.; 1980): Wissenschaftliche Tabellen Geigy, Teilband Statistik. B. rev. u. erweit. Aufl. (Ciba-Geigy Ltd.; 241 S.) Basel

CIS Extended Database (1993): A Computer-Readable Bibliography of the Literature of Statistics and Probability. American Statistical Association (Richard Foley) Alexandria, VA 22314–3402 [vgl. auch A. Koch and U. Haag: The Statistical Software Guide '95/96. Computational Statistics and Data Analysis **21** (1996), 231–256; Website: http://www.statindex.org; ISI: http://www.isinet.com]

Cobb, G.W. (1998): Introduction to Design and Analysis of Experiments. (Springer; pp. 795) New York

Cochran, W.G. [Moses, L.E., and Mosteller, F. (Eds.)]: (1983): Planning and Analysis of Observational Studies: (Wiley; pp. 145) New York [vgl. auch Sankhya **A 35** (4) (1973), 417–446]

Cohen, A.C. (1991): Truncated and Censored Samples. Theory and Applications. (STATISTICS, Vol. 119) (M. Dekker; pp. 312) New York [zu Extremwerten/Pareto-Verteilung: Statistical Science **15** (2000), 153–167 u. Statistical Papers **42** (2001), 123–133, 225–242]

Cohen, A.C., Jones Whitten, Betty (1988): Parameter Estimation in Reliability and Life Span Models. (M. Dekker; pp. 394) New York

Cohen, A.C., Jones Whitten, Betty, and Ding, Yihua (1985): Modified moment estimation for the three-parameter lognormal distribution. Journal of Quality Technology **17**, 92–99

Cohen, D.I.A. (1978): Basic Techniques of Combinatorial Theory. (Wiley; pp. 297) New York

Cohen, J. (1988): Statistical Power Analysis for the Behavioral Sciences. 2nd ed. (L. Erlbaum; pp. 567) Hillsdale, NJ [vgl. ANOVA-Power: P. Koele, Psychological Bulletin **92** (1982), 513–516; vgl. standardized difference: Biomerics **51** (1995), 351–353]

Cohen, J. (1992): A power primer. Psychological Bulletin **112**, 155–159 [vgl. auch American Psychologist **49** (1994), 997–1003]

Cohen, J., and Cohen, P. (1975): Applied Multiple Regression Analysis. Correlation Analysis for the Behavioral Sciences. (Wiley; pp. 490) New York [2nd ed. 1983; vgl. auch Multivariate Behavioral Research **17** (1982), 301–304: set correlation; vgl. auch K.-H. Yuan + P.M. Bentler (2000), J. of Multivariate Analysis **72**, 230–248: zu r]]

Cohn, V. (1989): News and Numbers. A Guide to Reporting Statistical Claims and Controversies in Health and other Fields. (Iowa State University Press; pp. 178) Ames [vgl. auch zum Thema "Bias" Ch. Chatfield 1991: Statistical Science **6**, 240–268]

Collett, D. (1991): Modelling Binary Data. (Chapman & Hall; pp. 369) London

Collins, Linda M., and Horn, J.L. (Eds.; 1991): Best Methods for the Analysis of Change: Recent Advances, Unanswered Questions, Future Directions. (American Psychological Assoc.; pp. 356) Washington, D.C. (and Hyattsville, MD 20784–0710)

Collyer, Ch.E., and Enns, J.T. (1987): Analysis of Variance: The Basic Designs. (Nelson-Hall; pp. 310) Chicago [vgl. auch T.P. Speed (1987): What is an analysis of variance? With discussion. Annals of Statistics **15**, 885–941]

Conover, W.J. (1999): Practical Nonparametric Statistics. 3rd. ed. (Wiley; pp. 584) London

Conover, W.J., and Iman, R.L. (1978): Some exact tables for the squared ranks test. Communications in Statistics – Simulation and Computation **B 7**, 491–513

Constantine, G.M. (1987): Combinatorial Theory and Statistical Design. (Wiley; pp. 472) New York

Consul, P.C. (1989): Generalized Poisson Distributions; Properties and Applications. (Statistics, Vol. 99) (M. Dekker; pp. 302) New York and Basel [vgl. auch Communications in Statistics – Theory and Methods **22** (1993), 705–715, Biometrika **81** (1994), 418–419 und Computat. Stat. and Data Anal. **34** (2000), 441–459]

Converse, J.M., and Presser, S. (1986): Survey Questions. Handcrafting the Standardized Questionnaire. (Sage Publ. Series 07–063; pp. 80) Beverly Hills and London

Cook, T.D., and Campbell, D.T. (1979): Quasi-Experimentation. Design and Analysis Issues for Field Settings. (Rand McNally College Publ. Comp.; pp. 405) Chicago

Cormack R.M. (1989): Loglinear models for capture-recapture. Biometrics **45**, 395–413 [vgl. auch **48** (1992), 567–576 und **49** (1993), 315 sowie **54** (1998), 888–898]

Cornell, J.A. (1990): Experiments with Mixtures. Designs, Models, and the Analysis of Mixture Data. 2nd ed. (Wiley; pp. 632) New York [vgl. auch Technometrics **35** (1993), 337–350]

Cornell, R.G. (Ed.; 1984): Statistical Methods for Cancer Studies. (Statistics, Vol. 51) (M. Dekker; pp. 479) New York and Basel [vgl. Biometrics **55** (1999), 544–552]

Cornell, R.G. (1991): Nonparametric tests of dispersion for the two-period crossover design. Communications in Statistics – Theory and Methods **20**, 1099–1106

Cotton, J.W. (1989): Interpreting data from two-period crossover design (also termed the replicated 2×2 Latin square design). Psychological Bulletin **106**, 503–515

Coughlin, P.J. (1992): Probabilistic Voting Theory. (Cambridge University Press; pp. 224) Cambridge [vgl. auch J. Amer. Statist. Assoc. **93** (1998), 1–9]

Cox, C.P. (1982): An alternative way of calculating the χ^2 independence or association test statistic for a $2 \times k$ contingency table. The American Statistician **36**, 133

Cox, D.R. (1986): Some general aspects of the theory of statistics. International Statistical Review **54**, 117–126 [vgl. auch **65** (1997), 261–290 und die von Cox u. Mitarb. betreuten Monographs on Statistics ···. (Chapman + Hall, N.Y.) z.B. Vol. 57, Efron und Tibshirani 1993]

Cox, D.R. (1990): Role of models in statistical analysis. Statistical Science **5**, 169–174 [vgl. auch 160–168 und Test **4** (1995), 207–261 sowie J. Comput. Graph. Stat. **8** (1999), 589–610 und **9** (2000), 180–195]

Cox, D.R. (1992): Causality: some statistical aspects. Journal of the Royal Statistical Society **A 155**, 291–301 [vgl. auch D.R.Cox und Nanny Wermuth, Linear dependencies represented by chain graphs, Statistical Science **8** (1993), 204–283 und Judea J. Pearl, Causal diagrams, Biometrika **82** (1995), 669–710 sowie ihr Buch, (2000), Causality, Cambridge Univ. Press, N.Y.]

Cox, D.R. (1992): Planning of Experiments. (Wiley; pp. 308) N.Y. (1958, Wiley Classics) [vgl. ··· + N. Reid (2000): The Theory of the Design of Experiments (Chapman + Hall; pp. 323) London]

Cox, D.R., and Oakes, D. (1984): Analysis of Survival Data. (Chapman and Hall; pp. 201) London and New York [vgl. auch Statistics in Medicine **16** (1997), 1629–1643, Biometrics **55** (1999), 13–22, **56** (2000), 971–983 und J. Amer. Statist. Assoc. **95** (2000), 282–285]

Cox, D.R., and Snell, E.J. (1989): Analysis of Binary Data. 2nd ed. (Chapman and Hall; pp. 236) London

Cressie, N.A.C. (1991): Statistics for Spatial Data. (Wiley; pp. 900) New York (rev. ed. 1993) [vgl. auch J. Roy. Statist. Soc. B **62** (2000), 847–860]

Crow, E.L., and Shimizu, K. (Eds.; 1988): Lognormal Distributions: Theory and Applications. (Statistics, Vol. 88) (M. Dekker; pp. 387) New York

Crowder, M.J., and Hand, D.J. (1991): Analysis of Repeated Measures. (Chapman and Hall; pp. 257) London [M.J.C. (2001): Classical Competing Risks. CRC Press; pp. 200) Boca Raton, FL]

Crowder, M.J., Kimber, A.C., Smith, R.L., and Sweeting, T.J. (1991): Statistical Analysis of Reliability Data. (Chapman & Hall; pp. 256) London

D'Agostino, R.B., and Stephens, M.A. (Eds.; 1986): Goodness-of-Fit Techniques. (Statistics, Vol. 68) (M. Dekker; pp. 560) New York and Basel [Normality? The American Statistician **44** (1990), 316–321; Ausreißer? J. R. Statist. Soc. **A 161** (1998), 121–160]

Dagpunar, J. (1988): Principles of Random Variate Generation. (Clarendon Press; pp. 256) Oxford

Dallal, G.E. (1992): The 17/10 rule for sample-size determinations. The American Statistician **46**, 70 [vgl. auch **47** (1993), 81–82]

Dallal, G.E., and Wilkinson, L. (1986): An analytic approximation to the distribution of Lilliefors's test statistic for normality. The American Statistician **40**, 294–295 [vgl. auch **41** (1987), 248]

Danckwerts, R., Vogel, D., and Bovermann, K. (1985): Elementare Methoden der Kombinatorik: Abzählen – Aufzählen – Optimieren. Mit Programmbeispielen in ELAN. (Teubner; 206 S.) Stuttgart

Daniel, W.W. (1990): Applied Nonparametric Statistics. 2nd ed. (PWS-Kent; pp. 635) Boston

David, H.A. (1981): Order Statistics. 2nd ed. (Wiley-Interscience; pp. 360) New York

David, H.A. (1988): General bounds and inequalities in order statistics. Communications in Statistics – Theory and Methods **17**, 2119–2134

David, H.A. (1988): The Method of Paired Comparisons. 2nd. ed., revised (Griffin; pp. 188) London [vgl. auch A. Agresti, Applied Statistics **41** (1992), 287–297]

Day, S.J. (1985): Reflections on R^2. Teaching Statistics **7**, 11–12

Dean, Angela and D. Voss (1999): Design and Analysis of Experiments. (Springer; pp. 740), New York

DeGroot, M.H., Fienberg, S.E., and Kadane, J.B. (Eds.; 1986): Statistics and the Law. (Wiley; pp. 484) New York [vgl. auch Journal of the American Statistical Association **90** (1995), 388–390]

DeMaris, A. (1992): Logit Modelling. Practical Applications. (Quant. Applic. Soc. Sci.; Vol. 86) (Sage; pp. 96) Beverly Hills and London

Desu, M.M., and Raghavarao, D. (1990): Sample Size Methodology. (Academic Press; pp. 135) San Diego, Calif. [J. Bock (1998): Bestimmung des Stichprobenumfangs. (Oldenburg; 246 S.)]

Devendran, Th. (1988): Neues aus dem Mathematischen Kabinett (dtv spiele Nr. 10939; 170 S.) München

Devroye, L. (1986): Non-Uniform Random Variate Generation. (Springer; pp. 843) New York [vgl. auch American Statistician **54** (2000), 145–150

Diaconis, P., and Mosteller, F. (1989): Methods for studying coincidences. Journal of the American Statistical Association **84**, 853–861 [vgl. auch L. Holst, Random Structures and Algorithms **6** (1995), 201–208 und Hoaglin u. Mitarb. (1985: Chapter 1)]

Diehl, J.M. (1983): Varianzanalyse. 4. Auf. (Verlagsabteilung für Psychologie; 368 S.) Frankfurt/M., Kiesstr. 38

Diehl, J.M., and Kohr, H.-V. (1977): Durchführungsanleitungen für statistische Tests. (Beltz; 315 S.) Weinheim [vgl. auch Deskriptive Statistik. 12. Aufl., 1999, (D. Klotz; 514 S.) 65760 Eschborn]

Dietz, E. Jacquelin (1989): Multivariate generalization of Jonckheere's test for ordered alternatives. Communications in Statistics – Theory and Methods **18**, 3736–3783

Digby, P.G.N. (1983): Approximating the tetrachoric correlation coefficient. Biometrics **39**, 753–757 [vgl. **40** (1984), 563]

Diggle, P.J. (1990): Time Series. A Biostatistical Introduction. (Clarendon Press; pp. 257) Oxford

Diggle, P.J., and Donnelly, J.B. (1989): A selected bibliography on the analysis of repeated measurements and related areas. Australian Journal of Statistics **31**, 183–193 [vgl. auch Biometrics **44** (1988), 959–971 und **49** (1993), 715–720 sowie **55** (1999), 1059–1063]

Divgi, D.R. (1979): Calculation of the tetrachoric correlation coefficient. Psychometrika **44**, 169–172

Dixon, W.J., and Massey F.J., Jr. (1983): Introduction to Statistical Analysis. 4th ed. (McGraw Hill; pp. 678) New York, Hamburg, London

Dixon, W.J., and Yuen, K.K. (1974): Trimming and Winsorization: a review. Statistische Hefte **15**, 157–169

Dobson, A.J. (1990): An Introduction to Generalized Linear Models. (Chapman+Hall; pp. 174) London [vgl. B. Francis u. a. (Eds.; 1993): The GLIM System. Release 4 Manual. (Clarendon Press; pp. 821) Oxford; J.K. Lindsey (1997): Applying Gen. Lin. Models. (Springer; pp. 256), vgl. auch American Statistician **53** (1999), 282–290 und **54** (2000), 25–28 sowie Gen. Lin. Mixed Models: J. Amer. Statist. Assoc. **92** (1997), 162–170 und **95** (2000), 227–237]

Dodge, Yadolah, Federov, Valeri V., and Wynn, H.P. (Eds.; 1988): Optimal Design and Analysis of Experiments. (North-Holland; pp. 370) Amsterdam

Dodson, B. (1994): Weibull Analysis. (ASQC Quality Press, pp. 256 + disk) Milwaukee

Dörsam, O. (1999): Wirtschaftsstatistik anschaulich dargestellt. 3. überarb. u. erweit. Aufl. (PD-Verlag; 102 S.) 21258 Heidenau

Donner, A., and Rosner, B. (1980): On inferences concerning a common correlation coefficient. Applied Statistics **29**, 69–76 [vgl. auch interclass correlation: Biometrics **46** (1990), 391–398]

Doornbos, R., and Dijkstra, J.B. (1983): A multi sample test for the equality of coefficients of variation in normal populations. Communications in Statistics – Simulation and Computation **12**, 147–158

Douglas, J.B. (1980): Analysis with Standard Contagious Distributions. (Internat. Co-op. Publ. House; pp. 520) Fairland, Maryland [vgl. auch Biometrics **52** (1996), 265–279]

Dralle, Angela (1989): Effizienz und Verzerrung bei gebundener Hochrechnung im Fall geschichteter und ungeschichteter Stichproben. Eine Untersuchung für normalverteilte und lognormalverteilte Untersuchungsmerkmale mit Hilfe der Simulation. (Betriebswirtschaftliche Schriftenreihe, Bd. 51) (List Verlag; 197 + 184 S.) Münster, Westf.

Dransfield, S.B., N.I. Fisher and N.J. Vogel (1999): Using statistics and statistical thinking to improve organisatorial performance. With discussion. International Statistical Review **67** (1999), 99–150

Draper, D. (1995): Assessment and propagation of model uncertainty. With discussion. Journal of the Royal Statistical Society **B 57**, 45–97 [vgl. Agricultur Systems **54** (1997), 153–168]

Draper, N.R. (1990, 1992): Applied regression analysis. Bibliography update 1988–89 and 1990–91. Communications in Statistics – Theory and Methods **19**, 1205–1229 and **21**, 2415–2437 [Bibliographie für 1959–1982 siehe R.R. Hocking (1983), Technometrics **25**, 219–230]

Draper, N.R., and Smith, H. (1998): Applied Regression Analysis. 3rd ed. (Wiley: pp. 706) New York [vgl. auch T.P. Ryan (1997): Modern Regression Methods. (Wiley; pp. 515) N.Y., R.D. Cook and S. Weisberg (1999): Applied Regression · · ·. (Wiley; pp. 593) N.Y. sowie R.D. Cook (1998): Regression Graphics. (Wiley; pp. 349) and Technometrics **42** (2000), 384–398; zur Polynomial Regression: J. Roy. Statist. Soc. B **62** (2000), 699–709]

Dudewicz, E.J. (Ed.; 1985): The Frontiers of Modern Statistical Inference Procedures. (Amer. Ser. in Mathem. and Management Sciences) (American Sciences Press; pp. 491) Columbus, Ohio

Dudewicz, E.J., and Koo, J.O. (1982): The Complete Categorized Guide to Statistical Selection and Ranking Procedures. Vol. 6 (American Sciences Press; pp. 627) Columbus, Ohio

Dudewicz, E.J., and Mishra, S.N. (1988): Modern Mathematical Statistics. (Wiley; pp. 838) N.Y.

Duncan, G.J., and Kalton, G. (1987): Issues of design and analysis of surveys across time. International Statistical Review **55**, 97–117

Dunn, G. (1989): Design and Analysis of Reliability Studies. The Statistical Evaluation of Measurement Errors. (E. Arnold; pp. 198) London

Dunn, G. (1992): Design and analysis of reliability studies. Statistical Methods in Medical Research **1**, 123–157

Dunn, O.J., and Clark, V.A. (1987): Applied Statistics: Analysis of Variance and Regression. 2nd ed. (Wiley; pp. 445) New York

Dunnett, C.W., and Gent, M. (1977): Significance testing to establish equivalence between treatments. With special reference to data in the form of 2×2 tables. Biometrics **33**, 593–602 [siehe auch **44** (1988), 907–910 und **50** (1994), 859–864]

Duran, B.S. (1976): A survey of nonparametric tests for scale. Communications in Statistics – Theory and Methods **A 5**, 1287–1312 [vgl. auch Metrika **36** (1989), 91–106]

Duran, B.S., Tsai, W.S., and Lewis, T.O. (1976): A class of location-scale nonparametric tests. Biometrika **63**, 173–176

Dwyer, J.H., Feinleib, M., Lippert, P., and Hoffmeister, H. (Eds.; 1992): Statistical Models for Longitudinal Studies of Health. (Monogr. Epidem. Biostat. 16) (Oxford Univ. Press; pp. 385) New York and Oxford [vgl. auch American Journal of Epidemiology **130** (1989), 781—795 und Psychological Methods **2** (1997), 208–218, 371–402 sowie The American Statistician **54** (2000), 310–318, Biometrika **88** (2001), 219–231 und J. Amer. Statist. Assoc. **96** (2001), 210–219]

Eberhardt, K.R., Mee, R.W., and Reeve, C.P. (1989): Computing factors for exact two-sided tolerance limits for a normal distribution. Communications in Statistics–Simulation and Computation **18**, 397–413

Eddy, D.M., Hasselblad, V., and Shachter, R. (1992): Meta-Analysis by the Confidence Profile Method. The Statistical Synthesis of Evidence. With two Computer Programs. (Academic Press; pp. 428) New York [vgl. Psychological Methods **1** (1996), 66–80; **3** (1998), 339–379]

Eddy, W.F. (1986): Computers in statistical research. With discussion. Statistical Science **1**, 419–453 [vgl. auch Metrika **47** (1998), 251–264]

Edgell, S.E., and Noon, Sheila M. (1984): Effect of violation of normality on the t-test of the correlation coefficient. Psychological Bulletin **95**, 576–583 [vgl. auch Journal of Multivariate Analysis **72** (2000), 230–248]

Edgington, E.S. (1995): Randomization Tests. 3rd revised and expanded ed. (STATISTICS, Vol. 147) (M. Dekker; pp. 424) New York and Basel [vgl. Biometrics **52** (1996), 1387/93]

Edwards, L.K. (1993): Applied Analysis of Variance in Behavioral Science. (STATISTICS, Vol. 137) (M. Dekker; pp. 648) N.Y. [vgl. auch den Hinweis zu W.L. Hays (1963) auf S. 698]

Efron, B. (1981): Nonparametric estimates of standard error: the jackknife, the bootstrap and other methods. Biometrika **68**, 589–599 [vgl. The American Statistician **37** (1983), 36–48]

Efron, B. (1982): The Jackknife, the Bootstrap and other Resampling Plans. (CBMS-NSF Regional Conf. Ser. Appl. Math., No. 38; Society for Industrial and Applied Mathematics; pp. 92) Philadelphia

Efron, B. (1986): Why isn't everyone a Bayesian? With discussion. The American Statistician **40**, 1–11, 330–331 [vgl. auch D. Freedman, Foundation of Science **1** (1995), 19–83]

Efron, B., and Tibshirani, R. (1986): Bootstrap methods for standard errors, confidence intervals, and other measures of statistical accuracy. With discussion. Statistical Science **1**, 54–77 [vgl. auch **9** (1994), 382–415, Science **253** (1991), 390–395, Biometrika **87** (2000), 895–906 und An Introduction to the Bootstrap, 1993, Chapman and Hall, London, pp. 436]

Eisenhart, Ch., and Birnbaum, A. (June 1967): Anniversaries in 1966–67 of interest to statisticians. Part II. Tercentennials of Arbuthnot and De Moivre. The American Statistician **21**, 22–29 [vgl. auch D. Freedman, Statistical Science **14** (1999), 243–258]

Ekbohm, G. (1981): On testing equality of means in the paired case with incomplete data on both responses. Biometrical Journal **23**, 251–259 [vgl. auch D.S. Bhoj, **33** (1991), 63–72]

Ekbohm, G. (1981): A test for the equality of variances in the paired case with incomplete data. Biometrical Journal **23**, 261–265

Elpelt, Bärbel, und Hartung, J. (1987): Grundkurs Statistik. Lehr- und Übungsbuch der angewandten Statistik. (R. Oldenbourg; 374 S.) München und Wien

Elwood, J.M. (1988): Causal Relationships in Medicine. A Practical System for Critical Appraisal. (Oxford Univ. Press; pp. 332) Oxford, New York, Melbourne [vgl. auch M. Susser, American

Journal of Epidemiology **133** (1991), 635–648 und S. Greenland, J. Amer. Statist. Assoc. **95** (2000), 286–289 [vgl. A.P. Dawid 407–448 und M.E. Sobel 647–651]

Engeman, R., and Swanson, G.D. (1990): Alternatives to Fisher's "exact test" for analyzing 2×2 tables with small cell sizes. With discussion. Biometrics **46**, 267–269 [vgl. auch **44** (1988), 1–22 und **48** (1992), 1103–1112, Journal of the Royal Statistical Society **A 155** (1992), 395–402, The Canadian Journal of Statistics **20** (1992), 201–209 und Biometrics **57** (2001), 535–538]

Enke, H., Gölles, J., Haux, R., und Wernecke, K.-D. (Hrsg.; 1992): Methoden und Werkzeuge für die exploratorische Datenanalyse in den Biowissenschaften. (G. Fischer; 330 S.) Stuttgart

Erdös, P., and Rényi, A. (1970): On a new law of large numbers. Journal d'Analyse Mathematique **23**, 103–111

Erdreich, Linda S., and Lee, Elisa T. (1981): Use of relative operating characteristic analysis in epidemiology. A method for dealing with subjective judgement. American Journal of Epidemiology **114**, 649–662 [vgl. auch **116** (1982), 196–197]

Esenwein-Rothe, Ingeborg (1982): Einführung in die Demographie. Bevölkerungsstruktur und Bevölkerungsprozeß aus der Sicht der Statistik. (F. Steiner; 400 S.) Wiesbaden [vgl. J. Amer. Statist. Assoc. **95** (2000), 654–661, 670–676 und das von U. Mueller u. Mitarb. (2000) herausgegebene Handbuch der Demographie. Bd. 1 + 2 (Springer; 728 + 698 S.) Berlin]

Everitt, B.S. (1992): The Analysis of Contingency Tables. 2nd ed. (Chapman and Hall; pp. 164) London [quadratic C. T.: Journal of the Royal Statistical Society A **159** (1996), 309–321]

Everitt, B.S. (1993): Cluster Analysis. 3rd ed. (Edward Arnold; pp. 170) Kent, UK

Everitt, B.S. and Rabe-Hesketh, S. (1997): The Analysis of Proximity Data. (Arnold; pp. 178) London

Fagan, T.J. (1975): Nomogram for Bayes's theorem. New England Journal of Medicine **293**, 257

Fahrmeir, L. and Hamerle A. (Hrsg.; 1996): Multivariate statistische Verfahren. 2. erweiterte Aufl. (de Gruyter; 902 S.) Berlin

Farley, T.M.M., and Jolliffe, I.T. (1987): Measures of association for two-way contingency tables: two case studies. Journal of Applied Statistics **14**, 229–237

Federer, W.T. (1980/81): Some recent results in experimental design with a bibliography, I-III. International Statistical Review **48**, 357–368 und **49**, 95–109, 185–197

Feinstein, A.R. (1977): Clinical biostatistics. XXXIX. The haze of Bayes, the aerial palaces of decision analysis, and the computerized Ouija board. Clinical Pharmacology and Therapeutics **21**, 482–496 [vgl. zu Bayes u. med. Diagnostik: H. Virnich u. C. Winkler, Methods of Information in Medicine **15** (1976), 211–216 sowie G. Zeug u. Mitarb. International Journal of Epidemiology **17** (1988), 673–679] [A.R.F. (2001): Principles of Medical Statistics. (CRC Press; pp. 833) Boca Raton, FL]

Feinstein, A.R. (1985): Clinical Epidemiology: The Architecture of Clinical Research. (W.B. Saunders; pp. 812) Philadelphia

Feinstein, A.R. (1987): Clinimetrics. (Yale University Press; pp. 288) New Haven

Feinstein, A.R. (1987): Quantitative ambiguities in matched versus unmatched analyses of the 2×2 table for a case-control study. International Journal of Epidemiology **16**, 128–134

Feinstein, A.R., Walter, S.D., and Horwitz, R.I. (1986): An analysis of Berkson's bias in case-control studies. Journal of Chronic Diseases **39**, 495–504

Feldmann, U. (1992): Robust bivariate error-in-variables regression and outlier detection. European Journal of Clinical Chemistry and Clinical Biochemistry **30**, 405–414

Ferguson, Th.S. (1989): Who solved the secretary problem? With discussion. Statistical Science **4**, 282–296

Ferschl, F. (1985): Deskriptive Statistik. 3. korr. Aufl. (Physica-Vlg.; 308 S.) Würzburg und Wien

Fienberg, S.E. (1979): Graphical methods in statistics. The American Statistician **33**, 165–178 [vgl. auch R.D. Cook + S. Weisberg **53** (1999), 29–37]

Fienberg, S.E. (1980): The Analysis of Cross-Classified Categorical Data. 2nd ed. (MIT Press; pp. 151) Cambridge, Mass.

Fienberg, S.E. (1981): Recent advances in theory and methods for the analysis of categorical data: making the link to statistical practice. Bulletin of the International Statistical Institute **49**, 763–791 [vgl. auch J. Amer. Statist. Assoc. **95** (2000), 643–647]

Fienberg, S.E., and Tanur, Judith M. (1987): Experimental and sampling structures: parallels diverging and meeting. International Statistical Review **55**, 75–96 [vgl. auch **56** (1988), 165–180 und "Fisher and Neyman": **64** (1996), 237–253]

Finkelstein, M.O., and Levin, B. (1990): Statistics for Lawyers. (Springer; pp. 608) New York

Fisher, N.I. (1983): Graphical methods in nonparametric statistics: a review and annotated bibliography. International Statistical Review **51**, 25–58

Fisher, N.I., Lewis, T., and Embleton, B.J.J. (1987): Statistical Analysis of Spherical Data. (Cambridge Univ. Press; pp. 329) Cambridge [vgl. auch N. Fisher (1993): Statistical Analysis of Circular Data. (Cambridge University Press; pp. 304) Cambridge]

Fisher, R.A., and Yates, F. (1982): Statistical Tables for Biological, Agricultural and Medical Research. 6th ed. (Longman; pp. 146) Harlow, U.K.

Flachsmeyer, J. (1969): Kombinatorik. Eine Einführung in die mengentheoretische Denkweise. (VEB Dtsch. Vlg. d. Wissensch.; 232 S.) Berlin

Flack, Virginia F. (1987): Confidence intervals for the interrater agreement measure kappa. Communications in Statistics – Theory and Methods **16**, 953–968

Flack, Virginia F., Afifi, A.A., Lachenbruch, P.A., and Schouten, H.J.A. (1988): Sample size determinations for the two rater kappa statistic. Psychometrika **53**, 321–325

Fleiss, J.L. (1981): Statistical Methods for Rates and Proportions. 2nd ed. (Wiley; pp. 321) New York [zu Kappa: Psychological Methods **1** (1996), 150–153, **2** (1997), 357–370 und Biometrics **56** (2000), 577-582; zur Risiko-Differenz: Biometrics **56** (2000), 304–315]

Fleiss, J.L. (1986): The Design and Analysis of Clinical Experiments. (Wiley; pp. 432) New York [zur Intraklasskorr.: Psychological Methods **1** (1996), 30–46 und Biometrics **55** (1999), 137–148]

Fleiss, J.L. (1989): A critique of recent research on the two-treatment crossover design. Controlled Clinical Trials **10**, 237–243

Fleming, S. (1991): Counting Processes and Survival Analysis. (Wiley; pp. 272) New York

Fletcher, R.H. (1999): Klinische Epidemiologie. (Ullstein Medical; 410 S.) Wiesbaden

Fligner, M.A., and Verducci, J.S. (1988): A nonparametric test for judges' bias in an athletic competition. Applied Statistics **37**, 101–110

Flury, B. (1997): A First Course in Multivariate Statistics. (Springer; pp. 713) New York [vgl. Amer. Statistician **53** (1999), 349–351]

Förster, E., und Rönz, B. (1979): Methoden der Korrelations- und Regressionsanalyse. Ein Leitfaden für Ökonomen. (Vlg. Die Wirtschaft; 324 S.) Berlin

Ford, B.L., and Tortova, R.D. (1978): A consulting aid to sample design. Biometrics **34**, 299–304

Foreman, E.K. (1991): Survey Sampling Principles. (STATISTICS, Vol. 120) (M. Dekker; pp. 497) New York, Basel, Hong Kong

Fountain, R.L., and Chou, Y.-M. (1991): Minimum sample sizes for two-sided tolerance intervals for finite populations. Journal of Quality Technology **23**, 90–95

Fowler, F.J., Jr., and Mangione, T.W. (1990): Standardized Survey Interviewing. Minimizing Interviewer-Related Error. (Sage; pp. 152) Beverly Hills and London [vgl. auch Survey Methodology **14** (1988), 331–346 sowie International Statistical Review **62** (1994), 319–333]

Fowlkes, E.B. (1987): A Folio of Distributions. A Collection of Theoretical Quantile-Quantile Plots. (M. Dekker; pp. 560) New York [vgl. auch The American Statistician **53** (1999), 239–246]

Fox, J., and Long, J.S. (Eds.; 1990): Modern Methods of Data Analysis. (Sage; pp. 416) Beverly Hills and London [Regr. of Counts + Rates: Psychological Bulletin **118** (1995), 392–404]

Fox, J.A., and Tracy, P.E. (1986): Randomizing Response. A Method for Sensitive Surveys. (Sage Publ. Series 07–058; pp. 80) Beverly Hills and London [siehe M. Loyer (1983)]

Franck, W.E. (1986): P-values for discrete test statistics. Biometrical Journal **28**, 403–406

Frangos, C.C. (1987): An updated bibliography on the jackknife method. Communications in Statistics – Theory and Methods **16**, 1543 – 1584

Frankel, E.G. (1984): System Reliability and Risk Analysis. (M. Nijhoff; pp. 423) The Hague

Freeman, D.H., Jr. (1987): Applied Categorical Data Analysis. (STATISTICS, Vol. 79) (M. Dekker; pp. 318) New York and Basel

Freeman, G.H. (1985): The analysis and interpretation of interactions. Journal of Applied Statistics **12**, 3–10

Freeman, L.C. (1965): Elementary Applied Statistics. For Students in Behavioral Science. (Wiley; pp. 298) New York

Freeman, P.R. (1983): The secretary problem and its extensions: a review. International Statistical Review **51**, 189–206

Freiman, J.A., Chalmers, T.C., Smith, H., Jr., and Kuebler, R.R. (1978): The importance of beta, the type II error and sample size in the design and interpretation of the randomized control trial. New England Journal of Medicine **299**, 690–694

Frey, J.H. (1989): Survey Research by Telephone. 2nd ed. (Sage; pp. 296) Beverly Hills and London [vgl. auch American Journal of Epidemiology **139** (1994), 967–978]

Frick, H., Grieve, A.P., Hauschke, D., Mandallaz, D., Mau, J., Müller-Cohrs, J., Steinijans, V. W., and Wellek, S. (1991): Biometrie in der chemisch-pharmazeutischen Industrie. Statistische Beurteilung der Bioäquivalenz sofort freisetzender Arzneiformen. (Bd. 5) (G. Fischer; 109 S.) Stuttgart und New York [vgl. auch Informatik, Biom. u. Epid. i. Med. u. Biol. **30** (1999), 85–130 sowie J. Amer. Statist. Assoc. **94** (1999), 880–887 und **95** (2000), 312–315]

Friedman, L.M., Furberg, C.D., and DeMets, D.L. (1998): Fundamentals of Clinical Trials. 3rd ed. (Springer; pp. 361) New York [vgl. J. Amer. Statist. Assoc. **95** (2000), 312–315]

Fujino, Y. (1979): Tests for the homogeneity of a set of variances against ordered alternatives. Biometrika **66**, 133–139 [vgl. J. Appl. Statist. **24** (1997), 279–287]

Fuller, W.A. (1991): Measurement Error Models. (Wiley; pp. 440) New York [vgl. auch Biometrics **49** (1993), 1262 -1267 und **55** (1999), 44–54]

Funck, P. (1983): Graphische Symbole. Der Weg über die Vereinheitlichung zur Normung. (Beuth-Vlg.; 112 S.) Berlin und Köln

Furnival, G.M., Gregoire, T.G., and Valentine, H.T. (1989): Confidence intervals and significance tests for a single trial. Communications in Statistics – Theory and Methods **18**, 3749–3761

Gail, M.H., Lubin, J.H., and Silverman, Debra T. (1985): Elements of design in epidemiologic studies. In: Eisenfeld, J. and Ch. Delisi (Eds.): Mathematics and Computers in Biomedical Applications. (North-Holland; pp. 389) Amsterdam, New York, Oxford; pp. 313–323

Gaito, J. (1987): Measurement scales and statistics: resurgence of an old misconception. Psychological Bulletin **87**, 564–567 [vgl. auch **58** (1961), 305–316; **96** (1984), 394–491; **100** (1986), 398–407 sowie The American Statistician **47** (1993), 65–72 and 314–316]

Galambos, J. (1987): The Asymptotic Theory of Extreme Order Statistics. 2nd ed. (R. Krieger; pp. 414) Malabar, FL sowie **(1996)** Bonferroni-Type Inequalities with Applications. (Springer)

Galen, R.S. (1982): Application of the predictive value model in the analysis of test effectiveness. Clinics in Laboratory Medicine **2**, 685–699

Galen, R.S., und Gambino, S.R. (1979): Norm und Normabweichung klinischer Daten. Der prädiktive Wert und die Effizienz von medizinischen Diagnosen. (G. Fischer; 195 S.) Stuttgart

Gallant, A.R. (1987): Nonlinear Statistical Models. (Wiley; pp. 619) New York

Games, P.A., and Howell, J.F. (1976): Pairwise multiple comparison procedures with unequal N's and/or variances: A Monte Carlo study. Journal of Educational Statistics **1**, 113–125

Gans, D.J. (1982): A simple method based on broken-line interpolation for displaying data from long-term clinical trials. Statistics in Medicine **1**, 131–137

Gart, J.J. (1962): Approximate confidence limits for the relative risk. Journal of the Royal Statistical Society **B 24**, 454–463 [odds ratio: **B 34** ('72), 441–447; Biometics **55** ('99), 597–602]

Gart, J.J., Krewski, D., Lee, P.N., Tarone, R.E., and Wahrendorf, J. (Eds.; 1986): Statistical Methods in Cancer Research. Vol. III: The Design and Analysis of Long-Term Animal Experiments. (IARC Scientific Publ. No. 79; International Agency for Research on Cancer [auch: Oxford Univ. Press]; pp. 219) Lyon [Oxford]

Gastwirth, J.L. (1988): Statistical Reasoning in Law and Public Policy. Vol. 1: Statistical Concepts and Issues of Fairness. Vol. 2: Tort Law, Evidence, and Health. (Academic Press; pp. 465 +458) San Diego, CA [vgl. auch Statistics in Medicine **14** (1995), 1641–1653]

Gatsonis, C., and Sampson, A.R. (1989): Multiple correlation: exact power and sample size calculations. Psychological Bulletin **106**, 516–524

Gbur, E.E. (1981): On the Poisson index of dispersion. Communications in Statistics – Simulation and Computation **B 10**, 531–535

Geidel, H., und Neumann, G. (1988): Mortalität an bösartigen Neubildungen – Bundesrepublik Deutschland 1952–1986. EDV in Medizin und Biologie **19**, 89–109

Gerson, M. (1975): The techniques and uses of probability plotting. The Statistician **24**, 235–257 [vgl. auch The American Statistician **45** (1991), 14–21 und **53** (1999), 239–246]

Gerss, W. (1987): Elementare Stichprobenmodelle. (Stat. f. Soziol., Pädag., Psychol. u. Mediziner, Bd. 5) (H. Deutsch; 200 S.) Thun und Frankfurt/M.

Ghosh, B.K. (1970): Sequential Tests of Statistical Hypotheses. (Addison-Wesley; pp. 454) Reading, Mass.

Gibbons, J.D. (1982): Methods for selecting the best process. Journal of Quality Technology **14**, 80–88

Gibbons, J.D., and Chakraborti, S. (1992): Nonparametric Statistical Inference. 3rd ed., revised and expanded (STATISTICS, Vol. 131) (M. Dekker; pp. 544) New York, Basel, Hong Kong

Gibbons, J.D., Olkin, I., and Sobel, M. (1977): Selecting and Ordering Populations. A New Statistical Methodology. (Wiley; pp. 569) New York

Gibbons, J.D.; Olkin, I., and Sobel, M. (1979): An introduction to ranking and selection. The American Statistician **33**, 185–195

Gibbons, J.D., and Pratt, J.W. (1975): P-values: interpretation and methodology. The American Statistician **29**, 20–25 [vgl. auch **40** (1986) 313–315 und **53** (1999), 303–306 sowie Allg. Stat. Arch. **79** (1995), 233–251 und Biometrics **53** (1997), 11–22]

Gifi, A. (1990): Nonlinear Multivariate Analysis. (Wiley; pp. 579) New York ["Albert Gifi" sind Statistiker der Universität Leiden; vgl. auch Statistical Science **13** (1998), 307–336]

Gill, J.L. (1988): Repeated measurement: split-plot trend analysis versus analysis of first differences. Biometrics **44**, 289–297

Gjorup, Th. (1988): The Kappa coefficient and the prevalence of a diagnosis. Methods of Information in Medicine **27**, 184–186 [Standardfehler-Nomogramme für Kappa gibt J.A. Hanley (1987, Psychological Bulletin **102**, 315–321; vgl. auch Statistics in Med. **11** ('92), 1511/19]

Gleser, L.J. (1998): Assessing uncertainty in measurement. Statistical Science **13**, 277–290

Glick, N. (1978): Breaking records and breaking boards. American Mathematical Monthly **85**, 2–26 [vgl. auch Commun. Statist.-Simula. **28** (1999), 569–596]

Gnanadesikan, R. (Ed.; 1983): Statistical Data Analysis. (Proc. Symposia in Applied Math., Vol. 28) (American Mathematical Society; pp. 141) Providence, Rhode Island

Goldberg, K.M., and Iglewicz, B. (1992): Bivariate extensions of the boxplot. Technometrics **34**, 307–320

Good, P. (1999): Resampling Methods. (Birkhäuser, pp. 269) New York

Good, P. (2000): Permutation Tests. A Practical Guide to Resampling Methods for Testing Hypotheses. 2nd ed. (Springer; pp. 270) New York, Heidelberg, Berlin

Goodman, L.A. (1978): Analyzing Qualitative/Categorical Data. Log-Linear Models and Latent-Structure Analysis. (Addison-Wesley; pp. 471) London, Amsterdam, Sydney, Tokyo

Goodman, L.A. (1983): The analysis of dependence in cross-classifications having ordered categories, using log-linear models for frequencies and log-linear models for odds. Biometrics **39**, 149–160 [vgl. Psychometrika **60** (1995), 161–180 und **61** (1996), 465–483]

Goodman, L.A. (1986): Some useful extension of the usual correspondence analysis approach and the usual log-linear models approach in the analysis of contingency tables. With discussion. International Statistical Review **54**, 243–309 [vgl. auch Z. Gilula and Y. Ritov **58** (1990), 99–108 sowie Journal of the American Statistical Association **88** (1993), 1380–1387]

Goodman, L.A., and Kruskal, W.H. (1979): Measures of Association for Cross Classifications. (Springer; pp. 146) New York [zu cross-classified data: Journal of the American Statistical Association **86** (1991), 1085 -1138]

Gottman, J.M., and Roy, A.K. (1990): Sequential Analysis. A Guide for Behavioral Researchers. (Cambridge University Press; pp. 275) Cambridge and New York

Gottwald, S., Ilgauds, H.-J., and Schlote, K.-H. (Hrsg.; 1990): Lexikon bedeutender Mathematiker. (H. Deutsch; 504 S.) Thun und Frankfurt/M.

Govindarajulu, Z. (1988): Statistical Techniques in Bioassay. (Karger; pp. 166) Basel, München, Paris

Grant, E.L., and Leavenworth, R.S. (1988): Statistical Quality Control. 6th. ed. (McGraw-Hill; pp. 714) New York [vgl. G.J. Hahn u. Mitarb.: American Statistician **53** (1999), 208–215]

Green, P.E. (1976): Mathematical Tools for Applied Multivariate Analysis. (Academic Press; pp. 376) New York [rev. ed. 1997]

Green, P.E. (1978): Analyzing Multivariate Data. (The Dryden Press; pp. 519) Hinsdale, ILL

Greenland, S. (1987): Quantitative methods in the review of epidemiologic literature. Epidemiologic Reviews **9**, 1–30 [vgl. auch **14** (1992), 154–176 sowie S.G. Thompson und S.J. Pocock, The Lancet **338** (1991), 1127–1130, 1464, 1465]

Greenland, S. (1987): Interpretation and choice of effect measures in epidemiologic analyses. American Journal of Epidemiology **125**, 761–768 [vgl. auch **127**1 (1988), 885–892, 128 (1988), 1181–1184 und **133** (1991), 963–965]

Greenland, S. (1989): Confounding in epidemiologic studies. Biometrics **15**, 1309–1322 [vgl. auch **43** (1987), 751–765 und American Journal of Epidemiology **135** (1992), 1077–1082, 1186–1187; **137** (1993), 1–8 sowie Tukey 1991 und Statistica Sinica **11** (2001), 63–75]

Greenland, S., and Frerichs R.R. (1988): On measures and models for the effectiveness of vaccines and vaccination programmes. International Journal of Epidemiology **17**, 456–463

Greenland, S., and Morgenstern, H. (1990): Matching and efficiency in cohort studies. American Journal of Epidemiology **131**, 151–159 [vgl. auch Statistics in Medicine **13** (1994), 557–567]

Greenwood, Priscilla E. and M.S. Nikulin (1996): A Guide to Chi-Squared Testing. (Wiley; pp. 280) New York [Prüfung auf Nichtnormalität siehe S. 145–151]

Griffiths, D. (1982): Letter to the editor. The Statistician **31**, 268–270

Griffiths, D.A. (1980): Interval estimation for the three-parameter lognormal distribution via the likelihood function. Applied Statistics **29**, 58–68 [vgl. Statist. Med. **16** (1997), 783–790]

Griffiths, P., and Hill, I.D. (Eds.; 1985): Applied Statistics Algorithms. (Wiley; pp. 307), Chichester and New York

Grimmett, G.R., and Stirzaker, D.R. (1992): Probability and Random Processes. 2nd ed. (Clarendon Preess; pp. 541) Oxford [vgl. auch: ... Problems and Solutions, 1992]

Groves, R.M. (1989): Survey Errors and Survey Costs. (Wiley; pp. 590) Chichester and New York [vgl. Reducing response errors, S. Sudman, The Statistician **29** (1980), 237–273]

Groves, R.M., Biemer, P.P., Lyberg, L.E., Massey, J.T., Nicholls II, W.L., and Waksberg, J. (Eds.; 1988): Telephone Survey Methodology. (Wiley; pp 581) New York

Guenther, W.C. (1985): Two-sided distribution-free tolerance intervals and accompanying sample size problems. Journal of Quality Technology **17**, 40–43

Guggermoos-Holzmann, Irene (Hrsg.; 1991): Quantitative Methoden in der Epidemiologie. 35. Jahrestagung der GMDS, Berlin, September 1990 (Medizinische Informatik und Statistik, Bd. 72) (Springer; 387 S.) Heidelberg [vgl. auch M. Woodward (1999): Epidemiology. (CRC; pp. 699) Boca Raton, FL]

Gunst, R.F., and Mason, R.L. (1991): How to Construct Fractional Factorial Experiments. (ASQC Quality Press; pp. 96) Milwaukee

Gupta, S.S., and Kim, Woo-Chul (1981): On the problem of selecting good populations. Communications in Statistics – Theory and Methods **10**, 1043–1077

Gupta, S.S., and McDonald, G.C. (1986): A statistical selection approach to binomial models. Journal of Quality Technology **18**, 103 -115

Gupta, S.S., and Panchapakesan, S. (1979): Multiple Decision Procedures. Theory and Methodology of Selecting and Ranking Populations. (Wiley; pp. 573) New York

Gy, P.M. (1982): Sampling of Particulate Materials: Theory and Practice. (Elsevier; pp. 431) New York

Haaland, P.D. (1989): Experimental Design in Biotechnology. (STATISTICS, Vol. 105) (M. Dekker; pp. 259) New York and Basel [vgl. auch The Canadian J. of Statistics **26** (1998), 95–105]

Härtler, Gisela (1976): Versuchsplanung und statistische Datenanalyse. (Akademie-Verlag; 103 S.) Berlin

Härtler, Gisela (1983): Statistische Methoden für die Zuverlässigkeitsanalyse. (Springer; 230 S.) Wien and New York [vgl. JRSS A **160** (1997), 367: Weibull Handbook]

Hafner, R. (1989): Wahrscheinlichkeitsrechnung und Statistik. (Springer; 512 S.) Wien, New York

Hagenaars, J.A. (1990): Categorical Longitudinal Data. Log-Linear Panel, Trend, and Cohort Analysis. (Sage; pp. 398) Newbury Park and London [vgl. Psychological Methods **3** (1998), 169–185]

Hagenaars, J.A., and Cobben, N.P. (1978): Age, cohort and period: A general model for the analysis of social change. The Netherlands Journal of Sociology **14**, 59–91

Hahn, G.J. (1977): Fitting regression models with no intercept term. Journal of Quality Technology **9**, 56–61

Hahn, G.J. (1984): Experimental design in the complex world. Technometrics **26**, 19–31 [vgl. auch D.E. Coleman and D.C. Montgomery, Technometrics **35** (1993), 1–27 sowie **37** (1995), 82–93 und **40** (1998), 195–213; vgl. auch den Hinweis zu Cox 1992]

Hahn, G.J., and Meeker, W.Q. (1991): Statistical Intervals: A Guide for Practitioners. (Wiley; pp. 392) New York

Hahn, G.J., and Nelson, W. (1973): A survey of prediction intervals and their applications. Journal of Quality Technology **5**, 178–188

Haines, P.D. (1988): A closed form approximation for calculating the percentage points of the F and t distributions. Applied Statistics **37**, 95–100 [vgl. auch **29** (1980), 304–306 und **40** (1991), 123–126]

Haining, R. (1993): Spatial Data Analysis in the Social and Environmental Sciences. (Cambridge Univ. Press; pp. 432) Cambridge, U.K.

Hair, J.F., Jr., Anderson, R.E., Tatham, R.L., and Black W.C. (1998): Multivariate Data Analysis. 5th ed. (Prentice Hall; pp. 742) Upper Saddle River [vgl. http://www.mvstats.com]

Hald, A. (1990): A History of Probability and Statistics and their Applications before 1750. (Wiley; pp. 586) New York [and ... from 1750 to 1930, pp. 795, 1998] [ergänzt durch R.W. Farebrother (1998) (Springer; pp. 271)]

Halder, H.-R., und Heise, W. (1976): Einführung in die Kombinatorik. (Hanser; 302 S.) München und Wien

Haller, K. von (1979): Die Berechnung des Zufalls. Grundlagen der Roulettwissenschaft. (Bielefelder Verlagsanstalt; 502 S.) Bielefeld [vgl. auch Metrika **31** (1984) 227–231]

Hamilton, M.A. (1991): Model validation: an annotated bibliography. Communications in Statistics – Theory and Methods **20**, 2207–2266 [vgl. auch **24** (1995), 2841–2863]

Hampel, F. (1980): Robuste Schätzungen: Ein anwendungsorientierter Oberblick. Biometrical Journal **22**, 3–21 [Alternativen zur MAD: JASA **88** (1993), 1273–1283; zur Influence Function: Statistics and Probability Letters **51** (2001), 143–153]

Hampel, F.R., Ronchetti, E.M., Rousseuw, P.J., and Stahel, W. (1986): Robust Statistics. The Approach Based on Influence Functions. (Wiley; pp. 502) New York

Hand, D.J., and Taylor, C.C. (1987): Multivariate Analysis of Variance and Repeated Measures. (Chapman and Hall; pp. 276) London [vgl. auch B.S. Everitt, The Statistician **44** (1995), 113–135 und J. Ludbrook, Cardiovascular Res. **28** (1994), 303–311]

Harris, E.K., and Albert, A. (1991): Survivorship Analysis for Clinical Studies. (STATISTICS, Vol. 114) (M. Dekker; pp. 224) New York, Basel [vgl. auch Statistical Science **10** (1995), 86–103]

Harter, H.L. (1960): Tables of range and studentized range. The Annals of Mathematical Statistics **31**, 1122–1147

Harter, H.L. (1988): History and role of order statistics. Communications in Statistics – Theory and Methods **17**, 2091–2107

Harter, H.L., Owen, D.B., Odeh R.E., Davenport, J.M., and Pearson, N.S. (Eds.; 1973–1988): Selected Tables in Mathematical Statistics, Vol. 1–11. (Institute of Mathematical Statistics and American Mathematical Society; pp. 403, ... , 371) Providence, Rhode Island

Hartung, J., und Elpelt, Bärbel (1989): Multivariate Statistik. Lehr- und Handbuch der angewandten Statistik. 3. Aufl. (R. Oldenbourg; 815 S.) München und Wien (5. Aufl. 1995)

Hartung, J., Elpelt, Bärbel, und Klösener, K.-H. (1989): Statistik. Lehr- und Handbuch der angewandten Statistik. 7. Aufl. (R. Oldenbourg; 975 S.) München und Wien (10. Aufl. 1995)

Hartung, J., und Heine, Barbara (1986): Statistik-Übungen. Deskriptive Statistik. (R. Oldenbourg; 295 S.) München und Wien

Hartung, J., und Heine, Barbara (1987): Statistik-Übungen. Induktive Statistik. (R. Oldenbourg; 458 S.) München und Wien

Haseman, J.K. (1978): Exact sample sizes for use with the Fisher-Irwin-Test for 2×2 tables. Biometrics **34**, 106–109 [vgl. auch **52** (1996), 71–76 und Amer. Statist. **53** (1999), 62–66]

Hasselblad, V., Stead, A.G., and Galke, W. (1980): Analysis of coarsely grouped data from the lognormal distribution. Journal of the American Statistical Association **75**, 771–778

Hastings, C., Jr. (1955): Approximations for Digital Computers. (Princeton Univ. Press; pp. 201) Princeton, N.J. [vgl. T. Morland, The Math. Gazette **82** (1998), 431–437]

Hastings, N.A.J., and Peacock J.B. (1993): Statistical Distributions. 2nd ed. (Wiley; pp. 192) N.Y.

Hauck, W.W., and Anderson, S. (1986): A proposal for interpreting and reporting negative studies. Statistics in Medicine **5**, 203–209

Hauss, K. (Hrsg.;1981): Medizinische Psychologie im Grundriß. 2. erw. Aufl. (Vlg. f. Psychologie, Dr. C.J. Hogrefe; 532 S.) Göttingen, Toronto, Zürich (insbes. S. 203/234)

Haux, R. (1989): Statistische Expertensysteme. Mit Diskussion. Biometrie und Informatik in Medizin und Biologie (bisher: EDV in Medizin und Biologie) **20**, 3–65

Haviland, M.G. (1990): Yates's correction for continuity and the analysis of 2×2 contingency tables. With discussion. Statistics in Medicine **9**, 363–383

Hawkins, D.M. (1980): Identifications of Outliers. (Chapman und Hall; pp. 224) London

Hawkins, D.M. (Ed.; 1982): Topics in Applied Multivariate Analysis. (Cambridge Univ. Press; pp. 362) Cambridge

Haynam, G.E., and Leone F.C. (1965): Analysis of categorical data. Biometrika **52**, 654–660

Hayter, A.J. (1986): The maximum familywise error rate of Fisher's least significant difference. Journal of the American Statistical Association **81**, 1001–1004 [vgl. auch **94** (1999), 302–307, J. of Statistical Planning and Inference **86** (2000), 81–100 sowie H.J. Keselman u. a. 1991: Psychological Bulletin **110**, 155–161 und Psychological Methods **4** (1999), 58–69]

Headquarters, U.S. Army Material Command (1971): Engineering Design Handbook. Tables of the Cumulative Binomial Probabilities. (AMC Pamphlet No. 706–109) (HQ U.S. Army Material Command; pp. 577) Washington, D.C. 20315

Healy, M.J.R. (1988): GLIM. An Introduction. (Clarendon Press; pp. 128) Oxford

Healy, M.J.R. (1989): Measuring errors. Statistics in Medicine **8**, 893–906

Hegde, L.M., and Dahiya, R.C. (1989): Estimation of the parameters of a truncated gamma distribution. Communications in Statistics – Theory and Methods **18**, 561–577

Hegde, L.M., and Dahiya, R.C. (1989): Estimation of the parameters in a truncated normal distribution. Communications in Statistics – Theory and Methods **18**, 4177–4195

Heiny, R.L., and Crosswhite, C.E. (1986): Best-ball events in golf: an application of the multinomial distribution. The American Statistician **40**, 316–317

Helland, I.S. (1987): On the interpretation and use of R^2 in regression analysis. Biometrics **43**, 61–69 [vgl. The American Statistician **48** (1994), 113–117]

Hemmerle, W.J. (1979): Balanced hypotheses and unbalanced data. Journal of the American Statistical Association **74**, 794–798

Henschke, K., und Nagel, M. (1990): Graphische Auswertung von Daten für Mediziner und Naturwissenschaftler. (Mit Programmen von D. Feiler und Th. Blümel) (VEB Vlg. Volk und Gesundheit; 336 S.) Berlin, DDR

Henze, F.H.-H. (1979): The exact noncentral distributions of Spearman's r and other related correlation coefficients. Journal of the American Statistical Association **74**, 459–464 [vgl. auch J. of Statistical Planning and Inference **92** (2001), 133–145]

Hettmansperger, T.P. and McKean, J.W. (1998): Robust Nonparametric Statistical Methods. (Arnold; pp. 467) London

Hewett, J.E., and Lababidi Z. (1982): Comparison of three regression lines over a finite interval. Biometrics **38**, 837–841 [vgl. auch J. Amer. Stat. Assoc. **94** (1999), 483–488]

Hill, I.D. (1988): Some aspects of elections – to fill one seat or many. Journal of the Royal Statistical Society Series **A 151**, 243–275

Hills, M., and Alexander, Freda (1989): Statistical methods used in assessing the risk of disease near a source of possible environmental pollution: a review. With discussion. Journal of the Royal Statistical Society Series **A 152**, 353–384 [vgl. auch International Statistical Review **61** (1993), 203–204 und M.J. Crowder (2001)]

Hinkley, D.V. (1989): Bootstrap significance tests. Bulletin of the International Statistical Institute **53**, 65–74 [vgl. auch Biometrics **49** (1993), 1268–1272]

Hinkley, D.V., Reid, N., and Snell E.J. (Eds.; 1991): Statistical Theory and Modelling. In Honour of Sir David Cox, FRS. (Chapman & Hall; pp. 350) London [vgl. auch The American Statistician **54** (2000), 257–268]

Hoaglin, D.C., and Moore, D.S. (Eds.; 1991): Perspectives on Contemporary Statistics. (Mathematical Association of America; pp. 192) Washington

Hoaglin, D.C., Mosteller, F., and Tukey, J.W. (Eds.; 1983): Understanding Robust and Exploratory Data Analysis. (Wiley; pp. 447) New York

Hoaglin, D.C., Mosteller, F., and Tukey, J.W. (Eds.; 1985): Exploring Data Tables, Trends and Shapes. (Wiley; pp. 527) New York [vgl. J. Comput. Graph. Stat. **8** (1999), 589–610 und **9** (2000), 180–195]

Hoaglin, D.C., Mosteller, F., and Tukey, J.W. (Eds.; 1991): Fundamentals of Exploratory Analysis of Variance. (Wiley; pp. 430) New York [Vergleich von Veränderungen: JASA **94** (1999), 970–978]

Hochberg, Y. (1974): Some conservative generalizations of the T-method in simultaneous inference. Journal of Multivariate Analysis **4**, 224–234

Hochberg, Y. (1975): An extension of the T-method to general unbalanced models of fixed effects. Journal of the Royal Statistical Society **B37**, 426–433

Hochberg, Y., and Benjamini, Y. (1990): More powerful procedures for multiple significance testing. Statistics in Medicine **9**, 811–818 [vgl. auch Biometrics **54** (1998), 673–681]

Hochberg, Y., and Tamhane, A.C. (1987): Multiple Comparison Procedures. (Wiley; pp. 450) New York [vgl. auch C.W. Dunnett und A.C. Tamhane (1992, JASA **87**, 162–170) sowie J.C. Hsu (1996): Multiple Comparisons. (Chapman and Hall; pp. 277) London; siehe auch Pigeot (2000)]

Hochstädter, D. (1991): Einführung in die statistische Methodenlehre. 7. Aufl. (H. Deutsch; 744 S.) Frankfurt/M., Thun [Heterogenitätsmaße siehe ZA-Information **44** (1999), 75–95]

Hochstädter, D., und Kaiser, Ulrike (1988): Varianz- und Kovarianzanalyse. (H. Deutsch; 154 S.) Frankfurt/M., Thun [Heterogenitätsmaße siehe ZA-Information **44** (1999), 75–95]

Hollander, M., and Wolfe, D.A. (1999): Nonparametric Statistical Methods. 2nd ed. (Wiley; pp. 787) New York [vgl. J.M. Maritz (1995), Distribution-free Stat. Meth. 2nd ed., Chapman+Hall, pp. 255, London; vgl. auch http://www.cytel.com] [zu r_S: Comput. Statist. + Data Anal. **34** (2000), 219–241; zu Nonparametrics: Biometrika **88** (2001), 143–165]

Holler, M.J. (Hrsg.; 1984): Wahlanalyse. Hypothesen, Methoden und Ergebnisse. (tuduv Vlg.; 230 S.) München 2, Gabelsbergerstr 15

Hoppe, F.M. (Ed.; 1993): Multiple Comparisons, Selection, and Applications in Biometry. (STATISTICS, Vol. 134) (M. Dekker; pp. 558) New York, Basel, Hong Kong

Hosmer, D.W., Jr., and Lemeshow, S. (2000): Applied Logistic Regression. 2nd ed. (Wiley; pp. 373) Chichester and New York [vgl. J. Comput. Graph. Stat. **8** (1999), 413–430]

Hosmer, D.W., Jr., Taber, S., and Lemeshow, S. (1991): The importance of assessing the fit of logistic regression models: a case study. American Journal of Public Health **81**, 1630–1635

Howell, D.C. (1987): Statistical Methods for Psychology. 2nd ed. (Duxbury Press; pp. 636) Boston, Mass. [vgl. Kovar.-Anal.: A. Rutherford, Brit. J. of Math. and Stat. Psychol. **45** (1992), 197–224 sowie S. Verril, Amer. Stat. **53** (1999), 38–42]

Hoyle, M.H. (1973): Transformations – an introduction and a bibliography. International Statistical Review **41**, 203–223 [vgl. auch Journal of Quality Technology **18** (1986), 211–225]

Hsiao, C. (1986): Analysis of Panel Data. (Cambridge Univ. Press; pp. 246) Cambridge

Hsieh, J.J. (1991): A general theory of life table construction and a precise abridged life table method. Biometrical Journal **33**, 143–162 [vgl. auch Mathematical Biosciences **103** (1991), 287–302]

Huber, P.J. (1981): Robust Statistics. (Wiley; pp. 308) New York [vgl. Student **1** (1995), 75–86]

Hubert, J.J. (1992): Bioassay. 3rd ed. (Kendall/Hunt; pp. 198) Dubuque, Iowa

Huberty, C.J. (1984): Issues in the use and interpretation of discriminant analysis. Psychological Bulletin **95**, 156–171 [vgl. auch Australian N. Z. J. Stat. **43** (2001), 147–199]

Huberty, C.J. (1994): Applied Discriminant Analysis. (Wiley; pp. 466+disk) New York

Hüttner, M. (1986): Prognoseverfahren und ihre Anwendung. (de Gruyter; 377 S.) Berlin und New York

Huitema, B.E. (1980): The Analysis of Covariance and Alternatives. (Wiley; pp. 440) New York

Huitson, A. (1989): Problems with Procrustes analysis. Journal of Applied Statistics **16**, 39–45 [vgl. auch Psychometrika **55** (1990), 657–663]

Huitson, A., Poloniecki J., Hews, R., and Barker, N. (1982): A review of cross-over trials. The Statistician **31**, 71–80 [vgl. auch P. Armitage and M. Hills: 119–131]

Hunter, J.E., and Schmidt, F.L. (1990): Methods of Meta-Analysis. Correcting Error and Bias in Research Findings. (Sage; pp. 592) Beverly Hills and London [vgl. auch Psychological Methods **5** (2000), 315–342]

Hunter, J.S. (1981): Calibration and the straight line; current statistical practices. Journal of the Association of Official and Analytic Chemists **64**, 574–583 [vgl. auch Technometrics **31** (1989), 83–90 sowie International Statistical Review **59** (1991), 309–336]

Hutchinson, T.P., and Lai C.D. (1990): Continuous Bivariate Distributions. Emphasising Applications. (Rumsby Scientific Publ.; pp. 490) Adelaide [vgl. Henze 1979]

Hutchinson, T.P., and Lai C.D. (1991): The Engineering Statistician's Guide to Continuous Bivariate Distributions. (Rumsby Scientific Publ.; pp. 346) Adelaide

Hwang, F.K. (1984): Robust group testing. Journal of Quality Technology **16**, 189–195 [vgl. auch N.L. Johnson u. Mitarb. **20** (1988), 98–124 sowie C.L. Chen and W.H. Swallow, Biometrics **46** (1990), 1035–1046, **52** (1996), 1134–1146, **55** (1999), 231–237 und JASA **96** (2001), 92–102]

Iachan, R. (1982): Systematic sampling: a critical review. International Statistical Review **50**, 293–303

Iachan, R. (1983): Nonsampling errors in survey – a review. Communications in Statistics – Theory and Methods **12**, 2273–2287

Iachan, R. (1984): Sampling strategies, robustness and efficiency: the state of the art. International Statistical Review **52**, 209–218 [vgl. auch Tryfos (1996)]

Ikeda, S. (Ed.; 1980): Statistical Climatology. (Elsevier; pp. 388) Amsterdam

Iman, R.L., and Conover, W.J. (1989): Modern Business Statistics. 2nd ed. (Wiley; pp. 910) New York

Iman, R.L., Quade D., and Alexander, D.A. (1975): Exact Probability Levels for the Kruskal-Wallis Test. Selected Tables in Mathematical Statistics Vol. III; pp. 329–384 [vgl. auch Harter, H.L., D.B. Owen ...]

Institute of Terrestrial Ecology (ITE); National Environment Research Council (Ed.; 1978/1984): Statistical Checklists 1–4. Nos. 1–3 by J.N.R. Jeffers: Design of Experiments (1), Sampling (2), Modelling (3); No. 4 by R. Hunt: Plant Growth Analysis. (ITE; pp. 7 each) Cambridge CB 31 LA, 68 Hills Road

Ishikawa, K. (1990): Introduction to Quality Control. (3 A Corporation; pp. 435) Tokyo

Jackson, B.W., and Thoro, D. (1990): Applied Combinatorics with Problem Solving. (Addison-Wesley; pp. 324) Reading, Mass.

Jackson, J.E. (1972): All count distributions are not alike. Journal of Quality Technology **4**, 86–92

Jackson, J.E. (1980/81): Principal components and factor analysis. Journal of Quality Technology **12**, 201–213; **13**, 46–58 and 125–130

Jackson, J.E. (1992): A User's Guide to Principal Components. (Wiley; pp. 569) New York [vgl. auch S.K. Vines, Applied Statistics **49** (2000), 441–451

Jaech, J.L. (1985): Statistical Analysis of Measurement Errors. (An Exxon Monograph) (Wiley; pp. 293) New York [vgl. auch International Statistical Review **53** (1985), 123–139]

James, B., James, K.L., and Siegmund, D. (1987): Tests for a changepoint. Biometrika **74**, 71–83

Jandok, W. (1982): Methodische Grundfragen eines rationellen Entscheidungsablaufs bei Fragebogenanwendung in der Medizin. Zeitschrift f.d. gesamte Hygiene und ihre Grenzgebiete **28**, 878–881 [vgl. auch **30** (1984), 242–245 u. J.R. Statist. Soc. A **162** (1999), 437–448]

Janssens, G.K. (1988): Qualitätsprüfung der Pseudozufallszahlen-Generatoren von GPSS-FORTRAN. Angewandte Informatik **9**, 405–408

Jeger, M. (1973): Einführung in die Kombinatorik. Band 1. (Klett; 218 S.) Stuttgart

Jobson, J.D. (1992, 1992): Applied Multivariate Data Analysis. Vol.I: Regression and Experimental Design. Vol. II: Categorical and Multivariate Methods. (Springer; pp. 621 and 731) New York and Heidelberg

Jöckel, K.-H., und Wolter, B. (1984): Statistische Überlegungen zur Verlaufskurvenanalyse. EDV in Medizin und Biologie **15**, 100–106

Johnson, F.N., and Johnson, Susan (Eds.; 1977): Clinical Trials. (Blackwell; pp. 212) Oxford and London [vgl. G.A. Diamond und J.A. Forrester, Annals of Internal Medicine **98** (1983), 385–394 sowie Brit. Med. J., No 7167, 31.10.1998]

Johnson, M.E., and Lowe, V.W. (1979): Bounds on the sample skewness and kurtosis. Technometrics **21**, 377–378 [vgl. Statistics and Probability Letters **22** (1995), 257–260]

Johnson, N.L., and Kotz, S. (1969, 1970, 1972). Distributions in Statistics. I. Discrete Distributions. II. Continuous Univariate Distributions, 1 and 2. III. Continuous Multivariate Statistics. (Houghton Mifflin and Wiley; pp. 328; 300, 306; 333) New York [vgl. Univariate Distributions. 2nd ed. **1992** (Wiley; pp. 565) New York, Continuous Univariate Distributions. 2nd ed. Vol. 1, **1994**, pp. 756; Vol. 2, 2nd ed. **1995**, pp. 719; Kotz, S. (**2000**): Cont. Multiv. Distrib., 2nd ed., Vol. 1, pp. 722]

Johnson, N.L., and Kotz, S. (1982): Developments in discrete distributions, 1969–1980. International Statistical Review **50**, 71–101 [vgl. Discr. Multiv. Distr., 1997 (Wiley; pp. 299) N.Y.]

Johnson, R.A., and Wichern, D.W. (1998): Applied Multivariate Statistical Analysis. 4th ed. (Prentice-Hall; pp. 816) Upper Saddle River, N.J.

Johnsson, T. (1988): Bootstrap multiple test procedure. Journal of Applied Statistics **15**, 335–339

Jolliffe, F.R. (1986): Survey Design and Analysis. (E. Horwood and J. Wiley; pp. 178) Chichester and New York [Nonresponse: J. R. Stat. Soc. A **162** (1999), 437–446]

Jonckheere, A.R. (1954): A distribution-free k-sample test against ordered alternatives. Biometrika **41**, 133–145

Jones, B., and Kenward, M.G. (1989): Design and Analysis of Cross-Over Trials. (Chapman and Hall; pp. 340) London [vgl. Applied Statistics **47** (1998), 217–229, 379–391]

Journel, A.G., and Huijbregts, C.J. (1979): Mining Geostatistics. (Academic Press; pp. 600) London

Jupp, P.E., and Mardia, K.V. (1989): A unified view of the theory of directional statistics, 1975–1988. International Statistical Review **57**, 261–294

Kac, M. (1976): Enigmas of Chance. An Autobiography. (Harper and Row.; pp. 163) New York

Kacker, R.N., and Tsui, K.-L. (1990): Interaction graphs: graphical aids for planning experiments. Journal of Quality Technology **22**, 1–14

Kahn, H.A., and Sempos, Ch.T. (1989): Statistical Methods in Epidemiology. (Oxford University Press; pp. 292) Oxford and New York [n? vgl. Stat. Meth. in Med. Res. **4** (1995), 311–337; zu NNT: Brit. Medical J. **317** (1998), 1309–1312, **318** (1999) 1548–1551; vgl. auch die Übersicht im J. Amer. Statist. Assoc. **95** (2000), 315–319; VB für ω: Biometrics **57** (2001), 484–489]

Kaltefleiter, W., and Nissen, P. (1980): Empirische Wahlforschung: Eine Einführung in Theorie und Technik. (Uni-Tb. Nr. 957) (F. Schöningh; 224 S.) Paderborn und München [vgl. F. Pukelsheim, Allgem. Statist. Archiv **84** (2000), 447–459]

Kalton, G. (1968): Standardization: a technique to control for extraneous variables. Applied Statistics **17**, 118–136 [vgl. auch C.C. Clogg and S.R. Eliason, American Sociological Review **53** (1988), 267–283 sowie H. Wainer, Psychol. Bull. **109** (1991), 147–151]

Kalton, G. (1983a): Introduction to Survey Sampling. (Sage Publ. Series 07–035; pp. 96) Beverly Hills and London [vgl. auch A. Quatember (1997, Austrian Journal of Statistics **26**, 7–25]

Kalton, G. (1983b): Models in the practice of survey sampling. International Statistical Review **51**, 175–188 [vgl. auch K.-H. Reuband (1980, ZA-Information, Univ. Köln **43** (1998), 48–80]

Kalton, G., and Anderson, D.W. (1986): Sampling rare populations. Journal of the Royal Statistical Society Series A **149**, 65–82

Kane, V.E. (1982): Standard and goodness-of-fit parameter estimation methods for the threeparameter lognormal distribution. Communications in Statistics – Theory and Methods **11**, 1935–1957 [vgl. auch C.I. Bliss (1967): Stat. in Biology. Vol. 1 (McGraw-Hill) N.Y., pp. 170–185 und O.N. Keene (1995, Statistics in Medicine **14**, 811–819)]

Kanji, G.K., Greenfeld, T., Gilchrist, W., and Jeffers, J. (Eds.; 1986): Statistical modelling. The Statistician **35**, (Number 2), 95–299 (special issue)

Kanji, G.K., Smith, A.F., and Dawid, A.P. (Eds.; 1987): Practical Bayesian statistics. The Statistician **36**, (Number 2 and 3) 75–296 (special issue) [Stat. Science **13** (1998), 209–235]

Kaplan, E.L., and Meier, P. (1958): Nonparametric estimation from incomplete observations. Journal of the American Statistical Association **53**, 457–481 [vgl. auch **83** (1988), 414–425, **88** (1993), 400–409, Biometrika **79** (1992), 149–155 und Biometrics **55** (1999), 277–283]

Kappenman, R.F. (1985): Estimation for the three-parameter Weibull, lognormal, and gamma distributions. Computational Statistics and Data Analysis **3**, 11–23

Kardaun, J.W.P.F., and Kardaun, O.J.W.F. (1990): Comparative diagnostic performance of three radiological procedures for the detection of lumbar disk herniation. Methods of Information in Medicine **29**, 12–22 [vgl. auch Biometrics **52** (1996), 299; **53** (1997), 823, 998, **56** (2000), 337–344, 352–359]

Kasprzyk, D., Duncan, G., Kalton, G., and Singh, M.P. (Eds.; 1989): Panel Surveys. (Wiley; pp. 592) Chichester and New York

Kastenbaum, M.A., Hoel, D.G., and Bowman, K.O. (1970): Sample size requirements: one-way analysis of variance. Biometrika **57**, 421–430 [vgl. auch Journal of Quality Technology **2** (1970), 156–164 und **17** (1985), 167–169]

Kastenbaum, M.A., Hoel, D.G., and Bowman, K.O. (1970a): Sample size requirements: randomized block designs. Biometrika **57**, 573–577

Kastenbaum, M.A., Hoel, D.G., and Bowman, K.O. (1970b): Adequate Sample Sizes for Randomized Block Designs. (Oak Ridge National Laboratory, ORNL-4527; pp. 46) Oak Ridge, Tennessee

Kasuga, H. (Ed.; 1990): Indoor Air Quality. (Springer; pp. 510), Berlin, Heidelberg, New York

Kaufman, L., and Rousseeuw, P.J. (1990): Finding Groups in Data. An Introduction to Cluster Analysis. (Wiley; pp. 342) Chichester and New York

Kaufman, W.K. (1981): Fitting and using growth curves. Oecologia **49**, 293–299

Kaye, D.H., and Aickin, M. (Eds.; 1986): Statistical Methods in Discriminating Litigation. (M. Dekker; pp. 218) New York [vgl. auch J. Amer. Statist. Assoc. **95** (2000), 665–669]

Keen, A., Thissen, J.T.N.M., Hoekstra, J.A., and Jansen, J. (1986): Successive measurement experiments. Statistica Neerlandica **40**, 205–223

Keiding, N. (1987): The method of expected number of deaths, 1786–1886–1986. International Statistical Review **55**, 1–20

Keiding, N., and Vaeth, M. (1986): Calculating expected mortality. Statistics in Medicine **5**, 327–334

Kelsey, Jennifer L., Thompson, W.D., and Evans, A.S. (1996): Methods in Observational Epidemiology. 2nd ed. (Oxford Univ. Press; pp. 448) New York and Oxford [vgl. auch Amer. J. of Epidemiology **127** (1988), 885–892 u. P.R. Rosenbaum (1999), zitiert auf S. 745]

Kemp, A.W., and Kemp, C.D. (1987): A rapid and efficient estimation procedure for the negative binomial distribution. Biometrical Journal **29**, 865–873

Kempthorne, O. (1976): Of what use are tests of significance and tests of hypothesis? Communications in Statistics – Theory and Methods **A5**, 763–777 [vgl. auch S.L. Chow: Psychological Bulletin **103** (1988), 105–110] [vgl. Psychological Methods **2** (1997), 161–172, 345–356]

Kendall, M.G., and Buckland, W.R. (1982): A Dictionary of Statistical Terms. 4th ed., revised and enlarged (Longman; pp. 213) London and New York

Kendall, M.G., and Gibbons, J.D. (1990): Rank Correlation Methods. 5th ed. (E. Arnold; pp. 260) Sevenoaks, Kent TN132YA [vgl. Polyserial Corr. Psychometrika **61** (1996), 427–443]

Kendall, M., and Ord, J.K. (1993): Time Series. 3rd ed. (Edward Arnold; pp. 312) Kent, UK [vgl. Automatic Forecasting, The American Statistician **50** (1996), 88–94]

Kennedy, J.J. (1983): Analyzing Qualitative Data. Introductory Log-Linear Analysis for Behavioral Research. (Praeger; pp. 262) New York

Khuri, A.I., and Cornell, J.A. (1996): Response Surfaces. Designs and Analyses. 2nd ed. (Statistics, Vol. 81) (M. Dekker; pp. 536) New York and Basel

Kiecolt, K.J., and Nathan, L.E. (1985): Secondary Analysis of Survey Data. (Sage Publ. Series 07–053; pp. 88) Beverly Hills and London

Kinnison, R.R. (1985): Applied Extreme Value Statistics. (Macmillan; pp. 149) New York
Kirk, R.E. (1995): Experimental Design: Procedures for the Behavioral Sciences. 3rd ed. (Wadsworth; pp. 911) Belmont, Calif. [vgl. Educat. and Psychol. Measurement **56** (1996), 746–759]
Kish, L. (1987): Statistical Design for Research. (Wiley; pp. 267) New York [vgl. O. Kempthorne: Sankhya **40** (1979), 115–145]
Kitagawa, Evelyn M. (1964): Standardized comparisons in population research. Demography **1**, 296–315
Klecka, W.R. (1980): Discriminant Analysis. (Sage Publ. Series 07–019; pp. 70) Beverly Hills and London [vgl. W.J. Krzanowski (1997), Statistics and Computing **7**, 87–99]
Kleijnen, J.P.C. (1986): Statistical Tools for Simulation Practitioners. (Statistics, Vol. 76) (M. Dekker; pp. 429) New York and Basel
Kleinbaum, D.G. (1994): Logistic Regression. A Self-Learning Text. (Springer; pp. 282) New York, Berlin, Heidelberg sowie (1996): Survival Analysis. (Springer; pp. 324)
Kleinbaum, D.G., Kupper, L.L., and Chambless, L.E. (1982): Logistic regression analysis of epidemiologic data. Theory and practice. Communications in Statistics – Theory and Methods **11**, 485–547
Kleinbaum, D.G., Kupper, L.L., and Morgenstern, H. (1982): Epidemiologic Research: Principles and Quantitative Methods. (Lifetime Learning Publications; pp. 529) Belmont, Calif. [vgl. auch Annual Review of Public Health **6** (1985), 223–245 und Journal of Chronic Diseases **40** (1987), 683–688] [zu K.R. Popper: Amer. J. Epidemiol. **121** (1985), 343–350]
Kleinbaum, D.G., Kupper, L.L., and Muller, K.E. (1998): Applied Regression Analysis and Other Multivariable Methods. 3rd ed. (Duxbury Press; pp. 798) North Scituate, Mass.
Kleinbaum, D.G., Morgenstern, H., and Kupper, L.L. (1981): Selection bias in epidemiologic studies. American Journal of Epidemiology **113**, 452–463 [vgl. auch **124**, 150–153]
Knoke, D., and Burke, P.J. (1980): Log-Linear Models. (Sage Publ. Series 07–020; pp. 80) Beverly Hills and London [vgl. J. Comput. Graph. Stat. **8** (1999), 396–412]
Koch, G.G., Amara I.A., Stokes, M.E., and Gillings, D.B. (1980): Some views on parametric and non-parametric analysis for repeated measurements and selected bibliography. International Statistical Review **48**, 249–265 [vgl. H.J. Keselman u. Mitarb. (1999): Brit. J. Math. Statist. Psychol. **52**, 63–78 und Commun. Statist.-Theory Meth. **28**, 2967–2999]
Kocherlakota, S., and Kocherlakota, Kathleen (1992): Bivariate Discrete Distributions. (STATISTICS, Vol. 132) (M. Dekker; pp. 361) New York, Basel, Hong Kong [Bivariate χ^2: Commun. Statist.-Simula. **28** (1999), 909–930]
Kohlas, J. (1987): Zuverlässigkeit und Verfügbarkeit. Mathematische Modelle, Methoden und Algorithmen. (Teubner; 252 S.) Stuttgart [vgl. auch Technometrics **37** (1995), 147–168]
Kohnen, R., Lotz, R., and Busch, H. (1987): A table of one- and two-tailed fourfold chisquare limits for unconventional alphas. EDV in Medizin und Biologie **18**, 50–54
Kokoska, S., and Nevison, C. (1988): Statistical Tables and Formulae. (Springer; pp. 88) New York [vgl. D. Zwillinger and S.K. (1999): Standard Prob. and Stat. Tables and Formulae. (CRC Press; pp. 568) Boca Raton]
Kolmogorov, A.N., and Uspenskii, V.A. (1988): Algorithms and randomness. Theory of Probability and its Applications **32**, 389–412
Konijn, H.S. (1987): Distribution-free and other prediction intervals. The American Statistician **41**, 11–15
Korn, E.L. (1987): Data-randomized confidence intervals for discrete distributions. Communications in Statistics – Theory and Methods **16**, 705–715
Kotz, S., Johnson, N.L., and Read, C.B. (Eds.; 1982/2000): Encyclopedia of Statistical Sciences. Vol. 1–9 plus Supplement and Updates (Wiley) New York, Johnson und Kotz (1969/2000) sowie S. Kotz and Cynthia R. Lovelace (1998): Process Capability Indices in Theory and Practice. (Arnold; pp. 279) London [vgl. auch F.A. Spiring, Journal of Quality Technology **29** (1997), 49–58]
Kracke, H. (1993): Mathe-musische Knobelisken. Tüfteleien für Tüftler und Laien. 2. durchges. Aufl. (Dümmler; 445 S.) Bonn [vgl. z.B. S. 300, 307, 407, 420, 426]
Kraemer, Helena Ch. (1979): Tests of homogeneity of independent correlation coefficients. Psychometrika **44**, 329–335

Kraemer, Helena Ch., and Thiemann, Sue (1987): How many Subjects? Statistical Power Analysis in Research. (Sage; pp. 120) London [vgl. Psychological Methods **2** (1997), 20–33]

Krämer, W. (1991): So lügt man mit Statistik. 2. Aufl. (Reihe Campus Bd. 1036) (Campus; 142 S.) Frankfurt, New York

Kraft, C.H., and van Eeden, Constance (1968): A Nonparametric Introduction to Statistics. (Macmillan; pp. 304) New York

Kramer, C.Y. (1955): On the analysis of variance of a two-way classification with unequal subclass numbers. Biometrics **11**, 441–452

Kramer, C.Y. (1956): Extensions of multiple range tests to group means with unequal number of replications. Biometrics **12**, 307–310

Kramer, M.S., and Feinstein, A.R. (1981): Clinical biostatistics. LIV. The biostatistics of concordance. Clinical Pharmacology and Therapeutics **29**, 111–123 [vgl. auch Journal of Clinical Epidemiology **46** (1993), 423–429, 1055–1062 und Psychometrika **61** (1996), 199–240]

Kreienbrock, L. (1989): Einführung in die Stichprobenverfahren. Lehr- und Übungsbuch der angewandten Statistik. Mit Übungsaufgaben und Prüfungsfragen. (R. Oldenbourg; 189 S.) München und Wien

Kres, H. (1983): Statistical Tables for Multivariate Analysis. A Handbook with References to Applications. (Springer; pp. 504) New York, Berlin, Heidelberg, Tokyo

Krishnaiah, P.R., and Rao, C.R. (Eds.; 1980–2001): Handbooks of Statistics. Vol. 1–19 (each ca. 500 to 1000 pages) (North-Holland/Elsevier) Amsterdam

Krug, W., and Nourney, M. (1987): Wirtschafts- und Sozialstatistik: Gewinnung von Daten. 2. Aufl. (Oldenbourg; 243 S.) München und Wien

Kruskal, W. (1988): Miracles and statistics: the casual assumption of independence. Journal of the American Statistical Association **83**, 929–940

Kruskal, W., and Mosteller, F. (1979/80): Representative Sampling, I–IV. International Statistical Review **47**, 13–24, 111–127, 245–265; **48**, 169–195

Krzanowski, W.J. (1988): Principles of Multivariate Analysis. A User's Perspective. (Clarendon Press; pp. 563) Oxford [vgl. W.J.K and F.H.C. Marriott (1994/5): Multivar. Anal. 1,2; Arnold, Lond.]

Krzysko, M. (1982): Canonical analysis. Biometrical Journal **24**, 211–228

Kshirsagar, A.M. (1983): A Course in Linear Models. (Statistics, Vol. 45) (M. Dekker; pp. 448) New York and Basel

Ku, H.H., and Kullback, S. (1974): Loglinear models in contingency table analysis. The American Statistician **28**, 115–122

Kübler, H. (1979): On the parameter of the three-parameter distributions: lognormal, gamma and Weibull. Statistische Hefte **20**, 68–125

Kullback, S., and Cornfield, J. (1976): An information theoretic contingency table analysis of the Dorn Study of smoking and mortality. Computer and Biomedical Research **9**, 409–437

Kullback, S., and Keegel, J.C. (1985): The minimum discrimination information approach to the analysis of contingency tables. With discussion. Computational Statistics and Data Analysis **3**, 133–146

Kullback, S., Keegel, J.C., and Kullback, J.H. (1987): Topics in Statistical Information Theory. (Lecture Notes in Statistics, Vol. 42) (Springer; pp. 158) New York, Berlin, Heidelberg

Kurtz, A.K., and Mayo, S.T. (1979): Statistical Methods in Education and Psychology. (Springer; pp. 538) New York

Laan, P. van der, and Verdooren, L.R. (1987): Classical analysis of variance methods and nonparametric counterpart. Biometrical Journal **29**, 635–665

Laan, P. van der, and Verdooren, L.R. (1989): Selection of populations: an overview and some recent results. Biometrical Journal **31**, 383–420

Lachenbruch, P.A. (1975): Discriminant Analysis. (Hafner Press; pp. 128) New York

Lachenbruch, P.A., and Clarke, W.R. (1980): Discriminant analysis and its applications in epidemiology. Methods of Information in Medicine **19**, 220–226

Lachenbruch, P.A., and Flack, Virginia F. (1989): Considerations for effective simulation study analysis. With discussion. Communications in Statistics – Simulation and Computation **18**, 1223–1250 [vgl. auch die Monte Carlo Bücher (Springer) von G. Fishman und J.E. Gentle]

Lachenbruch, P.A., and Goldstein, M. (1979): Discriminant analysis. Biometrics **35**, 69–85 [vgl. auch Computat. Stat. and Data Anal. **19** (1995), 419–431 und JASA **84** (1989), 165–175]

Lackritz, J. (1983): Exact P-values for chi-square tests. Proceedings of the Section on Statistical Education, American Statistical Association, 130–132

Lackritz, J.R. (1984): Exact p values for F and t tests. The American Statistician **38**, 312–314

Lahey, A.L., Downey, R.G., and Saal, F.E. (1983): Intraclass correlations: there's more than meets the eye. Psychological Bulletin **93**, 586–595 [vgl. auch International Statistical Review **54** (1986), 67–82, Canadian Journal of Statistics **17** (1989), 209–215 sowie Biometrics **50** (1994), 183–193, 517–526 und Statistics in Medicine **13** (1994), 2465–2476; **16** (1997), 821]

Lancaster, H.O. (1990): Expectations of Life. A Study in the Demography, Statistics and History of World Mortality. (Springer; pp. 605) New York, Berlin, Heidelberg

Langeheine, R. (1980): Log-lineare Modelle zur multivariaten Analyse qualitativer Daten. Eine Einführung. (R. Oldenbourg; 124 S.) München und Wien

Last, J.M. (Ed.; 1988). A Dictionary of Epidemiology. 2nd ed. (for the International Epidemiological Association) (Oxford Univ. Press; pp. 141) New York [3rd ed. 1995, pp. 198]

Launer, R.L., and Wilkinson, G.N. (Eds.; 1979): Robustness in Statistics. (Academic Press; pp. 320) New York [vgl. auch C.L. Mallows: American Statistician **33** (1979), 179–184]

Laux, H. (1982): Entscheidungstheorie. Grundlagen. (Springer; 349 S.) Berlin, Heidelberg, New York

Laux, H. (1982): Entscheidungstheorie II. Erweiterung und Vertiefung. (Springer; 280 S.) Berlin, Heidelberg, New York

Laviolette, M., Seaman, J.W. Jr., Barrett, J.D., and Woodall, W.-H. (1995): A probabilistic and statistical view of fuzzy methods. With discussion. Technometrics **37**, 249–292

Lavrakas, P.J. (1993): Telephone Survey Methods. Sampling, Selection and Supervision. 2nd ed. (Sage: Appl. Soc. Res. Meth. Ser., Vol. 7; pp. 144) Beverly Hills and London [bzw. Sociological Methods and Research **15** (1986), 69–100] [vgl. auch J. Roy. Stat. Soc. A **162** (1999), 1–4]

Lawal, H.B., and Upton, G.J.G. (1990): Comparisons of some chi-squared tests for the test of independence in sparse two-way contingency tables. Biometrical Journal **32**, 59–72

Lawless, J.F. (1982): Statistical Models and Methods for Lifetime Data. (Wiley-Interscience; pp. 580) New York [vgl. auch J.I. Ansell (1994): Pract. Meth. for Reliab. Data. (Oxford Univ. Press)]

Lawless, J.F. (1983): Statistical methods in reliability. With discussion. Technometrics **25**, 305–335 [vgl. „truncated data": Journal of Quality Technology **24** (1992), 145–152]

Leach, C. (1979): Introduction to Statistics. A Nonparametric Approach for the Social Sciences. (Wiley; pp. 339) New York

Le Cam, L. (1990): Maximum Likelihood: an introduction. International Statistical Review **58** (1990), 153–171

Le, C.T. (1998): Applied Categorical Data Analysis. (Wiley; pp. 287) New York

Lee, C.M.-S. (1988): On the computation of F-cumulative probabilities. Communications in Statistics – Simulation and Computation **17**, 1191–1201

Lee, E.S., Forthofer, R.N., and Lorimor, R.J. (1989): Analyzing Complex Survey Data. (Sage; pp. 80) Beverly Hills and London [bzw. Sociological Methods and Research **15** (1986), 69–100]

Lee, Elisa T. (1992): Statistical Methods for Survival Data Analysis. 2nd ed. (Wiley; pp. 482) New York [vgl. Allgemeines Statistisches Archiv **77** (1993), 371–389 und M.J. Crowder (2001)]

Leemis, L.M. (1986): Relationships among common univariate distributions. The American Statistician **40**, 143–146 [vgl. auch **47** (1993), 269–274 u. Biom. J. **32** (1990), 241]

Lehmacher, W. (1987): Verlaufskurven und Crossover. Statistische Analyse von Verlaufskurven im Zwei-Stichproben-Vergleich und von Crossover-Versuchen. (Mediz. Informatik u. Statist., Bd. 67) (Springer; 176 S.) Berlin, Heidelberg, New York, Tokyo

Lehmann, R. (1977): General derivation of partial and multiple rank correlation coefficients. Biometrical Journal **19**, 229–236

Lehn, J., Wegmann, H., und Rettig, S. (2001): Aufgabensammlung zur Einführung in die Statistik. 3. überarbeitete Aufl. (Teubner; 258 S.) Stuttgart

Leiner, B. (1985): Stichprobentheorie. Grundlagen, Theorie und Technik. (R. Oldenbourg; 156 S.) München und Wien

Lemeshow, S., Hosmer, D.W., Klar, J., and Lwanga, K. (1990): Adequacy Of Sample Size In Health Studies. (Wiley; pp. 239) Chichester, New York

Lemeshow, S., and Lwanga, S.K. (1990): Sample Size Determination in Health Studies. A Practical Manual. (WHO; pp. 80) Genf 27 [vgl. auch Statistical Methods in Medical Research **4** (1995), 311–337, Biometrics **52** (1996), 925–933 und Statistical Science **15** (2000), 95–110]

Lemeshow, S., Hosmer, D.W., Jr. and Klar, Janelle (1988): Sample size requirements for studies estimating odds ratios or relative risks. Statistics in Medicine **7**, 759–764

Lentner, M., and Bishop, T. (1986): Experimental Design and Analysis. (Valley Book Company; pp. 565) Blacksburg, VA

Lenz, H.-J., Wetherill, G.B., and Wilrich, P.-Th. (Eds.; 1981, 1985, 1987, 1992, 1997): Frontiers in Statistical Quality Control. (Vol. (1), 2–4. (Physica-Vlg.; pp. 288, 292, 265, 266, 297) Würzburg und Wien [Vol. 5 und 6, 1999 und 2001]

Lessler, Judith T., and Kalsbeek, W.D. (1992): Nonsampling Error in Surveys. (Wiley; pp. 412) New York and Chichester [vgl. auch Statist. in Med. **17** (1998), 269–302]

Leven, F.J. (1990): Datenbank Design – Modellierung durch Daten. Software Kurier **3**, 1–13

Levenbach, H., and Cleary, J.P. (1984): The Modern Forecaster: The Forecasting Process Through Data Analysis. (Lifetime Learning Publ.; pp. 450) Belmont, Calif 94002

Levin, B. (1981): A representation for multinomial cumulative distribution functions. The Annals of Statistics **9**, 1123–1126

Levy, P.S., and Lemeshow, S. (1999): Sampling of Populations: Methods and Applications. 3rd ed. (Wiley; pp. 525) New York

Lewis, E.E. (1987): Introduction to Reliability Engineering. (Wiley; pp. 400) New York

Li, C.C. (1982): Analysis of Unbalanced Data. A Pre-Program Introduction. (Cambridge Univ. Press; pp 145) Cambridge, London, New York [vgl. auch: Analysis of dichotomized factorial data. Journal of Chronic Diseases **29** (1976), 355–370]

Lienert, G.A. (1975/86): Verteilungsfreie Methoden in der Biostatistik. 2. bzw. 3. Aufl. (Bd. I und II, Tafelband; EDV-Programmband (mit ALGOL-60-Programmen [H. Fillbrandt]), (A. Hain; 808 S., 1246 S., 686 S., 420 S.) Meisenheim am Glan [zur Test- und Fragebogenkonstruktion siehe: Testaufbau und Testanalyse. 4. Aufl. (Psychologie Vlg.; 599 S.) München 1989]

Lin, L.I-K. (1989): A concordance correlation coefficient to evaluate reproducibility. Biometrics **45**, 255–268 [vgl. **53** (1997), 777–778, 1503–1507]

Lin, L.I-K. (1992): Assay validation using the concordance correlation coefficient. Biometrics **48**, 599–604 [vgl. auch Biometrics **52** (1996), 341–353; **53** (1997), 775–778 und **54** (1998), 1136–1146 sowie **56** (2000), 324–325]

Lindley, D.V. (1990): The 1988 Wald Memorial Lectures: The present position in Bayesian statistics. With discussion. Statistical Science **5**, 44–89 [vgl. auch **12** (1997), 133–160]

Lindley, D.V., East, D.A., and Hamilton, P.A. (1960): Tables for making inferences about the variance of a normal distribution. Biometrika **47**, 433–437

Lindman, H.R. (1992): Analysis of Variance in Experimental Designs. (Springer; pp. 531) New York, Berlin, Heidelberg [vgl. auch The American Statistician **35** (1981), 85–93 und **49** (1995), 376–381]

Lipsey, M.W. (1990): Design Sensitivity. Statistical Power for Experimental Research. (Sage; pp. 208) Beverly Hills and London [vgl. auch Brit. J. Math. Statist. Psychol. **48** (1995), 371–384]

Lloyd Grosh, Doris (1989): A Primer of Reliability Theory. (Wiley; pp. 316) New York [vgl. R.E. Barlow (1998): Engineering Reliability. (ASA-SIAM; pp. 199) Philadelphia]

Lohr, Sharon L. (1999): Sampling. Design and Analysis. (Duxbury Press; pp. 454) Pacific Grove, CA

Lombard, F. (1987): Rank tests for changepoint problems. Biometrika **74**, 615–624

Looney, S.W., and Stanley, W.B. (1989): Exploratory repeated measures analysis for two or more groups. Review and update. The American Statistician **43**, 220–225

Lorenzen, T.J. (1984): Randomization and blocking in the design of experiments. Communications in Statistics – Theory and Methods **13**, 2601–2623

Lovie, A.D. (Ed.; 1986): New developments in Statistics for Psychology and the Social Sciences. (Brit. Psychol. Soc., and Methuen; pp. 177) London and New York

Loyer, M. (1983): Bad probability, good statistics, and group testing for binomial estimation. The American Statistician **37**, 57–59 [vgl. auch W.H. Swallow, Phytopathology **77** (1987), 1376–1381] [zu Fox+Tracy: Internat. Stat. Rev. **62** (1994), 319–331]

Lunneborg, C.E. (1987): Bootstrap Applications. (Univ. of Washington [Mail Stop: NI-25]; pp. 158) Seattle [reviewed as computing announcement in Psychometrika **52** (1987), 477–478, vgl. auch JRSS B **50** (1988), 321–370 sowie das Buch von M.R. Chernick (1999): Bootstrap Methods: A Practitioner's Guide. (Wiley; pp. 264; N.Y.)]

Machin, D., and Campbell, M.J. (1987): Statistical Tables for the Design of Clinical Trials. (Blackwell; pp. 210) Oxford [vgl. J. Biopharmaceutical Stat. **7** (1997), 215–226]

Mack, G.A., and Wolfe, D.A. (1981): K-sample rank tests for umbrella alternatives. Journal of the American Statistical Association **76**, 175–181 [vgl. auch The Canadian Journal of Statistics **18** (1990), 245–253 und Biometrical Journal **40** (1998), 573–587]

Madansky, A. (1988): Prescriptions for Working Statisticians. (Springer; pp. 295) New York, Berlin, Heidelberg

Madow, W.G., Nisselson, H., Olkin, I., and Rubin, D.B. (Eds.;1983): Incomplete Data in Sample Surveys. Vol. 1: Report and Case Studies, Vol. 2: Theory and Bibliographies, Vol. 3: Proceedings of the Symposium. (Academic Press; pp. 512, 579, 413) New York

Mandel, J. (1984): Fitting straight lines when both variables are subject to error. Journal of Quality Technology **16**, 1–14 [vgl. auch **18** (1986), 162–169]

Mandel, J., and Lashof, T.W. (1987): The nature of repeatability and reproducibility. Journal of Quality Technology **19**, 29–36

Manly, B.F. J. (1985): The Statistics of Natural Selection on Animal Populations. (Chapman and Hall; pp. 484) London and New York [vgl. auch (1990): Stage-Structured Populations: Sampling, Analysis and Simulation, Chapmann and Hall, pp. 187]

Manly, B.F.J. (1997): Randomization, Bootstrap and Monte Carlo Methods in Biology. 2nd ed. (Chapman and Hall; pp. 399) London

Mantel, N., and Fleiss, J.L. (1980): Minimum expected cell size requirements for the Mantel-Haenszel one-degree-of-freedom chi-square-test and a related rapid procedure. American Journal of Epidemiology **112**, 129–134 [vgl. auch W. Ahlborn u. Mitarb.: Methods of Information in Medicine **27** (1988), 118–124 und **29** (1990), 113–121]

Manton, K.G., and Stallard, E. (1984): Recent Trends in Mortality Analysis. (Academic Press; p. 342) New York and London [vgl. auch Allgem. Statist. Archiv **82** (1998), 162–177]

Manton, K.G., and Stallard, E. (1987): Chronic Disease Modelling. (University Press; pp. 250) Oxford

Marascuilo, L.A., and Levin, J.R. (1983): Multivariate Statistics in the Social Sciences – A Researcher's Guide. (Brooks/Cole; pp. 530), Monterey, Calif.

Marascuilo, L.A., and McSweeney, Maryellen (1977): Nonparametric and Distribution-Free Methods for the Social Sciences. (Brooks/Cole; pp. 556) Monterey, Calif.

Marascuilo, L.A., and Serlin, R.C. (1979): Tests and contrasts for comparing change parameters for a multiple McNemar data model. British Journal of Mathematical and Statistical Psychology **32**, 105–112

Marchevsky, N., Held, J.R., and Garcia-Carrillo, C. (1989): Probability of introducing diseases because of false negative test results. American Journal of Epidemiology **130**, 611–614 and **133** (1991), 321–322

Mardia, K.V. (1972): Statistics of Directional Data. (Academic Press; pp. 355) London

Mardia, K.V. (1988): Directional data analysis: an overview. Journal of Applied Statistics **15**, 115–122 [vgl. I.L. Dryden + K.V.M. (1998): Stat. Shape Analysis. (Wiley; pp. 347) N.Y.]

Mardia, K.V. (Ed.; 1992): The Art of Statistical Science. A Tribute to G.S. Watson. (Wiley; pp. 317) N.Y. [vgl. H. Ackermann (1991), Biom. J. **33**, 643–654: Friedman-Test für Daten auf dem Kreis]

Mardia, K.V., and P.E. Jupp (2000): Directional Statistics. (Wiley; pp. 429) Chichester

Mardia, K.V., Watson, G.S., Arsham, H. et al. (1988): Analysis of Circular Data. (Special Issue of) Journal of Applied Statistics **15**, 115–260

Mardia, K.V., and Zenroch, P.J. (1978): Tables of the F and Related Distributions with Algorithms. (Academic Press; pp. 286) New York

Margaritescu, E. (1986): A note on the Bonferroni's inequalities. Biometrical Journal **8**, 937–943 [vgl. auch International Statistical Review **58** (1990), 253–261]

Margetts, B.M., and Nelson, M. (Eds.; 1991): Design Concepts in Nutritional Epidemiology. (Oxford University Press; pp. 420) Oxford

Markus, G.B. (1979): Analyzing Panel Data. (Sage Publ. Series 07–018; pp. 71) Beverly Hills and London

Marriott, F.H.C. (1990): A Dictionary of Statistical Terms. (Published for the International Statistical Institute). 5th ed. (Longman; pp. 223) Harlow, U.K.

Martens, H., and Naes, T. (1989): Multivariate Calibration. (Wiley; pp. 419) Chichester and New York [vgl. auch R. Sundberg and P.J. Brown, Technometrics **31** (1989), 365–371 und E.V. Thomas **33** (1991), 405–413]

Martin Andrés, A., Luna Del Castillo, J.D., and Herranz Tejedor, I. (1991): New critical tables for Fisher's exact test. Journal of Applied Statistics **18**, 233–254 [vgl. auch The Statistician **44** (1995), 441–450; Biom. J. **39** (1997), 935–954 und Enc. Stat. Sci. Update Vol. 2 (1997), 250–258 sowie insbesondere Comput. Statist. and Data Analysis **29** (1998), 107–115]

Martin Andrés, A., Silva Mato, A., and Herranz Tejedor, I. (1992): A critical review of asymptotic methods for comparing two proportions by means of independent samples. Communications in Statistics – Simulation and Computation **21**, 551–586 [zur Power siehe Applied Statistics **42** (1993), 258–260]

Martin Andrés, A. and J.M. Tapia Garcia (1999): Optimal unconditional test in 2×2 multinomial trials. Computational Statistics and Data Analysis **31** (1999), 311–321 [vgl. auch Journal of Applied Statistics **27** (2000), 689–695, 807–820 und The American Statistician **54** (2000), 230]

Martz, H.F., and Waller, R.A. (1982): Bayesian Reliability Analysis. (Wiley; pp. 745) New York

Mason, A.L., and Bell, C.B. (1986): New Lilliefors and Srinivasan tables with applications. Communications in Statistics – Simulation and Computation **15**, 451–477

Mason, R.L., Gunst, R.F., and Hess, J.L. (1989): Statistical Design and Analysis of Experiments. With Applications to Engineering and Science. (Wiley; pp. 692) Chichester and New York

Mason, W.M., and Fienberg, S.E. (Eds.; 1985): Cohort Analysis in Social Research: Beyond the Identification Problem. (Springer; pp. 400) Berlin, Heidelberg, New York, Tokyo

Mathai, A.M. (1993): A Handbook of Generalized Special Functions for Statistical and Physical Sciences. (Clarendon Press; pp. 235) Oxford

Matthews, J.N.S. (1988): Recent developments in crossover designs. International Statistical Review **56**, 117–127

Maxwell, S.E., and Delaney, H.D. (1990): Designing Experiments and Analyzing Data: A Model Comparison Perspective. (Wadsworth; pp. 902) Belmont, Calif., [vgl. auch Wilcox 1997]

Maxwell, S.E., Delaney, H.D., and Dill, C.A. (1984): Another look at ANCOVA versus blocking. Psychological Bulletin **95**, 136–147 [vgl. auch **113** (1993), 181–190: Bivariate median splits]

McCullagh, P., and Nelder, J.A. (1989): Generalized Linear Models. 2nd ed. (Chapman and Hall; pp. 511) London [vgl. auch Testing lack of fit in multiple regression, Biometrika **87** (2000), 405–424] [vgl. Amer. Statist. **52** (1998), 222–227]

McCulloch, C.E. (1987): Tests for equality of variances with paired data. Communications in Statistics – Theory and Methods **16**, 1377–1391 [vgl. auch The Statistician **39** (1990), 43–52]

McNemar, Q. (1969): Psychological Statistics. 4th ed. (Wiley; pp. 529) New York

McPherson, G. (1989): The scientists' view of statistics – a neglected area. With discussion. Journal of the Royal Statistical Society Series A **152**, 221–240

McPherson, G. (1990): Statistics in Scientific Investigation. Its Basis, Application and Interpretation. (Springer; pp. 666) New York, Berlin, Heidelberg

Mead, R. (1988): The Design of Experiments. Statistical Principles for Practical Applications. (Cambridge Univ. Press; pp. 620) Cambridge [siehe auch Journal of the Royal Statistical Society Series A **153** (1990), 151–201 und Psychological Methods **2** (1997), 3–19]

Mead, R., and Pike, D.J. (1975): A review of response surface methodology from a biometric viewpoint. Biometrics **31**, 803–851 [vgl. auch U. Böckenholt: **45** (1989), 1001–1008]

Mee, R.W. (1989): Normal distribution tolerance limits for stratified random samples. Technometrics **31**, 99–105

Mee, R.W. (1990): Simultaneous tolerance intervals for normal populations with common variance. Technometrics **32**, 83–92

Mee, R.W., Shah, A.K., and Lefante, J.J. (1987): Comparing k independent sample means with a known standard. Journal of Quality Technology **19**, 75–81 [vgl. auch **23** (1991), 102–106: one-side nonparametric ... sowie Communications in Statistics – Simulation and Computation **22** (1993), 749–764]

Meeker, W.Q. and L.A. Escobar (1998): Statistical Methods for Reliability Data. (Wiley; pp. 680) New York [Lognormal Survival: Statistica Neerlandica **55** (2001), 89–104]

Mehta, C.R., Patel, N.R., and Gray, R. (1985): Computing an exact confidence interval for the common odds ratio in several 2×2 contingency tables. Journal of the American Statistical Association **80**, 969–973 [vgl. auch **86** (1991), 404–409 und Biometrics **49** (1993), 233–236 sowie The American Statistician **46** (1992), 146–150 und **47** (1993), 86–87, 91–98]

Meinert, C.L. [and Tonascia, Susan] (1986): Clinical Trials. Design, Conduct, and Analysis. (Oxford Univ. Press; pp. 469) New York and Oxford [vgl. Stat. Sci. **11** (1996), 137–149 u. **15** (2000), 95–110]

Meis, T. (1987): Brauchen wir eine Hochgenauigkeitsarithmetik? Praxis der Informationsverarbeitung und Kommunikation **10**, 19–23

Menard, S. (1991): Longitudinal Research. (Quantitative Applications in the Social Sciences; Vol. 76) (Sage; pp. 88) Beverly Hills and London

Meng, X.-L., Rosenthal, R., and Rubin, D.B. (1992): Comparing correlation coefficients. Psychological Bulletin **111**, 172–175

Metzler, P., and Nickel, B. (1986): Zeitreihen- und Verlaufsanalyse. (Hirzel; 248 S.) Leipzig

Michels, P. (1992): Nichtparametrische Analyse und Prognose von Zeitreihen. (Springer; 234 S.) Berlin, Heidelberg, New York

Miettienen, O.S., and Cook, E.F. (1981): Confounding: essence and detection. American Journal of Epidemiology **114**, 593–603 [vgl. auch **104** (1976), 493–498 sowie W. Dana Flanders und M.J. Khoury: Epidemiology **1** (1990), 239–246 und Am. J. Epidemiol. **137** (1993), 1–8]

Miller, A.J. (1984): Selection of subsets of regression variables. With discussion. Journal of the Royal Statistical Society Series A **147**, 389–425 [auch (1990): Subset Selection in Regression. (Chapman and Hall; pp. 229) London]

Miller, G.E. (1991): Asymptotic test statistics for coefficients of variation. Communications in Statistics – Theory and Methods **20**, 3351–3363 [vgl. Stat. in Med. **15** (1996), 647–658]

Miller, R.G. (1974): The jackknife – a review. Biometrika **61**, 1–16 [vgl. auch **65** (1978), 13–21 und The American Statistician **51** (1997), 235–240]

Miller, R.G., Jr. (1986): Beyond ANOVA, Basics of Applied Statistics. (Wiley; pp. 317) New York (übersetzt von B. Schlittgen, 1996, R. Oldenbourg, München)

Milligan, G.W., Wong, D.S., and Thompson, P.A. (1987): Robustness properties of nonorthogonal analysis of variance. Psychological Bulletin **101**, 464–470

Mittal, M.M., and Dahiya, R.C. (1987): Estimating the parameters of a doubly truncated normal distribution. Communications in Statistics – Simulation and Computation **16**, 141–159

Moen, R.D., Nolan, T.W., and Provost, L.P. (1991): Improving Quality through Planned Experimentation. (McGraw-Hill; pp. 414) New York [vgl. M. Hamada u. J.A. Nelder (1997), Journal of Quality Technology **29**, 292–304]

Montgomery, D.C. (1997): Design and Analysis of Experiments. 4th ed. (Wiley; pp. 704) New York [vgl. auch D.E. Coleman and D.C. Montgomery, Technometrics **35** (1993), 1–27]

Montgomery, D.C. (1997): Introduction to Statistical Quality Control. 3rd ed. (Wiley; pp. 677) New York [zu Kontrollkarten siehe auch R.L. Mason auf S. 123 und The American Statistician **54** (2000), 291–302] [vgl. auch Allg. Stat. Arch. **84** (2000), 67–82 und JASA **95** (2000), 629–673]

Montgomery, D.C., and Peck, Elizabeth A. (1992): Introduction to Linear Regression Analysis. 2nd ed. (Wiley; pp. 525) New York

Moolgavkar, S.H., and Prentice, R.L. (Eds.;1986): Modern Statistical Methods in Chronic Disease Epidemiology. (Proc. Conf. 1985 in Alta, Utah) (Wiley; pp. 282) New York and Chichester

Morgan, B.J.T. (1984): Elements of Simulation. (Chapman and Hall; pp. 351) London

Morton, R.H. (1983): Response surface methodology. Mathematical Scientist **8**, 31–52

Moses, L.E. (1987): Graphical methods in statistical analysis. Annual Review of Public Health **8**, 309–353 [vgl. The American Statistician **50** (1996), 101–111 und **51** (1997), 59–64]
Mosteller, F., and Rourke, R.E.K. (1973): Sturdy Statistics. Nonparametrics and Order Statistics. (Addison-Wesley; pp. 395) Reading, Mass.
Moura, E.C. (1991): How to Determine Sample Size and Estimate Failure Rate in Life Testing. (The American Society for Quality Control; pp. 98) Milwaukee
Mucha, H.-J. (1992): Clusteranalyse mit Mikrocomputern. (Akademie Verlag, 206 S.) Berlin
Müller, P.H. (Hrsg.; 1991): Lexikon der Stochastik. Wahrscheinlichkeitsrechnung und Mathematische Statistik. 5. bearb. u. wesentl. erw. Aufl. (Akademie-Vlg.; 627 S.) Berlin
Mullen, B., and Rosenthal, R. (1985): BASIC Meta-Analysis: Procedures and Programs. (L. Erlbaum Associates Publ.; pp. 144) Hillsdale, NJ and London
Mundel, A.B. (1984): Group testing. Journal of Quality Technology **16**, 181–188 [vgl. auch Communications in Statistics – Theory and Methods **18** (1989), 1469–1484 und 1485–1495]
Murphy, K.R., and Myors, B. (1998): Statistical Power Analysis (L. Erlbaum; pp. 120) London
Myers, R.H. (1990): Classical and Modern Regression with Applications. 2nd ed. (Chapman and Hall; pp. 488) London
Myers, R.H., Khuri, A.I., and Carter W.H., Jr. (1989): Response surface methodology: 1966–1988. Technometrics **31**, 137–157 [vgl. auch American Statistician **52** (1998), 315–318]
Nagaraja, H.N. (1988): Record values and related statistics. A review. Communications in Statistics – Theory and Methods **17**, 2223–2238 [vgl. auch Applied Statistics **44** (1995), 499–511 und The Statistician **45** (1996), 243–253 sowie Metrika **51** (2000), 105–116]
Namboodiri, K., and Suchindran, C.M. (1987): Life Table Techniques and Their Applications. (Academic Press; pp. 273) New York and London [vgl. auch J.J. Hsieh, Mathematical Biosciences **103** (1991), 287–302]
Narula, S.C. (1978): Orthogonal polynomial regression for unequal spacing and frequencies. Journal of Quality Technology **10**, 170–179
Narula, S.C. (1979): Orthogonal polynomial regression. International Statistical Review **47**, 31–36
Narula, S.C. (1987): The minimum sum of absolute errors regression. Journal of Quality Technology **19**, 37–45
Narula, S.C., and Wellington, J.F. (1982): The minimum sum of absolute errors regression: a state of the art survey. International Statistical Review **50**, 317–326
Neill, J.J., and Dunn, O.J. (1975): Equality of dependent correlation coefficients. Biometrics **31**, 531–543
Neill, J.W., and Johnson, D.E. (1984): Testing for lack of fit in regression – a review. Communications in Statistics – Theory and Methods **13**, 485–511 [vgl. Technometrics **42** (2000), 249–261]
Nelder, J.A. (1994): The statistics of linear models: back to basics. Statistics and Computing **4**, 221–234 [vgl. auch R. Christensen (2001): Advanced Linear Modeling. 2nd ed. (Springer; pp. 415) N.Y.]
Nelson, L.S. (1977): Tables for testing ordered alternatives in an analysis of variance. Biometrika **64**, 335–338 [vgl. auch **69** (1982), 237–238 sowie H. Miyazaki 1987, Communications in Statistics – Theory and Methods **16**, 1393–1431]
Nelson, L.S. (1994): A program for tables of the Binomial and Hypergeometric Distributions. Journal of Quality Technology **26**, 318–321
Nelson, W. (1982): Applied Life Data Analysis. (Wiley; pp. 634) New York
Nelson, W. (1990): Accelerated Testing. Statistical Models, Data Analysis and Test Plans. (Wiley; pp. 616) New York [vgl. auch Technometrics **36** ('94), 260–272; **40** ('98), 89–99]
Nesselroade, J.R., and Baltes, P.B. (Eds.; 1979): Longitudinal Research in the Study of Behavior and Development. (Academic Press; pp. 386) New York, London, Toronto [vgl. auch Psychological Bulletin **88** (1980), 622–637 und Stat. in Med. **3** (1984), 113–130]
Neter, J., Wasserman, W., and Kutner, M.H. (1989): Applied Linear Regression Models. 2nd ed. (R.D. Irwin; pp. 667) Homewood, Ill. [zu R^2: Amer. Stat. **48** (1994), 113–117]
Nevzorov, V.B. (1987): Records. Theory of Probability and its Applications **32**, 201–228
Newbold, P. (1988): Some recent developments in time series analysis – III. International Statistical Review **56**, 17–29 [Nonparametric ... **65** (1997), 49–72]

Newell, C. (1988): Methods and Models in Demography. (Guilford Press; pp. 217) New York

Noether, G.E. (1987): Sample size determination for some common nonparametric tests. Journal of the American Statistical Association **82**, 645–647

Noether, G.E. (With the Assistance of Marilynn Dueker) (1991): Introduction to Statistics: The Nonparametric Way. (Springer; pp. 414) New York and Heidelberg

Noreen, E.W. (1989): Computer Intensive Methods for Testing Hypotheses. An Introduction. (Wiley; pp. 229) New York and Chichester

Norwood, Paula K., Sampson, A.R., McCarroll, Kathleen, and Staum, R. (1989): A multiple comparisons procedure for use in conjunction with the Benard-van Elteren test. Biometrics **45**, 1175–1182

Nour, E.-S., and Suchindran, C.M. (1985): Multistate life tables: theory and application. Biostatistics, 143–162

O'Brien, R.G., and Kaiser, Mary Kister (1985): MANOVA method for analyzing repeated measures designs: an extensive primer. Psychological Bulletin **97**, 316–333 [vgl. auch J. Raz, Biometrics **45** (1989), 851–871 und J. Ludbrook, Cardiovasc. Res. **28** (1994), 303–311]

Odeh, R.E. (1971): On Jonckheere's k-sample test against ordered alternatives. Technometrics **13**, 912–918

Odeh, R.E. (1972): On the power of Jonckheere's k-Sample test against ordered alternatives. Biometrika **59**, 467–471

Odeh, R.E. (1977): Extended tables of the distribution of Friedman's S-statistic in the two-way layout. Communications in Statistics – Simulation and Computation B **6**, 29–48

Odeh, R.E. (1977): The exact distribution of Page's L-statistic in the two-way layout. Communications in Statistics – Simulation and Computation B **6**, 49–61

Odeh, R.E. (1978): Tables of two-sided tolerance factors for a normal distribution. Communications in Statistics – Simulation and Computation B **7**, 183–201

Odeh, R.E. (1982): Critical values of the sample product-moment correlation coefficient in the bivariate distribution. Communications in Statistics – Simulation and Computation **11**, 1–26

Odeh, R.E. (1982): Tables of percentage points of the distribution of the maximum absolute value of equally correlated normal random variables. Communications in Statistics – Simulation and Computation **11**, 65–87

Odeh, R.E. (1989): Simultaneous two-sided prediction intervals to contain at least l out of k future means from a normal distribution. Communications in Statistics – Simulation and Computation **18**, 429–457

Odeh, R.E. (1990): Two-sided prediction intervals to contain at least k out of m future observations from a normal distribution. Technometrics **32**, 203–216

Odeh, R.E., Chou, Y.-M., and Owen, D.B. (1987): The precision for coverages and sample size requirements for normal tolerance intervals. Communications in Statistics – Simulation and Computation **16**, 969–985

Odeh, R.E., Chou, Y.-M., and Owen, D.B. (1989): Sample-size determination for two-sided β-expectation tolerance intervals for a normal distribution. Technometrics **31**, 461–468

Odeh, R.E., and Fox, M. (1991): Sample Size Choice. Charts for Experiments with Linear Models. (M. Dekker; pp. 194) New York and Basel

Odeh, R.E., and Owen, D.B. (1980): Tables for Normal Tolerance Limits, Sampling Plans, and Screening. (M. Dekker; pp. 316) New York

Odeh, R.E., and Owen, D.B. (1983): Attribute Sampling Plans, Tables of Tests and Confidence Limits for Proportions. (M. Dekker; pp. 392) New York

Odeh, R.E., and Owen, D.B. (1988): Parts per Million Values for Estimating Quality Levels. (Statistics, Vol. 87) (M. Dekker; pp. 347) New York and Basel

O'Hagan, A. (1994): Kendall's Advanced Theory of Statistics: Bayesian Inference. Volume 2B (E. Arnold; pp. 330) Sevenoaks, Kent and London [vgl. The Amer. Statist. **51** (1997), 241–274, 293–295, Amer. Scientist **76** (1988), 159–165 u. Statist. Science **7** (1992), 49–122]

Olkin, I. [and 11 further panel members] **(1990):** Cross-disciplinary research in the statistical sciences. IMS panel an cross-disciplinary research in the statistical sciences. Statistical Science **5**, 121–146

Olkin, I. (and Mosteller, F., Chalmers, Th.C., Dear, K.B.G., Begg, C.B., and Hedges, L.V.) (1992): Meta-Analysis: Methods for combining independent studies. Statistical Science **7**, 246–255 [vgl. auch International Journal of Technology Assessment in Health Care **6** (1990), 5–30 and 31–55, Quality and Quantity **31** (1997), 385–399 sowie Biometrika **87** (2000), 619–632]

Osborne, Christine (1991): Statistical calibration: A review. International Statistical Review **59**, 309–336 [vgl. auch South African Statistical Journal **27** (1993), 69–85]

Ostrom, Ch.W., Jr. (1990): Time Series Analysis. Regression Techniques. 2nd ed. (Sage Publ. Series 07–009; pp. 95) Beverly Hills and London

Ott, L. (1988): An Introduction to Statistical Methods and Data Analysis. 3rd. ed. (Duxbury Press; pp. 945) Boston, Mass. (4th ed., 1993, pp. 1183) [vgl. auch P.R. Nelson, Technometrics **35** (1993), 61–71 sowie Biometrical Journal **35** (1993), 371–378]

Overall, J.E., Lee, D.M., and Hornick, C.W. (1981): Comparison of two strategies for analysis of variance in nonorthogonal designs. Psychological Bulletin **90**, 367–375

Owen, W.J., and DeRouen, T.A. (1980): Estimation of the mean for lognormal data containing zeroes and left-censored values, with applications to the measurement of worker exposure to air contaminants. Biometrics **36**, 707–719 [vgl. auch **43** (1987), 439–456]

Ozer, D.J. (1985): Correlation and the coefficient of determination. Psychological Bulletin **97**, 307–315 [vgl. auch **101** (1987), 471–474]

Page, E.B. (1963): Ordered hypotheses for multiple treatments: A significance test for linear ranks. Journal of the American Statistical Association **58**, 216–230 [vgl. auch S. 703]

Pahnke, K. (1984): Repeated Measures Modelle (RMM): Auswertung mit SAS und BMDP. Statistical Software Newsletter **10**, 33–35

Pal, M., and Bhaumik, M. (1981): A note on Bartlett's method of grouping in regression analysis. Sankhya, The Indian Journal of Statistics, Series B, **43**, 399–404

Parmar, M.K.B., and Machin, D. (1995): Survival Analysis. A Practical Approach. (Wiley; pp. 255) Chichester and New York [vgl. D.W. Hosmer, Jr. + S. Lemeshow (1999): Appl. Surv. Anal. (Wiley; pp. 386) N.Y.]

Patefield, W.M. (1982): Exact tests for trends in ordered contingency tables. Applied Statistics **31**, 32–43 [zur Zerlegung: Austral. and New Zealand J. of Statistics **40** (1998), 465–477]

Patel, J.K. (1986): Tolerance limits–a review. Communications in Statistics – Theory and Methods **15**, 2719–2762

Patel, J.K. (1989): Prediction intervals – a review. Communications in Statistics – Theory and Methods **18**, 2393–2465

Patel, J.K., Kapadia, C.H., and Owen, D.B. (1976): Handbook of Statistical Distributions. (M. Dekker; pp. 302) New York and Basel

Patel, J.K., and Read, C.B. (1996): Handbook of the Normal Distribution. 2nd ed. (M. Dekker; pp. 431) New York and Basel [vgl. L.A. Aroian: Technometrics **25** (1983), 112–115]

Patil, G.P., Boswell, M.T., Joshi, S.W., Ratnaparkhi, M.V., and Roux J.J.J. (1985): Dictionary and Classified Bibliography of Statistical Distributions in Scientific Work. Vol. 1. Discrete Models, Vol. 2. Univariate Continuous Models, Vol. 3. Multivariate Models. (International Cooperative Publ. House; pp. 458, 575, 350) Burtonsville, MD

Paul, S.R., and Donner, A. (1989): A comparison of tests of homogeneity of odds ratios in $k\ 2 \times 2$ tables. Statistics in Medicine **8**, 1455–1468

Peace, K.E. (Eds.; 1988): Biopharmaceutical Statistics for Drug Development. (STATISTSICS; Vol. 86) (M. Dekker; pp. 640) New York and Basel

Pearce, N.E., and Cryer, P.C. (1986): Analysis of the components of a linear trend in proportions. American Journal of Epidemiology **124**, 127–133

Pearce, S.C. (1983): The Agricultural Field Experiment. A Statistical Examination of Theory and Practice. (Wiley; pp. 335) New York [vgl. auch Manual of Crop Experimentation. 1988 (Griffin; pp. 358) London sowie J.C. Gower, Journal of the Royal Statistical Society A **151** (1988), 179–200 und Biometrics **46** (1990), 925–945]

Pearce, S.C., Clarke, G.M., Dyke, G.V., and Kempson, R.E. (1988): A Manual of Crop Experimentation. (Ch. Griffin; pp. 358) London

Pearson, E.S. (1947): The choice of a statistical test illustrated on the interpretation of data classed in a 2×2 table. Biometrika **34**, 139–167 [vgl. J. Stat. Plan. Inf. **69** (1998), 33–49]

Pearson, E.S., and Hartley, H.O. (Eds.; 1970, 1972): Biometrika Tables for Statisticians. Vol. I and II. (Cambridge Univ. Press; pp. 270 and pp. 385) Cambridge

Peil, H., and Häselbarth, L. (1985): Über das statistische Testen der Bioäquivalenz. Arzneimittel-Forschung/Drug-Research **35** (II), 1489–1494 [vgl. auch A.R. Feinstein (2001)]

Peil, J. (1985): Biomathematik. (VEB G. Fischer; 466 S.) Jena

Peizer, D.B., and Pratt, J.W. (1968): A normal approximation for Binomial, F, Beta, and other common, related tail probabilities. I and II. Journal of the American Statistical Association **63**, 1416–1483

Penfield, D.A., and Koffler, S.L. (1978): Post hoc procedures for some k-sample nonparametric tests for scale. Journal of Educational Statistics **3**, 265–282

Pereira, B., de B. (1977): Discriminating among separate models: a bibliography. International Statistical Review **45**, 163–172

Perli, H.-G. (1985): Testverfahren in der Konfigurationsfrequenzanalyse. (Palm und Enke; 129 S.) Erlangen [vgl. auch J. Krauth (1993): Einführung in die K. (Beltz; 205 S.) Weinheim]

Perli, H.-G., Hommel, G., and Lehmacher, W. (1987): Test procedures in configural frequency analysis (CFA) controlling the local and multiple level. Biometrical Journal **29**, 255–267 [vgl. A. von Eye et al., Applied Psychology ... **45** (1996), 301–352]

Perlman, M.D., and L. Wu (1999): The emperor's new tests. Statistical Science **14**, 355–381

Petermann, F. (Hrsg.; 1989): Einzelfallanalyse. 2. völlig überarb. Aufl. (R. Oldenbourg; 318 S.) München und Wien [vgl. auch Psychological Methods **3** (1998), 206–217]

Peters, W.S. (1987): Counting for Something. Statistical Principles and Personalities. (Springer; pp. 275) New York, Berlin, Heidelberg

Petersen, R.G. (1985): Design and Analysis of Experiments. (Statistics, Vol. 66) (M. Dekker; pp. 429) New York and Basel

Pettitt, A.N. (1979): A non-parametric approach to the changepoint problem. Applied Statistics **28**, 126–135

Pettitt, A.N., and Stephens, M.A. (1977): The Kolmogorov-Smirnov goodness-of-fit statistics with discrete and grouped data. Technometrics **19**, 205–210

Pfannkuch, Maxine, and Wild, C.J. (2000): Statistical thinking and statistical practice: themes gleaned from professional statisticians. Statistical Science **15**, 132–152 [vgl. auch Internat. Statist. Review **67** (1999), 223–265]

Pfanzagl, J. (1988): Elementare Wahrscheinlichkeitsrechnung. (de Gruyter; 313 S.) Berlin, New York

Pfeifer, Ch.G., and Enis, P. (1978): Dorfman-type group testing for a modified binomial model. Journal of the American Statistical Association **73**, 588–592 [vgl. auch **89** (1994), 972–993 u. **93** (1998), 1216–1230 sowie International Statistical Review **62** (1994), 319–331]

Pfeifer, D. (1989): Einführung in die Extremwertstatistik. (Teubner; 199 S.) Stuttgart

Pfeiffer, P.E. (1990): Probability for Applications. (Springer; pp. 679) New York, Berlin, Heidelberg

Pfohl, H.-C., and Braun, G.E. (1981): Entscheidungstheorie. Normative and deskriptive Grundlagen des Entscheidens. (Vlg. Moderne Industrie; 516 S.) Landsberg am Lech

Pigeot, Iris (2000): Basic concepts of multiple tests – a survey. Statistical Papers **41**, 3–36 [ergänzt durch P.H. Westfall u. Mitarb. (1999): Multiple Comparisons and Multiple Tests. (SAS Institute; pp. 397) Cary, NC]

Pinnekamp, H.-J., and Siegmann, F. (1988): Deskriptive Statistik. Einführung in die statistische Methodenlehre. (R. Oldenbourg; 266 S.) München und Wien

Pitman, J. (1993): Probability. (Springer; pp. 559) New York, Heidelberg, Berlin

Plewis, I. (1985): Analysing Change: Measurement and Explanation Using Longitudinal Data. (Wiley; pp. 182) Chichester and New York [vgl. Psychological Bulletin **111** (1992), 176–184]

Pocock, S.J. (1979): Allocation of patients to treatment in clinical trials. Biometrics **35**, 183–197 [vgl. auch **43** (1987), 885–894 und Statistics in Medicine **9** (1990), 645–656]

Pocock, S.J. (1983): Clinical Trials. A Practical Approach. (Wiley; pp. 266) Chichester and New York [vgl. auch Controlled Clinical Trials **10** (1989), 57–70 und Statistical Science **5** (1990), 299–317, **7** (1992), 428–456, **13** (1998), 209–235 und Biometrika **84** (1997), 619–630 sowie das

Buch von Helen Brown u. R. Prescott (**1999**): Applied Mixed Models in Medicine. (Wiley; pp. 408; N.Y.)]

Pocock, S.J., Geller, Nancy L., and Tsiatis, A.A. (1987): The analysis of multiple endpoints in clinical trials. Biometrics **43**, 487–498 [vgl. **49** (1993), 23–30 u. Biom. J. **41** ('99), 1–20]

Pokropp, F. (1980): Stichproben – Theorie und Verfahren. (Athenäum-Vlg.; 255 S.) Königstein

Polasek, W. (1987): Explorative Wahlanalyse: Dargestellt anhand der Bundespräsidentenwahlen 1986. Österreichische Zeitschrift für Statistik und Informatik **17**, 3–26

Polasek, W. (1994): Explorative Daten-Analyse. EDA. Einführung in die deskriptive Statistik. 2. Aufl. (Springer; 345 S.) Berlin, Heidelberg, New York

Pollard, G.H. (1983): An analysis of classical and tie-breaker tennis. Australian Journal of Statistics **25**, 496–505 [vgl. auch L.H. Riddle, Applied Statistics **37** (1988), 63–75 und 490 sowie E.L. Crow, Communications in Statistics – Simulation and Computation **19** (1990), 749–769]

Pollard, R. (1985). Goal-scoring and the negative binomial distribution. The Mathematical Gazette **69**, 45–47 [vgl. Amer. Stat. **50** (1996), 352–360; **51** (1997), 305–310 und Appl. **46** (1997), 265–280]

Pollock, K.H., Nichols, J.D., Brownie, C., and Hines, J.E. (1990): Statistical Inference for Capture-Recapture Experiments. (Wildlife Monograph 107) (The Wildlife Society; pp. 97) Bethesda, Maryland [vgl. auch K.H. Pollock: Journal of the American Statistical Association **95** (2000), 293–296 und Biometrics **55** (1999), 366–375, 387–395]

Popper, K.R. (1972): Objective Knowledge: An Evolutionary Approach. (Clarendon Press; pp. 380) Oxford [vgl. auch M. Susser, International Journal of Epidemiology **18** (1989), 481–488]

Potter, R.W., and Sturm, G.W. (1981): The power of Jonckheere's Test. The American Statistician **35**, 249–250

Potthoff, G. (1981): Statistische Klasseneinteilung. Wissenschaftliche Zeitschrift der Hochschule für Verkehrswesen „Friedrich List" Dresden **28**, 1049–1054

Pratt, J., and Gibbons, J.D. (1981): Concepts of Nonparametric Theory. (Springer; pp. 480) New York [zum P-Wert siehe auch Gibbons und Pratt 1975]

Prescott, R.J. (1981): The comparison of success rates in crossover trials in the presence of an order effect. Applied Statistics **30**, 9–15 [vgl. auch M.G. Kenward and B. Jones **36** (1987), 192–204 sowie Biometrics **40** (1984), 1063–1070, **49** (1993), 997–1009 und Statistica Neerlandica **40** (1986), 81–86]

Preston, S. (1987): Relations among standard epidemiology measures in a population. American Journal of Epidemiology **126**, 336–345

Prunty, L. (1983): Curve fitting with smooth functions that are piecewise-linear in the limit. Biometrics **39**, 857–866

Pruscha, H. (1989): Angewandte Methoden der Mathematischen Statistik. Lineare, loglineare, logistische Modelle. (Teubner; 391 S.) Stuttgart (2. Aufl. 1996, 412 S.)

Qu, Y., Beck, G.J., and Williams G.W. (1990): Polya-Eggenberger distribution: parameter estimation and hypothesis tests. Biometrical Journal **32**, 229–242 [vgl. auch The American Statistician **47** (1993), 269–273 und Stat. in Med. **17** (1998), 1157–1168]

Quine, M.P., and Seneta, E. (1987): Bortkiewicz's data and the law of small numbers. International Statistical Review **55**, 173–181

Raaijmakers, J.G.W. (1987): Statistical analysis of the Michaelis-Menten equation. Biometrics **43**, 793–803 [vgl. auch D. Ruppert u. Mitarb.: **45** (1989), 637–656]

Rajarshi, Sujata, and Rajarshi, M.B. (1988): Bathtub distributions: a review. Communications in Statistics – Theory and Methods **17**, 2597–2621

Ramsay, P.H. (1981): Power of univariate pairwise multiple comparison procedures. Psychological Bulletin **90**, 352–366

Randles, R.H., and Wolfe, D.A. (1979): Introduction to the Theory of Nonparametric Statistics. (Wiley; pp. 450) New York [vgl. H. Büning: Commun. Statist.-Theory Meth. **25** (1996), 1569–1582]

Rao, B.R., and Marsh, G.M. (1990): Simultaneous statistical inference concerning the standardized mortality ratios (SMR) of several strata in an epidemiologic study. Biometrical Journal **32**, 107–123 [vgl. auch Österr. Zeitschrift für Statistik **24** (1995), 47–59 und Biometrics **56** (2000), 1164–1169]

Rao, C.R. (Ed.;1993): Computational Statistics. (Handbook of Statistics Vol. 9) (North-Holland/ Elsevier; pp. 1100) Amsterdam [vgl. auch Statistics and Computing **6** (1996), 37–49]

Rasch, D. (1960): Probleme der Varianzanalyse bei ungleicher Klassenbesetzung. Biometrische Zeitschrift **2**, 194–203

Rasch, D. (Hrsg., 1988): Biometrisches Wörterbuch. 3. erw. Aufl. (Bd.) Erläuterungen (und Bd.) Register. (H. Deutsch; [insges.] 965 S.) Frankfurt am Main

Rasch, D. (1995): Mathematische Statistik. (J.A. Barth; 851 S.) Heidelberg

Rasch, D., Herrendörfer, G., Bock, J., Victor, N. u. Guiard, V. (Hrsg.; 1999): Verfahrensbibliothek, Versuchsplanung und Auswertung. Bd. I u. II. (R. Oldenbourg; 1972 S.) München u. Wien

Ratkowsky, D.A. (1983): Nonlinear Regression Modeling: A Unified Practical Approach. (STATISTICS, Vol. 48) (M. Dekker; pp. 276) New York and Basel [auch: (1990) Handbook of Nonlinear Regression. (M. Dekker; pp. 241) New York and Basel] [vgl. auch Applied Statistics **45** (1996), 83–98]

Rawlings, J.O. (1988).: Applied Regression Analysis: A Research Tool. (Wadsworth and Brooks/Cole; pp. 553) Pacific Grove, Calif. [2nd ed. 1998, pp. 657, Springer] [zu Kollinearität siehe auch G.W. Stuart, Statistical Science **2** (1987), 68–100]

Read, T.R.C., and Cressie, A.C. (1988): Goodness-of-Fit Statistics for Discrete Multivariate Data. (Springer; pp. 211) New York, Berlin, Heidelberg

Reibnegger, G., Hausen, A., and Wachter, H. (1989): Null results when diagnostic tests are imperfect. The Lancet **2**, 1276

Reid, Constance (1982): Neyman – From Life. (Springer; pp. 298) New York, Heidelberg, Berlin

Reilman, Miriam A., Gunst, R.F., and Lakshminarayanan, M.Y. (1986): Stochastic regression with errors in both variables. Journal of Quality Technology **18**, 162–169

Rescher, N. (1987): Induktion. Zur Rechtfertigung induktiven Schließens. (Übers. v. G. Schäffner) (Philosophia Vlg.; 246 S) München und Wien

Resnick, S.I. (1987): Extreme Values, Regular Variation, and Point Processes. (Springer; pp. 320) Heidelberg sowie P. Embrechts et al. (**1997**) Modelling Extremal Events. (Springer)

Resnikoff, G.J., and Lieberman, G.J. (1959): Tables of the Non-Central t-Distribution: Density Function, Cumulative Distribution Function and Percentage Points. (Stanford University Press; pp. 389) Stanford, Calif.

Reynolds, H.T. (1977): The Analysis of Cross-Classifications. (The Free Press; pp. 236) New York

Riedwyl, H. (1980): Graphische Gestaltung von Zahlenmaterial. 2. Aufl. UTB 440. (P. Haupt; 167 S.) Bern und Stuttgart [vgl. auch H. Wainer, Amer. Statist. **50** (1996),101–111]

Rinne, H. (1988): Statistische Formelsammlung. 3. Aufl. (begründet von G. Creutz und R. Ehlers (H. Deutsch; 159 S.) Thun und Frankfurt am Main sowie (**1997**) Taschenbuch der Statistik, 2. überarb. u. erweiterte Aufl. (H. Deutsch; 650 S.) Thun und Frankfurt am Main und (**2000**) Statistische Analyse multivariater Daten. Einführung. (R. Oldenbourg; 242 S.) München und Wien

Rinne, H., und Mittag, H.-J. (1989): Statistische Methoden der Qualitätssicherung. (Carl Hanser Vlg.; 592 S.) München und Wien [zu Kontrollkarten siehe Technometrics **31** (1989), 173–184 und 313–320; **36** (1994), 1–27; **37** (1995), 15–40; **38** (1996), 152–160 sowie Applied Statistics **44** (1995), 269–306 und Statistical Papers **42** (2001), 207–223]

Rinne, H., und Mittag, H.-J. (1999): Prozeßfähigkeitsmessung für die industrielle Praxis. (C. Hanser; 480 S.) München, Wien

Ripley, B.D. (1986): Statistics, images, and pattern recognition. With discussion. The Canadian Journal of Statistics **14**, 83–111 [vgl. J. Roy. Stat. Soc. B **56** (1994), 409–456]

Ripley, B.D. (1987): Stochastic Simulation. (Wiley; pp. 237) New York

Ritter, H. (1991): PC-Graphik-Programme in der Statistik. Vergleichende Gegenüberstellung mit Anwendungsbeispielen. (G. Fischer; 231 S.) Stuttgart, New York

Rizvi, M.H. (Ed.; 1986): Modern Statistical Selection. Proc. Conf. "Statistical Ranking and Selection – Three Decades of Development". Univ. of Calif. at Santa Barbara. Part I and II. (American Sciences Press; pp. 204, 200) Syracuse/New York

Rizvi, M.H. (1986): Statistical ranking and selection: towards the future. American Journal of Mathematical Management Sciences **6**, 5–11

Roberts, F.S. (1984): Applied Combinatorics. (Prentice-Hall; pp. 606) Englewood Cliffs, N.J.
Roberts, G., Rao, J.N.K., and Kumar, S. (1987): Logistic regression analysis of sample survey data. Biometrika **74**, 1–12 [vgl. auch Statistics in Medicine **8** (1989), 525–538, 795–802, **15** (1996), 2573–2588 und Survey Methodology **15** (1989), 161–186, 203–223]
Robertson, T., Wright, F.T., and Dykstra, R.L. (1988): Order Restricted Statistical Inference. (Wiley; pp. 521) New York [vgl. Tetsuhisa Miwa u. Mitarb.: Computational Statistics and Data Analysis **34** (2000), 17–32]
Robinson, Dorothy L. (1987): Estimation and use of variance components. The Statistician **36**, 3–14
Rochel, H. (1983): Planung und Auswertung von Untersuchungen im Rahmen des allgemeinen linearen Modells. (LFT Psychologie, Bd. 4) (Springer; 262 S.) Berlin, Heidelberg, New York
Rocke, D.M. (1984): On testing for bioequivalance. Biometrics **40**, 225–230 [vgl. auch **40**, 819–825, **41** (1985), 561–563, **49** (1993), 1225–1230 und J. O'Quigley and C. Baudoin, The Statistician **37** (1988), 51–58 sowie S.-C. Chow and S.-K. Tse, Biometrical Journal **32** (1990), 597–607, **35** (1993), 47–55, 109–123 und C.S. Locke, Communications in Statistics – Theory and Methods **19** (1990), 3361–3373 sowie Biometrika **83** (1996), 236–237]
Rodgers, J.L., and Nicewander, W.A. (1988): Thirteen ways to look at the correlation coefficient. The American Statistician **42**, 59–66 [vgl. auch **51** (1997), 42–48 und **55** (2001), 51–54]
Rogan, J.C., Keselman, H.S., and Mendoza, J.L. (1979): Analysis of repeated measurements. British Journal of Mathematical and Statistical Psychology **32**, 269–286 [vgl. auch A. Keen u. Mitarb., Statistica Neerlandica **40** (1986), 205–223; vgl. auch Psychological Methods **2** (1997), 208–218]
Rogosa, D. (1980): Comparing nonparallel regression lines. Psychological Bulletin **88**, 307–321
Rosenbaum, P.R. (1987): The role of a second control group in an observational study. With discussion. Statistical Science **2**, 292–316 [vgl. auch **14** (1999), 259–304]
Rosenbaum, P.R. (1989): Optimal matching for observational studies. Journal of the American Statistical Association **84**, 1024–1032 [vgl. Observational Studies. **(1995)**, pp. 230, Springer]
Rosenthal, R. (1991): Meta-Analytic Procedures for Social Research. (rev. ed.: Quantitative Applications in the Social Sciences; Vol. 6) (Sage; pp. 148) Beverly Hills and London [vgl. auch: Meta-Analysis; a review. Psychosomatic Medicine **53** (1991), 247–271]
Rosenthal, R., and Rosnow, R.L. (1991): Essentials of Behavioral Research. Methods and Data Analysis. 2nd ed. (McGraw-Hill; pp. 629) New York [vgl. Psychol. Bull. **85** (1978), 185–193]
Rosner, B. (1990): Fundamentals of Biostatistics. 3rd ed. (Duxbury Press; pp. 640) Boston, Mass.
Rosnow, R.L., and Rosenthal, R. (1989): Definition and interpretation of interaction effects. Psychological Bulletin **105**, 143–146 [Effect Sizes: Psychological Methods **1** (1996), 331–340]
Ross, G.J.S., and Preece, D.A. (1985): The negative binomial distribution. The Statistician **34**, 323–335 [vgl. auch Biometrics **42** (1986), 989–992]
Ross, P.J. (1996): Taguchi Techniques for Quality Engineering. Loss Function, Orthogonal Experiments, Parameter and Tolerance Design. 2nd ed. (McGraw-Hill; pp. 329) New York, Hamburg, London [vgl. auch Applied Statistics **39** (1990), 31–48; **41** (1992), 579–593; **42** (1993), 671–681]
Ross, S.M. (1990): A Course in Simulation. (Macmillan; pp. 202) New York (2nd ed., 1997)
Rossi, P.H., Wright, J.D., and Anderson, A.B. (Eds.; 1983): Handbook of Survey Research. (Academic Press; pp. 800) New York and London
Roth, E. (Hrsg., unter Mitarb. v. K. Heidenreich; 1987): Sozialwissenschaftliche Methoden. Lehr- und Handbuch für Forschung und Praxis. 2. Aufl. (R. Oldenbourg; 783 S.) München und Wien [vgl. auch W.J. Krzanowski (1998): An Introd. to Stat. Modelling. (Arnold; pp. 252) N.Y.]
Rothery, P. (1979): A nonparametric measure of intraclass correlation. Biometrika **66**, 629–639
Rothman, K.J. (1986): Modern Epidemiology. (Little, Brown and Company; pp. 358) Boston and Toronto [Weak Associations, vgl. International Journal of Epidemiology **17** (1988), No.4 (Suppl.) 950–963; Epidemien, vgl. J. Roy. Statist. Soc. B **60** (1998), 663–679]
Rothman, K.J. (Ed.; 1988): Causal Inference. (Epidemiology Resources Inc.; pp. 207) Chestnut Hill (Mass. 02167; P.O. Box 57) [vgl. auch J. Amer. Statist. Assoc. **95** (2000), 407–485]
Rousseeuw, P.J., and Leroy, A.M. (1987): Robust Regression and Outlier Detection. (Wiley; pp. 329) New York [vgl. P.L. Davies: Rob. lin. regr., Ann. Statist. **21** (1993), 1843–1899]

Rovine, M.J., and von Eye, A. (1991): Applied Computational Statistics in Longitudinal Research (Academic Press; pp. 256) San Diego, Calif.

Royall, R.M. (1991): Ethics and statistics in randomized clinical trials. With discussion. Statistical Science **6**, 52–88 [vgl. auch Epidemiology **3** (1992), 343–347; auf die Verantwortung des Statistikers bei „unumgänglichen“ Tierversuchen wird im The American Statistician **47** (1993), 229–233 hingewiesen: Ersatz möglich?, falls nicht, dann kleinste Anzahl, optimale Technik und effizientes Auswertungsmodell]

Rubin, D.B. (1987): Multiple Imputation for Nonresponse in Surveys. (Wiley; pp. 258) N.Y. [s. JASA **91** (1996), 473–489 u. I. G. Sande, Amer. Statist. **36** (1982), 145–152 sowie Internat. Stat. Rev. **66** (1998), 157–180 u. J.R. Statist. Soc. A **162** (1999), 437–448 u. Metrika **51** (2000), 267–276]

Rüger, B. (1996): Induktive Statistik. Einführung für Wirtschafts- und Sozialwissenschaftler. 3. überarb. u. erweit. Aufl. (R. Oldenbourg; 373 S.) München und Wien

Ruelle, D. (1992): Zufall und Chaos. (Springer; 207 S.) Berlin, Heidelberg, New York

Rump, S.M. (1986): Sichere Ergebnisse auf Rechenanlagen. Informatik-Spektrum **9**, 174–183

Ryzin, van, J. (Ed.; 1988): Adaptive Statistical Procedures and Related Topics. (Proc. Symp. Adaptive Statistical Procedures and Related Topics, Brookhaven National Laboratory, June 1985) (Inst. Math. Stat. Lecture Notes, Vol. 8; pp. 476) Hayward, Calif. 94545, 3401 Investment Boulevard, Suite 8. [vgl. auch Biometrical Journal **33** (1991), 81–101]

Sachs, L. (1984): Applied Statistics. A Handbook of Techniques. 2nd revised ed. (Springer; pp. 707) New York, Heidelberg, Berlin

Sachs, L. (1986): A Guide to Statistical Methods and to the Pertinent Literature. Literatur zur Angewandten Statistik. (Springer; 212 S.) Berlin, Heidelberg, New York [vgl. zu stat. Meth. i. d. Medizin, Klinische Wochenschrift **46** (1968), 969–975, **55** (1977), 767–775 und 973–983]

Sachs, L. (1986): Alternatives to the chi-square test of homogeneity in 2×2 tables and to Fisher's exact test. Biometrical Journal **28**, 975–979

Sachs, L. (1990): Statistische Methoden 2: Planung und Auswertung. (Springer; 273 S.) Berlin, Heidelberg, New York

Sachs, L. (1993): Statistische Methoden: Planung und Auswertung. 7. überarbeitete Aufl. (Springer; 312 S.) Berlin, Heidelberg, New York

Sahai, H. and Ageel, M.I. (2000): The Analysis of Variance. Fixed, Random and Mixed Models. (Birkhäuser; pp. 742) Boston, Basel, Berlin

Saliger, E. (1981): Betriebswirtschaftliche Entscheidungstheorie. Eine Einführung in die Logik individueller und kollektiver Entscheidungen. (Oldenbourg; 206 S.) München und Wien

Samet, H. (1990): The Design and Analysis of Spatial Data Structures. (Addison-Wesley; pp. 493) Reading, Mass.

Santner, T.J., and Duffy, Diane E. (1989): The Statistical Analysis of Discrete Data. (Springer; pp. 367) New York, Berlin, Heidelberg

Sauerbrei, W. and P. Royston (1999): Building multivariable prognostic and diagnostic models: transformation of the predictors by using fractional polynomials. Journal of the Royal Statistical Society A **162**, 71–94

Saville, D., and Wood, G. (1991): Statistical Methods: The Geometric Approach. (Springer; pp. 560) New York [Regr.-Modell, graph. überprüft: JASA **92** (1997), 490–499]

Schach, Elisabeth, und Schach, S. (1978): Pseudoauswahlverfahren bei Personengesamtheiten I: Namensstichproben. Allgemeines Statistisches Archiv **62**, 379–396

Schach, Elisabeth, und Schach, S. (1979): Pseudoauswahlverfahren bei Personengesamtheiten II: Geburtstagsstichproben. Allgemeines Statistisches Archiv **63**, 108–122

Schader, M., and Schmid, F. (1986): Distribution function and percentage points for the central and noncentral F-distribution. Statistische Hefte **27**, 67–74

Scheaffer, R.L., Mendenhall, W., and Ott, L. (1996): Elementary Survey Sampling. 5th ed. (Duxbury Press; pp. 501) Boston, Mass.

Schechtman, Edna (1982): A nonparametric test for detecting changes in location. Communications in Statistics – Theory and Methods **11**, 1475–1482

Schlesselman, J.J. (1982): Case Control Studies. Design, Conduct, Analysis. (Oxford Univ. Press; pp. 354) New York (man benutze ein 2nd printing Exemplar) [n? for matched pairs: vgl. J.L. Fleiss und B. Levin, Journal of Clinical Epidemiology **41** (1988), 727–730]

Schlittgen, R. und B.H.J. Streitberg (1999): Zeitreihenanalyse. 8. überarb. Aufl. (R. Oldenbourg; 574. S.) München und Wien

Schmitz, B. (1989): Einführung in die Zeitreihenanalyse. Modelle, Softwarebeschreibung, Anwendungen. Methoden der Psychologie, Bd. 10 (Verlag H. Huber; 235 S.) Bern, Stuttgart, Toronto

Schneeweiss, H., und Mittag, H.-J. (1986): Lineare Modelle mit fehlerbehafteten Daten. (Physica-Vlg.; 504 S.) Heidelberg und Wien

Schneider, W., Kornrumpf, J., und Mohr, W. (1995): Statistische Methodenlehre. 2. vollst. überarb. u. erweit. Aufl. (Oldenbourg, 326 S.) München und Wien

Schnell, R. (1994): Graphisch gestützte Datenanalyse. (Oldenbourg; 317 S.) München und Wien

Schnell, R. (1997): Nonresponse in Bevölkerungsumfragen. (Leske+Budrich; 324 S.) Opladen

Schröder, P. (1985): Diagramm-Darstellung in Stichworten. (F. Hirt; 144 S.) Kiel

Schulze, U. (1987): Mehrphasenregression, Stabilitätsprüfung, Schätzung, Hypothesenprüfung. (Akademie-Verlag; 178 S.) Berlin

Schumacher, M., Olschewski, M., and Schmoor, Claudia (1987): The impact of heterogeneity on the comparison of survival times. Statistics in Medicine **6**, 773–784

Schwarz, H. (1975): Stichprobenverfahren. Ein Leitfaden zur Anwendung statistischer Schätzverfahren. (R. Oldenbourg; 194 S.) München und Wien

Schwarze, J. (Hrsg.; 1980): Angewandte Prognoseverfahren. (Neue Wirtschafts-Briefe, 375 S.) Herne und Berlin [vgl. J. Amer. Statist. Assoc. **95** (2000), 638–643]

Schwarze, J. (1998): Grundlagen der Statistik 1. Beschreibende Verfahren. 8. Aufl. (Neue Wirtschafts-Briefe, 280 S.) Herne und Berlin

Scott, D.W. (1992): Multivariate Density Estimation. Theory, Practice, and Visualization. (Wiley, pp. 317) New York und Chichester [Histogramm $\rightarrow N(\mu;\sigma)$: The American Statistician **47** (1993), 251–255, **48** (1994), 353–354, **53** (1999), 29–37, 239–246, 276–281, 382–387, **54** (2000), 63–70, 89–93 sowie J. Engel, Metrika **46** (1997), 41–57 und M.C. Jones, Statistica Neerlandia **54** (2000), 37–46]

Searle, S.R. (1987): Linear Models for Unbalanced Data. (Wiley; pp. 536) New York [vgl. auch The American Statistician **45** (1991), 54–64 und Communications in Statistics – Theory and Methods **22** (1993), 3453–3471]

Searle, S.R., Casella, G., and McCulloch, Ch.E. (1992): Variance Components. (Wiley; pp. 501) New York and Chichester [vgl. auch die Übersicht in Metrika **42** (1995), 215–230] [Hierarch. Mod.: J.R. Statist. Soc. B **60** (1998), 497–536]

Seber, G.A.F. (1982): Estimation of Animal Abundance. 2nd rev. ed. (Griffin; pp. 672) London [vgl. auch Internat. Statist. Review **60** (1992), 129–166; Biometrics **42** (1986), 267–292; **50** (1994), 88–97, 388–405, 494–505; **51** (1995), 128–141, 293–308; **52** (1996), 1457–1466; **53** (1997), 60–72, **54** (1998), 888–898, **55** (1999), 224–230, 294–301, **56** (2000), 1–12, 427–433, 1227–1232 sowie Statistical Science **14** (1999), 427–456]

Seber, G.A.F., and Wild, C.J. (1989): Nonlinear Regression. (Wiley; pp. 768) New York

Seelos, H.-J. (Hrsg.; 1990): Wörterbuch der Medizinischen Informatik. (de Gruyter; 550 S.) Berlin und New York

Selvin, S. (1996): Statistical Analysis of Epidemiologic Data. 2nd ed. (Monogr. Epidem. Biostat. 17) (Oxford Univ. Press; pp. 484) New York and Oxford

Senn, S.J. (1999): Cross-Over Trials In Clinical Research. (Wiley; pp. 266) Chichester and New York [vgl. Statistics in Medicine **16** (1997), 1031–1039 und das Buch von Helen Brown u. R. Prescott (1999): Applied Mixed Models in Medicine. (Wiley; pp. 408; N.Y.)]

Shaban, S.A. (1980): Change point problem and two-phase regression: an annotated bibliography. International Statistical Review **48**, 83–93 [vgl. auch Commun. Statist.-Theory Meth. **28** (1999), 2785–2801]

Shapiro, S.H., and Louis, T.A. (Eds.; 1983): Clinical Trials: Issues and Approaches. (M. Dekker; pp. 209) New York and Basel

Sheynin, O. (1993): On the history of the principle of least squares. Archive for History of Exact Sciences **46**, 39–54 [vgl. auch z. B. **7** (1971), 217–234: Newton, 244–256: Lambert; **9** (1972), 45–56: Euler; **16** (1976), 1–61, 137–187: Laplace; **18** (1978), 245–300: Poisson; **20** (1979), 21–72: Gauss; **26** (1982), 241–286; Medical Statistics; **28** (1983), 178–195: Corrections and short notes; **36** (1986), 282–325: Quetelet sowie **49** (1995), 163–196 und Historia Scientiarum **10** (2000), 77–83: Bessel sowie **10** (2001), 213–225: Pirogov; **11** (2001), 86–111]

Shiffler, R.E., and Adams, A.J. (1987): A correction for biasing effects of pilot sample size on sample size determination. Journal of Marketing Research **24**, 319–321

Shirahata, S. (1982): Nonparametric measures of intraclass correlation. Communications in Statistics – Theory and Methods **11**, 1707–1721 [vgl. Biometrics **54** (1998), 1363–1373]

Shirahata, S. (1982): A nonparametric measure of intraclass correlation. Communications in Statistics – Theory and Methods **11**, 1723–1732 [vgl. Comm. Stat.-Simul. **28** (1999), 415–429]

Shrout, P.E., and Fleiss, J.L. (1979): Intraclass correlations: uses in assessing rater reliability. Psychological Bulletin **86**, 420–428 [vgl. Statistics in Medicine **13** (1994), 2465–2476]

Siegmund, D. (1985): Sequential Analysis: Tests and Confidence Intervals. (Springer; pp. 272) New York, Heidelberg, Berlin

Simel, D.L., Samsa, G.P., and Matchar, D.B. (1991): Likelihood ratios with confidence: Sample size estimation for diagnostic test studies. Journal of Clinical Epidemiology **44**, 763–700 [zu diagnostic tests s. auch **44**, 967–971]

Simon, R. (1991): A decade of progress in statistical methodology for clinical trials. Statistics in Medicine **10**, 1789–1817 [vgl. auch **14** (1995), 1655–1682]

Singer, Judith, and Willett, J.B. (1991): Modeling the days of our lives: using survival analysis when designing and analyzing longitudinal studies of duration and the timing of events. Psychological Bulletin **110**, 268–290 [zu Survival: Biometrika **88** (2001), 99–142]

Singh, D., and Chaudhary, F.S. (1986): Theory and Analysis of Sample Survey Designs. (Wiley; pp. 380) New York

Singh, M., and Kanji G.K. (1988): Fitting a non-linear model with errors in both variables and its application. Journal of Applied Statistics **15**, 267–274 [vgl. auch **17** (1990), 245–254 und Statistical Science **2** (1987), 434–471]

Singhal, R.A., Tiwari, C.B., Sahai, H., and Misra, S.C. (1989): Estimation and testing procedures for non-normal samples: an introduction and a bibliography. Communications in Statistics – Theory and Methods **18**, 2663–2741

Smith, Judith A., and McHugh, R.B. (1988): Sample size requirements in studies of the etiologic fraction. Biometrical Journal **30**, 187–201

Smith, T.M.F., and Sugden, R.A. (1988): Sampling and assignment mechanisms in experiments, surveys and observational studies. International Statistical Review **56**, 165–180

Snedecor, G.W., and Cochran, W.G. (1980): Statistical Methods. 7th ed. (Iowa State Univ. Press; pp. 507) Ames, Iowa [8th ed. 1989]

Solomon, H., and Stephens, M.A. (1990): Percentage points for the Cochran test for equality of variances. Journal of Quality Technology **22**, 46–56

Sonquist, J.A, and Dunkelberg, W.C. (1977): Survey and Opinion Research: Procedures for Processing and Analysis. (Prentice International; pp. 502) Englewood Cliffs, N.J.

Southwood, T.R.E. (1978): Ecological Methods. With Particular Reference to the Study of Insect Populations. 2nd ed. (Chapman and Hall; pp. 524) London

Sowey, E.R. (1986): A third classified bibliography on random number generation and testing. Journal of the Royal Statistical Association Series A **149**, 83–107

Sox, H.C., Jr. (1986): Probability theory in the use of diagnostic tests. An introduction to critical study of the literature. Annals of Internal Medicine **104**, 60–66 [vgl. auch Biometrics **39** (1983), 207–215; **51** (1995), 330–337, Statistics in Medicine **8** (1989), 1231–1240 und 1381–1391 sowie Epidemiology **3** (1992), 178–181 und Psychol. Bull. **117** (1995), 167–178]

Speed, F.M., Hocking, R.R., and Hackney, O.P. (1978): Methods of analysis of linear models with unbalanced data. Journal of the American Statistical Association **73**, 105–112

Spenhoff, E. (1991): Prozeßsicherheit. Durch statistische Versuchsplanung in Forschung, Entwicklung und Produktion. Grundlagen und Fallbeispiele der klassischen Versuchsplanung. (gfmt, Gesellschaft für Management und Technologie; 226 S.) München 2

Sprent, P. (1988): Taking Risks: The Science of Uncertainty. (Penguin; pp. 264) London

Spurrier, J.D. (1992): Optimal designs for comparing the variances of several treatments with that of a standard treatment. Technometrics **34**, 332–339

Stahel, A. (Hrsg.; 1992): Simulationen strategischer Probleme (vdf, Vlg. d. Fachvereine a. d. schweiz. Hochsch. u. Techniken; 250 S.) Zürich

Statistisches Bundesamt (Hrsg.; 1999): Statistisches Jahrbuch 1999 für die Bundesrepublik Deutschland. (Metzler-Poeschel; 763 S.) Wiesbaden [vgl. auch G. Hullen und R. Schulz (1993): Bericht zur demographischen Lage in Deutschland. Zeitschrift für Bevölkerungswissenschaft **19**, 3–70, J. Dorbritz u. Karla Gärtner (1995): **20**, 339–448 und insbesondere K. Schwarz (1998) **23**, 335–341, (1999) **24**, 229–279, 365–370] sowie das Statistische Jahrbuch für das Ausland 1999 (auch Metzler-Poeschel; 398 S.; beide auch auf CD-ROM); Statistisches Bundesamt (Hrsg.; 1999); aufschlußreich ist auch das entsprechende Taschenbuch: Zahlenkompaß 1999 sowie http://www.statistik-bund.de; vgl. auch den von der Bundeszentrale für politische Bildung herausgegebenen Datenreport 1999 (Bd. 365, 623 S.) Bonn [zu Dorbritz u. Gärtner **25** (2000), 217–266, 375–398 und 431–440]

Staudte, R.G., and Sheather, S.J. (1990): Robust Estimation and Testing (Wiley; pp. 351) Chichester and New York

Steiger, J.H. (1980): Tests for comparing elements of a correlation matrix. Psychological Bulletin **87**, 245–251 [vgl. auch I. Olkin und J. Finn: Testing correlated correlations, **108** (1990), 330–333 und **118** (1995), 155–164]

Steinberg, D.M., and Hunter, W.G. (1984): Experimental design: review and comment. With discussion. Technometrics **26**, 71–130 [vgl. auch Biometrika **84** (1997), 619–630]

Stenger, H. (1986): Stichproben. (Physika-Vlg.; 318 S.) Heidelberg und Wien

Stolley, P.D. (1991): When genius errs: R.A. Fisher and the lung cancer controversy. American Journal of Epidemiology **133**, 416–425 [zu RAF: Statistical Science **13** (1998), 95–122]

Stone, R. (1993): The assumptions on which causal inferences rest. Journal of the Royal Statistical Society Series B **55**, 455–466 [vgl. auch Methods of Information in Medicine **32** (1993), 274–278, G. Shafer (1996): The Art of Casual Conjecture. (MIT Press; pp. 511) Cambridge, MA sowie Quality and Quantity **31** (1997), 361–384 u. Psychological Methods **3** (1998), 169–185]

Storer, B.E., and Kim, Ch. (1990): Exact properties of some exact statistics for comparing two binomial proportions. Journal of the American Statistical Association **85**, 146–155

Strauss, D. (1992): The many faces of logistic regression. The American Statistican **46**, 321–327

Strecker, H. (1987): Statistische Erhebungen: Methoden und Ergebnisse. Ausgewählte Schriften. (Vandenhoeck und Ruprecht; 341 S.) Göttingen [vgl. auch ifo Studien **41** (1995), 641–652 und Allgemeines Statistisches Archiv **79** (1995), 402–424 sowie Jahrbücher für Nationalökonomie und Statistik **220** (2000), 777–792, **221** (2001), 122]

Strube, M.J. (1985): Combining and comparing significance levels from nonindependent hypothesis tests. Psychological Bulletin **97**, 334–341

Stuart, A., and Ord, J.K. (1994, 1999, 1991): Kendall's Advanced Theory of Statistics. Vol. 1–3 [1: Distribution Theory; 2A: Classical Inference and the Linear Model (with S. Arnold); 3: Design and Analysis and Time Series] [6th, 6th, 4th ed.] (E. Arnold; pp. 676, 885, 780) Sevenoaks, Kent (siehe auch A. O' Hagan)

"Student" [W.S. Gosset] (1907): On the error of counting with a haemacytometer. Biometrika **5**, 351–360

Subrahmaniam, Kathleen (1990): A Primer in Probability. 2nd ed. (STATISTICS, Vol. 111) (M. Dekker; pp. 336) New York and Basel

Sudman, S., and Bradburn, N.M. (1983): Asking Questions. A Practical Guide to Questionnaire Design. (Jossey-Bass, SAGE Publ.; pp. 384) London [vgl. auch L. Swain, Survey Methodology **11** (1985), 161–170] [vgl. auch J. Roy. Statist. Soc. A **145** (1982), 42–73]

Szekely, G.J. (1987): Paradoxes in Probability Theory and Mathematical Statistics. (Translated from the Hungarian) (Reidel; pp. 250) Dordrecht, Boston, Lancaster and Tokyo (1990 Deutsch von Eva Vas u. Ulrike Leitner; Vlg. Harri Deutsch; 240 S.; Thun u. Frankfurt/ Main) [vgl. auch R.S. Nickerson, Psychological Bulletin **120** (1996), 410–433]

Tandon, P.K., and Moeschberger, M.L. (1989): Comparison of nonparametric and parametric methods in repeated measures designs – a simulation study. Communications in Statistics – Simulation and Computation **18**, 777–791

Tanur, Judith M., Mosteller, F., Kruskal, W.H., Lehmann, E.L., Link, R.F., Pieters, R.S., and Rising, G.R. (Eds.; 1989): Statistics: A Guide to the Unknown. 3rd ed. (Wadsworth and Brooks/Cole; pp. 284) Pacific Grove

Taylor, J.M.G. (1987): Kendall's and Spearman's correlation coefficients in the presence of a blocking variable. Biometrics **43**, 409–416

Tez, M. (1991): Confidence bands for the Michaelis-Menten kinetic model. Statistical Papers **32**, 253–260 [vgl. auch Biometrics **55** (1999), 925–929]

Thiele, R. (1983): Leonhard Euler. (Teubner; 192 S.) Leipzig [vgl. MNU **48** (1995), 131–138]

Thigpen, C.C. (1987): A sample-size problem in simple linear regression. The American Statistician **41**, 214–215

Thisted, R.A. (1988): Elements of Statistical Computing: Numerical Computation. (Chapmann & Hall; pp. 427) N.Y. [vgl. P. Dirschedl u. R. Ostermann, Eds., 1994: Computat. Statist., Physica-Vlg.]

Thompson, G.L., and Amman, L.P. (1990): Efficiencies of interblock rank statistics for repeated measures design. Journal of the American Statistical Association **85**, 519–528

Thompson, S.K. (1992): Sampling. (Wiley; pp. 343) New York and Chichester

Tiago de Oliveira, J. (Ed.; 1984): Statistical Extremes and Applications. (D. Reidel; pp. 692) Dordrecht (NATO ASI Series C, Vol. 131) [vgl. Applied Statistics **49** (2000), 499–508]

Tiede, M. (1987): Statistik. Regressions- und Korrelationsanalyse. (R. Oldenbourg; 455 S.) München und Wien

Tietjen, G.L. (1986): A Topical Dictionary of Statistics. (Chapman and Hall; pp. 171) New York and London

Tietjen, G.L., and Johnson, M.E. (1979): Exact statistical tolerance limits for sample variances. Technometrics **21**, 107–110

Tiku, M.L., Tan, W.Y., and Balakrishnan, N. (1986): Robust Inference. (M. Dekker; pp 321) New York and Basel [vgl. Ausreißer: JASA **88** (1993), 515–519]

Timm, N.H. (1975): Multivariate Analysis. With Applications in Education and Psychology. (Brooks/Cole; pp. 689) Monterey, Calif.

Töwe, J., Bock, J., and Kundt, G. (1985): Interactions in contingency table analysis. Biometrical Journal **27**, 17–24

Toit, du, S.H.C., Steyn, A.G.W., and Stumpf, R.H. (1986): Graphical Exploratory Data Analysis. (Springer; pp. 314) New York, Berlin, Heidelberg

Tong, Y.L. (1990): The Multivariate Normal Distribution. (Springer; pp. 271) New York, Berlin, Heidelberg

Toutenburg, H. (1992): Lineare Modelle. (Physica-Verlag; 324 S.) Heidelberg

Toutenburg, H. (1) (1992a): Moderne nichtparametrische Verfahren der Risikoanalyse. Eine anwendungsorientierte Einführung für Mediziner, Soziologen und Statistiker. (Physica-Verlag; 208 S.) Würzburg und Wien. **(2)** Toutenburg, H., R. Gössl und J. Kunert (**1998**): Quality Engineering. Eine Einführung in Taguchi-Methoden. (Prentice Hall; 254 S.) München [vgl. auch Y. Lee and J.A. Nelder (1998), The Canadian Journal of Statistics **26**, 95–105]

Tryfos, P. C. (1996): Sampling Methods for Applied Research. (Wiley; pp. 440) New York

Tsai, S.P., Hardy, R.J., and Wen, C.P. (1992): The standardized mortality ratio and life expectancy. American Journal of Epidemiology **135**, 824–831 [SMR-Tests: vgl. **133** (1991), 1191–1197]

Tsai, S.P., and Wen, C.P. (1986): A review of methodological issues of the standardized mortality ratio (SMR) in occupational cohort studies. International Journal of Epidemiology **15**, 8–21 [vgl. auch R.M. Park u. Mitarb., Epidemiology **2** (1991), 49–59]

Tucker, A. (1984): Applied Combinatorics. 2nd ed. (Wiley; pp. 385) New York

Tufte, E.R. (1983): The Visual Display of Quantitative Information. (Graphics Press; pp. 197) Chesshire, CT [vgl. Radial Plots, JASA **89** (1994), 1232–1242]

Tukey, J.W. (1977): Exploratory Data Analysis. (Addison-Wesley; pp. 688) Reading, Mass. [vgl. auch Psychological Methods **2** (1997), 131–160 und Philosophy of Science **50** (1983), 283–295]

Tukey, J.W. (1986): Sunset salvo. The American Statistician **40**, 72–76

Tukey, J.W. (1991): Use of many covariates in clinical trials. International Statistical Review **59**, 123–137 [zur Subgroup Analysis: D.R. Bristol (1997), J. Biopharmaceutical Stat. **7**, 313–331]

Tutz, G. (1990): Modelle für kategoriale Daten mit ordinalem Skalenniveau. Parametrische und nonparametrische Ansätze. Reihe: Angewandte Statistik und Okonometrie 33. (Vandenhoeck & Ruprecht; 228 S.) Göttingen und Zürich [vgl. auch · · · (2000): Die Analyse kategorialer Daten. (Oldenbourg; 449 S.) München]

Unkelbach, H.D., und Wolf, T. (1985): Qualitative Dosis-Wirkungs-Analysen. Einzelsubstanzen und Kombinationen. (G. Fischer; 137 S.) Stuttgart und New York [Umwelt: W.W. Piegorsch et al., Statistical Science **13** (1998), 186–208]

Upton, G.J.G. (1978): The Analysis of Cross-Tabulated Data. (Wiley; pp. 148) New York

Upton, G.J.G., and Fingleton, B. (1985, 1989): Spatial Data Analysis by Example. Vol. 1: Point Pattern and Quantitative Data. Vol. 2: Categorical and Directional Data. (Wiley; pp. 410 and 416) Chichester and New York [Umwelt: W.W. Piegorsch et al., Statistical Science **13** (1998), 186–208]

Urban, D. (1993): Logit-Analyse. Statistische Verfahren zur Analyse von Modellen mit qualitativen Response-Variablen. (G. Fischer; 183 S.) Stuttgart, Jena, New York

Ury, H.K., and Wiggins, A.D. (1985): Another method for calculating the confidence interval of a Poisson variable (or of a standardized mortality ratio). Amer. J. Epidemiology **122**, 197–198

Vegelius, J. (1982): A note on the tie problem for the Siegel-Tukey nonparametric dispersion test. Bulletin in Applied Statistics **9**, 19–24

Viertl, R. (1988): Statistical Methods in Accelerated Life Testing. (Vandenhoeck und Ruprecht; pp. 134) Göttingen sowie **(1997)**: Einführung in die Stochastik. 2. überarb. Aufl. (Springer; 198 S.) Wien

Viertl, R. (1995): Statistical Methods for Non-Precise Data. (CRC Press; pp. 208) Boca Raton, Florida [vgl. auch Slavka Bodjanova, Austrian J. Statistics **28** (1999), 173–194]

Vinod, H.D., and Ullah, A. (1981): Recent Advances in Regression Methods. (Statistics, Vol. 41) (M. Dekker; pp. 361) New York and Basel [Neues: Technometrics **42** (2000), 62–94, 366–375, 384–398 und J. Amer. Statist. Assoc. **95** (2000), 1290–1293, 1320–1324 sowie **96** (2001), 103–160]

Vogel, F. (1994): Ein einfaches und gut intepretierbares Streuungsmaß für nominale Merkmale. Allgemeines Statistisches Archiv **78**, 421–433

Vogel, F. (2000): Beschreibende und schließende Statistik, Definitionen, Erläuterungen, Stichwörter und Tabellen. 12. völlig überarbeitete und erweiterte Aufl. (R. Oldenbourg; 364 S.) München und Wien [vgl. auch F. Vogel: ... Aufgaben und Beispiele, 8. Aufl. 2000]

Vogt, H. (1988): Methoden der Statistischen Qualitätskontrolle (Teubner; 295 S.) Stuttgart

von der Lippe, P. (1996): Wirtschaftsstatistik. 5. völlig neubearbeitete und erweiterte Aufl. (UTB 209) (G. Fischer; 516 S.) Jena und Stuttgart [vgl. Allgem. Statist. Archiv **84** (2000), 67–82 und J. Amer. Statist. Assoc. **95** (2000), 629–673]

Vonesh, E.F., and Schork, M.A. (1986): Sample sizes in the multivariate analysis of repeated measurements. Biometrics **42**, 601–610

von Eye, A. (Ed.; 1990): Statistical Methods in Longitudinal Research. Vol. I: Principles and Structuring Change; Vol. II: Time Series and Categorical Longitudinal Data. (Academic Press; pp. 570+17) San Diego, Calif. [vgl. auch J. Math. Sociology **22** (1998), 355–371, Amer. Statist. **48** (1994), 299–303 und J. Amer. Statist. Assoc. **96** (2001), 103–160]

von Rosen, D. (1991): The growth curve model: a review. Communications in Statistics – Theory and Methods **20**, 2791–2822

Voß, W. (Hrsg.; 2000): Taschenbuch der Statistik. (Fachbuchverlag [C. Hanser]; 756 S.) Leipzig

Vovk, V.G. (1993): A logic of probability, with application to the foundation of statistics. With discussion. Journal of the Royal Statistical Society B **55**, 317–351

Walker, A.M., Martin-Moreno, J.M., and Artalejo, F.R. (1988): Odd man out: A graphical approach to meta-analysis. American Journal of Public Health **78**, 961–966

Wallenstein, Sylvan, Gould, Madelyn S., and Kleinman, Marjorie (1989): Use of the scan statistic to detect time-space clustering. American Journal of Epidemiology **130**, 1057–1064

Wallis, W.A. (1980): The Statistical Research Group, 1942–1945. With comments. Journal of the American Statistical Association **75**, 320–335

Walter, E. (1988): Biomathematik für Mediziner. 3. überarb. Aufl. (Teubner; 206 S.) Stuttgart

Walter, S.D. (1992): The analysis of regional patterns in health data. I. Distributional considerations. II. The power to detect environmental effects. Amer. J. Epidemiology **136**, 730–741, 742–759

Watson, G.S. (1983): Statistics on Spheres. (Wiley; pp. 238) New York [vgl. auch Journal of Applied Statistics **17** (1990), 277–281]

Weed, R.M. (1982): Bounds for correlated compound probabilities. Journal of Quality Technology **14**, 196–200

Weerahandi, S. (1995): Exaxt Statistical Methods for Data Analysis. (Springer; pp. 328) New York

Wegmann, E.J., Nour, El-Sayad, and Kukuk, C. (1980): A time series approach to life table construction. Communications in Statistics – Theory and Methods A **9**, 1587–1607

Weiß, P. (1987): Stochastische Modelle für Anwender. (Teubner; 192 S.) Stuttgart [vgl. auch Hinkley u. Mitarb. 1991: Chapter 8]

Wellek, S. (1989): Computing exact p-values in Page's nonparametric test against trend. Biometrie und Informatik in Medizin und Biologie **20**, 163–170 [vgl. J. Stat. Plann. Inf. **92** (01), 133–145]

Wellek, S., and Michaelis, J. (1991): Elements of significance testing with equivalence problems. Methods of Information in Medicine **30**, 194–198 [vgl. auch Psychological Bulletin **113** (1993), 553–565, Biometrical Journal **35** (1993), 47–55 und 109–123, Communications in Statistics – Theory and Methods **22** (1993), 3117–3141, Medizinische Informatik, Biometrie und Epidemiologie Band 76 (37. GMDS-Tagung: September 1992) (MMV Medizin Verlag, München 1993) die Seiten 139–158 sowie S. Wellek (1994): Statistische Methoden zum Nachweis von Äquivalenz. (G. Fischer, 183 S.) Stuttgart und Jena, Die Medizinische Welt **47** (1996), 215–218; vgl. Biom. J. **38** (1996), 695–710, **41** (1999), 171–186; Stat. Sci. **13** (1998), 136–141; Stat. in Med. **11** (1996), 283–319, **18** (1999) 93–105; Austral. and New Zealand J. Statist. **41** (1999), 19–29]

Wetherill, G.B., and Brown, D.W. (1991): Statistical Process Control-Theory and Practice. (Chapman and Hall; pp. 400) London [vgl. Statistica Sinica **8** (1998), 1–287]

Wetherill, G.B., Duncombe, P., Kenward, M., Kollerström, J., Paul, S.R., and Vowden, B.J. (1986): Regression Analysis with Applications. (Chapman and Hall; pp. 311) London and New York

Wetherill, G.B., and Glazebrook, K.D. (1986): Sequential Methods in Statistics. 3rd ed. (Chapman and Hall; pp. 264) London and New York

White, G.C., and Garrott, R.A. (1990): Analysis of Wildlife Radio-Tracking Data. (Academic Press; pp. 383) San Diego, Calif. [vgl. auch Austral. and New Zealand J. Statist. **41** (1999), 299–304]

Whitehead, J. (1997): The Design and Analysis of Sequential Cinical Trials. rev. 2nd ed (Wiley; pp. 314) New York [vgl. auch Biometrika **83** (1996), 453–461 und Journal of the Royal Statistical Society B **62** (2000), 731–745]

Whittaker, J. (1990): Graphical Models in Applied Multivariate Statistics. (Wiley; pp. 448) Chichester and New York [vgl. Psychological Methods **2** (1997), 34–63]

Whittemore, Alice S. (1987): Methods old and new for analyzing occupational cohort data. American Journal of Industrial Medicine **12**, 233–248 [vgl. auch J.J. Weinkam und Th.D. Sterling, Epidemiology **2** (1991), 133–137]

Wichura, M.J. (1988): The percentage points of the normal distribution. Applied Statistics **37**, 477–484

Wilcox, R.R. (1984): A review of exact hypothesis testing procedures (and selection techniques) that control power regardless of the variances. British Journal of Mathematical and Statistical Psychology **37**, 34–38

Wilcox, R.R. (1) (1987): New designs in analysis of variance. Annual Review of Psychology **38**, 29–60 [**(2) (1996)**: Statistics for the Social Sciences. (Academic Press; pp. 454) New York]

Wilcox, R.R. (1987): Pairwise comparisons of J independent regression lines over a finite interval, simultaneous pairwise comparisons of their parameters, and the Johnson-Neyman procedure. British Journal of Mathematical and Statistical Psychology **40**, 80–93

Wilcox, R.R. (1997): Introduction to Robust Estimation and Hypothesis Testing. (Academic Press; pp. 296) San Diego and London

Willan, A.R., and Pater, J.L. (1986): Carryover and the two-period crossover clinical trial. Biometrics **42**, 593–599 [vgl. auch **36** (1980), 60–79; **40** (1984), 1079–1087; **44** (1988), 211–218; **45** (1989), 663–667 sowie Biometrical Journal **31** (1989), 589–598 und **35** (1993), 181–191]

Willett, W. (1990): Nutritional Epidemiology. (Monograph in Epidemiology and Biostatistics; Vol. 15) (Oxford University Press; pp. 396) Oxford [vgl. auch C.-C. Hsieh u. Mitarb., Epidemiology **2** (1991), 137–140]

Williams, E.J. (1959): The comparison of regression variables. Journal of the Royal Statistical Society (Series B) **21**, 396–399

Wilrich, P.-Th., und Henning, H.-J. (1998): Formeln und Tabellen der angewandten mathematischen Statistik (begründet von U. Graf und H.-J. Henning). 3. neu bearb. Aufl., 2. korr. Nachdruck (Springer; 529 S.) Berlin, Heidelberg, New York, Tokyo

Wilson, G.A., and Martin, S.A. (1983): An empirical comparison of two methods for testing the significance of a correlation matrix. Educational and Psychological Measurement **43**, 11–14

Wimmer, Gejza and Altman, G. (1999): Thesaurus of univariate discrete probability distributions. (Stamm; pp. 838) D-45134 Essen

Wise, M.E. (1954): A quickly convergent expansion for cumulative hypergeometric probabilities, direct and inverse. Biometrika **41**, 317–329

Woodward, J.A., and Bonett, D.G. (1991): Simple main effects in factorial designs. Journal of Applied Statistics **18**, 255–264

Woolson, R.F. (1987): Statistical Methods for the Analysis of Biomedical Data. (Wiley; pp. 513) New York

Wright, T. (1990): When zero defectives appear in a sample: upper bounds on confidence coefficients of upper bounds. The American Statistician **44**, 40–41

Wu, Margaret C., and McCurry, Ressie (Eds.; 1988): Proceedings of "Methods for longitudinal data analysis in epidemiological and clinical studies", Bethesda, Md., 25–26 Sept., 1986. Statistics in Medicine **7**, 1–361: (1) Methods for analysing repeated measurements. With discussion. 1–92. (2) Repeated categorical response. With discussion. 93–173. (3) Risk factors and survival. With discussion. 203–302. (4) Analysis of data with missing values. With discussion. 303–361

Wynder, E.L. [Szklo, M., Feinleib, M., Stellman, S.D., Stallones, R.A., and Schlesselman, J.J.] (1987): Workshop on Guidelines to the Epidemiology of Weak Associations. Preventive Medicine **16**, 139–212 [vgl. Statistics in Medicine **15** (1996), 681–952 und JRSS A **164** (2001), 1–99]

Yassouridis, A. (1990): A simple method to obtain all the sample-values and their probabilities of the Wald-Wolfowitz test statistics in the existence of ties. Biometrical Journal **32**, 35–46

Younger, Mary S. (1979): A Handbook for Linear Regression. (Duxbury Press; pp. 569) North Scituate, Mass.

Zacks, S. (1982): Classical and Bayesian approaches to the change-point problem: fixed sample and sequential procedures. Statistique et Analyse des Donnés **7**, 48–81

Zacks, S. (1992): Introduction to Reliability Analysis. Probability Models and Statistical Methods. (Springer; pp. 212) New York, Heidelberg, Berlin

Zahn, D.A., and Roberts, Gail C. (1971): Exact χ^2 criterion tables with cell expectations one: an application to Coleman's measure of consensus. Journal of the American Statistical Association **66**, 145–148

Zar, J.H. (1999): Biostatistical Analysis. 4th ed. (Prentice-Hall; pp. 928) Englewood Cliffs [zur Power: Psychological Methods **2** (1997), 20–33, 186–191; **3** (1998), 275–290, 328–338]

Zimmermann, H. (1984): Die praktische Relevanz des McNemar-Tests. Biometrical Journal **26**, 219–220

Zimmermann, H.J., Gaines, B.R., and Zadeh, L.A. (Eds.; 1984): Fuzzy Sets and Decision Analysis. (North-Holland; pp. 504) Amsterdam, New York, Oxford

Zimmermann, W. (1986): Operations Research. Quantitative Methoden zur Entscheidungsvorbereitung. 3. überarb. Aufl. (R. Oldenbourg; 429 S.) München und Wien

Zwer, R. (1986): Internationale Wirtschafts- und Sozialstatistik. 2. erweit. Aufl. (R. Oldenbourg; 388 S.) München und Wien [vgl. J. Amer. Statist. Assoc. **95** (2000), 629–673]

Zwick, Rebecca, Neuhoff, Virginia, Marascuilo, L.A., and Levin, Z.R. (1982): Statistical tests for correlated proportions: some extensions. Psychological Bulletin **92**, 258–271 [vgl. auch W.L. May and W.D. Johnson: (1997) Statistics in Medicine **16**, 1081–1096; (1998) Journal of Biopharmaceutical Statistics **8**, 115–130; The American Statistician **54** (2000), 57–62, 325–326]

Übungsaufgaben

Bücher mit zahlreichen Übungsaufgaben bieten Bamberg und Baur (1997), Basler (1991), Chatfield (1995a), Elpelt und Hartung (1987), Hartung und Heine (1986, 1987), Iman und Conover (1989), Lehn u. Mitarb. (2001), Rosner (1990) sowie Vogel (2000)

Zu Kapitel 1

Wahrscheinlichkeitsrechnung

1. Zwei Würfel werden geworfen. Wie groß ist die Wahrscheinlichkeit, daß die geworfene Augensumme 7 oder 11 beträgt?
2. Drei Geschütze schießen je einmal. Sie treffen mit einer Wahrscheinlichkeit von 0,1, 0,2 und 0,3. Gefragt ist nach der Trefferwahrscheinlichkeit insgesamt.
3. Die Verteilung der Geschlechter unter den Neugeborenen (Knaben : Mädchen) ist nach langjährigen Beobachtungen 514 : 486. Das Auftreten blonder Haare habe bei uns die relative Häufigkeit 0,15. Geschlecht und Haarfarbe seien stochastisch unabhängig. Wie groß ist die relative Häufigkeit eines blonden Knaben?
4. Wie groß ist die Wahrscheinlichkeit, mit einem Würfel in 4 Würfen wenigstens einmal die 6 zu werfen?
5. In wieviel Würfen ist mit 50%-iger Wahrscheinlichkeit die 6 wenigstens einmal zu erwarten?
6. Wie groß ist die Wahrscheinlichkeit, mit einer Münze 5-, 6-, 7-, 10-mal hintereinander Wappen zu werfen?

Mittelwert und Standardabweichung

7. Berechne Mittelwert und Standardabweichung der Häufigkeitsverteilung

x	5	6	7	8	9	10	11	12	13	14	15	16
n	10	9	94	318	253	153	92	40	26	4	0	1

8. Berechne Mittelwert und Standardabweichung der folgenden 45 Werte:

40, 43, 43, 46, 46, 46, 54, 56, 59,
62, 64, 64, 66, 66, 67, 67, 68, 68,
69, 69, 69, 71, 75, 75, 76, 76, 78,
80, 82, 82, 82, 82, 82, 83, 84, 86,
88, 90, 90, 91, 91, 92, 95, 102, 127.

(a) direkt, (b) indem die Klassengrenzen 40 bis unter 45, 45 bis unter 50 usw., (c) indem die Klassengrenzen 40 bis unter 50, 50 bis unter 60 usw. benutzt werden.

9. Berechne den Median, den Mittelwert, die Standardabweichung, die Schiefe II und die Wölbung der Stichprobenverteilung:

62, 49, 63, 80, 48, 67, 53, 70, 57, 55, 39, 60, 65, 56, 61, 37
63, 58, 37, 74, 53, 27, 94, 61, 46, 63, 62, 58, 75, 69, 47, 71,
38, 61, 74, 62, 58, 64, 76, 56, 67, 45, 41, 38, 35, 40.

10. Zeichne die Häufigkeitsverteilung und berechne Mittelwert, Median, Dichtemittel, erstes und drittes Quartil, erstes und neuntes Dezil, Standardabweichung, Schiefe I–III sowie die Wölbung.

Klassengrenzen	Häufigkeiten
72,0 - 73,9	7
74,0 - 75,9	31
76,0 - 77,9	42
78,0 - 79,9	54
80,0 - 81,9	33
82,0 - 83,9	24
84,0 - 85,9	22
86,0 - 87,9	8
88,0 - 89,9	4
Insgesamt	225

F-Verteilung

11. Gegeben $F = 3{,}84$ mit den Freiheitsgraden $\nu_1 = 4$ und $\nu_2 = 8$. Gesucht wird die dem F-Wert entsprechende Irrtumswahrscheinlichkeit.

Binomialkoeffizient

12. Angenommen, 8 Insektizide sind jeweils paarweise in ihrer Wirkung auf Mücken zu testen. Wie viele Versuche müssen durchgeführt werden?

13. Durchschnittlich sterben 10% der von einer bestimmten Krankheit befallenen Patienten. Wie groß ist die Wahrscheinlichkeit, daß von 5 Patienten, die an dieser Krankheit leiden, (a) alle geheilt werden, (b) genau 3 sterben werden, (c) mindestens 3 sterben werden?

14. Wie groß ist die Wahrscheinlichkeit, daß 5 einem gut gemischten Kartenspiel (52 Karten) entnommene Spielkarten vom Karo-Typ sind?

15. Ein Würfel wird 12mal geworfen. Wie groß ist die Wahrscheinlichkeit, daß die Augenzahl 4 genau zweimal erscheint?

16. Ein Seminar werde von 13 Studentinnen und 18 Studenten besucht. Wie viele Möglichkeiten gibt es für die Auswahl eines Komitees, bestehend aus 2 Studentinnen und 3 Studenten?

Binomialverteilung

17. Wie groß ist die Wahrscheinlichkeit, in 10 Münzwürfen fünfmal Wappen zu erzielen?

18. Die Wahrscheinlichkeit für einen Dreißigjährigen, das kommende Jahr zu überleben, betrage laut Sterbetafel $p = 0{,}99$. Wie groß ist die Wahrscheinlichkeit, daß von 10 Dreißigjährigen 9 das kommende Jahr überleben werden?

19. Wie groß ist die Wahrscheinlichkeit dafür, daß unter 100 Würfen mit einem Würfel sich genau 25mal eine 6 befindet?

20. Zwanzig Wochentage werden in einem Zufallsprozeß ausgewählt. Wie groß ist die Wahrscheinlichkeit, daß 5 von ihnen auf einen bestimmten Tag in der Woche – sagen wir auf einen Sonntag – fallen?

21. Angenommen, daß im Durchschnitt 33% der im Krieg eingesetzten Schiffe versenkt werden. Wie groß ist die Wahrscheinlichkeit, daß von 6 Schiffen (a) genau 4, (b) wenigstens 4 wieder zurückkehren?

22. Hundert Münzen werden geworfen. Wie groß ist die Wahrscheinlichkeit, daß genau 50 auf die Wappenseite fallen?

23. Eine Urne enthalte 2 weiße und 3 schwarze Bälle. Wie groß ist die Wahrscheinlichkeit, daß in 50 Zügen mit Zurücklegen genau 20 weiße Bälle gezogen werden?

Poisson-Verteilung

24. Ein hungriger Frosch fange im Durchschnitt 3 Fliegen pro Stunde. Wie groß ist die Wahrscheinlichkeit, daß er in einer Stunde keine Fliege erwischt?

25. Angenommen, die Wahrscheinlichkeit, das Ziel zu treffen, sei bei jedem Schuß $p = 0{,}002$. Wie groß ist die Wahrscheinlichkeit, genau 5 Treffer zu erzielen, wenn insgesamt $n = 1000$ Schüsse abgegeben werden? Dieses Beispiel ist etwas verschroben aber numerisch einfach.

26. Die Wahrscheinlichkeit der Produktion eines fehlerhaften Artikels in einem Industriebetrieb sei $p = 0{,}005$. Dieser Artikel werde in Kisten zu je 200 Stück verpackt. Wie groß ist die Wahrscheinlichkeit, daß in einer Kiste genau 4 fehlerhafte Artikel vorhanden sind?

27. In einem Warenhaus wird ein Artikel sehr selten verlangt, beispielsweise im Mittel in einer Woche nur 5mal. Wie groß ist die Wahrscheinlichkeit, daß der Artikel in einer bestimmten Woche $k$mal verlangt wird?

28. Angenommen, 5% aller Schulkinder seien Brillenträger. Wie groß ist die Wahrscheinlichkeit, daß in einer Schulklasse von 30 Kindern keines, 1 Kind, 2 bzw. 3 Kinder eine Brille tragen?

Zu Kapitel 2

Anhand der Formeln (2.8; 2.9) und (2.13; 2.15) sollten einige Aufgaben formuliert und gelöst werden.

Zu Kapitel 3

1. Mit Hilfe eines Zufallsprozesses werden einer normalverteilten Grundgesamtheit 16 Stichprobenelemente mit $\bar{x} = 41{,}5$ und $s = 2{,}795$ entnommen. Gibt es Gründe für die Ablehnung der Hypothese, daß der Erwartungswert der Grundgesamtheit 43 sei ($\alpha = 0{,}05$)?

2. Prüfe die Gleichheit der Varianzen der beiden Stichproben A und B auf dem 5%-Niveau mit Hilfe des F-Tests.

A:	2,33	4,64	3,59	3,45	3,64	3,00	3,41	2,03	2,80	3,04
B:	2,08	1,72	0,71	1,65	2,56	3,27	1,21	1,58	2,13	2,92

3. Prüfe auf dem 5%-Niveau die Gleichheit der zentralen Tendenz (H_0) zweier unabhängiger Stichproben A und B (a) mit Hilfe des Schnelltests von Tukey, (b) mit Hilfe des U-Tests.

A:	2,33	4,64	3,59	3,45	3,64	3,00	3,41	2,03	2,80	3,04
B:	2,08	1,72	0,71	1,65	2,56	3,27	1,21	1,58	2,13	2,92

Zu Kapitel 4

1. Zwei Schlafmittel A und B wurden jeweils an denselben 10 an Schlaflosigkeit leidenden Patienten getestet (Student 1908). Dabei ergaben sich für die Schlafverlängerung in Stunden die folgenden Werte:

Pat.	1	2	3	4	5	6	7	8	9	10
A	1,9	0,8	1,1	0,1	-0,1	4,4	5,5	1,6	4,6	3,4
B	0,7	-1,6	-0,2	-1,2	-0,1	3,4	3,7	0,8	0,0	2,0
Diff.	1,2	2,4	1,3	1,3	0,0	1,0	1,8	0,8	4,6	1,4

Besteht zwischen A und B auf dem 1%-Niveau ein Unterschied? Formuliere die Nullhypothese und prüfe sie (a) mit dem t-Test für Paardifferenzen und (b) mit dem Maximum-Test.

2. Prüfe die Gleichheit der zentralen Tendenz (H_0) zweier verbundener Stichproben A und B auf dem 5%-Niveau anhand der folgenden Tests für Paardifferenzen: (a) t-Test, (b) Wilcoxon-Test, (c) Maximum-Test.

Nr.	1	2	3	4	5	6	7	8	9
A	34	48	33	37	4	36	35	43	33
B	47	57	28	37	18	48	38	36	42

3. Gregor Mendel erhielt bei einem Erbsenversuch 315 runde gelbe, 108 runde grüne, 101 kantige gelbe und 32 kantige grüne Erbsen. Stehen diese Zahlen im Einklang mit der Theorie, nach der sich die vier Häufigkeiten wie 9 : 3 : 3 : 1 verhalten (α = 0,05)?

4. Stellt die folgende Häufigkeitsverteilung eine zufällige Stichprobe dar, die einer Poisson-Grundgesamtheit mit dem Parameter λ = 10,44 entstammen könnte? Prüfe die Anpassung auf dem 5%-Niveau mit Hilfe des χ^2-Tests.

Anzahl der $\underline{E}$reignisse:	0	1	2	3	4	5	6	7	8
Beobachtete $\underline{H}$äufigkeiten:	0	5	14	24	57	111	197	278	378

E:	9	10	11	12	13	14	15	16	17	18	19	20	21	22
H:	418	461	433	413	358	219	145	109	57	43	16	7	8	3

5. Die Häufigkeiten einer Vierfeldertafel seien: $a = 140$, $b = 60$, $c = 85$, $d = 90$. Prüfe die Unabhängigkeit auf dem 0,1%-Niveau.

6. Die Häufigkeiten einer Vierfeldertafel seien: $a = 605$, $b = 135$, $c = 195$, $d = 65$. Prüfe die Unabhängigkeit auf dem 5%-Niveau.

7. Die Häufigkeiten einer Vierfeldertafel seien: $a = 620$, $b = 380$, $c = 550$, $d = 450$. Prüfe die Unabhängigkeit auf dem 1%-Niveau.

Zu Kapitel 5

1. Prüfe die statistische Signifikanz von $r = 0{,}5$ auf dem 5%-Niveau ($n = 16$).
2. Wie groß muß r sein, damit er für $n = 16$ auf dem 5%-Niveau statistisch signifikant ist?
3. Schätze die Regressionsgeraden und den Korrelationskoeffizienten für die folgenden Wertepaare:

x	22	24	26	26	27	27	28	28	29	30	30	30	31	32	33	34	35	35	36	37
y	10	20	20	24	22	24	27	24	21	25	29	32	27	27	30	27	30	31	30	32

Unterscheidet sich der Korrelationskoeffizient auf den 0,1%-Niveau statistisch signifikant von Null?

4. Gegeben sei die folgende zweidimensionale Häufigkeitsverteilung:

y \ x	42	47	52	57	62	67	72	77	82	Insgesamt
52	3	9	19	4						35
57	9	26	37	25	6					103
62	10	38	74	45	19	6				192
67	4	20	59	96	54	23	7			263
72		4	30	54	74	43	9			214
77			7	18	31	50	19	5		130
82				2	5	13	15	8	3	46
87						2	5	8	2	17
Insgesamt	26	97	226	244	189	137	55	21	5	1000

Schätze den Korrelationskoeffizienten, die Standardabweichungen, s_x, s_y, die Kovarianz s_{xy}, die Regressionsgerade von y auf x und das Korrelationsverhältnis. Prüfe die Korrelation und die Linearität der Regression ($\alpha = 0{,}05$).

5. Ein auf 19 Beobachtungspaaren basierender Korrelationskoeffizient weise den Wert 0,65 auf. (a) Kann diese Stichprobe einer Grundgesamtheit mit dem Parameter $\varrho = 0{,}35$ entstammen ($\alpha = 0{,}05$)? (b) Schätze aufgrund der Stichprobe den 95%-Vertrauensbereich für ϱ. (c) Wenn eine zweite Stichprobe, die ebenfalls aus 19 Beobachtungspaaren besteht, einen Korrelationskoeffizienten $r = 0{,}30$ aufweist, können dann beide Stichproben einer gemeinsamen Grundgesamtheit entstammen ($\alpha = 0{,}05$)?

6. Passe den Werten

x	0	1	2	3	4	5	6
y	125	209	340	561	924	1525	2512

eine Funktion vom Typ $y = ab^x$ an.

7. Passe den Werten

x	273	283	288	293	313	333	353	373
y	29,4	33,3	35,2	37,2	45,8	55,2	65,6	77,3

eine Funktion vom Typ $y = ab^x$ an.

8. Passe den Werten

x	19	58	114	140	181	229
y	3	7	13,2	17,9	24,5	33

eine Funktion vom Typ $y = ax^b$ an.

9. Passe den folgenden Werten eine Parabel zweiten Grades an:

x	7,5	10,0	12,5	15,0	17,5	20,0	22,5
y	1,9	4,5	10,1	17,6	27,8	40,8	56,9

10. Passe den folgenden Werten eine Parabel zweiten Grades an:

x	1,0	1,5	2,0	2,5	3,0	3,5	4,0
y	1,1	1,3	1,6	2,1	2,7	3,4	4,1

Zu Kapitel 6

1. Prüfe die 2 · 6-Feldertafel

13	10	10	5	7	0
2	4	9	8	14	7

auf Homogenität ($\alpha = 0{,}01$).

2. Prüfe die Unabhängigkeit und Symmetrie der Kontingenztafel

102	41	57
126	38	36
161	28	11

auf dem 1%-Niveau.

3. Prüfe, ob die beiden Stichprobenverteilungen I und II derselben Grundgesamtheit entstammen können ($\alpha = 0{,}05$). Verwende die Formel von Brandt-Snedecor zur Prüfung der Homogenität zweier Stichproben.

Kategorie	Häufigkeiten I	Häufigkeiten II	Insgesamt
1	160	150	310
2	137	142	279
3	106	125	231
4	74	89	163
5	35	39	74
6	29	30	59
7	28	35	63
8	29	41	70
9	19	22	41
10	6	11	17
11	8	11	19
12	13	4	17
Insgesamt	644	699	1343

4. Prüfe die Homogenität der folgenden Tafel (S. 760) auf dem 5%-Niveau.

23	5	12
20	13	10
22	20	17
26	26	29

Zu Kapitel 7

1. Prüfe die Homogenität der folgenden drei Varianzen auf dem 5%-Niveau: $s_A^2 = 76{,}84$ (n_A = 45), $s_B^2 = 58{,}57$ (n_B = 82), $s_C^2 = 79{,}64$ (n_c = 14).

2. Prüfe die drei unabhängigen Stichproben A, B, C auf Gleichheit der Erwartungswerte (α = 0,05) (a) varianzanalytisch, (b) anhand der H-Tests.

A:	40,	34,	84,	46,	47,	60				
B:	59,	92,	117,	86,	60,	67,	95,	40,	98,	108
C:	92,	93,	40,	100,	92					

3. Gegeben

A \ B	B_1	B_2	B_3	B_4	B_5	B_6	Σ
A_1	9,5	11,5	11,0	12,0	9,3	11,5	64,8
A_2	9,6	12,0	11,1	10,8	9,7	11,4	64,6
A_3	12,4	12,5	11,4	13,2	10,4	13,1	73,0
A_4	11,5	14,0	12,3	14,0	9,5	14,0	75,3
A_5	13,7	14,2	14,3	14,6	12,0	13,2	82,0
Σ	56,7	64,2	60,1	64,6	50,9	63,2	359,7

Prüfe mögliche Spalten und Zeileneffekte auf dem 1 %-Niveau.

4. Drei Bestimmungsmethoden werden an 10 Proben verglichen. Prüfe mit Hilfe des Friedman-Tests (a) die Gleichheit der Methoden (α = 0,001), (b) die Gleichheit der Proben (α = 0,05).

	Bestimmungsmethode		
Probe	A	B	C
1	15	18	9
2	22	25	20
3	44	43	25
4	75	80	58
5	34	33	31
6	15	16	11
7	66	64	45
8	56	57	40
9	39	40	27
10	30	34	21

Lösungen der Übungsaufgaben

Zu Kapitel 1

Wahrscheinlichkeitsrechnung

1. Die Summe 7 läßt sich auf sechs verschiedenen Wegen erhalten, die Summe 11 auf nur zwei, damit wird

$$P = \frac{6}{36} + \frac{2}{36} = \frac{2}{9} = 0{,}222$$

2. Die Trefferwahrscheinlichkeit insgesamt beträgt knapp 50%.
$P(A+B+C) = P(A) + P(B) + P(C) - P(AB) - P(AC) - P(BC) + P(ABC)$
$P(A+B+C) = 0{,}1 + 0{,}2 + 0{,}3 - 0{,}02 - 0{,}03 - 0{,}06 + 0{,}006 = 0{,}496$

3. $P = 0{,}514 \cdot 0{,}15 = 0{,}0771$
In etwa 8% aller Geburten sind blonde Knaben zu erwarten.

4. $1 - (5/6)^4 = 0{,}5177$
In einer langen Reihe von Würfen ist in etwa 52% aller Fälle mit diesem Ereignis zu rechnen.

5. $P = \left(\frac{5}{6}\right)^n = \frac{1}{2}\,; \quad n = \frac{\lg 2}{\lg 6 - \lg 5} = \frac{0{,}3010}{0{,}7782 - 0{,}6990} \simeq 4$

6. Die Wahrscheinlichkeiten sind $(1/2)^5$, $(1/2)^6$, $(1/2)^7$, $(1/2)^{10}$, gerundet 0,031, 0,016, 0,008, 0,001.

Mittelwert und Standardabweichung

7. $\bar{x} = 9{,}015 \quad s = 1{,}543$

8. Zu a: $\bar{x} = 73{,}2 \quad s = 17{,}3$

Zu b: $\bar{x} = 73{,}2 \quad s = 17{,}5$

Zu c: $\bar{x} = 73{,}2 \quad s = 18{,}0$

Mit zunehmender Klassengröße erhöht sich auch die Standardabweichung (vgl. Sheppard-Korrektur).

9. Statistiken | Grobschätzungen

Statistiken	Grobschätzungen	
$\bar{x} = 59{,}5$	$\bar{x} \simeq 56{,}3$	Schiefe II = $-0{,}214$
$\tilde{x} = 57{,}3$	$s \simeq 14{,}1$	Wölbung = 0,250
$s = 13{,}6$		

10.

$\bar{x} = 79{,}608$		Schiefe I = $-2{,}07$
$s = 3{,}675$		Schiefe II = 0,163
$\tilde{x} = 79{,}15$		Schiefe III = 0,117
$Q_1 = 76{,}82$	$DZ_1 = 74{,}95$	Wölbung = 0,263
$Q_3 = 82{,}10$	$DZ_9 = 84{,}99$	
Dichtemittel = 78,68		

F-Verteilung

11. $$\hat{z} = \frac{\left(1 - \frac{2}{9\cdot 8}\right) 3{,}84^{1/3} - \left(1 - \frac{2}{9\cdot 4}\right)}{\sqrt{\frac{2}{9\cdot 8}\cdot 3{,}84^{2/3} + \frac{2}{9\cdot 4}}} = 1{,}644\,, \quad \text{d.h.} \quad P_{\hat{z}} = 0{,}05$$

Für $\nu_1 = 4$ und $\nu_2 = 8$ liegt die exakte 5%-Schranke bei dem Werte 3,8378.

Binomialkoeffizient

12. $P = {}_8C_2 = \dfrac{8!}{6! \cdot 2!} = \dfrac{8 \cdot 7}{2} 28$

13. Zu a: $P = 0{,}90^5 = 0{,}59049$

Zu b: vgl. ${}_5C_3 = 5!/(3! \cdot 2!) = 5 \cdot 4/2 \cdot 1 = 10$
$P = 10 \cdot 0{,}90^2 \cdot 0{,}10^3 = 0{,}00810$

Zu c: vgl. ${}_5C_3 = 10$, ${}_5C_4 = 5$
$P = 10 \cdot 0{,}90^2 \cdot 0{,}10^3 + 5 \cdot 0{,}90 \cdot 0{,}10^4 + 0{,}10^5$
$P = 0{,}00810 + 0{,}00045 + 0{,}00001 = 0{,}00856$

14. $$P = \frac{{}_{13}C_5}{{}_{52}C_5} = \frac{13! \cdot 47! \cdot 5!}{8! \cdot 5! \cdot 52!} = \frac{13 \cdot 12 \cdot 11 \cdot 10 \cdot 9}{52 \cdot 51 \cdot 50 \cdot 49 \cdot 48}$$

$$P \simeq \frac{11 \cdot 3}{17 \cdot 5 \cdot 49 \cdot 16} = \frac{33}{66\,640} = 0{,}0004952$$

$P \simeq 0{,}0005$ oder 1:2000.

15. Für die Auswahl zweier aus insgesamt zwölf Objekten bieten sich ${}_{12}C_2 = 12!/(10! \cdot 2!) = 12 \cdot 11/(2 \cdot 1)$ Möglichkeiten. Die Wahrscheinlichkeit, 2 Vieren und 10 Nicht-Vieren zu würfeln, beträgt $(1/6)^2 \cdot (5/6)^{10} = 5^{10}/6^{12}$. Die Wahrscheinlichkeit, daß die Augenzahl 4 in 12 Würfen genau zweimal erscheint, beträgt damit

$$P = \frac{12 \cdot 11 \cdot 5^{10}}{2 \cdot 1 \cdot 6^{12}} = \frac{11 \cdot 5^{10}}{6^{11}} = 0{,}296.$$

In einer langen Serie von Zwölferwürfen mit intaktem Würfel ist in etwa 30% der Fälle mit dem jeweils zweimaligen Erscheinen der Augenzahl 4 zu rechnen.

16. Die Antwort ist das Produkt der Möglichkeiten, die Vertreter der beiden Geschlechter auszuwählen, d. h.

$$P = {}_{13}C_2 \cdot {}_{18}C_3 = \frac{13!}{11! \cdot 2!} \cdot \frac{18!}{15! \cdot 3!} = \frac{13 \cdot 12}{2 \cdot 1} \cdot \frac{18 \cdot 17 \cdot 16}{3 \cdot 2 \cdot 1}$$

$P = 13 \cdot 18 \cdot 17 \cdot 16 = 63\,648$

Binomialverteilung

17. $$P = {}_{10}C_5 \left(\frac{1}{2}\right)^5 \left(\frac{1}{2}\right)^5 = \frac{10!}{11! \cdot 2!} \cdot \frac{1}{2^{10}} = \frac{10 \cdot 9 \cdot 8 \cdot 7 \cdot 6}{5 \cdot 4 \cdot 3 \cdot 2 \cdot 1} \cdot \frac{1}{1024} = \frac{252}{1024}$$

$P = 0{,}2461$

In einer langen Serie von jeweils 10 Würfen ist in knapp 25% der Fälle mit diesem Ereignis zu rechnen.

18. $P = {}_{10}C_9 \cdot 0{,}99^9 \cdot 0{,}01^1 = 10 \cdot 0{,}9135 \cdot 0{,}01 = 0{,}09135$

19. $P = \binom{100}{25} \left(\frac{1}{6}\right)^{25} \left(\frac{5}{6}\right)^{75} = 0{,}0098$. Bei einer großen Anzahl von Würfen ist in etwa 1% der Fälle mit diesem Ereignis zu rechnen.

20. $$P(X = 5) = \frac{20!}{15! \cdot 5!} \left(\frac{6}{7}\right)^{15} \left(\frac{1}{7}\right)^5 = \frac{20 \cdot 19 \cdot 18 \cdot 17 \cdot 16}{5 \cdot 4 \cdot 3 \cdot 2 \cdot 1} \cdot \frac{6^{15}}{7^{20}}$$

$P = 0{,}0914$

21. Zu a: $P = {}_6C_4 \cdot 0{,}67^4 \cdot 0{,}33^2 = 15 \cdot 0{,}2015 \cdot 0{,}1089 = 0{,}3292$

Zu b: $P = \sum_{x=4}^{6} {}_6C_4 \cdot 0{,}67^x 0{,}33^{6-x} = 0{,}3292 + 6 \cdot 0{,}1350 \cdot 0{,}33 + 0{,}0905$

$P = 0{,}6870$

22. $P = \frac{100!}{50! \cdot 50!} \cdot \left(\frac{1}{2}\right)^{50} \left(\frac{1}{2}\right)^{50} = 0{,}0796$

23. $P = {}_{50}C_{20} \left(\frac{2}{5}\right)^{20} \left(\frac{3}{5}\right)^{30} = \frac{50!}{20! \cdot 30!} \left(\frac{2}{5}\right)^{20} \left(\frac{3}{5}\right)^{30} = 0{,}0364$

Poisson-Verteilung

24. $P = \frac{\lambda^x \cdot e^{-\lambda}}{x!} = \frac{3^0 \cdot e^{-3}}{0!} = \frac{1 \cdot e^{-3}}{1} = \frac{1}{e^3} = \frac{1}{20{,}086} \simeq 0{,}05$

25. $\lambda = n \cdot \hat{p} = 1000 \cdot 0{,}002 = 2$

$P = \frac{\lambda^x \cdot e^{-\lambda}}{x!} = \frac{2^5 \cdot e^{-2}}{5!} = 0{,}0361$

26. $\lambda = n \cdot \hat{p} = 200 \cdot 0{,}005 = 1$

$P = \frac{\lambda^x \cdot e^{-\lambda}}{x!} = \frac{1^4 \cdot e^{-1}}{4!} = \frac{0{,}3679}{24} = 0{,}0153$

27. $P(k, 5) = \frac{5^k \cdot e^{-5}}{k!}$

28. $\lambda = n \cdot \hat{p} = 30 \cdot 0{,}05 = 1{,}5 \qquad P = \frac{\lambda^x \cdot e^{-\lambda}}{x!}$

Kein Kind: $P = \frac{1{,}5^0 \cdot e^{-1{,}5}}{0!} = 0{,}2231$

Ein Kind: $P = \frac{1{,}5^1 \cdot e^{-1{,}5}}{1!} = 0{,}3346$

Zwei Kinder: $P = \frac{1{,}5^2 \cdot e^{-1{,}5}}{2!} = 0{,}2509$

Drei Kinder: $P = \frac{1{,}5^3 \cdot e^{-1{,}5}}{3!} = 0{,}1254$

Zu Kapitel 3

1. Ja: $\hat{t} = \frac{|41{,}5 - 43|}{2{,}795} \cdot \sqrt{16} = 2{,}15 > t_{15;0{,}05} = 2{,}13$

2. $\hat{F} = \frac{s_B^2}{s_A^2} = \frac{0{,}607}{0{,}542} = 1{,}12 < F_{9;9:0{,}05} = 3{,}18$

3. Zu a: $\hat{T} = 10 > 7$; H_0 wird auf dem 5%-Niveau abgelehnt.
Zu b: $\hat{U} = 12 < U_{10;10;0{,}05} = 27$; H_0 wird gleichfalls abgelehnt.

Zu Kapitel 4

1. Zu a: $\hat{t} = 4{,}06 > t_{9;0{,}01} = 3{,}25$
   Die Nullhypothese – gleiche Wirksamkeit beider Schlafmittel A und B – wird abgelehnt; es ist anzunehmen, daß A wirksamer ist als B.
   Zu b: Entscheidung wie bei a.
2. Zu a: $\hat{t} = 2{,}03 < t_{8;0{,}05} = 2{,}31$
   Zu b: $\hat{R}_p = 7 > R_{8;0{,}10} = 6$
   Zu c: Der Unterschied ist lediglich auf dem 10%-Niveau gesichert. In allen drei Fällen wird H_0 nicht abgelehnt.
3. Ja: $\hat{\chi}^2 = 0{,}47 < \chi^2_{3;0{,}05} = 7{,}815$
4. Nein: $\hat{\chi}^2 = 43{,}43 > \chi^2_{20;0{,}05} = 31{,}4$
5. Da $\hat{\chi}^2 = 17{,}86 > \chi^2_{1;0{,}001} = 10{,}83$, ist die Unabhängigkeitshypothese abzulehnen.
6. Da $\hat{\chi}^2 = 5{,}49 > \chi^2_{1;0{,}05} = 3{,}84$, ist die Unabhängigkeitshypothese abzulehnen.
7. Da $\hat{\chi}^2 = 10{,}09 > \chi^2_{1;0{,}01} = 6{,}635$, ist die Unabhängigkeitshypothese abzulehnen.

Zu Kapitel 5

1. $\hat{t} = 2{,}16 > t_{14;0{,}05} = 2{,}14$
   $\hat{F} = 4{,}67 > F_{1;14;0{,}05} = 4{,}60$
2. $r^2 \cdot \dfrac{16-2}{1-r^2} = 4{,}60$; $|r| \geqq 0{,}497$
3. $\hat{y} = 1{,}083x - 6{,}90$ mit $s^2_{y.x} = 8{,}70$
   $\hat{x} = 0{,}654y + 13{,}26$ mit $s^2_{x.y} = 5{,}25$
   $r = 0,842$
   $\hat{t} = 6{,}62 > t_{18;0{,}001} = 3{,}92$
4. $r = 0{,}6805$
   $s_x = 7{,}880$; $s_y = 7{,}595$; $s_{xy} = 40{,}725$
   $E^2_{yx} = 0{,}4705 \simeq 0{,}47$; $E_{yx} = 0{,}686$
   $\hat{F}_{\text{Korr.}} = 860{,}5 > F_{1;998;0{,}05} = F_{1;\infty;0{,}05} = 3{,}84$. Der Korrelationskoeffizient unterscheidet sich sehr wesentlich von Null.
   $\hat{F}_{\text{Lin.}} = 2{,}005 < F_{(7;991;0{,}05)} = F_{7;\infty;0{,}05} = 2{,}01$. Da $F_{7;1000;0{,}05} = 2{,}02$ und damit größer ist als $\hat{F}_{\text{Lin.}} = 2{,}005$, lassen sich die Abweichungen von der Linearität auf dem 5%-Niveau nicht sichern.
5. Zu a: $\hat{z} = 1{,}639 < 1{,}96$, ja
   Zu b: $0{,}278 \leqq \varrho \leqq 0{,}852$
   Zu c: $\hat{z} = 1{,}159 < 1{,}96$, ja
6. $\hat{y} = 125 \cdot 1{,}649^x$
7. $\hat{y} = 2{,}2043 \cdot 1{,}0097^x$
8. $\hat{y} = 0{,}1627 \cdot x^{0{,}9556}$
9. $\hat{y} = 0{,}2093 \cdot x^2 - 2{,}633x + 10$
10. $\hat{y} = 0{,}9500 - 0{,}0976x + 0{,}2238x^2$ mit $s^2_{y.x} = 0{,}002$

Zu Kapitel 6

1. Da $\hat{\chi}^2 = 20{,}7082$ größer ist als $\chi^2_{5;0,01} = 15{,}086$, wird die Homogenitätshypothese abgelehnt.
2. Da $\hat{\chi}^2_{\text{unabh.}} = 48{,}8 > \chi^2_{4;0,01} = 13{,}3$, muß die Unabhängigkeitshypothese abgelehnt werden. Da $\hat{\chi}^2_{\text{sym}} = 135{,}97 > \chi^2_{3;0,01} = 11{,}345$, ist auch die Symmetrie-Hypothese abzulehnen.
3. $\hat{\chi}^2 = 11{,}12$

   $\chi^2_{11;0,05} = 19{,}675$ wird nicht erreicht. Es besteht somit keine Veranlassung, an der Homogenitätshypothese zu zweifeln.
4. Da $\hat{\chi}^2 = 10{,}88 < \chi^2_{6;0,05} = 12{,}59$, ist die Homogenitätshypothese nicht abzulehnen.

Zu Kapitel 7

1. $\hat{\chi}^2 = 1{,}33 < \chi^2_{2;0,05} = 5{,}99$ (c noch nicht berücksichtigt). Die weitere Rechnung können wir uns ersparen; H_0 wird nicht abgelehnt.
2. Zu a: $\hat{F} = 4{,}197 > F_{2;18;0,05} = 3{,}55$

   Zu b: $\hat{H} = 6{,}423 > \chi^2_{2;0,05} = 5{,}99$
3.

Variabilität	Summe der Abweichungs-quadrate	FG	Mittleres Quadrat	$\hat{F}$	$F_{0,01}$
Zwischen den A's	36,41	4	9,102	19,12 >	4,43
Zwischen den B's	28,55	5	5,710	12,00 >	4,10
Versuchsfehler	9,53	20	0,476		
Gesamtvariabilität	74,49	29			

Multiple Vergleiche der Zeilen- sowie der Spalten-Mittelwerte auf dem 1%-Niveau sind zu empfehlen (vgl. $D_{I,\text{Zeilenmittelwerte}} = 1{,}80$ und $D_{I,\text{Spaltenmittelwerte}} = 1{,}84$).

4. Zu a: $\hat{\chi}^2_R = 15{,}8 > \chi^2_{2;0,001} = 13{,}82$

   Zu b: $\hat{\chi}^2_R = 26{,}0 > \chi^2_{9;0,05} = 16{,}92$; beide Homogenitätshypothesen sind auf den verwendeten Niveaus abzulehnen.

Eine Auswahl englischer Fachausdrücke

Es sind nur englische Ausdrücke angegeben, die in den einfachen Wörterbüchern fehlen und die sich von denen der deutschen Sprache unterscheiden – beispielsweise nicht qualitaty control Qualitätskontrolle und standard deviation Standardabweichung. Weitere Begriffe sind im Text erklärt; noch mehr bietet die Lektüre meiner „Applied Statistics“. Einiges habe ich auch in das Sachverzeichnis aufgenommen [vgl. auch Rasch 1988 und Marriott 1990].

arbitrary origin	willkürlicher Nullpunkt
bar chart	Stabdiagramm, Säulendiagramm
bias	verzerrender systematischer Fehler einer Punktschätzung, Bias
bimodal distribution	zweigipflige Verteilung
bivariate distribution	zweidimensionale Verteilung
characteristic	Merkmal
cluster sampling	Klumpenauswahl-Stichprobenverfahren
confidence interval	Vertrauensbereich
constraint	Nebenbedingung
cumulative frequency	Summenhäufigkeit
curvilinear regression	nichtlineare Regression
estimate	Schätzwert
estimator	Schätzfunktion
fit, goodness of fit	Anpassung, Güte der Anpassung
kurtosis	Wölbung, Exzeß
level of significance	Signifikanzniveau, Irrtumswahrscheinlichkeit
life table	Sterbetafel
likelihood	Mutmaßlichkeit
maverick, outlier	Ausreißer
mean (value)	Mittelwert
mode	häufigster Wert, Modus, Dichtemittel
order statistics	Anordnungstatistik, Anordnungswerte, Anordnungsmaßzahlen
pooling of classes	Zusammenfassung von Klassen
precision	Wiederholungsgenauigkeit
proportions	Gliederungszahlen
random variable	zufällige Veränderliche, Zufallsvariable
randomisation	Zufallszuteilung, Randomisierung
range	Spannweite, Extrembereich, Variationsbreite
rank	Rang, Rangzahl, Rangordnungsnummer
rates	Beziehungszahlen
ratios	Verhältniszahlen
relatives	Meßzahlen
residual variance	Restvarianz
runs	Iterationen
smoothing	Glättung
statistic	statistische Maßzahl
statistics	Statistik
statistical inference	statistische Schlußweise, von der Zufallsstichprobe auf die Grundgesamtheit
stochastic variable	zufällige Veränderliche, Zufallsvariable
stratification	Schichtung
tally chart	Strichliste
test statistic	Prüfgröße, Prüfmaß, Teststatistik

theorem	Satz
truncated distribution	gestutzte Verteilung
unbiased sample	erwartungstreue unverzerrte Stichprobe
unimodal	eingipflig
working mean	provisorischer Mittelwert

Einige englische Abkürzungen

ANCOVA	analysis of covariance	MS	mean square(s)
ANOVA	analysis of variance	MSE	mean square error
ARIMA	autoregressive integrated moving average (Methode zur Zeitreihenanalyse)	NS	not (statistically) significant
		OLS	ordinary least squares
CDF	cumulative distribution function, a synonym for the distribution function	OR	odds ratio
		PDF	probability density function
CI	confidence interval, e.g. 95% CI	PR	probability
		SD	standard deviation
CV	coefficient of variation	SE	standard error
DF or df	degrees of freedom	SE ($\bar{x}$) or SEM	standard error of the mean
EDA	exploratory data analysis	SS	sum of squares
IDA	initial examination of data	SSE	sum of squares for error

Namenverzeichnis

Kursive / **Halbfette**	Seitenzahlen verweisen auf	das Literaturverzeichnis. / einige namengebende Ansätze.

Einige Seitenzahlen verweisen auf Übersichten, um das Umfeld aufzuzeigen.

Das Verzeichnis enthält auch einige Namen, die im Titel von Biographien oder anderer Arbeiten erscheinen.

Sachverzeichnis

Aufgabe des Sachverzeichnisses: Leserinnen und Leser in das Buch „hineinzuziehen"

„Mittelwerte": ein statistischer Vergleich von Mittelwerten betrifft Erwartungswerte

Normalverteilung (Fortsetzung)

Prüfung (Forts.)

Prüfung (Forts.)

Prüfung (Forts.)

Test

„Mittelwerte“: ein statistischer Vergleich von Mittelwerten betrifft Erwartungswerte

„Mittelwerte“: ein statistischer Vergleich von Mittelwerten betrifft Erwartungswerte

„Mittelwerte": ein statistischer Vergleich von Mittelwerten betrifft Erwartungswerte

„Mittelwerte“: ein statistischer Vergleich von Mittelwerten betrifft Erwartungswerte

„Mittelwerte“: ein statistischer Vergleich von Mittelwerten betrifft Erwartungswerte

Anhang

A1

zu
S. 40
S. 73

Einige Venn-Diagramme mit zugehörigen Wahrscheinlichkeiten

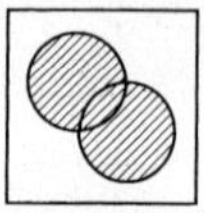

$P(A \text{ oder } B, \text{ oder beide}) = P(A) + P(B) - P(A) \cdot P(B)$

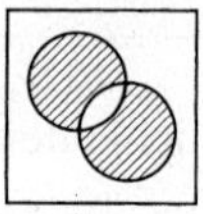

$P(A \text{ oder } B, \text{ nicht beide}) = P(A) + P(B) - 2P(A) \cdot P(B)$

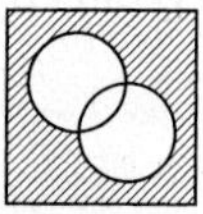

$P(\text{weder } A \text{ noch } B) = 1 - P(A) - P(B) + P(A) \cdot P(B)$

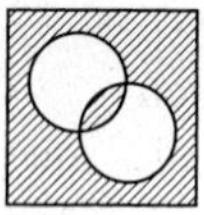

$P(\text{beide oder keines}) = P(A) \cdot P(B) + [1 - P(A)] \cdot [1 - P(B)]$

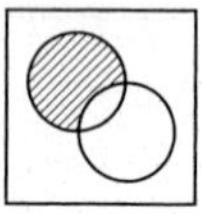

$P(A, \text{ aber nicht } B) = P(A) \cdot [1 - P(B)]$

A2

zu
S. 283

Hypergeometrische Verteilung: Rekursionsformel und Symmetriebeziehung

Rekursionsformel:

$$P(n_1 + 1 \mid n, N_1, N_2) = \frac{(n - n_1)(N_1 - n_1)}{(n_1 + 1)(N_2 - n + n_1 + 1)} \, P(n_1 \mid n, N_1, N_2)$$

Beispiel: $P(3 \mid 5, 8, 12) = \binom{8}{3}\binom{12}{2} \Big/ \binom{20}{5} = 0{,}2384$,

$$P(4 \mid 5, 8, 12) = \binom{8}{4}\binom{12}{1} \Big/ \binom{20}{5} = 0{,}0542 \ ,$$

$$= \frac{(5-3)(8-3)}{4(12 - 5 + 3 + 1)} \, 0{,}2384 = \frac{10}{44} \, 0{,}2384 = 0{,}0542$$

Symmetrie: $P(n_1 \mid n, N, N_1) = P(n - n_1 \mid n, N, N_2)$

Beispiel: $P(3 \mid 5, 20, 8) = P(5 - 3 \mid 5, 20, 12) = P(2 \mid 5, 20, 12) = 0{,}2384$

A3 zu S. 447

90%-Vertrauensbereich für Lambda

Eine Approximation anhand der Standardnormalverteilung mit $P(-1{,}645 \leqq Z \leqq 1{,}645) = 0{,}9$ führt zum 90%-VB:

$$[(9x-1)-3\cdot 1{,}645\sqrt{x}]^3/[729x^2] \leqq \lambda \leqq [9(x+1)-1+3\cdot 1{,}645\sqrt{x+1}]^3/[729(x+1)^2]$$

Beispiel für $x = 10$: $[(9\cdot 10-1)-3\cdot 1{,}645\sqrt{10}]^3/[729\cdot 10^2] \leqq \lambda \leqq [9(10+1)-1+3\cdot 1{,}645\sqrt{10+1}]^3/[729(10+1)^2]$, d. h. 90%-VB: $5{,}42 \leqq \lambda \leqq 16{,}96$ Die exakten Werte sind nach der Tabelle VBL 5,425 und 16,962.
Andere Vertrauensbereiche werden mit den entsprechenden z_α-Schranken der Tabelle 26 auf S. 117 gebildet

Tabelle VBL: Drei Vertrauensbereiche für Lambda und kleines x

Exakte obere und untere Vertrauensbereichsgrenzen für Lambda (λ) einer Poisson-Verteilung für $x = 1(1)25$: so ist z. B. für $x = 10$ die untere 5%-Grenze durch den Wert $\lambda = 5{,}425$ gegeben, die obere 5%-Grenze durch den Wert $\lambda = 16{,}962$, insgesamt gilt somit für den 90%-Vertrauensbereich:

$$P(5{,}425 \leqq \lambda \leqq 16{,}962) = 0{,}9 \text{ oder 90\%-VB: } 5{,}425 \leqq \lambda \leqq 16{,}962.$$

x	80%-VB		90%-VB		95%-VB	
1	0,105	3,890	0,051	4,744	0,025	5,572
2	0,532	5,322	0,355	6,296	0,242	7,225
3	1,102	6,681	0,818	7,754	0,619	8,767
4	1,745	7,994	1,366	9,154	1,090	10,242
5	2,433	9,275	1,970	10,513	1,623	11,668
6	3,152	10,532	2,613	11,842	2,202	13,060
7	3,895	11,771	3,285	13,148	2,814	14,423
8	4,656	12,995	3,981	14,435	3,454	15,763
9	5,432	14,206	4,695	15,705	4,115	17,085
10	6,221	15,407	5,425	16,962	4,795	18,390
11	7,021	16,598	6,169	18,208	5,491	19,682
12	7,829	17,782	6,924	19,443	6,201	20,962
13	8,646	18,958	7,610	20,669	6,922	22,230
14	9,470	20,128	8,464	21,887	7,654	23,490
15	10,300	21,292	9,246	23,097	8,395	24,740
16	11,135	22,452	10,036	24,301	9,145	25,983
17	11,976	23,606	10,832	25,499	9,903	27,219
18	12,822	24,756	11,634	26,692	10,668	28,448
19	13,671	25,902	12,442	27,879	11,439	29,671
20	14,526	27,045	13,255	29,062	12,216	30,889
21	15,383	28,184	14,073	30,240	12,999	32,101
22	16,244	29,320	14,894	31,415	13,787	33,309
23	17,108	30,453	15,720	32,585	14,580	34,512
24	17,975	31,584	16,550	33,752	15,377	35,711
25	18,845	32,711	17,383	34,916	16,178	36,905

A4

zu den Seiten 581–584

Zum $k \cdot 2$-Felder-χ^2-Test

Für (6.1) läßt sich nach Cox (1982) auch schreiben:

$$\hat{\chi}^2 = n\left[1 - \frac{n}{x(n-x)}\sum \frac{x_j(n_j - x_j)}{n_j}\right]$$

z. B. für das Beispiel auf S. 583:

$$\hat{\chi}^2 = 80\left[1 - \frac{80}{40 \cdot 40}\left(\frac{14 \cdot 22}{36} + \frac{18 \cdot 16}{34} + \frac{8 \cdot 2}{10}\right)\right] = 5{,}4954$$

Nur für ein x_i oder $(n_i - x_i)$ gleich Null wird $\hat{\chi}^2 = n$ erreicht, sonst gilt $\hat{\chi}^2 \leqq n$; gilt $\sum x_i(n_i - x_i)/n_i = x(n-x)/n$, so wird $\hat{\chi}^2 = 0$; d. h. alle Besetzungszahlen sind gleich ihren Erwartungshäufigkeiten, etwa für

Tabelle 210: $\quad \dfrac{80}{40 \cdot 40}\left(\dfrac{18 \cdot 18}{36} + \dfrac{17 \cdot 17}{34} + \dfrac{5 \cdot 5}{10}\right) = 1.$

Bei geordneten Kategorien wie in Tabelle 209/210 ist der Scoring-Ansatz [(6.2) und (6.8)] zu bevorzugen (vgl. auch S. 596 oben sowie [614] und [623]).

A5

zu den Seiten 65, 148, 182

Bemerkung zu arithmetischen und geometrischen Reihen

(1) **Arithmetische Reihe:** $\sum\limits_{k=0}^{n} (c + kd) = c(n+1) + dn(n+1)/2,$

$\left[\begin{matrix}\text{für } c = 1,\ d = 1 \\ \text{resultiert (1.84)}\end{matrix}\right]$, z. B. $\sum\limits_{k=0}^{2} (1 + k3) = (1 + 0 \cdot 3) + (1 + 1 \cdot 3)$

$+ (1 + 2 \cdot 3) = 12 = 1(2+1) + 3 \cdot 2(2+1)/2.$

(2) **Endliche geometrische Reihe:** $\sum\limits_{k=0}^{n} cx^k = c(1 - x^{n+1})/(1-x)$, falls

$x \neq 1$, z. B. $\sum\limits_{k=0}^{2} 1 \cdot 3^k = 1 \cdot 3^0 + 1 \cdot 3^1 + 1 \cdot 3^2 = 13 = 1(1 - 3^{2+1})/(1-3).$

(3) **Unendliche geometrische Reihe** für $|x| < 1$: $\sum\limits_{n=0}^{\infty} cx^n = c/(1-x),$

$$\text{z. B. } \sum_{n=0}^{\infty} 1 \cdot \left(\frac{1}{2}\right)^n = 1 \cdot \left(\frac{1}{2}\right)^0 + 1 \cdot \left(\frac{1}{2}\right)^1 + \cdots = 1 + \frac{1}{2} + \frac{1}{4} + \frac{1}{8} + \cdots$$

$$= 1 \Big/ \left(1 - \frac{1}{2}\right) = 2 \ .$$

Wieviel Würfe (n) sind nötig, um mit Sicherheit eine 6 zu werfen? Unter Umständen sehr viele, d. h.

$$\sum_{n=1}^{\infty} \frac{1}{6}\left(\frac{5}{6}\right)^{n-1} = \frac{1}{6}\left[\left(\frac{5}{6}\right)^0 + \left(\frac{5}{6}\right)^1 + \left(\frac{5}{6}\right)^2 + \cdots\right] = \frac{1}{6} \cdot \frac{1}{1 - 5/6} = 1 \ .$$

Beim vergleichenden Experiment führen Blockbildung und Randomisierung innerhalb der Blöcke zu gleichen Ausgangschancen für die blockinternen Vergleiche.

Zur Versuchsplanung für den Vergleich zweier Behandlungen

Deutlich sich unterscheidende Untersuchungseinheiten werden durch lokale Kontrolle (Block- bzw. Schichtenbildung) getrennt erfaßt und nach Zufallszuteilung (Randomisierung) zwei zu vergleichenden Einflüssen, Behandlungen (A und B) ausgesetzt. Durch lokale Kontrolle und möglichst zahlreiche Untersuchungseinheiten wird der zufällige Fehler verringert, durch Zufallszuteilung wird ein systematischer Fehler vermieden.

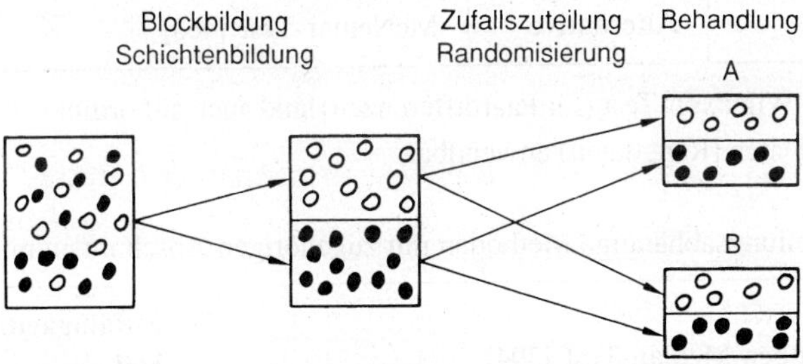

Abschätzung der beiden benötigten Stichprobenumfänge n_1 und n_2, um anhand zweier relativer Häufigkeiten ($x_1/n_1 = p_1$; $x_2/n_2 = p_2$) die ihnen zugrundeliegenden Wahrscheinlichkeiten (π_1; π_2) zu vergleichen, wobei unklar ist, ob $\pi_1 > \pi_2$ oder $\pi_1 = \pi_2$ gilt.

Zur Erfassung der Differenz $\pi_1 - \pi_2$ ($H_0 : \pi_1 = \pi_2$; H_A: $\pi_1 > \pi_2$; $\alpha = 0{,}05$) mit einer Power von 0,8 benötigte Stichprobenumfänge $n_1 = n_2 = n$. Die Werte zeigen, daß n umso kleiner wird, je größer (I) die Differenz [vgl. (3) bis (1)] und je extremer (II) sie liegt (d. h. je weiter beide von 0,5 entfernt sind) [vgl. (4) mit (3)]. Aus Symmetriegründen gilt natürlich auch [vgl. (4)] für $\pi_1 - \pi_2 = 0{,}2 - 0{,}1 = 0{,}1$ der Wert $n = 173$.

Weitere Werte sind der Tabelle 157 (S. 455) zu entnehmen.

(0)	(1)	(2)	(3)	(4)
π_1	0,6	0,6	0,6	0,9
π_2	0,1	0,3	0,5	0,8
$\boldsymbol{\pi_1 - \pi_2}$	**0,5**	**0,3**	**0,1**	**0,1**
$n_1 = n_2$	13	41	321	173

Einige Zweistichprobentests mit zugehörigen Abschnittsnummern

Stichproben	Daten	Test
unabhängige	Alternativ-	Vierfelder-χ^2-Homogenitätstest [461]
	kategorial gegliederte	$k \cdot 2$-Felder-χ^2-Homogenitätstest [612]
	Meßwerte	U-Test[a] und KS-Test [394] und [393]
		Bei NV: t-Test [36]
verbundene		Bei NV: t-Test [421]
	Meßwerte	Wilcoxon-Test[a] [422]
	kategorial gegliederte	Bowker-Test [624]
	Alternative	McNemar-Test [463]

[a] U-Test und Wilcoxon-Test (für Paardifferenzen) sind auch auf ordinal-skalierte (rang-kategoriale) Daten (Rangdaten) anwendbar

Verteilungsabhängige Methoden mit zugehörigen Abschnittsnummern

(1) **Lagetests**:
Einstichproben-Median-Test [394]
Vorzeichentest [424], [463]
Tukey-Test [392]
U-Test, Kolmogoroff-Smirnoff-Test [394], [393]
Wilcoxon-Paardifferenzentest [422]
H-Test und Jonckheere-Test [395], [396]
Friedman-Test und Page-Test [761], [763]

(2) **Dispersionstests**:
Siegel-Tukey-Test [391]
Levene-Test nach Brown-Forsythe [35]

(3) **Anpassungstests**:
χ^2-Test [43]
Kolmogoroff-Smirnoff-Test [44]

(4) **Assoziation/Zusammenhang**:
Kontingenzkoeffizient [466]
Rangkorrelation [53], [531]

(5) **Zufälligkeit/Unabhängigkeit**:
Iterationstest [472]
Wallis-Moore-Test [473]

(6) **Trend**:
Iterationstest [472]
Wallis-Moore-Test [473]
Cox-Stuart-Test [48]

(7) **Anteile**:
Binomialtest [162]
Exakter Fisher-Test [467]
χ^2-Test [46], [61], [62]
McNemar-Test [463]
Bowker-Test [624]
Q-Test nach Cochran [624]

Schranken der Standardnormalverteilung für eine vorgegebene Irrtumswahrscheinlichkeit α werden häufig benötigt; und zwar im allgemeinen für die zweiseitige Fragestellung. Weitere Werte z mit zugehörigen Wahrscheinlichkeiten sind den Tabellen 22 bis 27 (S. 114 bis 118) zu entnehmen.

Ausgewählte Schranken der Standardnormalverteilung

100 α% / α	10% / 0,10	5% / 0,05	1% / 0,01	0,1% / 0,001	0,01% / 0,0001
$z_{\alpha;\ \text{zweiseitig}}$	1,6449	1,9600	2,5758	3,2905	3,8906
$z_{\alpha;\ \text{einseitig}}$	1,2816	1,6449	2,3263	3,0902	3,7190

Schranken der Standardnormalverteilung (1) für ausgewählte zentrale (2), zwei- oder beidseitige (3) und (einseitige) rechtsseitige (4) Wahrscheinlichkeiten $\gamma + \alpha_{\text{zweiseitig}} = 1$.

Schranke $\pm z$ für (2), (3) z für (4)	Zentraler Bereich γ 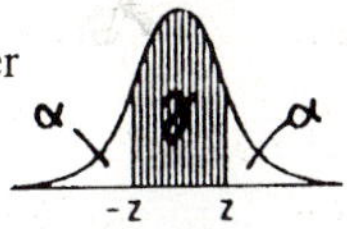	Rest: $1-\gamma = 2\alpha_{\text{einseitig}} = \alpha_{\text{zweiseitig}}$	Halber Rest $\alpha_{\text{einseitig}}$
(1)	(2)	(3)	(4)
[∞	1	0	0]
4,000	0,99994	0,00006	0,00003
3,891	0,9999	0,0001	0,0005
3,481	0,9995	0,0005	0,00025
3,291	**0,999**	0,001	0,0005
3,090	0,998	0,002	0,001
3,000	0,9973	0,0027	0,00135
2,807	0,995	0,005	0,0025
2,576	**0,99**	**0,01**	0,005
2,432	0,985	0,015	0,0075
2,326	0,98	0,02	0,01
2,241	0,975	0,025	0,0125
2,170	0,97	0,03	0,015
2,108	0,965	0,035	0,0175
2,054	0,96	0,04	0,02
2,000	0,9544	0,0456	0,0228
1,960	**0,95**	**0,05**	0,025
1,881	0,94	0,06	0,03
1,751	0,92	0,08	0,04
1,645	**0,90**	**0,10**	**0,05**
1,440	0,85	0,15	0,075
1,282	**0,80**	0,20	0,10
1,150	0,75	0,25	0,125
1,036	0,70	0,30	0,150
1,000	0,6826	0,3174	0,1587
0,842	0,6	0,4	0,20
0,674	0,5	0,5	0,25
0,524	0,4	0,6	0,30
0,385	0,3	0,7	0,35
0,253	0,2	0,8	0,40
0,126	0,1	0,9	0,45
0,100	0,08	0,92	0,46
[0	0	1	0,5]

Beispiele:

Zu (2): $P(-1{,}960 \leqq Z \leqq 1{,}960) = 0{,}95$

Zu (3): $P(Z \leqq -1{,}960) + P(Z \geqq 1{,}960) = 0{,}05$

Zu (4): $P(Z \geqq 1{,}960) = 0{,}025$.

Druck (Computer to Film): Saladruck, Berlin
Verarbeitung: H. Stürtz AG, Würzburg

Lesezeichen

Lieber Leser!

Einige Hinweise auf dem Lesezeichen sollen Ihnen helfen, den Inhalt des Buches zu erschließen

Lothar Sachs

Angewandte Statistik

Anwendung statistischer Methoden

Springer

Berlin Heidelberg New York Barcelona Hongkong London Mailand Paris Tokio

Lieber Leser!

Einige Hinweise auf dem Lesezeichen sollen Ihnen helfen, den Inhalt des Buches zu erschließen. Namenverzeichnis und insbesondere Sachverzeichnis sowie die in den Text eingefügten Verweise auf andere Abschnitte werden Sie hierbei unterstützen.

Lothar Sachs

Hinweise zur Lektüre

Was lesen?

1. Verschaffen Sie sich einen ersten Einblick, indem Sie die Einführung in die Statistik lesen (S. 11–15) und sich das Inhaltsverzeichnis ansehen; dann einen Blick in das Vorwort.

2. Lesen Sie die Einleitung (S. 1–2). Als Anfänger sollten Sie dann mit den in den Vorbemerkungen dargelegten mathematischen Grundkenntnissen beginnen (S. 16–24) und diese je nach Bedarf überfliegen oder durcharbeiten. Um einen Überblick zu gewinnen, werfe man einen Blick auf die Übersichten 2 bis 5 (S. 4–7), beachte die Beispiele und lasse Schwerverständliches, die Hinweise und das Kleingedruckte beiseite.

3. Geht es dem Leser um eine schnelle Übersicht, dann sollten im Anschluß an die Seiten 11 bis 15 die folgenden 33 Seiten gelesen werden: 29–35, 89, 97–100, 106–115, 178–183, 613 und 678–680. Außerdem empfiehlt sich ein Blick auf die Innenseiten des Kartonumschlags und auf das vordere und hintere Vorsatzpapier.

Wie lesen?

1. Bevor Sie einige Abschnitte durcharbeiten: (a) Vergewissern Sie sich anhand des Inhaltsverzeichnisses über Ihren Standort. (b) Überfliegen Sie die Textstellen der interessierenden Seiten; betrachten Sie aufmerksam die Überschriften, einige Formeln, die Abbildungen und Tabellen, und lesen Sie sorgfältig die Legenden zu den Abbildungen und Tabellen sowie die Einführungen und Zusammenfassungen. (c) Bemühen Sie sich, möglichst viele Fragen zu stellen, etwa nach der Bedeutung der Überschriften, der fett- oder kursivgedruckten Satzteile, der Abbildungen, der Tabellen, der Formeln, den hiermit zusammenhängenden Fragen und dem eigenen bereits vorhandenen Wissen darüber. Hierdurch wird Ihre Aufmerksamkeit geweckt (auch wenn ein Teil des Stoffes langweilig ist), Ihr Unterbewußtsein an bereits Bekanntes erinnert, und Sie erhalten eine Vorstellung von dem Umfang, dem Zeitbedarf und dem Zweck der Lektüre.

2. Die jetzt folgende gründliche Lektüre dient zur Beantwortung dieser Fragen. Neben den Abbildungen und Tabellen ist den Formeln besondere Aufmerksamkeit zu widmen; das Kleingedruckte und die Hinweise können bei der Erstlektüre überschlagen werden. Entscheidend wichtig sind Lesepausen, in denen Sie das Gelesene mit eigenen Worten wiedergeben.
   Im Text zitierte Arbeiten sind durch Autorennamen und in Klammern folgendem Erscheinungsjahr charakterisiert. Ein Blick auf die Literaturübersicht (S. 690) zeigt Ihnen, wo der Zeitschriftenaufsatz bzw. das Buch zitiert ist. Einige der zitierten Literaturstellen sollten Sie gelegentlich einmal einsehen. Bibliothekskataloge und das Internet weisen Ihnen den Weg.

3. Bei der zusammenfassenden Wiederholung: (a) wenige bedeutsame Begriffe markieren, (b) Randbemerkungen machen, (c) wichtige Aussagen wie z. B. Definitionen und ausgewählte Formeln in ein stets mitgeführtes Oktavheft eintragen, (d) sich und dem Lehrbuch Fragen stellen, (e) wesentliche Teile des Gelesenen mit eigenen Worten wiedergeben.